国家科学技术学术著作
出版基金资助出版

机器人科学与技术丛书 05

可重构机构与可重构机器人

——分岔演变的运动学分析、综合及其控制

Reconfigurable Mechanisms and Robots

Kinematics Analysis, Synthesis, and Control of Bifurcation Process

戴建生　康熙　宋亚庆　魏俊　著

KECHONGGOU
JIGOU
YU
KECHONGGOU
JIQIREN

高等教育出版社·北京

内容提要

随着人工智能和机器人技术的进步与发展，机构学创新研究已成为热点之一。从机构设计的角度看，传统机构由于拓扑结构与机构活动度的单一性，很难满足人工智能和机器人等领域日益发展的需求，这就需要对构成机器与机器人骨架的机构进行创新设计，对传统机构概念与设计进行彻底变革，以满足多变环境、工况和任务需求。因此，发展可重构机构与可重构机器人具有十分重要的意义。

本书深入挖掘变胞机构演变机理，创建了可重构机构变构理论，围绕旋量系几何形态与交集计算，分岔与演变的解析研究、局部特性分析、几何约束分析、旋量力约束分析与数值分析，可重构机构综合方法及新机构创新等方面进行详细论述，建立了系统分析与设计方法，较为全面地展现了作者多年来在该领域取得的国际领先成果，对从事机构学、机器人学理论研究与实践的科研人员具有重要的指导意义，特别地，对我国可重构机构与可重构机器人领域的理论研究、关键技术、创新性应用等方面将起到引领作用。

目前，可重构机构已发展为机构学与机器人学研究的新方向和热点。本书为国内首部阐述可重构机构与可重构机器人的理论型和应用型著作，旨在填补该领域理论研究的空白，系统总结和凝练了最新的研究成果，可为读者开展相关研究工作提供参考。本书适合机构学与机器人学相关领域的研究生、教师、科学研究人员和工程技术人员阅读。

图书在版编目（CIP）数据

可重构机构与可重构机器人：分岔演变的运动学分析、综合及其控制/戴建生等著. --北京：高等教育出版社，2021.4

ISBN 978-7-04-055660-5

Ⅰ.①可… Ⅱ.①戴… Ⅲ.①机器人机构-研究 Ⅳ.①TP24

中国版本图书馆 CIP 数据核字（2021）第 027024 号

策划编辑 刘占伟　责任编辑 张 冉　封面设计 杨立新　版式设计 王艳红
插图绘制 邓 超　责任校对 张 薇　责任印制 赵义民

出版发行	高等教育出版社	咨询电话	400-810-0598
社　址	北京市西城区德外大街 4 号	网　址	http://www.hep.edu.cn
邮政编码	100120		http://www.hep.com.cn
印　刷	北京中科印刷有限公司	网上订购	http://www.hepmall.com.cn
开　本	787 mm × 1092 mm 1/16		http://www.hepmall.com
印　张	32.25		http://www.hepmall.cn
字　数	640 千字	版　次	2021 年 4 月第 1 版
插　页	7	印　次	2021 年 4 月第 1 次印刷
购书热线	010-58581118	定　价	149.00 元

本书如有缺页、倒页、脱页等质量问题，请到所购图书销售部门联系调换

物 料 号 55660-00

《机器人科学与技术》丛书编委会

前 言

当今人工智能发展和机器人技术进步中, 机构学创新研究已成为热点之一。随着我国生产力高度发展和科学技术快速进步, 在生态环境加剧恶化与自然资源日益紧缺的情况下, 各类服务机器人与机械设备对机构的可重构能力与变结构特性有着极大的需求。这就需要对组成机器与机器人本体的机构进行全面性创新, 对传统机构的概念与设计进行彻底性变革。

传统机构由于拓扑结构与机构活动度的单一性, 其拓扑结构与机构活动度在完成设计后保持不变, 很难满足人工智能和机器人等领域日益发展的需求。而变胞机构与可重构机构的提出对传统机构设计是一个革命, 突破了机器人发展的关键问题。这一类新型机构具有多构态、可重构、可变活动度的特点, 满足多任务、多工况与多功能的要求, 可达到“一机多用”、节约资源与降低能耗的功效。然而, 自 1998 年提出变胞机构, 2009 年召开首届可重构机构与可重构机器人国际会议 (IEEE ReMAR) 开拓可重构机构领域以来, 在国内外出版的机构学与机器人学的研究专著中, 尚缺一部完整叙述变胞机构与可重构机构以及可重构机器人理论和应用的著作。部分专著虽然涉及部分可重构机构研究, 但缺乏详细的推导分析过程。在可重构机构与可重构机器人研究中, 面临机构分岔、演变机理、机构综合、过程平顺控制等一系列关键问题, 本书旨在填补可重构机构与可重构机器人理论研究方面的空白, 将这方面的最新研究成果系统性地总结和凝练, 为读者全面开展相关研究工作提供便利。

继 1998 年后 20 余年的研究中, 本书作者与其团队在实现变胞机构与可重构机构“一机多用”的基础上, 在机构分岔与演变机理方面做了深入研究。作者与团队深入挖掘变胞机构演变机理, 创建了可重构机构的变构理论, 建立了系统的分析与设计理论, 获得了理论研究上的全球性、引领性突破。

在国家自然科学基金的资助下, 在研究各种分岔形态的基础上, 作者与其团队提出了变胞与可重构的重大机理, 综合性采用了机器人数学理论——旋量理论及李群、李代数, 首次系统性地研究了约束奇点、分岔点以及多重分岔机理, 全方位地提出了变胞机构与可重构机构设计理论, 为变胞机构与可重构机构的发展开辟了一条新的宽广大道。

本书深入挖掘了变胞机构演变机理，创建了可重构机构变构理论，建立了系统的分析与设计方法体系，在世界机构学发展中起到了引领作用。本书首先贯通旋量理论、李理论与微分流形三大理论，建立了严密的综合与分析数学理论体系，奠定了研究变胞机理的理论基础；进而，揭示了机构演变、变胞机理以及运动分岔原理，挖掘变胞机构位移与约束关联关系，构建了变胞机理的分析理论体系，首次研究出跨越数种经典机构的新型变胞机构；接着，提出了基于李子群和子流形以及几何约束交集的变胞机构构型综合方法，给出了机构运动类型转化为子群和子流形的表示形式，首次提出了实现两类运动的转换条件，成功解决了变胞机构综合的难题；同时建立了双线性型二阶运动学约束方程，揭示了变胞机构可控性和平顺性机理，为机器人设计与开发奠定了基础。

本书第一章回顾了可重构机构与可重构机器人的发展历史，尤其是系统地回顾了机构演变内涵及运动与约束空间的内在关联，机构演变中的分岔机理与可控奇异位形，变胞机构的构型设计、性能综合与新型设计理念及其创新性应用等重要历史。

第二章从旋量理论与旋量代数中旋量系几何形态与交集计算出发，针对旋量系零空间构造理论无法求解包含线性相关列向量的旋量系零空间的理论问题，通过分析旋量系中列向量之间的关联关系，提出了一种基于代数余子式的旋量系零空间构造扩展方法并构造出线性无关的零空间向量，解决了机构在运动旋量系与约束旋量系相互演变的过程中出现由机构瞬时构型导致系数矩阵包含相关列向量而无法求解互易旋量系的问题。

针对多个旋量系因基不唯一而导致交集计算困难的问题，由旋量与六维空间向量之间的联系，通过构造两个旋量系的雅可比矩阵组合矩阵的零空间，提出了一种通用的系统化的旋量系交集计算方法，为变胞机构的演变及变胞机理的研究奠定了理论基础。

针对四个线矢量线性相关的代数表达和几何形态，基于线矢量的自互易特征并结合直纹面的概念，论证了二次曲面的对偶性与三阶线矢量系自互易性的关联关系，并将其适用于具有相同旋距的三阶旋量系，解决了三阶旋量系不同几何形态统一的问题，对可重构机构运动分支的设计起到了指导作用，为推动变胞机构的设计提供了理论与方法支撑。

在前两章的基础上，第三章、第四章、第五章、第六章和第七章分别从局部特性分析、解析研究、流形分析、几何约束分析、旋量力约束分析、数值分析等不同角度，系统地阐述了变胞机构和可重构机构分岔与演变的理论机理。

第三章从局部特性出发，基于旋量代数的高阶运动学分析，对多环可重构机构的多分岔现象进行了分岔识别分析。然后，基于旋量代数的矩阵表达式的二次型，构造了闭环机构二阶运动学切锥。最后，基于曲线理论，建立了关节变量的环路约束方程，给出了分岔运动的必要条件与充分条件，并举例展示了如何基于该条件进行分岔设计。

第四章从解析分析的角度，求解了传统经典机构的显式位置闭环方程解析解，找出了其衍生机构，探究了其分岔分支及对应的一般几何条件，揭示了两类不同过约束机构间的内在联系，提供了可重构机构设计的新思路。然后，将旋量系的几何形态变换与可重构机构运动分支的构造结合起来，设计了拥有多运动分支的可重构机构，这对于设计不同类型的运动分支具有重要的指导意义。最后，将旋量系交集计算方法应用于机构活动度的求解，为推动变胞机构活动度的研究提供了支撑。

第五章探讨了几何约束与分岔演变的关联。按照机构活动度计算公式中的参数变化，对单闭环机构进行了系统分类，包括机构中有效杆件数、有效运动副、单个运动副活动度数和机构工作空间自由度数 (维数) 各自的变化对应的机构重构类型，以及引起构型演变的内在本质。接着，通过揭示单闭环机构的可重构特性，进一步将单闭环可重构机构作为变胞单元应用到具有混联支链并联机构的综合设计中，得到了新型可重构变胞并联机构，并详细分析了该具有混联支链的并联机构的几何约束与运动分岔。

第六章研究了旋量力约束与分岔演变的关联。基于约束旋量具有可以清楚表示由支链和铰链组合而决定机构输出运动的特点，研究了可重构并联机构的分岔运动。通过约束旋量系的变化，分析了两个变胞并联机构和一个可重构并联机构的分岔运动。第一个为变胞并联机构 3(rT)C(rT)，在自由度少于 3 的构型下，该机构被发现具有分岔运动。第二个为变胞并联机构 4rTPS，其自由度可在 2 和 6 之间变换，在自由度为 2 的构型下，平台具有沿两个垂直方向的分岔旋转运动。第三个并联机构 3-PUP 具有分岔的一个旋转运动和一个螺旋运动，且其螺旋运动的节距随着一个平台设计参数的变化而不断演变。

第七章基于机构的数值解法，以 Waldron–Bricard 可重构机构和 Schatz 衍生 7R 变胞机构为例，阐述了这些机构的重构过程，应用了几何约束的交集和机构连杆的直纹面变化，进一步分析了它们的运动特征。此外通过分析关节变量的关系变化图，分别得到了这些机构子构型的分岔运动情况，对于可重构机构的数值分析具有重要意义。在经典过约束机构的基础上，发展演化出了一系列新的可重构机构，继而采用数值方法描绘了机构的运动特性，从而揭示了可重构机构分岔的本质特征。

在前七章旋量理论研究和分岔演变运动学分析的基础上，第八章、第九章进一步深入阐述了可重构机构的综合与设计问题。

第八章通过引入李子群和微分流形，综合考虑了机构实现单分岔点或者多分岔点任一运动分支的变换构型空间和不同运动分支构型之间的相互转化所需满足的变换条件及变胞方式，以完成变胞子链的选择。继而以任务空间的运动与约束力空间为条件，采用变胞运动副完成该运动与约束力空间的转换，生成满足任务变化的机构或运动链，从而得到一系列能够完成多种任务、适应不同环境的变胞机构构型。

第九章则侧重于运动耦合、分岔构型、曲线求交等方法在可重构机构综合中的应用，发明了种类繁多的新的可重构机构。首先提出了两个新概念，即基于支链约束与运动平台约束之间的相关性和其约束的传递性，进而提出了一种可以实现运动解耦的分析方法，并将该方法推广至一般情况。其次，通过研究机构演变、可重构机理、运动分岔原理及分岔构型局部特征，提出了一种基于奇异构型的可重构机构设计方法：设计一个奇异构型，通过设计关节轴线、杆长参数，使该构型能够满足多种机构的关节轴线约束条件，最终得到跨越数种经典机构的新型可重构机构，并利用该方法设计出了一系列多分岔双心机构。

在前九章可重构机构理论研究的基础上，第十章将上述理论应用于机器人的实际应用当中。第十章详细介绍了可重构机构在仿生足式机器人、线路巡检与维护变胞机器人等实际操作中的应用。

通过对自然界中足式动物躯干活动度的分析，首先确定了机器人躯干所需活动度，以此设计了变胞八杆机构。利用分岔演变的运动学分析方法，分析了该机构的奇异构型并找出了机构所有的运动分支，据此设计了变胞四足仿生机器人。通过研究机器人在不同仿生形态下的运动特性发现：在爬行类仿生形态下，机器人全方向移动性能比较好；在节肢类仿生形态下，比较适合翻越垂直方向上的障碍；在哺乳类仿生形态下，可以穿过比较狭窄的通道。变胞四足仿生机器人通过躯干的重构可以模仿自然界三种不同的足式动物，将它们的运动特性集于一身，大大提高了其对复杂地形的适应能力。

线路巡检与维护变胞机器人通过在导线轮中加入变胞机构，可以实现机器人整体重心调整，从而越过高压线上的绝缘子障碍。行星轮式变胞巡检机器人在越障过程中在外力作用下发生了构件分离与合并的变胞过程，证明了所设计的变胞巡检机器人能有效跨过防振锤障碍物。此外，相比于传统轮式巡检机器人，其越障过程较为平稳，避免了传统轮式巡检机器人越障过程中存在较大冲击性的问题。

最后，第十一章总结了全书并给出主要结论。另外，在本书的附录部分，详细介绍了与本书紧密相关的李群、李代数的知识，包括矩阵李群，微分流形，抽象李群、李代数，可解与幂零李代数以及复半单李代数的分类等数学知识。

本书系统性地论述了作者与其团队在变胞机构与可重构机构理论研究上的最

新的全球性、引领性成果, 涉及面广、可读性强, 为可重构机构和可重构机器人的研究提供了坚实的理论基础。同时, 本书首次系统性地将变胞机构与可重构机构应用到各种机器人以及电力系统工程中, 对我国机器人发展、国家重大装备需求有着重大的理论与实践指导意义。

本书适合机构学与机器人学相关领域的研究生、教师、科学研究人员和工程技术人员阅读。本书在数学基础方面仅涉及线性代数、射影几何及有限群论基础, 因此也可供理工类本科二年级以上、对可重构机构与机器人感兴趣的学生阅读。

本书作者均为从事可重构机构与机器人基础理论及技术应用的科研人员。第一章由康熙、戴建生撰写; 第二章由宋亚庆、马学思、戴建生撰写; 第三章由康熙、吴立恒、马学思、戴建生撰写; 第四章由冯慧娟、马学思、宋亚庆、戴建生撰写; 第五章由张克涛、戴建生撰写; 第六章由甘东明、戴建生撰写; 第七章由柴旭恒、康熙、戴建生撰写; 第八章由魏俊、戴建生撰写; 第九章由康熙、唐昭、戴建生撰写; 第十章由王洪光、李树军、宋屹峰、李小彭、袁晖、李加胜、唐昭、戴建生撰写; 第十一章由康熙、戴建生撰写; 附录由邓少强撰写。全书由宋亚庆、魏俊、吴立恒、戴建生统稿、编辑和校对。

最后, 作者感谢天津大学机构理论与装备设计教育部重点实验室、天津大学现代机构学与机器人学中心、南开大学数学科学学院、中国科学院沈阳自动化研究所先进机器人学与机构学国际联合研究中心对本书写作的支持; 感谢国家重点研发计划项目"新型变构型机器人机构设计理论与技术研究" (2018YF1304600) 、国家自然科学基金重点项目"机构演变与变胞机理及其面向任务的多工况性能综合设计" (51535008) 、国家自然科学基金创新研究群体项目"高端装备机构理论与技术基础" (51721003) 对本书出版的支持; 感谢高等教育出版社张冉、刘占伟编辑对本书文字审读与排版所付出的辛勤劳动。

书中不足之处, 诚恳地希望读者批评指正。

戴建生

2020 年 9 月

目　录

第一章 绪 论

当今世界由高科技、快节奏以及多样化而引发的以人工智能和机器人技术为代表的第四次工业革命 (Schwab, 2017) 正带来传统机器的更新, 迎来机器人蓬勃发展的时代。尤其在服务机器人、先进制造业、航空航天、自动化生产线等领域不断发展以及生态环境加剧恶化与自然资源日益紧缺的情况下, 各类机器人与机械设备对机构可重构能力与变结构特性的要求不断提高。这就需要对构成机器与机器人骨架的机构进行创新设计, 对传统机构概念与设计进行彻底变革。从机构设计的角度看, 传统机构一旦完成设计, 其拓扑结构与活动度便一成不变, 很难满足多变环境、工况与任务对机构功能与性能的需求; 而可重构机构由于具有多构态变化, 可以满足多任务、多工况与多功能的要求, 达到"一机多用"、节约资源与降低能耗的功能 (Dai, 1996) 。

2017 年科技部印发的《"十三五" 先进制造技术领域科技创新专项规划》指出: "开展主 / 被动结合新型机构与驱动、模块化柔顺关节、关节变刚度弹性驱动、生物 – 机械界面与接口的人机相容性设计、人机安全共存、智能交互、协同作业等新一代机器人核心技术研究……" 由此可见, 研究具有主动适应多变环境与工况和被动适应突发状况能力的智能型可重构机构与可重构机器人, 对我国先进制造技术领域和新一代机器人的创新与发展具有重大意义。

可重构机构的研究可以追溯到 20 世纪 90 年代。1996 年, 奥地利机构学家 Wohlhart 发现了一类经过奇异构态时在机构杆件数不变的情况下活动度发生变化的机构, 并将其定名为运动转向机构 (Wohlhart, 1996) 。随后, 在 1996 年至 1998 年间, Dai (1996) 在对装饰品折纸的研究中, 基于生物演变原理, 提出了变拓扑和变活动度的变胞机构 (Dai 和 Rees Jones, 1998, 1999) , 这类机构是对定活动度和定拓扑结构的传统机构的拓宽与突破。这两类机构开创了国际学术界研究可重构机构的先河, 其中变胞机构的研究于 1998 年被美国机械工程师学会 (ASME) 机构学委员会授予双年度最佳论文奖, 成为 20 世纪 90 年代获此奖的 4 篇论文之一 (Dai 和 Rees Jones, 1998) 。国际著名机构学专家 Mruthyunjaya (2003) 在国际学术期刊 *Mechanism and Machine Theory* 上撰文回顾过去 150 年间各种机构运动学研究的发展历史时指出, 变胞机构与可重构机构的提出为机构创新设计开辟了一条新的宽广大道。

1999 年, 戴建生教授与张启先院士将变胞机构引进国内, 并于 2000 年在《机械工程学报 (英文版) 》发表了关于变胞机构构态模型的文章 (Dai 和 Zhang, 2000) , 由此掀起了国内外对变胞机构和可重构机构的研究热潮。很多学者相继提出了许多可重构机构, 如变拓扑机构 (Yan 和 Liu, 2003) 、变自由度机构以及活动度断续机构 (Lee 和 Hervé, 2005) 等, 在国内外学术界引起了巨大反响。如今, 可重构机构已成为国内外机构学与机器人学领域的研究热点与重要的研究新领域。尤其是自 2009 年首届可重构机构与可重构机器人国际会议以来, 依次在伦敦、天津、北京、代尔夫特召开的每三年一届的可重构机构与可重构机器人国际会议, 被认为是机构学与机器人学领域最具创新力的国际大会之一 (Dai 等, 2009, 2012; Ding 等, 2015; Herder 和 Wijk, 2018) 。

经过 20 多年的发展和众多学者与工业界专家的努力, 可重构机构与可重构机器人形成了一个新领域, 应用广泛。但是, 在先进制造与下一代机器人应用方面, 可重构机构尚需从原理和本质上解决机构分岔、演变机理、机构综合、过程平顺控制等关键问题, 时值该领域研究发展的关键时期。如何将这个领域发展好, 如何将变胞机构和可重构机构的分岔与演变机理挖掘出来, 如何将其中浩瀚的机构学、几何学与数学知识提炼出来, 如何将这些机理与知识贯通, 演变出新的变胞机构及一类可重构机构, 并将各种数学工具统一, 演变出一套触及真谛、融会贯通、切合实际的变胞机构及可重构机构的创新与性能综合方案, 从机理和本质上解决变胞机构在机器人领域应用的关键技术问题, 以适应国家经济发展的需求, 成为亟待解决的任务。

本书旨在解决上述这些问题, 以此提升可重构机构和可重构机器人研究的理论高度, 创立通用的可重构机构综合理论和方法, 创新设计出更多可重构新机构, 普及变胞机构在工业与服务机器人中的应用, 由此为机构学研究与新机构创新提供坚实的理论保障与可行的性能综合设计方案。

1.1 机构演变内涵及运动与约束空间内在关联

人类历史是在几十万年的进化中演变而来的, 这种演变是 metamorphosis (变胞) 过程。与此相似, 机构能否进化, 机构能否演变, 以至于在极短的时间内进行机构演变, 达到不同运动分支构型, 实现不同功能, 满足不同需求, 对机构学学者们提出了新的要求, 由此衍生出机构仿生、演变的概念。变胞机构就是这样一类机构。在机构连续运行中, 出现由于几何约束引起有限杆件数目变化或运动副类型变化, 从而导致机构拓扑演变, 并导致机构活动度发生变化, 且在活动度发生至少一次变化后, 机构仍保持运行的这一类新机构为变胞机构。机构拓扑演变以及活动度可变是变胞机构的两个基本特征, 几何约束是变胞机构变胞的起因 (戴建生等, 2005) 。

变胞机构能够根据环境和工况变化以及任务需求进行自我重组与重构, 具有极其广泛的应用前景。与此同时, 由于在机构中引入“变”的概念, 无论是构型及其演变的描述、构型综合与分析, 还是机构运动与约束力空间分析、尺度综合、刚度设计等, 难度都增加了。

在机构演变中, 约束是决定因素, 运动演变是表象。而运动与约束的研究可以从旋量和旋量系理论进一步展开。旋量系的研究始于 Ball (1900) 对旋量二系的柱形面研究、 Hunt (1978) 对旋量系的分析、 Gibson 和 Hunt (1990) 基于射影空间对旋量系的分类、 Rico 和 Duffy (1992) 基于正交空间对旋量系的进一步分类。戴建生和 Rees Jones (2001, 2002, 2003) 首次将集合论运用于旋量系理论, 于 2001 年提出旋量系关联关系定理, 2002 年提出旋量系零空间构造定理, 2003 年提出新的互易旋量系算法, 这些工作发展了旋量系的理论与基础。旋量系理论的应用在戴建生与黄真、 Lipkin 的合作文章中得到了重要体现, 挖掘出并联机构的各种旋量系及其对机构的影响 (Dai 等, 2006) 。这篇文章的理论在黄真的著作中作为“并联机构的旋量系理论”一节发表 (黄真, 2011) , 也在戴建生的著作《机构学与机器人学的几何基础与旋量代数》第九章中有详细阐述 (戴建生, 2014a) 。

继此之后, 许多并联机构的研究 (Gan 等, 2009, 2010; Zhang 等, 2010) 都采用旋量系理论分析方法, 以此分析许多机构与变胞并联机构的分岔特性。由此可见, 旋量系理论是分析机构变胞机理与运动分岔的重要理论工具, 对于研究变胞原理与演变机理是一个重要的契机。

在分析变胞原理以及演变机理中, 有限位移旋量与旋量系理论的结合以及与李群、微分流形的关联也起到了重要作用。有限位移旋量自苏联理论运动学者 Dimentberg (1965) 在 20 世纪 60 年代提出并研究后, Roth (1967) 和 Yang (1969) 于 60 年代也相继做了研究, Tsai 和 Roth (1973) 于 70 年代对刚体运动做了研究。这一研究直到 90 年代因 Hunt 和 Parkin (1995) 的工作才引起学术界的广泛重视, 由 Huang 和 Roth (1994) 发展出有限位移旋量系, 戴建生等发展出有限位移旋量的运算规则 (Dai 等, 1995) 。这一工作开启了 21 世纪初戴建生对有限位移旋量算子及其与矩阵群的研究 (Dai, 2012) 。有限位移旋量具有微分流形的特性, 而旋量系是微分流形的切空间, 与微分流形有着密切的关系。流形这一数学工具早在 Guass 与 Riemann 等数学家的手中已经成熟, 而对于不满足群结构的机构, 流形是一种可行的工具。将微分流形引入机构设计中, 可以初步解决非子群机构的设计问题。但位移流形与有限位移旋量的关联, 则没有得到深入的探讨。由此可见, 有机连接有限位移旋量、李群、微分流形和旋量系理论是研究变胞原理与演变机理的关键着手点, 是研究运动与力空间的内在关联的关键着手点。戴建生的专著《旋量代数与李群、李代数》中提出了旋量理论与李群、李代数两大理论的关联关系, 并提出了基于有限位移旋量的李群方法, 揭示了机构特性与机理的有限位移旋量理论基础 (戴建生, 2014b) 。

1.2 机构演变中的分岔机理与可控奇异位形

机构演变过程常常需要经过可控奇异位形, 其引出机构分岔。变胞机构 (Dai 和 Rees Jones, 1998, 1999) 与运动转向机构 (Wohlhart, 1996) 的共同之处在于经过可控奇异位形通过几何约束实现运动或构型分支切换。两者的区别在于: 前者经过可控奇异位形改变了拓扑结构与活动度, 而后者虽然经过可控奇异位形改变了活动度, 但拓扑结构保持不变; 此外, 前者可以不经过可控奇异位形而采用其他方式如运动副性质改变拓扑结构与活动度, 但后者必须经过可控奇异位形改变活动度。

这两类机构的共同属性是位形空间分岔, 其位形空间为多个微分流形的解析簇描述。面对新机构与新现象, 机构学研究者再一次诉诸数学工具, 力图从本质上揭示新机构的运动机理与新现象的发生原理, 从而指导机构的设计与新机构的发明创造。过去 20 年间, 机构学研究者在揭示运动分岔机理方面做了许多不同思路的探索。 Lerbet (1998) 最早将运动分岔机构位形空间的多个微分流形描述为解析簇, 并通过位形空间约束方程的各阶微分估算解析簇的正切锥, 从而描述了机构在特殊位形下的局部特征以及运动分岔的产生原因。随后的十几年间, Rico、 Gallardo 和 Duffy (1999) 继承了 Lerbet 在这方面的研究。他们的贡献在于将旋量以及李代数的李运算引入位形空间约束方程的微分计算, 为这套理论提供了一种更加简洁、紧凑的数学形式。同期, Müller (2014) 也继承了 Lerbet 的研究, 采用解析簇正切锥的概念独自研究了运动分岔现象, 研究成果与 Duffy 和 Rico 异曲同工。

Hervé (1999) 发表了研究六维刚体运动群子群分类及其机构实现的文章, 开辟了用抽象李群描述机构运动的新领域。 Lee 和 Hervé (2007) 、 Li 和 Hervé (2009) 的研究主要解决了两类问题: 一是如何用机构运动链生成各个刚体运动群的子群; 二是如何对这些运动链进行重组, 从而综合出新的并联机构。其研究也涉及机构的分岔运动。 Meng 等 (2007) 采用商群的概念做了类似的研究, 并将刚体运动群子群的生成扩展到子流形的生成。Angeles (2004) 也做过类似研究, 采用抽象李群描述机构运动, 继而实现机构综合。此外, Zlatanov、Bonev 和 Gosselin (2002) 通过机构位形空间的约束奇异探索机构分岔运动, Bandyopadhyay 和 Ghosal (2004) 也对同一问题进行了研究; 前者侧重于分析机构运动机理与奇异性, 后者侧重于通过位形空间约束方程来定义约束奇异。Yuan、Zhou 和 Duan (2012) 通过机构刚度与柔性的概念定义并研究了机构分岔运动。Qin、Dai 与 Gogu (2014) 提出并研究了多分岔机构, 该机构在通过约束奇异位形时能够产生 14 个运动分支。Wei 和 Dai (2019) 利用李群和微分流形理论分岔构态空间, 并综合出实现平面运动和球面运动的可重构并联机构。

研究机构的约束奇异与分岔机理促进了机构学研究者对变胞机构的演变机理以及运动与约束力空间内在关联的理解。Lerbet、Duffy、Rico、Müller、Pablo 等采用了解析簇和正切锥的概念, 对机构运动与奇异本质的研究较为深入, 接近于运动分岔的数学本质, 但其在机构学中的研究仅停留在具有特殊尺度参数的单闭环机构上, 尚未进行有效的拓展。Hervé、Angeles、李泽湘等在李群方面的研究为机构型综合提供了有力的工具。Meng 和李泽湘的微分流形方法突破了运动子群的一些限制, 将研究的范围进一步扩大。李群与微分流形方法更适合对机构运动的描述与证明, 但在描述机构约束及其变异与分岔运动方面仍存在弊端。

旋量理论在机构学领域具有适用范围广、几何与物理意义明确等优点, 在描述各类机构的约束空间及其变异方面具备一些优势。但旋量理论在描述变胞机构等的分岔运动时, 存在机构局部运动信息丢失的弊端。而有限位移旋量的引入能在一定程度上还原机构的局部特性, 但同时也减弱了其适用范围广的优势。

综上, 对可控奇异位形的分析以及对机构分岔的研究需要整合和贯通目前的李群、李代数、旋量代数与旋量系以及微分流形等主流理论, 建立一套适用于研究变胞机构分岔的运行机理, 以描述机构变异与演变机理。

1.3 变胞机构的构型设计、性能综合与新型设计理念

变胞机构是在研究可重构包装机中通过艺术折纸而开发的一类机构。这一类机构的开发有其新颖的特点与特殊的方式。对于机构的开发, 按照 Dai 和 Rees Jones (1998, 1999) 提出的“等效机构法”, 一系列机构都可以从艺术折纸中获得。尤其是 Zhang 和 Dai (2014) 从艺术折纸中获得灵感, 发明了新机构, 挖掘出机构设计潜力。

在后来的发展中, 戴建生将这一方法直接应用于创新机构的开发, 这就是 Li 和 Dai (2012) 的阿苏尔杆组法、Ma 等 (2018) 的加铰链法、Gan 等 (2010) 和

Zhang 等 (2010) 的变胞铰链法。第一种方法采用变胞机构的分解, 以实现阿苏尔杆组的基本单元, 并进行有机组合。第三种方法加入了变胞运动副。 Gan 等 (2010) 发明了可重构虎克铰 (rT 铰) , 并采用这一新型重构铰开发了许多新型的变胞并联机构。这一工作也可见于 Zhang 等 (2010) 的工作, 由其发明的变轴线运动副 (vA 铰) 组装了许多新型变胞并联机构。

2002 年, 李端玲等 (2002a) 应用拓扑学研究变胞机构, 探讨了变胞机构的综合, 提出了变胞机构的综合算法。王德伦和戴建生 (2007) 提出将变胞机构综合问题转化为多工作阶段机构型综合、变胞源机构型综合与变胞方式的求解问题, 通过各工作阶段矩阵的集合运算产生变胞源矩阵和变胞矩阵, 进而得到变胞源机构和变胞方式。张克涛 (2010) 研究了变胞机构在内的空间拓扑与几何机构的数学描述, 提出了能够准确描述机构拓扑结构约束的新方法。除此之外, 还有众多学者对变胞机构的综合进行了深入的研究。 Valsamos 等 (2014) 提出了基于模块化变胞串联操作臂的结构拓扑运动学综合方法。 Xu 等 (2017) 研究了可变运动副综合变胞机构单元并将其用于多级有序展开 / 伸缩机构。 Tian 等 (2018) 研究了基于功能分析的变胞机构型综合的方法。

可重构并联机构的型综合相比于传统并联机构的型综合研究得较少, 这是由于其具有两个及以上的运动分支, 增加了研究的复杂性。但一些学者在研究传统并联机构单个运动模式综合的基础上, 进一步拓展到多运动模式的可重构并联机构的型综合。 Galletti 和 Fanghella (2001, 2002) 通过利用特殊的运动副排列, 综合了单环和多环运动转向机构。 Li 和 Hérve (2009) 研究了一类特殊的并联机构的型综合, 其动平台能够在分岔点实现 Schoenflies 运动。 Refaat 等 (2007) 基于李群理论提出了一个在分岔点实现两个运动模式的新机构。 Kong 等 (2007) 综合了一类具有 3 自由度纯平移和 3 自由度纯转动的多运动模式的并联机构。 Gogu (2011) 提出了一个新 1R2T 并联机构, 该机构能在两个正交方向上实现分岔旋转运动。 Gan 等 (2016) 提出了一个可重构转动运动副, 该运动副能限制新的 3rRPS 变胞并联机构独立地实现 3R 和 1T2R 运动。 Lopez-Custodio 等 (2018a, 2018b) 利用双曲面相交曲线发明出多种新型的可重构机构, 并由此开发出线对称、面对称可重构机构, 向机构学领域推出了一套利用曲面相交原理开发可重构机构的方法。

除了采用图论分析变胞机构构态变化的尝试, 采用图论进行变胞机构综合的有 Pucheta 等 (2012) , 引出了采用图论连接变胞机构的两种活动度构态的设计方法。

在目前的研究中, 机构的开发方法各异, 但除了采用重构运动副的方法外, 变胞机构的开发基本上因地制宜、因陋就简, 还没有系统的、普遍适用的方法。在机构的现有设计理念中, 多以拓扑综合为主, 但还没有同时考虑多工况环境功能需求、变胞机构与重构机构本身构型以及活动度变化的综合设计方法。

在变胞机构的性能综合与分析上, 虽然沿用了传统机构的性能分析, 但由于机构拓扑的变化、尺度参数的变化, 目前还没有形成标准的性能分析与性能评估体系。尤其是如何变胞、如何重构、重构的标准以及重构的性能比较、可控奇异位形对机构的影响以及机构分岔性能评估指标, 都有待于研究和解决。因此, 需要建立性能指标体系、性能综合方法与新型设计理念。

新型设计理念需要的是开拓型设计理念, 需要对前述各异的设计进行分析, 研究其共性, 提出其差异, 结合拓扑综合与等效机构法, 结合阿苏尔杆组法与位移群、位移流形等工具, 进行变胞机构构型设计、机构尺度设计、研究面向多变工况的变胞机构设计理论体系, 开发面向任务的多工况性能综合设计方法。

1.4 变胞机构的创新性应用

在变胞机构的应用方面, 北京航空航天大学丁希仑等开发了火星变胞探测车, 该探测车运用变胞原理, 采用杆件变换实现探测车的多种行进方式以适应不同路况与环境的需求 (田娜等, 2004) 。Cui 和 Dai (2011) 、 Wei 等 (2011) 的变胞仿人灵巧手在欧盟项目研究中完成了复杂操作, 并结合变胞手可重构手掌的抓持特性, 与法国并联机构学专家 Gogu 合作采用变胞多指手在肉品加工厂进行了牛肉剔骨操作。

变胞机构与变胞原理也被应用于制造业。杨百翰大学的 Carroll 等 (2005) 提出了机械制造业中的变胞原理, 该原理基于正交机构、变胞机构和柔性机构的交集, 在加工制造中进行机构的演变。 Shi 等 (2009) 利用变胞原理设计了一套印刷机递纸装置。

在太空应用中, 李端玲等 (2002b) 研究了变胞机构在航天工程中的应用。Zhang 等 (2009) 首次将变胞机构应用到太空舱开门机构。

在农业应用中, 王汝贵等 (2013) 开发了变胞机构式码垛机器人, 实现了两自由度与单自由度机构间转变, 既有可控、可调、输出柔性性能, 又有多功能阶段变化、多拓扑结构变化和多自由度变化的特征, 适应于不同任务、场合和工作对象。

在超高压线路修复机器人方面, 李树军等 (2014) 基于提出的变胞机构的等效阻力梯度模型及其设计方法, 以超高压输电线路断股修复机器人为应用背景, 设计了一种变胞捋线机构, 满足了特殊工程背景下的少驱动多自由度要求。耿蒙 (2014) 设计了一种绝缘子检测机器人变胞移动机构。李树军和梁洪启 (2014) 设计了一种应用变胞机构进行折叠的自行车。

在柔性体抓持方面, Ziesmer 和 Voglewede (2009)、Bruzzone 和 Bozzini

(2010) 研制成功了采用变胞夹具的具有柔性关节的微装配机器人。

在医疗健康应用上, Luo 和 Wang (2011) 率先发明了具有多功能变胞手指的新型手术刀器械。王汝贵 (2012) 将变胞机构应用到健身器材, 发明了采用变胞机构的多功能户外健身椅。

1.5 本书概述

本书首先回顾了可重构机构与机器人的发展历史, 尤其着重于分岔演变的运动学分析、综合及其控制方面的研究工作。其次, 从旋量系几何形态与交集计算出发, 第二章针对可重构机构分岔机理的旋量系零空间构造理论, 提出了一种基于代数余子式的旋量系零空间构造扩展方法, 为揭示机构演变及变胞生成机理提供了有力的数学工具。再次, 基于零空间提出了一种通用的系统化的旋量系交集计算方法。最后, 首次结合对偶性和自互易性, 将旋量系的几何形态统一为二次曲面的表达, 进而将此结论推广至一般情况, 将旋量的几何性质与代数表达统一起来, 对讨论旋量系几何形态和设计变胞机构具有重要的指导和借鉴意义。

在前两章的基础上, 本书的第三章、第四章、第五章、第六章和第七章分别从局部特性分析、解析研究、流形分析、几何约束分析、旋量力约束分析、数值分析等不同角度, 系统地阐述了可重构机构分岔与演变的理论机理。其中, 第三章从局部特性出发, 充分应用高阶运动学、矩阵二次型和曲线理论, 归纳总结出分岔的变换特点。第四章从解析分析的角度, 采用位置闭环方程、旋量系几何、旋量系交集等方法, 探讨分岔与演变的变化规律。第五章探讨几何约束的演变与运动分岔的关联。而第六章又从旋量力约束角度给出并联变胞机构的分岔演变。第七章应用几何约束的交集和机构连杆的直纹面变化, 探索可重构机构分岔的数值问题。

本书的前七章基于旋量系几何和交集理论系统分析了可重构机构的分岔演变问题。在此基础上, 本书第八章、第九章进一步深入阐述了可重构机构的综合问题。第八章通过引入李子群和微分流形创造性地提出了变胞机构 / 可重构机构的综合方法, 并设计了多种新型机构。第九章则侧重于运动耦合、分岔构型、曲线求交等方法在可重构机构综合中的应用, 发明了种类繁多的新的可重构机构。

在前九章可重构机构的理论研究的基础上, 第十章将上述理论应用于机器人实际操作中。第十章介绍了可重构机构在变胞爬行机器人、变胞电力机器人等实际场景中的应用, 并通过对关节速度空间的分支切换研究, 实现了变胞爬行机器人的构型切换控制。

第十一章总结了全书并给出主要结论。附录部分详细介绍了与本书紧密相关的李群、李代数等知识。

主要参考文献

戴建生, 2014a. 机构学与机器人学的几何基础与旋量代数 [M]. 北京: 高等教育出版社.

戴建生, 2014b. 旋量代数与李群李代数 [M]. 北京: 高等教育出版社.

戴建生, 丁希仑, 邹慧君, 2005. 变胞原理和变胞机构类型 [J]. 机械工程学报, 41(6): 7-12.

耿蒙, 2014. 绝缘子检测机器人仿足型移动机构 [D]. 沈阳: 东北大学.

黄真, 2011. 论机构的自由度 [M]. 北京: 科学出版社.

李端玲, 戴建生, 张启先, 等, 2002a. 基于构态转换的变胞机构结构综合 [J]. 机械工程学报, 38(7): 12-16.

李端玲, 丁希仑, 战强, 等, 2002b. 变胞机构的机构学理论及在航天中的应用 [C]// 2002 年深空探测技术与应用科学国际会议论文集. 北京: 北京航空航天大学出版社: 229-236.

李树军, 梁洪启, 2014. 基于变胞机构的折叠自行车: 中国, 201420357606.6[P]. 2014-12-10.

李树军, 王洪光, 戴建生, 2014. 变胞机构的等效阻力梯度模型及其设计方法 [J]. 机械工程学报, 50(1): 18-23.

田娜, 丁希仑, 戴建生, 2004. 一种新型的变结构轮 / 腿式探测车机构设计与分析 [J]. 机械设计与研究, (z1): 268-270.

王德伦, 戴建生, 2007. 变胞机构及其综合的理论基础 [J]. 机械工程学报, 43(8):32-42.

王汝贵, 2012. 一种多功能变胞机构及其实现方法: 中国, 201210098594.5[P]. 2012-07-25.

王汝贵, 姜永圣, 蔡敢为, 2013. 一种变胞式码垛机器人机构设计分析 [J]. 装备制造技术, (2): 18-20.

张克涛, 2010. 变胞并联机构的结构设计方法与运动特性研究 [D]. 北京: 北京交通大学.

ANGELES J, 2004. The qualitative synthesis of parallel manipulators[J]. Journal of Mechanical Design, 126(4): 617-624.

BALL R S, 1900. A Treatise on the Theory of Screws[M]. Cambridge: Cambridge University Press.

BANDYOPADHYAY S, GHOSAL A, 2004. Analysis of configuration space singularities of closed-loop mechanisms and parallel manipulators[J]. Mechanism and Machine Theory, 39(5): 519-544.

BRUZZONE L, BOZZINI G, 2010. A flexible joints microassembly robot with metamorphic gripper[J]. Assembly Automation, 30(3): 240-247.

CARROLL D W, MAGLEBY S P, HOWELL L L, et al., 2005. Simplified manufacturing through a metamorhic process for compliant ortho-planar mechanisms[C]// Proceedings of the 2005 ASME International Mechanical Engineering Congress and Exposition. Orlando: ASME: 389-399.

CHEN I M, LI H S, CATHALA A, 2003. Mechatronic design and locomotion of amoebot—a metamorphic underwater vehicle[J]. Journal of Robotic Systems, 20(6): 307-314.

CUI L, DAI J S, 2011. Posture, workspace, and manipulability of the metamorphic multi-fingered hand with an articulated palm[J]. Journal of Mechanisms and Robotics, 3(2): 021001.

DAI J S, 1996. Conceptual design of the dexterous reconfigurable assembly and packaging system (D-RAPS)[C]// Proceedings of the Science and Technology Report. Port Sunlight: Unilever Research: PS960326.

DAI J S, 2012. Finite displacement screw operators with embedded Chasles' motion[J]. Journal of Mechanisms and Robotics, 4(4): 041002.

DAI J S, HOLLAND N, KERR D R, 1995. Finite twist mapping and its application to planar serial manipulators with revolute joints[J]. Proceedings of the Institution of Mechanical Engineers, Part C: Journal of Mechanical Engineering Science, 209(4): 263-271.

DAI J S, HUANG Z, LIPKIN H, 2006. Mobility of overconstrained parallel mechanisms[J]. Journal of Mechanical Design, 128(1): 220-229.

DAI J S, REES JONES J, 1998. Mobility in metamorphic mechanisms of foldable/erectable kinds[C]// Proceedings of 25th ASME Biennial Mechanisms Conference. Atlanta: ASME: DETC98/MECH5902.

DAI J S, REES JONES J, 1999. Mobility in metamorphic mechanisms of foldable/erectable kinds[J]. Journal of Mechanical Design, 121(3): 375-382.

DAI J S, REES JONES J, 2001. Interrelationship between screw systems and corresponding reciprocal systems and applications[J]. Mechanism and Machine Theory, 36(5): 633-651.

DAI J S, REES JONES J, 2002. Null-space construction using cofactors from a screw-algebra context[J]. Proceedings of the Royal Society A: Mathematical, Physical and Engineering Sciences, 458(2024): 1845-1866.

DAI J S, REES JONES J, 2003. A linear algebraic procedure in obtaining reciprocal screw systems[J]. Journal of Robotic Systems, 20(7): 401-412.

DAI J S, ZHANG Q, 2000. Metamorphic mechanisms and their configuration models[J]. Chinese Journal of Mechanical Engineering (English Edition), 13(3): 212-218.

DAI J S, ZOPPI M, KONG X, 2009. Reconfigurable mechanisms and robots[C]// Proceedings of the First ASME/IFToMM International Conference on Reconfigurable Mechanisms and Robotics (ReMAR 2009). London: KC Edizioni.

DAI J S, ZOPPI M, KONG X, 2012. Advances in reconfigurable mechanisms and robots I[C]// Proceedings of the Second ASME/IFToMM International Conference on Reconfigurable Mechanisms and Robots (ReMAR 2012). London: Springer.

DIMENTBERG F M, 1965. The screw calculus and its applications in mechanics (in Russian)[M]. Moscow: Izad, Nauka.

DING X, KONG X, DAI J S, 2015. Advances in reconfigurable mechanisms and robots Ⅱ[C]// Proceedings of the Third ASME/IFToMM International Conference on Reconfigurable Mechanisms and Robots (ReMAR 2015). London: Springer.

GALLETTI C, FANGHELLA P. Single-loop kinematotropic mechanisms[J]. Mechanism and Machine Theory, 2001, 36(6): 743-761.

GALLETTI C, FANGHELLA P, 2002. Multiloop kinematotropic mechanisms[J]. Mechanism and Machine Theory, 36(6):743-761.

GAN D, DAI J S, LIAO Q, 2009. Mobility change in two types of metamorphic parallel mechanisms[J]. Journal of Mechanisms and Robotics, 1(4): 041007.

GAN D, DAI J S, LIAO Q, 2010. Constraint analysis on mobility change of a novel metamorphic parallel mechanism[J]. Mechanism and Machine Theory, 45(12): 1864-1876.

GAN D, DIAS J, SENEVIRATNE L, 2016. Unified kinematics and optimal design of a 3rRPS metamorphic parallel mechanism with a reconfigurable revolute joint[J]. Mechanism and

Machine Theory, 96: 239-254.

GIBSON C, HUNT K, 1990. Geometry of screw systems— 1: screws, genesis and geometry[J]. Mechanism and Machine Theory, 25(1): 1-10.

GOGU G, 2011. Maximally regular T2R1-type parallel manipulators with bifurcated spatial motion[J]. Journal of Mechanisms and Robotics, 3(1): 011010.

HERDER J L, WIJK V V D, 2018. Proceedings of 2018 International Conference on Reconfigurable Mechanisms and Robots (ReMAR 2018)[C]. New York: IEEE.

HERVÉ J M, 1999. The Lie group of rigid body displacements, a fundamental tool for mechanism design[J]. Mechanism and Machine Theory, 34(5): 719-730.

HUANG Z, LI Q, 2003. Type synthesis of symmetrical lower-mobility parallel mechanisms using the constraint-synthesis method[J]. The International Journal of Robotics Research, 22(1): 59-79.

HUANG C, ROTH B, 1994. Analytic expressions for the finite screw systems[J]. Mechanism and Machine Theory, 29(2): 207-222.

HUNT K H, 1978. Kinematic Geometry of Mechanisms[M]. Oxford: Oxford University Press.

HUNT K H, PARKIN I A, 1995. Finite displacements of points, planes, and lines via screw theory[J]. Mechanism and Machine Theory, 30(2): 177-192.

KONG X, GOSSELIN C M, 2004. Type synthesis of 3T1R 4-DOF parallel manipulators based on screw theory[J]. IEEE Transactions on Robotics and Automation, 20(2): 181-190.

KONG X, GOSSELIN C M, RICHARD P L, 2007. Type synthesis of parallel mechanisms with multiple operation modes[J]. Journal of Mechanical Design, 129(6): 595-601.

LEE C C, HERVÉ J M, 2005. Discontinuously movable seven-link mechanisms via group-algebraic approach[J]. Proceedings of the Institution of Mechanical Engineers, Part C: Journal of Mechanical Engineering Science, 219(6): 577-587.

LEE C C, HERVÉ J M, 2007. Cartesian parallel manipulators with pseudoplanar limbs[J]. Journal of Mechanical Design, 129(12): 1256-1264.

LERBET J, 1998. Analytic geometry and singularities of mechanisms[J]. ZAMM-Journal of Applied Mathematics and Mechanics, 78(10): 687-694.

LI S, DAI J S, 2012. Structure synthesis of single-driven metamorphic mechanisms based on the augmented Assur groups[J]. Journal of Mechanisms and Robotics, 4(3): 031004.

LI Q, HERVÉ J M, 2009. Parallel mechanisms with bifurcation of Schoenflies motion[J]. IEEE Transactions on Robotics, 25(1): 158-164.

LI Q, HERVÉ J M, 2014. Type synthesis of 3-DOF RPR-equivalent parallel mechanisms[J]. IEEE Transactions on Robotics, 30(6): 1333-1343.

LOPEZ-CUSTODIO P C, DAI J S, RICO J M, 2018a. Branch reconfiguration of Bricard loops based on toroids intersections: line-symmetric case[J]. Journal of Mechanisms and Robotics. DOI: 10.1115/1.4038981.

LOPEZ-CUSTODIO P C, DAI J S, RICO J M, 2018b. Branch reconfiguration of Bricard loops based on toroids intersections: plane-symmetric case[J]. Journal of Mechanisms and Robotics. DOI: 10.1115/1.4039002.

LUO H, WANG S, 2011. Multi-manipulation with a metamorphic instrumental hand for robot-assisted minimally invasive surgery[C]// Proceedings of the 2011 5th IEEE/ICME

International Conference on Complex Medical Engineering. Harbin: IEEE: 363-368.

MA X, ZHANG K, DAI J S, 2018. Novel spherical-planar and Bennett-spherical 6R metamorphic linkages with reconfigurable motion branches[J]. Mechanism and Machine Theory, 128: 628-647.

MENG J, LIU G, LI Z, 2007. A geometric theory for analysis and synthesis of sub-6 DOF parallel manipulators[J]. IEEE Transactions on Robotics, 23(4): 625-649.

MRUTHYUNJAYA T S, 2003. Kinematic structure of mechanisms revisited[J]. Mechanism and Machine Theory, 38(4): 279-320.

MÜLLER A, 2014. Higher derivatives of the kinematic mapping and some applications[J]. Mechanism and Machine Theory, 76: 70-85.

PUCHETA M A, BUTTI A, TAMELLINI V, et al., 2012. Topological synthesis of planar metamorphic mechanisms for low-voltage circuit breakers[J]. Mechanics Based Design of Structures and Machines, 40(4): 453-468.

QIN Y, DAI J S, GOGU G, 2014. Multi-furcation in a derivative queer-square mechanism[J]. Mechanism and Machine Theory, 81: 36-53.

REFAAT S, HERVÉ J M, NAHAVANDI S, et al., 2007. Two-mode overconstrained three-DOFs rotational-translational linear-motor-based parallel-kinematics mechanism for machine tool applications[J]. Robotica, 25(4): 461-466.

RICO J M, CERVANTES-SÁNCHEZ J J, TADEO-CHÁVEZ A, et al., 2008. New considerations on the theory of type synthesis of fully parallel platforms[J]. Journal of Mechanical Design, 130(11): 112302.

RICO J M, DUFFY J, 1992. Orthogonal spaces and screw systems[J]. Mechanism and Machine Theory, 27(4): 451-458.

RICO J M, GALLARDO J, DUFFY J, 1999. Screw theory and higher order kinematic analysis of open serial and closed chains[J]. Mechanism and Machine Theory, 34(4): 559-586.

ROTH B, 1967. Finite-position theory applied to mechanism synthesis[J]. Journal of Applied Mechanics, 34(3): 599-605.

SCHWAB K, 2017. The Fourth Industrial Revolution[M]. New York: Crown Business.

SHI X, ZHANG X, WANG X, et al., 2009. Configuration design of gripper transfer system based on metamorphic theory[C]// Proceedings of the First ASME/IFToMM International Conference on Reconfigurable Mechanisms and Robotics (ReMAR 2009). London: IEEE: 229-233.

TIAN H, MA H, MA K, 2018. Method for configuration synthesis of metamorphic mechanisms based on functional analyses[J]. Mechanism and Machine Theory, 123: 27-39.

TSAI L W, ROTH B, 1973. Incompletely specified displacements: geometry and spatial linkage synthesis[J]. Journal of Engineering for Industry, 95(2): 603-611.

VALSAMOS C, MOULIANITIS V, ASPRAGATHOS N, 2014. Kinematic synthesis of structures for metamorphic serial manipulators[J]. Journal of Mechanisms and Robotics, 6(4): 041005.

WEI J, DAI J S, 2019. Lie group based type synthesis using transformation configuration space for reconfigurable parallel mechanisms with bifurcation between spherical motion and planar motion[J]. Journal of Mechanical Design, 142(6): 063302.

WEI G, DAI J S, WANG S, et al., 2011. Kinematic analysis and prototype of a metamorphic anthropomorphic hand with a reconfigurable palm[J]. International Journal of Humanoid Robotics, 8(3): 459-479.

WOHLHART K, 1996. Kinematotropic linkages[C]// Recent Advances in Robot Kinematics. Dordrecht: Springer: 359-368.

WU Y, WANG H, LI Z, 2011. Quotient kinematics machines: concept, analysis, and synthesis[J]. Journal of mechanisms and robotics, 3(4): 041004.

XU K, LI L, BAI S, et al., 2017. Design and analysis of a metamorphic mechanism cell for multistage orderly deployable/retractable mechanism[J]. Mechanism and Machine Theory, 111: 85-98.

YAN H, LIU N, 2003. Joint-codes representations for mechanisms and chains with variable topologies[J]. Transactions of the Canadian Society for Mechanical Engineering, 27(1): 131-143.

YANG A T, 1969. Displacement analysis of spatial five-link mechanisms using (3×3) matrices with dual-number elements[J]. Journal of Engineering for Industry, 91(1): 152-156.

YUAN X, ZHOU L, DUAN Y, 2012. Singularity and kinematic bifurcation analysis of pin-bar mechanisms using analogous stiffness method[J]. International Journal of Solids and Structures, 49(10): 1212-1226.

ZHANG K, DAI J S, 2014. A kirigami-inspired 8R linkage and its evolved overconstrained 6R linkages with the rotational symmetry of order two[J]. Journal of Mechanisms and Robotics, 6(2): 021007.

ZHANG K, DAI J S, FANG Y, 2010. Topology and constraint analysis of phase change in the metamorphic chain and its evolved mechanism[J]. Journal of Mechanical Design, 132(12): 121001.

ZHANG W, DING X, DAI J S, 2009. Design and stability of operating mechanism for a spacecraft hatch[J]. Chinese Journal of Aeronautics, 22(4): 453-458.

ZIESMER J A, VOGLEWEDE P A, 2009. Design, analysis, and testing of a metamorphic gripper[C]// Proceedings of the ASME 2009 International Design Engineering Technical Conferences and Computers and Information in Engineering Conference. San Diego, California: ASME:775-780.

ZLATANOV D, BONEV I A, GOSSELIN C, 2002. Constraint singularities of parallel mechanisms[C]// Proceedings of the IEEE International Conference on Robotics and Automation. Washington, USA: IEEE: 496-502.

第二章　旋量系几何形态与交集

旋量理论与旋量代数以其对空间直线运动直观的几何描述和在相关代数运算中集成的数学形式, 成为机构学与机器人学研究中最受欢迎的数学工具之一。本章针对旋量理论中旋量系的零空间构造、旋量系的交集计算与旋量系几何形态等关键问题, 进行了深入的研究。本章的研究成果对丰富和发展旋量系理论与旋量代数, 推进旋量系理论与旋量代数在可重构机构等复杂空间机构中的应用具有重要的理论意义和实用价值。

2.1　基于代数余子式的旋量系零空间构造

Klein (1871) 和 Ball (1871) 同时发现的互易旋量发展并完善了旋量理论与旋量代数, 尤其是旋量互易性的几何关系为旋量理论与旋量代数在机构运动学和静力学中的研究奠定了重要的基础。

旋量系的零空间构造, 也就是互易旋量系的计算, 可以通过 Dai 和 Rees Jones (2002) 提出的旋量系零空间构造理论 (戴建生, 2014a, 2014b) 进行求解。然而, 在构造一些包含相关列向量的旋量系的零空间时, 可能会出现无法得到线性无关的零空间向量的问题。本节对此进行了深入研究与详细阐述, 基于代数余子式, 提出了旋量系零空间构造扩展方法。

本节首先简单介绍了旋量系的零空间及其构造理论。其次, 以 RCCC 机构中一个包含两个相关列向量的四阶旋量系为例引出上述问题, 通过分析由旋量系的基组成的旋量系数矩阵 (包含两个相关列向量) 的结构来研究并解释问题出现的原因, 且给出一种通过挑选不同列向量来获取线性无关解向量的方法。再次, 将对旋量系数矩阵的研究扩展到包含多个相关列向量的情况, 分析不同挑选列与对应零空间向量之间的联系，并由此提出旋量系零空间构造扩展方法。最后，以求解运动链运动旋量系的互易旋量系为例，展示其在机构学中的应用。

2.1.1 旋量系零空间

自 Ball (1900) 发表旋量理论的第一部完整论著以来，旋量理论已经成为分析机构和机器人学的一个重要的数学工具。Klein 和 Ball 几乎同时发现的互易旋量对旋量理论的发展和完善有着重要的作用。旋量及其互易旋量之间的几何关系，为机构的运动学和静力学分析提供了应用旋量的基础。因此，如何方便、有效地获取互易旋量在机构的分析过程中有着重要的意义。

一个旋量系与其互易旋量系之间的关系 (Dai 和 Rees Jones, 2002; 戴建生, 2014a, 2014b) 可以写成

$$\mathbb{S}\Delta\mathbb{S}^r = \mathbf{0} \tag{2-1}$$

式中，旋量系 $\mathbb{S}$ 与互易旋量系 $\mathbb{S}^r$ 为矩阵表示形式，旋量系 $\mathbb{S}$ 由 n 个线性无关的旋量组成，互易旋量系 $\mathbb{S}^r$ 则包含 $6-n$ 个互易旋量；Δ 为对偶算子，其作用是将旋量主部的元素与副部的元素作交换；$\mathbf{0}$ 为一个 $n\times(6-n)$ 阶的零矩阵。

在线性代数的范畴中，零空间也称为核，是齐次线性方程组 $\boldsymbol{AX}=\mathbf{0}$ 的所有解向量的集合 $\boldsymbol{X}$。若将式 (2–1) 表示成如下的齐次线性方程组 (戴建生, 2014a, 2014b; Dai 和 Rees Jones, 2002)

$$\boldsymbol{JB}=\mathbf{0} \tag{2-2}$$

式中，$\boldsymbol{J}$ 是旋量系 $\mathbb{S}$ 的旋量系数矩阵，为由旋量系 $\mathbb{S}$ 的基构成的行向量矩阵表示；$\boldsymbol{B}$ 为互易旋量系 $\mathbb{S}^r$ 在对偶算子作用过后的矩阵表示。那么，已知旋量系 $\mathbb{S}$ 求解互易旋量系 $\mathbb{S}^r$ 的问题则转变为构造式 (2 – 2) 中旋量系数矩阵 $\boldsymbol{J}$ 的零空间的问题。

Dai 和 Rees Jones (2002) 提出矩阵移位分块与逐级增广的概念，将一维零空间的构造方法扩展到多维零空间的构造，给出了可直接用于求解旋量系多维零空间的求解法则和求解齐次方程组的法则，并证明了零空间向量不随选取增广行的不同而变化。这部分的工作被戴建生 (2014a, 2014b) 总结为旋量系零空间构造理论。旋量系零空间构造理论是旋量系理论的重要组成部分。

为了方便对本书中内容的叙述与研究，在此简单介绍下旋量系零空间构造理论。

若齐次线性方程组中包含 k 个未知数和 n 个方程，则式 (2–2) 中系数矩阵 $\boldsymbol{J}$ 为 $n\times k$ 阶的矩阵。当矩阵 $\boldsymbol{J}$ 的秩 $r=n$ 且 $k-n=1$，零空间为一维空间，则可以构造一个与矩阵 $\boldsymbol{J}$ 其他行向量线性无关的行向量 $\boldsymbol{v}_a$ 作为增广向量，表示为

$$
\begin{aligned}
\boldsymbol{v}_a =& \Big((-1)^{r+2}\det \boldsymbol{J}_{c1}, (-1)^{r+3}\det \boldsymbol{J}_{c2}, \cdots, \\
& (-1)^{r+j+1}\det \boldsymbol{J}_{cj}, \cdots, (-1)^{r+k+1}\det \boldsymbol{J}_{ck}\Big)^{\mathrm{T}}
\end{aligned}
\tag{2–3}
$$

式中, $\boldsymbol{J}_{cj}$ 为消去矩阵 $\boldsymbol{J}$ 中第 $j\,(j=1,\cdots,k)$ 列后的子矩阵。

通过系数矩阵 $\boldsymbol{J}$ 的增广行向量的代数余子式可构造其一维零空间, 该零空间具有不变性。一维零空间的表达式为

$$
\boldsymbol{b} = \gamma \begin{pmatrix}
(-1)^{r+2}\left\|\boldsymbol{J}_{c1}\right\| \\
(-1)^{r+3}\left\|\boldsymbol{J}_{c2}\right\| \\
\vdots \\
(-1)^{r+j+1}\left\|\boldsymbol{J}_{cj}\right\| \\
\vdots \\
(-1)^{r+k+1}\left\|\boldsymbol{J}_{ck}\right\|
\end{pmatrix}
\tag{2–4}
$$

式中, γ 为自由参数。

若给定五个线性无关的旋量, 则通过以这些旋量为行向量构建的旋量系数矩阵 $\boldsymbol{J}$ 可获得互易旋量 $\boldsymbol{S}^r$ 为

$$
\boldsymbol{S}^r = \left(\left\|\boldsymbol{J}_{c4}\right\|, -\left\|\boldsymbol{J}_{c5}\right\|, \left\|\boldsymbol{J}_{c6}\right\|, -\left\|\boldsymbol{J}_{c1}\right\|, \left\|\boldsymbol{J}_{c2}\right\|, -\left\|\boldsymbol{J}_{c3}\right\|\right)^{\mathrm{T}}
\tag{2–5}
$$

式中, 互易旋量的主部 (前三个元素) 和副部 (后三个元素) 由式 (2–4) 得出, 通过式 (2–1) 中的对偶算子 Δ 进行互换。

多维零空间可用 $k-n$ 个线性无关的向量构成的矩阵 $\boldsymbol{B}=(\boldsymbol{b}_1, \boldsymbol{b}_2, \cdots, \boldsymbol{b}_{k-n})^{\mathrm{T}}$ 表示, 其零空间向量可以由移位分块后的代数余子式向量构造。

式 (2–2) 给出的多维零空间可以改写为多个一维零空间向量的形式

$$
\begin{cases}
\boldsymbol{J}\boldsymbol{b}_1 = \boldsymbol{0} \\
\boldsymbol{J}\boldsymbol{b}_2 = \boldsymbol{0} \\
\quad\vdots \\
\boldsymbol{J}\boldsymbol{b}_{k-n} = \boldsymbol{0}
\end{cases}
\tag{2–6}
$$

假设 $n=r$, 则一维零空间的增广矩阵法可以扩展到多维零空间来求解向量 $\boldsymbol{b}_1, \boldsymbol{b}_2, \cdots, \boldsymbol{b}_{k-n}$。

1) 矩阵分块

对于第一个零空间向量 $\boldsymbol{b}_1$, 将式 (2–6) 中的系数矩阵 $\boldsymbol{J}$ 分块为子矩阵 $\boldsymbol{J}_1$ 和 $\boldsymbol{J}_2$, 其中 $\boldsymbol{J}_1$ 是前 $r+1$ 列秩为 r 的子矩阵, $\boldsymbol{J}_2$ 是剩余的 $k-r-1$ 列子矩阵, 分块矩

阵的表达式为

$$\begin{pmatrix} \boldsymbol{J}_1 & \vdots & \boldsymbol{J}_2 \end{pmatrix} = \left(\begin{array}{cccc:cc} s_{11} & \cdots & s_{1r} & s_{1(r+1)} & \cdots & s_{1k} \\ \vdots & & \vdots & \vdots & & \vdots \\ s_{r1} & \cdots & s_{rr} & s_{r(r+1)} & \cdots & s_{rk} \end{array}\right) \tag{2-7}$$

式中, s_{ij} 是第 i 个行向量的第 j 个元素, $i=1,\cdots,r$, $j=1,\cdots,k$。

2) 子矩阵增广

在式 (2–7) 分块矩阵的第一个子矩阵中, 采用式 (2–3) 的增广行可增广 $r\times(r+1)$ 子矩阵 $\boldsymbol{J}_1$ 为 $(r+1)\times(r+1)$ 阶合成矩阵 $\boldsymbol{J}_{a1}$。该增广行为一维零空间的代数余子式法构造。零空间向量不随选取增广行的不同而变化, 因此, 增广行采用一组 “$*$” 表示。用 γ_1 表示增广行向量与零空间向量的标量积, 式 (2–7) 可增广为

$$\left(\begin{array}{cccc:cc} s_{11} & \cdots & s_{1r} & s_{1(r+1)} & \cdots & s_{1k} \\ \vdots & & \vdots & \vdots & & \vdots \\ s_{r1} & \cdots & s_{rr} & s_{r(r+1)} & \cdots & s_{rk} \\ * & * & * & * & * & * \end{array}\right) \begin{pmatrix} x_1 \\ \vdots \\ x_r \\ x_{r+1} \\ \hdashline \vdots \\ x_k \end{pmatrix} = \begin{pmatrix} 0 \\ \vdots \\ 0 \\ 0 \\ \vdots \\ \gamma_1 \end{pmatrix} \tag{2-8}$$

式 (2–8) 简化为两个分块增广子矩阵的形式

$$\boldsymbol{J}_{a1}\boldsymbol{b}_{11} + \boldsymbol{J}_{a2}\boldsymbol{b}_{12} = \boldsymbol{\Gamma}_1 \tag{2-9}$$

式中, 矩阵 $\boldsymbol{J}_{a1}$ 是矩阵 $\boldsymbol{J}_1$ 的 $(r+1)\times(r+1)$ 阶增广矩阵; $\boldsymbol{b}_{11}$ 是包含 $r+1$ 个元素的向量; 矩阵 $\boldsymbol{J}_{a2}$ 是矩阵 $\boldsymbol{J}_2$ 的 $(r+1)\times(k-r-1)$ 阶增广矩阵; $\boldsymbol{b}_{12}$ 是包含 $k-r-1$ 个元素的向量; $\boldsymbol{\Gamma}_1$ 是包含 $r+1$ 个元素的向量, 该向量除最后一个元素外, 其余元素均为 0。类似于 Aitken (1939) 对求解其次方程组的相关证明过程, 设定 $\boldsymbol{b}_{12}=\boldsymbol{0}$, 式 (2–9) 可以改写为

$$\boldsymbol{b}_{11} = \boldsymbol{J}_{a1}^{-1}\boldsymbol{\Gamma}_1 \tag{2-10}$$

3) 求解法则

第一个零空间向量可以通过两部分求得。第一部分与求一维零空间的代数余子式法类似, 第二部分则设为 $\boldsymbol{0}$。可以计算出零空间向量 $\boldsymbol{b}_1$ 为

$$\boldsymbol{b}_1 = \begin{pmatrix} \begin{pmatrix} (-1)^{r+2}\left\|\boldsymbol{J}_{1(c1)}\right\| \\ (-1)^{r+3}\left\|\boldsymbol{J}_{1(c2)}\right\| \\ \vdots \\ (-1)^{r+j+1}\left\|\boldsymbol{J}_{1(cj)}\right\| \\ \vdots \\ (-1)^{2r+2}\left\|\boldsymbol{J}_{1(c(r+1))}\right\| \end{pmatrix} \\ \boldsymbol{0}_{(k-r-1)\times 1} \end{pmatrix} \tag{2–11}$$

式中, $\boldsymbol{J}_{1(cj)}$ 为消去矩阵 $\boldsymbol{J}_1$ 中第 j 列后形成的子矩阵。不难看出, 零空间不随增广行的变化而变化。

4) 移位分块与逐级增广

第二个零空间向量 $\boldsymbol{b}_2$ 可以通过将 $r\times(r+1)$ 分块向右移位一列, 然后用新的增广行对移位后的 $r\times(r+1)$ 子矩阵 $\boldsymbol{J}_1$ 增广获得。移位产生如下分块矩阵

$$\left(\boldsymbol{J}_0 \;\vdots\; \boldsymbol{J}_1 \;\vdots\; \boldsymbol{J}_2\right) = \left(\begin{array}{c:cccc:cc} s_{11} & s_{12} & \cdots & s_{1(r+1)} & s_{1(r+2)} & \cdots & s_{1k} \\ \vdots & \vdots & & \vdots & \vdots & & \vdots \\ s_{r1} & s_{r2} & \cdots & s_{r(r+1)} & s_{r(r+2)} & \cdots & s_{rk} \end{array}\right) \tag{2–12}$$

对新产生的 $r\times(r+1)$ 分块矩阵进行增广, 称为逐级增广。类似地, 通过将子矩阵 $\boldsymbol{J}_0$ 与 $\boldsymbol{J}_2$ 对应的解向量中的元素设为 0, 可得第二个零空间向量 $\boldsymbol{b}_2$ 为

$$\boldsymbol{b}_2 = \begin{pmatrix} \begin{pmatrix} 0 \\ (-1)^{r+3}\left\|\boldsymbol{J}_{1(c1)}\right\| \\ (-1)^{r+4}\left\|\boldsymbol{J}_{1(c2)}\right\| \\ \vdots \\ (-1)^{r+j+2}\left\|\boldsymbol{J}_{1(cj)}\right\| \\ \vdots \\ (-1)^{2r+3}\left\|\boldsymbol{J}_{1(c(r+1))}\right\| \end{pmatrix} \\ \boldsymbol{0}_{(k-r-1)\times 1} \end{pmatrix} \tag{2–13}$$

将 $r\times(r+1)$ 分块依次向右移位一列, 逐级增广, 可以获得剩余的解向量, 表

达式为

$$\boldsymbol{b}_i = \begin{pmatrix} \mathbf{0}_{(i-1)\times 1} \\ \begin{pmatrix} (-1)^{r+i+1}\left\|\boldsymbol{J}_{1(c1)}\right\| \\ (-1)^{r+i+2}\left\|\boldsymbol{J}_{1(c2)}\right\| \\ \vdots \\ (-1)^{r+i+j}\left\|\boldsymbol{J}_{1(cj)}\right\| \\ \vdots \\ (-1)^{2r+i+1}\left\|\boldsymbol{J}_{1(c(r+1))}\right\| \end{pmatrix} \\ \mathbf{0}_{(k-r-i)\times 1} \end{pmatrix} \tag{2–14}$$

第 $k-r$ 个解向量的表达式为

$$\boldsymbol{b}_{k-r} = \begin{pmatrix} \mathbf{0}_{(k-r-1)\times 1} \\ \begin{pmatrix} (-1)^{k+1}\left\|\boldsymbol{J}_{1(c1)}\right\| \\ (-1)^{k+2}\left\|\boldsymbol{J}_{1(c2)}\right\| \\ \vdots \\ (-1)^{k+j}\left\|\boldsymbol{J}_{1(cj)}\right\| \\ \vdots \\ (-1)^{k+r+1}\left\|\boldsymbol{J}_{1(c(r+1))}\right\| \end{pmatrix} \end{pmatrix} \tag{2–15}$$

2.1.2 包含两个相关列向量的旋量系零空间构造

图 2–1 所示为一个空间 RCCC 机构 (Sugimoto 和 Duffy, 1982), 其中 R 和 C 分别代表了转动副和圆柱副。如果将连杆 OC 视为基座、连杆 AB 视为动平台, 那么整个机构可以看作一个具有两条支链的并联机构。支链 1 包含一个转动副和一个圆柱副, 支链 2 包含两个圆柱副。若用 $\boldsymbol{S}_{ij}$ 来表示支链运动副的运动旋量 (下标 i 表示支链的序号, 下标 j 表示运动旋量在支链中的序号) , 那么支链 1 中将包含 3 个运动旋量—— $\boldsymbol{S}_{11}$、 $\boldsymbol{S}_{12}$ 和 $\boldsymbol{S}_{13}$ (C 副可以看作一个转动副和一个移动副的组合) , 支链 2 中将包含四个运动旋量—— $\boldsymbol{S}_{21}$、 $\boldsymbol{S}_{22}$、 $\boldsymbol{S}_{23}$ 和 $\boldsymbol{S}_{24}$。建立图示坐标系 O-xyz, 原点 O 为连杆 OA 与转动副轴线的交点, y 轴与运动旋量 $\boldsymbol{S}_{11}$ 的轴线共线, z 轴沿着连杆 OA 与运动旋量 $\boldsymbol{S}_{12}$ 的轴线共线, x 轴遵循右手定则, 其方向与垂直于连杆 OA 的连杆 AB 平行。图示构型下, 运动旋量 $\boldsymbol{S}_{21}$ 和运动旋量 $\boldsymbol{S}_{22}$ 的姿态向

量为 $(1,1,1)^{\mathrm{T}}$, 位置向量 $\boldsymbol{r}_{OC}$ 为 $(x_C,y_C,z_C)^{\mathrm{T}}$、$\boldsymbol{r}_{OA}$ 为 $(0,0,l)^{\mathrm{T}}$。其中, l 为位于 O 点的 R 副与位于 A 点的 C 副之间的距离。

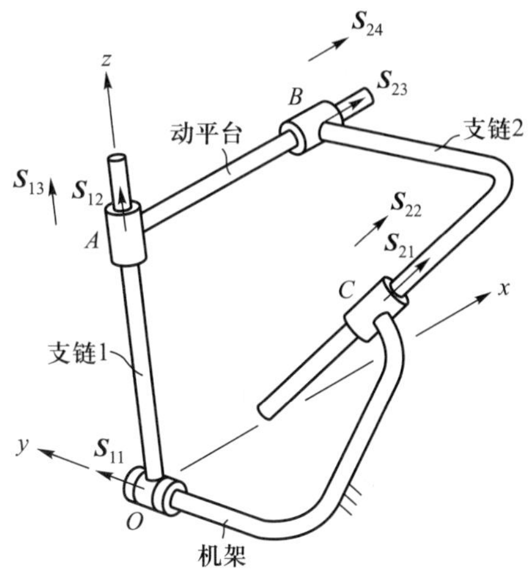

图 **2–1** 空间 **RCCC** 机构

支链 1 和支链 2 的运动旋量系分别为

$$\mathbb{S}_1=\begin{Bmatrix}\boldsymbol{S}_{11}=(0,1,0,0,0,0)^{\mathrm{T}}\\\boldsymbol{S}_{12}=(0,0,1,0,0,0)^{\mathrm{T}}\\\boldsymbol{S}_{13}=(0,0,0,0,0,1)^{\mathrm{T}}\end{Bmatrix}\tag{2–16}$$

$$\mathbb{S}_2=\begin{Bmatrix}\boldsymbol{S}_{21}=(1,1,1,p_C,q_C,r_C)^{\mathrm{T}}\\\boldsymbol{S}_{22}=(0,0,0,1,1,1)^{\mathrm{T}}\\\boldsymbol{S}_{23}=(1,0,0,0,l,0)^{\mathrm{T}}\\\boldsymbol{S}_{24}=(0,0,0,1,0,0)^{\mathrm{T}}\end{Bmatrix}\tag{2–17}$$

式中, p_C、q_C 和 r_C 为标量参数, $p_C=y_C-z_C$, $q_C=z_C-x_C$, $r_C=x_C-y_C$。

为了分析连杆 AB 在这一机构构型下的瞬时运动, 首先需要分别构造机构两条支链运动旋量系的零空间, 即求取它们的互易旋量系。其次, 通过求取这两个互易旋量系的并集, 得到机构动平台的约束旋量系。最后, 通过构造动平台约束旋量系的零空间, 即对动平台约束旋量系求互易, 得到动平台的运动旋量系。该运动旋量系即包含了此机构构型下连杆 AB 的瞬时运动信息。

根据式 (2–16), 很容易可以得到支链 1 的运动旋量系 $\mathbb{S}_1$ 的互易旋量系 $\mathbb{S}_1^r$ 为

$$\mathbb{S}_1^r=\begin{Bmatrix}\boldsymbol{S}_{11}^r=(0,0,0,1,0,0)^{\mathrm{T}}\\\boldsymbol{S}_{12}^r=(1,0,0,0,0,0)^{\mathrm{T}}\\\boldsymbol{S}_{13}^r=(0,1,0,0,0,0)^{\mathrm{T}}\end{Bmatrix}\tag{2–18}$$

对于支链 2 的运动旋量系 $\mathbb{S}_2$, 可以通过旋量系零空间构造理论来计算其互易旋量系 $\mathbb{S}_2^r$。

2.1.2.1 互易旋量系求解步骤

式 (2–17) 中的运动旋量系 $\mathbb{S}_2$ 的矩阵表示为

$$\boldsymbol{J} = \begin{pmatrix} \boldsymbol{v}_1 & \boldsymbol{v}_2 & \boldsymbol{v}_3 & \boldsymbol{v}_4 & \boldsymbol{v}_5 & \boldsymbol{v}_6 \end{pmatrix} = \begin{pmatrix} 1 & 1 & 1 & p_C & q_C & r_C \\ 0 & 0 & 0 & 1 & 1 & 1 \\ 1 & 0 & 0 & 0 & l & 0 \\ 0 & 0 & 0 & 1 & 0 & 0 \end{pmatrix} \tag{2–19}$$

式中, $\boldsymbol{J}$ 为旋量按行排列的系数矩阵; $\boldsymbol{v}_i$ $(i = 1, 2, \cdots, 6)$ 为旋量系数矩阵 $\boldsymbol{J}$ 中的列向量元素。

由于旋量系 $\mathbb{S}_2$ 为一个四阶旋量系, 它的互易旋量系的基将由两个线性无关的旋量组成 (戴建生, 2014a, 2014b)。根据旋量系零空间构造理论来求解其互易旋量系的步骤如下。

1) 矩阵分块

因为需要构造的是一个二维零空间, 式 (2–2) 可改写为两个一维零空间向量的形式

$$\boldsymbol{J}\boldsymbol{b}_1 = \boldsymbol{0} \tag{2–20}$$

$$\boldsymbol{J}\boldsymbol{b}_2 = \boldsymbol{0} \tag{2–21}$$

对于第一个零空间向量 $\boldsymbol{b}_1$, 将式 (2–19) 中的旋量系数矩阵 $\boldsymbol{J}$ 进行第一次分块

$$\boldsymbol{J}_1 = \left(\boldsymbol{J}_{11} \;\vdots\; \boldsymbol{J}_{12} \right) = \left(\begin{array}{ccccc:c} 1 & 1 & 1 & p_C & q_C & r_C \\ 0 & 0 & 0 & 1 & 1 & 1 \\ 1 & 0 & 0 & 0 & l & 0 \\ 0 & 0 & 0 & 1 & 0 & 0 \end{array}\right) \tag{2–22}$$

2) 子矩阵增广

类似于 Aitken (1939) 对求解其次方程组的相关证明过程, 将零空间向量 $\boldsymbol{b}_1$ 的最后一个元素设为 0。在对第一个子矩阵 $\boldsymbol{J}_{11}$ 添加增广行后, 零空间向量 $\boldsymbol{b}_1$ 中的其余五个元素可以通过与构造一维零空间向量 (Dai 和 Rees Jones, 2002; 戴建生, 2014a, 2014b) 相同的方法得到。

3) 求解法则

根据戴建生 (2014a, 2014b), 计算得零空间向量 $\boldsymbol{b}_1$ 为

$$\boldsymbol{b}_1 = \begin{pmatrix} \begin{pmatrix} \left\|\boldsymbol{J}_{11(c1)}\right\| \\ -\left\|\boldsymbol{J}_{11(c2)}\right\| \\ \left\|\boldsymbol{J}_{11(c3)}\right\| \\ -\left\|\boldsymbol{J}_{11(c4)}\right\| \\ \left\|\boldsymbol{J}_{11(c5)}\right\| \end{pmatrix} \\ 0 \end{pmatrix} = (0,1,-1,0,0,0)^{\mathrm{T}} \tag{2-23}$$

式中, $\boldsymbol{J}_{11(cj)}$ 为消去矩阵 $\boldsymbol{J}_{11}$ 中第 j 列后形成的子矩阵。

4) 移位分块与逐级增广

将第一次的分块向右移位一列, 对旋量系数矩阵 $\boldsymbol{J}$ 进行第二次分块

$$\boldsymbol{J}_2 = \left(\boldsymbol{J}_{21} \;\vdots\; \boldsymbol{J}_{22} \right) = \left(\begin{array}{c:ccccc} 1 & 1 & 1 & p_C & q_C & r_C \\ 0 & 0 & 0 & 1 & 1 & 1 \\ 1 & 0 & 0 & 0 & l & 0 \\ 0 & 0 & 0 & 1 & 0 & 0 \end{array} \right) \tag{2-24}$$

第二个零空间向量 $\boldsymbol{b}_2$ 可以通过对子矩阵 $\boldsymbol{J}_{22}$ 增广并求解余子式获得

$$\boldsymbol{b}_2 = \begin{pmatrix} 0 \\ \begin{pmatrix} -\left\|\boldsymbol{J}_{22(c1)}\right\| \\ \left\|\boldsymbol{J}_{22(c2)}\right\| \\ -\left\|\boldsymbol{J}_{22(c3)}\right\| \\ \left\|\boldsymbol{J}_{22(c4)}\right\| \\ -\left\|\boldsymbol{J}_{22(c5)}\right\| \end{pmatrix} \end{pmatrix} = (0,1,-1,0,0,0)^{\mathrm{T}} \tag{2-25}$$

式中, $\boldsymbol{J}_{22(cj)}$ 为消去矩阵 $\boldsymbol{J}_{22}$ 中第 j 列后形成的子矩阵。

可以看到, 式 (2–25) 中求得的第二个零空间向量 $\boldsymbol{b}_2$ 与式 (2–23) 中求得的第一个零空间向量 $\boldsymbol{b}_1$ 完全相同。然而, 旋量系 $\mathbb{S}_2$ 的互易旋量系的基应包含两个线性无关的旋量。这便引出了一个问题, 当用旋量系零空间构造理论构造某些特殊旋量系的零空间时, 可能无法得到一个完整的解空间。接下来, 通过分析这些特殊旋量系具有的特点, 来解释问题产生的原因。

2.1.2.2 线性相关解向量出现的原因

旋量系零空间构造理论可用于构造大多数串联运动链生成的旋量系的互易旋量系。此外, 当分块后用于求解零空间向量的子矩阵不满秩时, 可以采用递归分块法 (戴建生, 2014a, 2014b) 来避免一些可能得到线性相关零空间向量的特殊情况。但是, 在上述例子中, 式 (2–22) 与式 (2–24) 中分块后的子矩阵 $\boldsymbol{J}_{11}$ 和 $\boldsymbol{J}_{22}$ 均为满秩矩阵, 不满足递归分块的条件。为了解释为什么会得到相同的零空间向量 $\boldsymbol{b}_1$ 和 $\boldsymbol{b}_2$, 下面重点研究旋量系列向量元素之间的线性相关性。

一个 n 阶旋量系 $\mathbb{S}$ 可以表示为 n 个线性无关旋量的集合

$$\mathbb{S}=\begin{Bmatrix}\boldsymbol{S}_1\\ \boldsymbol{S}_1\\ \vdots\\ \boldsymbol{S}_n\end{Bmatrix} \tag{2–26}$$

由于每个旋量包含六个元素, 该旋量系同时也可以表示为六个列向量的集合

$$\mathbb{S}=\{\boldsymbol{v}_1 \quad \boldsymbol{v}_2 \quad \boldsymbol{v}_3 \quad \boldsymbol{v}_4 \quad \boldsymbol{v}_5 \quad \boldsymbol{v}_6\} \tag{2–27}$$

其矩阵表示为

$$\boldsymbol{J}=\begin{pmatrix}\boldsymbol{v}_1 & \boldsymbol{v}_2 & \boldsymbol{v}_3 & \boldsymbol{v}_4 & \boldsymbol{v}_5 & \boldsymbol{v}_6\end{pmatrix} \tag{2–28}$$

当 $n=5$ 时, 旋量系 $\mathbb{S}$ 的零空间为一维零空间。该一维零空间的基只含有一个向量 $\boldsymbol{b}$

$$\boldsymbol{b}=(k_1,k_2,k_3,k_4,k_5,k_6)^{\mathrm{T}} \tag{2–29}$$

式中, $k_i\ (i=1,\cdots,6)$ 为向量 $\boldsymbol{b}$ 中的元素。

将式 (2–28) 和式 (2–29) 代入式 (2–2), 则旋量系 $\mathbb{S}$ 的各个列向量之间的线性相关关系如下

$$\sum_{i=1}^{6}k_i\boldsymbol{v}_i=\mathbf{0} \tag{2–30}$$

当 $1\leqslant n<5$ 时, 旋量系 $\mathbb{S}$ 的零空间为多维零空间。该多维零空间的基包含 $6-r$ 个向量 $\boldsymbol{b}_i\ (i=1,\cdots,6-r)$

$$\boldsymbol{b}_i=(k_{i1},k_{i2},k_{i3},k_{i4},k_{i5},k_{i6})^{\mathrm{T}} \tag{2–31}$$

式中, $k_{ij}(j=1,2,\cdots,6)$ 为向量 $\boldsymbol{b}_i$ 中的元素。

同理, 将式 (2–28) 和式 (2–31) 代入式 (2–2), 则旋量系 $\mathbb{S}$ 的各个列向量之间的 $6-r$ 个线性相关关系如下

$$\sum_{j=1}^{6} k_{ij}\boldsymbol{v}_j = \mathbf{0} \quad (i=1,\cdots,6-r) \tag{2–32}$$

定义旋量的线性相关子集 $\mathbb{S}_{\mathrm{ld},i}$ 为包含对应于零空间向量 $\boldsymbol{b}_i$ 决定的具有线性相关关系的列的集合。根据戴建生 (2014a, 2014b), 式 (2–31) 中向量 $\boldsymbol{b}_i$ 的六个元素中至少有一个为 0。因此, 旋量的线性相关子集 $\mathbb{S}_{\mathrm{ld},i}$ 满足

$$\mathbb{S}_{\mathrm{ld},i} \subset \mathbb{S} \tag{2–33}$$

且线性相关子集 $\mathbb{S}_{\mathrm{ld},i}$ 的基数等于对应零空间向量 $\boldsymbol{b}_i$ 中非零元素的个数, 即

$$\mathrm{card}\left(\mathbb{S}_{\mathrm{ld},i}\right) = \mathrm{card}\left(\boldsymbol{b}_i\right) \quad \left(\boldsymbol{b}_i = \{k_{ij} | k_{ij} \neq 0\}\right) \tag{2–34}$$

定义最小线性相关子集 $\mathbb{S}_{\mathrm{ld,min}}$ 为所有线性相关子集 $\mathbb{S}_{\mathrm{ld},i}$ 中基数最小的集合, 即包含最少列数的线性相关列的集合。定义分块子矩阵 $\boldsymbol{J}_p$ 为对旋量系数矩阵 $\boldsymbol{J}$ 进行分块后用于生成零空间解的那部分子矩阵, 例如式 (2–22) 中的子矩阵 $\boldsymbol{J}_{11}$ 和式 (2–24) 中的子矩阵 $\boldsymbol{J}_{22}$。分块子矩阵 $\boldsymbol{J}_p$ 中应包含的列向量的个数为

$$\dim\left(\mathrm{column}\left(\boldsymbol{J}_p\right)\right) = \mathrm{rank}\left(\boldsymbol{J}\right) + 1 = r + 1 \tag{2–35}$$

命题 2.1 假设在用旋量系零空间构造理论构造多维零空间的过程中, 当旋量系中包含的线性相关子集 $\mathbb{S}_{\mathrm{ld}}$ 的基数与分块子矩阵 $\boldsymbol{J}_p$ 的列数满足如下关系时

$$\mathrm{card}\left(\mathbb{S}_{\mathrm{ld}}\right) < \dim\left(\mathrm{column}\left(\boldsymbol{J}_p\right)\right) \tag{2–36}$$

则在多次分块中, 对始终包含线性相关子集 $\mathbb{S}_{\mathrm{ld}}$ 的分块子矩阵 $\boldsymbol{J}_p$ 求解得到的零空间向量总是线性相关的。

注意: 当分块子矩阵 $\boldsymbol{J}_p$ 同时包含多组线性相关子集 $\mathbb{S}_{\mathrm{ld}}$ 时, 得到的零空间解向量取决于这多组线性相关子集 $\mathbb{S}_{\mathrm{ld}}$ 中的最小线性相关子集 $\mathbb{S}_{\mathrm{ld,min}}$。

证明 式 (2–36) 给出了分块子矩阵 $\boldsymbol{J}_p$ 存在不同的分块中同时包含同一个线性相关子集 $\mathbb{S}_{\mathrm{ld}}$ 的可能性的前提条件。假设一个包含 m 个列向量的系数矩阵 $\boldsymbol{J}$ 为

$$\boldsymbol{J} = \begin{pmatrix} \boldsymbol{v}_1 & \boldsymbol{v}_2 & \cdots & \boldsymbol{v}_a & \boldsymbol{v}_{a+1} & \cdots & \boldsymbol{v}_m \end{pmatrix} \tag{2–37}$$

式中, $\boldsymbol{v}_k$ $(k=1,2,\cdots,m)$ 为矩阵 $\boldsymbol{J}$ 的列向量元素 (对于旋量系数矩阵来说, $m=6$), 下标 k 为该列向量元素序号, a 为 1 到 $m-1$ 中的任一常数, 且在 m 个列

向量中, 除了列向量 $\boldsymbol{v}_a$ 与列向量 $\boldsymbol{v}_{a+1}$ 线性相关, 其余任意两个向量均线性无关。可以写出该旋量系的一个线性相关子集 $\mathbb{S}_{\mathrm{ld}}$ 如下

$$\mathbb{S}_{\mathrm{ld}} = \{\boldsymbol{v}_a, \boldsymbol{v}_{a+1}\} \tag{2–38}$$

列向量 $\boldsymbol{v}_a$ 与列向量 $\boldsymbol{v}_{a+1}$ 之间的线性相关关系可以表述为

$$k_1\boldsymbol{v}_a + k_2\boldsymbol{v}_{a+1} = 0 \tag{2–39}$$

式中, k_1 和 k_2 为非零常数。式 (2–39) 还可以写成

$$\boldsymbol{v}_{a+1} = k\boldsymbol{v}_a \tag{2–40}$$

式中, $k = -\dfrac{k_1}{k_2}$。将式 (2–40) 代入式 (2–37), 系数矩阵 $\boldsymbol{J}$ 改写为

$$\boldsymbol{J} = \begin{pmatrix} \boldsymbol{v}_1 & \boldsymbol{v}_2 & \cdots & \boldsymbol{v}_a & k\boldsymbol{v}_a & \cdots & \boldsymbol{v}_m \end{pmatrix} \tag{2–41}$$

对于所有包含线性相关子集 $\mathbb{S}_{\mathrm{ld}}$ 的分块, 其分块形式均可以表示为

$$\begin{aligned} \boldsymbol{J} &= \left(\boldsymbol{J}_1 \mid \boldsymbol{J}_2 \mid \boldsymbol{J}_3 \right) \\ &= \left(\boldsymbol{v}_1 \quad \boldsymbol{v}_2 \quad \cdots \mid \boldsymbol{v}_p \quad \cdots \quad \boldsymbol{v}_a \quad k\boldsymbol{v}_a \quad \cdots \quad \boldsymbol{v}_q \mid \cdots \quad \boldsymbol{v}_m \right) \end{aligned} \tag{2–42}$$

式中, p 和 q 为标量常数, 分别代表了分块子矩阵 $\boldsymbol{J}_2$ 中的第一列和最后一列元素的序号。因此, 对应于式 (2–42) 中的分块, 令矩阵 $\boldsymbol{J}$ 的零空间向量为 $\boldsymbol{B} = \left(\boldsymbol{b}_{p1} \mid \boldsymbol{b}_{p2} \mid \boldsymbol{b}_{p3} \right)^{\mathrm{T}}$, 齐次线性方程组 $\boldsymbol{JB} = \boldsymbol{0}$ 可以写为

$$\boldsymbol{J}_1\boldsymbol{b}_{p1} + \boldsymbol{J}_2\boldsymbol{b}_{p2} + \boldsymbol{J}_3\boldsymbol{b}_{p3} = \boldsymbol{0} \tag{2–43}$$

将零空间向量 $\boldsymbol{B}$ 中第一个分块和第三个分块内的所有元素设为 0, 即令 $\boldsymbol{b}_{p1} = \boldsymbol{0}$ 与 $\boldsymbol{b}_{p3} = \boldsymbol{0}$, 通过分块子矩阵 $\boldsymbol{J}_2$ 的余子式计算得到 $\boldsymbol{b}_{p2}$ 为

$$\boldsymbol{b}_{p2} = (0, \cdots, 0, kt, -t, 0, \cdots, 0)^{\mathrm{T}} \tag{2–44}$$

式中, 除了第 a 列和第 $a+1$ 列分别为 kt 和 $-t$ 之外, 其他所有元素均为 0, 参数 t 等于消去分块子矩阵 $\boldsymbol{J}_2$ 中第 $a+1$ 列后的矩阵的行列式的值。因此, 零空间向量 $\boldsymbol{B}$ 为

$$\boldsymbol{B} = \left(\boldsymbol{b}_{p1} \mid \boldsymbol{b}_{p2} \mid \boldsymbol{b}_{p3} \right)^{\mathrm{T}} = \left(0, \ \cdots, \mid 0, \ \cdots, \ kt, \ -t, \ \cdots, \ 0, \mid \cdots, \ 0 \right)^{\mathrm{T}} \tag{2–45}$$

由于参数 t 为非零常数, 式 (2–45) 可以化简为

$$\boldsymbol{B} = (0, \cdots, 0, -k, 1, 0, \cdots, 0)^{\mathrm{T}} \tag{2–46}$$

对于不同的分块, 若分块子矩阵 $\boldsymbol{J}_2$ 中始终包含线性相关子集 $\mathbb{S}_{\mathrm{ld}}$, 也就是说线性相关的列向量 $\boldsymbol{v}_a$ 和 $\boldsymbol{v}_{a+1}$ 始终存在于分块后的子矩阵 $\boldsymbol{J}_2$ 中时, 不管参数 p、q 和 t 如何变化, 最终的零空间向量 $\boldsymbol{B}$ 总是可以化简成式 (2–46) 的形式。这意味着, 对始终包含由两个线性相关列构成的线性相关子集 $\mathbb{S}_{\mathrm{ld}}$ 的分块子矩阵 $\boldsymbol{J}_p$ 求解后, 得到的零空间向量总会线性相关。在旋量系数矩阵包含两个相关列向量的情况下, 命题 2.1 得证。对于旋量系数矩阵包含三个或更多相关列向量的情况下, 在满足式 (2–36) 的前提条件下, 命题 2.1 可以通过类似的过程来进行证明。

命题 2.1 很好地解释了在构造空间 RCCC 机构的运动旋量系 $\mathbb{S}_2$ 的零空间过程中, 会出现式 (2–25) 中的第二个零空间向量 $\boldsymbol{b}_2$ 与式 (2–23) 中的第一个零空间向量 $\boldsymbol{b}_1$ 完全相同的原因。在上述例子中, 通过观察式 (2–19), 很容易得到此旋量系的最小线性相关子集 $\mathbb{S}_{\mathrm{ld,min}}$ 为

$$\mathbb{S}_{\mathrm{ld,min}} = \{\boldsymbol{v}_2, \boldsymbol{v}_3\} \tag{2–47}$$

根据式 (2–35), 该例中的分块子矩阵 $\boldsymbol{J}_p$ 应包含的列向量个数为

$$\dim(\mathrm{column}(\boldsymbol{J}_p)) = 5 \tag{2–48}$$

由于 $\mathrm{card}(\mathbb{S}_{\mathrm{ld,min}}) = 2 < \dim(\mathrm{column}(\boldsymbol{J}_p)) = 5$, 满足式 (2–36) 中分块子矩阵 $\boldsymbol{J}_p$ 存在不同的分块中同时包含最小线性相关子集 $\mathbb{S}_{\mathrm{ld,min}}$ 的可能性的前提条件。而在式 (2–22) 与式 (2–24) 所示的两次分块过程中, 它们的两个分块子矩阵 $\boldsymbol{J}_{11}$ 和 $\boldsymbol{J}_{22}$ 均包含最小线性相关子集 $\mathbb{S}_{\mathrm{ld,min}}$。因此根据命题 2.1, 由这两个分块子矩阵计算出的零空间解向量 $\boldsymbol{b}_1$ 和 $\boldsymbol{b}_2$ 线性相关。在计算过程中, 由于最小线性相关子集 $\mathbb{S}_{\mathrm{ld,min}}$ 包含的列向量 $\boldsymbol{v}_2$ 和 $\boldsymbol{v}_3$ 为两列完全相同的列向量, 参数 t 的值不变, 导致最终的两个零空间解向量 $\boldsymbol{b}_1$ 和 $\boldsymbol{b}_2$ 不仅线性相关, 而且完全相同。

2.1.2.3 线性无关解向量的获取

为了能求解出空间 RCCC 机构的运动旋量系 $\mathbb{S}_2$ 的两个线性无关的零空间解向量, 根据命题 2.1, 应避免两次分块过程中分块子矩阵 $\boldsymbol{J}_p$ 同时包含最小线性相关子集 $\mathbb{S}_{\mathrm{ld,min}}$ 的情况出现。也就是说, 用于求解零空间向量的分块子矩阵 $\boldsymbol{J}_p$ 在第一次分块中若包含了列向量 $\boldsymbol{v}_2$ 和 $\boldsymbol{v}_3$, 在第二次分块中则不能再同时包含这两个列向量。如果通过自由选取不同的列的组合来构造新分块子矩阵, 而不是简单地将矩阵分块向右移动一列, 即人为地重新排列旋量系数矩阵 $\boldsymbol{J}$ 中列向量的顺序, 再进行分块, 利用分块子矩阵的余子式构造零空间解向量, 便可以避免二次分块中出现相同线性相关列的情况。然而, 为了保持等式 (2–2) 恒成立, 根据线性代数中的初等列变换定理, 在系数矩阵 $\boldsymbol{J}$ 中的列向量被重新排列后, 对应的零空间向量中元素的位置序列将随之发生变化。因此, 新获得的零空间向量中的元素需要依照列向量被重

新排列的顺序恢复到原来的位置。一般来说, 上述列变换的操作不会影响到最终的零空间向量结果。下文给出了一种通过列变换求解出空间 RCCC 机构的四阶运动旋量系 $\mathbb{S}_2$ 的两个线性无关的零空间解向量的方法。

首先, 按照式 (2–22) 的分块与式 (2–23) 的求解过程, 通过旋量系零空间构造理论, 求得第一个零空间向量 $\boldsymbol{b}_1$ 为

$$\boldsymbol{b}_1 = (0, 1, -1, 0, 0, 0)^{\mathrm{T}} \tag{2–49}$$

其次, 由于第一次分块过程中, 分块子矩阵 $\boldsymbol{J}_{11}$ 已经包含了最小线性相关子集 $\mathbb{S}_{\mathrm{ld,min}}$ 中的所有列向量元素, 第二次分块需要避免再次包含这些列向量元素。重新排列式 (2–19) 的旋量系数矩阵 $\boldsymbol{J}$ 中列向量的顺序, 挑选第一列 $\boldsymbol{v}_1$、第二列 $\boldsymbol{v}_2$、第四列 $\boldsymbol{v}_4$、第五列 $\boldsymbol{v}_5$ 和第六列 $\boldsymbol{v}_6$ 作为新分块子矩阵 $\boldsymbol{J}_{31}$ 中的列向量元素, 而将最小线性相关子集 $\mathbb{S}_{\mathrm{ld,min}}$ 中的另一个列向量元素 $\boldsymbol{v}_3$ 放置于子矩阵 $\boldsymbol{J}_{32}$ 中, 将系数矩阵 $\boldsymbol{J}$ 进行第二次的分块如下

$$\begin{aligned} \boldsymbol{J}_3 &= \left(\begin{array}{c:c} \boldsymbol{J}_{31} & \boldsymbol{J}_{32} \end{array}\right) \\ &= \left(\begin{array}{ccccc:c} \boldsymbol{v}_1 & \boldsymbol{v}_2 & \boldsymbol{v}_4 & \boldsymbol{v}_5 & \boldsymbol{v}_6 & \boldsymbol{v}_3 \end{array}\right) \\ &= \left(\begin{array}{ccccc:c} 1 & 1 & p_C & q_C & r_C & 1 \\ 0 & 0 & 1 & 1 & 1 & 0 \\ 1 & 0 & 0 & l & 0 & 0 \\ 0 & 0 & 1 & 0 & 0 & 0 \end{array}\right) \end{aligned} \tag{2–50}$$

可以看出, 此时式 (2–50) 中的分块子矩阵 $\boldsymbol{J}_{31}$ 中不再包含最小线性相关子集 $\mathbb{S}_{\mathrm{ld,min}}$, 根据新的分块子矩阵 $\boldsymbol{J}_{31}$ 计算其对应的零空间向量 $\boldsymbol{b}_2'$, 可得

$$\begin{aligned} \boldsymbol{b}_2' &= \begin{pmatrix} \begin{pmatrix} \left\|\boldsymbol{J}_{31(c1)}\right\| \\ -\left\|\boldsymbol{J}_{31(c2)}\right\| \\ \left\|\boldsymbol{J}_{31(c3)}\right\| \\ -\left\|\boldsymbol{J}_{31(c4)}\right\| \\ \left\|\boldsymbol{J}_{31(c5)}\right\| \end{pmatrix} \\ 0 \end{pmatrix} \\ &= (-l, l + r_C - q_C, 0, 1, -1, 0)^{\mathrm{T}} \end{aligned} \tag{2–51}$$

依照式 (2–50) 中列向量被重新排列的顺序, 将零空间向量 $\boldsymbol{b}_2'$ 中的元素换回最初的位置, 即: 零空间向量 $\boldsymbol{b}_2'$ 中的前两个元素保持不变, 第三个元素换至第四列, 第四个元素换至第五列, 第五个元素换至第六列, 第六个元素换至第三列。由此可

以得到旋量系的第二个零空间向量 $\boldsymbol{b}_2$ 为

$$\boldsymbol{b}_2 = (-l, l + r_C - q_C, 0, 0, 1, -1)^{\mathrm{T}} \tag{2-52}$$

最后, 将零空间向量 $\boldsymbol{b}_1$ 和 $\boldsymbol{b}_2$ 作对偶算子运算, 即将向量中的前三个元素与后三个元素作交换, 得到运动旋量系 $\mathbb{S}_2$ 的互易旋量系 $\mathbb{S}_2^r$ 为

$$\mathbb{S}_2^r = \left\{ \begin{aligned} &\boldsymbol{S}_{21}^r = (0, 0, 0, 0, -1, 1)^{\mathrm{T}} \\ &\boldsymbol{S}_{22}^r = (0, 1, -1, -l, l + r_C - q_C, 0)^{\mathrm{T}} \end{aligned} \right\} \tag{2-53}$$

2.1.3 包含多个相关列向量的旋量系零空间构造

2.1.2 节中以空间 RCCC 机构支链 2 的四阶运动旋量系 $\mathbb{S}_2$ 为例, 介绍了一种求解包含两个相关列向量的旋量系零空间构造方法。在该机构的旋量系 $\mathbb{S}_2$ 中, 仅包含一组相关的列向量。本节对包含多个相关列向量的旋量系进行探究, 重点研究分块子矩阵 $\boldsymbol{J}_p$ 中不同的挑选列与其求解得到的零空间向量之间的联系, 并给出对应的求解线性无关零空间向量的方法。

2.1.3.1 不同挑选列与对应零空间向量之间的联系

图 2-2 所示为某一并联机构中一条支链的瞬时构型, 该支链由三个转动副构成。此构型下, 支链的运动旋量系 $\mathbb{S}_1$ 为

$$\mathbb{S}_1 = \left\{ \begin{aligned} &\boldsymbol{S}_{11} = (0, -1, -1, -1, 1, -1)^{\mathrm{T}} \\ &\boldsymbol{S}_{12} = (-1, -1, 0, 1, -1, 1)^{\mathrm{T}} \\ &\boldsymbol{S}_{13} = (-1, -1, 0, 0, 0, 2)^{\mathrm{T}} \end{aligned} \right\} \tag{2-54}$$

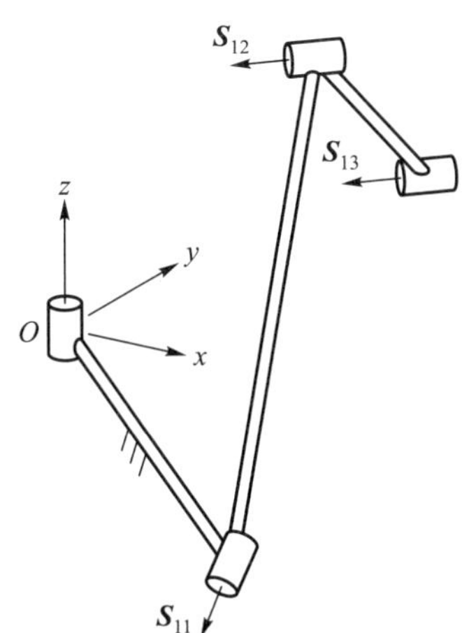

图 2-2 并联机构的三阶旋量系支链

运动旋量系 $\mathbb{S}_1$ 的矩阵表示可以写成

$$\boldsymbol{J}=\begin{pmatrix}\boldsymbol{v}_1 & \boldsymbol{v}_2 & \boldsymbol{v}_3 & \boldsymbol{v}_4 & \boldsymbol{v}_5 & \boldsymbol{v}_6\end{pmatrix} =\begin{pmatrix}0 & -1 & -1 & -1 & 1 & -1\\ -1 & -1 & 0 & 1 & -1 & 1\\ -1 & -1 & 0 & 0 & 0 & 2\end{pmatrix} \tag{2–55}$$

式中, 前三个列向量 $\boldsymbol{v}_1$、$\boldsymbol{v}_2$ 和 $\boldsymbol{v}_3$ 线性相关, 第四个列向量 $\boldsymbol{v}_4$ 与第五个列向量 $\boldsymbol{v}_5$ 线性相关。因此, 该旋量系中至少存在两个线性相关子集如下

$$\mathbb{S}_{\mathrm{ld},1}=\{\boldsymbol{v}_1,\boldsymbol{v}_2,\boldsymbol{v}_3\} \tag{2–56}$$

$$\mathbb{S}_{\mathrm{ld},2}=\{\boldsymbol{v}_4,\boldsymbol{v}_5\} \tag{2–57}$$

为了进一步验证命题 2.1 的正确性, 对式 (2–54) 中的运动旋量系 $\mathbb{S}_1$, 分析研究其分块子矩阵 $\boldsymbol{J}_p$ 中的列向量的不同挑选方式与对应零空间向量之间的联系。

由于旋量系数矩阵 $\boldsymbol{J}$ 的秩为

$$\mathrm{rank}\,(\boldsymbol{J})=3 \tag{2–58}$$

分块子矩阵 $\boldsymbol{J}_p$ 中应包含的列向量的个数等于

$$\dim\,(\mathrm{column}\,(\boldsymbol{J}_p))=4 \tag{2–59}$$

通过重新排列旋量系数矩阵 $\boldsymbol{J}$ 中的列向量, 选取前四个列向量作为分块子矩阵 $\boldsymbol{J}_p$ 中的列向量的方式对矩阵 $\boldsymbol{J}$ 进行分块, 共有 $\mathrm{C}_6^4=15$ 种不同的分块方式。重新排列后的分块旋量系数矩阵中的第一个子矩阵 $\boldsymbol{J}_{11}$ 即为分块子矩阵 $\boldsymbol{J}_p$, 由四个列向量组成, 第二个子矩阵 $\boldsymbol{J}_{12}$ 由两个列向量组成。表 2 – 1 给出了十五种分块方式及其对应的零空间向量。

表 2–1　十五种分块方式及其对应的零空间向量

分块方式序号	分块子矩阵 $\boldsymbol{J}_p$ 中的列向量	对应的零空间向量
(1)	$\boldsymbol{v}_1,\ \boldsymbol{v}_2,\ \boldsymbol{v}_3,\ \boldsymbol{v}_4$	$\boldsymbol{b}_1=(-1,1,-1,0,0,0)^{\mathrm{T}}$
(2)	$\boldsymbol{v}_1,\ \boldsymbol{v}_2,\ \boldsymbol{v}_3,\ \boldsymbol{v}_5$	$\boldsymbol{b}_2=(-1,1,-1,0,0,0)^{\mathrm{T}}$
(3)	$\boldsymbol{v}_1,\boldsymbol{v}_2,\boldsymbol{v}_3,\boldsymbol{v}_6$	$\boldsymbol{b}_3=(-1,1,-1,0,0,0)^{\mathrm{T}}$
(4)	$\boldsymbol{v}_1,\ \boldsymbol{v}_3,\ \boldsymbol{v}_4,\ \boldsymbol{v}_5$	$\boldsymbol{b}_4=(0,0,0,1,1,0)^{\mathrm{T}}$
(5)	$\boldsymbol{v}_1,\ \boldsymbol{v}_3,\ \boldsymbol{v}_4,\ \boldsymbol{v}_6$	$\boldsymbol{b}_5=(2,0,-2,1,0,1)^{\mathrm{T}}$
(6)	$\boldsymbol{v}_1,\ \boldsymbol{v}_3,\ \boldsymbol{v}_5,\ \boldsymbol{v}_6$	$\boldsymbol{b}_6=(2,0,-2,0,1,-1)^{\mathrm{T}}$
(7)	$\boldsymbol{v}_1,\ \boldsymbol{v}_2,\ \boldsymbol{v}_4,\ \boldsymbol{v}_5$	$\boldsymbol{b}_7=(0,0,0,1,1,0)^{\mathrm{T}}$
(8)	$\boldsymbol{v}_1,\ \boldsymbol{v}_2,\ \boldsymbol{v}_4,\ \boldsymbol{v}_6$	$\boldsymbol{b}_8=(4,-2,0,1,0,1)^{\mathrm{T}}$

续表

分块方式序号	分块子矩阵 $\boldsymbol{J}_p$ 中的列向量	对应的零空间向量
(9)	$\boldsymbol{v}_1$, $\boldsymbol{v}_2$, $\boldsymbol{v}_5$, $\boldsymbol{v}_6$	$\boldsymbol{b}_9=(-4,2,0,0,1,-1)^{\mathrm{T}}$
(10)	$\boldsymbol{v}_1$, $\boldsymbol{v}_4$, $\boldsymbol{v}_5$, $\boldsymbol{v}_6$	$\boldsymbol{b}_{10}=(0,0,0,2,2,0)^{\mathrm{T}}$
(11)	$\boldsymbol{v}_2$, $\boldsymbol{v}_3$, $\boldsymbol{v}_4$, $\boldsymbol{v}_5$	$\boldsymbol{b}_{11}=(0,0,0,1,1,0)^{\mathrm{T}}$
(12)	$\boldsymbol{v}_2$, $\boldsymbol{v}_3$, $\boldsymbol{v}_4$, $\boldsymbol{v}_6$	$\boldsymbol{b}_{12}=(0,2,-4,1,0,1)^{\mathrm{T}}$
(13)	$\boldsymbol{v}_2$, $\boldsymbol{v}_3$, $\boldsymbol{v}_5$, $\boldsymbol{v}_6$	$\boldsymbol{b}_{13}=(0,-2,4,0,1,-1)^{\mathrm{T}}$
(14)	$\boldsymbol{v}_2$, $\boldsymbol{v}_4$, $\boldsymbol{v}_5$, $\boldsymbol{v}_6$	$\boldsymbol{b}_{14}=(0,0,0,4,4,0)^{\mathrm{T}}$
(15)	$\boldsymbol{v}_3$, $\boldsymbol{v}_4$, $\boldsymbol{v}_5$, $\boldsymbol{v}_6$	$\boldsymbol{b}_{15}=(0,0,0,2,2,0)^{\mathrm{T}}$

如前所述，支链的运动旋量系数矩阵 $\boldsymbol{J}$ 中至少存在两个线性相关子集 $\mathbb{S}_{\mathrm{ld},1}$ 和 $\mathbb{S}_{\mathrm{ld},2}$。对于线性相关子集 $\mathbb{S}_{\mathrm{ld},1}$，由于

$$\mathrm{card}\left(\mathbb{S}_{\mathrm{ld},1}\right)=3<\dim\left(\mathrm{column}\left(\boldsymbol{J}_p\right)\right)=4 \tag{2-60}$$

满足命题 2.1 中的前提条件。那么根据该命题，由包含线性相关子集 $\mathbb{S}_{\mathrm{ld},1}$ 的分块子矩阵 $\boldsymbol{J}_p$ 推导出的所有零空间向量总是线性相关。观察表 2–1，可以发现，在给出的十五种分块方式中，分块子矩阵 $\boldsymbol{J}_p$ 中同时包含线性相关子集 $\mathbb{S}_{\mathrm{ld},1}$ 的三个元素 $\boldsymbol{v}_1$、$\boldsymbol{v}_2$ 和 $\boldsymbol{v}_3$ 的分块方式有方式 (1)、方式 (2) 和方式 (3)，且其所对应的零空间向量 $\boldsymbol{b}_1$、$\boldsymbol{b}_2$ 和 $\boldsymbol{b}_3$ 线性相关。

类似地，对于线性相关子集 $\mathbb{S}_{\mathrm{ld},2}$，有

$$\mathrm{card}\left(\mathbb{S}_{\mathrm{ld},2}\right)=2<\dim\left(\mathrm{column}\left(\boldsymbol{J}_p\right)\right)=4 \tag{2-61}$$

满足命题 2.1 中的前提条件。观察表 2–1，可以发现，分块子矩阵 $\boldsymbol{J}_p$ 中同时包含线性相关子集 $\mathbb{S}_{\mathrm{ld},2}$ 的两个元素 $\boldsymbol{v}_4$ 和 $\boldsymbol{v}_5$ 的分块方式有方式 (4)、方式 (7)、方式 (10)、方式 (11)、方式 (14) 和方式 (15)，且其所对应的零空间向量 $\boldsymbol{b}_4$、$\boldsymbol{b}_7$、$\boldsymbol{b}_{10}$、$\boldsymbol{b}_{11}$、$\boldsymbol{b}_{14}$ 和 $\boldsymbol{b}_{15}$ 也满足线性相关。

2.1.3.2 线性无关解向量的获取

如果采用旋量系零空间构造理论来求解式 (2–55) 中旋量系数矩阵 $\boldsymbol{J}$ 的零空间，那么，由于矩阵 $\boldsymbol{J}$ 的秩为 3，需要通过三次分块来求解三个零空间向量。其中，第一次的分块子矩阵 $\boldsymbol{J}_{11}$ 为

$$\boldsymbol{J}_{11}=\begin{pmatrix}\boldsymbol{v}_1 & \boldsymbol{v}_2 & \boldsymbol{v}_3 & \boldsymbol{v}_4\end{pmatrix} \tag{2-62}$$

将第一次分块中的分块子矩阵右移一列，可以得到第二次的分块子矩阵 $\boldsymbol{J}_{21}$ 为

$$\boldsymbol{J}_{21}=\begin{pmatrix}\boldsymbol{v}_2 & \boldsymbol{v}_3 & \boldsymbol{v}_4 & \boldsymbol{v}_5\end{pmatrix} \tag{2-63}$$

再将第二次分块中的分块子矩阵右移一列, 得到第三次的分块子矩阵 $\boldsymbol{J}_{31}$ 为

$$\boldsymbol{J}_{31}=\begin{pmatrix}\boldsymbol{v}_3 & \boldsymbol{v}_4 & \boldsymbol{v}_5 & \boldsymbol{v}_6\end{pmatrix} \tag{2-64}$$

根据分块子矩阵 $\boldsymbol{J}_{11}$、 $\boldsymbol{J}_{21}$ 和 $\boldsymbol{J}_{31}$ 中包含的不同列向量, 可以得到这三种不同的分块方式分别对应于表 2–1 中的方式 (1)、方式 (11) 和方式 (15), 它们对应的零空间向量为

$$\begin{cases}\boldsymbol{b}_1=(-1,1,-1,0,0,0)^{\mathrm{T}}\\ \boldsymbol{b}_{11}=(0,0,0,1,1,0)^{\mathrm{T}}\\ \boldsymbol{b}_{15}=(0,0,0,2,2,0)^{\mathrm{T}}\end{cases} \tag{2-65}$$

式中, 由于分块子矩阵 $\boldsymbol{J}_{21}$ 和 $\boldsymbol{J}_{31}$ 中均包含了线性相关子集 $\mathbb{S}_{\mathrm{ld},2}$ 的两个元素 $\boldsymbol{v}_4$ 和 $\boldsymbol{v}_5$, 零空间向量 $\boldsymbol{b}_{11}$ 和 $\boldsymbol{b}_{15}$ 线性相关。这意味着由旋量系零空间构造理论构造出的零空间并不完整。为了构造矩阵 $\boldsymbol{J}$ 的完整的零空间, 应避免命题 2.1 中的导致可能产生线性相关零空间向量的原因的出现。由式 (2–62) 可以看出第一次的分块子矩阵 $\boldsymbol{J}_{11}$ 已经包含线性相关子集 $\mathbb{S}_{\mathrm{ld},1}$ 中的所有元素, 由式 (2–63) 可以看出第二次的分块子矩阵 $\boldsymbol{J}_{21}$ 已经包含线性相关子集 $\mathbb{S}_{\mathrm{ld},2}$ 中的所有元素, 因此, 第三次分块的分块子矩阵 $\boldsymbol{J}_{31}$ 既不能重复包含线性相关子集 $\mathbb{S}_{\mathrm{ld},1}$ 中的所有元素, 也不能包含线性相关子集 $\mathbb{S}_{\mathrm{ld},2}$ 中的所有元素。根据表 2–1, 满足分块子矩阵 $\boldsymbol{J}_{31}$ 的选取要求的分块方式有方式 (5)、方式 (6)、方式 (8)、方式 (9)、方式 (12) 和方式 (13), 任选一种分块方式, 其求得的零空间向量将与前两次分块得到的零空间向量线性无关。例如, 选取方式 (5) 作为矩阵 $\boldsymbol{J}$ 的第三次分块方式, 便可以得到三个线性无关的解向量

$$\begin{cases}\boldsymbol{b}_1=(-1,1,-1,0,0,0)^{\mathrm{T}}\\ \boldsymbol{b}_{11}=(0,0,0,1,1,0)^{\mathrm{T}}\\ \boldsymbol{b}_5=(2,0,-2,1,0,1)^{\mathrm{T}}\end{cases} \tag{2-66}$$

对式 (2–66) 中的三个零空间向量进行对偶算子运算, 可以获取支链运动旋量系 $\mathbb{S}_1$ 的互易旋量系 $\mathbb{S}_1^r$ 为

$$\mathbb{S}_1^r=\begin{Bmatrix}\boldsymbol{S}_{11}^r=(0,0,0,-1,1,-1)^{\mathrm{T}}\\ \boldsymbol{S}_{12}^r=(1,1,0,0,0,0)^{\mathrm{T}}\\ \boldsymbol{S}_{13}^r=(1,0,1,2,0,-2)^{\mathrm{T}}\end{Bmatrix} \tag{2-67}$$

2.1.4 旋量系零空间构造扩展方法

根据命题 2.1, 可知当矩阵分块后的分块子矩阵 $\boldsymbol{J}_p$ 中同时包含完全相同的线性相关子集 $\mathbb{S}_{\mathrm{ld}}$ 时, 会解出线性相关的零空间向量。为了构造包含线性相关列的 n 阶旋量系的零空间 (n 表示旋量系中线性无关的旋量的个数, 且等于该旋量系的旋

量系数矩阵 $\boldsymbol{J}$ 的秩), 2.1.2 节与 2.1.3 节中的两个例子给出了一种通过重新排列旋量系数矩阵 $\boldsymbol{J}$ 中列向量的顺序来确保得到线性无关的零空间向量的方法。该方法弥补了旋量系零空间构造理论在构造包含线性相关列的旋量系零空间过程中的不足。由于该方法是一种基于旋量系零空间构造理论的改良方法, 因此称之为旋量系零空间构造扩展方法, 其求解流程如图 2–3 所示。该方法不仅适用于包含线性相关列的旋量系的零空间构造, 实际上对于具有任意矩阵形态旋量系的零空间构造均适用, 具体步骤如下:

(1) 观察旋量系数矩阵 $\boldsymbol{J}$, 挑选 $n+1$ 个合适的列向量作为第一次分块的分块子矩阵 $\boldsymbol{J}_{11}$ 的元素, 剩下的 $6-n-1$ 个列向量作为子矩阵 $\boldsymbol{J}_{12}$ 的元素;

(2) 通过分块子矩阵 $\boldsymbol{J}_{11}$ 增广行的余子式, 得到其零空间向量 $\boldsymbol{b}_1'$, 再依照步骤 (1) 中挑选列的排列顺序将向量 $\boldsymbol{b}_1'$ 中的元素换回其初始位置, 得到第一个零空间向量 $\boldsymbol{b}_1$;

(3) 重复步骤 (1) 与步骤 (2), 对旋量系数矩阵进行再次分块, 构造不同的子矩阵 $\boldsymbol{J}_{i1}$ 和 $\boldsymbol{J}_{i2}$ $(i=2,\cdots,6-r-1)$, 求解对应的向量 $\boldsymbol{b}_i'$ 和零空间向量 $\boldsymbol{b}_i$, 直至得到 $6-n$ 个线性无关的零空间向量。

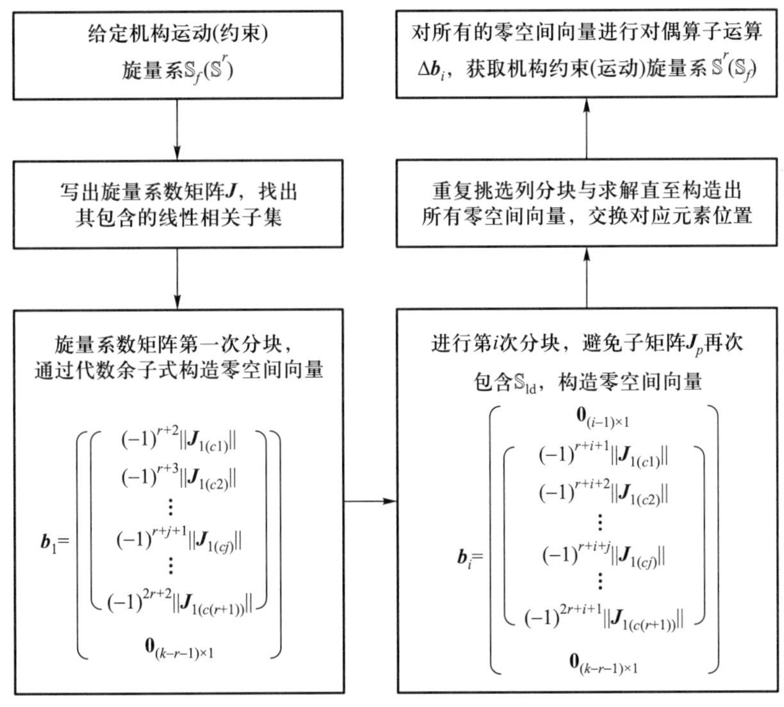

图 **2–3** 旋量系零空间构造扩展方法求解流程

根据命题 2.1, 旋量系零空间构造扩展方法中描述的合适的列向量的选取应满足以下两个条件:

(1) 挑选的 $n+1$ 个列向量必须满足秩为 n;

(2) 如果旋量系数矩阵 $\boldsymbol{J}$ 中包含多个相关列向量, 在挑选过程中, 同一个线性相关子集中的所有元素不能被挑选两次作为分块子矩阵中的元素。

2.1.5 算例

依照 2.1.4 节给出的旋量系零空间构造扩展方法的步骤和合适列向量的选取原则, 本节以一个四阶旋量系和一个三阶旋量系为例, 介绍该方法在机构求解互易旋量系中的具体应用。

2.1.5.1 四阶旋量系的零空间构造

图 2–4 所示为一条由四个转动副构成的机构串联运动链, 此构型下, 它的运动旋量系 $\mathbb{S}$ 为一个四阶旋量系

$$\mathbb{S}=\left\{\begin{aligned}\boldsymbol{S}_1&=(1,0,1,0,0,0)^{\mathrm{T}}\\ \boldsymbol{S}_2&=(1,0,0,0,2,1)^{\mathrm{T}}\\ \boldsymbol{S}_3&=(0,1,1,2,-1,1)^{\mathrm{T}}\\ \boldsymbol{S}_4&=(0,1,0,2,0,2)^{\mathrm{T}}\end{aligned}\right\} \tag{2–68}$$

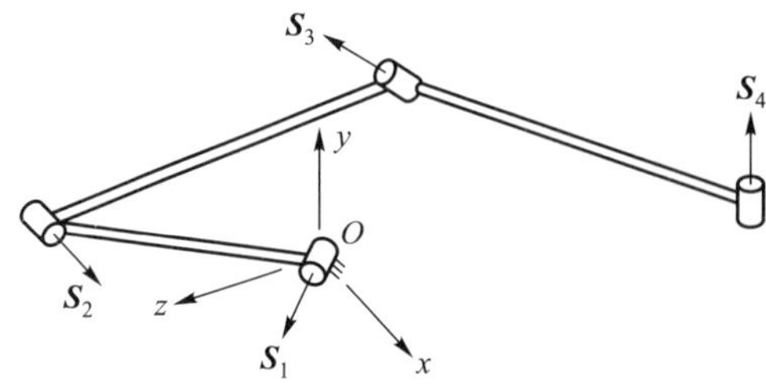

图 **2–4**　串联运动链的四阶旋量系

式 (2–68) 的矩阵表示为

$$\boldsymbol{J}=\begin{pmatrix}\boldsymbol{v}_1 & \boldsymbol{v}_2 & \boldsymbol{v}_3 & \boldsymbol{v}_4 & \boldsymbol{v}_5 & \boldsymbol{v}_6\end{pmatrix}=\begin{pmatrix}1&0&1&0&0&0\\1&0&0&0&2&-1\\0&1&1&2&-1&1\\0&1&0&2&0&2\end{pmatrix} \tag{2–69}$$

容易看出, 该旋量系包含至少一个线性相关子集如下

$$\mathbb{S}_{\mathrm{ld},1}=\{\boldsymbol{v}_2,\boldsymbol{v}_4\} \tag{2–70}$$

由于旋量系数矩阵 $\boldsymbol{J}$ 的秩为

$$\operatorname{rank}(\boldsymbol{J})=4 \tag{2–71}$$

分块子矩阵 $\boldsymbol{J}_p$ 中应包含的列向量的个数为

$$\dim(\operatorname{column}(\boldsymbol{J}_p))=5 \tag{2–72}$$

这意味着在对旋量系数矩阵 $\boldsymbol{J}$ 进行分块时, 需要挑选五个列向量来构造分块子矩阵 $\boldsymbol{J}_p$。

选取旋量系数矩阵 $\boldsymbol{J}$ 中的前五个列向量 $\boldsymbol{v}_1$、$\boldsymbol{v}_2$、$\boldsymbol{v}_3$、$\boldsymbol{v}_4$ 和 $\boldsymbol{v}_5$ 构造分块子矩阵 $\boldsymbol{J}_{11}$, 可以写出矩阵的第一次分块如下

$$\begin{aligned}\boldsymbol{J}_1&=\left(\boldsymbol{J}_{11}\ \vdots\ \boldsymbol{J}_{12}\right)\\&=\left(\boldsymbol{v}_1\quad\boldsymbol{v}_2\quad\boldsymbol{v}_3\quad\boldsymbol{v}_4\quad\boldsymbol{v}_5\ \vdots\ \boldsymbol{v}_6\right)\\&=\left(\begin{array}{ccccc:c}1&0&1&0&0&0\\1&0&0&0&2&-1\\0&1&1&2&-1&1\\0&1&0&2&0&2\end{array}\right)\end{aligned} \tag{2–73}$$

通过式 (2–73), 计算出第一个零空间向量 $\boldsymbol{b}_1$ 为

$$\boldsymbol{b}_1=(0,-2,0,1,0,0)^{\mathrm{T}} \tag{2–74}$$

式 (2–73) 所示的第一次矩阵分块中, 所有列向量的排序并未发生变化, 因此, 式 (2–74) 中零空间向量 $\boldsymbol{b}_1$ 的元素顺序也不需要进行调整, 即为该旋量系对应的零空间向量。

由于在矩阵 $\boldsymbol{J}$ 的第一次分块中, 分块子矩阵 $\boldsymbol{J}_{11}$ 已包含线性相关子集 $\mathbb{S}_{\mathrm{ld},1}$, 那么在第二次分块中, 必须避免再次包含线性相关子集 $\mathbb{S}_{\mathrm{ld},1}$ 的情况出现。因此, 挑选列向量 $\boldsymbol{v}_1$、$\boldsymbol{v}_2$、$\boldsymbol{v}_3$、$\boldsymbol{v}_6$ 和 $\boldsymbol{v}_5$ 来构造分块子矩阵 $\boldsymbol{J}_{21}$, 写出矩阵的第二次分块如下

$$\begin{aligned}\boldsymbol{J}_2&=\left(\boldsymbol{J}_{21}\ \vdots\ \boldsymbol{J}_{22}\right)\\&=\left(\boldsymbol{v}_1\quad\boldsymbol{v}_2\quad\boldsymbol{v}_3\quad\boldsymbol{v}_6\quad\boldsymbol{v}_5\ \vdots\ \boldsymbol{v}_4\right)\\&=\left(\begin{array}{ccccc:c}1&0&1&0&0&0\\1&0&0&-1&2&0\\0&1&1&1&-1&2\\0&1&0&2&0&2\end{array}\right)\end{aligned} \tag{2–75}$$

可以计算出式 (2–75) 对应的零空间向量 $\boldsymbol{b}_2'$ 为

$$\boldsymbol{b}_2' = (-3, -2, 3, 1, 2, 0)^{\mathrm{T}} \tag{2–76}$$

按照式 (2–75) 中列向量元素的排列顺序, 重新排列零空间向量 $\boldsymbol{b}_2'$ 中的元素, 得到第二个零空间向量 $\boldsymbol{b}_2$ 为

$$\boldsymbol{b}_2 = (-3, -2, 3, 0, 2, 1)^{\mathrm{T}} \tag{2–77}$$

通过对两个零空间向量 $\boldsymbol{b}_1$ 和 $\boldsymbol{b}_2$ 作对偶算子运算, 可得四阶旋量系 $\mathbb{S}$ 的互易旋量系 $\mathbb{S}^r$ 为

$$\mathbb{S}^r = \begin{Bmatrix} \boldsymbol{S}_1^r = (1, 0, 0, 0, -2, 0)^{\mathrm{T}} \\ \boldsymbol{S}_2^r = (0, 2, 1, -3, -2, 3)^{\mathrm{T}} \end{Bmatrix} \tag{2–78}$$

2.1.5.2 三阶旋量系的零空间构造

图 2–5 所示为一条由三个转动副构成的机构串联运动链, 此构型下, 它的运动旋量系 $\mathbb{S}$ 为一个三阶旋量系

$$\mathbb{S} = \begin{Bmatrix} \boldsymbol{S}_1 = (1, 0, 0, 0, 1, 0)^{\mathrm{T}} \\ \boldsymbol{S}_2 = (0, 1, 0, 0, 0, 1)^{\mathrm{T}} \\ \boldsymbol{S}_3 = (0, 0, 1, 1, 0, 0)^{\mathrm{T}} \end{Bmatrix} \tag{2–79}$$

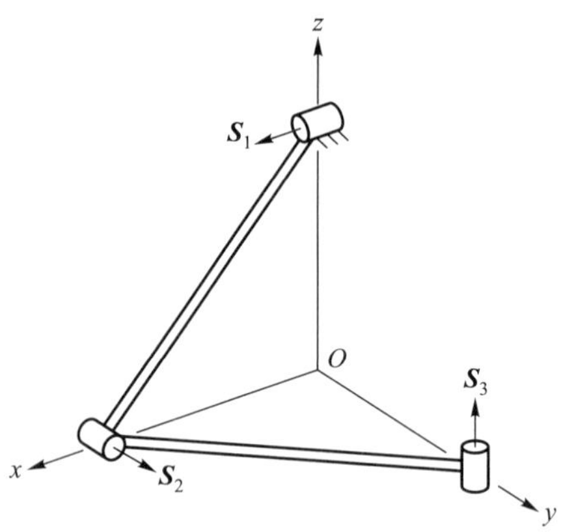

图 **2–5** 串联运动链的三阶旋量系

式 (2–79) 的矩阵表示为

$$\begin{aligned} \boldsymbol{J} &= \begin{pmatrix} \boldsymbol{v}_1 & \boldsymbol{v}_2 & \boldsymbol{v}_3 & \boldsymbol{v}_4 & \boldsymbol{v}_5 & \boldsymbol{v}_6 \end{pmatrix} \\ &= \begin{pmatrix} 1 & 0 & 0 & 0 & 1 & 0 \\ 0 & 1 & 0 & 0 & 0 & 1 \\ 0 & 0 & 1 & 1 & 0 & 0 \end{pmatrix} \end{aligned} \tag{2–80}$$

容易看出, 该旋量系中至少存在如下三个线性相关子集

$$\mathbb{S}_{\text{ld},1} = \{\boldsymbol{v}_1, \boldsymbol{v}_5\} \tag{2-81}$$

$$\mathbb{S}_{\text{ld},2} = \{\boldsymbol{v}_2, \boldsymbol{v}_6\} \tag{2-82}$$

$$\mathbb{S}_{\text{ld},3} = \{\boldsymbol{v}_3, \boldsymbol{v}_4\} \tag{2-83}$$

由于旋量系数矩阵 $\boldsymbol{J}$ 的秩为

$$\text{rank}\,(\boldsymbol{J}) = 3 \tag{2-84}$$

分块子矩阵 $\boldsymbol{J}_p$ 中应包含的列向量的个数为

$$\dim\left(\text{column}\,(\boldsymbol{J}_p)\right) = 4 \tag{2-85}$$

这意味着在对旋量系数矩阵 $\boldsymbol{J}$ 进行分块时, 需要挑选四个列向量来构造分块子矩阵 $\boldsymbol{J}_p$。

选取旋量系数矩阵 $\boldsymbol{J}$ 中的前四个列向量 $\boldsymbol{v}_1$、 $\boldsymbol{v}_2$、 $\boldsymbol{v}_3$ 和 $\boldsymbol{v}_4$ 构造分块子矩阵 $\boldsymbol{J}_{11}$, 可以写出矩阵的第一次分块如下

$$\begin{aligned}\boldsymbol{J}_1 &= \left(\begin{array}{c:c}\boldsymbol{J}_{11} & \boldsymbol{J}_{12}\end{array}\right)\\ &= \left(\begin{array}{cccc:cc}\boldsymbol{v}_1 & \boldsymbol{v}_2 & \boldsymbol{v}_3 & \boldsymbol{v}_4 & \boldsymbol{v}_5 & \boldsymbol{v}_6\end{array}\right)\\ &= \left(\begin{array}{cccc:cc}1 & 0 & 0 & 0 & 1 & 0\\ 0 & 1 & 0 & 0 & 0 & 1\\ 0 & 0 & 1 & 1 & 0 & 0\end{array}\right)\end{aligned} \tag{2-86}$$

通过式 (2–86), 计算出第一个零空间向量 $\boldsymbol{b}_1$ 为

$$\boldsymbol{b}_1 = (0, 0, 1, -1, 0, 0)^{\mathrm{T}} \tag{2-87}$$

式 (2–86) 所示的第一次矩阵分块中, 所有列向量的排序并未发生变化, 因此, 式 (2–87) 中零空间向量 $\boldsymbol{b}_1$ 的元素顺序也不需要进行调整, 即为该旋量系对应的零空间向量。

由于在矩阵 $\boldsymbol{J}$ 的第一次分块中, 分块子矩阵 $\boldsymbol{J}_{11}$ 已包含线性相关子集 $\mathbb{S}_{\text{ld},3}$, 那么在第二次分块中, 必须避免再次包含线性相关子集 $\mathbb{S}_{\text{ld},3}$ 的情况出现。因此, 挑选列向量 $\boldsymbol{v}_1$、 $\boldsymbol{v}_2$、 $\boldsymbol{v}_3$ 和 $\boldsymbol{v}_5$ 来构造分块子矩阵 $\boldsymbol{J}_{21}$, 写出矩阵的第二次分块如下

$$\begin{aligned}\boldsymbol{J}_2 &= \left(\begin{array}{c:c}\boldsymbol{J}_{21} & \boldsymbol{J}_{22}\end{array}\right)\\ &= \left(\begin{array}{cccc:cc}\boldsymbol{v}_1 & \boldsymbol{v}_2 & \boldsymbol{v}_3 & \boldsymbol{v}_5 & \boldsymbol{v}_4 & \boldsymbol{v}_6\end{array}\right)\\ &= \left(\begin{array}{cccc:cc}1 & 0 & 0 & 1 & 0 & 0\\ 0 & 1 & 0 & 0 & 0 & 1\\ 0 & 0 & 1 & 0 & 1 & 0\end{array}\right)\end{aligned} \tag{2-88}$$

可以计算出式 (2–88) 对应的零空间向量 $\boldsymbol{b}_2'$ 为

$$\boldsymbol{b}_2' = (1, 0, 0, -1, 0, 0)^{\mathrm{T}} \tag{2–89}$$

按照式 (2–88) 中列向量元素的排列顺序, 重新排列零空间向量 $\boldsymbol{b}_2'$ 中的元素, 得到第二个零空间向量 $\boldsymbol{b}_2$ 为

$$\boldsymbol{b}_2 = (1, 0, 0, 0, -1, 0)^{\mathrm{T}} \tag{2–90}$$

在矩阵 $\boldsymbol{J}$ 的第二次分块中, 可以看出分块子矩阵 $\boldsymbol{J}_{21}$ 包含线性相关子集 $\mathbb{S}_{\mathrm{ld},1}$, 因此, 在第三次分块中, 分块子矩阵 $\boldsymbol{J}_{31}$ 既不能包含线性相关子集 $\mathbb{S}_{\mathrm{ld},1}$, 也不能包含线性相关子集 $\mathbb{S}_{\mathrm{ld},3}$。因此, 挑选列向量 $\boldsymbol{v}_1$、 $\boldsymbol{v}_2$、 $\boldsymbol{v}_3$ 和 $\boldsymbol{v}_6$ 来构造分块子矩阵 $\boldsymbol{J}_{31}$, 写出矩阵的第三次分块如下

$$\begin{aligned}\boldsymbol{J}_3 &= \left(\boldsymbol{J}_{31} \;\vdots\; \boldsymbol{J}_{32}\right) \\ &= \left(\boldsymbol{v}_1 \quad \boldsymbol{v}_2 \quad \boldsymbol{v}_3 \quad \boldsymbol{v}_6 \;\vdots\; \boldsymbol{v}_5 \quad \boldsymbol{v}_4\right) \\ &= \left(\begin{array}{cccc:cc} 1 & 0 & 0 & 0 & 1 & 0 \\ 0 & 1 & 0 & 1 & 0 & 0 \\ 0 & 0 & 1 & 0 & 0 & 1 \end{array}\right)\end{aligned} \tag{2–91}$$

可以计算出式 (2–91) 对应的零空间向量 $\boldsymbol{b}_3'$ 为

$$\boldsymbol{b}_3' = (0, 1, 0, -1, 0, 0)^{\mathrm{T}} \tag{2–92}$$

按照式 (2–91) 中列向量元素的排列顺序, 重新排列零空间向量 $\boldsymbol{b}_3'$ 中的元素, 得到第三个零空间向量 $\boldsymbol{b}_3$ 为

$$\boldsymbol{b}_3 = (0, 1, 0, 0, 0, -1)^{\mathrm{T}} \tag{2–93}$$

通过对三个零空间向量 $\boldsymbol{b}_1$、 $\boldsymbol{b}_2$ 和 $\boldsymbol{b}_3$ 作对偶算子运算, 可得三阶旋量系 $\mathbb{S}$ 的互易旋量系 $\mathbb{S}^r$ 为

$$\mathbb{S}^r = \left\{\begin{aligned} \boldsymbol{S}_1^r &= (-1, 0, 0, 0, 0, 1)^{\mathrm{T}} \\ \boldsymbol{S}_2^r &= (0, -1, 0, 1, 0, 0)^{\mathrm{T}} \\ \boldsymbol{S}_3^r &= (0, 0, -1, 0, 1, 0)^{\mathrm{T}} \end{aligned}\right\} \tag{2–94}$$

2.2 旋量系交集计算研究

旋量系交集的概念早已出现在旋量理论的研究 (Waldron, 1966; Baker, 1980, 1981; Dai 和 Rees Jones, 2001) 中, 然而对于旋量系的交集计算至今仍没有一种系

统的求解方法。基于旋量与六维空间向量之间的联系，本节通过构造基于旋量雅可比矩阵的组合矩阵的零空间，给出计算多个旋量系交集旋量系的一组基的方法，并对该交集计算方法进行严格的数学证明，旨在为旋量系的交集计算提供一种系统化的通用方法。

2.2.1 两个旋量系的交集计算方法

任意两个旋量系的交集旋量系的一组基可以通过构造这两个旋量系的旋量雅可比组合矩阵并计算其零空间获得，其具体步骤为:

(1) 矩阵 $\boldsymbol{J}^i$ 为包含旋量系 $\mathbb{S}^i$ 中所有旋量的矩阵表达形式，即旋量雅可比矩阵，

$$\boldsymbol{J}^i = \begin{pmatrix} \boldsymbol{S}_1^i & \boldsymbol{S}_2^i & \cdots & \boldsymbol{S}_{k_i}^i \end{pmatrix}_{6\times k_i} \tag{2–95}$$

式中，k_i 为旋量系 $\mathbb{S}^i$ 中旋量的个数，即旋量系的阶数；$\boldsymbol{S}_j^i(j=1,2,\cdots,k_i)$ 表示旋量系 $\mathbb{S}^i$ 中的第 j 个旋量。对于任意两个旋量系 $\mathbb{S}^1$ 和 $\mathbb{S}^2$，相应的旋量雅可比矩阵 $\boldsymbol{J}^1$ 和 $\boldsymbol{J}^2$ 为

$$\boldsymbol{J}^1 = \begin{pmatrix} \boldsymbol{S}_1^1 & \boldsymbol{S}_2^1 & \cdots & \boldsymbol{S}_{k_1}^1 \end{pmatrix}_{6\times k_1}, \quad \boldsymbol{J}^2 = \begin{pmatrix} \boldsymbol{S}_1^2 & \boldsymbol{S}_2^2 & \cdots & \boldsymbol{S}_{k_2}^2 \end{pmatrix}_{6\times k_2} \tag{2–96}$$

(2) 利用式 (2–96) 中的旋量雅可比矩阵 $\boldsymbol{J}^1$ 和 $\boldsymbol{J}^2$ 构造一个新的组合矩阵 $\boldsymbol{J}^c$

$$\boldsymbol{J}^c = \begin{pmatrix} \boldsymbol{J}^1 & -\boldsymbol{J}^2 \end{pmatrix}_{6\times(k_1+k_2)} \tag{2–97}$$

(3) 求解式 (2–97) 中新构造的组合矩阵 $\boldsymbol{J}^c$ 的零空间 (Strang, 1976)，即齐次线性方程组 $\boldsymbol{J}^c\boldsymbol{x}=\boldsymbol{0}$ 中未知向量 $\boldsymbol{x}$ 的通解

$$\boldsymbol{x} = \gamma_1\boldsymbol{b}_1 + \gamma_2\boldsymbol{b}_2 + \cdots + \gamma_m\boldsymbol{b}_m \tag{2–98}$$

式中，向量 $\boldsymbol{x}$ 为 k_1+k_2 维列向量；$\gamma_p\ (p=1,\cdots,m)$ 为对应基础解系中解向量 $\boldsymbol{b}_p$ 的自由参数系数；解向量 $\boldsymbol{b}_p\ (p=1,\cdots,m)$ 包含 k_1+k_2 个元素；m 为基础解系中所有解向量的个数，可以由式 (2–99) 进行计算

$$m = k_1 + k_2 - \operatorname{rank}(\boldsymbol{J}^c) \tag{2–99}$$

(4) 将式 (2–98) 中的未知向量 $\boldsymbol{x}$ 分为两部分

$$\boldsymbol{x} = \begin{pmatrix} \boldsymbol{x}^1 \\ \boldsymbol{x}^2 \end{pmatrix} \tag{2–100}$$

式中，

$$\boldsymbol{x}^1=\begin{pmatrix}x_1^1\\x_2^1\\\vdots\\x_{k_1}^1\end{pmatrix},\quad \boldsymbol{x}^2=\begin{pmatrix}x_1^2\\x_2^2\\\vdots\\x_{k_2}^2\end{pmatrix}\tag{2-101}$$

x_j^i 为列向量 $\boldsymbol{x}^i(i=1,2)$ 中的第 j 个元素的标量表示。由此，解向量 $\boldsymbol{b}_p$ $(p=1,\cdots,m)$ 可相应地划分为两部分

$$\boldsymbol{b}_p=\begin{pmatrix}\boldsymbol{b}_p^1\\\boldsymbol{b}_p^2\end{pmatrix}\tag{2-102}$$

式中，

$$\boldsymbol{b}_p^1=\begin{pmatrix}b_{p1}^1\\b_{p2}^1\\\vdots\\b_{pk_1}^1\end{pmatrix},\quad \boldsymbol{b}_p^2=\begin{pmatrix}b_{p1}^2\\b_{p2}^2\\\vdots\\b_{pk_2}^2\end{pmatrix}\tag{2-103}$$

其中 b_{pj}^i 为解向量 $\boldsymbol{b}_p^i$ $(i=1,2)$ 中的第 j 个元素的标量表示。

(5) 两个旋量系的交集旋量系 ${}^{\text{int}}\mathbb{S}$ 的一组基则由 m 个交集旋量组成

$${}^{\text{int}}\mathbb{S}=\left\{{}^{\text{int}}\boldsymbol{S}_1,{}^{\text{int}}\boldsymbol{S}_2,\cdots,{}^{\text{int}}\boldsymbol{S}_m\right\}\tag{2-104}$$

式中，${}^{\text{int}}\boldsymbol{S}_p$ $(p=1,\cdots,m)$ 表示第 p 个交集旋量，该交集旋量可以通过将旋量雅可比矩阵 $\boldsymbol{J}^1$ 左乘子块 $\boldsymbol{b}_p^1$，或将旋量雅可比矩阵 $\boldsymbol{J}^2$ 左乘子块 $\boldsymbol{b}_p^2$ 得到

$${}^{\text{int}}\boldsymbol{S}_p=\boldsymbol{J}^1\boldsymbol{b}_p^1=b_{p1}^1\boldsymbol{S}_1^1+b_{p2}^1\boldsymbol{S}_2^1+\cdots+b_{pk_1}^1\boldsymbol{S}_{k_1}^1\quad(p=1,\cdots,m)\tag{2-105}$$

或

$${}^{\text{int}}\boldsymbol{S}_p=\boldsymbol{J}^2\boldsymbol{b}_p^2=b_{p1}^2\boldsymbol{S}_1^2+b_{p2}^2\boldsymbol{S}_2^2+\cdots+b_{pk_2}^2\boldsymbol{S}_{k_2}^2\quad(p=1,\cdots,m)\tag{2-106}$$

注意：解向量 $\boldsymbol{b}_1,\boldsymbol{b}_2,\cdots,\boldsymbol{b}_m$ 并不唯一，它们构成了未知向量 $\boldsymbol{x}$ 的一组基。因此，由这些解向量得到的交集旋量系 ${}^{\text{int}}\mathbb{S}$ 中的交集旋量 ${}^{\text{int}}\boldsymbol{S}_1,{}^{\text{int}}\boldsymbol{S}_2,\cdots,{}^{\text{int}}\boldsymbol{S}_m$ 也不唯一，仅为该交集旋量系 ${}^{\text{int}}\mathbb{S}$ 的一组基。由式 (2–105) 和式 (2–106) 可知，交集旋量 ${}^{\text{int}}\boldsymbol{S}_p$ $(p=1,\cdots,m)$ 会随着解向量 $\boldsymbol{b}_p$ 的不同而不同。

2.2.2 旋量系交集计算方法的证明

首先，对于两个旋量系 $\mathbb{S}^1$ 和 $\mathbb{S}^2$，旋量系 $\mathbb{S}^1$ 包含 k_1 个线性无关的旋量，旋量系 $\mathbb{S}_2$ 包含 k_2 个线性无关的旋量。由于旋量的写法为一个包含六个元素的列向量，则

每个旋量都可以被看作六维线性空间 $\mathbb{R}^6$ (Strang, 1976) 中的一个元素。线性空间中的元素也称为向量, 一个旋量系相应地可以被视为一个由它包含的所有旋量张成的线性子空间。那么, 由旋量系 $\mathbb{S}_1$ 和旋量系 $\mathbb{S}_2$ 张成的线性子空间的矩阵形式可以分别写成

$$\boldsymbol{J}^1=\begin{pmatrix}\boldsymbol{S}_1^1 & \boldsymbol{S}_2^1 & \cdots & \boldsymbol{S}_{k_1}^1\end{pmatrix}_{6\times k_1},\quad \boldsymbol{J}^2=\begin{pmatrix}\boldsymbol{S}_1^2 & \boldsymbol{S}_2^2 & \cdots & \boldsymbol{S}_{k_2}^2\end{pmatrix}_{6\times k_2} \tag{2–107}$$

该表示形式与式 (2–96) 相同, 这一步即对应 2.2.1 节中的旋量系交集计算方法的第一步。

其次, 若令矩阵 ${}^{\text{int}}\boldsymbol{J}$ 为两个旋量系张成的线性子空间 $\boldsymbol{J}^1$ 和 $\boldsymbol{J}^2$ 的交空间的矩阵形式。对于交空间 ${}^{\text{int}}\boldsymbol{J}$ 中的任意一个向量 ${}^{\text{int}}\boldsymbol{v}$, 它既是线性子空间 $\boldsymbol{J}^1$ 中的向量, 又是线性子空间 $\boldsymbol{J}^2$ 中的向量。所以, 向量 ${}^{\text{int}}\boldsymbol{v}$ 可表示成线性子空间 $\boldsymbol{J}^1$ 的一组基的线性组合, 也可表示成线性子空间 $\boldsymbol{J}^2$ 的一组基的线性组合, 即

$${}^{\text{int}}\boldsymbol{v}=\boldsymbol{J}^1\boldsymbol{x}^1=\boldsymbol{J}^2\boldsymbol{x}^2 \tag{2–108}$$

式中, 向量 $\boldsymbol{x}^1$ 为 k_1 维列向量, 是向量 ${}^{\text{int}}\boldsymbol{v}$ 在线性子空间 $\boldsymbol{J}^1$ 的一组基下的坐标表示; 向量 $\boldsymbol{x}^2$ 为 k_2 维向量, 是向量 ${}^{\text{int}}\boldsymbol{v}$ 在线性子空间 $\boldsymbol{J}^2$ 的一组基下的坐标表示。

$$\boldsymbol{x}^1=\begin{pmatrix}x_1^1\\ x_2^1\\ \vdots\\ x_{k_1}^1\end{pmatrix},\quad \boldsymbol{x}^2=\begin{pmatrix}x_1^2\\ x_2^2\\ \vdots\\ x_{k_2}^2\end{pmatrix} \tag{2–109}$$

该表示形式与式 (2–101) 相同。

将式 (2–107) 和式 (2–109) 代入式 (2–108), 可以得到

$$x_1^1\boldsymbol{S}_1^1+x_2^1\boldsymbol{S}_2^1+\cdots+x_{k_1}^1\boldsymbol{S}_{k_1}^1=x_1^2\boldsymbol{S}_1^2+x_2^2\boldsymbol{S}_2^2+\cdots+x_{k_2}^2\boldsymbol{S}_{k_2}^2 \tag{2–110}$$

将式 (2–110) 中的齐次线性方程组用矩阵表示, 有

$$\begin{pmatrix}\boldsymbol{S}_1^1 & \boldsymbol{S}_2^1 & \cdots & \boldsymbol{S}_{k_1}^1 & -\boldsymbol{S}_1^2 & \cdots & -\boldsymbol{S}_{k_2}^2\end{pmatrix}\begin{pmatrix}x_1^1\\ x_2^1\\ \vdots\\ x_{k_1}^1\\ x_1^2\\ \vdots\\ x_{k_2}^2\end{pmatrix}=\boldsymbol{0} \tag{2–111}$$

式 (2−111) 也可以写为

$$\begin{pmatrix}\boldsymbol{J}^1 & -\boldsymbol{J}^2\end{pmatrix}\begin{pmatrix}\boldsymbol{x}^1\\ \boldsymbol{x}^2\end{pmatrix}=\boldsymbol{0} \tag{2–112}$$

式中, 系数矩阵 $(\boldsymbol{J}^1\quad -\boldsymbol{J}^2)$ 对应于 2.2.1 节旋量系交集计算方法的第二步中式 (2−97) 所构造的组合矩阵 $\boldsymbol{J}^c$; 未知向量 $\begin{pmatrix}\boldsymbol{x}^1\\ \boldsymbol{x}^2\end{pmatrix}$ 对应于式 (2−98) 中的未知向量 $\boldsymbol{x}$。

由式 (2−112) 可以计算出坐标向量 $\boldsymbol{x}^1$ 的通解为

$$\boldsymbol{x}^1=\gamma_1^1\boldsymbol{b}_1^1+\gamma_2^1\boldsymbol{b}_2^1+\cdots+\gamma_m^1\boldsymbol{b}_m^1 \tag{2–113}$$

类似地, 坐标向量 $\boldsymbol{x}^2$ 的通解为

$$\boldsymbol{x}^2=\gamma_1^2\boldsymbol{b}_1^2+\gamma_2^2\boldsymbol{b}_2^2+\cdots+\gamma_m^2\boldsymbol{b}_m^2 \tag{2–114}$$

式中, γ_p^i $(p=1,\cdots,m)$ 为对应解向量 $\boldsymbol{b}_p^i$ 的第 p 个系数, 且为自由参数; 上标 i $(i=1,2)$ 表示该参数为向量 $\boldsymbol{x}^i$ 的参数; m 为基础解系中包含的解向量的个数。

因为向量 ${}^{\text{int}}\boldsymbol{v}$ 为交空间 ${}^{\text{int}}\boldsymbol{J}$ 中的任意一个向量, 将式 (2−113) 或式 (2−114) 代入式 (2−108), 可得到向量 ${}^{\text{int}}\boldsymbol{v}$ 的所有可能取值的表达式为

$${}^{\text{int}}\boldsymbol{v}=\boldsymbol{J}^1\boldsymbol{x}^1=\gamma_1^1\boldsymbol{p}_1+\gamma_2^1\boldsymbol{p}_2+\cdots+\gamma_m^1\boldsymbol{p}_m \tag{2–115}$$

或

$${}^{\text{int}}\boldsymbol{v}=\boldsymbol{J}^2\boldsymbol{x}^2=\gamma_1^2\boldsymbol{q}_1+\gamma_2^2\boldsymbol{q}_2+\cdots+\gamma_m^2\boldsymbol{q}_m \tag{2–116}$$

式中, $\boldsymbol{p}_p$ 和 $\boldsymbol{q}_p$ $(p=1,\cdots,m)$ 为如下六维向量

$$\boldsymbol{p}_p=\boldsymbol{J}^1\boldsymbol{b}_p^1,\boldsymbol{q}_p=\boldsymbol{J}^2\boldsymbol{b}_p^2\quad(p=1,\cdots,m) \tag{2–117}$$

因此, 向量 $\boldsymbol{p}_1,\boldsymbol{p}_2,\cdots,\boldsymbol{p}_m$ 构成了交空间 ${}^{\text{int}}\boldsymbol{J}$ 的一组基, 向量 $\boldsymbol{q}_1,\boldsymbol{q}_2,\cdots,\boldsymbol{q}_m$ 构成了交空间的另一组基, 标量 γ_p^1 和 γ_p^2 $(p=1,\cdots,m)$ 则分别是向量 ${}^{\text{int}}\boldsymbol{v}$ 在基 $\boldsymbol{p}_p$ 和 $\boldsymbol{q}_p$ 下的坐标。

注意到, 式 (2−113) 和式 (2−114) 与 2.2.1 节旋量系交集计算方法的第三步中式 (2−98) 的通解结构相同, 均为解向量的线性组合, 且解向量 $\boldsymbol{b}_p^1$ 和 $\boldsymbol{b}_p^2$ 对应于式 (2−102) 中解向量 $\boldsymbol{b}_p$ 的两部分, 即对应了旋量系交集计算方法中的第四步。

由式 (2−117), 交空间 ${}^{\text{int}}\boldsymbol{J}$ 的一组基向量 $\boldsymbol{p}_1,\boldsymbol{p}_2,\cdots,\boldsymbol{p}_m$ 可以通过将旋量雅可比矩阵 $\boldsymbol{J}^1$ 依次左乘未知向量 $\boldsymbol{x}^1$ 的解向量 $\boldsymbol{b}_p^1$ $(p=1,\cdots,m)$ 得到, 另一组基向量 $\boldsymbol{q}_1,\boldsymbol{q}_2,\cdots,\boldsymbol{q}_m$ 可以通过将旋量雅可比矩阵 $\boldsymbol{J}^2$ 依次左乘未知向量 $\boldsymbol{x}^2$ 的解向量 $\boldsymbol{b}_p^2$ 得到, 对应了旋量系交集计算方法中的第五步。

此外, 交空间 ${}^{\mathrm{int}}\boldsymbol{J}$ 的基的个数与交集旋量系包含的交集旋量的个数相同, 因此, 若一组基由 m 个线性无关的向量组成, 则交集旋量系中也将包含 m 个交集旋量。当然, 这一组基并不唯一, 但包含的基的个数 m 是一个唯一的常量。此外, 每个交集旋量还可以提供描述该旋量所在位置和姿态的具体信息。

至此, 旋量系交集计算方法证明完毕。

2.2.3 多个旋量系的交集计算方法

与 2.2.1 节中计算两个旋量系的交集旋量系的方法类似, 对于任意三个旋量系 $\mathbb{S}^1$、$\mathbb{S}^2$ 和 $\mathbb{S}^3$, 它们的交集旋量系满足下式

$$\boldsymbol{J}^1\boldsymbol{x}^1=\boldsymbol{J}^2\boldsymbol{x}^2=\boldsymbol{J}^3\boldsymbol{x}^3 \tag{2–118}$$

式 (2–118) 中的组合矩阵 $\boldsymbol{J}^c$ 为

$$\boldsymbol{J}^c=\begin{pmatrix}\boldsymbol{J}^1 & -\boldsymbol{J}^2 & \boldsymbol{0}\\ \boldsymbol{J}^1 & \boldsymbol{0} & -\boldsymbol{J}^3\end{pmatrix}_{(6+6)\times(k_1+k_2+k_3)} \tag{2–119}$$

构造该组合矩阵 $\boldsymbol{J}^c$ 的零空间, 得未知向量 $\boldsymbol{x}$ 的通解形式为

$$\boldsymbol{x}=\begin{pmatrix}\boldsymbol{x}^1\\ \boldsymbol{x}^2\\ \boldsymbol{x}^3\end{pmatrix}=\gamma_1\boldsymbol{b}_1+\gamma_2\boldsymbol{b}_2+\cdots+\gamma_m\boldsymbol{b}_m \tag{2–120}$$

式中,

$$m=k_1+k_2+k_3-\operatorname{rank}(\boldsymbol{J}^c) \tag{2–121}$$

且解向量 $\boldsymbol{b}_p$ $(p=1,\cdots,m)$ 可相应地划分为三部分, 即

$$\boldsymbol{b}_p=\begin{pmatrix}\boldsymbol{b}_p^1\\ \boldsymbol{b}_p^2\\ \boldsymbol{b}_p^3\end{pmatrix} \tag{2–122}$$

因此, 交集旋量可由式 (2–123) 求得

$${}^{\mathrm{int}}\boldsymbol{S}_p=\boldsymbol{J}^1\boldsymbol{b}_p^1=\boldsymbol{J}^2\boldsymbol{b}_p^2=\boldsymbol{J}^3\boldsymbol{b}_p^3\quad(p=1,\cdots,m) \tag{2–123}$$

这 m 个交集旋量构成了旋量系 $\mathbb{S}^1$、$\mathbb{S}^2$ 和 $\mathbb{S}^3$ 的交集旋量系 ${}^{\mathrm{int}}\mathbb{S}$ 的一组基。

类似地, 对于任意 n 个旋量系 $\mathbb{S}^1,\mathbb{S}^2,\cdots,\mathbb{S}^n$, 它们的交集旋量系满足

$$\boldsymbol{J}^1\boldsymbol{x}^1=\boldsymbol{J}^2\boldsymbol{x}^2=\cdots=\boldsymbol{J}^n\boldsymbol{x}^n \tag{2–124}$$

此时，组合矩阵 $\boldsymbol{J}^c$ 将变更为

$$\boldsymbol{J}^c=\begin{pmatrix}\boldsymbol{J}^1 & -\boldsymbol{J}^2 & \boldsymbol{0} & \cdots & \boldsymbol{0}\\ \boldsymbol{J}^1 & \boldsymbol{0} & -\boldsymbol{J}^3 & \cdots & \boldsymbol{0}\\ \vdots & \vdots & \vdots & & \vdots\\ \boldsymbol{J}^1 & \boldsymbol{0} & \boldsymbol{0} & \cdots & -\boldsymbol{J}^n\end{pmatrix}_{6(n-1)\times\sum\limits_{i=1}^{n}k_i} \tag{2-125}$$

构造该组合矩阵 $\boldsymbol{J}^c$ 的零空间，得未知向量 $\boldsymbol{x}$ 的通解形式为

$$\boldsymbol{x}=\begin{pmatrix}\boldsymbol{x}^1\\ \boldsymbol{x}^2\\ \vdots\\ \boldsymbol{x}^n\end{pmatrix}=\gamma_1\boldsymbol{b}_1+\gamma_2\boldsymbol{b}_2+\cdots+\gamma_m\boldsymbol{b}_m \tag{2-126}$$

式中，

$$m=\sum_{i=1}^{n}k_i-\operatorname{rank}\left(\boldsymbol{J}^c\right) \tag{2-127}$$

且解向量 $\boldsymbol{b}_p$ $(p=1,\cdots,m)$ 可相应地划分为 n 部分，有

$$\boldsymbol{b}_p=\begin{pmatrix}\boldsymbol{b}_p^1\\ \boldsymbol{b}_p^2\\ \vdots\\ \boldsymbol{b}_p^n\end{pmatrix} \tag{2-128}$$

因此，m 个交集旋量可由式 (2–129) 求得

$$^{\text{int}}\boldsymbol{S}_p=\boldsymbol{J}^1\boldsymbol{b}_p^1=\boldsymbol{J}^2\boldsymbol{b}_p^2=\cdots=\boldsymbol{J}^n\boldsymbol{b}_p^n\quad(p=1,\cdots,m) \tag{2-129}$$

这 m 个交集旋量构成了 n 个旋量系 $\mathbb{S}^1,\mathbb{S}^2,\cdots,\mathbb{S}^n$ 的交集旋量系 $^{\text{int}}\mathbb{S}$ 的一组基。

在实际计算过程中，为了方便，往往只需要计算出未知向量 $\boldsymbol{x}$ 划分后的某一部分 $\boldsymbol{x}^i$ $(i=1,2,\cdots,n)$ 的通解形式，即

$$\boldsymbol{x}^i=\gamma_1\boldsymbol{b}_1^i+\gamma_2\boldsymbol{b}_2^i+\cdots+\gamma_m\boldsymbol{b}_m^i \tag{2-130}$$

式中，$\boldsymbol{b}_m^i$ 为解向量 $\boldsymbol{b}_p$ $(p=1,\cdots,m)$ 与列向量 $\boldsymbol{x}^i$ 对应划分部分的列向量。

此时，这 n 个旋量系 $\mathbb{S}^1,\mathbb{S}^2,\cdots,\mathbb{S}^n$ 的交集旋量系 $^{\text{int}}\mathbb{S}$ 可由式 (2–131) 计算得出

$$^{\text{int}}\mathbb{S}=\left\{\begin{matrix}^{\text{int}}\boldsymbol{S}_1=\boldsymbol{J}^i\boldsymbol{b}_1^i\\ ^{\text{int}}\boldsymbol{S}_2=\boldsymbol{J}^i\boldsymbol{b}_2^i\\ \vdots\\ ^{\text{int}}\boldsymbol{S}_m=\boldsymbol{J}^i\boldsymbol{b}_m^i\end{matrix}\right\}\quad(i=1,2,\cdots,n) \tag{2-131}$$

2.2.4 算例

计算如式 (2–132) 至式 (2–134) 所示的三个旋量系的交集。

$$\mathbb{S}_1=\begin{Bmatrix}\boldsymbol{S}_1^1=\left(1,0,0,0,0,-b\right)^{\mathrm{T}}\\ \boldsymbol{S}_2^1=\left(0,0,0,0,-\cos\alpha_1,\sin\alpha_1\right)^{\mathrm{T}}\\ \boldsymbol{S}_3^1=\left(1,0,0,0,a_1^1\sin\alpha_1,-a_1^0\right)^{\mathrm{T}}\\ \boldsymbol{S}_4^1=\left(0,1,0,-a_1^1\sin\alpha_1,0,0\right)^{\mathrm{T}}\\ \boldsymbol{S}_5^1=\left(0,0,1,a_1^0,0,0\right)^{\mathrm{T}}\end{Bmatrix} \tag{2–132}$$

$$\mathbb{S}_2=\begin{Bmatrix}\boldsymbol{S}_1^2=\left(-1,\sqrt{3},0,0,0,-2b\right)^{\mathrm{T}}\\ \boldsymbol{S}_2^2=\left(0,0,0,\dfrac{\sqrt{3}}{2}\cos\alpha_2,\dfrac{\cos\alpha_2}{2},\sin\alpha_2\right)^{\mathrm{T}}\\ \boldsymbol{S}_3^2=\left(1,0,0,0,a_2^1\sin\alpha_2,\dfrac{a_2^0}{2}\right)^{\mathrm{T}}\\ \boldsymbol{S}_4^2=\left(0,1,0,-a_2^1\sin\alpha_2,0,-\dfrac{\sqrt{3}}{2}a_2^0\right)^{\mathrm{T}}\\ \boldsymbol{S}_5^2=\left(0,0,1,-\dfrac{a_2^0}{2},\dfrac{\sqrt{3}}{2}a_2^0,0\right)^{\mathrm{T}}\end{Bmatrix} \tag{2–133}$$

$$\mathbb{S}_3=\begin{Bmatrix}\boldsymbol{S}_1^3=\left(-1,-\sqrt{3},0,0,0,-2b\right)^{\mathrm{T}}\\ \boldsymbol{S}_2^3=\left(0,0,0,-\dfrac{\sqrt{3}}{2}\cos\alpha_3,\dfrac{\cos\alpha_3}{2},\sin\alpha_3\right)^{\mathrm{T}}\\ \boldsymbol{S}_3^3=\left(1,0,0,0,a_3^1\sin\alpha_3,\dfrac{a_3^0}{2}\right)^{\mathrm{T}}\\ \boldsymbol{S}_4^3=\left(0,1,0,-a_3^1\sin\alpha_3,0,\dfrac{\sqrt{3}}{2}a_3^0\right)^{\mathrm{T}}\\ \boldsymbol{S}_5^3=\left(0,0,1,-\dfrac{a_3^0}{2},-\dfrac{\sqrt{3}}{2}a_3^0,0\right)^{\mathrm{T}}\end{Bmatrix} \tag{2–134}$$

式中, a_i^0、 a_i^1、 α_i $(i=1,2,3)$ 和 b 为已知参数。

通过直接观察, 很难得到这三个旋量系的交集。下面通过旋量系交集计算方法来计算这三个旋量系的交集旋量系。

写出旋量系 $\mathbb{S}_1$、$\mathbb{S}_2$ 和 $\mathbb{S}_3$ 的旋量雅可比矩阵为

$$\boldsymbol{J}^1=\begin{pmatrix}\boldsymbol{S}_1^1 & \boldsymbol{S}_2^1 & \boldsymbol{S}_3^1 & \boldsymbol{S}_4^1 & \boldsymbol{S}_5^1\end{pmatrix}=\begin{pmatrix}1 & 0 & 1 & 0 & 0\\ 0 & 0 & 0 & 1 & 0\\ 0 & 0 & 0 & 0 & 1\\ 0 & 0 & 0 & -a_1^1\sin\alpha_1 & a_0^1\\ 0 & -\cos\alpha_1 & a_1^1\sin\alpha_1 & 0 & 0\\ -b & \sin\alpha_1 & -a_0^1 & 0 & 0\end{pmatrix}\tag{2–135}$$

$$\boldsymbol{J}^2=\begin{pmatrix}\boldsymbol{S}_1^2 & \boldsymbol{S}_2^2 & \boldsymbol{S}_3^2 & \boldsymbol{S}_4^2 & \boldsymbol{S}_5^2\end{pmatrix}=\begin{pmatrix}-1 & 0 & 1 & 0 & 0\\ \sqrt{3} & 0 & 0 & 1 & 0\\ 0 & 0 & 0 & 0 & 1\\ 0 & \dfrac{\sqrt{3}}{2}\cos\alpha_2 & 0 & -a_1^2\sin\alpha_2 & -\dfrac{a_0^2}{2}\\ 0 & \dfrac{\cos\alpha_2}{2} & a_1^2\sin\alpha_2 & 0 & \dfrac{\sqrt{3}}{2}a_0^2\\ -2b & \sin\alpha_2 & \dfrac{a_0^2}{2} & -\dfrac{\sqrt{3}}{2}a_0^2 & 0\end{pmatrix}\tag{2–136}$$

$$\boldsymbol{J}^3=\begin{pmatrix}\boldsymbol{S}_1^3 & \boldsymbol{S}_2^3 & \boldsymbol{S}_3^3 & \boldsymbol{S}_4^3 & \boldsymbol{S}_5^3\end{pmatrix}=\begin{pmatrix}-1 & 0 & 1 & 0 & 0\\ -\sqrt{3} & 0 & 0 & 1 & 0\\ 0 & 0 & 0 & 0 & 1\\ 0 & -\dfrac{\sqrt{3}}{2}\cos\alpha_3 & 0 & -a_1^3\sin\alpha_3 & -\dfrac{a_0^3}{2}\\ 0 & \dfrac{\cos\alpha_3}{2} & a_1^3\sin\alpha_3 & 0 & -\dfrac{\sqrt{3}}{2}a_0^3\\ -2b & \sin\alpha_3 & \dfrac{a_0^3}{2} & \dfrac{\sqrt{3}}{2}a_0^3 & 0\end{pmatrix}\tag{2–137}$$

根据式 (2–119), 构造的组合矩阵 $\boldsymbol{J}^c$ 为

$$\boldsymbol{J}^c=\begin{pmatrix}\boldsymbol{J}^1 & -\boldsymbol{J}^2 & \boldsymbol{0}\\ \boldsymbol{J}^1 & \boldsymbol{0} & -\boldsymbol{J}^3\end{pmatrix}_{12\times 15}\tag{2–138}$$

因此, 齐次线性方程组 $\boldsymbol{J}^c\boldsymbol{x}=\boldsymbol{0}$ 的通解 $\boldsymbol{x}$ 是一个十五维的列向量。根据式 (2–118)、式 (2–120) 和式 (2–122), 向量 $\boldsymbol{x}$ 被划分成三部分—— $\boldsymbol{x}^1$、$\boldsymbol{x}^2$ 和 $\boldsymbol{x}^3$,

且每一部分都可被用于计算式 (2–123) 中的交集旋量。为了计算方便, 这里仅列出了向量 $\boldsymbol{x}$ 的第三部分即向量 $\boldsymbol{x}^3$ 的通解

$$\begin{aligned}\boldsymbol{x}^3&=\gamma_1\boldsymbol{b}_1^3+\gamma_2\boldsymbol{b}_2^3+\gamma_3\boldsymbol{b}_3^3\\&=\gamma_1\begin{pmatrix}t_1\\t_2\\1\\0\\0\end{pmatrix}+\gamma_2\begin{pmatrix}t_3\\t_4\\0\\1\\0\end{pmatrix}+\gamma_3\begin{pmatrix}t_5\\t_6\\0\\0\\1\end{pmatrix}\end{aligned}\tag{2–139}$$

式中, γ_1、γ_2 和 γ_3 为自由参数,

$$t_1=\frac{-a_1^2\sin\alpha_2+a_1^3\sin\alpha_3}{2\left(a_1^1\sin\alpha_1-a_1^2\sin\alpha_2\right)}$$

$$t_2=\frac{a_1^1\sin\alpha_1\left(a_1^2\sin\alpha_2-a_1^3\sin\alpha_3\right)}{\cos\alpha_3\left(a_1^1\sin\alpha_1-a_1^2\sin\alpha_2\right)}$$

$$t_3=\frac{\sqrt{3}\left(2a_1^1\sin\alpha_1-a_1^2\sin\alpha_2-a_1^3\sin\alpha_3\right)}{6\left(a_1^1\sin\alpha_1-a_1^2\sin\alpha_2\right)}$$

$$t_4=-\frac{\sqrt{3}\left(a_1^1a_1^2\sin\alpha_1\sin\alpha_2+a_1^1a_1^3\sin\alpha_1\sin\alpha_3-2a_1^2a_1^3\sin\alpha_2\sin\alpha_3\right)}{3\cos\alpha_3\left(a_1^1\sin\alpha_1-a_1^2\sin\alpha_2\right)}$$

$$t_5=-\frac{\sqrt{3}\left(a_0^1+a_0^2+a_0^3\right)}{3\left(a_1^1\sin\alpha_1-a_1^2\sin\alpha_2\right)}$$

$$t_6=\frac{\sqrt{3}\left[\left(2a_0^2+a_0^3\right)a_1^1\sin\alpha_1+\left(2a_0^1+a_0^3\right)a_1^2\sin\alpha_2\right]}{3\cos\alpha_3\left(a_1^1\sin\alpha_1-a_1^2\sin\alpha_2\right)}$$

且组合矩阵 $\boldsymbol{J}^c$ 的秩为

$$\operatorname{rank}\left(\boldsymbol{J}^c\right)=12\tag{2–140}$$

通过将旋量雅可比矩阵 $\boldsymbol{J}^3$ 左乘式 (2–139) 中的第一个解向量 $\boldsymbol{b}_1^3$, 可以得到交集旋量 ${}^{\text{int}}\boldsymbol{S}_1$ 为

$$\begin{aligned}{}^{\text{int}}\boldsymbol{S}_1&=\boldsymbol{J}^3\boldsymbol{b}_1^3\\&=\left(1-t_1,-\sqrt{3}t_1,0,-\frac{\sqrt{3}t_2\cos\alpha_3}{2},a_1^3\sin\alpha_3+\frac{t_2\cos\alpha_3}{2},\frac{a_0^3}{2}-2bt_1+t_2\sin\alpha_3\right)^{\mathrm{T}}\end{aligned}\tag{2–141}$$

类似地, 重复上述计算过程, 将旋量雅可比矩阵 $\boldsymbol{J}^3$ 分别左乘式 (2–139) 中的第二、第三个解向量 $\boldsymbol{b}_2^3$ 和 $\boldsymbol{b}_3^3$, 可以得到旋量系交集中的其余两个旋量。这三个旋量构成了交集旋量系 ${}^{\text{int}}\mathbb{S}$ 的一组基, 为

$$
{}^{\text{int}}\mathbb{S}=\left\{\begin{array}{l}
{}^{\text{int}}\boldsymbol{S}_1=\left(1-t_1,-\sqrt{3}t_1,0,-\dfrac{\sqrt{3}t_2\cos\alpha_3}{2},a_1^3\sin\alpha_3+\dfrac{t_2\cos\alpha_3}{2},\dfrac{a_0^3}{2}-2bt_1+t_2\sin\alpha_3\right)^{\mathrm{T}}\\
{}^{\text{int}}\boldsymbol{S}_2=\left(-t_3,1-\sqrt{3}t_3,0,-a_1^3\sin\alpha_3-\dfrac{\sqrt{3}t_4\cos\alpha_3}{2},\dfrac{t_4\cos\alpha_3}{2},\dfrac{\sqrt{3}a_0^3}{2}-2bt_3+t_4\sin\alpha_3\right)^{\mathrm{T}}\\
{}^{\text{int}}\boldsymbol{S}_3=\left(-t_5,-\sqrt{3}t_5,1,\dfrac{-a_0^3-\sqrt{3}t_6\cos\alpha_3}{2},\dfrac{t_6\cos\alpha_3-\sqrt{3}a_0^3}{2},t_6\sin\alpha_3-2bt_5\right)^{\mathrm{T}}
\end{array}\right\}
\tag{2–142}
$$

式 (2–142) 中交集旋量系 ${}^{\text{int}}\mathbb{S}$ 的一组简化基为

$$
{}^{\text{int}}\mathbb{S}=\left\{\begin{array}{l}
{}^{\text{int}}\boldsymbol{S}_1'=\left(1,0,t_7,a_0^1t_7,t_8,0\right)^{\mathrm{T}}\\
{}^{\text{int}}\boldsymbol{S}_2'=\left(0,1,t_9,t_{10},t_{11},0\right)^{\mathrm{T}}\\
{}^{\text{int}}\boldsymbol{S}_3'=\left(0,0,0,0,0,1\right)^{\mathrm{T}}
\end{array}\right\}
\tag{2–143}
$$

式中,

$$t_7=-\frac{\sqrt{3}\left(a_1^2\sin\alpha_2-a_1^3\sin\alpha_3\right)}{2\left(a_0^1+a_0^2+a_0^3\right)}$$

$$t_8=\frac{a_0^1\left(a_1^2\sin\alpha_2+a_1^3\sin\alpha_3\right)+2\left(a_0^3a_1^2\sin\alpha_2+a_0^2a_1^3\sin\alpha_3\right)}{2\left(a_0^1+a_0^2+a_0^3\right)}$$

$$t_9=-\frac{a_1^2\sin\alpha_2-2a_1^1\sin\alpha_1+a_1^3\sin\alpha_3}{2\left(a_0^1+a_0^2+a_0^3\right)}$$

$$t_{10}=-\frac{2\left(a_0^2+a_0^3\right)a_1^1\sin\alpha_1+a_0^1\left(a_1^2\sin\alpha_2+a_1^3\sin\alpha_3\right)}{2\left(a_0^1+a_0^2+a_0^3\right)}$$

$$t_{11}=\frac{\sqrt{3}\left[2\left(a_0^2-a_0^3\right)a_1^1\sin\alpha_1+\left(a_0^1+2a_0^3\right)a_1^2\sin\alpha_2-\left(a_0^1+2a_0^2\right)a_1^3\sin\alpha_3\right]}{6\left(a_0^1+a_0^2+a_0^3\right)}$$

2.3 旋量系几何形态研究

在机构学与机器人学中, 运动副间的几何位置决定了机构和机器人的运动状态, 与运动副对应的旋量及其形成的旋量系理论的研究对机构学和机器人学有着非常重要的作用。本节将对三阶旋量系的几何形态进行探讨: 首先利用线矢量的自互易性与两个线矢量互易时的几何特征推导非异面线矢量线性相关时所满足的条件, 并根据条件推导相应的几何形态; 然后基于直纹面和异面直线的关系, 讨论异面线矢量形成的几何形态; 最后首次结合二次曲面的对偶性和三阶线矢量系的自互易性, 将得到的几何形态统一到二次曲面的表达式下, 进而将此结论推广到具有相同旋距的三阶旋量系。本节将旋量的几何性质与代数表达统一起来, 对讨论旋量系几何形态和设计变胞机构具有指导与借鉴意义。

2.3.1 四个线矢量线性相关的几何形态

2.3.1.1 四个线矢量线性相关的条件

旋量系 (screw system) 是旋量的集合, 而线矢量 (line vector) 则被定义为零旋距的旋量, 它拥有方向与位置, 可以形成六维向量, 这个六维向量坐标反映出它的几何意义。将线性代数中线性相关的定义应用到线矢量线性相关的研究中, 可得线矢量线性相关时的几何形态。

根据线性代数中线性相关的定义, 当且仅当四个向量形成的矩阵的秩小于 4 时, 四个向量线性相关。对于线矢量, 可以写成如下形式

$$\begin{gathered}\kappa_1\boldsymbol{S}_1+\kappa_2\boldsymbol{S}_2+\kappa_3\boldsymbol{S}_3+\kappa_4\boldsymbol{S}_4=\boldsymbol{0}\quad(\kappa_1^2+\kappa_2^2+\kappa_3^2+\kappa_4^2\neq 0)\\ \Leftrightarrow \operatorname{rank}(\boldsymbol{S}_1\quad \boldsymbol{S}_2\quad \boldsymbol{S}_3\quad \boldsymbol{S}_4)<4\end{gathered}\tag{2-144}$$

需要注意的是, 当有三个线矢量线性相关时, 式 (2–144) 仍然成立, 但此种情况并不是所要讨论的内容, 因此补充如下的形式来描述要讨论的问题

$$\begin{gathered}\begin{cases}\kappa_1\boldsymbol{S}_1+\kappa_2\boldsymbol{S}_2+\kappa_3\boldsymbol{S}_3+\kappa_4\boldsymbol{S}_4=\boldsymbol{0}\quad(\kappa_1^2+\kappa_2^2+\kappa_3^2+\kappa_4^2\neq 0)\\ \kappa_i\boldsymbol{S}_i+\kappa_j\boldsymbol{S}_j+\kappa_k\boldsymbol{S}_k\neq\boldsymbol{0}\quad(\kappa_i^2+\kappa_j^2+\kappa_k^2\neq 0)\end{cases}\\ \Leftrightarrow\begin{cases}\operatorname{rank}(\boldsymbol{S}_1\quad \boldsymbol{S}_2\quad \boldsymbol{S}_3\quad \boldsymbol{S}_4)=3\\ \operatorname{rank}(\boldsymbol{S}_i\quad \boldsymbol{S}_j\quad \boldsymbol{S}_k)=3\end{cases}\end{gathered}\tag{2-145}$$

式中, $i\neq j\neq k; i,j,k\in\{1,2,3,4\}$。

由式 (2–145) 可得, 每三个线矢量都是线性无关的, 但是第四个线矢量却与前三个线矢量线性相关。

当能够找到一个旋量 $\boldsymbol{S}_m$ 满足下面条件

$$\begin{cases}\operatorname{rank}(\boldsymbol{S}_i\quad \boldsymbol{S}_j\quad \boldsymbol{S}_m)=2\\ \operatorname{rank}(\boldsymbol{S}_k\quad \boldsymbol{S}_l\quad \boldsymbol{S}_m)=2\end{cases}\tag{2-146}$$

式中, $i\neq j\neq k\neq l$。

同时

$$\begin{cases}\operatorname{rank}(\boldsymbol{S}_i\quad \boldsymbol{S}_j)=2\\ \operatorname{rank}(\boldsymbol{S}_k\quad \boldsymbol{S}_l)=2\end{cases}\tag{2-147}$$

可得

$$\begin{cases}\operatorname{rank}(\boldsymbol{S}_1\quad \boldsymbol{S}_2\quad \boldsymbol{S}_3\quad \boldsymbol{S}_4)=3\\ \operatorname{rank}(\boldsymbol{S}_i\quad \boldsymbol{S}_j\quad \boldsymbol{S}_k)=3\end{cases}\tag{2-148}$$

由此可知, 当可以找到第三个旋量与现有的四个线矢量分成的两组线矢量均线性相关时, 则现有的四个线矢量线性相关。

它的逆命题也成立, 即当三个线矢量满足如下关系时

$$\begin{cases}\operatorname{rank}(\boldsymbol{S}_1 \quad \boldsymbol{S}_2 \quad \boldsymbol{S}_3 \quad \boldsymbol{S}_4)=3\\ \operatorname{rank}(\boldsymbol{S}_i \quad \boldsymbol{S}_j \quad \boldsymbol{S}_k)=3\end{cases} \tag{2–149}$$

即

$$\begin{cases}\kappa_1\boldsymbol{S}_1+\kappa_2\boldsymbol{S}_2+\kappa_3\boldsymbol{S}_3+\kappa_4\boldsymbol{S}_4=\mathbf{0} \quad (\kappa_1^2+\kappa_2^2+\kappa_3^2+\kappa_4^2\neq 0)\\ \kappa_i\boldsymbol{S}_i+\kappa_j\boldsymbol{S}_j+\kappa_k\boldsymbol{S}_k\neq\mathbf{0} \quad (\kappa_i^2+\kappa_j^2+\kappa_k^2\neq 0)\end{cases} \tag{2–150}$$

则

$$\kappa_i\boldsymbol{S}_i+\kappa_j\boldsymbol{S}_j=-(\kappa_k\boldsymbol{S}_k+\kappa_l\boldsymbol{S}_l)=\boldsymbol{S}_m \quad (\kappa_i^2+\kappa_j^2+\kappa_k^2+\kappa_l^2\neq 0) \tag{2–151}$$

此时满足

$$\begin{cases}\operatorname{rank}(\boldsymbol{S}_i \quad \boldsymbol{S}_j \quad \boldsymbol{S}_m)=2\\ \operatorname{rank}(\boldsymbol{S}_k \quad \boldsymbol{S}_l \quad \boldsymbol{S}_m)=2\end{cases} \tag{2–152}$$

同时

$$\begin{cases}\operatorname{rank}(\boldsymbol{S}_i \quad \boldsymbol{S}_j)=2\\ \operatorname{rank}(\boldsymbol{S}_k \quad \boldsymbol{S}_l)=2\end{cases} \tag{2–153}$$

根据以上两个命题, 可得下面的等价关系

$$\begin{aligned}\exists\boldsymbol{S}_m\begin{cases}\operatorname{rank}(\boldsymbol{S}_i \quad \boldsymbol{S}_j \quad \boldsymbol{S}_m)=2\\ \operatorname{rank}(\boldsymbol{S}_k \quad \boldsymbol{S}_l \quad \boldsymbol{S}_m)=2\end{cases}\bigcap\begin{cases}\operatorname{rank}(\boldsymbol{S}_i \quad \boldsymbol{S}_j)=2\\ \operatorname{rank}(\boldsymbol{S}_k \quad \boldsymbol{S}_l)=2\end{cases}\\ \Leftrightarrow\begin{cases}\operatorname{rank}(\boldsymbol{S}_1 \quad \boldsymbol{S}_2 \quad \boldsymbol{S}_3 \quad \boldsymbol{S}_4)=3\\ \operatorname{rank}(\boldsymbol{S}_i \quad \boldsymbol{S}_j \quad \boldsymbol{S}_k)=3\end{cases}\end{aligned} \tag{2–154}$$

式 (2–154) 与式 (2–145) 为等价条件, 可得当有两个线矢量共面同时四个线矢量线性相关时的充要条件。

当四个线矢量中存在两个共面线矢量时, 它们线性相关等价于存在线矢量 $\boldsymbol{S}_m$ 满足下面的条件

$$\begin{gathered}\boldsymbol{S}_i\circ\boldsymbol{S}_j=\boldsymbol{S}_k\circ\boldsymbol{S}_l=0\\ \operatorname{rank}(\boldsymbol{S}_i \quad \boldsymbol{S}_j \quad \boldsymbol{S}_m)=\operatorname{rank}(\boldsymbol{S}_k \quad \boldsymbol{S}_l \quad \boldsymbol{S}_m)=2\end{gathered} \tag{2–155}$$

必要性证明:

根据

$$\operatorname{rank}(\boldsymbol{S}_1 \quad \boldsymbol{S}_2 \quad \boldsymbol{S}_3 \quad \boldsymbol{S}_4)=3 \tag{2–156}$$

写成线性运算形式有

$$\boldsymbol{S}_l = \kappa_i \boldsymbol{S}_i + \kappa_j \boldsymbol{S}_j + \kappa_k \boldsymbol{S}_k \tag{2–157}$$

根据线矢量的自互易特性可得

$$\kappa_i \kappa_j \boldsymbol{S}_i \circ \boldsymbol{S}_j + \kappa_j \kappa_k \boldsymbol{S}_j \circ \boldsymbol{S}_k + \kappa_k \kappa_i \boldsymbol{S}_k \circ \boldsymbol{S}_i = 0 \tag{2–158}$$

由于存在两个线矢量共面, 此时两个共面线矢量的互易积为 0。因此可以假定 $\boldsymbol{S}_i \circ \boldsymbol{S}_j = 0$, 式 (2–158) 可以化简为

$$\begin{aligned}
&\kappa_j \kappa_k \boldsymbol{S}_j \circ \boldsymbol{S}_k + \kappa_k \kappa_i \boldsymbol{S}_k \circ \boldsymbol{S}_i \\
=\ & \kappa_k \boldsymbol{S}_k \circ (\kappa_j \boldsymbol{S}_j + \kappa_i \boldsymbol{S}_i) \\
=\ & -\kappa_k \boldsymbol{S}_k \circ (\kappa_k \boldsymbol{S}_k + \kappa_l \boldsymbol{S}_l) \\
=\ & -\kappa_k \kappa_l \boldsymbol{S}_k \circ \boldsymbol{S}_l = 0
\end{aligned} \tag{2–159}$$

于是得到 $\boldsymbol{S}_k \circ \boldsymbol{S}_l = 0$。对二阶旋量系进行讨论可知, 与两个共面线矢量线性相关的第三个旋量为处于此平面上一个线矢量。根据式 (2–154), 必有线矢量 $\boldsymbol{S}_m$ 满足条件。

充分性可以根据式 (2–154) 得到。下面使用此结论, 结合线矢量的几何意义推导四个线矢量线性相关的几何形态。

2.3.1.2 四个线矢量位于两平面同时线性相关的几何形态

2.3.1.1 节证明, 四个线矢量中如果有两个线矢量共面, 则四个线矢量线性相关的充要条件为: 存在两个平面将四个线矢量分成两组, 同时存在一个线矢量与每组共面的线矢量线性相关。因此, 问题的关键转化为寻找 $\boldsymbol{S}_m$ 和两个平面的关系问题。这里标记

$$\boldsymbol{S}_i = \begin{pmatrix} \boldsymbol{s}_i \\ \boldsymbol{s}_{i0} \end{pmatrix} \quad (i = 1, 2, 3, 4) \tag{2–160}$$

首先给出如下定理。

定理 1 处于两个平面上的四个线矢量, 它们所在的两个平面的交线与它们交点所决定的直线相同时, 总能找到 $\boldsymbol{S}_m$。此时两个平面的交线即为所求, 可以表示为

$$\boldsymbol{S}_m = \begin{pmatrix} \boldsymbol{s}_m \\ \boldsymbol{s}_{m0} \end{pmatrix} = \begin{pmatrix} (\boldsymbol{s}_i \times \boldsymbol{s}_j) \times (\boldsymbol{s}_k \times \boldsymbol{s}_l) \\ (\boldsymbol{s}_{l0} \cdot \boldsymbol{s}_k)(\boldsymbol{s}_i \times \boldsymbol{s}_j) + (\boldsymbol{s}_{j0} \cdot \boldsymbol{s}_i)(\boldsymbol{s}_k \times \boldsymbol{s}_l) \end{pmatrix} \tag{2–161}$$

式中, $\boldsymbol{s}_i$ 和 $\boldsymbol{s}_j$ 共面, $\boldsymbol{s}_k$ 和 $\boldsymbol{s}_l$ 共面。

证明 两个平面的交线可以表示为

$$\boldsymbol{S}_m = \begin{pmatrix} \boldsymbol{s}_m \\ \boldsymbol{s}_{m0} \end{pmatrix} = \begin{pmatrix} (\boldsymbol{s}_i \times \boldsymbol{s}_j) \times (\boldsymbol{s}_k \times \boldsymbol{s}_l) \\ (\boldsymbol{s}_{l0} \cdot \boldsymbol{s}_k)(\boldsymbol{s}_i \times \boldsymbol{s}_j) + (\boldsymbol{s}_{j0} \cdot \boldsymbol{s}_i)(\boldsymbol{s}_k \times \boldsymbol{s}_l) \end{pmatrix} \tag{2–162}$$

首先

$$(\boldsymbol{s}_i \times \boldsymbol{s}_j) \times (\boldsymbol{s}_k \times \boldsymbol{s}_l) = \boldsymbol{s}_l \cdot (\boldsymbol{s}_k \times \boldsymbol{s}_j)\boldsymbol{s}_i - \boldsymbol{s}_l \cdot (\boldsymbol{s}_k \times \boldsymbol{s}_i)\boldsymbol{s}_j = \kappa_i \boldsymbol{s}_i + \kappa_j \boldsymbol{s}_j \tag{2–163}$$

式中, $\kappa_i = \boldsymbol{s}_l \cdot (\boldsymbol{s}_k \times \boldsymbol{s}_j)$, $\kappa_j = -\boldsymbol{s}_l \cdot (\boldsymbol{s}_k \times \boldsymbol{s}_i)$。由于 $\boldsymbol{s}_i \circ \boldsymbol{s}_j = 0$, 两直线的交点可以写成 $p_1(\boldsymbol{s}_{i0} \times \boldsymbol{s}_{j0},\ \boldsymbol{s}_j \cdot \boldsymbol{s}_{i0})^{\mathrm{T}}$, 当此点在两个平面的交线上时, 式 (2–164) 成立

$$\begin{aligned}&(\boldsymbol{s}_j \cdot \boldsymbol{s}_{i0})(\kappa_i \boldsymbol{s}_{i0} + \kappa_j \boldsymbol{s}_{j0})\\ =&(\boldsymbol{s}_{i0} \times \boldsymbol{s}_{j0}) \times (\boldsymbol{s}_i \times \boldsymbol{s}_j) \times (\boldsymbol{s}_k \times \boldsymbol{s}_l)\\ =&(\boldsymbol{s}_j \cdot \boldsymbol{s}_{i0})[(\boldsymbol{s}_{l0} \cdot \boldsymbol{s}_k)(\boldsymbol{s}_i \times \boldsymbol{s}_j) + (\boldsymbol{s}_{j0} \cdot \boldsymbol{s}_i)(\boldsymbol{s}_k \times \boldsymbol{s}_l)]\end{aligned} \tag{2–164}$$

同时

$$\kappa_i \boldsymbol{s}_{i0} + \kappa_j \boldsymbol{s}_{j0} = (\boldsymbol{s}_{l0} \cdot \boldsymbol{s}_k)(\boldsymbol{s}_i \times \boldsymbol{s}_j) + (\boldsymbol{s}_{j0} \cdot \boldsymbol{s}_i)(\boldsymbol{s}_k \times \boldsymbol{s}_l) \tag{2–165}$$

于是

$$\boldsymbol{S}_m = \kappa_i \boldsymbol{s}_i + \kappa_j \boldsymbol{s}_j \tag{2–166}$$

对于另外两线矢量 $\boldsymbol{s}_k$ 和 $\boldsymbol{s}_l$ 可得相同的结果, 由此可知 $\boldsymbol{S}_m$ 即为所求。证毕。

由以上证明可知, 当四个线矢量处于两个平面上, 同时它们的交点在这两个平面的交线上时, 四个线矢量线性相关。需要注意的是: 这里的交点和交线可以位于无穷远处。

基于以上结论, 给出满足此条件的四个线矢量的所有几何形态, 如图 2–6 所示。图 2–6 (a) 为四个线矢量共点的情况, 此时两个平面为两组线矢量所决定的平面, 交点位于两个平面的交线上。图 2–6 (b) 为四个线矢量平行的情况, 同共点情况类似的是平面是两组线矢量决定的平面, 区别在于线矢量的交点位于无穷远。图 2–6 (c) 为四个线矢量共面的情况, 很明显满足交点在交线上的情况。图 2–6 (d) 所示几何形态为两个平面相交, 同时交线由两组线矢量的交点决定。图 2–6 (e) 所示几何形态为两个平面相交, 其中一组线矢量的交点位于两平面的交线上, 而另外一组线矢量由于与两平面的交线平行, 其交点位于无穷远处。图 2–6 (f) 所示几何形态为两个平面平行, 此时两个平面的交线位于无穷远处, 因此上面的两组线矢量分别平行使得交点位于无穷远处。

2.3.1.3 四个线矢量均异面同时线性相关时的几何形态

对两两异面线矢量的讨论, 将用代数方法进行。三条异面直线决定一个双曲抛物面或者单叶双曲面, 因此问题的讨论转变为讨论第四条直线的分布。

双曲抛物面方程可以写为

$$\frac{x^2}{\chi^2} - \frac{y^2}{\eta^2} = 2z \tag{2–167}$$

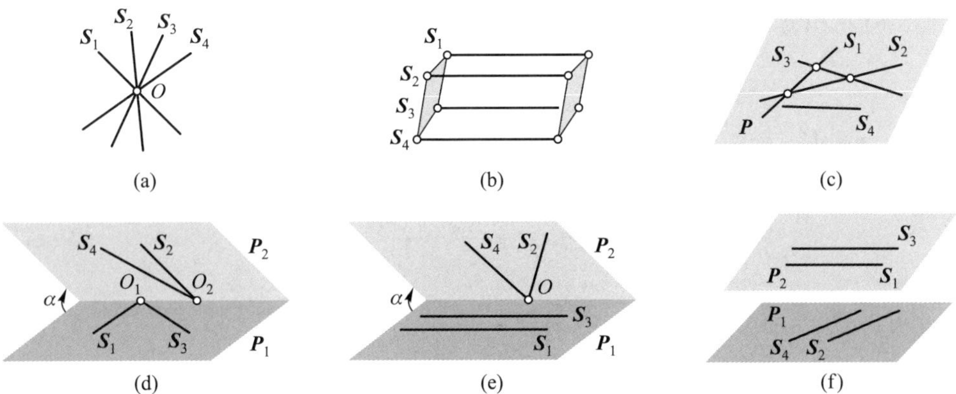

图 **2–6** 四个非异面线矢量线性相关的几何形态: **(a)** 两个交点位于相同的有限距离处; **(b)** 两个交点位于相同的无限距离处; **(c)** 两个平面相同; **(d)** 两个交点位于不同的有限距离处; **(e)** 一个交点位于有限距离处, 一个交点位于无限距离处; **(f)** 两个交点位于无限距离处

可以写成如下参数方程形式

$$\begin{cases} \dfrac{x}{\chi} - \dfrac{y}{\eta} = \iota \\ \iota\left(\dfrac{x}{\chi} + \dfrac{y}{\eta}\right) = 2z \end{cases} \tag{2–168}$$

式 (2–168) 是两相交平面形式的直线方程。根据空间几何, 直线的方向向量可以由两个平面法向量的叉积得到, 于是式 (2–168) 决定的方向向量为

$$\boldsymbol{s} = (\chi, \eta, \iota)^{\mathrm{T}} \tag{2–169}$$

式中, χ 和 η 是常量; ι 为参变量。线矢量的位置向量为

$$\boldsymbol{r} = \left(\chi\iota, 0, \frac{\iota^2}{2}\right)^{\mathrm{T}} \tag{2–170}$$

于是式 (2–168) 决定的线矢量 $\boldsymbol{S} = \left(\boldsymbol{s}^{\mathrm{T}} (\boldsymbol{r} \times \boldsymbol{s})^{\mathrm{T}}\right)^{\mathrm{T}}$ 为

$$\boldsymbol{S} = \left(\chi, \eta, \iota, -\frac{\eta\iota^2}{2}, -\frac{\chi\iota^2}{2}, \chi\eta\iota\right)^{\mathrm{T}} \tag{2–171}$$

两个线矢量 $\boldsymbol{S}_1$ 和 $\boldsymbol{S}_2$ 可以写成

$$\boldsymbol{S}_1 = \left(\chi, \eta, \iota_1, -\frac{\eta\iota_1^2}{2}, -\frac{\chi\iota_1^2}{2}, \chi\eta\iota_1\right)^{\mathrm{T}} \tag{2–172}$$

$$\boldsymbol{S}_2 = \left(\chi, \eta, \iota_2, -\frac{\eta\iota_2^2}{2}, -\frac{\chi\iota_2^2}{2}, \chi\eta\iota_2\right)^{\mathrm{T}} \tag{2–173}$$

它们的互易积为

$$\boldsymbol{S}_1 \circ \boldsymbol{S}_2 = -\chi\eta(\iota_1 - \iota_2)^2 \tag{2–174}$$

第三个线矢量为

$$\boldsymbol{S}_3 = \left(\chi, \eta, \iota_3, -\frac{\eta\iota_3^2}{2}, -\frac{\chi\iota_3^2}{2}, \chi\eta\iota_3\right)^{\mathrm{T}} \tag{2–175}$$

由此可得 $\boldsymbol{S}_3$ 与前两个线矢量的互易积

$$\boldsymbol{S}_3 \circ \boldsymbol{S}_1 = -\chi\eta(\iota_3 - \iota_1)^2 \tag{2–176}$$

$$\boldsymbol{S}_2 \circ \boldsymbol{S}_3 = -\chi\eta(\iota_2 - \iota_3)^2 \tag{2–177}$$

对于第四个线矢量

$$\boldsymbol{S}_4 = \kappa_1\boldsymbol{S}_1 + \kappa_2\boldsymbol{S}_2 + \kappa_3\boldsymbol{S}_3 \tag{2–178}$$

根据 $\boldsymbol{S}_4$ 的自互易特性与式 (2–174)、式 (2–176) 和式 (2–177), 可得

$$(\iota_1 - \iota_2)^2\kappa_1\kappa_2 + (\iota_2 - \iota_3)^2\kappa_2\kappa_3 + (\iota_3 - \iota_1)^2\kappa_3\kappa_1 = 0 \tag{2–179}$$

将式 (2–172)、式 (2–173) 和式 (2–175) 代入式 (2–178) 可得

$$\boldsymbol{S}_4 = \left(\chi\kappa_i, \eta\kappa_i, \iota_i\kappa_i, -\frac{\eta}{2}\iota_i^2\kappa_i, -\frac{\chi}{2}\iota_i^2\kappa_i, \chi\eta\iota_i\kappa_i\right)^{\mathrm{T}} \tag{2–180}$$

式中, κ_i、 $\iota_i\kappa_i$ 和 $\iota_i^2\kappa_i$ 分别代表 $\sum\limits_{i=0}^{3}\kappa_i$、 $\sum\limits_{i=0}^{3}\iota_i\kappa_i$ 和 $\sum\limits_{i=0}^{3}\kappa_i\iota_i^2$。

化简式 (2–179) 可得

$$(\iota_1\kappa_1 + \iota_2\kappa_2 + \iota_3\kappa_3)^2 = \sum_{i=0}^{3}\kappa_i^2\iota_i^2 + \left[\sum_{i=0}^{3}\kappa_i\iota_i^2\left(\sum_{j=0, j\neq i}^{3}\kappa_j\right)\right] \tag{2–181}$$

于是

$$(\kappa_i\iota_i)^2 = \left(\kappa_i\iota_i^2\right)\kappa_i \tag{2–182}$$

从而 $\boldsymbol{S}_4$ 可以写为

$$\boldsymbol{S}_4 = \kappa_i\left(\chi, \eta, \frac{\iota_i\kappa_i}{\kappa_i}, -\frac{\eta}{2}\left(\frac{\iota_i\kappa_i}{\kappa_i}\right)^2, -\frac{\chi}{2}\left(\frac{\iota_i\kappa_i}{\kappa_i}\right)^2, \chi\eta\frac{\iota_i\kappa_i}{\kappa_i}\right)^{\mathrm{T}} \tag{2–183}$$

进一步化简有

$$\boldsymbol{S}_4 = \left(\chi, \eta, \iota_4, -\frac{\eta\iota_4^2}{2}, -\frac{\chi\iota_4^2}{2}, \chi\eta\iota_4\right)^{\mathrm{T}} \tag{2–184}$$

式中，$\iota_4 = \iota_i\kappa_i/\kappa_i$。很明显，它也满足双曲抛物面上线矢量的坐标形式，因此也在此曲面上。

对于单叶双曲面进行讨论，可得相同的结论。于是，四个异面线矢量线性相关的几何形态可以确定，如图 2–7 所示。

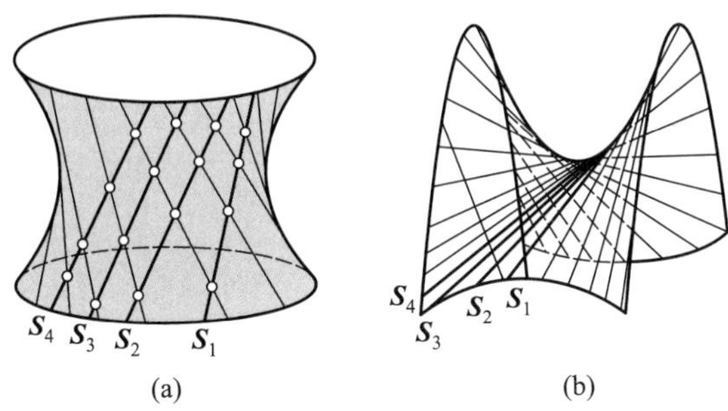

图 **2–7**　四个异面线矢量线性相关的几何形态：(a) 单叶双曲面；(b) 双曲抛物面

2.3.2　三阶线矢量系与二次曲面的关联关系

2.3.2.1　二次曲面的正规形式

二次曲面是通过二次代数方程定义的曲面，它的齐次坐标方程形式如下

$$\sum_{j=0}^{4}\sum_{i=0}^{4} m_{ij}x_ix_j = 0 \quad (m_{ij} = m_{ji}) \tag{2–185}$$

式中，$(x_1, x_2, x_3, x_4)^{\mathrm{T}}$ 是曲面上点的齐次坐标；m_{ij} 是方程的系数。式 (2–185) 表示的是一般形式的二次曲面，$\boldsymbol{M}$ 为系数矩阵

$$\boldsymbol{M} = \begin{pmatrix} m_{11} & m_{12} & m_{13} & m_{14} \\ m_{21} & m_{22} & m_{23} & m_{24} \\ m_{31} & m_{32} & m_{33} & m_{34} \\ m_{41} & m_{42} & m_{43} & m_{44} \end{pmatrix} \quad (m_{ij} = m_{ji}) \tag{2–186}$$

令 $\boldsymbol{x} = (x_1, x_2, x_3, x_4)^{\mathrm{T}}$ 表示点的坐标，则二次曲面方程可写为

$$\boldsymbol{x}^{\mathrm{T}}\boldsymbol{M}\boldsymbol{x} = 0 \tag{2–187}$$

对于任意二次曲面，均有一个系数矩阵 $\boldsymbol{M}$ 与之对应，同时，对于任意形如式 (2–186) 的矩阵 $\boldsymbol{M}$，均有一个二次曲面与之对应，因此可以用矩阵 $\boldsymbol{M}$ 来代替二次曲面的表达，可知 $\boldsymbol{M}$ 是实对称矩阵。而对于实对称矩阵，总有如下的结论成立。

定理 2　实对称矩阵必能对角化。

证明　假设 λ_1 是矩阵 $\boldsymbol{M}$ 的特征值，$\boldsymbol{v}_1$ 是对应于特征值 λ_1 的单位特征向量，满足 $\boldsymbol{M}\boldsymbol{v}_1=\lambda_1\boldsymbol{v}_1$，于是有

$$\lambda_1=\boldsymbol{v}_1^{\mathrm{H}}\boldsymbol{M}\boldsymbol{v}_1=\boldsymbol{v}_1^{\mathrm{H}}\boldsymbol{M}^{\mathrm{H}}\boldsymbol{v}_1=\overline{\boldsymbol{v}_1^{\mathrm{H}}\boldsymbol{M}\boldsymbol{v}_1}=\overline{\lambda_1} \tag{2–188}$$

式中，$\boldsymbol{v}_1^{\mathrm{H}}$ 是 $\boldsymbol{v}_1$ 的共轭转置向量；$\boldsymbol{M}^{\mathrm{H}}$ 是 $\boldsymbol{M}$ 的共轭转置矩阵；符号“—”为共轭符号。从上面的方程可以知道 $\lambda_1\in\mathbb{R}$。

另外，$\boldsymbol{v}_1\in\mathbb{R}^n$ 是矩阵 $\boldsymbol{M}$ 的单位特征向量，$\boldsymbol{U}_1\in\mathbb{R}^{n\times n}$ 是 Householder 矩阵，满足

$$\boldsymbol{U}_1^{\mathrm{T}}\boldsymbol{v}_1=\boldsymbol{e}_1 \tag{2–189}$$

同时

$$\boldsymbol{U}_1^{\mathrm{T}}\boldsymbol{U}_1=\boldsymbol{I} \tag{2–190}$$

式中，$\boldsymbol{e}_1$ 是第一个元素为 1 的单位向量；$\boldsymbol{I}$ 是单位矩阵。于是

$$\boldsymbol{U}_1^{\mathrm{T}}\boldsymbol{M}\boldsymbol{v}_1=\lambda_1\boldsymbol{U}_1^{\mathrm{T}}\boldsymbol{v}_1=\lambda_1\boldsymbol{e}_1 \tag{2–191}$$

将式 (2–189) 和式 (2–190) 代入式 (2–191)，可得

$$\boldsymbol{U}_1^{\mathrm{T}}\boldsymbol{M}\boldsymbol{v}_1=\boldsymbol{U}_1^{\mathrm{T}}\boldsymbol{M}\left(\boldsymbol{U}_1^{\mathrm{T}}\right)^{-1}\boldsymbol{e}_1=\boldsymbol{U}_1^{\mathrm{T}}\boldsymbol{M}\boldsymbol{U}_1\boldsymbol{e}_1 \tag{2–192}$$

进而

$$\boldsymbol{U}_1^{\mathrm{T}}\boldsymbol{M}\boldsymbol{U}_1\boldsymbol{e}_1=\lambda_1\boldsymbol{e}_1 \tag{2–193}$$

由于 $\boldsymbol{M}$ 是实对称矩阵，$\boldsymbol{U}_1^{\mathrm{T}}\boldsymbol{M}\boldsymbol{U}_1$ 也是实对称矩阵，因此有

$$\boldsymbol{U}_1^{\mathrm{T}}\boldsymbol{M}\boldsymbol{U}_1=\begin{pmatrix}\lambda_1 & \boldsymbol{0}^{\mathrm{T}}\\ \boldsymbol{0} & \boldsymbol{M}_1\end{pmatrix} \tag{2–194}$$

式中，$\boldsymbol{M}_1$ 是实对称矩阵。使用递归方法能够证明 $\boldsymbol{M}_1$ 满足同样的条件。

从上面的结论可得，实对称矩阵 $\boldsymbol{M}$ 通过下面的线性转换方法，必定能够对角化

$$\boldsymbol{\varLambda}=\boldsymbol{U}^{\mathrm{T}}\boldsymbol{M}\boldsymbol{U} \tag{2–195}$$

式中，$\boldsymbol{\varLambda}$ 是对角矩阵，它的对角元素是矩阵 $\boldsymbol{M}$ 的特征值，非对角元素是 0；$\boldsymbol{U}$ 是单位正交矩阵。

使用下面的线性转换

$$\boldsymbol{y}=\boldsymbol{U}\boldsymbol{x} \tag{2–196}$$

可得

$$\sum_{i=1}^{4} \lambda_i y_i^2 = 0 \tag{2–197}$$

式中, $\boldsymbol{y} = (y_1, y_2, y_3, y_4)^{\mathrm{T}}$; $\lambda_i(i = 1,2,3,4)$ 是 $\boldsymbol{M}$ 的特征值。也就是说, 对于 $\boldsymbol{M}$, 必有如下形式的二次曲面与之对应

$$\lambda_1 y_1^2 + \lambda_2 y_2^2 + \lambda_3 y_3^2 + \lambda_4 y_4^2 = 0 \tag{2–198}$$

这便是二次曲面的正规形式。所有的二次曲面在坐标系选择恰当的时候均有此种形式。

2.3.2.2 二次曲面的对偶性

二次曲面上的一点 $\boldsymbol{y} = (y_1, y_2, y_3,\ y_4)^{\mathrm{T}}$ 可以用一般的形式表达, 同时也可以用下面的参数方程形式表示

$$\boldsymbol{y} = (y_1, y_2, y_3, y_4)^{\mathrm{T}} = \left(\frac{\nu\mu+1}{\sqrt{|\lambda_1|}}, \mathrm{i}\frac{-\nu\mu+1}{\sqrt{|\lambda_2|}}, \frac{\nu-\mu}{\sqrt{|\lambda_3|}}, \mathrm{i}\frac{\nu+\mu}{\sqrt{|\lambda_4|}}\right)^{\mathrm{T}} \tag{2–199}$$

式中, i 是虚数单位, 满足 $\mathrm{i}^2 = -1$。可以证明点在式 (2–198) 所示的二次曲面上, 令

$$-\frac{\sqrt{|\lambda_1|}y_1 + \mathrm{i}\sqrt{|\lambda_2|}y_2}{\sqrt{|\lambda_3|}y_3 + \mathrm{i}\sqrt{|\lambda_4|}y_4} = \frac{\sqrt{|\lambda_3|}y_3 - \mathrm{i}\sqrt{|\lambda_4|}y_4}{\sqrt{|\lambda_1|}y_1 - \mathrm{i}\sqrt{|\lambda_2|}y_2} = \nu \tag{2–200}$$

与

$$\frac{\sqrt{|\lambda_1|}y_1 + \mathrm{i}\sqrt{|\lambda_2|}y_2}{\sqrt{|\lambda_3|}y_3 - \mathrm{i}\sqrt{|\lambda_4|}y_4} = -\frac{\sqrt{|\lambda_3|}y_3 + \mathrm{i}\sqrt{|\lambda_4|}y_4}{\sqrt{|\lambda_1|}y_1 - \mathrm{i}\sqrt{|\lambda_2|}y_3} = \mu \tag{2–201}$$

式 (2–200) 和式 (2–201) 定义了两族直线, 每一族可以通过两个平面的交线来表达。这里, 将第一族称作 ν 族直线, 第二组称作 μ 族直线。

如果 $\boldsymbol{y}$ 在二次曲面上, 此时将有唯一的 ν 和唯一的 μ。也就是说, 二次曲面上的任一点, 总有两条不同的直线经过此点, 即两条直线交于此点。同时, 对于任意 ν 族直线或者 μ 族直线, 总存在无穷多的点在直线上, 但是两族直线的任意一点均在二次曲面上。

由此可得: 对于二次曲面上的任意一点, 总有两条直线通过此点, 而这两条直线中, 一条属于 ν 族, 另外一条属于 μ 族; 同时, 两族直线上的任意一点均在二次曲面上。进一步可得如下结论: 二次曲面上的每一条 ν 族直线与该二次曲面上的 μ 族直线相交。

对偶曲面的定义为当一个曲面上的直线都与另外一个曲面上的直线相交时，两个曲面互为对偶曲面。此种情况下，可以使用 $\boldsymbol{N}=\boldsymbol{M}^*$ 表示两个曲面的对偶性，上标 “$*$” 代表曲面 $\boldsymbol{M}$ 的对偶曲面。对于二次曲面有

$$\boldsymbol{M}=\boldsymbol{M}^* \tag{2-202}$$

这便是二次曲面的自对偶特性。

2.3.2.3 三阶线矢量系与二次曲面的关系

旋量系与互易旋量系 (reciprocal screw system) 阶数之间的关系为

$$\dim(\mathbb{S})+\dim(\mathbb{S}^r)=6 \tag{2-203}$$

式中，$\mathbb{S}$ 为旋量系；$\mathbb{S}^r$ 为与之对应的互易旋量系。式 (2–203) 对于所有旋量系都成立。

当 $\dim(\mathbb{S})=3$ 时

$$\dim(\mathbb{S})=\dim(\mathbb{S}^r)=3 \tag{2-204}$$

此时，旋量系与其互易旋量系拥有相同的阶数。当旋量的旋距为 0 时，成为三阶线矢量系，下面对此种情况进行讨论。

如果三阶线矢量系 $\mathbb{S}_3$ 在二次曲面 $\boldsymbol{M}$ 上且其互易旋量系 $\mathbb{S}_3^r$ 在二次曲面 $\boldsymbol{N}$ 上时，这两个曲面的关系为 $\boldsymbol{N}=\boldsymbol{M}^*$。当 $\mathbb{S}_3^r$ 也是三阶线矢量系时，二次曲面 $\boldsymbol{N}$ 与 $\boldsymbol{M}$ 拥有相同的代数表达形式。也就是说，当一个曲面包含某一个三阶线矢量系时，总有另外一个类型相同的曲面包含其互易线矢量系，两个曲面虽然不是同一个，但是应该有相同的代数表达形式。

根据二次曲面的对偶性质可以知道，二次曲面满足上述特征。根据代数法与几何法得到的三阶线矢量系的曲面可以知道，所有的三阶线矢量系均分布在二次曲面上，与上述结论相同。从而可将三阶线矢量系的几何形态统一到二次曲面。

进一步，当所有旋量的旋距相同时，此旋距可以分离出来，因此上述结论同样适用于具有相同旋距的三阶旋量系 (screw system of the third order)。

2.4 本章小结

本章的研究丰富和发展了旋量理论。2.1 节针对旋量系零空间构造理论无法求解包含线性相关列向量的旋量系零空间的理论问题，通过分析旋量系中列向量之间的关联关系，提出了一种基于代数余子式的旋量系零空间构造扩展方法，构造线性无关的零空间向量。该研究解决了机构在运动旋量系与约束旋量系相互演变的

过程中出现由机构瞬时构型导致系数矩阵包含相关列向量而无法求解互易旋量系的问题，为揭示机构演变及变胞生成机理提供有力的数学工具。

2.2 节针对多个旋量系因基不唯一而导致交集计算困难的问题，由旋量与六维空间向量之间的联系，通过构造两个旋量系的雅可比矩阵组合矩阵的零空间，在国际上首次提出了一种通用的系统化的旋量系交集计算方法。该方法可用于求解任意两个旋量系的交集旋量系的一组基，为变胞机构的演变及变胞机理的研究奠定了理论基础。

2.3 节给出了四个线矢量线性相关的代数表达和几何形态。基于线矢量的自互易特征，非异面线矢量几何形态被描述成统一的形式。结合直纹面的概念，将异面线矢量的几何形态与二次直纹面统一起来。该研究首次论证了二次曲面的对偶性与三阶线矢量系自互易性的关联关系，将所有形态的三阶线矢量系几何形态统一为二次曲面的表达形式，从而确定了二次曲面与三阶线矢量系的关联关系。同时，上述几何形态同样适用于具有相同旋距的三阶旋量系。从而，提出了基于二次曲面对偶特性与三阶线矢量自互易特性讨论旋量系几何形态的方法，阐释了旋量系是几何与代数统一表达这一数学内涵，解决了三阶旋量系不同几何形态统一的问题，对可重构机构运动分支的设计起到了指导作用，为推动变胞机构的设计提供了理论与方法支撑。

主要参考文献

戴建生, 2014a. 机构学与机器人学的几何基础与旋量代数 [M]. 北京: 高等教育出版社.

戴建生, 2014b. 旋量代数与李群李代数 [M]. 北京: 高等教育出版社.

黄真, 孔令富, 方跃法, 1997. 并联机器人机构学理论及控制 [M]. 北京: 机械工业出版社.

黄真, 赵永生, 赵铁石, 2006. 高等空间机构学 [M]. 北京: 高等教育出版社.

于靖军, 刘辛军, 丁希仑, 等, 2008. 机器人机构学的数学基础 [M]. 北京: 机械工业出版社.

张启先, 1984. 空间机构的分析与综合: 上册 [M]. 北京: 机械工业出版社.

AITKEN A C, 1939. Determinants and matrices[M]. Edinburgh: Oliver and Boyd Ltd.

BAKER J E, 1980. On relative freedom between links in kinematic chains with cross-jointing [J]. Mechanism and Machine Theory, 15(5): 397-413.

BAKER J E, 1981. On mobility and relative freedoms in multiloop linkages and structures[J]. Mechanism and Machine Theory, 16(6): 583-597.

BALL R S, 1871. The theory of screws: a geometrical study of kinematics, equilibrium and small oscillations of a rigid body[J]. The Transactions of the Royal Irish Academy, 25: 137-217.

BALL R S, 1876. The theory of screws: a study in the dynamics of a rigid body[J]. Mathematische Annalen, 9(4): 541-553.

BALL R S, 1900. A Treatise on the Theory of Screws[M]. Cambridge: Cambridge University Press.

CLIFFORD W K, 1882. Mathematical papers[M]. New York: Macmillan and Company.

DAI J S, 1993. Screw image space and its application to robotic grasping[D]. Manchester: University of Salford, Doctoral dissertation.

DAI J S, HUANG Z, LIPKIN H, 2006. Mobility of overconstrained parallel mechanisms[J]. Journal of Mechanical Design, 128(1): 220-229.

DAI J S, REES JONES J, 2001. Interrelationship between screw systems and corresponding reciprocal systems and applications[J]. Mechanism and Machine Theory, 36(5): 633-651.

DAI J S, REES JONES J, 2002. Null-space construction using cofactors from a screw-algebra context[J]. Proceedings of the Royal Society A: Mathematical, Physical and Engineering Sciences, 458(2024): 1845-1866.

KLEIN F, 1871. Notiz, betreffend den zusammenhang der liniengeometric mit der mechanik starrer körper[J]. Mathematische Annalen, 4(3): 403-415.

STRANG G, 1976. Linear algebra and its applications[M]. New York: Academic Press Inc.

SUGIMOTO K, DUFFY J, 1982. Application of linear algebra to screw systems[J]. Mechanism and Machine Theory, 17(1): 73-83.

WALDRON K J, 1966. The constraint analysis of mechanisms[J]. Journal of Mechanisms, 1(2): 101-114.

第三章　分岔的局部特性分析

机构的分岔运动可以在位形空间下进行探索。由于很难得到一般闭环机构环路约束的显式解析解，因此，通常采用高阶运动学分析，对位形空间进行局部逼近，以得到机构的局部运动学特性。目前有两种高阶分析方法：一种是基于旋量代数的高阶分析；另一种是基于曲线理论的高阶分析，如基于 D–H 参数的闭环约束方程。前者使用旋量代数可显式得到机构高阶约束方程，其解可以用于构造机构的运动学切锥；后者通过建立关节变量的环路约束方程以便直接使用连杆参数进行机构分岔的分析与设计。

3.1　基于高阶运动学的可重构分岔识别

相比于单环可重构机构，多环可重构机构具有更多的环路和更复杂的结构形式，这使得多环可重构机构的重构识别问题更加复杂，因而用于单环可重构机构重构识别的方法往往很难应用于多环可重构机构的重构识别。为了有效地解决多环可重构机构的重构识别问题，本节将建立多环可重构机构的一阶和二阶运动学约束方程，并给出能有效简化该约束方程的方法，旨在为解决多环可重构机构的重构识别问题奠定基础。本节将通过对一个典型的多环可重构机构即 Queer-square 机构建立一阶和二阶运动学模型，来阐述建立多环可重构机构一阶和二阶运动学约束方程的具体过程。

3.1.1 一阶约束方程

Queer-square 机构由十个连杆和十二个转动副相互连接而成, 并具有三个独立环路。如图 3–1 所示, 十个连杆分别用 1 到 10 表示, 而十二个转动副则由 A、B、C、D、E、F、G、H、I、J、K 和 L 表示。其中, C、D、E 和 F 形成一个独立环路, 而 G、H、I 和 J 形成另一个独立环路。如果 Queer-square 机构位于连杆 4 和 5 相互平行的构态时, 环路 $CDEF$ 构成一个平行四边形, 反之则构成一个反平行四边形。同样地, 环路 $GHIJ$ 是否构成平行四边形或反平行四边形取决于该机构中的连杆 7 和 8 是否相互平行。

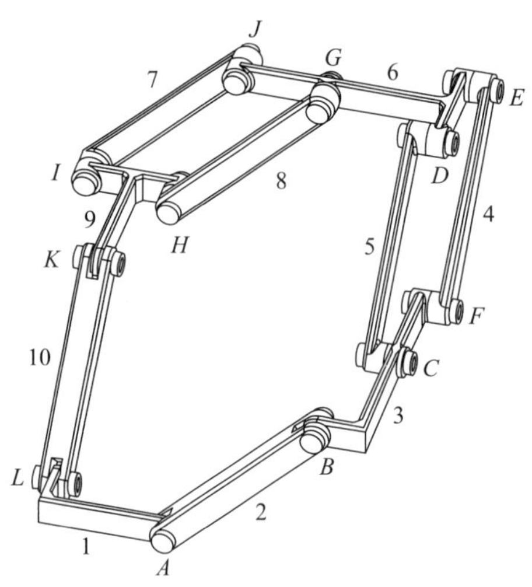

图 **3–1** **Queer-square** 机构的三维模型

当 Queer-square 机构的所有杆件处于同一平面时, 该机构位于奇异构态, 如图 3–2 所示。连杆 1 和 9 较长部分的长度为 l_1, 而连杆 6 和 9 较短部分的长度为 l_2, 则连杆 2、4、5、7、8 和 10 的长度等于 l_1+l_2, 连杆 1 和 3 较短部分的长度等于 $l_2/2$。值得注意的是, 当 Queer-square 机构处于奇异构态时, 环路 $CDEF$ 和 $GHIJ$ 处于完全重合状态。为了表述方便, 建立如图 3–2 所示的全局坐标系 O-xyz。x 轴沿连杆 2 的方向, y 轴与转动副 I 的轴线完全重合, 原点 O 是 x 轴与 y 轴的交点, z 轴遵循右手定则。在奇异构态下, Queer-square 机构中所有转动副的轴线都与 x 轴或者 y 轴相互平行, 这也是该机构被称为“square”的原因之一。

由于 Queer-square 机构具有三个独立环路, 因此该机构的拓扑结构可以用如图 3–3 所示的有向图来表示。其中, 结点表示连杆, 有向边表示转动副。在每一个有向回路中, 所有的结点沿逆时针方向由有向边相互连接。有向图为机构的一阶运动学约束方程的建立奠定了基础。

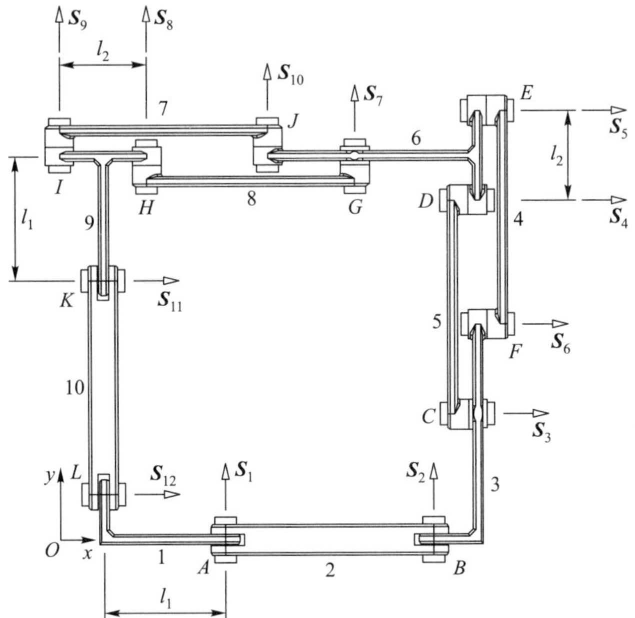

图 **3–2** **Queer-square** 机构的奇异构态

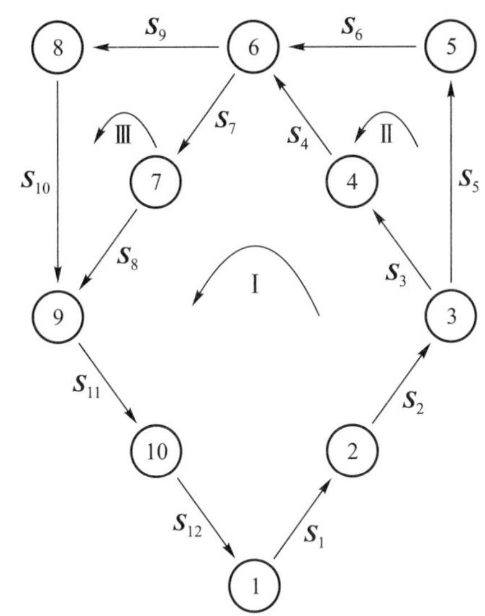

图 **3–3** **Queer-square** 机构的有向图

Queer-square 机构的每一个转动副 (如图 3–2 所示) 都可以由一个相应的旋量 $\boldsymbol{S}_i$ 来表示 $(i=1,2,\cdots,12)$。旋量 $\boldsymbol{S}_i$ 可以表示一个运动副相对于参考坐标系所产生的瞬时运动速度, 包括平移速度和旋转速度。该机构中的十二个转动副可以由如下的十二个旋量来表示

$$\begin{aligned}
&\boldsymbol{S}_1=\left(0,1,0,0,0,l_1+\frac{1}{2}l_2\right)^{\mathrm{T}} && \boldsymbol{S}_2=\left(0,1,0,0,0,2l_1+\frac{3}{2}l_2\right)^{\mathrm{T}}\\
&\boldsymbol{S}_3=(1,0,0,0,0,-l_1)^{\mathrm{T}} && \boldsymbol{S}_4=(1,0,0,0,0,-(2l_1+l_2))^{\mathrm{T}}\\
&\boldsymbol{S}_5=(1,0,0,0,0,-2(l_1+l_2))^{\mathrm{T}} && \boldsymbol{S}_6=(1,0,0,0,0,-(l_1+l_2))^{\mathrm{T}}\\
&\boldsymbol{S}_7=(0,1,0,0,0,l_1+2l_2)^{\mathrm{T}} && \boldsymbol{S}_8=(0,1,0,0,0,l_2)^{\mathrm{T}}\\
&\boldsymbol{S}_9=(0,1,0,0,0,0)^{\mathrm{T}} && \boldsymbol{S}_{10}=(0,1,0,0,0,l_1+l_2)^{\mathrm{T}}\\
&\boldsymbol{S}_{11}=\left(1,0,0,0,0,-\left(l_1+\frac{3}{2}l_2\right)\right)^{\mathrm{T}} && \boldsymbol{S}_{12}=\left(1,0,0,0,0,-\frac{1}{2}l_2\right)^{\mathrm{T}}
\end{aligned} \tag{3–1}$$

对于图 3–3 中的环路 I, 可以得到其速度闭环方程为

$$\omega_1\boldsymbol{S}_1+\omega_2\boldsymbol{S}_2+\omega_3\boldsymbol{S}_3+\omega_4\boldsymbol{S}_4+\omega_7\boldsymbol{S}_7+\omega_8\boldsymbol{S}_8+\omega_{11}\boldsymbol{S}_{11}+\omega_{12}\boldsymbol{S}_{12}=\boldsymbol{0} \tag{3–2}$$

式 (3–2) 为旋量 $\boldsymbol{S}_1$、$\boldsymbol{S}_2$、$\boldsymbol{S}_3$、$\boldsymbol{S}_4$、$\boldsymbol{S}_7$、$\boldsymbol{S}_8$、$\boldsymbol{S}_{11}$ 和 $\boldsymbol{S}_{12}$ 的线性组合, ω_1、ω_2、ω_3、ω_4、ω_7、ω_8、ω_{11} 和 ω_{12} 表示环路 I 中转动副角速度的幅值。同样地, 对于图 3–3 中的环路 II 与 III, 可分别获得其速度闭环方程为

$$\omega_5\boldsymbol{S}_5+\omega_6\boldsymbol{S}_6-\omega_4\boldsymbol{S}_4-\omega_3\boldsymbol{S}_3=\boldsymbol{0} \tag{3–3}$$

$$\omega_9\boldsymbol{S}_9+\omega_{10}\boldsymbol{S}_{10}-\omega_8\boldsymbol{S}_8-\omega_7\boldsymbol{S}_7=\boldsymbol{0} \tag{3–4}$$

并且可以改写为

$$-\omega_3\boldsymbol{S}_3-\omega_4\boldsymbol{S}_4+\omega_5\boldsymbol{S}_5+\omega_6\boldsymbol{S}_6=\boldsymbol{0} \tag{3–3$'$}$$

$$-\omega_7\boldsymbol{S}_7-\omega_8\boldsymbol{S}_8+\omega_9\boldsymbol{S}_9+\omega_{10}\boldsymbol{S}_{10}=\boldsymbol{0} \tag{3–4$'$}$$

式 (3–3′) 与式 (3–4′) 分别是旋量 $\boldsymbol{S}_3$、$\boldsymbol{S}_4$、$\boldsymbol{S}_5$、$\boldsymbol{S}_6$ 和 $\boldsymbol{S}_7$、$\boldsymbol{S}_8$、$\boldsymbol{S}_9$、$\boldsymbol{S}_{10}$ 的线性组合。ω_3、ω_4、ω_5、ω_6 和 ω_7、ω_8、ω_9、ω_{10} 分别表示环路 II 与 III 中转动副角速度的幅值。

多环机构可以看作由多个单环机构组合而成, 即其中的每一个环路是一个单环机构。进而, 多环机构的一阶运动学约束方程可以由每一个环路的一阶运动学约束方程联立得到的矩阵来表示。为了更好地区分相邻环路, 这里引入了有向图的概念, 如图 3–3 所示。具体而言, 式 (3–2) 至式 (3–4) 中符号 “+” 或 “−” 的选择取决于每个旋量对应的有向边的方向是否与所属环路的方向一致。将式 (3–2) 至式 (3–4) 联立, 可以得到多环机构的一阶运动学约束方程如下

$$
\boldsymbol{J\omega}=\begin{pmatrix} \boldsymbol{S}_1 & \boldsymbol{S}_2 & \boldsymbol{S}_3 & \boldsymbol{S}_4 & \mathbf{0} & \mathbf{0} & \boldsymbol{S}_7 & \boldsymbol{S}_8 & \mathbf{0} & \mathbf{0} & \boldsymbol{S}_{11} & \boldsymbol{S}_{12} \\ \mathbf{0} & \mathbf{0} & -\boldsymbol{S}_3 & -\boldsymbol{S}_4 & \boldsymbol{S}_5 & \boldsymbol{S}_6 & \mathbf{0} & \mathbf{0} & \mathbf{0} & \mathbf{0} & \mathbf{0} & \mathbf{0} \\ \mathbf{0} & \mathbf{0} & \mathbf{0} & \mathbf{0} & \mathbf{0} & \mathbf{0} & -\boldsymbol{S}_7 & -\boldsymbol{S}_8 & \boldsymbol{S}_9 & \boldsymbol{S}_{10} & \mathbf{0} & \mathbf{0} \end{pmatrix}\begin{pmatrix} \omega_1 \\ \omega_2 \\ \omega_3 \\ \omega_4 \\ \omega_5 \\ \omega_6 \\ \omega_7 \\ \omega_8 \\ \omega_9 \\ \omega_{10} \\ \omega_{11} \\ \omega_{12} \end{pmatrix}=\mathbf{0} \tag{3–5}
$$

式中, $\boldsymbol{J}$ 为 Queer-square 机构的雅可比矩阵; $\boldsymbol{\omega}$ 为由该机构中的关节变量 $\omega_i(i=1,2,\cdots,12)$ 组合而成的列向量。式 (3–5) 给出了 Queer-square 机构的雅可比矩阵, 该雅可比矩阵决定了机构位于该奇异构态时的瞬时运动。

将式 (3–1) 代入式 (3–5), 得到 Queer-square 机构位于奇异构态时的一阶运动学约束方程如下

$$
\begin{aligned}
&\boldsymbol{J\omega}= \\
&\begin{pmatrix}
0 & 0 & 1 & 1 & 0 & 0 & 0 & 0 & 0 & 0 & 1 & 1 \\
1 & 1 & 0 & 0 & 0 & 0 & 1 & 1 & 0 & 0 & 0 & 0 \\
0 & 0 & 0 & 0 & 0 & 0 & 0 & 0 & 0 & 0 & 0 & 0 \\
0 & 0 & 0 & 0 & 0 & 0 & 0 & 0 & 0 & 0 & 0 & 0 \\
0 & 0 & 0 & 0 & 0 & 0 & 0 & 0 & 0 & 0 & 0 & 0 \\
l_1+\frac{1}{2}l_2 & 2l_1+\frac{3}{2}l_2 & -l_1 & -(2l_1+l_2) & 0 & 0 & l_1+2l_2 & l_2 & 0 & 0 & -\left(l_1+\frac{3}{2}l_2\right) & -\frac{1}{2}l_2 \\
0 & 0 & -1 & -1 & 1 & 1 & 0 & 0 & 0 & 0 & 0 & 0 \\
0 & 0 & 0 & 0 & 0 & 0 & 0 & 0 & 0 & 0 & 0 & 0 \\
0 & 0 & 0 & 0 & 0 & 0 & 0 & 0 & 0 & 0 & 0 & 0 \\
0 & 0 & 0 & 0 & 0 & 0 & 0 & 0 & 0 & 0 & 0 & 0 \\
0 & 0 & 0 & 0 & 0 & 0 & 0 & 0 & 0 & 0 & 0 & 0 \\
0 & 0 & l_1 & 2l_1+l_2 & -2(l_1+l_2) & -(l_1+l_2) & 0 & 0 & 0 & 0 & 0 & 0 \\
0 & 0 & 0 & 0 & 0 & 0 & 0 & 0 & 0 & 0 & 0 & 0 \\
0 & 0 & 0 & 0 & 0 & 0 & -1 & -1 & 1 & 1 & 0 & 0 \\
0 & 0 & 0 & 0 & 0 & 0 & 0 & 0 & 0 & 0 & 0 & 0 \\
0 & 0 & 0 & 0 & 0 & 0 & 0 & 0 & 0 & 0 & 0 & 0 \\
0 & 0 & 0 & 0 & 0 & 0 & 0 & 0 & 0 & 0 & 0 & 0 \\
0 & 0 & 0 & 0 & 0 & 0 & -(l_1+2l_2) & -l_2 & 0 & l_1+l_2 & 0 & 0
\end{pmatrix}\begin{pmatrix} \omega_1 \\ \omega_2 \\ \omega_3 \\ \omega_4 \\ \omega_5 \\ \omega_6 \\ \omega_7 \\ \omega_8 \\ \omega_9 \\ \omega_{10} \\ \omega_{11} \\ \omega_{12} \end{pmatrix} \\
&=\mathbf{0}
\end{aligned} \tag{3–6}
$$

式 (3–6) 中, 雅可比矩阵 $\boldsymbol{J}$ 的维数是 18×12, 与 Queer-square 机构的三个环路和十二个转动副相互对应。通过分析, 该雅可比矩阵的秩为 7。其实, 很容易发现, 式 (3–6) 中的矩阵第 3、4、5、8、9、10、11、13、15、16 和 17 行均为零行, 再考虑到该机构有十二个关节变量, 可以得出, 该机构在奇异构态下的瞬时自由度为 5。

本节从雅可比分析出发推导了 Queer-square 机构的一阶运动学约束方程, 并将其表示为式 (3–6) 所示的矩阵形式。

3.1.2　二阶约束方程的李括号双线性型表示

对于图 3–3 中的环路 I, 为了对位于奇异构态下的 Queer-square 机构进行加速度模型分析, 可以得到加速度闭环方程为

$$\dot{\omega}_1\boldsymbol{S}_1+\dot{\omega}_2\boldsymbol{S}_2+\dot{\omega}_3\boldsymbol{S}_3+\dot{\omega}_4\boldsymbol{S}_4+\dot{\omega}_7\boldsymbol{S}_7+\dot{\omega}_8\boldsymbol{S}_8+\dot{\omega}_{11}\boldsymbol{S}_{11}+\dot{\omega}_{12}\boldsymbol{S}_{12}=-\boldsymbol{S}_{\mathrm{L}1} \tag{3–7}$$

式中, $\dot{\omega}_1$、$\dot{\omega}_2$、$\dot{\omega}_3$、$\dot{\omega}_4$、$\dot{\omega}_7$、$\dot{\omega}_8$、$\dot{\omega}_{11}$ 和 $\dot{\omega}_{12}$ 表示环路 I 中转动副的角加速度的幅值。李旋量 $\boldsymbol{S}_{\mathrm{L}1}$(Gallardo 等, 2003) 可由环路 I 中的所有旋量的李括号运算得到, 用双线性型可以表示为

$$\begin{aligned}\boldsymbol{S}_{\mathrm{L}1}&=\sum_{i<j}\omega_i\omega_j\left[\boldsymbol{S}_i,\boldsymbol{S}_j\right]\\&=\begin{pmatrix}\omega_1\\\omega_2\\\omega_3\\\omega_4\\\omega_7\\\omega_8\\\omega_{11}\\\omega_{12}\end{pmatrix}^{\mathrm{T}}\begin{pmatrix}\boldsymbol{0}&[\boldsymbol{S}_1,\boldsymbol{S}_2]&[\boldsymbol{S}_1,\boldsymbol{S}_3]&[\boldsymbol{S}_1,\boldsymbol{S}_4]&[\boldsymbol{S}_1,\boldsymbol{S}_7]&[\boldsymbol{S}_1,\boldsymbol{S}_8]&[\boldsymbol{S}_1,\boldsymbol{S}_{11}]&[\boldsymbol{S}_1,\boldsymbol{S}_{12}]\\\boldsymbol{0}&\boldsymbol{0}&[\boldsymbol{S}_2,\boldsymbol{S}_3]&[\boldsymbol{S}_2,\boldsymbol{S}_4]&[\boldsymbol{S}_2,\boldsymbol{S}_7]&[\boldsymbol{S}_2,\boldsymbol{S}_8]&[\boldsymbol{S}_2,\boldsymbol{S}_{11}]&[\boldsymbol{S}_2,\boldsymbol{S}_{12}]\\\boldsymbol{0}&\boldsymbol{0}&\boldsymbol{0}&[\boldsymbol{S}_3,\boldsymbol{S}_4]&[\boldsymbol{S}_3,\boldsymbol{S}_7]&[\boldsymbol{S}_3,\boldsymbol{S}_8]&[\boldsymbol{S}_3,\boldsymbol{S}_{11}]&[\boldsymbol{S}_3,\boldsymbol{S}_{12}]\\\boldsymbol{0}&\boldsymbol{0}&\boldsymbol{0}&\boldsymbol{0}&[\boldsymbol{S}_4,\boldsymbol{S}_7]&[\boldsymbol{S}_4,\boldsymbol{S}_8]&[\boldsymbol{S}_4,\boldsymbol{S}_{11}]&[\boldsymbol{S}_4,\boldsymbol{S}_{12}]\\\boldsymbol{0}&\boldsymbol{0}&\boldsymbol{0}&\boldsymbol{0}&\boldsymbol{0}&[\boldsymbol{S}_7,\boldsymbol{S}_8]&[\boldsymbol{S}_7,\boldsymbol{S}_{11}]&[\boldsymbol{S}_7,\boldsymbol{S}_{12}]\\\boldsymbol{0}&\boldsymbol{0}&\boldsymbol{0}&\boldsymbol{0}&\boldsymbol{0}&\boldsymbol{0}&[\boldsymbol{S}_8,\boldsymbol{S}_{11}]&[\boldsymbol{S}_8,\boldsymbol{S}_{12}]\\\boldsymbol{0}&\boldsymbol{0}&\boldsymbol{0}&\boldsymbol{0}&\boldsymbol{0}&\boldsymbol{0}&\boldsymbol{0}&[\boldsymbol{S}_{11},\boldsymbol{S}_{12}]\\\boldsymbol{0}&\boldsymbol{0}&\boldsymbol{0}&\boldsymbol{0}&\boldsymbol{0}&\boldsymbol{0}&\boldsymbol{0}&\boldsymbol{0}\end{pmatrix}\begin{pmatrix}\omega_1\\\omega_2\\\omega_3\\\omega_4\\\omega_7\\\omega_8\\\omega_{11}\\\omega_{12}\end{pmatrix}\end{aligned} \tag{3–8}$$

式中, $i,j=1,2,3,4,7,8,11,12$。

同样地, 对于图 3–3 中的环路 II, 可以得到如下加速度闭环方程

$$-\dot{\omega}_3\boldsymbol{S}_3-\dot{\omega}_4\boldsymbol{S}_4+\dot{\omega}_5\boldsymbol{S}_5+\dot{\omega}_6\boldsymbol{S}_6=-\boldsymbol{S}_{\mathrm{L}2} \tag{3–9}$$

式中, $\dot{\omega}_3$、$\dot{\omega}_4$、$\dot{\omega}_5$ 和 $\dot{\omega}_6$ 表示环路 II 中转动副角加速度的幅值。李旋量 $\boldsymbol{S}_{\mathrm{L}2}$ 可以由环路 II 中所有旋量的李括号运算得到, 用双线性型表示为

$$\boldsymbol{S}_{\mathrm{L}2}=\sum_{i<j}\omega_i\omega_j\left[\boldsymbol{S}_i,\boldsymbol{S}_j\right]$$
$$=\begin{bmatrix}\omega_3\\\omega_4\\\omega_5\\\omega_6\end{bmatrix}^{\mathrm{T}}\begin{bmatrix}\mathbf{0}&[\boldsymbol{S}_3,\boldsymbol{S}_4]&[\boldsymbol{S}_3,\boldsymbol{S}_5]&[\boldsymbol{S}_3,\boldsymbol{S}_6]\\\mathbf{0}&\mathbf{0}&[\boldsymbol{S}_4,\boldsymbol{S}_5]&[\boldsymbol{S}_4,\boldsymbol{S}_6]\\\mathbf{0}&\mathbf{0}&\mathbf{0}&[\boldsymbol{S}_5,\boldsymbol{S}_6]\\\mathbf{0}&\mathbf{0}&\mathbf{0}&\mathbf{0}\end{bmatrix}\begin{bmatrix}\omega_3\\\omega_4\\\omega_5\\\omega_6\end{bmatrix}\tag{3-10}$$

式中, $3\leqslant i<j\leqslant 6$。

对于图 3–3 中的环路 Ⅲ, 可以得到如下加速度闭环方程

$$-\dot{\omega}_7\boldsymbol{S}_7-\dot{\omega}_8\boldsymbol{S}_8+\dot{\omega}_9\boldsymbol{S}_9+\dot{\omega}_{10}\boldsymbol{S}_{10}=-\boldsymbol{S}_{\mathrm{L}3}\tag{3-11}$$

式中, $\dot{\omega}_7$、$\dot{\omega}_8$、$\dot{\omega}_9$ 和 $\dot{\omega}_{10}$ 表示环路 Ⅲ 中转动副角加速度的幅值。李旋量 $\boldsymbol{S}_{\mathrm{L}3}$ 可以由环路 Ⅲ 中所有旋量的李括号运算得到, 用双线性型表示为

$$\boldsymbol{S}_{\mathrm{L}3}=\sum_{i<j}\omega_i\omega_j\left[\boldsymbol{S}_i,\boldsymbol{S}_j\right]$$
$$=\begin{pmatrix}\omega_7\\\omega_8\\\omega_9\\\omega_{10}\end{pmatrix}^{\mathrm{T}}\begin{pmatrix}\mathbf{0}&[\boldsymbol{S}_7,\boldsymbol{S}_8]&[\boldsymbol{S}_7,\boldsymbol{S}_9]&[\boldsymbol{S}_7,\boldsymbol{S}_{10}]\\\mathbf{0}&\mathbf{0}&[\boldsymbol{S}_8,\boldsymbol{S}_9]&[\boldsymbol{S}_8,\boldsymbol{S}_{10}]\\\mathbf{0}&\mathbf{0}&\mathbf{0}&[\boldsymbol{S}_9,\boldsymbol{S}_{10}]\\\mathbf{0}&\mathbf{0}&\mathbf{0}&\mathbf{0}\end{pmatrix}\begin{pmatrix}\omega_7\\\omega_8\\\omega_9\\\omega_{10}\end{pmatrix}\tag{3-12}$$

式中, $7\leqslant i<j\leqslant 10$。

将式 (3–7)、式 (3–9) 和式 (3–11) 联立, 用矩阵形式表示为

$$\boldsymbol{J}\dot{\boldsymbol{\omega}}=\begin{pmatrix}\boldsymbol{S}_1&\boldsymbol{S}_2&\boldsymbol{S}_3&\boldsymbol{S}_4&\mathbf{0}&\mathbf{0}&\boldsymbol{S}_7&\boldsymbol{S}_8&\mathbf{0}&\mathbf{0}&\boldsymbol{S}_{11}&\boldsymbol{S}_{12}\\\mathbf{0}&\mathbf{0}&-\boldsymbol{S}_3&-\boldsymbol{S}_4&\boldsymbol{S}_5&\boldsymbol{S}_6&\mathbf{0}&\mathbf{0}&\mathbf{0}&\mathbf{0}&\mathbf{0}&\mathbf{0}\\\mathbf{0}&\mathbf{0}&\mathbf{0}&\mathbf{0}&\mathbf{0}&\mathbf{0}&-\boldsymbol{S}_7&-\boldsymbol{S}_8&\boldsymbol{S}_9&\boldsymbol{S}_{10}&\mathbf{0}&\mathbf{0}\end{pmatrix}\begin{pmatrix}\dot{\omega}_1\\\dot{\omega}_2\\\dot{\omega}_3\\\dot{\omega}_4\\\dot{\omega}_5\\\dot{\omega}_6\\\dot{\omega}_7\\\dot{\omega}_8\\\dot{\omega}_9\\\dot{\omega}_{10}\\\dot{\omega}_{11}\\\dot{\omega}_{12}\end{pmatrix}=-\boldsymbol{S}_{\mathrm{L}}\tag{3-13}$$

式中, 李旋量 $\boldsymbol{S}_{\mathrm{L}}=\begin{pmatrix}\boldsymbol{S}_{\mathrm{L}1}\\ \boldsymbol{S}_{\mathrm{L}2}\\ \boldsymbol{S}_{\mathrm{L}3}\end{pmatrix}$。

对比式 (3–13) 和式 (3–5) 发现, 如果忽略单位和未知变量, 虽然两式分别由速度模型分析和加速度模型分析得到, 但是它们具有相同的系数矩阵。从线性代数的角度来看, 两式的区别在于: 式 (3–13) 是一个非齐次线性方程组, 而式 (3–5) 是一个齐次线性方程组。

众所周知, 非齐次线性方程组有解的代数条件是非齐次线性方程组扩展矩阵的秩与其对应的齐次线性方程组的秩相等 (Strang, 1976)。因此, 式 (3–13) 有解的代数条件可以表示为

$$\operatorname{rank}(\boldsymbol{J})=\operatorname{rank}(\boldsymbol{J}\quad-\boldsymbol{S}_{\mathrm{L}}) \tag{3–14}$$

由式 (3–6) 可知, $\operatorname{rank}(\boldsymbol{J})=7$, 则 $\operatorname{rank}(\boldsymbol{J}\quad-\boldsymbol{S}_{\mathrm{L}})=7$。这意味着扩展矩阵 $(\boldsymbol{J}\quad-\boldsymbol{S}_{\mathrm{L}})$ 的所有八阶余子式为 0。只要计算该扩展矩阵的所有八阶余子式即可得到 Queer-square 机构的二阶运动学约束方程。但是该计算过程非常烦琐。

下面结合该机构特有的几何特征来简化这一计算过程。从图 3–2 可以看出, Queer-square 机构十二个转动副的轴线均与 x 轴或者 y 轴相互平行。再结合李括号运算的原则, 分别计算式 (3–8)、式 (3–10) 和式 (3–12)。对于式 (3–8) 中环路 I 的旋量, 得

$$[\boldsymbol{S}_1,\boldsymbol{S}_2]=(0,0,0,l_1+l_2,0,0)^{\mathrm{T}}$$

$$[\boldsymbol{S}_1,\boldsymbol{S}_3]=\left(0,0,-1,-l_1,l_1+\frac{1}{2}l_2,0\right)^{\mathrm{T}}$$

$$[\boldsymbol{S}_1,\boldsymbol{S}_4]=\left(0,0,-1,-(2l_1+l_2),l_1+\frac{1}{2}l_2,0\right)^{\mathrm{T}}$$

$$[\boldsymbol{S}_1,\boldsymbol{S}_7]=\left(0,0,0,\frac{3}{2}l_2,0,0\right)^{\mathrm{T}}$$

$$[\boldsymbol{S}_1,\boldsymbol{S}_8]=\left(0,0,0,-l_1+\frac{1}{2}l_2,0,0\right)^{\mathrm{T}}$$

$$[\boldsymbol{S}_1,\boldsymbol{S}_{11}]=\left(0,0,-1,-\left(l_1+\frac{3}{2}l_2\right),l_1+\frac{1}{2}l_2,0\right)^{\mathrm{T}}$$

$$[\boldsymbol{S}_1,\boldsymbol{S}_{12}]=\left(0,0,-1,-\frac{1}{2}l_2,l_1+\frac{1}{2}l_2,0\right)^{\mathrm{T}}$$

$$[\boldsymbol{S}_2, \boldsymbol{S}_3] = \left(0, 0, -1, -l_1, 2l_1 + \frac{3}{2}l_2, 0\right)^{\mathrm{T}}$$

$$[\boldsymbol{S}_2, \boldsymbol{S}_4] = \left(0, 0, -1, -\left(2l_1 + l_2\right), 2l_1 + \frac{3}{2}l_2, 0\right)^{\mathrm{T}}$$

$$[\boldsymbol{S}_2, \boldsymbol{S}_7] = \left(0, 0, 0, -l_1 + \frac{1}{2}l_2, 0, 0\right)^{\mathrm{T}}$$

$$[\boldsymbol{S}_2, \boldsymbol{S}_8] = \left(0, 0, 0, -\left(2l_1 + \frac{1}{2}l_2\right), 0, 0\right)^{\mathrm{T}}$$

$$[\boldsymbol{S}_2, \boldsymbol{S}_{11}] = \left(0, 0, -1, -\left(l_1 + \frac{3}{2}l_2\right), 2l_1 + \frac{3}{2}l_2, 0\right)^{\mathrm{T}}$$

$$[\boldsymbol{S}_2, \boldsymbol{S}_{12}] = \left(0, 0, -1, -\frac{1}{2}l_2, 2l_1 + \frac{3}{2}l_2, 0\right)^{\mathrm{T}}$$

$$[\boldsymbol{S}_3, \boldsymbol{S}_4] = \left(0, 0, 0, 0, l_1 + l_2, 0\right)^{\mathrm{T}}$$

$$[\boldsymbol{S}_3, \boldsymbol{S}_7] = \left(0, 0, 1, l_1, -\left(l_1 + 2l_2\right), 0\right)^{\mathrm{T}}$$

$$[\boldsymbol{S}_3, \boldsymbol{S}_8] = \left(0, 0, 1, l_1, -l_2, 0\right)^{\mathrm{T}}$$

$$[\boldsymbol{S}_3, \boldsymbol{S}_{11}] = \left(0, 0, 0, 0, \frac{3}{2}l_2, 0\right)^{\mathrm{T}}$$

$$[\boldsymbol{S}_3, \boldsymbol{S}_{12}] = \left(0, 0, 0, 0, -l_1 + \frac{1}{2}l_2, 0\right)^{\mathrm{T}}$$

$$[\boldsymbol{S}_4, \boldsymbol{S}_7] = \left(0, 0, 1, 2l_1 + l_2, -\left(l_1 + 2l_2\right), 0\right)^{\mathrm{T}}$$

$$[\boldsymbol{S}_4, \boldsymbol{S}_8] = \left(0, 0, 1, 2l_1 + l_2, -l_2, 0\right)^{\mathrm{T}}$$

$$[\boldsymbol{S}_4, \boldsymbol{S}_{11}] = \left(0, 0, 0, 0, -l_1 + \frac{1}{2}l_2, 0\right)^{\mathrm{T}}$$

$$[\boldsymbol{S}_4, \boldsymbol{S}_{12}] = \left(0, 0, 0, 0, -\left(2l_1 + \frac{1}{2}l_2\right), 0\right)^{\mathrm{T}}$$

$$[\boldsymbol{S}_7, \boldsymbol{S}_8] = \left(0, 0, 0, -\left(l_1 + l_2\right), 0, 0\right)^{\mathrm{T}}$$

$$[\boldsymbol{S}_7, \boldsymbol{S}_{11}] = \left(0, 0, -1, -\left(l_1 + \frac{3}{2}l_2\right), l_1 + 2l_2, 0\right)^{\mathrm{T}}$$

$$[\boldsymbol{S}_7, \boldsymbol{S}_{12}] = \left(0, 0, -1, -\frac{1}{2}l_2, l_1 + 2l_2, 0\right)^{\mathrm{T}}$$

$$[\boldsymbol{S}_8, \boldsymbol{S}_{11}] = \left(0, 0, -1, -\left(l_1 + \frac{3}{2}l_2\right), l_2, 0\right)^{\mathrm{T}}$$

$$[\boldsymbol{S}_8, \boldsymbol{S}_{12}] = \left(0, 0, -1, -\frac{1}{2}l_2, l_2, 0\right)^{\mathrm{T}}$$

$$[\boldsymbol{S}_{11}, \boldsymbol{S}_{12}] = (0, 0, 0, 0, -(l_1 + l_2), 0)^{\mathrm{T}}$$

假设 $\boldsymbol{S}_{\mathrm{L1}} = (s_{l11}, s_{l12}, s_{l13}, s_{l14}, s_{l15}, s_{l16})^{\mathrm{T}}$, 将上述所有表达式的第一项代入式 (3–8), 可以得到

$$\begin{aligned}
s_{l11} = {} & 0\omega_1\omega_2 + 0\omega_1\omega_3 + 0\omega_1\omega_4 + 0\omega_1\omega_7 + 0\omega_1\omega_8 + 0\omega_1\omega_{11} + 0\omega_1\omega_{12} + \\
& 0\omega_2\omega_3 + 0\omega_2\omega_4 + 0\omega_2\omega_7 + 0\omega_2\omega_8 + 0\omega_2\omega_{11} + 0\omega_2\omega_{12} + \\
& 0\omega_3\omega_4 + 0\omega_3\omega_7 + 0\omega_3\omega_8 + 0\omega_3\omega_{11} + 0\omega_3\omega_{12} + \\
& 0\omega_4\omega_7 + 0\omega_4\omega_8 + +0\omega_4\omega_{11} + 0\omega_4\omega_{12} + \\
& 0\omega_7\omega_8 + 0\omega_7\omega_{11} + 0\omega_7\omega_{12} + \\
& 0\omega_8\omega_{11} + 0\omega_8\omega_{12} + \\
& 0\omega_{11}\omega_{12} \\
= {} & 0
\end{aligned} \tag{3–15}$$

类似地, 将上述表达式的第二项和第六项代入式 (3–8), 得到 $s_{l12} = 0$ 和 $s_{l16} = 0$。此外, 可以发现 $s_{l13} \neq 0$、$s_{l14} \neq 0$ 和 $s_{l15} \neq 0$, 这三项是关于二阶项 $\omega_i\omega_j$ 的多项式。

对于式 (3–10) 中环路 II 的旋量, 得

$$[\boldsymbol{S}_3, \boldsymbol{S}_4] = (0, 0, 0, 0, l_1 + l_2, 0)^{\mathrm{T}}$$

$$[\boldsymbol{S}_3, \boldsymbol{S}_5] = (0, 0, 0, 0, -(l_1 + 2l_2), 0)^{\mathrm{T}}$$

$$[\boldsymbol{S}_3, \boldsymbol{S}_6] = (0, 0, 0, 0, -l_2, 0)^{\mathrm{T}}$$

$$[\boldsymbol{S}_4, \boldsymbol{S}_5] = (0,0,0,0,-l_2,0)^{\mathrm{T}}$$

$$[\boldsymbol{S}_4, \boldsymbol{S}_6] = (0,0,0,0,l_1,0)^{\mathrm{T}}$$

$$[\boldsymbol{S}_5, \boldsymbol{S}_6] = (0,0,0,0,-\left(l_1+l_2\right),0)^{\mathrm{T}}$$

假设 $\boldsymbol{S}_{\mathrm{L2}} = (s_{l21}, s_{l22}, s_{l23}, s_{l24}, s_{l25}, s_{l26})^{\mathrm{T}}$, 将上述表达式的第一至第四项和第六项代入式 (3–10), 得到 $s_{l21}=0$、 $s_{l22}=0$、 $s_{l23}=0$、 $s_{l24}=0$ 和 $s_{l26}=0$。此外, 可以发现 $s_{l25}\neq 0$, 这一项是关于二阶项 $\omega_i\omega_j$ 的多项式。

对于式 (3–12) 中环路 III 的旋量, 得

$$[\boldsymbol{S}_7, \boldsymbol{S}_8] = (0,0,0,-\left(l_1+l_2\right),0,0)^{\mathrm{T}}$$

$$[\boldsymbol{S}_7, \boldsymbol{S}_9] = (0,0,0,l_1+2l_2,0,0)^{\mathrm{T}}$$

$$[\boldsymbol{S}_7, \boldsymbol{S}_{10}] = (0,0,0,l_2,0,0)^{\mathrm{T}}$$

$$[\boldsymbol{S}_8, \boldsymbol{S}_9] = (0,0,0,l_2,0,0)^{\mathrm{T}}$$

$$[\boldsymbol{S}_8, \boldsymbol{S}_{10}] = (0,0,0,-l_1,0,0)^{\mathrm{T}}$$

$$[\boldsymbol{S}_9, \boldsymbol{S}_{10}] = (0,0,0,l_1+l_2,0,0)^{\mathrm{T}}$$

假设 $\boldsymbol{S}_{\mathrm{L3}} = (s_{l31}, s_{l32}, s_{l33}, s_{l34}, s_{l35}, s_{l36})^{\mathrm{T}}$, 将上述表达式的第一、第二、第三、第五和第六项代入式 (3–12), 得到 $s_{l31}=0$、 $s_{l32}=0$、 $s_{l33}=0$、 $s_{l35}=0$ 和 $s_{l36}=0$。此外, 可以发现 $s_{l34}\neq 0$, 这一项是关于二阶项 $\omega_i\omega_j$ 的多项式。

综上所述, 由式 (3–7) 至式 (3–12) 可得到 $s_{l11}=s_{l12}=s_{l16}=s_{l21}=s_{l22}=s_{l23}=s_{l24}=s_{l26}=s_{l31}=s_{l32}=s_{l33}=s_{l35}=s_{l36}=0$, s_{l13}、 s_{l14}、 s_{l15}、 s_{l25} 和 s_{l34} 是关于二阶项 $\omega_i\omega_j$ 的多项式。

由于雅可比矩阵 $\boldsymbol{J}$ 中与 s_{l13}、 s_{l14}、 s_{l15}、 s_{l25} 和 s_{l34} 对应的行均为零行, 所以式 (3–14) 成立的充分必要条件是十二个关节变量 ω_i 满足如下等式

$$\begin{aligned}\boldsymbol{S}_{\mathrm{L}} = (&s_{l11}, s_{l12}, s_{l13}, s_{l14}, s_{l15}, s_{l16}, s_{l21}, s_{l22}, s_{l23}, s_{l24}, s_{l25},\\ &s_{l26}, s_{l31}, s_{l32}, s_{l33}, s_{l34}, s_{l35}, s_{l36})^{\mathrm{T}} = \mathbf{0}\end{aligned} \tag{3–16}$$

式 (3–16) 给出了 Queer-square 机构位于奇异构态下基于加速度模型分析和李括号运算的五个二阶运动学约束方程, 即 $s_{l13}=0$、 $s_{l14}=0$、 $s_{l15}=0$、 $s_{l25}=0$ 和 $s_{l34}=0$。然而, 这些多项式的表达形式非常复杂。例如, 二阶运动学约束方程 $s_{l14}=0$ 可以写为

$$
\begin{aligned}
s_{l14} = {} & (l_1+l_2)\omega_1\omega_2 - l_1\omega_1\omega_3 + (2l_1+l_2)\omega_1\omega_4 + \frac{3}{2}l_2\omega_1\omega_7 + \\
& \left(-l_1+\frac{1}{2}l_2\right)\omega_1\omega_8 - \left(l_1+\frac{3}{2}l_2\right)\omega_1\omega_{11} - \frac{1}{2}l_2\omega_1\omega_{12} - l_1\omega_2\omega_3 - \\
& (2l_1+l_2)\,\omega_2\omega_4 + \left(-l_1+\frac{1}{2}l_2\right)\omega_2\omega_7 - \left(2l_1+\frac{1}{2}l_2\right)\omega_2\omega_8 - \\
& \left(l_1+\frac{3}{2}l_2\right)\omega_2\omega_{11} - \frac{1}{2}l_2\omega_2\omega_{12} + l_1\omega_3\omega_7 + l_1\omega_3\omega_8 + \\
& (2l_1+l_2)\,\omega_4\omega_7 + (2l_1+l_2)\,\omega_4\omega_8 - (l_1+l_2)\,\omega_7\omega_8 - \\
& \left(l_1+\frac{3}{2}l_2\right)\omega_7\omega_{11} - \frac{1}{2}l_2\omega_7\omega_{12} - \left(l_1+\frac{3}{2}l_2\right)\omega_8\omega_{11} - \\
& \frac{1}{2}l_2\omega_8\omega_{12} = 0
\end{aligned}
\tag{3–17}
$$

从式 (3–17) 的复杂表达形式中很难挖掘出其对应的代数关系或几何意义。因此, 本节引入双线性型来化简二阶运动学约束方程。式 (3–17) 的双线性型形式为

$$
\begin{aligned}
s_{l14} &= \boldsymbol{\omega}^{\mathrm{T}}\boldsymbol{A}_{14}\boldsymbol{\omega} \\
&= \begin{pmatrix}\omega_1\\ \omega_2\\ \omega_3\\ \omega_4\\ \omega_5\\ \omega_6\\ \omega_7\\ \omega_8\\ \omega_9\\ \omega_{10}\\ \omega_{11}\\ \omega_{12}\end{pmatrix}^{\mathrm{T}}
\begin{pmatrix}
0 & l_1+l_2 & -l_1 & -(2l_1+l_2) & 0 & 0 & \frac{3}{2}l_2 & -l_1+\frac{1}{2}l_2 & 0 & 0 & -\left(l_1+\frac{3}{2}l_2\right) & -\frac{1}{2}l_2 \\
0 & 0 & -l_1 & -(2l_1+l_2) & 0 & 0 & -l_1+\frac{1}{2}l_2 & -\left(2l_1+\frac{1}{2}l_2\right) & 0 & 0 & -\left(l_1+\frac{3}{2}l_2\right) & -\frac{1}{2}l_2 \\
0 & 0 & 0 & 0 & 0 & 0 & l_1 & l_1 & 0 & 0 & 0 & 0 \\
0 & 0 & 0 & 0 & 0 & 0 & 2l_1+l_2 & 2l_1+l_2 & 0 & 0 & 0 & 0 \\
0 & 0 & 0 & 0 & 0 & 0 & 0 & 0 & 0 & 0 & 0 & 0 \\
0 & 0 & 0 & 0 & 0 & 0 & 0 & 0 & 0 & 0 & 0 & 0 \\
0 & 0 & 0 & 0 & 0 & 0 & 0 & -(l_1+l_2) & 0 & 0 & -\left(l_1+\frac{3}{2}l_2\right) & -\frac{1}{2}l_2 \\
0 & 0 & 0 & 0 & 0 & 0 & 0 & 0 & 0 & 0 & -\left(l_1+\frac{3}{2}l_2\right) & -\frac{1}{2}l_2 \\
0 & 0 & 0 & 0 & 0 & 0 & 0 & 0 & 0 & 0 & 0 & 0 \\
0 & 0 & 0 & 0 & 0 & 0 & 0 & 0 & 0 & 0 & 0 & 0 \\
0 & 0 & 0 & 0 & 0 & 0 & 0 & 0 & 0 & 0 & 0 & 0 \\
0 & 0 & 0 & 0 & 0 & 0 & 0 & 0 & 0 & 0 & 0 & 0
\end{pmatrix}
\begin{pmatrix}\omega_1\\ \omega_2\\ \omega_3\\ \omega_4\\ \omega_5\\ \omega_6\\ \omega_7\\ \omega_8\\ \omega_9\\ \omega_{10}\\ \omega_{11}\\ \omega_{12}\end{pmatrix} \\
&= 0
\end{aligned}
\tag{3–18}
$$

从式 (3–18) 可以看出, 引入双线性型可以简化方程的表达形式, 其目的是方便化简。相似地, 其余四个二阶运动学约束方程 $s_{l13}=0$、 $s_{l15}=0$、 $s_{l25}=0$ 和 $s_{l34}=0$ 的双线性型形式为

$$
\begin{aligned}
s_{l13} &= \boldsymbol{\omega}^{\mathrm{T}} \boldsymbol{A}_{13} \boldsymbol{\omega} \\
&= \begin{pmatrix} \omega_1 \\ \omega_2 \\ \omega_3 \\ \omega_4 \\ \omega_5 \\ \omega_6 \\ \omega_7 \\ \omega_8 \\ \omega_9 \\ \omega_{10} \\ \omega_{11} \\ \omega_{12} \end{pmatrix}^{\mathrm{T}}
\begin{pmatrix}
0 & 0 & -1 & -1 & 0 & 0 & 0 & 0 & 0 & 0 & -1 & -1 \\
0 & 0 & -1 & -1 & 0 & 0 & 0 & 0 & 0 & 0 & -1 & -1 \\
0 & 0 & 0 & 0 & 0 & 0 & 1 & 1 & 0 & 0 & 0 & 0 \\
0 & 0 & 0 & 0 & 0 & 0 & 1 & 1 & 0 & 0 & 0 & 0 \\
0 & 0 & 0 & 0 & 0 & 0 & 0 & 0 & 0 & 0 & 0 & 0 \\
0 & 0 & 0 & 0 & 0 & 0 & 0 & 0 & 0 & 0 & 0 & 0 \\
0 & 0 & 0 & 0 & 0 & 0 & 0 & 0 & 0 & 0 & -1 & -1 \\
0 & 0 & 0 & 0 & 0 & 0 & 0 & 0 & 0 & 0 & -1 & -1 \\
0 & 0 & 0 & 0 & 0 & 0 & 0 & 0 & 0 & 0 & 0 & 0 \\
0 & 0 & 0 & 0 & 0 & 0 & 0 & 0 & 0 & 0 & 0 & 0 \\
0 & 0 & 0 & 0 & 0 & 0 & 0 & 0 & 0 & 0 & 0 & 0 \\
0 & 0 & 0 & 0 & 0 & 0 & 0 & 0 & 0 & 0 & 0 & 0
\end{pmatrix}
\begin{pmatrix} \omega_1 \\ \omega_2 \\ \omega_3 \\ \omega_4 \\ \omega_5 \\ \omega_6 \\ \omega_7 \\ \omega_8 \\ \omega_9 \\ \omega_{10} \\ \omega_{11} \\ \omega_{12} \end{pmatrix} \\
&= 0
\end{aligned}
\tag{3–19}
$$

$$
\begin{aligned}
s_{l15} &= \boldsymbol{\omega}^{\mathrm{T}} \boldsymbol{A}_{15} \boldsymbol{\omega} \\
&= \begin{pmatrix} \omega_1 \\ \omega_2 \\ \omega_3 \\ \omega_4 \\ \omega_5 \\ \omega_6 \\ \omega_7 \\ \omega_8 \\ \omega_9 \\ \omega_{10} \\ \omega_{11} \\ \omega_{12} \end{pmatrix}^{\mathrm{T}}
\begin{pmatrix}
0 & 0 & l_1+\frac{1}{2}l_2 & l_1+\frac{1}{2}l_2 & 0 & 0 & 0 & 0 & 0 & 0 & l_1+\frac{1}{2}l_2 & l_1+\frac{1}{2}l_2 \\
0 & 0 & 2l_1+\frac{3}{2}l_2 & 2l_1+\frac{3}{2}l_2 & 0 & 0 & 0 & 0 & 0 & 0 & 2l_1+\frac{3}{2}l_2 & 2l_1+\frac{3}{2}l_2 \\
0 & 0 & 0 & l_1+l_2 & 0 & 0 & -(l_1+2l_2) & -l_2 & 0 & 0 & \frac{3}{2}l_2 & -l_1+\frac{1}{2}l_2 \\
0 & 0 & 0 & 0 & 0 & 0 & -(l_1+2l_2) & -l_2 & 0 & 0 & -l_1+\frac{1}{2}l_2 & -\left(2l_1+\frac{1}{2}l_2\right) \\
0 & 0 & 0 & 0 & 0 & 0 & 0 & 0 & 0 & 0 & 0 & 0 \\
0 & 0 & 0 & 0 & 0 & 0 & 0 & 0 & 0 & 0 & 0 & 0 \\
0 & 0 & 0 & 0 & 0 & 0 & 0 & 0 & 0 & 0 & l_1+2l_2 & l_1+2l_2 \\
0 & 0 & 0 & 0 & 0 & 0 & 0 & 0 & 0 & 0 & l_2 & b \\
0 & 0 & 0 & 0 & 0 & 0 & 0 & 0 & 0 & 0 & 0 & 0 \\
0 & 0 & 0 & 0 & 0 & 0 & 0 & 0 & 0 & 0 & 0 & 0 \\
0 & 0 & 0 & 0 & 0 & 0 & 0 & 0 & 0 & 0 & 0 & -(l_1+l_2) \\
0 & 0 & 0 & 0 & 0 & 0 & 0 & 0 & 0 & 0 & 0 & 0
\end{pmatrix}
\begin{pmatrix} \omega_1 \\ \omega_2 \\ \omega_3 \\ \omega_4 \\ \omega_5 \\ \omega_6 \\ \omega_7 \\ \omega_8 \\ \omega_9 \\ \omega_{10} \\ \omega_{11} \\ \omega_{12} \end{pmatrix} \\
&= 0
\end{aligned}
\tag{3–20}
$$

$$
\begin{aligned}
s_{l25} &= \boldsymbol{\omega}^{\mathrm{T}} \boldsymbol{A}_{25} \boldsymbol{\omega} \\
&= \begin{pmatrix} \omega_1 \\ \omega_2 \\ \omega_3 \\ \omega_4 \\ \omega_5 \\ \omega_6 \\ \omega_7 \\ \omega_8 \\ \omega_9 \\ \omega_{10} \\ \omega_{11} \\ \omega_{12} \end{pmatrix}^{\mathrm{T}}
\begin{pmatrix}
0 & 0 & 0 & 0 & 0 & 0 & 0 & 0 & 0 & 0 & 0 & 0 \\
0 & 0 & 0 & 0 & 0 & 0 & 0 & 0 & 0 & 0 & 0 & 0 \\
0 & 0 & 0 & l_1+l_2 & -(l_1+2l_2) & -l_2 & 0 & 0 & 0 & 0 & 0 & 0 \\
0 & 0 & 0 & 0 & -l_2 & l_1 & 0 & 0 & 0 & 0 & 0 & 0 \\
0 & 0 & 0 & 0 & 0 & -(l_1+l_2) & 0 & 0 & 0 & 0 & 0 & 0 \\
0 & 0 & 0 & 0 & 0 & 0 & 0 & 0 & 0 & 0 & 0 & 0 \\
0 & 0 & 0 & 0 & 0 & 0 & 0 & 0 & 0 & 0 & 0 & 0 \\
0 & 0 & 0 & 0 & 0 & 0 & 0 & 0 & 0 & 0 & 0 & 0 \\
0 & 0 & 0 & 0 & 0 & 0 & 0 & 0 & 0 & 0 & 0 & 0 \\
0 & 0 & 0 & 0 & 0 & 0 & 0 & 0 & 0 & 0 & 0 & 0 \\
0 & 0 & 0 & 0 & 0 & 0 & 0 & 0 & 0 & 0 & 0 & 0 \\
0 & 0 & 0 & 0 & 0 & 0 & 0 & 0 & 0 & 0 & 0 & 0
\end{pmatrix}
\begin{pmatrix} \omega_1 \\ \omega_2 \\ \omega_3 \\ \omega_4 \\ \omega_5 \\ \omega_6 \\ \omega_7 \\ \omega_8 \\ \omega_9 \\ \omega_{10} \\ \omega_{11} \\ \omega_{12} \end{pmatrix} \\
&= 0
\end{aligned}
\tag{3–21}
$$

$$
\begin{aligned}
s_{l34} &= \boldsymbol{\omega}^{\mathrm{T}}\boldsymbol{A}_{34}\boldsymbol{\omega}\\
&=\begin{pmatrix}\omega_1\\ \omega_2\\ \omega_3\\ \omega_4\\ \omega_5\\ \omega_6\\ \omega_7\\ \omega_8\\ \omega_9\\ \omega_{10}\\ \omega_{11}\\ \omega_{12}\end{pmatrix}^{\mathrm{T}}
\begin{pmatrix}
0&0&0&0&0&0&0&0&0&0&0&0\\
0&0&0&0&0&0&0&0&0&0&0&0\\
0&0&0&0&0&0&0&0&0&0&0&0\\
0&0&0&0&0&0&0&0&0&0&0&0\\
0&0&0&0&0&0&0&0&0&0&0&0\\
0&0&0&0&0&0&0&0&0&0&0&0\\
0&0&0&0&0&0&0&-(l_1+l_2)&l_1+2l_2&l_2&0&0\\
0&0&0&0&0&0&0&0&l_2&-l_1&0&0\\
0&0&0&0&0&0&0&0&0&l_1+l_2&0&0\\
0&0&0&0&0&0&0&0&0&0&0&0\\
0&0&0&0&0&0&0&0&0&0&0&0\\
0&0&0&0&0&0&0&0&0&0&0&0
\end{pmatrix}
\begin{pmatrix}\omega_1\\ \omega_2\\ \omega_3\\ \omega_4\\ \omega_5\\ \omega_6\\ \omega_7\\ \omega_8\\ \omega_9\\ \omega_{10}\\ \omega_{11}\\ \omega_{12}\end{pmatrix}\\
&=0
\end{aligned}
\tag{3–22}
$$

式 (3–18) 至式 (3–22) 中, 矩阵 $\boldsymbol{A}_{14}$、$\boldsymbol{A}_{13}$、$\boldsymbol{A}_{15}$、$\boldsymbol{A}_{25}$ 和 $\boldsymbol{A}_{34}$ 为双线性型上三角形式的系数矩阵, 其维数是 12×12。

式 (3–18) 至式 (3–22) 以矩阵形式表示了 Queer-square 机构的五个二阶运动学约束方程。矩阵形式的表达有利于对其进行简化。因此, 引入双线性型的优势在于更容易将一阶运动学约束方程代入矩阵形式的二阶运动学约束方程所含有的多项式中, 以达到化简二阶运动学约束方程的目的。

简化的过程: ① 将双线性型系数矩阵的第 i 行 $(i=1,2,\cdots,12)$ 先左乘列向量 $\boldsymbol{\omega}$, 再乘以角速度 ω_i, 得到相应的多项式; ② 将一阶运动学约束方程代入这些多项式并逐一化简; ③ 将化简后的多项式组合在一起; ④ 得到完全简化的二阶运动学约束方程。换言之, 先分别针对双线性型系数矩阵的每一行所对应的多项式进行化简, 再将化简后的多项式重组即可得到完全简化的二阶运动学约束方程。

由式 (3–6) 可以得到如下一阶运动学约束方程

$$\omega_3+\omega_4+\omega_{11}+\omega_{12}=0 \tag{3–23}$$

$$\omega_1+\omega_2+\omega_7+\omega_8=0 \tag{3–24}$$

$$
\begin{aligned}
&\left(l_1+\frac{1}{2}l_2\right)\omega_1+\left(2l_1+\frac{3}{2}l_2\right)\omega_2-l_1\omega_3-(2l_1+l_2)\,\omega_4+\\
&(l_1+2l_2)\,\omega_7+l_2\omega_8-\left(l_1+\frac{3}{2}l_2\right)\omega_{11}-\frac{1}{2}l_2\omega_{12}=0
\end{aligned}
\tag{3–25}
$$

$$\omega_3 + \omega_4 - \omega_5 - \omega_6 = 0 \tag{3-26}$$

$$l_1\omega_3 + (2l_1 + l_2)\,\omega_4 - 2\,(l_1 + l_2)\,\omega_5 - (l_1 + l_2)\,\omega_6 = 0 \tag{3-27}$$

$$-\omega_7 - \omega_8 + \omega_9 + \omega_{10} = 0 \tag{3-28}$$

$$-\,(l_1 + 2l_2)\,\omega_7 - l_2\omega_8 + (l_1 + l_2)\,\omega_{10} = 0 \tag{3-29}$$

如果只考虑式 (3–18) 中系数矩阵的第一行与列向量 $\boldsymbol{\omega}$、角速度 ω_1 相乘得到的多项式, 并进行因式分解, 则该多项式可以写为

$$\left[(l_1 + l_2)\,\omega_2 - l_1\omega_3 - (2l_1 + l_2)\,\omega_4 + \frac{3}{2}l_2\omega_7 + \left(-l_1 + \frac{1}{2}l_2\right)\omega_8 - \right.$$
$$\left.\left(l_1 + \frac{3}{2}l_2\right)\omega_{11} - \frac{1}{2}l_2\omega_{12}\right]\omega_1 \tag{3-30}$$

由式 (3–25), 得

$$-\,l_1\omega_3 - (2l_1 + l_2)\,\omega_4 - \left(l_1 + \frac{3}{2}l_2\right)\omega_{11} - \frac{1}{2}l_2\omega_{12} =$$
$$-\left(l_1 + \frac{1}{2}l_2\right)\omega_1 - \left(2l_1 + \frac{3}{2}l_2\right)\omega_2 - (l_1 + 2l_2)\,\omega_7 - l_2\omega_8 \tag{3-31}$$

将式 (3–31) 代入式 (3–30), 并化简为

$$-\left(l_1 + \frac{1}{2}l_2\right)(\omega_1 + \omega_2 + \omega_7 + \omega_8)\,\omega_1 \tag{3-32}$$

由式 (3–24) 可知, 式 (3–32) 中化简后的多项式等于 0。至此, 式 (3–18) 中系数矩阵的第一行与列向量 $\boldsymbol{\omega}$、角速度 ω_1 相乘得到的多项式被消除, 同时式 (3–18) 在一定程度上被简化。

相似地, 式 (3–18) 中的其他多项式都可以通过代入式 (3–23) 至式 (3–25) 得到简化。然后, 将所有简化后的多项目组合在一起, 可以得到式 (3–18) 被完全简化的二阶运动学约束方程为

$$s_{l14} = (l_1 + l_2)\,(\omega_1\omega_2 - \omega_7\omega_8) + \left[l_1\omega_3 + (2l_1 + l_2)\,\omega_4 - \right.$$
$$\left.\left(l_1 + \frac{3}{2}l_2\right)\omega_{11} - \frac{1}{2}l_2\omega_{12}\right](\omega_7 + \omega_8) = 0 \tag{3-33}$$

其他四个二阶运动学约束方程同样可以被化简, 分别为

$$s_{l13} = (\omega_3 + \omega_4)\,(\omega_7 + \omega_8) = 0 \tag{3-34}$$

$$
\begin{aligned}
s_{l15} = & \left(l_1+l_2\right)\left(\omega_3\omega_4-\omega_{11}\omega_{12}\right)+\left[\frac{3}{2}l_2\omega_3+\left(-l_1+\frac{1}{2}l_2\right)\omega_4+\right.\\
& \left.\left(l_1+2l_2\right)\omega_7+l_2\omega_8\right]\left(\omega_{11}+\omega_{12}\right)-\left[\left(l_1+2l_2\right)\omega_7+\right.\\
& \left.l_2\omega_8+(l_1+l_2)\omega_{12}\right]\left(\omega_3+\omega_4\right)=0
\end{aligned} \tag{3–35}
$$

$$
s_{l25}=l_2\left(l_1+l_2\right)\left(\omega_6+\omega_4\right)\left(\omega_6-\omega_4\right)=0 \tag{3–36}
$$

$$
s_{l34}=l_2\left(l_1+l_2\right)\left(\omega_9+\omega_7\right)\left(\omega_9-\omega_7\right)=0 \tag{3–37}
$$

至此, 通过采用双线性型来表示二阶运动学约束方程中的多项式, 实现了对二阶运动学约束方程的化简, 化简结果由式 (3–33) 至式 (3–37) 给出。

3.1.3 不同分岔运动分支的识别

至此, 已经建立了 Queer-square 机构的一阶和二阶运动学模型, 并进行了速度模型分析和加速度模型分析, 得到了该机构的一阶和二阶运动学约束方程, 并引入李括号双线性型进行了化简。值得注意的是, 这些一阶和二阶运动学约束方程均是在该机构的奇异构态下得到的。因此, 该机构能从奇异构态运动到某一分岔运动分支的充分必要条件是当且仅当该机构的十二个关节变量 ω_i 满足这些一阶和二阶运动学约束方程, 也就是说, 联立这些一阶和二阶运动学约束方程, 得到的解的数目就是该机构分岔运动分支的数目, 每一个解对应一条分岔运动分支。

将式 (3–6) 中的一阶运动学约束方程和式 (3–18) 至式 (3–22) 中的二阶运动学约束方程联立, 可以得到 Queer-square 机构在奇异构态下的一阶和二阶运动学约束方程组如下

$$
\begin{cases}
\boldsymbol{J}\boldsymbol{\omega}=\boldsymbol{0}\\
s_{l13}=\boldsymbol{\omega}^{\mathrm{T}}\boldsymbol{A}_{13}\boldsymbol{\omega}=0\\
s_{l14}=\boldsymbol{\omega}^{\mathrm{T}}\boldsymbol{A}_{14}\boldsymbol{\omega}=0\\
s_{l15}=\boldsymbol{\omega}^{\mathrm{T}}\boldsymbol{A}_{15}\boldsymbol{\omega}=0\\
s_{l25}=\boldsymbol{\omega}^{\mathrm{T}}\boldsymbol{A}_{25}\boldsymbol{\omega}=0\\
s_{l34}=\boldsymbol{\omega}^{\mathrm{T}}\boldsymbol{A}_{34}\boldsymbol{\omega}=0
\end{cases} \tag{3–38}
$$

将式 (3–1) 和式 (3–33) 至式 (3–37) 代入式 (3–38), 可以展开得到

$$
\left\{\begin{aligned}
&\omega_3+\omega_4+\omega_{11}+\omega_{12}=0\\
&\omega_1+\omega_2+\omega_7+\omega_8=0\\
&\left(l_1+\frac{1}{2}l_2\right)\omega_1+\left(2l_1+\frac{3}{2}l_2\right)\omega_2-l_1\omega_3-\left(2l_1+l_2\right)\omega_4+\\
&\qquad\left(l_1+2l_2\right)\omega_7+l_2\omega_8-\left(l_1+\frac{3}{2}l_2\right)\omega_{11}-\frac{1}{2}l_2\omega_{12}=0\\
&\omega_3+\omega_4-\omega_5-\omega_6=0\\
&-l_1\omega_3+\left(2l_1+l_2\right)\omega_4-2\left(l_1+l_2\right)\omega_5-\left(l_1+l_2\right)\omega_6=0\\
&-\omega_7-\omega_8+\omega_9+\omega_{10}=0\\
&-\left(l_1+2l_2\right)\omega_7-l_2\omega_8+\left(l_1+l_2\right)\omega_{10}=0\\
&\left(\omega_3+\omega_4\right)\left(\omega_7+\omega_8\right)=0\\
&\left(l_1+l_2\right)\left(\omega_1\omega_2-\omega_7\omega_8\right)+\left[l_1\omega_3+\left(2l_1+l_2\right)\omega_4-\left(l_1+\frac{3}{2}l_2\right)\omega_{11}-\right.\\
&\qquad\left.\frac{1}{2}l_2\omega_{12}\right]\left(\omega_7+\omega_8\right)=0\\
&\left(l_1+l_2\right)\left(\omega_3\omega_4-\omega_{11}\omega_{12}\right)+\left[\frac{3}{2}l_2\omega_3+\left(-l_1+\frac{1}{2}l_2\right)\omega_4+\left(l_1+2l_2\right)\cdot\right.\\
&\qquad\left.\omega_7+l_2\omega_8\right]\left(\omega_{11}+\omega_{12}\right)-\left[\left(l_1+2l_2\right)\omega_7+l_2\omega_8+\left(l_1+l_2\right)\omega_{12}\right]\cdot\\
&\qquad\left(\omega_3+\omega_4\right)=0\\
&l_2\left(l_1+l_2\right)\left(\omega_6+\omega_4\right)\left(\omega_6-\omega_4\right)=0\\
&l_2\left(l_1+l_2\right)\left(\omega_9+\omega_7\right)\left(\omega_9-\omega_7\right)=0
\end{aligned}\right. \tag{3–39}
$$

在式 (3–39) 中, 参考一阶运动学约束方程的推导过程可知, 所有的一阶运动学约束方程均是相互独立的。同时, 由于在二阶运动学约束方程的化简过程中代入了所有的一阶运动学约束方程, 所以, 每一个二阶运动学约束方程与所有一阶运动学约束方程也是相互独立的。然而, 这些二阶运动学约束方程之间是否相互独立还没有被分析过。接下来, 将结合 Queer-square 机构的几何约束特征来探讨这些二阶运动学约束方程之间是否相互独立。

从式 (3–39) 中列出的五个二阶运动学约束方程和图 3–3 中的三个独立环路可以看出, 五个二阶运动学约束方程中的一些因式与三个独立环路的拓扑表示之间存在紧密联系。比如, 当 Queer-square 机构处于如图 3–4 所示的构态时, 环路 II 是一个平行四边形, 并且存在另一个隐含的平行四边形如虚线所示。此时, 二阶运动学约束方程中的一些因式满足下列等式

$$
\left\{\begin{aligned}
&\omega_3+\omega_4=\omega_{11}+\omega_{12}=0\\
&\omega_3\omega_4-\omega_{11}\omega_{12}=0\\
&\omega_5\omega_6-\omega_{11}\omega_{12}=0
\end{aligned}\right. \tag{3–40}
$$

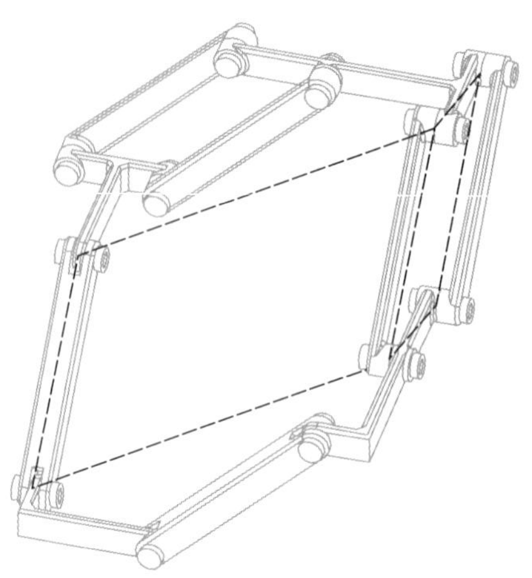

图 3–4　Queer-square 机构环路 II 的平行四边形构态

类似地, 如果 Queer-square 机构处于如图 3–5 所示的构态时, 环路 III 也是一个平行四边形, 并且也存在另一个隐含的平行四边形如虚线所示。此时, 二阶运动学约束方程中的一些因式满足如下等式

$$\begin{cases} \omega_7 + \omega_8 = \omega_1 + \omega_2 = 0 \\ \omega_1\omega_2 - \omega_7\omega_8 = 0 \\ \omega_1\omega_2 - \omega_9\omega_{10} = 0 \end{cases} \tag{3–41}$$

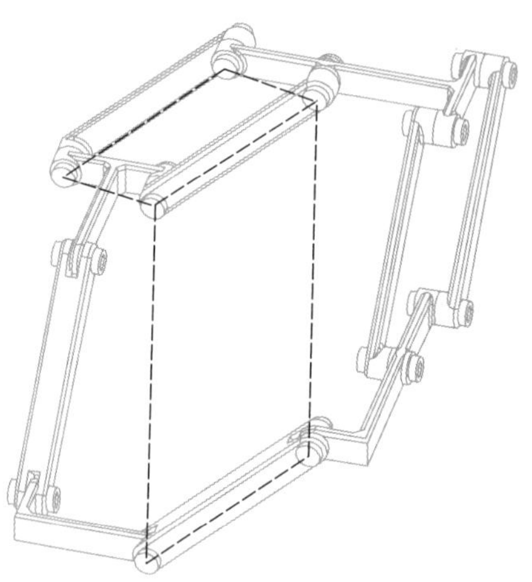

图 3–5　Queer-square 机构环路 III 的平行四边形构态

式 (3–40) 和式 (3–41) 中的几何条件是否满足取决于 Queer-square 机构中的环路 II 和 III 是否为平行四边形。同时, 这些几何条件也决定了式 (3–39) 中的五个二阶运动学约束方程之间是否相互独立, 进而决定了 Queer-square 机构的活动度。例如, 如果环路 II 是平行四边形, 并且存在一个隐含的平行四边形, 如图 3–4 所示, 则式 (3–40) 中的几何条件被满足, 进而式 (3–33) 和式 (3–34) 中

的二阶运动学约束方程恒成立，即这两个等式不是相互独立的。此时，式 (3–39) 中独立约束方程的数目为 $5+7+1-2=11$，该机构只有一个独立关节变量，即该机构的活动度为 1。再如，如果环路 Ⅱ 和 Ⅲ 都是平行四边形，且存在两个隐含的平行四边形，如图 3–4 和图 3–5 所示，则式 (3–40) 和式 (3–41) 中的几何条件同时被满足，进而式 (3–33) 至式 (3–35) 中的二阶运动学约束方程恒成立，即这三个等式不是相互独立的。此时，式 (3–39) 中独立约束方程的数目为 $5+7+2-4=10$，该机构有两个独立关节变量，即该机构的活动度为 2。总之，环路 Ⅱ 或者 Ⅲ 是否为平行四边形以及是否存在隐含的平行四边形决定了式 (3–39) 中独立约束方程的数目，进而决定了该机构的活动度数目。至此，得到了 Queer-square 机构中与其拓扑机构紧密相关的几何约束特征，而这些几何约束特征及其与该机构活动度之间的关联关系有助于识别该机构不同的分岔运动分支。

通过式 (3–39) 中的一阶和二阶运动学约束方程组，可以得到六个线性无关解。机构在任一构态的解析簇正切锥的维数等于机构在此构态下的局部活动度，而该解析簇正切锥可以由各阶约束方程的线性无关解逼近。对于 Queer-square 机构，六个线性无关解即该机构在奇异构态下的六个二阶解析簇正切锥分别与六个有限运动分支相对应。同时，每一个有限运动分支都可以用 CAD 模型来验证。如果十二个关节变量以列向量 $(\omega_1,\omega_2,\omega_3,\omega_4,\omega_5,\omega_6,\omega_7,\omega_8,\omega_9,\omega_{10},\omega_{11},\omega_{12})^{\mathrm{T}}$ 的形式表示，则六个线性无关解可以表示为

$$(\omega_1,-\omega_1,-\omega_{12},\omega_{12},\omega_{12},-\omega_{12},\omega_1,-\omega_1,-\omega_1,\omega_1,-\omega_{12},\omega_{12})^{\mathrm{T}} \tag{3–42}$$

$$(\omega_1,-\omega_1,\omega_1,-\omega_1,-\omega_1,\omega_1,-\omega_1,\omega_1,\omega_1,-\omega_1,-\omega_1,\omega_1)^{\mathrm{T}} \tag{3–43}$$

$$\begin{aligned}&\left(\omega_1,\frac{l_1}{l_1+2l_1}\omega_1,-\frac{2l_1-l_2}{2l_1+4l_2}\omega_1,\frac{2l_1-l_2}{2l_1+4l_2}\omega_1,\frac{2l_1-l_2}{2l_1+4l_2}\omega_1,-\frac{2l_1-l_2}{2l_1+4l_2}\omega_1,\right.\\&\left.-\frac{l_1}{l_1+2l_2}\omega_1,-\omega_1,-\frac{l_1}{l_1+2l_2}\omega_1,-\omega_1,\frac{2l_1-l_2}{2l_1+4l_2}\omega_1,-\frac{2l_1-l_2}{2l_1+4l_2}\omega_1\right)^{\mathrm{T}}\end{aligned} \tag{3–44}$$

$$\begin{aligned}&\left(\omega_1,-\frac{l_1-l_2}{3l_1+l_2}\omega_1,\frac{4l_1^2-l_2^2}{4(l_1+l_2)(3l_1+l_2)}\omega_1,-\frac{4l_1^2-l_2^2}{4(l_1+l_2)(3l_1+l_2)}\omega_1,\right.\\&-\frac{4l_1^2-l_2^2}{4(l_1+l_2)(3l_1+l_2)}\omega_1,\frac{4l_1^2-l_2^2}{4(l_1+l_2)(3l_1+l_2)}\omega_1,-\frac{l_1}{3l_1+l_2}\omega_1,\\&-\frac{l_1+2l_2}{3l_1+l_2}\omega_1,-\frac{l_1}{3l_1+l_2}\omega_1,-\frac{l_1+2l_2}{3l_1+l_2}\omega_1,\frac{4l_1^2-l_2^2}{4(l_1+l_2)(3l_1+l_2)}\omega_1,\\&\left.-\frac{4l_1^2-l_2^2}{4(l_1+l_2)(3l_1+l_2)}\omega_1\right)^{\mathrm{T}}\end{aligned} \tag{3–45}$$

$$\left(\omega_1,-\omega_1,\frac{4l_1^2+4l_1l_2}{4l_1^2-l_2^2}\omega_1,\frac{4l_1^2+12l_1l_2+8l_2^2}{4l_1^2-l_2^2}\omega_1,\ \frac{4l_1^2+4l_1l_2}{4l_1^2-l_2^2}\omega_1,\right.$$
$$\frac{4l_1^2+12l_1l_2+8l_2^2}{4l_1^2-l_2^2}\omega_1,\omega_1,-\omega_1,-\omega_1,\omega_1,-\frac{12l_1^2+16l_1l_2+4l_2^2}{4l_1^2-l_2^2}\omega_1,$$
$$\left.\frac{4l_1^2-4l_2^2}{4l_1^2-l_2^2}\omega_1\right)^{\mathrm{T}} \tag{3-46}$$

$$\left(\omega_1,-\omega_1,-\frac{2l_1}{2l_1+l_2}\omega_1,-\frac{2l_1+4l_2}{2l_1+l_2}\omega_1,\ -\frac{2l_1}{2l_1+l_2}\omega_1,-\frac{2l_1+4l_2}{2l_1+l_2}\omega_1,\right.$$
$$\left.-\omega_1,\omega_1,\omega_1,-\omega_1,\frac{2l_1}{2l_1+l_2}\omega_1,\frac{2l_1+4l_2}{2l_1+l_2}\omega_1\right)^{\mathrm{T}} \tag{3-47}$$

式中, 每一个列向量中的每一个元素都是 ω_1 或者 ω_{12} 的函数。式 (3–42) 所示的线性无关解用关节变量 ω_1 和 ω_{12} 来表示其他关节变量, 这说明 Queer-square 机构在其对应的分岔运动分支上运动时的活动度为 2。式 (3–43) 至式 (3–47) 所示的线性无关解用关节变量 ω_1 来表示其他关节变量, 这说明 Queer-square 机构在这五个线性无关解对应的分岔运动分支上运动时的活动度为 1。

Queer-square 机构在奇异构态下的一阶和二阶运动学约束方程组的线性无关解的数目决定了该机构在奇异构态下的分岔运动分支的数目。式 (3–42) 至式 (3–47) 给出了该机构在奇异构态下的一阶和二阶运动学约束方程组的六个线性无关解, 意味着该机构在奇异构态下有六条不同的分岔运动分支。

结合式 (3–40) 和式 (3–41) 给出的几何约束条件, 逐一核对式 (3–42) 至式 (3–47) 中的六个线性无关解是否满足。通过这种方式, 可以将六个线性无关解与 Queer-square 机构的几何约束条件一一对应起来, 进而可以建立六个线性无关解与该机构六条不同的分岔运动分支之间的关联关系。

对于式 (3–42) 中的线性无关解, 核对该机构中所有可能的几何约束条件, 可以发现下列等式被满足

$$\begin{cases}\omega_3+\omega_4=0\\ \omega_7+\omega_8=0\\ \omega_1\omega_2-\omega_7\omega_8=0\\ \omega_5\omega_6-\omega_{11}\omega_{12}=0\end{cases} \tag{3-48}$$

式 (3–48) 意味着环路 II 和 III 都是平行四边形并且在该机构中存在两个隐含的平行四边形。由此, 可以发现式 (3–42) 中的线性无关解与该机构的分岔运动分支之间的关联, 确定与式 (3–42) 中的线性无关解和式 (3–48) 中的几何约束条件相对应的 Queer-square 机构的分岔运动分支 I, 如图 3–6 所示。

考虑到式 (3–42) 中有两个关节变量 ω_1 和 ω_{12}, 这说明 Queer-square 机构在分岔运动分支 I 上运动时的活动度为 2。

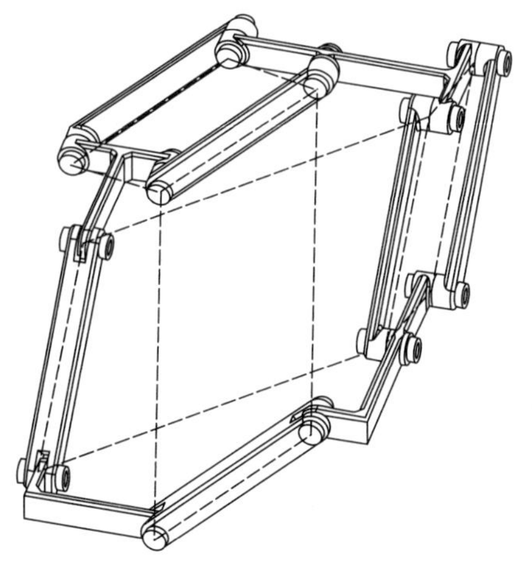

图 3–6　**Queer-square** 机构的分岔运动分支 I

类似地, 可以得到式 (3–43) 至式 (3–47) 中其他五个线性无关解所满足的几何约束条件, 进而识别相应的分岔运动分支, 表 3–1 给出了 Queer-square 机构所有分岔运动分支及其对应的不同几何约束条件。

表 3–1　**Queer-square** 机构的六个分岔运动分支

分岔运动分支	几何约束条件	运动行为	CAD 模型
I	$\begin{cases} \omega_3+\omega_4=0 \\ \omega_7+\omega_8=0 \\ \omega_1\omega_2-\omega_7\omega_8=0 \\ \omega_5\omega_6-\omega_{11}\omega_{12}=0 \end{cases}$	环路 II 和 III 是平行四边形。同时, 转动副 A、B、G 和 H 与转动副 C、D、K 和 L 形成两个隐含的平行四边形。该机构具有两个分别沿 x 轴和 z 轴平移的活动度	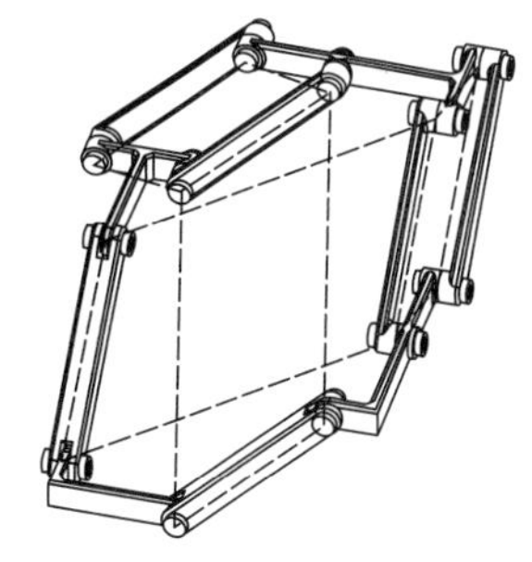
II	$\begin{cases} \omega_3+\omega_4=0 \\ \omega_7+\omega_8=0 \\ \omega_1-\omega_{12}=0 \end{cases}$	环路 II 和 III 是平行四边形, 但机构中不存在隐含的平行四边形。该机构具有一个在 O-xy 平面内平移的活动度	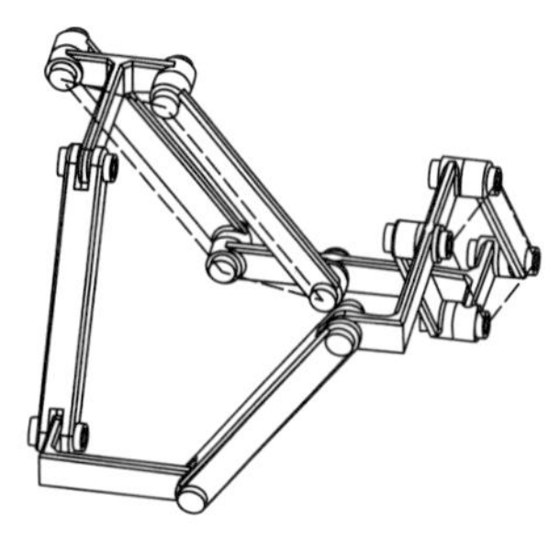

续表

分岔运动分支	几何约束条件	运动行为	CAD 模型
Ⅲ	$\begin{cases}\omega_3+\omega_4=0\\\omega_7+\omega_8\neq 0\\\omega_1\omega_2-\omega_7\omega_8=0\end{cases}$	环路 Ⅱ 是平行四边形, 而环路Ⅲ是反平行四边形。同时, 转动副 A、B、G 和 H 形成一个隐含的平行四边形。该机构具有一个沿 x 轴做螺旋运动的活动度	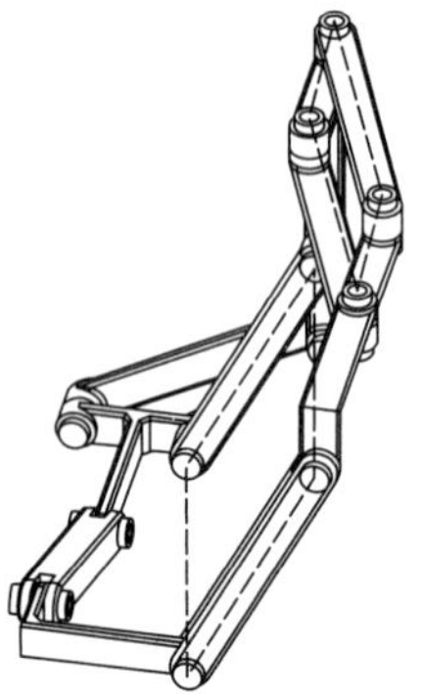
Ⅳ	$\begin{cases}\omega_3+\omega_4=0\\\omega_7+\omega_8\neq 0\\\omega_1\omega_2-\omega_7\omega_8\neq 0\end{cases}$	环路 Ⅱ 是平行四边形, 而环路Ⅲ是反平行四边形。同时, 该机构中不存在隐含的平行四边形。该机构具有一个与分岔运动分支 Ⅲ 不同的沿 x 轴做螺旋运动的活动度	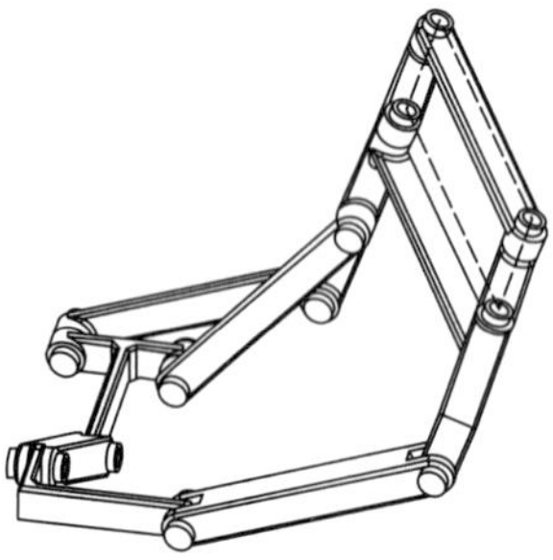
Ⅴ	$\begin{cases}\omega_3+\omega_4\neq 0\\\omega_7+\omega_8=0\\\omega_5\omega_6-\omega_{11}\omega_{12}\neq 0\end{cases}$	环路 Ⅱ 是反平行四边形,而环路Ⅲ是平行四边形。同时, 该机构中不存在隐含的平行四边形。该机构具有一个沿 y 轴做螺旋运动的活动度	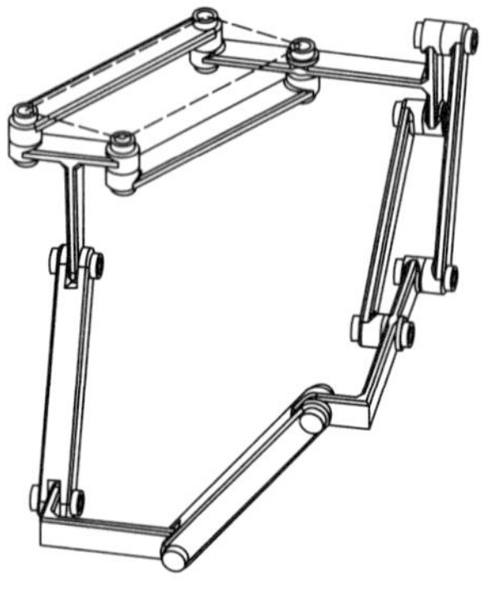
Ⅵ	$\begin{cases}\omega_3+\omega_4\neq 0\\\omega_7+\omega_8=0\\\omega_5\omega_6-\omega_{11}\omega_{12}=0\end{cases}$	环路 Ⅱ 是反平行四边形, 而环路Ⅲ是平行四边形。同时, 转动副 C、D、K 和 L 形成一个隐含的平行四边形。该机构具有一个与分岔运动分支 Ⅴ 不同的沿 y 轴做螺旋运动的活动度	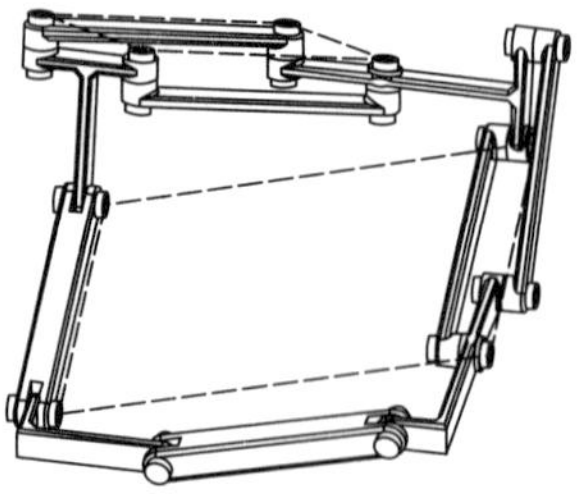

至此, 通过对 Queer-square 机构在奇异构态下的一阶和二阶运动学约束方程及其几何约束特征的分析, 得到了与线性无关解一一对应的六个分岔运动分支及其几何约束条件, 并用 CAD 模型进行了验证。

3.1.4 重构识别的初始构态空间

在式 (3–42) 至式 (3–47) 的六个线性无关解中, 角速度 ω_{3i} 可以用关节变量 ω_1 或者 ω_{12} 表示如下

$$\omega_{3i}=\begin{cases}-\omega_{12}, & i=\mathrm{I}\\ \omega_1, & i=\mathrm{II}\\ -\dfrac{2l_1-l_2}{2l_1+4l_2}\omega_1, & i=\mathrm{III}\\ \dfrac{4l_1^2-l_2^2}{4(l_1+l_2)(3l_1+l_2)}\omega_1, & i=\mathrm{IV}\\ -\dfrac{2l_1}{2l_1+l_2}\omega_1, & i=\mathrm{V}\\ \dfrac{4l_1^2+4l_1l_2}{4l_1^2-l_2^2}\omega_1, & i=\mathrm{VI}\end{cases}\tag{3–49}$$

式中, 下标 i 表示第 i 个分岔运动分支。式 (3–49) 中 ω_{3i} 也可以换成其他的角速度, 只要能区分六条不同的分岔运动分支即可, 因此此处选择 ω_3 不失一般性。进而, 可以得到如图 3–7 所示的 ω_{3i} 与关节变量 ω_1 和 ω_{12} 的关系曲线, 即 Queer-square 机构重构识别的初始构态空间。

在图 3–7 中, 灰实线平面表示具有两个分别沿图 3–2 所示的 x 轴和 z 轴平移的活动度的分岔运动分支 I; 黑实线表示具有一个在图 3–2 所示的 O-xy 平面内平移的活动度的分岔运动分支 II; 两条黑虚线分别表示具有一个沿 x 轴做螺旋运动的活动度的分岔运动分支 III 和分岔运动分支 IV; 两条黑点划线分别表示具有一个沿 y 轴做螺旋运动的活动度的分岔运动分支 V 和分岔运动分支 VI。所有表示分岔运动分支的直线和平面都相交于一点, 这一点就是 Queer-square 机构的奇异构态, 即该机构六条不同的分岔运动分支在该奇异构态处可以实现相互转换。这也是 Queer-square 机构被认为是一种多分岔可重构机构的原因所在。

通过联立一阶和二阶运动学约束方程并结合 Queer-square 机构特有的几何特征, 识别了该机构六条不同的分岔运动分支, 给出了每一条分岔运动分支相应的几何约束条件, 旨在以 Queer-square 机构为例来阐述多环可重构机构的重构识别过程。同时, 验证了引入双线性型的表达形式可以有效地简化这些约束方程的复杂性, 进而更容易求解这些约束方程并发现其线性无关解与该机构的几何约束条件之

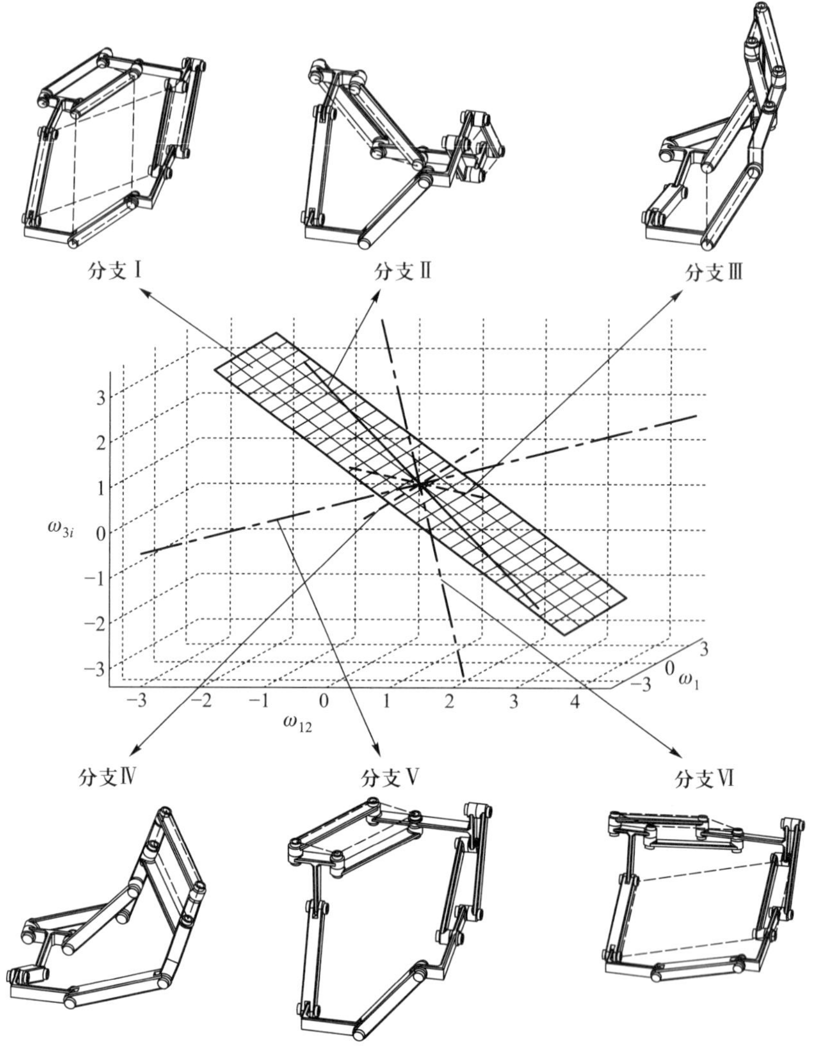

图 **3–7** **Queer-square** 机构重构识别的初始构态空间

间的对应关系。此外，通过与前人的研究对比，说明了利用一阶和二阶运动学约束方程进行多环可重构机构的重构识别，不仅可以有效地识别出所有的分岔运动分支，还可以降低求解过程的复杂性。

3.2 闭环机构二阶运动学约束方程的矩阵分析

为揭示变胞机构在奇异位形处的分岔机理以及活动度变化情况，一般需要高阶运动学约束方程的局部分析。虽然基于旋量坐标中的李运算可以得到任意阶封闭形式运动学约束方程，但是，目前高阶约束表达式仍然十分复杂，缺少更为简洁的矩阵形式方程。此外，局部活动度阶数是一个只与高阶方程解的存在性相关的问题, 而目前局部活动度的分析仍然依赖于高阶约束方程的求解。吴立恒等基于旋量理论与多环机构运动学拓扑图矩阵表示得到了机构只存在一阶活动度的矩阵判定条件 (Wu 等, 2018, 2020) 。

本节基于拓扑图表示与旋量理论给出了任意多闭环一阶与二阶运动学矩阵表达式, 当雅可比矩阵存在左零空间解——闭环机构自应力时, 将一阶和二阶约束方程进一步合并为一组二次型方程。此外, 该二次型矩阵函数在物理意义上是自应力在机构模态上做的功, 且正定的二次型表示结构预应力稳定。关于结构预应力稳定性的定义见 Connelly 和 Whiteley (1996) 关于铰接结构数学刚性的研究。我们知道, 高阶运动学分析可以用于奇异性分析, 例如 López-Custodio 等利用高阶约束方法分析了可重构机构运动分岔问题 (López-Custodio 等, 2019; Kang 等, 2019)。因此, 本节方法也为运动分岔的二阶分析提供了一个统一的旋量分析表达式。

3.2.1 多环机构运动学拓扑图的矩阵表示

多环机构运动学分析只需建立在拓扑独立环路的基础上, 因此在运动学分析之前需进行拓扑分析。此外, 多环机构高阶约束方程的矩阵表达需要运动学拓扑图的矩阵表示。因此本节首先给出多环机构运动学拓扑图的矩阵表示。这里引入两种拓扑图表示: 第一类拓扑图表示是环路矩阵, 它表示多环机构各个关节相对基本环路的包含关系; 第二类拓扑图表示是关节次序矩阵, 它表示各个关节在基本环路中的次序关系。第一类拓扑图表示矩阵已由 Davies (1981) 用于一阶运动学与静力学中。第二类拓扑图表示是本书新引入的, 它将用于构造多环机构二阶运动学矩阵方程。

基于此, 首先引入多环机构的拓扑图表示 $\Gamma(B, J)$, 定义顶点集合 B 表示刚体或连杆, 边集合 J 表示关节。所有的顶点集合 B 与边集合 J 分别用从 1 到 n 的自然数进行编号。图 3–8 展示了一个有两个环路的闭环机构及其方向图, 其中顶点集合 B (顶点或者连杆) 用带圆圈的数字进行编号。

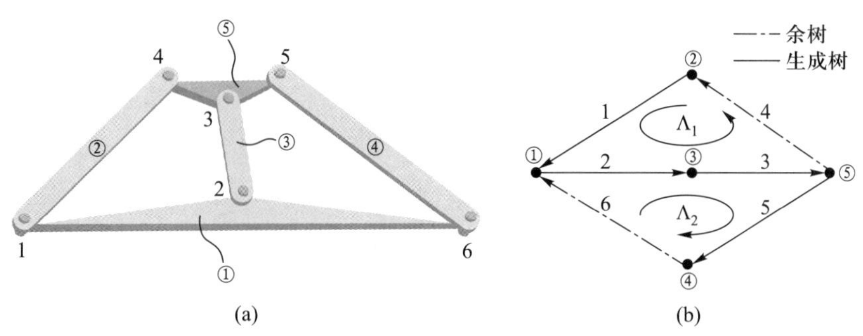

图 **3–8** 一个双环机构 **(a)** 及其方向图 **(b)**

3.2.1.1 基本环路的环路矩阵

当引入拓扑图 $\Gamma(B,J)$ 后，就可以使用生成树与余树来确定基本环路。一个基本环路是一个仅包含一个余树的封闭路径。对于平面连通图，基本环路的数目可根据欧拉公式 $\gamma=|J|-|B|+1$ 计算得到，其中 $|J|=n$ 表示关节数目，$|B|$ 表示连杆数目。记第 k 个基本环路为 $\Lambda_k\,(k=1,\cdots,\gamma)$，第 i 个关节属于第 k 个基本环路记为 $J_i\in\Lambda_k$。对拓扑图中的边引入方向以表示相邻两个杆之间的相对运动方向。此处选取环路中余树的方向为基本环路的方向。由于图的生成树不唯一，基本环路也不唯一。图 3–8 (b) 中环路 Λ_1 与 Λ_2 的方向分别由余树 J_4 与 J_6 确定。

引入环路矩阵 $\boldsymbol{B}$ 来表示各个边与基本环路的相对方向关系，定义矩阵元素 $B(k,j)$ 为

$$B(k,j)=\begin{cases}1, & 若J_j与\Lambda_k方向相同,\\ -1, & 若J_j与\Lambda_k方向相反,\\ 0, & 若J_j\notin\Lambda_k,\end{cases}\quad\begin{pmatrix}k=1,2,\cdots,\gamma\\ j=1,2,\cdots,n\end{pmatrix}\tag{3–50}$$

根据这个定义，图 3–8 (b) 的方向图的环路矩阵可表示为

$$\begin{array}{c} \quad\;\; J_1\;\; J_2\;\; J_3\;\; J_4\;\; J_5\;\; J_6 \\ \boldsymbol{B}=\begin{pmatrix}1&1&1&1&0&0\\0&1&1&0&1&1\end{pmatrix}\begin{matrix}\Lambda_1\\ \Lambda_2\end{matrix}\end{array}\tag{3–51}$$

3.2.1.2 基本环路的次序矩阵

环路矩阵对建立基于旋量坐标的多环机构一阶运动学方程是充分的，但对二阶约束是不充分的，这是因为基于旋量坐标的二阶运动学涉及旋量的李运算，而旋量的李运算不可交换，这样在二阶运动学分析之前就需要先知道各个关节在基本环路中的相对顺序。因此下文引入表征基本环路各个边 (关节) 相对顺序关系的次序矩阵 $\boldsymbol{\varDelta}$。当在一个基本环路中取定一个关节为根关节之后，环路中的其他各个关节的相对次序可以以基本环路方向为参考方向来确定。如果关节 J_i 相对关节 J_j 关于所在基本环路的方向更靠近根关节，则这两个关节的顺序定义为 $J_i<_kJ_j$，或者简记为 $i<_kj$，这样就导出一个边 (关节) 的次序序列，Müller (2015) 将其表示为

$$i_1<_ki_2<_k\cdots<_ki_j\quad(i_1,i_2,\cdots,i_j\in\Lambda_k)\tag{3–52}$$

式中，i_1 指的是根关节；i_j 指的是终端关节。上述次序序列可由次序矩阵表示。定义第 k 个基本环路 $\Lambda_k\,(k=1,\cdots,\gamma)$ 的次序矩阵 $\boldsymbol{\varDelta}_k$ 为一个 $n\times n$ 数组，其元素定义为

$$\varDelta_k(i,j)=\begin{cases}1, & \text{若 } i<_k j,\\ -1, & \text{若 } i>_k j,\\ 0, & \text{若 } i=j, J_i, J_j\notin \Lambda_k,\end{cases}\quad \begin{pmatrix}k=1,2,\cdots,\gamma\\ i,j=1,2,\cdots,n\end{pmatrix} \tag{3-53}$$

对于图 3–8 (b) 的有向图, 其两个基本环路的次序序列为

$$\begin{aligned}&\Lambda_1: 1<_1 2<_1 3<_1 4\\ &\Lambda_2: 2<_2 3<_2 5<_2 6\end{aligned} \tag{3-54}$$

其中关节 J_1 与 J_2 分别为相对两个基本环路的根关节。对应基本环路 Λ_1 与 Λ_2 的次序矩阵为

$$\begin{aligned}&\boldsymbol{\varDelta}_1=\begin{array}{c}\begin{matrix}J_1 & J_2 & J_3 & J_4 & J_5 & J_6\end{matrix}\\ \begin{pmatrix}0 & 1 & 1 & 1 & 0 & 0\\ -1 & 0 & 1 & 1 & 0 & 0\\ -1 & -1 & 0 & 1 & 0 & 0\\ -1 & -1 & -1 & 0 & 0 & 0\\ 0 & 0 & 0 & 0 & 0 & 0\\ 0 & 0 & 0 & 0 & 0 & 0\end{pmatrix}\end{array}\begin{matrix}J_1\\ J_2\\ J_3\\ J_4\\ J_5\\ J_6\end{matrix}\\ &\boldsymbol{\varDelta}_2=\begin{array}{c}\begin{matrix}J_1 & J_2 & J_3 & J_4 & J_5 & J_6\end{matrix}\\ \begin{pmatrix}0 & 0 & 0 & 0 & 0 & 0\\ 0 & 0 & 1 & 0 & 1 & 1\\ 0 & -1 & 0 & 0 & 1 & 1\\ 0 & 0 & 0 & 0 & 0 & 0\\ 0 & -1 & -1 & 0 & 0 & 1\\ 0 & -1 & -1 & 0 & -1 & 0\end{pmatrix}\end{array}\begin{matrix}J_1\\ J_2\\ J_3\\ J_4\\ J_5\\ J_6\end{matrix}\end{aligned} \tag{3-55}$$

可以看出, 这两个矩阵都是反对称矩阵。

由于单环机构可以看作只有一个基本环路的多环机构, 它的环路矩阵与次序矩阵表示十分简单, 可以写为统一表达式。单环机构的环路矩阵只有一行, 而次序矩阵只有一“页”, 分别表示如下

$$\boldsymbol{B}=(1,1,\cdots,1)\in\{1\}^n \tag{3-56}$$

$$\boldsymbol{\varDelta}=\begin{pmatrix}0 & 1 & \cdots & 1 & 1\\ -1 & 0 & 1 & \vdots & 1\\ \vdots & -1 & 0 & 1 & \vdots\\ -1 & \vdots & -1 & 0 & 1\\ -1 & -1 & \cdots & -1 & 0\end{pmatrix}\in\{-1,0,1\}^{n\times n} \tag{3-57}$$

3.2.2 单环机构二阶运动学约束方程的矩阵分析

单环机构矩阵形式的一阶与二阶运动学约束可以直接根据旋量理论得到, 无需拓扑图表示矩阵。本节首先建立单环机构矩阵形式的一阶与二阶运动学方程, 然后根据一阶约束方程的雅可比矩阵的左零空间解与右零空间解将二阶约束方程简化为一组二次型方程组。这样闭环机构奇异性研究就归结于对这一组二次型的分析, 矩阵理论可以用于研究该二次型方程的解的性质。

3.2.2.1 一阶运动学约束方程的矩阵分析与雅可比矩阵

为不失一般性, 这里假定连杆机构是由单自由度低副构成的体系 (多自由度关节可以看作由单自由度关节串联而成) 。第 i 个关节变量 (角位移、线位移) 记作 q_i, 并从基座开始用自然数 $i=1,\cdots,n$ 依次编号。所有关节变量依次排列合写成一个矢量 $\boldsymbol{q}=(q_1,q_2,\cdots,q_n)^{\mathrm{T}}\in\mathbb{V}^n$。记关节 i 的旋量坐标为 $\boldsymbol{\xi}_i=(\boldsymbol{\omega}_i,\boldsymbol{v}_i)$。对于单环机构, 其一阶约束可以用雅可比矩阵 $\boldsymbol{J}$ 表示为

$$\boldsymbol{J}(\boldsymbol{q})\,\dot{\boldsymbol{q}}=\mathbf{0} \tag{3–58}$$

式中, $\dot{\boldsymbol{q}}$ 为关节变量的一阶时间导数。雅可比矩阵的列向量为各个关节的旋量坐标

$$\boldsymbol{J}=(\boldsymbol{\xi}_1,\boldsymbol{\xi}_2,\cdots,\boldsymbol{\xi}_n) \tag{3–59}$$

雅可比矩阵 $\boldsymbol{J}$ 的右零空间表示闭环机构的一阶运动

$$\dot{\boldsymbol{q}}=\boldsymbol{N}\boldsymbol{\alpha}=\sum_{j=1}^{N^{\mathrm{m}}}\alpha_j\boldsymbol{N}_j \tag{3–60}$$

式中, $\boldsymbol{N}$ 的各列 $\boldsymbol{N}_j\,(j=1,2,\cdots,N^{\mathrm{m}})$ 由 $\boldsymbol{J}$ 的零空间的基矢量构成; $\boldsymbol{N}_j$ 的数量 N^{m} 代表了一阶活动度; $\boldsymbol{\alpha}=(\alpha_1,\alpha_2,\cdots,\alpha_{N^{\mathrm{m}}})$ 为一阶运动的常系数向量。

雅可比矩阵 $\boldsymbol{J}$ 的左零空间与关节旋量空间互易, 属于机构的力约束空间, 关于力约束旋量参见戴建生等专著 (戴建生, 2014a, 2014b; Muarry, 1994) 。此外, 闭环机构的过约束度也由雅可比矩阵左零空间决定。由于机构学中过约束与结构工程中静不定性等价, 一个静不定结构在无外力作用情况下仍存在自应力。基于此, 本节称雅可比矩阵的左零空间为自应力旋量空间, 并且用余旋量坐标 $\boldsymbol{F}=(\boldsymbol{m},\boldsymbol{f})$ 来表示。余旋量又称轴线形式旋量, 相比射线坐标形式的旋量坐标, 其坐标的主部与副部顺序相反。记 $\boldsymbol{J}$ 的左零空间维数 dim $(\boldsymbol{J}^{\mathrm{T}})$ 为 N^{s}, 该维数也是机构的过约束数目。这样任意一般的自应力旋量可表示为

$$\boldsymbol{F}=\boldsymbol{S}\boldsymbol{\beta}=\sum_{j=1}^{N^{\mathrm{s}}}\beta_j\boldsymbol{S}_j \tag{3–61}$$

式中, 矩阵 $\boldsymbol{S}$ 的各列元素由雅可比矩阵左零空间基向量构成, 记 $\boldsymbol{S}_j$ 为其第 j 列或者第 j 个独立自应力旋量基矢量; $\boldsymbol{\beta}=(\beta_1,\beta_2,\cdots,\beta_{N^{\mathrm{s}}})$ 表示常系数向量。

3.2.2.2 二阶运动学约束方程与黑塞矩阵

对一阶约束 (3–58) 进行求导得到单环机构的二阶运动学约束方程为

$$\boldsymbol{J}\ddot{\boldsymbol{q}} + \dot{\boldsymbol{J}}\dot{\boldsymbol{q}} = \boldsymbol{0} \tag{3–62}$$

式中, $\ddot{\boldsymbol{q}}$ 表示关节变量的二阶时间导数; $\dot{\boldsymbol{J}} = \left(\dot{\boldsymbol{\xi}}_1, \dot{\boldsymbol{\xi}}_2, \cdots, \dot{\boldsymbol{\xi}}_n\right)$ 由旋量坐标的时间导数构成。旋量坐标的时间导数可以由旋量的李运算 (又称为旋量李括号、旋量积) 得到。旋量李运算的结果仍为旋量, 其定义如下

$$\boldsymbol{\xi}_1 \times \boldsymbol{\xi}_2 = \begin{pmatrix} \boldsymbol{\omega}_1 \times \boldsymbol{\omega}_2 \\ \boldsymbol{\omega}_1 \times \boldsymbol{v}_2 + \boldsymbol{v}_1 \times \boldsymbol{\omega}_2 \end{pmatrix} \tag{3–63}$$

旋量的李运算表示关节轴线微分运动。对于开环机构, 一个关节的旋量坐标的运动只取决于比该关节更靠近基座的旋量坐标的变化, 也就是说 (Müller, 2016)

$$\frac{\mathrm{d}\boldsymbol{\xi}_j}{\mathrm{d}t} = \sum_{i \leqslant j} \frac{\partial \boldsymbol{\xi}_j}{\partial q_i}\dot{q}_i = \sum_{i \leqslant j} \dot{q}_i \left(\boldsymbol{\xi}_i \times \boldsymbol{\xi}_j\right) \quad (i, j = 1, 2, \cdots, n) \tag{3–64}$$

将式 (3–64) 代入 $\dot{\boldsymbol{J}}\dot{\boldsymbol{q}}$ 得到

$$\begin{aligned}
\dot{\boldsymbol{J}}\dot{\boldsymbol{q}} &= \left(\dot{\boldsymbol{\xi}}_1, \dot{\boldsymbol{\xi}}_2, \cdots, \dot{\boldsymbol{\xi}}_n\right)\dot{\boldsymbol{q}} \\
&= \left(\dot{q}_1(\boldsymbol{\xi}_1 \times \boldsymbol{\xi}_1), \sum_{i=1}^{2} \dot{q}_i(\boldsymbol{\xi}_i \times \boldsymbol{\xi}_2), \cdots, \sum_{i=1}^{n} \dot{q}_i(\boldsymbol{\xi}_i \times \boldsymbol{\xi}_n)\right)\dot{\boldsymbol{q}} \\
&= \left(\left(\dot{q}_1,\ \dot{q}_2,\ \cdots,\ \dot{q}_n\right) \otimes \boldsymbol{I}_6\right) \begin{pmatrix} \boldsymbol{\xi}_1 \times \boldsymbol{\xi}_1 & \boldsymbol{\xi}_1 \times \boldsymbol{\xi}_2 & \cdots & \boldsymbol{\xi}_1 \times \boldsymbol{\xi}_n \\ \boldsymbol{0} & \boldsymbol{\xi}_2 \times \boldsymbol{\xi}_2 & \cdots & \boldsymbol{\xi}_2 \times \boldsymbol{\xi}_n \\ \vdots & \vdots & & \vdots \\ \boldsymbol{0} & \boldsymbol{0} & \cdots & \boldsymbol{\xi}_n \times \boldsymbol{\xi}_n \end{pmatrix} \dot{\boldsymbol{q}} \\
&= \frac{1}{2}\left(\dot{\boldsymbol{q}}^{\mathrm{T}} \otimes \boldsymbol{I}_6\right)\boldsymbol{H}\dot{\boldsymbol{q}}
\end{aligned} \tag{3–65}$$

式中, $\boldsymbol{I}_6$ 是 6×6 恒等矩阵; 符号 “$\otimes$” 是 Kronecker 张量积; $\boldsymbol{H}$ 为单环机构旋量坐标的黑塞矩阵

$$\boldsymbol{H} = \begin{pmatrix} \boldsymbol{\xi}_1 \times \boldsymbol{\xi}_1 & \boldsymbol{\xi}_1 \times \boldsymbol{\xi}_2 & \cdots & \boldsymbol{\xi}_1 \times \boldsymbol{\xi}_n \\ \boldsymbol{\xi}_1 \times \boldsymbol{\xi}_2 & \boldsymbol{\xi}_2 \times \boldsymbol{\xi}_2 & \cdots & \boldsymbol{\xi}_2 \times \boldsymbol{\xi}_n \\ \vdots & \vdots & & \vdots \\ \boldsymbol{\xi}_1 \times \boldsymbol{\xi}_n & \boldsymbol{\xi}_2 \times \boldsymbol{\xi}_n & \cdots & \boldsymbol{\xi}_n \times \boldsymbol{\xi}_n \end{pmatrix} \tag{3–66}$$

因此, 二阶运动学约束方程 (3–62) 就可以表达成

$$\boldsymbol{J}\ddot{\boldsymbol{q}} + \frac{1}{2}\left(\dot{\boldsymbol{q}}^{\mathrm{T}} \otimes \boldsymbol{I}_6\right)\boldsymbol{H}\dot{\boldsymbol{q}} = \boldsymbol{0} \tag{3–67}$$

这里值得一提的是, 如果式 (3–65) 或式 (3–67) 采用 Cheng (2001) 所谓的半张量积运算, 其中的恒等矩阵 $\boldsymbol{I}_6$ 可以省略掉。

3.2.2.3 简化的二次型矩阵

当雅可比矩阵存在左零解，此时机构存在自应力旋量，前文得到的一阶与二阶约束方程可以合并为一组二次型方程。将余旋量式 (3–61) 转置，并左乘矩阵方程 (3–62)，则式 (3–62) 第一部分消失，只剩下第二部分。第二部分可以做如下因式分解

$$\boldsymbol{F}^{\mathrm{T}}\dot{\boldsymbol{J}}\dot{\boldsymbol{q}} = \sum_{j=1}^{N^{\mathrm{s}}}\beta_j\boldsymbol{S}_j^{\mathrm{T}}\left(\dot{q}_1(\boldsymbol{\xi}_1\times\boldsymbol{\xi}_1), \sum_{i=1}^{2}\dot{q}_i(\boldsymbol{\xi}_i\times\boldsymbol{\xi}_2), \cdots, \sum_{i=1}^{n}\dot{q}_i(\boldsymbol{\xi}_i\times\boldsymbol{\xi}_n)\right)\dot{\boldsymbol{q}}$$
$$= \frac{1}{2}\dot{\boldsymbol{q}}^{\mathrm{T}}\boldsymbol{K}_{\mathrm{G}}\dot{\boldsymbol{q}} \tag{3–68}$$

式中，

$$\boldsymbol{K}_{\mathrm{G}} = \sum_{j=1}^{N^{\mathrm{s}}}\beta_j\boldsymbol{K}_{\mathrm{G}}^{j} \tag{3–69}$$

且

$$\boldsymbol{K}_{\mathrm{G}}^{j} = \begin{pmatrix} (\boldsymbol{\xi}_1\times\boldsymbol{\xi}_1)\cdot\boldsymbol{S}_j & (\boldsymbol{\xi}_1\times\boldsymbol{\xi}_2)\cdot\boldsymbol{S}_j & \cdots & (\boldsymbol{\xi}_1\times\boldsymbol{\xi}_n)\cdot\boldsymbol{S}_j \\ (\boldsymbol{\xi}_1\times\boldsymbol{\xi}_2)\cdot\boldsymbol{S}_j & (\boldsymbol{\xi}_2\times\boldsymbol{\xi}_2)\cdot\boldsymbol{S}_j & \cdots & (\boldsymbol{\xi}_2\times\boldsymbol{\xi}_n)\cdot\boldsymbol{S}_j \\ \vdots & \vdots & & \vdots \\ (\boldsymbol{\xi}_1\times\boldsymbol{\xi}_n)\cdot\boldsymbol{S}_j & (\boldsymbol{\xi}_2\times\boldsymbol{\xi}_n)\cdot\boldsymbol{S}_j & \cdots & (\boldsymbol{\xi}_n\times\boldsymbol{\xi}_n)\cdot\boldsymbol{S}_j \end{pmatrix} \tag{3–70}$$

符号 “·” 是旋量 $\boldsymbol{\xi}$ 与余旋量 $\boldsymbol{F}$ 的标量积，定义为

$$\boldsymbol{\xi}\cdot\boldsymbol{F} = \boldsymbol{\xi}^{\mathrm{T}}\boldsymbol{F} = \boldsymbol{\omega}^{\mathrm{T}}\boldsymbol{m} + \boldsymbol{v}^{\mathrm{T}}\boldsymbol{f} \tag{3–71}$$

由于矩阵 $\boldsymbol{K}_{\mathrm{G}}$ 的元素都是关于旋量与余旋量的混合积，又称为 von Mises 标量积，参见戴建生专著中的论述 (戴建生, 2014a, 2014b; Murray 等, 1994) 。因此，$\boldsymbol{K}_{\mathrm{G}}\in\mathbb{R}^{n\times n}$ 是对角元素为零的对称矩阵。于是，方程 (3–62) 化简为下面的二次型方程

$$\frac{1}{2}\dot{\boldsymbol{q}}^{\mathrm{T}}\boldsymbol{K}_{\mathrm{G}}\dot{\boldsymbol{q}} = \boldsymbol{0} \tag{3–72}$$

注释 3.1 式 (3–70) 中旋量李运算表示机构位形变化，而旋量与余旋量的标量积表示机构自应力旋量在关节运动中做的瞬时功，因此具有刚度的含义。矩阵 $\boldsymbol{K}_{\mathrm{G}}$ 与结构工程中几何刚度矩阵类似，如 Guest (2006) 所述，结构的几何刚度来自结构内部的自应力作用，而与结构材料常数无关，这就是本文采用 $\boldsymbol{K}_{\mathrm{G}}$ 这个符号的原因。

将方程 (3–72) 中的速度矢量 $\dot{\boldsymbol{q}}$ 用式 (3–60) 的一阶运动 $\dot{\boldsymbol{q}} = \boldsymbol{N}\boldsymbol{\alpha}$ 来代替，这样就得到一个简化的二次型方程

$$\boldsymbol{\alpha}^{\mathrm{T}}\boldsymbol{Q}\boldsymbol{\alpha} = \boldsymbol{0} \tag{3–73}$$

式中,

$$\boldsymbol{Q}=\sum_{j=1}^{N^{\mathrm{s}}}\beta_j\boldsymbol{Q}_j,\quad \boldsymbol{Q}_j=\frac{1}{2}\boldsymbol{N}^{\mathrm{T}}\boldsymbol{K}_{\mathrm{G}}^{j}\boldsymbol{N} \tag{3–74}$$

由于方程 (3–73) 的解与常系数 $\beta_j\,(j=1,2,\cdots,N^{\mathrm{s}})$ 无关, 因此二次型方程 (3–73) 可等价于关于未知量 $\boldsymbol{\alpha}$ 简约方程组

$$\boldsymbol{\alpha}^{\mathrm{T}}\boldsymbol{Q}_j\boldsymbol{\alpha}=\mathbf{0}\quad (j=1,2,\cdots,N^{\mathrm{s}}) \tag{3–75}$$

注释 3.2 一阶与二阶运动学约束方程最终简化成 N^{s} 个二次型方程 (3–75)。闭环机构局部活动度分析涉及高阶约束分析, 二阶活动度的判定需要二阶约束分析。因此, 在判定二阶活动度是否可以发展为高阶活动度时就归结于方程 (3–75) 是否存在非零解。如果方程 (3–73) 或方程 (3–75) 只有零解, 相应机构是只有一阶活动度的结构, 否则就有至少二阶的活动度。根据矩阵理论可知, 如果存在一组自应力旋量基矢量使式 (3–73) 二次型 $\boldsymbol{Q}$ 符号确定, 则该方程只有零解, 因此相应机构为只有一阶无穷小活动度的结构, 因此可以通过判定 $\boldsymbol{Q}$ 的正定性来初步判断相应机构的局部活动性质, 而不必求解原二阶约束方程。此外, 由结构力学可知, 该二次型矩阵表示预应力沿机构模态做的功, 二次型正定表明预应力刚化相应的机构模态, 这种现象又称为预应力稳定性 (Connelly 和 Whiteley, 1996)。当二次型 $\boldsymbol{Q}$ 符号不定时, 相应机构很可能在当前位形发生分岔, 需要进一步证明。

3.2.3 多环机构二阶运动学约束方程的矩阵分析

基于多环机构拓扑图的矩阵表示, 单环机构的一阶与二阶运动学约束方程的矩阵分析方法可以拓展到多环机构。

3.2.3.1 一阶约束方程的矩阵分析

多环机构的一阶约束雅可比矩阵仍然可以表达成 $\boldsymbol{J}(\boldsymbol{q})\,\dot{\boldsymbol{q}}=\mathbf{0}$ 形式, 其中雅可比矩阵 $\boldsymbol{J}$ 构造如下

$$\begin{aligned}\boldsymbol{J}&=(\boldsymbol{B}\otimes\boldsymbol{I}_6)\,\mathrm{diag}\,(\boldsymbol{\xi}_1,\boldsymbol{\xi}_2,\cdots,\boldsymbol{\xi}_n)\\&=\left(\left(\boldsymbol{B}^{\mathrm{T}}\right)_1\otimes\boldsymbol{\xi}_1,\left(\boldsymbol{B}^{\mathrm{T}}\right)_2\otimes\boldsymbol{\xi}_2,\cdots,\left(\boldsymbol{B}^{\mathrm{T}}\right)_i\otimes\boldsymbol{\xi}_i,\cdots,\left(\boldsymbol{B}^{\mathrm{T}}\right)_n\otimes\boldsymbol{\xi}_n\right)\end{aligned} \tag{3–76}$$

式中, $\boldsymbol{B}$ 为式 (3–50) 的环路矩阵; $(\boldsymbol{B}^{\mathrm{T}})_i$ 表示 $\boldsymbol{B}^{\mathrm{T}}$ 的第 i 行或者矩阵 $\boldsymbol{B}$ 第 i 列。环路矩阵在这里的功能如同一个筛选函数, 它将同一基本环路的旋量坐标放置在一个约束方程中。很明显, 对于多环机构, 矩阵 $\boldsymbol{J}\in\mathbb{R}^{6\gamma\times n}$, 其中, γ 表示基本环路数, n 表示机构的关节总数。

与单环机构一样, 多环机构雅可比矩阵的右零空间即一阶运动表示为

$$\dot{\boldsymbol{q}}=\boldsymbol{N}\boldsymbol{\alpha} \tag{3–77}$$

式中, $\boldsymbol{N}$ 为一阶运动基矢量矩阵。其左零空间解即自应力旋量也表示为 $\boldsymbol{F}=\boldsymbol{S\beta}$。然而, 多环机构左零空间解的基矢量维数满足 $\boldsymbol{S}_j\in\mathbb{R}^{6\gamma\times n}$, 因此该基向量可进一步分解为 γ 个子块列矩阵, 即

$$\boldsymbol{S}_j=\left(\boldsymbol{s}_{j1}^{\mathrm{T}},\boldsymbol{s}_{j2}^{\mathrm{T}},\cdots,\boldsymbol{s}_{j\gamma}^{\mathrm{T}}\right)^{\mathrm{T}}\quad(j=1,2,\cdots,N^{\mathrm{s}})\tag{3-78}$$

式中, $\boldsymbol{s}_{jk}\in\mathbb{R}^6\,(k=1,2,\cdots,\gamma)$ 表示第 k 个基本环路的第 j 个自应力旋量基矢量。

3.2.3.2 二阶约束方程与黑塞矩阵

对多环机构一阶约束进行求导得到其二阶约束方程, 推导如下。首先将多环机构环路矩阵 $\boldsymbol{B}$ 的元素记为符号 $b_{kj}\,(k=1,\cdots,\gamma;j=1,\cdots,n)$, 将式 (3–53) 表示第 k 个基本环路的次序矩阵 $\boldsymbol{\Delta}_k$ 的元素记为 $\delta_{ijk}\,(i,j=1,\cdots,n;k=1,\cdots,\gamma)$。多环机构二阶约束可写为

$$\boldsymbol{J}\ddot{\boldsymbol{q}}+\dot{\boldsymbol{J}}\dot{\boldsymbol{q}}=\boldsymbol{0}\tag{3-79}$$

等式左边第二部分可以推导如下

$$\begin{aligned}\dot{\boldsymbol{J}}\dot{\boldsymbol{q}}&=\left(\left(\boldsymbol{B}^{\mathrm{T}}\right)_1\otimes\dot{\boldsymbol{\xi}}_1,\left(\boldsymbol{B}^{\mathrm{T}}\right)_2\otimes\dot{\boldsymbol{\xi}}_2,\cdots,\left(\boldsymbol{B}^{\mathrm{T}}\right)_n\otimes\dot{\boldsymbol{\xi}}_n\right)\dot{\boldsymbol{q}}\\&=\begin{pmatrix}\dfrac{{}^1\mathrm{d}\boldsymbol{\xi}_1}{\mathrm{d}t}b_{11}&\dfrac{{}^1\mathrm{d}\boldsymbol{\xi}_2}{\mathrm{d}t}b_{12}&\cdots&\dfrac{{}^1\mathrm{d}\boldsymbol{\xi}_n}{\mathrm{d}t}b_{1n}\\\dfrac{{}^2\mathrm{d}\boldsymbol{\xi}_1}{\mathrm{d}t}b_{21}&\dfrac{{}^2\mathrm{d}\boldsymbol{\xi}_2}{\mathrm{d}t}b_{22}&\cdots&\dfrac{{}^2\mathrm{d}\boldsymbol{\xi}_n}{\mathrm{d}t}b_{2n}\\\vdots&\vdots&&\vdots\\\dfrac{{}^\gamma\mathrm{d}\boldsymbol{\xi}_1}{\mathrm{d}t}b_{\gamma1}&\dfrac{{}^\gamma\mathrm{d}\boldsymbol{\xi}_2}{\mathrm{d}t}b_{\gamma2}&\cdots&\dfrac{{}^\gamma\mathrm{d}\boldsymbol{\xi}_n}{\mathrm{d}t}b_{\gamma n}\end{pmatrix}\dot{\boldsymbol{q}}\end{aligned}\tag{3-80}$$

式中, $\dfrac{{}^k\mathrm{d}\boldsymbol{\xi}_j}{\mathrm{d}t}$ 表示关节 $J_i\in\Lambda_k\,(i=1,2,\cdots,n)$的旋量坐标的时间导数, 可显式表达如下

$$\frac{{}^k\mathrm{d}\boldsymbol{\xi}_j}{\mathrm{d}t}=\sum_{i\leqslant_k j}b_{ki}\frac{\partial\boldsymbol{\xi}_j}{\partial q_i}\dot{q}_i=\sum_{i\leqslant_k j}\dot{q}_i b_{ki}\left(\boldsymbol{\xi}_i\times\boldsymbol{\xi}_j\right)\quad(i,j=1,\cdots,n;k=1,\cdots,\gamma)\tag{3-81}$$

式 (3–81) 表示关节旋量的时间变化只受到所在基本环路前任关节旋量的影响。环路矩阵起到基本环路的筛选功能, 只有同一基本环路上的旋量坐标才被筛选在一起。将式 (3–81) 代入式 (3–80), 得

$$\dot{\boldsymbol{J}}\dot{\boldsymbol{q}}=\begin{pmatrix}\sum\limits_{j\leqslant_1 1}\dot{q}_j b_{1j}(\boldsymbol{\xi}_j\times\boldsymbol{\xi}_1)b_{11} & \sum\limits_{j\leqslant_1 2}\dot{q}_j b_{1j}(\boldsymbol{\xi}_j\times\boldsymbol{\xi}_2)b_{12} & \cdots & \sum\limits_{j\leqslant_1 n}\dot{q}_j b_{1j}(\boldsymbol{\xi}_j\times\boldsymbol{\xi}_n)b_{1n}\\ \sum\limits_{j\leqslant_2 1}\dot{q}_j b_{2j}(\boldsymbol{\xi}_j\times\boldsymbol{\xi}_1)b_{21} & \sum\limits_{j\leqslant_2 2}\dot{q}_j b_{2j}(\boldsymbol{\xi}_j\times\boldsymbol{\xi}_2)b_{22} & \cdots & \sum\limits_{j\leqslant_2 n}\dot{q}_j b_{2j}(\boldsymbol{\xi}_j\times\boldsymbol{\xi}_n)b_{2n}\\ \vdots & \vdots & & \vdots\\ \sum\limits_{j\leqslant_\gamma 1}\dot{q}_j b_{\gamma j}(\boldsymbol{\xi}_j\times\boldsymbol{\xi}_1)b_{\gamma 1} & \sum\limits_{j\leqslant_\gamma 2}\dot{q}_j b_{\gamma j}(\boldsymbol{\xi}_j\times\boldsymbol{\xi}_2)b_{\gamma 2} & \cdots & \sum\limits_{j\leqslant_\gamma n}\dot{q}_j b_{\gamma j}(\boldsymbol{\xi}_j\times\boldsymbol{\xi}_n)b_{\gamma n}\end{pmatrix}\dot{\boldsymbol{q}}$$

$$=\frac{1}{2}\begin{pmatrix}\sum\limits_{j=1}^{n}\dot{q}_j b_{1j}\delta_{j11}(\boldsymbol{\xi}_j\times\boldsymbol{\xi}_1)b_{11} & \sum\limits_{j=1}^{n}\dot{q}_j b_{1j}\delta_{j21}(\boldsymbol{\xi}_j\times\boldsymbol{\xi}_2)b_{12} & \cdots & \sum\limits_{j=1}^{n}\dot{q}_j b_{1j}\delta_{jn1}(\boldsymbol{\xi}_j\times\boldsymbol{\xi}_n)b_{1n}\\ \sum\limits_{j=1}^{n}\dot{q}_j b_{2j}\delta_{j12}(\boldsymbol{\xi}_j\times\boldsymbol{\xi}_1)b_{21} & \sum\limits_{j=1}^{n}\dot{q}_j b_{2j}\delta_{j22}(\boldsymbol{\xi}_j\times\boldsymbol{\xi}_2)b_{22} & \cdots & \sum\limits_{j=1}^{n}\dot{q}_j b_{2j}\delta_{jn2}(\boldsymbol{\xi}_j\times\boldsymbol{\xi}_n)b_{2n}\\ \vdots & \vdots & & \vdots\\ \sum\limits_{j=1}^{n}\dot{q}_j b_{\gamma j}\delta_{j1\gamma}(\boldsymbol{\xi}_j\times\boldsymbol{\xi}_1)b_{\gamma 1} & \sum\limits_{j=1}^{n}\dot{q}_j b_{\gamma j}\delta_{j2\gamma}(\boldsymbol{\xi}_j\times\boldsymbol{\xi}_2)b_{\gamma 2} & \cdots & \sum\limits_{j=1}^{n}\dot{q}_j b_{\gamma j}\delta_{jn\gamma}(\boldsymbol{\xi}_j\times\boldsymbol{\xi}_n)b_{\gamma n}\end{pmatrix}\dot{\boldsymbol{q}}$$

$$=\frac{1}{2}\left(\boldsymbol{I}_\gamma\otimes\left(\dot{\boldsymbol{q}}^{\mathrm{T}}\otimes\boldsymbol{I}_6\right)\right)\begin{pmatrix}\boldsymbol{H}_1\\ \boldsymbol{H}_2\\ \vdots\\ \boldsymbol{H}_\gamma\end{pmatrix}\dot{\boldsymbol{q}} \tag{3–82}$$

这个表达式写成了二次型矩阵形式。式 (3–82) 中的矩阵 $\boldsymbol{I}_\gamma$ 表示维数为 γ 的单位矩阵, 系数 1/2 源于表达式

$$\dot{q}_i b_{ki}\left[\delta_{ijk}(\boldsymbol{\xi}_i\times\boldsymbol{\xi}_j)\right]b_{kj}\dot{q}_j \quad (i,j=1,2,\cdots,n;k=1,2,\cdots,\gamma) \tag{3–83}$$

在式 (3–82) 在后两个等式右侧被计入了两次。此外, 式 (3–82) 或者式 (3–83) 中的次序矩阵 $\boldsymbol{\Delta}_k$ 中的元素 δ_{ijk} 的作用是保证每一个旋量坐标在实际的旋量李运算中被置于它的前任旋量之后。式 (3–82) 最后一个等式中, $\boldsymbol{H}_k\in\mathbb{R}^{6n\times n}\,(k=1,2,\cdots,\gamma)$ 表示第 k 个基本环路二阶约束方程的黑塞矩阵, 它可以显式表达为

$$\boldsymbol{H}_k=\begin{pmatrix}b_{k1}\delta_{11k}b_{k1}(\boldsymbol{\xi}_1\times\boldsymbol{\xi}_1) & b_{k1}\delta_{12k}b_{k2}(\boldsymbol{\xi}_1\times\boldsymbol{\xi}_2) & \cdots & b_{k1}\delta_{1nk}b_{kn}(\boldsymbol{\xi}_1\times\boldsymbol{\xi}_n)\\ b_{k2}\delta_{21k}b_{k1}(\boldsymbol{\xi}_2\times\boldsymbol{\xi}_1) & b_{k2}\delta_{22k}b_{k2}(\boldsymbol{\xi}_2\times\boldsymbol{\xi}_2) & \cdots & b_{k2}\delta_{2nk}b_{kn}(\boldsymbol{\xi}_2\times\boldsymbol{\xi}_n)\\ \vdots & \vdots & & \vdots\\ b_{kn}\delta_{n1k}b_{k1}(\boldsymbol{\xi}_n\times\boldsymbol{\xi}_1) & b_{kn}\delta_{n2k}b_{k2}(\boldsymbol{\xi}_n\times\boldsymbol{\xi}_2) & \cdots & b_{kn}\delta_{nnk}b_{kn}(\boldsymbol{\xi}_n\times\boldsymbol{\xi}_n)\end{pmatrix}\quad (k=1,\cdots,\gamma) \tag{3–84}$$

式 (3–84) 还可以进一步化为更为紧凑的形式

$$\boldsymbol{H}_k=(\mathrm{diag}\,(\boldsymbol{B}_k)\otimes\boldsymbol{I}_6)\left[(\varDelta_k\otimes\boldsymbol{1}_6)\odot\bar{\boldsymbol{H}}\right]\mathrm{diag}\,(\boldsymbol{B}_k)\quad (k=1,2,\cdots,\gamma) \tag{3–85}$$

式中, $\boldsymbol{I}_6=(1,1,1,1,1,1)^{\mathrm{T}}$; 符号 “$\odot$” 是矩阵的 Hadamard 积, 关于 Hadamard 积的定义参见 Horn (2012) 的专著; $\boldsymbol{B}_k$ 是环路矩阵的第 k 行, $\mathrm{diag}(\boldsymbol{B}_k)$ 是它的对

角线形式; 矩阵 $\overline{\boldsymbol{H}}$ 表示如下

$$\overline{\boldsymbol{H}}=\begin{pmatrix}\boldsymbol{\xi}_1\times\boldsymbol{\xi}_1 & \boldsymbol{\xi}_1\times\boldsymbol{\xi}_2 & \cdots & \boldsymbol{\xi}_1\times\boldsymbol{\xi}_n\\ \boldsymbol{\xi}_2\times\boldsymbol{\xi}_1 & \boldsymbol{\xi}_2\times\boldsymbol{\xi}_2 & \cdots & \boldsymbol{\xi}_2\times\boldsymbol{\xi}_n\\ \vdots & \vdots & & \vdots\\ \boldsymbol{\xi}_n\times\boldsymbol{\xi}_1 & \boldsymbol{\xi}_n\times\boldsymbol{\xi}_2 & \cdots & \boldsymbol{\xi}_n\times\boldsymbol{\xi}_n\end{pmatrix} \tag{3–86}$$

3.2.3.3 简化的二次型及矩阵 $\boldsymbol{K}_{\mathrm{G}}$

对自应力旋量 $\boldsymbol{F}=\boldsymbol{S}\boldsymbol{\beta}$ 进行转置, 并将其分别左乘方程 (3–82) 左侧与右侧第二等式, 可以得到

$$\begin{aligned}
&\boldsymbol{F}^{\mathrm{T}}\boldsymbol{J}\dot{\boldsymbol{q}}=\sum_{j=1}^{N^{\mathrm{s}}}\beta_j\boldsymbol{S}_j^{\mathrm{T}}\boldsymbol{J}\dot{\boldsymbol{q}}=\sum_{j=1}^{N^{\mathrm{s}}}\beta_j\begin{pmatrix}\boldsymbol{s}_{j1}^{\mathrm{T}} & \boldsymbol{s}_{j2}^{\mathrm{T}} & \cdots & \boldsymbol{s}_{j\gamma}^{\mathrm{T}}\end{pmatrix}\boldsymbol{J}\dot{\boldsymbol{q}}\\
&=\frac{1}{2}\sum_{j=1}^{N^{\mathrm{s}}}\beta_j\left(\sum_{k=1}^{\gamma}\sum_{j=1}^{n}\dot{q}_j b_{kj}\delta_{j1k}\boldsymbol{s}_{jk}^{\mathrm{T}}\left(\boldsymbol{\xi}_j\times\boldsymbol{\xi}_1\right)b_{k1}\ \ \sum_{k=1}^{\gamma}\sum_{j=1}^{n}\dot{q}_j b_{kj}\delta_{j2k}\boldsymbol{s}_{jk}^{\mathrm{T}}\left(\boldsymbol{\xi}_j\times\boldsymbol{\xi}_2\right)b_{k2}\ \cdots\ \sum_{k=1}^{\gamma}\sum_{j=1}^{n}\dot{q}_j b_{kj}\delta_{jnk}\boldsymbol{s}_{jk}^{\mathrm{T}}\left(\boldsymbol{\xi}_j\times\boldsymbol{\xi}_n\right)b_{kn}\right)\dot{\boldsymbol{q}}\\
&=\frac{1}{2}\dot{\boldsymbol{q}}^{\mathrm{T}}\sum_{j=1}^{N^{\mathrm{s}}}\beta_j\begin{pmatrix}\sum_{k=1}^{\gamma}b_{k1}\delta_{11k}\boldsymbol{s}_{jk}^{\mathrm{T}}(\boldsymbol{\xi}_1\times\boldsymbol{\xi}_1)b_{k1} & \sum_{k=1}^{\gamma}b_{k1}\delta_{12k}\boldsymbol{s}_{jk}^{\mathrm{T}}(\boldsymbol{\xi}_1\times\boldsymbol{\xi}_2)b_{k2} & \cdots & \sum_{k=1}^{\gamma}b_{k1}\delta_{1nk}\boldsymbol{s}_{jk}^{\mathrm{T}}(\boldsymbol{\xi}_1\times\boldsymbol{\xi}_n)b_{kn}\\ \sum_{k=1}^{\gamma}b_{k2}\delta_{21k}\boldsymbol{s}_{jk}^{\mathrm{T}}(\boldsymbol{\xi}_2\times\boldsymbol{\xi}_1)b_{k1} & \sum_{k=1}^{\gamma}b_{k2}\delta_{22k}\boldsymbol{s}_{jk}^{\mathrm{T}}(\boldsymbol{\xi}_2\times\boldsymbol{\xi}_2)b_{k2} & \cdots & \sum_{k=1}^{\gamma}b_{k2}\delta_{2nk}\boldsymbol{s}_{jk}^{\mathrm{T}}(\boldsymbol{\xi}_2\times\boldsymbol{\xi}_n)b_{kn}\\ \vdots & \vdots & & \vdots\\ \sum_{k=1}^{\gamma}b_{kn}\delta_{n1k}\boldsymbol{s}_{jk}^{\mathrm{T}}(\boldsymbol{\xi}_n\times\boldsymbol{\xi}_1)b_{k1} & \sum_{k=1}^{\gamma}b_{kn}\delta_{n2k}\boldsymbol{s}_{jk}^{\mathrm{T}}(\boldsymbol{\xi}_n\times\boldsymbol{\xi}_2)b_{k2} & \cdots & \sum_{k=1}^{\gamma}b_{kn}\delta_{nnk}\boldsymbol{s}_{jk}^{\mathrm{T}}(\boldsymbol{\xi}_n\times\boldsymbol{\xi}_n)b_{kn}\end{pmatrix}\dot{\boldsymbol{q}}\\
&=\frac{1}{2}\dot{\boldsymbol{q}}^{\mathrm{T}}\sum_{j=1}^{N^{\mathrm{s}}}\beta_j\sum_{k=1}^{\gamma}\operatorname{diag}(\boldsymbol{B}_k)\begin{pmatrix}\delta_{11k}(\boldsymbol{\xi}_1\times\boldsymbol{\xi}_1)\cdot\boldsymbol{s}_{jk} & \delta_{12k}(\boldsymbol{\xi}_1\times\boldsymbol{\xi}_2)\cdot\boldsymbol{s}_{jk} & \cdots & \delta_{1nk}(\boldsymbol{\xi}_1\times\boldsymbol{\xi}_n)\cdot\boldsymbol{s}_{jk}\\ \delta_{21k}(\boldsymbol{\xi}_2\times\boldsymbol{\xi}_1)\cdot\boldsymbol{s}_{jk} & \delta_{22k}(\boldsymbol{\xi}_2\times\boldsymbol{\xi}_2)\cdot\boldsymbol{s}_{jk} & \cdots & \delta_{2nk}(\boldsymbol{\xi}_2\times\boldsymbol{\xi}_n)\cdot\boldsymbol{s}_{jk}\\ \vdots & \vdots & & \vdots\\ \delta_{n1k}(\boldsymbol{\xi}_n\times\boldsymbol{\xi}_1)\cdot\boldsymbol{s}_{jk} & \delta_{n2k}(\boldsymbol{\xi}_n\times\boldsymbol{\xi}_2)\cdot\boldsymbol{s}_{jk} & \cdots & \delta_{nnk}(\boldsymbol{\xi}_n\times\boldsymbol{\xi}_n)\cdot\boldsymbol{s}_{jk}\end{pmatrix}\operatorname{diag}(\boldsymbol{B}_k)\dot{\boldsymbol{q}}\\
&=\frac{1}{2}\dot{\boldsymbol{q}}^{\mathrm{T}}\sum_{j=1}^{N^{\mathrm{s}}}\beta_j\sum_{k=1}^{\gamma}\operatorname{diag}(\boldsymbol{B}_k)\left(\boldsymbol{\Delta}_k\odot\overline{\boldsymbol{K}}_{jk}\right)\operatorname{diag}(\boldsymbol{B}_k)\dot{\boldsymbol{q}}\\
&=\frac{1}{2}\dot{\boldsymbol{q}}^{\mathrm{T}}\boldsymbol{K}_{\mathrm{G}}\dot{\boldsymbol{q}}
\end{aligned} \tag{3–87}$$

式中,

$$\boldsymbol{K}_{\mathrm{G}}=\sum_{j=1}^{N^{\mathrm{s}}}\beta_j\boldsymbol{K}_{\mathrm{G}}^{j},\quad \boldsymbol{K}_{\mathrm{G}}^{j}=\sum_{k=1}^{\gamma}\operatorname{diag}(\boldsymbol{B}_k)\left(\boldsymbol{\Delta}_k\odot\overline{\boldsymbol{K}}_{jk}\right)\operatorname{diag}(\boldsymbol{B}_k) \tag{3–88}$$

且

$$\overline{\boldsymbol{K}}_{jk}=\begin{pmatrix}(\boldsymbol{\xi}_1\times\boldsymbol{\xi}_1)\cdot\boldsymbol{s}_{jk} & (\boldsymbol{\xi}_1\times\boldsymbol{\xi}_2)\cdot\boldsymbol{s}_{jk} & \cdots & (\boldsymbol{\xi}_1\times\boldsymbol{\xi}_n)\cdot\boldsymbol{s}_{jk}\\ (\boldsymbol{\xi}_2\times\boldsymbol{\xi}_1)\cdot\boldsymbol{s}_{jk} & (\boldsymbol{\xi}_2\times\boldsymbol{\xi}_2)\cdot\boldsymbol{s}_{jk} & \cdots & (\boldsymbol{\xi}_2\times\boldsymbol{\xi}_n)\cdot\boldsymbol{s}_{jk}\\ \vdots & \vdots & & \vdots\\ (\boldsymbol{\xi}_n\times\boldsymbol{\xi}_1)\cdot\boldsymbol{s}_{jk} & (\boldsymbol{\xi}_n\times\boldsymbol{\xi}_2)\cdot\boldsymbol{s}_{jk} & \cdots & (\boldsymbol{\xi}_n\times\boldsymbol{\xi}_n)\cdot\boldsymbol{s}_{jk}\end{pmatrix}\quad\begin{pmatrix}j=1,2,\cdots,N^{\mathrm{s}}\\ k=1,2,\cdots,\gamma\end{pmatrix} \tag{3–89}$$

值得一提的是, 通过适当地定义由旋量构成的矩阵的乘积运算, 式 (3–88) 的矩阵 $\boldsymbol{K}_{\mathrm{G}}$ 也许可以直接通过黑塞矩阵化简得到。

将多环机构一阶运动 $\dot{\boldsymbol{q}} = \boldsymbol{N}\boldsymbol{\alpha}$ 代入式 (3–87) 最后一个等式就得到了相应简化的多环机构二次型方程组

$$\boldsymbol{\alpha}^{\mathrm{T}}\boldsymbol{Q}\boldsymbol{\alpha} = 0, \quad \boldsymbol{Q} = \sum_{j=1}^{N^{\mathrm{s}}} \beta_j \boldsymbol{Q}_j, \quad \boldsymbol{Q}_j = \frac{1}{2}\boldsymbol{N}^{\mathrm{T}}\boldsymbol{K}_{\mathrm{G}}^{j}\boldsymbol{N} \tag{3–90}$$

$$\boldsymbol{\alpha}^{\mathrm{T}}\boldsymbol{Q}_j\boldsymbol{\alpha} = 0 \quad (j = 1, 2, \cdots, N^{\mathrm{s}}) \tag{3–91}$$

此外, 可以看到, 将单环机构拓扑图表示的环路矩阵 (3–56) 与次序矩阵 (3–57) 分别代入式 (3–76)、式 (3–85) 与式 (3–88), 就可以得到单环机构的一阶约束中的雅可比矩阵 (3–59)、二阶约束中的黑塞矩阵 (3–66) 以及二次型中的几何刚度矩阵 (3–70)。

3.2.4 二阶约束的矩阵方法在奇异性分析中的应用

下面两个机构实例展示了本书提出的矩阵分析方法在机构奇异分析上的应用。第一个是一个单环机构的分岔分析, 第二个是一个多环机构的局部活动度分析。

3.2.4.1 三重对称 Bricard 机构分岔分析

图 3–9 (a) 为一个三重对称的 Bricard 机构, 该机构所有杆长相等, 所有连杆扭角都为 π/3。这个机构在完全折叠的位形下有两个运动分岔路径, 如图 3–9 (c) 曲线所示, 该机构运动分岔的解析解已有 Chen (2005) 给出, 本节利用前面给出的二次型矩阵重新分析该机构的运动分岔。这两个分岔路径由两个关节转角 θ_1 与 θ_2 的约束关系曲线来表示, 通过分析可知, 当前分岔位形的关节角度分别为 $\theta_1 = -\pi, \theta_2 = \pi$。

在如图 3–9(b) 所示参考坐标系下六个关节的旋量坐标分别为

$$\begin{gathered}
\boldsymbol{\xi}_1 = (1,0,0,0,0,0)^{\mathrm{T}}, \boldsymbol{\xi}_4 = (-1,0,0,0,b,0)^{\mathrm{T}}, \\
\boldsymbol{\xi}_2 = \left(\frac{1}{2}, \frac{\sqrt{3}}{2}, 0, \frac{\sqrt{3}b}{2}, -\frac{b}{2}, 0\right)^{\mathrm{T}}, \boldsymbol{\xi}_5 = \left(-\frac{1}{2}, -\frac{\sqrt{3}}{2}, 0, 0, 0, 0\right)^{\mathrm{T}}, \\
\boldsymbol{\xi}_3 = \left(-\frac{1}{2}, \frac{\sqrt{3}}{2}, 0, 0, 0, 0\right)^{\mathrm{T}}, \boldsymbol{\xi}_6 = \left(\frac{1}{2}, -\frac{\sqrt{3}}{2}, 0, -\frac{\sqrt{3}b}{2}, -\frac{b}{2}, 0\right)^{\mathrm{T}}
\end{gathered} \tag{3–92}$$

该机构具有二维的一阶运动, 关节的任意一阶运动可用独立的关节 1 与关节 2 的角速度 $\dot{\theta}_1, \dot{\theta}_2$ 来表示

$$\dot{\boldsymbol{q}} = \begin{pmatrix} 1 & 0 & 1 & 0 & 1 & 0 \\ 0 & 1 & 0 & 1 & 0 & 1 \end{pmatrix}^{\mathrm{T}} \begin{pmatrix} \dot{\theta}_1 \\ \dot{\theta}_2 \end{pmatrix} \tag{3–93}$$

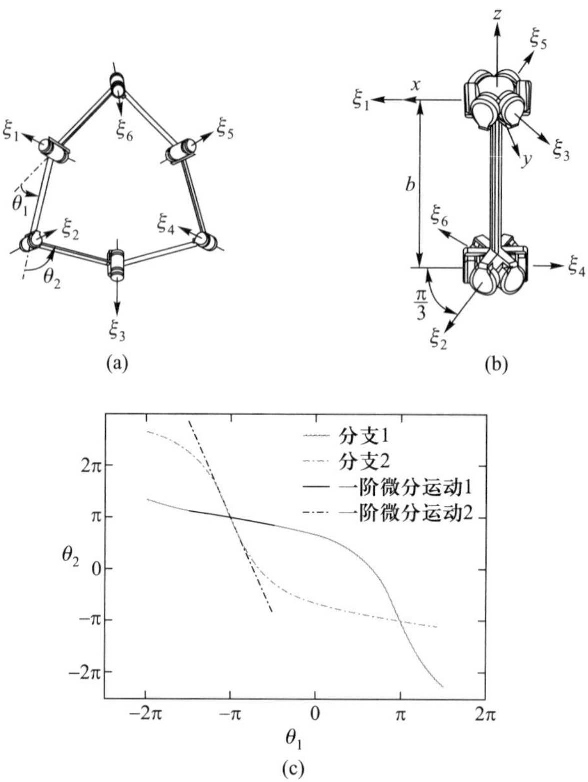

图 **3–9**　三重对称 **Bricard** 机构 **(Chen, 2005)** (见书后彩图)：

(a) 正则位形; **(b)** 奇异位形; **(c)** 两条分岔路径

该机构具有二维的自应力, 表示如下

$$\boldsymbol{F}=\begin{pmatrix}0&0&1&0&0&0\\0&0&0&0&0&1\end{pmatrix}^{\mathrm{T}}\begin{pmatrix}\beta_1\\\beta_2\end{pmatrix} \tag{3–94}$$

可以看到, 将自应力解 (3–94) 代入二次型 (3–73) 后, 只有一个自应力常系数保留下来, 即

$$\boldsymbol{Q}=\frac{\sqrt{3}}{2}\beta_1\begin{pmatrix}1&2\\2&1\end{pmatrix} \tag{3–95}$$

这个二次型具有两个符号相反的特征根, 因此式 (3–95) 是符号不定的。直接求解关于独立角速度变量 $\dot{\theta}_1, \dot{\theta}_2$ 的二次型方程 (3–73) 可以得到两组解

$$\dot{\theta}_1=\dot{\theta}_2\left(\sqrt{3}-2\right)\ \text{或}\ \dot{\theta}_1=-\dot{\theta}_2\left(\sqrt{3}+2\right) \tag{3–96}$$

这两组解分别代表在当前位形 $\theta_1=-\pi, \theta_2=\pi$ 下两条分岔路径的切空间向量 (或者说一阶微分运动) , 如图 3–9 (c) 所示的两条切线。此外, 利用本方法分析其他位形可知, 其他位形的二次型 $\boldsymbol{Q}$ 全都为零, 这就说明在其他位形机构的活动度属于有限位移活动度。

3.2.4.2 几何刚性的 3-UU 机构

图 3-10 (a) 所示机构源自韩国首尔大学的 3-U$\underline{\text{P}}$U 并联机构, 通过锁死这个 3-U$\underline{\text{P}}$U 的三个移动副可得到图 3–10 (a) 所示机构, 因此将其命名为 3-UU。首尔大学的 3-U$\underline{\text{P}}$U 并联机构的初始位形是一个奇异位形, 因此在锁死三个运动副的情况下仍然有两个额外的无穷小旋转活动度, 这种现象又被 Zlatanov 称为约束奇异 (Zlatanov 等, 2002; Di Gregorio 和 Parenti-Castelli, 2002) 。

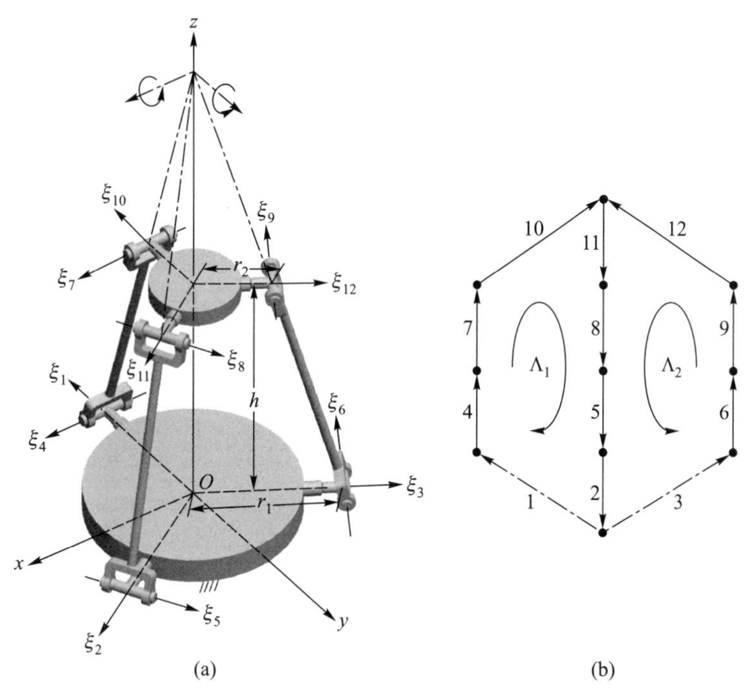

图 3–10　有两个无穷小旋转活动度的 3-UU 机构的 3D 模型 (a) 及相应的拓扑方向图 (b)

图 3–10 (a) 所示的 3-UU 机构上下两个平台的半径分别为 r_1 与 r_2, 两平台之间的高度为 h。与两个平台相连接的虎克铰的中心分别位于两个平行的正三角形的顶点上, 且在初始位形每个分支的两组虎克铰轴线相互平行。

这个 3-UU 的拓扑方向图如图 3-10 (b) 所示, 它有两个基本环路, 图中为了方便只给出了关节的编号。根据式 (3–50) 可得与这两个基本环路相对应的环路矩阵为

$$\boldsymbol{B} = \begin{array}{c} \begin{matrix} J_1 & J_2 & J_3 & J_4 & J_5 & J_6 & J_7 & J_8 & J_9 & J_{10} & J_{11} & J_{12} \end{matrix} \\ \left(\begin{matrix} 1 & 1 & 0 & 1 & 1 & 0 & 1 & 1 & 0 & 1 & 1 & 0 \\ 0 & 1 & 1 & 0 & 1 & 1 & 0 & 1 & 1 & 0 & 1 & 1 \end{matrix}\right)\begin{matrix} \Lambda_1 \\ \Lambda_2 \end{matrix} \end{array} \tag{3–97}$$

根据式 (3−52) 可得这两个基本环路的次序序列为

$$\begin{aligned}&\Lambda_1: 1<_1 4<_1 7<_1 10<_1 11<_1 8<_1 5<_1 2\\&\Lambda_2: 3<_2 6<_2 9<_2 12<_2 11<_2 8<_2 5<_2 2\end{aligned}\tag{3-98}$$

其中关节 J_1 与 J_3 分别为两个基本环路的根关节, J_2 为终端关节。根据式 (3−98) 的次序序列可由式 (3−53) 得到相应的次序矩阵表示, 这里为了简洁不再给出具体的矩阵表达式。将 3-UU 机构的六个虎克铰看作十二个轴线正交的旋转副, 以图 3−10 (a) 所示的坐标系为参考系, 在初始位形下, 这十二个旋转副的旋量坐标为

$$\begin{gathered}\boldsymbol{\xi}_1=\left(0,-1,0,0,0,0\right)^{\mathrm{T}},\boldsymbol{\xi}_7=\left(1,0,0,0,h,r_2\right)^{\mathrm{T}},\\ \boldsymbol{\xi}_2=\left(\sqrt{3}/2,1/2,0,0,0,0\right)^{\mathrm{T}},\boldsymbol{\xi}_8=\left(-1/2,\sqrt{3}/2,0,-\sqrt{3}h/2,-h/2,r_2\right)^{\mathrm{T}},\\ \boldsymbol{\xi}_3=\left(-\sqrt{3}/2,1/2,0,0,0,0\right)^{\mathrm{T}},\boldsymbol{\xi}_9=\left(-1/2,-\sqrt{3}/2,0,\sqrt{3}h/2,-h/2,r_2\right)^{\mathrm{T}},\\ \boldsymbol{\xi}_4=\left(1,0,0,0,0,r_1\right)^{\mathrm{T}},\boldsymbol{\xi}_{10}=\left(0,-1,0,h,0,0\right)^{\mathrm{T}},\\ \boldsymbol{\xi}_5=\left(-1/2,\sqrt{3}/2,0,0,0,r_1\right)^{\mathrm{T}},\boldsymbol{\xi}_{11}=\left(\sqrt{3}/2,1/2,0,-h/2,\sqrt{3}h/2,0\right)^{\mathrm{T}},\\ \boldsymbol{\xi}_6=\left(-1/2,-\sqrt{3}/2,0,0,0,r_1\right)^{\mathrm{T}},\boldsymbol{\xi}_{12}=\left(-\sqrt{3}/2,1/2,0,-h/2,-\sqrt{3}h/2,0\right)^{\mathrm{T}}\end{gathered}\tag{3-99}$$

通过一阶分析可知, 该机构具有二维的一阶运动, 其基矢量矩阵为

$$\boldsymbol{N}=\begin{pmatrix}-\dfrac{r_2}{r_1} & -\dfrac{r_2}{r_1} & 0 & \dfrac{\sqrt{3}r_2}{3r_1} & -\dfrac{\sqrt{3}r_2}{3r_1} & -\dfrac{2\sqrt{3}r_2}{3r_1} & -\dfrac{\sqrt{3}}{3} & \dfrac{\sqrt{3}}{3} & \dfrac{2\sqrt{3}}{3} & 1 & 1 & 0\\ \dfrac{r_2}{r_1} & 0 & -\dfrac{r_2}{r_1} & \dfrac{\sqrt{3}r_2}{3r_1} & \dfrac{2\sqrt{3}r_2}{3r_1} & \dfrac{\sqrt{3}r_2}{3r_1} & -\dfrac{\sqrt{3}}{3} & -\dfrac{2\sqrt{3}}{3} & -\dfrac{\sqrt{3}}{3} & -1 & 0 & 1\end{pmatrix}^{\mathrm{T}}\tag{3-100}$$

这个二维的一阶运动对应初始位形下两个无穷小旋转运动, 这两个旋转运动的转动中心位于三个分支轴线的交点, 且旋转轴位于过交点且与平台平面相平行的平面内。雅可比矩阵的左零空间维数为 2, 因此任意自应力旋量可用两个任意常数 β_1 与 β_2 表示, 即

$$\boldsymbol{F}=\left(\boldsymbol{S}_1^{\mathrm{T}},\boldsymbol{S}_2^{\mathrm{T}}\right)^{\mathrm{T}}\boldsymbol{\beta}=\begin{pmatrix}0&0&1&0&0&0&0&0&0&0&0&0\\0&0&0&0&0&0&0&0&1&0&0&0\end{pmatrix}^{\mathrm{T}}\begin{pmatrix}\beta_1\\ \beta_2\end{pmatrix}\tag{3-101}$$

式中, $\boldsymbol{S}_1$、$\boldsymbol{S}_2$ 分别表示两个基本环路的自应力旋量, 且这两个自应力旋量都是沿 z

轴方向上的纯力偶。根据式 (3−90) 可以得到相应的简化的二次型矩阵

$$Q = \frac{\sqrt{3}\left(r_1^2 - r_2^2\right)}{3r_1^2}\left(\beta_1 Q_1 + \beta_2 Q_2\right) \tag{3-102}$$

式中,

$$Q_1 = \begin{pmatrix} 2 & -1 \\ -1 & -1 \end{pmatrix}, \quad Q_2 = \begin{pmatrix} 1 & -2 \\ -2 & 1 \end{pmatrix} \tag{3-103}$$

通过计算可知, 不存在这样两个常数 β_1 与 β_2 使得式 (3−102) 的二次型 Q 符号确定。然而在 $r_1 \neq r_2$ 情况下, 直接计算式 (3−91) 对应的二次型方程组 $\alpha^{\mathrm{T}} Q_1 \alpha = 0$ 与 $\alpha^{\mathrm{T}} Q_2 \alpha = 0$ 可知该组方程只有零解, 因此这个 3-UU 机构只有一阶无穷小活动度。根据结构刚性理论可知, 以上分析结果说明该机构是一个预应力不稳的颤动结构。这个计算结果也与 Zlatanov (2002) 指出结论一致, 即首尔大学的 3-U$\underline{\text{P}}$U 并联机构在初始位形下锁死三个移动副表现高度不稳定。

3.3 基于曲线理论的机构分岔分析

拥有分岔特性的单活动度闭环机构是可重构机构中重要的一部分, 近年来得到了非常多的研究。实际的需求中, 除了要求设计出满足某些运动分支的机构外, 还要求在给定的运动副参数处实现机构的可重构。此时问题转换为求解机构的运动曲线方程和同时给出条件使机构的分岔运动在特定的位置发生。而空间机构由于其特殊的连杆参数, 使得求解其运动曲线的显式方程很困难, 往往只能得到关于运动参数的隐式方程解。本节首次基于曲线的自相交点和曲线切线的概念, 给出机构拥有分岔运动的必要条件和充分条件, 揭示机构的奇异位形与分岔位形之间的联系。使用所给的充分条件, RCRCR 机构可以使分岔点固定在所需要的运动副参数处。 Myard 面对称六杆机构和 Myard 面对称五杆机构可以通过所给的条件在奇异点发生分岔运动, 从而设计出一个可重构 RURU 机构和一个退化的空间四杆机构。上述内容将揭示机构运动曲线在机构的分岔点拥有多切线的特征, 从运动副空间阐释可重构机构位置设计的基本步骤, 给出一个通用的设计流程, 用于指导可重构机构的位置设计。

3.3.1 运动曲线的自相交点和单闭环机构的分岔条件

对于单活动度闭环机构, 总存在运动曲线使得 $F(c_i, c_j) = 0$, 当机构拥有分岔点时, 在一个运动副参数 $c_i \in (c_{iB} - \varepsilon, c_{iB} + \varepsilon)(\varepsilon \to 0)$ 时, 运动曲线总存在两条不同的路径, 即运动曲线存在二重点。此处, c_{iB} 为运动副参数在分岔点处的取值。使用微分的方法可得机构发生分岔运动的必要条件如下。

对于活动度为 1 的单闭环机构, 机构有分岔点的必要条件是在分岔处满足

$$\frac{\partial F}{\partial c_i}=\frac{\partial F}{\partial c_j}=0 \tag{3-104}$$

式中, F 是闭环方程, 满足 $F\left(c_i,c_j\right)=0$。

证明 对于方程 $F\left(c_i,c_j\right)=0$, 对 c_i 取偏微分可得

$$\frac{\partial F}{\partial c_i}+\frac{\partial F}{\partial c_j}\frac{\partial c_j}{\partial c_i}=0 \tag{3-105}$$

机构拥有分岔点使得运动曲线方程在分岔点处成为二重点, 等价于 $\dfrac{\partial c_j}{\partial c_i}$ 不是唯一的。根据式 (3–105), 可得

$$\frac{\partial F}{\partial c_i}=\frac{\partial F}{\partial c_j}=0 \tag{3-106}$$

由此条件得证。

以上条件为机构拥有分岔点的必要条件, 结合高阶偏微分方程可以给出下面充分条件:

$\dfrac{\partial F}{\partial c_i}=\dfrac{\partial F}{\partial c_j}=0,\ \dfrac{\partial^2 F}{\left(\partial c_j\right)^2}\neq 0,\ \dfrac{\partial^2 F}{\left(\partial c_i\right)^2}\neq 0,\ \dfrac{\partial^2 F}{\left(\partial c_j\right)^2}\dfrac{\partial^2 F}{\left(\partial c_i\right)^2}-\left(\dfrac{\partial^2 F}{\partial c_j\partial c_i}\right)^2<0$, 同时机构其他运动副参数在 $\left(c_{iB},c_{jB}\right)$ 处有唯一值。

证明 对式 (3–105) 进一步对 c_i 取偏微分可得

$$\frac{\partial F}{\partial c_j}\frac{\partial^2 c_j}{\left(\partial c_i\right)^2}+\frac{\partial^2 F}{\left(\partial c_j\right)^2}\left(\frac{\partial c_j}{\partial c_i}\right)^2+2\frac{\partial^2 F}{\partial c_i\partial c_j}\frac{\partial c_j}{\partial c_i}+\frac{\partial^2 F}{\left(\partial c_i\right)^2}=0 \tag{3-107}$$

给定一点 $\left(c_{iB},c_{jB}\right)$, 当 $\dfrac{\partial F}{\partial c_i}=\dfrac{\partial F}{\partial c_j}=0$ 时, 方程 (3–105) 表明在此点上切线不是唯一的, 而 $\dfrac{\partial^2 F}{\left(\partial c_j\right)^2}\neq 0$ 使得式 (3–107) 成为 $\dfrac{\partial c_j}{\partial c_i}$ 的二次方程, 取

$$\varDelta=\frac{\partial^2 F}{\partial {c_j}^2}\frac{\partial^2 F}{\partial {c_i}^2}-\left(\frac{\partial^2 F}{\partial c_j\partial c_i}\right)^2 \tag{3-108}$$

当 $\varDelta<0$ 时, 在给定点上存在两个不同的 $\dfrac{\partial c_j}{\partial c_i}$, 此点为机构运动曲线自相交点, 机构发生分岔运动。

同样地, 方程 $F\left(c_i,c_j\right)=0$ 对 c_j 进行二阶求导, 可得

$$\frac{\partial F}{\partial c_i}\frac{\partial^2 c_i}{\left(\partial c_j\right)^2}+\frac{\partial^2 F}{\left(\partial c_i\right)^2}\left(\frac{\partial c_i}{\partial c_j}\right)^2+2\frac{\partial^2 F}{\partial c_i\partial c_j}\frac{\partial c_i}{\partial c_j}+\frac{\partial^2 F}{\left(\partial c_j\right)^2}=0 \tag{3-109}$$

在 $\dfrac{\partial^2 F}{(\partial c_i)^2} \neq 0$ 时, 根据式 (3–108) 可得相同的结论。以上证明显示所选取的两个机构运动副能够同时运动, 不存在任何一个运动副发生几何锁定的情况, 即 $c_i \in (c_{iB} - \varepsilon, c_{iB} + \varepsilon)(\varepsilon \to 0)$ 时, 此条运动曲线存在不同的路径, 结合其他运动副参数在 (c_{iB}, c_{jB}) 均有唯一的值, 确定机构此条运动曲线上的自相交点是在机构的同一构型处得到满足, 由此充分条件得证。

证明两个运动副不发生几何锁定情况是为了防止当机构一个运动副出现几何锁定, 机构的运动受到机构几何限制成为刚性结构的可能, 此种情况下需要结合机构的具体情况加以区分。

进一步, 当式 (3–105)、式 (3–107) 中所有的偏导数都为 0 时, 需要进一步讨论三阶微分方程来验证切线的存在, 同时需要对于运动副几何锁定的情况加以验证。

当设计一个带有分岔点的机构时, 式 (3–104) 及运动曲线方程会在给定的运动副参数处形成对于连杆参数的约束方程。在连杆参数确定后, 通过检验充分条件是否满足, 确定设计的结果是否满足需要, 下面以此来讨论一个机构的分岔运动参数设计。

3.3.2 RCRCR 机构的分岔分析与设计

3.3.2.1 RCRCR 机构的分岔条件

RCRCR 机构是一个五连杆机构, 如图 3–11 所示, 该机构可以用于展示机构的特殊运动状态。在不同的条件下, 机构能够拥有分岔点或者成为刚性结构。如果改变机构的连杆参数, 机构的运动特性将发生变化。例如, 对于分岔点而言, 当连杆参数改变的时候, 这一点的运动特性将发生变化, 能否保留分岔点的特性, 取决于运动曲线微分方程的特性。

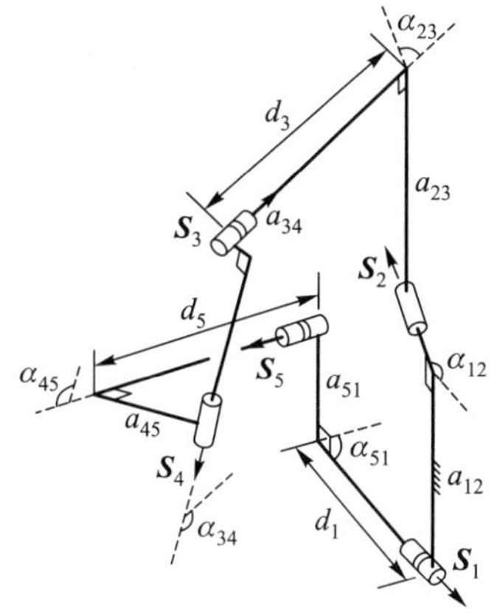

图 3–11 RCRCR 机构及其连杆参数

运动曲线方程可以 F 和 G 来表示

$$
\begin{aligned}
F = & -\sin\alpha_{23}\cos\theta_3\sin\alpha_{34}+\cos\alpha_{23}\cos\alpha_{34}-\sin\alpha_{45}\sin\theta_5\sin\theta_1\sin\alpha_{12}+\\
&(\sin\alpha_{45}\cos\theta_5\cos\alpha_{51}+\cos\alpha_{45}\sin\alpha_{51})\cos\theta_1\sin\alpha_{12}-\\
&\cos\alpha_{12}(\cos\alpha_{45}\cos\alpha_{51}-\sin\alpha_{45}\cos\theta_5\sin\alpha_{51})
\end{aligned} \tag{3-110}
$$

$$
\begin{aligned}
G = & \sin\alpha_{23}(d_3\sin\theta_3\sin\alpha_{34}-a_{34}\cos\theta_3\cos\alpha_{34})-\cos\alpha_{23}a_{34}\sin\alpha_{34}-\\
& a_{23}\cos\alpha_{23}\cos\theta_3\sin\alpha_{34}-a_{23}\sin\alpha_{23}\cos\alpha_{34}-\{\sin\alpha_{45}\sin\theta_5(d_1\cos\theta_1\cdot\\
& \sin\alpha_{12}+a_{12}\sin\theta_1\cos\alpha_{12})+(\sin\alpha_{45}\cos\theta_5\cos\alpha_{51}+\cos\alpha_{45}\sin\alpha_{51})\cdot\\
& (d_1\sin\theta_1\sin\alpha_{12}-a_{12}\cos\theta_1\cos\alpha_{12})+(\sin\alpha_{45}\cos\theta_5\sin\alpha_{51}-\\
& \cos\alpha_{45}\cos\alpha_{51})a_{12}\sin\alpha_{12}+(\sin\alpha_{45}d_5\cos\theta_5+a_{45}\cos\alpha_{45}\sin\theta_5)\sin\theta_1\sin\alpha_{12}+\\
& [\sin\alpha_{45}(a_{51}\cos\theta_5\sin\alpha_{51}+d_5\sin\theta_5\cos\alpha_{51})-\cos\alpha_{45}a_{51}\cos\alpha_{51}-\\
& a_{45}\cos\alpha_{45}\cos\theta_5\cos\alpha_{51}+a_{45}\sin\alpha_{45}\sin\alpha_{51}]\cos\theta_1\sin\alpha_{12}+\\
& [\sin\alpha_{45}(-a_{51}\cos\theta_5\cos\alpha_{51}+d_5\sin\theta_5\sin\alpha_{51})-\cos\alpha_{45}a_{51}\sin\alpha_{51}-\\
& a_{45}\cos\alpha_{45}\cos\theta_5\sin\alpha_{51}-a_{45}\sin\alpha_{45}\cos\alpha_{51}]\cos\alpha_{12}\}
\end{aligned} \tag{3-111}
$$

此时 F 和 G 是隐函数形式, 但是微分方程的方法仍然是可用的。对于 θ_1, 矩阵形式的偏微分方程如下

$$
\begin{pmatrix} \dfrac{\partial F}{\partial\theta_3} & \dfrac{\partial F}{\partial\theta_5} \\ \dfrac{\partial G}{\partial\theta_3} & \dfrac{\partial G}{\partial\theta_5} \end{pmatrix}
\begin{pmatrix} \dfrac{\mathrm{d}\theta_3}{\mathrm{d}\theta_1} \\ \dfrac{\mathrm{d}\theta_5}{\mathrm{d}\theta_1} \end{pmatrix}
= -\begin{pmatrix} \dfrac{\partial F}{\partial\theta_1} \\ \dfrac{\partial G}{\partial\theta_1} \end{pmatrix} \tag{3-112}
$$

式中, $\dfrac{\partial F}{\partial\theta_1}$、$\dfrac{\partial F}{\partial\theta_3}$、$\dfrac{\partial F}{\partial\theta_5}$、$\dfrac{\partial G}{\partial\theta_1}$、$\dfrac{\partial G}{\partial\theta_3}$ 和 $\dfrac{\partial G}{\partial\theta_5}$ 为相应的偏导数。由式 (3–112) 可得

$$
\det\begin{pmatrix} \dfrac{\partial F}{\partial\theta_3} & \dfrac{\partial F}{\partial\theta_5} \\ \dfrac{\partial G}{\partial\theta_3} & \dfrac{\partial G}{\partial\theta_5} \end{pmatrix}\frac{\mathrm{d}\theta_5}{\mathrm{d}\theta_1} = \det\left(-\begin{pmatrix} \dfrac{\partial F}{\partial\theta_3} & \dfrac{\partial F}{\partial\theta_1} \\ \dfrac{\partial G}{\partial\theta_3} & \dfrac{\partial G}{\partial\theta_1} \end{pmatrix}\right) \tag{3-113}
$$

为了保证充分成立, 下面的方程必须成立

$$
F = 0 \tag{3-114}
$$

$$
G = 0 \tag{3-115}
$$

$$
\det\begin{pmatrix} \dfrac{\partial F}{\partial\theta_3} & \dfrac{\partial F}{\partial\theta_5} \\ \dfrac{\partial G}{\partial\theta_3} & \dfrac{\partial G}{\partial\theta_5} \end{pmatrix} = 0 \tag{3-116}
$$

$$\det\left(-\begin{pmatrix}\dfrac{\partial F}{\partial\theta_3} & \dfrac{\partial F}{\partial\theta_1}\\ \dfrac{\partial G}{\partial\theta_3} & \dfrac{\partial G}{\partial\theta_1}\end{pmatrix}\right)=0 \tag{3–117}$$

式 (3–114) 至式 (3–117) 是机构拥有分岔点的必要条件。

需要注意的是, 当下面情况发生时

$$\begin{pmatrix}\dfrac{\partial F}{\partial\theta_3} & \dfrac{\partial F}{\partial\theta_5}\\ \dfrac{\partial G}{\partial\theta_3} & \dfrac{\partial G}{\partial\theta_5}\end{pmatrix}=\mathbf{0} \tag{3–118}$$

根据线性代数理论, 方程有解的条件成为

$$\operatorname{rank}\begin{pmatrix}\dfrac{\partial F}{\partial\theta_3} & \dfrac{\partial F}{\partial\theta_5}\\ \dfrac{\partial G}{\partial\theta_3} & \dfrac{\partial G}{\partial\theta_5}\end{pmatrix}=\operatorname{rank}\begin{pmatrix}\dfrac{\partial F}{\partial\theta_3} & \dfrac{\partial F}{\partial\theta_5} & -\dfrac{\partial F}{\partial\theta_1}\\ \dfrac{\partial G}{\partial\theta_3} & \dfrac{\partial G}{\partial\theta_5} & -\dfrac{\partial G}{\partial\theta_1}\end{pmatrix} \tag{3–119}$$

此时方程变为

$$-\frac{\partial F}{\partial\theta_1}=0 \tag{3–120}$$

$$-\frac{\partial G}{\partial\theta_1}=0 \tag{3–121}$$

只有当式 (3–114)、式 (3–115)、式 (3–120) 和式 (3–121) 满足的时候, 机构才拥有分岔特性。

3.3.2.2 带有分岔点与不带分岔点的 RCRCR 机构连杆参数设计

机构的部分连杆参数可以设计为 $\alpha_{12}=5\pi/6$, $\alpha_{23}=7\pi/4$, $\alpha_{34}=3\pi/2$, $\alpha_{45}=\pi/2$, $\alpha_{51}=5\pi/3$。为了使机构在 $\theta_1=\pi$, $\theta_3=\pi/2$, $\theta_5=\pi/2$ 有分岔点, 其他的连杆参数必须满足式 (3–114) 至式 (3–117)。将以上运动副参数和连杆参数代入可得

$$d_1+\sqrt{2}d_3-d_5=\sqrt{3}a_{45}-\sqrt{2}a_{34} \tag{3–122}$$

$$\cos\alpha_{23}\cos\alpha_{34}=\cos\alpha_{12}(\cos\alpha_{45}\cos\alpha_{51}) \tag{3–123}$$

$$\det\begin{pmatrix}\dfrac{\partial F}{\partial\theta_3} & \dfrac{\partial F}{\partial\theta_5}\\ \dfrac{\partial G}{\partial\theta_3} & \dfrac{\partial G}{\partial\theta_5}\end{pmatrix}=-\frac{\sqrt{6}}{4}(a_{12}-a_{51})-\frac{\sqrt{2}}{4}a_{23}=0 \tag{3–124}$$

$$\det-\begin{pmatrix}\dfrac{\partial F}{\partial\theta_3} & \dfrac{\partial F}{\partial\theta_1}\\ \dfrac{\partial G}{\partial\theta_3} & \dfrac{\partial G}{\partial\theta_1}\end{pmatrix}=\frac{\sqrt{6}}{4}a_{12}-\frac{\sqrt{2}}{4}a_{23}=0 \tag{3–125}$$

进一步可简化为

$$d_1+\sqrt{2}d_3-d_5=\sqrt{3}a_{45}-\sqrt{2}a_{34} \tag{3–126}$$

$$\sqrt{3}a_{12}-a_{23}=0 \tag{3–127}$$

$$2a_{12}-a_{51}=0 \tag{3–128}$$

式 (3–126) 至式 (3–128) 给出了机构在 $\theta_1=\pi$, $\theta_3=\pi/2$, $\theta_5=\pi/2$ 发生分岔运动时的连杆参数约束条件。在此约束下, 选择合适的连杆参数, 在 $\dfrac{\partial^2 F}{(\partial c_j)^2}\neq 0$, $\dfrac{\partial^2 F}{(\partial c_i)^2}\neq 0$, $\dfrac{\partial^2 F}{(\partial c_j)^2}\dfrac{\partial^2 F}{(\partial c_i)^2}-\left(\dfrac{\partial^2 F}{\partial c_j\partial c_i}\right)^2<0$ 及其他运动副参数具有相同值被验证后, 能够使机构拥有不同的设计连杆参数, 但却拥有相同的分岔点。

从约束方程 (3–126)、(3–127) 和 (3–128) 可以看出, 有五个可以设计的连杆参数是独立的。给定 $a_{23}=10$ m, $a_{34}=5\sqrt{2}/2$ m, $a_{45}=0$, $a_{51}=20\sqrt{3}/3$ m, $d_1=10$ m, $d_3=5\sqrt{2}/2$ m, $d_5=20$ m 作为常量形式的机构连杆参数, a_{12} 为变量, 这样可以获得不同连杆参数的机构。由式 (3–126) 至式 (3–128) 可求得

$$a_{12}=\frac{10\sqrt{3}}{3}\ \text{m} \tag{3–129}$$

将上述连杆参数代入式 (3–114) 和式 (3–115), 消去运动副参数 θ_3, 可得 θ_1 和 θ_5 之间的关系为

$$\begin{aligned}&(4\cos\theta_1\sin\theta_5+5\sin\theta_1\cos\theta_5-2\cos\theta_1\cos\theta_5+6\sin\theta_5-2\cos\theta_5-1)^2+\\&\left(-\frac{\sqrt{2}}{2}\sin\theta_1\sin\theta_5+\frac{\sqrt{2}}{4}\cos\theta_1\cos\theta_5+\frac{3\sqrt{2}}{4}\cos\theta_5\right)^2=1\end{aligned} \tag{3–130}$$

根据式 (3–130) 可得 $\Delta=-118$, 此时 $\theta_2=0$, $\theta_4=\pi$, $d_2=26$ m, $d_4=5$ m, 均为唯一的运动副参数。从而 $a_{12}=10\sqrt{3}/3$ m, $a_{23}=10$ m, $a_{34}=5\sqrt{2}/2$ m, $a_{45}=0$, $a_{51}=20\sqrt{3}/3$ m, $d_1=10$ m, $d_3=5\sqrt{2}/2$ m, $d_5=20$ m 成为一组满足机构在 $\theta_1=\pi$, $\theta_3=\pi/2$, $\theta_5=\pi/2$ 发生分岔运动的连杆参数。

当式 (3–126)、式 (3–127) 和式 (3–128) 不成立时, 机构不会发生分岔运动。图 3–12 展示了设计连杆参数 a_{12} 以步长 0.2 m 从 $10\sqrt{3}/3$ m 增长到 $14\sqrt{3}/3$ m, 运动副参数之间的关系, 此时, 其他连杆参数保持不变。

由图 3–12 可以看出, a_{12} 的不同取值将改变角度之间的关系。随着设计连杆参数 a_{12} 向 $10\sqrt{3}/3$ m 接近, 运动曲线向拥有分岔点特性靠近。只有当式 (3–126)、式 (3–127) 和式 (3–128) 全部被满足时, 机构才会在 $\theta_1=\pi$, $\theta_5=\pi/2$ 发生分岔运动。

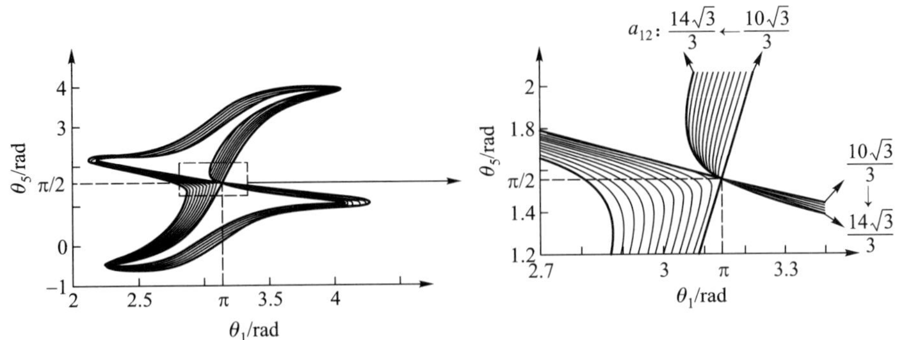

图 3–12 $\boldsymbol{a_{12}}$ 从 $\mathbf{10\sqrt{3}/3}$ m 到 $\mathbf{14\sqrt{3}/3}$ m 的运动曲线及其局部放大图

需要注意的是, 如果分岔条件不满足, 运动曲线总为一条连通曲线。由于方程 (3–114) 和 (3–115) 总是成立的, 因此即使其中的一个连杆参数在变化, 所有的曲线仍然通过 $\theta_1 = \pi$, $\theta_5 = \pi/2$。区别在于, 只有当 $a_{12} = 10\sqrt{3}/3$ m 时, 机构的运动曲线才出现自相交点。

图 3–13 是对应 $a_{12} = 10\sqrt{3}/3$ m 的运动曲线及相应的机构构型图, 此时机构发生了分岔运动。左侧是分岔运动发生时的机构构型, 右侧为两个不同的运动分支。两个运动分支可以通过中间的分岔点相互转换。在 $\theta_1 \in (\pi - \varepsilon, \pi + \varepsilon)(\varepsilon \to 0)$ 时, 运动曲线有两条不同的路径, 意味着机构有两组不同的转换序列, 其中分岔点处的构型为两组序列共有。

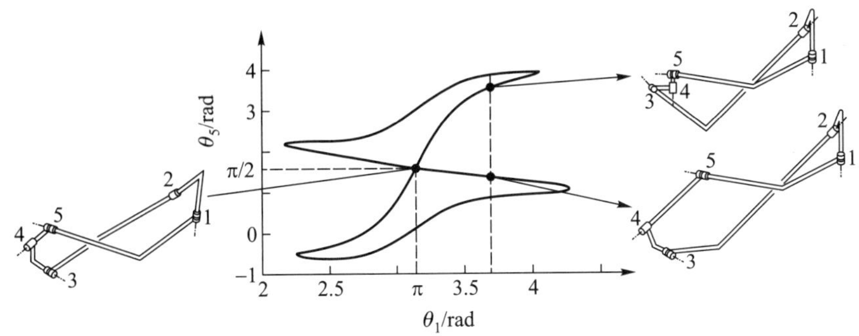

图 3–13 当 $\boldsymbol{a_{12}} = \mathbf{10\sqrt{3}/3}$ m 同时分岔发生时的运动曲线及机构构型

图 3–14 是对应 $a_{12} = 14\sqrt{3}/3$ m 的运动曲线及相应的机构构型图, 此时机构没有发生分岔运动。在此情况下, 曲线成为单连通曲线, 所有的构型都属于一个运动分支。在 $\theta_1 \in (\pi - \varepsilon, \pi + \varepsilon)(\varepsilon \to 0)$ 时, 运动曲线只有一条路径, 意味着机构只有一组转换序列。

对于 $a_{12} = 14\sqrt{3}/3$ m 的情况, 能够通过改变机构的其他连杆参数使得机构在设计点拥有分岔特性, 条件是式 (3–126)、式 (3–127) 和式 (3–128) 同时被满足, 此时 $a_{23} = 14$ m, $a_{51} = 7\sqrt{3}/3$ m, 其他连杆参数保持不变。

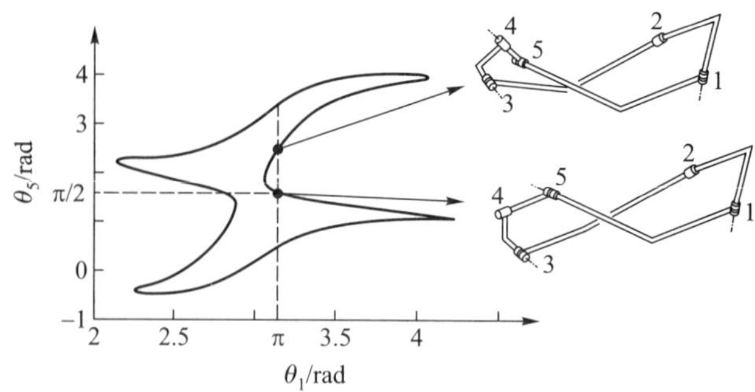

图 3–14　当 $a_{12} = 14\sqrt{3}/3$ m 同时分岔没有发生时的运动曲线及机构构型

3.3.3　可重构 RURU 机构

一般情况下, 分岔点通常是奇异点, 但是并不是所有的奇异点都能变成分岔点。使用式 (3–104) 可以辅助判断机构在奇异点是否具有分岔运动特征, 同时可以通过此条件对于机构进行设计, 从而得到在奇异点处发生分岔运动的机构。

3.3.3.1　Myard 面对称六杆机构分岔条件

Myard 面对称六杆机构如图 3–15 所示, 它的 D–H 参数如下

$$a_{34} = a_{12}, a_{45} = a_{61}, a_{23} = a_{56} = 0 \tag{3–131}$$

$$\alpha_{34} = 2\pi - \alpha_{12}, \alpha_{45} = 2\pi - \alpha_{61}, \alpha_{23} = 2\alpha_{56} \tag{3–132}$$

$$d_1 = d_2 = d_3 = d_4 = 0, d_5 + d_6 = 0 \tag{3–133}$$

$$a_{12} \sin \alpha_{61} = a_{61} \sin \alpha_{12} \tag{3–134}$$

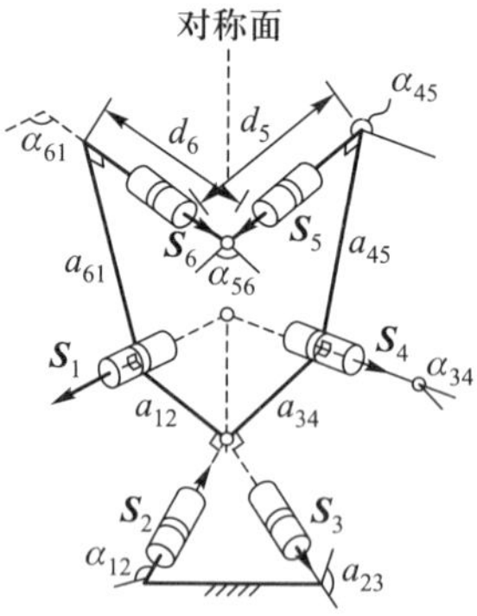

图 3–15　Myard 面对称六杆机构及其连杆参数

由于它是一个基于 Bennett 机构的六杆机构, 它的连杆参数满足 Bennett 机构的条件, 另外还需要满足

$$\cos \alpha_{56} = \cos^2\alpha_{12} - \sin^2\alpha_{12} \cos \varphi \tag{3–135}$$

式中, φ 是两个被移走轴线的夹角, 这里设置为 $\varphi=0$。它的运动曲线方程为

$$\begin{aligned}&a_{61}[\cos\theta_1\sin\theta_6\sin\alpha_{12}\sin\alpha_{56}+\sin\theta_1\cos\theta_6\sin\alpha_{12}\sin\alpha_{56}\cos\alpha_{61}+\\&\sin\theta_1\sin\alpha_{12}\sin\alpha_{61}(\cos\alpha_{56}-1)+\sin\theta_6\sin\alpha_{56}\sin\alpha_{61}]-\\&d_5(\cos\alpha_{56}-1)=0\end{aligned}\tag{3–136}$$

很明显, 对于机构而言, 当 $d_5=d_6=0$ 时, 在 $\theta_1=\pi,\theta_6=0$ 的位置, 所有的杆件都在一条直线上, 机构处于奇异位置。为了使机构在此位置具有分岔运动, 运动曲线方程和它的微分方程需要讨论。

标记式 (3–136) 左侧为 F, F 的偏微分如下

$$\begin{aligned}\frac{\partial F}{\partial\theta_6}=&\cos\theta_1\cos\theta_6\sin\alpha_{12}\sin\alpha_{56}-\sin\theta_1\sin\theta_6\sin\alpha_{12}\sin\alpha_{56}\cos\alpha_{61}+\\&\cos\theta_6\sin\alpha_{56}\sin\alpha_{61}\end{aligned}\tag{3–137}$$

$$\begin{aligned}\frac{\partial F}{\partial\theta_1}=&-\sin\theta_1\sin\theta_6\sin\alpha_{12}\sin\alpha_{56}+\cos\theta_1\cos\theta_6\sin\alpha_{12}\sin\alpha_{56}\cos\alpha_{61}+\\&\cos\theta_1\sin\alpha_{12}\sin\alpha_{61}(\cos\alpha_{56}-1)\end{aligned}\tag{3–138}$$

如果奇异点成为分岔点, 根据式 (3–104) 可得

$$\sin\alpha_{12}\cos\left(\alpha_{61}+\frac{\alpha_{56}}{2}\right)\sin\frac{\alpha_{56}}{2}=0\tag{3–139}$$

$$\sin\alpha_{56}(\sin\alpha_{61}-\sin\alpha_{12})=0\tag{3–140}$$

根据式 (3–136) 可得

$$d_5(\cos\alpha_{56}-1)=0\tag{3–141}$$

由于 $d_5=0$, 式 (3–141) 恒成立。因此式 (3–139) 和式 (3–140) 成为 Myard 面对称六杆机构实现在奇异点分岔运动的必要条件。

3.3.3.2 可重构 RURU 机构的参数和两个运动分支

由式 (3–139) 和式 (3–140) 可知, 机构在奇异点具有分岔运动的条件是

$$\cos\left(\alpha_{61}+\frac{\alpha_{56}}{2}\right)=0\tag{3–142}$$

$$\sin\alpha_{61}=\sin\alpha_{12}\tag{3–143}$$

选择如下机构的连杆参数

$$a_{34}=a_{12}=a_{45}=a_{61},a_{23}=a_{56}=0\tag{3–144}$$

$$\alpha_{12}=\frac{3\pi}{4},\alpha_{34}=\frac{5\pi}{4},\alpha_{23}=\alpha_{56}=\frac{\pi}{2},\alpha_{45}=\frac{7\pi}{4},\alpha_{61}=\frac{\pi}{4}\tag{3–145}$$

$$d_1=d_2=d_3=d_4=d_5=d_6=0\tag{3–146}$$

将式 (3–144), (3–145) 和 (3–146) 代入式 (3–136) 的二阶微分, 可得所有的二阶偏导数均为 0。因此需要讨论式 (3–107) 的微分方程, 即

$$\frac{\partial^3 F}{(\partial c_j)^3}\left(\frac{\partial c_j}{\partial c_i}\right)^3+3\frac{\partial^3 F}{\partial c_i(\partial c_j)^2}\left(\frac{\partial c_j}{\partial c_i}\right)^2+3\frac{\partial^3 F}{(\partial c_i)^2\partial c_j}\frac{\partial c_j}{\partial c_i}+\frac{\partial^3 F}{(\partial c_i)^3}=0 \qquad (3\text{–}147)$$

当所有的二阶偏导数都为 0, 而至少一个三阶偏导数不为 0 时, 此点为曲线的三重自相交点。将式 (3–144) 至式 (3–146) 代入其三阶偏导数可得

$$a_{61}\left[\frac{3}{2}\left(\frac{\partial\theta_6}{\partial\theta_1}\right)^2+\frac{3}{2}(\sqrt{2}-1)\frac{\partial\theta_6}{\partial\theta_1}\right]=0 \qquad (3\text{–}148)$$

式 (3–148) 给出了运动曲线的两条切线的斜率。此时由于一条切线的斜率为 0, 因此需要返回到机构验证其运动情况。通过轴线之间的关系可以知道, 此时机构将成为一个 RURU 机构, 如图 3–16 所示。根据连杆参数可知, 在运动过程中, 机构有两个 Bennett 运动分支。第一个运动分支是由转动副 1、 3、 4 和 6 形成的, 如图 3–16 (a) 所示, 此时点 A 为转动副 1 和 4 的轴线交点, 点 B 为转动副 3 和 6 的轴线交点。第二个运动分支是由转动副 1、 2、 4 和 5 形成的, 如图 3–16 (b)所示, 此时 B_1 为转动副 2 和 5 的轴线交点, 点 A 仍然为转动副 1 和 4 的轴线交点。两个运动分支可以通过分岔点相互转换。

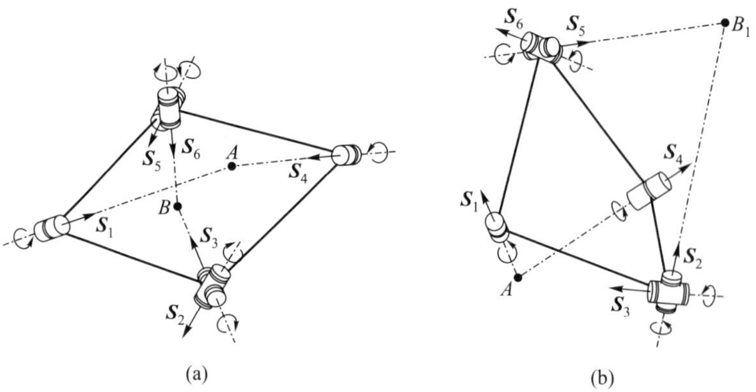

图 3–16　RURU 机构的两个运动分支: (a) 轴线 1、 3、 4 和 6 形成的 Bennett 运动分支; (b) 轴线 1、 2、 4 和 5 形成的 Bennett 运动分支

3.3.4　从 Myard 五杆机构退化而来的特殊四杆机构

Myard 面对称五杆机构是单活动度的空间过约束机构, 如图 3–17 所示。机构的 D–H 参数为

$$\alpha_{23}=\frac{\pi}{2},\ \alpha_{51}=\pi-\alpha_{12},\ \alpha_{34}=\pi-2\alpha_{12},\ \alpha_{45}=\frac{\pi}{2} \qquad (3\text{–}149)$$

$$d_1 = d_2 = d_3 = d_4 = d_5 = 0 \tag{3–150}$$

$$a_{12} = a_{51} = a_{23}\sin\alpha_{12},\ a_{45} = a_{23},\ a_{34} = 0 \tag{3–151}$$

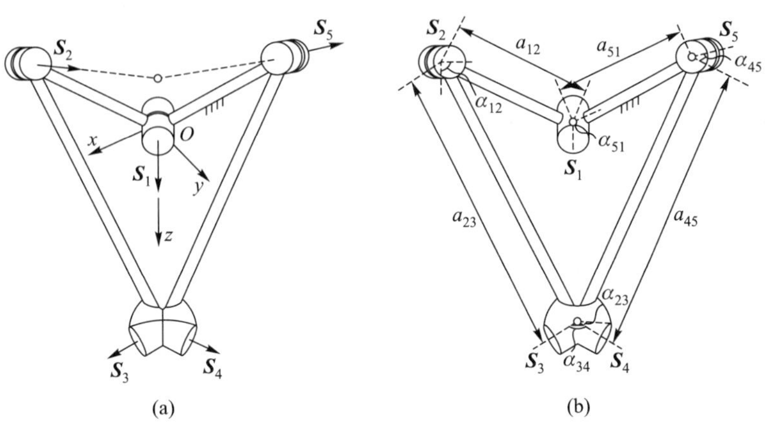

图 3–17　Myard 面对称五杆机构及其连杆参数: (a) 机构及其坐标系; (b) 连杆参数

建立图 3–17 所示的坐标系, 转动副 1 的方向为 z 轴, 从转动副 5 到转动副 1 轴线的公垂线方向为 x 轴, 两个轴的交点为坐标原点 O, y 轴通过右手定则确定。

为了获得运动曲线方程, 需要如下形式的闭环方程

$$\boldsymbol{H}_1\boldsymbol{H}_2\boldsymbol{H}_3\boldsymbol{H}_4\boldsymbol{H}_5 = \boldsymbol{I} \tag{3–152}$$

方程可以简化为

$$\boldsymbol{H}_1\boldsymbol{H}_2\boldsymbol{H}_3 = \boldsymbol{H}_5^{-1}\boldsymbol{H}_4^{-1} \tag{3–153}$$

式中,

$$\boldsymbol{H}_i = \begin{pmatrix} \cos\theta_i & -\sin\theta_i & 0 & 0 \\ \sin\theta_i & \cos\theta_i & 0 & 0 \\ 0 & 0 & 1 & 0 \\ 0 & 0 & 0 & 1 \end{pmatrix} \begin{pmatrix} 1 & 0 & 0 & a_{i(i+1)} \\ 0 & \cos\alpha_{i(i+1)} & -\sin\alpha_{i(i+1)} & 0 \\ 0 & \sin\alpha_{i(i+1)} & \cos\alpha_{i(i+1)} & 0 \\ 0 & 0 & 0 & 1 \end{pmatrix} \tag{3–154}$$

$$\boldsymbol{H}_i^{-1} = \begin{pmatrix} 1 & 0 & 0 & -a_{i(i+1)} \\ 0 & \cos\alpha_{i(i+1)} & \sin\alpha_{i(i+1)} & 0 \\ 0 & -\sin\alpha_{i(i+1)} & \cos\alpha_{i(i+1)} & 0 \\ 0 & 0 & 0 & 1 \end{pmatrix} \begin{pmatrix} \cos\theta_i & \sin\theta_i & 0 & 0 \\ -\sin\theta_i & \cos\theta_i & 0 & 0 \\ 0 & 0 & 1 & 0 \\ 0 & 0 & 0 & 1 \end{pmatrix} \tag{3–155}$$

将机构的连杆参数代入式 (3–153), 得最后一列的前三项为

$$-a_{45}\cos\theta_5 - a_{51} = a_{23}\cos\theta_1\cos\theta_2 - a_{23}\cos\alpha_{12}\sin\theta_1\sin\theta_2 + a_{12}\cos\theta_1 \quad (3\text{–}156)$$

$$-a_{45}\cos\alpha_{12}\sin\theta_5 = a_{23}\sin\theta_1\cos\theta_2 + a_{23}\cos\alpha_{12}\cos\theta_1\sin\theta_2 + a_{12}\sin\theta_1 \quad (3\text{–}157)$$

$$-a_{45}\sin\alpha_{12}\sin\theta_5 = a_{23}\sin\alpha_{12}\sin\theta_2 \quad (3\text{–}158)$$

消去中间变量可得 Myard 五杆机构运动曲线方程

$$a_{23}\sin\theta_1\cos\theta_5 - a_{23}\cos\alpha_{12}\cos\theta_1\sin\theta_5 + a_{12}\sin\theta_1 + a_{23}\cos\alpha_{12}\sin\theta_5 = 0 \quad (3\text{–}159)$$

标记式 (3–159) 的左侧为 F, F 的偏导数为

$$\frac{\partial F}{\partial\theta_1} = a_{23}\cos\theta_1\cos\theta_5 + a_{23}\cos\alpha_{12}\sin\theta_1\sin\theta_5 + a_{12}\cos\theta_1 \quad (3\text{–}160)$$

$$\frac{\partial F}{\partial\theta_5} = -a_{23}\sin\theta_1\sin\theta_5 - a_{23}\cos\alpha_{12}\cos\theta_1\cos\theta_5 + a_{23}\cos\alpha_{12}\cos\theta_5 \quad (3\text{–}161)$$

机构的奇异点在 $\theta_1 = \pi$, $\theta_5 = \pi$ 位置, 此时所有连杆在同一条直线上。为了使机构在 $\theta_1 = \pi$, $\theta_5 = \pi$ 拥有分岔特性, 根据式 (3–104) 可得

$$a_{12} = a_{23} \quad (3\text{–}162)$$

$$a_{23}\cos\alpha_{12} = 0 \quad (3\text{–}163)$$

设计机构的连杆参数 $a_{12} = a_{23}$, $\cos\alpha_{12} = 0$, 由此可得所有的连杆参数为

$$\alpha_{12} = \alpha_{23} = \alpha_{45} = \alpha_{51} = \frac{\pi}{2},\ \alpha_{34} = 0 \quad (3\text{–}164)$$

$$d_1 = d_2 = d_3 = d_4 = d_5 = 0 \quad (3\text{–}165)$$

$$a_{12} = a_{23} = a_{45} = a_{51},\ a_{34} = 0 \quad (3\text{–}166)$$

将式 (3–164) 至式 (3–166) 代入二阶偏导数, 所有二阶偏导数均为 0。对于该机构, 式 (3–147) 成为

$$-a_{23}\left(\frac{\partial\theta_5}{\partial\theta_1}\right)^2 = 0 \quad (3\text{–}167)$$

式 (3–167) 给出运动曲线的一条切线斜率。另外, 式 (3–159) 对 θ_5 的三阶偏微分方程为

$$-a_{23}\frac{\partial\theta_1}{\partial\theta_5} = 0 \quad (3\text{–}168)$$

式 (3–168) 给出运动曲线的另外一条切线斜率。由于两条切线给出的结果为至少有一个运动副处于几何锁定状态, 因此必须返回到机构本身, 利用连杆参数进行验证。实际的机构如图 3–18 所示, 此时机构将退化成一个特殊的四杆机构。

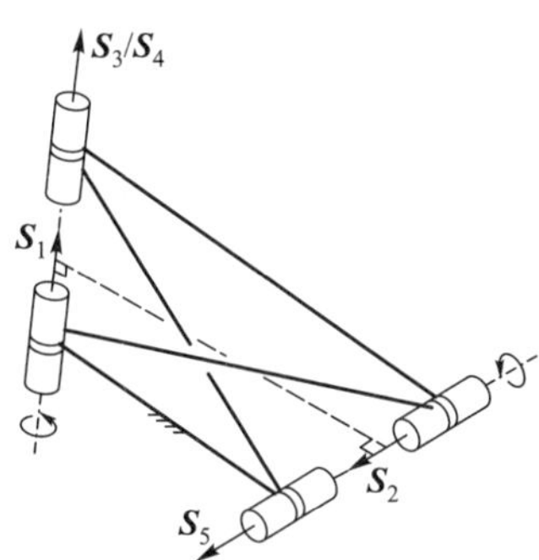

图 **3–18** 从 **Myard** 五杆机构退化而来的特殊四杆机构

图 3–18 表示机构在分岔点的构型, 此时转动副 1 和 3 的轴线是共线的, 转动副 2 和 5 的轴线是共线的, 转动副 4 和 3 退化成为一个公共转动副。

上面的两个例子说明, 当机构运动曲线的二阶偏微分方程退化的时候, 需要讨论它的高阶偏微分方程, 同时, 当机构某一个运动副几何锁定或者机构的二阶偏微分难以通过简单计算得到时, 要将必要条件所给的设计参数代回到机构中去验证机构的分岔运动是否发生。然后使用必要条件得到的结果进行可重构机构的辅助设计。

3.4 本章小结

基于旋量代数的高阶运动学分析, 本章首先对 Queer-square 多环可重构机构的多分岔现象进行分岔识别分析。其次, 基于旋量代数的多环机构一阶与二阶运动学分析的矩阵表达式, 构造闭环机构二阶运动学切锥。最后, 基于曲线理论, 建立关节变量的环路约束方程, 给出分岔运动的必要条件与充分条件, 并以 RCRCR 机构、RURU 机构和由 Myard 机构衍生得到的四杆机构为例, 展示如何基于该条件进行分岔设计。

主要参考文献

戴建生, 2014a. 机构学与机器人学的几何基础与旋量代数 [M]. 北京: 高等教育出版社.

戴建生, 2014b. 旋量代数与李群李代数 [M]. 北京: 高等教育出版社.

ALVARADO J G, 1999. Análisis cinemáticos de orden superior de cadenas espaciales, mediante el algebra de tornillos, y sus aplicaciones[D]. Torreon: Instituto Tecnológico de la Laguna, Doctoral Dissertation.

AIMEDEE F, GOGU G, DAI J S, et al., 2016. Systematization of morphing in reconfigurable mechanisms[J]. Mechanism and Machine Theory, 96: 215-224.

BALL R S, 1900. A Treatise on the Theory of Screws[M]. Cambridge: Cambridge University Press.

CHENG D, 2001. Semi-tensor product of matrices and its application to Morgen's problem[J]. Science in China Series: Information Sciences, 44(3): 195-212.

CHEN Y, YOU Z, TARNAI T, 2005. Threefold-symmetric Bricard linkages for deployable structures[J]. International Journal of Solids and Structures, 42(8): 2287-2301.

CONNELLY R, WHITELEY W, 1996. Second-order rigidity and prestress stability for tensegrity frameworks[J]. SIAM Journal on Discrete Mathematics, 9(3): 453-491.

DAI J S, HUANG Z, LIPKIN H, 2006. Mobility of overconstrained parallel mechanisms[J]. Journal of Mechanical Design, 128(1): 220-229.

DAI J S, REES JONES J, 1998. Mobility in metamorphic mechanisms of foldable/erectable kinds[C]// Proceedings of 25th ASME Biennial Mechanisms Conference. Atlanta: ASME: DETC98/MECH5902.

DAI J S, REES JONES J, 1999. Mobility in metamorphic mechanisms of foldable/erectable kinds[J]. Journal of Mechanical Design, 121(3): 375-382.

DAI J S, REES JONES J, 2002. Null-space construction using cofactors from a screw-algebra context[J]. Proceedings of the Royal Society A: Mathematical, Physical and Engineering Sciences, 458(2024): 1845-1866.

DAVIES T H, 1981. Kirchhoff's circulation law applied to multi-loop kinematic chains[J]. Mechanism and Machine Theory, 16(3): 171-183.

DAVIES T H, 2006. Freedom and constraint in coupling networks[J]. Proceedings of the Institution of Mechanical Engineers, Part C: Journal of Mechanical Engineering Science, 220(7): 989-1010.

DAVIES T H, 2015. A network approach to mechanisms and machines: some lessons learned[J]. Mechanism and Machine Theory, 89: 14-27.

DI GREGORIO R, PARENTI-CASTELLI V, 2002. Mobility analysis of the 3-UPU parallel mechanism assembled for a pure translational motion[J]. Journal of Mechanical Design, 124(2): 259-264.

DIEZ-MARTÍNEZ C R, RICO J M, CERVANTES-SANCHEZ J J, et al., 2006. Mobility and connectivity in multiloop linkages[C]// Advances in Robot Kinematics. Dordrecht: Springer: 455-464.

GALLARDO J, RICO J M, FRISOLI A, et al., 2003. Dynamics of parallel manipulators by means of screw theory[J]. Mechanism and Machine Theory, 38(11): 1113-1131.

GOGU G, 2009. Branching singularities in kinematotropic parallel mechanisms[C]// Proceedings of the 5th International Workshop on Computational Kinematics. Berlin Heidelberg: Springer-Verlag: 341-348.

GUEST S, 2006. The stiffness of prestressed frameworks: a unifying approach[J]. International Journal of Solids and Structures, 43(3-4): 842-854.

HORN R A, JOHNSON C R, 2012. Matrix Analysis[M]. Cambridge: Cambridge University Press.

KANG X, ZHANG X, DAI J S, 2019. First-and second-order kinematics-based constraint system analysis and reconfiguration identification for the queer-square mechanism[J]. Journal of Mechanisms and Robotics, 11(1): 011004.

LERBET J, 1998. Analytic geometry and singularities of mechanisms[J]. ZAMM-Journal of

Applied Mathematics and Mechanics, 78(10): 687-694.

LÓPEZ-CUSTODIO P C, MÜLLER A, RICO J M, et al., 2019. A synthesis method for 1-DOF mechanisms with a cusp in the configuration space[J]. Mechanism and Machine Theory, 132: 154-175.

LÓPEZ-CUSTODIO P C, RICO J M, CERVANTES-SÁNCHEZ J J, et al., 2017. Verification of t he higher order kinematic analyses equations[J]. European Journal of Mechanics-A/Solids, 61: 198-215.

MÜLLER A, 2014. Higher derivatives of the kinematic mapping and some applications[J]. Mechanism and Machine Theory, 76: 70-85.

MÜLLER A, 2015. Representation of the kinematic topology of mechanisms for kinematic analysis[J]. Mechanical Sciences, 6: 137-146.

MÜLLER A, 2016. Recursive higher-order constraints for linkages with lower kinematic pairs[J]. Mechanism and Machine Theory, 100: 33-43.

MURRAY R M, LI Z, SASTRY S S, 1994. A Mathematical Introduction to Robotic Manipulation[M]. Boca Raton: CRC Press.

QIN Y, DAI J S, GOGU G, 2014. Multi-furcation in a derivative queer-square mechanism[J]. Mechanism and Machine Theory, 81: 36-53.

RICO J M, DUFFY J, 1996. An application of screw algebra to the acceleration analysis of serial chains[J]. Mechanism and Machine Theory, 31(4): 445-457.

RICO J M, GALLARDO J, DUFFY J, 1999. Screw theory and higher order kinematic analysis of open serial and closed chains[J]. Mechanism and Machine Theory, 34(4): 559-586.

STRANG G, 1976. Linear Algebra and Its Applications[M]. New York: Academic Press Inc.

WU L, MÜLLER A, DAI J S, 2018. Matrix analysis of second-order kinematic constraints of single-loop linkages with screw coordinates[C]// Proceedings of the ASME Design Engineering Technical Conferences & Computers and Information in Engineering Conference. American Society of Mechanical Engineers: V05BT07A074.

WU L, MÜLLER A, DAI J S, 2020. A matrix method to determine infinitesimally mobile linkages with only first-order infinitesimal mobility[J]. Mechanism and Machine Theory, 148(103776).

ZLATANOV D, BONEV I A, GOSSELIN C, 2002. Constraint singularities of parallel mechanisms[C]// Proceedings of the IEEE International Conference on Robotics and Automation. Washington, USA: IEEE: 496-502.

第四章　分岔与演变的解析研究

机构的解析研究对分析机构的分岔与演变有着重大的理论和实际应用意义。基于矩阵方法, 本章分析了经典的面对称 Bricard 机构, 求解出显式闭环方程解析解, 并分析机构的运动特征, 找出其衍生机构, 探究该机构存在的分岔及其对应的一般几何条件。基于旋量系几何形态, 本章研究了变胞机构分岔、分支转换与可重构。基于旋量系交集, 本章说明了运动旋量系交集的机构学含义, 并计算了并联机构的活动度。

4.1　经典机构的闭环方程通解及运动特征分析

分岔是机构产生分支构型、实现一机多用的前提, 而具有高刚度和高可靠性的过约束机构的分岔是设计可重构机构的一个重要来源。本节以一种经典的空间过约束六杆机构——面对称 Bricard 机构为例, 基于矩阵方法首次得到了该经典机构的显式闭环方程解析解, 分析了其在不同几何条件下的运动特性。

4.1.1　面对称 Bricard 机构闭环方程的显式解

一般的面对称 Bricard 机构的几何参数定义如图 4–1 所示, 坐标系的建立与 D–H 法一致, 其满足的几何条件为

$$a_{12} = a_{61} = a, \quad a_{23} = a_{56} = b, \quad a_{34} = a_{45} = c \tag{4–1}$$

$$\alpha_{12} = 2\pi - \alpha_{61} = \alpha, \quad \alpha_{23} = 2\pi - \alpha_{56} = \beta, \quad \alpha_{34} = 2\pi - \alpha_{45} = \gamma \tag{4–2}$$

$$R_1 = R_4 = 0, \quad R_6 = -R_2, \quad R_5 = -R_3 \tag{4–3}$$

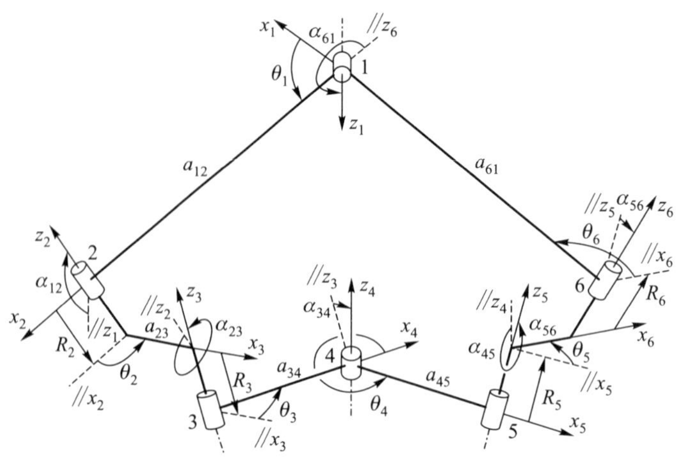

图 **4–1**　面对称 **Bricard** 机构的 **D–H** 参数

式中, a、b、c、α、β、γ、R_2 和 R_3 为一般面对称 Bricard 机构的几何参数。

作为一个单闭环机构, 面对称 Bricard 机构的闭环方程可写为

$$\boldsymbol{T}_{21}\boldsymbol{T}_{32}\boldsymbol{T}_{43}=\boldsymbol{T}_{61}\boldsymbol{T}_{56}\boldsymbol{T}_{45} \tag{4–4}$$

式中, $\boldsymbol{T}_{(i+1)i}$ 是从第 $i+1$ 个坐标系到第 i 个坐标系的变换矩阵。考虑机构的面对称性, 有

$$\theta_5=\theta_3,\quad \theta_6=\theta_2 \tag{4–5}$$

将式 (4–5) 代入式 (4–4) 并对其中的元素进行简化, 可得到

$$\begin{aligned}
&[\sin\gamma(\cos\theta_2\sin\theta_3+\cos\beta\sin\theta_2\cos\theta_3)+\sin\beta\cos\gamma\sin\theta_2]/\\
&(\cos\alpha\sin\gamma\sin\theta_2\sin\theta_3-\cos\alpha\cos\beta\sin\gamma\cos\theta_2\cos\theta_3+\\
&\sin\alpha\sin\beta\sin\gamma\cos\theta_3-\cos\alpha\sin\beta\cos\gamma\cos\theta_2-\sin\alpha\cos\beta\cos\gamma)\\
=&[c(\cos\theta_2\cos\theta_3-\cos\beta\sin\theta_2\sin\theta_3)+b\cos\theta_2+a+R_3\sin\beta\sin\theta_2]/\\
&[c(\cos\alpha\sin\theta_2\cos\theta_3+\cos\alpha\cos\beta\cos\theta_2\sin\theta_3-\sin\alpha\sin\beta\sin\theta_3)+\\
&b\cos\alpha\sin\theta_2-R_3\cos\alpha\sin\beta\cos\theta_2-R_2\sin\alpha-R_3\sin\alpha\cos\beta]
\end{aligned} \tag{4–6}$$

进一步可简化为

$$A\tan^2\frac{\theta_3}{2}+B\tan\frac{\theta_3}{2}+C=0 \tag{4–7}$$

式中,

$$\begin{aligned}
A=&(a-b+c)\sin(\alpha-\beta+\gamma)\tan^2\frac{\theta_2}{2}+2\sin\alpha[R_3\sin\gamma+\\
&R_2\sin(\gamma-\beta)]\tan\frac{\theta_2}{2}+(a+b-c)\sin(\alpha+\beta-\gamma)
\end{aligned} \tag{4–8}$$

$$B=2\sin\gamma[R_2\sin\alpha+R_3\sin(\alpha-\beta)]\tan^2\frac{\theta_2}{2}+2[(a-c)\sin(\alpha-\gamma)-(a+c)\sin(\alpha+\gamma)]\tan\frac{\theta_2}{2}-2\sin\gamma[R_2\sin\alpha+R_3\sin(\alpha+\beta)] \tag{4-9}$$

$$C=(a-b-c)\sin(\alpha-\beta-\gamma)\tan^2\frac{\theta_2}{2}-2\sin\alpha[R_3\sin\gamma+R_2\sin(\gamma+\beta)]\tan\frac{\theta_2}{2}+(a+b+c)\sin(\alpha+\beta+\gamma) \tag{4-10}$$

θ_2 为运动输入变量。

此外, 其他运动变量 θ_1 和 θ_4 也可以通过简化式 (4–4) 中的元素获得, 分别为

$$\tan\frac{\theta_1}{2}=[\sin\gamma(\cos\theta_2\sin\theta_3+\cos\beta\sin\theta_2\cos\theta_3)+\sin\beta\cos\gamma\sin\theta_2]/(\sin\alpha\sin\beta\sin\gamma\cos\theta_3-\cos\alpha\sin\beta\cos\gamma\cos\theta_2-\sin\alpha\cos\beta\cos\gamma-\cos\alpha\cos\beta\sin\gamma\cos\theta_2\cos\theta_3+\cos\alpha\sin\gamma\sin\theta_2\sin\theta_3) \tag{4-11}$$

$$\tan\frac{\theta_4}{2}=[\sin\alpha\sin\theta_2\cos\theta_3+\sin\theta_3(\sin\alpha\cos\beta\cos\theta_2+\cos\alpha\sin\beta)]/[\cos\gamma(\sin\alpha\sin\theta_2\sin\theta_3-\sin\alpha\cos\beta\cos\theta_2\cos\theta_3-\cos\alpha\sin\beta\cos\theta_3)+\sin\gamma(\sin\alpha\sin\beta\cos\theta_2-\cos\alpha\cos\beta)] \tag{4-12}$$

方程 (4–7) 的解可分为以下三种情况。

(1) 当 $A=0$ 时,

$$\tan\frac{\theta_3}{2}=\frac{-C}{B} \tag{4-13}$$

将式 (4–13) 代入式 (4–11) 和式 (4–12) 中, 可得到变量 θ_1、θ_4 和 θ_2 间的关系为

$$\tan\frac{\theta_1}{2}=\frac{D}{E} \tag{4-14}$$

$$\tan\frac{\theta_4}{2}=\frac{F}{G} \tag{4-15}$$

式中,

$$D=2BC\sin\gamma\tan^2\frac{\theta_2}{2}+2[B^2\sin(\beta+\gamma)+C^2\sin(\beta-\gamma)]\tan\frac{\theta_2}{2}-2BC\sin\gamma$$

$$E=-[B^2\sin(\alpha-\beta-\gamma)+C^2\sin(\alpha-\beta+\gamma)]\tan^2\frac{\theta_2}{2}-4BC\cos\alpha\sin\gamma\tan\frac{\theta_2}{2}-[B^2\sin(\alpha+\beta+\gamma)+C^2\sin(\alpha+\beta-\gamma)]$$

$$F=2BC\sin(\alpha-\beta)\tan^2\frac{\theta_2}{2}+2(B^2-C^2)\sin\alpha\tan\frac{\theta_2}{2}-2BC\sin(\alpha+\beta)$$

$$G=[B^2\sin(\alpha-\beta-\gamma)-C^2\sin(\alpha-\beta+\gamma)]\tan^2\frac{\theta_2}{2}-4BC\sin\alpha\cos\gamma\tan\frac{\theta_2}{2}-B^2\sin(\alpha+\beta+\gamma)+C^2\sin(\alpha+\beta-\gamma)$$

因此, 当 $A=0$ 时, 式 (4–5)、式 (4–13) 至式 (4–15) 组成了面对称 Bricard 机构闭环方程唯一一组显式解。根据式 (4–8) 中 A 项的定义, 可得

$$(a-b+c)\sin(\alpha-\beta+\gamma)\tan^2\frac{\theta_2}{2}+2\sin\alpha[R_3\sin\gamma+R_2\sin(\gamma-\beta)]\tan\frac{\theta_2}{2}+(a+b-c)\sin(\alpha+\beta-\gamma)=0 \tag{4–16}$$

式 (4–16) 对所有的 θ_2 值均成立, 故可得

$$\begin{cases}(a-b+c)\sin(\alpha-\beta+\gamma)=0\\ 2\sin\alpha[R_3\sin\gamma+R_2\sin(\gamma-\beta)]=0\\ (a+b-c)\sin(\alpha+\beta-\gamma)=0\end{cases} \tag{4–17}$$

因此, 这种情况下面对称 Bricard 机构有唯一解的几何条件为

$$\begin{cases}a-b+c=0\ \text{或}\ \alpha-\beta+\gamma=k_1\pi\\ \alpha=k_2\pi\ \text{或}\ R_3\sin\gamma+R_2\sin(\gamma-\beta)=0\\ a+b-c=0\ \text{或}\ \alpha+\beta-\gamma=k_3\pi\end{cases} \tag{4–18}$$

式中, $k_1,k_2,k_3\in\mathbb{R}$。

(2) 当 $A\neq 0$ 且 $\varDelta=B^2-4AC\geqslant 0$, 变量 θ_3 和 θ_2 间的关系为

$$\tan\frac{\theta_3}{2}=\frac{-B\pm\sqrt{B^2-4AC}}{2A} \tag{4–19}$$

进一步将式 (4–19) 代入式 (4–11) 和式 (4–12) 中, 可得

$$\tan\frac{\theta_1}{2}=\frac{HI+J}{KI+L} \tag{4–20}$$

$$\tan\frac{\theta_4}{2}=\frac{MI+N}{OI+P} \tag{4–21}$$

式中,

$$H=-2A\sin\gamma\tan^2\frac{\theta_2}{2}-2B\sin(\beta-\gamma)\tan\frac{\theta_2}{2}+2A\sin\gamma$$

$$I=-B\pm\sqrt{B^2-4AC}$$

$$J=4A\tan\frac{\theta_2}{2}[A\sin(\beta+\gamma)-C\sin(\beta-\gamma)]$$

$$K=B\sin(\alpha-\beta+\gamma)\tan^2\frac{\theta_2}{2}+4A\cos\alpha\sin\gamma\tan\frac{\theta_2}{2}+B\sin(\alpha+\beta-\gamma)$$

$$L = 2A\{[C\sin(\alpha-\beta+\gamma)-A\sin(\alpha-\beta-\gamma)]\tan^2\frac{\theta_2}{2}+C\sin(\alpha+\beta-\gamma)-A\sin(\alpha+\beta+\gamma)\}$$

$$M = -2A\sin(\alpha-\beta)\tan^2\frac{\theta_2}{2}+2B\sin\alpha\tan\frac{\theta_2}{2}+2A\sin(\alpha+\beta)$$

$$N = 4A(A+C)\sin\alpha\tan\frac{\theta_2}{2}$$

$$O = B\sin(\alpha-\beta+\gamma)\tan^2\frac{\theta_2}{2}+4A\sin\alpha\cos\gamma\tan\frac{\theta_2}{2}-B\sin(\alpha+\beta-\gamma)$$

$$P = 2A\{[C\sin(\alpha-\beta+\gamma)+A\sin(\alpha-\beta-\gamma)]\tan^2\frac{\theta_2}{2}-C\sin(\alpha+\beta-\gamma)-A\sin(\alpha+\beta+\gamma)\}$$

因此, 当 $A \neq 0$ 且 $\varDelta \geqslant 0$ 时, 面对称 Bricard 机构的闭环方程的解为式 (4–5)、式 (4–19) 至式 (4–21)。将式 (4–8) 至式 (4–10) 中 A、B 和 C 项代入判别式 $\varDelta$ 中, 可以得到一个关于 tan $(\theta_2/2)$ 的四次方程。根据四次方程曲线特征, 当且仅当最高阶系数和判别式 $\varDelta$ 非负的情况下, 该判别式为半正定的。

(3) 当 $A \neq 0$ 且 $\varDelta < 0$ 时, 式 (4–7) 没有解, 意味着此时该机构为刚性结构。

4.1.2 面对称 Bricard 机构的运动特性分析

基于显式解, 面对称 Bricard 机构可以根据 A 和 $\varDelta$ 的值进行分类。不同几何参数条件下的面对称 Bricard 机构的运动曲线及运动行为如表 4–1 所示。从表 4–1 中可以看出:

(1) 当 $A = 0$ 时, 由方程组 (4–18) 可以推导出 6 种只有一条运动路径的情形 (情形 1~6);

(2) 当 $A \neq 0$ 且 $\varDelta < 0$ 时, 没有运动路径, 即该机构此时为刚性结构 (情形 7);

(3) 当 $A \neq 0$ 且 $\varDelta = 0$ 时, 只有一条运动路径, 对应情形 8;

(4) 当 $A \neq 0$ 且 $\varDelta > 0$ 时, 以 θ_2 为输入变量时有两组解。情形 10 中存在两组不同的运动曲线, 分别对应两组不同的机构闭环, 可以在共线构型下实现相互转化。

然而, 情形 9 是个例外。当 $A \neq 0$ 且 $\varDelta > 0$ 时, 以 θ_2 作为输入变量, 方程有两组解。但如果以 θ_1 作为输入变量, 则只有一组显式解, 也就是说, 只有一条运动路径。这主要是因为在整个路径中, θ_2 没有整周转动。

本节首次推导出了面对称 Bricard 机构的显式闭环方程, 完善了该经典机构的运动学理论, 为后续基于该机构的分析与设计奠定了基础。

表 4–1　面对称 Bricard 机构的运动特性

情形	几何条件	机构模型	运动路径：数目	运动路径：曲线	运动路径：运动行为
1	$A=0$, $a=0$, $b=c$, $\alpha=k_2\pi$	 几何参数: $a=0,\ b=c=1$, $\alpha=0,\ \beta=\pi/3,\ \gamma=\pi/6$, $R_2=R_3=0$	1	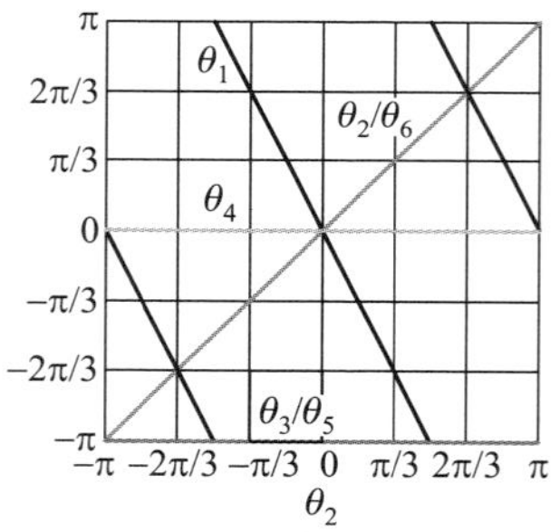	关节轴 6、1 和 2 共线，该机构可以作为一个整体绕着该轴运动。$\theta_2=\theta_6$，且 $\theta_1=-2\theta_2$
2	$A=0$, $a=0$, $b=c$, $R_2\sin(\gamma-\beta)=-R_3\sin\gamma$	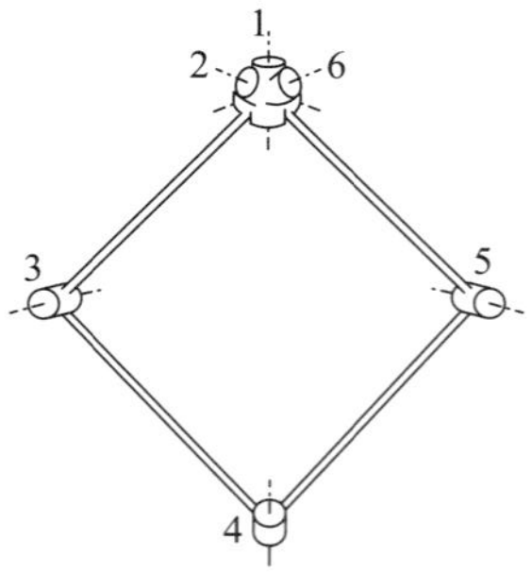 几何参数: $a=0,b=c=1,\alpha=\pi/3$, $\beta=\gamma=\pi/6,R_2=R_3=0$	1	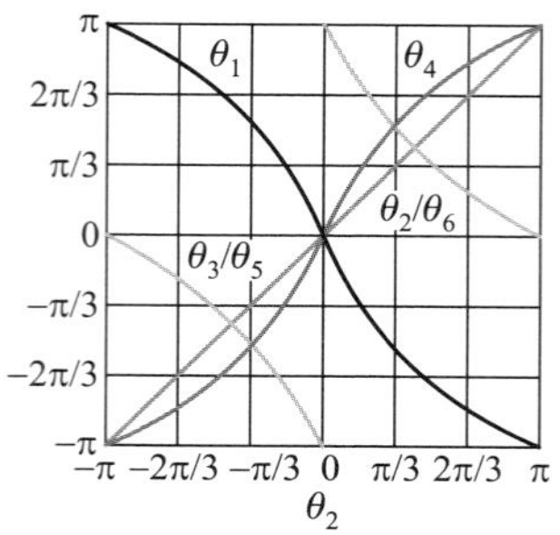	该机构有一个 6R 运动分支且关节轴 6、1 和 2 相交

续表

情形	几何条件	机构模型	运动路径		
			数目	曲线	运动行为
3	$A=0$, $\alpha=k_2\pi$, $\beta-\gamma=(k_2-k_1)\pi$	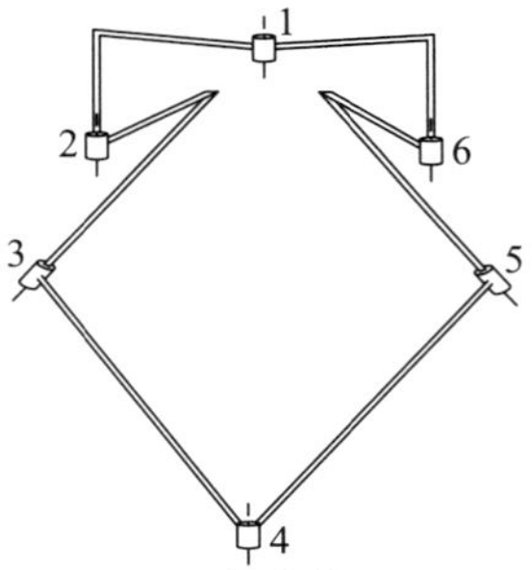 几何参数: $a=1, b=2, c=4, \alpha=0$, $\beta=7\pi/6, \gamma=\pi/6$, $R_2=-1, R_3=-2$	1	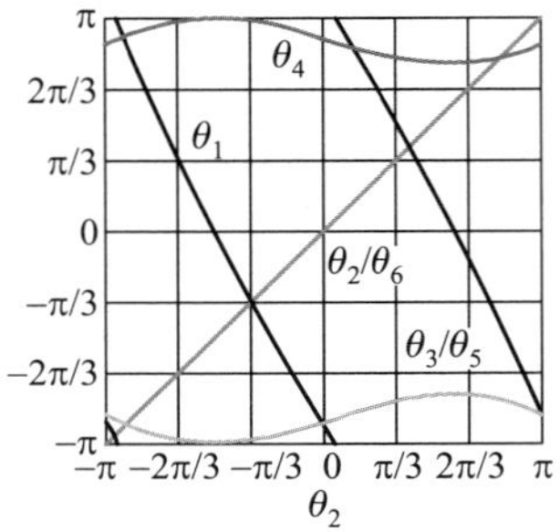	该机构有一个 6R 运动分支且关节轴 6、1 和 2 平行
4	$A=0$, $b=a+c$, $\alpha+\beta-\gamma=k_3\pi$, $R_2\sin(\gamma-\beta)=-R_3\sin\gamma$	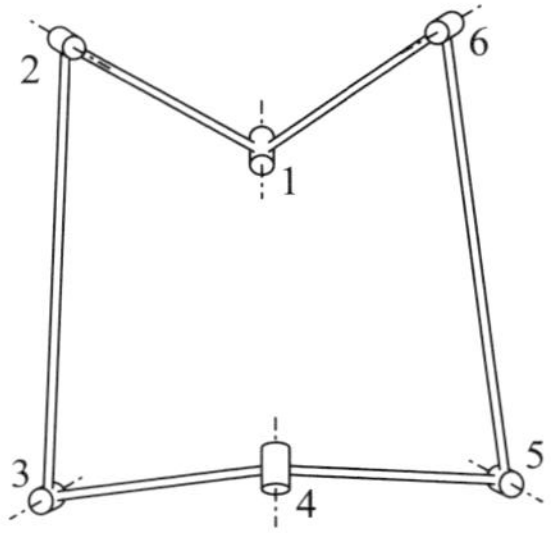 几何参数: $a=c=1, b=2, R_2=R_3=0$, $\alpha=\beta=\pi/6, \gamma=\pi/3$	1	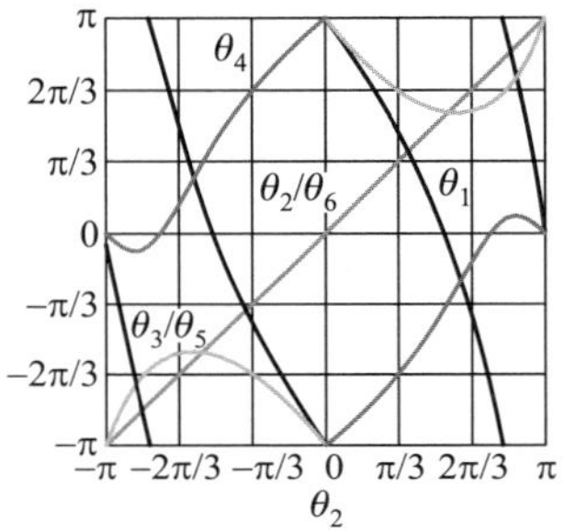	该机构有一个 6R 运动分支

续表

情形	几何条件	机构模型	运动路径		
			数目	曲线	运动行为
5	$A=0$, $c=a+b$, $\alpha-\beta+\gamma=k_1\pi$, $R_2\sin(\gamma-\beta)=-R_3\sin\gamma$	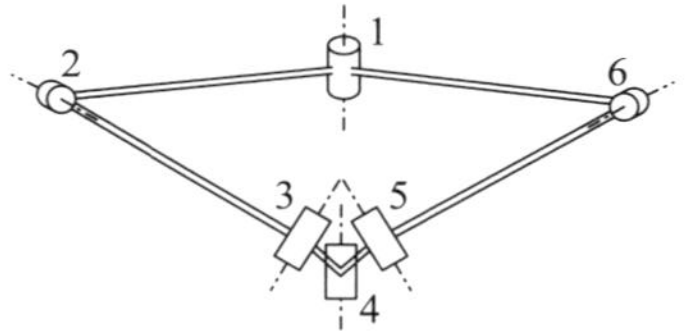 几何参数: $a=b=1, c=2, \alpha=\pi/3$, $\beta=\pi/2, \gamma=\pi/6$, $R_2=R_3=0$	1	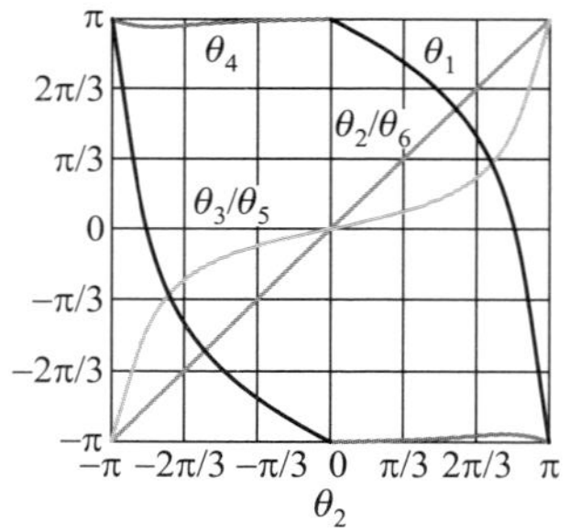	该机构有一个 6R 运动分支
6	$A=0$, $\alpha=\dfrac{(k_1+k_3)\pi}{2}$ $\beta-\gamma=\dfrac{(k_3-k_1)\pi}{2}$, $R_2\sin(\gamma-\beta)=-R_3\sin\gamma$	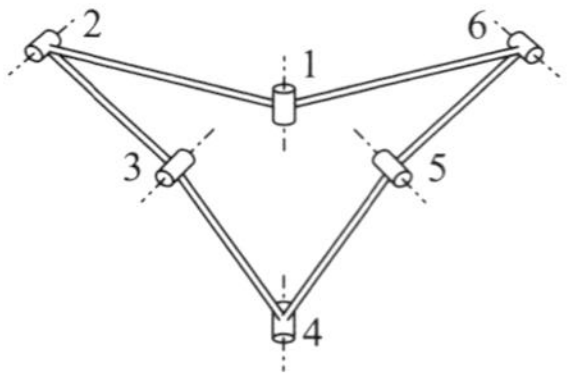 几何参数: $a=1.5, b=1, c=2$, $\alpha=\pi/2, \beta=\pi/4, \gamma=-\pi/4$, $R_2=R_3=0$	1	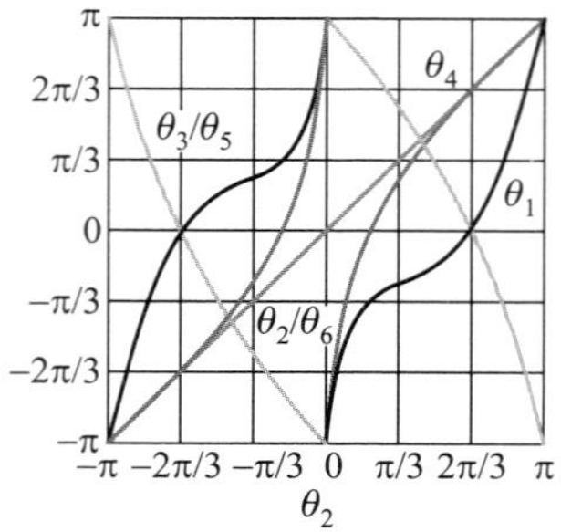	该机构有一个 6R 运动分支

续表

情形	几何条件	机构模型	运动路径		
			数目	曲线	运动行为
7	$A \neq 0$, $\Delta < 0$	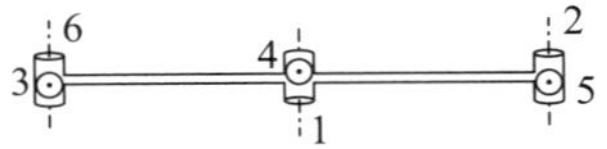 几何参数: $a = c = 1, b = 2$, $\alpha = \gamma = \pi/6, \beta = \pi/2$, $R_2 = R_3 = 0$	0	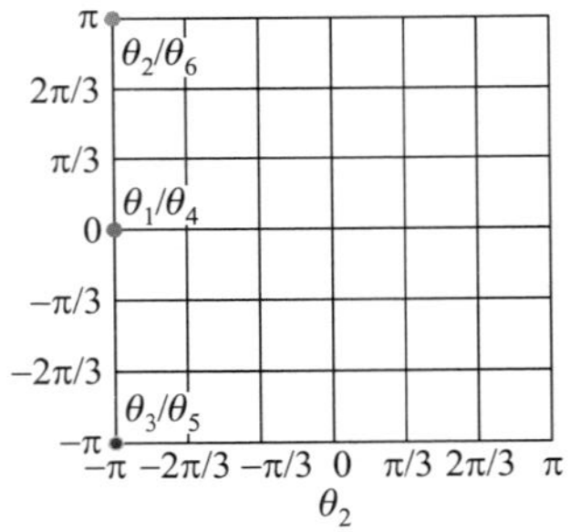	该机构为刚性结构,不存在运动
8	$A \neq 0$, $\Delta = 0$	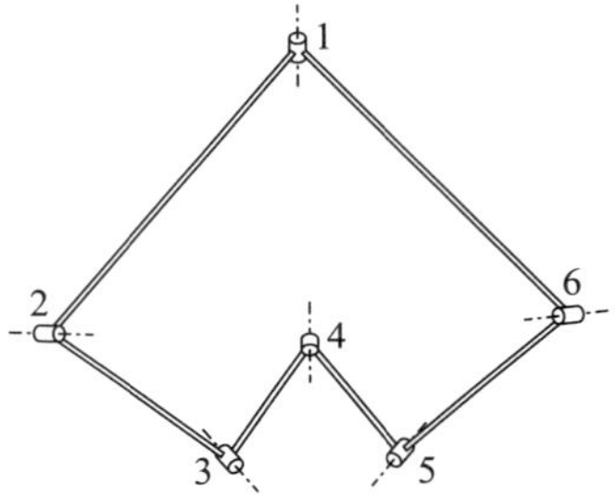 几何参数: $a = 3, b = 2, c = 1$, $\alpha = \frac{2\pi}{3}, \beta = \frac{\pi}{6}, \gamma = -\frac{\pi}{6}$, $R_2 = R_3 = 0$	1	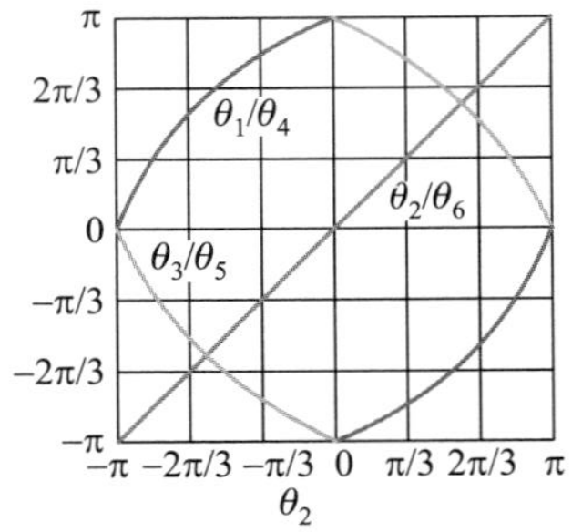	该机构只有一个 6R 运动分支

续表

情形	几何条件	机构模型	运动路径		
			数目	曲线	运动行为
9	$A \neq 0$, $\Delta > 0$	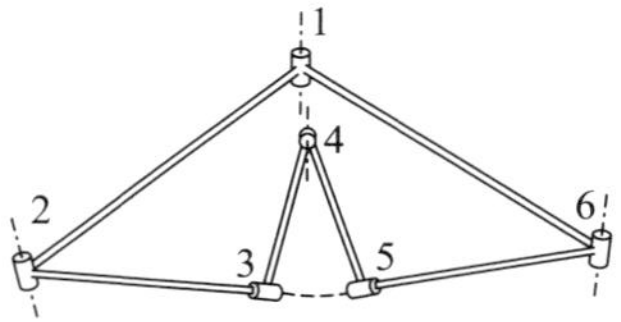 几何参数: $a = 3, b = 2, c = 1$, $\alpha = \dfrac{\pi}{12}, \beta = \dfrac{\pi}{3}, \gamma = \dfrac{\pi}{4}$, $R_2 = R_3 = 0$	1	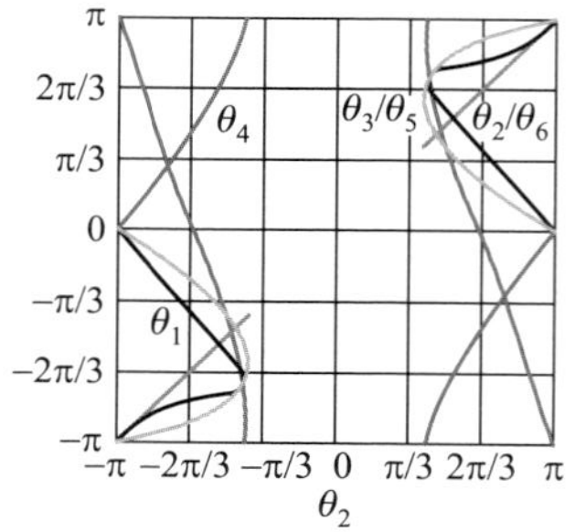 (a) 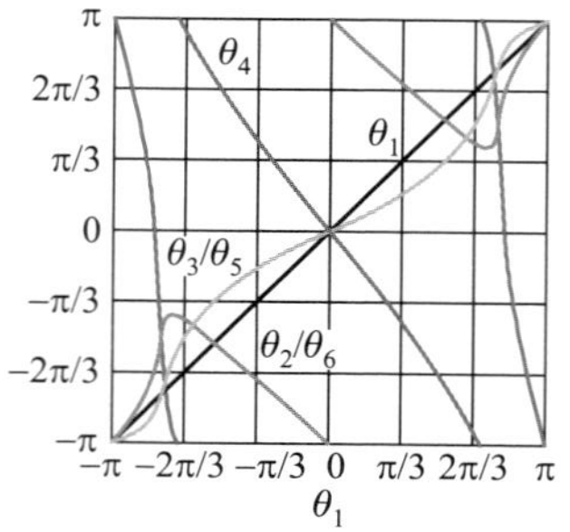 (b)	在图 (a) 中关节 3 和 6 没有全周转动, 所以图 (b) 中以关节1作为输入。在一个转动周期内,关节 4 转 3周而关节1、3 和 5 转 1 周

续表

情形	几何条件	机构模型	运动路径		
			数目	曲线	运动行为
10	$A \neq 0$, $\Delta > 0$	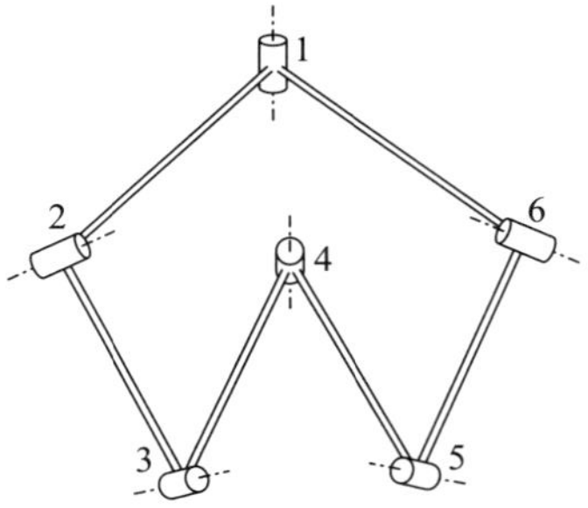 几何参数: $a = 2, b = c = 1$, $\alpha = \frac{2\pi}{3}, \beta = \frac{\pi}{6}, \gamma = -\frac{\pi}{6}$, $R_2 = R_3 = 0$	2	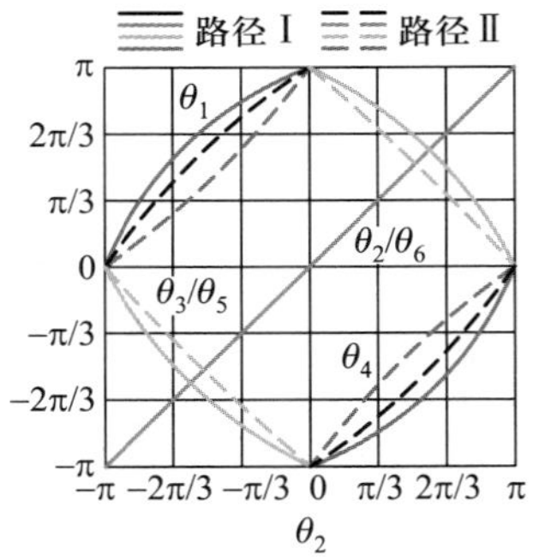 路径 I 路径 II θ_1 θ_2/θ_6 θ_3/θ_5 θ_4 π 2π/3 π/3 0 −π/3 −2π/3 −π −π −2π/3 −π/3 0 π/3 2π/3 π θ_2	该机构有两条不同的面对称 6R 运动分支, 分别对应实线和虚线表示的运动路径

注: 表中运动曲线见书后彩图。

4.2 基于经典机构通解的可重构机构分岔行为与演变规律

由于对称特性的存在, 面对称 Bricard 机构的分岔行为比较复杂。本节基于其显式闭环方程, 找出其衍生机构, 探究了该机构存在的分岔及其对应的一般几何条件, 首次揭示了从面对称 Bricard 机构分岔为 Bennett 机构的过程, 构建了两类不同过约束机构间的内在联系, 提供了可重构机构设计的新思路。

4.2.1 面对称 Bricard 机构的衍生机构

上述一般面对称 Bricard 机构的显式解仅在 $\theta_i \neq \pi$ $(i=1,2,\cdots,6)$ 的条件下成立。当任一运动变量 θ_i 为 π 时, 该机构将退化为 5R/4R 机构。

(1) 当 $\theta_1=\pi$ 时, 如图 4–2 (a) 所示, 当连杆 12 和连杆 61 共线时, 机构退化为一个 5R 机构。关键需判定何种情况下该机构是可动的。将 $\theta_1=\pi$ 代入闭环方程 (4–4), 只有当方程 (4–4) 中含有运动变量 θ_2 和 θ_3 的两元素为线性相关时, 该机构是可动的。因此, 面对称 Bricard 机构退化为一个可动的 5R 机构的几何条件为

$$\begin{pmatrix}\sin(\beta-\alpha-\gamma)m^2+\sin(\gamma-\alpha-\beta)\\ 4\cos\alpha\sin\gamma m\\ \sin(\alpha-\beta-\gamma)m^2-\sin(\alpha+\beta+\gamma)\end{pmatrix}^{\mathrm{T}}\begin{pmatrix}n^2\\ n\\ 1\end{pmatrix}$$
$$=k\begin{pmatrix}[R_3\sin(\beta-\alpha)-R_2\sin\alpha]m^2+2(b-c)\cos\alpha m-R_3\sin(\alpha+\beta)-R_2\sin\alpha\\ -2c\cos(\alpha-\beta)m^2+2c\cos(\alpha+\beta)\\ [R_3\sin(\beta-\alpha)-R_2\sin\alpha]m^2+2(b+c)\cos\alpha m-R_3\sin(\alpha+\beta)-R_2\sin\alpha\end{pmatrix}^{\mathrm{T}}\begin{pmatrix}n^2\\ n\\ 1\end{pmatrix} \tag{4–22}$$

式中, $m=\tan(\theta_2/2)$; $n=\tan(\theta_3/2)$; $k\in\mathbb{R}$。

退化的机构类型取决于满足方程 (4–22) 的几何参数的选择。当所有扭角为 0 时, 不论连杆长度和偏距如何设置, 面对称 Bricard 机构将退化成如图 4–3 (a) 所示的平面 5R 机构。在这种情况下, 由于 θ_1 始终为 π, 关节 1 失效, 得到的平面 5R 机构中, 关节 2 和 6 共线。该机构包括两个独立部分, 即绕关节轴 2/6 的转动以及由关节 3、4、5 和 2/6 组成的平面 4R 机构。

如图 4–3 (b) 所示, 当所有连杆长度和偏距都设为 0 时, 面对称 Bricard 机构将退化为一个球面 5R 机构。例如, 当 $a=b=c=0$、$\alpha=\pi/4$、$\beta=\pi/3$、$\gamma=\pi/5$、$R_2=R_3=0$ 时, 得到的球面 5R 机构中关节 2 和 6 共线。该机构包括两个独立部分, 即由关节 3、4、5 和 2/6 组成的球面 4R 机构以及绕关节轴 2/6 的转动。

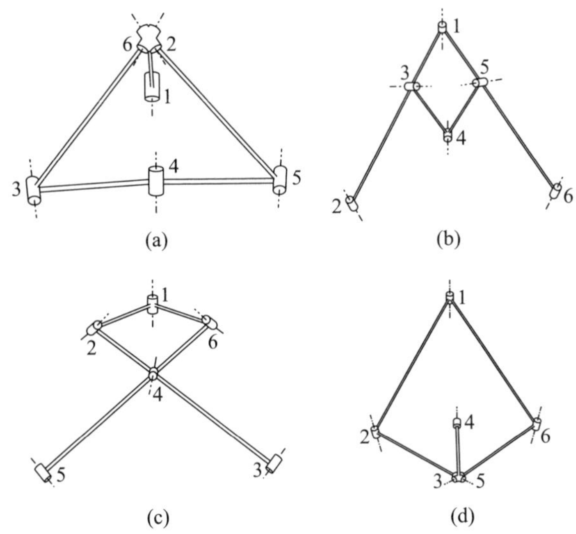

图 4–2 退化的面对称 Bricard 机构 (a) $\theta_1 = \pi$; (b) $\theta_2 = \theta_6 = \pi$; (c) $\theta_3 = \theta_5 = \pi$; (d) $\theta_4 = \pi$

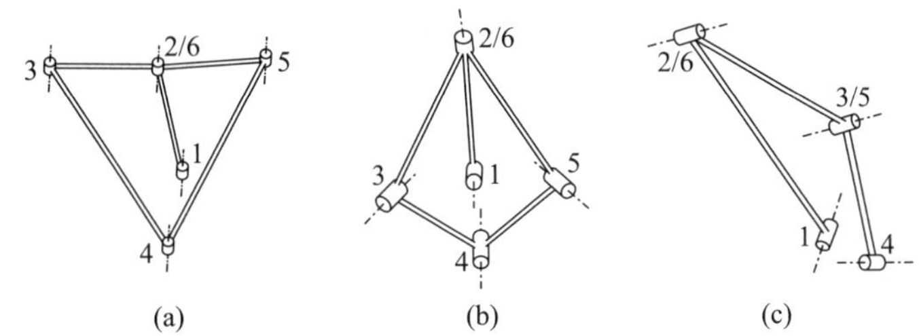

图 4–3 当 $\theta_1 = \pi$ 时的面对称 Bricard 机构: (a) 关节 2 和 6 重合的平面 5R 机构; (b) 关节 2 和 6 重合的球面 5R 机构; (c) 关节 2 和 6、 3 和 5 分别重合的串联运动链

此外, 当我们将几何参数设定为 $a = b = 1$、 $c = 1$、 $\alpha = \pi/2$、 $\beta = 0$、 $\gamma = \pi/2$、 $R_2 = R_3 = 0$ 时, 面对称 Bricard 机构将退化为如图 4–3 (c) 所示的等效串联运动链。在这种情况下, 关节 2 和 6 重合, 关节 3 和 5 重合。得到的机构为一个有两个转动关节 2/6 及 3/5 的串联运动链。

(2) 当 $\theta_2 = \theta_6 = \pi$ 时, 如图 4–2 (b) 所示, 连杆 12 和 23 重合, 连杆 56 和 61 重合, 此时该机构退化为一个 4R 机构。要使此机构可动, 需将 $\theta_2 = \theta_6 = \pi$ 代入闭环方程 (4–4)。选取包含运动变量 θ_1 和 θ_3 的两个元素分析可知, 只有当以下条件满足时, 该机构为可动的。

$$\begin{aligned}&(-\sin\gamma\sin\theta_3)/[\sin\gamma\cos(\alpha-\beta)\cos\theta_3+\cos\gamma\sin(\beta-\alpha)]\\=&\ (-c\cos\theta_3-b+a)/[-c\cos(\alpha-\beta)\sin\theta_3+R_3\sin(\beta-\alpha)-R_2\sin\alpha]\end{aligned} \tag{4–23}$$

进一步简化方程 (4–23) 可得

$$c\sin\gamma\cos(\alpha-\beta)+(b-a)\cos\gamma\sin(\beta-\alpha)+\sin\gamma[R_2\sin\alpha-R_3\sin(\beta-\alpha)]\cdot$$
$$\sin\theta_3+[c\cos\gamma\sin(\beta-\alpha)+(b-a)\sin\gamma\cos(\alpha-\beta)]\cos\theta_3=0 \tag{4–24}$$

要使方程 (4–24) 对所有的 θ_3 值均成立, 所有系数应均为 0, 即

$$\begin{cases} c\sin\gamma\cos(\alpha-\beta)+(b-a)\cos\gamma\sin(\beta-\alpha)=0 \\ \sin\gamma[R_2\sin\alpha-R_3\sin(\beta-\alpha)]=0 \\ c\cos\gamma\sin(\beta-\alpha)+(b-a)\sin\gamma\cos(\alpha-\beta)=0 \end{cases} \tag{4–25}$$

通过求解方程组 (4–25), 可得到面对称 Bricard 机构退化为一个可动的 4R 机构的条件为

$$\begin{gathered} b-a+c=0, \quad c\sin(\gamma+\alpha-\beta)=0, \\ \sin\gamma[R_2\sin\alpha-R_3\sin(\beta-\alpha)]=0 \end{gathered} \tag{4–26}$$

或

$$\begin{gathered} \sin(\beta-\alpha+\gamma)=0, \quad (a-b+c)\sin 2\gamma=0, \\ \sin\gamma[R_2\sin\alpha-R_3\sin(\beta-\alpha)]=0 \end{gathered} \tag{4–27}$$

退化的 4R 机构的类型取决于满足式 (4–26) 或式 (4–27) 的几何参数的选择。例如: 当几何条件为 $a=b=c=0$、$R_2=R_3=0$ 时, 该机构为一个球面 4R 机构; 当几何条件为 $\alpha=\beta=\gamma=0$、$R_2=R_3=0$ 时, 该机构为一个平面 4R 机构; 当几何条件为 $a=b+c$、$\beta=\alpha+\gamma$、$R_2=R_3=0$ 或 $b=a+c$、$\alpha=\beta+\gamma$、$R_2=R_3=0$ 时, 可以得到一个 Bennett 机构。

(3) 当 $\theta_3=\theta_5=\pi$ 时, 如图 4–2 (c) 所示, 连杆 23 和 34 重合, 连杆 45 和 56 重合, 此时该机构退化为一个 4R 机构。要使此机构可动, 需将 $\theta_3=\theta_5=\pi$ 代入闭环方程 (4–4)。选取包含运动变量 θ_1 和 θ_2 的两个元素分析可知, 只有当以下条件满足时, 该机构为可动的。

$$\frac{\sin(\beta-\gamma)\sin\theta_2}{\cos\alpha\sin(\gamma-\beta)\cos\theta_2-\sin\alpha\cos(\beta-\gamma)}$$
$$=\frac{(b-c)\cos\theta_2+R_3\sin\beta\sin\theta_2+a}{(b-c)\cos\alpha\sin\theta_2-R_3\cos\alpha\sin\beta\cos\theta_2-R_3\sin\alpha\cos\beta-R_2\sin\alpha} \tag{4–28}$$

即

$$(b-c)\cos\alpha\sin(\gamma-\beta)-a\sin\alpha\cos(\beta-\gamma)+\sin\alpha[R_2\sin(\beta-\gamma)-R_3\sin\gamma]\cdot$$
$$\sin\theta_2+[a\cos\alpha\sin(\gamma-\beta)+(c-b)\sin\alpha\cos(\beta-\gamma)]\cos\theta_2=0 \tag{4–29}$$

要使方程 (4–29) 对所有的 θ_2 值均成立, 所有系数应均为 0, 即

$$\begin{cases} (b-c)\cos\alpha\sin(\gamma-\beta)-a\sin\alpha\cos(\beta-\gamma)=0 \\ \sin\alpha[R_2\sin(\beta-\gamma)-R_3\sin\gamma]=0 \\ a\cos\alpha\sin(\gamma-\beta)+(c-b)\sin\alpha\cos(\beta-\gamma)=0 \end{cases} \tag{4–30}$$

即

$$\begin{gathered} a-b+c=0,\quad a\sin(\gamma-\alpha-\beta)=0, \\ \sin\alpha[R_2\sin(\beta-\gamma)-R_3\sin\gamma]=0 \end{gathered} \tag{4–31}$$

或

$$\begin{gathered} \sin(\alpha-\beta+\gamma)=0,\quad (a+b-c)\sin 2\alpha=0, \\ \sin\alpha[R_2\sin(\beta-\gamma)-R_3\sin\gamma]=0 \end{gathered} \tag{4–32}$$

退化的 4R 机构的类型取决于满足式 (4–31) 或式 (4–32) 的几何参数的选择。当所有连杆长度和偏距均为 0 时, 得到的机构为一个球面 4R 机构。当所有扭角和偏距都为 0 时, 得到的机构为一个平面 4R 机构。当几何条件为 $b=a+c$、$\gamma=\alpha+\beta$、$R_2=R_3=0$ 或 $c=a+b$、$\beta=\alpha+\gamma$、$R_2=R_3=0$ 时, 可以得到一个 Bennett 机构。

(4) 当 $\theta_4=\pi$ 时, 如图 4–2 (d) 所示, 连杆 34 和 45 重合, 该机构退化为一个 5R 机构。将 $\theta_4=\pi$ 代入闭环方程 (4–4), 只有当方程 (4–4) 中含有运动变量 θ_1、θ_2 和 θ_3 的三元素为线性相关时, 该机构是可动的。因此, 面对称 Bricard 退化为一个可动的 5R 机构的几何条件为

$$\begin{pmatrix} \left\{\begin{array}{l} (a-b+c)\sin(\alpha-\beta+\gamma)m^2+2\sin\alpha[R_3\sin\gamma+ \\ R_2\sin(\gamma-\beta)]m+(a+b-c)\sin(\alpha+\beta-\gamma) \end{array}\right\} \\ \left\{\begin{array}{l} 2\sin\gamma[R_2\sin\alpha+R_3\sin(\alpha-\beta)]m^2+2[(a-c)\sin(\alpha-\gamma)- \\ (a+c)\sin(\alpha+\gamma)]m-2\sin\gamma[R_2\sin\alpha+R_3\sin(\alpha+\beta)] \end{array}\right\} \\ \left\{\begin{array}{l} (a-b-c)\sin(\alpha-\beta-\gamma)m^2+2\sin\alpha[R_3\sin\gamma+ \\ R_2\sin(\gamma+\beta)]m+(a+b+c)\sin(\alpha+\beta+\gamma) \end{array}\right\} \end{pmatrix}^{\mathrm{T}} \begin{pmatrix} n^2 \\ n \\ 1 \end{pmatrix}$$

$$= k\begin{pmatrix} \sin(\beta-\alpha-\gamma)m^2+\sin(\alpha+\beta-\gamma) \\ 4\sin\alpha\sin\gamma m \\ \sin(\alpha-\beta-\gamma)m^2-\sin(\alpha+\beta+\gamma) \end{pmatrix}^{\mathrm{T}} \begin{pmatrix} n^2 \\ n \\ 1 \end{pmatrix} \tag{4–33}$$

式中, $m=\tan(\theta_2/2)$; $n=\tan(\theta_3/2)$; $k\in\mathbb{R}$。考虑到该 Bricard 机构的面对称性, 得到的机构与 $\theta_1=\pi$ 时的情形一致。

此外, 当 θ_i 为一固定值但不等于 π 时, 该机构也将退化成 5R/4R 机构。

4.2.2 面对称 Bricard 机构与 Bennett 机构间的分岔

根据 4.2.1 节的分析, 该机构可以实现面对称 Bricard 机构和 Bennett 机构间的分岔。当几何条件为

$$\begin{gathered} a=b+c, \quad \beta=\alpha+\gamma, \quad R_2=R_3=0 \quad 或 \\ b=a+c, \quad \alpha=\beta+\gamma, \quad R_2=R_3=0 \end{gathered} \tag{4-34}$$

$A \neq 0$ 且 $\Delta>0$。根据式 (4–5)、式 (4–19) 至式 (4–21), 该机构有两组解。然而, 该机构只有一条面对称 6R 运动路径, 如图 4–4 中实线所示, 对应表 4–1 中的情形 9。此时, 关节 θ_2 和 θ_6 没有整周转动。此外, 当 $\theta_2=\theta_6=\pi$ 时, 该机构还有另外一条运动路径, 如图 4–4 中虚线所示, 此时该机构实际上为一个 Bennett 机构。整个分岔过程如图 4–4 所示, 其中驱动关节 1 用旋转箭头表示。

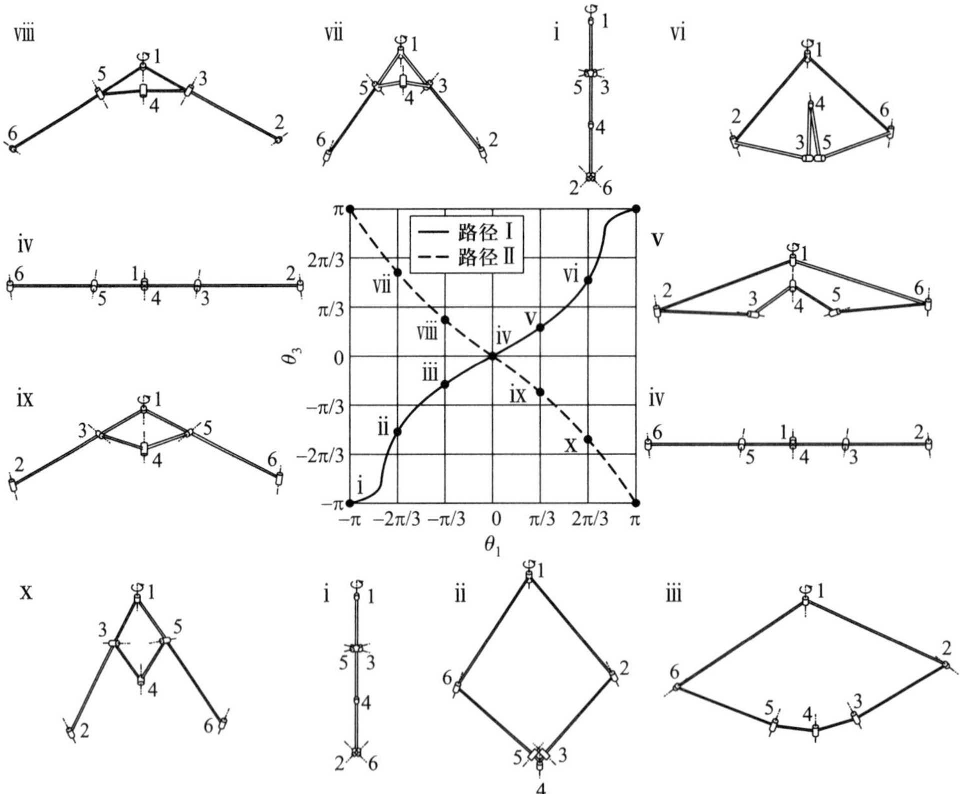

图 4–4 当 $\theta_2=\theta_6=\pi$ 时, 面对称 **Bricard** 机构与 **Bennett** 机构间的分岔, 其中 **i—ii—iii—iv—v—vi—i** 对应面对称 **Bricard** 机构运动路径上的构型, **i—vii—viii—iv—ix—x—i** 对应 **Bennett** 机构运动路径上的构型。此时, 该机构的几何参数为 $a=3$, $b=2$, $c=1$, $\alpha=\pi/12$, $\beta=\pi/3$, $\gamma=\pi/4$, $R_2=R_3=0$

类似地，当机构几何条件为

$$\begin{array}{c} b=a+c, \quad \gamma=\alpha+\beta, \quad R_2=R_3=0 \quad \text{或} \\ c=a+b, \quad \beta=\alpha+\gamma, \quad R_2=R_3=0 \end{array} \tag{4-35}$$

$A=0$。根据式 (4–5)、式 (4–13) 至式 (4–15)，该机构只有一个 6R 运动分支，如图 4–5 中实线所示，其中驱动关节 2 用旋转箭头表示。所有关节均具有整周转动，并且一些关节转动周期大于 2π，如 θ_1 的周期为 6π。此外，当 $\theta_3=\theta_5=\pi$ 时，该机构还有另外一条运动路径，如图 4–5 中虚线所示，此时该机构实际上为一个 Bennett 机构。

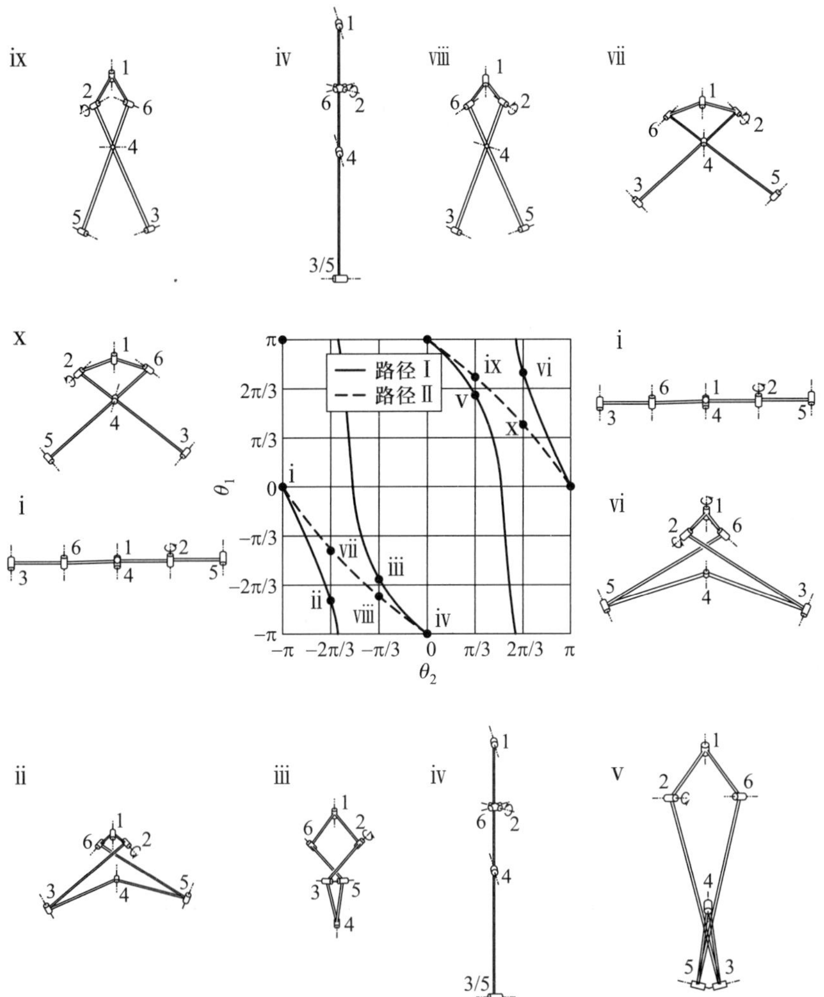

图 **4–5** 当 $\theta_3=\theta_5=\pi$ 时，面对称 **Bricard** 机构与 **Bennett** 机构间的分岔，其中 **i—ii—iii—iv—v—vi—i** 对应面对称 **Bricard** 机构运动路径上的构型，**i—vii—viii—iv—ix—x—i** 对应 **Bennett** 机构运动路径上的构型。此时，该机构的几何参数为 $a=1$，$b=3$，$c=2$，$\alpha=\pi/4$，$\beta=\pi/3$，$\gamma=7\pi/12$，$R_2=R_3=0$

4.2.3 面对称 Bricard 机构的其他分岔行为

通过选取不同的面对称 Bricard 机构的几何参数, 该机构还有其他类型的分岔。

1) 两个 6R 运动分支间的分岔

为了使面对称 Bricard 机构具有两个 6R 运动分支, 需满足 $A \neq 0$ 且 $\Delta > 0$。令几何条件为

$$a = 2b,\ c = b,\ \alpha = \pi - 2\beta,\ \gamma = -\beta,\ R_2 = R_3 = 0 \tag{4-36}$$

该机构具有以下两组解

$$\begin{gathered}\tan\frac{\theta_2}{2} = -\frac{1}{\cos 2\beta \tan\dfrac{\theta_1}{2}},\ \tan\frac{\theta_3}{2} = -\cos\beta\tan\frac{\theta_1}{2},\\ \theta_4 = \theta_1,\ \theta_5 = \theta_3,\ \theta_6 = \theta_2\end{gathered} \tag{4-37}$$

及

$$\begin{gathered}\tan\frac{\theta_1}{2} = -\frac{1}{\cos^2\beta\tan\dfrac{\theta_6}{2}},\ \tan\frac{\theta_3}{2} = \frac{1}{\cos\beta\tan\dfrac{\theta_6}{2}},\\ \tan\frac{\theta_4}{2} = -\frac{\cos 2\beta\tan^2\dfrac{\theta_6}{2} + 1}{\tan\dfrac{\theta_6}{2}\left(\cos^2\beta\tan^2\dfrac{\theta_2}{2} + 2 - \cos^2\beta\right)},\ \theta_5 = \theta_3,\ \theta_6 = \theta_2\end{gathered} \tag{4-38}$$

如图 4–6 所示, 两条运动路径交于点 $(\pi, 0)$ 和 $(0, \pi)$, 意味着这两点为分岔点。驱动关节用旋转箭头表示。当选取关节 1 为驱动关节时, 该机构将沿着路径 I 运动; 当选取关节 2 为驱动关节时, 该机构将沿着路径 II 运动。

在实际工程中, 杆件不能发生图 4–6 所示的干涉。因此, 可将实际杆件设计成曲线以避免干涉。由此设计了一个实际杆件不发生干涉的具有两条运动路径的面对称 Bricard 机构的模型, 如图 4–7 所示, 其中驱动被简化为两个方块。由图 4–7 可以看出, 由 D–H 法定义的杆件 (虚线) 与实际杆件有着显著差别。该机构的几何参数为

$$a_{12} = a_{61} = 160\ \text{mm},\ a_{23} = a_{56} = 80\ \text{mm},\ a_{34} = a_{45} = 80\ \text{mm} \tag{4-39}$$

$$\alpha_{12} = 2\pi - \alpha_{61} = 100^\circ,\ \alpha_{23} = 2\pi - \alpha_{56} = 40^\circ,\ \alpha_{45} = 2\pi - \alpha_{34} = 40^\circ \tag{4-40}$$

$$R_1 = R_2 = R_3 = R_4 = R_5 = R_6 = 0 \tag{4-41}$$

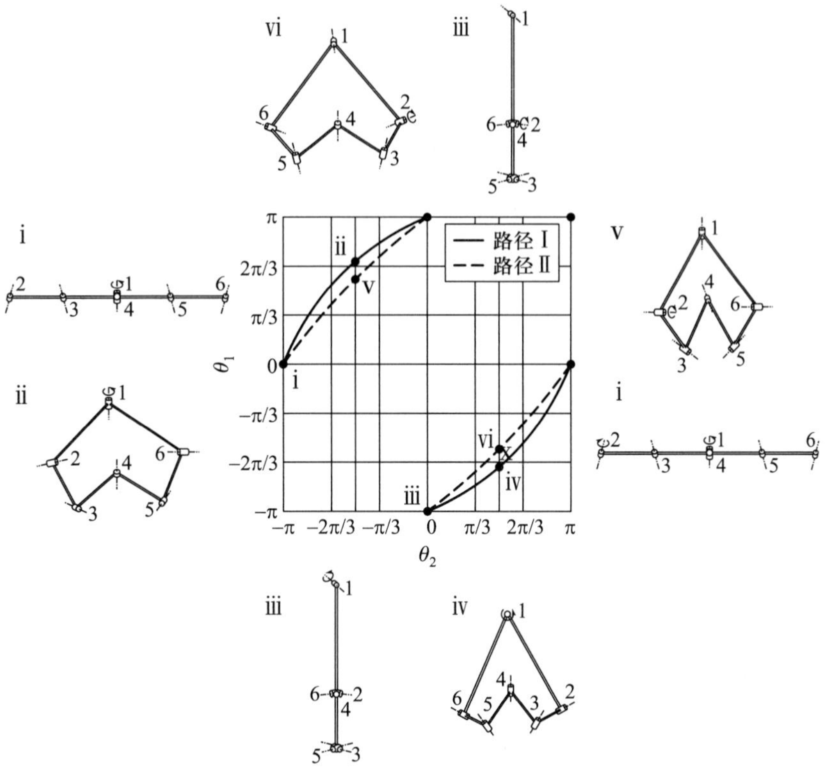

图 4–6　两个 **6R** 运动分支间的分岔，其中 **i—ii—iii—iv—i** 对应路径 I 上的机构构型，**i—vi—iii—v—i** 对应路径 II 上的机构构型。此时，该机构的几何参数为 $a=2, b=1,\ c=1,\ \alpha=2\pi/3,\ \beta=\pi/6,\ \gamma=-\pi/6,\ R_2=R_3=0$，对应表 **4–1** 中的情形 **10**

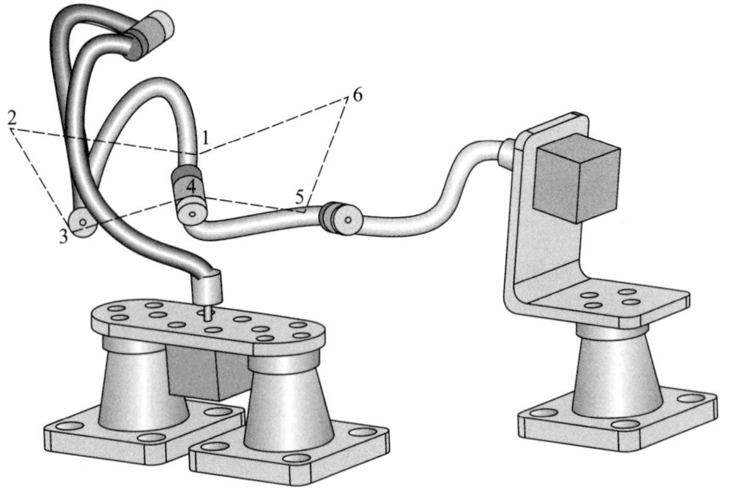

图 **4–7**　无干涉的具有两个运动分支的面对称 **Bricard** 机构

2) 运动链与 4R 机构间的分岔

当 A、B 和 C 均为 0 时，面对称 Bricard 机构的通解不再适用。例如，当几何参数为

$$\begin{aligned}&a=3,\ b=2,\ c=4,\ \alpha=\frac{\pi}{2},\\&\beta=0,\ \gamma=\frac{\pi}{2},\ R_2=R_3=0\end{aligned}\tag{4–42}$$

通过求解方程 (4–4)，可得到以下解：

$$\theta_1=-\theta_4,\ \theta_2=\theta_6=\frac{\pi}{3},\ \theta_3=\theta_5=\frac{2\pi}{3}\tag{4–43}$$

$$\theta_1=-\theta_4,\ \theta_2=\theta_6=-\frac{\pi}{3},\ \theta_3=\theta_5=-\frac{2\pi}{3}\tag{4–44}$$

$$\theta_1=\theta_4=\pi,\ \theta_2=\theta_6\in(-\pi,\ \pi),\ \theta_3=\theta_5\in(-\pi,\ \pi)\tag{4–45}$$

及

$$\begin{aligned}&\theta_1=\theta_4=0,\ \tan\frac{\theta_6}{2}=\frac{-4\tan\dfrac{\theta_2}{2}\pm\sqrt{3\left(7\tan^2\dfrac{\theta_2}{2}+3\right)\left(7-5\tan^2\dfrac{\theta_2}{2}\right)}}{15\tan^2\dfrac{\theta_2}{2}+7},\\&\sin(\theta_2+\theta_3)=\frac{\sin\theta_6-\sin\theta_2}{4},\ \theta_5=-(\theta_2+\theta_3+\theta_6)\end{aligned}\tag{4–46}$$

式 (4–43) 和式 (4–44) 对应该机构退化为转动关节的情形，其中连杆 12、23 和 34 作为一个整体绕着关节轴 1 相对于杆件 45、56 和 61 组成的整体转动，如图 4–8 (a) 中路径 I 和 Ⅲ 所示，其中关节 1 为驱动关节。式 (4–45) 对应该机构退化成一个具有两个转动关节的串联运动链的情形，如图 4–8 (a) 中路径 Ⅱ 所示，其中关节 2 和 3 为驱动关节。式 (4–46) 对应不满足面对称特性的运动，如图 4–8 (a) 中路径 Ⅳ 所示，其运动过程中的构型如图 4–8 (b) 所示，该机构实际为一个四杆双摇杆机构。

本节通过对面对称 Bricard 机构运动学和分岔行为的全面研究，揭示了经典过约束空间机构分岔机理及机构演变的规律，为通过合理设计几何参数、利用经典过约束机构的分岔进行可重构机构的设计提供了新的途径。

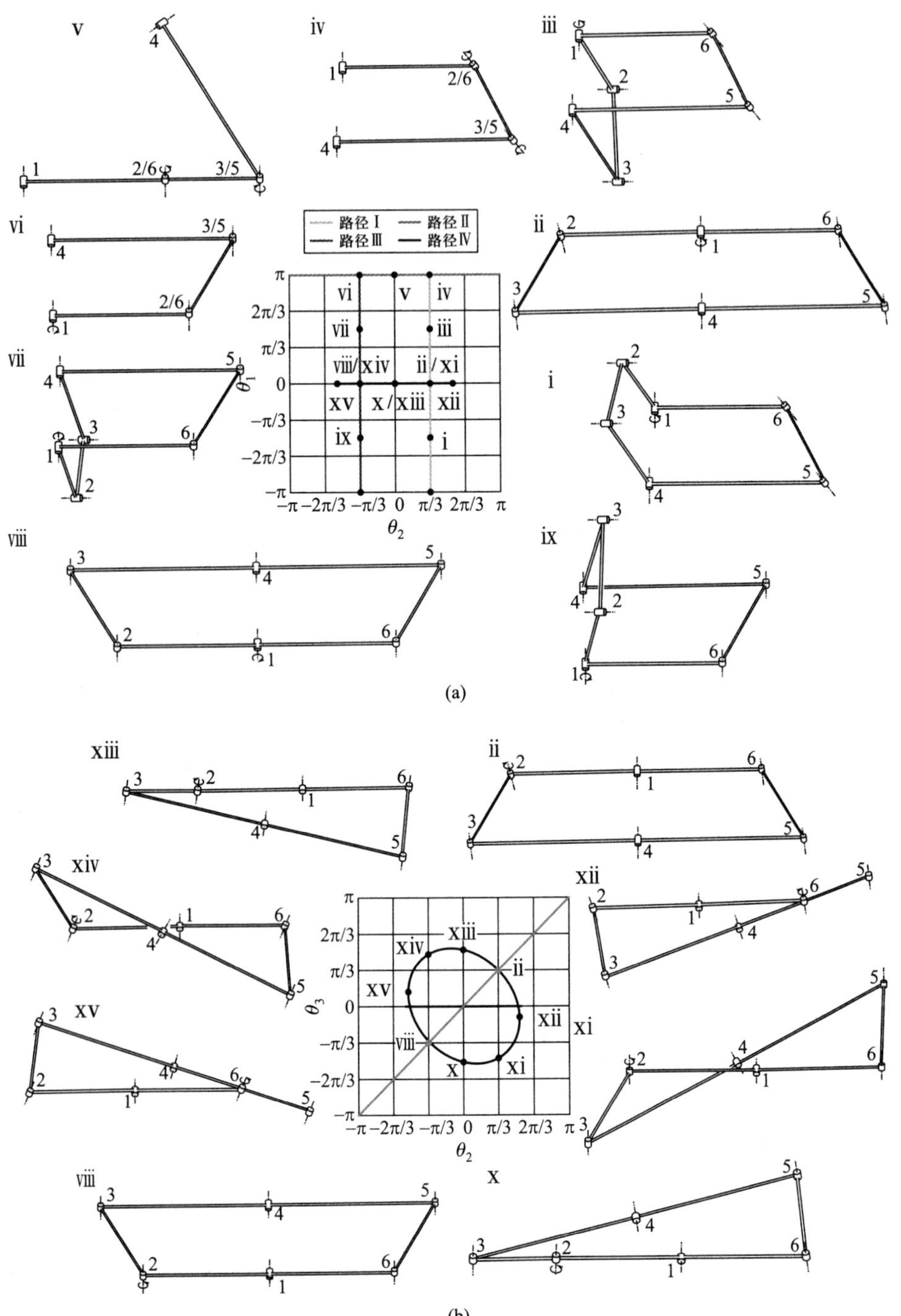

图 4–8　面对称 **Bricard** 机构的分岔: **(a)** 两个等效关节运动分支与一个具有两个关节的串联运动链运动分支间的分岔; **(b)** 两个等效关节运动分支与四杆双摇杆机构运动分支间的分岔。其中, **i—ii—iii—iv** 对应沿着路径 I 的机构构型, **iv—v—vi** 对应沿着路径 Ⅱ 的机构构型, **vi—vii—viii—ix** 对应沿着路径 Ⅲ 的机构构型, **viii—x—xi—xii—ii—xiii—xiv—xv** 对应沿着路径 Ⅳ 的机构构型

4.3 基于旋量系几何形态的变胞机构分岔分析、分支转换与重构研究

本节使用拥有多运动分支的可重构机构来展示旋量系不同几何形态之间的相互转换, 使运动分支在特定几何条件下发生的转换反映出旋量系几何形态的变化, 综合得出四个新的具有实用价值的变胞机构。首先分析一个拥有两个不同几何形态三阶旋量系的可重构机构, 由旋量理论计算得到平面运动分支和球面运动分支的转换条件, 机构上的点也可以完成从球面运动到平面运动的转换。然后利用运动分支转换条件, 基于 Bennett 机构设计出三个不同的可重构机构。三个机构分别实现了 Bennett 运动分支和球面运动分支, Bennett 运动分支和平面运动分支, Bennett 运动分支和平面运动分支、球面运动分支之间的相互转换。实现 Bennett 运动分支和球面运动分支的机构拥有两个 Bennett 运动分支和一个球面运动分支, 三个运动分支之间的转换可以形成一个闭环的转换流程。实现 Bennett 运动分支和平面运动分支的机构除了拥有两个 Bennett 运动分支和两个平面运动分支外, 还拥有一个线对称 Bricard 六杆运动分支。实现 Bennett 运动分支与平面运动分支、球面运动分支之间的相互转换的可重构机构拥有一个三重分岔点, 机构在此处可以实现三种不同运动的转换, 同时第四个运动分支作为线对称 Bricard 机构的一般运动形式也存在于该机构中。本节将给出四个机构所有运动分支间的转换条件, 同时得到基于运动分支转换指标的参数, 机构的运动分支转换流程图可以将各个运动分支的转换条件清晰地显示出来。

4.3.1 球面运动和平面运动的重构

4.3.1.1 展开球面运动分支运动分析与可重构分析

1) 基于旋量理论的运动分析

对机构参数为 $a_{23}=a_{56}=b\cos[(\varphi_1/2)-(\pi/4)]$, $a_{12}=a_{34}=a_{45}=a_{61}=0$, $\alpha_{12}=\alpha_{34}=\alpha_{45}=\alpha_{61}=(\varphi_1/2)-(\pi/8)$, $\alpha_{23}=\alpha_{56}=0$, $d_1=d_4=b, d_2=d_5=0$, $d_3=d_6=-b\sin[(\varphi_1/2)-(\pi/4)]$ 的单闭环机构, 根据闭环方程可得 $\theta_6=-\pi/2$, 意味着转动副 6 是几何锁定的, 转动副 1 可以独立于转动副 6 运动。此种情况为图 4–9 中的展开球面运动分支。图 4–9 (a) 是展开球面运动分支的物理模型, 图 4–9 (b) 是展开球面运动分支的几何模型。此处标记 δ 为转动副 2 和 5 轴线的夹角, 同时有

$$\cos\theta_2+\sin(\theta_2+\theta_3)=0 \tag{4–47}$$

$$\sin\theta_2-\cos(\theta_2+\theta_3)=0 \tag{4–48}$$

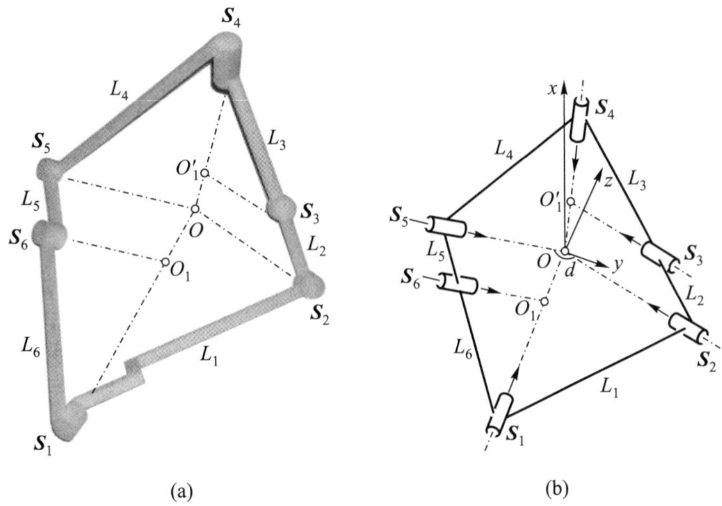

图 **4–9** 展开球面运动分支: **(a)** 机构物理模型; **(b)** 机构几何模型

在式 (4–47) 和式 (4–48) 中消去 θ_2, 可得 $\theta_3 = -\pi/2$, 表明转动副 3 也是几何锁定的, 表明此运动分支下只有转动副 1、 2、 4 和 5 运动。

$\boldsymbol{S}_1$ 的方向向量为

$$\boldsymbol{s}_1 = (0,0,1)^{\mathrm{T}} \tag{4–49}$$

由此可得

$$\boldsymbol{S}_1 = (0,0,1,0,0,0)^{\mathrm{T}} \tag{4–50}$$

$\boldsymbol{S}_6$ 可以通过如下旋量的运算得到

$$\boldsymbol{S}_6 = \begin{pmatrix} \boldsymbol{R}_{z,-\theta_1} & \boldsymbol{0} \\ ((-d_1\boldsymbol{z})\times)\,\boldsymbol{R}_{z,-\theta_1} & \boldsymbol{R}_{z,-\theta_1} \end{pmatrix} \cdot \begin{pmatrix} \boldsymbol{R}_{x,-\alpha_{61}} & \boldsymbol{0} \\ ((-a_{61}\boldsymbol{x})\times)\,\boldsymbol{R}_{x,-\alpha_{61}} & \boldsymbol{R}_{x,-\alpha_{61}} \end{pmatrix} (0,0,1,0,0,0)^{\mathrm{T}} \tag{4–51}$$

式中, $(0,0,1,0,0,0)^{\mathrm{T}}$ 为转换前的初始旋量坐标; $((-d_1\boldsymbol{z})\times)$ 和 $((-a_{61}\boldsymbol{x})\times)$ 分别为向量 $-d_1\boldsymbol{z}$ 和 $-a_{61}\boldsymbol{x}$ 的斜对称矩阵, 其中, $\boldsymbol{x}$ 和 $\boldsymbol{z}$ 分别为对应于 x 轴和 z 轴的方向向量; $\boldsymbol{R}_{z,-\theta_1}$ 为绕 z 轴的旋转矩阵, $-\theta_1$ 为转动角度; $\boldsymbol{R}_{x,-\alpha_{61}}$ 为绕 x 轴的旋转矩阵, 转动角度为 $-\alpha_{61}$。由 Euler–Rodrigues 公式可得相应的旋转矩阵为

$$\boldsymbol{R}_{v,\alpha} = \boldsymbol{I} + \sin\alpha(\boldsymbol{v}\times) + (1-\cos\alpha)(\boldsymbol{v}\times)^2 \tag{4–52}$$

式中, $\boldsymbol{I}$ 为 3×3 单位矩阵; $(\boldsymbol{v}\times)$ 为向量 $\boldsymbol{v}$ 的斜对称矩阵; α 为旋转角度。将机构

的连杆参数代入式 (4–51), 可得

$$\boldsymbol{S}_6=\left(\frac{\sqrt{2}}{2}\sin\theta_1,\frac{\sqrt{2}}{2}\cos\theta_1,\frac{\sqrt{2}}{2},\frac{l}{5}\cos\theta_1,-\frac{l}{5}\sin\theta_1,0\right)^{\mathrm{T}} \tag{4–53}$$

展开球面运动分支中转动副 6 是几何锁定的, 由此可得

$$\boldsymbol{S}_5=\left(\frac{\sqrt{2}}{2}\sin\theta_1,\frac{\sqrt{2}}{2}\cos\theta_1,\frac{\sqrt{2}}{2},0,0,0\right)^{\mathrm{T}} \tag{4–54}$$

对于 $\boldsymbol{S}_2$, 有如下转换方程

$$\boldsymbol{S}_2=\begin{pmatrix}\boldsymbol{R}_{x,\alpha_{12}} & \mathbf{0}\\ ((a_{12}\boldsymbol{x})\times)\,\boldsymbol{R}_{x,\alpha_{12}} & \boldsymbol{R}_{x,\alpha_{12}}\end{pmatrix}(0,0,1,0,0,0)^{\mathrm{T}} \tag{4–55}$$

将机构的连杆参数代入式 (4–55), 可得

$$\boldsymbol{S}_2=\left(0,-\frac{\sqrt{2}}{2},\frac{\sqrt{2}}{2},0,0,0\right)^{\mathrm{T}} \tag{4–56}$$

对于 $\boldsymbol{S}_3$ 和 $\boldsymbol{S}_4$, 有

$$\boldsymbol{S}_3=\left(0,-\frac{\sqrt{2}}{2},\frac{\sqrt{2}}{2},\frac{l}{5}\sin\theta_2,-\frac{\sqrt{2}l}{10}\cos\theta_2,-\frac{\sqrt{2}l}{10}\cos\theta_2\right)^{\mathrm{T}} \tag{4–57}$$

$$\boldsymbol{S}_4=\left(-\frac{\sqrt{2}}{2}\cos\theta_2,-\frac{1}{2}\sin\theta_2-\frac{1}{2},-\frac{1}{2}\sin\theta_2+\frac{1}{2},0,0,0\right)^{\mathrm{T}} \tag{4–58}$$

把连杆 L_4 作为移动平台, 把连杆 L_1 作为机构的基座, 机构有两个运动支链, 一个支链包含 $\boldsymbol{S}_2$、$\boldsymbol{S}_3$ 和 $\boldsymbol{S}_4$, 一个支链包含 $\boldsymbol{S}_1$、$\boldsymbol{S}_6$ 和 $\boldsymbol{S}_5$。

支链 (子运动链) 运动旋量系 [limb (sub-chain) motion-screw system] 为

$$\mathbb{S}_{l1}=\{\boldsymbol{S}_1,\boldsymbol{S}_6,\boldsymbol{S}_5\} \tag{4–59}$$

$$\mathbb{S}_{l2}=\{\boldsymbol{S}_2,\boldsymbol{S}_3,\boldsymbol{S}_4\} \tag{4–60}$$

支链 (子运动链) 约束旋量系 [limb (sub-chain) constraint-screw system] 为

$$\mathbb{S}_{l1}^r=\left\{\begin{array}{l}\boldsymbol{S}_{11}^r=(0,0,1,0,0,0)^{\mathrm{T}}\\ \boldsymbol{S}_{12}^r=\left(0,0,0,-\dfrac{\sqrt{2}}{2}\cos\theta_1,\dfrac{\sqrt{2}}{2}\sin\theta_1,0\right)^{\mathrm{T}}\\ \boldsymbol{S}_{13}^r=\left(\dfrac{\sqrt{2}}{2}\sin\theta_1,\dfrac{\sqrt{2}}{2}\cos\theta_1,\dfrac{\sqrt{2}}{2},0,0,0\right)^{\mathrm{T}}\end{array}\right\} \tag{4–61}$$

和

$$\mathbb{S}_{l2}^{r}=\left\{\begin{aligned}&\boldsymbol{S}_{21}^{r}=\left(0,-\frac{\sqrt{2}}{2},\frac{\sqrt{2}}{2},0,0,0\right)^{\mathrm{T}}\\&\boldsymbol{S}_{22}^{r}=\left(0,0,0,\frac{\sqrt{2}}{2}\sin\theta_2,-\frac{1}{2}\cos\theta_2,-\frac{1}{2}\cos\theta_2\right)^{\mathrm{T}}\\&\boldsymbol{S}_{23}^{r}=\left(-\frac{\sqrt{2}}{2}\cos\theta_2,-\frac{1}{2}\sin\theta_2-\frac{1}{2},-\frac{1}{2}\sin\theta_2+\frac{1}{2},0,0,0\right)^{\mathrm{T}}\end{aligned}\right\} \tag{4–62}$$

式 (4–61) 和式 (4–62) 给出的公共约束旋量系多重集 (common constraint-screw system multiset) 为

$$\langle\mathbb{S}^{c}\rangle=\langle\mathbb{S}_{l1}^{r}\rangle\cap\langle\mathbb{S}_{l2}^{r}\rangle=\varnothing \tag{4–63}$$

输出杆件约束旋量系多重集 (platform constraint-screw system multiset) 为

$$\langle\mathbb{S}^{r}\rangle=\mathbb{S}_{l1}^{r}\uplus\mathbb{S}_{l2}^{r}=\langle\boldsymbol{S}_{11}^{r},\boldsymbol{S}_{12}^{r},\boldsymbol{S}_{13}^{r},\boldsymbol{S}_{21}^{r},\boldsymbol{S}_{22}^{r},\boldsymbol{S}_{23}^{r}\rangle \tag{4–64}$$

式 (4–63) 和式 (4–64) 给出的互补约束旋量系多重集 (complementary constraint-screw system multiset) 为

$$\langle\mathbb{S}_{c}^{r}\rangle=\langle\mathbb{S}^{r}\rangle-\langle\mathbb{S}^{c}\rangle=\langle\boldsymbol{S}_{11}^{r},\boldsymbol{S}_{12}^{r},\boldsymbol{S}_{13}^{r},\boldsymbol{S}_{21}^{r},\boldsymbol{S}_{22}^{r},\boldsymbol{S}_{23}^{r}\rangle \tag{4–65}$$

由此, 式 (4–64) 可以被分解为

$$\langle\mathbb{S}^{r}\rangle=\underbrace{\varnothing}_{\langle\mathbb{S}^{c}\rangle}\uplus\underbrace{\{\boldsymbol{S}_{11}^{r},\boldsymbol{S}_{12}^{r},\boldsymbol{S}_{13}^{r},\boldsymbol{S}_{21}^{r},\boldsymbol{S}_{22}^{r}\}}_{\mathbb{S}_{c}^{r}}\uplus\underbrace{\{\boldsymbol{S}_{23}^{r}\}}_{\langle\mathbb{S}_{v}^{r}\rangle} \tag{4–66}$$

式中, $\langle\mathbb{S}^{c}\rangle$ 为式 (4–63) 中的公共约束旋量系多重集; $\mathbb{S}_{c}^{r}$ 为互补约束旋量系 (complementary constraint-screw system), 它等于 $\langle\mathbb{S}_{c}^{r}\rangle$ 的最大线性无关组; $\langle\mathbb{S}_{v}^{r}\rangle$ 为冗余约束旋量系多重集 (redundant constraint-screw system multiset), 满足 $\langle\mathbb{S}_{v}^{r}\rangle=\langle\mathbb{S}_{c}^{r}\rangle-\mathbb{S}_{c}^{r}$。

机构的活动度公式为

$$m=b(n-g-1)+\sum_{i=1}^{g}f_i+\operatorname{card}\langle\mathbb{S}_{c}^{r}\rangle-\dim(\mathbb{S}_{c}^{r})+m_{\mathrm{l}} \tag{4–67}$$

式中, b 为活动度系数, $b=6-\dim(\mathbb{S}^{c})$, 根据式 (4–63), 此时为 6; n 为连杆数, 此时为 6; g 为运动副数, 此时为 6; f_i 是运动副 i 的活动度, 对于转动副为 1; $\operatorname{card}(\langle\mathbb{S}_{c}^{r}\rangle)$ 是多重集 $\langle\mathbb{S}_{c}^{r}\rangle$ 的基数, 此时为 6。 dim $(\mathbb{S}_{c}^{r})$ 是集合 $\mathbb{S}_{c}^{r}$ 的阶数, 此时为 5; m_{l} 是机构的局部活动度, 此时为 0。将所有数值代入式 (4–67), 可得

$$m=1 \tag{4-68}$$

进一步, 平台的运动旋量系为

$$\mathbb{S}_f=\left\{\left(-\frac{\sqrt{2}}{2}\sin\theta_1\cos\theta_2,-\frac{\sqrt{2}}{2}\sin\theta_1\cos\theta_2,\right.\right.$$
$$\left.\left.-\sin\theta_1\sin\theta_2+\frac{\sqrt{2}}{2}\cos\theta_1\cos\theta_2,0,0,0\right)^{\mathrm{T}}\right\} \tag{4-69}$$

式 (4–69) 给出了连杆 L_4 的旋转轴线。根据式 (4–50)、式 (4–54)、式 (4–56) 和式 (4–58), 此时机构为一个由转动副 1、 2、 4 和 5 组成的球面四杆机构, 此时机构的运动转动副形成了图 2–6 (a) 所示的旋量系几何形态。

2) 可重构分析

对于展开球面运动分支, 转动副 1 和 6 的轴线 $\boldsymbol{S}_1$ 与 $\boldsymbol{S}_6$ 的交点是 O_1, 转动副 3 和 4 的轴线 $\boldsymbol{S}_3$ 与 $\boldsymbol{S}_4$ 的交点是 O_1'。当 O_1 与 O_1' 的距离等于 0 时, 机构进入转动副 1、 3、 4 和 6 形成的另外一个球面运动分支。由于转动副 5 和 6 的轴线 $\boldsymbol{S}_5$、 $\boldsymbol{S}_6$ 是平行的, 转动副 2 和 3 的轴线 $\boldsymbol{S}_2$、 $\boldsymbol{S}_3$ 是平行的, 当转动副 5 和 2 的轴线 $\boldsymbol{S}_5$、 $\boldsymbol{S}_2$ 平行或者共线时, 机构进入转动副 2、 3、 5 和 6 形成的平面运动分支中。

根据几何关系, 交点 O_1 的齐次坐标为

$$O_1=\left(0,0,-\frac{\sqrt{2}l}{5},1\right)^{\mathrm{T}} \tag{4-70}$$

交点 O_1' 的坐标为

$$O_1'=\left(\frac{l}{5}\cos\theta_2,\frac{\sqrt{2}l}{10}\sin\theta_2+\frac{\sqrt{2}l}{10},\frac{\sqrt{2}l}{10}\sin\theta_2-\frac{\sqrt{2}l}{10},1\right)^{\mathrm{T}} \tag{4-71}$$

O_1 与 O_1' 之间的距离为

$$|O_1O_1'|=\frac{1}{5}l\sqrt{2(1+\sin\theta_2)} \tag{4-72}$$

$\boldsymbol{S}_5$ 与 $\boldsymbol{S}_2$ 之间的夹角为

$$\delta=\arccos\left(\boldsymbol{s}_2\cdot\boldsymbol{s}_5\right) \tag{4-73}$$

式中, $\boldsymbol{s}_i$ 为 $\boldsymbol{S}_i$ 的方向向量。由式 (4–54) 和式 (4–56) 可得 $\boldsymbol{s}_2=(0,\sqrt{2}/2,\sqrt{2}/2)^{\mathrm{T}}$ 和 $\boldsymbol{s}_5=\left(\sqrt{2}\sin\theta_1/2,\sqrt{2}\cos\theta_1/2,\sqrt{2}/2\right)^{\mathrm{T}}$, 将两个向量代入式 (4–73), 有

$$\delta=\arccos\frac{1-\cos\theta_1}{2} \tag{4-74}$$

当式 (4–72) 表示的距离等于 0 时, 得

$$\theta_2 = \frac{3}{2}\pi \tag{4–75}$$

当式 (4–74) 表示的夹角等于 0 时, 得

$$\theta_1 = \pi \tag{4–76}$$

由连杆 L_4 的参数可知 $\boldsymbol{S}_4$ 与 $\boldsymbol{S}_5$ 的夹角为 $\pi/4$, 可得

$$\boldsymbol{s}_4 \cdot \boldsymbol{s}_5 = \frac{\sqrt{2}}{2} \tag{4–77}$$

由式 (4–54) 和式 (4–58) 可得 $\boldsymbol{s}_4 = (-\sqrt{2}\cos\theta_2/2, -(\sin\theta_2+1)/2, -(\sin\theta_2-1)/2)^{\mathrm{T}}$, $\boldsymbol{s}_5 = (\sqrt{2}\sin\theta_1/2, \sqrt{2}\cos\theta_1/2, \sqrt{2}/2)^{\mathrm{T}}$。将这两个向量代入式 (4–77), 可得展开球面运动分支的一个运动曲线方程为

$$-\frac{1}{2}\sin\theta_1\cos\theta_2 - \frac{\sqrt{2}}{4}\cos\theta_1\sin\theta_2 - \frac{\sqrt{2}}{4}\cos\theta_1 - \frac{\sqrt{2}}{4}\sin\theta_2 - \frac{\sqrt{2}}{4} = 0 \tag{4–78}$$

需要注意的是, 式 (4–75) 和式 (4–76) 不能使式 (4–78) 成立, 这意味着式 (4–75) 和式 (4–76) 是展开球面运动分支的两个不同的可重构构型。当 $\theta_1 = \pi$ 时, 机构进入由转动副 2、 3、 5 和 6 形成的平面运动分支。当 $\theta_2 = 3\pi/2$ 时, 机构进入由转动副 1、 3、 4 和 6 形成的折叠球面运动分支。

4.3.1.2 平面运动分支运动分析与可重构分析

1) 运动分析

当 $\theta_1 = \pi$ 时, 机构进入如图 4–10 所示的平面运动分支。对于平面运动分支, 有

$$\theta_1 = \pi \tag{4–79}$$

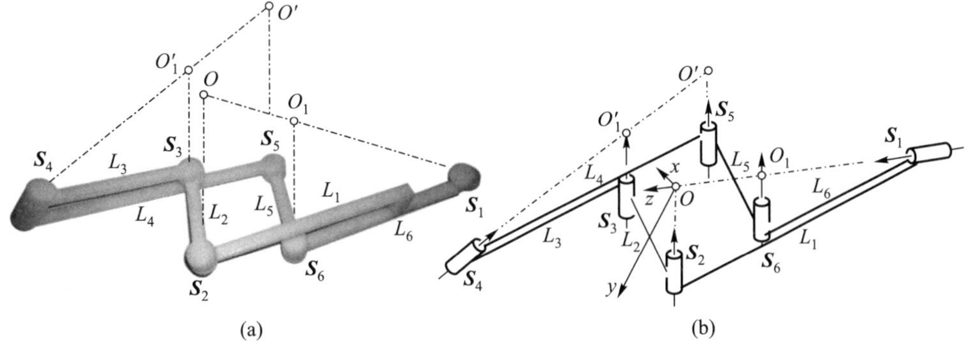

图 4–10 平面运动分支: (a) 物理模型; (b) 几何模型

式 (4−79) 表明转动副 1 是几何锁定的。同时根据闭环方程可得

$$\cos\theta_2+\sin(\theta_2+\theta_3)=\cos\theta_6 \tag{4-80}$$

$$\sin\theta_2-\cos(\theta_2+\theta_3)=-1-\sin\theta_6 \tag{4-81}$$

在式 (4−80) 和式 (4−81) 中消去 θ_3, 可得

$$\sin\frac{\theta_2+\theta_6}{2}\left(\sin\frac{\theta_2+\theta_6}{2}+\cos\frac{\theta_2-\theta_6}{2}\right)=0 \tag{4-82}$$

求解方程 (4−82), 可得

$$\theta_2+\theta_6=2\pi \tag{4-83}$$

或

$$\theta_6=-\frac{\pi}{2} \tag{4-84}$$

或

$$\theta_2=-\frac{\pi}{2} \tag{4-85}$$

式 (4−84) 和式 (4−85) 表明转动副 2 或者 6 能够自由运动, 这不是平面运动分支的运动特征。式 (4−83) 表明机构会在转动副 2 和 6 同时运动, 这是平面运动分支的运动特征。

对于运动副 1、 6 和 5, 有

$$\boldsymbol{S}_1=(0,0,1,0,0,0)^{\mathrm{T}} \tag{4-86}$$

$$\boldsymbol{S}_6=\left(0,-\frac{\sqrt{2}}{2},\frac{\sqrt{2}}{2},\frac{l}{5},0,0\right)^{\mathrm{T}} \tag{4-87}$$

$$\boldsymbol{S}_5=\left(0,-\frac{\sqrt{2}}{2},\frac{\sqrt{2}}{2},-\frac{l}{5}-\frac{l}{5}\sin\theta_6,-\frac{\sqrt{2}l}{10}\cos\theta_6,-\frac{\sqrt{2}l}{10}\cos\theta_6\right)^{\mathrm{T}} \tag{4-88}$$

对于另外一个支链有

$$\boldsymbol{S}_2=\left(0,-\frac{\sqrt{2}}{2},\frac{\sqrt{2}}{2},0,0,0\right)^{\mathrm{T}} \tag{4-89}$$

$$\boldsymbol{S}_3=\left(0,-\frac{\sqrt{2}}{2},\frac{\sqrt{2}}{2},\frac{l}{5}\sin\theta_2,-\frac{\sqrt{2}l}{10}\cos\theta_2,-\frac{\sqrt{2}l}{10}\cos\theta_2\right)^{\mathrm{T}} \tag{4-90}$$

$$\boldsymbol{S}_4=(\boldsymbol{s}_4^{\mathrm{T}},\boldsymbol{s}_{40}^{\mathrm{T}})^{\mathrm{T}} \tag{4-91}$$

式中,

$$\boldsymbol{s}_4=\left(\frac{\sqrt{2}}{2}\sin(\theta_2+\theta_3),-\frac{1}{2}\cos(\theta_2+\theta_3)-\frac{1}{2},-\frac{1}{2}\cos(\theta_2+\theta_3)+\frac{1}{2}\right)^{\mathrm{T}} \tag{4-92}$$

$$\boldsymbol{s}_{40}=\left(\frac{\sqrt{2}l}{10}\sin\theta_2-\frac{\sqrt{2}l}{10}\cos(\theta_2+\theta_3),-\frac{l}{10}\cos\theta_2-\frac{l}{10}\sin(\theta_2+\theta_3)+\frac{l}{10}\cos\theta_3,-\frac{l}{10}\cos\theta_2-\frac{l}{10}\sin(\theta_2+\theta_3)-\frac{l}{10}\cos\theta_3\right)^{\mathrm{T}} \tag{4-93}$$

将式 (4–80)、式 (4–81) 和式 (4–83) 代入式 (4–91), 可得

$$\boldsymbol{S}_4=\left(0,-1,0,\frac{\sqrt{2}l}{10}\sin\theta_2-\frac{\sqrt{2}l}{10},0,-\frac{l}{5}\cos\theta_2\right)^{\mathrm{T}} \tag{4-94}$$

支链约束旋量系为

$$\mathbb{S}_{l1}^r=\left\{\begin{array}{l}\boldsymbol{S}_{11}^r=\left(0,-\frac{\sqrt{2}}{2},\frac{\sqrt{2}}{2},\frac{l}{5},0,0\right)^{\mathrm{T}}\\ \boldsymbol{S}_{12}^r=(0,0,0,1,0,0)^{\mathrm{T}}\\ \boldsymbol{S}_{13}^r=\left(0,-\frac{\sqrt{2}}{2},\frac{\sqrt{2}}{2},0,0,0\right)^{\mathrm{T}}\end{array}\right\} \tag{4-95}$$

$$\mathbb{S}_{l2}^r=\left\{\begin{array}{l}\boldsymbol{S}_{21}^r=\left(0,-\frac{\sqrt{2}}{2},\frac{\sqrt{2}}{2},\frac{l}{5}\sin\theta_2,-\frac{\sqrt{2}l}{10}\cos\theta_2,-\frac{\sqrt{2}l}{10}\cos\theta_2\right)^{\mathrm{T}}\\ \boldsymbol{S}_{22}^r=(0,0,0,1,0,0)^{\mathrm{T}}\\ \boldsymbol{S}_{23}^r=\left(0,-\frac{\sqrt{2}}{2},\frac{\sqrt{2}}{2},-\frac{l}{5}-\frac{l}{5}\sin\theta_6,-\frac{\sqrt{2}l}{10}\cos\theta_6,-\frac{\sqrt{2}l}{10}\cos\theta_6\right)^{\mathrm{T}}\end{array}\right\} \tag{4-96}$$

输出杆件约束旋量系多重集为

$$\begin{aligned}\langle\mathbb{S}^r\rangle&=\mathbb{S}_{l1}^r\uplus\mathbb{S}_{l2}^r\\&=\langle\boldsymbol{S}_{11}^r,\boldsymbol{S}_{12}^r,\boldsymbol{S}_{13}^r,\boldsymbol{S}_{21}^r,\boldsymbol{S}_{22}^r,\boldsymbol{S}_{23}^r\rangle\\&=\underbrace{\{\boldsymbol{S}_{12}^r,\boldsymbol{S}_{22}^r\}}_{\langle\mathbb{S}^c\rangle}\uplus\underbrace{\{\boldsymbol{S}_{11}^r,\boldsymbol{S}_{13}^r,\boldsymbol{S}_{21}^r,\boldsymbol{S}_{23}^r\}}_{\mathbb{S}_c^r}\uplus\underbrace{\varnothing}_{\langle\mathbb{S}_v^r\rangle}\end{aligned} \tag{4-97}$$

由此可得, 在式 (4–67) 中, $b=5,n=6,g=6$, $\mathrm{card}(\langle\mathbb{S}_c^r\rangle)=4$, $\dim(\mathbb{S}_c^r)=4$。将其代入式 (4–67), 可得 $m=1$。同时可以求得平台的运动旋量系为

$$\mathbb{S}_f=\left\{\left(0,0,0,-\sin\theta_2,\frac{\sqrt{2}}{2}\cos\theta_2,\frac{\sqrt{2}}{2}\cos\theta_2\right)^{\mathrm{T}}\right\} \tag{4-98}$$

式 (4–98) 的旋量系为沿着向量 $(-\sin\theta_2,\sqrt{2}\cos\theta_2/2,\sqrt{2}\cos\theta_2/2)^{\mathrm{T}}$ 的纯平移运动。根据式 (4–87) 至式 (4–90), 机构此时等价于转动副 2、3、5 和 6 形成的平面四杆机构, 机构的运动转动副形成了图 2–6 (b) 所示的旋量系几何形态。

2) 可重构分析

对于平面运动分支, 点 O 和 O_1 的坐标分别为

$$O=(0,0,0,1)^{\mathrm{T}} \tag{4–99}$$

$$O_1=\left(0,0,-\frac{\sqrt{2}l}{5},1\right)^{\mathrm{T}} \tag{4–100}$$

两个旋量交点的坐标可以通过下面的运算获得

$$p=\left(\frac{\boldsymbol{s}_i\times\boldsymbol{s}_{j0}}{\boldsymbol{s}_i\cdot\boldsymbol{s}_j},\frac{\boldsymbol{s}_{i0}\boldsymbol{s}_j}{\boldsymbol{s}_i\cdot\boldsymbol{s}_j}\right)^{\mathrm{T}} \tag{4–101}$$

式中, p 为 $\boldsymbol{S}_i$ 和 $\boldsymbol{S}_j$ 的交点; $\boldsymbol{s}_i$ 是 $\boldsymbol{S}_i$ 的方向向量; $\boldsymbol{s}_{i0}$ 是 $\boldsymbol{S}_i$ 的副部; $\boldsymbol{s}_j$ 是 $\boldsymbol{S}_j$ 的方向向量; $\boldsymbol{s}_{j0}$ 是 $\boldsymbol{S}_j$ 的副部。将式 (4–88) 和式 (4–94) 代入式 (4–101), 同时将比例系数设定为单位 1, 可得

$$O'=\left(\frac{l}{5}\cos\theta_2,\frac{\sqrt{2}l}{10}\sin\theta_2-\frac{\sqrt{2}l}{10},\frac{\sqrt{2}l}{10}\sin\theta_2-\frac{\sqrt{2}l}{10},1\right)^{\mathrm{T}} \tag{4–102}$$

将式 (4–90) 和式 (4–94) 代入式 (4–101), 同时将比例系数设定为单位 1, 可得

$$O_1'=\left(\frac{l}{5}\cos\theta_2,\frac{\sqrt{2}l}{10}\sin\theta_2+\frac{\sqrt{2}l}{10},\frac{\sqrt{2}l}{10}\sin\theta_2-\frac{\sqrt{2}l}{10},1\right)^{\mathrm{T}} \tag{4–103}$$

因此, 点 O 与 O' 之间的距离为

$$|OO'|=\frac{1}{5}l\sqrt{2(1-\sin\theta_2)} \tag{4–104}$$

点 O_1 与 O_1' 之间的距离为

$$|O_1O_1'|=\frac{1}{5}l\sqrt{2(1+\sin\theta_2)} \tag{4–105}$$

根据式 (4–104) 和式 (4–105), $|OO'|$ 和 $|O_1O_1'|$ 不能同时等于 0。当 $|OO'|=0$ 时, $\theta_2=\pi/2$ 时, 机构进入展开球面运动分支。当 $|O_1O_1'|=0$ 时, $\theta_2=3\pi/2$, 机构进入折叠球面运动分支。

4.3.1.3 折叠球面运动分支与运动分支转换

1) 折叠球面运动分支运动分析与可重构分析

在展开球面运动分支中, 当式 (4–72) 等于 0, 或者在平面运动分支中, 式 (4–105) 等于 0, 机构转换到如图 4–11 所示的折叠球面运动分支。在图 4–11 中, δ' 为转动副 3 和 6 轴线的夹角。

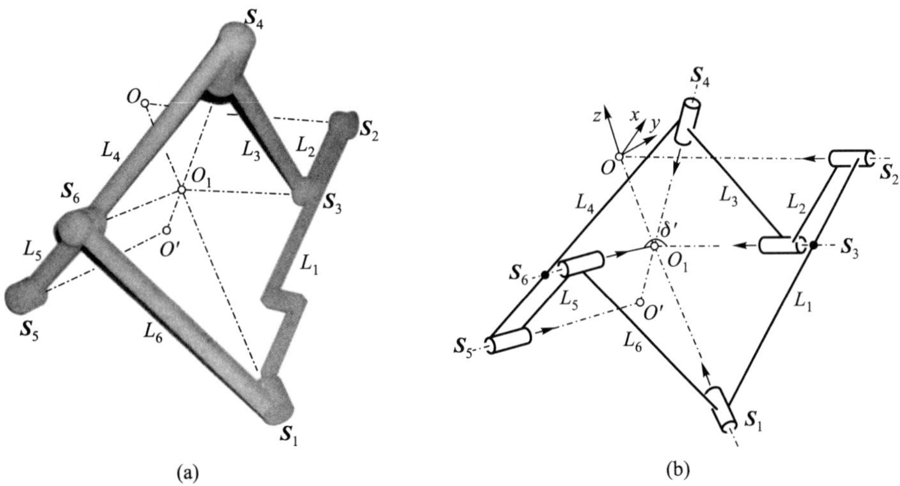

图 4–11　折叠球面运动分支: (a) 物理模型; (b) 几何模型

对于包含转动副 1、6 和 5 的支链, 有

$$\boldsymbol{S}_1 = (0, 0, 1, 0, 0, 0)^{\mathrm{T}} \tag{4–106}$$

$$\begin{aligned}\boldsymbol{S}_5 = \Bigg(&\frac{\sqrt{2}}{2}\sin\theta_1, \frac{\sqrt{2}}{2}\cos\theta_1, \frac{\sqrt{2}}{2}, \frac{l}{5}\cos\theta_1 + \frac{l}{5}\cos\theta_1\sin\theta_6 + \frac{\sqrt{2}l}{10}\sin\theta_1\cos\theta_6,\\ &-\frac{l}{5}\sin\theta_1 - \frac{l}{5}\sin\theta_1\sin\theta_6 + \frac{\sqrt{2}l}{10}\cos\theta_1\cos\theta_6, -\frac{\sqrt{2}l}{10}\cos\theta_6\Bigg)^{\mathrm{T}}\end{aligned} \tag{4–107}$$

$$\boldsymbol{S}_6 = \left(\frac{\sqrt{2}}{2}\sin\theta_1, \frac{\sqrt{2}}{2}\cos\theta_1, \frac{\sqrt{2}}{2}, \frac{l}{5}\cos\theta_1, -\frac{l}{5}\sin\theta_1, 0\right)^{\mathrm{T}} \tag{4–108}$$

对于另外一个支链, 有

$$\boldsymbol{S}_2 = \left(0, -\frac{\sqrt{2}}{2}, \frac{\sqrt{2}}{2}, 0, 0, 0\right)^{\mathrm{T}} \tag{4–109}$$

$$\boldsymbol{S}_3 = \left(0, -\frac{\sqrt{2}}{2}, \frac{\sqrt{2}}{2}, -\frac{l}{5}, 0, 0\right)^{\mathrm{T}} \tag{4–110}$$

$$\begin{aligned}\boldsymbol{S}_4 = \Bigg(&-\frac{\sqrt{2}}{2}\cos\theta_3, -\frac{1}{2}\sin\theta_3 - \frac{1}{2}, -\frac{1}{2}\sin\theta_3 + \frac{1}{2},\\ &-\frac{\sqrt{2}l}{10} - \frac{\sqrt{2}l}{10}\sin\theta_3, \frac{l}{5}\cos\theta_3, 0\Bigg)^{\mathrm{T}}\end{aligned} \tag{4–111}$$

使用与展开球面运动分支及平面运动分支相同的方法可得, 平台的运动旋量

系为

$$\mathbb{S}_f = \left\{ \left(\frac{1}{2}\sin\theta_1\cos\theta_3, -\frac{1}{2}\cos\theta_1\cos\theta_3, -\frac{\sqrt{2}}{2}\sin\theta_1\sin\theta_3 + \frac{1}{2}\cos\theta_1\cos\theta_3, \right.\right.$$
$$\left.\left. -\frac{\sqrt{2}l}{10}\cos\theta_1\cos\theta_3, -\frac{\sqrt{2}l}{10}\sin\theta_1\cos\theta_3, 0 \right)^{\mathrm{T}} \right\} \tag{4–112}$$

式 (4–112) 给出了一个绕轴线的旋转运动。根据式 (4–106)、式 (4–108)、式 (4–110) 和式 (4–111), 转动副 1、 3、 4 和 6 是共点的, 交点为 O_1, 此时机构处于折叠球面运动分支当中, 机构的运动转动副形成了图 2–6 (a) 所示的旋量系几何形态。

进一步由式 (4–71) 可得

$$O' = \left(-\frac{l}{5}\cos\theta_3, -\frac{\sqrt{2}l}{10} - \frac{\sqrt{2}l}{10}\sin\theta_3, -\frac{\sqrt{2}l}{10} - \frac{\sqrt{2}l}{10}\sin\theta_3, 1 \right)^{\mathrm{T}} \tag{4–113}$$

由此可得两点之间的距离为

$$|OO'| = \frac{1}{5}l\sqrt{2(1+\sin\theta_3)} \tag{4–114}$$

转动副 3 和 6 的轴线 $\boldsymbol{S}_3$ 与 $\boldsymbol{S}_6$ 的夹角为

$$\delta' = \arccos(\boldsymbol{s}_3 \cdot \boldsymbol{s}_6) \tag{4–115}$$

由式 (4–108) 和式 (4–110) 可得两个方向向量为 $\boldsymbol{s}_6 = (\sqrt{2}\sin\theta_1/2, \sqrt{2}\cos\theta_1/2, \sqrt{2}/2)^{\mathrm{T}}$ 和 $\boldsymbol{s}_3 = (0, -\sqrt{2}/2, \sqrt{2}/2)^{\mathrm{T}}$, 将其代入式 (4–115) 可得

$$\delta' = \arccos\frac{1-\cos\theta_1}{2} \tag{4–116}$$

令 $|OO'| = 0$, 可得 $\theta_3 = 3\pi/2$, 此时机构进入展开球面运动分支。令式 (4–116) 等于 0, 可得 $\theta_1 = 3\pi/2$, 此时机构进入平面运动分支。

2) 机构运动分支转换与点的路径

由上述分析可知, 六杆机构有三个不同的分支, 分别为展开球面运动分支、平面运动分支和折叠球面运动分支。

机构能够在这三个不同的运动分支之间相互转换, 从展开球面运动分支转换到平面运动分支, 之后转换到折叠球面运动分支, 之后通过折叠球面运动分支返回到展开球面运动分支, 同样地, 也能够从展开球面运动分支直接运动到折叠球面运动分支。运动分支转换的过程如图 4–12 所示。

由于机构的三个运动分支之间的相互转换, 连杆 L_4 上的点能够在球面运动和平面运动之间相互转换。对于在转动副 5 轴线上的一点, 其位移可以描述为

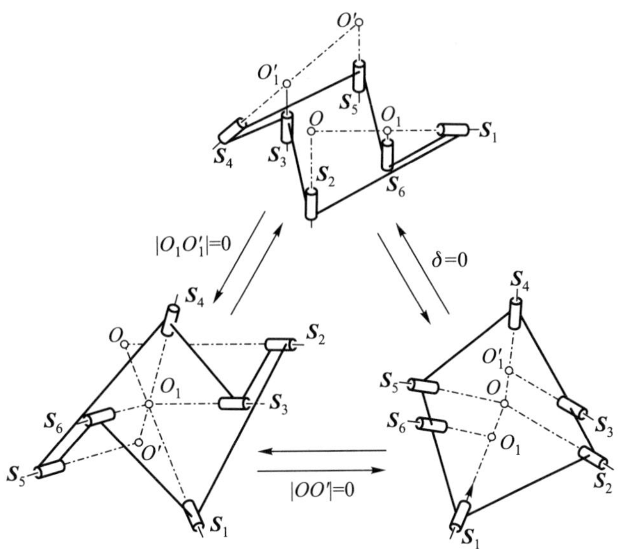

图 **4–12** 运动分支转换过程

$$
\boldsymbol{r}=\begin{cases}\left(-\dfrac{\sqrt{2}}{2}g\sin\theta_1,-\dfrac{\sqrt{2}}{2}g\cos\theta_1,-\dfrac{\sqrt{2}}{2}g\right)^{\mathrm{T}}\\ \left(\dfrac{l}{5}\cos\theta_2,\dfrac{\sqrt{2}l}{10}\sin\theta_2-\dfrac{\sqrt{2}l}{10}+\dfrac{\sqrt{2}}{2}g,\dfrac{\sqrt{2}l}{10}\sin\theta_2-\dfrac{\sqrt{2}l}{10}-\dfrac{\sqrt{2}}{2}g\right)^{\mathrm{T}}\\ \left(-\dfrac{l}{5}\cos\theta_3-\dfrac{\sqrt{2}}{2}g\sin\theta_1,-\dfrac{\sqrt{2}l}{10}-\dfrac{\sqrt{2}l}{10}\sin\theta_3-\dfrac{\sqrt{2}}{2}g\cos\theta_1,\right.\\ \qquad\left.-\dfrac{\sqrt{2}l}{10}-\dfrac{\sqrt{2}l}{10}\sin\theta_3-\dfrac{\sqrt{2}}{2}g\right)^{\mathrm{T}}\end{cases}\tag{4-117}
$$

式中, g 为该点到点 O 的距离。当 $\theta_1\in[0,\pi]$ 时, 该点从展开球面运动分支选择一段路径; 当 $\theta_2\in[\pi/2,3\pi/2]$ 时, 从平面运动分支选择另外一段路径; 当 $\theta_3\in[-\pi/2,\pi/2]$ 时, 从折叠球面运动分支选择一段路径。由此可以得到一条封闭的曲线路径, 如图 4–13 所示。

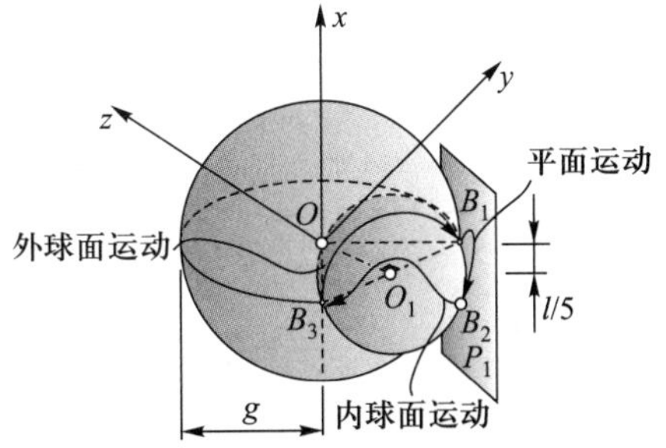

图 **4–13** 机构上点的路径

在上述的路径中存在一个展开球面、一个平面和一个折叠球面。O 是展开球面运动分支的球心, 展开球面标记为球面 O。O_1 为折叠球面运动分支的球心, 折叠球面标记为球面 O_1。平面标记为 P_1。封闭曲线包含三部分: 一部分在球面 O 上, 第二部分在平面 P_1 上, 最后一部分在球面 O_1

上。将式 (4–74) 等于 0 表示的点标记为 B_1, 将式 (4–72) 等于 0 表示的点标记为 B_2, 将式 (4–114) 等于 0 表示的点标记为 B_3。因此, 机构上的点可以从球面 O 运动到平面 P_1, 再通过球面 O_1 返回到出发点。该机构中存在两个球心不同的球面运动分支, 同时能够利用第三个不同的运动实现两个运动分支的转换, 这个过程对于远程中心 (remote center of motion, RCM) 机构有一定的借鉴意义, 当机器人设计中有两个远程中心的要求时, 由该机构能够完成初步的设计, 在工程中使用该机构进行相应功能的开发。

进一步, 在机构运动分支的转换过程中, $|OO'|$ 和 $|O_1O_1'|$ 描述了展开球面运动分支和折叠球面运动分支的可重构特征, 当其为 0 时机构的转动副将形成图 2–6 (a) 所示的旋量系几何形态, 机构转换到球面运动分支中。δ 和 δ' 描述了平面运动分支的可重构特征, 当其为 0 或 π 时, 机构的转动副将形成图 2–6 (b) 所示的旋量系几何形态。因此, 可以利用这些作为机构可重构性能的转换指标来表示机构的可重构能力, 从而设计出具有相似特征的可重构机构。

4.3.2 Bennett 运动和球面运动的重构

4.3.2.1 新机构连杆参数

当机构所有运动副中有两组运动副的轴线相交的时候, 两个交点之间的距离可以作为机构的运动分支转换指标。当交点距离等于 0 时, 机构将进入球面运动分支。利用这个转换指标可以从初始的 Bennett 机构设计出可以完成 Bennett 运动到球面运动转换的可重构机构。初始的 Bennett 机构如图 4–14 所示, 此时机构的运动转动副形成了图 2–6 (d) 所示的旋量系几何形态。

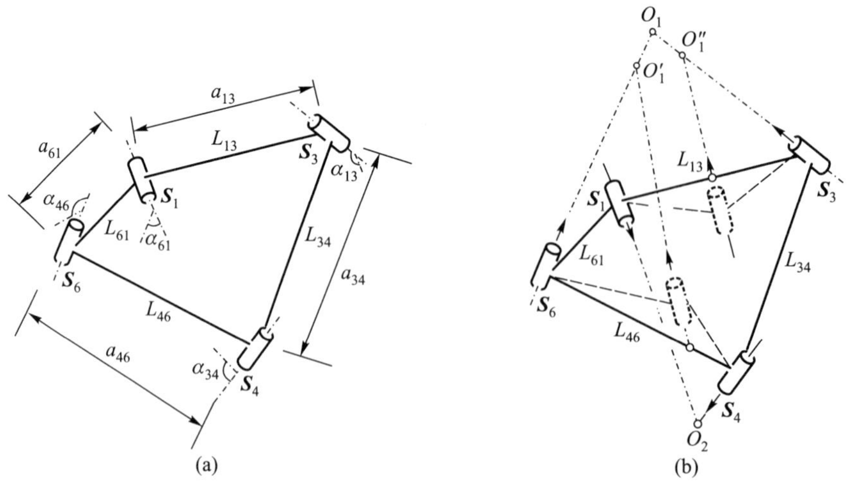

图 4–14 初始的 Bennett 机构: (a) 机构的连杆参数; (b) 机构运动副之间的几何关系

该机构的连杆参数为

$$
\begin{gathered}
a_{13}=a_{34}=a_{46}=a_{61}=2l, \\
\alpha_{13}=\alpha_{46}=-\frac{3\pi}{4}, \quad \alpha_{34}=\alpha_{61}=\frac{3\pi}{4}, \\
d_1=d_3=d_4=d_6=0
\end{gathered}
\tag{4-118}
$$

式中, α_{ij}、 a_{ij} 和 d_i 均为 D–H 参数。机构满足下面的 Bennett 条件

$$
\begin{gathered}
a_{13}=a_{46}=a, \quad a_{34}=a_{61}=b, \\
\alpha_{13}=-\alpha_{61}=\alpha, \quad \alpha_{34}=-\alpha_{46}=\beta, \\
\frac{\sin\alpha}{a}=\frac{\sin\beta}{b}
\end{gathered}
\tag{4-119}
$$

图 4–14 (b) 是轴线间的几何关系, O_1 为初始机构中转动副 3 和 6 轴线的交点, O_2 是初始机构中转动副 1 和 4 轴线的交点。通过添加两个转动副可以得到一个新的机构, 其中一个新转动副与转动副 3 的轴线在点 O_1'' 处相交, 另外一个新转动副与转动副 6 的轴线在点 O_1' 相交, O_1' 与 O_1'' 之间的距离可以作为机构的运动分支转换指标。新机构中, 连杆 L_{13} 被连杆 L_{12} 和 L_{23} 所替代, 连杆 L_{46} 被连杆 L_{45} 和 L_{56} 所替代, 如图 4–15 所示, 其连杆参数为

$$
\begin{gathered}
a_{12}=a_{45}=l, \quad a_{23}=a_{56}=0, \quad a_{34}=a_{61}=2l, \\
\alpha_{12}=\alpha_{45}=-\arccos\left(-\frac{\sqrt{6}}{4}\right), \quad \alpha_{23}=\alpha_{56}=\frac{\pi}{6}, \quad \alpha_{34}=\alpha_{61}=\frac{3\pi}{4}, \\
d_1=d_4=\frac{\sqrt{6}l}{5}, \quad d_2=d_5=\frac{14l}{5}, \quad d_3=d_6=-\sqrt{3}l
\end{gathered}
\tag{4-120}
$$

式中, a_{34}、 a_{61}、 α_{34} 和 α_{61} 与图 4–14 (a) 相同, 其他参数如图 4–15 (b) 所示。从式 (4–120) 的连杆参数可以看出, 该机构是线对称 Bricard 机构的一个特例。

在 Bennett 运动分支中, $|O_1'O_1''|$ 是变化的。当 $|O_1'O_1''|=0$ 时, 机构将进入球面运动分支。

4.3.2.2 可重构分析

对于新机构, 全局坐标系固定在连杆 L_{61} 上, 如图 4–15 (c) 所示。原点 O 为转动副 1 的轴线与转动副 1 和 6 轴线公垂线的交点, 转动副 1 的轴线方向为 z 轴, x 轴位于过 O 点作与转动副 6 轴线平行的直线与转动副 1 轴线确定的平面中且其方向与 z 轴垂直, y 轴通过右手定则确定。

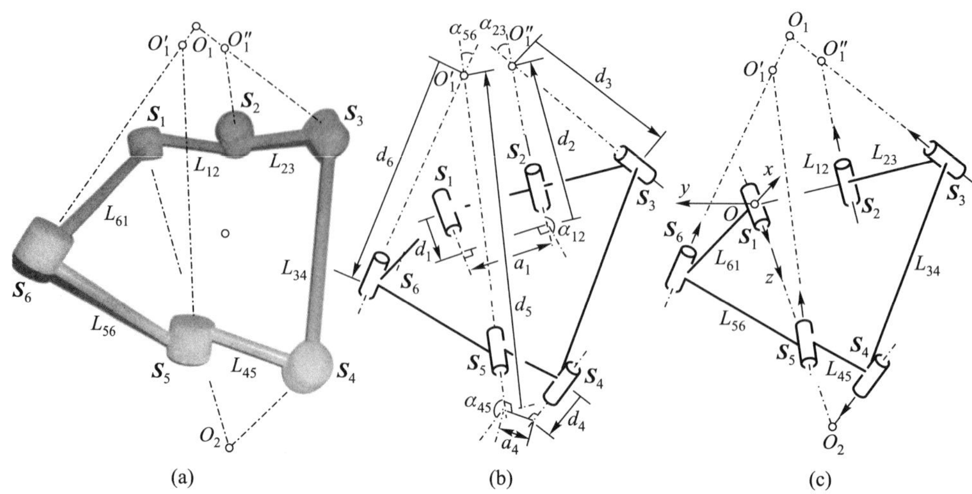

图 4–15　实现 **Bennett** 运动到球面运动的新机构: **(a)** 物理模型; **(b)** 连杆参数; **(c)** 运动副几何关系和坐标系

点 O_1' 的坐标可以表达为

$$O_1' = \begin{pmatrix} \boldsymbol{R}_{x,-\alpha_{61}} & -a_{61}x \\ \boldsymbol{0}^{\mathrm{T}} & 1 \end{pmatrix} \begin{pmatrix} \boldsymbol{I} & -d_6 z \\ \boldsymbol{0}^{\mathrm{T}} & 1 \end{pmatrix} \begin{pmatrix} 0 \\ 0 \\ 0 \\ 1 \end{pmatrix} \tag{4–121}$$

将所有的连杆参数代入式 (4–121) 可得

$$O_1' = \left(-2l, \frac{\sqrt{6}l}{2}, -\frac{\sqrt{6}l}{2}, 1\right)^{\mathrm{T}} \tag{4–122}$$

同样, 点 O_1'' 的坐标为

$$O_1'' = \begin{pmatrix} \boldsymbol{R}_{z,\theta_1} & d_1 z \\ \boldsymbol{0}^{\mathrm{T}} & 1 \end{pmatrix} \begin{pmatrix} \boldsymbol{R}_{x,\alpha_{12}} & a_{12}x \\ \boldsymbol{0}^{\mathrm{T}} & 1 \end{pmatrix} \begin{pmatrix} \boldsymbol{I} & d_2 z \\ \boldsymbol{0}^{\mathrm{T}} & 1 \end{pmatrix} \begin{pmatrix} 0 \\ 0 \\ 0 \\ 1 \end{pmatrix} \tag{4–123}$$

可得

$$O_1'' = \left(\left(\cos\theta_1 - \frac{7\sqrt{10}}{10}\sin\theta_1\right)l, \left(\sin\theta_1 + \frac{7\sqrt{10}}{10}\cos\theta_1\right)l, -\frac{\sqrt{6}l}{2}, 1\right)^{\mathrm{T}} \tag{4–124}$$

两点之间的距离为

$$|O_1'O_1''| = l\sqrt{\left(\cos\theta_1 - \frac{7\sqrt{10}}{10}\sin\theta_1 + 2\right)^2 + \left(\sin\theta_1 + \frac{7\sqrt{10}}{10}\cos\theta_1 - \frac{\sqrt{6}}{2}\right)^2} \tag{4–125}$$

当式 (4–125) 等于 0 时, $\theta_1 = \arccos\left((7\sqrt{15} - 20)/59\right)$, 此时机构将转换到图 4–16 所示的球面运动分支, 机构的运动转动副形成了图 2–6 (a) 所示的旋量系几何形态。

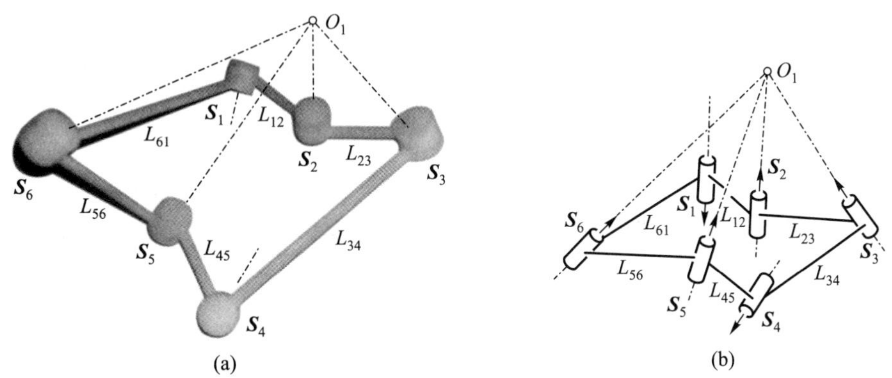

图 **4–16**　球面运动分支: **(a)** 机构的连杆参数; **(b)** 机构运动副之间的几何关系

4.3.2.3　第三个运动分支与机构运动分支转换

除了初始的 Bennett 运动分支和球面运动分支, 机构的另外一个运动分支如图 4–17 所示, 该运动分支是由转动副 1、 2、 4 和 5 形成的另外一个 Bennett 运动分支, 机构的运动转动副形成了图 2–6 (d) 所示的旋量系几何形态。此时有如下关系

$$\begin{gathered} a_{12} = a_{45} = l = a', \quad a_{24} = a_{51} = l = b', \\ \alpha_{12} = -\alpha_{45} = -\arccos\left(-\frac{\sqrt{6}}{4}\right) = \alpha', \\ \alpha_{24} = -\alpha_{45} = -\arccos\left(-\frac{\sqrt{6}}{4}\right) = \beta', \\ \frac{\sin\alpha'}{a'} = \frac{\sin\beta'}{b'} \end{gathered} \tag{4–126}$$

因此, 这个 Bennett 运动分支与图 4–14 所示的运动分支是不同的。当式 (4–125) 等于 0 时, 机构进入球面运动分支。当转动副 3 和 6 的轴线平行时, 机构从由转动副 1、 3、 4 和 6 形成的 Bennett 运动分支进入图 4–17 所示由转动副 1、 2、 4 和 5 形成的 Bennett 运动分支。

机构的运动分支转换与它们所形成的闭环如图 4–18 所示。机构可以从图 4–14 所示的 Bennett 运动分支转换到图 4–16 所示的球面运动分支, 然后通过如图 4–17 所示的 Bennett 运动分支回到初始位置, 整个转换形成了一个闭环。

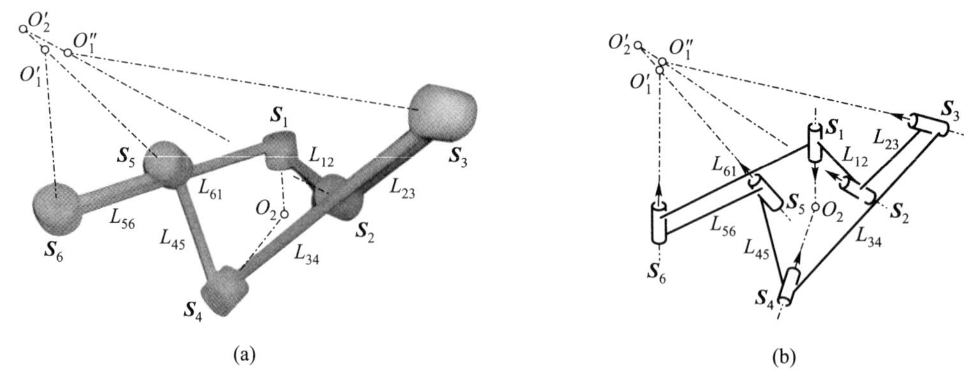

图 4–17　轴线 1、 2、 4 和 5 形成的 Bennett 运动分支: (a) 机构的连杆参数; (b) 机构运动副之间的几何关系

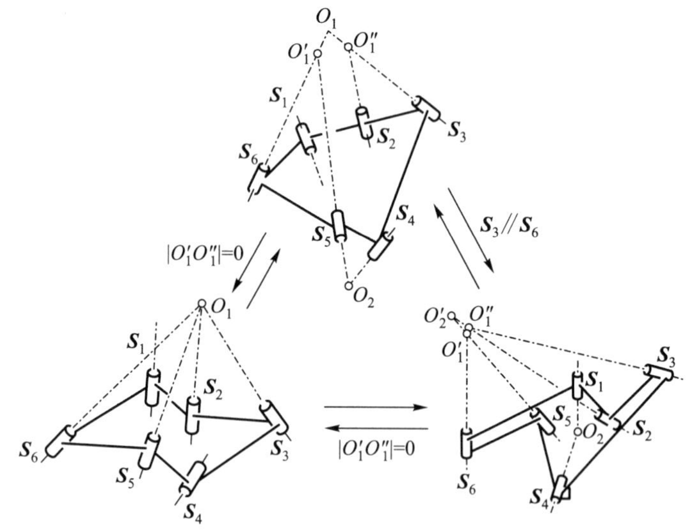

图 4–18　机构的三个运动分支转换

上述机构说明当空间机构在设计时有两组相交的运动副轴线时, 可以通过适当的参数设计使交点之间的距离为 0, 此时机构可以实现一般空间运动分支向球面运动分支的转换, 从而完成所需要的球面运动分支的设计。而对于拥有两组平行转动副轴线的机构, 通过设计可以使轴线平行, 从而形成平面运动分支, 这将在 4.3.3 节进行讨论。

4.3.3　Bennett 运动和平面运动的重构

4.3.3.1　新机构连杆参数

对于图 4–14 (a) 所示的 Bennett 机构, 可以通过设计合适的转动副来实现 Bennett 运动与平面运动之间的转换, 新添加的转动副如图 4–19 (a) 所示。其中,

O_1 为转动副 3 和 6 轴线的交点, O_2 是转动副 1 和 4 轴线的交点, 一个新转动副的轴线与转动副 1 的轴线平行, 另一个新转动副的轴线与转动副 4 的轴线平行, 转动副 1 和 4 轴线之间的夹角为 δ, 其可以作为机构的运动分支转换指标。初始机构的连杆 L_{13} 被连杆 L_{12} 和 L_{23} 所替代, 连杆 L_{46} 被连杆 L_{45} 和 L_{56} 所替代, 形成新的机构如图 4–19 (b) 所示, 其机构的连杆参数为

$$\alpha_{12} = \alpha_{45} = 0, \quad \alpha_{23} = \alpha_{56} = -\frac{3\pi}{4}, \quad \alpha_{34} = \alpha_{61} = \frac{3\pi}{4} \tag{4–127}$$

$$a_{12} = a_{23} = a_{45} = a_{56} = l, \quad a_{34} = a_{61} = 2l \tag{4–128}$$

$$d_1 = d_2 = d_3 = d_4 = d_5 = d_6 = 0 \tag{4–129}$$

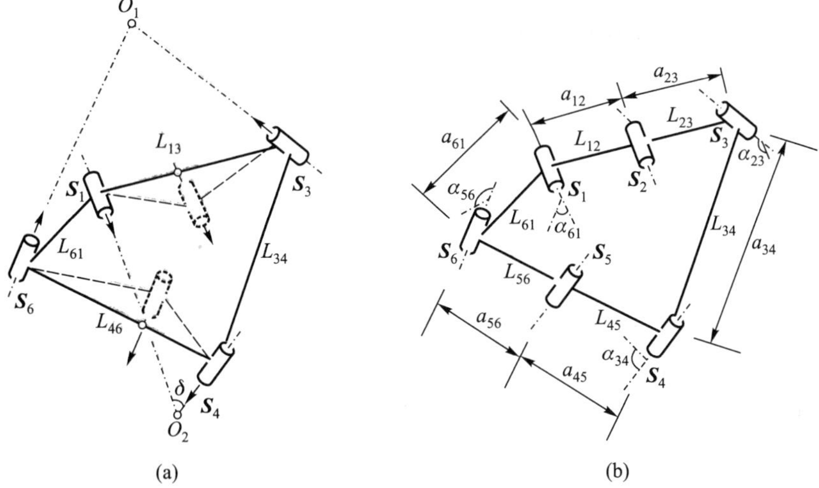

图 **4–19**　新转动副的位置 **(a)** 和新机构的连杆参数 **(b)**

由式 (4–127) 至式 (4–129) 可以看出, 该机构是一个特殊的线对称 Bricard 六杆机构。

原始的 Bennett 运动分支作为新机构的第一个运动分支, 如图 4–20 所示。其满足下面的 Bennett 条件

$$\begin{gathered} a_{13} = a_{46} = a, \quad a_{34} = a_{61} = b \\ \alpha_{13} = -\alpha_{61} = \alpha, \quad \alpha_{34} = -\alpha_{46} = \beta \\ \frac{\sin\alpha}{a} = \frac{\sin\beta}{b} \end{gathered} \tag{4–130}$$

此时的运动分支与图 4–14 (a) 中相同, 机构的运动转动副形成了图 2–6 (d) 所示的旋量系几何形态。

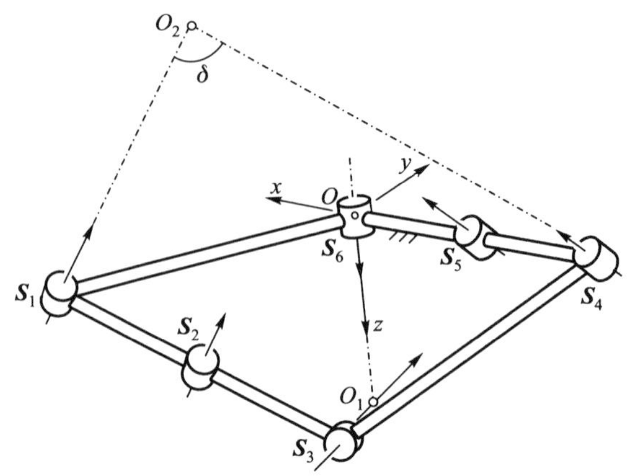

图 4–20　初始 Bennett 运动分支与坐标系

4.3.3.2　Bennett 运动分支的可重构分析

建立图 4–20 所示坐标系, z 轴为转动副 6 的轴线方向, x 轴为从转动副 5 的轴线到转动副 6 的轴线的公垂线方向, 原点 O 为 z 轴与 x 轴的交点, y 轴通过右手定则确定。转动副 1 轴线 $\boldsymbol{S}_1$ 的方向向量为

$$\boldsymbol{s}_1=\boldsymbol{R}_{z,\theta_6}\boldsymbol{R}_{x,\alpha_{61}}(0,0,1)^{\mathrm{T}} \tag{4–131}$$

将新机构的参数代入式 (4–131), 可得方向向量

$$\boldsymbol{s}_1=\left(\frac{\sqrt{2}}{2}\sin\theta_6,-\frac{\sqrt{2}}{2}\cos\theta_6,-\frac{\sqrt{2}}{2}\right)^{\mathrm{T}} \tag{4–132}$$

转动副 4 轴线 $\boldsymbol{S}_4$ 的方向向量为

$$\boldsymbol{s}_4=\left(0,-\frac{\sqrt{2}}{2},-\frac{\sqrt{2}}{2}\right)^{\mathrm{T}} \tag{4–133}$$

转动副 1 和 4 轴线之间的夹角为

$$\delta=\arccos\left(\boldsymbol{s}_1\cdot\boldsymbol{s}_4\right) \tag{4–134}$$

将式 (4–132) 和式 (4–133) 代入式 (4–134) 可得

$$\delta=\arccos\frac{1+\cos\theta_6}{2} \tag{4–135}$$

当式 (4–135) 等于 0 时, 可得 $\theta_6=\pi$, 此时机构进入平面运动分支。需要注意的是, 此时

$$a_{12}+a_{24}=a_{45}+a_{51} \tag{4–136}$$

因此会形成两个平面机构运动分支, 分别为图 4–21 所示的平面四杆运动分支和图 4–22 所示的平行四边形运动分支。两个运动分支中, 机构的运动转动副形成了图 2–6 (b) 所示的旋量系几何形态。

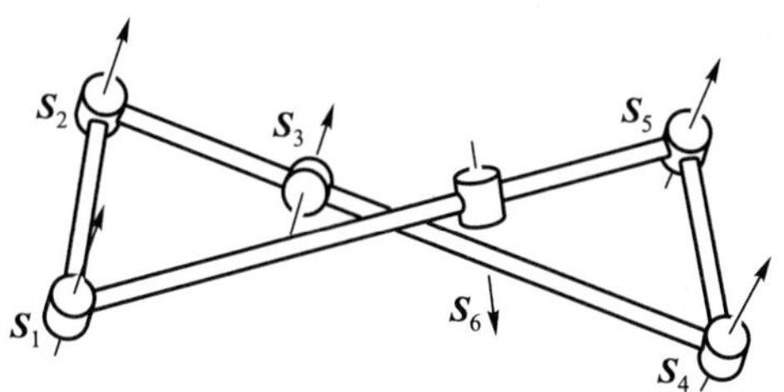

图 **4–21**　平面四杆运动分支

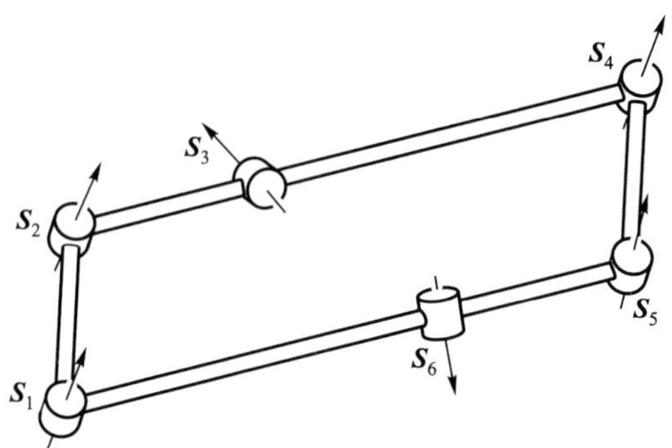

图 **4–22**　平面四边形运动分支

需要注意的是, 由于几何的条件 $a_{51}+a_{12}=a_{24}+a_{45}$, 两个平面运动分支之间还存在一个转换位置, 为 L_{12}、 L_{61} 反向共线时。

4.3.3.3　第二个 Bennett 运动分支、六杆机构运动分支及运动分支转换

当式 (4–135) 等于 0 时, 机构的参数还满足下面的 Bennett 条件

$$a_{23}=a_{56}=a',\ a_{35}=a_{62}=b',$$
$$\alpha_{23}=-\alpha_{62}=\alpha',\alpha_{35}=-\alpha_{56}=\beta', \tag{4–137}$$
$$\frac{\sin\alpha'}{a'}=\frac{\sin\beta'}{b'}$$

此时机构形成如图 4–23 所示的第二个 Bennett 运动分支, 机构的运动转动副形成了图 2–6 (d) 所示的旋量系几何形态。

除了上述的运动分支外, 该机构还有一种运动分支, 即图 4–24 所示的线对称 Bricard 六杆运动分支。在此运动分支下, 机构的所有轴线都能运动, 几何约束不会限制任何转动副的转动。这个运动分支与前两个 Bennett 运动分支之间的

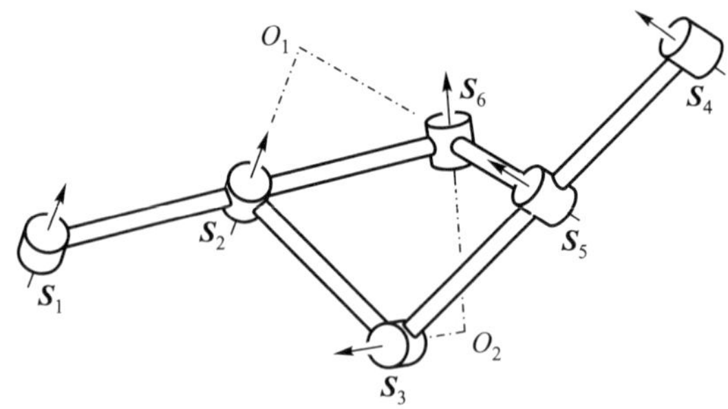

图 **4–23**　转动副 **2**、**3**、**5** 和 **6** 形成的第二个 **Bennett** 运动分支

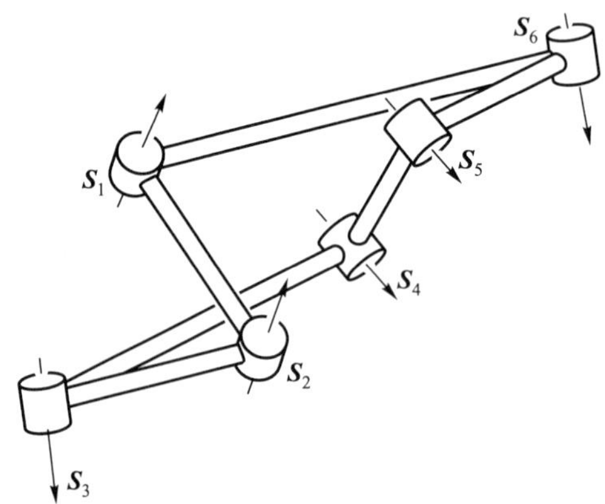

图 **4–24**　线对称 **Bricard** 六杆运动分支

转换是在转动副 3 和 6 的轴线平行时完成的, 当连杆 L_{12} 和 L_{23} 重合时, 进入图 4–23 所示的 Bennett 运动分支, 当连杆 L_{12} 和 L_{23} 共线时, 机构进入图 4–20 所示 Bennett 运动分支。

机构的五种运动分支转换流程图如图 4–25 所示, 在转换过程中, 转动副轴线之间的夹角变化成为各个运动分支转换的关键。

本节讨论了基于平面运动的转换指标的可重构机构设计, 当结合球面运动的转换指标让两个条件在同一位置得到满足时, 机构同样发生重构现象。

4.3.4　Bennett 运动、平面运动和球面运动的重构

4.3.4.1　新机构的形成与初始 Bennett 运动分支

图 4–26 (a) 所示为一个初始 Bennett 机构构型, 它的连杆参数为

$$\alpha_{13} = \alpha_{46} = -\frac{3\pi}{4},\ \alpha_{34} = \alpha_{61} = \frac{3\pi}{4} \tag{4–138}$$

$$a_{13} = a_{34} = a_{46} = a_{61} = l \tag{4–139}$$

$$d_1 = d_3 = d_4 = d_6 = 0 \tag{4–140}$$

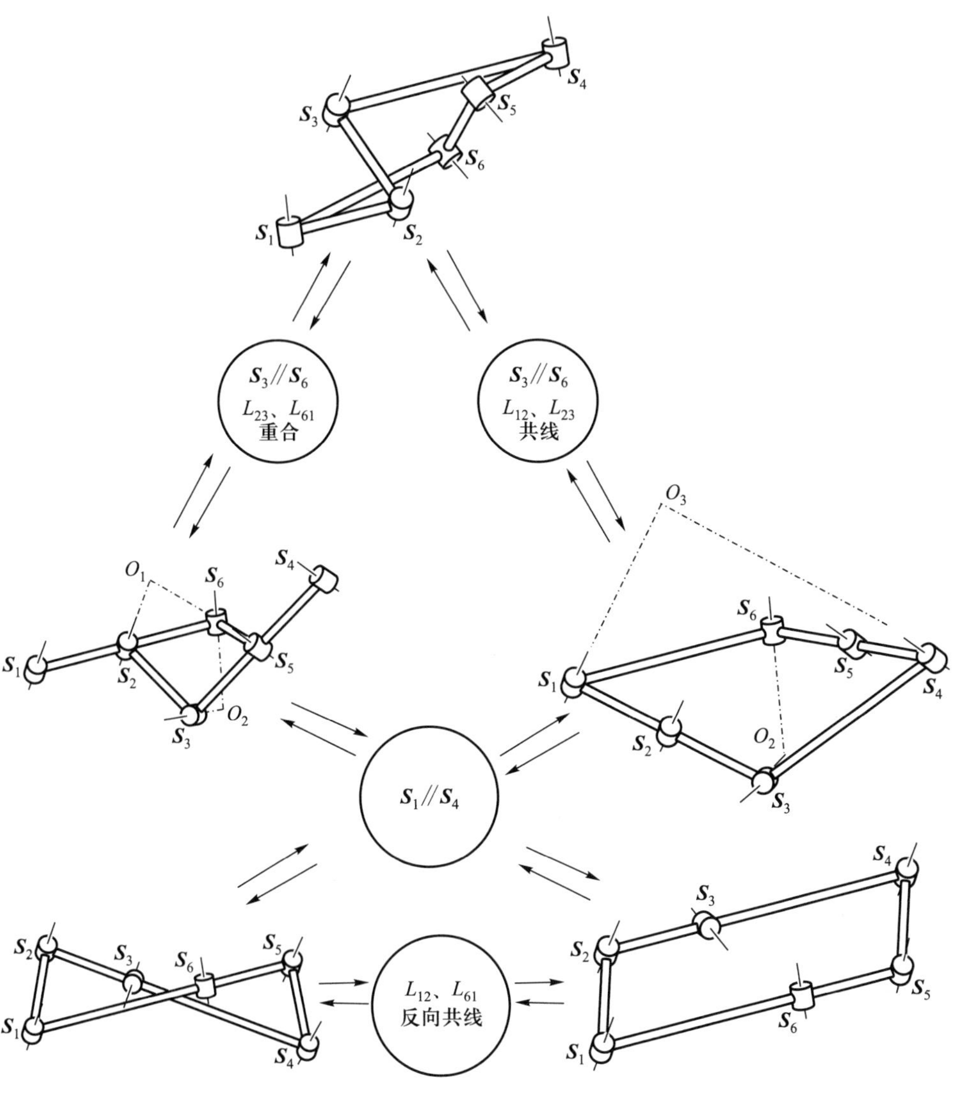

图 4–25 五种运动分支转换流程图

机构的闭环方程为

$$\boldsymbol{H}_{13}\boldsymbol{H}_{34}=\boldsymbol{H}_{61}^{-1}\boldsymbol{H}_{46}^{-1} \tag{4–141}$$

式中,

$$\boldsymbol{H}_{ij}=\begin{pmatrix}\cos\theta_i & -\sin\theta_i & 0 & 0\\ \sin\theta_i & \cos\theta_i & 0 & 0\\ 0 & 0 & 1 & 0\\ 0 & 0 & 0 & 1\end{pmatrix}\begin{pmatrix}1 & 0 & 0 & a_{ij}\\ 0 & \cos\alpha_{ij} & -\sin\alpha_{ij} & 0\\ 0 & \sin\alpha_{ij} & \cos\alpha_{ij} & 0\\ 0 & 0 & 0 & 1\end{pmatrix} \tag{4–142}$$

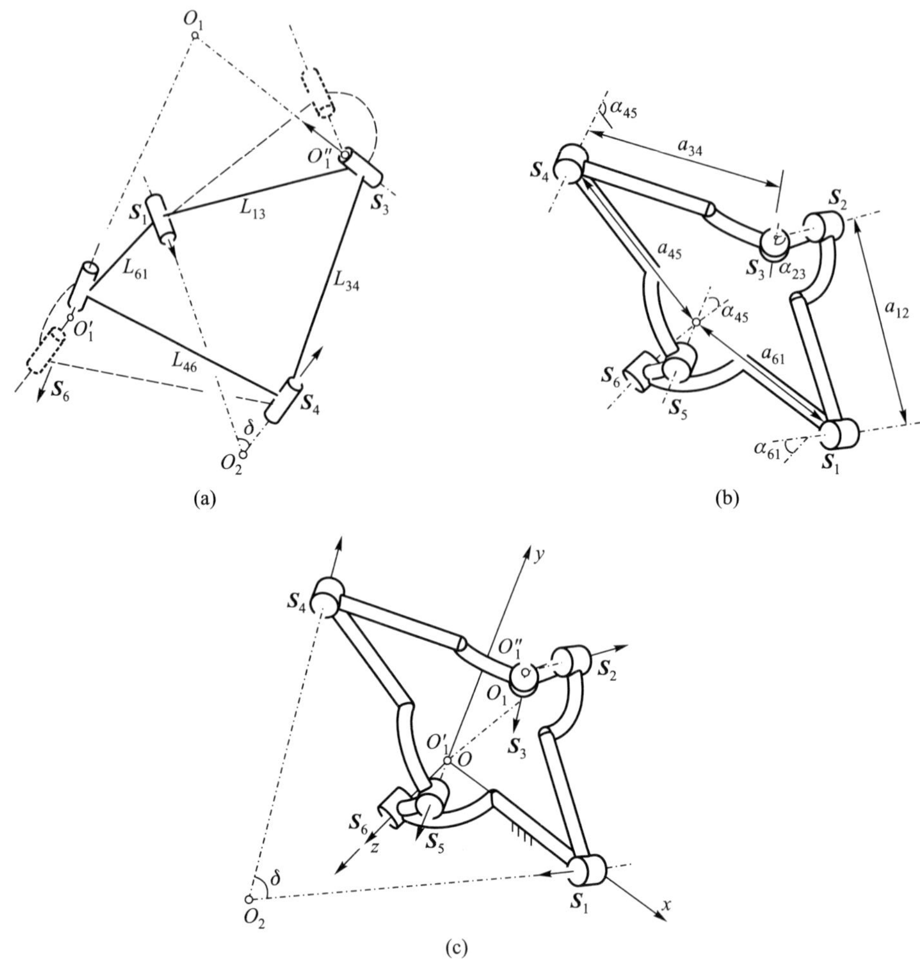

图 4−26　新转动副位置和机构连杆参数: (a) 初始 Bennett 机构和新转动副位置; (b) 新机构连杆参数; (c) 新机构的初始 Bennett 运动分支

$$\boldsymbol{H}_{ij}^{-1} = \begin{pmatrix} 1 & 0 & 0 & -a_{ij} \\ 0 & \cos\alpha_{ij} & \sin\alpha_{ij} & 0 \\ 0 & -\sin\alpha_{ij} & \cos\alpha_{ij} & 0 \\ 0 & 0 & 0 & 1 \end{pmatrix} \begin{pmatrix} \cos\theta_i & \sin\theta_i & 0 & 0 \\ -\sin\theta_i & \cos\theta_i & 0 & 0 \\ 0 & 0 & 1 & 0 \\ 0 & 0 & 0 & 1 \end{pmatrix} \tag{4-143}$$

a_{ij}、 α_{ij} 为式 (4−138) 至式 (4−140) 中的连杆参数; θ_i 为转动副转角。

将式 (4−138) 至式 (4−140) 代入式 (4−141), 提取出其中的平移分量, 可得

$$a_{13}\cos\theta_1 + a_{34}\cos\theta_1\cos\theta_3 - a_{34}\cos\alpha_{13}\sin\theta_1\sin\theta_3 = -a_{46}\cos\theta_6 - a_{61} \tag{4-144}$$

$$a_{13}\sin\theta_1 + a_{34}\cos\theta_1\cos\theta_3 + a_{34}\cos\alpha_{13}\cos\theta_1\sin\theta_3 = a_{46}\cos\alpha_{61}\sin\theta_6 \tag{4-145}$$

$$a_{34}\sin\alpha_{13}\sin\theta_3 = -a_{46}\sin\alpha_{61}\sin\theta_6 \tag{4-146}$$

消去 θ_3, 有

$$a_{13}\cos\theta_1 + a_{34}\cos\theta_1\cos\theta_6 - a_{34}\cos\alpha_{13}\sin\theta_1\sin\theta_6 = -a_{46}\cos\theta_6 - a_{61} \tag{4–147}$$

式 (4–147) 为运动副 1 和 6 的转角关系。

如果使球面运动和平面运动的两个转换指标在同一时间内得到满足, 也就是将图 4–26 (a) 中的 δ 和 $|O_1'O_1''|$ 的可重构条件在同一位置满足, 此时将形成一个拥有三重分岔点的可重构机构, 由此机构的连杆参数为

$$\alpha_{12} = \alpha_{45} = \pi, \quad \alpha_{23} = \alpha_{56} = \frac{\pi}{4}, \quad \alpha_{34} = \alpha_{61} = \frac{3\pi}{4} \tag{4–148}$$

$$a_{12} = a_{45} = a_{34} = a_{61} = l, \quad a_{23} = a_{56} = 0 \tag{4–149}$$

$$d_1 = d_2 = d_3 = d_4 = d_5 = d_6 = 0 \tag{4–150}$$

新机构如图 4–26 (b) 所示。机构的第一个运动分支为初始的 Bennett 运动分支, 如图 4–26 (c) 所示, 此时转动副 2 和 5 几何锁定, 机构由转动副 1、3、4 和 6 运动而形成, 满足下面的 Bennett 几何条件

$$\begin{gathered} a_{13} = a_{46} = a, \quad a_{34} = a_{61} = b \\ \alpha_{13} = -\alpha_{61} = \alpha, \quad \alpha_{34} = -\alpha_{46} = \beta \\ \frac{\sin\alpha}{a} = \frac{\sin\beta}{b} \end{gathered} \tag{4–151}$$

机构的运动转动副形成了图 2–6 (d) 所示的旋量系几何形态。

4.3.4.2 机构的可重构分析与三重分岔点

对于新机构, 全局坐标系如图 4–26 (c) 所示。转动副 6 的轴线方向为 z 轴, 从转动副 6 到转动副 1 轴线的公垂线方向为 x 轴, 原点 O 为转动副 6 的轴线与转动副 1 和 6 轴线公垂线的交点, y 轴通过右手定则确定。由此可得

$$O_1' = (0, 0, 0, 1)^{\mathrm{T}} \tag{4–152}$$

$$O_1'' = (l + l\cos\theta_1, l\sin\theta_1, 0, 1)^{\mathrm{T}} \tag{4–153}$$

由式 (4–152) 和式 (4–153) 可得

$$|O_1'O_1''| = l\sqrt{2(1+\cos\theta_1)} \tag{4–154}$$

同时两个方向向量分别为

$$\boldsymbol{s}_1 = \left(0, \frac{\sqrt{2}}{2}, \frac{\sqrt{2}}{2}\right)^{\mathrm{T}} \tag{4–155}$$

$$\boldsymbol{s}_4 = \left(\frac{\sqrt{2}}{2} \sin\theta_6, \frac{\sqrt{2}}{2} \cos\theta_6, \frac{\sqrt{2}}{2} \right)^{\mathrm{T}} \tag{4-156}$$

由式 (4–155) 和式 (4–156) 可得

$$\delta = \pi - \arccos \frac{1 + \cos\theta_6}{2} \tag{4-157}$$

当式 (4–154) 等于 0 时，$\theta_1 = \pi$，当式 (4–157) 等于 π 时，$\theta_6 = 0$。根据式 (4–147)，$|O_1'O_1''| = 0$、$\delta = \pi$ 同时满足，此时机构可以进入另外两个运动分支。因此三个运动分支的交点为机构的一个三重分岔点。经过此点后，机构的一个运动分支为如图 4–27 (a) 所示的平面运动分支，此时转动副 1、2、4 和 5 的轴线是平行的，机构的运动转动副形成了图 2–6 (b) 所示的旋量系几何形态。另一个运动分支为如图 4–27 (b) 所示的球面运动分支，此时转动副 2、3、5 和 6 的轴线相交于一点，机构的运动转动副形成了图 2–6 (a) 所示的旋量系几何形态。

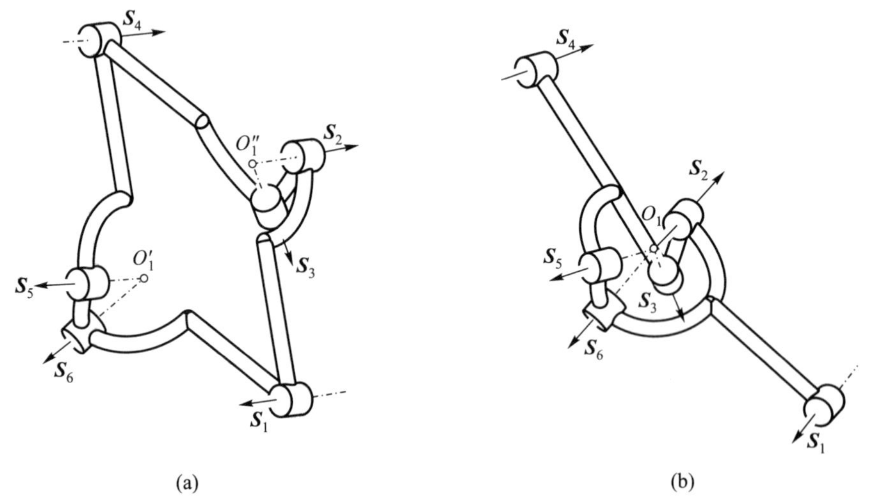

图 4–27 平面运动分支 (a) 和球面运动分支 (b)

4.3.4.3 线对称 Bricard 六杆运动分支和机构运动分支转换

除了上述三个运动分支外，机构还有第四个运动分支，如图 4–28 所示的线对称 Bricard 六杆运动分支，此时机构所有的转动副都能发生运动。

此运动分支与 Bennett 运动分支转换的条件是转动副 3 和 6 的轴线平行，其与平面运动分支的转换条件为转动副 1 和 4 的轴线共线。需要注意的是，由于机构的参数限制，该机构是无法实现球面运动分支和线对称 Bricard 六杆运动分支之间的转换的。机构的所有运动分支转换流程图和相应的转换条件如图 4–29 所示。

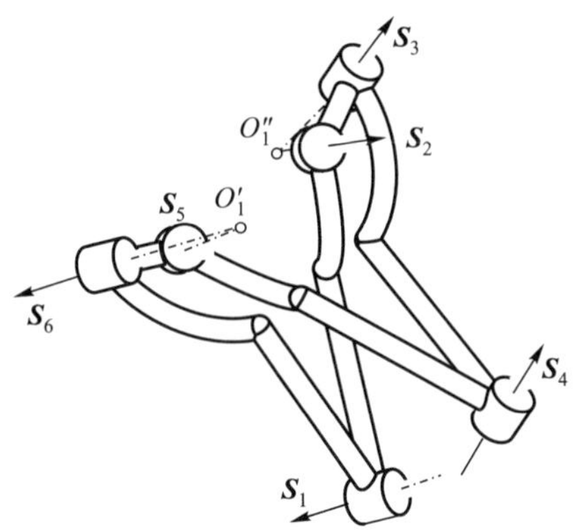

图 **4–28** 线对称 **Bricard** 六杆运动分支

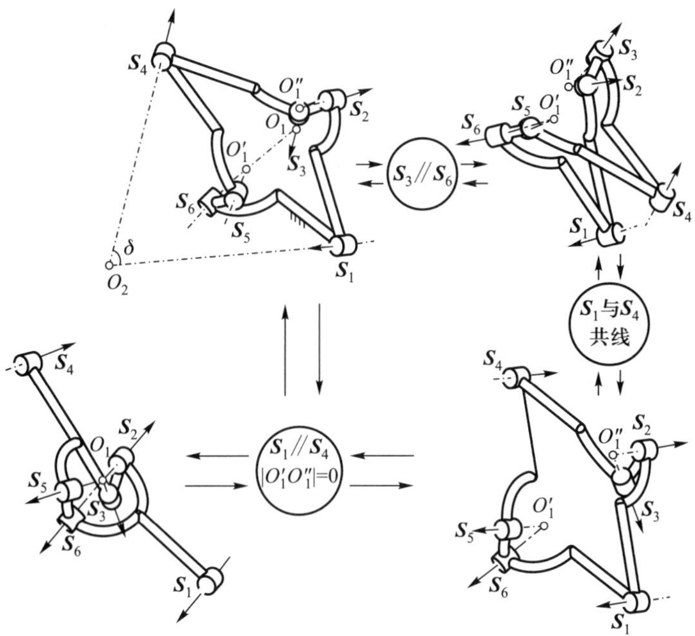

图 **4–29** 四种运动分支转换流程图

4.4 基于旋量系交集的机构活动度分析

本节根据旋量系交集与机构动平台运动旋量空间之间的联系, 揭示运动旋量系交集的机构学含义; 通过将 2.2 节中的旋量系交集计算方法应用于机构活动度的求解, 验证机构是否发生重构, 揭示变胞机构位形空间的分岔机理; 最后通过对 3-PUP 分岔机构活动度的分析与计算, 验证了方法的正确性和有效性。

4.4.1 旋量系交集与并联机构动平台运动旋量空间的联系

对于具有 k 条支链的并联机构来说, 第 i 条支链的运动旋量系 $\mathbb{S}_{li}$ 为由描述构成该条支链的运动副的各个旋量组成的旋量空间, 可用于生成该支链相对机架对动平台的运动; 第 i 条支链的约束旋量系 $\mathbb{S}_{li}^{r}$ 为由描述该条支链施加的约束的各个旋量组成的旋量空间, 可用于生成该支链相对机架对动平台的约束; 机构动平台运动旋量系 $\mathbb{S}_f$ 为所有支链的运动旋量系的交集 (戴建生, 2014a, 2014b), 即

$$\mathbb{S}_f = \mathbb{S}_{l1} \cap \mathbb{S}_{l2} \cap \cdots \cap \mathbb{S}_{lk} \tag{4-158}$$

机构动平台约束旋量系 $\mathbb{S}^{r}$ 为所有支链的约束旋量系的并集 (戴建生, 2014a, 2014b), 即

$$\mathbb{S}^{r} = \mathbb{S}_{l1}^{r} \cup \mathbb{S}_{l2}^{r} \cup \cdots \cup \mathbb{S}_{lk}^{r} \tag{4-159}$$

且第 i 条支链的运动旋量系 $\mathbb{S}_{li}$ 与该支链的约束旋量系 $\mathbb{S}_{li}^{r}$ 互易, 机构动平台的运动旋量系 $\mathbb{S}_f$ 与其约束旋量系 $\mathbb{S}^{r}$ 互易。

图 4–30 为采用一般旋量方法分析具有 k 条支链的并联机构动平台活动度的流程图。首先, 写出并联机构中每条支链的运动旋量系; 其次, 通过对每条支链运动旋量系求互易得到该条支链的约束旋量系; 再次, 通过对所有支链的约束旋量系取并集得到机构动平台的约束旋量系; 最后, 通过一次互易计算, 得到机构动平台的运动旋量系。机构动平台的活动度即等于动平台运动旋量系中包含的旋量的个数。

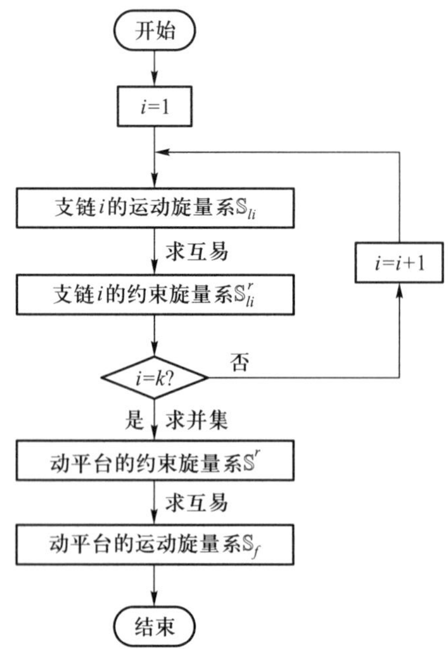

图 4–30 采用一般旋量方法分析具有 k 条支链的并联机构动平台活动度的流程图

并联机构动平台的运动旋量空间 $\boldsymbol{T}$ 实际为该并联机构的所有支链运动旋量空间的交空间, 由于每个旋量系都可以张成其对应的运动旋量空间, 可以利用 2.2 节中提出的旋量系交集计算方法来直接求解并联机构动平台的运动旋量系。如图 4–31 所示, 在写出每条支链的运动旋量系后, 可以通过交集运算直接得到机构动平台的运动旋量系。

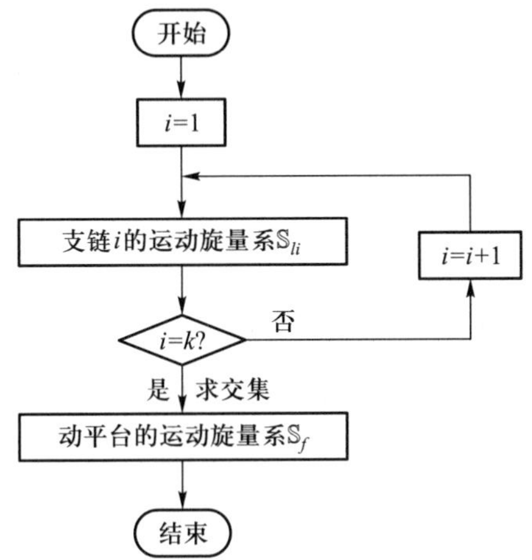

图 **4–31** 采用旋量系交集计算方法分析具有 $\boldsymbol{k}$ 条支链的并联机构动平台活动度的流程图

相较于图 4–30 所示的一般旋量方法, 图 4–31 所示的旋量系交集方法的分析过程共简化了 k 次求取支链约束旋量系的互易计算、1 次求取动平台约束旋量系的并集计算和 1 次求解动平台约束旋量系的互易计算过程, 更为简洁、有效。

推论 4.1 *在用旋量系交集计算方法分析并联机构的过程中, 机构动平台的瞬时活动度 M 等于未知向量 $\boldsymbol{x}$ 的基础解系中解向量 $\boldsymbol{b}_p$ 的个数 m, 即*

$$M = m = \sum_{i=1}^{k} k_i - \operatorname{rank}\left(\boldsymbol{J}^c\right) \tag{4–160}$$

式中, k 为并联机构的支链数; k_i 为支链 k 的运动旋量系的阶数; $\operatorname{rank}(\boldsymbol{J}^c)$ 为组合矩阵 $\boldsymbol{J}^c$ 的秩。

推论 4.1 很容易被证明。因为机构动平台的瞬时活动度总是等于旋量系交空间的基的个数, 而 2.2 节旋量系交集计算方法中的步骤显示, 所有的旋量系交空间的基都是由 $\boldsymbol{x}$ 的解向量 $\boldsymbol{b}_p$ 推导而来的, 一个解向量对应一个交集旋量, 也就是说, 旋量系交空间的基的个数始终等于 $\boldsymbol{x}$ 的解向量 $\boldsymbol{b}_p$ 的个数。因此, 机构动平台的瞬时活动度 M 总是与式 (2–108) 中求解出 $\boldsymbol{x}$ 的解向量 $\boldsymbol{b}_p$ 的个数 m 相等, 推论得证。

用旋量系交集计算方法求得的并联机构动平台运动旋量系所包含的旋量的个数即为机构动平台的瞬时活动度; 此运动旋量系中, 每个旋量的坐标还能给出该旋量具体的位置和姿态信息, 通过这些信息可以分析得到机构瞬时运动的轴线信息与具体运动类型 (平移、转动或螺旋运动)。

由推论 4.1, 并联机构动平台的瞬时活动度也等于交集计算过程中组合雅可比矩阵零空间解向量的个数, 这与 Angeles 和 Gosselin (1988) 提出的“运动链的活动度可以由雅可比矩阵的零空间的维数确定”这一结论完全相符。 Angeles 和 Gosselin 是在对过约束机构活动度的研究过程中, 通过化简约束方程而从约束的角度给出的结论, 而本节的结论是由线性空间的交空间推导而来。

4.4.2 RCPP 过约束机构活动度分析

图 4–32 为一个 RCPP 过约束机构, 其中 R、 C、 P 分别代表了转动副、圆柱副和移动副。将机构的底部连杆视为机架、顶部连杆视为动平台, 可以把整个机构当作具有两条支链的并联机构进行分析。其中, 支链 1 包含了一个轴线位于水平面上的转动副和一个与转动副轴线相平行的圆柱副, 支链 2 包含了两个移动副。全局坐标系 $O\text{-}xyz$ 建立在支链 1 与机架连接的 R 副轴线上的 O 点, z 轴沿着 R 副的轴线, x 轴位于水平面上且垂直于 R 副的轴线, y 轴方向垂直向下。

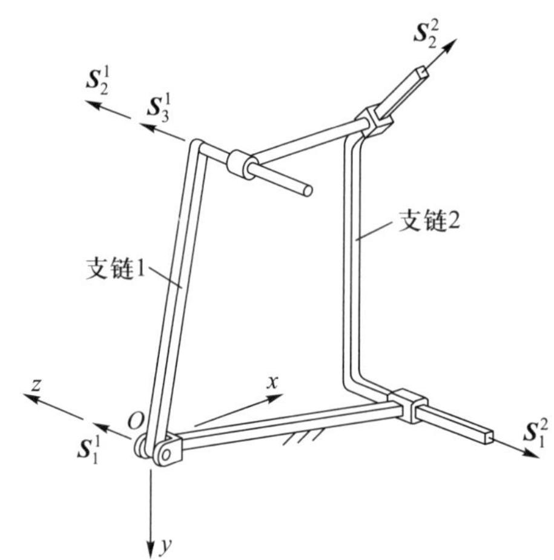

图 4–32 RCPP 过约束机构

对于支链 1 和支链 2, 它们的旋量雅可比矩阵分别为

$$
\boldsymbol{J}^1 = \begin{pmatrix} 0 & 0 & 0 \\ 0 & 0 & 0 \\ 1 & 1 & 0 \\ 0 & p_2^1 & 0 \\ 0 & q_2^1 & 0 \\ 0 & 0 & 1 \end{pmatrix} \tag{4–161}
$$

$$\boldsymbol{J}^2=\begin{pmatrix}0&0\\0&0\\0&0\\p_1^2&p_2^2\\q_1^2&q_2^2\\r_1^2&r_2^2\end{pmatrix}\tag{4–162}$$

式中, p_j^i、 q_j^i 和 r_j^i $(i=1,2;j=1,2)$ 分别为机构运动旋量的坐标参数。

构造组合矩阵 $\boldsymbol{J}^c$ 如下

$$\begin{aligned}\boldsymbol{J}^c&=\begin{pmatrix}\boldsymbol{J}^1 & -\boldsymbol{J}^2\end{pmatrix}\\&=\begin{pmatrix}0&0&0&0&0\\0&0&0&0&0\\1&1&0&0&0\\0&p_2^1&0&-p_1^2&-p_2^2\\0&q_2^1&0&-q_1^2&-q_2^2\\0&0&1&-r_1^2&-r_2^2\end{pmatrix}\end{aligned}\tag{4–163}$$

求解齐次线性方程组 $\boldsymbol{J}^c\boldsymbol{x}=\boldsymbol{0}$, 可以得到

$$\boldsymbol{x}=\gamma_1\boldsymbol{b}_1=\gamma_1\begin{pmatrix}\boldsymbol{b}_1^1\\\boldsymbol{b}_1^2\end{pmatrix}=\gamma_1\begin{pmatrix}\dfrac{p_1^2q_2^2-p_2^2q_1^2}{p_2^1q_1^2-p_1^2q_2^1}\\-\dfrac{p_1^2q_2^2-p_2^2q_1^2}{p_2^1q_1^2-p_1^2q_2^1}\\\dfrac{p_2^1q_1^2r_2^2-p_2^1q_2^2r_1^2-p_1^2q_2^1r_2^2+p_2^2q_2^1r_1^2}{p_2^1q_1^2-p_1^2q_2^1}\\\hdashline-\dfrac{p_2^1q_2^2-p_2^2q_2^1}{p_2^1q_1^2-p_1^2q_2^1}\\1\end{pmatrix}\tag{4–164}$$

式中, γ_1 为自由参数。组合矩阵 $\boldsymbol{J}^c$ 的秩为

$$\operatorname{rank}(\boldsymbol{J}^c)=4\tag{4–165}$$

将支链 2 的旋量雅可比矩阵 $\boldsymbol{J}^2$ 左乘式 (4–164) 中的由解向量后两个元素构成的子块 $\boldsymbol{b}_1^2$, 可以得到支链 1 与支链 2 运动旋量系交集中的唯一交集旋量 ${}^{\text{int}}\boldsymbol{S}_1$

$${}^{\text{int}}\boldsymbol{S}_1=\boldsymbol{J}^2\boldsymbol{b}_1^2=(0,0,0,p,q,r)^{\mathrm{T}}\tag{4–166}$$

式中, p、 q、 r 为标量参数,

$$p=-p_2^1\left(p_1^2q_2^2-p_2^2q_1^2\right)$$

$$q = -q_2^1\left(p_1^2 q_2^2 - p_2^2 q_1^2\right)$$

$$r = r_2^2 - r_1^2\left(p_2^1 q_2^2 - p_2^2 q_2^1\right)$$

因此, 动平台的运动旋量系 $\mathbb{S}_f$ 为

$$\mathbb{S}_f = \left\{{}^{\text{int}}\boldsymbol{S}_1 = (0,0,0,p,q,r)^{\mathrm{T}}\right\} \tag{4–167}$$

可以看出, 动平台的瞬时活动度为 1, 它等于顶部连杆的运动旋量系 $\mathbb{S}_f$ 的阶数。该瞬时活动度也可以通过式 (4–160) 进行计算, 有

$$M = m = \sum_{i=1}^{2} k_i - \operatorname{rank}\left(\boldsymbol{J}^c\right) = 5 - 4 = 1 \tag{4–168}$$

式 (4–167) 中的运动旋量系 $\mathbb{S}_f$ 还给出了更多顶部连杆运动的具体特征, 即连杆的瞬时运动为沿着坐标方向为 $(p,q,r)^{\mathrm{T}}$ 的轴线的平移运动。

如果将图 4–32 中 RCPP 过约束机构中的 C 副改为 H 副 (即螺旋副), 则得到了如图 4–33 所示的一个 RHPP 过约束机构。

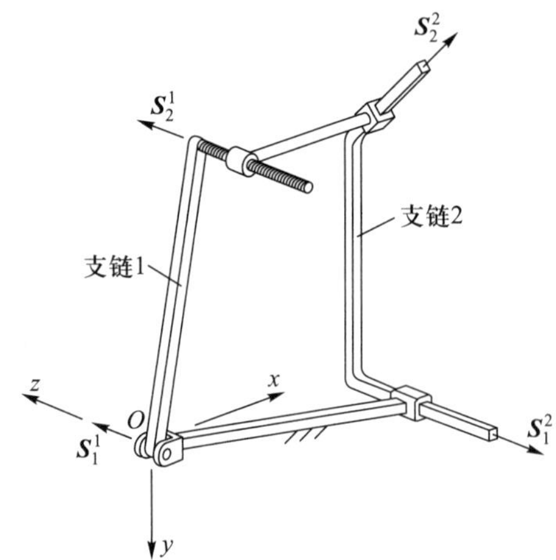

图 4–33　**RHPP** 过约束机构

此时, 支链 1 的旋量雅可比矩阵变为

$$\boldsymbol{J}^{1'} = \begin{pmatrix} 0 & 0 \\ 0 & 0 \\ 1 & 1 \\ 0 & p_2^1 \\ 0 & q_2^1 \\ 0 & h \end{pmatrix} \tag{4–169}$$

式中, h 为 H 副旋距相关参数。

组合矩阵则由原 6×5 阶的构造矩阵 $\boldsymbol{J}^c$ 变成 6×4 阶矩阵 $\boldsymbol{J}^{c\prime}$

$$\boldsymbol{J}^{c\prime}=(\boldsymbol{J}^{1\prime}\ \ -\boldsymbol{J}^{2})=\begin{pmatrix}0&0&0&0\\0&0&0&0\\1&1&0&0\\0&p_2^1&-p_1^2&-p_2^2\\0&q_2^1&-q_1^2&-q_2^2\\0&h&-r_1^2&-r_2^2\end{pmatrix}\tag{4–170}$$

求解齐次线性方程组 $\boldsymbol{J}^{c\prime}\boldsymbol{x}'=\boldsymbol{0}$, 可以得到

$$\boldsymbol{x'}=\gamma'_1\begin{pmatrix}\boldsymbol{b}_1^{1\prime}\\\boldsymbol{b}_1^{2\prime}\end{pmatrix}=\begin{pmatrix}0\\0\\0\\0\end{pmatrix}\tag{4–171}$$

且组合矩阵 $\boldsymbol{J}^{c\prime}$ 的秩为

$$\mathrm{rank}\left(\boldsymbol{J}^{c\prime}\right)=4\tag{4–172}$$

因此, 交集旋量为

$$^{\mathrm{int}}\boldsymbol{S}_1'=\boldsymbol{J}^2\boldsymbol{b}_1^{2\prime}=(0,0,0,0,0,0)^{\mathrm{T}}\tag{4–173}$$

式 (4–173) 说明, 机构支链 1 与支链 2 的交集为空集, 动平台的瞬时活动度为 0。由式 (4–160), 有

$$M=m=\sum_{i=1}^{2}k_i-\mathrm{rank}\left(\boldsymbol{J}^{c\prime}\right)=4-4=0\tag{4–174}$$

此时, 动平台不能运动, 机构各构件间不发生相对运动, 此机构转变为结构。在变更机构的运动副类型后, RCPP 过约束机构转变为 RHPP 结构。该结论与 Dai、 Huang 和 Lipkin (2006) 对 RCPP 机构与 RHPP 机构的研究结果相符, 后者为基于约束分析得到的结果。

4.4.3 3-PUP 并联机构活动度分析

图 4–34 所示为由三条 PUP 支链连接动平台与机架的并联机构 (Rodriguez-Leal、 Dai 和 Pennock, 2009), 其中 P 和 U 分别代表了移动副和虎克铰。 $\boldsymbol{S}_1^i$、 $\boldsymbol{S}_2^i$、 $\boldsymbol{S}_3^i$ 和 $\boldsymbol{S}_4^i$ 分别为各支链的运动旋量, 其中, 上标 i (i = 1,2,3) 表示支链的序

号。每条支链中的第一个运动副旋量 $\boldsymbol{S}_1^i$ 均垂直于机架所在的平面, 第二个运动副 $\boldsymbol{S}_2^i$ 的轴线与运动副 $\boldsymbol{S}_1^i$ 的轴线垂直相交, 运动副 $\boldsymbol{S}_3^i$ 的轴线和运动副 $\boldsymbol{S}_4^i$ 的轴线位于动平台所在平面内。三条支链中运动副 $\boldsymbol{S}_2^i$ 的轴线与运动副 $\boldsymbol{S}_3^i$ 的轴线均相互平行。全局坐标系 O-xyz 建立在机架的中心点 O 上, x 轴和 y 轴均位于机架所在平面内。其中, x 轴平行于运动副 $\boldsymbol{S}_2^i$ 的轴线, y 轴垂直于 x 轴, z 轴遵循右手定则, 垂直于机架所在的平面。

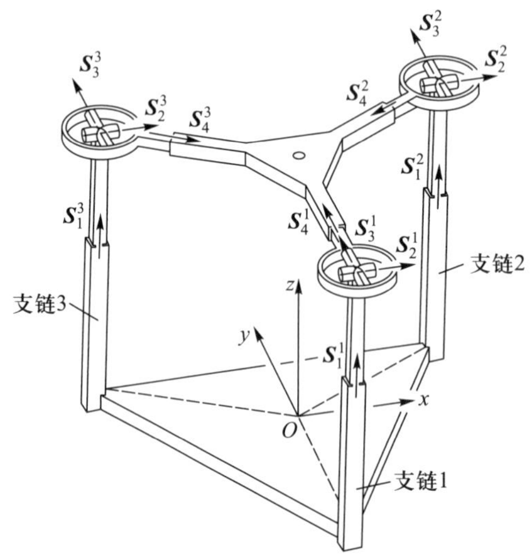

图 **4–34**　**3-PUP** 并联机构

根据机构的几何参数, 可以写出支链 1、支链 2 和支链 3 的旋量雅可比矩阵如下

$$\boldsymbol{J}^1=\begin{pmatrix}0 & 1 & 0 & 0\\ 0 & 0 & m_3^1 & 0\\ 0 & 0 & n_3^1 & 0\\ 0 & 0 & -d^1m_3^1-en_3^1 & l_4^1\\ 0 & d^1 & 0 & m_4^1\\ 1 & e & 0 & n_4^1\end{pmatrix}\tag{4–175}$$

$$\boldsymbol{J}^2=\begin{pmatrix}0 & 1 & 0 & 0\\ 0 & 0 & m_3^2 & 0\\ 0 & 0 & n_3^2 & 0\\ 0 & 0 & \dfrac{en_3^2}{2}-d^2m_3^2 & l_4^2\\ 0 & d^2 & -\dfrac{\sqrt{3}en_3^2}{2} & m_4^2\\ 1 & -\dfrac{e}{2} & \dfrac{\sqrt{3}em_3^2}{2} & n_4^2\end{pmatrix}\tag{4–176}$$

$$
\boldsymbol{J}^3=\begin{pmatrix}0 & 1 & 0 & 0\\ 0 & 0 & m_3^3 & 0\\ 0 & 0 & n_3^3 & 0\\ 0 & 0 & \dfrac{en_3^3}{2}-d^3m_3^3 & l_4^3\\ 0 & d^3 & \dfrac{\sqrt{3}en_3^3}{2} & m_4^3\\ 1 & -\dfrac{e}{2} & -\dfrac{\sqrt{3}em_3^3}{2} & n_4^3\end{pmatrix} \tag{4–177}
$$

式中, d^i 为移动副 $\boldsymbol{S}_1^i$ 的位移参数, 其值定义为虎克铰两个转动副中心距离机架所在平面的距离; e 为正三角形机架外接圆的半径; m_3^i 和 n_3^i 为转动副 $\boldsymbol{S}_3^i$ 的轴线坐标参数; l_4^i、 m_4^i 和 n_4^i 为移动副 $\boldsymbol{S}_4^i$ 的轴线坐标参数。

由机构运动副的轴线的特殊排布与机构的对称几何结构, 三个移动副 $\boldsymbol{S}_1^i$ $(i=1,2,3)$ 的位移参数 d^i 受式 (4–178) 约束 (Zhang、 Dai 和 Fang, 2012)

$$
\left(d^2-d^3\right)\left(d^2+d^3-2d^1\right)=0 \tag{4–178}
$$

式 (4–178) 给出了机构两条不同分岔运动分支对应的几何约束条件

$$
d^2=d^3 \tag{4–179}
$$

$$
d^2+d^3=2d^1 \tag{4–180}
$$

4.4.3.1 分支一的运动分析

当机构参数满足 $d^2=d^3=d^0$ 且 $d^1\neq d^0$ 的几何约束条件时, 机构处于运动分支一的分岔路径上。

在此分岔路径上, 组合矩阵 $\boldsymbol{J}^{c1}$ 构造如下

$$
\boldsymbol{J}^{c1}=\begin{pmatrix}\boldsymbol{J}^1 & -\boldsymbol{J}^2 & \boldsymbol{0}\\ \boldsymbol{J}^1 & \boldsymbol{0} & -\boldsymbol{J}^3\end{pmatrix} \tag{4–181}
$$

将此分岔路径的机构参数几何约束条件代入齐次线性方程组 $\boldsymbol{J}^{c1}\boldsymbol{x}=\boldsymbol{0}$, 可计算出 $\boldsymbol{x}$ 的第三部分, 向量 $\boldsymbol{x}^3$ 的通解为

$$
\begin{aligned}
\boldsymbol{x}^3&=\gamma_1\boldsymbol{b}_1^3+\gamma_2\boldsymbol{b}_2^3\\
&=\gamma_1\begin{pmatrix}1\\0\\0\\0\end{pmatrix}+\gamma_2\begin{pmatrix}0\\1\\0\\0\end{pmatrix}
\end{aligned} \tag{4–182}
$$

式中, γ_1 和 γ_2 为自由参数。组合矩阵 $\boldsymbol{J}^{c1}$ 的秩为

$$\operatorname{rank}\left(\boldsymbol{J}^{c1}\right)=10 \tag{4–183}$$

将支链 3 的旋量雅可比矩阵 $\boldsymbol{J}^3$ 左乘式 (4–182) 中的第一个解向量 $\boldsymbol{b}_1^3$, 可以得到三条支链的交集旋量 ${}^{\text{int}}\boldsymbol{S}_1$ 为

$$\begin{aligned}{}^{\text{int}}\boldsymbol{S}_1&=\boldsymbol{J}^3\boldsymbol{b}_1^3\\&=\left(0,0,0,0,0,1\right)^{\mathrm{T}}\end{aligned} \tag{4–184}$$

类似地, 将支链 3 的旋量雅可比矩阵 $\boldsymbol{J}^3$ 左乘式 (4–182) 中的第二个解向量 $\boldsymbol{b}_2^3$, 可以得到交集旋量 ${}^{\text{int}}\boldsymbol{S}_2$ 为

$$\begin{aligned}{}^{\text{int}}\boldsymbol{S}_2&=\boldsymbol{J}^3\boldsymbol{b}_2^3\\&=\left(1,0,0,0,d^0,-\frac{e}{2}\right)^{\mathrm{T}}\end{aligned} \tag{4–185}$$

这两个旋量构成了机构三条支链运动旋量系交集旋量系 ${}^{\text{int}}\mathbb{S}$ 的一组基, 即在运动分支一的分岔路径上, 机构动平台的运动旋量系 $\mathbb{S}_{f1}$ 为

$$\begin{aligned}\mathbb{S}_{f1}&={}^{\text{int}}\mathbb{S}\\&=\left\{\begin{aligned}{}^{\text{int}}\boldsymbol{S}_1&=\left(0,0,0,0,0,1\right)^{\mathrm{T}}\\{}^{\text{int}}\boldsymbol{S}_2&=\left(1,0,0,0,d^0,-\frac{e}{2}\right)^{\mathrm{T}}\end{aligned}\right\}\end{aligned} \tag{4–186}$$

式 (4–186) 表明, 当 3-PUP 并联机构处于运动分支一的分岔运动路径上时, 机构动平台的瞬时活动度为 2, 它等于动平台运动旋量系 $\mathbb{S}_{f1}$ 的阶数。该瞬时活动度也可以通过式 (4–160) 进行计算, 有

$$M=m=\sum_{i=1}^{3}k_i-\operatorname{rank}\left(\boldsymbol{J}^{c1}\right)=12-10=2 \tag{4–187}$$

此时, 动平台的瞬时运动为该运动旋量系中的两个运动旋量的线性组合。这两个运动旋量分别为绕与 x 轴平行的轴线的转动和沿 z 轴轴线方向的移动。

4.4.3.2 分支二的运动分析

当机构参数满足 $d^2+d^3=2d^1$ 且 $d^1\neq d^2\neq d^3$ 的条件时, 机构处于运动分支二的分岔路径上。

在此分岔路径上, 组合矩阵 $\boldsymbol{J}^{c2}$ 构造如下

$$\boldsymbol{J}^{c2}=\begin{pmatrix}\boldsymbol{J}^1&-\boldsymbol{J}^2&\boldsymbol{0}\\\boldsymbol{J}^1&\boldsymbol{0}&-\boldsymbol{J}^3\end{pmatrix} \tag{4–188}$$

将此分岔路径的机构参数几何约束条件代入齐次线性方程组 $\boldsymbol{J}^{c2}\boldsymbol{x}=\boldsymbol{0}$, 可计算出 $\boldsymbol{x}$ 的第三部分, 向量 $\boldsymbol{x}^3$ 的通解为

$$\begin{aligned}\boldsymbol{x}^3 &= \gamma_3\boldsymbol{b}_1^3+\gamma_4\boldsymbol{b}_2^3\\ &= \gamma_3\begin{pmatrix}1\\0\\0\\0\end{pmatrix}+\gamma_4\begin{pmatrix}0\\ \dfrac{2\sqrt{3}en_3^3u_1}{d^2-d^3}\\ u_1\\ 1\end{pmatrix}\end{aligned}\tag{4–189}$$

式中, γ_3 和 γ_4 为自由参数; u_1 为标量参数

$$u_1=\frac{2\sqrt{3}m_4^3}{\left(d^2-d^3\right)m_3^3+3en_3^3}$$

且组合矩阵 $\boldsymbol{J}^{c2}$ 的秩为

$$\operatorname{rank}\left(\boldsymbol{J}^{c2}\right)=10\tag{4–190}$$

同理, 分别将支链 3 的旋量雅可比矩阵 $\boldsymbol{J}^3$ 左乘式 (4–189) 中的第一个和第二个解向量 $\boldsymbol{b}_1^3$、$\boldsymbol{b}_2^3$, 可以得到机构三条支链运动旋量系交集旋量系 ${}^{\text{int}}\mathbb{S}$ 的一组基, 即在运动分支二的分岔路径上, 机构动平台的运动旋量系 $\mathbb{S}_{f2}$ 为

$$\begin{aligned}\mathbb{S}_{f2} &= {}^{\text{int}}\mathbb{S}\\ &= \left\{\begin{array}{l}{}^{\text{int}}\boldsymbol{S}_1=(0,0,0,0,0,1)^{\mathrm{T}}\\ {}^{\text{int}}\boldsymbol{S}_2=\left(\dfrac{12en_3^3}{d^2-d^3},2\sqrt{3}m_3^3,2\sqrt{3}n_3^3,-\sqrt{3}\left(m_3^3\left(d^2+d^3\right)+2en_3^3\right),u_2,0\right)^{\mathrm{T}}\end{array}\right\}\end{aligned}\tag{4–191}$$

式中,

$$u_2=\frac{m_3^3\left(d^2-d^3\right)^2+6en_3^3\left(d^2+d^3\right)}{d^2-d^3}$$

式 (4–191) 表明, 当 3-PUP 并联机构处于运动分支二的分岔运动路径上时, 机构动平台的瞬时活动度为 2, 它等于动平台运动旋量系 $\mathbb{S}_{f2}$ 的阶数。该瞬时活动度也可以通过式 (4–160) 进行计算, 有

$$M=m=\sum_{i=1}^{3}k_i-\operatorname{rank}\left(\boldsymbol{J}^{c2}\right)=12-10=2\tag{4–192}$$

此时, 动平台的瞬时运动为该运动旋量系中的两个运动旋量的线性组合。这两个运动旋量分别为一个螺旋运动和一个沿 z 轴轴线方向的移动。

4.4.3.3 分岔点的运动分析

当机构参数 $d^1 = d^2 = d^3 = d^0$ 时, 同时满足了式 (4−178) 中的两种分岔几何条件, 此时, 机构位于两条分岔路径的分岔点处。此时, 由机构的几何构型可以确定运动副的轴线坐标参数将满足 $m_3^1 = m_3^2 = m_3^3 = 1, n_3^1 = n_3^2 = n_3^3 = 0$, $l_4^1 = 0$, $m_4^1 = 1$ 且 $n_4^1 = 0$。将这些参数代入三条支链的旋量雅可比矩阵中, 可以分析分岔点处机构动平台的瞬时活动度和具体运动。

此时, 组合矩阵 $\boldsymbol{J}^{c3}$ 为

$$\boldsymbol{J}^{c3} = \begin{pmatrix} \boldsymbol{J}^1 & -\boldsymbol{J}^2 & \boldsymbol{0} \\ \boldsymbol{J}^1 & \boldsymbol{0} & -\boldsymbol{J}^3 \end{pmatrix} \tag{4−193}$$

将机构在分岔点处的参数几何约束条件代入齐次线性方程组 $\boldsymbol{J}^{c3}\boldsymbol{x} = \boldsymbol{0}$, 可计算出 $\boldsymbol{x}$ 的第三部分向量 $\boldsymbol{x}^3$ 的通解, 化简后可得

$$\begin{aligned} \boldsymbol{x}^3 &= \gamma_5 \boldsymbol{b}_1^3 + \gamma_6 \boldsymbol{b}_2^3 + \gamma_7 \boldsymbol{b}_3^3 \\ &= \gamma_5 \begin{pmatrix} 1 \\ 0 \\ 0 \\ 0 \end{pmatrix} + \gamma_6 \begin{pmatrix} 0 \\ 1 \\ 0 \\ 0 \end{pmatrix} + \gamma_7 \begin{pmatrix} 0 \\ 0 \\ 1 \\ 0 \end{pmatrix} \end{aligned} \tag{4−194}$$

式中, γ_5、γ_6 和 γ_7 为自由参数。组合矩阵 $\boldsymbol{J}^{c3}$ 的秩为

$$\operatorname{rank}\left(\boldsymbol{J}^{c3}\right) = 9 \tag{4−195}$$

同理, 分别将支链 3 的旋量雅可比矩阵 $\boldsymbol{J}^3$ 左乘式 (4−194) 中的三个解向量 $\boldsymbol{b}_1^3$、$\boldsymbol{b}_2^3$ 和 $\boldsymbol{b}_3^3$, 可以得到此时机构三条支链运动旋量系交集旋量系 ${}^{\text{int}}\mathbb{S}$ 的一组基, 即在机构位于两条分岔路径的分岔点处时, 机构动平台的运动旋量系 $\mathbb{S}_{f3}$ 为

$$\begin{aligned} \mathbb{S}_{f3} &= {}^{\text{int}}\mathbb{S} \\ &= \left\{ \begin{array}{l} {}^{\text{int}}\boldsymbol{S}_1 = (0,0,0,0,0,1)^{\text{T}} \\ {}^{\text{int}}\boldsymbol{S}_2 = \left(1,0,0,0,d^0,-\dfrac{e}{2}\right)^{\text{T}} \\ {}^{\text{int}}\boldsymbol{S}_3 = \left(0,1,0,-d^0,0,-\dfrac{\sqrt{3}e}{2}\right)^{\text{T}} \end{array} \right\} \end{aligned} \tag{4−196}$$

式 (4−196) 表明, 当 3-PUP 并联机构位于两条分岔路径的分岔点处时, 机构动平台的瞬时活动度为 3, 它等于动平台运动旋量系 $\mathbb{S}_{f3}$ 的阶数。该瞬时活动度也可以通过式 (4−160) 进行计算, 有

$$M = m = \sum_{i=1}^{3} k_i - \operatorname{rank}\left(\boldsymbol{J}^{c3}\right) = 12 - 9 = 3 \tag{4−197}$$

此时, 动平台的瞬时运动为该运动旋量系中的三个运动旋量的线性组合。这三个运动旋量分别为一个绕与 x 轴平行轴线的转动、一个绕与 y 轴平行轴线的转动和一个沿 z 轴轴线方向的移动。

以上计算得到的运动旋量系与瞬时活动度与 Zhang、 Dai 和 Fang(2012) 对该机构动平台运动的研究结果完全一致, 后者为基于约束分析计算得到的结果。

4.5 本章小结

本章首先求解了经典的面对称 Bricard 机构的显式闭环方程解析解, 分析了不同几何条件下该机构的运动特性。其次, 基于其显示闭环方程, 找出了其衍生机构, 探究了该机构存在的分岔及其对应的一般几何条件, 首次揭示了从面对称 Bricard 机构分岔为 Bennett 机构的过程, 构建了两类不同过约束机构间的内在联系, 提供了可重构机构设计的新思路。再次, 将旋量系的几何形态变换与可重构机构运动分支的设计结合起来, 通过分析三阶旋量系不同几何形态的特征, 利用特征表征的数学含义去设计拥有多运动分支的可重构机构, 这对于设计不同类型的运动分支具有重要的指导意义。最后, 将旋量系交集计算方法应用于机构活动度的求解, 为推动变胞机构活动度的研究提供了支撑。

主要参考文献

戴建生, 2014a. 机构学与机器人学的几何基础与旋量代数 [M]. 北京: 高等教育出版社.

戴建生, 2014b. 旋量代数与李群李代数 [M]. 北京: 高等教育出版社.

黄真, 刘婧芳, 李艳文, 2011. 论机构自由度: 寻找了 150 年的自由度通用公式 [M]. 北京: 科学出版社.

ANGELES J, GOSSELIN C, 1988. Determination du degre de liberte des chaines cinematique[J]. Transactions of the Canadian Society for Mechanical Engineering, 12(4): 219-226.

DAI J S, HUANG Z, LIPKIN H, 2006. Mobility of overconstrained parallel mechanisms[J]. Journal of Mechanical Design, 128(1): 220-229.

GOGU G, 2005. Mobility of mechanisms: a critical review[J]. Mechanism and Machine Theory, 40(9): 1068-1097.

GOGU G, 2005. Mobility and spatiality of parallel robots revisited via theory of linear transformations[J]. European Journal of Mechanics-A/Solids, 24(4): 690-711.

LI Q, CHAI X, 2016. Mobility analysis of limited-degrees-of-freedom parallel mechanisms in the framework of geometric algebra[J]. Journal of Mechanisms and Robotics, 8(4): 041005.

MÜLLER A, 2009. Generic mobility of rigid body mechanisms[J]. Mechanism and Machine Theory, 44(6): 1240-1255.

RICO J M, GALLARDO J, RAVANI B, 2003. Lie algebra and the mobility of kinematic chains[J]. Journal of Robotic Systems, 20(8): 477-499.

RODRIGUEZ-LEAL E, DAI J S, PENNOCK G R, 2009. Inverse kinematics and motion simulation of a 2-DOF parallel manipulator with 3-PUP legs[C]//Proceedings of the 5th International Workshop on Computational Kinematics. Netherland: Springer: 85-92.

ZHANG K, DAI J S, FANG Y, 2012. Constraint analysis and bifurcated motion of the 3PUP parallel mechanism[J]. Mechanism and Machine Theory, 49: 256-269.

第五章　几何约束与分岔演变

可重构机构的构型演变特性赋予了其能够按照工况需求进行功能调整的多功能性，进而具有在机器人臂、医疗器械等其他工程领域的广阔应用前景。在过去近 30 年的机构学研究中，具有可重构能力的机构得到了广泛的研究。本章首先介绍具有可重构特性的单自由度、单闭环机构，通过揭示单闭环机构的可重构特性，进一步将单闭环可重构机构作为变胞单元应用到具有混联支链并联机构的综合设计中，得到新型可重构变胞并联机构。

为了揭示单闭环机构的可重构特性，本章对该类机构按照 Chebychev–Grübler–Kutzbach 机构活动度计算公式中的参数变化进行了系统分类，包括机构中有效杆件数、有效运动副、单个运动副活动度数和机构工作空间自由度数 (维数) 各自的变化对应的机构重构类型，以及引起构型演变的内在本质。以此构型演变本质为理论基础，重点介绍了 Bennett 六杆机构、具有面对称结构的 Bricard 过约束双球面 6R 机构以及一种新颖的闭环 7R 机构的构型演变。在本章的最后一节，将 Bennett 六杆机构作为可重构变胞单元，进而设计出由该单闭环机构衍生得到的混联支链并联机构，并详细分析了该并联机构的几何约束与运动分岔。

5.1　Grassmann 线几何与旋量系和运动分岔的关联

本节将围绕旋量理论和 Grassmann 线性几何种类，重点介绍能引起可重构单环机构的结构和移动性改变的几何准则。

5.1.1 基于自由度公式的可重构机构分类

通常情况下，机构的活动度可以通过 Chebychev–Grübler–Kutzbach 自由度公式计算:

$$m = d(n-1)\sum_{i=1}^{g}(d-f_i) = d(n-g-1)+\sum_{i=1}^{g} f_i \tag{5-1}$$

式中，m 为机构的活动度; d 为机构工作空间的自由度; n 为机构构件数目; g 为运动副数目; f_i 为第 i 个运动副的活动度。

对于过约束机构，由于其特殊的几何与尺度条件，上述自由度计算公式可能无法准确计算其自由度数目。

相较于传统的单一功能机构，可重构机构具有运动分岔特性并通过运动分岔位形完成各运动分支之间的转换，进而执行多功能任务。伴随着运动分支的改变，可重构机构的自由度数 m 和运动特征也随着改变。根据自由度计算公式，每一个运动分支的自由度以及分岔位形的瞬时自由度均由参数 n、g、f_i、d 定义。任何一个自由度计算公式参数的改变，都将引起机构自由度和运动特征的变化。

根据参数 n、g、f_i、d，闭环机构的构型衍变可以划分成 4 类，如表 5–1 所示。

表 5–1 基于移动准则参数的重构分类

<table>
<tr><th>分类</th><th>参数</th><th>物理意义</th><th>变胞方式</th><th colspan="3">重构类型</th><th>原理</th></tr>
<tr><td>1</td><td>n</td><td>构件数</td><td>构件耦合</td><td colspan="3">构态演变</td><td rowspan="4">机构在特殊位形时通过物理约束实现</td></tr>
<tr><td>2</td><td>g</td><td>运动副数</td><td>运动副物理约束</td><td colspan="3">构态演变</td></tr>
<tr><td rowspan="2">3</td><td rowspan="2">f_i</td><td rowspan="2">运动副活动度</td><td>可重构运动副</td><td colspan="3">构态演变</td></tr>
<tr><td>变胞运动副</td><td colspan="3">拓扑演变</td></tr>
<tr><td rowspan="4">4</td><td rowspan="4">d</td><td rowspan="4">机构工作空间的自由度(维数)</td><td rowspan="4">机构旋量系及运动分支改变</td><td rowspan="2">可变活动度</td><td>运动副活动度改变</td><td>变胞</td><td rowspan="4">机构通过约束奇异位形时的几何约束改变实现</td></tr>
<tr><td>运动副活动度恒定</td><td>Kinematotropy 多分岔/多模态</td></tr>
<tr><td rowspan="2">不变活动度</td><td>运动副活动度改变</td><td>变胞</td></tr>
<tr><td>运动副活动度恒定</td><td>多分岔/多模态</td></tr>
</table>

如表 5–1 所示，可重构机构构型衍变类型主要包括 Kinematotropy (Wohlhart, 1996) 、变胞 (Dai 和 Rees Jones, 1999) 、变拓扑 (Yan 和 Kuo, 2006) 、多分岔 (Qin 等, 2014) 和多模态 (Zlatanov 等, 2002; Kong 等, 2007) 。

本章将列举并分析表 5–1 第 4 类中单自由度可重构单环机构, 并揭示其运动副轴线特殊几何特性与构型衍变的关联关系。

5.1.2 可重构机构旋量系变化与约束奇异性的关联

基于旋量理论, 机构的运动旋量系 $\mathbb{S}$ 和机构约束旋量系 $\mathbb{S}^c$ 中的旋量互易。其互易特性表示为

$$\mathbb{S}^c = \{\boldsymbol{S}^c | \boldsymbol{S}^c \circ \boldsymbol{S} = 0, \quad \forall \boldsymbol{S} \in \mathbb{S}\} \tag{5–2}$$

式中, $\boldsymbol{S}^c$ 为约束旋量; $\boldsymbol{S}$ 为运动旋量。

对于一个秩为 d 的运动旋量系, 其约束旋量系的秩为 $6-d$, 即

$$\dim(\mathbb{S}) + \dim(\mathbb{S}^c) = d + \lambda = 6 \tag{5–3}$$

式中, $\dim(\cdot)$ 为旋量系的秩; d 和 λ 分别为机构运动旋量系的秩和机构约束旋量系的秩。

当一个单环机构运动到约束奇异位形时, 该机构的约束旋量系的秩 (λ) 增加, 同时机构的运动旋量系的秩 (d) 减小。

根据机构自由度计算公式, 机构运动旋量系的秩 (d) 的减小将引起机构在其奇异位形时的瞬时自由度的增加。考虑单环机构运动副轴线的几何条件, 图 5–1 给出了参数 d、λ 的变化以及相应的经过奇异位形的构型衍变 (此处假设所讨论的机构除了其一般构型之外, 其可通过重构衍变到另外两个完全不同的运动分支) 。

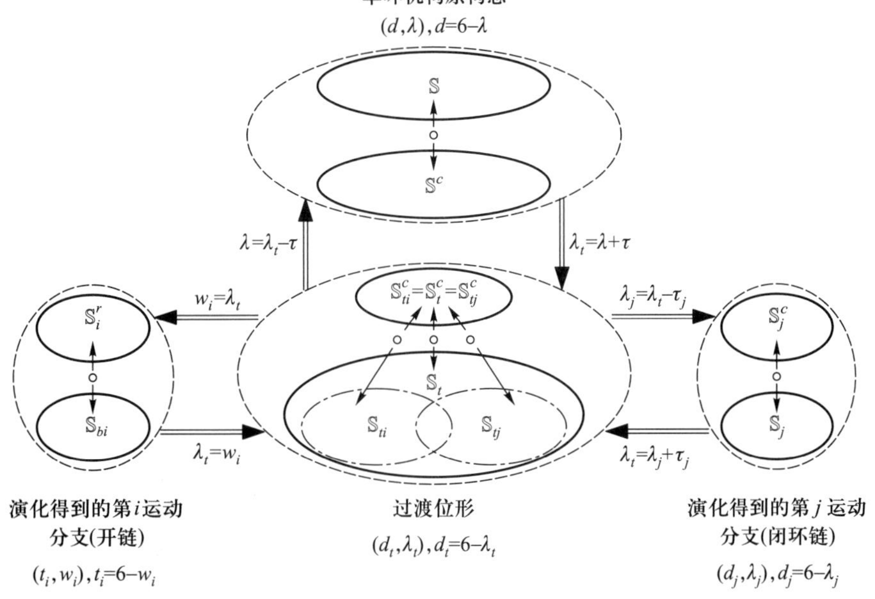

图 5–1 几何约束奇异引起的旋量系变化以及运动分岔

5.1.3 不同运动分支之间关联关系：分岔位形的公共约束

如图 5–1 所示，旋量系变化引起机构经过约束奇异分岔位形时发生构型衍变。当机构在其原始构型工作时，组成机构的所有杆件和运动关节都处于工作状态。当机构运行至约束奇异引起的运动分岔位形 (过渡位形) 时，机构的约束旋量系 $\mathbb{S}^c$ 的秩增加 $\tau\,(\tau>0)$，变为 $\lambda_t=\lambda+\tau$。基于旋量系的互易特性，机构运动旋量系 $\mathbb{S}$ 的秩相应减少 $\tau\,(\tau>0)$，变为 $d_t=6-\lambda-\tau$。由于可重构机构能够从分岔位形衍变到至少一个具有不同运动特性的运动分支，因而其分岔位形对应的约束旋量为所有与分岔位形相邻运动分支约束旋量系 $\mathbb{S}_t^c$ 的公共旋量。换言之，假设 $\mathbb{S}_{ti}^c$ 和 $\mathbb{S}_{tj}^c$ 是对应于通过分岔位形衍变得到的运动分支 MB_i 和 MB_j 的约束旋量系，则 $\mathbb{S}_t^c$、$\mathbb{S}_{ti}^c$ 和 $\mathbb{S}_{tj}^c$ 具有相同的旋量基。对应于这些分岔位形公共约束旋量基的机构运动旋量系为 $\mathbb{S}_t$、$\mathbb{S}_{ti}$ 和 $\mathbb{S}_{tj}$。其中，$\mathbb{S}_{ti}\,(\mathbb{S}_{ti}\subset\mathbb{S}_t)$ 和 $\mathbb{S}_{tj}\,(\mathbb{S}_{tj}\subset\mathbb{S}_t)$ 是运动旋量的多重集，分别代表运动分支 MB_i 和 MB_j 的运动旋量系。

当机构从运动分岔位形衍变到串联运动分支 MB_i 时，描述这一运动分支的机构运动旋量系表示为 $\mathbb{S}_{bi}$，其秩 t_i 由该串联运动链在非奇异位形时动运动关节几何特性决定。对应于运动旋量系 $\mathbb{S}_{bi}$ 的约束旋量系为 $\mathbb{S}_{ti}^r$。约束旋量系的秩为 $w_i=6-t_i$。当机构通过运动分岔位形衍变到具备单环拓扑结构的运动分支 MB_j 时，其非奇异位形的约束旋量系表示为 $\mathbb{S}_j^c$。约束旋量系的秩相较于其分岔位形旋量系的秩减小 $\tau_j\,(\tau_j\geqslant 0)$，变为 $\lambda_j=\lambda_t-\tau_j$。对应于约束旋量系的改变，在此构型时，机构的运动旋量系 $\mathbb{S}_j$ 的秩变为 $d_j=6-\lambda_j=6-\lambda_t+\tau_j$。

5.1.4 机构运动分支衍变中的 Grassmann 种类和旋量系变化

本节通过分析 Bennett 六杆机构 (Bennett, 1905) 的旋量系变化，揭示能引起运动分支变化的三大 Grassmann 种类的几何特性。

Bennett 六杆机构是一种典型的过约束连杆机构，如图 5–2 (a) 所示，转动关节 R_1、R_2 和 R_6 的轴线相交于点 A，转动关节 R_3、R_4 和 R_5 的轴线相互平行；转动关节 R_2 和 R_3 的轴线相交于点 C，关节 R_5 和 R_6 的轴线相交于点 D。Bennett 六杆机构关于由转动关节 R_1 和 R_4 轴线所确定的平面 $\mathit{\Pi}_1$ 对称，即所有转动关节轴线以及轴线交点 C 和点 D 关于平面 $\mathit{\Pi}_1$ 对称分布。当 Bennett 机构在如图 5–2 (a) 所示的一般位形时，其转动关节 R_1 和 R_4 的轴线相交于瞬时交点 E。

如图 5–2 (a) 所示，以交点 A 为坐标原点建立坐标系 A-xyz，作为该六杆机构的全局坐标系。坐标系的 x 轴和 z 轴位于对称平面 $\mathit{\Pi}_1$ 上，关节 R_4 的轴线与 x 轴平行，同时与 z 轴垂直。y 轴通过右手定则确定。

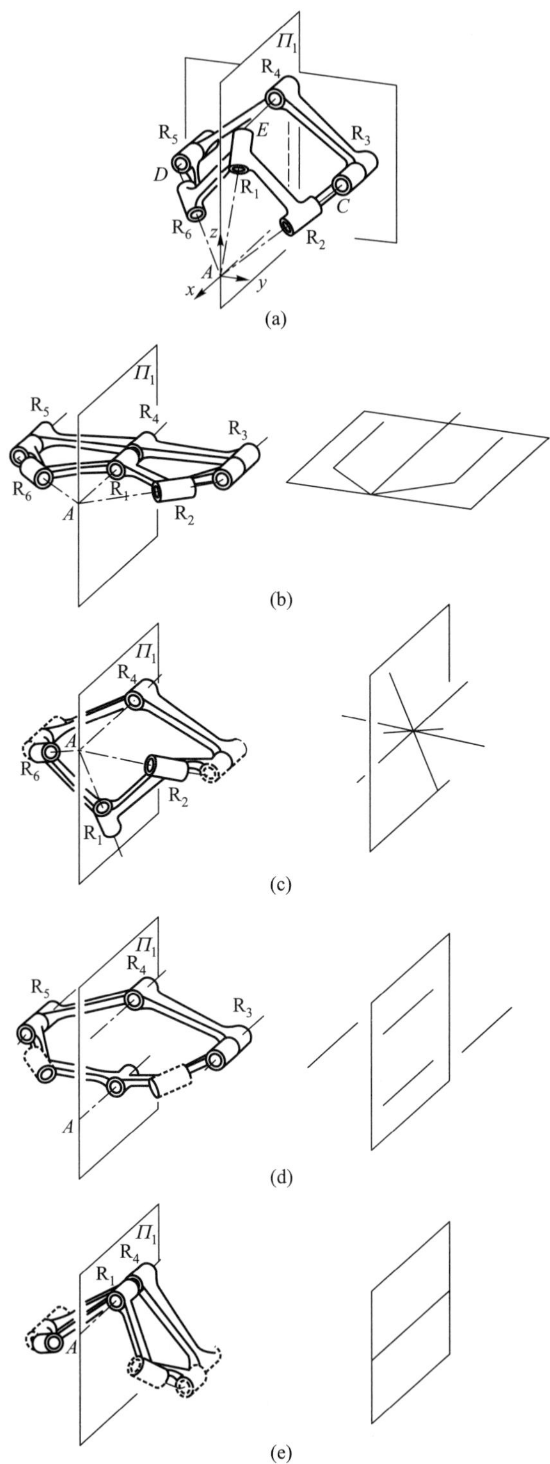

图 5–2 Bennett 六连杆可重构机构: (a) 一般构型; (b) 共面约束奇异分岔位形; (c) $\mathbf{MB_1}$, 共点轴线球面 4R 机构; (d) $\mathbf{MB_2}$, 平行轴线平面 4R 机构; (e) $\mathbf{MB_3}$, 共线串联运动链

在全局坐标系 A-xyz 中, Bennett 六杆机构在其一般位形时的运动旋量系可表示为

$$\mathbb{S}=\left\{\begin{array}{l}\boldsymbol{S}_1=(l_1,0,n_1,0,0,0)^{\mathrm{T}}\\\boldsymbol{S}_2=(l_2,m_2,n_2,0,l\sin\alpha,-l\cos\alpha)^{\mathrm{T}}\\\boldsymbol{S}_3=(1,0,0,0,n_2,-m_2)^{\mathrm{T}}\\\boldsymbol{S}_4=(1,0,0,0,n_2+r\cos\theta_{40},0)^{\mathrm{T}}\\\boldsymbol{S}_5=(1,0,0,0,n_2,m_2)^{\mathrm{T}}\\\boldsymbol{S}_6=(l_2,-m_2,n_2,0,0,0)^{\mathrm{T}}\end{array}\right\} \tag{5–4}$$

式中, r 为平行关节轴线间的连杆长度; θ_{40} 由 $(\pi-\theta_4)/2\theta_4$ 计算得到, 其中 θ_4 是关节 R_4 的角位移。

对应于式 (5–4) 中的运动旋量, 该机构的约束旋量可以通过计算互易旋量推导得

$$\mathbb{S}^c=\boldsymbol{S}_1^r=(1,0,0,0,0,0)^{\mathrm{T}} \tag{5–5}$$

由式 (5–5) 可以得到 Bennett 六杆机构在图 5–2 (a) 的一般位形时的约束旋量系的秩为 1。进而表明式 (5–4) 中的运动旋量系的秩为 5, 即 $\lambda=\dim(\mathbb{S}^c)=1$, $d=\dim(\mathbb{S})=6-\lambda=5$。运用过约束机构的自由度计算公式可以计算得到该六杆机构的活动度为 $m=5\times(6-6-1)+6=1$。

5.1.4.1 共面轴线约束

当 Bennett 六杆机构移动到图 5–2 (b) 所示位置时, 也就是所有转动关节的轴线共面且关节 R_1 和 R_4 的轴线共线时, 该连杆机构处于约束奇异位形。在此奇异位形时, 关节 R_1、 R_2、 R_4 和 R_6 的轴线同时相交于点 A, 关节 R_1、 R_3、 R_4 和 R_5 的轴线相互平行。由于所有的运动关节轴线位于同一平面上, 此时机构对应的运动旋量系发生退化。机构旋量系的秩变为 $d_t=\dim(\mathbb{S}_t)=3$。因此, 在此奇异位形时, Bennett 六杆机构的瞬时自由度变为 $m=3\times(6-6-1)+6=3$。这表明机构在此奇异位形时获得了两个瞬时活动度。

5.1.4.2 相交共点轴线约束

以如图 5–2 (b) 所示所有轴线共面的奇异位形为分岔位形, Bennett 六杆机构可以在保持关节 R_1、 R_2、 R_4 和 R_6 的轴线相交于点 A 几何条件不变的情况下由奇异位形过渡到如图 5–2 (c) 所示的位形。此时, 由于几何约束, 轴线不经过点 A 的关节 R_3 和 R_5 的自由度变为 0。机构原有的六个转动关节中只有四个有效活动关节, 同时原有的六个活动杆件中只有四个有效运动杆件。根据其有效转动关节轴线相交于一点的几何特性, 可以看出 Bennett 六杆机构衍变

到运动分支 MB_1 时, 其不再是六杆机构, 而是变为球面四杆机构。因此, 活动度计算公式中的参数 n 变为 4。由此可以计算得到运动分支 MB_1 的自由度为 $m = 3 \times (4 - 4 - 1) + 4 = 1$。

5.1.4.3 平行轴线约束

同样, 以如图 5–2 (b) 所示所有轴线共面的奇异位形为分岔位形, Bennett 六杆机构可以在保持关节 R_1、R_3、R_4 和 R_5 相互平行的几何条件下由奇异位形过渡到如图 5–2 (d) 所示的位形。其运动关节轴线对应于 Grassmann 空间平行线类型。在此构型时, 由于几何约束, 关节 R_2 和 R_6 的自由度变为 0。根据该机构有效转动关节轴线相互平行的几何特性, 可以看出 Bennett 六杆机构衍变到运动分支 MB_2 时, 变为一平面四杆机构。因此, 其自由度可以通过自由度公式计算得到: $m = 3 \times (4 - 4 - 1) + 4 = 1$。

5.1.4.4 共线轴线约束

由于在如图 5–2 (b) 所示的约束奇异引起的分岔位形时, 关节 R_4 和 R_1 的轴线共线, 该连杆机构可由分岔位形转变到运动分支 MB_3, 即机构中的所有构件绕两条重合的轴线转动而形成一个串联运动链。该串联运动链等价于一个复合转动关节, 如图 5–2 (e) 所示。关节 R_2、R_3、R_5 和 R_6 在几何约束下其自由度均变为 0。该串联运动链只有一个单自由度关节, 即 $m = 1$。

以上分析表明, 对应于 Grassmann 线簇种类的连杆机构能够经过其几何约束奇异引起的运动分岔位形重构为球面 4R 机构、平面 4R 机构和单自由度串联运动链。

5.2 几何约束演变与运动构型分岔

本节介绍由著名的 Sarrus 机构衍生得到的具有面对称结构的 Bricard 过约束双球面 6R 机构。通过分析该过约束 6R 机构的几何对称特性, 基于旋量理论分析几何约束奇异, 以及与约束奇异位形相关联的运动分岔。

5.2.1 面对称 Bricard 过约束双球面 6R 机构及几何参数

具有直线运动特性的 Sarrus 机构是一个典型的过约束 6R 机构, 最早的 Sarrus 机构是通过折叠并连接 L 形纸板构成。变化构造 Sarrus 机构的纸板形状及折痕的几何关系, 可得到如图 5–3 (a) 所示的平面折纸纸板模型。折痕 R_1 和 R_2 相交于点 A, 折痕 R_3 和 R_4 相交于点 B, 折痕 R_2 和 R_3 相交于点 C, 折痕 R_6 和 R_7 相交于点 A', 折痕 R_5 和 R_6 相交于点 D, 折痕 R_5、R_6、R_7 和折痕 R_3、R_2、R_1 关于 R_4

对称。该平面折纸被折痕划分成六个依次相连的纸板，其中纸板 P_1、 P_3、 P_4 和 P_6 为直角梯形，P_2 和 P_5 为等腰梯形。描述纸板折痕的几何参数 γ_i $(i=1,2,3,4)$ 表示对应折痕间的夹角，且 $\gamma_1=\gamma_4$，$\gamma_2=\gamma_3$。参数 h 表示 C 点到直线 AA' 的距离。通过连接图 5–3 (a) 中纸板 P_1 和 P_6，使折痕 R_1 和 R_7 对齐，点 A 和点 A' 重合，可得到图 5–3 (b) 所示的闭环折纸模型。

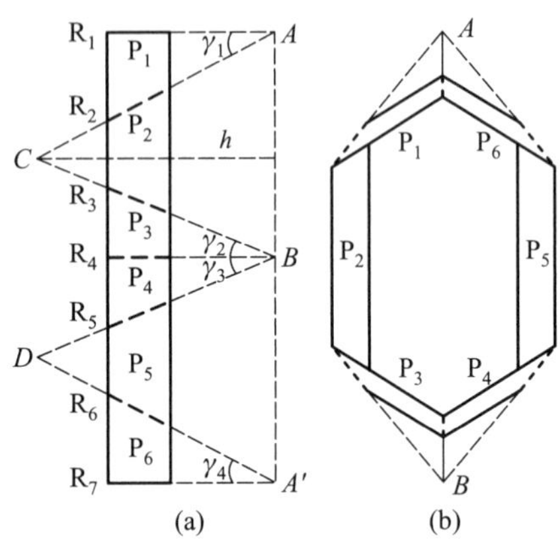

图 **5–3**　带折痕平面折纸 **(a)** 及闭环折纸模型 **(b)**

把折痕看成转动关节，纸板看成连杆，图 5–3 (b) 所示的闭环折纸模型则可等效为一个 6R 机构，如图 5–4 所示。根据转动关节轴线的几何关系，可将该 6R 连杆机构的六个转动关节划分为两组：① 轴线相交于球心 A 的转动关节 R_6、 R_1 和 R_2；② 轴线相交于球心 B 的转动关节 R_3、 R_4、 R_5。通过观察，不难看出，图 5–4 所示的 6R 机构关于由转动关节 R_1 和 R_4 轴线所确定的平面 Π 对称。

为了表示连杆参数和转动关节变量，可以依据 D–H 法在每个关节上建立如图 5–4 所示的局部坐标系。这些局部坐标系的 z_i 轴与第 i 转动关节轴线共线，x_i 轴同时垂直于第 i 和第 $i+1$ 转动关节轴线。闭环连杆机构的几何参数主要包括相邻两个关节轴线的距离 a_i、相邻两个转动关节的公共法线之间的距离 d_i 以及两个相邻关节轴线的转角 α_i，这些参数由机构的轴线之间的几何特性唯一确定。描述转动关节的变量表示为 θ_i。

对于图 5–4 中的过约束 6R 机构，建立以点 B 为坐标原点的坐标系 $O\text{-}xyz$ 为全局坐标系。坐标系的 z 轴与 AB 共线并由 B 指向 A，x 轴位于对称平面 Π 上，y 轴通过右手定则确定。因此，图 5–4 中的面对称双球面 6R 机构的参数约束关系可表示为

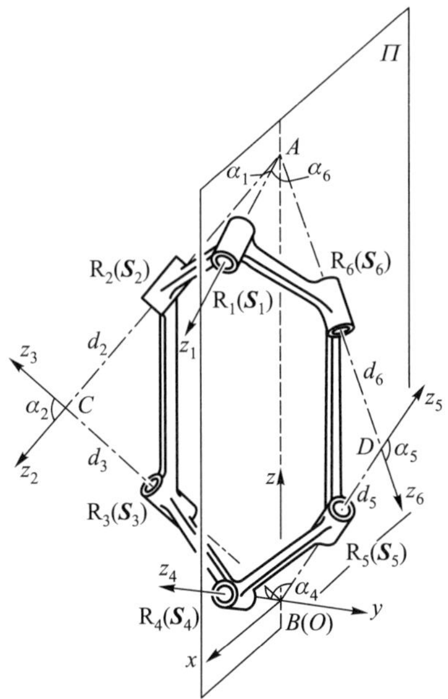

图 **5–4**　面对称双球面 **6R** 连杆机构

注: 为了图示清晰, 局部坐标轴线 x_i 未标出, 其垂直于 z_i 和 z_{i+1} 并由右手定则确定,
坐标原点分别为 A、B、C 和 D

$$a_1 = a_2 = a_3 = a_4 = a_5 = a_6 = 0 \tag{5–6}$$

$$\alpha_1 = \alpha_6 = \gamma_1,\ \alpha_2 = \alpha_5 = \gamma_1 + \gamma_2,\ \alpha_3 = \alpha_4 = \gamma_2 \tag{5–7}$$

$$d_1 = d_4 = 0,\ d_2 = -d_6 = h/\cos\gamma_1,\ d_5 = -d_3 = h/\cos\gamma_2 \tag{5–8}$$

式中, γ_1、γ_2 和 h 是该连杆机构的三个独立设计变量。

由于图 5–4 中的过约束 6R 机构关于平面 Π 对称, 机构的两个独立封闭方程为

$$\theta_2 = \theta_6 \tag{5–9}$$

$$\theta_3 = \theta_5 \tag{5–10}$$

应用 Cui 和 Dai (2011) 描述一般过约束 6R 机构的解析方程, 并将式 (5–6) 至式 (5–8) 中描述 6R 机构的参数约束关系代入, 可以推导出机构的关节空间。由此得到的关节参数将用于基于旋量理论的几何约束分析以及运动构型分岔。

为了在全局坐标系中描述六个转动关节的运动旋量, 需要先推导运动旋量的方向向量 $\boldsymbol{s}_i\,(i = 1, 2, \cdots, 6)$。

图 5–4 所示的双球面过约束 6R 机构图可以简化为只含有转动关节轴线的几何简图, 如图 5–5 所示。其中, AF、AC、BC、BE、BD 和 AD 分别表示转动关节 R_1 至 R_6 的轴线。

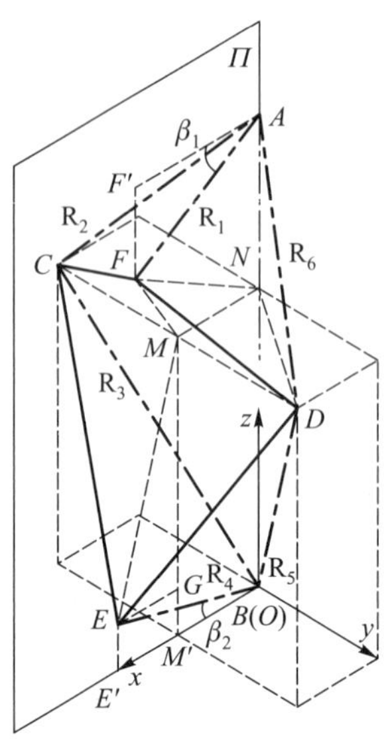

图 **5–5** 过约束 **6R** 机构几何结构

从简化的几何结构图中可以直观地看出, 该连杆机构关于平面 Π 左右对称, 且点 A 和 B 对应于图 5–3 中过约束 6R 机构的球面运动中心。E 和 F 分别为 C 和 D 在转动关节轴线 R_4 和 R_1 的投影。E' 和 F' 分别是 E 和 F 在 x 轴以及其过 A 点平行线上的投影。M 是 CD 的中点, M 在 O-yz 平面和 O-xy 平面的投影分别为 N 和 M'。相应地, 直线 AF' 和 BE' 垂直于直线 AB, 直线 EE' 垂直于 BE', 直线 FF' 垂直于 AF'。直线 MN 垂直于直线 AB, 直线 MM' 垂直于直线 BE'。平行于 x 轴的直线 EG 垂直于 MM'。

由于 F 为 C 和 D 在 R_1 上的投影, 则直线 AF 为 CF 和 DF 的公垂线。同理, BE 为 CE 和 DE 的公垂线。$\angle CED$ 为平面 $\triangle BDE$ 和平面 $\triangle BCE$ 的夹角。$\angle CFD$ 为平面 $\triangle AFC$ 和平面 $\triangle AFD$ 的夹角。

结合上述几何关系以及图 5–3 中每个关节的局部坐标系, 可以得到: $\angle CFD = \pi - \theta_1$, $\angle CED = \pi - \theta_4$。$\angle EMG = \angle EBE'$, 并可由 β_2 表示。进而可以计算得到相关距离参数为

$$\begin{cases} L_{DN} = L_{BE} = h \\ L_{DE} = L_{BE}\tan\alpha_4 \\ L_{DM} = L_{DE}\sin\theta_{40} \\ L_{MN} = \sqrt{L_{DN}^2 - L_{MN}^2} \\ L_{ME} = L_{BE}\tan\alpha_4\cos\theta_{40} \end{cases} \tag{5–11}$$

$$L_{MG} = L_{ME}\cos\beta_2 = L_{MM'} - L_{BE}\sin\beta_2 = L_{DE} - L_{BE}\sin\beta_2 \tag{5–12}$$

式中, θ_{40} 表示 $\angle MED$, 且 $\theta_{40}=(\pi-\theta_4)/2$。将式 (5−11) 代入式 (5−12) 可得

$$\tan\alpha_4\cos\theta_{40}\cos\beta_2+\sin\beta_2-\tan\alpha_4=0 \tag{5-13}$$

通过求解式 (5−13), 可以得到以 θ_{40}、γ_2 为变量的 $\cos\beta_2$ 和 $\sin\beta_2$ 的表达式, 从而得到单位向量 $\boldsymbol{s}_4=(l_4,m_4,n_4)$ 为

$$\boldsymbol{s}_4=\begin{pmatrix}\cos\beta_2\\0\\\sin\beta_2\end{pmatrix}=\begin{pmatrix}\dfrac{\cos\theta_{40}\tan^2\gamma_2-\sqrt{1+(\cos\theta_{40}\tan\gamma_2)^2-\tan^2\gamma_2}}{1+(\cos\theta_{40}\tan\gamma_2)^2}\\0\\\dfrac{\tan\gamma_2+\cos\theta_{40}\tan\gamma_2\sqrt{1+(\cos\theta_{40}\tan\gamma_2)^2-\tan^2\gamma_2}}{1+(\cos\theta_{40}\tan\gamma_2)^2}\end{pmatrix} \tag{5-14}$$

并且, 结合式 (5−7)、式 (5−13) 和式 (5−14), 可得到变量 θ_{40} 的表达式为

$$\theta_{40}=\arccos\frac{\tan\alpha_4-\sin\beta_2}{\tan\alpha_4\cos\beta_2}=\arccos\frac{\tan\gamma_2-\sin\beta_2}{\tan\gamma_2\cos\beta_2} \tag{5-15}$$

关节变量 θ_{40} 与变量 γ_2、β_2 的关系如图 5−6 所示。

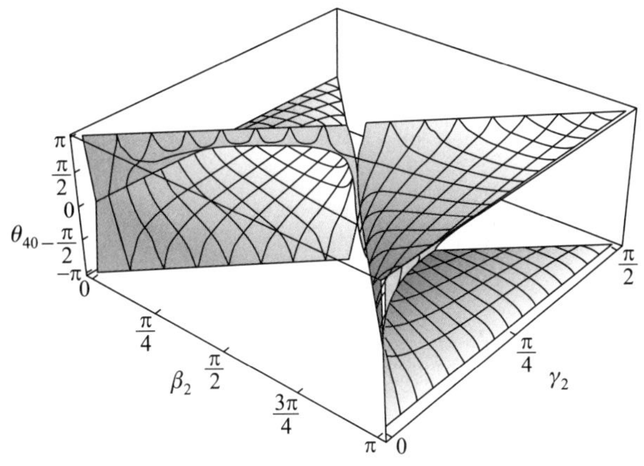

图 **5−6** 变量 θ_{40} 和 γ_2、β_2 的对应关系

同以上计算方法, 单位向量 $\boldsymbol{s}_1=(l_1,m_1,n_1)$ 可由图 5−4 中的几何关系推导得到:

$$\boldsymbol{s}_1=\begin{pmatrix}\dfrac{\cos\theta_{10}\tan^2\gamma_1-\sqrt{1+(\cos\theta_{10}\tan\gamma_1)^2-\tan^2\gamma_1}}{1+(\cos\theta_{10}\tan\gamma_1)^2}\\0\\\dfrac{\tan\gamma_1+\cos\theta_{10}\tan\gamma_1\sqrt{1+(\cos\theta_{10}\tan\gamma_1)^2-\tan^2\gamma_1}}{1+(\cos\theta_{10}\tan\gamma_1)^2}-q\end{pmatrix} \tag{5-16}$$

式中, θ_{10} 表示 $\angle MFC$, $\theta_{10}=(\pi-\theta_1)/2$, $q=\tan\gamma_1+\tan\gamma_2$。

点 C 和点 D 在全局坐标系中的位置向量表达式为

$$\boldsymbol{r}_{OC}=\begin{pmatrix} h\sqrt{1-\tan^2\alpha_4\left(1-\cos^2\theta_{40}\right)} \\ -h\tan\alpha_4\cos\theta_{40} \\ h\tan\alpha_4 \end{pmatrix} \tag{5-17}$$

$$\boldsymbol{r}_{OD}=\begin{pmatrix} h\sqrt{1-\tan^2\alpha_4\left(1-\cos^2\theta_{40}\right)} \\ h\tan\alpha_4\cos\theta_{40} \\ h\tan\alpha_4 \end{pmatrix} \tag{5-18}$$

基于以上计算得到的方向与位置向量, 可以进一步得到单位向量 $\boldsymbol{s}_2=(l_2,m_2,n_2)$、$\boldsymbol{s}_3=(l_3,m_3,n_3)$、$\boldsymbol{s}_5=(l_5,m_5,n_5)$ 和 $\boldsymbol{s}_6=(l_6,m_6,n_6)$ 在全局坐标系的表达式为

$$\boldsymbol{s}_2=\left(\sqrt{1-\tan^2\alpha_4\left(1-\cos^2\theta_{40}\right)},-\tan\alpha_4\cos\theta_{40},-\tan\alpha_1\right)^{\mathrm{T}} \tag{5-19}$$

$$\boldsymbol{s}_3=\left(\sqrt{1-\tan^2\alpha_4\left(1-\cos^2\theta_{40}\right)},-\tan\alpha_4\cos\theta_{40},\tan\alpha_4\right)^{\mathrm{T}} \tag{5-20}$$

$$\boldsymbol{s}_5=\left(\sqrt{1-\tan^2\alpha_4\left(1-\cos^2\theta_{40}\right)},\tan\alpha_4\cos\theta_{40},\tan\alpha_4\right)^{\mathrm{T}} \tag{5-21}$$

$$\boldsymbol{s}_6=\left(\sqrt{1-\tan^2\alpha_4\left(1-\cos^2\theta_{40}\right)},\tan\alpha_4\cos\theta_{40},-\tan\alpha_1\right)^{\mathrm{T}} \tag{5-22}$$

以上所推导的向量表示关节轴线的方向向量, 过约束 6R 机构在全局坐标系的运动旋量为

$$\mathbb{S}_m=\left\{\begin{array}{l} \boldsymbol{S}_1=(l_1,0,n_1,0,hl_1q,0)^{\mathrm{T}} \\ \boldsymbol{S}_2=(l_2,m_2,n_2,-hm_2q,hl_2q,0)^{\mathrm{T}} \\ \boldsymbol{S}_3=(l_3,m_3,n_3,0,0,0)^{\mathrm{T}} \\ \boldsymbol{S}_4=(l_4,0,n_4,0,0,0)^{\mathrm{T}} \\ \boldsymbol{S}_5=(l_3,-m_3,n_3,0,0,0)^{\mathrm{T}} \\ \boldsymbol{S}_6=(l_2,-m_2,n_2,hm_2q,hl_2q,0)^{\mathrm{T}} \end{array}\right\} \tag{5-23}$$

与运动旋量系 $\mathbb{S}_m$ 相对应的约束旋量可通过互易计算求得

$$\mathbb{S}^c=\boldsymbol{S}_1^r=(1,0,0,0,0,0)^{\mathrm{T}} \tag{5-24}$$

该约束旋量表述一个沿着 z 轴的力, 约束旋量系 $\mathbb{S}^c$ 的秩为 1。

5.2.2 过约束双球面 6R 机构的约束奇异性及运动分岔

本节将详细分析图 5–4 所示的面对称过约束双球面 6R 机构的几何约束, 并进一步揭示其运动分岔与约束奇异之间的关系。

为了得到过约束 6R 机构的奇异位形, 首先分析运动旋量系的秩发生退化的瞬时位形。当关节 R_4 的轴线与直线 AB 共线且 $\beta_2 = \pi/2$ 时, 变量 θ_{40} 不能由式 (5–15) 求解得到, 且式 (5–23) 中的运动旋量也不能完全描述这一特殊构型。因此, 这一特殊结构的运动旋量系需要单独分析。考虑到过约束 6R 机构的面对称特性, 这一特殊位形会在设计参数 $\gamma_2 = \pi/4$ 时发生。

当连杆机构运动到 $\beta_2 = \pi/2$ 对应位形时, 至少有五个关节 ($\mathrm{R}_2 \sim \mathrm{R}_6$) 的轴线是共面的, 且位于 $O\text{-}yz$ 平面。 6R 机构位于这一特殊位形时, 其运动旋量系为

$$\mathbb{S}_{m1} = \left\{ \begin{array}{l} \boldsymbol{S}_{11} = (l_1, 0, n_1, 0, hl_1q_1, 0)^{\mathrm{T}} \\ \boldsymbol{S}_{21} = (0, -1, -\tan\gamma_1, hq_1, 0, 0)^{\mathrm{T}} \\ \boldsymbol{S}_{31} = (0, -1, 1, 0, 0, 0)^{\mathrm{T}} \\ \boldsymbol{S}_{41} = (0, 0, 1, 0, 0, 0)^{\mathrm{T}} \\ \boldsymbol{S}_{51} = (0, 1, 1, 0, 0, 0)^{\mathrm{T}} \\ \boldsymbol{S}_{61} = (0, 1, -\tan\gamma_1, -hq_1, 0, 0)^{\mathrm{T}} \end{array} \right\} \tag{5–25}$$

式中, $q_1 = \tan\gamma_1 + 1$。与式 (5–25) 表示的运动旋量对应的约束旋量系为

$$\mathbb{S}_1^c = \left\{ \begin{array}{l} \boldsymbol{S}_{11}^r = (0, 0, 1, 0, 0, 0)^{\mathrm{T}} \\ \boldsymbol{S}_{21}^{\mathrm{r}} = (0, 1, 0, -hq_1, 0, 0)^{\mathrm{T}} \end{array} \right\} \tag{5–26}$$

式 (5–26) 表明, 约束旋量系的秩变为 2。相应于约束旋量系的增加, 式 (5–25) 表示的运动旋量系发生退化, 即秩减小。图 5–7 为过约束 6R 机构有五个关节轴线共面时的一个奇异位形, 其设计参数为 $\gamma_2 = \pi/4$。

当过约束 6R 连杆机构运动到图 5–7 所示的奇异位形时, 关节 R_4 的轴线通过球心 A 和球心 B。可以看出, 设计参数为 $\gamma_2 = \pi/4$ 的过约束 6R 机构能够通过改变其位形而转变成图 5–7 所示以 A 点为中心的球面 4R 机构。在此运动分支中转动关节 R_3 和 R_5 到受几何约束而失去活动度, 关节变量 θ_3 和 θ_5 相应地变为一固定值。

特别地, 当设计参数 $\gamma_1 = \gamma_2 = \pi/4$、$\beta_1 = \beta_2 = \pi/2$ 时, 六个转动关节的轴线共面。在此位形时, 关节 R_1 和 R_4 的轴线重合且经过球心 A 和球心 B, 此时约束旋量系变为

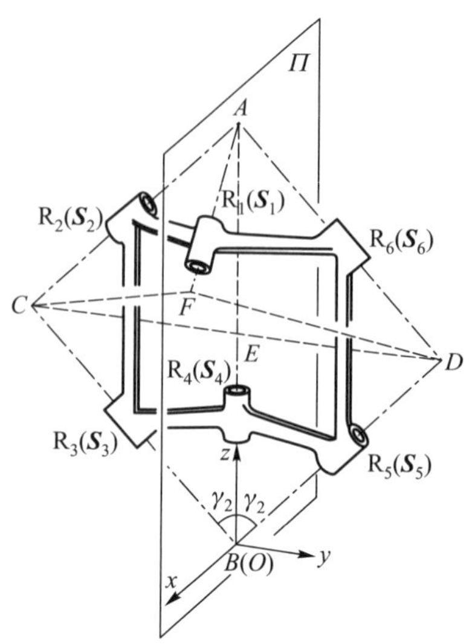

图 **5–7**　过约束 **6R** 机构在 $\gamma_2 = \pi/4$ 时的奇异位形

$$\mathbb{S}_2^c = \begin{Bmatrix} \boldsymbol{S}_{21}^r = (1,0,0,0,0,0)^{\mathrm{T}} \\ \boldsymbol{S}_{22}^r = (0,1,0,0,0,0)^{\mathrm{T}} \\ \boldsymbol{S}_{23}^r = (0,0,1,0,0,0)^{\mathrm{T}} \end{Bmatrix} \tag{5–27}$$

式 (5–27) 表明该机构的约束旋量系的秩变为 3, 该位形为过约束 6R 机构的另一个奇异位形。

在当前条件下, 所有的关节轴线都位于 O-yz 平面且垂直于平面 Π。通过这一奇异位置, 过约束 6R 机构可以重构至另外两个不同运动分支, 即两个具有不同球心的球面 4R 机构, 如图 5–8 所示。

对于如图 5–8 (a) 所示的运动分支, 关节 R_3 和 R_5 的运动被限制, 关节 R_4 的轴线经过点 A 和点 B, 该运动分支能实现以 A 为球心的球面运动。而对于图 5–8 (b) 所示运动分支, 关节 R_2 和 R_6 的运动被限制, 关节 R_1 的轴线经过点 A 和点 B, 该运动分支能实现以 B 为球心的球面运动。

此外, 当 $\gamma_1 = \gamma_2 = \pi/4$ 时, 该过约束 6R 机构还可转重构至如图 5–9 所示的第三种运动分支。在此构型时, 仅相互共线的转动关节 R_1 和 R_4 是具有活动度, 而剩余关节均受几何约束而运动被限制。

除了上述提及的奇异位置和相应的运动分支, 当关节 R_2 和 R_6 的轴线重合且关节 R_3 和 R_5 的轴线重合时, 过约束 6R 机构处于另外一种奇异位形。也就是, 这一奇异性发生在所有的关节轴线共面且点 C 和点 D 重合之时。当这一奇异性发生时, 6R 机构可重构其构型至另外一个运动分支, 即 RRRR 串联运动链, 如图 5–10 (b) 所示。

图 5–7 至图 5–10 中处于特殊位形的 6R 机构表明, 通过设计特殊的结构参数和几何约束, 6R 机构具备可重构特性。值得注意的是, 上述具有面对称双球面 6R 机构的有效转动关节数目及其构型衍变后得到的闭环机构是不同的, 但是通过运动分岔位形得到的各个运动分支的活动度保持不变。

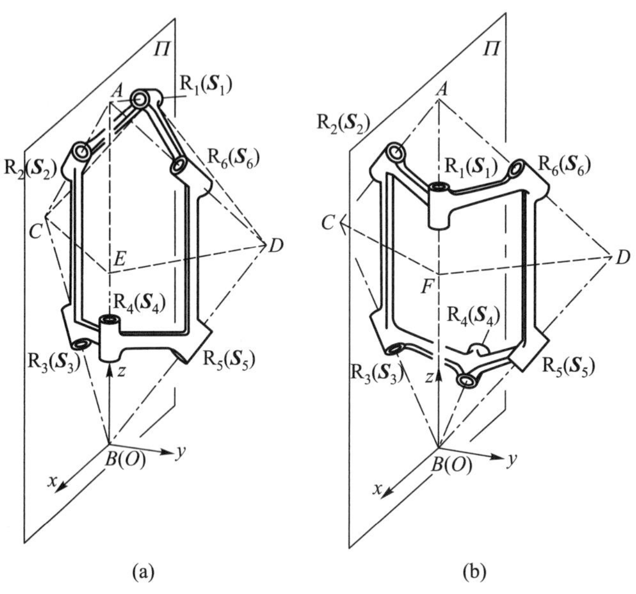

图 **5–8**　设计参数 $\gamma_1 = \gamma_2 = \pi/4$ 对应的过约束 **6R** 机构: **(a)** 球心于 A 的球面 **4R** 机构; **(b)** 球心于 B 的球面 **4R** 机构

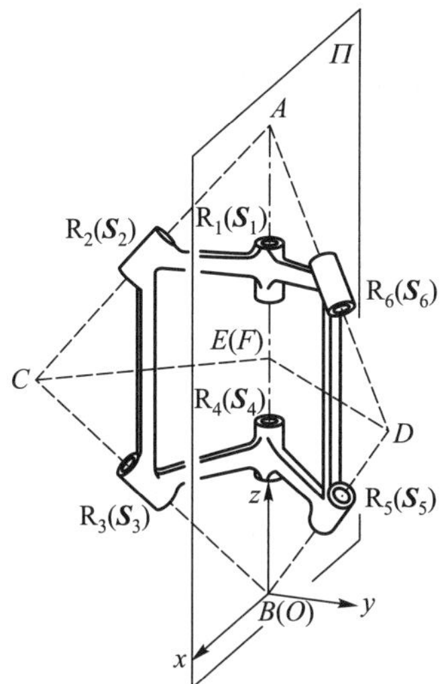

图 **5–9**　设计参数 $\gamma_1 = \gamma_2 = \pi/4$ 且具备共轴转动关节的串联链

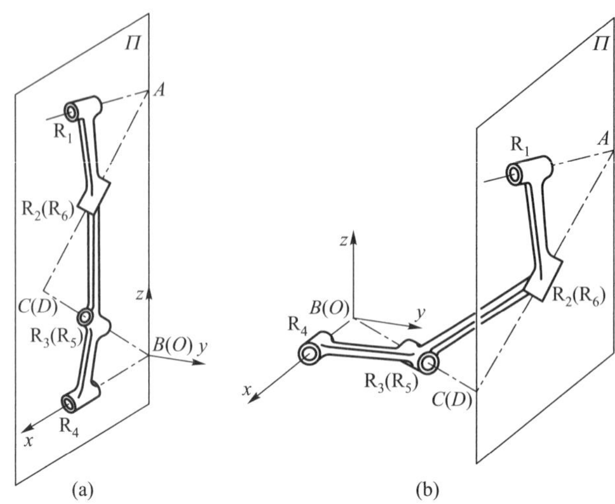

图 **5–10** 具备串联运动链的 **6R** 连杆机构: **(a)** 过渡位置; **(b)** 演变的 **RRRR** 串联运动链

5.3 单自由度空间七杆机构几何约束演变及其运动分岔

本节将介绍一种新颖的闭环 7R 机构的可重构特性及其运动分支。类似于 5.2 节中的面对称 6R 机构, 该 7R 机构是受如图 5–11 (a) 所示的非对称闭环折纸启发得到的。在图 5–11 (b) 中, 7R 机构的转动关节分别用 R_i $(i=1,2,\cdots,7)$ 表示。在该 7R 机构中, 每个连杆末端的关节轴线共面, 即轴线间不是重合就是平行。点 O、A、B、C 和 D 分别为不同轴线之间的交点。考虑到 7R 机构是由图 5–11 (a) 所示的折纸通过运动等效得到的, 当 7R 机构中所有的关节轴线位于同一平面时, 轴线交点 C 和点 O 重合。根据转动关节轴线的几何特性, 每一对相邻轴线的夹角 α_i 为常量, 分别为: $\alpha_2=\alpha_4=\alpha_6=\alpha_7=45°$, $\alpha_1=\alpha_5=90°$ 和 $\alpha_3=0°$。

当闭环 7R 机构位于关节不都共面的一般位形时, 该机构运动旋量系的秩为 6, 其活动度可计算得到, 即: $m=6\times(7-7-1)+7=1$。

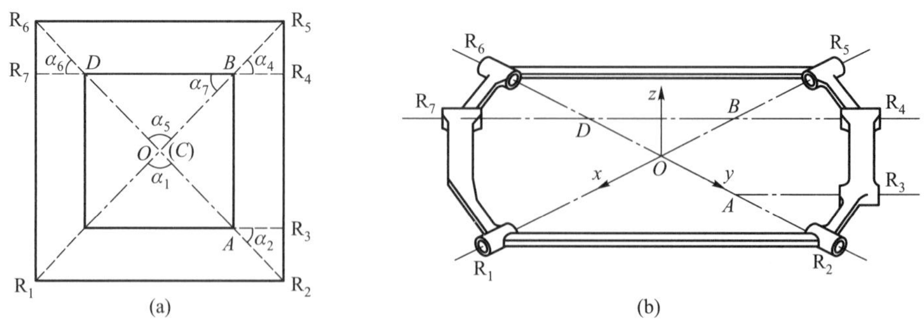

图 **5–11** 方形折纸及其等效机构: **(a)** 具有 **7** 条折痕的方形折纸;

(b) 等效 **7R** 机构所有转动关节轴线共面构型 **I**

5.3.1 共面约束引起的奇异位形和活动度为 1 的串联链运动分支

在如图 5–11 所示的平面构型时, 关节 R_1 和 R_5、关节 R_2 和 R_6、关节 R_4 和 R_7 的轴线分别共线。基于共面轴线的几何条件, 可以判断该机构在此位形时的运动旋量系的秩为 3。运动旋量系的降秩表明该位形为一约束奇异位形, 通过此奇异位形, 该 7R 机构能够衍变到如下三种不同的运动分支。

(1) 7R 机构通过如图 5–11 (b) 所示的奇异位形并保持关节 R_1 和 R_5 转轴共线的几何条件不变可衍变至如图 5–12 (a) 所示的运动分支 MB_1。在此运动分支中, 除 R_1 和 R_5 以外的关节的活动度都受到限制, 机构衍变为转动轴线与关节 R_1 和 R_5 轴线相重合的串联运动链。

(2) 7R 机构通过如图 5–11 (b) 所示的奇异位形并保持关节 R_2 和 R_6 转轴共线的几何条件不变可衍变至如图 5–12 (b) 所示的运动分支 MB_2。此运动分支同样为一个转动轴线与关节 R_2 和 R_6 轴线相重合的串联运动链。

(3) 7R 机构通过如图 5–11 (b) 所示的奇异位形并保持关节 R_4 和 R_7 转轴共线的几何条件不变可衍变至如图 5–12 (c) 所示的串联运动分支 MB_3。

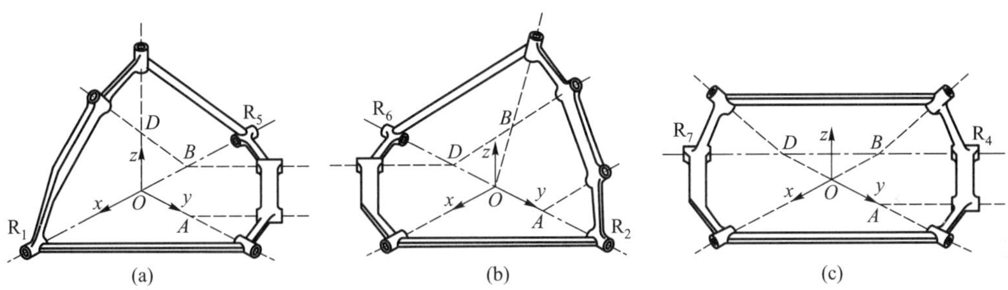

图 5–12 三个不同串联运动链运动分支: (a) MB_1; (b) MB_2; (c) MB_3

5.3.2 共面约束引起的运动分岔以及过约束 6R 机构运动分支

当图 5–12 (c) 所示的串联运动链运动到图 5–13 所示的平面构型时, 所有转动关节的轴线再次共面。此时关节 R_1 和 R_6 的轴线平行, 关节 R_2 和 R_5 的轴线平行。关节 R_1 和 R_7 的轴线相交于点 B, 关节 R_2 和 R_4 的轴线相交于点 D。除关节 R_3 以外, 其他关节的轴线关于经过点 O 且垂直于直线 BD 的平面对称。

由于所有关节的轴线是共面的, 图 5–13 所示的 7R 机构的运动旋量系的秩为 3, 即 $d_{t1} = 3$。考虑到关节轴线的几何分布, 7R 机构可通过该平面位形衍变到如图 5–14 所示的运动分支 MB_4, 即关节 R_1、R_7 和 R_6 的轴线保持共面但点 O 和点 C 不再重合。在此运动分支时, 关节 R_7 的活动度被限制, 该机构只有六个有效的转动关节, 且关节 R_1、R_2 和 R_3 的轴线分别平行于关节 R_6、R_5 和 R_4 的轴线。

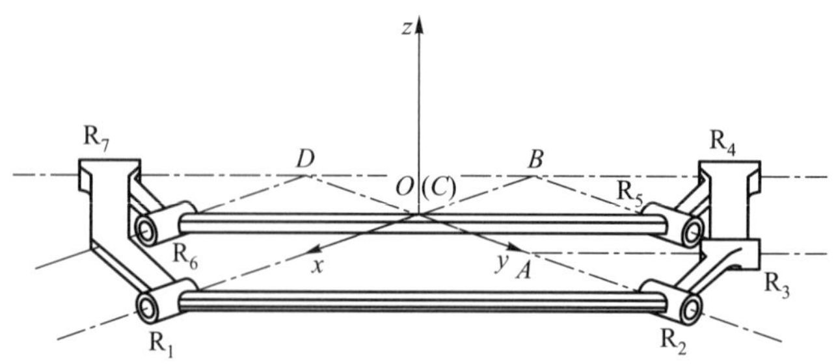

图 5–13　7R 机构所有转动关节轴线共面的特殊构型 II

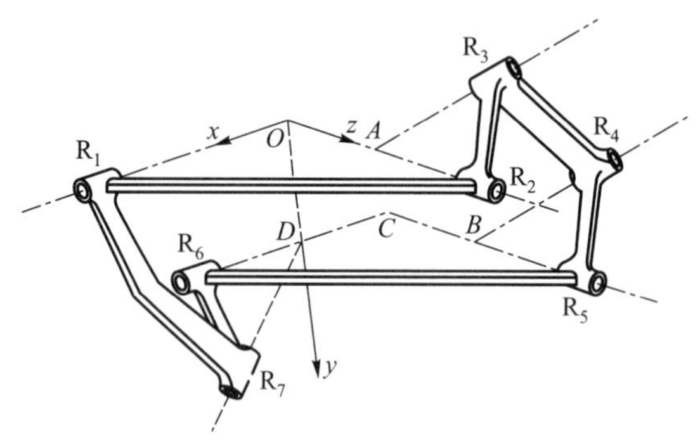

图 5–14　从 7R 机构衍变得到的运动分支 MB4: 过约束 6R 机构 (R7 关节被几何约束)

在图 5–14 所示机构中建立坐标系 O-xyz, 其中 x 轴与关节 R_1 的轴线重合, y 轴与线 OD 重合, z 轴垂直于由关节 R_1 和 R_6 轴线确定的平面。相应地, 该机构旋量系在坐标系 O-xyz 中可表述为

$$\mathbb{S}_1=\left\{\begin{array}{l}\boldsymbol{S}_1=(1,0,0,0,0,0)^{\mathrm{T}}\\ \boldsymbol{S}_2=(0,r\cos\theta_1,r\sin\theta_1,0,0,0)^{\mathrm{T}}\\ \boldsymbol{S}_3=(l_3,l_3,n_3,rp,rl_3\sin\theta_1,-rl_3\cos\theta_1)^{\mathrm{T}}\\ \boldsymbol{S}_4=(l_3,l_3,n_3,r\left(n_3+p\right),r\left(n_3+l_3\sin\theta_1\right),-rl_3\left(2+\cos\theta_1\right))^{\mathrm{T}}\\ \boldsymbol{S}_5=(0,r\cos\theta_1,r\sin\theta_1,r^2\sin\theta_1,r^2\sin\theta_1,-r^2\cos\theta_1)^{\mathrm{T}}\\ \boldsymbol{S}_6=(1,0,0,0,0,-r)^{\mathrm{T}}\end{array}\right\} \tag{5–28}$$

式中, $p=n_3\cos\theta_1-l_3\sin\theta_1$; r 表示点 A 到点 O 的距离; θ_1 为关节 R_1 的转动角; (l_3,l_3,n_3) 为旋量 $\boldsymbol{S}_3$ 的单位方向向量。C 点的位置向量可表示为 $(-r,-r,0)^{\mathrm{T}}$。

通过计算互易旋量, 可以得到运动分支 MB_4 对应的 6R 机构的约束旋量为

$$\mathbb{S}_1^c=\boldsymbol{S}_1^r=\left(-1,1,0,0,\frac{r\sin\theta_1\left(p-l_3\sin\theta_1\right)}{l_3\sin\theta_1-n_3\cos\theta_1},r\cos\theta_1\left(1+\frac{l_3}{l_3-n_3\cos\theta_1}\right)\right)^{\mathrm{T}} \tag{5–29}$$

式 (5–29) 表明, 图 5–14 所示的 6R 机构的运动旋量系的秩变为 $d_1=$

$\dim(\mathbb{S}_1) = 6 - \dim(\mathbb{S}_1^c) = 6 - 1 = 5$。进而可以计算得到构型衍变得到的过约束 6R 机构的活动度为 $m = 5 \times (6 - 6 - 1) + 6 = 1$。

5.3.3 共点约束引起的运动分岔及球面 4R 机构运动分支

在如图 5–13 所示的平面奇异位形时, 关节 R_1、R_4、R_5 和 R_7 的轴线相交于点 B。7R 连杆机构可通过这一平面奇异位形衍变到如图 5–15 (a) 所示的运动分支 MB_5。在该运动分支中, 关节 R_1、R_2、R_3 和 R_4 的轴线共面, 关节 R_5、R_6 和 R_7 的轴线也共面。只有关节 R_1、R_4、R_5 和 R_7 为活动关节, 剩余的关节在几何约束下活动度被约束。此时连杆机构为以 B 为球心的球面 4R 机构。

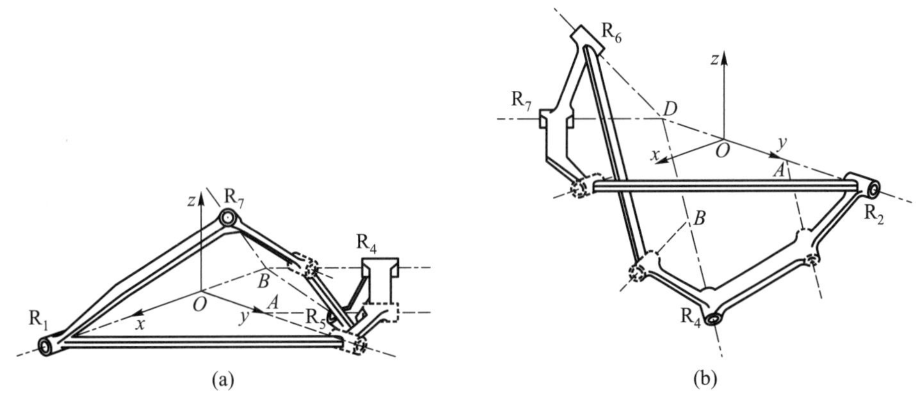

图 5–15 构型衍变所得球面 4R 机构: (a) 球面中心为 B 的运动分支 MB_5; (b) 球面中心为 D 的运动分支 MB_6

当 7R 机构通过图 5–13 所示的平面约束奇异位形并保持所有的杆件绕着交点 D 转动, 该机构可衍变至如图 5–15 (b) 所示运动分支 MB_6。在此运动分支时, 7 个关节的轴线分布在 4 个相交于点 D 的平面上。此时, 只有关节 R_2、R_4、R_6 和 R_7 为有效活动关节, 剩余的关节的运动被几何约束限制。该运动分支的机构为以交点 D 为球面中心的球面 4R 机构。

当 7R 机构移动到如图 5–16 所示的构型, 所有关节的轴线都共面, 且关节 R_3 和 R_7 的轴线重合。关节 R_1 和 R_6 以及 R_2 和 R_5 的轴线相互平行, 关节 R_1 和 R_6 轴线垂直于关节 R_2 和 R_5 的轴线。上述两组轴线关于关节 R_3 和 R_7 的重合轴线对称。关节 R_4 的轴线与 R_3 和 R_7 的重合轴线平行。

此平面构型的运动旋量系的秩也为 3。因此, 7R 连杆机构的运动旋量系从一个五阶系统退化到三阶系统, 即 $d_{t2} = d_t - \tau_2 = 6 - 3 = 3$。

如图 5–16 所示, 在平面分岔位形时, 关节 R_1、R_3、R_5 和 R_7 的轴线相交于点 E。7R 连杆机构通过该约束奇异引起的分岔位形能够衍变到图 5–17 (a) 所示

的运动分支 MB_7。在这一运动分支时, 关节 R_1、R_2 和 R_3 的轴线保持共面。同时, 关节 R_3、R_4 和 R_5 的轴线, 以及关节 R_5、R_6 和 R_7 的轴线位于另外两个平面内。可以看出, 在此构型时只有关节 R_1、R_3、R_5 和 R_7 是有效转动关节, 剩余关节的运动被几何约束限制, 得到以点 E 为球心的球面 4R 机构构型。

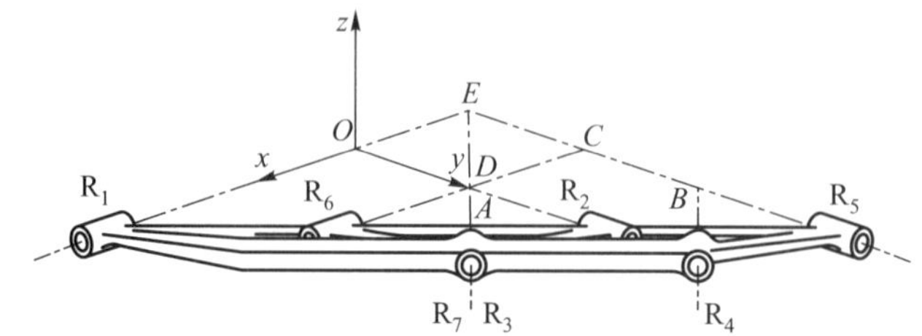

图 5–16 关节 $\mathbf{R_3}$ 和 $\mathbf{R_7}$ 共线时 7R 机构的分岔位形

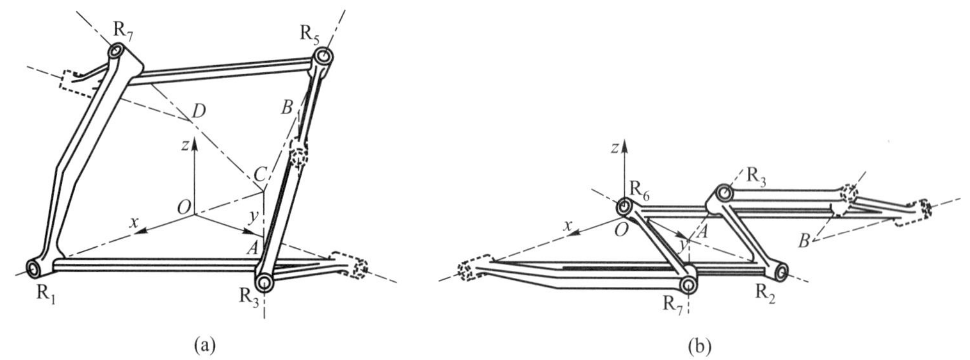

图 5–17 构型衍变得到的两种球面 4R 机构: (a) 以点 $\boldsymbol{E}$ 为球心的运动分支 $\mathbf{MB_7}$; (b) 以点 $\boldsymbol{A}$ 为球心的运动分支 $\mathbf{MB_8}$

7R 机构通过如图 5–16 所示的平面分岔位形并保持所有的连杆绕着交点 A 转动时可衍变至如图 5–17 (b) 的运动分支 MB_8。在此运动分支时, 关节 R_3、R_4、R_5 和 R_6 的轴线被限制在一个平面内, 同时关节 R_5、R_6 和 R_7 的轴线被限制在另外一个平面内。关节 R_2、R_3、R_6 和 R_7 为有效活动关节, 剩余关节运动被几何约束限制, 因构型衍变所得机构为以点 A 为球心的球面 4R 机构。

对于上述构型衍变得到的运动分支, 每一个运动分支都具有四个有效转动关节和四个运动杆件, 故这些运动分支的活动度均为 $m = 3 \times (4 - 4 - 1) + 4 = 1$。

5.4 Bennett 六杆机构衍生混联并联机构的几何约束与运动分岔分析

以 5.1 节中的 Bennett 六杆机构作为闭环子链, 可以设计得到如图 5–18 所示新颖的并联机构。该变胞并联机构仅由转动关节构成。其中, 固定平台用 b 表示, 四面体运动平台用 p 表示。连接四面体运动平台的三个转动副轴线相交于点 O。O_{p} 是面 $\triangle P_1P_2P_3$ 的几何中心。并联机构固定基座的顶点 B_i $(i = 1, 2, 3)$ 确定一等边三角形, 其几何中心表示为 O_b。四面体运动平台通过混联运动支链连接到固定基座。每一个混联运动支链由一个闭环子链 (Bennett 六杆机构) 和一个串联 RR 链连接构成。串联 RR 链通过转动关节 R_{i7} 连接到闭环子链上。关节 R_{i7} 的轴线和闭环子链关节 R_{i1} 的轴线共线。故 R_{i1} 和 R_{i7} 构成一个复合转动关节。每一个混联支链通过闭环子链的关节 R_{i4} 连接到固定平台上, 通过开环子链关节 R_{i8} 连接到动平台上。转动关节 R_{i8} 的轴线分别与四面体运动平台的三条边 OP_1、OP_2 和 OP_3 重合。

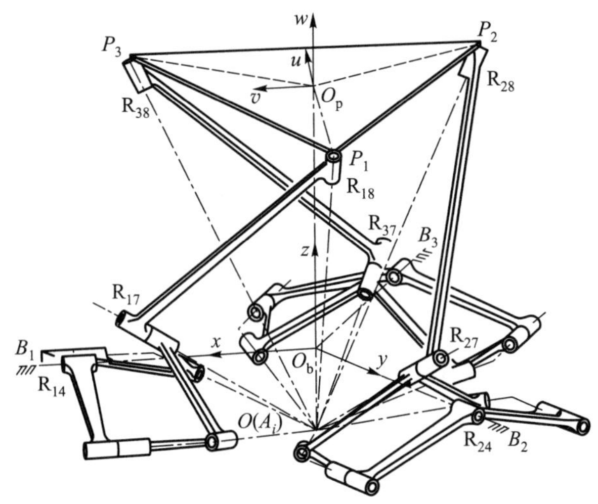

图 5–18　由 Bennett 六杆机构构成的变胞并联机构

如图 5–18 所示, 关节 R_{i8} 的轴线经过 Bennett 六杆机构的轴线交点 A_i, 即转动关节 R_{i1}、R_{i2}、R_{i6} 和 R_{i8} 的轴线同时相交于点 A_i。因此, 运动支链中关节轴线交点 A_i 与四面体运动平台的顶点 O 重合。另外, 每个支链中的关节 R_{i4} 的轴线与 O_bB_i 重合, 三个运动支链中转动关节 R_{i4} 的轴线共面并相交于定平台的几何中心 O_b。

以定平台几何中心 O_b 为坐标原点建立全局参考坐标系 O_b-xyz, 坐标系的 x 轴位于由 $\triangle B_1B_2B_3$ 确定的平面内。x 轴与关节 R_{14} 的轴线共线, z 轴垂直于定平台所在平面且方向向上, y 轴由右手定则确定。同时建立以动平台中心点 O_p 为坐标原点的坐标系 O_p-uvw。其中, u 轴和 v 轴位于平面 $\triangle P_1P_2P_3$ 上, u 轴与 P_1O_p 共线, v 轴平行于 P_2P_3, w 轴垂直于平面 $\triangle P_1P_2P_3$ 且遵循右手定则。

5.4.1　变胞并联机构运动支链的约束变化

变胞并联机构的支链结构如图 5–19 所示。考虑到 5.1 节中 Bennett 六杆机构

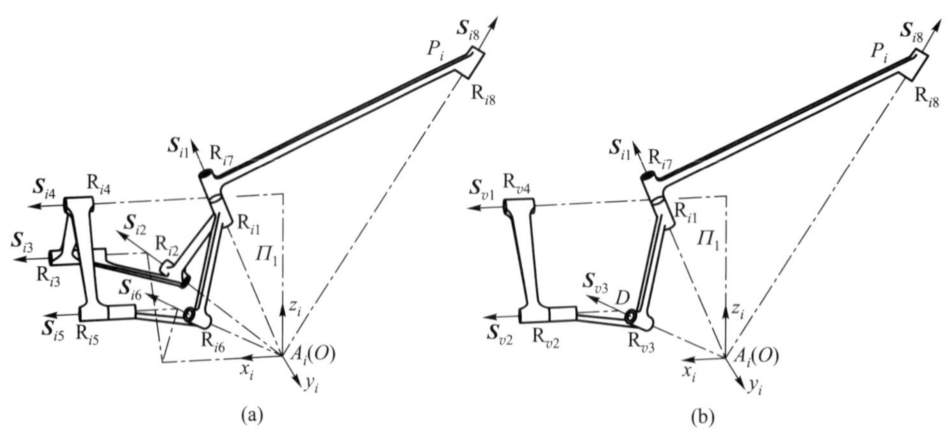

图 **5–19** 含过约束 6R 机构的混联运动链：**(a)** 混合运动链一般位形；**(b)** 运动等效 $R_vR_vR_vRR$ 串联运动链

的几何特性，建立以交点 $A_i(O)$ 为坐标原点的支链局部坐标系 A_i-$x_iy_iz_i$，其中 z_i 轴与 OO_{p} 共线，x_i 轴平行于转动关节 R_{i4} 的轴线，y_i 轴通过右手定则确定。平面 $x_iA_iz_i$ 与 6R 机构的对称平面 Π_1 共面。

如图 5–19 (a) 所示为混联支链中的闭环子链在其所有的转动关节都有效的一般过约束 6R 机构运动分支。根据 5.1 节介绍的关于 Bennett 六杆机构的运动特性，在图 5–19 所示支链中，转动关节 R_{i1} 的轴线绕 y_i 轴的转动，同时交点 A_i 沿 z_i 坐标轴做直线运动。因此，该 6R 机构可等效成如图 5–19 (b) 所示的一个串联 $R_vR_vR_vRR$ 运动链。其中，转动关节 R 限制在对称平面 Π_1 上，R_v 代表等效串联链中的转动关节。

由于转动关节 R_{i8} 的轴线过点 A_i，在图 5–19 所示局部坐标系 A_i-$x_iy_iz_i$ 中的等效串联运动链的运动旋量系 $\mathbb{S}_{mi}$ 可表示为

$$\mathbb{S}_{mi}=\left\{\begin{array}{l}\boldsymbol{S}_{v1}=(1,0,0,0,2r\cos\theta_{10},0)^{\mathrm{T}}\\ \boldsymbol{S}_{v2}=(1,0,0,0,r\cos\theta_{10},-r\sin\theta_{10})^{\mathrm{T}}\\ \boldsymbol{S}_{v3}=(1,\sin\theta_{10},\cos\theta_{10},0,0,0)^{\mathrm{T}}\\ \boldsymbol{S}_{i7}=(l_{i7},0,n_{i7},0,0,0)^{\mathrm{T}}\\ \boldsymbol{S}_{i8}=(l_{i8},m_{i8},n_{i8},0,0,0)^{\mathrm{T}}\end{array}\right\} \tag{5–30}$$

式中，$\boldsymbol{s}_{i7}=(l_{i7},0,n_{i7})^{\mathrm{T}}$ 和 $\boldsymbol{s}_{i8}=(l_{i8},0,n_{i8})^{\mathrm{T}}$ 分别为旋量 $\boldsymbol{S}_{i7}$ 和 $\boldsymbol{S}_{i8}$ 的方向向量，其中 $l_{i7}=\sin^2\theta_{10}/\left(1+\cos^2\theta_{10}\right), n_{i7}=2\cos^2\theta_{10}/\left(1+\cos^2\theta_{10}\right)$。

根据旋量的互易特性，可以计算得到由式 (5–30) 表示的运动旋量系所对应的约束旋量系为

$$\mathbb{S}_i^c = \left\{ \begin{array}{l} \boldsymbol{S}_{i1}^c = (1,0,0,0,0,0)^{\mathrm{T}} \\ \boldsymbol{S}_{i2}^c = (0,-\tan\theta_{10},1,2r\sin\theta_{10},p,q)^{\mathrm{T}} \end{array} \right\} \tag{5-31}$$

式中, $p = r\sin\theta_{10}\,(n_{i8}\tan\theta_{10} - 2l_{i8})\,m_{i8}$, $q = -r\sin\theta_{10}\tan^2\theta_{10}$。

上述约束旋量表明, 该变胞并联机构的一个混联支链对动平台施加两个约束, 包括一个与 x_i 轴共面的约束力和一个一般约束。

当闭环子链 Bennett 六杆机构衍变至球面 4R 运动分支时, 并联机构的混联运动支联则衍变至另外一个的运动分支, 该分支中所有的活动关节 R_{i1}、R_{i2}、R_{i4}、R_{i6}、R_{i7} 和 R_{i8} 都过交点 A_i。

在这一运动分支, 建立以交点 A_i 为坐标原点的局部坐标系的 A_i-$x_iy_iz_i$。考虑到转动关节相交于一点的几何特征, 闭环子链可以看成由 3 个相交转动关节构成的串联球面运动链, 即 $R_vR_vR_v$ 链。由于关节 R_{i1} 和 R_{i7} 的轴线重合, 图 5–20 (a) 中混联支链的等效串联运动链为如图 5–20 (b) 所示的 $R_vR_vR_vR$ 链。

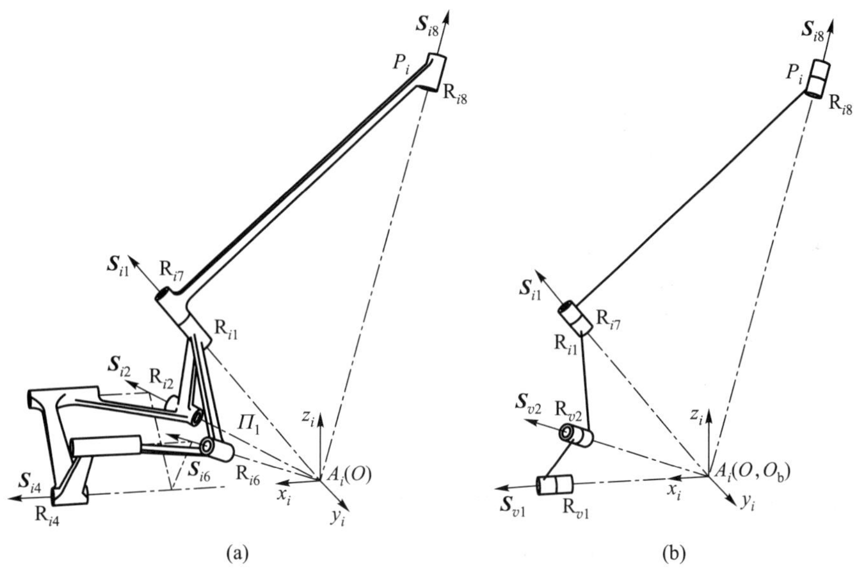

图 **5–20** 含球面 **4R** 机构的混联运动链: **(a)** 混合运动链一般位形; **(b)** 运动等效 $R_vR_vR_vR$ 串联运动链

图 5–20 (b) 所示的等效串联运动链在局部坐标系 A_i-$x_iy_iz_i$ 中的运动旋量系 $\mathbb{S}_{mi}$为

$$\mathbb{S}_{mi} = \left\{ \begin{array}{l} \boldsymbol{S}_{v1} = (1,0,0,0,0,0)^{\mathrm{T}} \\ \boldsymbol{S}_{v2} = (1,\sin\theta_{10},\cos\theta_{10},0,0,0)^{\mathrm{T}} \\ \boldsymbol{S}_{i7} = (l_{i7},0,n_{i7},0,0,0)^{\mathrm{T}} \\ \boldsymbol{S}_{i8} = (l_{i8},m_{i8},n_{i8},0,0,0)^{\mathrm{T}} \end{array} \right\} \tag{5-32}$$

式中, $\boldsymbol{s}_{i7}=(l_{i7},0,n_{i7})^{\mathrm{T}}$ 和 $\boldsymbol{s}_{i8}=(l_{i8},0,n_{i8})^{\mathrm{T}}$ 分别为指向旋量 $\boldsymbol{S}_{i7}$ 和 $\boldsymbol{S}_{i8}$ 的向量, 其中 $l_{i7}=\sin^2\theta_{10}/(1+\cos^2\theta_{10}),n_{i7}=2\cos^2\theta_{10}/(1+\cos^2\theta_{10})$。

混联支链的约束旋量系与等效串联运动链的运动旋量系互易, 可由式 (5–32) 计算得到:

$$\mathbb{S}_i^c=\left\{\begin{aligned}\boldsymbol{S}_{i1}^c&=(1,0,0,0,0,0)^{\mathrm{T}}\\\boldsymbol{S}_{i2}^c&=(0,1,0,0,0,0)^{\mathrm{T}}\\\boldsymbol{S}_{i3}^c&=(0,0,1,0,0,0)^{\mathrm{T}}\end{aligned}\right\}\tag{5–33}$$

上述约束旋量系表明, 每个运动支链对动平台提供三个经过交点 A_i 的力约束。

当 Bennett 六杆机构衍变至平面 4R 运动分支时, 并联机构的混联支链可以衍变至相应的第三个运动分支, 如图 5–21 所示。所有闭环子链的有效运动关节的轴线均平行, 关节 R_{i8} 的轴线经过第 i 个支链的轴线交点 O。

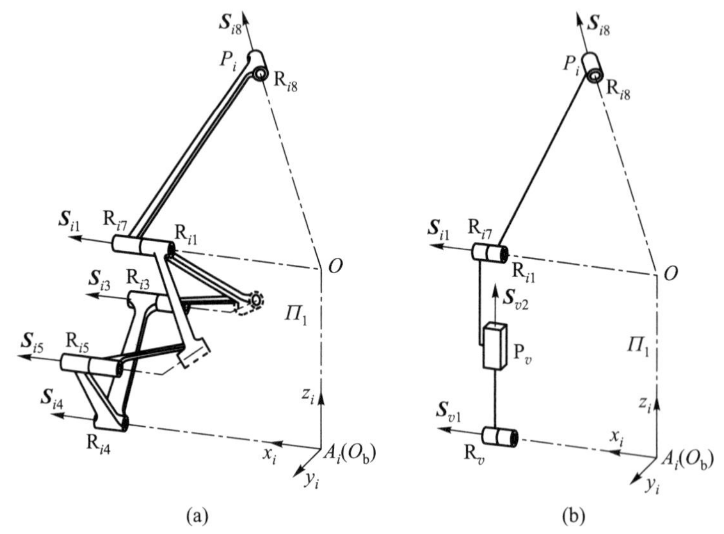

图 5–21　闭环子链衍变至平面 4R 运动分支时的混联支链: (a) 混联支链机构; (b) 运动等效 R_vP_vRR 串联运动链

在如图 5–21 所示的运动分支中, 局部坐标系 A_i-$x_iy_iz_i$ 的原点 A_i 与定平台中心 O_{b} 重合。关节 R_{i1} 的轴线经过点 O 并在垂直平面内做直线运动。考虑到平面 4R 连杆机构的运动特点, 闭环子链可以看成 $R_vP_vR_v$ 串联链。因此, 图 5–21 (a) 中混联支链的等效串联运动链为图 5–21 (b) 所示的 R_vP_vRR 串联链, 其中关节 R_v 的轴线与 R_{i7} 是共线的。

该等效串联运动链在局部坐标系 $A_i\text{-}x_iy_iz_i$ 中的运动旋量系为

$$\mathbb{S}_{mi}=\left\{\begin{array}{l}\boldsymbol{S}_{v1}=(1,0,0,0,0,0)^{\mathrm{T}}\\ \boldsymbol{S}_{v2}=(0,0,0,0,0,1)^{\mathrm{T}}\\ \boldsymbol{S}_{i7}=(1,0,0,0,-2r\cos\theta_{10},0)^{\mathrm{T}}\\ \boldsymbol{S}_{i8}=(l_{i8},m_{i8},n_{i8},-2rm_{i8}\cos\theta_{10},2rl_{i8}\cos\theta_{10},0)^{\mathrm{T}}\end{array}\right\} \tag{5–34}$$

式中, $\boldsymbol{s}_{i8}=(l_{i8},m_{i8},n_{i8})^{\mathrm{T}}$ 为旋量 $\boldsymbol{S}_{i8}$ 的方向向量。

该运动分支的混联支链约束旋量与式 (5–34) 表示的运动旋量系互易, 计算可得

$$\mathbb{S}_i^c=\left\{\begin{array}{l}\boldsymbol{S}_{i1}^c=(1,0,0,0,2r\cos\theta_{10},0)^{\mathrm{T}}\\ \boldsymbol{S}_{i2}^c=(0,0,0,0,-n_{i2},m_{i2})^{\mathrm{T}}\end{array}\right\} \tag{5–35}$$

上述约束旋量表明, 每个支链对动平台提供一个力约束和一个力偶约束。力约束经过动平台的顶点 O 且平行于 x_i 轴。

5.4.2 变胞并联机构的构型衍变分析

图 5–19 所示的并联机构混联支链通过改变自身闭环子链 Bennett 六杆机构的几何约束, 可以实现三个不同的运动分支之间的构型衍变。随着混联支链对动平台约束的变化, 变胞并联机构动平台的活动度也将发生相应的变化。本节将介绍三个支链变胞并联机构的运动分岔特性。

5.4.2.1 动平台具有螺旋运动特性的运动分支

当变胞并联机构的三个混联支链中闭环子链都为过约束 6R 机构时, 并联机构的构型为如图 5–18 所示的第 I 运动分支。在这一运动分支时, 所有运动支链中的转动关节都为有效的活动关节, 每个支链对动平台施加一个力约束和一个一般约束。

为了分析平台的运动特性, 需将三个支链提供的所有约束都表示在全局坐标系 $O_{\mathrm{b}}\text{-}xyz$ 中。综合考虑关节 R_{i4} 的分布、局部坐标系 $A_i\text{-}x_iy_iz_i$ 和全局坐标系 $O_{\mathrm{b}}\text{-}xyz$ 之间的几何关系, 先沿着 z 轴移动再绕着 z 轴转动, 可以把每一个支臂的约束旋量转换到全局坐标系中, 即

$${}^{\mathrm{o}}\boldsymbol{S}_{ik}^c=(\boldsymbol{T}_i)\,(\boldsymbol{S}_{ik}^c)^{\mathrm{T}}=\begin{pmatrix}\boldsymbol{R}(\varphi_i) & 0\\ \boldsymbol{A}_i\boldsymbol{R}(\varphi_i) & \boldsymbol{R}(\varphi_i)\end{pmatrix}(\boldsymbol{S}_{ik}^c)^{\mathrm{T}} \tag{5–36}$$

式中, 左上标 “o” 代表全局坐标系; $\boldsymbol{T}_i$ 为从第 i 个支链坐标系到全局坐标系的关联矩阵 (Dai 等, 2006; McCarthy 和 Soh, 2010; Angeles, 1998) ; $\varphi_i = 0, 2\pi/3, -2\pi/3$; 斜对角矩阵 $\boldsymbol{A}_i$ 为

$$\boldsymbol{A}_i = \begin{pmatrix} 0 & -z_{\mathrm{o}i} & y_{\mathrm{o}i} \\ z_{\mathrm{o}i} & 0 & -x_{\mathrm{o}i} \\ -y_{\mathrm{o}i} & x_{\mathrm{o}i} & 0 \end{pmatrix}$$

式中, $(x_{\mathrm{o}i}, y_{\mathrm{o}i}, z_{\mathrm{o}i})^{\mathrm{T}}$ 代表点 A_i 在全局坐标系下的位置向量。

因此, 当平台处于第 I 运动分支时, 三个支链的约束旋量系在全局坐标系 O_{b}-xyz 中表示为

$$\mathbb{S}_{\mathrm{b}1}^{c} = \left\{ \begin{array}{l} {}^{\mathrm{o}}\boldsymbol{S}_{11}^{c} = (1, 0, 0, 0, -2r\cos\theta_{10}, 0)^{\mathrm{T}} \\ {}^{\mathrm{o}}\boldsymbol{S}_{12}^{c} = (0, -\tan\theta_{10}, 1, 0, p, q)^{\mathrm{T}} \\ {}^{\mathrm{o}}\boldsymbol{S}_{21}^{c} = \left(-\dfrac{1}{2}, \dfrac{\sqrt{3}}{2}, 0, \sqrt{3}r\cos\theta_{10}, r\cos\theta_{10}, 0\right)^{\mathrm{T}} \\ {}^{\mathrm{o}}\boldsymbol{S}_{22}^{c} = \left(\dfrac{\sqrt{3}}{2}\tan\theta_{10}, \dfrac{1}{2}\tan\theta_{10}, 1, -\dfrac{\sqrt{3}}{2}p, \dfrac{1}{2}p, q\right)^{\mathrm{T}} \\ {}^{\mathrm{o}}\boldsymbol{S}_{31}^{c} = \left(-\dfrac{1}{2}, -\dfrac{\sqrt{3}}{2}, 0, -\sqrt{3}r\cos\theta_{10}, r\cos\theta_{10}, 0\right)^{\mathrm{T}} \\ {}^{\mathrm{o}}\boldsymbol{S}_{32}^{c} = \left(-\dfrac{\sqrt{3}}{2}\tan\theta_{10}, \dfrac{1}{2}\tan\theta_{10}, 1, \dfrac{\sqrt{3}}{2}p, -\dfrac{1}{2}p, q\right)^{\mathrm{T}} \end{array} \right\} \tag{5-37}$$

式中, 下标 “b1” 代表第 I 运动分支。

运动旋量系和 $\mathbb{S}_{\mathrm{b}1}^{c}$ 互易, 则平台的运动旋量系可以计算得到:

$$\mathbb{S}_{\mathrm{b}1} = \boldsymbol{S} = (0, 0, 1, 0, 0, -q)^{\mathrm{T}} \tag{5-38}$$

上述运动旋量表明动平台只有一个自由度, 为沿着 z 轴的螺旋运动。

5.4.2.2 动平台具有三自由度球面运动特性的运动分支

当并联机构的三个混联支链中的闭环子链都处于其球面 4R 连杆机构构型时, 并联机构工作在图 5–22 所示的第 Ⅱ 运动分支。在这一运动分支时, 支链中所有活动关节的轴线都经过顶点 O, 且 O 与固定平台中心点 O_{b} 重合。在此构型时每个支链对动平台提供三个经过局部坐标系 A_i-$x_iy_iz_i$ 原点的约束力。由于局部坐标系 A_i-$x_iy_iz_i$ 原点 A_i 和固定平台几何中心 O_{b} 重合, 故所有力约束都经过中心点O_{b}。

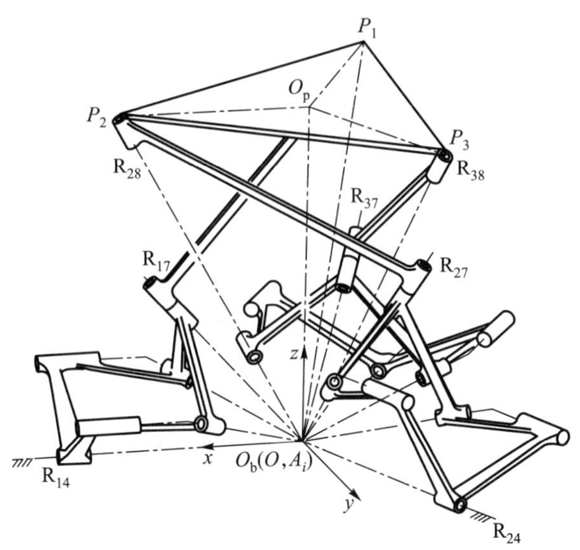

图 **5–22** 可实现三自由度球面运动的并联机构运动分支

综合考虑关节 R_{i4} 的分布、局部坐标系 A_i-$x_iy_iz_i$ 和全局坐标系 O_b-xyz 的几何关系, 通过基于式 (5–36) 绕着 z 轴转动的方式, 可以把每一个支链的约束旋量转换到全局坐标系中。由于三个支链的所有约束都是经过平台的顶点 O 的力约束, 所有约束中只有三个力是相互独立的, 因而约束旋量系为一个三阶旋量系。因此, 平台的运动旋量系可通过计算互易旋量得到, 即

$$\mathbb{S}_{b2}=\left\{\begin{array}{l}\boldsymbol{S}_1=(1,0,0,0,0,0)^{\mathrm{T}}\\ \boldsymbol{S}_2=(0,1,0,0,0,0)^{\mathrm{T}}\\ \boldsymbol{S}_3=(0,0,1,0,0,0)^{\mathrm{T}}\end{array}\right\} \tag{5–39}$$

式 (5–39) 中的运动旋量表明, 处于运动分支 Ⅱ 时, 变胞并联机构的动平台具有三个自由度, 具有以点 O_b 为运动中心的球面运动。

5.4.2.3 动平台具有一自由度平移运动特性的运动分支

当并联机构的三个混联支链中的闭环子链均位于平面 4R 机构时, 并联机构位于如图 5–23 所示的第 Ⅲ 运动分支。在这一运动分支时, 闭环子链中的活动关节的轴线与动平台平面 $\triangle P_1P_2P_3$ 平行。动平台顶点 O 沿着 z 轴做垂直方向的直线运动。

考虑如图 5–23 所示并联机构的几何特征以及图 5–20 中每个支链的局部坐标系 A_i-$x_iy_iz_i$ 的设置, 通过基于式 (5–36) 绕着 z 轴转动的方式, 可以把每一个支链的约束旋量转换到全局坐标系中。此时, 动平台在第 Ⅲ 运动分支时的约束旋量系可表示为

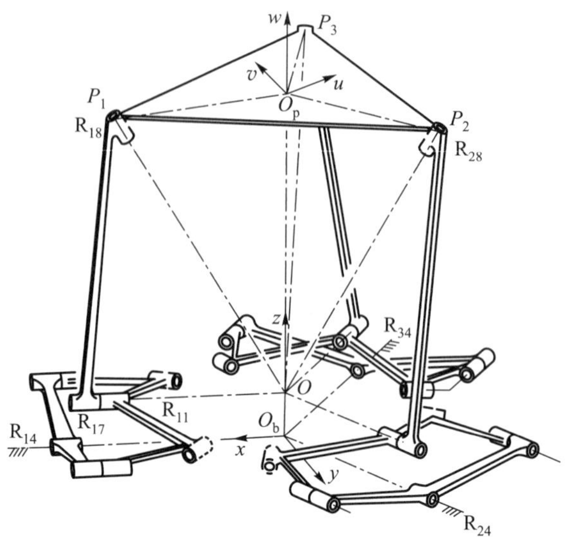

图 5–23　一自由度平移运动的并联机构运动分支

$$\mathbb{S}_{\rm b3}^{\rm c}=\left\{\begin{array}{l}{}^{\rm o}\boldsymbol{S}_{11}^{\rm c}=(1,0,0,0,2r\cos\theta_{10},0)^{\rm T}\\ {}^{\rm o}\boldsymbol{S}_{12}^{\rm c}=(0,0,0,0,-n_{12},m_{12})^{\rm T}\\ {}^{\rm o}\boldsymbol{S}_{21}^{\rm c}=\left(-\dfrac{1}{2},\dfrac{\sqrt{3}}{2},0,-\sqrt{3}r\cos\theta_{10},-r\cos\theta_{10},0\right)^{\rm T}\\ {}^{\rm o}\boldsymbol{S}_{22}^{\rm c}=\left(0,0,0,\dfrac{\sqrt{3}}{2}n_{12},\dfrac{1}{2}n_{12},m_{12}\right)^{\rm T}\\ {}^{o}\boldsymbol{S}_{31}^{\rm c}=\left(-\dfrac{1}{2},-\dfrac{\sqrt{3}}{2},0,\sqrt{3}r\cos\theta_{10},-r\cos\theta_{10},0\right)^{\rm T}\\ {}^{o}\boldsymbol{S}_{32}^{\rm c}=\left(0,0,0,-\dfrac{\sqrt{3}}{2}n_{12},\dfrac{1}{2}n_{12},m_{12}\right)^{\rm T}\end{array}\right\} \tag{5-40}$$

运动旋量系和式 (5–40) 的 $\mathbb{S}_{\rm b3}^{\rm c}$ 互易, 可以通过互易计算得到:

$$\mathbb{S}_{\rm b3}=\boldsymbol{S}=(0,0,1,0,0,0)^{\rm T} \tag{5-41}$$

式 (5–41) 的运动旋量系表明, 在此运动分支时, 动平台只有一个自由度且只能沿着 z 轴平移运动。

5.5　本章小结

本章首次系统地介绍了基于 Chebychev–Grübler–Kutzbach 活动度计算公式中的参数, 即机构中有效杆件数 (n) 、有效运动副 (g) 、单个运动副活动度数

(f_i) 和机构工作空间自由度数 (维数) (d)，对引起单自由度单闭环运动链可重构特性的分类。在此分类中, 重点分析了机构工作空间自由度数 (维数) (d) 的变化与该类机构构型演变之间的关联关系。在揭示单环机构可重构特性对应的内在本质的基础上, 首次发现了 Bennett 六杆机构在选取特殊设计参数时具有的构型演变功能, 即从单自由度六杆机构演变为球面四杆机构和平面四杆机构。同理, 详细介绍了面对称 Bricard 过约束双球面 6R 机构和一种新型单闭环 7R 机构的可重构特性及其构型衍变得到的不同运动分支。将 Bennett 六杆机构作为变胞 / 可重构单元, 设计出了一类新型具有混联支链的可重构变胞并联机构。基于旋量理论及运动等价原理, 系统地分析了该并联机构构型演变得到的三个不同运动分支可以分别实现螺旋运动、三自由度球面运动和一自由度平移运动的特性。

主要参考文献

ANGELES J, 1998. The application of dual algebra to kinematic analysis[M]// ANGELES J, ZAKHARIEV E. Computational Methods in Mechanical Systems. Berlin, Heidelberg: Springer: 3-32.

BENNETT G T, 1905. LXXVII. The parallel motion of Sarrut and some allied mechanisms[J]. The London, Edinburgh, and Dublin Philosophical Magazine and Journal of Science, 9 (54): 803-810.

CUI L, DAI J S, 2011. Axis constraint analysis and its resultant 6R double-centered overconstrained mechanisms[J]. Journal of Mechanisms and Robotics, 3(3): 031004.

DAI J S, HUANG Z, LIPKIN H, 2006. Mobility of overconstrained parallel mechanisms[J]. Journal of Mechanical Design, 128(1): 220-229.

DAI J S, REES JONES J, 1999. Mobility in metamorphic mechanisms of foldable/erectable kinds[J]. Journal of Mechanical Design, 121(3): 375-382.

KONG X, GOSSELIN C M, RICHARD P L, 2007. Type synthesis of parallel mechanisms with multiple operation modes[J]. Journal of Mechanical Design, 129(6): 595-601.

McCARTHY J M, SOH G S, 2010. Geometric Design of Linkages[M]. New York: Springer Science & Business Media.

QIN Y, DAI J S, GOGU G, 2014. Multi-furcation in a derivative queer-square mechanism[J]. Mechanism and Machine Theory, 81: 36-53.

WOHLHART K, 1996. Kinematotropic linkages[M]. LENARČIČ J, PARENTI-CASTELLI V. Recent Advances in Robot Kinematics. Dordrecht: Springer: 359-368.

YAN H S, KUO C H, 2006. Topological representations and characteristics of variable kinematic joints[J]. Journal of Mechanical Design, 128(2): 384-391.

ZLATANOV D, BONEV I A, GOSSELIN C M, 2002. Constraint singularities as C-space singularities[J]. Advances in Robot Kinematics: 183-192.

第六章　旋量力约束与分岔演变

约束旋量可以清楚地表示由支链和铰链组合而决定的机构的输出运动, 约束旋量系的秩决定着机构的输出自由度, 而其互易旋量表达了机构的具体输出运动形式。此为可重构机构提供了最佳的分析和展示方法, 约束旋量系的秩的变化即代表了机构输出平台自由度的改变。本章将基于此方法来研究可变构型并联机构的基于约束奇异的分岔运动。

分岔运动为机构变构型的一种现象, 当平台经过约束奇异点时, 其输出运动可以分别进入两种不同的运动形式和自由度 (Zlatanov 等, 2002a) 。根据机构的几何约束分析发现, 当平台处于约束奇异时, 其输出自由度增加, 从而约束奇异点变为一个转换构型点而使平台可以从该多自由度构型分岔到不同的少自由度的分支运动中 (Zlatanov 等, 2002b) 。 Kinematotropic 机构是最早的一类通过奇异约束点改变输出自由度且具有分岔运动的机构 (Wohlhart, 1996; Galletti 和 Fanghella, 2001) 。为了加工不同的垂直平面, 一个在两个垂直方向上具有分岔旋转运动的并联机构被设计为加工中心 (Refaat 等, 2007) 。同一时期, Kong 等 (2007) 提出并综合了一类具有分岔运动的并联机构, 其平台可以经过奇异约束构型分岔到三自由度的纯转动或纯移动的分支运动中。类似地, Li 和 Herve (2009) 展示了一类在两个方向上有分岔的 Schoenflies 运动的并联机构, 并分析了其中一些的具体运动形式 (Chen 等, 2009) 。基于线性转换的新自由度计算公式, Gogu (2011) 设计并分析了一类具有一个转动和两个移动且其转动沿两个垂直方向上分岔的并联机构。基于折纸设计的一个变胞并联机构也展示了通过一个奇异约束构型改变其旋转运动的特性 (Zhang 等, 2010) 。从奇异约束出发, Zeng 等 (2016) 系统地分析了分岔运动的构成并基于此给出了综合新变构型并联机构的方法。

本章将通过约束旋量系的变化来表示并分析两个该类变胞并联机构和一个变

构型并联机构的分岔运动。第一个变胞并联机构为 3(rT)C(rT) (Gan 等, 2010), 该机构可以从 1 到 6 改变其自由度, 而在自由度小于 3 的构型下, 该机构具有分岔运动。第二个变胞并联机构为 4-rTPS (Gan 等, 2013c), 该机构可以改变其自由度在 2 和 6 之间变换, 在自由度为 2 的构型时, 平台具有沿两个垂直方向的分岔旋转运动。第三个并联机构为 3-PUP (Gan 等, 2013a) 具有分岔的一个旋转运动和一个螺旋运动且其螺旋运动的节距随着一个平台的设计参数的变化而不断演变。

6.1 基于约束旋量的变胞并联机构 3(rT)C(rT) 的构型变换和分岔运动分析

基于可变构型虎克铰—— rT 铰的发明 (Gan 等, 2009) , 一类变胞并联机构被综合 (Gan 等, 2009, 2011, 2014) 并构成了一类新型的可变构型并联机构。该 rT 铰的旋转轴线可变换, 可以改变支链对输出平台的几何约束, 从而使所设计的新的并联机构具有可变自由度的能力。

6.1.1 3(rT)C(rT) 可变自由度的变胞并联机构

如图 6–1 (a) 所示, 通过两个可变构型虎克铰的 g 杆连接中间的圆柱副可以构成 (rT)C(rT) 支链 (Gan 等, 2010) , 该支链可以通过两端 rT 铰的 b 杆分别固定于基座和平台上。以下分析中, 连接基座的 rT 铰称作基座 rT 铰, 连接平台的 rT 铰称作平台 rT 铰。

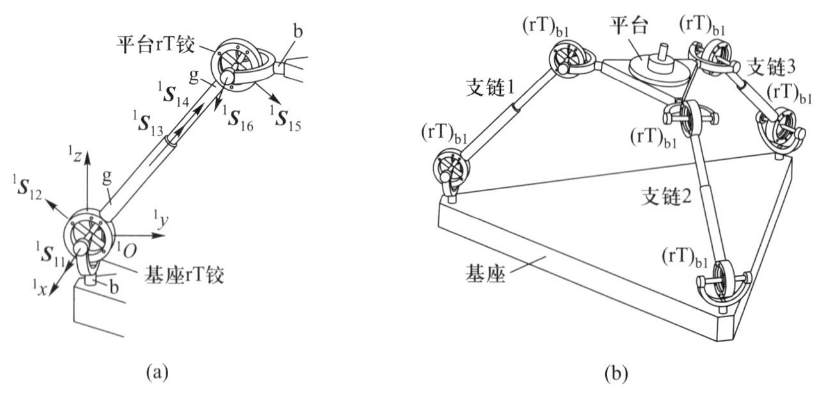

图 6–1 支链 $(\mathbf{rT})_{\mathbf{b1}}\mathbf{C}(\mathbf{rT})_{\mathbf{b1}}$ 和并联机构 $\mathbf{3}(\mathbf{rT})_{\mathbf{b1}}\mathbf{C}(\mathbf{rT})_{\mathbf{b1}}$

如图 6–1 (a) 所示, 在支链 1 的基座 rT 铰的中心建立局部坐标系 ${}^1O$-${}^1x{}^1y{}^1z$, 其 ${}^1x$ 轴与 U 形件旋转副旋量 ${}^1\boldsymbol{S}_{11}$ 共线, ${}^1z$ 轴与基座垂直, ${}^1y$ 轴遵循右手定则。

在基座 rT 铰中, 其环形件旋量 ${}^1\boldsymbol{S}_{12}$ 与支链 C 铰链垂直, 则基座 rT 铰处于初始构型 b1。同样, 平台 rT 铰的环形件旋量 ${}^1\boldsymbol{S}_{15}$ 也垂直于支链而处于初始构型 b1。通过三条支链连接基座和平台可以构成如图 6–1 (b) 所示的并联机构 3(rT)C(rT) , 其三条支链均布于基座半径为 r_b 的圆上和平台半径为 r_a 的圆上。根据该机构 rT 铰链的构型, 其可以表示为 $3(\mathrm{rT})_{\mathrm{b1}}\mathrm{C}(\mathrm{rT})_{\mathrm{b1}}$。

由于该机构的三条支链具有相同的结构, 因此可以分析其中一条支链并通过坐标系变换来得到其他两条支链的约束公式。由此, 可以容易地分析该机构的平台约束并展示由铰链构型变化引起的机构约束和自由度的变化。支链 $(\mathrm{rT})_{\mathrm{b1}}\mathrm{C}(\mathrm{rT})_{\mathrm{b1}}$ 的运动旋量系在一般构型下可以表示为

$$
{}^1\mathbb{S}_1 = \left\{ \begin{array}{l} {}^1\boldsymbol{S}_{11} = (1,0,0,0,0,0)^{\mathrm{T}} \\ {}^1\boldsymbol{S}_{12} = (0,m_1,n_1,0,0,0)^{\mathrm{T}} \\ {}^1\boldsymbol{S}_{13} = (l_2,m_2,n_2,0,0,0)^{\mathrm{T}} \\ {}^1\boldsymbol{S}_{14} = (0,0,0,l_2,m_2,n_2)^{\mathrm{T}} \\ {}^1\boldsymbol{S}_{15} = (l_3,m_3,n_3,p_1,q_1,r_1)^{\mathrm{T}} \\ {}^1\boldsymbol{S}_{16} = (l_4,m_4,n_4,p_2,q_2,r_2)^{\mathrm{T}} \end{array} \right\} \tag{6–1}
$$

由于式 (6–1) 中的变量值不影响分析结果, 在此应用一些常用的符号 l、m、n、p、q、和 r 来表示。在该旋量系中, 第一和第二个旋量表示基座 rT 铰的两个旋转, 第三和第四个旋量表示圆柱副的旋转和平移, 最后两个旋量表示平台 rT 铰的两个旋转。在旋量表达式 ${}^1\boldsymbol{S}_{ij}$ 中, 前置上角标 1 表示局部坐标系 1, 后置第一个下角标 i 表示第 i 支链, 第二个下角标 j 表示支链 i 中的第 j 个运动副。式 (6–1) 中的六个旋量构成一个六阶旋量系 (Dai 和 Rees Jones, 2001) 。

用同样的方法可以获得另两条支链的运动旋量系。由于每条支链均为六阶旋量系, 没有冗余旋量, 且不含有局部自由度, 因此所有支链对平台都不提供约束。当选择三条支链中的圆柱副的线性运动副和基座 rT 铰的 U 形件转动副作为驱动副时, 该机构可以实现六自由度操作。

6.1.2 通过可变构型虎克铰的机构自由度演化

当把支链 1 中的基座 rT 铰通过调整其转动轴线与支链共线而从初始构型 b1 调节到可变构型时, 将产生一个新的支链构型 b2。基于此, 环形件旋量 ${}^1\boldsymbol{S}_{12}$ 与支链共线, 由此支链的几何约束将发生变化且对平台产生一个约束力。当保持该并联机构另两条支链的结构不变时, 将产生一个如图 6–2 (b) 所示的新并联机构 $2(\mathrm{rT})_{\mathrm{b1}}\mathrm{C}(\mathrm{rT})_{\mathrm{b1}} - 1(\mathrm{rT})_{\mathrm{b2}}\mathrm{C}(\mathrm{rT})_{\mathrm{b1}}$。

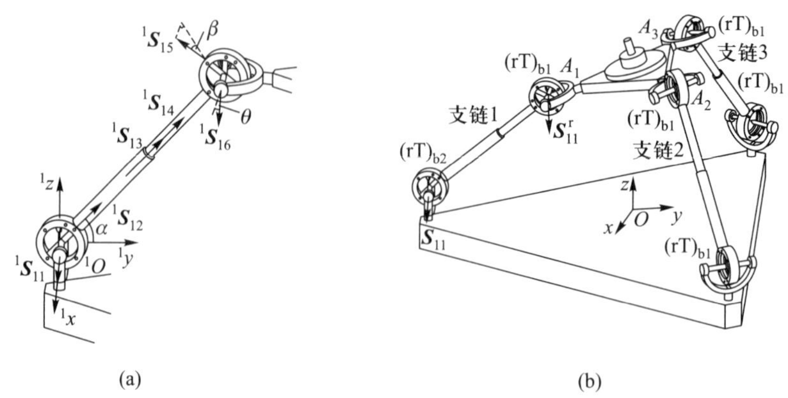

图 **6–2** 支链 $(\mathbf{rT})_{\mathbf{b2}}\mathbf{C}(\mathbf{rT})_{\mathbf{b1}}$ 和并联机构 $\mathbf{2}(\mathbf{rT})_{\mathbf{b1}}\mathbf{C}(\mathbf{rT})_{\mathbf{b1}}-\mathbf{1}(\mathbf{rT})_{\mathbf{b2}}\mathbf{C}(\mathbf{rT})_{\mathbf{b1}}$

由于支链 2 和支链 3 保持图 6–1 所示的结构, 则其旋量系保持式 (6–1) 的形式不变且不提供任何约束, 新并联机构的约束分析将依赖于新的重构支链 $(\mathrm{rT})_{\mathrm{b2}}\mathrm{C}(\mathrm{rT})_{\mathrm{b1}}$, 其运动旋量系可以表示为

$$
{}^1\mathbb{S}_1=\left\{\begin{array}{l}
{}^1\boldsymbol{S}_{11}=(1,0,0,0,0,0)^{\mathrm{T}}\\
{}^1\boldsymbol{S}_{12}=(0,\cos\alpha,\sin\alpha,0,0,0)^{\mathrm{T}}\\
{}^1\boldsymbol{S}_{13}=(0,\cos\alpha,\sin\alpha,0,0,0)^{\mathrm{T}}\\
{}^1\boldsymbol{S}_{14}=(0,0,0,0,\cos\alpha,\sin\alpha)^{\mathrm{T}}\\
{}^1\boldsymbol{S}_{15}=(\cos\beta,\sin\beta\sin\alpha,-\sin\beta\cos\alpha,-l\sin\beta,l\cos\beta\sin\alpha,-l\cos\beta\cos\alpha)^{\mathrm{T}}\\
{}^1\boldsymbol{S}_{16}=(-\sin\theta\sin\beta,\cos\theta\cos\alpha+\sin\theta\cos\beta\sin\alpha,\cos\theta\sin\alpha-\sin\theta\cos\beta\cos\alpha,\\
\qquad\quad -l\sin\theta\cos\beta,-l\sin\theta\sin\beta\sin\alpha,-l\sin\theta\sin\beta\cos\alpha)^{\mathrm{T}}
\end{array}\right\}
\tag{6–2}
$$

式中, α 为旋量 ${}^1\boldsymbol{S}_{12}$ 和 ${}^1y$ 轴的夹角; β 为旋量 ${}^1\boldsymbol{S}_{15}$ 与其在 ${}^1O$-${}^1y{}^1z$ 平面上的投影的夹角; θ 为旋量 ${}^1\boldsymbol{S}_{16}$ 和 ${}^1\boldsymbol{S}_{14}$ 的夹角。

通过式 (6–2) 可以清楚地发现旋量 ${}^1\boldsymbol{S}_{12}$ 和 ${}^1\boldsymbol{S}_{13}$ 相同, 则该六个旋量构成一个 5 阶旋量系, 该支链的约束旋量系可以通过求解互易旋量得到:

$$
{}^1\mathbb{S}_1^r=\{{}^1\boldsymbol{S}_{11}^r=(1,0,0,0,l\sin\alpha,-l\cos\alpha)^{\mathrm{T}}\}
\tag{6–3}
$$

该约束为一个通过平台 rT 铰中心且平行于旋量 ${}^1\boldsymbol{S}_{11}$ 的约束力。此约束旋量约束了沿 x 轴的移动。该机构具有沿 y 轴和 z 轴的移动和绕三个轴的旋转共五个自由度。

通过调节该可重构并联机构中三个基座 rT 铰和三个平台 rT 铰, 该机构可以实现不同的构型, 其相应的自由度数可以在 1 到 6 之间任意变换 (Gan 等, 2010) 。下面将着重讨论该机构在自由度 2 和 1 构型下所展示的分岔运动。

6.1.3 自由度 2 构型及其分岔运动

当把三个基座 rT 铰和支链 1 的平台 rT 铰都调节到 b2 构型后, 新的机构构型如图 6–3 所示, 为 $2(\mathrm{rT})_{\mathrm{b2}}\mathrm{C}(\mathrm{rT})_{\mathrm{b1}}-1(\mathrm{rT})_{\mathrm{b2}}\mathrm{C}(\mathrm{rT})_{\mathrm{b2}}$。

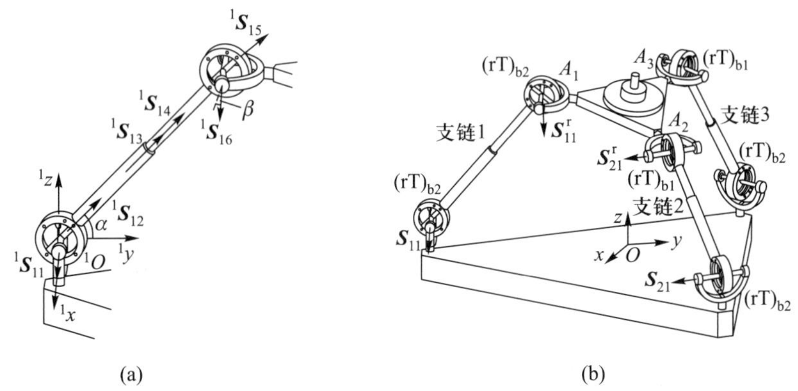

图 6–3 支链 $(\mathbf{rT})_{\mathbf{b2}}\mathbf{C}(\mathbf{rT})_{\mathbf{b2}}$ 和构型 $\mathbf{2}(\mathbf{rT})_{\mathbf{b2}}\mathbf{C}(\mathbf{rT})_{\mathbf{b1}}-\mathbf{1}(\mathbf{rT})_{\mathbf{b2}}\mathbf{C}(\mathbf{rT})_{\mathbf{b2}}$

支链 2 和 3 保持 b1 构型, 每条支链对平台有一个如式 (6–3) 所示的约束力。支链 1 由于构型的变换, 其支链运动旋量在式 (6–2) 的基础上, 旋量 ${}^1\boldsymbol{S}_{15}$ 和 ${}^1\boldsymbol{S}_{16}$ 变为如下所示而其他旋量保持不变

$$\left\{\begin{array}{l} {}^1\boldsymbol{S}_{15}=(0,\ \cos\ \alpha,\ \sin\ \alpha,\ 0,\ 0,\ 0)^{\mathrm{T}} \\ {}^1\boldsymbol{S}_{16}=(\cos\ \beta,\sin\ \beta\sin\ \alpha,-\sin\ \beta\cos\ \alpha,-l\sin\ \beta,l\cos\ \beta\sin\ \alpha,-l\cos\ \beta\cos\ \alpha)^{\mathrm{T}} \end{array}\right. \tag{6–4}$$

因此, 除了式 (6–2) 中旋量 ${}^1\boldsymbol{S}_{12}$ 和 ${}^1\boldsymbol{S}_{13}$ 共线以外, ${}^1\boldsymbol{S}_{15}$ 现在也与 ${}^1\boldsymbol{S}_{12}$ 和 ${}^1\boldsymbol{S}_{13}$ 共线而相关, 则其支链运动旋量系从式 (6–2) 的 5 阶降为 4 阶旋量系, 由此其互易旋量为两个, 一个如式 (6–3) 所示, 另一个为

$${}^1\boldsymbol{S}_{12}^r=(\cos\ \beta,\sin\ \beta\sin\ \alpha,-\sin\ \beta\cos\ \alpha,0,0,0)^{\mathrm{T}} \tag{6–5}$$

此为一个通过支链 1 的基座 rT 铰的中心并平行于平台 rT 铰 U 形件轴线的约束力。由此, 支链 1 提供了两个约束力, 与支链 2 和支链 3 一共有四个约束力, 构成了一个四阶的平台的约束旋量系, 其互易旋量系为平台的运动旋量系:

$$\mathbb{S}_f=\left\{\begin{array}{l} (d_1,0,f_1,u_5,v_6,w_3)^{\mathrm{T}} \\ (d_2,e_1,0,u_6,v_7,w_4)^{\mathrm{T}} \end{array}\right\} \tag{6–6}$$

式中, $d_i(i=1,2)$ 、 e_1、 f_1、 $u_p\ (p=5,6)$、 $v_j(j=6,7)$ 和 $w_k(k=3,4)$ 为已知机构结构参数和构型参数的函数, 具体公式请见附录 A。

根据式 (6–6), 并联机构 $2(\mathrm{rT})_{\mathrm{b2}}\mathrm{C}(\mathrm{rT})_{\mathrm{b1}}-1(\mathrm{rT})_{\mathrm{b2}}\mathrm{C}(\mathrm{rT})_{\mathrm{b2}}$ 具有两个旋转的自由度。

当在图 6–3 所示的构型中, 支链 1 上的角 $\beta=0$ 时, 即 ${}^1\boldsymbol{S}_{16}$ 和 ${}^1\boldsymbol{S}_{11}$ 平行时, 式 (6–5) 中的约束力变为约束力矩:

$$ {}^1\boldsymbol{S}_{i2}^r=(0,0,0,0,-\sin\,\alpha,\cos\,\alpha)^{\mathrm{T}} \tag{6–7}$$

该约束力矩同时垂直于支链 1 的 rT 铰的 U 形件轴线和环形件轴线。

此时平台的约束旋量系变为一个包括三个约束力和一个约束力矩的四阶系统, 平台具有一个转动和一个沿 z 轴移动两个自由度, 其中转动方向同时垂直于 z 轴和式 (6–7) 中的约束力矩 $\boldsymbol{S}_{i2}^r$。

因此, 并联机构 $2(\mathrm{rT})_{\mathrm{b2}}\mathrm{C}(\mathrm{rT})_{\mathrm{b1}}-1(\mathrm{rT})_{\mathrm{b2}}\mathrm{C}(\mathrm{rT})_{\mathrm{b2}}$ 在支链 1 的构型 ($\beta=0$) 时, 具有分岔运动, 在此构型下平台具有两个自由度, 一个沿 z 轴的移动和一个转动运动, 此为第一个分岔运动。而在一般情况下, $\beta\neq0$ 时, 平台具有式 (6–6) 所示的两个旋转运动自由度, 此为第二个分岔运动。两个分岔运动具有相同的自由度数, 但运动形式不同。

6.1.4 自由度 1 构型及其分岔运动

在自由度 2 构型的基础上, 将支链 2 的平台 rT 铰调整到构型 b2, 则形成如图 6–4 所示的一个新的并联机构构型 $1(\mathrm{rT})_{\mathrm{b2}}\mathrm{C}(\mathrm{rT})_{\mathrm{b1}}-2(\mathrm{rT})_{\mathrm{b2}}\mathrm{C}(\mathrm{rT})_{\mathrm{b2}}$。

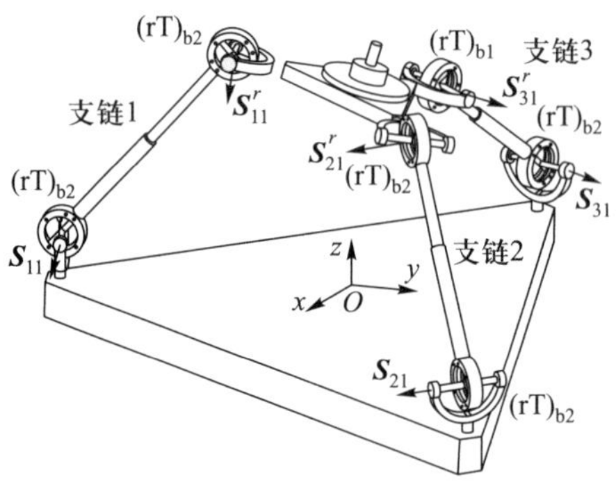

图 6–4 并联机构 $\mathbf{1(rT)_{b2}C(rT)_{b1}-2(rT)_{b2}C(rT)_{b2}}$

由此, 支链 2 和支链 1 具有相同的构型。根据 6.1.3 节的结论, 支链 2 也增加一个对平台的约束力, 该约束力通过支链 2 的 rT 铰的中心并平行于其平台 rT 铰的 U 形件轴线。支链 1 和支链 2 分别提供两个约束力, 支链 3 提供一个约束力, 则平台的约束旋量系为一个 5 阶旋量系, $\mathbb{S}^r=\{\boldsymbol{S}_{11}^r,\boldsymbol{S}_{12}^r,\boldsymbol{S}_{21}^r,\boldsymbol{S}_{22}^r,\boldsymbol{S}_{31}^r\}$, 其互易旋量构成平台的运动旋量系:

$$\mathbb{S}_f=\{(d_3,e_2,f_2,u_7,v_8,w_5)^{\mathrm{T}}\} \tag{6–8}$$

式中, 参数 d_3、 e_2、 f_2、 u_7、 v_8 和 w_5 为已知机构结构参数和构型参数的函数, 具体公式请见附录 A。

根据式 (6–8) , 并联机构 $1(\mathrm{rT})_{\mathrm{b2}}\mathrm{C}(\mathrm{rT})_{\mathrm{b1}}-2(\mathrm{rT})_{\mathrm{b2}}\mathrm{C}(\mathrm{rT})_{\mathrm{b2}}$ 具有一个旋转运动自由度。

与自由度 2 构型类似, 此自由度 1 构型同样具有分岔运动。当支链 1 和支链 2 各自的两个 rT 铰的 U 形件轴线平行时, 两个约束力 $\boldsymbol{S}_{12}^r$ 和 $\boldsymbol{S}_{22}^r$ 均变为式 (6–7) 所描述的约束力矩, 平台的 5 阶约束旋量系由五个约束力变为三个约束力和两个约束力矩, 由此平台产生了分岔运动, 由一般的式 (6–8) 描述的旋转运动变为沿 z 轴的移动。而且此时平台平行于基座平面, 此构型在 6.1.5 节中被定义为初始构型, 在此构型下, 平台可以沿 z 轴移动, 此为第一个分岔运动, 当平台转动后, 平台则符合式 (6–8) 中的旋转运动, 而构成第二个分岔运动, 两者均为 1 个自由度。

6.1.5 初始构型及其分岔运动

初始构型被定义为在该构型下, 3(rT)C(rT) 变胞并联机构可以通过改变 rT 铰的构型在自由度 1 和 6 之间任意改变其构型。当改变 rT 铰的构型时, 其环形件的轴线需要垂直于 U 形件的平面而绕 U 形件的轴线旋转到不同构型。由此, 初始构型需满足以下条件: ① 如图 6–5 所示, 支链 i 的两个 rT 铰的环形件共面且构成支链平面 $\sum i$; ② 支链 i 的两 rT 铰的环形件轴线平行, 即 $\boldsymbol{s}_{i1}=\boldsymbol{s}_{i2}$, 且垂直于支链平面 $\sum i\ (i=1,2,3)$。

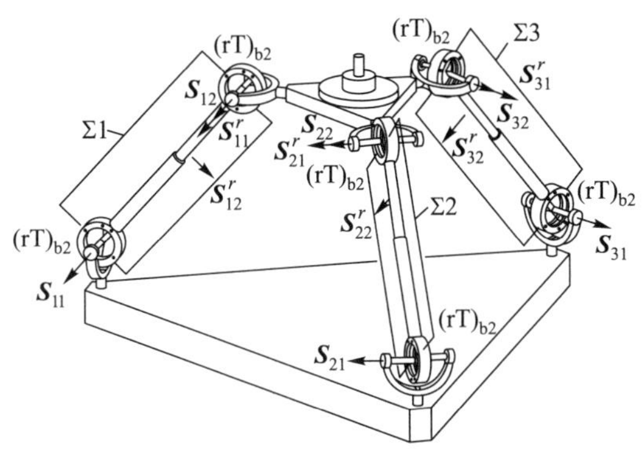

图 6–5 初始构型

除了前面章节讨论的并联机构构型外, 当把所有 rT 铰都调整到构型 b2, 则形成如图 6–5 所示的并联机构 $3(\mathrm{rT})_{\mathrm{b2}}\mathrm{C}(\mathrm{rT})_{\mathrm{b2}}$。此机构在一般条件下而非初始构型时, 每条支链形成一个四阶运动旋量系并提供两个如式 (6–3) 和式 (6–5) 所描述的约束力给平台, 六个约束力旋量中有一个冗余而形成一个五阶约束旋量系, 从而其平台拥有与式 (6–8) 所描述的一样的一个自由度的旋转运动。

当机构处于初始构型时, 其平台平行于基座, 三个支链平面 $\sum i$ 相交于一条直线, 每条支链的第二个约束旋量 $\boldsymbol{S}_{i2}^{r}$ 将由式 (6–5) 的力约束变为式 (6–7) 的力矩约束, 平台约束旋量系将包括三个约束力和三个约束力矩且仍然是一个五阶旋量系, 平台具有沿 z 轴移动的一个自由度。由此, 并联机构 $3(\mathrm{rT})_{\mathrm{b2}}\mathrm{C}(\mathrm{rT})_{\mathrm{b2}}$ 在初始构型下具有分岔运动, 在一个分岔运动下, 平台可以沿 z 轴移动, 一旦平台旋转到一非初始位置, 则其进入一个式 (6–8) 所描述的 1 自由度旋转运动。因此, 该机构构型具有与 6.1.4 节中 1 自由度机构相同的分岔运动。

综上可知, 变胞并联机构 3(rT)C(rT) 自由度小于 3 的构型, 包括 $3(\mathrm{rT})_{\mathrm{b2}}\mathrm{C}(\mathrm{rT})_{\mathrm{b2}}$、$1(\mathrm{rT})_{\mathrm{b2}}\mathrm{C}(\mathrm{rT})_{\mathrm{b1}}-2(\mathrm{rT})_{\mathrm{b2}}\mathrm{C}(\mathrm{rT})_{\mathrm{b2}}$ 和 $2(\mathrm{rT})_{\mathrm{b2}}\mathrm{C}(\mathrm{rT})_{\mathrm{b1}}-1(\mathrm{rT})_{\mathrm{b2}}\mathrm{C}(\mathrm{rT})_{\mathrm{b2}}$, 在初始构型下具有分岔运动, 其分支运动具有相同的自由度数, 但运动形式不同。

6.2 变胞并联机构 4rTPS 的分岔运动和奇异工作空间

6.2.1 可变构型支链 rTPS 的两种构型

如图 6–6 所示, 可变构型支链 rTPS (Gan 等, 2013c) 由一个可变构型虎克铰—— rT 铰、一个移动副和一个球副构成。该 rT 铰的环形件的轴线可以沿着 U 形件的轴线自由地旋转且固定在一个方向, 由此可以改变该 rTPS 支链的几何约束关系, 根据 rT 铰的环形件轴线的方向, 这里定义两个支链类型: ① 如图 6–6 (a) 所示的构型 $(\mathrm{rT})_1\mathrm{PS}$, 其环形件的轴线与支链或移动副的轴线垂直; ② 图 6–6 (b) 所示的构型 $(\mathrm{rT})_2\mathrm{PS}$ 中, 其环形件的轴线与支链或移动副的轴线共线且通过球副中心。

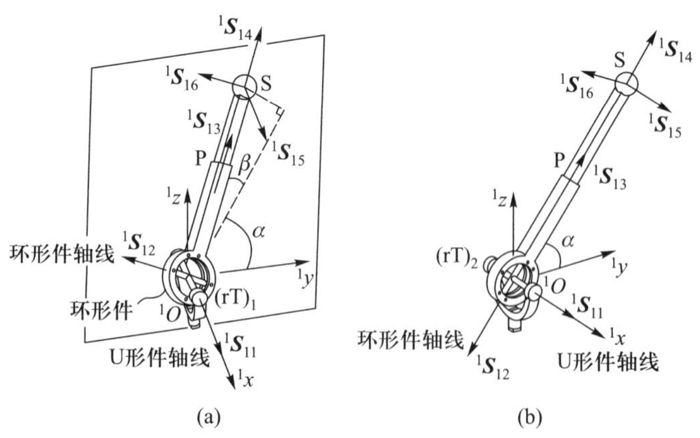

图 **6–6** **rTPS** 的两个支链构型

如图 6–6 (a) 所示, 在 rT 铰的中心建立局部坐标系 ${}^1O$-${}^1x{}^1y{}^1z$, 其中 ${}^1x$ 轴与 rT 铰的 U 形件轴线共线, ${}^1y$ 轴与 U 形件平面垂直, 在一般状态下, 其支链运动旋

量系可以表示为

$$
{}^{1}\mathbb{S}_1=\left\{\begin{array}{l}
{}^{1}\boldsymbol{S}_{11}=(1,0,0,0,0,0)^{\mathrm{T}}\\
{}^{1}\boldsymbol{S}_{12}=(0,-\sin\,\alpha,\cos\,\alpha,0,0,0)^{\mathrm{T}}\\
{}^{1}\boldsymbol{S}_{13}=(0,0,0,-\sin\,\beta,\cos\,\beta\cos\,\alpha,\cos\,\beta\sin\,\alpha)^{\mathrm{T}}\\
{}^{1}\boldsymbol{S}_{14}=(0,\cos\,\alpha,\sin\,\alpha,0,l\sin\,\beta\sin\,\alpha,-l\sin\,\beta\cos\,\alpha)^{\mathrm{T}}\\
{}^{1}\boldsymbol{S}_{15}=(1,0,0,0,l\cos\,\beta\sin\,\alpha,-l\cos\,\beta\cos\,\alpha)^{\mathrm{T}}\\
{}^{1}\boldsymbol{S}_{16}=(0,-\sin\,\alpha,\cos\,\alpha,l\cos\,\beta,l\sin\,\beta\cos\,\alpha,l\sin\,\beta\sin\,\alpha)^{\mathrm{T}}
\end{array}\right\}\tag{6–9}
$$

式中, 前两个旋量表示 rT 铰的两个旋转副; 第三个旋量表示移动副; 最后三个旋量表示上端的球副; β 为旋量 ${}^{1}\boldsymbol{S}_{13}$ 与其在 ${}^{1}O\text{-}{}^{1}y{}^{1}z$ 平面上的投影的夹角; α 为 ${}^{1}y$ 轴与支链在 ${}^{1}O\text{-}{}^{1}y{}^{1}z$ 平面上的投影的夹角; l 为 rT 铰中心到球副中心的距离。

式 (6–9) 中的六个运动旋量线性无关, 从而构成一个六阶旋量系 (Dai 和 Rees Jones, 2001) , 其互易旋量系为空, 则该支链对运动平台无任何约束。

当机构变为图 6–6 (b) 所示的 $(\mathrm{rT})_2\mathrm{PS}$ 构型时, rT 铰的环形件轴线与支链中移动副共线且通过球副中心, 因此球副中心 A 被约束在 ${}^{1}O\text{-}{}^{1}y{}^{1}z$ 平面上。由此, 支链 $(\mathrm{rT})_2\mathrm{PS}$ 的运动旋量系为

$$
{}^{1}\mathbb{S}_1=\left\{\begin{array}{l}
{}^{1}\boldsymbol{S}_{11}=(1,0,0,0,0,0)^{\mathrm{T}}\\
{}^{1}\boldsymbol{S}_{12}=(0,-\cos\,\alpha,-\sin\,\alpha,0,0,0)^{\mathrm{T}}\\
{}^{1}\boldsymbol{S}_{13}=(0,0,0,0,\cos\,\alpha,\sin\,\alpha)^{\mathrm{T}}\\
{}^{1}\boldsymbol{S}_{14}=(0,\cos\,\alpha,\sin\,\alpha,0,0,0)^{\mathrm{T}}\\
{}^{1}\boldsymbol{S}_{15}=(1,0,0,0,l\sin\,\alpha,-l\cos\,\alpha)^{\mathrm{T}}\\
{}^{1}\boldsymbol{S}_{16}=(0,-\sin\,\alpha,\cos\,\alpha,l,0,0)^{\mathrm{T}}
\end{array}\right\}\tag{6–10}
$$

式 (6–10) 中, ${}^{1}\boldsymbol{S}_{12}$ 和 ${}^{1}\boldsymbol{S}_{14}$ 线性相关, 则这六个旋量构成一个五阶旋量系, 且存在一个互易旋量, 即支链的约束旋量系为

$$
{}^{1}\mathbb{S}_1^r=\{{}^{1}\boldsymbol{S}_1^r=(1,0,0,0,l\sin\,\alpha,-l\cos\,\alpha)^{\mathrm{T}}\}\tag{6–11}
$$

式 (6–11) 为一个力约束, 其方向与 rT 铰的 U 形件的轴线一致且通过上端球副的中心。因此, 支链 $(\mathrm{rT})_2\mathrm{PS}$ 有五个自由度, 比支链 $(\mathrm{rT})_1\mathrm{PS}$ 少一个。

通过 rTPS 支链在其两个构型之间的转变, 采用 rTPS 支链装配并联机构将具有变自由度和变构型的能力。本节讨论的 4rTPS 变胞并联机构使用四条 rTPS 支链, 其自由度可以在 6 和 2 之间变换, 而且在 2 自由度构型下, 该机构具有沿两个垂直方向分岔的旋转运动, 下面将具体分析此构型的分岔运动。

6.2.2 变胞并联机构 $4(\mathrm{rT})_2\mathrm{PS}$ 的分岔运动

如图 6–7 所示, 变胞并联机构 $4(\mathrm{rT})_2\mathrm{PS}$ 由四条 $(\mathrm{rT})_2\mathrm{PS}$ 支链构成 (Gan 等, 2013b) , 其 4 条支链均匀分布于基座半径为 r_b 的圆上和平台半径为 r_a 的圆上。以 A_i 表示支链 i 的球副中心, B_i 表示支链 i 的 rT 铰中心; 在基座四边形 $B_1B_2B_3B_4$ 的几何中心点 O 建立固定坐标系 $O\text{-}xyz$, 其 x 轴通过点 B_1, y 轴通过点 B_2; 同样地, 在平台四边形 $A_1A_2A_3A_4$ 的几何中心 G 建立平台移动坐标系 $G\text{-}uvw$, 其 u 轴通过球心 A_1, v 轴通过球心 A_2。根据 $(\mathrm{rT})_2\mathrm{PS}$ 支链构型的几何约束, 球副中心 A_i 只能在其各自的平面运动, 即

$$\begin{cases} \boldsymbol{a}_m \cdot (0,1,0)^{\mathrm{T}} = 0 \quad (m=1,3) \\ \boldsymbol{a}_n \cdot (1,0,0)^{\mathrm{T}} = 0 \quad (n=2,4) \end{cases} \tag{6–12}$$

式中, $\boldsymbol{a}_i(i=m,n)$ 是球副中心 A_i 在固定坐标系中表示的向量。

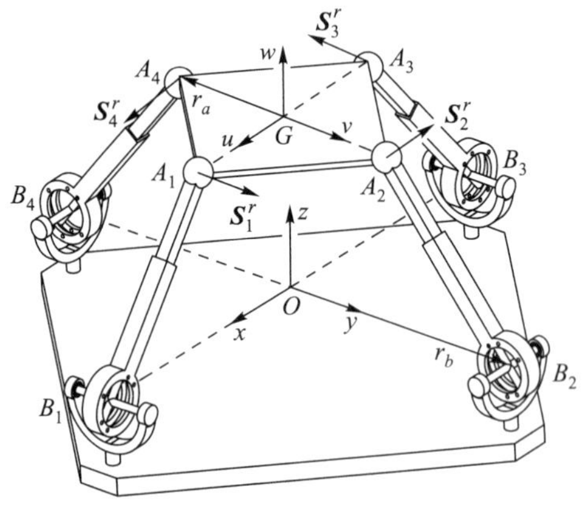

图 6–7　具有分岔运动的变胞并联机构 $4(\mathrm{rT})_2\mathrm{PS}$

根据式 (6–11), $(\mathrm{rT})_2\mathrm{PS}$ 提供一个约束力, 其方向与 rT 铰的 U 形件的轴线一致且通过上端球副的中心, 因此, $4(\mathrm{rT})_2\mathrm{PS}$ 机构的四条支链提供四个约束力给平台。这里定义平台与基座平面平行的构型为初始构型, 在此初始构型下, $4(\mathrm{rT})_2\mathrm{PS}$ 机构的平台约束旋量系为

$$\mathbb{S}^r = \begin{Bmatrix} \boldsymbol{S}_1^r = ((0,1,0) \quad \boldsymbol{a}_1 \times (0,1,0))^{\mathrm{T}} \\ \boldsymbol{S}_2^r = ((1,0,0) \quad \boldsymbol{a}_2 \times (1,0,0))^{\mathrm{T}} \\ \boldsymbol{S}_3^r = ((0,1,0) \quad \boldsymbol{a}_3 \times (0,1,0))^{\mathrm{T}} \\ \boldsymbol{S}_4^r = ((1,0,0) \quad \boldsymbol{a}_4 \times (1,0,0))^{\mathrm{T}} \end{Bmatrix} = \begin{Bmatrix} (0,1,0,-z,0,x_1)^{\mathrm{T}} \\ (1,0,0,0,z,-y_2)^{\mathrm{T}} \\ (0,1,0,-z,0,x_3)^{\mathrm{T}} \\ (1,0,0,0,z,-y_4)^{\mathrm{T}} \end{Bmatrix} \tag{6–13}$$

式中, 向量 $\boldsymbol{a}_i = (x_i, y_i, z_i)$, 因平台平行于基座平面, 所以所有球副中心沿 z 轴的高度相等, 即 $z_i = z$。式 (6–13) 中的四个约束力旋量中有一个冗余, 于是构成一个三阶旋量系, 求解互易旋量系可得平台输出运动旋量系为

$$\mathbb{S}_m = \left\{ \begin{array}{l} (1,0,0,0,z,0)^{\mathrm{T}} \\ (0,1,0,-z,0,0)^{\mathrm{T}} \\ (0,0,0,0,0,1)^{\mathrm{T}} \end{array} \right\} \tag{6-14}$$

该运动旋量系表示绕 x 轴和 y 轴的转动及一个沿 z 轴的移动, 则 $4(\mathrm{rT})_2\mathrm{PS}$ 并联机构在初始构型下 (即平台与基座平面平行时) 具有三个自由度。当平台绕 x 轴旋转后, 平台约束旋量系由式 (6–13) 变为

$$\mathbb{S}^r = \left\{ \begin{array}{l} (0,1,0,-z,0,x_1)^{\mathrm{T}} \\ (1,0,0,0,z_2,-y_2)^{\mathrm{T}} \\ (0,1,0,-z,0,x_3)^{\mathrm{T}} \\ (1,0,0,0,z_4,-y_4)^{\mathrm{T}} \end{array} \right\} \tag{6-15}$$

式 (6–15) 中, 由于绕 x 轴的旋转, z_2 和 z_4 不再相等。式 (6–15) 中的四个约束旋量构成一个四阶旋量系, 则平台输出运动旋量系变为

$$\mathbb{S}_m = \left\{ \begin{array}{l} (1,0,0,0,z,0)^{\mathrm{T}} \\ (0,0,0,0,0,1)^{\mathrm{T}} \end{array} \right\} \tag{6-16}$$

该结果表示该机构在此构型下具有两个自由度, 绕 x 轴的转动和沿 z 轴的移动。类似地, 当平台在初始构型下绕 y 轴旋转后, 该机构自由度也由初始构型下的三自由度变为包括绕 y 轴转动和沿 z 轴移动的两自由度。此分析说明 $4(\mathrm{rT})_2\mathrm{PS}$ 并联机构在初始构型时为约束奇异, 由此导致分岔运动, 其平台在初始构型时一旦绕 x 轴或 y 轴转动, 将丧失绕 y 轴或 x 轴的转动自由度, 由三自由度变为两自由度, 其中沿 z 轴的移动一直保持, 因此该机构具有沿两个垂直方向 (x 轴和 y 轴) 的分岔运动。

6.2.3 $4(\mathrm{rT})_2\mathrm{PS}$ 机构的分岔运动工作空间和奇异构型分析

为了展示 $4(\mathrm{rT})_2\mathrm{PS}$ 机构的沿 x 轴和 y 轴的分岔运动及沿 z 轴的移动的工作空间和相应的奇异点分布, 机构的一些参数可以设置为: 平台圆半径 $r_a = 10$ cm, 基

座圆半径 $r_b = 20$ cm, 球铰运动范围 $\leqslant \pi/4$, rT 铰 U 形件轴旋转范围 $\phi_{i1} \leqslant 7\pi/18$、环形件轴旋转范围 $\phi_{i2} \leqslant \pi/2$, 支链长度范围 11 cm$\leqslant l_i \leqslant$ 22 cm。根据此设置和数值搜索, 4(rT)$_2$PS 机构的工作空间可以表示在图 6–8 (a) 中的绿色部分, 其沿 x 轴和 y 轴的转动角分布在两个相互垂直的平面而只相交于转动角为零的沿 z 轴的中心线, 由此也展示了其不能同时拥有的分岔旋转运动。在工作空间搜索时, 通过雅可比矩阵的行列式等于零可以分析其奇异构型 (Gan 等, 2013b) , 图 6–8 (a) 中蓝色的部分表示了奇异点分布, 其中转动角为零的沿 z 轴的中心线也为蓝色, 表示了初始构型的约束奇异, 如图 6–8 (b) 所示, 在此构型时四条支链的四个约束力旋量都在同一个平台平面上而产生一个冗余约束 (Zlatanov 等, 2002a, 2002b) 。在初始构型, 一旦平台旋转, 将进入其中一个分支运动构型, 如图 6–8 (c) 所示, 当平台绕 x 轴顺时针方向运动到使其支链 2 的移动副轴线通过支链 4 的球副中心时, 机构产生奇异。此时, 支链 2 和支链 4 的两个几何约束平行于直线 A_1A_3 且其他四个约束包括两个几何约束和两个驱动约束都相交于直线 A_1A_3, 从而导致相关而失去绕直线 A_1A_3 的旋转的约束, 平台将产生一个绕直线 A_1A_3 的自由旋转运动。如图 6–8 (d) 所示, 当平台绕 y 轴转动时, 类似的奇异构型也将产生。图 6–8 (a) 中在两旋转工作空间的蓝色部分表示了所有奇异构型的分布。

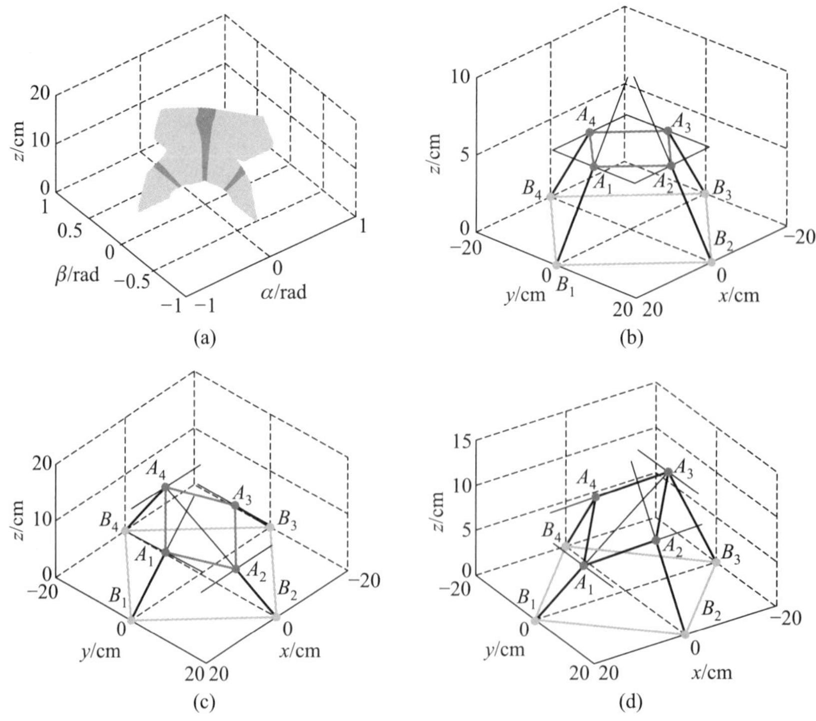

图 6–8　4(rT)$_2$PS 机构的分岔运动工作空间和奇异构型 (见书后彩图) :

(a) 工作空间及奇异点分布; **(b)** 奇异构型 **1**; **(c)** 奇异构型 **2**; **(d)** 奇异构型 **3**

6.3 3-PUP 并联机构的分岔运动及其演变

6.3.1 具有不同平台角的一类 3-PUP 并联机构

如图 6–9 (a) 所示的并联机构 3-PUP (Gan 等, 2013a; Leal 和 Dai, 2007) 由三条相同的均匀分布的 PUP 支链连接平台和基座而成, 其中三个 U 副的转动轴线对应平行。在图 6–9 (a) 中, 用 $l_i(i=1,2,3)$ 来命名三条支链, 在支链 l_1 中, U 副的一条轴线与基座上的 P 副相连并垂直, 另一条轴线与平台上的 P 副相连并共线。当三条支链等长时, 平台与基座平行, 此构型被定义为初始位置。由于平台可以保持平行于基座并沿基座平面法线上下移动, 因此初始位置可以是该法线上的任一位置。以下分析可知, 机构在初始位置发生约束奇异。

以 A_i 表示第 i 条支链中 P 副与基座平面的交点, B_i 表示 U 副中心, 在基座平面上建立固定坐标系 O-xyz, 其中 y 轴的负方向通过点 A_1, x 轴平行于 A_2A_3, 点 A_2 和 A_3 关于直线 OA_1 对称分布。在平台上, 三个 P 副相交于点 G, 如图 6–9 所示, 支链 2 和支链 3 的平台 P 副关于支链 1 的平台 P 副的轴线对称, 且形成夹角 α。不同的夹角 α 对应不同的 3-PUP 机构, 由此构成本节所分析的以夹角 α 为分类的一类 3-PUP 并联机构, 以下称该夹角为平台角 α。

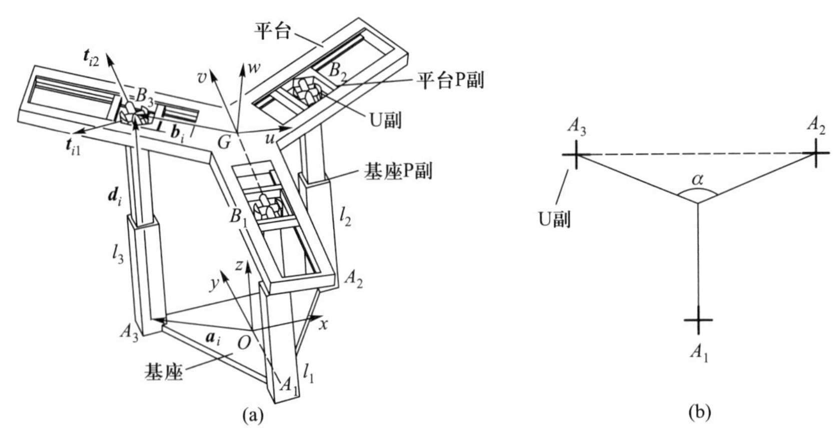

图 6–9 并联机构 3-PUP: (a) 3-PUP ($0<\alpha<\pi$) ; (b) 平台角 α

在点 G 设立平台坐标系 G-uvw, 其中 v 轴的负方向通过支链 1 的 U 副中心 B_1, w 轴垂直于平台平面。以 $\boldsymbol{a}_i$ 和 $\boldsymbol{b}_i$ 表示点 A_i 和 B_i 分别在坐标系 O-xyz 和 G-uvw 中的向量, d_i 和 $\boldsymbol{d}_i$ 分别表示点 A_i 到 B_i 的距离和向量, a 表示 A_i 和 O 点的距离, b_i 为点 B_i 和点 G 的距离, $\boldsymbol{t}_{i1}$ 和 $\boldsymbol{t}_{i2}$ 分别表示支链 l_i 的 U 副的两个旋转轴的单位向量, 根据以上设置和该机构的几何约束, 机构参数满足以下关系:

$$
\begin{cases}
\boldsymbol{a}_1 = a_1(0,-1,0)^{\mathrm{T}} \\
\boldsymbol{b}_1 = b_1(0,-1,0)^{\mathrm{T}} \\
\boldsymbol{a}_j = a_j(\sin((-1)^j\alpha/2),\cos(\alpha/2),0)^{\mathrm{T}} \\
\boldsymbol{b}_j = b_j(\sin((-1)^j\alpha/2),\cos(\alpha/2),0)^{\mathrm{T}} \quad (i=1,2,3;j=2,3) \\
a_2 = a_3 = a \\
\boldsymbol{t}_{i1} = (1,0,0)^{\mathrm{T}} \\
\boldsymbol{t}_{i2} = \boldsymbol{v}
\end{cases} \tag{6-17}
$$

给定不同的平台角 α, 可以产生一类 3-PUP 并联机构, 其几何参数均满足式 (6–17) 。根据平台角 α 的范围, 该类机构又可以分为三类: 图 6–9 (a) 所示的 3-PUP 并联机构为第一类, $0<\alpha<\pi$; 图 6–10 (a) 所示为第二类, $\alpha=\pi$; 图 6–10 (b) 所示为第三类, $\pi<\alpha<2\pi$。由于 $\alpha=0$ 或 2π 时, 支链 2 和支链 3 将重合, 因此这两种情况不再考虑。

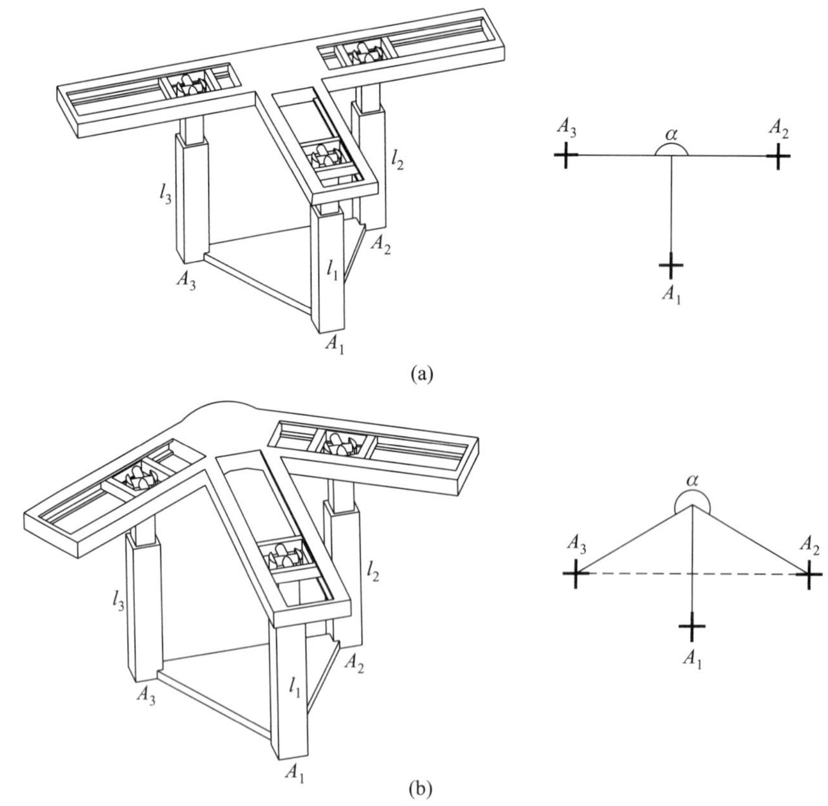

图 6–10　另外两类 3-PUP 并联机构构型:

(a) $\alpha=\pi$; (b) $\pi<\alpha<2\pi$

根据几何约束的分析 (Gan 等, 2013a) , 3-PUP 并联机构具有沿 u 和 v 轴的分岔运动及一个公共的沿 z 轴的移动, 其中沿 u 轴的分岔运动为纯旋转而沿 v 轴为一个螺旋运动。下面通过约束旋量来分析其分岔运动。在以下模型中, 平台角 α 为一个未知参数, 因此以下分析适用于不同平台角的 3-PUP 并联机构。

6.3.2 基于约束旋量的分岔运动分析

图 6–11 描述了 3-PUP 并联机构三条支链的运动旋量分布。

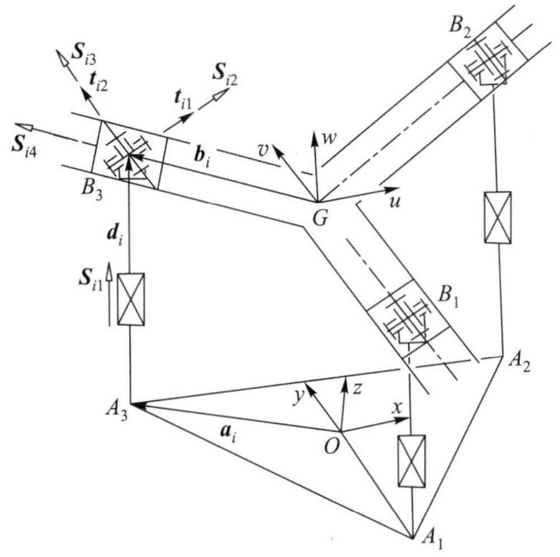

图 **6–11** **3-PUP** 并联机构的支链旋量分布

第 i 条支链的运动旋量系在全局坐标系中可以表示为

$$\mathbb{S}_i = \left\{ \begin{array}{l} \boldsymbol{S}_{i1} = (0, \boldsymbol{z})^{\mathrm{T}} \\ \boldsymbol{S}_{i2} = (\boldsymbol{t}_{i1}, (\boldsymbol{a}_i + \boldsymbol{d}_i) \times \boldsymbol{t}_{i1})^{\mathrm{T}} \\ \boldsymbol{S}_{i3} = (\boldsymbol{R}\boldsymbol{t}_{i2}, (\boldsymbol{a}_i + \boldsymbol{d}_i) \times (\boldsymbol{R}\boldsymbol{t}_{i2}))^{\mathrm{T}} \\ \boldsymbol{S}_{i4} = (0, \boldsymbol{R}\boldsymbol{b}_i)^{\mathrm{T}} \end{array} \right\} \quad (i = 1, 2, 3) \tag{6–18}$$

式中, $\boldsymbol{R}$ 为平台坐标系相对于全局坐标系的旋转矩阵; $0 = (0, 0, 0)$; $\boldsymbol{z} = (0, 0, 1)$。代入式 (6–17) 中并联机构 3-PUP 的几何参数并求支链约束旋量系的并可以获得平台约束旋量系, 该平台约束旋量系可以一般性地表示为

$$\mathbb{S}^r = \left\{ \begin{array}{l} \boldsymbol{S}_{11}^r = \boldsymbol{S}_{21}^r = \boldsymbol{S}_{31}^r = (0, 0, 0, 0, -v_z, v_y)^{\mathrm{T}} \\ \boldsymbol{S}_{12}^r = (v_y, -v_x, 0, v_x d_1, d_1 v_y, a v_y)^{\mathrm{T}} \\ \boldsymbol{S}_{22}^r = (v_y^2 \cos(\alpha/2), -u_x v_y \sin(\alpha/2), 0, d_2 u_x v_y \sin(\alpha/2), -F_1, 0)^{\mathrm{T}} \\ \boldsymbol{S}_{32}^r = (v_y^2 \cos(\alpha/2), u_x v_y \sin(\alpha/2), 0, -d_3 u_x v_y \sin(\alpha/2), -F_2, 0)^{\mathrm{T}} \end{array} \right\} \tag{6–19}$$

式中,

$$F_1 = au_x v_z \sin^2(\alpha/2) - d_2 v_y^2 \cos(\alpha/2) + av_y v_z \cos^2(\alpha/2)$$

$$F_2 = au_x v_z \sin^2(\alpha/2) - d_3 v_y^2 \cos(\alpha/2) + av_y v_z \cos^2(\alpha/2)$$

在机构的初始位置, 平台与基座平行, 平台没有旋转运动, 式 (6−19) 可以简化为

$$\mathbb{S}^r = \left\{ \begin{array}{l} \boldsymbol{S}_{11}^r = \boldsymbol{S}_{21}^r = \boldsymbol{S}_{31}^r = (0,0,0,0,0,1)^{\mathrm{T}} \\ \boldsymbol{S}_{12}^r = (1,0,0,0,d_1,a)^{\mathrm{T}} \\ \boldsymbol{S}_{22}^r = (\cos(\alpha/2), -\sin(\alpha/2), 0, d_1\sin(\alpha/2), d_1\cos(\alpha/2), 0)^{\mathrm{T}} \\ \boldsymbol{S}_{32}^r = (\cos(\alpha/2), \sin(\alpha/2), 0, -d_1\sin(\alpha/2), d_1\cos(\alpha/2), 0)^{\mathrm{T}} \end{array} \right\} \tag{6–20}$$

在式 (6−20) 中, $\boldsymbol{S}_{11}^r$、 $\boldsymbol{S}_{12}^r$、 $\boldsymbol{S}_{22}^r$ 和 $\boldsymbol{S}_{32}^r$ 线性相关。因此, 平台约束旋量系为三阶系, 求其互易旋量系可得平台运动旋量系为

$$\mathbb{S}^f = \left\{ \begin{array}{l} \boldsymbol{S}_1^f = (0,0,0,0,0,1)^{\mathrm{T}} \\ \boldsymbol{S}_2^f = (0,1,0,-d_1,0,0)^{\mathrm{T}} \\ \boldsymbol{S}_3^f = (1,0,0,0,d_1,0)^{\mathrm{T}} \end{array} \right\} \tag{6–21}$$

平台运动旋量系描述了沿 z 轴的移动和绕 x 轴与 y 轴的转动。虽然该机构在初始位置有三个自由度, 但由于约束奇异, 其中的两个旋转运动只是瞬时运动, 该平台只能沿 z 轴移动, 一旦旋转将转到下面分析的分岔运动中的一个分支运动中。

式 (6−21) 所示的初始位置的运动旋量系中没有平台角 α, 因此, 本节中所讨论的所有不同平台角的 3-PUP 并联机构在初始位置时均具有式 (6−21) 所描述的运动自由度及约束奇异。

通过约束旋量的分析, 该机构的分岔运动构型可以进一步展示。

1) 分岔运动 1

当 $d_2 = d_3$, 且 $d_1 \neq d_2(d_3)$ 时, 式 (6−20) 所示的约束旋量系相应的平台运动旋量系变为

$$\mathbb{S}^f = \left\{ \begin{array}{l} \boldsymbol{S}_1^f = (0,0,0,0,0,1)^{\mathrm{T}} \\ \boldsymbol{S}_2^f = (1,0,0,0,d_2,0)^{\mathrm{T}} \end{array} \right\} \tag{6–22}$$

因此, 当平台绕 x 轴旋转后进入分岔运动 1。式 (6−22) 中, $\boldsymbol{S}_1^f$ 描述了沿 z 轴的移动, $\boldsymbol{S}_2^f$ 描述了绕 x 轴的转动。因此, 并联机构 3-PUP 在分岔运动 1 中有两个自由度、一个平移、一个旋转, 且相互独立。类似于初始位置, 分岔运动 1 的运动旋量系中也没有平台角 α, 具有不同平台角的 3-PUP 并联机构均具有相同的分岔运动 1。

2) 分岔运动 2

当 $d_2 \neq d_3$, 且 $d_1 = (d_2 + d_3)\ /2$ 时, 式 (6–20) 所示的约束旋量系相应的平台运动旋量系变为

$$\mathbb{S}^f = \left\{ \begin{array}{l} \boldsymbol{S}_1^f = (0,0,0,0,0,1)^{\mathrm{T}} \\ \boldsymbol{S}_2^f = (0,1,0,-d_1,au_z\cos(\alpha/2)/u_x^2,0)^{\mathrm{T}} \\ \quad\ = (\boldsymbol{v}^{\mathrm{T}},((0,0,d_1)^{\mathrm{T}} \times \boldsymbol{v} + (au_z\cos(\alpha/2)/u_x^2)\boldsymbol{v})^{\mathrm{T}}) \end{array} \right\} \tag{6–23}$$

此时机构处于具有绕 y 轴旋转的分岔运动 2 中。类似地, 式 (6–23) 中, $\boldsymbol{S}_1^f$ 描述了沿 z 轴的移动, $\boldsymbol{S}_2^f$ 表示一个沿 $\boldsymbol{v} = (0,1,0)^{\mathrm{T}}$ 且节距为 $au_z\cos(\alpha/2)/u_x^2$ 的螺旋运动。因此, 该机构在分岔运动 2 中具有相互独立的平移和螺旋运动两个自由度。

以上展示了 3-PUP 并联机构的分岔运动, 下面具体分析其分岔运动 2 的螺旋运动随着平台角的变化和机构运动的变化关系。

6.3.3 3-PUP 并联机构分岔运动的演变

根据式 (6–23) , 分岔运动 2 为一个螺旋运动且其节距为 $au_z\cos(\alpha/2)/u_x^2$, 该运动是绕着 $\boldsymbol{v} = (0,1,0)^{\mathrm{T}}$ 轴的运动, 则其运动平台的旋转矩阵 $\boldsymbol{R}$ 变为绕 y 轴的旋转矩阵, 假设其转动角度为 θ, 则有

$$\begin{cases} u_x = \cos\theta \\ u_z = -\sin\theta \end{cases} \tag{6–24}$$

式中, $-\pi/2 < \theta < \pi/2$。

根据式 (6–24) , 分岔运动 2 的螺旋运动的节距可以进一步表示为

$$h = au_z\cos(\alpha/2)/u_x^2 = -a\cos(\alpha/2)\sin\theta/(\cos^2\theta) \tag{6–25}$$

因此, 分岔运动 2 的螺旋运动的节距不是恒定值, 而是随着平台的旋转和平台角 α 变化的, 假设机构尺寸 a 为无量纲值 1, 则节距的变化曲面如图 6–12 所示。

由图 6–12 可知, 该节距变化曲面关于直线 $\alpha = \pi$ 和 $\theta = 0$ 对称。整体来看, 对于任意的平台角 α, 该节距的绝对值随着平台旋转角从零开始增加而增大。当 $\alpha < \pi$, 平台从正向旋转 $(\theta > 0)$ 变为负向旋转 $(\theta < 0)$ 时, 节距由负值变为正值; 当 $\alpha > \pi$ 时, 结论相反。对于任意给定的平台旋转角 $\theta < 0$, 该节距随着平台角 α 的增大而减小, 而当 $\theta > 0$ 时, 该节距随着平台角 α 的增大而增加, 节距在 $\alpha = \pi$ 的直线处改变方向。

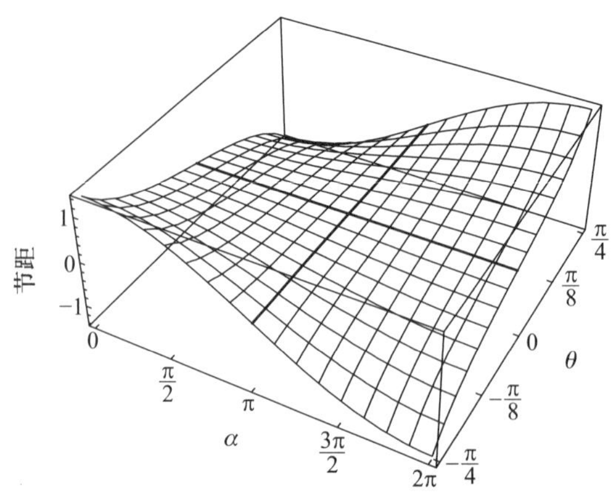

图 6–12　分岔运动 2 的螺旋运动的节距变化

当平台角 $\alpha = \pi$ 时, 节距变为 0, 分岔运动 2 由一般的螺旋运动变为一个转动运动, 则该 3-PUP 并联机构具有两个分岔纯转动运动。如图 6–13 所示, 当 $0 < \alpha < \pi$ 和 $\pi < \alpha < 2\pi$ 时, 分岔运动 2 均为螺旋运动但节距为相反, 则相应的 3-PUP 并联机构具有一个分岔纯转动和一个分岔螺旋运动。

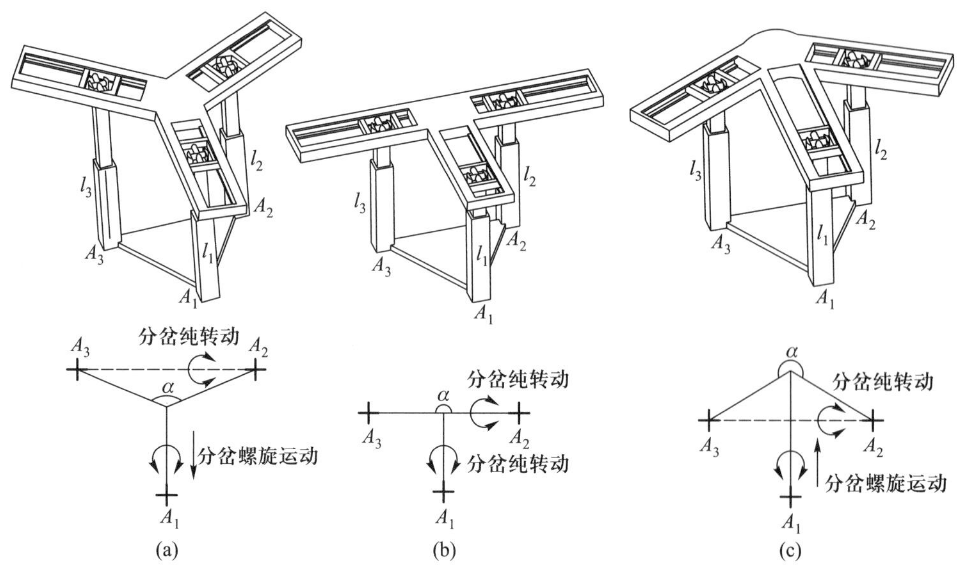

图 6–13　并联机构 3-PUP 的分岔运动的演变: (a) $0 < \alpha < \pi$, 节距为 $-h$; (b) $\alpha = \pi$, 节距为 0; (c) $\pi < \alpha < 2\pi$, 节距为 h

6.4　本章小结

本章介绍了通过约束旋量系的秩的改变来展示机构输出平台自由度的变化并应用到并联机构分岔运动的分析的方法。输出平台的约束旋量系由各支链约束旋量组成，它们的关联性由各支链的具体连杆和铰链的组合决定，它们的互易旋量表达了机构的具体输出运动形式。本章通过约束旋量系的分析展示了两个变胞并联机构和一个变构型并联机构的分岔运动。变胞并联机构 3(rT)C(rT) 可以从 1 到 6 改变其自由度，在自由度少于 3 的构型时，该机构在初始构型具有约束奇异而展示出移动和转动的分岔运动。变胞并联机构 4rTPS 可以具有 2 到 6 的任何自由度，在自由度为 2 的初始构型时，该机构叶具有约束奇异，平台具有沿两个垂直方向的分岔旋转运动。并联机构 3-PUP 具有分岔的一个旋转运动和一个螺旋运动且其螺旋运动的节距随着平台上两个转动副的相对夹角变化而具有不同的数值。

主要参考文献

CHEN Q, LI Q, WU C, et al., 2009. Mobility analysis of 4-RPRPR and 4-RRRPR parallel mechanisms with bifurcation of Schoenflies motion by screw theory[C]// Proceedings of 2009 ASME/IFToMM International Conference on Reconfigurable Mechanisms and Robots.

DAI J S, REES JONES J, 2001. Interrelationship between screw systems and corresponding reciprocal systems and applications[J]. Mechanism and Machine Theory, 36(5): 633-651.

GALLETTI C, FANGHELLA P, 2001. Single-loop kinematotropic mechanisms[J]. Mechanism and Machine Theory, 36(6): 743-761.

GAN D, DAI J S, 2013a. Geometry constraint and branch motion evolution of 3-PUP parallel mechanisms with bifurcated motion[J]. Mechanism and Machine Theory, 61: 168-183.

GAN D, DAI J S, CALDWELL D G, 2011. Constraint-based limb synthesis and mobility-change-aimed mechanism construction[J]. Journal of Mechanical Design, 133(5): 877-887.

GAN D, DAI J S, DIAS J, et al., 2013b. Unified kinematics and singularity analysis of a metamorphic parallel mechanism with bifurcated motion[J]. Journal of Mechanisms and Robotics, 5(3): 031004.

GAN D, DAI J S, DIAS J, et al., 2013c. Reconfigurability and unified kinematics modeling of a 3rTPS metamorphic parallel mechanism with perpendicular constraint screws[J]. Robotics and Computer-Integrated Manufacturing 29(4): 121-128.

GAN D, DAI J S, DIAS J, et al., 2014. Constraint-plane-based synthesis and topology variation of a class of metamorphic parallel mechanisms[J]. Journal of Mechanical Science and Technology, 28(10): 4179-4191.

GAN D, DAI J S, LIAO Q, 2009. Mobility change in two types of metamorphic parallel mechanisms[J]. Journal of Mechanisms and Robotics, 1(4): 041007.

GAN D, DAI J S, LIAO Q, 2010. Constraint analysis on mobility change of a novel metamorphic parallel mechanism[J]. Mechanism and Machine Theory, 45(12): 1864-1876.

GOGU G, 2011. Maximally regular T2R1-type parallel manipulators with bifurcated spatial motion[J]. Journal of Mechanisms and Robotics, 3(1): 011010.

KONG X, GOSSELIN C M, RICHARD P-L, 2007. Type synthesis of parallel mechanisms with multiple operation modes[J]. Journal of Mechanical Design, 129(6): 595-601.

LEAL E, DAI J S, 2007. From origami to a new class of centralized 3-DOF parallel mechanisms[C]// Proceedings of ASME 31st Mechanisms and Robotics Conference.

LI Q, HERVE J M, 2009. Parallel mechanisms with bifurcation of Schoenflies motion[J]. IEEE Transactions on Robotics, 25(1): 158-164.

REFAAT S, HERVE J M, NAHAVANDI S, et al., 2007. Two-mode overconstrained three-DOFs rotational-translational linear-motor-based parallel-kinematics mechanism for machine tool applications[J]. Robotica, 25(4): 461-466.

WOHLHART K, 1996. Kinematotropic Linkages[M]// Recent Advances in Robot Kinematics. Dordrecht: Springer: 359-368.

ZENG Q, EHMANN K F, CAO J, 2016. Design of general kinematotropic mechanisms[J]. Robotics and Computer-Integrated Manufacturing, 38: 67-81.

ZHANG K, DAI J S, FANG Y, 2010. Topology and constraint analysis of phase change in the metamorphic chain and its evolved mechanism[J]. Journal of Mechanical Design, 132(12): 121001.

ZLATANOV D, BONEV I A, GOSSELIN C M, 2002a. Constraint singularities of parallel mechanisms[C]// Proceedings of 2002 IEEE International Conference on Robotics and Automation.

ZLATANOV D, BONEV I A, GOSSELIN C M, 2002b. Constraint singularities as C-space singularities[M]// Advances in Robot Kinematics: Theory and Applications. Dordrecht: Springer: 183-192.

第七章　分岔的数值分析

对于可重构机构的分岔问题，可以通过求解基于 D–H 变换矩阵建立的位置闭环方程的解析解得到机构不同分岔运动分支，也可以引入局部高阶分析的方法探索位形空间下机构的分岔运动，还可以应用旋量系理论分析不同分岔运动分支的运动与约束变化特点。然而，针对一些具有复杂分岔特性的变胞机构，往往借助机构的数值解法，比如基于机构雅可比矩阵的奇异值分解，加上预测和校正步骤的数值方法。同时可以通过机构瞬时位置雅可比矩阵的秩的变化或者分解后的奇异值是否为零来判定机构在此位置是否发生分岔。

本章在经典过约束机构的基础上，发展演化出一系列新的可重构机构，继而采用数值方法描绘机构的运动特性，从而揭示可重构机构分岔的本质特征。

7.1　基于机构几何约束交集的可重构 Waldron–Bricard 家族

从机构综合的角度看，可重构机构是若干种可相互转换机构的集合。由于这个特殊性，可重构子机构的融合也是可重构机构设计的难题，尤其是分辨各机构间的共有部分、独有部分以及两者的融合条件。若从数学中集合论的角度出发，将每一类可重构子机构看作一个集合，则各机构间的共有部分和独有部分分别对应集合的交集和相对补集。对于一般的 6R 过约束机构，均具有与之相对应的几何参数或几何约束条件。因此，通过求解两类 6R 过约束机构几何约束条件的交集，为可重构机构的综合提供了一种简单、直观的设计思路。通过实例进行说明：通过求解两类可重构子机构—— Waldron 6R 过约束机构和 Bricard 6R 过约束机构的几何约束的交集，即可得到包含这两类可重构子机构的一系列可重构 Waldron–Bricard 连杆机构家族。

Waldron (1968) 提出, 两个单自由度的单环连杆机构可以共享一个关节轴线, 从而生成一种新型 6R 过约束机构。如图 7–1 所示, 使用两个 Bennett (1903) 提出的空间 4R 连杆机构 A 和 B 来构造 Waldron 混合连杆机构。 Bennett 机构 A 是由两根参数为 a/α 的连杆和两根参数为 b/β 的连杆, 以及四个转动关节 1、 2、 6 和 7 构成。 Bennett 机构 B 是由两根参数为 c/γ 的连杆和两根参数为 d/δ 的连杆, 以及四个转动关节 3、 4、 5 和 8 构成。这里, 符号 “/” 前的字母代表连杆长度, 符号 “/” 后的字母代表连杆扭角。

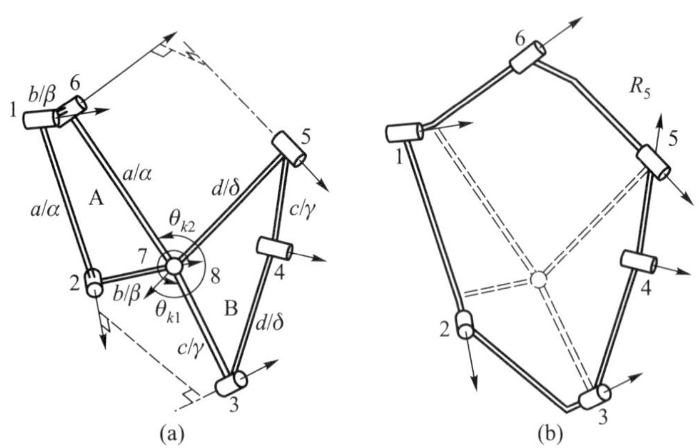

图 **7–1** **Waldron 6R** 过约束机构的构造过程**: (a)** 两个 **Bennett 4R** 连杆机构共享一个关节轴线**; (b) Waldron 6R** 混合连杆机构

此外, 这两个 Bennett 机构的几何参数满足

$$\frac{a}{\sin\alpha}=\frac{b}{\sin\beta},\quad \frac{c}{\sin\gamma}=\frac{d}{\sin\delta} \tag{7–1}$$

同时, 如图 7–1 (a) 所示, 转动关节 7 和 8 的轴线共线。连杆 27 和连杆 73 通过一个随机取值的固定角度 θ_{k1} 被固化成一根连杆 23。同样地, 连杆 58 和连杆 76 也通过随机取值的固定角度 θ_{k2} 被固化成一根连杆 56。如图 7–1 (b) 所示, 用虚线表示的多余的连杆和关节被移除, 并且被替换成等效形式的连杆 23 和 56, 得到 Waldron 6R 混合连杆机构。

通过以上分析发现, Waldron 6R 混合连杆机构中存在一些未知参数, 如连杆 23 的长度和关节 2、关节 3 的偏移量等。这些未知参数可通过一个由 D–H 参数定义的旋量三角形 (Roth, 1967) 来求解。如图 7–2 所示, 旋量三角形的几何表示是三条线和它们的公垂线所定义的一个封闭环。通过固化关节转角 θ_2, 连杆 12 和 23 即被固化成一根连杆 13。在这里, 关节 2 的偏移量被设为 0, 因为下文仅用到关节偏移量为 0 的情况。此旋量三角形的闭环方程为

$$\boldsymbol{T}_{13}=\boldsymbol{T}_{12}\boldsymbol{T}_{23} \tag{7–2}$$

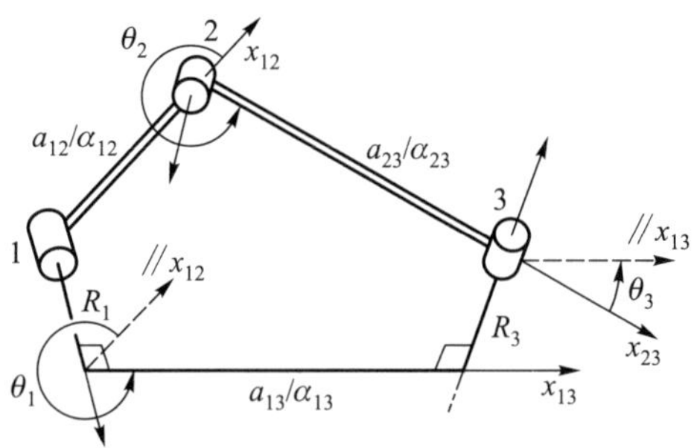

图 **7–2** **D–H** 参数定义的旋量三角形

式中, $\boldsymbol{T}_{13}$、$\boldsymbol{T}_{12}$ 和 $\boldsymbol{T}_{23}$ 均为齐次变换矩阵。通过求解上述闭环约束方程, 可以得到连杆 13 的几何参数如下

$$\begin{cases} \cos\alpha_{13} = \cos\alpha_{12}\cos\alpha_{23} - \sin\alpha_{12}\sin\alpha_{23}\cos\theta_k \\ a_{13} = \dfrac{\cos\alpha_{12}\sin\alpha_{23}\left(a_{12}\cos\theta_k + a_{23}\right) + \sin\alpha_{12}\cos\alpha_{23}\left(a_{12} + a_{23}\cos\theta_k\right)}{\sin\alpha_{13}} \end{cases} \tag{7–3}$$

$$\begin{cases} R_3 = \dfrac{a_{12} - a_{13}A_1 + a_{23}\cos\theta_k}{-\sin\alpha_{23}\sin\theta_k} \\ R_1 = \dfrac{R_3\cos\alpha_{23} + a_{13}A_2}{\cos\alpha_{12}} \\ A_1 = \dfrac{\cos\alpha_{23}\sin\alpha_{12} + \cos\alpha_{12}\sin\alpha_{23}\cos\theta_k}{\sqrt{\left(\cos\alpha_{23}\sin\alpha_{12} + \cos\alpha_{12}\sin\alpha_{23}\cos\theta_k\right)^2 + \left(\sin\alpha_{23}\sin\theta_k\right)^2}} \\ A_2 = \dfrac{\sin\alpha_{12}\sin\alpha_{23}\sin\theta_k}{\sqrt{\left(\cos\alpha_{23}\sin\alpha_{12} + \cos\alpha_{12}\sin\alpha_{23}\cos\theta_k\right)^2 + \left(\sin\alpha_{23}\sin\theta_k\right)^2}} \end{cases} \tag{7–4}$$

式中, a_{13} 和 α_{13} 分别为连杆 13 的长度和扭角; R_1 和 R_3 分别代表转动副 1 和 3 的偏移量。此外, 式 (7–3) 中, 连杆长度 a_{13} 的正负应与连杆扭角 α_{13} 的正负一致, 即 a_{13} 可能为负值, 此时其绝对值为连杆长度。

Bricard (1926) 发明了六种可动的 6R 过约束机构, 分别为线对称类型、面对称类型、特殊三面体类型、线对称八面体类型、面对称八面体类型和双重可折叠八面体类型。其中, 线对称八面体类型后来被证明是一种特殊的线对称 Bricard 6R 机构。

7.1.1 可重构线对称 Waldron–Bricard 6R 机构

如图 7–3 (a) 所示为可重构线对称 Waldron–Bricard 6R 机构, 就几何参数而言, 该机构为 Waldron 6R 过约束机构和线对称 Bricard 6R 机构的交集, 有

$$
\begin{cases}
a_{12}=a_{45}=a, a_{23}=a_{56}=b, a_{34}=a_{61}=c \\
\alpha_{12}=\alpha_{45}=\alpha, \alpha_{23}=\alpha_{56}=\beta, \alpha_{34}=\alpha_{61}=\gamma \\
R_1=R_4=0, R_2=R_5, R_3=R_6 \\
\dfrac{a}{\sin\alpha}=\dfrac{c}{\sin\gamma}
\end{cases}
\tag{7-5}
$$

式中, b、β、R_2 和 R_3 是利用预先定义的参数 a、c、α、γ 和 θ_k 通过式 (7–3) 和式 (7–4) 计算得到的。就初始构型构造过程而言, 该机构可拆分成如图 7–3 (b) 所示的两个完全相同的 Bennett 4R 连杆机构 A 和 B, 其中虚线所示的关节 7 和 8 实际上是重合的。每一个 Bennett 4R 机构都由两根参数为 a/α 的连杆和两根参数为 c/γ 的连杆构成。连杆 27 与连杆 83 之间的固定角度和连杆 58 与连杆 76 之间的固定角度相等, 均为 θ_k。

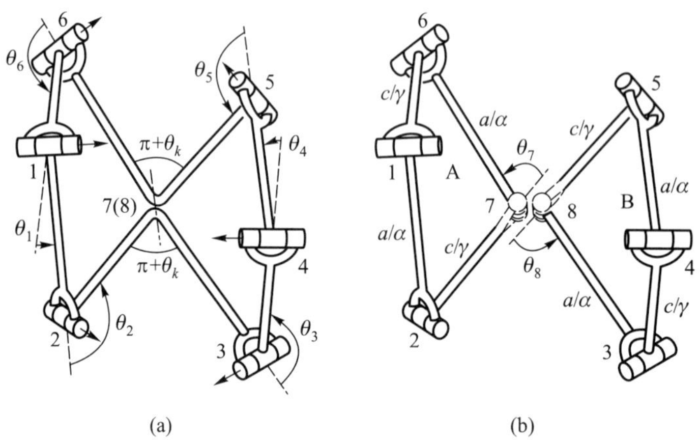

图 7–3 线对称 **Waldron–Bricard 6R** 机构初始构型的构造过程: **(a)** 线对称的 **Waldron–Bricard 6R** 连杆机构; **(b)** 拆分后的相同的两个 **Bennett 4R** 连杆机构

由于此机构按照几何约束同时属于线对称 Bricard 6R 机构和 Waldron 6R 机构, 因此推测它至少拥有一个 Waldron 运动分支和两个线对称 Bricard 运动分支。由于其具有复杂的分岔特性, 因此基于机构的数值解, 该线对称 Waldron–Bricard 6R 连杆机构所有运动分支分析如下。

1) 运动分支 1: Waldron 6R 连杆机构

该机构的初始构型为 Waldron 6R 混合连杆机构, 此分支的约束方程可以通过拆分的两个 Bennett 机构的闭环约束方程直接得到

$$
\begin{cases}
\tan\dfrac{\theta_1}{2}\tan\dfrac{\theta_2}{2}=\dfrac{\cos\dfrac{\gamma+\alpha}{2}}{\cos\dfrac{\gamma-\alpha}{2}}, \quad \tan\dfrac{\theta_3}{2}\tan\dfrac{\theta_4}{2}=\dfrac{\cos\dfrac{\gamma+\alpha}{2}}{\cos\dfrac{\gamma-\alpha}{2}} \\
\theta_7=\theta_1, \theta_2=\theta_6, \theta_3=\theta_5, \theta_8=\theta_4
\end{cases}
\tag{7-6}
$$

式中的 θ_i 在图 7–3 中均有表示。另外, 由图 7–3 可得关节转角 θ_7 和 θ_8 与变量 θ_k 之间的关系为

$$2\pi - \theta_7 - \theta_8 = 2\pi - 2(\pi + \theta_k) \tag{7–7}$$

将式 (7–7) 代入式 (7–6), 则此 Waldron 分支下关节变量之间的关系为

$$\theta_7 = 2\arctan\left(\frac{\cos\dfrac{\gamma+\alpha}{2}}{\cos\dfrac{\gamma-\alpha}{2}}\cot\frac{\theta_2}{2}\right), \quad \theta_3 = 2\arctan\left[\frac{\cos\dfrac{\gamma+\alpha}{2}}{\cos\dfrac{\gamma-\alpha}{2}}\cot\left(\theta_k - \frac{\theta_7}{2}\right)\right] \tag{7–8}$$

为了画出此 Waldron 分支下关节变量之间的关系曲线, 式 (7–5) 中的具体参数设为

$$a = 0.785, \quad c = 1, \quad \alpha = -\frac{40}{180}\pi, \quad \gamma = \frac{55}{180}\pi, \quad \theta_k = -\frac{105}{180}\pi \tag{7–9}$$

该机构具有 6 个关节变量, 结合式 (7–6) 和式 (7–8), 取转角 θ_3 为输入角, 则此 Waldron 分支下其他关节变量与输入角间的关系曲线如图 7–4 所示, 奇异值与输入角 θ_3 的关系如图 7–5 所示。另外注意, θ_2、θ_3、θ_5 和 θ_6 均不是该机构关节 2、3、5 和 6 的实际关节转角。因此当机构的几何参数为线对称时, 当且仅当 $\theta_2 = \theta_5$ 且 $\theta_3 = \theta_6$, 机构实际关节转角才具有线对称性。其他情况下机构实际关节转角均为非对称。虽然此 Waldron 分支下六个转动副都是活动的且满足 $\theta_2 = \theta_6$ 以及 $\theta_3 = \theta_5$, 但机构实际关节转角却是非对称的。

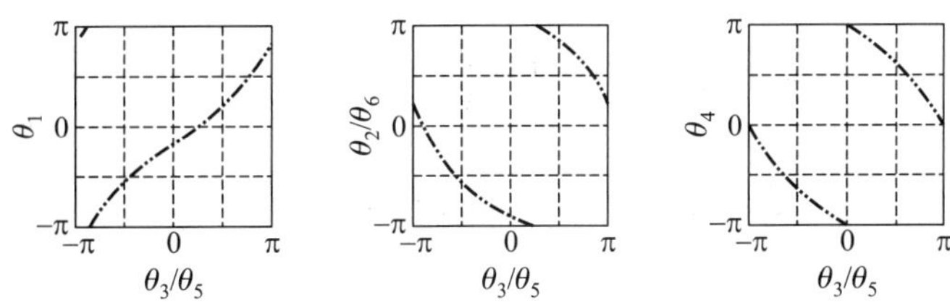

图 7–4　Waldron 6R 运动分支运动曲线图

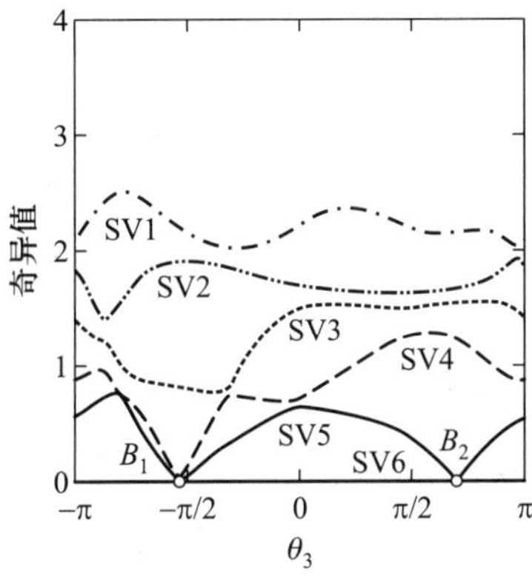

图 7–5　Waldron 6R 运动分支的奇异值结果

根据图 7–5 所示的奇异值结果, 第六奇异值 SV6 恒为零, 代表此 Waldron 分支的活动度至少是一。在点 B_1 和 B_2 处, 第五奇异值 SV5 等于零, 代表在这两个位置时机构的瞬时活动度增加。在点 B_1 处, 第四奇异值 SV4 也等于零, 代表点 B_1 可能是一个多重分岔点。

2) 运动分支 2: 特殊的线对称 Bricard 连杆机构

在点 B_1 处, 机构关节 1 和 4、2 和 5、3 和 6 重合, 图 7–6 (a) 和 (b) 分别为机构即将到达点 B_1 处的构型和点 B_1 处的构型。点 B_1 是一个四重分岔点, 可以在 Waldron 6R 运动分支以及如图 7–7 所示的三个特殊的运动分支之间相互转换。以图 7–7 (a) 为例, 此时关节 1 和 4 重合, 连杆 45、 56 和 61 固化成一个整体, 连杆 12、23 和 34 固化成另一个整体, 这两个整体可以绕着转动副 1 (4) 旋转。

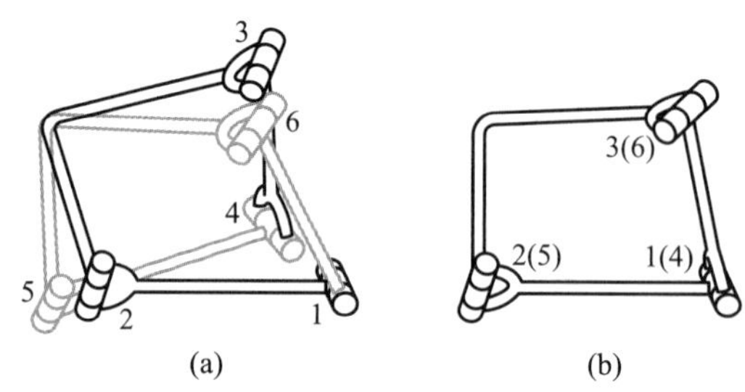

图 **7–6**　机构如何到达点 B_1 的运动构型: **(a)** 关节即将重合; **(b)** 关节重合

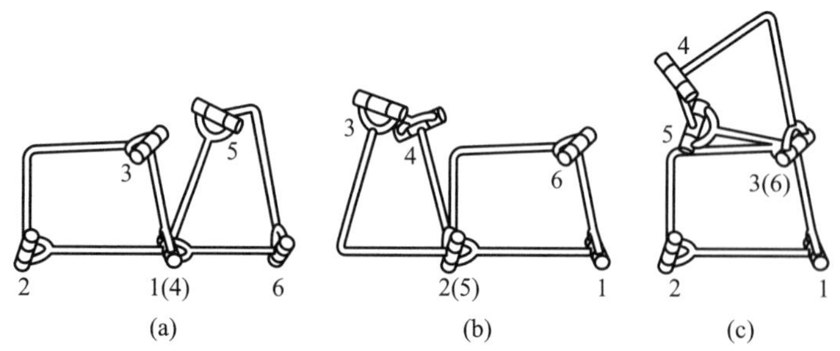

图 **7–7**　特殊的线对称 **Bricard** 运动分支: **(a)** 关节 **1** 和 **4** 重合; **(b)** 关节 **2** 和 **5** 重合; **(c)** 关节 **3** 和 **6** 重合

这三个特殊的运动分支实际上属于线对称 Bricard 6R 机构, 因为此时机构仍是一个闭环链, 并且满足 $\theta_1 = \theta_4$、 $\theta_2 = \theta_5$ 以及 $\theta_3 = \theta_6$。为了方便, 它们统称为运动分支 2, 图 7–7 (a)、 (b) 和 (c) 所示的运动分支则分别称为运动分支 2 (a)、 2 (b) 和 2 (c)。

3) 运动分支 3: 线对称 Bricard 6R 连杆机构一

在点 B_2 处, 机构可以在 Waldron 6R 运动分支和如图 7–8 的线对称 Bricard 6R 运动分支之间相互转换, 且分岔条件是当且仅当 $\theta_2 = \theta_3$。同时发现在线对称 Bricard 分支一下, 当虚线所示的关节 7 和 8 重合, $\theta_2 = \theta_3$。

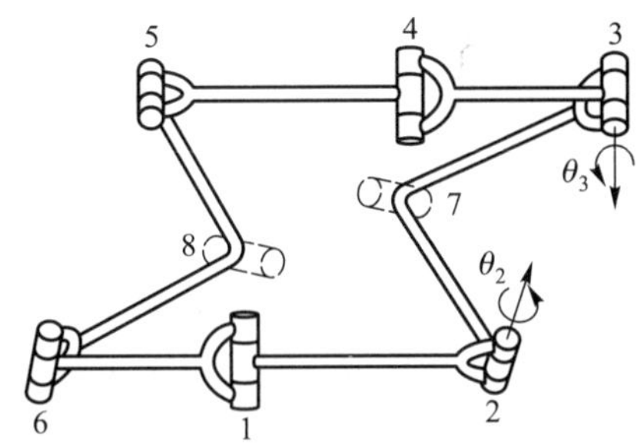

图 **7–8** 线对称 **Bricard 6R** 运动分支一构型

该分支下, 各关节变量与输入角的关系曲线如图 7–9 所示, 说明该分支下机构的实际关节变量是线对称的。图 7–10 为该分支下奇异值结果。第五奇异值 SV5 在点 B_2 处为零, 与图 7–5 中的奇异值结果相对应。第四奇异值在点 B_3 处不为零, 因此不同于点 B_1, 在点 B_3 处, 该机构可以在线对称 Bricard 6R 运动分支一和运动分支 2 (b) 之间相互转换, 且分岔条件是当且仅当关节 2 和 5 重合。

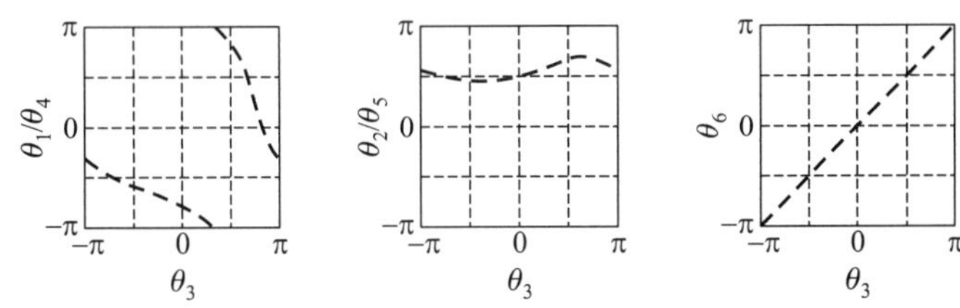

图 **7–9** 线对称 **Bricard 6R** 运动分支一运动曲线图

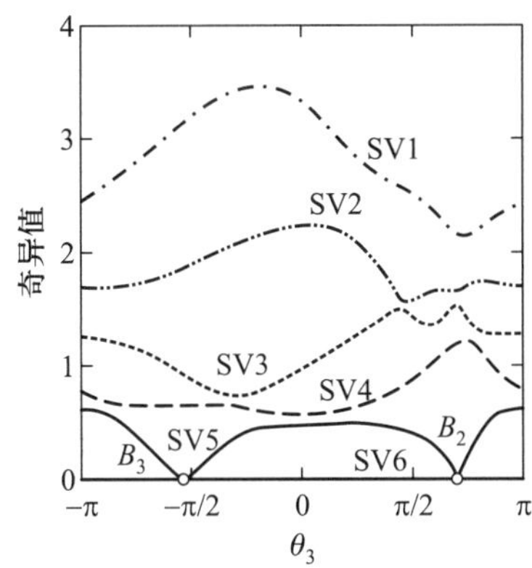

图 **7–10** 线对称 **Bricard 6R** 运动分支一的奇异值结果

4) 运动分支 4: 线对称 Bricard 6R 连杆机构二

当该机构处于运动分支 3 时, 伴随着转动副 3 的整周运动, 转动副 2 和 5 并不存在整周的运转, 并且 θ_2 和 θ_5 的值总是正的。然而, 该机构还存在另一种装配构型, 如图 7–11 所示, 在这种构型下, θ_2 和 θ_5 的值总是负的。为了区分这两种构型, 图 7–11 所示构型被称为线对称 Bricard 6R 运动分支二。

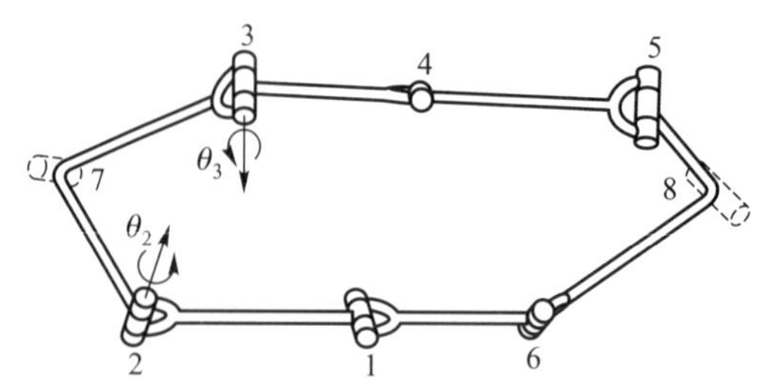

图 7–11 线对称 Bricard 6R 运动分支二构型

该分支下, 各关节变量与输入角的关系曲线如图 7–12 所示, 表明该分支实际关节变量也是线对称的。该分支奇异值与输入角之间的关系曲线如图 7–13 所示。第五奇异值 SV5 在点 B_4 和 B_5 处均为零, 表明 B_4、 B_5 为该分支下的两个分岔点。在点 B_4 处, 该机构可在线对称 Bricard 6R 运动分支二和运动分支 2 (a) 之间相互转换, 分岔条件是当且仅当关节 1 和 4 重合; 在点 B_5 处, 该机构可在线对称 Bricard 6R 运动分支二和运动分支 2 (c) 之间相互转换, 分岔条件是当且仅当关节 3 和 6 重合。

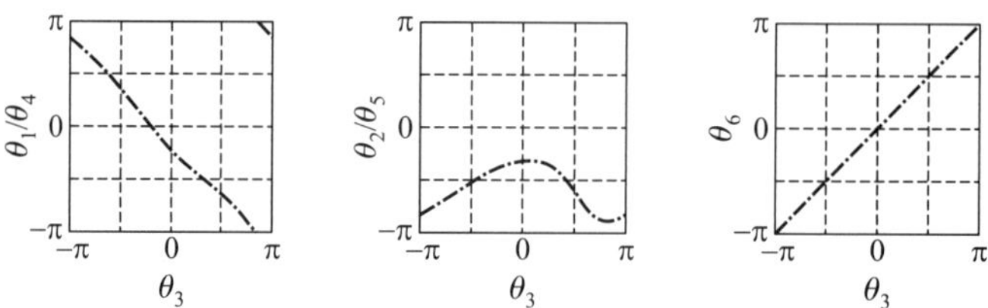

图 7–12 线对称 Bricard 6R 运动分支二运动曲线图

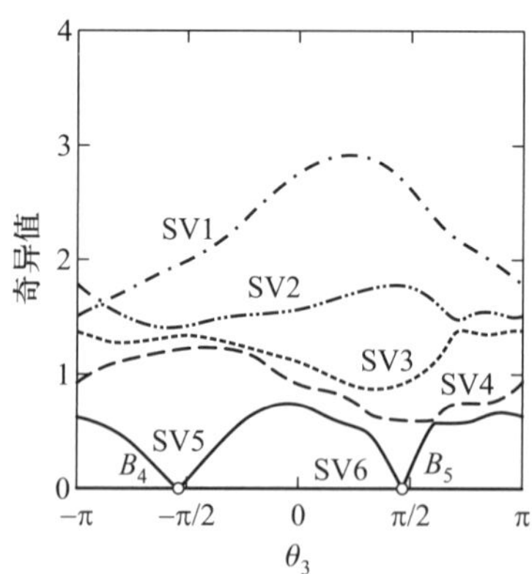

图 7–13 线对称 Bricard 6R 运动分支二的奇异值结果

5) 关节空间中的分岔行为

该线对称 Waldron–Bricard 6R 机构的全部运动分支在关节空间中的表示如图 7–14 所示, 其中, θ_3 是输入角并用旋转箭头表示, θ_2 是输出角。图中双点划线表示 Waldron 6R 运动分支, 其完整运动周期表示为 i (b)— ix— vi— i (b); 实线表示特殊的线对称 Bricard 运动分支, 运动分支 2 (b) 的完整运动周期表示为 i (b)— vii— iv— i (b), 运动分支 2 (c) 的完整运动周期表示为 i (b)— viii— iii— i (b); 虚线表示线对称 Bricard 6R 运动分支一, 其完整运动周期表示为 iv— v— vi—iv; 点划线表示线对称 Bricard 6R 运动分支二的输入输出角关系曲线, 其完整运动周期表示为 i (a)— ii— iii— i (a)。这四条曲线相交于四个点, 但实际上有五个分岔点。图中的交点 i 实际上代表运动分支 2 (a) 完整运动周期, 表示为 i (a)— i (b)—i (a), 此时关节 2 和 3 都被固化, 因此在图中显示为一个点。此外, 构型i (a) 是线对称 Bricard 分支二和分支 2 (a) 的分岔构型; 构型 i (b) 是 Waldron 分支和整个分支二的分岔构型; 构型 iii 是线对称 Bricard 分支二和分支 2 (c) 的分岔构型; 构型 iv 是线对称 Bricard 分支一和分支 2 (b) 的分岔构型; 构型 vi 是线对称 Bricard 分支一和 Waldron 分支的分岔构型。结合前面奇异值与输入角之间的关系曲线图, 分岔构型 i (a)、i (b)、 iii、 iv 和 vi 分别对应分岔点 B_4、 B_1、 B_5、 B_3 和 B_2。

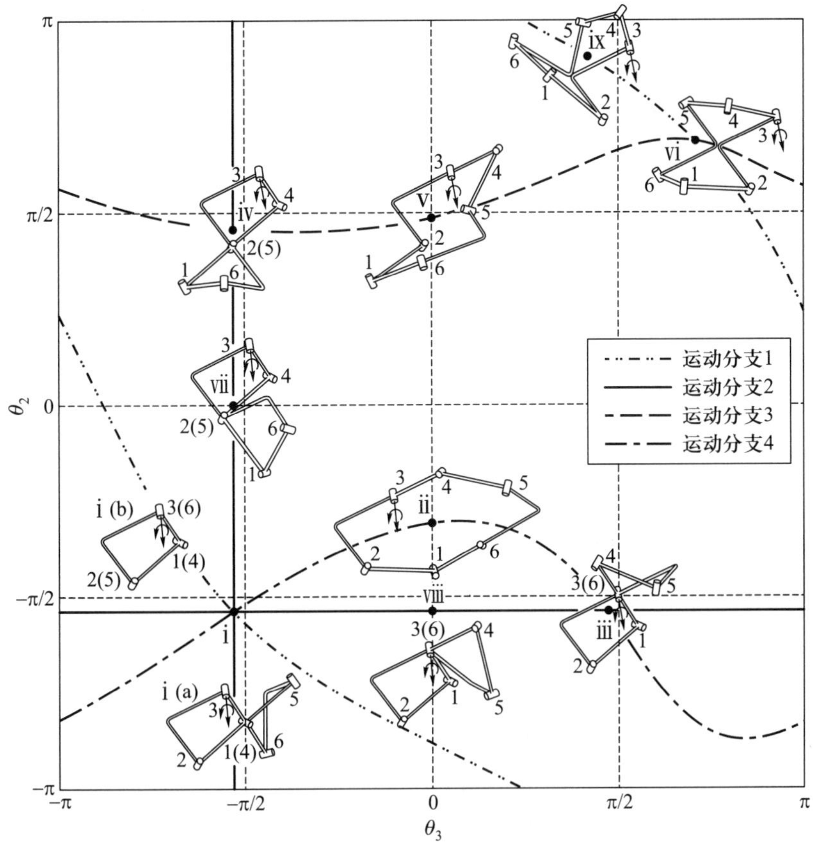

图 7–14　线对称 **Waldron–Bricard 6R** 机构在关节空间中的分岔行为示意图

该机构所有运动分支间的转换关系如图 7–15 所示, 其中 i (a)、i (b)、iii、iv 和 vi 对应图 7–14 中的分岔构型。可以看到, 转换关系图存在两个封闭的环, 通过分岔构型 i (b) 连接在一起。上面的封闭环包括 Waldron 分支、线对称 Bricard 分支一以及分支 2 (b), 这三个分支之间可以通过分岔构型直接相互转换。下面的封闭环包括线对称 Bricard 分支二以及分支 2 (a) 和 2 (c), 这三个分支之间也可以直接相互转换。这两个封闭环之间只有和分岔构型 i (b) 连接的分支可以直接相互转换, 其余的则不能直接进行转换。

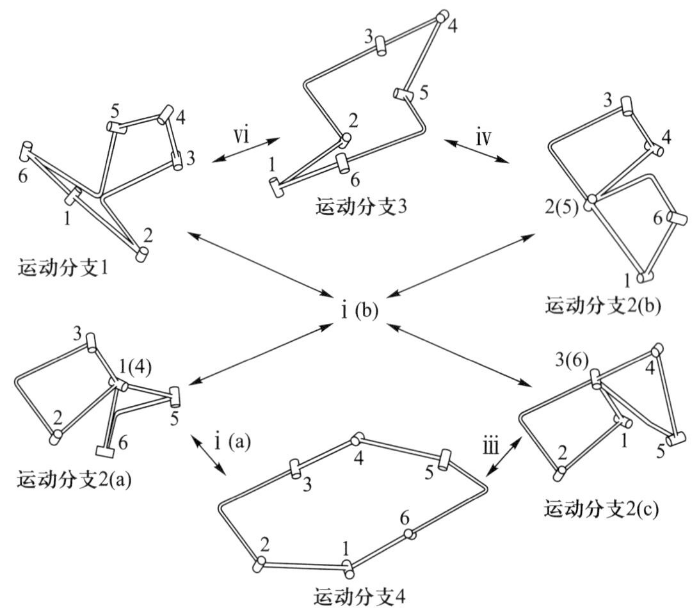

图 **7–15**　所有运动分支间的转换关系图

总的来说, 此线对称 Waldron–Bricard 6R 连杆机构具有一个非对称 Waldron 6R、两个线对称 Bricard 6R, 以及三个特殊的线对称 Bricard 运动分支。其中, 在 Waldron 和线对称 Bricard 分支一之间可发生分岔的原因是继承自 Bennett 机构的特性, 加上线对称的几何参数条件; 在其他分支之间可发生分岔的原因是重合的转动副。再者, 对于普通的线对称 Bricard 机构, 它的两个线对称分支是互相独立的, 但对于此线对称 Waldron–Bricard 6R 机构, 它的两个线对称分支可以通过中间分支间接进行转换。

6) 线对称 Waldron–Bricard 机构衍生的异构化机构

借助同质异构化的构造方法 (Wohlhart, 1991), 可以构造出线对称 Waldron–Bricard 机构衍生的异构化机构, 如图 7–16 所示。首先在原始的线对称 Waldron–Bricard 连杆机构 123056 上, 添加一个 Bennett 机构 3054。然后, 通过移除它们公共部分——连杆 30、关节 0 以及连杆 05 得到其衍生的异构化机构

123456, 它的几何参数为

$$\begin{cases} a_{12} = a_{34} = a, a_{23} = a_{56} = b, a_{45} = a_{61} = c \\ \alpha_{12} = \alpha_{34} = \alpha, \alpha_{23} = \alpha_{56} = \beta, \alpha_{45} = \alpha_{61} = \gamma \\ R_1 = R_4 = 0, R_2 = R_5, R_3 = R_6 \\ \dfrac{a}{\sin\alpha} = \dfrac{c}{\sin\gamma} \end{cases} \tag{7–10}$$

式中, a、α、b、β、c、γ、R_2 和 R_3 与式 (7–5) 中的参数相同。同质异构化的构造方法并不改变运动分支数量和分支之间的转换关系, 只是运动分支的具体形式及其对称性可能会发生改变。例如原始线对称 Waldron–Bricard 机构的运动分支 2 (a) 异构化后的形式为一个 Bennett 4R 机构。且根据几何参数, 此异构化机构的所有分支已不再具有原始分支的线对称性。

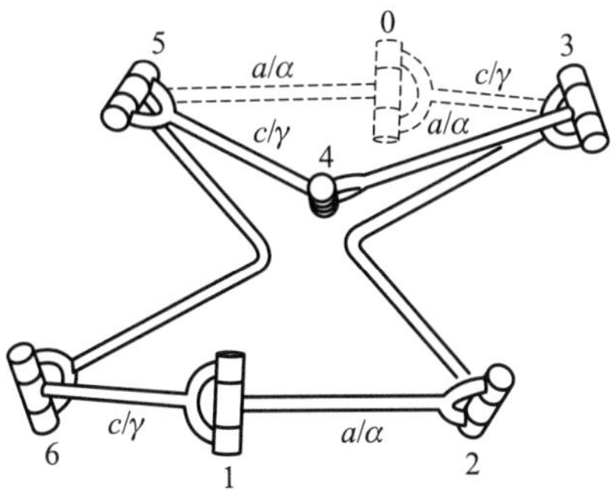

图 **7–16** 线对称 **Waldron–Bricard** 机构衍生的异构化机构

7.1.2 可重构面对称 Waldron–Bricard 6R 机构

如图 7–17 (a) 所示的可重构面对称 Waldron–Bricard 6R 机构, 其 D–H 参数通过求解 Waldron 6R 过约束机构和面对称 Bricard 6R 机构几何约束的交集得到:

$$\begin{cases} a_{12} = a_{61} = a, a_{23} = a_{56} = b, a_{34} = a_{45} = c \\ \alpha_{12} = 2\pi - \alpha_{61} = \alpha, \alpha_{23} = 2\pi - \alpha_{56} = \beta, \alpha_{34} = 2\pi - \alpha_{45} = -\gamma \\ R_1 = R_4 = 0, R_2 = -R_6, R_3 = -R_5 \end{cases} \tag{7–11}$$

式中, b、β、R_2 和 R_3 也可以利用预先定义的参数 a、c、α、γ 和 θ_k 通过式 (7–3) 和式 (7–4) 计算得到。就初始构型的构造过程而言, 该机构可拆分为如图 7–17 (b) 所示的两个等长 Bennett 机构, 其中虚线所示的关节 7 和 8 实际上是重合的。第一个等长 Bennett 机构通过两个参数定义——连杆长度 a 和连杆扭角 α, 第二个等长 Bennett 机构也通过两个参数定义——连杆长度 c 和连杆扭角 γ。连杆 27 与连杆 83 之间的固定角度和连杆 58 与连杆 76 之间的固定角度相等, 均为 θ_k。

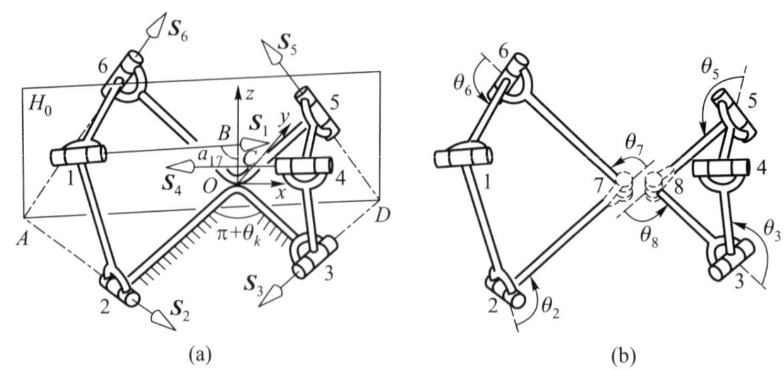

图 **7–17**　面对称 **Waldron–Bricard 6R** 机构初始构型的构造过程: **(a)** 面对称 **Waldron–Bricard 6R** 连杆机构; **(b)** 拆分后的两个等长 **Bennett 4R** 连杆机构

因为此面对称 Waldron–Bricard 机构属于两类机构的交集, 可推测这个机构拥有一个 Waldron 6R 运动分支和一个面对称 Bricard 6R 运动分支。对于该面对称 Waldron–Bricard 机构, 其参数复杂, b、β、R_2 和 R_3 的表达式中均包含变量 θ_k, 因此采用旋量理论来寻找其奇异位置, 从约束旋量的变化的角度分析其分岔运动。

1) 运动分支 1: 特殊面对称 Waldron 6R 运动分支

该机构的初始构型为 Waldron 6R 混合连杆机构, 通过重复式 (7–6) 至式 (7–8) 的步骤, 该分支下的闭环约束方程为

$$\begin{cases} \theta_7 = 2\arctan\dfrac{\cot\dfrac{\theta_2}{2}}{\cos\alpha}, \quad \theta_3 = 2\arctan\dfrac{\cot\left(\theta_k - \dfrac{\theta_7}{2}\right)}{\cos\gamma} \\ \theta_7 = \theta_1, \theta_2 = \theta_6, \theta_3 = \theta_5, \theta_8 = \theta_4, 2\pi - \theta_7 - \theta_8 = 2\pi - 2\left(\pi + \theta_k\right) \end{cases} \tag{7–12}$$

类似于线对称 Waldron–Bricard 机构, θ_2、θ_3、θ_5 和 θ_6 均不是关节 2、3、5 和 6 的实际关节转角。因此当机构的几何参数为面对称时, 当且仅当 $\theta_2 = \theta_6$、$\theta_3 = \theta_5$ 时, 机构实际关节转角才具有面对称性。其他情况下, 机构实际关节转角均为非对称。根据式 (7–12), 该运动分支下实际关节转角的关系不仅满足 Waldron 机构的条件, 而且满足面对称 Bricard 机构的条件, 因此该运动分支被称为特殊面对称 Waldron 6R 运动分支。

此面对称 Waldron–Bricard 机构可以假想为一个具有两条支链的并联机构, 其中一条支链包括 $\boldsymbol{S}_2$、$\boldsymbol{S}_1$ 和 $\boldsymbol{S}_6$, 另一条支链包括 $\boldsymbol{S}_3$、$\boldsymbol{S}_4$ 和 $\boldsymbol{S}_5$。输出杆件 56 通过这两条支链连接在基座连杆 23 上。因此这两条支链的运动旋量可表示为

$$\mathbb{S}_{l1} = \{\boldsymbol{S}_2, \boldsymbol{S}_1, \boldsymbol{S}_6\}, \quad \mathbb{S}_{l2} = \{\boldsymbol{S}_3, \boldsymbol{S}_4, \boldsymbol{S}_5\} \tag{7–13}$$

此特殊面对称 Waldron 6R 运动分支可拆分为如图 7–17 (b) 所示的两个等长

Bennett 4R 连杆机构, 对于左边的等长 Bennett 机构 1276, 四个线性相关的关节旋量 $\boldsymbol{S}_1$、$\boldsymbol{S}_2$、$\boldsymbol{S}_7$ 和 $\boldsymbol{S}_6$ 构成一个三阶旋量系 $\mathbb{S}_{l1}$, 对于右边的等长 Bennett 机构 3458, 四个线性相关的关节旋量 $\boldsymbol{S}_3$、$\boldsymbol{S}_4$、$\boldsymbol{S}_5$ 和 $\boldsymbol{S}_8$ 构成一个三阶旋量系 $\mathbb{S}_{l2}$, 即 $\boldsymbol{S}_7 \in \mathbb{S}_{l1}$、$\boldsymbol{S}_8 \in \mathbb{S}_{l2}$。在该分支下, 关节 7 和 8 是重合的, 因此这两个旋量系交于公共关节的轴线旋量, 即交集为 $\mathbb{S}_{l1} \cap \mathbb{S}_{l2} = \boldsymbol{S}_7$。

机构的分岔往往发生在约束奇异位置。为了找到该奇异位置, 接下来展示机构旋量系的变化如何引起约束的变化, 进而导致机构的活动度的变化以及重构的发生。

图 7–17 (a) 展示了面对称 Waldron–Bricard 6R 连杆机构的平面对称性, 其对称平面 H_0 是由关节 1 和 4 的轴线所决定的平面。关节 2 和 6 的轴线交于点 A, 关节 1 和虚拟的关节 7 的轴线交于点 B, 关节 4 和 8 的轴线交于点 C, 关节 3 和 5 的轴线交于点 D, 并且交点 A 和 D 均位于对称平面 H_0 上。点 O 定义在虚拟关节 7 (8) 的中心, 关节 i 的轴线旋量用 $\boldsymbol{S}_i$ 来表示。以点 O 为原点, 建立全局坐标系 O-xyz, 其中 z 轴正方向与虚拟关节 7 和 8 的轴线重合, x 轴正方向沿着连杆 83 的轴线, y 轴通过右手定则确定。将该全局坐标系 O-xyz 沿着 z 轴的正方向逆时针旋转 $(\pi - \theta_8)/2$ 得到局部坐标系 O-xyz, 则 O-xz 平面一定与对称平面 H_0 重合。

为表示此特殊面对称 Waldron 分支下的所有关节轴线的运动旋量, 定义点 i 到点 j 的距离为 R_{ij}。设关节 1 轴线的正方向与 z 轴的夹角为 α_{17}, 则 $\boldsymbol{S}_1$ 的轴线方向向量在局部坐标系中可表示为

$$\boldsymbol{s}_1 = (\sin\alpha_{17}, 0, \cos\alpha_{17})^{\mathrm{T}} \tag{7–14}$$

在局部坐标系中, 点 B 的坐标为 $(0, 0, R_{OB})^{\mathrm{T}}$, 因此旋量 $\boldsymbol{S}_1$ 为

$$\boldsymbol{S}_1 = (\sin\alpha_{17}, 0, \cos\alpha_{17}, 0, R_{OB}\sin\alpha_{17}, 0)^{\mathrm{T}} \tag{7–15}$$

式中, R_{OB} 和 α_{17} 可以通过式 (7–3) 和式 (7–4) 计算如下

$$\begin{aligned} R_{OB} &= a\cot\alpha\tan\frac{\theta_7}{2} \\ \cos\alpha_{17} &= \cos\alpha^2 + \sin\alpha^2\cos\ \theta_2 \end{aligned} \tag{7–16}$$

类似地, 在局部坐标系中, 关节 4 轴线正方向与 z 轴的夹角为 α_{48}, 则旋量 $\boldsymbol{S}_4$为

$$\boldsymbol{S}_4 = (-\sin\alpha_{48}, 0, \cos\alpha_{48}, 0, -R_{OC}\sin\alpha_{48}, 0)^{\mathrm{T}} \tag{7–17}$$

式中,

$$\begin{aligned} R_{OC} &= c\cot\gamma\tan\frac{\theta_8}{2} \\ \cos\alpha_{48} &= \cos\gamma^2 + \sin\gamma^2\cos\theta_3 \end{aligned} \tag{7–18}$$

通过对关节 7 的轴线旋量应用有限位移旋量矩阵变换, 在局部坐标系中求得关节 5 的轴线旋量 $\boldsymbol{S}_5$ 为

$$\begin{aligned}\boldsymbol{S}_5 &= \begin{pmatrix} \boldsymbol{R} & \boldsymbol{0} \\ \boldsymbol{AR} & \boldsymbol{R} \end{pmatrix} \boldsymbol{S}_7 \\ &= \left(-\cos\frac{\theta_8}{2}\sin\gamma, \sin\frac{\theta_8}{2}\sin\gamma, \cos\gamma,\ c\cos\gamma\cos\frac{\theta_8}{2}, -R_{OC}\cos\frac{\theta_8}{2}\sin\gamma, c\sin\gamma\right)^{\mathrm{T}}\end{aligned} \tag{7-19}$$

式中, $\boldsymbol{S}_7 = (0,0,1,0,0,0)^{\mathrm{T}}$ 是用于变换的原始旋量; 矩阵 $\boldsymbol{A}$ 是反对称矩阵代表平移作用; 旋转变换矩阵 $\boldsymbol{R}$ 为主部, $\boldsymbol{AR}$ 为副部。

关节 3 的轴线旋量 $\boldsymbol{S}_3$ 和关节 5 的轴线旋量 $\boldsymbol{S}_5$ 是关于平面 H_0 对称的, 因此有

$$\begin{aligned}\boldsymbol{S}_3 = \Big(& -\cos\frac{\theta_8}{2}\sin\gamma, -\sin\frac{\theta_8}{2}\sin\gamma, \cos\gamma, \\ & -c\cos\gamma\cos\frac{\theta_8}{2}, -R_{OC}\cos\frac{\theta_8}{2}\sin\gamma, -c\sin\gamma\Big)^{\mathrm{T}}\end{aligned} \tag{7-20}$$

同样, 运用李群运算 $SE\ (3)$ 对李代数 $se\ (3)$ 的伴随作用, 以及结合该运动分支 1 的平面对称性, 关节 2 的轴线旋量 $\boldsymbol{S}_2$ 和关节 6 的轴线旋量 $\boldsymbol{S}_6$ 在局部坐标系中分别表示为

$$\boldsymbol{S}_6 = \left(\cos\frac{\theta_7}{2}\sin\alpha, \sin\frac{\theta_7}{2}\sin\alpha, \cos\alpha,\ a\cos\alpha\cos\frac{\theta_7}{2}, R_{OB}\cos\frac{\theta_7}{2}\sin\alpha, -a\sin\alpha\right)^{\mathrm{T}} \tag{7-21}$$

$$\boldsymbol{S}_2 = \left(\cos\frac{\theta_7}{2}\sin\alpha, -\sin\frac{\theta_7}{2}\sin\alpha, \cos\alpha,\ -a\cos\alpha\cos\frac{\theta_7}{2}, R_{OB}\cos\frac{\theta_7}{2}\sin\alpha, a\sin\alpha\right)^{\mathrm{T}} \tag{7-22}$$

式 (7–13) 的互易旋量可以通过零空间构造来求解 (Dai 和 Rees Jones, 2002), 为

$$\mathbb{S}_{l1}^{r} = \left\{\begin{array}{l} \boldsymbol{S}_{11}^{r} = \left(1,0,0,0,-a\cot\dfrac{\theta_7}{2}\cot\alpha, 0\right)^{\mathrm{T}} \\ \boldsymbol{S}_{12}^{r} = (0,1,0,-R_{OB},0,0)^{\mathrm{T}} \\ \boldsymbol{S}_{13}^{r} = \left(0,0,\sin\dfrac{\theta_7}{2},0,a,0\right)^{\mathrm{T}} \end{array}\right\},$$

$$\mathbb{S}_{l2}^{r} = \left\{\begin{array}{l} \boldsymbol{S}_{21}^{r} = \left(1,0,0,0,-c\cot\dfrac{\theta_8}{2}\cot\gamma, 0\right)^{\mathrm{T}} \\ \boldsymbol{S}_{22}^{r} = (0,1,0,-R_{OC},0,0)^{\mathrm{T}} \\ \boldsymbol{S}_{23}^{r} = \left(0,0,\sin\dfrac{\theta_8}{2},0,-c,0\right)^{\mathrm{T}} \end{array}\right\} \tag{7-23}$$

上述两条支链的约束旋量结合起来, 即可得到输出杆件约束旋量系, 为

$$\mathbb{S}^r = \mathbb{S}^r_{l1} \cup \mathbb{S}^r_{l2} = \{\boldsymbol{S}^r_{11}, \boldsymbol{S}^r_{12}, \boldsymbol{S}^r_{13}, \boldsymbol{S}^r_{21}, \boldsymbol{S}^r_{22}, \boldsymbol{S}^r_{23}\} \tag{7-24}$$

四个旋量 $\boldsymbol{S}^r_{11}$、$\boldsymbol{S}^r_{13}$、$\boldsymbol{S}^r_{21}$ 和 $\boldsymbol{S}^r_{23}$ 构成了一个三阶旋量系。因此, 如果 $R_{OB} \neq R_{OC}$, $\mathbb{S}^r$ 只包含五个线性独立的旋量, 且这五个旋量构成了输出杆件约束旋量系。通过求解输出杆件约束旋量系的互易旋量, 可得输出杆件运动旋量系, 其基在局部坐标系中表示为

$$\mathbb{S} = \{\boldsymbol{S}_{f1} = (0,0,1,0,0,0)^{\mathrm{T}}\} \tag{7-25}$$

该运动旋量 $\boldsymbol{S}_{f1}$ 可通过式 (7–26) 转换到全局坐标系中, 即

$$\boldsymbol{S}_f = \boldsymbol{T}_1 \boldsymbol{S}_{f1} = (0,0,1,0,0,0)^{\mathrm{T}} \tag{7-26}$$

式中,

$$\boldsymbol{T}_1 = \begin{pmatrix} \boldsymbol{R} & 0 \\ \boldsymbol{AR} & \boldsymbol{R} \end{pmatrix}, \boldsymbol{A} = \begin{pmatrix} 0 & 0 & 0 \\ 0 & 0 & 0 \\ 0 & 0 & 0 \end{pmatrix}, \boldsymbol{R} = \begin{pmatrix} \cos\theta & -\sin\theta & 0 \\ \sin\theta & \cos\theta & 0 \\ 0 & 0 & 1 \end{pmatrix}, \theta = \frac{\pi - \theta_8}{2} \tag{7-27}$$

因此, 该运动分支下, 输出杆件 56 具有一个绕全局坐标系 z 轴转动的活动度, 对应前述分析 $\mathbb{S}_{l1} \cap \mathbb{S}_{l2} = \boldsymbol{S}_7$。

2) 奇异位形下的运动分析

根据式 (7–23) 和式 (7–24), 当且仅当 $R_{OB} = R_{OC}$ 时, 输出杆件约束旋量系会降阶变为 4, 输出杆件出现了附加运动旋量, 瞬时活动度增加。图 7–18 给出了一个奇异位形下机构的构型图, 此时输出杆件运动旋量系的基在局部坐标系中的表示变为

$$\mathbb{S} = \left\{ \begin{array}{l} \boldsymbol{S}_{f1} = (0,0,1,0,0,0)^{\mathrm{T}} \\ \boldsymbol{S}_{f2} = (1,0,0,0,R_{OB},0)^{\mathrm{T}} \end{array} \right\} \tag{7-28}$$

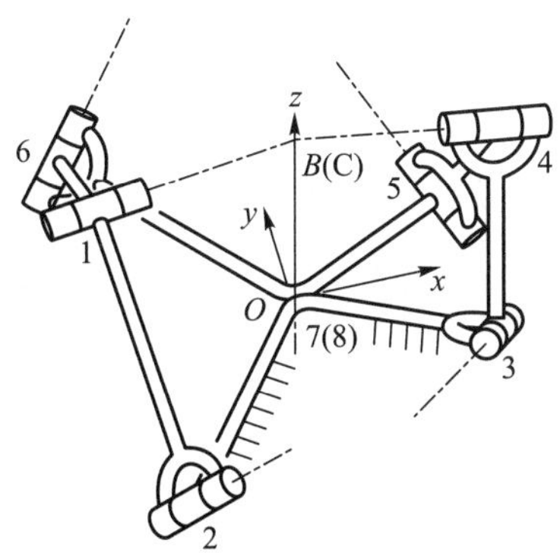

图 7–18　奇异位形 ($\boldsymbol{R_{OB}}$=$\boldsymbol{R_{OC}}$) 的构型

式 (7–28) 的运动旋量可通过式 (7–26) 转换到全局坐标系中, 即

$$\mathbb{S}=\left\{\begin{array}{l}\boldsymbol{T}_1\boldsymbol{S}_{f1}=(0,0,1,0,0,0)^{\mathrm{T}}\\ \boldsymbol{T}_1\boldsymbol{S}_{f2}=(\sin\theta',\cos\theta',0,-R_{OB}\cos\theta',R_{OB}\sin\theta',0)^{\mathrm{T}}\end{array}\right\} \tag{7–29}$$

式中, $\theta'=\dfrac{\theta_8}{2}$。

式 (7–29) 说明此时机构处于过渡位形, 输出杆件具有两种运动倾向, 即瞬时活动度为 2。

3) 运动分支 2: 普通面对称 Bricard 6R 运动分支

上述分析表明该机构可以离开奇异位形并运动到如图 7–19 所示的另一个分支, 称之为普通面对称 Bricard 6R 运动分支。其对称平面 H_1 由关节 1 和 4 的轴线确定, 虚拟关节 7 和 8 用虚线表示。关节 1、4、7 和 8 的轴线交于点 O, 并且这四个关节的中心 P_1、P_4、P_7 和 P_8 落在以 O 为球心的球上。需要注意的是, 这个假想球的球心和半径会随着输入角的变化而变化。以点 O 为原点建立坐标系 O-xyz, 其中 z 轴的正方向与两个平面 (即平面 H_1 以及由虚拟关节 7 和 8 的轴线所决定的平面) 的交线重合, y 轴的正方向垂直于对称平面 H_1, x 轴通过右手定则确定。

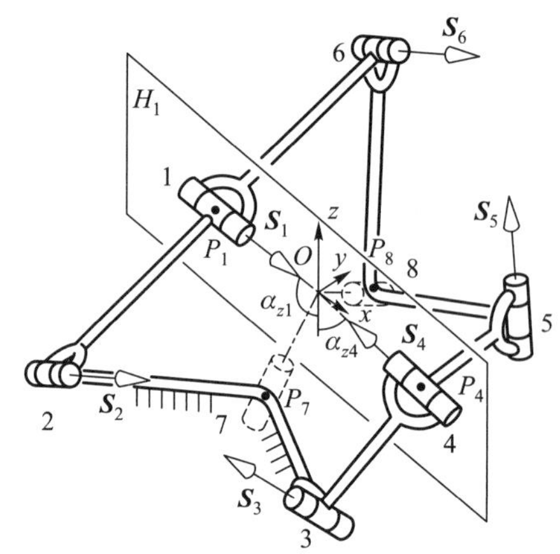

图 **7–19** 普通面对称 **Bricard 6R** 运动分支构型

为简化分析, 直接利用该机构的平面对称性得到该分支下的运动旋量为

$$\mathbb{S}_{l1}=\left\{\begin{array}{l}\boldsymbol{S}_1=(\sin\alpha_{z1},0,\cos\alpha_{z1},0,0,0)^{\mathrm{T}}\\ \boldsymbol{S}_2=(l_1,m_1,n_1,p_1,q_1,r_1)^{\mathrm{T}}\\ \boldsymbol{S}_6=(l_1,-m_1,n_1,-p_1,q_1,-r_1)^{\mathrm{T}}\end{array}\right\},$$

$$\mathbb{S}_{l2}=\left\{\begin{array}{l}\boldsymbol{S}_3=(l_2,m_2,n_2,p_2,q_2,r_2)^{\mathrm{T}}\\ \boldsymbol{S}_4=(-\sin\alpha_{z4},0,\cos\alpha_{z4},0,0,0)^{\mathrm{T}}\\ \boldsymbol{S}_5=(l_2,-m_2,n_2,-p_2,q_2,-r_2)^{\mathrm{T}}\end{array}\right\} \tag{7–30}$$

式中, a_{zi} 表示关节 i 的轴线方向与 z 轴正方向的夹角, 如图 7–19 所示。

求解这两个支链运动旋量的互易旋量, 可得支链的约束旋量为

$$\mathbb{S}_{l1}^r=\left\{\begin{array}{l}\boldsymbol{S}_{11}^r=\left(1,0,0,0,-\dfrac{p_1}{m_1},0\right)^{\mathrm{T}}\\ \boldsymbol{S}_{12}^r=\left(0,1,0,-\dfrac{q_1}{l_1-n_1\tan\alpha_{z1}},0,\dfrac{q_1\tan\alpha_{z1}}{l_1-n_1\tan\alpha_{z1}}\right)^{\mathrm{T}}\\ \boldsymbol{S}_{13}^r=\left(0,0,1,0,-\dfrac{r_1}{m_1},0\right)^{\mathrm{T}}\end{array}\right\},$$

$$\mathbb{S}_{l2}^r=\left\{\begin{array}{l}\boldsymbol{S}_{21}^r=\left(1,0,0,0,-\dfrac{p_2}{m_2},0\right)^{\mathrm{T}}\\ \boldsymbol{S}_{22}^r=\left(0,1,0,-\dfrac{q_2}{l_2-n_2\tan\alpha_{z4}},0,\dfrac{q_2\tan\alpha_{z4}}{l_2-n_2\tan\alpha_{z4}}\right)^{\mathrm{T}}\\ \boldsymbol{S}_{23}^r=\left(0,0,1,0,-\dfrac{r_2}{m_2},0\right)^{\mathrm{T}}\end{array}\right\} \tag{7–31}$$

因此, 输出杆件约束旋量系为

$$\mathbb{S}^r=\mathbb{S}_{l1}^r\cup\mathbb{S}_{l2}^r=\{\boldsymbol{S}_{11}^r,\boldsymbol{S}_{12}^r,\boldsymbol{S}_{13}^r,\boldsymbol{S}_{21}^r,\boldsymbol{S}_{22}^r,\boldsymbol{S}_{23}^r\} \tag{7–32}$$

四个旋量 $\boldsymbol{S}_{11}^r$、$\boldsymbol{S}_{13}^r$、$\boldsymbol{S}_{21}^r$ 和 $\boldsymbol{S}_{23}^r$ 构成了一个三阶旋量系。根据基于环路的活动度扩展准则 (Dai 等, 2006), 输出杆件约束旋量系的基数为 6、阶数为 5。此运动分支具有 $l=1$ 个独立的环路, 以及 $g=6$ 个单自由度的转动关节, 因此该分支的活动度为 $m=6-6\times1+6-5=1$。

考虑到四个关节 1、4、7 和 8 的中心落在以点 O 为球心的球上, 因此若将点 O 到关节 i 的中心的距离定义为 R_{Oi}, 则 θ_2 和 θ_3 的关系满足

$$R_{O4}=R_{O1},\quad 即\ \frac{a}{\sin\alpha}\cot\frac{\theta_2}{2}=\frac{c}{\sin\gamma}\cot\frac{\theta_3}{2} \tag{7–33}$$

式中, R_{O1} 和 R_{O4} 可通过式 (7–3) 和式 (7–4) 计算得到。

4) 关节空间中的分岔变换

为得到面对称 Waldron–Bricard 机构输入输出角的关系曲线, 式 (7–11) 中的参数设置为

$$a=1.55,\quad c=1.05,\quad \alpha=\frac{\pi}{4},\quad \gamma=\frac{\pi}{3},\quad \theta_k=-\frac{65}{180}\pi \tag{7–34}$$

图 7–20 展示了该机构在关节空间中的分岔行为, θ_2 为输入角且用旋转箭头表示, θ_3 为输出角。特殊面对称 Waldron 6R 运动分支的输入输出角关系曲线用实线表示, 其完整运动周期为 i—vi—vii—iv—i; 普通面对称 Bricard 6R 运动分支用虚线表示, 其完整运动周期为 i—ii—iii—iv—v—i。这两条曲线交于两点 i 和 iv, 分

别对应两个分岔构型。在交点 i 或 iv 处，该机构的输入输出角关系曲线都具有两个不同的斜率，也进一步论证了面对称 Waldron–Bricard 机构的可重构能力。

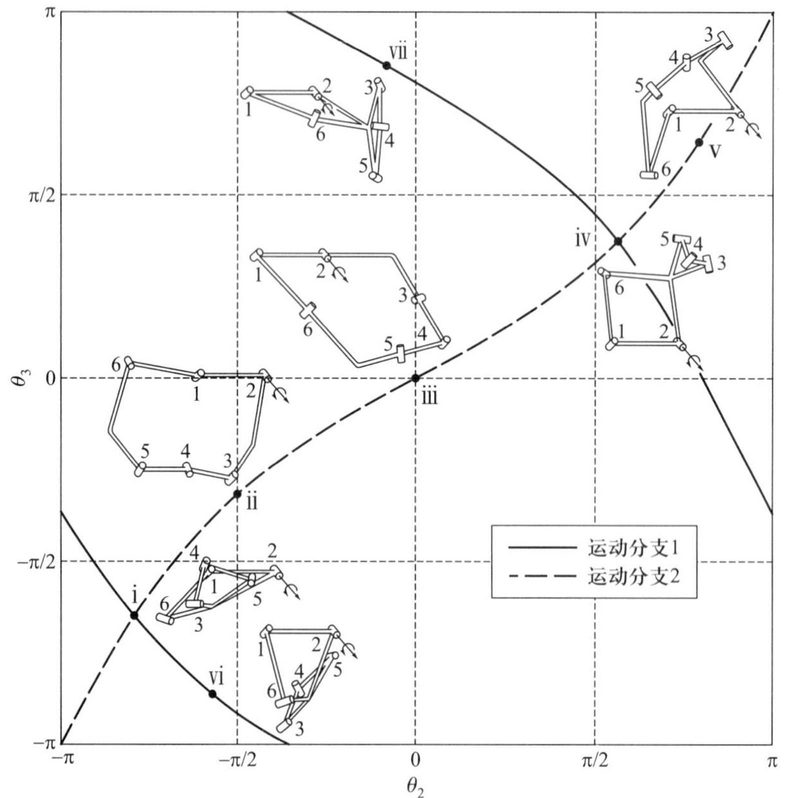

图 **7–20**　面对称 **Waldron–Bricard** 机构在关节空间中分岔行为示意图

总的来说，该面对称 Waldron–Bricard 机构具有两个面对称运动分支且都属于 Bricard 6R 机构，且特殊面对称 Waldron 分支的存在实际上是对面对称 Bricard 分支施加约束的结果。其分岔条件是当机构处于特殊面对称 Waldron 分支时，两个交点 B 和 C 发生重合，或者机构处于普通面对称 Bricard 分支时，两个虚拟关节 7 和 8 发生重合。

5) 面对称 Waldron–Bricard 机构衍生的异构化机构

同样应用同质异构化的构造方法，此面对称 Waldron–Bricard 衍生的异构化机构如图 7–21 所示，其几何参数为

$$\begin{cases} a_{12}=a_{61}=a, a_{23}=a_{56}=b, a_{34}=a_{45}=c \\ \alpha_{12}=2\pi-\alpha_{61}=\alpha, \alpha_{23}=2\pi-\alpha_{56}=\beta, \alpha_{34}=2\pi-\alpha_{45}=\gamma \\ R_1=R_4=0, R_2=-R_6, R_3=-R_5 \end{cases} \tag{7–35}$$

式中，a、α、b、β、c、γ、R_2 和 R_3 与式 (7–11) 中参数相同。此异构化机构

并未改变运动分支间的转换关系及其原始分支的面对称特性，只有运动分支的具体形式发生改变。例如原始面对称 Waldron–Bricard 机构的特殊面对称 Waldron 分支异构化后的形式为 Bennett 4R 机构，同时保留了面对称性。

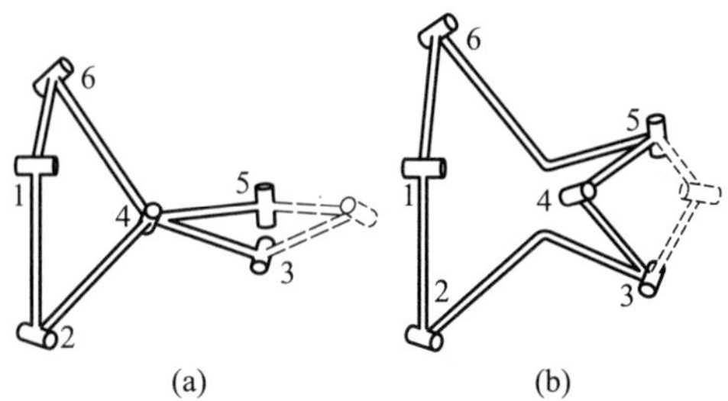

图 **7–21** 面对称 **Waldron–Bricard** 机构衍生的异构化机构：
(a) 运动分支 **A**；**(b)** 运动分支 **B**

7.1.3 可重构线面对称 Waldron–Bricard 6R 机构

通过对线对称 Waldron–Bricard 和面对称 Waldron–Bricard 机构的几何约束求交，设计出如图 7–22 所示的可重构线面对称 Waldron–Bricard 6R 机构。图 7–22 (b) 中两个等长 Bennett 机构的参数完全相同，因此该机构实际上是由三个参数定义的，即连杆长度 a、连杆扭角 α 以及角度 θ_k。它的几何参数为

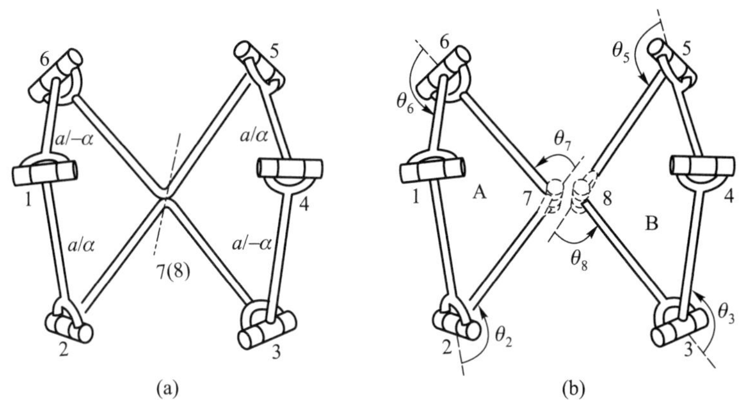

图 **7–22** 线面对称 **Waldron–Bricard 6R** 机构的构造过程：**(a)** 线面对称的 **Waldron–Bricard** 机构；**(b)** 拆分后的相同的两个等长 **Bennett** 机构

$$\begin{cases} a_{12} = a_{45} = a_{61} = a_{34} = a, a_{23} = a_{56} = 0 \\ \alpha_{12} = \alpha_{45} = 2\pi - \alpha_{61} = 2\pi - \alpha_{34} = \alpha, \alpha_{23} = 2\pi - \alpha_{56} = \beta \\ R_1 = R_4 = 0, R_2 = -R_6 = R_3 = -R_5 = R \end{cases} \tag{7–36}$$

式中，R 和 β 可以通过式 (7–3) 和式 (7–4) 计算得到

$$\begin{cases} R = a\dfrac{1+\cos\theta_k}{-\sin\alpha\sin\theta_k} \\ \cos\beta = \cos\alpha^2 + \sin\alpha^2\cos\theta_k \end{cases} \tag{7-37}$$

若将式 (7–36) 和式 (7–37) 的具体数值设置为

$$a = 1.55, \quad \alpha = \frac{\pi}{4}, \quad \theta_k = -\frac{105}{180}\pi \tag{7-38}$$

则以 θ_2 作为输入角, θ_3 作为输出角, 其输入输出角关系曲线如图 7–23 所示。考虑到继承自线对称 Waldron–Bricard 机构和面对称 Waldron–Bricard 机构的分岔特性, 此机构的四种分岔类型的分析如下。运动分支 1~4 的输入输出角关系曲线分别用双点划线、虚线、点划线以及实线表示, 分别代表特殊面对称 Waldron 6R 运动分支、线面对称 Bricard 6R 运动分支、球面四杆运动分支以及特殊的线对称 Bricard 运动分支, 另外构型 ii (a) 和 ii (b) 代表两个不同的构型。

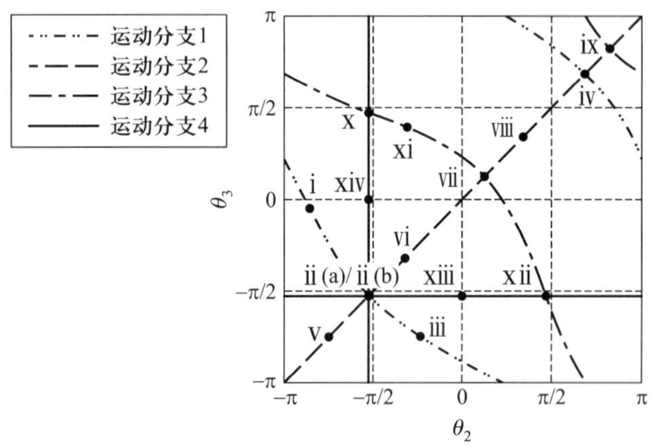

图 **7–23** 线面对称 **Waldron–Bricard** 机构在关节空间中的分岔行为

1) 运动分支 1: 特殊面对称 Waldron 6R 运动分支

该运动分支既属于 Waldron 机构, 也属于面对称 Bricard 机构, 因为其关节变量同时满足这两种机构的条件, 其构型图如图 7–22 所示, 完整运动周期如图 7–24 所示, 表示为 i—ii (a)—iii—iv— i。旋转箭头表示输入角的转动。

2) 运动分支 2: 线面对称 Bricard 6R 运动分支

当虚拟关节 7 和 8 不重合且关节 2、 3、 5、 6 这四条轴线不相交于一点时, 该运动分支属于线面对称 Bricard 连杆机构, 对应于 7.1.1 节的线对称 Bricard 运动分支一以及 7.1.2 节的普通面对称 Bricard 运动分支。线面对称 Bricard 运动分支的完整运动周期如图 7–25 所示, 表示为 v— ii (b) — vi— vii— viii— iv— ix—v, 其中构型 iv 是特殊面对称 Waldron 分支和线面对称 Bricard 分支的分岔构型。

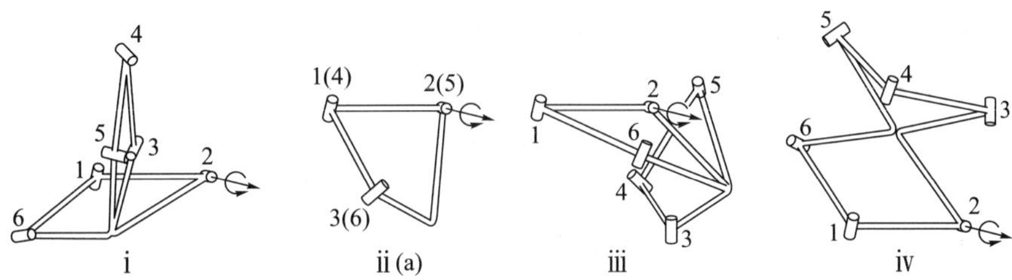

图 **7–24** 特殊面对称 **Waldron 6R** 运动分支完整运动周期

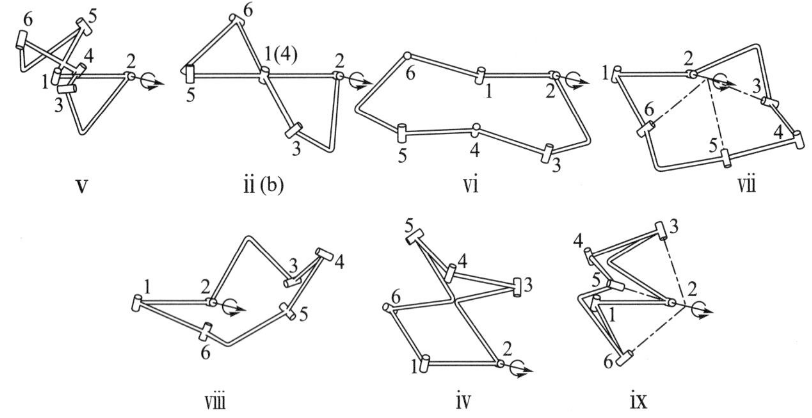

图 **7–25** 线面对称 **Bricard 6R** 运动分支的完整运动周期

3) 运动分支 3: 球面四杆运动分支

当关节 2、 3、 5、 6 的轴线相交于一点 O, 即可得到球面四杆运动分支。此时连杆 12、连杆 61 和关节 1 被固化成一根连杆 26; 连杆 34、连杆 45 和关节 4 被固化成一根连杆 35。此分支下该机构的实际运动为球面四杆机构 2356 的运动, 但是其关节变量仍满足线对称性。球面四杆运动分支的完整运动周期如图 7–26 所示, 表示为 x—xi—vii—xii—ix—x, 其中构型 vii 和 ix 是线面对称 Bricard 运动分支和球面四杆运动分支的两个分岔构型。

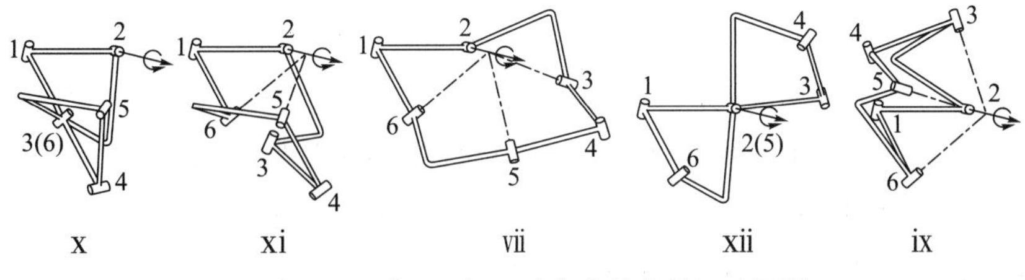

图 **7–26** 球面四杆运动分支的完整运动周期

需要注意的是, 分岔构型 vii 和 ix 的存在与否和机构参数有关。例如, 当机构的参数设为 a=1.55、$\alpha = \pi/3$、$\theta_k = -125\pi/180$ 时, 由于在线面对称 Bricard 运动分支下关节 2、 3、 5、 6 的轴线无法相交于一点 O, 此时这两个分岔构型不再存在。

4) 运动分支 4: 特殊的线对称 Bricard 运动分支

当机构处于线面对称 Bricard 运动分支或球面四杆运动分支下, 若两个关节发生重合, 该机构可以转换为三个特殊的运动分支, 统称为运动分支 4, 其完整运动周期如图 7–27 所示。这三个特殊的运动分支通过起作用的转动关节来区分。它们属于线对称 Bricard 机构, 因为关节变量满足线对称的关系, 即 $\theta_1 = \theta_4$、 $\theta_2 = \theta_5$ 和 $\theta_3 = \theta_6$。

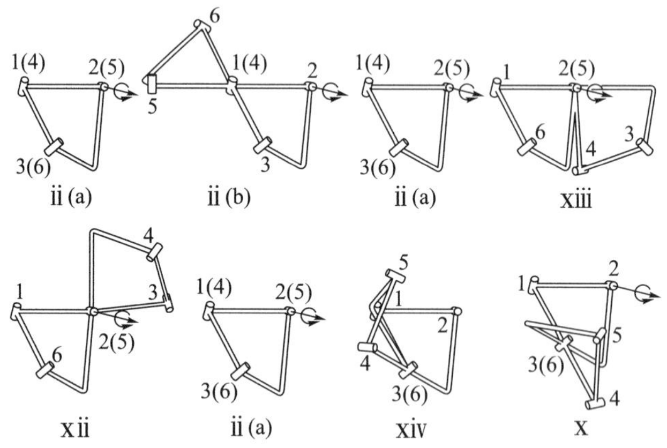

图 7–27　特殊的线对称 Bricard 运动分支的完整运动周期

如图 7–27 所示, ii (a) — ii (b) — ii (a) 表示线对称运动分支 4 (a) 的完整运动周期, 此时关节 1 和 4 重合; ii (a) — xiii— xii— ii (a) 表示线对称运动分支 4 (b) 的完整运动周期, 此时关节 2 和 5 重合; ii (a) — xiv— x— ii (a) 表示线对称运动分支 4 (c) 的完整运动周期, 此时关节 3 和 6 重合。此外, 构型 ii (a) 是运动分支 1 和 4 的四重分岔构型, 构型 ii (b) 是运动分支 2 和 4 (a) 的分岔构型, 构型 xii 是运动分支 3 和 4 (b) 的分岔构型, x 是运动分支 3 和 4 (c) 的分岔构型。

5) 运动分支间的转换关系

总的来说, 该线面对称 Waldron–Bricard 机构拥有四种类型的运动分支, 并且分岔发生在几个瞬时位置。其运动分支间的转换关系如图 7–28 所示, 其中分岔构型 ii (a)、 ii (b)、 iv、 x、 xii 和 vii/ix 在图 7–24 至图 7–27 中均有表示。

相比于线对称 Waldron–Bricard 机构分支间的转换关系发现, 线面对称 Waldron–Bricard 机构中两个封闭的环被保留, 但是特殊的线对称 Bricard 运动分支在两个封闭的环的位置不同。例如, 对于线对称 Waldron–Bricard 机构, 上面封闭环里的特殊的线对称 Bricard 运动分支是关节 2 和 5 重合。但是对于线面对称 Waldron–Bricard 机构, 上面封闭环里的特殊的线对称 Bricard 运动分支是关节 1 和 4 重合。此外, 分岔构型 vii 和 ix 是否存在, 即线面对称 Bricard 运动分支和球面四杆运动分支是否可以直接进行转换, 与该机构的实际几何参数有关, 因此用虚线表示。

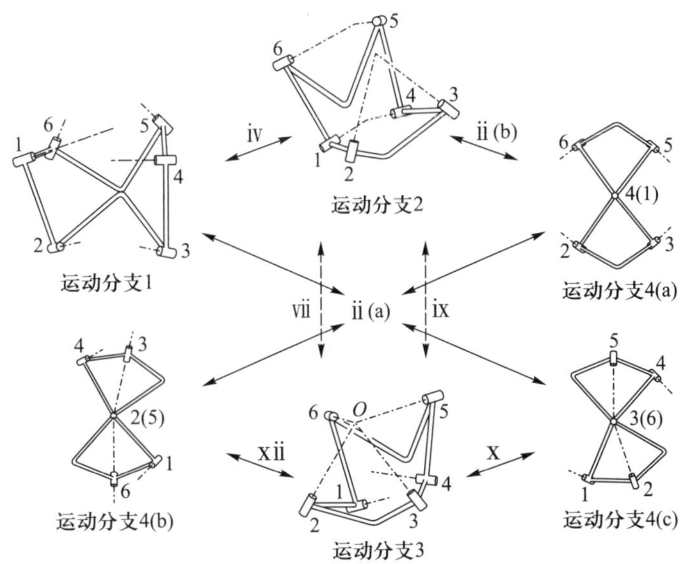

图 **7–28** 线面对称 **Waldron–Bricard** 机构分支间的转换关系

6) 线面对称 Waldron–Bricard 机构衍生的异构化机构

同样, 应用 Wohlhart 同质异构化的构造方法, 此线面对称 Waldron–Bricard 衍生的异构化机构几何参数为

$$\begin{cases} a_{12} = a_{45} = a_{61} = a_{34} = a, a_{23} = a_{56} = 0 \\ \alpha_{12} = 2\pi - \alpha_{45} = 2\pi - \alpha_{61} = \alpha_{34} = \alpha, \alpha_{23} = 2\pi - \alpha_{56} = \beta \\ R_1 = R_4 = 0, R_2 = -R_6 = R_3 = -R_5 = R \end{cases} \tag{7–39}$$

式中, a、α、b、β、c、γ、R_2 和 R_3 与式 (7–36) 中参数相同。根据几何参数, 此异构化机构的所有分支都保留了原始分支的面对称性, 但是不再具备原始分支的线对称性。同时其运动分支间的转换关系不变, 但运动分支的具体形式发生改变。

进一步, 若将用于构造 Waldron–Bricard 机构的 Bennett 机构换成平面四杆机构或球面四杆机构, 将会得到更多的可重构机构, 其也属于可重构 Waldron–Bricard 连杆机构家族。此外, 若给定其他两类可重构子机构, 如 Goldberg 6R 过约束机构和 Bricard 6R 机构, 可得到其他新型可重构机构如可重构 Goldberg–Bricard 连杆机构家族等, 这些对于探寻基于 Bennett 的机构和基于 Bricard 的机构之间的关联具有重要意义。

7.2 变胞机构的分岔运动与直纹面变化

单环可重构机构由于其具有较少的活动度数和运动副数却能实现复杂多变的空间运动的特点, 而成为研究的热点。近 20 年来, 很多学者从传统机构演变出各种各样典型的单环可重构机构, 如面对称 Bricard 6R 可重构机构 (Feng 等, 2017)、

Bennett 平面 – 球面混合支链 6R 连杆机构 (Ma 等, 2018)、8−kaleidocycle 折纸衍生可重构机构 (Tang 和 Dai, 2018)。

对于单环可重构机构的分岔问题, 有的学者通过求解基于 D−H 变换矩阵建立的位置闭环方程解析解得到机构不同的分岔运动分支, 有的学者应用旋量系理论分析不同分岔运动分支的运动与约束变化特点, 还有一些学者基于雅可比矩阵奇异值分解的数值方法来解决无法得到位置闭环方程解析解的单环可重构机构的分岔问题。

本节将以一类新的基于 Schatz 连杆机构衍生而来的变胞机构为例, 阐述单环可重构机构分岔数值分析的一般过程, 并对这类机构的运动特性做进一步研究和分析。下面, 将从分岔运动和运动直纹面两个方面分别阐述这一类 Schatz 衍生 7R 变胞机构三种构型的分岔分析与运动特性。

7.2.1 变胞机构的分岔运动

Schatz 衍生 7R 变胞机构可以被看作在 Schatz 连杆机构的基础上添加一个新的转动副演变而来。该转动副的位置和轴线方向的不同会导致不同的分岔运动情况。

1) 构型一

构型一中新添加的转动副位于任一与中心连杆相连的杆件中点, 且其轴线与该杆件上近基座端的转动副轴线相互平行。图 7−29 给出了 Schatz 衍生 7R 变胞机构构型一的全局坐标系 $B\text{-}xyz$ 和基于 D−H 参数的局部坐标系。其中, 全局坐标系 $B\text{-}xyz$ 以转动副 B 的中心为原点, x 轴与 BF 连线重合, z 轴与转动副 A 的轴线重合, y 轴遵循右手定则。构型一的几何参数为

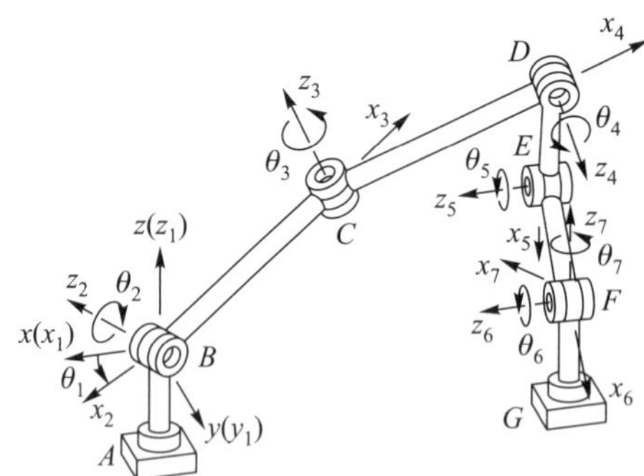

图 7−29 Schatz 衍生 7R 变胞机构构型一的全局坐标系

$$
\begin{cases}
a_{12} = a_{67} = 0,\ a_{23} = a_{34} = a,\ a_{45} = a_{56} = a/2\ ,\ a_{71} = \sqrt{3}a \\
\alpha_{12} = \alpha_{23} = \alpha_{34} = \alpha_{45} = \alpha_{67} = \pi/2\ ,\ \alpha_{56} = \alpha_{71} = 0 \\
R_2 = R_3 = R_4 = R_5 = R_6 = 0,\ R_1 = -R_7 = R
\end{cases}
\tag{7−40}
$$

式中, a 为连杆长度; R 为连杆偏距。

则构型一的位置闭环方程为

$$\boldsymbol{T}_{21}\boldsymbol{T}_{32}\boldsymbol{T}_{43} = \boldsymbol{T}_{71}\boldsymbol{T}_{67}\boldsymbol{T}_{56}\boldsymbol{T}_{45} \tag{7-41}$$

一般地, 式 (7–41) 给出了 Schatz 衍生 7R 变胞机构构型一中关于图 7–29 所示的七个关节变量 θ_i (i=1,2,3,⋯,7) 的约束方程。通过求解这十二个约束方程, 可以得到该构型中七个关节变量之间的关系。

由于 Schatz 衍生 7R 变胞机构构型一的位置闭环方程过于复杂, 无法直接得到其解析解。通过采用奇异值分解的数值方法, 可以得到该构型位置闭环方程的数值解, 其中关节变量 θ_2 和 θ_5 相对于 θ_1 的关系曲线如图 7–30 所示。此时, θ_1 是输入角, $a = 1$, $R = 0$。

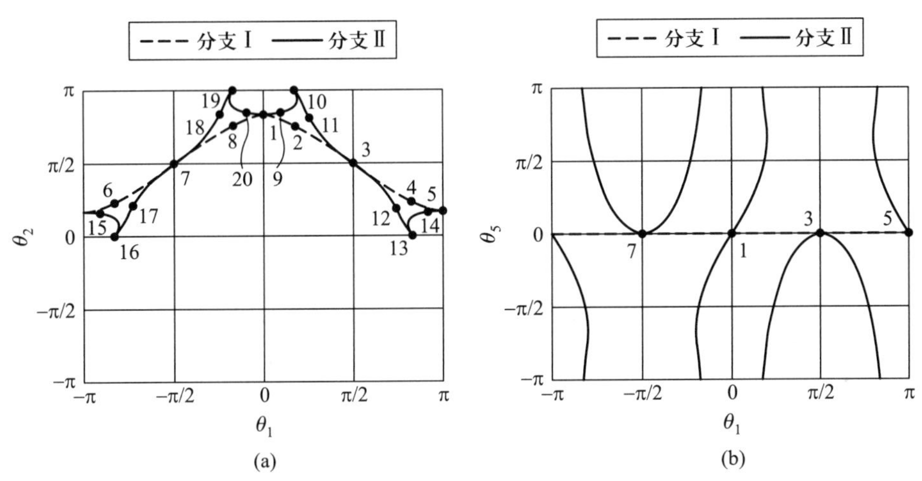

图 7–30　Schatz 衍生 7R 变胞机构构型一中关节变量 θ_2 (a) 和 θ_5 (b) 相对于 θ_1 的关系曲线

由于 Schatz 衍生 7R 变胞机构构型一有七个关节变量, 因此该构型的构态空间是七维空间的一条曲线。图 7–30 (a) 和图 7–30 (b) 分别表示该构态空间在二维空间的投影。图中的虚线和实线分别代表该构型的分岔运动分支 I (此时该构型沿着 Schatz 连杆机构分岔运动分支运动) 和分岔运动分支 II(此时该构型沿着单自由度空间 7R 机构分岔运动分支运动)。点 1、3、5 和 7 在两个投影中都是两条曲线的交点, 这意味着这四个点是两条曲线相对应的不同分岔运动分支的交点, 即分岔点。该构型的两条不同的分岔运动分支可以在这四个分岔点实现相互转换。其他点对应着两条不同的分岔运动分支的构态。

1—2—3—4—5—6—7—8—1 与 Schatz 衍生 7R 变胞机构构型一沿着 Schatz 连杆机构分岔运动分支 (即分岔运动分支 I) 运动的构态相对应, 如图 7–31 所示。

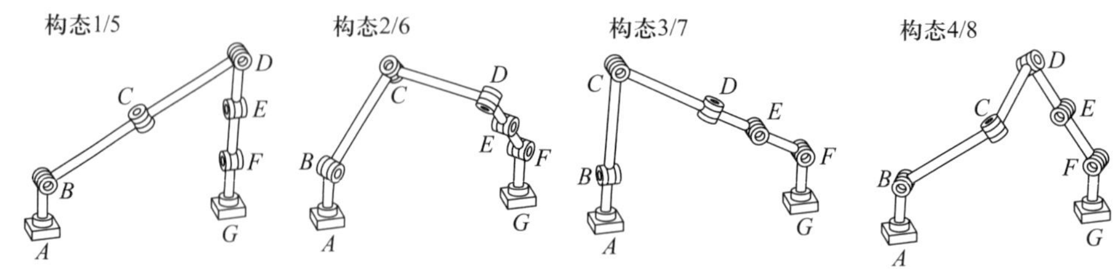

图 **7–31** **Schatz** 衍生 **7R** 变胞机构构型一的分岔运动分支 **I**

1—9—10—11—3—12—13—14—5—15—16—17—7—18—19—20—1 与 Schatz 衍生 7R 变胞机构构型一沿着单自由度空间 7R 机构分岔运动分支 (即分岔运动分支 II) 运动的构态相对应, 如图 7–32 所示。

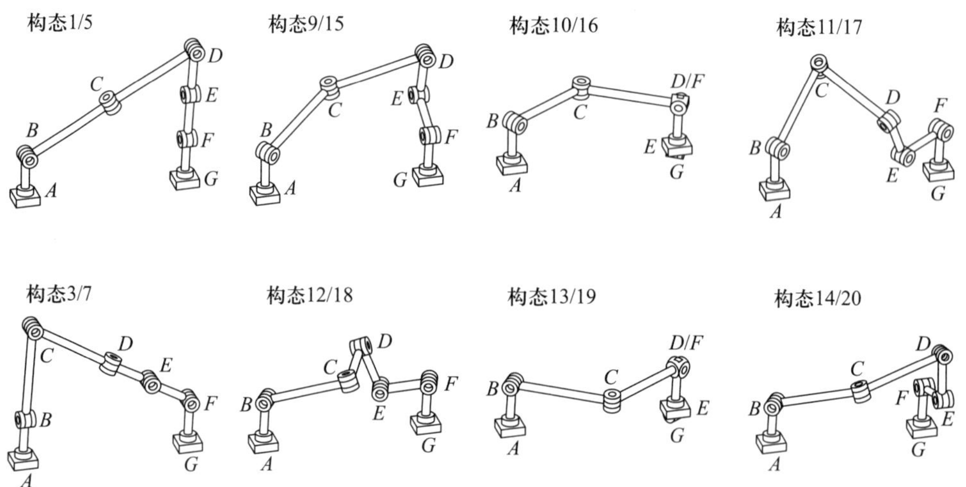

图 **7–32** **Schatz** 衍生 **7R** 变胞机构构型一的分岔运动分支 **II**

对比图 7–31 和图 7–32 发现, Schatz 衍生 7R 变胞机构构型一沿任意一条分岔运动分支从 $\theta_1 = 0$ (图 7–30 中的点 1) 开始运动到 $\theta_1 = \pi$ (图 7–30 中的点 5) 时, 中心连杆 CD 又回到了初始位姿。此外, 每当输入角 θ_1 转动 π 时, 该构型均运动到重复构态。但是对比图 7–29、图 7–31 和图 7–32, 当 $\theta_1 = \pi$ 时, 该构型的七个转动副的轴线与初始构态时的轴线重合但方向相反; 只有当 θ_1 继续转动 π 时, 该构型才能运动回到初始构态。

2) 构型二

与构型一相比, Schatz 衍生 7R 变胞机构构型二中新添加的转动副位于中心连杆的中点, 且其轴线与中心连杆两端的转动副平行或者垂直。图 7–33 给出了 Schatz 衍生 7R 变胞机构构型二的全局坐标系 B-xyz 和基于 D–H 参数的局部坐标系。其中, 全局坐标系 B-xyz 以转动副 B 的中心为原点, x 轴与 BF 连线重合,

z 轴与转动副 A 的轴线重合, y 轴遵循右手定则。构型二的几何参数为

$$\begin{cases} a_{12} = a_{67} = 0, \ a_{23} = a_{56} = a, \ a_{34} = a_{45} = a/2 \ , \ a_{71} = \sqrt{3}a \\ \alpha_{12} = \alpha_{23} = \alpha_{34} = \alpha_{56} = \alpha_{67} = \pi/2 \ , \ \alpha_{45} = \alpha_{71} = 0 \\ R_2 = R_3 = R_4 = R_5 = R_6 = 0, \ R_1 = -R_7 = R \end{cases} \tag{7-42}$$

式中, a 为连杆长度; R 为连杆偏距。虽然构型二是在中心连杆上新添加了一个转动副, 但是依然把该构型中的连杆 CE 看作长度可变的中心连杆。

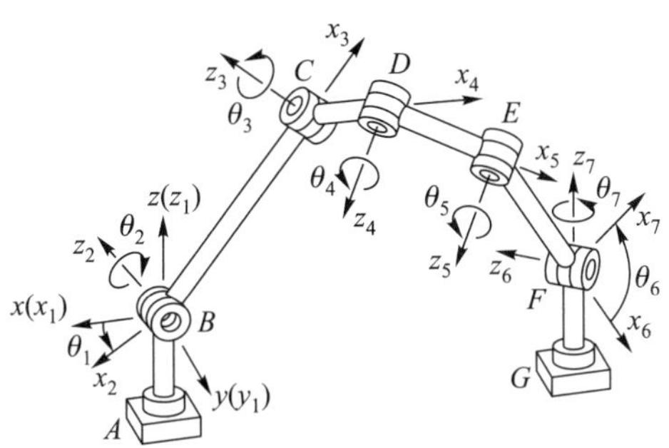

图 7–33　Schatz 衍生 7R 变胞机构构型二的全局坐标系

将式 (7–42) 代入式 (7–41) 可以得到 Schatz 衍生 7R 变胞机构构型二的位置闭环方程, 即

$$\boldsymbol{T}_{21}\boldsymbol{T}_{32}\boldsymbol{T}_{43}\boldsymbol{T}_{54} = \boldsymbol{T}_{71}\boldsymbol{T}_{67}\boldsymbol{T}_{56} \tag{7-43}$$

一般地, 式 (7–43) 给出了 Schatz 衍生 7R 变胞机构构型二中关于图 7–33 所示七个关节变量 θ_i (i=1,2,3,⋯,7) 的约束方程。通过求解这十二个约束方程, 可以得到该构型的七个关节变量之间的关系。

与构型一类似, 构型二的位置闭环方程也非常复杂, 无法直接得其解析解。因此继续采用奇异值分解的数值方法来求得构型二位置闭环方程的数值解, 其中关节变量 θ_2 和 θ_4 相对于 θ_1 的关系曲线如图 7–34 所示。此时, θ_1 是输入角, $a = 1$, $R = 0$。

Schatz 衍生 7R 变胞机构构型二也有七个关节变量, 因此该构型的构态空间也是七维空间的一条曲线。图 7–34 (a) 和图 7–34 (b) 分别表示该构态空间在二维空间的投影。图中的虚线和实线分别代表该构型的分岔运动分支 I (此时该构型二沿着 Schatz 连杆机构分岔运动分支运动) 和分岔运动分支 II (此时该构型二沿着单自由度空间 7R 机构分岔运动分支运动)。点 1、3、5 和 7 在两个投影中都是两条曲线的交点, 这意味着这四个点是两条曲线相对应的不同分岔运动分支的交点, 即分岔点。该构型的两条不同的分岔运动分支可以在这四个分岔点实现相互转换。

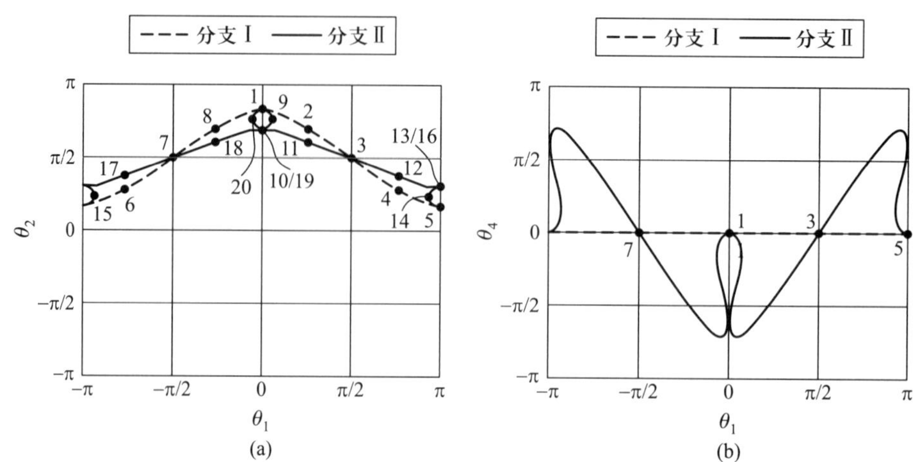

图 **7–34** **Schatz** 衍生 **7R** 变胞机构构型二中关节变量

θ_2 **(a)** 和 θ_4 **(b)** 相对于 θ_1 的关系曲线

其他点对应着两条不同分岔运动分支的构态。其中, 点 10 和 19、 13 和 16 分别相互重合。

1—2—3—4—5—6—7—8—1 与 Schatz 衍生 7R 变胞机构构型二沿着 Schatz 连杆机构分岔运动分支 (即分岔运动分支 I) 运动的构态相对应, 如图 7–35 所示。

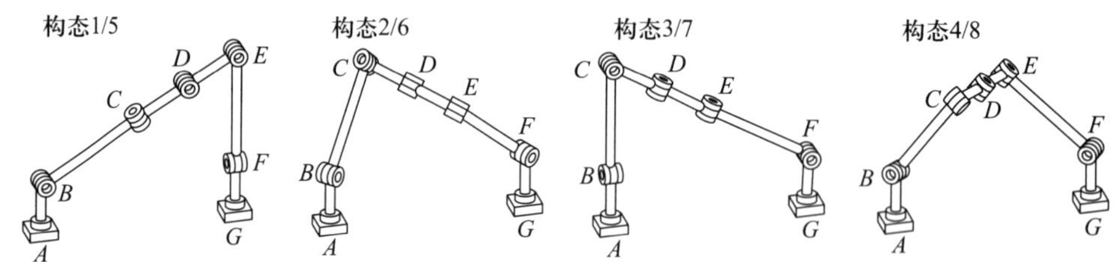

图 **7–35** **Schatz** 衍生 **7R** 变胞机构构型二的分岔运动分支 **I**

1—9—10—11—3—12—13—14—5—15—16—17—7—18—19—20—1 与 Schatz 衍生 7R 变胞机构构型二沿着单自由度空间 7R 机构分岔运动分支 (即分岔运动分支 Ⅱ) 运动的构态相对应, 如图 7–36 所示。从图 7–36 中可以看出, 图 7–34 中分别相互重合的点 10 和 19、 13 和 16 实际上分别对应两组完全不同的构态。

对比图 7–35 和图 7–36 发现, 构型二具有与构型一相似的运动循环规律。构型二沿任意一条分岔运动分支从 $\theta_1 = 0$ (图 7–34 中的点 1) 开始运动到 $\theta_1 = \pi$ (图 7–34 中的点 5) 时, 中心连杆 CE 又回到了初始位姿。此外, 每当输入角 θ_1 转动 π 时, 构型二均运动到重复构态。但是对比图 7–33、图 7–35 和图 7–36, 当 $\theta_1 = \pi$ 时, 构型二的七个转动副的轴线与初始构态时的轴线重合但方向相反; 只有当 θ_1 继续转动 π 时, 构型二才能运动回到初始构态。

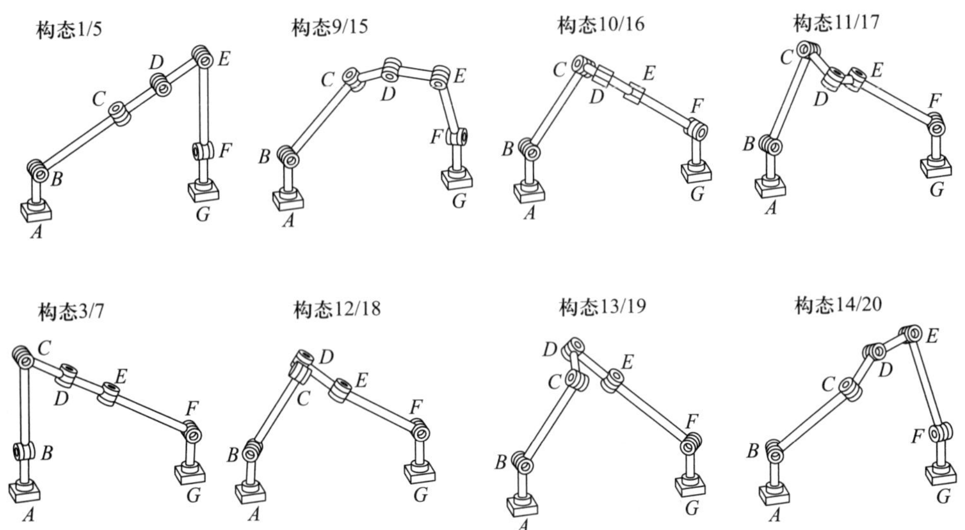

图 **7–36** **Schatz** 衍生 **7R** 变胞机构构型二的分岔运动分支 **II**

3) 构型三

Schatz 衍生 7R 变胞机构的构型三与构型二相似, 都是在中心连杆的中点处添加新的转动副。区别在于: 构型二中的转动副轴线与中心连杆两端的转动副轴线平行或者垂直, 而构型三中的转动副轴线与中心连杆两端的转动副轴线均成 π/4 的夹角。

图 7–37 给出了构型三的全局坐标系 B-xyz 和基于 D–H 参数的局部坐标系。其中, 全局坐标系 B-xyz 以转动副 B 的中心为原点, x 轴与 BF 连线重合, z 轴与转动副 A 的轴线重合, y 轴遵循右手定则。该机构的几何参数为

$$\begin{gathered}a_{12}=a_{67}=0,\ a_{23}=a_{56}=a,\ a_{34}=a_{45}=a/2, a_{71}=\sqrt{3}a,\\ \alpha_{12}=\alpha_{23}=\alpha_{56}=\alpha_{67}=\pi/2, \alpha_{34}=\alpha_{45}=\pi/4, \alpha_{71}=0,\\ R_2=R_3=R_4=R_5=R_6=0,\ R_1=-R_7=R\end{gathered} \tag{7–44}$$

式中, a 为连杆长度; R 为连杆偏距。与构型二相似, 仍然把该构型中的连杆 CE 看作长度可变的中心连杆。

构型三的位置闭环方程为

$$\boldsymbol{T}_{21}\boldsymbol{T}_{32}\boldsymbol{T}_{43}\boldsymbol{T}_{54}=\boldsymbol{T}_{71}\boldsymbol{T}_{67}\boldsymbol{T}_{56} \tag{7–45}$$

与前两个构型相似, 式 (7–45) 给出了构型三中关于图 7–37 所示七个关节变量 θ_i (i=1,2,3,$\cdots$,7) 的约束方程。通过求解这十二个约束方程, 可以得到该构型七个关节变量之间的关系。

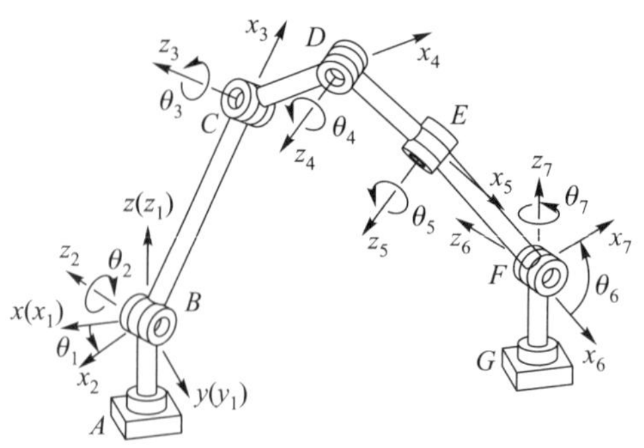

图 7–37　Schatz 衍生 7R 变胞机构构型三的全局坐标系

同样地，构型三的位置闭环方程也非常复杂，无法直接得到其解析解。这里，继续采用奇异值分解的数值方法来求得该位置闭环方程的数值解，其中关节变量 θ_2 和 θ_4 相对于 θ_1 的关系曲线如图 7–38 所示。此时，θ_1 是输入角，$a=1$，$R=0$。

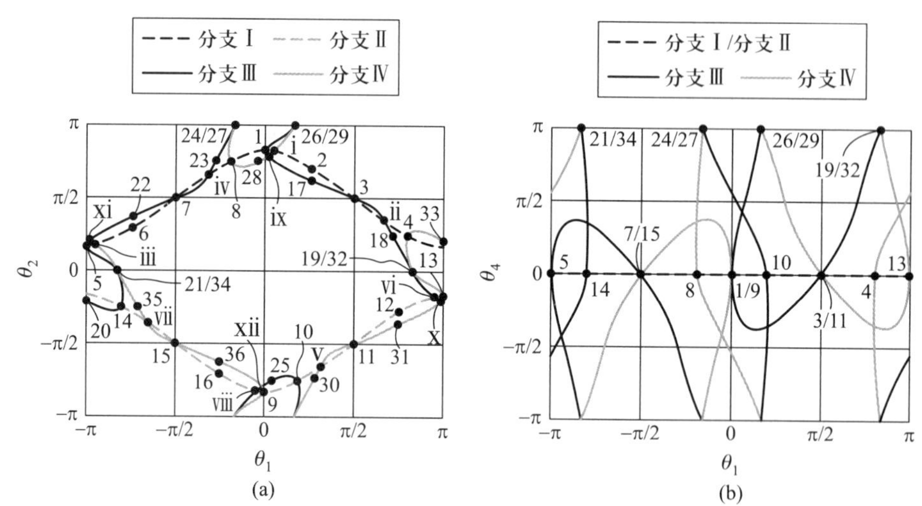

图 7–38　Schatz 衍生 7R 变胞机构构型三中关节变量 θ_2 (a) 和 θ_4 (b) 相对于 θ_1 的关系曲线

Schatz 衍生 7R 变胞机构构型三有七个关节变量，因此该构型的构态空间也是七维空间的一条曲线。图 7–38 (a) 和图 7–38 (b) 分别表示该构态空间在二维空间的两个投影。该构型有四条不同的分岔运动分支，如图 7–38 中的黑虚线、灰虚线、黑实线和灰实线所示。其中，黑虚线代表分岔运动分支 I，此时该构型三沿着 Schatz 连杆机构分岔运动分支运动；灰虚线代表分岔运动分支 II，此时该构型三沿着另一条 Schatz 连杆机构分岔运动分支运动；黑实线代表分岔运动分支 III，此时该构型三沿着单自由度空间 7R 机构分岔运动分支运动；灰实线代表分岔运动分支 IV，此时该构型三沿着另一条单自由度空间 7R 机构分岔运动分支运动。点 1、3、4、5、7、8、9、10、11、13、14 和 15 在两个投影中都是这四条曲线的交点，这意味这十二个点是四条曲线相对应的不同分岔运动分支的交点, 即分岔点。该构型的四条分岔运动分支可以在这十二个分岔点实现相互转换。其他阿拉伯数字表示的点对应着四条不同分岔运动分支的构态。其中点 19 和 32、 21 和 34、 24 和 27、 26 和 29 分别相互重合。而小写罗马数字表示的十二个交点仅存在于图 7–38 (a) 中, 不存在于图 7–38 (b) 中, 这说明这些点是该构型的构态空间在二维空间的投影之间的交点, 并不是空间曲线的交点, 即不是分岔点。

1—2—3—4—5—6—7—8—1 与构型三沿着 Schatz 连杆机构分岔运动分支 (即分岔运动分支 I) 运动的构态相对应, 如图 7–39 所示。

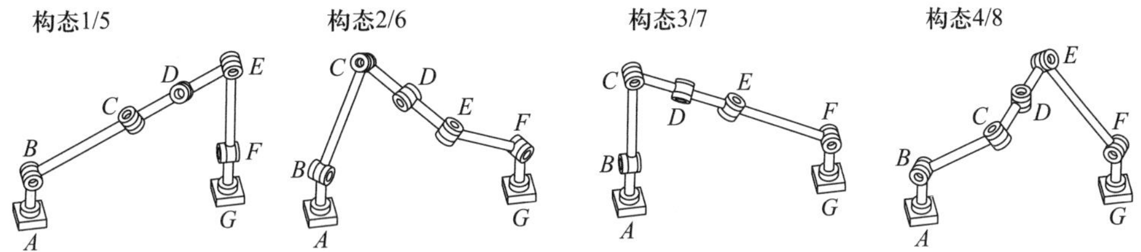

图 **7–39** **Schatz** 衍生 **7R** 变胞机构构型三的分岔运动分支 **I**

9—10—11—12—13—14—15—16—9 与构型三沿着另一条 Schatz 连杆机构分岔运动分支 (即分岔运动分支 Ⅱ) 运动的构态相对应, 如图 7–40 所示。

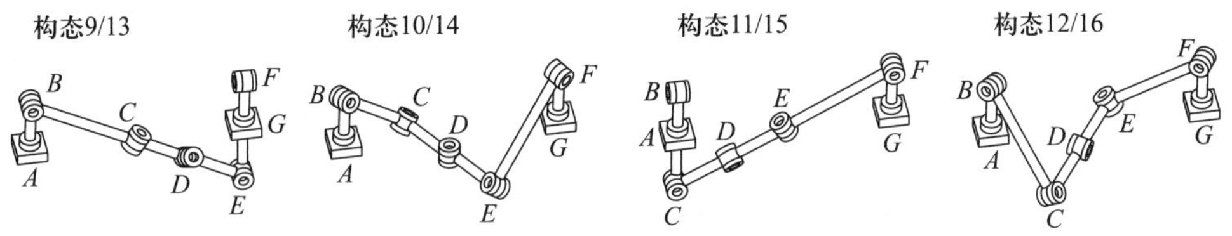

图 **7–40** **Schatz** 衍生 **7R** 变胞机构构型三的分岔运动分支 **Ⅱ**

1—17—3—18—19—20—14—21—5—22—7—23—24—25—10—26—1 与构型三沿着单自由度空间 7R 机构分岔运动分支 (即分岔运动分支 Ⅲ) 运动的构态相对应, 如图 7–41 所示。

9—27—8—28—29—30—11—31—13—32—4—33—34—35—15—36—9 与构型三沿着另一条单自由度空间 7R 机构分岔运动分支 (即分岔运动分支 Ⅳ) 运动的构态相对应, 如图 7–42 所示。

对比图 7–41 中的构态 19/24、21/26 与图 7–42 中的构态 27/32、29/34, 这八个构态的共同点是, 转动副 C 和 E 的轴线重合, 连杆 CD 和 DE 重合 (即中心连杆 CE 长度为 0), 连杆 BC 和 EF 与转动副 B 和 F 的轴线共面; 而不同点是相互重合的连杆 CD 和 DE 与连杆 BC 和 EF 的夹角完全不同。此时, Schatz 衍生 7R 变胞机构构型三退化成具有有效转动副 C/E 的串联运动链。

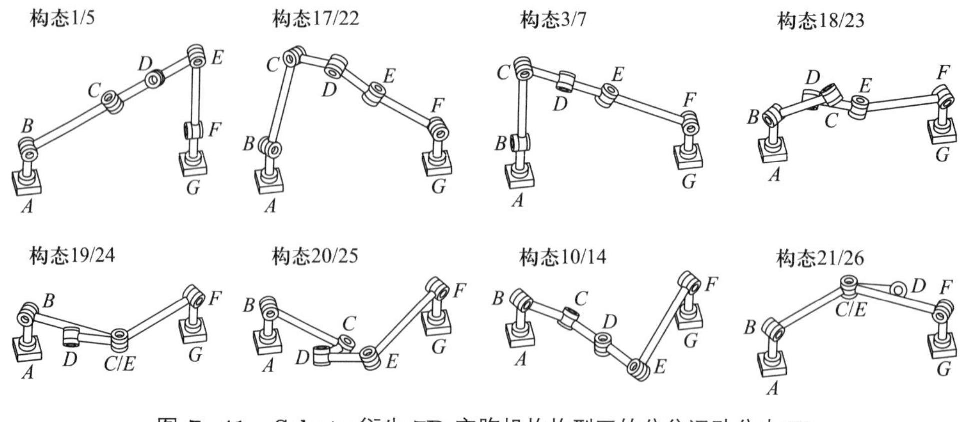

图 **7–41** **Schatz** 衍生 **7R** 变胞机构构型三的分岔运动分支 **Ⅲ**

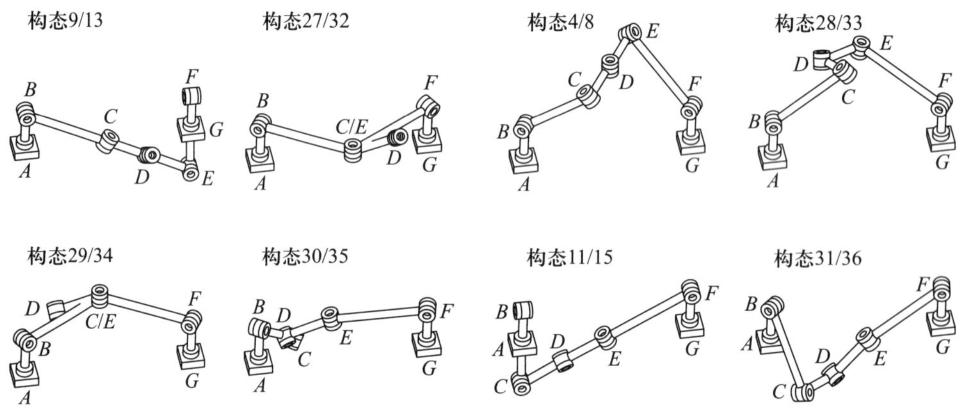

图 **7–42** **Schatz** 衍生 **7R** 变胞机构构型三的分岔运动分支 **Ⅳ**

对比图 7–39、图 7–40、图 7–41 和图 7–42 发现, Schatz 衍生 7R 变胞机构构型三具有与前两个构型相似的运动循环规律。构型三沿任意一条分岔运动分支从 $\theta_1 = 0$ (图 7–38 中的点 1 或 9) 开始运动到 $\theta_1 = \pi$ (图 7–38 中的点 5 或 13) 时, 中心连杆 CE 又回到了初始位姿。此外, 每当输入角 θ_1 转动 π 时, 构型三均运动到重复构态。但是对比图 7–37 和图 7–39 至图 7–42, 当 $\theta_1 = \pi$ 时, 构型三的七个转动副的轴线与初始构态时的轴线重合但方向相反; 只有当 θ_1 继续转动 π 时, 构型三才能运动回到初始构态。

7.2.2 变胞机构的直纹面变化

1) 构型一

Schatz 衍生 7R 变胞机构构型一可以看作由基座 AG、运动平台 CD (即中心连杆 CD)、支链 ABC 和支链 $GFED$ 组成的并联机构。支链 ABC 的末端点 C 在一个球面上运动, 球心是 B。支链 $GFED$ 的末端点 D 可以被视为一个由虎克铰、转动副和两个杆件组成的串联运动链的末端执行器。而中心连杆 CD 的固定长度提供了末端点 C 和 D 之间的一个几何约束。

因此, 中心连杆 CD 的运动特征由支链 ABC 和支链 $GFED$ 的几何约束决定。当输入角 θ_1 在 0 到 2π 之间变化时, 中心连杆 CD 在两条不同的分岔运动分支中都分别经历了两个循环, 在 0 与 π 之间完成第一个循环, 在 π 和 2π 之间重复第一个循环。所以, 中心连杆 CD 经历了如图 7–43 所示的两条不同运动直纹面的变化。其中, 黑虚线的两个轮廓圆代表 Schatz 连杆机构分岔运动分支 (即分岔运动分支 I), 黑实线代表另一个单自由度空间 7R 机构分岔运动分支 (即分岔运动分支Ⅱ) 。

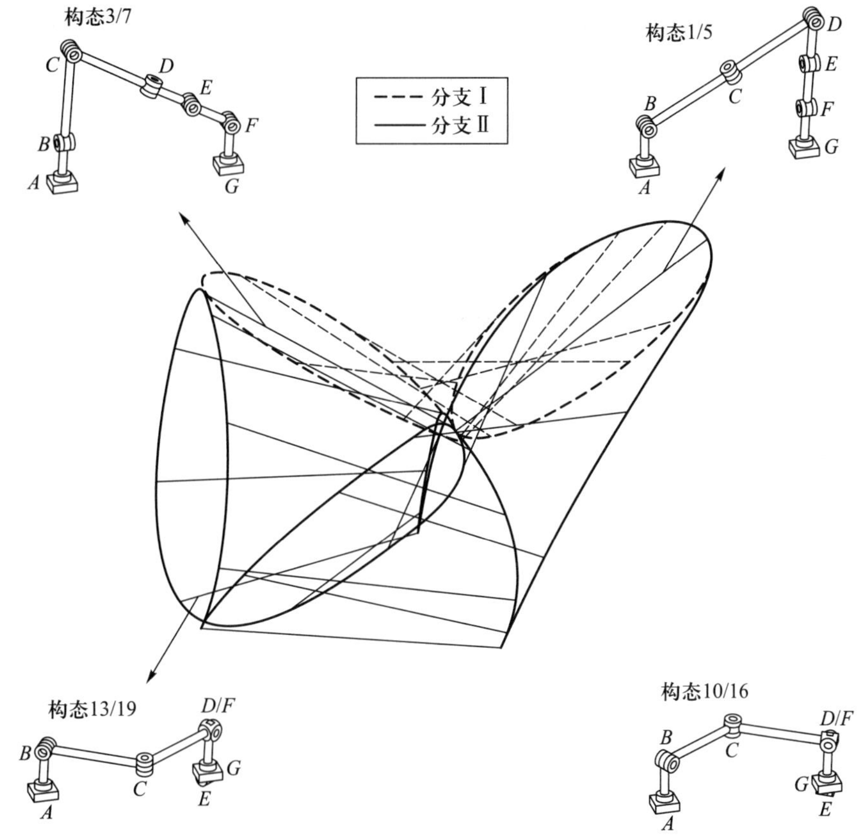

图 **7–43**　**Schatz** 衍生 **7R** 变胞机构构型一中的中心连杆 $\boldsymbol{CD}$ 的运动直纹面

从图 7–43 可以看出, Schatz 衍生 7R 变胞机构构型一的中心连杆 CD 可以在构态 1/5 和构态 3/7 处实现两条不同分岔运动分支之间的相互转换。其中, 当中心连杆 CD 运动到最下方时, 该中心连杆 CD 与转动副 B 和 F 的轴线共面, 如图 7–43 中的构态 10/16 和构态 13/19 所示。

2) 构型二

Schatz 衍生 7R 变胞机构构型二可以看作由基座 AG、运动平台 CE (即长度可变的中心连杆 CE)、支链 ABC 和支链 GFE 组成的并联机构。支链 ABC 的末端点 C 在一个球面上运动, 球心是 B。支链 GFE 的末端点 E 在一个球面上运动, 球心是 F。该构型中心连杆 CE 的长度不固定, 无法给末端点 C 和 E 提供一个几何约束。

因此, 中心连杆 CE 的运动特征由支链 ABC 和支链 GFE 的几何约束决定。当输入角 θ_1 在 0 到 2π 之间变化时, 中心连杆 CE 在两条不同的分岔运动分支中都分别经历了两个循环, 在 0 与 π 之间完成第一个循环, 在 π 和 2π 之间重复第一个循环。所以, 中心连杆 CE 经历了如图 7–44 所示两条不同运动直纹面的变化。其中, 黑虚线的两个轮廓圆代表 Schatz 连杆机构分岔运动分支 (即分岔运动分支 I), 黑实线代表另一个单自由度空间 7R 机构分岔运动分支 (即分岔运动分支 Ⅱ) 。

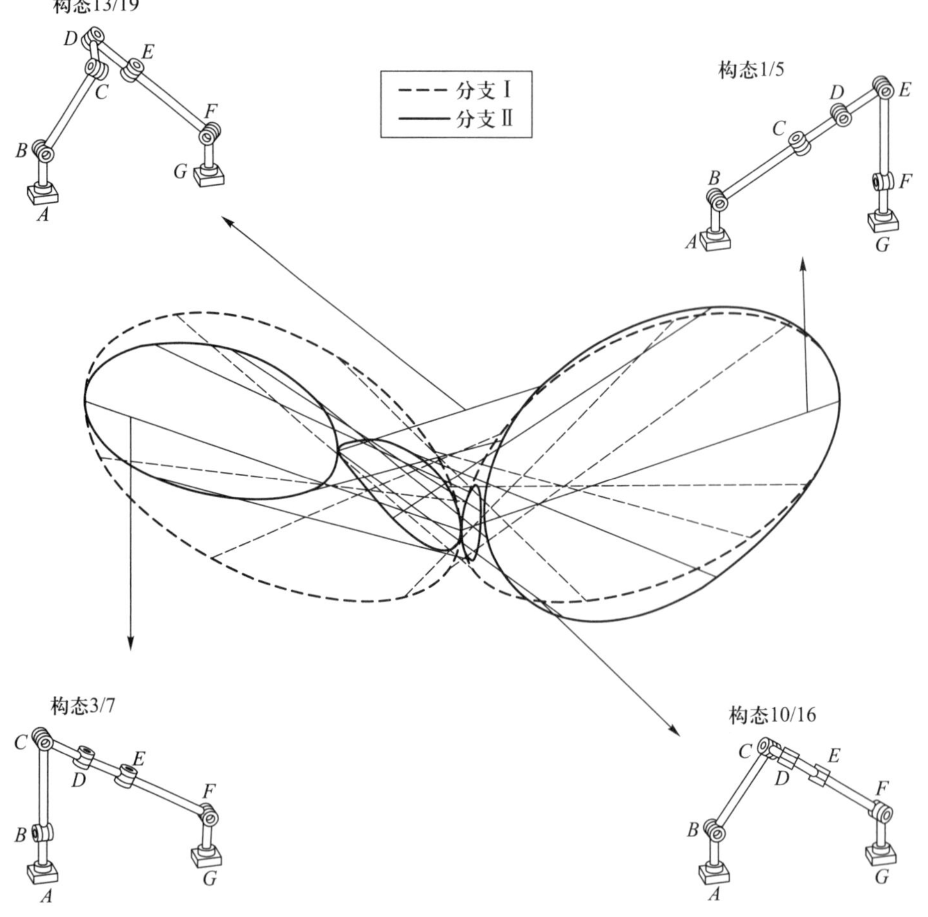

图 **7–44** **Schatz** 衍生 **7R** 变胞机构构型二中的中心连杆 CE 的运动直纹面

从图 7–44 可以看出, Schatz 衍生 7R 变胞机构构型二的中心连杆 CE 可以在构态 1/5 和构态 3/7 处实现两条不同分岔运动分支之间的相互转换。其中, 构态 10 和 19、 13 和 16 分别对应中心连杆 CE 两个完全不同的位姿。此外, 当输入角 θ_1 在 0 到 2π 之间变化时, 支链 ABC 的末端点 C 在如图 7–44 所示的左侧轮廓圆上完成一个周期运动, 而支链 GFE 的末端点 E 在如图 7–44 所示的右侧 "8" 字形曲线上完成一个周期运动。

3) 构型三

Schatz 衍生 7R 变胞机构构型三可以看作由基座 AG、运动平台 CE (即长度可变的中心连杆 CE)、支链 ABC 和支链 GFE 组成的并联机构。支链 ABC 的末端点 C 在一个球面上运动, 球心是 B。支链 GFE 的末端点 E 在一个球面上运动, 球心是 F。该构型三中心连杆 CE 的长度不固定, 无法给末端点 C 和 E 提供一个几何约束。

因此, 中心连杆 CE 的运动特征由支链 ABC 和支链 GFE 的几何约束决定。当输入角 θ_1 在 0 到 2π 之间变化时, 中心连杆 CE 在四条不同的分岔运动分支中都分别经历了两个循环, 在 0 与 π 之间完成第一个循环, 在 π 和 2π 之间重复第一个循环。所以, 中心连杆 CE 经历了如图 7–45 和图 7–46 所示四条不同运动直纹面的变化。其中, 黑虚线的两个轮廓圆代表 Schatz 连杆机构的分岔运动分支 (即分岔运动分支 I), 灰虚线的两个轮廓圆代表另一个 Schatz 连杆机构的分岔运动分支 (即分岔运动分支 II), 黑实线代表单自由度空间 7R 机构分岔运动分支 (即分岔运动分支 III), 灰实线代表另一条单自由度空间 7R 机构分岔运动分支 (即分岔运动分支 IV) 。

在图 7–45 中, Schatz 衍生 7R 变胞机构构型三的中心连杆 CE 不仅可以在构态 1/5 和构态 3/7 处实现分岔运动分支 I 和分岔运动分支 III 的相互转换, 还可以在构态 10/14 处实现分岔运动分支 II 和分岔运动分支 III 的相互转换。换言之, 在 Schatz 衍生 7R 变胞机构构型三中, 两个 Schatz 连杆机构分岔运动分支可以通过单自由度空间 7R 机构分岔运动分支实现相互转换, 而无须通过拆卸和重新装配实现。此外, 图 7–45 中的黑实线有两个自相交点, 分别对应构态 19/24 和构态 21/26, 这意味着在这些构态下中心连杆 CE 的长度为 0。

图 7–45 给出了 Schatz 衍生 7R 变胞机构构型三的中心连杆 CE 的运动直纹面在分岔运动分支 I、II 和 III 中的变化规律, 而图 7–46 给出了该中心连杆 CE 的运动直纹面在分岔运动分支 I、II 和 IV 中的变化规律, 即该中心连杆 CE 不仅可以在构态 11/15 和构态 9/13 处实现分岔运动分支 II 和分岔运动分支 IV 的相互转换, 还可以在构态 4/8 处实现分岔运动分支 I 和分岔运动分支 IV 的相互转换。换言之, 在 Schatz 衍生 7R 变胞机构构型三中, 两条 Schatz 连杆机构分岔运动分支

不仅可以通过分岔运动分支 Ⅲ 实现相互转换, 还可以通过分岔运动分支 Ⅳ 实现相互转换, 而无须通过拆卸和重新装配实现。此外, 图 7–46 中的灰实线有两个自相交点, 分别对应构态 27/32 和构态 29/34, 这意味着在这些构态下中心连杆 CE 的长度为 0。

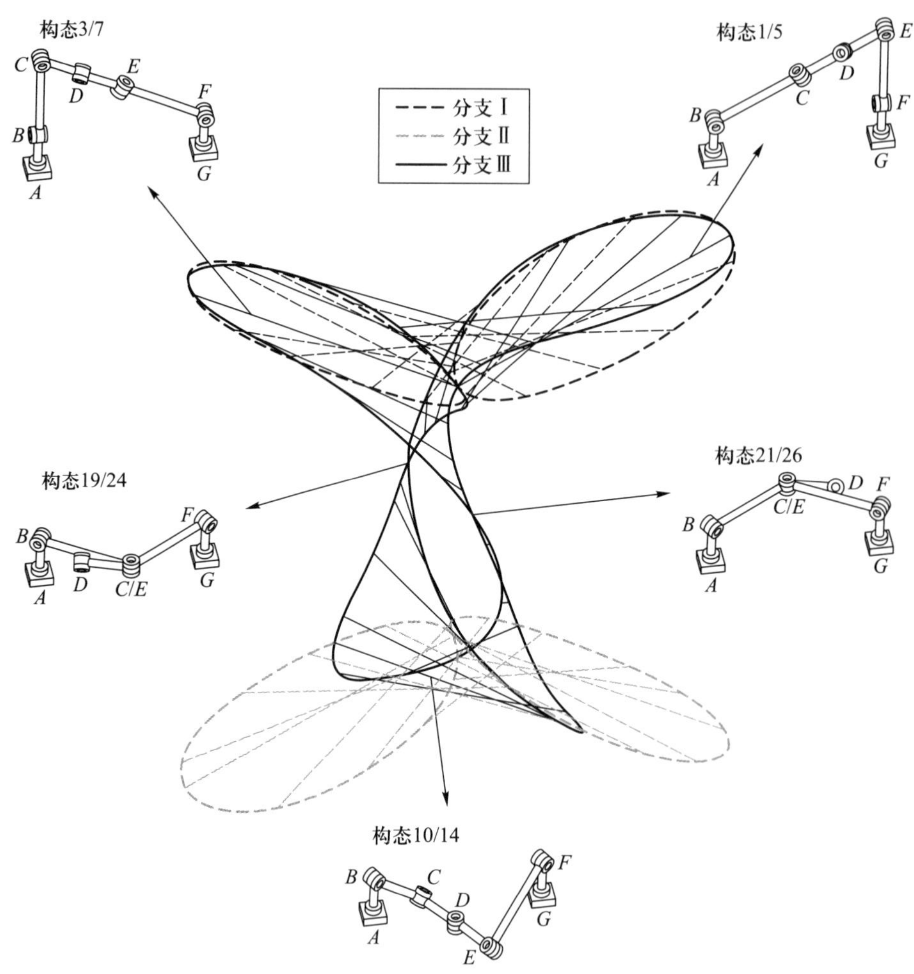

图 **7–45** **Schatz** 衍生 **7R** 变胞机构构型三中分岔运动分支 **Ⅰ**、**Ⅱ** 和 **Ⅲ** 的中心连杆 CE 的运动直纹面

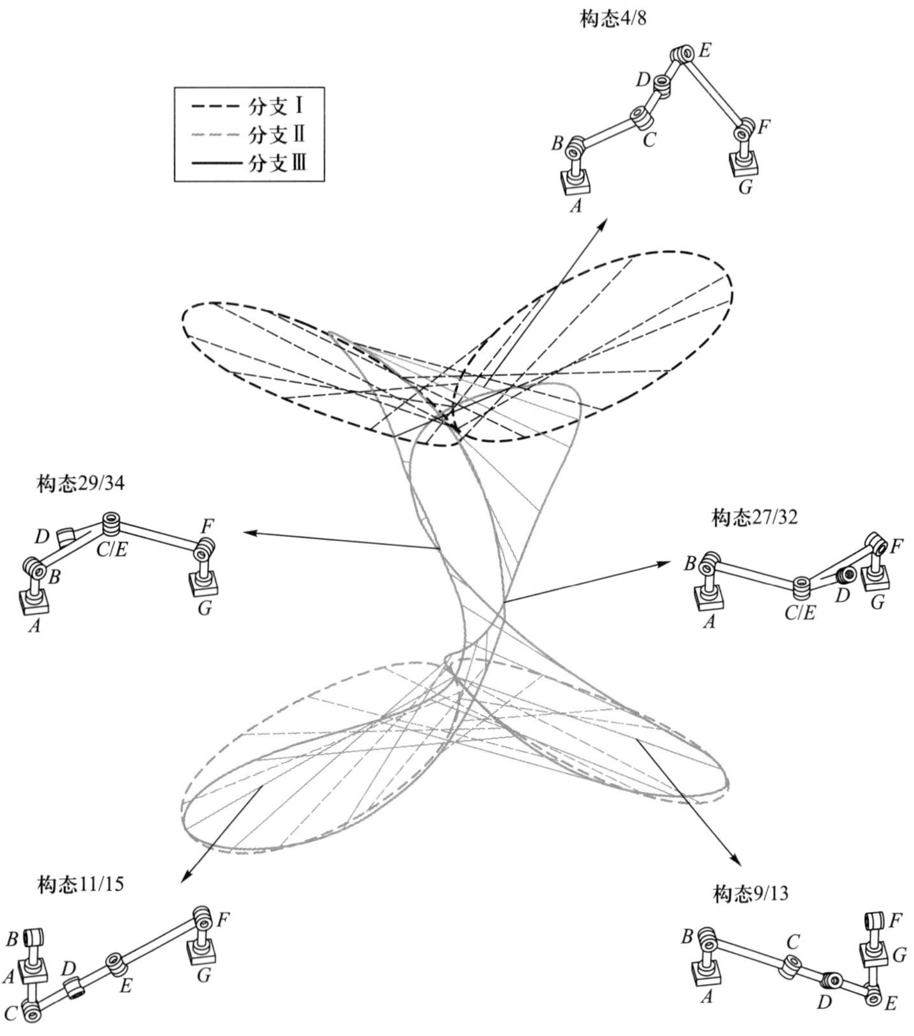

图 **7–46** **Schatz** 衍生 **7R** 变胞机构构型三中分岔运动分支

I、 **II** 和 **IV** 的中心连杆 CE 的运动直纹面

7.3 本章小结

基于机构的数值解法, 本章以 Waldron–Bricard 可重构机构和 Schatz 衍生 7R 变胞机构为例阐述了这些可重构机构的重构过程, 并进一步分析了它们的运动特征。此外, 通过分析关节变量的关系变化图, 分别得到了这些机构子构型的分岔运动情况, 对于可重构机构的数值分析具有重要意义。

主要参考文献

戴建生, 2014a. 机构学与机器人学的几何基础与旋量代数 [M]. 北京: 高等教育出版社.

戴建生, 2014b. 旋量代数与李群李代数 [M]. 北京: 高等教育出版社.

AIMEDEE F, GOGU G, DAI J S, et al., 2016. Systematization of morphing in reconfigurable mechanisms[J]. Mechanism and Machine Theory, 96: 215-224.

BENNETT G T, 1903. A new mechanism[J]. Engineering, 76: 777.

BRICARD R, 1897. Mémoire sur la théorie de l'octadre articulé[J]. Journal de Mathématiques Pures et Appliquées, 3: 113-148.

BRICARD R, 1926. Leçons de Cinématique[M]. Paris: Gauthier-Villars.

CUI L, DAI J S, LEE C, 2010. Motion and constraint ruled surfaces of the Schatz linkage[C]// Proceedings of the ASME 2010 International Design Engineering Technical Conferences and Computers and Information in Engineering Conference. Montreal, QC: 1719-1725.

CUI L, DAI J S, LEE C, 2015. Characteristics of the double-cycled motion-ruled surface of the Schatz linkage based on differential geometry[J]. Proceedings of the Institution of Mechanical Engineers, Part C: Journal of Mechanical Engineering Science, 229(5): 957-964.

DAI J S, HUANG Z, LIPKIN H, 2006. Mobility of overconstrained parallel mechanisms[J]. Journal of Mechanical Design, 128(1): 220-229.

DAI J S, REES JONES J, 1998. Mobility in metamorphic mechanisms of foldable/erectable kinds[C]// Proceedings of 25th ASME Biennial Mechanisms Conference. Atlanta: ASME: DETC98/MECH5902.

DAI J S, REES JONES J, 1999. Mobility in metamorphic mechanisms of foldable/erectable kinds[J]. Journal of Mechanical Design, 121(3): 375-382.

DAI J S, REES JONES J, 2002. Null-space construction using cofactors from a screw-algebra context[J]. Proceedings of the Royal Society A: Mathematical, Physical and Engineering Sciences, 458(2024): 1845-1866.

DAI J S, ZHANG Q, 2000. Metamorphic mechanisms and their configuration models[J].Chinese Journal of Mechanical Engineering (English Edition), 13(3): 212-218.

FENG H, CHEN Y, DAI J S, et al., 2017. Kinematic study of the general plane-symmetric Bricard linkage and its bifurcation variations[J].Mechanism and Machine Theory, 116: 89-104.

GAN W, PELLEGRINO S, 2006. Numerical approach to the kinematic analysis of deployable structures forming a closed loop[J]. Proceedings of the Institution of Mechanical Engineers, Part C: Journal of Mechanical Engineering Science, 220(7): 1045-1056.

KANG X, FENG H, DAI J S, et al., 2020. High-order based revelation of bifurcation of novel Schatz-inspired 7R metamorphic mechanisms using screw theory[J]. Mechanism and Machine Theory, 154: 103986.

KANG X, MA X, DAI J S, et al., 2020. Bifurcation variations and motion-ruled-surface evolution of a novel Schatz linkage induced metamorphic mechanism[J]. Mechanism and Machine Theory, 150: 103867.

KUMAR P, PELLEGRINO S, 2000. Computation of kinematic paths and bifurcation points [J]. International Journal of Solids and Structures, 37(46-47): 7003-7027.

LEE C, DAI J S, 2003. Configuration analysis of the Schatz linkage[J]. Proceedings of the Institution of Mechanical Engineers, Part C: Journal of Mechanical Engineering Science,

217(7): 779-786.

MA X, ZHANG K, DAI J S, 2018. Novel spherical-planar and Bennett-spherical 6R metamorphic linkages with reconfigurable motion branches[J]. Mechanism and Machine Theory, 128: 628-647.

ROTH B, 1967. On the screw axes and other special lines associated with spatial displacements of a rigid body[J]. Journal of Engineering for Industry, 89(1): 102-110.

SCHATZ P, 1975. Rhythmusforschung und technik[M]. Stuttgart: Verlag Freies Geistesleben.

TANG Z, DAI J S, 2018. Bifurcated configurations and their variations of an 8-bar linkage derived from an 8-kaleidocycle[J]. Mechanism and Machine Theory, 121: 745-754.

WALDRON K J, 1968. Hybrid overconstrained linkages[J]. Journal of Mechanisms, 3(2): 73-78.

WOHLHART K, 1991. On isomeric overconstrained space mechanisms[J]. Proceedings of 8th IFToMM World Congress. Prague: 153-158.

第八章　基于李子群与微分流形的可重构并联机构的型综合

变胞机构 (Dai 和 Rees, 1998, 1999; Ma 等, 2018; Gan 等, 2010) 可以通过物理意义上的构件耦合 (Yan 和 Liu, 2000) 、几何约束 (Zhang 等, 2013) 及变胞副 (Gan 等, 2009) 变化三种方式实现构型演变。结合上述三种变胞方式, 基于直线几何理论, 建立可以借助构件耦合或者几何约束实现构型演变的变胞单元机构综合方法 (Ma 等, 2018; Gan 和 Dai, 2013; Zhang 等, 2013) 。应用旋量理论 (Dai, 2012) 与射影几何理论 (Fang 和 Chen, 1983) 进一步分析可重构变胞单元在不同构型时提供的约束特征 (李端玲等, 2002; 王德伦和戴建生, 2007; 张克涛, 2010) , 综合考虑机构实现任一运动分支构型时需满足的约束条件、不同运动分支构型之间的相互转化所需满足的约束条件及变胞方式, 以完成变胞链的选择, 继而以任务空间的运动与约束力空间为条件, 采用变胞运动副完成该运动与约束力空间的转换, 生成满足任务变化的机构或运动链, 从而得到一系列能够完成多种任务、适应不同环境的变胞机构构型。

8.1　可重构并联机构的变换构型空间和动平台的运动表示

在可重构并联机构中, 机构的动平台经过分岔点具有两个或多个运动分支。研究这些运动分支构型之间的特殊关系对判断可重构机构是否发生分岔以及获得发生分岔满足的条件具有十分重要的作用。本节将对可重构并联机构的变换构型空间和动平台的运动表示进行探讨。首先研究可重构并联机构的变换构型空间。根据运动分支的李子群或子流形的特性，即两个或多个李子群及子流形的交集是否为单位元的情形，分类讨论生成变换构型空间所需满足的前提条件以及构造变换构型空间的方法，为可重构并联机构动平台的两个或多个运动分支之间的切换提供理论基础。然后研究可重构并联机构动平台的运动表示。由于可重构并联机构具有两个或多个运动分支，每个运动分支可以通过李子群或子流形进行表示，本节采用运动键与合成子流形的方法，研究可重构并联机构动平台的运动表示，揭示可重构并联机构动平台的运动机理。

8.1.1 具有单分岔点的两个运动分支的变换构型空间

变换构型空间是运动分支构型空间的交集形成的空间，可重构并联机构的动平台可以在变换构型空间进行运动分支的切换。变换构型空间是由分岔点生成的，这是由于该机构在分岔点处是奇异的。由两个李子群的交集生成的空间称为变换构型空间。具有单分岔点的两个运动分支的变换构型空间的数学定义如下。

定义 1 设 N_1 和 N_2 是 $SE(3)$ 的闭李子群，其维数分别为 n_1 和 n_2。如果

$$N_1 \cap N_2 = N \tag{8-1}$$

且满足

$$0 \leqslant \dim(N) \leqslant \min\{\dim(N_1), \dim(N_2)\} \tag{8-2}$$

存在李子群 N 生成的构型空间，则该构型空间称为变换构型空间。

对于具有单分岔点的两个运动分支的可重构并联机构而言，动平台的两个运动分支构型空间的交集形成交空间，并且动平台在该交空间中在两个运动分支之间进行切换，则该交空间为变换构型空间。

两个李子群的交集有两种情况，即单位元或非单位元。当交集为非单位元时，生成的构型空间为奇异构型空间；当交集为单位元时，生成的构型空间为增广奇异构型空间。变换构型空间包括奇异构型空间和增广奇异构型空间。更一般性的结论如定理 1 所述。

定理 1 设 N_1 和 N_2 是 $SE(3)$ 的闭李子群，其维数分别为 n_1 和 n_2。

(a) 如果

$$N_1 \cap N_2 = N \quad 且 \quad \dim(N) > 0 \tag{8-3}$$

则存在李子群 N 生成的奇异构型空间，使得 N_1 和 N_2 在该奇异构型空间切换。

(b) 如果

$$N_1 \cap N_2 = \{e\} \tag{8–4}$$

e 是单位元, 分别扩展 N_1、 N_2 为 $N_1 \cdot M$、 $N_2 \cdot M$, 且维数分别为

$$\dim(N_1 \cdot M) = n_1 + m \tag{8–5}$$

$$\dim(N_2 \cdot M) = n_2 + m \tag{8–6}$$

式中, M 是 $SE(3)$ 的李子群, 其维数 $\dim(M) = m$, 且 M 不包含于 N_1 和 N_2, 并满足

$$(N_1 \cdot M) \cap (N_2 \cdot M) = M \tag{8–7}$$

则存在李子群 M 生成的增广奇异构型空间, 使得 N_1 和 N_2 在该增广奇异构型空间切换。

证明 设 $(\alpha_1\alpha_2, \cdots, \alpha_{n_1})$ 和 $(\beta_1\beta_2, \cdots, \beta_m)$ 分别是子群 N_1 和 N_2 的基, 其维数分别为 n_1 和 n_2。

(a) 如果 $N_1 \cap N_2 = N$ 且 $\dim(N) = n > 0$。设 $(\gamma_1, \gamma_2, \cdots, \gamma_n)$ 是子群 N 的基, 并可以分别张成子群 N_1 和子群 N_2 的基, 分别表示为 $(\gamma_1, \gamma_2, \cdots, \gamma_n, \alpha_{n+1}, \cdots, \alpha_{n_1})$ 和 $(\gamma_1, \gamma_2, \cdots, \gamma_n, \beta_{n+1}, \cdots, \beta_{n_2})$。由于向量 $(\gamma_1, \gamma_2, \cdots, \gamma_n)$ 是张成子群 N_1 和 N_2 基的交集, 则向量 $(\gamma_1\gamma_2, \cdots, \gamma_n)$ 生成子空间 $L(\gamma_1, \gamma_2, \cdots, \gamma_n)$, 这里 $L(\cdot)$ 表示生成子空间。根据子空间的定义, 如果一个子空间包含向量 $(\gamma_1, \gamma_2, \cdots, \gamma_n)$, 则一定包含该向量所有的线性组合。也就是说, 这个子空间一定包含 $L(\gamma_1, \gamma_2, \cdots, \gamma_n)$。因此, 生成子空间 $L(\gamma_1, \gamma_2, \cdots, \gamma_n)$ 包含在 N_1 和 N_2 中, 则这个生成子空间就是奇异构型空间。

(b) 如果 $N_1 \cap N_2 = \{e\}$, 因为 N_1 和 N_2 是 $SE(3)$ 的李子群, 则存在向量空间 M 满足

$$\dim(M) \leqslant \min\{6 - \dim(N_1),\ 6 - \dim(N_2)\} \tag{8–8}$$

设 M 的一组基为 $(\zeta_1, \zeta_2, \cdots, \zeta_m)$, 则 M 生成子空间 $L(\zeta_1, \zeta_2, \cdots, \zeta_m)$。由于 $(\alpha_1, \alpha_2, \cdots, \alpha_{n_1})$ 和 $(\beta_1, \beta_2, \cdots, \beta_{n_2})$ 分别是 N_1 和 N_2 的基, 则它们分别生成子空间 $L(\alpha_1, \alpha_2, \cdots, \alpha_{n_1})$ 和 $L(\beta_1, \beta_2, \cdots, \beta_{n_2})$。因此, 有

$$L(\alpha_1, \alpha_2, \cdots, \alpha_{n_1}) + L(\zeta_1, \zeta_2, \cdots, \zeta_m) = L(\alpha_1, \cdots, \alpha_{n_1}, \zeta_1, \cdots, \zeta_m) \tag{8–9}$$

$$L(\beta_1, \beta_2, \cdots, \beta_{n_2}) + L(\zeta_1, \zeta_2, \cdots, \zeta_m) = L(\beta_1, \cdots, \beta_{n_2}, \zeta_1, \cdots, \zeta_m) \tag{8–10}$$

因为向量 $(\zeta_1, \zeta_2, \cdots, \zeta_m)$ 包含在生成子空间 $L(\alpha_1, \cdots, \alpha_{n_1}, \zeta_1, \cdots, \zeta_m)$ 和 $L(\beta_1, \cdots, \beta_{n_2}, \zeta_1, \cdots, \zeta_m)$ 中, 则 $L(\zeta_1, \zeta_2, \cdots, \zeta_m)$ 是子空间且包含在 $L(\alpha_1, \cdots, \alpha_{n_1}, \zeta_1, \cdots, \zeta_m)$

和 $L(\beta_1,\cdots,\beta_{n_2},\zeta_1,\cdots,\zeta_m)$ 中。因此, 子空间 $L(\zeta_1,\zeta_2,\cdots,\zeta_m)$ 是子空间 $L(\alpha_1,\cdots,\alpha_{n_1},\zeta_1,\cdots,\zeta_m)$ 和子空间 $L(\beta_1,\cdots,\beta_{n_2},\zeta_1,\cdots,\zeta_m)$ 的交空间。由定理 1 中 (a) 部分的结论可知, 子空间 $L(\zeta_1,\zeta_2,\cdots,\zeta_m)$ 相对于扩展生成子空间 $L(\alpha_1,\cdots,\alpha_{n_1},\zeta_1,\cdots,\zeta_m)$ 和扩展生成子空间 $L(\beta_1,\cdots,\beta_{n_2},\zeta_1,\cdots,\zeta_m)$ 是奇异构型空间, 但子空间 $L(\zeta_1,\zeta_2,\cdots,\zeta_m)$ 相对于生成子空间 $L(\alpha_1,\alpha_2,\cdots,\alpha_{n_1})$ 和生成子空间 $L(\beta_1,\beta_2,\cdots,\beta_{n_2})$ 是增广奇异构型空间。

证毕。

注 1 变换构型空间包括奇异构型空间和增广奇异构型空间。变换构型空间不一定是奇异构型空间, 但奇异构型空间一定是变换构型空间。

注 2 在定理 1 第二部分 (b) 的证明过程中, 条件 $N_1\cap N_2=\{e\}$ 是能够进行扩展的前提条件, 只要任意李子群满足条件

$$\dim(N_1\cdot M)\leqslant 6 \tag{8–11}$$

$$\dim(N_2\cdot M)\leqslant 6 \tag{8–12}$$

且

$$(N_1\cdot M)\cap(N_2\cdot M)\neq\{e\} \tag{8–13}$$

则其能够扩展。

注 3 在定理 1 第二部分 (b) 的证明过程中, 找出向量空间 M 的过程就是构建两个运动分支满足切换的条件。在可重构并联机构的型综合中, 通过采取在支链中添加运动副的方式, 实现两个运动分支的交集是非单位元的情形。此时非单位元的交集相对于添加运动副后的运动分支生成的空间是奇异构型空间, 但相对于原运动分支是增广奇异构型空间。

定理 1 分类讨论了具有单分岔点的两个运动分支的切换条件。当两个李子群的交集是非单位元时, 非单位元交集生成奇异构型空间, 且可重构并联机构的动平台在奇异构型空间实现两个运动分支的切换。当两个李子群的交集是单位元时, 构造增广奇异构型空间, 使得可重构并联机构的动平台在增广奇异构型空间实现两个运动分支的切换。定理 1 的结论为可重构并联机构动平台实现运动分岔提供了理论基础, 对可重构并联机构型综合的研究有指导作用。

定理 1 中以两个李子群运动分支证明了变换构型空间的存在性。对于两个运动分支为子流形, 或一个运动分支为李子群、另一个运动分支为子流形, 结论同样成立。

8.1.2 具有单分岔点的多个运动分支的变换构型空间

8.1.1 节的定理 1 研究了具有单分岔点的两个运动分支的可重构并联机构的变换构型空间, 并给出了构造该类变换构型空间的方法。这是可重构并联机构动平台实现分岔的简单情形。本节主要研究可重构并联机构具有单分岔点的多个运动分支的情形, 并给出一般性结论。

由李子群的性质可知, 多个李子群的交集仍是李子群, 则该交集李子群生成的空间是变换构型空间。具有单分岔点的多个运动分支的变换构型空间的数学定义如下。

定义 2 设 $N_1, N_2, \cdots, N_n$ 是 $SE(3)$ 的闭李子群, 其维数分别为 $n_1, n_2, \cdots, n_n$。如果

$$N_1 \cap N_2 \cap \cdots \cap N_n = N \tag{8–14}$$

且

$$0 \leqslant \dim(N) \leqslant \min\{\dim(N_1), \dim(N_2), \cdots, \dim(N_n)\} \tag{8–15}$$

存在李子群 N 生成的构型空间, 则该构型空间称为变换构型空间。

对于具有单分岔点的多个运动分支的可重构并联机构而言, 动平台多个运动分支构型空间的交集形成交空间, 并且动平台在该交空间中在多个运动分支之间进行切换, 则定义该交空间为变换构型空间。

定理 2 设 $N_1, N_2, \cdots, N_n$ 是 $SE(3)$ 的闭李子群, 其维数分别为 $n_1, n_2, \cdots, n_n$。

(a) 如果

$$N_1 \cap N_2 \cap \cdots \cap N_n = N \quad \text{且} \quad \dim(N) = n > 0 \tag{8–16}$$

则存在李子群 N 生成的奇异构型空间, 使得 $N_1, N_2, \cdots, N_n$ 在该奇异构型空间切换。

(b) 如果

$$N_1 \cap N_2 \cap \cdots \cap N_n = \{e\} \tag{8–17}$$

e 是单位元, 分别扩展 $N_1, N_2, \cdots, N_n$ 为 $N_1 \cdot M, N_2 \cdot M, \cdots, N_n \cdot M$, 且维数分别为

$$\dim\ (N_1 \cdot M) = n_1 + m \tag{8–18}$$

$$\dim\ (N_2 \cdot M) = n_2 + m \tag{8–19}$$

$$\vdots$$

$$\dim\ (N_n \cdot M) = n_n + m \tag{8–20}$$

式中, M 是 $SE(3)$ 的李子群, 其维数 $\dim(M)=m$, 且 M 不包含于 $N_1,N_2,\cdots,N_n$, 满足

$$(N_1\cdot M)\cap(N_2\cdot M)\cap\cdots\cap(N_n\cdot M)=M \tag{8–21}$$

则存在李子群 M 生成的增广奇异构型空间, 使得 $N_1,N_2,\cdots,N_n$ 在该增广奇异构型空间切换。

证明 1 设 $(\alpha_{11},\alpha_{12},\cdots,\alpha_{1n_2})$, $(\alpha_{21},\alpha_{22},\cdots,\alpha_{2n_1})$, $\cdots$,$(\alpha_{n1},\alpha_{n2},\cdots,\alpha_{nn_n})$分别是子群 $N_1,N_2,\cdots,N_n$ 的基, 其维数分别为 n_1, $n_2,\cdots$, n_n。

(a) 如果 $N_1\cap N_2\cap\cdots\cap N_n=N$ 且 $\dim(N)=n>0$, 设 $(\gamma_1,\gamma_2,\cdots,\gamma_n)$ 是李子群 N 的基, 并可分别张成子群 $N_1,N_2,\cdots,N_n$ 的基, 记为 $(\gamma_1,\gamma_2,\cdots,\gamma_n,\alpha_{1(n+1)},\cdots,\alpha_{1n_1})$, $(\gamma_1,\gamma_2,\cdots,\gamma_n,\alpha_{2(n+1)},\cdots,\alpha_{2n_2})$, $\cdots$, $(\gamma_1,\gamma_2,\cdots,\gamma_n,\alpha_{n(n+1)},\cdots,\alpha_{nn_n})$。由于向量 $(\gamma_1,\gamma_2,\cdots,\gamma_n)$ 是张成子群 $N_1,N_2,\cdots,N_n$ 基的交集, 则向量 $(\gamma_1,\gamma_2,\cdots,\gamma_n)$ 的生成子空间是 $L(\gamma_1,\gamma_2,\cdots,\gamma_n)$。根据子空间的定义, 如果一个子空间包含向量 $(\gamma_1,\gamma_2,\cdots,\gamma_n)$, 则一定包含该向量所有的线性组合。也就是说, 这个子空间一定包含 $L(\gamma_1,\gamma_2,\cdots,\gamma_n)$。因此, 生成子空间 $L(\gamma_1,\gamma_2,\cdots,\gamma_n)$ 包含在 $N_1,N_2,\cdots,N_n$ 中, 则这个生成子空间就是奇异构型空间。

(b) 如果 $N_1\cap N_2\cap\cdots\cap N_n=\{e\}$, 因为 $N_1,N_2,\cdots,N_n$ 是 $SE(3)$ 的李子群, 则存在向量空间 M 满足

$$\dim(M)\leqslant\min\{6-\dim(N_1),6-\dim(N_2),\cdots,6-\dim(N_n)\} \tag{8–22}$$

设 M 的一组基为 $(\zeta_1,\zeta_2,\cdots,\zeta_m)$, 则 M 生成子空间 $L(\zeta_1,\zeta_2,\cdots,\zeta_m)$。由于 $(\alpha_{11},\alpha_{12},\cdots,\alpha_{1n_1})$, $(\alpha_{21},\alpha_{22},\cdots,\alpha_{2n_2})$, $\cdots$,$(\alpha_{n1},\alpha_{n2},\cdots,\alpha_{nn_n})$是 $N_1,N_2,\cdots,N_n$ 的基, 则它们分别生成子空间 $L(\alpha_{11},\alpha_{12},\cdots,\alpha_{1n_1}),L(\alpha_{21},\alpha_{22},\cdots,\alpha_{2n_2}),\cdots,L(\alpha_{n1},\alpha_{n2},\cdots,\alpha_{nn_2})$。因此, 有

$$L(\alpha_{11},\alpha_{12},\cdots,\alpha_{1n_1})+L(\zeta_1,\zeta_2,\cdots,\zeta_m)=L(\alpha_{11},\cdots,\alpha_{1n_1},\zeta_1,\cdots,\zeta_m) \tag{8–23}$$

$$L(\alpha_{21},\alpha_{22},\cdots,\alpha_{2n_2})+L(\zeta_1,\zeta_2,\cdots,\zeta_m)=L(\alpha_{21},\cdots,\alpha_{2n_2},\zeta_1,\cdots,\zeta_m) \tag{8–24}$$

$$\vdots$$

$$L(\alpha_{n1},\alpha_{n2},\cdots,\alpha_{nn_n})+L(\zeta_1,\zeta_2,\cdots,\zeta_m)=L(\alpha_{n1},\cdots,\alpha_{nn_n},\zeta_1,\cdots,\zeta_m) \tag{8–25}$$

因为向量 $(\zeta_1,\zeta_2,\cdots,\zeta_m)$ 包含在生成子空间 $L(\alpha_{11},\cdots,\alpha_{1n_1},\zeta_1,\cdots,\zeta_m)$, $L(\alpha_{21},\cdots,\alpha_{2n_2},\zeta_1,\cdots,\zeta_m),\cdots$, $L(\alpha_{n1},\cdots,\alpha_{nn_n},\zeta_1,\cdots,\zeta_m)$ 中, 则 $L(\zeta_1,\zeta_2,\cdots,\zeta_m)$ 是子空间且包含在 $L(\alpha_{11},\cdots,\alpha_{1n_1},\zeta_1,\cdots,\zeta_m),L(\alpha_{21},\cdots,\alpha_{2n_2},\zeta_1,\cdots,\zeta_m),\cdots,L(\alpha_{n1},\cdots,\alpha_{nn_n},$

$\zeta_1,\cdots,\zeta_m)$ 中。因此 $L(\zeta_1,\zeta_2,\cdots,\zeta_m)$ 是 $L(\alpha_{11},\cdots,\alpha_{1n_1},\zeta_1,\cdots,\zeta_m),L(\alpha_{21},\cdots,\alpha_{2n_2},\zeta_1,\cdots,\zeta_m),\cdots,L(\alpha_{n1},\cdots,\alpha_{nn_n},\zeta_1,\cdots,\zeta_m)$ 的交空间。由定理 2 中 (a) 部分的结论可知, 生成子空间 $L(\zeta_1,\zeta_2,\cdots,\zeta_m)$ 相对于扩展生成子空间 $L(\alpha_{11},\cdots,\alpha_{1n_1},\zeta_1,\cdots,\zeta_m),L(\alpha_{21},\cdots,\alpha_{2n_2},\zeta_1,\cdots,\zeta_m),\cdots,L(\alpha_{n1},\cdots,\alpha_{nn_n},\zeta_1,\cdots,\zeta_m)$ 是奇异构型空间, 但是生成子空间 $L(\zeta_1,\zeta_2,\cdots,\zeta_m)$ 相对于扩展生成子空间 $L(\alpha_{11},\cdots,\alpha_{1n_1},\zeta_1,\cdots,\zeta_m),L(\alpha_{21},\cdots,\alpha_{2n_2},\zeta_1,\cdots,\zeta_m),\cdots,$ $L(\alpha_{n1},\cdots,\alpha_{nn_n},\zeta_1,\cdots,\zeta_m)$ 是增广奇异构型空间。

证毕。

注 4 在定理 2 的 (b) 部分, 条件 $N_1\cap N_2\cap\cdots\cap N_n=\{e\}$ 是能够进行扩展的前提条件, 只要任意李子群满足

$$\dim\,(N_1\cdot M)\leqslant 6 \tag{8–26}$$

$$\dim\,(N_2\cdot M)\leqslant 6 \tag{8–27}$$

$$\vdots$$

$$\dim\,(N_n\cdot M)\leqslant 6 \tag{8–28}$$

且

$$(N_1\cdot M)\cap(N_2\cdot M)\cap\cdots\cap(N_n\cdot M)\neq\{e\} \tag{8–29}$$

则其能够扩展。

8.1.3 具有多分岔点的多个运动分支的变换构型空间

8.1.1 节和 8.1.2 节研究了具有单分岔点的两个或多个运动分支的可重构并联机构的变换构型空间问题。本节更进一步地研究具有多分岔点的多运动分支的可重构并联机构。具有多分岔点的多个运动分支的变换构型空间的数学结论如下。

定理 3 设 $N_1,N_2,\cdots,N_n$ 是 $SE(3)$ 的闭李子群, 其维数分别为 $n_1,n_2,\cdots,n_n$。

(a) 如果

$$N_i\cap\cdots\cap N_j=N_k\quad(i,j,k=1,\cdots,n\text{且}i<j) \tag{8–30}$$

k 是多分岔点的个数, 且

$$1\leqslant\dim(N_k)\leqslant n \tag{8–31}$$

则存在李子群 N_k 生成的奇异构型空间, 使得 $N_1, N_2, \cdots, N_n$ 在该奇异构型空间切换。

(b) 如果

$$N_i \cap \cdots \cap N_j = \{e\} \quad (i, j = 1, \cdots, n \text{ 且 } i < j) \tag{8–32}$$

e 是单位元, 分别扩展 $N_1, N_2, \cdots, N_n$ 为 $N_1 \cdot M_k, N_2 \cdot M_k, \cdots, N_n \cdot M_k$, 且维数分别为

$$\dim\,(N_1 \cdot M_k) = n_1 + m_k \tag{8–33}$$

$$\dim\,(N_2 \cdot M_k) = n_2 + m_k \tag{8–34}$$

$$\vdots$$

$$\dim\,(N_n \cdot M_k) = n_n + m_k \tag{8–35}$$

式中, M_k 是 $SE(3)$ 的李子群, 其维数

$$\dim\,(M_k) = m_k \tag{8–36}$$

且 M_k 包含于 $N_1, N_2, \cdots, N_n$, 满足

$$(N_1 \cdot M_k) \cap \cdots \cap (N_n \cdot M_k) = M_k \tag{8–37}$$

则存在李子群 M_k 生成的增广奇异构型空间, 使得 $N_1, N_2, \cdots, N_n$ 在该增广奇异构型空间切换。

根据 8.1.1 节的定理 1 和 8.1.2 节的定理 2、定理 3 的结论很容易得证, 这里不再详细阐述。

注 5 多分岔点的多个运动分支的可重构并联机构是一类比较复杂的机构, 不但涉及运动分支之间的分岔路径的选择, 还涉及多个分岔点之间的变换。

8.1.4 两个运动分支的可重构并联机构动平台的运动表示

与传统并联机构相比, 可重构并联机构具有分岔点和多运动分支等特点, 并且经过分岔点多运动分支之间进行切换。因此, 可重构并联机构动平台的运动表示比传统并联机构更为复杂。本节引入合成子流形和运动键的方法, 对具有两个运动分支的可重构并联机构动平台的运动表示做了详细研究, 为可重构并联机构的型综合

奠定了理论基础。进一步地, 将可重构并联机构动平台的运动表示推广到具有多个运动分支的情况。

在 n 个连杆构成的运动链中, 连杆 i 和 j 之间的运动键 $L(i,j)(i<j$ 且 $i,j=1,\cdots,n)$ 定义为连杆 i 和 j 之间的所有可能的欧几里得位移的集合。如果运动链由转动副、移动副和螺旋副构成, 则连杆 i 和 j 之间的运动键表示为

$$L(i,j)=M_{i,i+1}M_{i+1,i+2}\cdots M_{j-1,j}\in P(SE(3)) \tag{8-38}$$

式中, $P(SE(3))$ 是 $SE(3)$ 的幂集; $M_{k,k+1}$, $(k=i,\cdots,j-1)$ 表示相邻连杆 k 与 $k+1$ 的所有可能的位移的子群, $M_{k,k+1}\leqslant SE(3)$, 其中 "$\leqslant$" 表示子群与群的关系。这些连杆由单自由度的运动副构成, 则 $M_{k,k+1}$ 是 $SE(3)$ 的子群。

合成子流形 M 或子流形的积表示子链末端执行器的位移, 由运动副的子群构成, 表示末端执行器和固定基座之间的运动键。

为了便于理解可重构并联机构的运动表示, 首先研究普通的并联机构的运动表示。根据并联机构子链和动平台的关系, 并联机构动平台关于基座的运动表示为

$$L_{\mathrm{p}}=\bigcap_{k=1}^{n}L_k(i,j) \tag{8-39}$$

$$M_{\mathrm{p}}=\bigcap_{k=1}^{n}M_k \tag{8-40}$$

式中, 下标 "p" 表示并联机构; L_{p} 表示动平台通过第 k 个子链相对于基座的所有可能的欧几里得位移; M_{p} 表示动平台相对于基座生成的所有可能的子流形, 是所有子链生成子流形的交集; $L_k(i,j)$ 是第 k 个子链的运动键; M_k 是第 k 个子链的合成子流形。

合成子流形 M_k 包含 L_k 的所有元素和将子集 L_k 转化为子流形的所需的欧几里得位移的最小数量。因此,

$$L_k\leqslant M_k \tag{8-41}$$

因为具有两个运动分支的可重构并联机构有相同的物理结构形式, 其结构形式在可重构并联机构的运动分支切换中没有发生改变, 因此具有两个运动分支的可重构并联机构的动平台相对于基座的运动表示为

$$L_{\mathrm{r}}[2]=L_{1\mathrm{p}}\cup L_{2\mathrm{p}}=\left\{\bigcap_{k=1}^{n}L_{1k}\right\}\cup\left\{\bigcap_{k=1}^{n}L_{2k}\right\}=\bigcap_{k=1}^{n}L_{\mathrm{r}k} \tag{8-42}$$

$$M_{\mathrm{r}}[2]=M_{1\mathrm{p}}\cup M_{2\mathrm{p}}=\left\{\bigcap_{k=1}^{n}M_{1k}\right\}\cup\left\{\bigcap_{k=1}^{n}M_{2k}\right\}=\bigcap_{k=1}^{n}M_{\mathrm{r}k} \tag{8-43}$$

式中，$L_{\mathrm{r}}[2]$ 和 $M_{\mathrm{r}}[2]$ 中，下标 "r" 表示可重构并联机构，数字 "2" 表示可重构并联机构具有两个运动分支；$L_{\mathrm{r}k}$ 表示具有两个运动分支的可重构并联机构的动平台通过第 k 个连接子链相对于基座的所有可能的欧几里得位移；$M_{\mathrm{r}k}$ 表示具有两个运动分支可重构并联机构动平台的生成子流形是所有子链生成子流形的交集，下标 k 表示可重构并联机构第 k 个连接子链。

另外，对于具有两个运动分支的可重构并联机构而言，根据 8.1 节，其两个运动分支对应的动平台相对于基座的合成子流形的交集 $M_{1\mathrm{p}}\cap M_{2\mathrm{p}}$ 为可重构并联机构的变换构型空间，则

$$M_{1\mathrm{p}}\cap M_{2\mathrm{p}}\subseteq M_{1\mathrm{p}}\cup M_{2\mathrm{p}} \tag{8-44}$$

又因为 $M_{1\mathrm{p}}\cup M_{2\mathrm{p}}=\bigcap\limits_{k=1}^{n}M_{\mathrm{r}k}$，则 $\bigcap\limits_{k=1}^{n}M_{\mathrm{r}k}$ 包含可重构并联机构所有运动分支情况和变换构型空间情况，即两个动平台运动分支 $M_{1\mathrm{p}}$ 和 $M_{2\mathrm{p}}$ 以及变换构型空间 $M_{1\mathrm{p}}\cap M_{2\mathrm{p}}$。

又由式 (8–41)、式 (8–42) 和式 (8–43) 可得

$$L_{\mathrm{r}}[2]=\bigcap_{k=1}^{n}L_{\mathrm{r}k}\leqslant\bigcap_{k=1}^{n}M_{\mathrm{r}k}=M_{\mathrm{r}}[2] \tag{8-45}$$

注 6 式 (8–44) 给出了可重构并联机构的变换构型空间与动平台运动表示的关联关系，变换构型空间包含在动平台运动表示中。

8.1.5 多个运动分支的可重构并联机构动平台的运动表示

本节把 8.1.4 节的结论推广到一般情况。设可重构并联机构具有 n 个运动分支，在每个运动分支下，可重构并联机构动平台通过第 k 个连接子链相对于基座所经历的所有可能的欧几里得位移分别为 $L_{1\mathrm{p}}, L_{2\mathrm{p}},\cdots, L_{n\mathrm{p}}$，动平台相对于基座生成的所有可能的合成子流形分别为 $M_{1\mathrm{p}}, M_{2\mathrm{p}},\cdots, M_{n\mathrm{p}}$，则该可重构并联机构的动平台相对于基座的运动表示为

$$\begin{aligned}L_{\mathrm{r}}[n]&=L_{1\mathrm{p}}\cup L_{2\mathrm{p}}\cup\cdots\cup L_{n\mathrm{p}}\\&=\left\{\bigcap_{k=1}^{n}L_{1k}\right\}\cup\left\{\bigcap_{k=1}^{n}L_{2k}\right\}\cup\cdots\cup\left\{\bigcap_{k=1}^{n}L_{nk}\right\}=\bigcap_{k=1}^{n}L_{\mathrm{r}k}\end{aligned} \tag{8-46}$$

$$M_{\rm r}[n] = M_{1\rm p} \cup M_{2\rm p} \cup \cdots \cup M_{n\rm p}$$

$$= \left\{ \bigcap_{k=1}^{n} M_{1k} \right\} \cup \left\{ \bigcap_{k=1}^{n} M_{2k} \right\} \cup \cdots \cup \left\{ \bigcap_{k=1}^{n} M_{nk} \right\} = \bigcap_{k=1}^{n} M_{{\rm r}k} \qquad (8\text{–}47)$$

式中, $L_{\rm r}[n]$ 和 $M_{\rm r}[n]$ 中, 下标 "r" 表示可重构并联机构, 数字 "n" 表示可重构并联机构具有 n 个运动分支。其余的情况同 8.1.4 节内容相类似, 这里不再一一阐述。

由式 (8–41)、式 (8–46) 和式 (8–47) 可得

$$L_{\rm r}[n] = \bigcap_{k=1}^{n} L_{{\rm r}k} \leqslant \bigcap_{k=1}^{n} M_{{\rm r}k} = M_{\rm r}[n] \qquad (8\text{–}48)$$

8.2 具有 1R2T 和 2R1T 运动变胞并联机构的型综合

根据李子群和子流形理论, 研究子流形切换的构型变换原理, 即变胞子链和变胞并联机构动平台的构型变换原理, 其本质是子流形切换使机构发生重构, 得到变胞并联机构, 产生不同的运动。首先, 根据两个运动类型的不同构型空间以及平台子流形切换的构型变换原理, 综合能够改变运动构型, 实现不同运动切换的变胞运动副, 将变胞运动副与转动副和移动副组成变胞串联子链。由于变胞运动副的轴线与连杆具有不同的相对位置关系, 变胞运动副具有不同的构态。基于变胞运动副的特殊几何性质和构态以及构成变胞串联子链的特殊构态, 变胞并联机构的动平台可实现多个运动。根据动平台的运动和约束条件, 验证子群和子流形方法综合变胞并联机构的可行性, 实现变胞并联机构在运动分支 1R2T 和 2R1T 之间可重构的型综合。

8.2.1 变胞并联机构动平台的运动表示

本节采用李群和微分流形理论综合变胞并联机构, 使其动平台实现在 1R2T 和 2R1T 运动分支之间的相互转换。为了便于数学描述, 变胞并联机构的运动分支表示为子群或子流形的形式。当变胞并联机构处于 1R2T 运动分支时, 其动平台的运动表示为

$$T_2(\boldsymbol{z}) \cdot R(p, \boldsymbol{z}) = \left\{ \begin{pmatrix} {\rm e}^{\hat{\boldsymbol{z}}\theta} & (\boldsymbol{I}_3 - {\rm e}^{\hat{\boldsymbol{z}}\theta})\boldsymbol{d}_p + a\boldsymbol{x} + b\boldsymbol{y} \\ \boldsymbol{0} & \boldsymbol{1} \end{pmatrix}, \theta \in [0, 2\pi], a, b \in \mathbb{R} \right\} \quad (8\text{–}49)$$

当变胞并联机构处于 2R1T 运动分支时, 其动平台的运动表示为

$$T(\boldsymbol{z})\cdot U(q,\boldsymbol{x},\boldsymbol{y})$$

$$=\left\{\begin{pmatrix}\mathrm{e}^{\hat{\boldsymbol{x}}\alpha}\mathrm{e}^{\hat{\boldsymbol{y}}\beta} & \mathrm{e}^{\hat{\boldsymbol{x}}\boldsymbol{\alpha}}(\boldsymbol{I}_3-\mathrm{e}^{\hat{\boldsymbol{y}}\beta})\boldsymbol{d}_q+(\boldsymbol{I}_3-\mathrm{e}^{\hat{\boldsymbol{x}}\alpha})\boldsymbol{d}_q+c\boldsymbol{z}\\ \boldsymbol{0} & 1\end{pmatrix},\alpha,\beta\in[0,2\pi],c\in\mathbb{R}\right\}\tag{8-50}$$

式中, $\boldsymbol{d}_p$、 $\boldsymbol{d}_q$ 分别为点 p 和点 q 在全局坐标系下的位置向量; $\mathrm{e}^{\hat{\boldsymbol{x}}}\alpha$、 $\mathrm{e}^{\hat{\boldsymbol{y}}\beta}$ 和 $\mathrm{e}^{\hat{\boldsymbol{z}}\boldsymbol{\theta}}$ 是李群 SE (3) 的元素, 分别表示沿 x 轴、 y 轴和 z 轴的螺旋运动, 其中 α、 β 和 θ 分别为动平台绕 x 轴、 y 轴和 z 轴旋转的角度; $\boldsymbol{x}$, $\boldsymbol{y}$, $\boldsymbol{z}\in\mathbb{R}^3$ 分别表示沿 x 轴、 y 轴和 z 轴运动的方向向量; $\hat{\boldsymbol{x}}$、 $\hat{\boldsymbol{y}}$ 和 $\hat{\boldsymbol{z}}$ 分别表示 $\boldsymbol{x}$、 $\boldsymbol{y}$ 和 $\boldsymbol{z}$ 的反对称矩阵; a、 b 和 c 分别为动平台沿 x 轴、 y 轴和 z 轴方向的平移距离。

8.2.2 基于子流形切换的构型变换原理

变胞并联机构动平台在运动分支 1R2T 和运动分支 2R1T 之间切换, 可表示为子流形 $T_2(\boldsymbol{z})\cdot R(p,\boldsymbol{z})$ 构型和子流形 $T(\boldsymbol{z})\cdot U(q,\boldsymbol{x},\boldsymbol{y})$ 构型之间的切换, 两个子流形构型仅表示子流形的运动方向上的变化。进一步地, 为了研究变胞并联机构动平台子流形构型的变换, 从研究子流形子链构型的变换出发, 进而归结为子流形子链中运动副构型的变换。本节主要讨论子流形子链构型变换的原理和变胞并联机构动平台子流形构型变换的原理。

8.2.2.1 子流形子链的构型变换原理

本节主要研究子流形子链的构型变换原理, 以此揭示子流形子链实现不同运动的变换条件。通过对比子流形子链的两个不同构型, 找出子流形子链在两个构型之间切换所需满足的约束条件。设计变胞运动副使子流形子链在该运动副作用下实现构型的变换, 进而实现两种不同运动。

子流形 $T_2(\boldsymbol{w})\cdot U(p,\boldsymbol{w},\boldsymbol{u})$ 子链构型和子流形 $T_2(\boldsymbol{u})\cdot U(\boldsymbol{p},\boldsymbol{u},\boldsymbol{v})$ 子链构型实现相互切换需满足两个条件: 一是在李子群 $T_2(\boldsymbol{w})$ 构型下具有法向量 $\boldsymbol{w}$ 的平面和在李子群 $T_2(\boldsymbol{u})$ 构型下具有法向量 $\boldsymbol{u}$ 的平面之间实现相互变换; 二是子流形 $U(p,\boldsymbol{w},\boldsymbol{u})$ 构型的转动轴线方向向量 $\boldsymbol{w}$ 和子流形 $U(p,\boldsymbol{u},\boldsymbol{v})$ 构型的转动轴线方向向量 $\boldsymbol{v}$ 实现相互变换。

子流形 $T(3)\cdot U(q,\boldsymbol{v},\boldsymbol{w})$ 子链构型和子流形 $T(3)\cdot U(q,\boldsymbol{u},\boldsymbol{v})$ 子链构型实现相互切换的条件是子流形 $U(q,\boldsymbol{v},\boldsymbol{w})$ 构型的转动轴线方向向量 $\boldsymbol{w}$ 和子流形 $U(q,\boldsymbol{u},\boldsymbol{v})$ 构型的转动轴线方向向量 $\boldsymbol{u}$ 实现相互变换, 并且空间位移子群 $T(3)$ 构型保持不变。

子流形 $T_2(\boldsymbol{w})\cdot S(N)$ 子链构型和子流形 $T_2(\boldsymbol{v})\cdot S(N)$ 子链构型实现相互切换满足的条件是子群 $T_2(\boldsymbol{w})$ 构型具有法向量 $\boldsymbol{w}$ 的平面和子群 $T_2(\boldsymbol{v})$ 构型具有法向量 $\boldsymbol{v}$ 的平面实现互相切换, 并且保持子群 $S(N)$ 构型保持不变。

8.2.2.2 变胞并联机构动平台的构型变换原理

根据并联机构动平台运动是子链运动的交集以及并联机构动平台约束是子链约束的并集, 本节研究变胞并联机构动平台构型变换原理。

变胞并联机构动平台子流形 $T_2(\boldsymbol{z})\cdot R(p,\boldsymbol{z})$ 构型运动可以表示为子流形 $T_2(\boldsymbol{w})\cdot U(p,\boldsymbol{w},\boldsymbol{u})$ 子链构型，子流形 $T(3)\cdot U(q,\boldsymbol{v},\boldsymbol{w})$ 子链构型和子流形 $T_2(\boldsymbol{w})\cdot S(N)$ 子链构型运动的交集，具有如下形式：

$$T_2(\boldsymbol{w})\cdot U(p,\boldsymbol{w},\boldsymbol{u})\cap T(3)\cdot U(q,\boldsymbol{v},\boldsymbol{w})\cap T_2(\boldsymbol{w})\cdot S(N) \tag{8–51}$$

这里平台子流形 $T_2(\boldsymbol{z})\cdot R(p,\boldsymbol{z})$ 构型位于全局坐标系 O-xyz，而三个子链子流形构型位于局部坐标系 o_i-$u_iv_iw_i(i=1,2,3)$。子流形 $T_2(\boldsymbol{z})\cdot R(p,\boldsymbol{z})$ 构型的运动满足条件是沿着具有法向量 $\boldsymbol{z}$ 的平面做平移运动以及绕着轴线方向向量 $\boldsymbol{z}$ 做旋转运动，则平台实现两个平移运动和一个旋转运动。

变胞并联机构动平台子流形 $T(\boldsymbol{z})\cdot U(q,\boldsymbol{x},\boldsymbol{y})$ 构型运动可以表示为子流形 $T_2(\boldsymbol{u})\cdot U(p,\boldsymbol{u},\boldsymbol{v})$ 子链构型，子流形 $T(3)\cdot U(q,\boldsymbol{u},\boldsymbol{v})$ 子链构型和子流形 $T_2(\boldsymbol{v})\cdot S(N)$ 子链构型运动的交集，即

$$T_2(\boldsymbol{u})\cdot U(p,\boldsymbol{u},\boldsymbol{v})\cap T(3)\cdot U(q,\boldsymbol{u},\boldsymbol{v})\cap T_2(\boldsymbol{v})\cdot S(N) \tag{8–52}$$

子流形 $T_2(\boldsymbol{z})\cdot R(p,\ \boldsymbol{z})$ 构型的运动满足条件是沿着轴线方向向量 $\boldsymbol{z}$ 做平移运动，绕着轴线方向向量 $\boldsymbol{x}$ 和方向向量 $\boldsymbol{y}$ 做旋转运动，则平台实现一个平移运动和两个旋转运动。

基于子流形子链构型的切换，变胞并联机构平台实现从子流形 $T_2(\boldsymbol{z})\cdot R(p,\boldsymbol{z})$ 构型切换到子流形 $T(\boldsymbol{z})\cdot U(q,\boldsymbol{x},\boldsymbol{y})$ 构型。只要三条子链的运动能够同时从一个子流形构型变换到另外一个子流形构型，则平台的运动就能实现在子流形 $T_2(\boldsymbol{z})\cdot R(p,\boldsymbol{z})$ 构型和子流形 $T(\boldsymbol{z})\cdot U(q,\boldsymbol{x},\boldsymbol{y})$ 构型之间切换。

8.2.3 基于流形运算变胞运动副的型综合

8.2.3.1 基于商流形综合第一条子链的变胞运动副的数学方法

根据子流形子链型综合的原理, 提出第一条子链构型切换的变胞运动副综合方法, 并且在局部坐标系 O_1-$u_1v_1w_1$ 中揭示 $T_2(\boldsymbol{w}_1)\cdot U(p_1,\boldsymbol{w}_1,\boldsymbol{u}_1)$ 运动生成和 $T_2(\boldsymbol{u}_1)\cdot U(q_1,\boldsymbol{u}_1,\boldsymbol{v}_1)$ 运动生成的两个平移运动和两个旋转运动。

子流形 $T_2(\boldsymbol{w}_1)\cdot U(p_1,\boldsymbol{w}_1,\boldsymbol{u}_1)$ 有两个运动生成, 表示为

$$M_{T_2}(\boldsymbol{w}_1)\cdot U(p_1,\boldsymbol{w}_1,\boldsymbol{u}_1)=\begin{cases}M_{PL(\boldsymbol{w}_1)}\cdot M_{C(p_1,\boldsymbol{u}_1)/T(\boldsymbol{u}_1)}\\ M_{PL(\boldsymbol{w}_1)/T(\boldsymbol{u}_1)}\cdot M_{C(p_1,\boldsymbol{u}_1)}\end{cases}\tag{8–53}$$

式中, $M_{PL(\boldsymbol{w}_1)}$ 是子群 $PL(\boldsymbol{w}_1)$ 的运动生成; $M_{C(p_1,\boldsymbol{u}_1)}$ 是子群 $C(p_1,\boldsymbol{u}_1)$ 的运动生成; $M_{C(p_1,\boldsymbol{u}_1)/T(\boldsymbol{u}_1)}$ 是商流形 $C(p_1,\boldsymbol{u}_1)/T(\boldsymbol{u}_1)$ 的运动生成; $M_{PL(\boldsymbol{w}_1)/T(\boldsymbol{u}_1)}$ 是商流形 $PL(\boldsymbol{w}_1)/T(\boldsymbol{u}_1)$ 的运动生成。

类似地, 子流形 $T_2(\boldsymbol{u}_1)\cdot U(q_1,\boldsymbol{u}_1,\boldsymbol{v}_1)$ 的运动生成具有相似的形式, 表示为

$$M_{T_2(\boldsymbol{u}_1)\cdot U(q_1,\boldsymbol{u}_1,\boldsymbol{v}_1)}=\begin{cases}M_{PL(\boldsymbol{u}_1)}\cdot M_{C(q_1,\boldsymbol{v}_1)/T(\boldsymbol{v}_1)}\\ M_{PL(\boldsymbol{u}_1)/T(\boldsymbol{v}_1)}\cdot M_{C(q_1,\boldsymbol{v}_1)}\end{cases}\tag{8–54}$$

为了描述方便, 本节选取 $M_{PL(\boldsymbol{w}_1)}\cdot M_{C(p_1,\boldsymbol{u}_1)/T(\boldsymbol{u}_1)}$ 和 $M_{PL(\boldsymbol{u}_1)}\cdot M_{C(q_1,\boldsymbol{v}_1)/T(\boldsymbol{v}_1)}$ 的运动生成形式。商流形 $C(p_1,\boldsymbol{u}_1)/T(\boldsymbol{u}_1)$ 只有一种运动生成, 子群 $PL(\boldsymbol{w}_1)$ 有七种运动生成, 因此子流形 $T_2(\boldsymbol{w}_1)\cdot U(p_1,\boldsymbol{w}_1,\boldsymbol{u}_1)$ 具有七种运动子链生成, 这里采用单自由度的转动副和移动副表示, 如表 8–1 所示。

表 **8–1** $M_{PL(\boldsymbol{w}_1)}\cdot M_{C(p_1,\boldsymbol{u}_1)/T(\boldsymbol{u}_1)}$、和 $M_{PL(\boldsymbol{u}_1)}\cdot M_{C(q_1,\boldsymbol{v}_1)/T(\boldsymbol{v}_1)}$ 的子链生成

子链生成	单自由度运动副的生成
	$R_{u_1}R_{w_1}R_{w_1}R_{w_1}$
	$R_{u_1}T_{u_1}R_{v_1}T_{w_1}$
	$R_{u_1}T_{u_1}R_{w_1}T_{v_1}$
$M_{PL(\boldsymbol{w}_1)}\cdot M_{C(p_1,\boldsymbol{u}_1)/T(\boldsymbol{u}_1)}$	$R_{u_1}R_{w_1}T_{u_1}T_{v_1}$
	$R_{u_1}T_{u_1}R_{w_1}R_{w_1}$
	$R_{u_1}R_{w_1}T_{u_1}R_{w_1}$
	$R_{u_1}R_{w_1}R_{w_1}T_{u_1}$
	$R_{v_1}R_{u_1}R_{u_1}R_{u_1}$
	$R_{v_1}T_{u_1}T_{v_1}R_{u_1}$
	$R_{v_1}T_{u_1}R_{u_1}T_{v_1}$
$M_{PL(\boldsymbol{u}_1)}\cdot M_{C(q_1,\boldsymbol{v}_1)/T(\boldsymbol{v}_1)}$	$R_{v_1}R_{u_1}T_{u_1}T_{v_1}$
	$R_{v_1}T_{u_1}R_{u_1}R_{u_1}$
	$R_{v_1}R_{u_1}T_{u_1}R_{u_1}$
	$R_{v_1}R_{u_1}R_{u_1}T_{u_1}$

根据式 (8–53) 和式 (8–54), 关于 $M_{PL(\boldsymbol{w}_1)} \cdot M_{C(p_1,\boldsymbol{u}_1)/T(\boldsymbol{u}_1)}$ 和 $M_{PL(\boldsymbol{u}_1)} \cdot M_{C(q_1,\boldsymbol{v}_1)/T(\boldsymbol{v}_1)}$ 运动生成的基座与动平台之间的运动表示为

$$M_{PL(\boldsymbol{w}_1)} \cdot M_{C(p_1,\boldsymbol{u}_1)/T(\boldsymbol{u}_1)} = \begin{cases} R(p_{11},\boldsymbol{u}_1)R(p_{11},\boldsymbol{w}_1)R(p_{12},\boldsymbol{w}_1)R(p_{13},\boldsymbol{w}_1) \\ R(p_{11},\boldsymbol{u}_1)T(\boldsymbol{u}_1)T(\boldsymbol{v}_1)R(p_{12},\boldsymbol{w}_1) \\ R(p_{11},\boldsymbol{u}_1)T(\boldsymbol{u}_1)R(p_{12},\boldsymbol{w}_1)T(\boldsymbol{v}_1) \\ R(p_{11},\boldsymbol{u}_1)R(p_{12},\boldsymbol{w}_1)T(\boldsymbol{u}_1)T(\boldsymbol{v}_1) \\ R(p_{11},\boldsymbol{u}_1)T(\boldsymbol{u}_1)R(p_{12},\boldsymbol{w}_1)R(p_{13},\boldsymbol{w}_1) \\ R(p_{11},\boldsymbol{u}_1)R(p_{12},\boldsymbol{w}_1)T(\boldsymbol{u}_1)R(p_{13},\boldsymbol{w}_1) \\ R(p_{11},\boldsymbol{u}_1)R(p_{12},\boldsymbol{w}_1)R(p_{13},\boldsymbol{w}_1)T(\boldsymbol{u}_1) \end{cases} \tag{8–55}$$

$$M_{PL(\boldsymbol{u}_1)} \cdot M_{C(q_1,\boldsymbol{v}_1)/T(\boldsymbol{v}_1)} = \begin{cases} R(q_{11},\boldsymbol{v}_1)R(q_{11},\boldsymbol{u}_1)R(q_{12},\boldsymbol{u}_1)R(q_{13},\boldsymbol{u}_1) \\ R(q_{11},\boldsymbol{v}_1)T(\boldsymbol{u}_1)T(\boldsymbol{v}_1)R(q_{12},\boldsymbol{u}_1) \\ R(q_{11},\boldsymbol{v}_1)T(\boldsymbol{u}_1)R(q_{12},\boldsymbol{u}_1)T(\boldsymbol{v}_1) \\ R(q_{11},\boldsymbol{v}_1)R(q_{12},\boldsymbol{u}_1)T(\boldsymbol{u}_1)T(\boldsymbol{v}_1) \\ R(q_{11},\boldsymbol{v}_1)T(\boldsymbol{u}_1)R(q_{12},\boldsymbol{u}_1)R(q_{13},\boldsymbol{u}_1) \\ R(q_{11},\boldsymbol{v}_1)R(q_{12},\boldsymbol{u}_1)T(\boldsymbol{u}_1)R(q_{13},\boldsymbol{u}_1) \\ R(q_{11},\boldsymbol{v}_1)R(q_{12},\boldsymbol{u}_1)R(q_{13},\boldsymbol{u}_1)T(\boldsymbol{u}_1) \end{cases} \tag{8–56}$$

由式 (8–53)、式 (8–55) 和式 (8–54)、式 (8–56) 可知, 选取子流形 $T_2(\boldsymbol{w}_1) \cdot U(p_1,\boldsymbol{w}_1,\boldsymbol{u}_1)$ 子链的 $R_{u_1}R_{w_1}R_{w_1}R_{w_1}$ 构型和子流形 $T_2(\boldsymbol{u}_1) \cdot U(q_1,\boldsymbol{u}_1,\boldsymbol{v}_1)$ 子链的 $R_{v_1}R_{u_1}R_{u_1}R_{u_1}$ 构型, 则两个子流形子链的一维子群表示分别为

$$\begin{aligned} M_{T_2(\boldsymbol{w}_1)\cdot U(p_1,\boldsymbol{w}_1,\boldsymbol{u}_1)} &= M_{PL(\boldsymbol{w}_1)} \cdot M_{C(p_1,\boldsymbol{u}_1)/T(\boldsymbol{u}_1)} \\ &= R(p_{11},\boldsymbol{u}_1)R(p_{11},\boldsymbol{w}_1)R(p_{12},\boldsymbol{w}_1)R(p_{13},\boldsymbol{w}_1) \end{aligned} \tag{8–57}$$

$$\begin{aligned} M_{T_2(\boldsymbol{u}_1)\cdot U(q_1,\boldsymbol{u}_1,\boldsymbol{v}_1)} &= M_{PL(\boldsymbol{u}_1)} \cdot M_{C(q_1,\boldsymbol{v}_1)/T(\boldsymbol{v}_1)} \\ &= R(q_{11},\boldsymbol{v}_1)R(q_{11},\boldsymbol{u}_1)R(q_{12},\boldsymbol{u}_1)R(q_{13},\boldsymbol{u}_1) \end{aligned} \tag{8–58}$$

子流形 $T_2(\boldsymbol{w}_1) \cdot U(p_1,\boldsymbol{w}_1,\boldsymbol{u}_1)$ 子链构型和子流形 $T_2(\boldsymbol{u}_1) \cdot U(q_1,\boldsymbol{u}_1,\boldsymbol{v}_1)$ 子链构型的运动生成的相同之处是都具有五个连杆和四个转动副, 不同之处是四个转动副轴线的位姿不一样, 如图 8–1 所示。由式 (8–53)、式 (8–55) 以及式 (8–54)、式 (8–56) 可知, 通过对比两个子流形子链构型的不同形式, 综合能改变两个构型的变胞运动副, 使得这两个子链的运动能够相互切换。

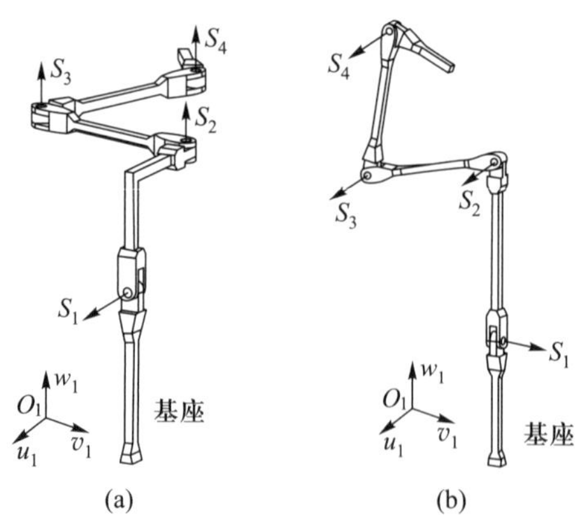

图 **8–1** 子流形子链: **(a)** $T_2(\boldsymbol{w_1}) \cdot U(p_1, \boldsymbol{w_1}, \boldsymbol{u_1})$ 子链; **(b)** $T_2(\boldsymbol{u_1}) \cdot U(q_1, \boldsymbol{u_1}, \boldsymbol{v_1})$ 子链

8.2.3.2 第一条子链的变胞运动副设计

本节综合出变胞运动副实现子流形 $T_2(\boldsymbol{w}_1) \cdot U(p_1, \boldsymbol{w}_1, \boldsymbol{u}_1)$ 子链构型和子流形 $T_2(\boldsymbol{u}_1) \cdot U(q_1, \boldsymbol{u}_1, \boldsymbol{v}_1)$ 子链构型的相互切换, 如图 8–2 所示。

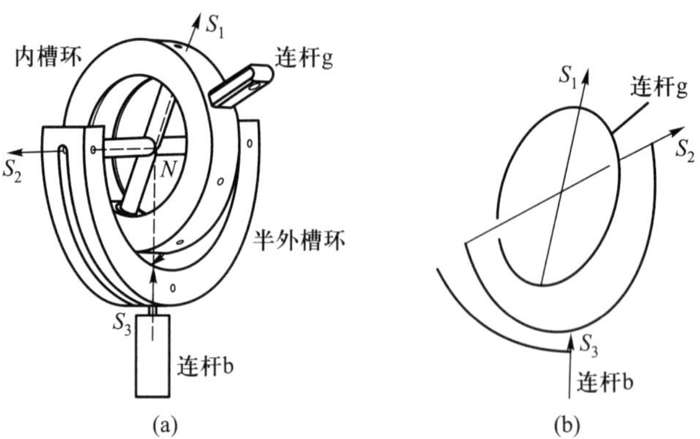

图 **8–2** 变胞运动副及简图: **(a)** 变胞运动副的结构; **(b)** 变胞运动副的简图

变胞运动副由连杆 b、半外槽环、内槽环和连杆 g 组成, 转动轴线 S_1 的连杆沿着内槽环的槽口滑动, 转动轴线 S_2 的连杆绕半外槽环的固定方向转动, 转动轴线 S_3 的连杆 b 沿着半外槽环的槽口滑动, 半外槽环绕连杆 b 转动。转动轴线 S_1、转动轴线 S_2 和转动轴线 S_3 相交于点 N。转动轴线 S_1 与转动轴线 S_2 始终保持相互垂直。

变胞运动副的几何性质主要由构成变胞运动副的杆件轴线位姿决定。通过改变轴线 S_1、轴线 S_2 和轴线 S_3 的位姿, 产生三类构态。当三条轴线相交于一点且互不共线时, 变胞运动副具有三个转动, 其构态如图 8–2 所示。当轴线 S_1 与轴线 S_3 共线且垂直于轴线 S_2 时, 变胞运动副具有两个转动, 且两个转动的轴线相互垂直, 如图 8–3 (a) 所示, 此时变胞运动副具有虎克铰构态 H_1。当轴线 S_2 与轴线 S_3

共线且垂直于轴线 S_1 时, 变胞运动副具有两个转动, 且两个转动的轴线相互垂直, 同样也具有虎克铰构态 H_2, 如图 8–3 (b) 所示。

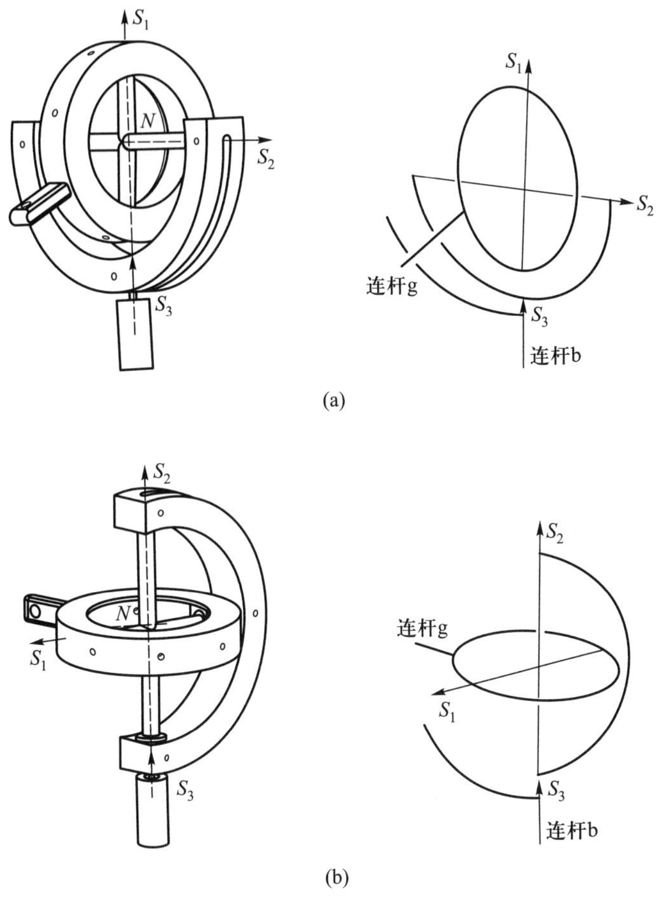

图 **8–3**　变胞运动副的虎克铰构态: **(a)** 构态 H_1 及其机构简图; **(b)** 构态 H_2 及其机构简图

在局部坐标系中, 通过改变轴线 S_1 与连杆 g 的位置关系以及半外环槽与连杆 b 的位置关系, 可得到变胞运动副的四种特殊构态, 如图 8–4 所示。

当轴线 S_2 平行于 u_1 轴且限制轴线 S_3 的运动时, 变胞运动副有两种构态, 如图 8–4 (a) 和图 8–4 (b) 所示。在图 8–4 (a) 中, 轴线 S_1 与连杆 g 方向保持一致, 此时连杆 g 具有两个转动, 且两个转动的轴线分别为 u_1 轴和 w_1 轴。在图 8–4 (b) 中, 轴线 S_1 与连杆 g 相互垂直, 此时连杆 g 具有两个转动, 且两个转动的轴线分别为 u_1 轴和 v_1 轴。绕轴线 S_3 旋转半外槽环, 当轴线 S_2 平行于 v_1 轴时, 变胞运动副也有两种构态, 如图 8–4 (c) 和图 8–4 (d) 所示。在图 8–4 (c) 中, 轴线 S_1 与连杆 g 方向保持一致, 此时连杆 g 有两个转动, 两个转动的轴线分别为 v_1 轴和 w_1 轴。在图 8–4 (d) 中, 轴线 S_1 和连杆 g 相互垂直, 此时连杆 g 有两个转动, 且两个转动的轴线分别为 v_1 轴和 u_1 轴。

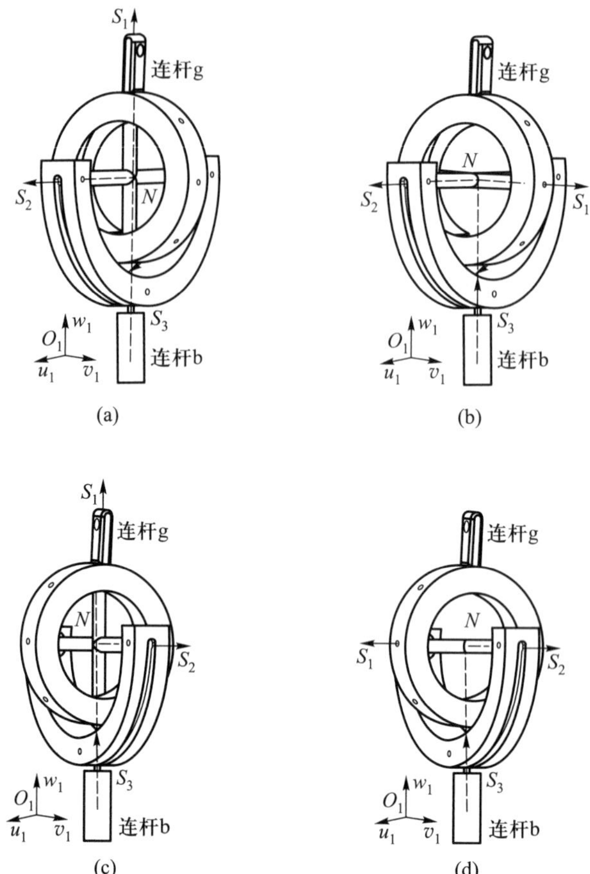

图 **8–4** 变胞运动副的四种特殊构态：**(a)** 构态 e_1；**(b)** 构态 e_2；**(c)** 构态 e_3；**(d)** 构态 e_4

四种构态通过连杆 b 与连杆 g 的特殊位置关系实现, 在构态 e_1 至构态 e_4 中, 连杆 g 共线于连杆 b。当连杆 g 垂直于连杆 b 时, 存在四种等价构态, 如图 8–5 所示。

在图 8–4 和图 8–5 中, 存在三个等价关系。第一个等价关系是构态 e_1 与构态 e_1', 这两种构态呈现相同的输出, 即轴线 S_2 都绕 u_1 轴旋转, 轴线 S_1 都绕 w_1 轴旋转。第二个等价关系是构态 e_2 与构态 e_2' 以及构态 e_4 与构态 e_4', 其中, 构态 e_2 和构态 e_2' 的轴线 S_2 都绕 u_1 轴旋转、轴线 S_1 都绕 v_1 轴旋转, 构态 e_4 和构态 $e_4{}'$ 的轴线 S_1 都绕 u_1 轴旋转、轴线 S_2 都绕 v_1 轴旋转。由于它们都具有绕 u_1 轴和 v_1 轴的转动, 因此它们统一归为第二个等价关系。第三个等价关系是构态 e_3 与构态 e_3', 在这两种构态下, 轴线 S_2 都绕 v_1 轴旋转, 轴线 S_1 都绕 w_1 轴旋转。

当变胞运动副的构态发生变换时, 其实质就是连杆或轴线的位置发生改变, 以满足变自由度和拓扑结构的特性。在子流形 $T_2(\boldsymbol{w}_1)\cdot U(p_1,\boldsymbol{w}_1,\boldsymbol{u}_1)$ 子链构型和子流形 $T_2(\boldsymbol{u}_1)\cdot U(q_1,\boldsymbol{u}_1,\boldsymbol{v}_1)$ 子链构型相互变换过程中, 存在两个转动变换和

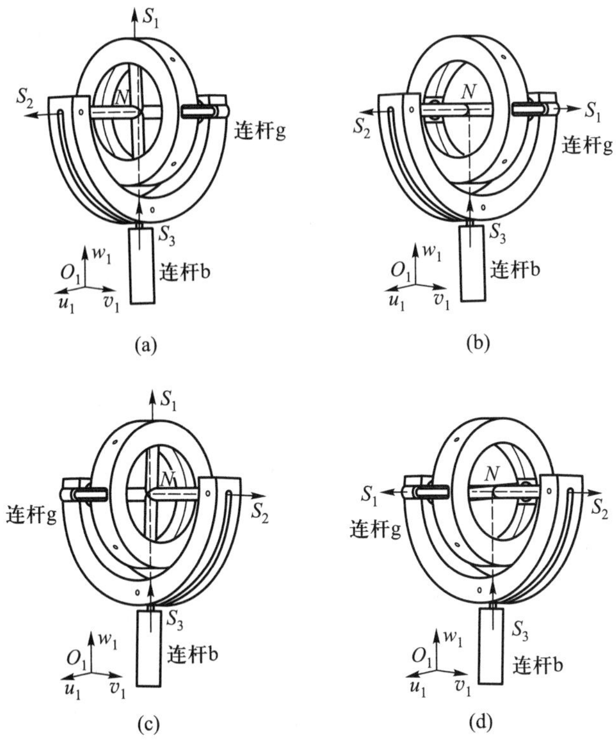

图 8–5　变胞运动副的四种等价构态: **(a)** 构态 e_1'; **(b)** 构态 e_2'; **(c)** 构态 e_3'; **(d)** 构态 e_4'

一个平移变换。转动变换实现从绕 w_1 轴旋转变换到绕 u_1 轴旋转以及从绕 u_1 轴旋转变换到绕 v_1 轴旋转。平移变换实现从沿 w_1 轴移动变换到沿 u_1 轴移动。通过分析变胞运动副构态变换原理和方式, 变胞运动副的构态 e_1' 一致符合子流形 $T_2(\boldsymbol{w}_1)\cdot U(p_1,\boldsymbol{w}_1,\boldsymbol{u}_1)$ 子链构型的运动, 变胞运动副的构态 e_4 一致符合子流形 $T_2(\boldsymbol{u}_1)\cdot U(q_1,\boldsymbol{u}_1,\boldsymbol{v}_1)$ 子链构型的运动。由于在子流形 $T_2(\boldsymbol{w}_1)\cdot U(p_1,\boldsymbol{w}_1,\boldsymbol{u}_1)$ 子链构型和子流形 $T_2(\boldsymbol{u}_1)\cdot U(q_1,\boldsymbol{u}_1,\boldsymbol{v}_1)$ 子链构型中, 满足条件的构态具有相同的运动方向, 所以构态 e_1 可以替代构态 e_1', 构态 e_2、构态 e_2' 和构态 e_4' 可以替代构态 e_4。

8.2.3.3　基于流形运算第二条子链的变胞运动副的数学方法

前文分析了子流形 $T_2(\boldsymbol{w}_1)\cdot U(p_1,\boldsymbol{w}_1,\boldsymbol{u}_1)$ 子链构型和子流形 $T_2(\boldsymbol{u}_1)\cdot U(q_1,\boldsymbol{u}_1,\boldsymbol{v}_1)$ 子链构型, 并综合出变胞运动副以实现两个子流形子链的切换。本节将继续综合变胞运动副实现子流形 $T(3)\cdot U(p_2,\boldsymbol{v}_2,\boldsymbol{w}_2)$ 子链构型与子流形 $T(3)\cdot U(q_2,\boldsymbol{u}_2,\boldsymbol{v}_2)$ 子链构型的切换。8.2.2 节给出了子流形 $T(3)\cdot U(p_2,\boldsymbol{v}_2,\boldsymbol{w}_2)$ 子链构型与子流形 $T(3)\cdot U(q_2,\boldsymbol{u}_2,\boldsymbol{v}_2)$ 子链构型的切换原理。基于该原理, 在局部坐标系 O_2-$\boldsymbol{u}_2\boldsymbol{v}_2\boldsymbol{w}_2$ 中描述了该子链的生成。

对于子流形 $T(3)\cdot U(p_2,\boldsymbol{v}_2,\boldsymbol{w}_2)$ 的运动生成，此处选取 $M_{X(\boldsymbol{v}_2)/T(3)}\cdot M_{X(\boldsymbol{w}_2)}$ 的运动生成形式，表示如下:

$$M_{T(3)\cdot U(p_2,\boldsymbol{v}_2,\boldsymbol{w}_2)}=M_{X(\boldsymbol{v}_2)/T(3)}\cdot M_{X(\boldsymbol{w}_2)} \tag{8–59}$$

式中，$M_{X(\boldsymbol{v}_2)/T(3)}$ 是商流形 $X(\boldsymbol{v}_2)/T(3)$ 的运动生成; $M_{X(\boldsymbol{w}_2)}$ 是子群 $X(\boldsymbol{w}_2)$ 的运动生成。因此，关于子链子流形 $T(3)\cdot U(p_2,\boldsymbol{v}_2,\boldsymbol{w}_2)$ 运动生成的基座与动平台之间的运动键可表示为

$$M_{T(3)\cdot U(p_2,\boldsymbol{v}_2,\boldsymbol{w}_2)}=R(p_{21},\boldsymbol{v}_2)R(p_{22},\boldsymbol{w}_2)R(p_{23},\boldsymbol{w}_2)T(\boldsymbol{u}_2)R(p_{24},\boldsymbol{w}_2) \tag{8–60}$$

类似地，子流形 $T(3)\cdot U(q_2,\boldsymbol{u}_2,\boldsymbol{v}_2)$ 的运动生成以及运动生成关于基座与动平台之间的运动键可分别表示为

$$M_{T(3)\cdot U(q_2,\boldsymbol{u}_2,\boldsymbol{v}_2)}=M_{X(\boldsymbol{u}_2)/T(3)}\cdot M_{X(\boldsymbol{v}_2)} \tag{8–61}$$

$$M_{T(3)\cdot U(q_2,\boldsymbol{u}_2,\boldsymbol{v}_2)}=R(q_{21},\boldsymbol{u}_2)R(q_{22},\boldsymbol{v}_2)R(q_{23},\boldsymbol{v}_2)T(\boldsymbol{v}_2)R(q_{24},\boldsymbol{v}_2) \tag{8–62}$$

式中，$M_{X(\boldsymbol{u}_2)/T(3)}$ 是商流形 $X(\boldsymbol{u}_2)/T(3)$ 的运动生成; $M_{X(\boldsymbol{v}_2)}$ 是子群 $X(\boldsymbol{v}_2)$ 的运动生成。

根据变胞运动副型综合的一致性和简洁性，选择式 (8–60) 和式 (8–62) 的形式，以确保由式 (8–53) 和式 (8–54) 生成的变胞运动副具有相同的结构。选择 8.2.3 节中综合出的变胞运动副以实现子链子流形 $T(3)\cdot U(p_2,\boldsymbol{v}_2,\boldsymbol{w}_2)$ 与子链子流形 $T(3)\cdot U(q_2,\boldsymbol{u}_2,\boldsymbol{v}_2)$ 的切换。

子流形 $T(3)\cdot U(p_2,\boldsymbol{v}_2,\boldsymbol{w}_2)$ 子链构型和子流形 $T(3)\cdot U(q_2,\boldsymbol{u}_2,\boldsymbol{v}_2)$ 子链构型具有相同结构组成形式，即在局部坐标系中，每个构态包含两个旋转运动和三个平移运动。不同之处是，在子流形 $T(3)\cdot U(p_2,\boldsymbol{v}_2,\boldsymbol{w}_2)$ 子链构型中，两个旋转运动的轴线分别为 v_2 轴和 w_2 轴; 在子流形 $T(3)\cdot U(q_2,\boldsymbol{u}_2,\boldsymbol{v}_2)$ 子链构型中，两个旋转运动的轴线分别为 u_2 轴和 v_2 轴。因此，综合出变胞运动副满足旋转运动的轴线从 v_2 轴和 w_2 轴变换到 u_2 轴和 v_2 轴，实现子流形 $T(3)\cdot U(p_2,\boldsymbol{v}_2,\boldsymbol{w}_2)$ 子链构型与子流形 $T(3)\cdot U(q_2,\boldsymbol{u}_2,\boldsymbol{v}_2)$ 子链构型的切换。

通过改变转动轴线的方向，使第一条子链中综合出的变胞运动副也符合第二条子链的运动变换，因此，在第二条子链中也采用同样的变胞运动副。通过对变胞运动副的几种特殊构态的分析可知，变胞运动副构态 e_3' 满足子流形 $T(3)\cdot U(p_2,\boldsymbol{v}_2,\boldsymbol{w}_2)$ 子链构型运动，变胞运动副构态 e_2 满足子流形 $T(3)\cdot U(q_2,\boldsymbol{u}_2,\boldsymbol{v}_2)$ 子链构型运动。同样地，构态 e_3 与构态 e_3' 等价，构态 e_2'、构态 e_4 以及构态 e_4' 与构态 e_2 等价，对于子流形 $T(3)\cdot U(p_2,\boldsymbol{v}_2,\boldsymbol{w}_2)$ 子链构型和子流形 $T(3)\cdot U(q_2,\boldsymbol{u}_2,\boldsymbol{v}_2)$

子链构型, 其轴线方向具有相同旋转运动。因此, 子流形 $T(3)\cdot U(p_2,\boldsymbol{v}_2,\boldsymbol{w}_2)$ 子链构型和子流形 $T(3)\cdot U(q_2,\boldsymbol{u}_2,\boldsymbol{v}_2)$ 子链构型实现切换与变胞运动副的构态 e_3' 和变胞运动副的构态 e_2 的变换相一致。

8.2.3.4 基于流形运算第三条子链的变胞运动副的型综合

根据 8.2.2 节中的子流形子链变换原理综合第三条子链的变胞运动副, 以实现子流形 $T_2(\boldsymbol{w}_3)\cdot S(p_3)$ 子链构型与子流形 $T_2(\boldsymbol{v}_3)\cdot S(q_3)$ 子链构型的切换。基于该原理, 在局部坐标系 O_3-$u_3v_3w_3$ 中描述了该子链的生成。

对于子流形 $T_2(\boldsymbol{w}_3)\cdot S(p_3)$ 的运动生成, 此处选取 $M_{T_2(\boldsymbol{w}_3)\cdot U(p_3,\boldsymbol{w}_3,\boldsymbol{u}_3)}\cdot R(p_3,\boldsymbol{v}_3)$ 的运动生成形式, 表示如下:

$$M_{T_2(\boldsymbol{w}_3)\cdot S(p_3)}=M_{T_2(\boldsymbol{w}_3)\cdot U(p_3,\boldsymbol{w}_3,\boldsymbol{u}_3)}\cdot R(p_3,\boldsymbol{v}_3) \tag{8-63}$$

式中, $M_{T_2(\boldsymbol{w}_3)\cdot S(p_3)}$ 是子流形 $T_2(\boldsymbol{w}_3)\cdot S(p_3)$ 的运动生成; $M_{T_2(\boldsymbol{w}_3)\cdot U(p_3,\boldsymbol{w}_3,\boldsymbol{u}_3)}$ 是子流形 $T_2(\boldsymbol{w}_3)\cdot U(p_3,\boldsymbol{w}_3,\boldsymbol{u}_3)$ 的运动生成, 并且与第一条子链的子流形 $T_2(\boldsymbol{w}_1)\cdot U(p_1,\boldsymbol{w}_1,\boldsymbol{u}_1)$ 构型相一致。因此, 关于 $T_2(\boldsymbol{w}_3)\cdot S(p_3)$ 运动生成的基座与动平台之间的运动键为

$$M_{T_2(\boldsymbol{w}_3)\cdot S(p_3)}=R(p_{31},\boldsymbol{v}_3)R(p_{32},\boldsymbol{u}_3)R(p_{33},\boldsymbol{w}_3)R(p_{34},\boldsymbol{w}_3)R(p_{35},\boldsymbol{w}_3) \tag{8-64}$$

类似地, 子流形 $T_2(\boldsymbol{v}_3)\cdot S(q_3)$ 子链构型的运动生成以及运动生成的基座与动平台之间的运动键分别为

$$M_{T_2(\boldsymbol{v}_3)\cdot S(q_3)}=M_{T_2(\boldsymbol{v}_3)\cdot U(q_3,\boldsymbol{v}_3,\boldsymbol{w}_3)}\cdot R(q_3,\boldsymbol{u}_3) \tag{8-65}$$

$$M_{T_2(\boldsymbol{v}_3)\cdot S(q_3)}=R(q_{31},\boldsymbol{u}_3)R(q_{32},\boldsymbol{w}_3)\cdot R(q_{33},\boldsymbol{v}_3)\cdot R(q_{34},\boldsymbol{v}_3)\cdot R(q_{35},\boldsymbol{v}_3) \tag{8-66}$$

式中, $M_{T_2(\boldsymbol{v}_3)\cdot S(q_3)}$ 是子流形 $T_2(\boldsymbol{v}_3)\cdot S(q_3)$ 的运动生成; $M_{T_2(\boldsymbol{v}_3)\cdot U(q_3,\boldsymbol{v}_3,\boldsymbol{w}_3)}$ 是子流形 $T_2(\boldsymbol{v}_3)\cdot U(q_3,\boldsymbol{v}_3,\boldsymbol{w}_3)$ 的运动生成。由式 (8–63) 和式 (8–65) 可知, 在式 (8–53) 和式 (8–54) 中的子流形 $T_2(\boldsymbol{w}_1)\cdot U(p_1,\boldsymbol{w}_1,\boldsymbol{u}_1)$ 子链和子流形 $T_2(\boldsymbol{u}_1)\cdot U(q_1,\boldsymbol{u}_1,\boldsymbol{v}_1)$ 子链的运动生成包含在子流形 $T_2(\boldsymbol{w}_3)\cdot S(p_3)$ 子链和子流形 $T_2(\boldsymbol{v}_3)\cdot S(q_3)$ 子链的运动生成中。因此, 在 8.2.3 节中通过式 (8–55) 和式 (8–56) 的运动生成综合的变胞运动副同样适用于式 (8–64) 和式 (8–66) 的运动生成。

子流形 $T_2(\boldsymbol{w}_3)\cdot S(p_3)$ 子链构型和子流形 $T_2(\boldsymbol{v}_3)\cdot S(q_3)$ 子链构型具有相同的形式, 即在局部坐标系中, 每个构态包含三个旋转运动和两个平移运动。不同之处是, 在子流形 $T_2(\boldsymbol{w}_3)\cdot S(p_3)$ 子链构型中, 一个平移运动沿着 u_3 轴, 另一个平移运动沿着 v_3 轴; 在子流形 $T_2(\boldsymbol{v}_3)\cdot S(q_3)$ 子链构型中, 一个平移运动沿着 u_3

轴, 另一个平移运动沿着 w_3 轴。因此, 通过改变变胞运动副的轴线方向, 综合出变胞运动副满足平移运动从沿 u_3 轴和 v_3 轴移动变换到沿 u_3 轴和 w_3 轴移动的条件, 实现子流形 $T_2(\boldsymbol{w}_3)\cdot S(p_3)$ 子链构型与子流形 $T_2(\boldsymbol{v}_3)\cdot S(q_3)$ 子链构型的切换。

通过改变转动轴线的方向, 使第一条子链中综合的变胞运动副也符合第三条子链的运动变换, 因此, 在第三条子链也可采用同样的变胞运动副。通过对变胞运动副几种特殊构态的分析可知, 变胞运动副构态 e_4' 满足子流形 $T_2(\boldsymbol{w}_3)\cdot S(p_3)$ 子链构型的运动, 变胞运动副构态 e_1 满足子流形 $T_2(\boldsymbol{v}_3)\cdot S(q_3)$ 子链构型的运动。同样地, 构态 e_2、构态 e_2' 以及构态 e_4 与构态 e_4' 等价, 构态 e_1' 与构态 e_1 等价, 对于子流形 $T_2(\boldsymbol{w}_3)\cdot S(p_3)$ 子链构型和子流形 $T_2(\boldsymbol{v}_3)\cdot S(q_3)$ 子链构型, 它们具有相同的转动轴线。因此子流形 $T_2(\boldsymbol{w}_3)\cdot S(p_3)$ 子链构型的运动和子流形 $T_2(\boldsymbol{v}_3)\cdot S(q_3)$ 子链构型的运动实现切换同变胞运动副构态 e_4' 和变胞运动副构态 e_1 的变换相一致。

8.2.4 基于流形运算变胞子链的型综合

本节中, 综合变胞子链满足子链子流形构型的运动。通过把变胞运动副、转动副和移动副按照一定方式组合起来形成变胞子链, 并通过改变变胞运动副的构态实现特定运动的切换。

8.2.4.1 具有活动度为 4 的变胞子链

在式 (8–55) 和式 (8–56) 中, 子流形 $T_2(\boldsymbol{w}_1)\cdot U(p_1,\boldsymbol{w}_1,\boldsymbol{u}_1)$ 子链构型和子流形 $T_2(\boldsymbol{u}_1)\cdot U(q_1,\boldsymbol{u}_1,\boldsymbol{v}_1)$ 子链构型由一维子群表示, 即构成该类型的子链全部由转动副组合而成。选取变胞运动副构态 e_1', 并与两个转动副依次串联起来, 构成变胞子链如图 8–6 所示。

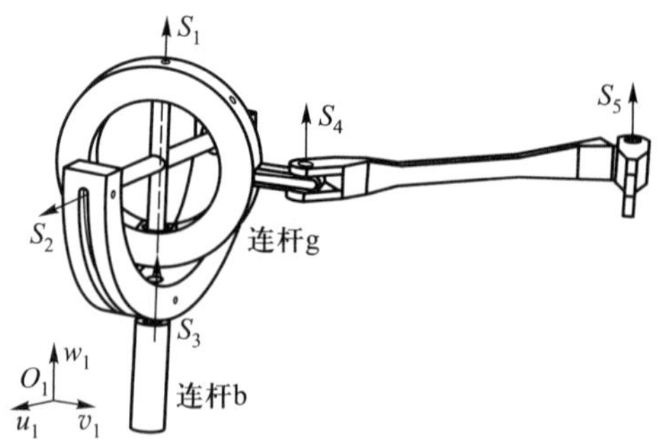

图 8–6 具有构态 e_1' 的 $R_{u_1}R_{w_1}R_{w_1}R_{w_1}$ 子链

在图 8–6 中, 连杆 b 固定于基座上, 轴线 S_3 的旋转运动被约束。轴线 S_1 约束在与连杆 g 垂直的状态, 并且绕 w_1 轴旋转。轴线 S_2 绕 u_1 轴旋转。轴线 S_4 和轴线 S_5 与轴线 S_1 保持相互平行, 并绕 w_1 轴旋转。此时, 变胞子链的活动度为 4, 并实现子流形 $T_2(\boldsymbol{w}_1)\cdot U(p_1,\boldsymbol{w}_1,\boldsymbol{u}_1)$ 子链构型的运动。

当从子流形 $T_2(\boldsymbol{w}_1)\cdot U(p_1,\boldsymbol{w}_1,\boldsymbol{u}_1)$ 子链构型切换到子流形 $T_2(\boldsymbol{u}_1)\cdot U(q_1,\boldsymbol{u}_1,\boldsymbol{v}_1)$ 子链构型时, 保持轴线 S_3 具有旋转运动, 并且旋转半外槽环使轴线 S_2 平行于 v_1 轴, 则在该状态下, 约束轴线 S_3 的旋转运动, 如图 8–7 所示。轴线 S_2 绕 v_1 轴旋转, 轴线 S_4 和轴线 S_5 与轴线 S_1 保持相互平行, 并且绕 u_1 轴旋转。则变胞子链的活动度为 4, 并实现子流形 $T_2(\boldsymbol{u}_1)\cdot U(q_1,\boldsymbol{u}_1,\boldsymbol{v}_1)$ 子链构型的运动。在局部坐标系 O_1-$u_1v_1w_1$ 下, 子流形 $T_2(\boldsymbol{w}_1)\cdot U(p_1,\boldsymbol{w}_1,\boldsymbol{u}_1)$ 子链构型与子流形 $T_2(\boldsymbol{u}_1)\cdot U(q_1,\boldsymbol{u}_1,\boldsymbol{v}_1)$ 子链构型的切换是通过旋转半外槽环改变其位置, 以及改变连杆 g 使其与连杆 b 从垂直状态到共线状态, 实现变胞运动副在构态 e_1' 和构态 e_4 之间变换。

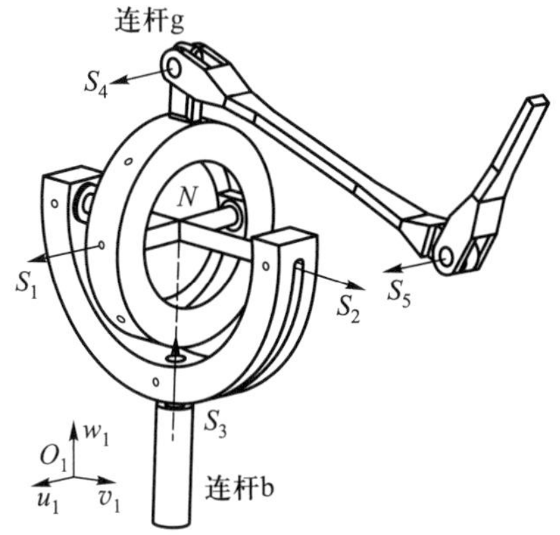

图 **8–7**　具有构态 e_4 的 $R_{v_1}R_{u_1}R_{u_1}R_{u_1}$ 子链

8.2.4.2　具有移动副的变胞子链

在局部坐标系 O_2-$u_2v_2w_2$ 中, 由式 (8–60) 知, 子流形子链 $T(3)\cdot U(p_2,\boldsymbol{v}_2,\boldsymbol{w}_2)$ 的运动生成已由一维子群表示, 即该类型子链由转动副和移动副组合而成。选取变胞运动副的构态 e_3' 并与转动副和移动副依次串联起来构成变胞子链, 如图 8–8 所示。

在图 8–8 中, 连杆 b 固定于基座上, 转动轴线 S_3 的旋转运动被约束。转动轴线 S_1 约束在与连杆 g 垂直的状态, 并且绕 w_2 轴旋转。转动轴线 S_2 绕 v_2 轴旋转。转动轴线 S_4 和转动轴线 S_6 与转动轴线 S_1 保持相互平行, 并绕 w_2 轴旋转。移动轴线 S_5 与转动轴线 S_4 和转动轴线 S_6 均垂直。此时变胞子链的活动度为 5, 并实现子流形 $T(3)\cdot U(p_2,\boldsymbol{v}_2,\boldsymbol{w}_2)$ 子链构型的运动。

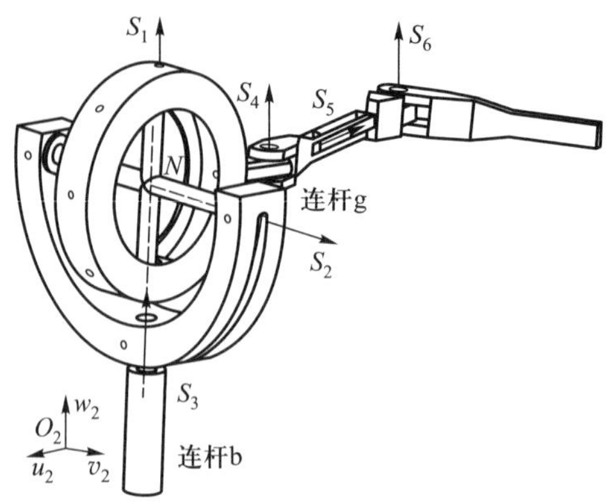

图 **8–8**　具有构态 e_3' 的 $R_{v_2}R_{w_2}R_{w_2}T_{u_2}R_{w_2}$ 子链

当从子流形 $T(3)\cdot U(p_2,\boldsymbol{v}_2,\boldsymbol{w}_2)$ 子链构型切换到子流形 $T(3)\cdot U(q_2,\boldsymbol{u}_2,\boldsymbol{v}_2)$ 子链构型时, 保持转动轴线 S_3 具有旋转运动, 并且旋转半外槽环使转动轴线 S_2 平行于 u_2 轴, 则在该状态下, 约束转动轴线 S_3 的旋转运动, 并且转动内槽环的连杆 g 平行于连杆 b, 如图 8–9 所示。

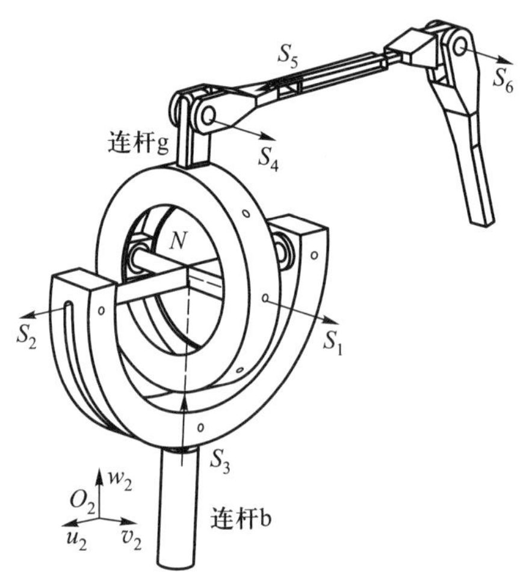

图 **8–9**　具有构态 e_2 的 $R_{u_2}R_{v_2}R_{v_2}T_{v_2}R_{v_2}$ 子链

在图 8–9 中, 转动轴线 S_2 绕 u_2 轴旋转, 转动轴线 S_4 和转动轴线 S_6 与转动轴线 S_1 保持相互平行并且绕 v_2 轴旋转, 则变胞子链满足式 (8–62) 且具有 5 个活动度, 并可以实现子流形 $T(3)\cdot U(q_2,\boldsymbol{u}_2,\boldsymbol{v}_2)$ 子链构型的运动。在局部坐标系 O_2-$u_2v_2w_2$ 下, 子流形 $T(3)\cdot U(p_2,\boldsymbol{v}_2,\boldsymbol{w}_2)$ 子链构型与子流形 $T(3)\cdot U(q_2,\boldsymbol{u}_2,\boldsymbol{v}_2)$ 子链构型的切换是通过改变变胞运动副在构态 e_3' 和构态 e_2 之间变换实现的。

8.2.4.3　具有活动度为 5 的变胞子链

在局部坐标系 O_3-$u_3v_3w_3$ 中, 由式 (8–62) 知, 子流形 $T_2(\boldsymbol{w}_3)\cdot S(p_3)$ 子链的

运动生成由一维子群表示，即构成该类型子链由转动副组合而成。通过选取变胞运动副的构态 e_4'，并与转动副依次串联起来，则构成的变胞子链如图 8–10 所示。

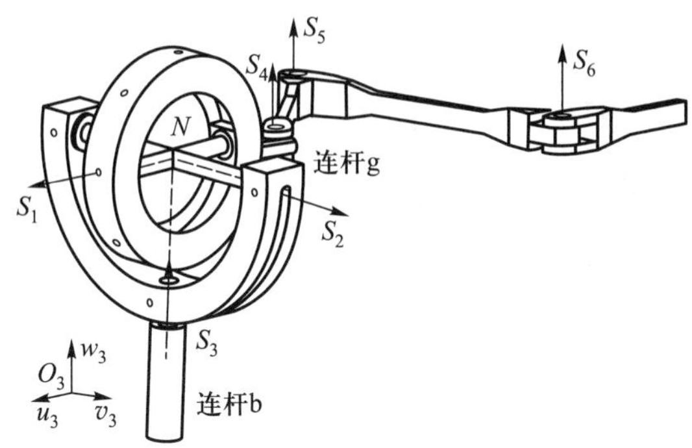

图 **8–10** 具有构态 e_4' 的 $R_{v_3}R_{u_3}R_{w_3}R_{w_3}R_{w_3}$ 子链

在图 8–10 中，连杆 b 固定于基座上，轴线 S_3 的旋转运动被约束。轴线 S_1 约束在始终与连杆 g 垂直的状态，并且绕 u_3 轴旋转。轴线 S_2 绕 v_3 轴旋转。轴线 S_4、轴线 S_5 与轴线 S_6 保持相互平行，并绕 w_3 轴旋转。此时变胞子链的活动度为 5，并实现子流形 $T_2(\boldsymbol{w}_3)\cdot S(p_3)$ 子链构型的运动。

当从子流形 $T_2(\boldsymbol{w}_3)\cdot S(p_3)$ 子链构型切换到子流形 $T_2(\boldsymbol{v}_3)\cdot S(q_3)$ 子链构型时，保持轴线 S_3 具有旋转运动，并且旋转半外槽环使轴线 S_2 平行于 u_3 轴，则在该状态下，约束轴线 S_3 的旋转运动，并且转动内槽环的连杆 g 平行于连杆 b，如图 8–11 所示。

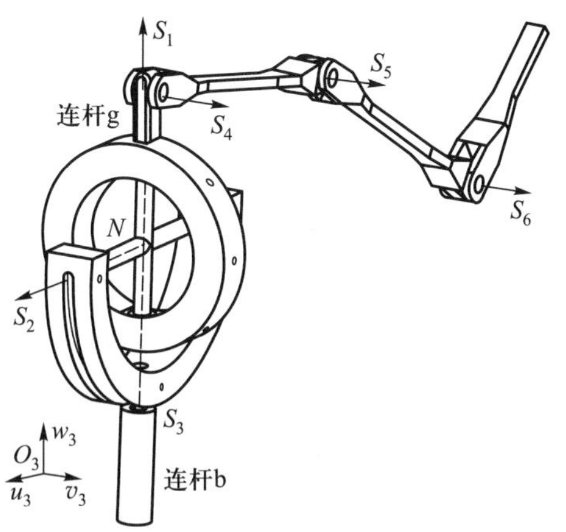

图 **8–11** 具有构态 e_1 的 $R_{u_3}R_{w_3}R_{v_3}R_{v_3}R_{v_3}$ 子链

在图 8–11 中，轴线 S_2 绕 u_3 轴旋转，轴线 S_1 绕 w_3 轴旋转，轴线 S_4、轴线 S_5 与轴线 S_6 保持相互平行并且绕 v_3 轴旋转。则变胞子链满足式 (8–64) 且活动度为 5, 并可以实现子流形 $T_2(\boldsymbol{v}_3)\cdot S(q_3)$ 子链构型的运动。在局部坐标系 O_3-$u_3v_3w_3$ 下, 子流形 $T_2(\boldsymbol{w}_3)\cdot S(p_3)$ 子链构型与子流形 $T_2(\boldsymbol{v}_3)\cdot S(q_3)$ 子链构型的切换是通过改变变胞运动副在构态 $e_4{}'$ 和构态 e_1 之间变换实现的。

8.2.5 实现 2R1T 和 1R2T 运动的变胞并联机构

本节分析和验证了变胞并联机构动平台的运动和约束的条件。通过计算变胞并联机构平台的力约束条件, 确定动平台子流形 $T_2(\boldsymbol{z})\cdot R(p,\boldsymbol{z})$ 构型和子流形 $T(\boldsymbol{z})\cdot U(q,\boldsymbol{x},\boldsymbol{y})$ 构型的运动情况。根据这些约束条件, 装配变胞子链成变胞并联机构, 实现不同运动的切换。

8.2.5.1 变胞并联机构的运动和约束的条件

本节讨论如何通过装配 8.2.4 节中综合出的变胞子链得到具有子流形 $T_2(\boldsymbol{z})\cdot R(p,\boldsymbol{z})$ 构型和子流形 $T(\boldsymbol{z})\cdot U(q,\boldsymbol{x},\boldsymbol{y})$ 构型的变胞并联机构。具有 1R2T 运动分支的三条子链变胞并联机构的动平台具有子流形 $T_2(\boldsymbol{z})\cdot R(p,\boldsymbol{z})$ 构型的约束条件和具有 2R1T 运动分支的三条子链变胞并联机构的动平台具有子流形 $T(\boldsymbol{z})\cdot U(q,\boldsymbol{x},\boldsymbol{y})$ 构型的约束条件通过转变变胞运动副构态实现互相切换。

动平台子流形 $T_2(\boldsymbol{z})\cdot R(p,\boldsymbol{z})$ 构型和子流形 $T(\boldsymbol{z})\cdot U(q,\boldsymbol{x},\boldsymbol{y})$ 构型的运动是在全局坐标系 O-xyz 中讨论的。而变胞子链不同构型的变换过程是在局部坐标系 O_i-$u_iv_iw_i(i=1,2,3)$ 中讨论的。因此, 变胞子链运动变换和动平台运动变换应该统一到全局坐标系下。动平台的坐标系和变胞子链的坐标系可通过式 (8–67) 进行变换:

$$\boldsymbol{P}_i=\boldsymbol{R}_i\boldsymbol{P}_{O_i\text{-}u_iv_iw_i}\quad(i=1,2,3)\tag{8–67}$$

式中, $\boldsymbol{P}_i$ 表示第 i 条子链在全局坐标系下的位置向量; $\boldsymbol{R}_i$ 表示第 i 条子链的变换矩阵; $\boldsymbol{P}_{O_i}$-$u_iv_iw_i$ 表示第 i 条子链在局部坐标系 O_i-$u_iv_iw_i$ 下的位置向量。

动平台子流形 $T_2(\boldsymbol{z})\cdot R(p,\boldsymbol{z})$ 构型运动是子链子流形构型运动的交集。另外, 动平台子流形 $T_2(\boldsymbol{z})\cdot R(p,\boldsymbol{z})$ 构型的约束是子链子流形构型约束的并集。根据式 (8–55), 子流形 $T_2(\boldsymbol{w}_1)\cdot U(p_1,\boldsymbol{z}_1,\boldsymbol{u}_1)$ 子链构型运动生成的约束力条件是 $\{(\boldsymbol{z}^{\mathrm{T}},\boldsymbol{0}),(\boldsymbol{0},\boldsymbol{y}^{\mathrm{T}})\}$。为了表示方便, 这里约束力条件通过坐标变换到全局坐标系下表示。其中 $(\boldsymbol{z}^{\mathrm{T}},\boldsymbol{0})$ 表示沿 z 轴方向的约束力, $(\boldsymbol{0},\boldsymbol{y}^{\mathrm{T}})$ 表示沿 y 轴方向的约束力偶。根据式 (8–60), 子流形 $T(3)\cdot U(p_2,\boldsymbol{v}_2,\boldsymbol{w}_2)$ 子链构型的运动生成的约束力条件是 $\{(\boldsymbol{0},\boldsymbol{x}^{\mathrm{T}})\}$; 根据式 (8–64), 子流形 $T_2(\boldsymbol{w}_3)\cdot S(p_3)$ 子链构型运动生成的约束力条件是 $\{(\boldsymbol{z}^{\mathrm{T}},\boldsymbol{0})\}$。则平台子流形 $T_2(\boldsymbol{z})\cdot R(p,\boldsymbol{z})$ 构型约束条件为

$$\{(\boldsymbol{z}^{\mathrm{T}},\boldsymbol{0}),(\boldsymbol{0},\boldsymbol{y}^{\mathrm{T}})\}\cup\{(\boldsymbol{0},\boldsymbol{x}^{\mathrm{T}})\}\cup\{(\boldsymbol{z}^{\mathrm{T}},\boldsymbol{0})\}=\{(\boldsymbol{z}^{\mathrm{T}},\boldsymbol{0})(\boldsymbol{0},\boldsymbol{x}^{\mathrm{T}})(\boldsymbol{0},\boldsymbol{y}^{\mathrm{T}})\}\tag{8–68}$$

根据运动和约束的互易关系, 则平台子流形 $T_2(\boldsymbol{z}) \cdot R(p, \boldsymbol{z})$ 构型运动条件为 $\{(\boldsymbol{x}^{\mathrm{T}}, \mathbf{0}), (\boldsymbol{y}^{\mathrm{T}}, \mathbf{0}), (\mathbf{0}, \boldsymbol{z}^{\mathrm{T}})\}$。

根据式 (8–56), 子流形 $T_2(\boldsymbol{u}_1) \cdot U(q_1, \boldsymbol{u}_1, \boldsymbol{v}_1)$ 子链构型运动生成的约束力条件是 $\{(\boldsymbol{x}^{\mathrm{T}}, \mathbf{0}), (\mathbf{0}, \boldsymbol{z}^{\mathrm{T}})\}$; 根据式 (8–62), 子流形 $T(3) \cdot U(q_2, \boldsymbol{u}_2, \boldsymbol{v}_2)$ 子链构型运动生成的约束力条件是 $\{(\mathbf{0}, \boldsymbol{z}^{\mathrm{T}})\}$; 根据式 (8–66), 子流形 $T_2(\boldsymbol{v}_3) \cdot S(q_3)$ 子链构型运动生成的约束力条件是 $\{(\boldsymbol{y}^{\mathrm{T}}, \mathbf{0})\}$。则平台子流形 $T(\boldsymbol{z}) \cdot U(q, \boldsymbol{x}, \boldsymbol{y})$ 构型的约束条件为

$$\{(\boldsymbol{x}^{\mathrm{T}}, \mathbf{0}), (\mathbf{0}, \boldsymbol{z}^{\mathrm{T}})\} \cup \{(\mathbf{0}, \boldsymbol{z}^{\mathrm{T}})\} \cup \{(\boldsymbol{y}^{\mathrm{T}}, \mathbf{0})\} = \{(\boldsymbol{x}^{\mathrm{T}}, \mathbf{0}), (\boldsymbol{y}^{\mathrm{T}}, \mathbf{0}), (\mathbf{0}, \boldsymbol{z}^{\mathrm{T}})\} \tag{8–69}$$

根据运动和约束的互易关系, 则平台子流形 $T(\boldsymbol{z}) \cdot U(q, \boldsymbol{x}, \boldsymbol{y})$ 构型的运动条件为 $\{(\boldsymbol{z}^{\mathrm{T}}, \mathbf{0}), (\mathbf{0}, \boldsymbol{x}^{\mathrm{T}}), (\mathbf{0}, \boldsymbol{y}^{\mathrm{T}})\}$。

8.2.5.2 变胞并联机构的构型切换

根据讨论的变胞并联机构运动和约束的条件, 通过把基座、三条变胞子链和动平台装配成变胞并联机构。由于两个平台子流形交集为单位元, 即

$$T(\boldsymbol{z}) \cdot U(q, \boldsymbol{x}, \boldsymbol{y}) \cap T_2(\boldsymbol{z}) \cdot R(p, \boldsymbol{z}) = \{e\} \tag{8–70}$$

根据 8.1.1 节的定理 1, 为了实现变胞并联机构平台子流形构型切换, 设计一个连接第三条子链和动平台的切换转动副。建立全局坐标系 O-xyz, 坐标原点 O 位于基座中心, z 轴垂直于基座且指向动平台, x 轴为坐标原点与第二条子链与基座交点连线, y 轴遵循右手定则。

当三条子链分别处于子流形 $T_2(\boldsymbol{w}_1) \cdot U(p_1, \boldsymbol{w}_1, \boldsymbol{u}_1)$ 构型, 子流形 $T(3) \cdot U(p_2, \boldsymbol{v}_2, \boldsymbol{w}_2)$ 构型和子流形 $T_2(\boldsymbol{w}_3) \cdot S(p_3)$ 构型时, 切换转动副处于约束不产生运动状态, 则变胞并联机构平台具有子流形 $T_2(\boldsymbol{z}) \cdot R(p, \boldsymbol{z})$ 构态的运动, 两个平移运动分别沿着 x 轴方向和 y 轴方向, 一个旋转运动绕着 z 轴, 如图 8–12 所示。

当平台变换子流形 $T_2(\boldsymbol{z}) \cdot R(p, \boldsymbol{z})$ 的运动到子流形 $T(\boldsymbol{z}) \cdot U(q, \boldsymbol{x}, \boldsymbol{y})$ 的运动时, 切换转动副处于运动状态且第三条子链获得一个额外自由度, 此时动平台两个子流形的交集是非单位元, 即在该状态下形成奇异构态空间, 则三条子链都可以分别切换到子流形 $T_2(\boldsymbol{u}_1) \cdot U(q_1, \boldsymbol{u}_1, \boldsymbol{v}_1)$ 构型、子流形 $T(3) \cdot U(q_2, \boldsymbol{u}_2, \boldsymbol{v}_2)$ 构型和子流形 $T_2(\boldsymbol{v}_3) \cdot S(q_3)$ 构型。之后切换转动副再次处于约束不产生运动状态, 此时第三条子链的活动度仍是 5。因此, 变胞并联机构平台具有子流形 $T(\boldsymbol{z}) \cdot U(q, \boldsymbol{x}, \boldsymbol{y})$ 构型的运动, 其中一个平移运动沿着 z 轴方向, 两个旋转运动分别绕着 x 轴和 y 轴, 如图 8–13 所示。

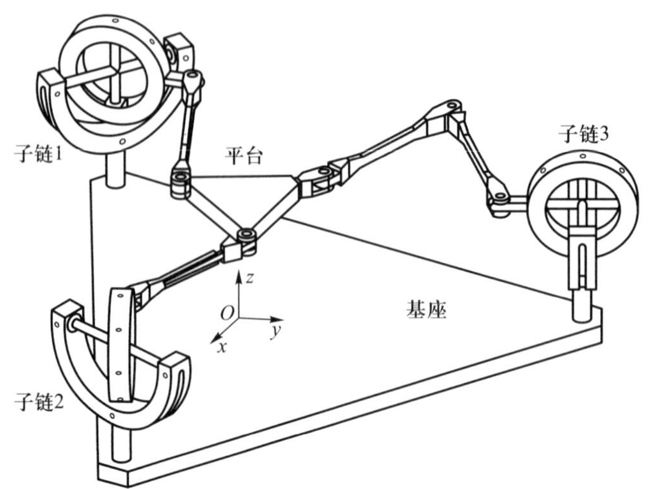

图 8–12　变胞并联机构具有平台子流形 $T_2(\boldsymbol{z}) \cdot R(p, \boldsymbol{z})$ 构型

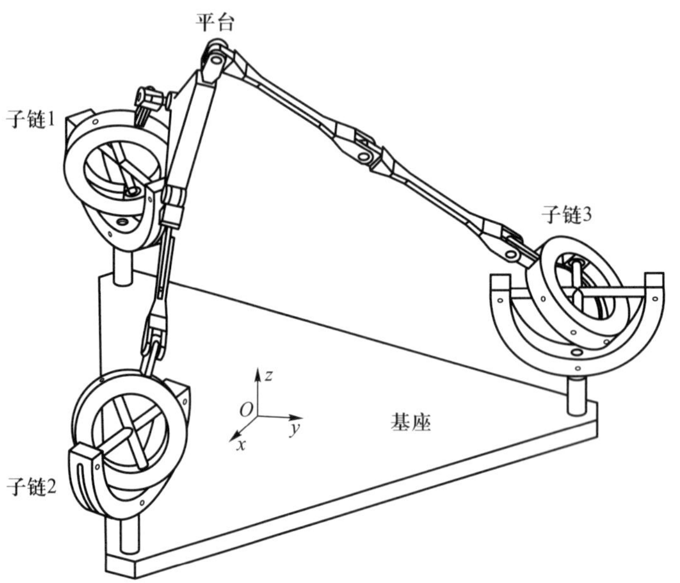

图 8–13　具有平台子流形 $T(\boldsymbol{z}) \cdot U(q, \boldsymbol{x}, \boldsymbol{y})$ 构型的变胞并联机构

8.3　平面运动和球面运动分支可重构并联机构型综合

本节根据变换构型空间理论研究可重构并联机构的分岔问题, 讨论经过奇异构型空间运动分岔的切换条件, 挖掘子群运动生成的共同运动, 确立可重构并联机构构型切换的理论基础, 为可重构并联机构的型综合提供指导方法。基于子群和子流形的运动生成以及运算规则, 把平台的运动和约束表示成子群和子流形的形式, 进而转变为运动子链的运动和约束关系, 最后分解成一维子群生成运动副的运动和约束关系上。根据生成的运动副在每个运动分支的位姿关系, 研究其运动分支变换导

致运动的改变, 得到可重并联机构在每个运动分支中的运动, 揭示可重构机构的分岔机理, 阐述可重构机构构型空间转换条件。根据子链子流形生成的不同形式, 综合具有球面运动副连杆和虎克铰运动副连杆的串联子链。依据两类子链综合符合条件的等支链可重构并联机构, 在全局坐标系下经奇异构型空间实现运动分支子群 $SE(2)$ 与运动分支子群 $SO(3)$ 的切换。

8.3.1 具有运动分支 $SE(2)$ 和 $SO(3)$ 的可重构并联机构的运动表示

设 O-xyz 是全局坐标系, 由式 (8–43) 可知, 具有运动分支 $SE(2)$ 和运动分支 $SO(3)$ 的可重构并联机构的动平台相对于基座的运动表示为

$$M_{\mathrm{r}} = SE(2) \cup SO(3) \tag{8–71}$$

由式 (8–42)、式 (8–43) 和式 (8–71) 得

$$SE(2) \cup SO(3) = \bigcap_{k=1}^{3} M_{\mathrm{r}k} = M_{\mathrm{r}} \tag{8–72}$$

由式 (8–72) 可知, 具有三条子链的可重构并联机构的动平台的运动表示 M_{r} 在分岔点处包含运动分支子群 $SE(2)$ 和运动分支子群 $SO(3)$。又因子群的交集仍是子群, 则对于给定的两种运动类型, 子群 $SE(2)$ 和子群 $SO(3)$ 的交集运算可表示为

$$SE(2) \cap SO(3) = R(p, \boldsymbol{z}) \tag{8–73}$$

根据 8.1.1 节的定理 1, 子群 $R(p, \boldsymbol{z})$ 的生成空间为一维奇异构型空间。在奇异构型空间处, 可重构并联机构的两个运动分支能够相互切换并且满足约束条件。

根据集合运算关系, 由式 (8–72) 和式 (8–73) 得

$$R(p, \boldsymbol{z}) \leqslant M_{\mathrm{r}} = \bigcap_{k=1}^{3} M_{\mathrm{r}k} \tag{8–74}$$

因此,

$$R(p, \boldsymbol{z}) \leqslant M_{\mathrm{r}k} \quad (k = 1, 2, 3) \tag{8–75}$$

这表明串联链生成的子流形包含生成奇异构型空间的生成元子群。

8.3.2 具有两运动分支可重构并联机构运动生成的切换条件

子群 $SE(2)$ 并联机构运动生成和子群 $SO(3)$ 并联机构运动生成的共同运动可表示为

$$C_{M_j} = PL(\boldsymbol{z}_j) \cdot S(N_j) \quad (j=1,2,3) \tag{8–76}$$

式中, C_{M_j} 是串联执行器 M_j 生成的刚体运动的集合; $PL(\boldsymbol{z}_j)$ 是 $SE(2)$ 的共轭类; $S(N_j)$ 是 $SO(3)$ 的共轭类。尽管共同运动有相同的形式, 但约束力条件是不同的。对于子群 $SE(2)$, 共同运动生成是 $S(N_j)$, 其子链在单位元 e 处的约束力表示为 $\boldsymbol{f}_j = (\boldsymbol{z}^{\mathrm{T}}, (N_j \times \boldsymbol{z})^{\mathrm{T}})$, 表示通过 N_j 沿向量 $\boldsymbol{z}$ 方向平移的约束。相反地, $SO(3)$ 的共同运动生成是 $SE(2)$, 子链在单位元 e 处的约束是 $({\boldsymbol{z}_j}^{\mathrm{T}}, 0)$, 表示沿向量 $\boldsymbol{z}_j$ 方向平移。由于并联机构动平台的约束是所有子链约束的并集, 当从运动分支子群 $SE(2)$ 切换到运动分支子群 $SO(3)$ 时, 动平台的约束通过每条子链在单位元 e 处实现切换, 满足从绕 x 轴、 y 轴的旋转变换到沿 x 轴、 y 轴的平移。因此, 可重构并联机构能够实现在运动分支子群 $SE(2)$ 和子群 $SO(3)$ 之间切换, 并且具有相同的构件组成形式。

8.3.3 共同运动生成的串联子链的型综合

由式 (8–74) 知, 子群 $SE(2)$ 并联机构运动生成的型综合限制在 $M_{PL(\boldsymbol{z})/R(O,\boldsymbol{z})} \cdot M_{S(N_j)}$ 形式, 这里 $PL(\boldsymbol{z})/R(O,\boldsymbol{z})$ 是商流形, 称为陪集空间 (Selig, 2013)。同样地, 子群 $SO(3)$ 并联机构运动生成的型综合限制在 $M_{PL(\boldsymbol{w}_j)/R(q,\boldsymbol{w}_j)} \cdot M_{S(O)}$ 形式。另外一种情况, 子群 $SO(3)$ 并联机构运动生成的型综合限制在 $M_{PL(\boldsymbol{w}_j)} \cdot M_{S(O)/R(O,\boldsymbol{z})}$ 形式, 子群 $SE(2)$ 并联机构运动生成的型综合限制在 $M_{PL(\boldsymbol{z})} \cdot M_{S(N_j)/R(N_j,\boldsymbol{z})}$ 形式。比较子群 $SE(2)$ 和子群 $SO(3)$ 的运动生成, 根据它们并联机构运动生成的共同运动 $PL(\boldsymbol{z}_j) \cdot S(N_j)$, 存在共同生成 $M_{PL(\boldsymbol{z}_j)/R(O,\boldsymbol{z}_j)} \cdot M_{S(N_j)}$ 和 $M_{PL(\boldsymbol{w}_j)/R(q,\boldsymbol{w}_j)} \cdot M_{S(O)}$ 且具有球面运动副连杆, 以及共同生成 $M_{PL(\boldsymbol{z})} \cdot M_{S(N_j)/R(N_j,\boldsymbol{z})}$ 和 $M_{PL(\boldsymbol{w}_j)} \cdot M_{S(O)/R(O,\boldsymbol{z})}$ 且具有虎克铰运动副连杆。通过改变机构的约束条件, 实现每种共同生成的变换, 从而实现运动分支子群 $SE(2)$ 和子群 $SO(3)$ 的切换。在子群 $SO(3)$ 并联运动生成的型综合中, 运动生成 $M_{PL(\boldsymbol{w}_j)} \cdot M_{S(O)/R(O,\boldsymbol{z})}$ 处于锁死状态, 即当子链被闭约束在子群或子流形中, 表示当可重构并联机构处于运动分支子群 $SO(3)$ 构型时, 其中一个运动副产生空转, 而在运动分支子群 $SE(2)$ 构型不会产生空转。因此, 与其余运动副相对应运动副坐标以类似于变胞机构现象的方式实现几何约束。另外一种情况, 在子群 $SE(2)$ 并联运动生成的型综合中, 运动生成 $M_{PL(\boldsymbol{z})} \cdot M_{S(N_j)/R(N_j,\boldsymbol{z})}$ 处于锁死状态, 表示当可重构并联机构处于运动分支子群 $SE(2)$ 构型时, 其中一个运动副产生空转, 而在运动分支子群 $SO(3)$ 构型不会产生空转。

8.3.3.1 球面运动副连杆的串联子链的型综合

具有运动分支子群 $SE(2)$ 和运动分支子群 $SO(3)$ 的可重构并联机构动平

台的运动是串联子链生成的子群运动的交集, 这里所有的子群可以相同, 也可以不相同。同样地, 可重构并联机构的动平台的位移子流形也可以表示为串联子链生成的位移子流形的交集。选择共同生成 $M_{PL(\boldsymbol{z}_j)/R(O,\boldsymbol{z}_j)}\cdot M_{S(N_j)}$ 和 $M_{PL(\boldsymbol{w}_j)/R(q,\boldsymbol{w}_j)}\cdot M_{S(O)}$, 当所有子链的位移子群相同时, 可重构并联机构动平台的位移子群 $SE(2)$ 和位移子群 $SO(3)$ 可以表示为三个等价子群或子流形的交集, 则三条子链构成的具有球面运动副连杆的可重构并联机构的运动生成为

$$M_{SE(2)}=M_{A1}\cap M_{A2}\cap M_{A3} \tag{8–77}$$

$$M_{SO(3)}=M_{B1}\cap M_{B2}\cap M_{B3} \tag{8–78}$$

式中, $M_{SE(2)}$ 是子群 $SE(2)$ 的运动生成; M_{A1}、M_{A2} 和 M_{A3} 具有相同运动生成 $M_{PL(\boldsymbol{z})/R(O,\boldsymbol{z})}\cdot M_{S(N_j)}$; $M_{SO(3)}$ 是子群 $SO(3)$ 的运动生成; M_{B1}、M_{B2} 和 M_{B3} 具有相同运动生成 $M_{PL(\boldsymbol{w}_j)/R(q,\boldsymbol{w}_j)}\cdot M_{S(O)}$。通过比较两个子群的运动生成 $M_{SE(2)}$ 和 $M_{SO(3)}$, 可以发现这些子链具有相同的结构, 即机构由相同的运动副构成。因为 $SE(2)$ 和 $SO(3)$ 的交集是非单位元, 根据 8.1.1 节的定理 1, 它们在分岔点处可以实现切换。

由于商流形 $PL(\boldsymbol{z})/R(O,\boldsymbol{z})$ 具有四种运动生成, 子群 $S(N_j)$ 具有一种运动生成, 因此根据排列法则, $M_{PL(\boldsymbol{z})/R(O,\boldsymbol{z})}\cdot M_{S(N_j)}$ 具有四种实现形式, 即

$$A_4^1A_1^1=4 \tag{8–79}$$

式中, A_n^k 表示 n 个元素集合中 k 个元素子集的不同顺序的排列。同理, 根据式 (8–79), $M_{PL(\boldsymbol{w}_j)/R(q,\boldsymbol{w}_j)}\cdot M_{S(O)}$ 也具有四种实现形式。

由单自由度的转动副和移动副表示的串联子链的运动生成 $M_{PL(\boldsymbol{z})/R(O,z)}\cdot M_{S(N_j)}$ 和 $M_{PL(\boldsymbol{w}_j)/R(q,\boldsymbol{w}_j)}\cdot M_{S(O)}$ 的形式如表 8–2 所示。

表 8–2 $M_{PL(\boldsymbol{z})/R(O,\boldsymbol{z})}\cdot M_{S(N_j)}$ 和 $M_{PL(\boldsymbol{w}_j)/R(q,\boldsymbol{w}_j)}\cdot M_{S(O)}$ 的子链生成

子链生成	单自由度运动副的生成
$M_{PL(\boldsymbol{z})/R(O,\boldsymbol{z})}\cdot M_{S(N_j)}$	$T_{x_i}T_{y_i}R_{u_j}R_{v_j}R_{w_j}$
	$R_{z_i}T_{y_i}R_{u_j}R_{v_j}R_{w_j}$
	$T_{y_i}R_{z_i}R_{u_j}R_{v_j}R_{w_j}$
	$R_{z_i}R_{z_i}R_{u_j}R_{v_j}R_{w_j}$
$M_{PL(\boldsymbol{w}_j)/R(q,\boldsymbol{w}_j)}\cdot M_{S(O)}$	$T_{u_j}T_{v_j}R_{x_i}R_{y_i}R_{z_i}$
	$R_{w_j}T_{v_j}R_{x_i}R_{y_i}R_{z_i}$
	$T_{v_j}R_{w_j}R_{x_i}R_{y_i}R_{z_i}$
	$R_{w_j}R_{w_j}R_{x_i}R_{y_i}R_{z_i}$

$M_{PL(\boldsymbol{z})/R(O,\boldsymbol{z})}\cdot M_{S(N_j)}$ 和 $M_{PL(\boldsymbol{w}_j)/R(q,\boldsymbol{w}_j)}\cdot M_{S(O)}$ 的生成子链由五个单自由度运动副构成，其中每个子链的前两个单自由度运动副分别由商群 $PL(\boldsymbol{z})/R(O,\boldsymbol{z})$ 和 $PL(\boldsymbol{w}_j)/R(q,\boldsymbol{w}_j)$ 生成，其轴线相互垂直或者相互平行，后三个单自由度运动副分别由子群 $S(N_j)$ 和 $S(O)$ 生成，其轴线相交于一点且具有球面运动。对于每个生成子链而言，前两个运动副与后三个运动副的不同之处就在于坐标系的选择不同。由表 8–2 可知，动平台运动分支 $SE(2)$ 和 $SO(3)$ 中每条对应子链的两个组成部分分别位于不同的坐标系。坐标系不同，相关子链实现的运动也不相同。通过改变对应运动分支的坐标系表示可以实现运动分支之间的切换。由以上分析可知，保持坐标系的统一是实现可重构切换的必要条件。

对于 $M_{PL(\boldsymbol{z})/R(O,\boldsymbol{z})}\cdot M_{S(N_j)}$ 生成的可重构子链，在参考坐标系 $O_i\text{-}x_iy_iz_i$ 中：由移动副生成的位移集是一维李子群，由 $T(\boldsymbol{x}_i)$ 和 $T(\boldsymbol{y}_i)$ 表示，其中 $\boldsymbol{x}_i$ 和 $\boldsymbol{y}_i$ 是单位向量，表示移动的方向；由转动副生成的位移集是一维李子群，由 $R(O_i,\boldsymbol{z}_i)$ 表示，其中 O_i 是参考坐标系的原点，单位向量 $\boldsymbol{z}_i$ 表示转动轴线的方向。在局部坐标系 $N_j\text{-}\boldsymbol{u}_j\boldsymbol{v}_j\boldsymbol{w}_j$ 中，转动副 $R(N_j,\boldsymbol{u}_j)$、转动副 $R(N_j,\boldsymbol{v}_j)$ 和转动副 $R(N_j,\boldsymbol{w}_j)$ 的集合表示转动轴线的方向分别为单位向量 $\boldsymbol{u}_j$、单位向量 $\boldsymbol{v}_j$ 和单位向量 $\boldsymbol{w}_j$，且轴线相交于点 N_j。关于 $M_{PL(\boldsymbol{z})/R(O,\boldsymbol{z})}\cdot M_{S(N_j)}$ 运动生成的基座与动平台之间的运动键表示为

$$\boldsymbol{M}_{PL(\boldsymbol{z})/R(O,\boldsymbol{z})}\cdot M_{S(N_j)}=\begin{cases}T(\boldsymbol{x}_i)T(\boldsymbol{y}_i)R(N_j,\boldsymbol{u}_j)R(N_j,\boldsymbol{v}_j)R(N_j,\boldsymbol{w}_j)\\ R(q,\boldsymbol{z}_i)T(\boldsymbol{y}_i)R(N_j,\boldsymbol{u}_j)R(N_j,\boldsymbol{v}_j)R(N_j,\boldsymbol{w}_j)\\ T(\boldsymbol{y}_i)R(q,\boldsymbol{z}_i)R(N_j,\boldsymbol{u}_j)R(N_j,\boldsymbol{v}_j)R(N_j,\boldsymbol{w}_j)\\ R(q_1,\boldsymbol{z}_i)R(q_2,\boldsymbol{z}_i)R(N_j,\boldsymbol{u}_j)R(N_j,\boldsymbol{v}_j)R(N_j,\boldsymbol{w}_j)\end{cases}\tag{8–80}$$

$M_{PL(\boldsymbol{z})/R(O,\boldsymbol{z})}\cdot M_{S(N_j)}$ 运动生成子链的参考坐标系 $O_i\text{-}x_iy_iz_i$ 的原点设在与基座相连的第一个运动副的中心，坐标轴方向如图 8–14 所示。局部坐标系 $N_j\text{-}u_jv_jw_j$ 的原点设在两个转动副轴线的交点，其中两个坐标轴沿着两个转动副轴线的正交方向，另一坐标轴由右手定则确定。在参考坐标系 $O_i\text{-}x_iy_iz_i$ 中，两个移动副轴线相互垂直并分别沿着 x_i 轴方向和 y_i 轴方向，如图 8–14 (a) 所示。在图 8–14 (b) 和图 8–14 (c) 中，一个转动副轴线绕 z_i 轴旋转，一个移动副沿 y_i 轴平移，并且两个运动副的轴线相互垂直。在图 8–14 (d) 中，两个转动副轴线互相平行，并且绕 z_i 轴旋转。

对于 $M_{PL(\boldsymbol{w}_j)/R(q,\boldsymbol{w}_j)}\cdot M_{S(O)}$ 生成的可重构子链，在局部坐标系 $O_j\text{-}u_jv_jw_j$ 中确立前两个运动副的位置关系。在参考坐标系 $O_i\text{-}x_iy_iz_i$ 中，转动副 $R(O_i,\boldsymbol{x}_i)$、转动副 $R(O_i,\boldsymbol{y}_i)$ 和转动副 $R(O_i,\boldsymbol{z}_i)$ 的集合表示轴线的方向分别为单位向量 $\boldsymbol{x}_i$、单

位向量 $\boldsymbol{y}_i$ 和单位向量 $\boldsymbol{z}_i$, 且轴线相交于点 O_i。关于 $M_{PL(\boldsymbol{w}_j)/R(q,\boldsymbol{w}_j)} \cdot M_{S(O)}$ 运动生成的基座与动平台之间的运动链表示为

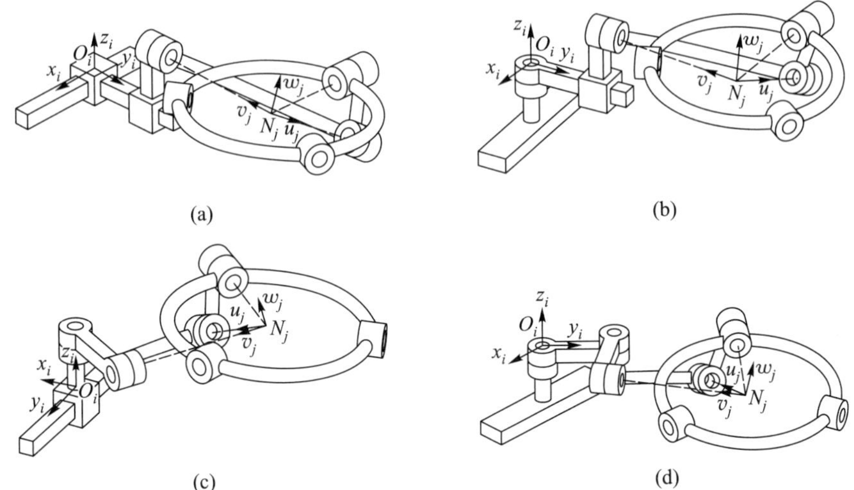

图 **8–14** $M_{PL(\boldsymbol{z})/R(O,\boldsymbol{z})} \cdot M_{S(N_j)}$ 运动生成 **(a)** $T_{x_i}T_{y_i}R_{u_j}R_{v_j}R_{w_j}$ 子链; **(b)** $R_{z_i}T_{y_i}R_{u_j}R_{v_j}R_{w_j}$ 子链; **(c)** $T_{y_i}R_{z_i}R_{u_j}R_{v_j}R_{w_j}$ 子链; **(d)** $R_{z_i}R_{z_i}R_{u_j}R_{v_j}R_{w_j}$ 子链

$$M_{PL(\boldsymbol{w}_j)/R(q,\boldsymbol{w}_j)} \cdot M_{S(O)} = \begin{cases} T(\boldsymbol{u}_j)T(\boldsymbol{v}_j)R(O_i,\boldsymbol{x}_i)R(O_i,\boldsymbol{y}_i)R(O_i,\boldsymbol{z}_i) \\ R(q,\boldsymbol{w}_j)T(\boldsymbol{v}_j)R(O_i,\boldsymbol{x}_i)R(O_i,\boldsymbol{y}_i)R(O_i,\boldsymbol{z}_i) \\ T(\boldsymbol{v}_j)R(q,\boldsymbol{w}_j)R(O_i,\boldsymbol{x}_i)R(O_i,\boldsymbol{y}_i)R(O_i,\boldsymbol{z}_i) \\ R(q_1,\boldsymbol{w}_j)R(q_2,\boldsymbol{w}_j)R(O_i,\boldsymbol{x}_i)R(O_i,\boldsymbol{y}_i)R(O_i,\boldsymbol{z}_i) \end{cases} \tag{8–81}$$

$M_{PL(\boldsymbol{w}_j)/R(q,\boldsymbol{w}_j)} \cdot M_{S(O)}$ 运动生成的参考坐标系 O_i-$x_iy_iz_i$ 的原点设在三个转动副轴线的交点, 其中两个坐标轴分别沿着两个正交的转动轴线的方向, 另一个坐标轴由右手定则确定。局部坐标系 O_j-$u_jv_jw_j$ 的原点设在与基座相连的第一个运动副的中心, 三个坐标轴分别沿着转动副轴线方向和平移副轴线方向, 如图 8–15 所示。

在图 8–15 中, 三个转动副轴线相交于参考坐标系原点 O_i, 并分别绕 x_i 轴、y_i 轴和 z_i 轴旋转。在图 8–15 (a) 中, 两个移动副轴线相互垂直, 并分别沿着 u_j 轴方向、v_j 轴方向。在图 8–15 (b) 和图 8–15 (c) 中, 转动副轴线绕 w_j 轴旋转, 移动副轴线沿 v_j 轴平移, 并且两个轴线相互垂直。在图 8–15 (d) 中, 两个转动副轴线相互平行, 并且绕 w_j 轴旋转。

8.3.3.2 虎克铰运动副连杆的串联子链的型综合

对于共同运动生成 $M_{PL(\boldsymbol{z})} \cdot M_{S(N_j)/R(N_j,\boldsymbol{z})}$ 和 $M_{PL(\boldsymbol{w}_j)} \cdot M_{S(O)/R(O,\boldsymbol{z})}$, 当所有子链的位移子群相同时, 则可重构并联机构的动平台的位移子群 $SE(2)$ 和子群

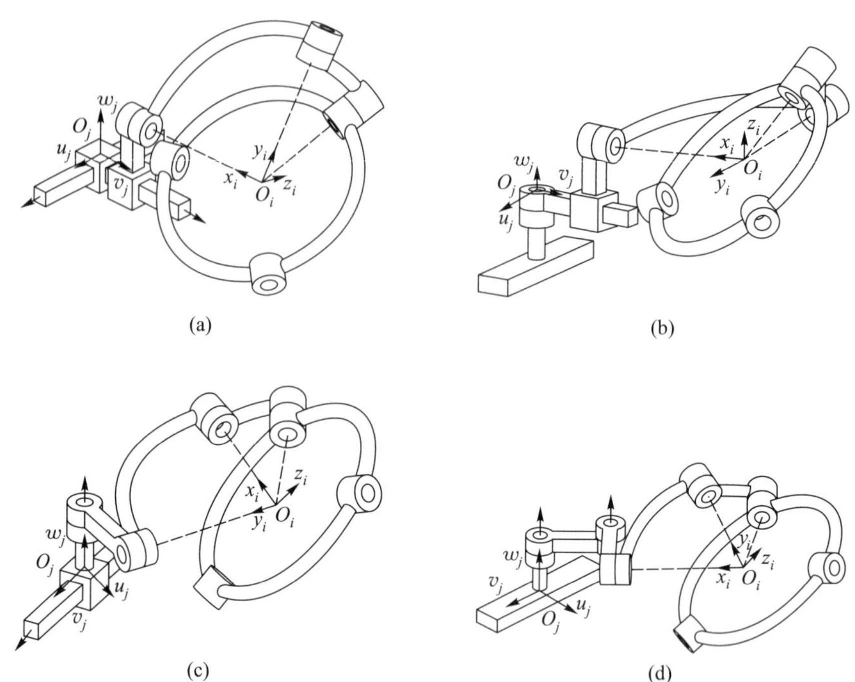

图 **8–15** $M_{PL(\boldsymbol{w}_j)/R(q,\boldsymbol{w}_j)}\cdot M_{S(O)}$ 运动生成: **(a)** $T_{u_j}T_{v_j}R_{x_i}R_{y_i}R_{z_i}$ 子链; **(b)** $R_{w_j}T_{v_j}R_{x_i}R_{y_i}R_{z_i}$ 子链; **(c)** $T_{v_j}R_{w_j}R_{x_i}R_{y_i}R_{z_i}$ 子链; **(d)** $R_{w_j}R_{w_j}R_{x_i}R_{y_i}R_{z_i}$ 子链

$SO(3)$ 能够表示为三个等价子群或子流形的交集, 三条子链构成有虎克铰运动副连杆的可重构并联机构的运动生成为

$$M_{SE(2)}=M_{C1}\cap M_{C2}\cap M_{C3} \tag{8–82}$$

$$M_{SO(3)}=M_{D1}\cap M_{D2}\cap M_{D3} \tag{8–83}$$

式中, $M_{SE(2)}$ 是子群 $SE(2)$ 的运动生成; M_{C1}、M_{C2} 和 M_{C3} 具有相同运动生成 $M_{PL(\boldsymbol{z})}\cdot M_{S(N_j)/R(N_j,\boldsymbol{w})}$; $M_{SO(3)}$ 是子群 $SO(3)$ 的运动生成; M_{D1}、M_{D2} 和 M_{D3} 具有相同运动生成 $M_{PL(\boldsymbol{w}_j)}\cdot M_{S(O)/R(O,\boldsymbol{z})}$。通过比较两个子群的运动生成 $M_{SE(2)}$ 和 $M_{SO(3)}$, 可知组成这些子链的运动副同样具有相同结构形式。

由于李子群 $PL(\boldsymbol{z})$ 具有七种运动生成, 商流形 $S(N_j)/R(N_j,\boldsymbol{w})$ 具有一种运动生成。因此, 根据排列法则, $M_{PL(\boldsymbol{z})}\cdot M_{S(N_j)/R(N_j,\boldsymbol{w})}$ 具有七种实现形式, 即

$$A_7^1A_1^1=7 \tag{8–84}$$

同理, 根据式 (8–84), $M_{PL(\boldsymbol{w}_j)}\cdot M_{S(O)/R(O,\boldsymbol{z})}$ 也具有七种实现形式。

由单自由度转动副和移动副表示串联子链的 $M_{PL(\boldsymbol{z})}\cdot M_{S(N_j)/R(N_j,\boldsymbol{w})}$ 和 $M_{PL(\boldsymbol{w}_j)}\cdot M_{S(O)/R(O,\boldsymbol{z})}$ 的运动生成如表 8–3 所示。

表 8–3 $M_{PL(\boldsymbol{z})} \cdot M_{S(N_j)/R(N_j,\boldsymbol{w})}$ 和 $M_{PL(\boldsymbol{w}_j)} \cdot M_{S(O)/R(O,\boldsymbol{z})}$ 的子链生成

子链生成	单自由度运动副的生成
$M_{PL(\boldsymbol{z})} \cdot M_{S(N_j)/R(N_j,\boldsymbol{w})}$	$T_{x_i}T_{y_i}R_{z_i}R_{u_j}R_{v_j}$ $T_{x_i}R_{z_i}T_{y_i}R_{u_j}R_{v_j}$ $R_{z_i}T_{x_i}T_{y_i}R_{u_j}R_{v_j}$ $T_{x_i}R_{z_i}R_{z_i}R_{u_j}R_{v_j}$ $R_{z_i}T_{x_i}R_{z_i}R_{u_j}R_{v_j}$ $R_{z_i}R_{z_i}T_{x_i}R_{u_j}R_{v_j}$ $R_{z_i}R_{z_i}R_{z_i}R_{u_j}R_{v_j}$
$M_{PL(\boldsymbol{w}_j)} \cdot M_{S(O)/R(O,\boldsymbol{z})}$	$T_{u_j}T_{v_j}R_{w_j}R_{x_i}R_{y_i}$ $T_{u_j}R_{w_j}T_{v_j}R_{x_i}R_{y_i}$ $R_{w_j}T_{u_j}T_{v_j}R_{x_i}R_{y_i}$ $T_{u_j}R_{w_j}R_{w_j}R_{x_i}R_{y_i}$ $R_{w_j}T_{u_j}R_{w_j}R_{x_i}R_{y_i}$ $R_{w_j}R_{w_j}T_{u_j}R_{x_i}R_{y_i}$ $R_{w_j}R_{w_j}R_{w_j}R_{x_i}R_{y_i}$

根据表 8–3, $M_{PL(\boldsymbol{z})} \cdot M_{S(N_j)/R(N_j,\boldsymbol{w})}$ 和 $M_{PL(\boldsymbol{w}_j)} \cdot M_{S(O)/R(O,\boldsymbol{z})}$ 各存在七种生成子链并构成七种可重构并联机构, 可分为三类:

(1) $T_{x_i}T_{y_i}R_{z_i}R_{u_j}R_{v_j}$和 $T_{u_j}T_{v_j}R_{w_j}R_{x_i}R_{y_i}$、$T_{x_i}R_{z_i}T_{y_i}R_{u_j}R_{v_j}$和 $T_{u_j}R_{w_j}T_{v_j}R_{x_i}R_{y_i}$、$R_{z_i}T_{x_i}T_{y_i}R_{u_j}R_{v_j}$ 和 $R_{w_j}T_{u_j}T_{v_j}R_{x_i}R_{y_i}$, 它们分别由两个移动副和三个转动副构成;

(2) $T_{x_i}R_{z_i}R_{z_i}R_{u_j}R_{v_j}$和 $T_{u_j}R_{w_j}R_{w_j}R_{x_i}R_{y_i}$、$R_{z_i}T_{x_i}R_{z_i}R_{u_j}R_{v_j}$和 $R_{w_j}T_{u_j}R_{w_j}R_{x_i}R_{y_i}$、$R_{z_i}R_{z_i}T_{x_i}R_{u_j}R_{v_j}$ 和 $R_{w_j}R_{w_j}T_{u_j}R_{x_i}R_{y_i}$, 它们分别由一个移动副和四个转动副构成;

(3) $R_{z_i}R_{z_i}R_{z_i}R_{u_j}R_{v_j}$ 和 $R_{w_j}R_{w_j}R_{w_j}R_{x_i}R_{y_i}$, 它们分别由五个转动副构成。

$M_{PL(\boldsymbol{z})} \cdot M_{S(N_j)/R(N_j,\boldsymbol{w})}$ 和 $M_{PL(\boldsymbol{w}_j)/R(q,\boldsymbol{w}_j)} \cdot M_{S(O)}$ 的生成子链由五个单自由度运动副构成, 其中每种子链的前两个单自由度运动副分别由子群 $PL(\boldsymbol{z})$ 和 $PL(\boldsymbol{w}_j)$ 生成, 后三个单自由度运动副分别由商群 $S(N_j)/R(N_j,\boldsymbol{w})$ 和 $S(O)/R(O,\boldsymbol{z})$ 生成, 且轴线相交于一点。对于每个生成子链而言, 前两个运动副与后三个运动副的不同之处就在于坐标系的选择不同。

对于 $M_{PL(\boldsymbol{z})} \cdot M_{S(N_j)/R(N_j,\boldsymbol{w})}$ 运动生成的可重构子链, 在参考坐标系 O_i-$x_iy_iz_i$ 中, 与基座相连的前三个单自由度运动副由子群 $SE(2)$ 生成。在局部坐标系 N_j-$u_jv_jw_j$ 中, 转动副 $R(N_j,\boldsymbol{u}_j)$ 和转动副 $R(N_j,\boldsymbol{v}_j)$ 的集合表示转动轴线的方向分别为单位向量 $\boldsymbol{u}_j$ 和 $\boldsymbol{v}_j$ 且轴线相交于点 N_j。关于 $M_{PL(\boldsymbol{z})} \cdot M_{S(N_j)/R(N_j,\boldsymbol{w})}$ 运动生成的基座与动平台之间的运动键表示为

$$
M_{PL(\boldsymbol{z})}\cdot M_{S(N_j)/R(N_j,\boldsymbol{w})}=\begin{cases}
T(\boldsymbol{x}_i)T(\boldsymbol{y}_i)R(q,\boldsymbol{z}_i)R(N_j,\boldsymbol{u}_j)R(N_j,\boldsymbol{v}_j)\\
T(\boldsymbol{x}_i)R(q,\boldsymbol{z}_i)T(\boldsymbol{y}_i)R(N_j,\boldsymbol{u}_j)R(N_j,\boldsymbol{v}_j)\\
R(q,\boldsymbol{z}_i)T(\boldsymbol{x}_i)T(\boldsymbol{y}_i)R(N_j,\boldsymbol{u}_j)R(N_j,\boldsymbol{v}_j)\\
T(\boldsymbol{x}_i)R(q_1,\boldsymbol{z}_i)R(q_2,\boldsymbol{z}_i)R(N_j,\boldsymbol{u}_j)R(N_j,\boldsymbol{v}_j)\\
R(q_1,\boldsymbol{z}_i)T(\boldsymbol{x}_i)R(q_2,\boldsymbol{z}_i)R(N_j,\boldsymbol{u}_j)R(N_j,\boldsymbol{v}_j)\\
R(q_1,\boldsymbol{z}_i)R(q_2,\boldsymbol{z}_i)T(\boldsymbol{x}_i)R(N_j,\boldsymbol{u}_j)R(N_j,\boldsymbol{v}_j)\\
R(q_1,\boldsymbol{z}_i)R(q_2,\boldsymbol{z}_i)R(q_3,\boldsymbol{z}_i)R(N_j,\boldsymbol{u}_j)R(N_j,\boldsymbol{v}_j)
\end{cases} \tag{8-85}
$$

$M_{PL(\boldsymbol{z})}\cdot M_{S(N_j)/R(N_j,\boldsymbol{w})}$ 运动生成的参考坐标系 O_i-$x_iy_iz_i$ 的原点设在与基座相连的第一个运动副的中心, 坐标轴方向如图 8–16 所示。局部坐标系 N_j-$u_jv_jw_j$ 的原点设在两个转动副轴线的交点, 其中两个坐标轴分别沿着两个正交的转动轴线的方向, 另一坐标轴由右手定则确定。

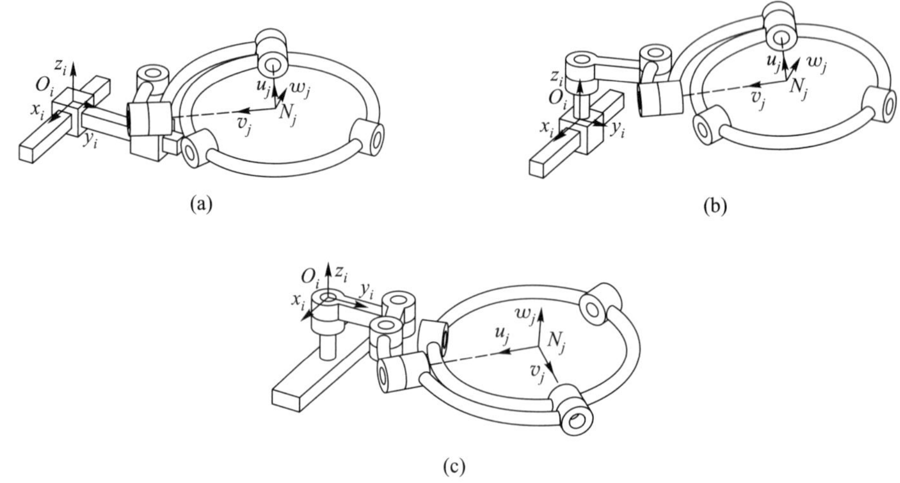

图 **8–16** $M_{PL(\boldsymbol{z})}\cdot M_{S(N_j)/R(N_j,\boldsymbol{w})}$ 运动生成: **(a)** $T_{x_i}T_{y_i}R_{z_i}R_{u_j}R_{v_j}$ 子链; **(b)** $T_{x_i}R_{z_i}R_{z_i}R_{u_j}R_{v_j}$ 子链; **(c)** $R_{z_i}R_{z_i}R_{z_i}R_{u_j}R_{v_j}$ 子链

在图 8–16 中, 两个转动副的轴线相交于局部坐标系原点 N_j。在参考坐标系 O_i-$x_iy_iz_i$ 中, 两个移动副的轴线相互垂直, 分别沿着 x_i 轴方向和 y_i 轴方向, 如图 8–16 (a) 所示。在图 8–16 (b) 中, 移动副的轴线沿着 x_i 轴方向, 两个转动副的轴线绕 z_i 轴旋转且相互平行。在图 8–16 (c) 中, 三个转动副的轴线相互平行并绕 z_i 轴旋转。

对于 $M_{PL(\boldsymbol{w}_j)}\cdot M_{S(O)/R(O,\boldsymbol{z})}$ 运动生成的可重构子链, 在参考坐标系 O_i-$x_iy_iz_i$ 中, 转动副 $R(O_i,\ \boldsymbol{x}_i)$ 和转动副 $R(O_i,\ \boldsymbol{y}_i)$ 表示转动轴线的方向为单位向量 $\boldsymbol{x}_i$ 和 $\boldsymbol{y}_i$, 且轴线相交于点 O_i。

在局部坐标系 $N_j\text{-}u_jv_jw_j$ 中，子群 $PL(\boldsymbol{w}_j)$ 生成运动副。关于 $M_{PL(\boldsymbol{w}_j)}\cdot M_{S(O)/R(O,\boldsymbol{z})}$ 运动生成的基座与动平台之间的运动链表示为

$$M_{PL(\boldsymbol{w}_j)}\cdot M_{S(O)/R(O,\boldsymbol{z})}=\begin{cases}T(\boldsymbol{u}_j)T(\boldsymbol{v}_j)R(q,\boldsymbol{w}_j)R(O_i,\boldsymbol{x}_i)R(O_i,\boldsymbol{y}_i)\\T(\boldsymbol{u}_j)R(q,\boldsymbol{w}_j)T(\boldsymbol{v}_j)R(O_i,\boldsymbol{x}_i)R(O_i,\boldsymbol{y}_i)\\R(q,\boldsymbol{w}_j)T(\boldsymbol{u}_j)T(\boldsymbol{v}_j)R(O_i,\boldsymbol{x}_i)R(O_i,\boldsymbol{y}_i)\\T(\boldsymbol{u}_j)R(q_1,\boldsymbol{w}_j)R(q_2,\boldsymbol{w}_j)R(O_i,\boldsymbol{x}_i)R(O_i,\boldsymbol{y}_i)\\R(q_1,\boldsymbol{w}_j)T(\boldsymbol{u}_j)R(q_2,\boldsymbol{w}_j)R(O_i,\boldsymbol{x}_i)R(O_i,\boldsymbol{y}_i)\\R(q_1,\boldsymbol{w}_j)R(q_2,\boldsymbol{w}_j)T(\boldsymbol{u}_j)R(O_i,\boldsymbol{x}_i)R(O_i,\boldsymbol{y}_i)\\R(q_1,\boldsymbol{w}_j)R(q_2,\boldsymbol{w}_j)R(q_3,\boldsymbol{w}_j)R(O_i,\boldsymbol{x}_i)R(O_i,\boldsymbol{y}_i)\end{cases}\tag{8–86}$$

$M_{PL(\boldsymbol{w}_j)}\cdot M_{S(O)/R(O,\boldsymbol{z})}$ 运动生成的参考坐标系 $O_i\text{-}x_iy_iz_i$ 的原点设在两个转动副轴线的交点，其中两个坐标轴分别沿着两个正交的转动轴线的方向，另一坐标轴由右手定则确定。局部坐标系 $O_j\text{-}u_jv_jw_j$ 的原点设在与基座相连的第一个运动副的中心，坐标轴分别沿着转动副轴线方向或平移副轴线方向，如图 8–17 所示。

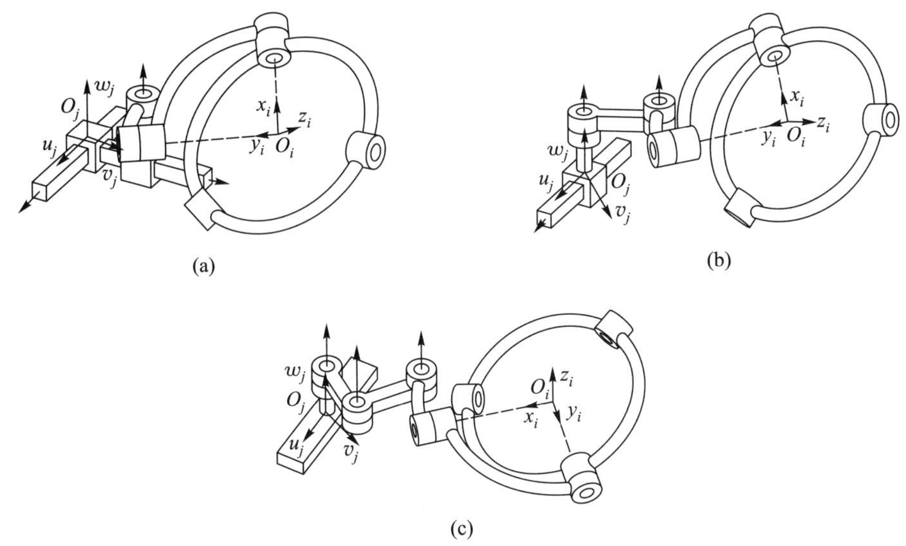

图 8–17 $M_{PL(\boldsymbol{w}_j)}\cdot M_{S(O)/R(O,\boldsymbol{z})}$ 运动生成：(a) $T_{u_j}T_{v_j}R_{w_j}R_{x_i}R_{y_i}$ 子链；(b) $T_{u_j}R_{w_j}R_{w_j}R_{x_i}R_{y_i}$ 子链；(c) $R_{w_j}R_{w_j}R_{w_j}R_{x_i}R_{y_i}$ 子链

在图 8–17 中，两个转动副轴线相交于参考坐标系原点 O_i，并分别绕 x_i 轴和 y_i 轴旋转。在局部坐标系 $O_j\text{-}u_jv_jw_j$ 中，两个移动副的轴线相互垂直并分别沿着 u_j 轴方向和 v_j 轴方向，一个转动副绕 w_j 轴旋转，如图 8–17 (a) 所示。在图 8–17 (b) 中，一个移动副轴线沿着 u_j 轴方向，两个转动副轴线相互平行且都绕 w_j 轴旋转。在图 8–17 (c) 中，三个转动副轴线相互平行且都绕 w_j 轴旋转。

8.3.4 具有运动分支 $SE(2)$ 和 $SO(3)$ 的可重构并联机构的型综合

本节在全局坐标系 O-xyz 中讨论了具有运动分支 $SE(2)$ 和 $SO(3)$ 的可重构并联机构; 在参考坐标系 O_i-$x_iy_iz_i(i=1,2,3)$ 和局部坐标系 N_j-$u_jv_jw_j(j=1,2,3)$ 中讨论了具有球面运动副连杆的串联子链的综合; 在参考坐标系 O_i-$x_iy_iz_i$ $(i=1,2,3)$ 和局部坐标系 O_j-$u_jv_jw_j(j=1,2,3)$ 中讨论了具有虎克铰运动副连杆的串联子链的综合。因此, 参考坐标系和局部坐标系应统一到全局坐标系中。全局坐标系的原点与每条子链连接基座的第三个运动副轴线形成的平面中心点重合, z 轴垂直于基座平面并指向动平台, x 轴垂直于基座的边, y 轴由右手定则确定, 如图 8–18 至图 8–24 所示。则可重构并联机构在奇异构型空间实现子群 $SE(2)$ 和子群 $SO(3)$ 之间的相互切换。

当可重构并联机构处于 $SE(2)$ 构型时, 动平台的全局坐标系 O-xyz 和子链的参考坐标系 O_i-$x_iy_iz_i$ 可通过式 (8–85) 实现变换:

$$\boldsymbol{P}_i=\boldsymbol{R}_i\boldsymbol{P}_{O_i\text{-}x_iy_iz_i}\quad(i=1,2,3)\tag{8–87}$$

式中, $\boldsymbol{P}_i$ 表示在全局坐标系下第 i 个子链的位置向量; $\boldsymbol{R}_i$ 表示第 i 个子链的变换矩阵; $\boldsymbol{P}_{O_i\text{-}x_iy_iz_i}$ 表示在参考坐标系下第 i 个子链的位置向量。对于局部坐标系 N_j-$u_jv_jw_j$, 每条子链的交点 N_j 重合于动平台中点 N。

当可重构并联机构处于 $SO(3)$ 构型时, 动平台的全局坐标系 O-xyz 和子链的局部坐标系 O_j-$u_jv_jw_j$ 可通过式 (8–86) 实现变换:

$$\boldsymbol{P}_j=\boldsymbol{R}_j\boldsymbol{P}_{O_j\text{-}u_jv_jw_j}\quad(j=1,2,3)\tag{8–88}$$

式中, $\boldsymbol{P}_j$ 表示在全局坐标系下第 j 个子链的位置向量; $\boldsymbol{R}_j$ 表示第 j 个子链的变换矩阵; $\boldsymbol{P}_{O_j\text{-}u_jv_jw_j}$ 表示在局部坐标系下第 j 个子链的位置向量。对于参考坐标系 O_i-$x_iy_iz_i$, 每条子链的交点 O_i 重合于全局坐标系的原点 O。

由于在运动分支切换过程中, 可重构并联机构的结构没有改变。因此, 相对于全局坐标系 O-xyz, 每条子链的相对位置仍没有改变。则

$$\boldsymbol{P}_i=\boldsymbol{P}_j\tag{8–89}$$

对于同一条子链, 分别在两个分支运动中的参考坐标系和局部坐标系下有共同的位置向量, 即

$$\boldsymbol{P}_{O_i\text{-}x_iy_iz_i}=\boldsymbol{P}_{O_j\text{-}u_jv_jw_j}\tag{8–90}$$

则

$$\boldsymbol{R}_i=\boldsymbol{R}_j\tag{8–91}$$

根据式 (8–91), 参考坐标系和局部坐标系的变换矩阵相同。因此, $SE(2)$ 构型参考坐标系和 $SO(3)$ 构型局部坐标系统一到了全局坐标系下。

根据表 8–2 和表 8–3, 本节列举其中七种可重构并联机构。在这七种可重构并联机构中, 四种根据表 8–2 列举在本节第一部分; 根据表 8–3, 三类中各选一种列举在本节第二部分。

8.3.4.1 球面运动副连杆的串联子链的可重构并联机构型综合

可重构并联机构由三条具有球面运动副连杆的串联子链、基座和动平台组成。在每条子链中, 与动平台连接的三个转动副的轴线相交于点 N, 则综合出具有 $T_{x_i}T_{y_i}R_{u_j}R_{v_j}R_{w_j}$ 子链和 $T_{u_j}T_{v_j}R_{x_i}R_{y_i}R_{z_i}$ 子链的可重构并联机构, 如图 8–18 所示。

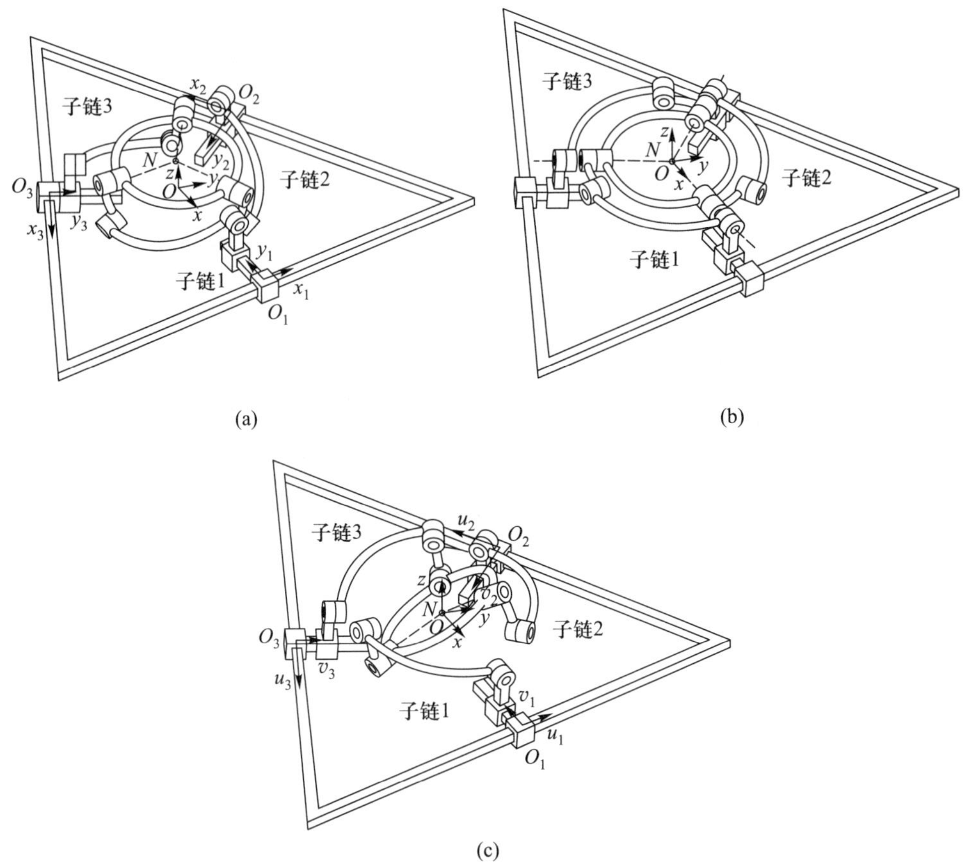

图 8–18 具有 $T_{x_i}T_{y_i}R_{u_j}R_{v_j}R_{w_j}$ 子链和 $T_{u_j}T_{v_j}R_{x_i}R_{y_i}R_{z_i}$ 子链的可重构并联机构: (a) 具有 $T_{x_i}T_{y_i}R_{u_j}R_{v_j}R_{w_j}$ 子链的运动分支 $SE(2)$ 构型; (b) 运动分岔的奇异构型; (c) 具有 $T_{u_j}T_{v_j}R_{x_i}R_{y_i}R_{z_i}$ 子链的运动分支 $SO(3)$ 构型

当三条子链位于动平台的同一侧且动平台中心点 N 与全局坐标系原点 O 不重合时, 可重构并联机构具有运动分支子群 $SE(2)$。此时动平台的活动度为 3, 具

有沿着 x 轴方向和 y 轴方向的移动以及绕 z 轴的转动, 如图 8–18(a) 所示。当动平台中心点 N 与全局坐标系原点 O 重合时, 可重构并联机构位于奇异构型。在该奇异构型, 每条子链的两个弯曲连杆位于同一平面上, 三个转动副的轴线是共面的且连接基座的移动副被限制住, 此时动平台具有瞬时转动, 如图 8–18(b) 所示。在奇异构型处, 可重构并联机构动平台产生运动分岔, 改变弯曲连杆的位姿, 使三条子链位于动平台不同一侧, 则可重构并联机构具有运动分支子群 $SO(3)$, 如图 8–18(c) 所示。在该运动分岔状态下, 存在特殊情况, 即移动副产生空转现象, 如同变胞状态 (Dai 和 Rees Jones, 2005; Zhang 和 Dai, 2014; Zhang 和 Dai, 2016a, 2016b)。该现象是由于在运动分支 $SO(3)$ 构型时发生死锁造成的。

在图 8–18 中, 使用球面运动副连杆的串联子链综合了可重构并联机构, 对表 8–2 中其余情况, 通过改变商群 $PL(\boldsymbol{z})/R(O,\boldsymbol{z})$ 和 $PL(\boldsymbol{w}_j)/R(q,\boldsymbol{w}_j)$ 的运动生成, 可得到另外三种形式的可重构并联机构。用转动副替换图 8–18 中每条子链连接基座的第二个移动副, 则综合出具有 $T_{y_i}R_{z_i}R_{u_j}R_{v_j}R_{w_j}$ 子链和 $T_{v_j}R_{w_j}R_{x_i}R_{y_i}R_{z_i}$ 子链的可重构并联机构, 如图 8–19 所示。

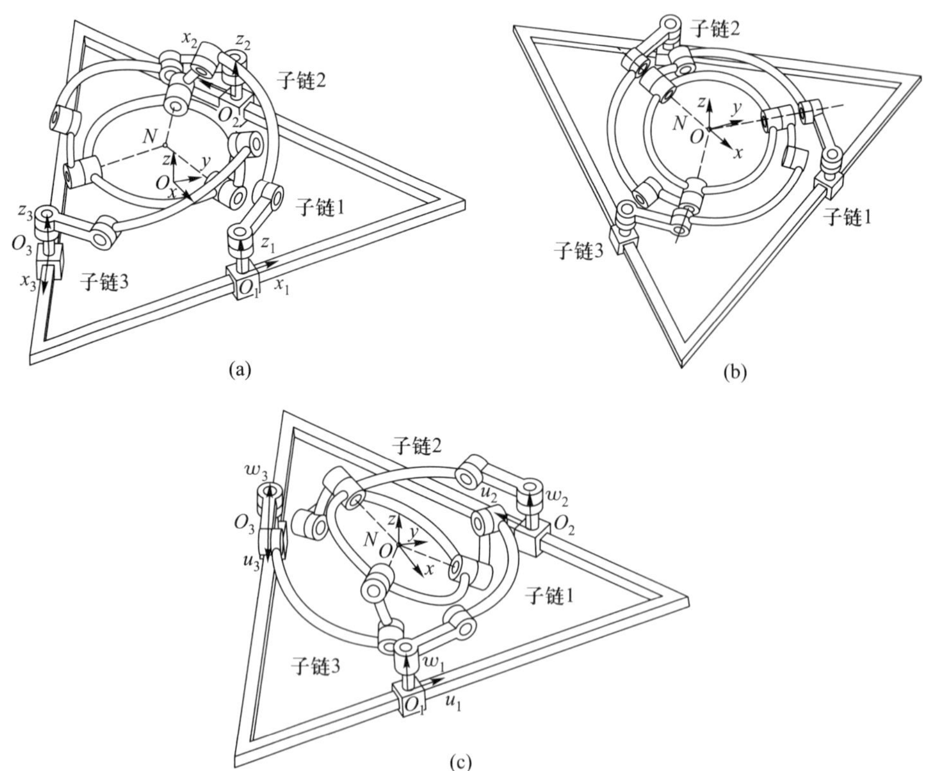

图 8–19 具有 $T_{y_i}R_{z_i}R_{u_j}R_{v_j}R_{w_j}$ 子链和 $T_{v_j}R_{w_j}R_{x_i}R_{y_i}R_{z_i}$ 子链的可重构并联机构: **(a)** 具有 $T_{y_i}R_{z_i}R_{u_j}R_{v_j}R_{w_j}$ 子链的运动分支 $SE(2)$ 构型; **(b)** 运动分岔的奇异构型; **(c)** 具有 $T_{v_j}R_{w_j}R_{x_i}R_{y_i}R_{z_i}$ 子链的运动分支 $SO(3)$ 构型

用转动副替换图 8–18 中每条子链连接基座的第一个移动副，则综合出具有 $R_{z_i}T_{y_i}R_{u_j}R_{v_j}R_{w_j}$ 子链和 $R_{w_j}T_{v_j}R_{x_i}R_{y_i}R_{z_i}$ 子链的可重构并联机构，如图 8–20 所示。

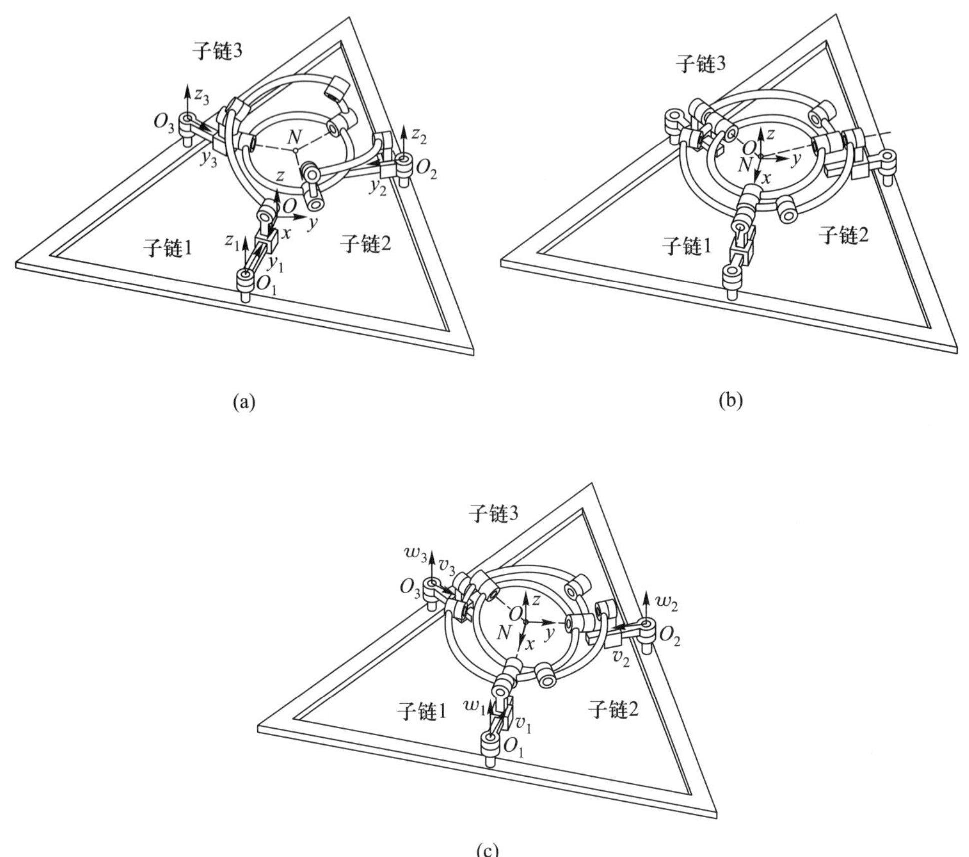

图 8–20 具有 $R_{z_i}T_{y_i}R_{u_j}R_{v_j}R_{w_j}$ 子链和 $R_{w_j}T_{v_j}R_{x_i}R_{y_i}R_{z_i}$ 子链的可重构并联机构：**(a)** 具有 $R_{z_i}T_{y_i}R_{u_j}R_{v_j}R_{w_j}$ 子链的运动分支 $SE(2)$ 构型；**(b)** 运动分岔的奇异构型；**(c)** 具有 $R_{w_j}T_{v_j}R_{x_i}R_{y_i}R_{z_i}$ 子链的运动分支 $SO(3)$ 构型

用两个转动副替换图 8–18 中每条子链连接基座的两个移动副，则综合出具有 $R_{z_i}R_{z_i}R_{u_j}R_{v_j}R_{w_j}$ 子链和 $R_{w_j}R_{w_j}R_{x_i}R_{y_i}R_{z_i}$ 子链的可重构并联机构，如图 8–21 所示。

根据式 (8–75) 和式 (8–76)，综合出四种新颖的具有球面运动和平面运动的可重构并联机构。它们的共同点是每个可重构并联机构的每条子链中连接动平台的三个转动副的轴线相交于一点。它们的不同之处在于每个可重构并联机构中每条子链与基座相连的两个运动副不同。

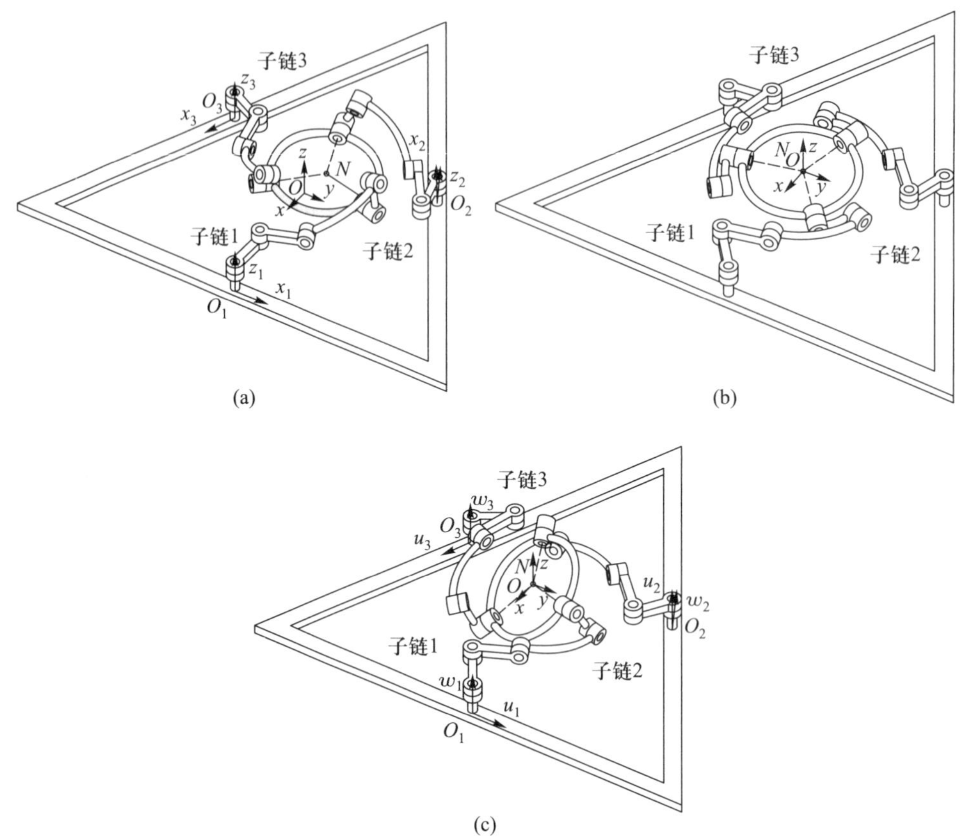

图 8–21 具有$R_{z_i}R_{z_i}R_{u_j}R_{v_j}R_{w_j}$子链和$R_{w_j}R_{w_j}R_{x_i}R_{y_i}R_{z_i}$子链的可重构并联机构:
(a) 具有 $R_{z_i}R_{z_i}R_{u_j}R_{v_j}R_{w_j}$ 子链的运动分支 $SE(2)$ 构型; **(b)** 运动分岔的奇异构型;
(c) 具有 $R_{w_j}R_{w_j}R_{x_i}R_{y_i}R_{z_i}$ 子链的运动分支 $SO(3)$ 构型

8.3.4.2 虎克铰运动副连杆的串联子链的可重构并联机构型综合

可重构并联机构由三条具有虎克铰运动副连杆的串联子链、基座和动平台组成。在每条子链中, 与动平台连接的两个转动副的轴线相交于点 N, 则综合出具有 $T_{x_i}T_{y_i}R_{z_i}R_{u_j}R_{v_j}$ 子链和 $T_{u_j}T_{v_j}R_{w_j}R_{x_i}R_{y_i}$ 子链的可重构并联机构, 如图 8–22 所示。

当动平台中心点 N 与全局坐标系原点 O 不重合时, 可重构并联机构具有运动分支 $SE(2)$。此时动平台的活动度为 3, 具有沿着 x 轴方向和 y 轴方向的移动以及绕 z 轴的转动, 如图 8–22 (a) 所示。当动平台中心点 N 与全局坐标系原点 O 重合时, 此时可重构并联机构位于奇异构型。在该奇异构型, 连接基座的移动副被限制住, 此时动平台具有瞬时转动, 如图 8–22 (b) 所示。在奇异构型处可重构并联机构的动平台产生运动分岔, 改变弯曲连杆的位姿, 使三条子链位于动平台的不同侧, 则可重构并联机构具有运动分支 $SO(3)$, 此时动平台的活动度为 3, 具有绕

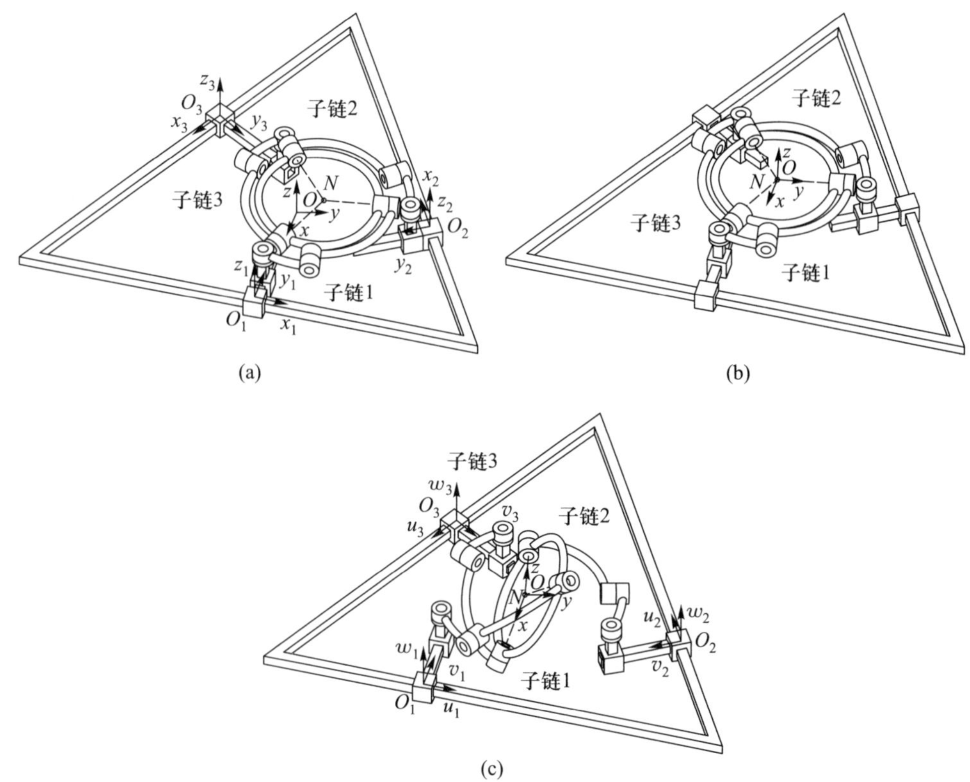

图 **8–22** 具有 $T_{x_i}T_{y_i}R_{z_i}R_{u_j}R_{v_j}$ 子链和 $T_{u_j}T_{v_j}R_{w_j}R_{x_i}R_{y_i}$ 子链的可重构并联机构:
(a) 具有 $T_{x_i}T_{y_i}R_{z_i}R_{u_j}R_{v_j}$ 子链的运动分支 $SE(2)$ 构型; **(b)** 运动分岔的奇异构型;
(c) 具有 $T_{u_j}T_{v_j}R_{w_j}R_{x_i}R_{y_i}$ 子链的运动分支 $SO(3)$ 构型

x 轴、 y 轴和 z 轴的转动, 如图 8–22 (c) 所示。在平面运动分岔状态下, 存在特殊情况, 即转动副产生空转现象, 该现象是由于在运动分支 $SE(2)$ 构型时发生死锁造成的。

在图 8–22 中, 使用虎克铰运动副连杆的串联子链综合了可重构并联机构, 对表 8–3 中其余情况, 通过改变子群 $PL(\boldsymbol{z})$ 和 $PL(\boldsymbol{w}_j)$ 的运动生成, 可得到另外六种形式的可重构并联机构。用转动副替换图 8–22 中每条子链连接基座的第二个移动副, 则综合出具有 $T_{x_i}R_{z_i}R_{z_i}R_{u_j}R_{v_j}$ 子链和 $T_{u_j}R_{w_j}R_{w_j}R_{x_i}R_{y_i}$ 子链的可重构并联机构, 如图 8–23 所示。

用两个转动副替换图 8–22 中每条子链连接基座的两个移动副, 则综合出具有 $R_{z_i}R_{z_i}R_{z_i}R_{u_j}R_{v_j}$ 子链和 $R_{w_j}R_{w_j}R_{w_j}R_{x_i}R_{y_i}$ 子链的可重构并联机构, 如图 8–24 所示。

类似地, 通过改变子链中运动副的类型, 可得到其余的可重构并联机构, 这里不再一一枚举。

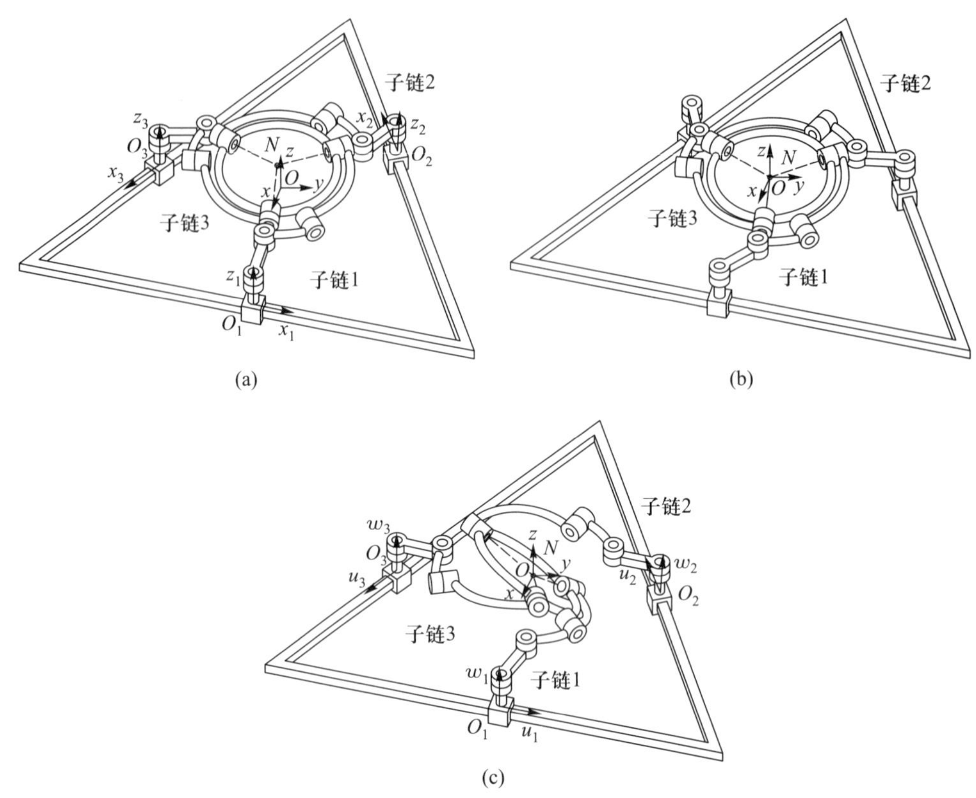

图 **8–23** 具有 $T_{x_i}R_{z_i}R_{z_i}R_{u_j}R_{v_j}$ 子链和 $T_{u_j}R_{w_j}R_{w_j}R_{x_i}R_{y_i}$ 子链的可重构并联机构: **(a)** 具有 $T_{x_i}R_{z_i}R_{z_i}R_{u_j}R_{v_j}$ 子链的运动分支 $SE(2)$ 构型; **(b)** 运动分岔的奇异构型; **(c)** 具有 $T_{u_j}R_{w_j}R_{w_j}R_{x_i}R_{y_i}$ 子链的运动分支 $SO(3)$ 构型

根据式 (8–82) 和式 (8–83), 综合出新颖的具有球面运动和平面运动的可重构并联机构。它们的共同点是每个可重构并联机构的每条子链中连接动平台的两个转动副的轴线相交于一点。它们的不同之处在于每个可重构并联机构中每条子链与基座相连的三个运动副不同。

根据可重构并联机构每个运动分支活动度的数目, 合理选择驱动输入对机器人的发展也至关重要。当可重构并联机构处于平面运动分支的情形时, 动平台的输出活动度为 3, 分别在图 8–18 至图 8–24 中每个可重构并联机构的三条子链与基座相连接的运动副上安装驱动, 此时三个驱动同时处于运动状态, 使机构的动平台做平面运动。当可重构并联机构处于球面运动分支的情形时, 动平台的输出活动度为 3, 分别在图 8–18 至图 8–21 中每个可重构并联机构的三条子链与动平台相连接的第三个运动副上安装驱动, 以及在图 8–22 至图 8–24 中每个可重构并联机构的三条子链与动平台相连接的第二个运动副上安装驱动。对于每种情形, 三个驱动同时处于运动状态, 使机构的动平台做球面运动。

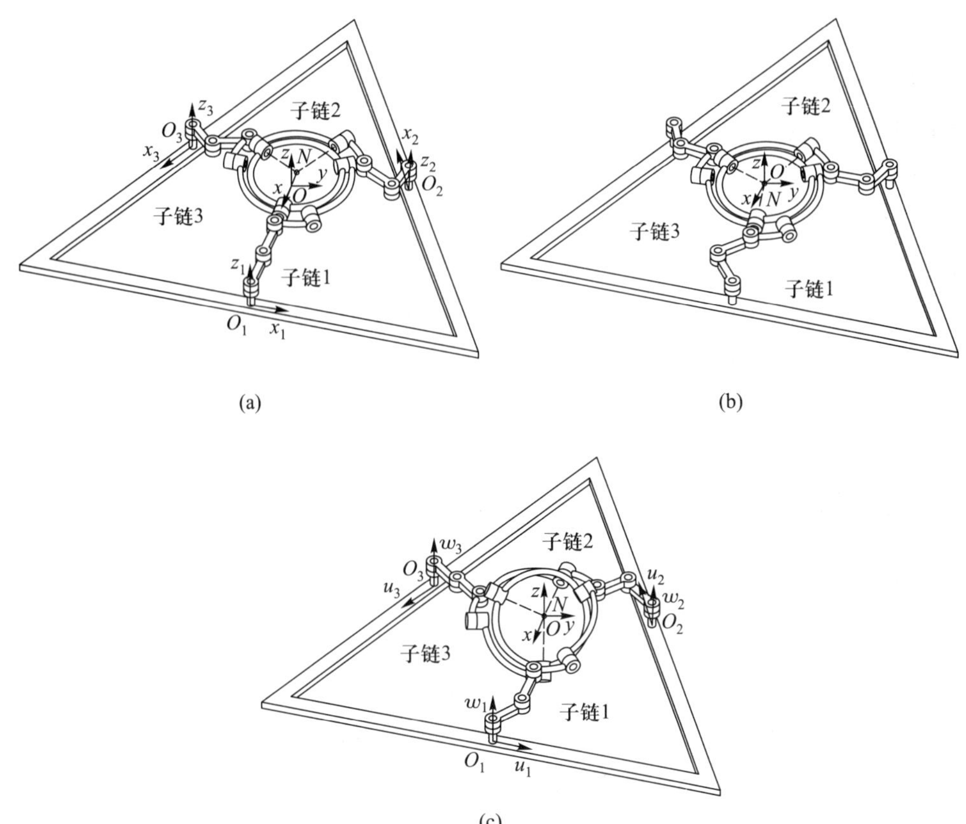

图 8–24 具有$R_{z_i}R_{z_i}R_{z_i}R_{u_j}R_{v_j}$子链和$R_{w_j}R_{w_j}R_{w_j}R_{x_i}R_{y_i}$子链的可重构并联机构:
(a) 具有 $R_{z_i}R_{z_i}R_{z_i}R_{u_j}R_{v_j}$ 子链的运动分支 $SE(2)$ 构型; **(b)** 运动分岔的奇异构型;
(c) 具有 $R_{w_j}R_{w_j}R_{w_j}R_{x_i}R_{y_i}$ 子链的运动分支 $SO(3)$ 构型

根据 8.1.1 节的定理 1, 平面运动子群和球面运动子群的交集是非单位元, 使得可重构并联机构在奇异构型时有瞬时转动自由度, 从而作为平面运动与球面运动的衔接, 实现两种运动的切换, 故无须额外增加驱动作为两种运动的切换, 这有别于 8.2 节中变胞并联机构的两种运动的切换。因此, 在每个可重构并联机构中需要两套驱动系统实现两种运动的切换。当可重构并联机构处于平面运动状态时, 安装在三条子链与基座相连接的运动副上的驱动做运动, 而安装在三条子链与动平台相连接的第三个运动副上的驱动以及三条子链与动平台相连接的第二个运动副上的驱动做自由运动 (即处于空转状态) 时, 动平台做平面运动。当可重构并联机构由平面运动状态到球面运动状态时, 安装在三条子链与动平台相连接的第三个运动副上的驱动以及三条子链与动平台相连接的第二个运动副上的驱动做运动, 而安装在三条子链与基座相连接的运动副上的驱动做自由运动 (即处于空转状态) 时, 动平台做球面运动。在球面状态下, 为了限制由于空转造成平台出现冗余活动度的现象, 采取驱动做功限制三条子链与基座相连接运动副的运动, 使动平台恰好具有活动度为 3 的球面运动。

特别地, 本节得到了球面运动与平面运动之间切换的七种可重构并联机构。当可重构并联机构处于球面运动状态时, 该机构可用于踝关节的三转动康复。当可重构机构处于平面运动状态时, 该机构可用于膝关节和髋关节的整体运动康复。可重构并联机构可以在两个运动分支之间切换, 使康复机器人实现智能康复, 实现踝关节、膝关节和髋关节的康复模式切换。

可重构并联机构的型综合是可重构机构发展的重要步骤, 也是机器人发展的关键。可重构并联机构型综合的局限性在于式 (8–74) 中的切换原理仅适用于球面运动和平面运动。

8.4 三分岔运动可重构并联机构的型综合与分析

可重构并联机构动平台能够在分岔点处进行构型切换, 使机构具有两个或多个运动分支。在可重构并联机构分析和综合中, 可重构并联机构型综合一直是研究难点, 前两节中对具有单分岔点的两个运动分支的可重构并联机构的型综合已进行了深入研究, 并综合出一些可重构并联机构。然而, 这些可重构并联机构仅在单个分岔点进行切换, 使动平台满足构型变化的需求, 即动平台在分岔点只有两个运动分支。对具有三个或三个以上运动分支的可重构并联机构的型综合问题的研究还很少, 因此, 本节基于李子群和子流形的方法, 利用可重构模块子机构, 研究具有多分岔的可重构并联机构的型综合问题。为了实现可重构并联机构在三个运动分支子群 $SE(2)$、子群 $SO(3)$ 和子群 $X(\boldsymbol{z})$ 之间切换, 需要研究三种运动分支的切换原理, 这是本节研究的重点和难点。三种运动分支切换的原理为可重构并联机构动平台实现运动构型的切换提供理论支撑, 并为多分岔可重构并联机构的型综合提供理论基础。为了满足可重构机构动平台实现三种运动分支的切换, 本节基于运动分支的切换原理综合出两类可重构双四连杆模块子机构。根据可重构双四连杆模块子机构的结构变换特点, 存在四种运动分岔的构型转变: 其中一个可重构双四连杆模块子机构的两种构型是两条轴线相交于一点或相互平行; 另一个可重构双四连杆模块子机构的两种构型是三条轴线相交于一点或相互平行。可重构双四连杆模块子机构是构成可重构串联子链以及可重构并联机构的组成单元。通过改变可重构双四连杆模块子机构运动分支的构型实现可重构串联子链和可重构并联机构的构型变换, 进而得到所需运动类型的可重构并联机构。因此, 通过奇异构型空间, 可重构并联机构的动平台能够在运动分支 $SE(2)$、运动分支 $SO(3)$ 和运动分支 $X(\boldsymbol{z})$ 之间进行切换。

8.4.1 三分岔运动可重构并联机构的切换原理

具有三分岔运动的子群 $SE(2)$、子群 $SO(3)$ 和子群 $X(\boldsymbol{z})$ 的并联运动生成为

$$C_{M_{1j}} = SE(2) \cdot S(N_j) \tag{8–92}$$

$$C_{M_{2j}} = \begin{cases} S(O) \cdot S(N_j) \\ S(O) \cdot PL(\boldsymbol{w}_j) \end{cases} \tag{8–93}$$

$$C_{M_{3j}} = X(\boldsymbol{z}) \cdot PL(\boldsymbol{w}_j) \tag{8–94}$$

式中, $C_{M_{1j}}$、$C_{M_{2j}}$ 和 $C_{M_{3j}}$ 分别为由串联执行器 M_{1j}、M_{2j} 和 M_{3j} 生成的刚体运动的集合, 且 $C_{M_{1j}}$ 为包含 $SE(2)$ 的五维正则子流形、$C_{M_{2j}}$ 为包含 $SO(3)$ 的五维正则子流形、$C_{M_{3j}}$ 为包含 $X(\boldsymbol{z})$ 的四维子流形; $PL(\boldsymbol{w}_j)$ 为 $SE(2)$ 的共轭类; $S(N_j)$ 为 $SO(3)$ 的共轭类。

根据式 (8–92), 式 (8–93) 和式 (8–94), 在运动分支子群 $SE(2)$、子群 $SO(3)$ 和子群 $X(\boldsymbol{z})$ 之间切换的原理是通过改变运动生成的不同部分实现切换。式 (8–92) 和式 (8–93) 的第一个等式具有相同的子群 $S(N_j)$, 表示子群 $SE(2)$ 和子群 $SO(3)$ 能够实现切换是在它们运动生成的不同部分之间完成的, 即在式 (8–92) 中的子群 $SE(2)$ 和式 (8–93) 中第一个等式的子群 $S(O)$ 之间完成。类似地, 式 (8–94) 和式 (8–93) 中第二个等式具有相同的子群 $PL(\boldsymbol{w}_j)$, 表明子群 $X(\boldsymbol{z})$ 和子群 $SO(3)$ 能够实现切换是在它们运动生成的不同部分之间完成的, 即在式 (8–94) 中的子群 $X(\boldsymbol{z})$ 和式 (8–93) 中第二个等式的子群 $S(O)$ 之间。子群 $X(\boldsymbol{z})$ 是子群 $SE(2)$ 和子群 $T(\boldsymbol{z})$ 的半直积, 表示子群 $X(\boldsymbol{z})$ 的运动包含子群 $SE(2)$ 的运动。通过改变式 (8–94) 中子群 $PL(\boldsymbol{w}_j)$ 为式 (8–92) 中子群 $S(N_j)$, 则实现子群 $X(\boldsymbol{z})$ 和子群 $SE(2)$ 之间的切换。该过程是实现子群 $X(\boldsymbol{z})$ 和子群 $SE(2)$ 之间切换的一种方式, 与此同时, 还存在另一种方式也可以实现子群 $X(\boldsymbol{z})$ 和子群 $SE(2)$ 之间的切换, 即采取过渡子群方法。式 (8–93) 中两个等式具有相同子群 $S(O)$, 表明子群 $SO(3)$ 能够在不改变运动类型的情况下实现在运动生成不同部分的切换, 即在式 (8–93) 中的第一个等式中子群 $S(N_j)$ 和第二个等式中 $PL(\boldsymbol{w}_j)$ 之间实现切换。该方法的完整切换过程为: 从式 (8–92) 中的子群 $SE(2)$ 切换到式 (8–93) 的第一个等式中的子群 $S(O)$, 然后从式 (8–93) 中的第一个等式中的子群 $S(N_j)$ 切换到第二个等式中的子群 $PL(\boldsymbol{w}_j)$, 最后从式 (8–93) 中的第二个等式中的子群 $PL(\boldsymbol{w}_j)$ 切换到式 (8–94) 中的子群 $X(\boldsymbol{z})$。此过程完成了动平台从运动分支 $SE(2)$ 切换到运动分支 $S(O)$, 再切换到运动分支 $X(\boldsymbol{z})$, 其中运动分支 $S(O)$ 为过渡运动。

8.4.2 实现三分岔运动的可重构双四连杆模块子机构的型综合

基于 8.4.1 节的切换原理, 为了实现可重构并联机构的三分岔运动, 可重构模块子机构是必要的。通过切换可重构模块子机构的不同构型, 可重构并联机构的动平台能够实现不同的运动分岔, 本节将综合两个特别的可重构双四连杆模块子机构实现三运动分岔。

8.4.2.1 三分岔运动的可重构双四连杆模块子机构 I 的型综合

可重构双四连杆模块子机构 I 由七个连杆和八个转动副相互连接而成, 并具有两个环路, 如图 8–25 所示。七个连杆分别用 $A_{11},A_{12},\cdots,A_{17}$ 表示, 八个转动副分别用 $S_{11},S_{12},\cdots,S_{18}$ 表示, 两个环路分别表示为环路 $A_{11}A_{12}A_{13}A_{14}$ 和环路 $A_{14}A_{15}A_{16}A_{17}$。当构成可重构双四连杆模块子机构 I 的所有连杆都位于同一平面时, 即环路 $A_{11}A_{12}A_{13}A_{14}$ 和环路 $A_{14}A_{15}A_{16}A_{17}$ 位于同一平面, 该机构处于奇异构型。在可重构双四连杆模块子机构 I 的奇异构型下, 转动副 S_{11} 的轴线与转动副 S_{13} 的轴线共线, 转动副 S_{15} 的轴线与转动副 S_{17} 的轴线共线, 这两组共线的轴线相互平行; 转动副 S_{12} 的轴线与转动副 S_{14} 的轴线共线, 转动副 S_{16} 的轴线与转动副 S_{18} 的轴线共线, 这两组共线的轴线相交于一点。在该奇异构型下, 通过改变两个环路共线转动副轴线的位置关系可以实现不同的运动分岔。

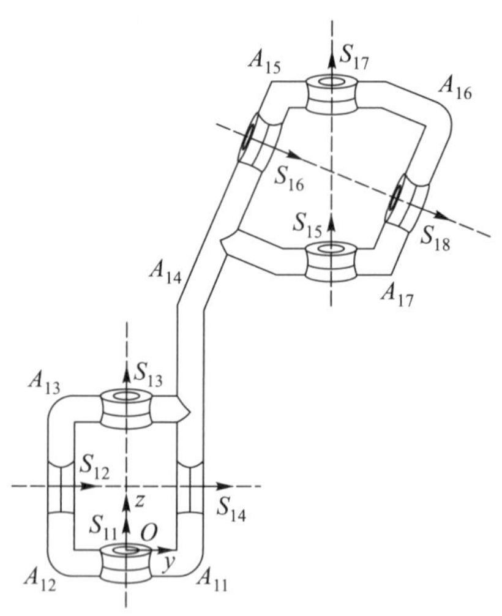

图 **8–25** 可重构双四连杆模块子机构 I 的奇异构型

在奇异构型下, 可重构双四连杆模块子机构 I 具有四个运动分岔, 分别为运动分岔 M_{11}、运动分岔 M_{12}、运动分岔 M_{13} 和运动分岔 M_{14}。为了分析方便, 把连杆 A_{12} 作为可重构双四连杆模块子机构 I 的基座, 连杆 A_{16} 作为末端执行器。当旋转环路 $A_{11}A_{12}A_{13}A_{14}$ 中共线转动副 S_{11}–S_{13} 和环路 $A_{14}A_{15}A_{16}A_{17}$ 中共线转动副

S_{15}–S_{17} 时, 得到运动分岔 M_{11}, 如图 8–26 所示。在运动分岔 M_{11} 下, 可重构双四连杆模块子机构 I 具有两个旋转运动且其轴线相互平行。

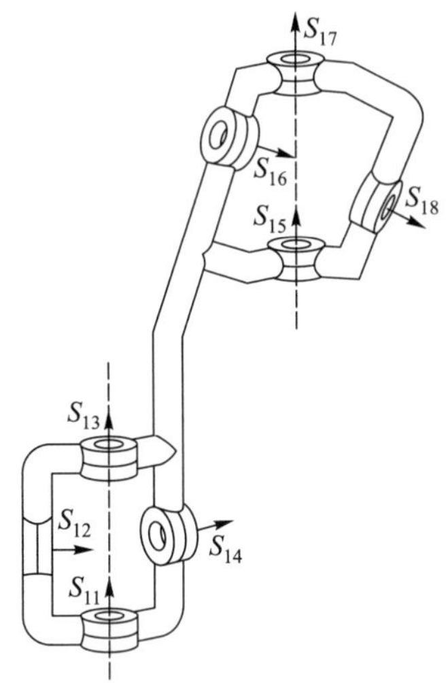

图 **8–26** 可重构双四连杆模块子机构 I 的运动分岔 M_{11}

当旋转环路 $A_{11}A_{12}A_{13}A_{14}$ 中共线转动副 S_{12}–S_{14} 和环路 $A_{14}A_{15}A_{16}A_{17}$ 中共线转动副 S_{16}–S_{18} 时, 得到运动分岔 M_{12}, 如图 8–27 所示。在运动分岔 M_{12} 下, 可重构双四连杆模块子机构 I 具有两个旋转运动且其轴线相交于一点。经过奇异构型, 可重构双四连杆模块子机构 I 的运动分岔 M_{11} 和运动分岔 M_{12} 实现切换。

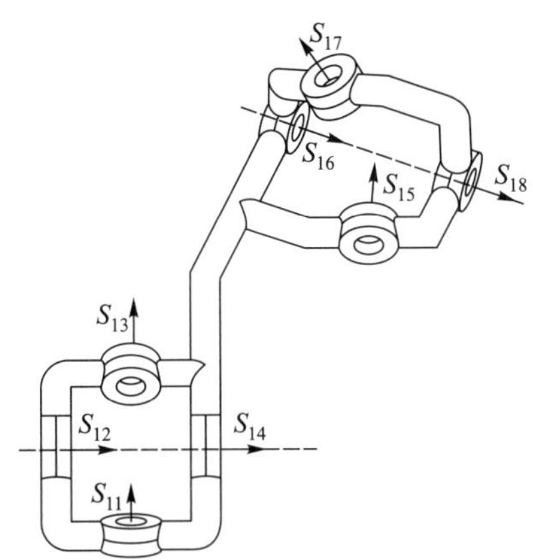

图 **8–27** 可重构双四连杆模块子机构 I 的运动分岔 M_{12}

当旋转环路 $A_{11}A_{12}A_{13}A_{14}$ 中共线转动副 S_{11}–S_{13} 和环路 $A_{14}A_{15}A_{16}A_{17}$ 中共线转动副 S_{16}–S_{18} 时, 得到运动分岔 M_{13}, 如图 8–28 所示。在运动分岔 M_{13} 下, 可重构双四连杆模块子机构 I 具有两个旋转运动。

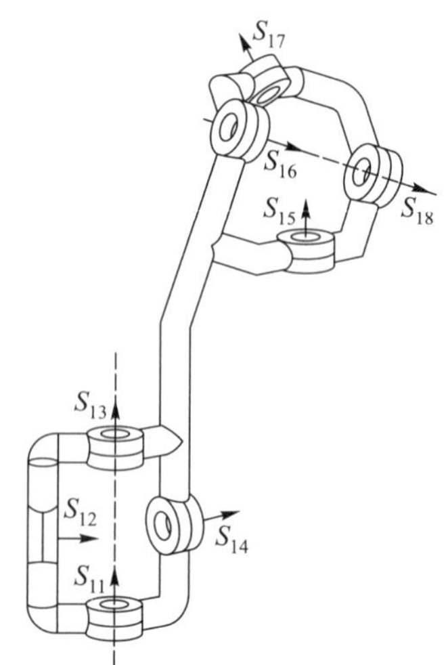

图 **8–28**　可重构双四连杆模块子机构 I 的运动分岔 M_{13}

当旋转环路 $A_{11}A_{12}A_{13}A_{14}$ 中共线转动副 S_{12}–S_{14} 和环路 $A_{14}A_{15}A_{16}A_{17}$ 中共线转动副 S_{15}–S_{17} 时，得到运动分岔 M_{14}，如图 8–29 所示。在运动分岔 M_{14} 下，可重构双四连杆模块子机构 I 具有两个旋转运动。

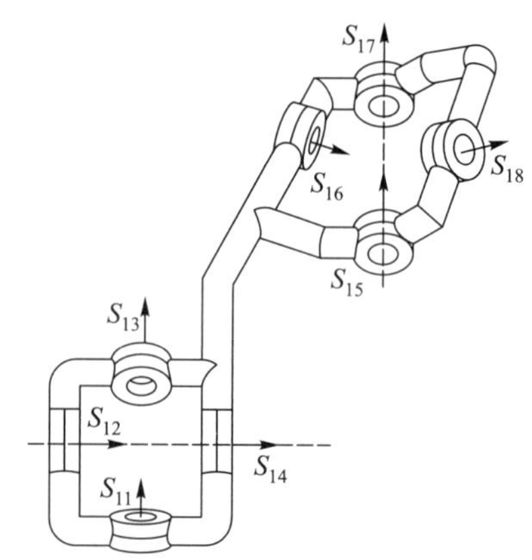

图 **8–29**　可重构双四连杆模块子机构 I 的运动分岔 M_{14}

8.4.2.2　三分岔运动的可重构双四连杆模块子机构 II 的型综合

可重构双四连杆模块子机构 II 由八个连杆和九个转动副相互连接而成，并具有两个环路，如图 8–30 所示。八个连杆分别用 $B_{21},B_{22},\cdots,B_{28}$ 表示，八个转动副分别用 $S_{21},S_{22},\cdots,S_{29}$ 表示，两个环路分别表示为环路 $B_{21}B_{22}B_{23}B_{24}$ 和环路 $B_{25}B_{26}B_{27}B_{28}$。当构成可重构双四连杆模块子机构 II 的所有连杆都位于同一平面时，即环路 $B_{21}B_{22}B_{23}B_{24}$ 和环路 $B_{25}B_{26}B_{27}B_{28}$ 位于同一平面，该机构处于奇异构型。在可重构双四连杆模块子机构 II 的奇异构型下，转动副 S_{22} 的轴线与转动副 S_{24} 的轴线共线，转动副 S_{27} 的轴线与转动副 S_{29} 的轴线共线，转动

副 S_{25} 与共线转动副 $S_{22}-S_{24}$ 和共线转动副 $S_{27}-S_{29}$ 的轴线相互平行; 转动副 S_{21} 的轴线与转动副 S_{23} 的轴线共线, 转动副 S_{26} 的轴线与转动副 S_{28} 的轴线共线, 转动副 S_{25} 与共线转动副 $S_{21}-S_{23}$ 和共线转动副 $S_{26}-S_{28}$ 的轴线相交于一点。在奇异构型下, 通过改变两个环路共线转动副轴线的位置关系可以实现不同分岔。

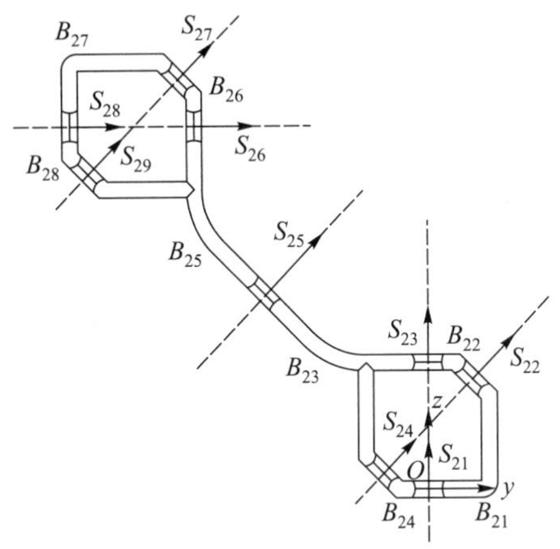

图 **8–30**　可重构双四连杆模块子机构 **II** 的奇异构型

在奇异构型下, 可重构双四连杆模块子机构 II 具有四个运动分岔, 分别为运动分岔 M_{21}、运动分岔 M_{22}、运动分岔 M_{23} 和运动分岔 M_{24}。为了分析方便, 把连杆 B_{21} 作为可重构双四连杆模块子机构 II 的基座, 连杆 B_{27} 作为末端执行器。当旋转转动副 S_{25} 与环路 $B_{21}B_{22}B_{23}B_{24}$ 中共线转动副 $S_{22}-S_{24}$ 和环路 $B_{25}B_{26}B_{27}B_{28}$ 中共线转动副 $S_{27}-S_{29}$ 时, 得到运动分岔 M_{21}, 如图 8–31 所示。在运动分岔 M_{21} 下, 可重构双四连杆模块子机构 II 具有三个转动且其轴线相互平行。

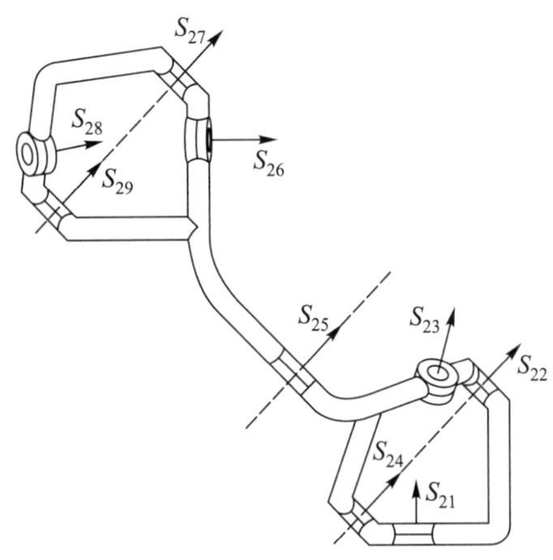

图 **8–31**　可重构双四连杆模块子机构 **II** 的运动分岔 $\boldsymbol{M_{21}}$

当旋转转动副 S_{25} 与环路 $B_{21}B_{22}B_{23}B_{24}$ 中共线转动副 $S_{21}-S_{23}$ 和环路 $B_{25}B_{26}B_{27}B_{28}$ 中共线转动副 $S_{26}-S_{28}$ 时, 得到运动分岔 M_{22}, 如图 8–32 所示。在运动分岔 M_{21} 下, 可重构双四连杆模块子机构 Ⅱ 具有三个转动且其轴线相交于点 N_j。通过改变转动副轴线可以实现可重构双四连杆模块子机构 Ⅱ 在运动分岔 M_{21} 和运动分岔 M_{22} 之间切换。

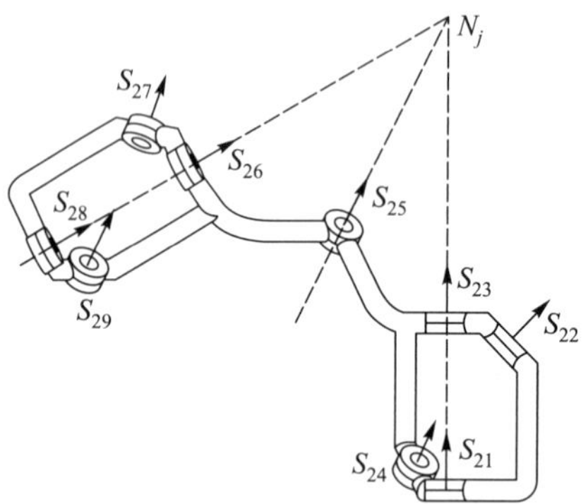

图 **8–32**　可重构双四连杆模块子机构 **Ⅱ** 的运动分岔 M_{22}

当旋转转动副 S_{25} 与环路 $B_{21}B_{22}B_{23}B_{24}$ 中共线转动副 $S_{22}-S_{24}$ 和环路 $B_{25}B_{26}B_{27}B_{28}$ 中共线转动副 $S_{26}-S_{28}$ 时, 得到运动分岔 M_{23}, 如图 8–33 所示。在运动分岔 M_{23} 下, 可重构双四连杆模块子机构 Ⅱ 具有三个转动, 且转动副 S_{25} 的轴线与共线转动副 $S_{22}-S_{24}$ 的轴线平行、与共线转动副 $S_{26}-S_{28}$ 的轴线相交于点 N_j。

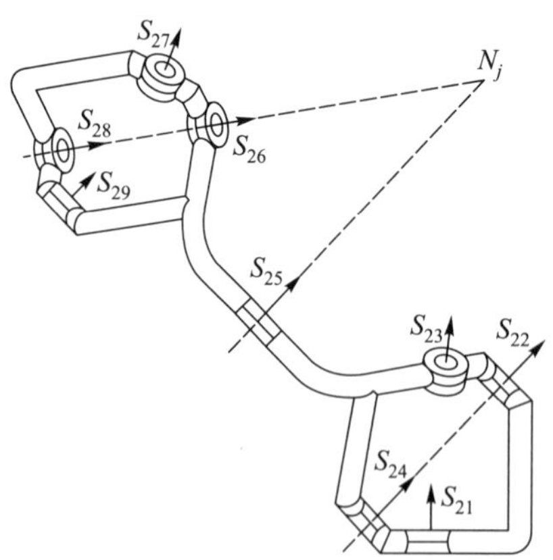

图 **8–33**　可重构双四连杆模块子机构 **Ⅱ** 的运动分岔 M_{23}

当旋转转动副 S_{25} 与环路 $B_{21}B_{22}B_{23}B_{24}$ 中共线转动副 $S_{21}-S_{23}$ 和环路 $B_{25}B_{26}B_{27}B_{28}$ 中共线转动副 $S_{27}-S_{29}$ 时, 得到运动分岔 M_{24}, 如图 8–34 所示。在运动分岔 M_{21} 下, 可重构双四连杆模块子机构 Ⅱ 具有三个转动, 且转动副 S_{25} 的

轴线与共线转动副 $S_{27}-S_{29}$ 的轴线平行、与共线转动副 $S_{27}-S_{29}$ 的轴线相交于点 N_j。

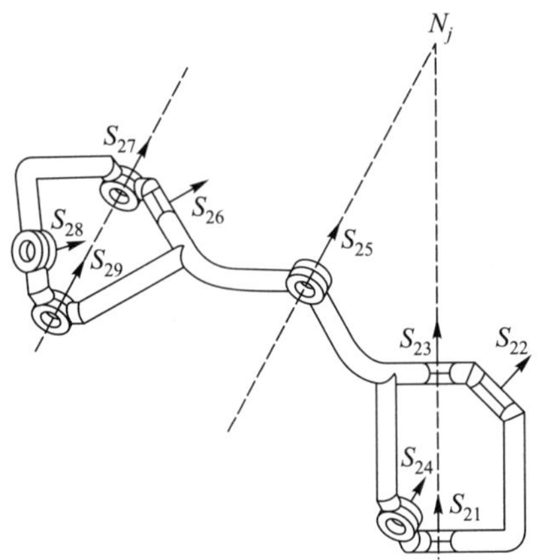

图 **8−34** 可重构双四连杆模块子机构 **II** 的运动分岔 M_{24}

8.4.3 三分岔运动可重构并联机构的运动表示

多运动分岔的可重构并联机构具有多个运动分支。为了综合多分岔可重构并联机构, 设计可重构模块子机构并装配成可重构并联机构, 通过改变可重构模块子机构的不同运动分岔, 实现可重构并联机构运动分支的切换。

设 O-xyz 表示全局坐标系, 具有运动分支 $SE(2)$、运动分支 $SO(3)$ 和运动分支 $X(\boldsymbol{z})$ 的可重构并联机构的动平台相对于基座的运动表示为

$$M_{\rm r} = SE(2) \cup SO(3) \cup X(\boldsymbol{z}) \tag{8–95}$$

由式 (8−46) 和式 (8−95) 可知

$$SE(2) \cup SO(3) \cup X(\boldsymbol{z}) = \bigcap_{k=1}^{3} M_{{\rm r}k} = M_{\rm r} \tag{8–96}$$

由式 (8−96) 得, 可重构并联机构的三条子链产生的 $M_{\rm r}$ 包含运动分支 $SE(2)$、运动分支 $SO(3)$ 和运动分支 $X(\boldsymbol{z})$。这意味着动平台在多分岔点处能实现运动分支 $SE(2)$、运动分支 $SO(3)$ 和运动分支 $X(\boldsymbol{z})$。因此,

$$SE(2) \cap SO(3) \cap X(\boldsymbol{z}) = R(p, \boldsymbol{z}) \tag{8–97}$$

根据 8.1.2 节的定理 2, 子群 $R(p, z)$ 的生成空间为一维奇异构型空间。在奇异构型空间处, 可重构并联机构在三个运动分支能够相互切换, 并且满足约束条件。

由式 (8–96) 和式 (8–97) 得

$$R(p,\boldsymbol{z}) \leqslant M_{\mathrm{r}} = \bigcap_{i=1}^{k} M_{\mathrm{r}k} \tag{8–98}$$

因此,

$$R(p,\boldsymbol{z}) \leqslant M_{\mathrm{r}k} \quad (k=1,2,3) \tag{8–99}$$

表明串联子链生成的子流形必须包含奇异构型空间的生成元子群。

以上讨论了在奇异构型空间具有运动分岔的可重构并联机构的动平台相对于基座的约束条件。对于每个运动分岔, 将研究子群 $SE(2)$、子群 $SO(3)$ 和子群 $X(\boldsymbol{z})$ 并联运动生成的约束条件及其之间的关系。

8.4.4 具有可重构模块子机构的串联子链的型综合

当可重构并联机构的三条子链完全相同时, 可重构并联机构的动平台的运动分支子群 $SE(2)$、运动分支子群 $SO(3)$ 和运动分支子群 $X(\boldsymbol{z})$ 的运动生成可表示为三个相同的子群或子流形运动生成的交集, 即

$$M_{SE(2)} = M_{L1} \cap M_{L2} \cap M_{L3} \tag{8–100}$$

$$M_{SO(3)} = M_{M1} \cap M_{M2} \cap M_{M3} \tag{8–101}$$

$$M_{X(z)} = M_{K1} \cap M_{K2} \cap M_{K3} \tag{8–102}$$

式中, $M_{SE(2)}$ 是子群 $SE(2)$ 的运动生成; M_{L1}、M_{L2} 和 M_{L3} 具有相同子链生成 $M_{SE(2)/R(q,\boldsymbol{z})} \cdot M_{S(N_j)}$; $M_{SO(3)}$ 是子群 $SO(3)$ 的生成; M_{M1}、M_{M2} 和 M_{M3} 具有相同的子链生成 $M_{S(O)/R(O,\boldsymbol{x})} \cdot M_{S(N_j)}$; $M_{X(z)}$ 是子群 $X(\boldsymbol{z})$ 的运动生成; M_{K1}、M_{K2} 和 M_{K3} 具有相同子链生成 $M_{X(\boldsymbol{z})/T_2(\boldsymbol{z})} \cdot M_{PL(\boldsymbol{w}_j)}$。其中, $SE(2)/R(q,\boldsymbol{x})$、$S(O)/R(O,\boldsymbol{x})$ 和 $X(\boldsymbol{z})/T_2(\boldsymbol{z})$ 是商流形。

子群 $SE(2)$ 并联运动生成的综合的实现限制在生成 $M_{SE(2)/R(q,\boldsymbol{z})} \cdot M_{S(N_j)}$, 子群 $SO(3)$ 并联运动生成的综合的实现限制在生成 $M_{S(O)/R(O,\boldsymbol{x})} \cdot M_{S(N_j)}$, 子群 $X(\boldsymbol{z})$ 并联运动生成的综合的实现限制在生成 $M_{X(\boldsymbol{z})/T_2(\boldsymbol{z})} \cdot M_{PL(\boldsymbol{w}_j)}$。由单自由度转动副构成串联子链的运动生成为 $M_{SE(2)/R(q,\boldsymbol{z})} \cdot M_{S(N_j)}$、$M_{S(O)/R(O,\boldsymbol{x})} \cdot M_{S(N_j)}$ 和 $M_{X(\boldsymbol{z})/T_2(\boldsymbol{z})} \cdot M_{PL(\boldsymbol{w}_j)}$, 如表 8–4 所示。

商流形 $S(O)/R(O,\boldsymbol{x})$ 的运动生成仅有一个单自由度子链生成形式, 为了能够实现运动分岔的切换, 则商流形 $SE(2)/R(q,\boldsymbol{x})$ 和商流形 $X(\boldsymbol{z})/T_2(\boldsymbol{z})$ 也仅有一种对应形式的单自由度子链生成, 如表 8–4 所示。

表 8–4 $M_{SE(2)/R(q,\boldsymbol{z})}\cdot M_{S\left(N_j\right)}$、$M_{S(O)/R(O,\boldsymbol{x})}\cdot M_{S\left(N_j\right)}$ 和 $M_{X(\boldsymbol{z})/T_2(\boldsymbol{z})}\cdot M_{PL\left(\boldsymbol{w}_j\right)}$ 的子链生成

子链生成	单自由度运动副的子链生成
$M_{SE(2)/R(q,\boldsymbol{z})}\cdot M_{S\left(N_j\right)}$	$R_{z_i}R_{z_i}R_{u_j}R_{v_j}R_{w_j}$
$M_{S(O)/R(O,\boldsymbol{x})}\cdot M_{S\left(N_j\right)}$	$R_{z_i}R_{y_i}R_{u_j}R_{v_j}R_{w_j}$
$M_{X(\boldsymbol{z})/T_2(\boldsymbol{z})}\cdot M_{PL\left(\boldsymbol{w}_j\right)}$	$R_{z_i}R_{z_i}R_{w_j}R_{w_j}R_{w_j}$

对于运动子链生成 $M_{SE(2)/R(q,\boldsymbol{z})}\cdot M_{S(N_j)}$ 的可重构并联执行器, 在参考坐标系 O_i-$x_iy_iz_i(i=1,2,3)$ 中, 由转动副生成的位移集是一维李子群, 表示为 $R(q,\boldsymbol{z}_i)$, 这里 q 是转动轴的原点, 单位向量 $\boldsymbol{z}_i$ 表示转动轴线的方向。在局部坐标系 N_j-$u_jv_jw_j$ 中, 转动副 $R(N_j,\boldsymbol{u}_j)$、转动副 $R(N_j,\boldsymbol{v}_j)$ 和转动副 $R(N_j,\boldsymbol{w}_j)$ 的集合表示转动轴线的方向分别为单位向量 $\boldsymbol{u}_j$、单位向量 $\boldsymbol{v}_j$ 和单位向量 $\boldsymbol{w}_j$, 且轴线相交于点 N_j。关于 $M_{SE(2)/R(q,\boldsymbol{z})}\cdot M_{S(N_j)}$ 运动生成的基座与动平台之间的运动键表示为

$$M_{SE(2)/R(q,\boldsymbol{z})}\cdot M_{S(N_j)}=R(q_1,\boldsymbol{z}_i)\,R(q_2,\boldsymbol{z}_i)\,R(N_j,\boldsymbol{u}_j)\,R(N_j,\boldsymbol{v}_j)\,R(N_j,\boldsymbol{w}_j) \tag{8–103}$$

对于运动子链生成 $M_{S(O)/R(O,\boldsymbol{x})}\cdot M_{S(N_j)}$ 的可重构并联执行器, 在参考坐标系 O_i-$x_iy_iz_i$ 中, 转动副 $R(O_i,\boldsymbol{z}_i)$ 和转动副 $R(O_i,\boldsymbol{y}_i)$ 的集合表示转动轴线的方向分别为单位向量 $\boldsymbol{z}_i$ 和单位向量 $\boldsymbol{y}_i$ 且轴线相交于一点。在局部坐标系 N_j-$u_jv_jw_j$ 中, 单自由度运动副由子群 $S(N_j)$ 生成。关于 $M_{S(O)/R(O,\boldsymbol{x})}\cdot M_{S(N_j)}$ 运动生成的基座与动平台之间的运动键表示为

$$M_{S(O)/R(O,\boldsymbol{x})}\cdot M_{S(N_j)}=R(O_i,\boldsymbol{z}_i)\,R(O_i,\boldsymbol{y}_i)\,R(N_j,\boldsymbol{u}_j)\,R(N_j,\boldsymbol{v}_j)\,R(N_j,\boldsymbol{w}_j) \tag{8–104}$$

对于运动子链生成 $M_{X(z)/T_2(\boldsymbol{z})}\cdot M_{PL(\boldsymbol{w}_j)}$ 的可重构并联执行器, 在参考坐标系 O_i-$x_iy_i\boldsymbol{z}_i$ 中, 转动副 $R(q_1,\boldsymbol{z}_i)$ 和转动副 $R(q_2,\boldsymbol{z}_i)$ 集合表示转动轴线方向指向单位向量 $\boldsymbol{z}_i$ 并相互平行。在局部坐标系 N_j-$u_jv_jw_j$ 中, 单自由度运动副由子群 $PL(\boldsymbol{w}_j)$ 生成。关于 $M_{X(\boldsymbol{z})/T_2(\boldsymbol{z})}\cdot M_{PL(\boldsymbol{w}_j)}$ 运动生成的基座与动平台之间的运动键表示为

$$M_{X(\boldsymbol{z})/T_2(\boldsymbol{z})}\cdot M_{PL(\boldsymbol{w}_j)}=R(q_1,\boldsymbol{z}_i)\,R(q_2,\boldsymbol{z}_i)\,R(q_1,\boldsymbol{w}_j)\,R(q_2,\boldsymbol{w}_j)\,R(q_3,\boldsymbol{w}_j) \tag{8–105}$$

由式 (8–103)、式 (8–104) 和式 (8–105) 得, 运动分支子群 $SE(2)$ 的子链、运动分支子群 $SO(3)$ 的子链和运动分支子群 $X(\boldsymbol{z})$ 的子链均由单自由度运动副表示和生成。对于这些子链的生成, 通过可重构双四连杆模块子机构实现这些子群的切换。把可重构双四连杆模块子机构 I 和可重构双四连杆模块子机构 II 与基座和

动平台连接起来, 形成可重构模块串联子链, 如图 8–35 所示。由于可重构双四连杆模块子机构 I 和可重构双四连杆模块子机构 II 的部分转动副轴线分别共线, 则两个转动副运动可以被认为是一个转动在起作用, 因此可重构模块子机构构型变换方式与式 (8–101)、式 (8–102) 和式 (8–103) 的切换条件一致。为了分析方便, 建立全局坐标系 O-xyz, 其中, 坐标原点设在基座平面公垂线与可重构双四连杆模块子机构 I 中共线转动副 S_{12}–S_{14} 轴线的交点, z 轴垂直于基座平面, x 轴沿共线转动副 S_{12}–S_{14} 轴线方向, y 轴由右手定则确定。当可重构双四连杆模块子机构 I 和可重构双四连杆模块子机构 II 都处于奇异构型时, 可重构模块串联子链处于奇异构型。在奇异构型下, 可重构模块串联子链具有多运动分岔。通过改变每个可重构模块子机构的分岔, 实现可重构模块串联子链的分岔。

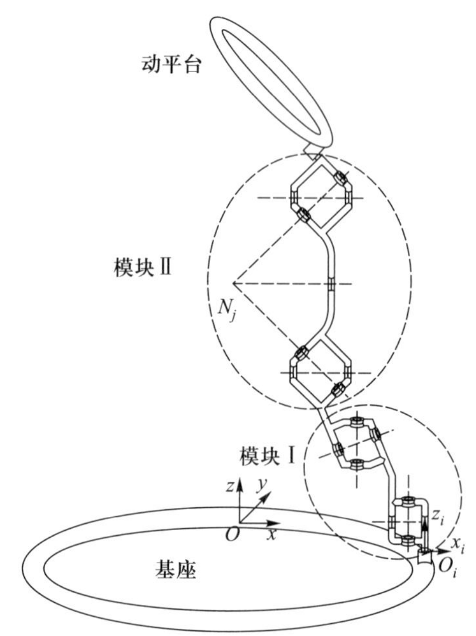

图 **8–35**　可重构模块串联子链的奇异构型

当可重构模块子机构 I 处于运动分岔 M_{11}、可重构模块子机构 II 处于运动分岔 M_{22} 时, 可重构模块串联子链等价于具有五个转动副, 且与基座连接的可重构模块子机构 I 的两个转动副的轴线相互平行, 与动平台连接的可重构模块子机构 II 的三个转动副轴线相交于点 N_j, 如图 8–36 所示。

保持可重构双四连杆模块子机构 II 的运动分岔 M_{22} 保持不变, 变换可重构双四连杆模块子机构 I 的运动分岔 M_{11} 到运动分岔 M_{12}, 则可重构模块串联子链等价于具有五个转动副, 且基座连接的可重构双四连杆模块子机构 I 的两个转动副轴线相交于点 O, 与动平台连接的可重构双四连杆模块子机构 II 的三个转动副轴线相交于点 N_j, 如图 8–37 所示。

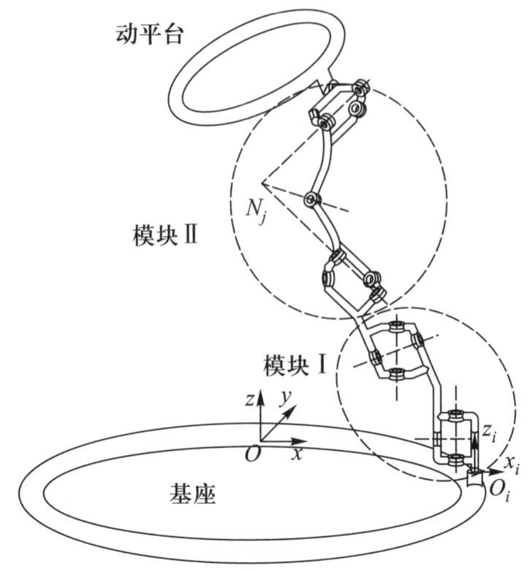

图 **8–36** 可重构模块串联子链的 $R_{z_i}R_{z_i}R_{u_j}R_{v_j}R_{w_j}$ 构型

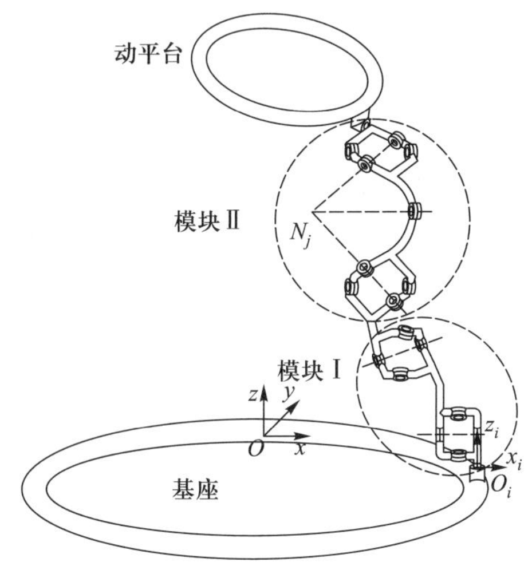

图 **8–37** 可重构模块串联子链的 $R_{z_i}R_{y_i}R_{u_j}R_{v_j}R_{w_j}$ 构型

当可重构双四连杆模块子机构 Ⅰ 处于运动分岔 M_{11}, 可重构双四连杆模块子机构 Ⅱ 处于运动分岔 M_{21} 时, 则可重构模块串联子链等价于具有五个转动副, 且与基座连接的可重构双四连杆模块子机构 Ⅰ 的两个转动副轴线相互平行, 与动平台连接的可重构双四连杆模块子机构 Ⅱ 的三个转动副轴线也相互平行, 如图 8–38 所示。

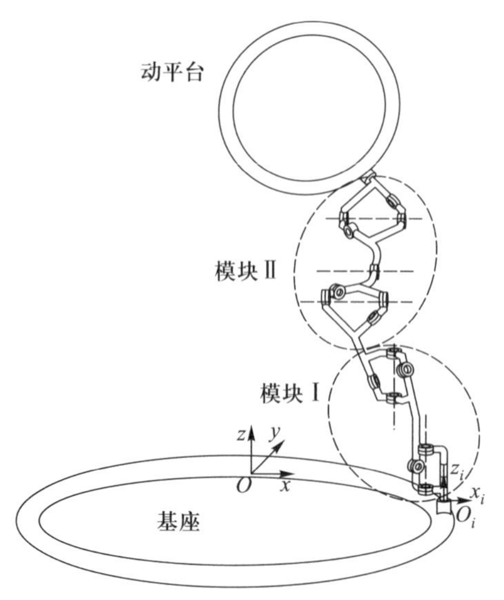

图 **8–38** 可重构模块串联子链的 $R_{z_i}R_{z_i}R_{w_j}R_{w_j}R_{w_j}$ 构型

8.4.5 具有可重构模块子机构的可重构并联机构的型综合

8.4.5.1 可重构双四连杆模块的并联机构实现运动分支 $SE(2)$

在 8.4.4 节中研究了一条可重构模块串联子链, 另外两条可重构串联子链也可以通过等价子流形给出。因为并联机构动平台的位移是子链位移的交集, 可重构模块并联机构的动平台的位移子群 $SE(2)$ 可表示为式 (8–98) 中子流形 M_{L1}、子流形 M_{L2} 和子流形 M_{L3} 的交集。保持三个可重构模块串联子链相对应的可重构模块具有相同运动分岔, 即可重构双四连杆模块子机构 Ⅰ 处于运动分岔 M_{11}、且可重构双四连杆模块子机构 Ⅱ 处于运动分岔 M_{22}。当与基座相连接的三个可重构模块子机构 Ⅰ 处于运动分岔 M_{11} 时, 所有转动副的轴线相互平行; 当与动平台相连接的三个可重构模块子机构 Ⅱ 处于运动分岔 M_{22} 时, 每个可重构模块子机构 Ⅱ 的三个转动副轴线的交点不共点, 如图 8–39 所示。可重构模块并联机构的动平台具有运动分支子群 $SE(2)$, 且在全局坐标系 O-xyz 中, 两个平移分别沿着 x 轴方向和 y 轴方向, 一个转动绕 z 轴方向。

8.4.5.2 可重构双四连杆模块的并联机构实现运动分支 $SO(3)$

每条子链的可重构双四连杆模块子机构 Ⅰ 经过奇异构型从运动分岔 M_{11} 变换到运动分岔 M_{12}, 而每条子链的可重构双四连杆模块子机构 Ⅱ 保持运动分岔 M_{22} 不变。当与基座相连的三个可重构双四连杆模块子机构 Ⅰ 处于运动分岔 M_{12} 时, 每个可重构双四连杆模块子机构 Ⅰ 的两组共线转动副的轴线

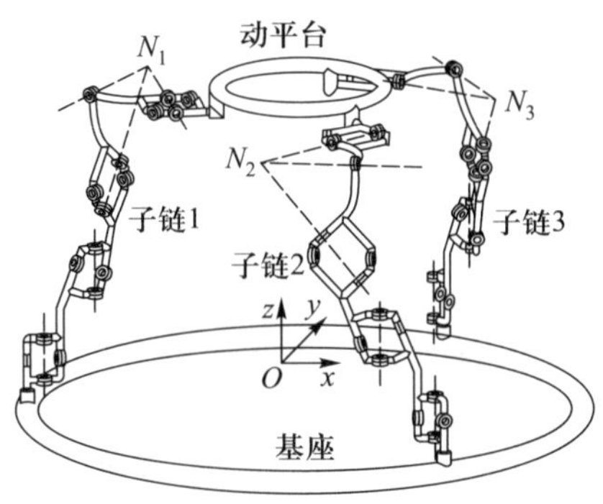

图 **8–39** 具有运动分支 $SE(2)$ 的可重构模块并联机构

相交于一点；当与动平台相连接的三个可重构双四连杆模块子机构 Ⅱ 处于运动分岔 M_{22} 时，每个可重构双四连杆模块子机构 Ⅱ 的三个转动副轴线的交点不共点。则可重构并联机构的平台具有运动分支子群 $SO(3)$，能够表示成式 (8–99) 中三个子流形 M_{M1}、 M_{M2} 和 M_{M3} 的交集。因此，可重构并联机构的平台做球面运动 $SO(3)$，且具有分别绕 x 轴、 y 轴和 z 轴的旋转，如图 8–40 所示。

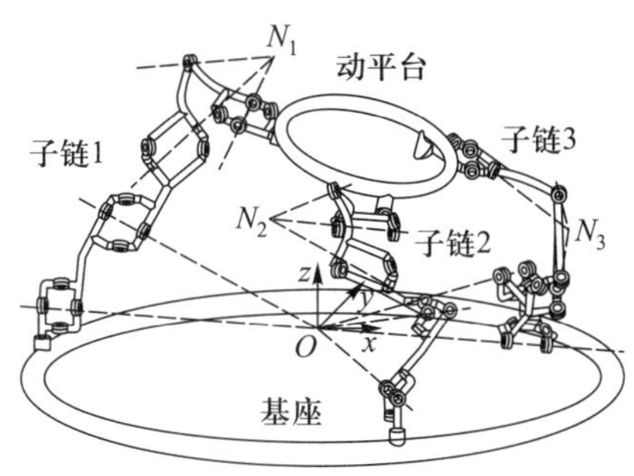

图 **8–40** 具有运动分支 $SO(3)$ 的可重构模块并联机构

8.4.5.3 可重构双四连杆模块的并联机构实现运动分支 $X(\boldsymbol{z})$

每条子链的可重构双四连杆模块子机构 I 经过奇异位置从运动分岔 M_{12} 变换到运动分岔 M_{11}，而每条子链的可重构双四连杆模块子机构 Ⅱ 经过奇异位置从运动分岔 M_{22} 变换到运动分岔 M_{21}。每条子链的可重构双四连杆模块子机构 I 的两组共线转动副的轴线相互平行，每条子链的可重构双四连杆模块子机构 Ⅱ 的三组共线转动副的轴线相互平行。则可重构模块并联机构的动平台的位移子群 $X(\boldsymbol{z})$ 表示成式 (8–100) 中子流形 M_{K1}、子流形 M_{K2} 和子流形 M_{K3} 的交集，并且三条子链的可重构双四连杆模块子机构 Ⅱ 在运动分岔 M_{21} 时的三组相互平行的轴线与动平台平行。因此，可重构模块并联机构做具有运动分支子群 $X(\boldsymbol{z})$ 的

Schoenflies 运动, 且三个平移分别沿着 x 轴、y 轴和 z 轴, 一个转动绕 z 轴, 如图 8–41 所示。

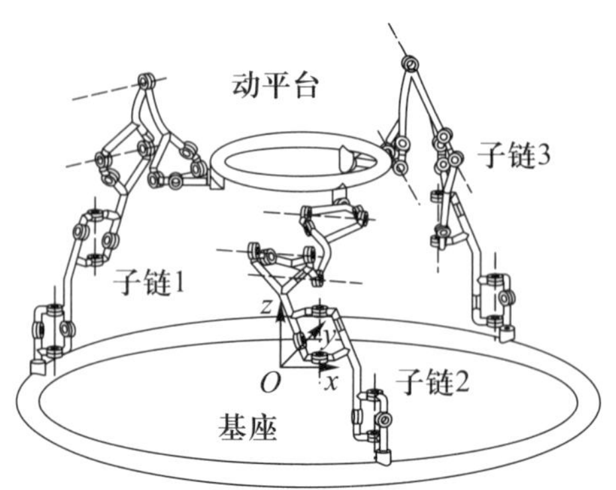

图 **8–41** 具有运动分支 $X(\boldsymbol{z})$ 的可重构模块并联机构

8.4.5.4 可重构双四连杆模块的并联机构运动分支间的切换方法

可重构并联机构的动平台具有三个运动分支子群 $SE(2)$、$SO(3)$ 和 $X(\boldsymbol{z})$, 并且通过改变子链的可重构模块的运动分岔实现并联机构动平台运动分支的切换, 即子链运动分岔的变化将导致可重构并联机构平台运动分岔的变化。然而, 由于子链的可重构模块的运动分岔的变化需要经过奇异位置, 使得子链在奇异位置上的约束发生变化, 导致可重构并联机构的平台运动发生变化。因此, 为了获得平台运动分岔满足条件, 在平台运动分支切换中调整子链的可重构模块的运动分岔顺序, 使可重构并联机构动平台在子链的可重构模块运动分岔的转换期间不会产生过约束或欠约束。

通过对比子链的运动生成, 可以发现平面子群 $SE(2)$ 的运动生成子链和子群 $X(\boldsymbol{z})$ 的运动生成子链中的可重构双四连杆模块子机构 I 具有相同的运动分岔。为了降低能耗, 在可重构机构动平台的运动分岔切换中, 需要一次只改变子链中一个可重构模块的运动分岔, 以达到可重构机构动平台运动分岔切换的目的。因此, 从运动分支子群 $SO(3)$ 开始, 经由运动分支子群 $SE(2)$ 变换到运动分支子群 $X(\boldsymbol{z})$, 这个过程允许子链每次只改变一个可重构模块。但是, 当从运动分支子群 $SO(3)$ 经运动分支子群 $SE(2)$ 变换到运动分支子群 $X(\boldsymbol{z})$ 时, 可重构模块改变次数为两次。然而, 由运动分支子群 $SO(3)$ 直接变换到运动分支子群 $X(\boldsymbol{z})$ 时, 需要同时改变两个可重构的模块, 改变次数也是两次。故两者改变次数相同。因此, 可以找到最节能的切换方式实现三个运动分支子群之间的自由切换。可重构并联机构平台运动分支的切换过程如图 8–42 所示。

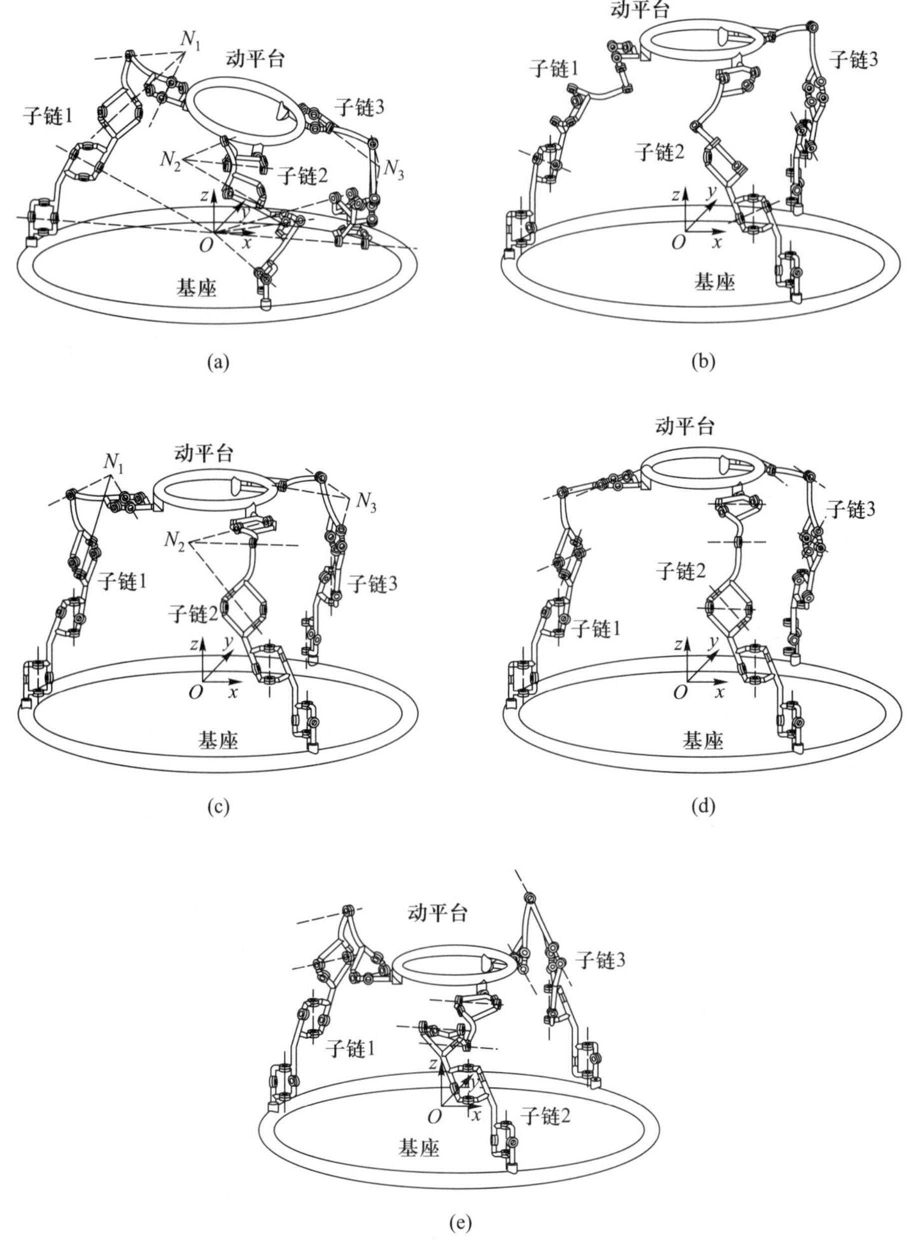

图 **8–42**　可重构并联机构动平台运动分支的切换过程: **(a)** 运动分支 $SO(3)$; **(b)** 可重构双四连杆模块子机构 **I** 的一个环路是奇异的; **(c)** 运动分支 $SE(2)$; **(d)** 可重构双四连杆模块子机构 **II** 的一个环路是奇异的; **(e)** 运动分支 $X(\boldsymbol{z})$

首先, 可重构并联机构的动平台处于运动分支子群 $SO(3)$ 构型。在此构型下, 动平台具有三个转动的球面运动, 并且可重构双四连杆模块子机构 I 处于运动分岔 M_{12}、可重构模块子机构 II 处于运动分岔 M_{22}, 如图 8–42 (a) 所示。当动平台从运动分支子群 $SO(3)$ 构型切换到运动分支子群 $SE(2)$ 构型时, 仅需要改变可重构双四连杆模块子机构 I 的运动分岔，可重构双四连杆模块子机构 Ⅱ 的运动分岔保持不变。可重构双四连杆模块子机构 I 的环路 $A_{14}A_{15}A_{16}A_{17}$ 中共线转动副 S_{16}–S_{18} 的轴线变换到共线转动副 S_{15}–S_{17} 的轴线，当切换到奇异构型时，每条可重构模块串联子链的活动度由 5 变为 4，如图 8–42 (b) 所示。在该奇异点处，平台具有绕 z 轴的旋转运动。经过奇异点之后，每条子链的活动度变为 5。当可重构双四连杆模块子机构 I 的环路 $A_{14}A_{15}A_{16}A_{17}$ 的运动构型切换完成后，环路 $A_{11}A_{12}A_{13}A_{14}$ 的运动构型将实现切换。在可重构双四连杆模块子机构 I 的奇异构型空间，环路 $A_{11}A_{12}A_{13}A_{14}$ 中共线转动副 S_{12}–S_{14} 的轴线变换到共线转动副 S_{11}–S_{13} 的轴线。每条子链的可重构双四连杆模块子机构 I 的两个环路切换完成后，也就是，当可重构双四连杆模块子机构 I 处于运动分岔 M_{11} 时，可重构并联机构的平台处于运动分支子群 $SE(2)$ 构型，在此时动平台做平面运动，具有两个移动和一个转动，并且可重构双四连杆模块子机构 I 处于运动分岔 M_{11}，可重构双四连杆模块子机构 Ⅱ 处于运动分岔 M_{22}，如图 8–42 (c) 所示。可重构并联机构从运动分支子群 $SO(3)$ 构型切换到运动分支子群 $SE(2)$ 构型主要是通过改变可重构双四连杆模块子机构 I 的运动分岔实现，在此过程中可重构双四连杆模块子机构 Ⅱ 的运动分岔没有发生变化。可重构并联机构从运动分支子群 $SE(2)$ 构型切换到运动分支子群 $X(\boldsymbol{z})$ 构型主要通过改变可重构双四连杆模块子机构 Ⅱ 的运动分岔实现，而可重构双四连杆模块子机构 I 运动分岔的构态没有改变。

其次，当可重构并联机构的动平台从运动分支子群 $SE(2)$ 构型切换到运动分支子群 $X(\boldsymbol{z})$ 构型时，仅改变可重构双四连杆模块子机构 Ⅱ 的运动分岔，而可重构双四连杆模块子机构 I 的运动分岔 M_{11} 不发生改变。可重构双四连杆模块子机构 Ⅱ 的环路 $B_{21}B_{22}B_{23}B_{24}$ 的共线转动副 S_{21}–S_{23} 的轴线切换到共线转动副 S_{22}–S_{24} 的轴线，并且当切换到可重构双四连杆模块子机构 Ⅱ 的奇异构型时，每条子链的活动度变为 4，如图 8–42 (d) 所示。在该奇异点处，动平台具有一个绕 z 轴的转动和一个沿 z 轴的移动。经过奇异点之后，每条子链的活动度重新变为 5。当可重构双四连杆模块子机构 Ⅱ 的环路 $B_{21}B_{22}B_{23}B_{24}$ 的运动切换完成后，环路 $B_{25}B_{26}B_{27}B_{28}$ 的运动将实现切换。在可重构双四连杆模块子机构 Ⅱ 的奇异构型空间，环路 $B_{25}B_{26}B_{27}B_{28}$ 的共线转动副 S_{26}–S_{28} 的轴线切换到共线转动副 S_{27}–S_{29} 的轴线。在每条子链的可重构双四连杆模块子机构 Ⅱ 的两个环路切换完成后，即当可重构双四连杆模块子机构 Ⅱ 处于运动分岔 M_{21} 时，可重构并联机构的动平台处于运动分支子群 $X(\boldsymbol{z})$ 构型，此时动平台做 Schoenflies 运动，具有三个移动和一个转动，且可重构双四连杆模块子机构 I 处于运动分岔 M_{11}，如图 8–42 (e) 所示。

由于可重构并联机构的每条子链分别由可重构模块子机构构成, 通过改变可重构模块子机构实现可重构并联机构的动平台的运动分支间的切换。每条子链由两个可重构模块子机构组成, 而每个可重构模块子机构又分别由两个环路构成, 每个环路有两种构型, 因此驱动的数目由环路的数目和构型决定。因为每个环路有两种构型, 即每个环路安装两个驱动, 又由于每条子链共有四个环路, 因此, 每条子链共需八个驱动。对于三子链装配的可重构并联机构, 由上述分析可知, 通过选择性地改变环路的构型, 实现可重构并联机构在三个运动分支间切换, 即通过选择性地使驱动工作, 而剩余驱动不工作, 实现可重构模块子机构构型的切换, 从而完成可重构并联机构运动分支的切换, 达到节省成本、降低能耗的目的。

8.5 本章小结

本章解决了可重构并联机构的型综合的理论问题, 创造性地提出了可重构并联机构的变换构型空间理论, 解决了可重构并联机构的运动分支实现切换等关键问题; 对可重构并联机构的变换构型空间和运动表示进行了系统研究, 为可重构并联机构的型综合奠定了理论基础, 着重从具有 1R2T 和 2R1T 运动的变胞并联机构的型综合、平面运动和球面运动的分岔可重构并联机构的型综合、多分岔运动的可重构模块机构的型综合以及多分岔运动的可重构并联机构的型综合与分析四个方面进行了深入研究, 设计出多种具有创新性的可重构并联机构。

主要参考文献

戴建生, 2014a. 机构学与机器人学的几何基础与旋量代数 [M]. 北京: 高等教育出版社.

戴建生, 2014b. 旋量代数与李群李代数 [M]. 北京: 高等教育出版社.

方德植, 陈奕培, 1983. 射影几何 [M]. 北京: 高等教育出版社.

李端玲, 戴建生, 张启先, 等, 2002. 基于构态转换的变胞机构结构综合 [J]. 机械工程学报, 38(7): 12-16.

王德伦, 戴建生, 2007. 变胞机构及其综合的理论基础 [J]. 机械工程学报, 43(8): 32-42.

北京大学数学系几何与代数教研室前代数小组, 1900. 高等代数 [M]. 3 版. 北京: 高等教育出版社.

张克涛, 2010. 变胞并联机构的结构设计方法与运动特性研究 [D]. 北京: 北京交通大学.

DAI J S, 2012. Finite displacement screw operators with embedded Chasles' motion[J]. Journal of Mechanisms and Robotics, 4(4): 041002.

DAI J S, REES JONES J, 1998. Mobility in metamorphic mechanisms of foldable/erectable kinds[C]// Proceedings of 25th ASME Biennial Mechanisms Conference. Atlanta, USA: ASME: DETC98/MECH5902.

DAI J S, REES JONES J, 1999. Mobility in metamorphic mechanisms of foldable/erectable kinds[J]. Transaction of the ASME Journal of Mechanical Design, 121(3): 375-382

DAI J S, REES JONES J, 2005. Matrix representation of topological changes in metamorphic mechanisms[J]. Journal of Mechanical Design, 127(4): 837-840.

FANGHELLA P, GALLETTI C, GIANNOTTI E, 2006. Parallel robots that change their group of motion[C]// Advances in Robot Kinematics. Dordrecht: Springer: 49-56.

GALLETTI C, GIANNOTTI E, 2002. Multiloop kinematotropic mechanisms[C]// ASME 2002 International Design Engineering Technical Conferences & Computers and Information in Engineering. Montreal: 455-460.

GALLETTI C, FANGHELLA P, 2001. Single-loop kinematotropic mechanisms[J]. Mechanism and Machine Theory, 36(6): 743-761.

GALLETTI C, FANGHELLA P, 2002. Multiloop kinematotropic mechanisms[J]. Mechanism and Machine Theory, 36(6): 743-761.

GAN D, DAI J S, 2013. Geometry constraint and branch motion evolution of 3-PUP parallel mechanisms with bifurcated motion[J]. Mechanism and Machine Theory, 61: 168-183.

GAN D M, DAI J S, LIAO Q Z, 2010. Constraint analysis on mobility change of a novel metamorphic parallel mechanism[J]. Mechanism and Machine Theory, 45(12): 1864-1876.

GAN D, DAI J S, LIAO Q Z, 2019. Mobility change in two types of metamorphic parallel mechanisms[J]. Journal of Mechanisms and Robotics, 1(4): 041007.

GAN D, DIAS J M, SENEVIRATNE L, 2016. Unified kinematics and optimal design of a 3rRPS metamorphic parallel mechanism with a reconfigurable revolute joint[J]. Mechanism and Machine Theory, 96: 239-254.

GOGU G, 2011. Maximally regular T2R1-type parallel manipulators with bifurcated spatial motion[J]. Journal of Mechanisms and Robotics, 3(1): 011010.

HUANG Z, LI Q, 2003. Type synthesis of symmetrical lower-mobility parallel mechanisms using the constraint-synthesis method[J]. The International Journal of Robotics Research, 22(1): 59-79.

KONG X, 2013. Type synthesis of 3-DOF parallel manipulators with both a planar operation mode and a spatial translational operation mode[J]. Journal of Mechanisms and Robotics, 5(4): 041015.

KONG X, GOSSELIN C M, 2004. Type synthesis of 3T1R 4-DOF parallel manipulators based on screw theory[J]. IEEE Transactions on Robotics and Automation, 20(2): 181-190.

KONG X, GOSSELIN C M, RICHARD P L, 2007. Type synthesis of parallel mechanisms with multiple operation modes[J]. Journal of Mechanical Design, 129(6): 595-601.

LI Q, HERVÉ J M, 2014. Type synthesis of 3-DOF RPR-equivalent parallel mechanisms[J]. IEEE Transactions on Robotics, 30(6): 1333-1343.

LI Q, HERVÉ J M, 2009. Parallel mechanisms with bifurcation of Schoenflies motion[J]. IEEE Transactions on Robotics, 25(1): 158-164.

LÓPEZ-CUSTODIO P C, DAI J S, RICO J M, 2018. Branch reconfiguration of Bricard loops based on toroids intersections: line-symmetric case[J]. Journal of Mechanisms and Robotics, 10(3): 031003.

LÓPEZ-CUSTODIO P C, DAI J S, RICO J M, 2018. Branch reconfiguration of Bricard loops based on toroids intersections: plane-symmetric case[J]. Journal of Mechanisms and Robotics, 10(3): 031002.

MA X, ZHANG K, DAI J S, 2018. Novel spherical-planar and Bennett-spherical 6R metamorphic linkages with reconfigurable motion branches[J]. Mechanism and Machine Theory, 128: 628-647.

MENG J, LIU G, LI Z, 2007. A geometric theory for analysis and synthesis of sub-6 DOF parallel manipulators[J]. IEEE Transactions on Robotics, 23(4): 625-649.

QI Y, SUN T, SONG Y, 2017. Type synthesis of parallel tracking mechanism with varied axes by modeling its finite motions algebraically[J]. Journal of Mechanisms and Robotics, 9(5): 054504.

REFAAT S, HERVÉ J M, NAHAVANDI S, et al., 2007. Two-mode overconstrained three-DOFs rotational-translational linear-motor-based parallel-kinematics mechanism for machine tool applications[J]. Robotica, 25(4): 461-466.

RICO J M, CERVANTES-SÁNCHEZ J J, TADEO-CHÁVEZ A, et al., 2008. New considerations on the theory of type synthesis of fully parallel platforms[J]. Journal of Mechanical Design, 130(11): 112302.

RICO J M, RAVANI B, 2003. On mobility analysis of linkages using group theory[J]. Journal of Mechanical Design, 125(1): 70-80.

SELIG J M, 2013. Geometrical Methods in Robotics[M]. New York: Springer.

TIAN H, MA H, MA K, 2018. Method for configuration synthesis of metamorphic mechanisms based on functional analyses[J]. Mechanism and Machine Theory, 123: 27-39.

VALSAMOS C, MOULIANITIS V, ASPRAGATHOS N, 2014. Kinematic synthesis of structures for metamorphic serial manipulators[J]. Journal of Mechanisms and Robotics, 6(4): 041005.

WU Y, WANG H, LI Z, 2011. Quotient kinematics machines: concept, analysis, and synthesis[J]. Journal of Mechanisms and Robotics, 3(4): 041004.

XU K, LI L, BAI S, et al., 2017. Design and analysis of a metamorphic mechanism cell for multistage orderly deployable/retractable mechanism[J]. Mechanism and Machine Theory, 111: 85-98.

YAN H S, LIU N T, 2000. Finite-state-machine representations for mechanisms and chains with variable topologies[C]// Proceedings of ASME Design Engineering Technical Conference. Baltimore, Maraland: 10-13.

ZHANG K, DAI J S, 2014. A kirigami-inspired 8R linkage and its evolved overconstrained 6R linkages with the rotational symmetry of order two[J]. Journal of Mechanisms and Robotics, 6(2): 021007.

ZHANG K, DAI J S, 2016a. Geometric constraints and motion branch variations for reconfiguration of single-loop linkages with mobility one[J]. Mechanism and Machine Theory, 106: 16-29.

ZHANG K, DAI J S, 2016b. Reconfiguration of the plane-symmetric double-spherical 6R linkage with bifurcation and trifurcation[J]. Proceedings of the Institution of Mechanical Engineers, Part C: Journal of Mechanical Engineering Science, 230(3): 473-482.

ZHANG K, DAI J S, FANG Y, 2013. Geometric constraint and mobility variation of two 3SvPSv metamorphic parallel mechanisms[J]. Journal of Mechanical Design, 135(1): 011001.

ZHANG X, LÓPEZ-CUSTODIO P, DAI J S, 2018. Compositional submanifolds of prismatic-universal-prismatic and skewed prismatic-revolute-prismatic kinematic chains and their derived parallel mechanisms[J]. Journal of Mechanisms and Robotics, 10(3): 031001.

第九章 可重构机构耦合与综合

可重构并联机构由于存在运动耦合问题, 很难应用已有的重构识别方法对其进行有效的分析。本章首先提出了两个新概念, 即基于支链约束与运动平台约束之间的相关性和其约束的传递性, 进而提出了一种可以实现运动解耦的分析方法, 并将该方法推广至一般情况。此外, 可重构机构具有变活动度、变拓扑特性, 因此传统机构综合方法不再适用。本章基于分岔奇异构型处的局部特性, 提出了一套多分岔机构综合设计方法, 并利用该方法设计出一系列多分岔双心机构。

本章首先提出了一种分析可重构并联机构运动耦合问题的方法, 以便对该类机构进一步进行重构识别分析。通过验证各支链的约束旋量系和可重构运动平台中任一传递路径的约束旋量系之间的相关性, 判断支链的约束能否被传递到末端执行器, 进而得到末端执行器最终的约束和运动情况。最后将该分析方法推广到具有平面 n 杆可重构运动平台、球面 n 杆可重构运动平台和其他空间 n 杆可重构运动平台的并联机构的分析中。该方法还可以进一步推广到一般可重构并联机构的分析中, 比如支链中含有多环路机构的可重构并联机构, 甚至是更一般的多环可重构机构。

针对可重构机构设计问题, 传统的机构设计方法是针对定活动度机构设计的, 不适用于变活动度、变拓扑的可重构机构。本章通过研究机构演变、可重构机理、运动分岔原理及分岔构型局部特征, 提出了一种基于奇异构型的可重构机构设计方法, 首先设计出一个奇异构型, 通过设计关节轴线、杆长参数, 使该构型能够满足多种机构的关节轴线约束条件, 最终得到跨越数种经典机构的新型可重构机构。并从奇异构型出发, 结合高阶运动学局部分析和奇异值分解数值分析方法, 构建出机构的整个构型空间, 揭示了各运动分支间的演变机理和连接关系。

9.1 可重构并联机构的相关性与传递性

可重构并联机构作为一类特殊的多环可重构机构, 既保留了可重构机构构型可变、功能可变的特点, 又兼具并联机构的高速度、高刚度、高精度等优点。其中, 将单环机构作为支链中的复合铰链或者作为运动平台的可重构并联机构由于存在运动耦合问题而很难应用已有重构识别的方法对其进行有效的分析。本节旨在基于支链约束与运动平台约束之间的相关性及其约束的传递性提出一种实现可重构并联机构运动解耦的分析方法, 以便进一步对这些机构进行重构识别分析。下面将以具有可重构运动平台的并联机构为例进行阐述。

首先, 建立具有可重构运动平台的并联机构的几何模型。其次, 采用旋量理论检验支链约束与运动平台约束之间的相关性, 进而揭示了支链约束的传递性。再次, 可以得到最终末端执行器的运动与约束情况。最后, 将所提出的方法推广到具有平面 n 杆可重构运动平台、球面 n 杆可重构运动平台和其他空间 n 杆可重构运动平台的并联机构的分析中。

9.1.1 支链约束和运动平台约束间的相关性和传递性

9.1.1.1 可重构并联机构的几何模型

为了更好地说明这一新的分析方法, 此处以一个具有平面四杆可重构运动平台的 4-RRS 并联机构作为例子做具体阐述。其中, R 和 S 分别表示转动副和球副。如图 9–1 所示, 该机构由基座、平面四杆可重构运动平台和连接它们的四条完全

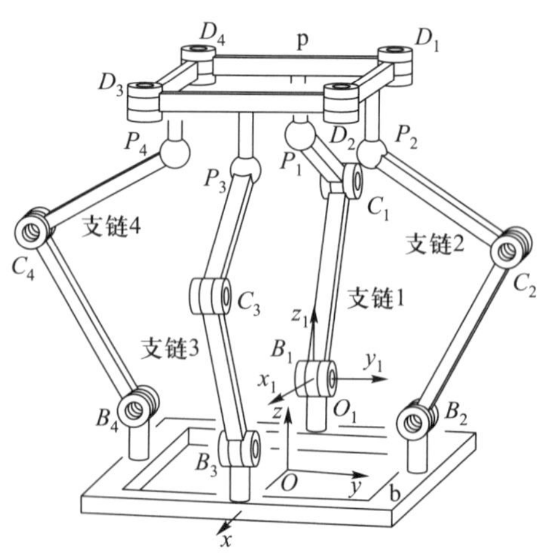

图 **9–1** 具有平面四杆可重构运动平台的 **4-RRS** 并联机构

相同的运动链组成。基座 b 是一个正方形, 而可重构运动平台 p 是一个可变的平行四边形。连接四条支链与基座的转动副的中心位于以点 O 为中心的圆上。

在基座上建立全局坐标系 O-xyz, 如图 9–1 所示。坐标原点为基座的几何中心 O, x 轴垂直于转动副 B_1 的轴线, y 轴平行于转动副 B_1 的轴线, z 轴遵循右手定则。再建立局部坐标系 O_1-$x_1y_1z_1$, 坐标原点位于转动副 B_1 的中心, x_1 轴垂直于转动副 B_1 的轴线, y_1 轴与转动副 B_1 的轴线重合, z_1 轴平行于 z 轴。

考虑到支链 1 的结构特点, 在局部坐标系 O_1-$x_1y_1z_1$ 下, 推导出支链 1 位于任意构态时的运动旋量系为

$$
{}^1\mathbb{S}_1 = \left\{ \begin{array}{l} {}^1\boldsymbol{S}_{11} = (0,1,0,0,0,0)^{\mathrm{T}} \\ {}^1\boldsymbol{S}_{12} = \left(0,1,0,-{}^1z_{C_1},0,{}^1x_{C_1}\right)^{\mathrm{T}} \\ {}^1\boldsymbol{S}_{13} = \left(1,0,0,0,{}^1z_{P_1},0\right)^{\mathrm{T}} \\ {}^1\boldsymbol{S}_{14} = \left(0,1,0,-{}^1z_{P_1},0,{}^1x_{P_1}\right)^{\mathrm{T}} \\ {}^1\boldsymbol{S}_{15} = \left(0,0,1,0,-{}^1x_{P_1},0\right)^{\mathrm{T}} \end{array} \right\} \tag{9–1}
$$

式中, 前两个旋量表示近基座端的两个转动副, 后三个旋量表示近可重构运动平台端的球副; $\left({}^1x_{C_1},\ 0,{}^1z_{C_1}\right)^{\mathrm{T}}$ 和 $\left({}^1x_{P_1},\ 0,{}^1z_{P_1}\right)^{\mathrm{T}}$ 分别是点 C_1 和 P_1 在局部坐标系 O_1-$x_1y_1z_1$ 中的坐标。前置上角标“1”表示这些变量全部在局部坐标系 O_1-$x_1y_1z_1$ 下衡量。

很容易看出, 这五个运动旋量构成了一个五阶旋量系。通过互易积运算, 可以求得与该五阶旋量系互易的约束旋量, 而这一约束旋量可以决定可重构运动平台的运动。在局部坐标系 O_1-$x_1y_1z_1$ 中, 支链 1 的约束旋量系可以表示为

$$
{}^1\mathbb{S}_1^r = \left\{ {}^1\boldsymbol{S}_1^r = \left(0,1,0,-{}^1z_{P_1},0,{}^1x_{P_1}\right)^{\mathrm{T}} \right\} \tag{9–2}
$$

为了方便统一计算和简化具有平面四杆可重构运动平台的 4-RRS 并联机构的约束旋量, 支链 1 的约束旋量系可以经坐标变换矩阵从局部坐标系 O_1-$x_1y_1z_1$ 转换到全局坐标系 O-xyz 中, 表示为

$$
\mathbb{S}_1^r = \{\mathbf{T}_1{}^1\boldsymbol{S}_1^r\} = \left\{ \boldsymbol{S}_1^{\mathrm{r}} = \left(0,1,0,-z_{P_1},0,x_{P_1}\right)^{\mathrm{T}} \right\} \tag{9–3}
$$

式中,

$$
\boldsymbol{T}_1 = \begin{pmatrix} \boldsymbol{I} & \boldsymbol{0} \\ \boldsymbol{A}_1 & \boldsymbol{I} \end{pmatrix}, \quad \boldsymbol{A}_1 = \begin{pmatrix} 0 & -z_{B_1} & 0 \\ z_{B_1} & 0 & -x_{B_1} \\ 0 & x_{B_1} & 0 \end{pmatrix}
$$

$\boldsymbol{I}$ 是一个 3×3 的单位矩阵; $\left(x_{P_1},\ 0,z_{P_1}\right)^{\mathrm{T}}$ 和 $\left(x_{B_1},\ 0,z_{B_1}\right)^{\mathrm{T}}$ 分别是点 P_1 和点 B_1 在全局坐标系 O-xyz 中的坐标。

由于该机构的四条支链对称分布, 因此可以用同样的方式得到其他三条支链的约束旋量系, 在全局坐标系 $O\text{-}xyz$ 中可以表示为

$$\mathbb{S}_2^r = \left\{ \boldsymbol{S}_1^r = \left(1, 0, 0, 0, z_{P_2}, -y_{P_2}\right)^{\mathrm{T}} \right\} \tag{9–4}$$

$$\mathbb{S}_3^r = \left\{ \boldsymbol{S}_3^r = \left(0, 1, 0, -z_{P_3}, 0, x_{P_3}\right)^{\mathrm{T}} \right\} \tag{9–5}$$

$$\mathbb{S}_4^r = \left\{ \boldsymbol{S}_4^r = \left(1, 0, 0, 0, z_{P_4}, -y_{P_4}\right)^{\mathrm{T}} \right\} \tag{9–6}$$

式中, $\left(0, y_{P_2}, z_{P_2}\right)^{\mathrm{T}}$、$\left(x_{P_3},\ 0, z_{P_3}\right)^{\mathrm{T}}$ 和 $\left(0, y_{P_4}, z_{P_4}\right)^{\mathrm{T}}$ 分别是点 P_2、P_3 和 P_4 在全局坐标系 $O\text{-}xyz$ 中的坐标; $\boldsymbol{S}_i^r$ 表示由支链 i $(i = 1, 2, 3, 4)$ 对平面四杆可重构运动平台施加的约束, $\boldsymbol{S}_i^r$ 通过球副 P_i 的中心并且与转动副 B_i 的轴线平行。此外, $\boldsymbol{S}_1^r$ 和 $\boldsymbol{S}_3^r$ 垂直于包含支链 1 和 3 的平面 Π_1, $\boldsymbol{S}_2^r$ 和 $\boldsymbol{S}_4^r$ 垂直于包含支链 2 和 4 的平面 Π_2, 如图 9–2 所示。

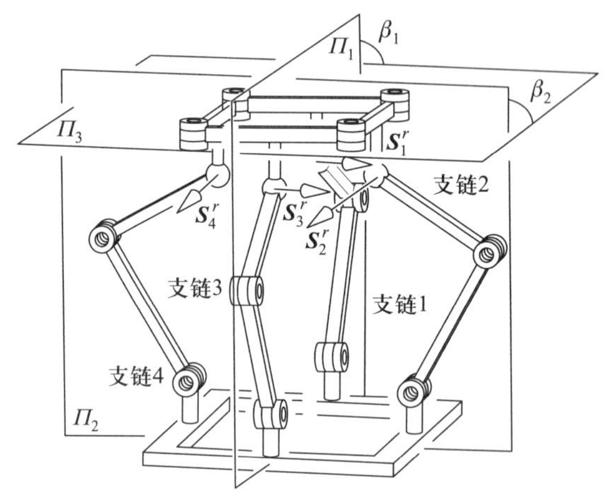

图 **9–2**　四条支链的约束力

建立如图 9–3 所示的局部坐标系 $O_5\text{-}x_5y_5z_5$。坐标原点 O_5 与点 D_1 重合, x_5 轴与连杆 D_1D_2 的方向一致, z_5 轴与转动副 D_1 的轴线重合, y_5 轴遵循右手定则。

在局部坐标系 $O_5\text{-}x_5y_5z_5$ 中, 可重构运动平台的四个转动副所对应的运动旋量为

$$^5\boldsymbol{S}_{51} = (0, 0, 1, 0, 0, 0)^{\mathrm{T}} \tag{9–7}$$

$$^5\boldsymbol{S}_{52} = (0, 0, 1, 0, -d, 0)^{\mathrm{T}} \tag{9–8}$$

$$^5\boldsymbol{S}_{53} = (0, 0, 1, -d\sin\theta, -d - d\cos\theta, 0)^{\mathrm{T}} \tag{9–9}$$

$$^5\boldsymbol{S}_{54} = (0, 0, 1, -d\sin\theta, -d\cos\theta, 0)^{\mathrm{T}} \tag{9–10}$$

式中, d 为可重构运动平台中连杆的长度； θ 为连杆 D_1D_4 与 x_5 轴之间的夹角; 前置上角标“5”表示这些旋量全部在局部坐标系 $O_5\text{-}x_5y_5z_5$ 下衡量。

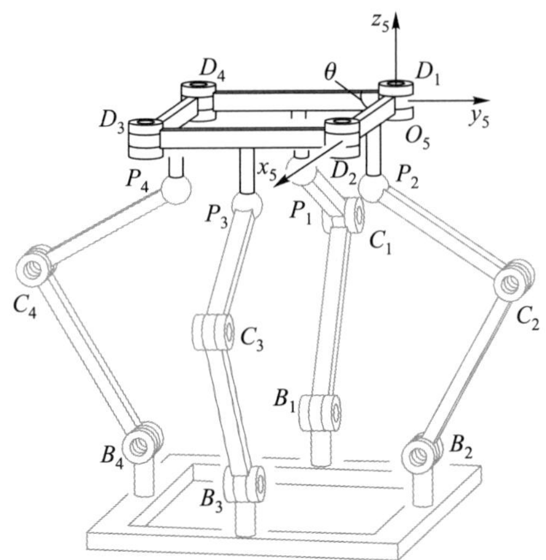

图 **9–3** 平面四杆可重构运动平台的局部坐标系

那么, 四条支链的约束力在局部坐标系 $O_5\text{-}x_5y_5z_5$ 中可以表示为

$$
\begin{aligned}
{}^5\mathbb{S}_1^r = &\left\{ {}^5\boldsymbol{S}_1^r = (\sin\beta_1\cos\varphi_1, \sin\beta_1\sin\varphi_1, \cos\beta_1,\right.\\
&\left. -0.5d\sin\theta\cos\beta_1 + d_1\sin\beta_1\sin\varphi_1, q_1, r_1)^{\mathrm{T}} \right\}
\end{aligned}
\tag{9–11}
$$

$$
\begin{aligned}
{}^5\mathbb{S}_2^r = &\left\{ {}^5\boldsymbol{S}_2^r = \Big(\sin\beta_2\cos\varphi_2, \sin\beta_2\sin\varphi_2, \cos\beta_2, d_1\sin\beta_2\sin\varphi_2,\right.\\
&\left. -0.5d\cos\beta_2 - d_1\sin\beta_2\cos\varphi_2, 0.5d\sin\beta_2\sin\varphi_2 \Big)^{\mathrm{T}} \right\}
\end{aligned}
\tag{9–12}
$$

$$
\begin{aligned}
{}^5\mathbb{S}_3^r = &\left\{ {}^5\boldsymbol{S}_3^r = \Big(\sin\beta_1\cos\varphi_1, \sin\beta_1\sin\varphi_1, \cos\beta_1,\right.\\
&\left. -0.5d\sin\theta\cos\beta_1 + d_1\sin\beta_1\sin\varphi_1, q_3, r_3 \Big)^{\mathrm{T}} \right\}
\end{aligned}
\tag{9–13}
$$

$$
\begin{aligned}
{}^5\mathbb{S}_4^r = &\left\{ {}^5\boldsymbol{S}_4^r = \Big(\sin\beta_2\cos\varphi_2, \sin\beta_2\sin\varphi_2, \cos\beta_2,\right.\\
&\left. d_1\sin\beta_2\sin\varphi_2 - d\sin\theta\cos\beta_2, q_4, r_4 \Big)^{\mathrm{T}} \right\}
\end{aligned}
\tag{9–14}
$$

式中,

$$
\begin{gathered}
q_1 = -0.5d\cos\theta\cos\beta_1 - d_1\sin\beta_1\cos\varphi_1\\
r_1 = 0.5d\cos\theta\sin\beta_1\sin\varphi_1 + 0.5d\sin\theta\sin\beta_1\cos\varphi_1\\
q_3 = -d\cos\beta_1 - 0.5d\cos\theta\cos\beta_1 - d_1\sin\beta_1\cos\varphi_1\\
r_3 = d\sin\beta_1\sin\varphi_1 + 0.5d\cos\theta\sin\beta_1\sin\varphi_1 + 0.5d\sin\theta\sin\beta_1\cos\varphi_1\\
q_4 = -d\cos\beta_2\cos\theta - 0.5d\cos\beta_2 - d_1\sin\beta_2\cos\varphi_2\\
r_4 = 0.5d\sin\beta_2\sin\varphi_2 + d\sin\beta_2\sin\varphi_2\cos\theta + d\sin\beta_2\cos\varphi_2\sin\theta
\end{gathered}
$$

如图 9–2 所示, β_1 是平面 Π_1 与 Π_3 的夹角; β_2 是平面 Π_2 与 Π_3 的夹角;φ_1 是平面 Π_1 的法向量在平面 Π_3 上的投影与 x_5 轴的夹角; φ_2 是平面 Π_2 的法向量在平面 Π_3 上的投影与 x_5 轴的夹角; d_1 是点 P_i 和连杆 $D_{i-1}D_i$ ($i=1,2,3,4$, 如果 $i=1$, D_{i-1} 表示 D_4) 的中点之间的距离。

9.1.1.2 支链约束和运动平台约束间的相关性

受 Dai 和 Rees Jones(2001) 提出的旋量系与其相应的互易旋量系之间的内在关联关系的启发, 通过验证各支链的约束旋量与可重构运动平台的约束旋量之间的相关性实现各支链之间的运动解耦。

考虑到平面四杆可重构运动平台的结构特点, 在不失一般性的情况下, 可以选择连杆 D_2D_3 作为末端执行器, 接下来, 将逐一检验如图 9–4 所示支链的约束旋量 ${}^5\boldsymbol{S}_1^r$、${}^5\boldsymbol{S}_2^r$、${}^5\boldsymbol{S}_3^r$ 和 ${}^5\boldsymbol{S}_4^r$ 与平面四杆可重构运动平台的运动旋量 ${}^5\boldsymbol{S}_{51}$、${}^5\boldsymbol{S}_{52}$、${}^5\boldsymbol{S}_{53}$ 和 ${}^5\boldsymbol{S}_{54}$ 之间的相关性。

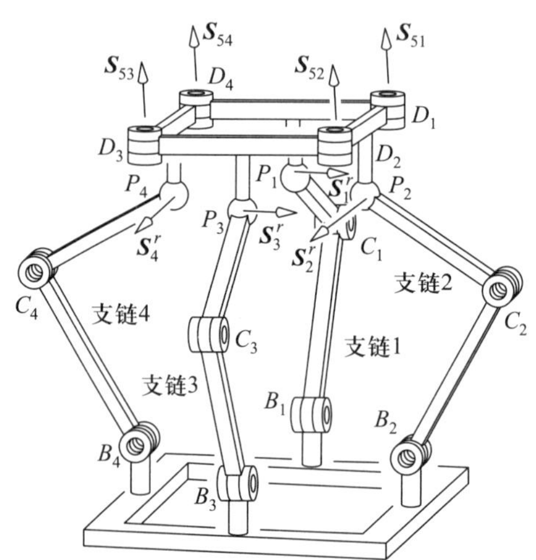

图 **9–4** 各支链的约束旋量和运动平台的运动旋量

对于支链 1 的约束旋量系 ${}^5\mathbb{S}_1^r$, 从连杆 D_1D_4 到连杆 D_2D_3 有两条路径: 一条是路径 D_4— D_3, 通过转动副 D_4 和 D_3; 另一条是路径 D_1— D_2, 通过转动副 D_1 和 D_2。对于路径 D_4— D_3, 运动旋量 ${}^5\boldsymbol{S}_{54}$ 和 ${}^5\boldsymbol{S}_{53}$ 组成了该路径的运动旋量系 ${}^5\mathbb{S}_{\mathrm{p}43}$, 表示为

$$
{}^5\mathbb{S}_{\mathrm{p}43}=\left\{\begin{aligned}&{}^5\boldsymbol{S}_{54}=(0,0,1,-d\sin\theta,-d\cos\theta,0)^{\mathrm{T}}\\&{}^5\boldsymbol{S}_{53}=(0,0,1,-d\sin\theta,-d-d\cos\theta,0)^{\mathrm{T}}\end{aligned}\right\}\tag{9–15}
$$

通过求解路径 D_4— D_3 的运动旋量系 ${}^5\mathbb{S}_{\mathrm{p}43}$ 的互易旋量, 可以得到该路径的约

束旋量系 ${}^5\mathbb{S}^r_{\mathrm{p43}}$ 为

$$
{}^5\mathbb{S}^r_{\mathrm{p43}} = \left\{ \begin{array}{l} {}^5\boldsymbol{S}^r_{\mathrm{p43,1}} = (0,0,1,0,0,0)^{\mathrm{T}} \\ {}^5\boldsymbol{S}^r_{\mathrm{p43,2}} = (1,0,0,0,0,d\sin\theta)^{\mathrm{T}} \\ {}^5\boldsymbol{S}^r_{\mathrm{p43,3}} = (0,0,0,1,0,0)^{\mathrm{T}} \\ {}^5\boldsymbol{S}^r_{\mathrm{p43,4}} = (0,0,0,0,1,0)^{\mathrm{T}} \end{array} \right\} \tag{9–16}
$$

假设 $\mathbb{S}_A$ 和 $\mathbb{S}_B$ 表示两个旋量系, 则这两个旋量系的阶数关系可表示为 (Dai 和 Rees Jones, 2001; Blyth, 1975)

$$
\dim(\mathbb{S}_A \cup \mathbb{S}_B) = \dim(\mathbb{S}_A) + \dim(\mathbb{S}_B) - \dim(\mathbb{S}_A \cap \mathbb{S}_B) \tag{9–17}
$$

将式 (9–11) 和式 (9–16) 代入式 (9–17), 得

$$
\dim\left({}^5\mathbb{S}^r_1 \cap {}^5\mathbb{S}^r_{\mathrm{p43}}\right) = 0 \tag{9–18}
$$

式 (9–18) 意味着支链 1 的约束旋量系 ${}^5\mathbb{S}^r_1$ 与路径 D_4— D_3 的约束旋量系 ${}^5\mathbb{S}^r_{\mathrm{p43}}$ 是线性无关的, 即获得了支链 1 的约束与路径 D_4— D_3 的约束之间的相关性。对于路径 $D_1 - D_2$, 运动旋量 ${}^5\boldsymbol{S}_{51}$ 和 ${}^5\boldsymbol{S}_{52}$ 组成了路径 D_1— D_2 的运动旋量系 ${}^5\mathbb{S}_{\mathrm{p12}}$, 表示为

$$
{}^5\mathbb{S}_{\mathrm{p12}} = \left\{ \begin{array}{l} {}^5\boldsymbol{S}_{51} = (0,0,1,0,0,0)^{\mathrm{T}} \\ {}^5\boldsymbol{S}_{52} = (0,0,1,0,-d,0)^{\mathrm{T}} \end{array} \right\} \tag{9–19}
$$

通过求解路径 D_1— D_2 的运动旋量系 ${}^5\mathbb{S}_{\mathrm{p12}}$ 的互易旋量, 可以得到路径 D_1— D_2 的约束旋量系 ${}^5\mathbb{S}^r_{\mathrm{p12}}$, 为

$$
{}^5\mathbb{S}^r_{\mathrm{p12}} = \left\{ \begin{array}{l} {}^5\boldsymbol{S}^r_{\mathrm{p12,1}} = (0,0,1,0,0,0)^{\mathrm{T}} \\ {}^5\boldsymbol{S}^r_{\mathrm{p12,2}} = (1,0,0,0,0,0)^{\mathrm{T}} \\ {}^5\boldsymbol{S}^r_{\mathrm{p12,3}} = (0,0,0,1,0,0)^{\mathrm{T}} \\ {}^5\boldsymbol{S}^r_{\mathrm{p12,4}} = (0,0,0,0,1,0)^{\mathrm{T}} \end{array} \right\} \tag{9–20}
$$

将式 (9–11) 和式 (9–20) 代入式 (9–17), 得

$$
\dim\left({}^5\mathbb{S}^r_1 \cap {}^5\mathbb{S}^r_{\mathrm{p12}}\right) = 0 \tag{9–21}
$$

式 (9–21) 给出了支链 1 的约束与路径 D_1— D_2 的约束之间的相关性, 即支链 1 的约束旋量系 ${}^5\mathbb{S}^r_1$ 与路径 D_1— D_2 的约束旋量系 ${}^5\mathbb{S}^r_{p12}$ 是线性无关的。

对于支链 2 的约束旋量系 ${}^5\mathbb{S}_2^r$, 从连杆 D_1D_2 到 D_2D_3 有两条路径: 一条是路径 D_2, 通过转动副 D_2; 另一条是路径 D_1— D_4— D_3, 通过转动副 D_1、 D_4 和 D_3。对于路径 D_2, 运动旋量 ${}^5\boldsymbol{S}_{52}$ 组成了路径 D_2 的运动旋量系 ${}^5\mathbb{S}_{\mathrm{p}2}$, 表示为

$$
{}^5\mathbb{S}_{\mathrm{p}2} = \left\{ {}^5\boldsymbol{S}_{52} = (0,0,1,0,-d,0)^{\mathrm{T}} \right\} \tag{9–22}
$$

通过求解路径 D_2 的运动旋量系 ${}^5\mathbb{S}_{\mathrm{p}2}$ 的互易旋量, 可以得到路径 D_2 的约束旋量系 ${}^5\mathbb{S}_{\mathrm{p}2}^r$, 为

$$
{}^5\mathbb{S}_{\mathrm{p}2}^r = \left\{ \begin{array}{l} {}^5\boldsymbol{S}_{\mathrm{p}2,1}^r = (0,0,1,0,0,0)^{\mathrm{T}} \\ {}^5\boldsymbol{S}_{\mathrm{p}2,2}^r = (1,0,0,0,0,0)^{\mathrm{T}} \\ {}^5\boldsymbol{S}_{\mathrm{p}2,3}^r = (0,1,0,0,0,d)^{\mathrm{T}} \\ {}^5\boldsymbol{S}_{\mathrm{p}2,4}^r = (0,0,0,1,0,0)^{\mathrm{T}} \\ {}^5\boldsymbol{S}_{\mathrm{p}2,5}^r = (0,0,0,0,1,0)^{\mathrm{T}} \end{array} \right\} \tag{9–23}
$$

将式 (9–12) 和式 (9–23) 代入式 (9–17), 得

$$
\dim\left({}^5\mathbb{S}_2^r \cap {}^5\mathbb{S}_{\mathrm{p}2}^r\right) \neq 0 \tag{9–24}
$$

式 (9–24) 意味着支链 2 的约束旋量系 ${}^5\mathbb{S}_2^r$ 与路径 D_2 的约束旋量系 ${}^5\mathbb{S}_{\mathrm{p}2}^r$ 是线性相关的, 即存在交集。此交集就是支链 2 的约束旋量系 ${}^5\mathbb{S}_2^r$, 至此得到了支链 2 的约束与路径 D_2 的约束之间的相关性。对于路径 D_1— D_4— D_3, 运动旋量 ${}^5\boldsymbol{S}_{51}$、${}^5\boldsymbol{S}_{54}$ 和 ${}^5\boldsymbol{S}_{53}$ 组成了该路径的运动旋量系 ${}^5\mathbb{S}_{\mathrm{p}143}$, 表示为

$$
{}^5\mathbb{S}_{\mathrm{p}143} = \left\{ \begin{array}{l} {}^5\boldsymbol{S}_{51} = (0,0,1,0,0,0)^{\mathrm{T}} \\ {}^5\boldsymbol{S}_{54} = (0,0,1,-d\sin\theta,-d\cos\theta,0)^{\mathrm{T}} \\ {}^5\boldsymbol{S}_{53} = (0,0,1,-d\sin\theta,-d-d\cos\theta,0)^{\mathrm{T}} \end{array} \right\} \tag{9–25}
$$

通过求解路径 D_1— D_4— D_3 的运动旋量系 ${}^5\mathbb{S}_{\mathrm{p}143}$ 的互易旋量, 可以得到路径 D_1— D_4— D_3 的约束旋量系 ${}^5\mathbb{S}_{\mathrm{p}143}^r$, 为

$$
{}^5\mathbb{S}_{\mathrm{p}143}^r = \left\{ \begin{array}{l} {}^5\boldsymbol{S}_{\mathrm{p}143,1}^r = (0,0,1,0,0,0)^{\mathrm{T}} \\ {}^5\boldsymbol{S}_{\mathrm{p}143,2}^r = (0,0,0,1,0,0)^{\mathrm{T}} \\ {}^5\boldsymbol{S}_{\mathrm{p}143,3}^r = (0,0,0,0,1,0)^{\mathrm{T}} \end{array} \right\} \tag{9–26}
$$

将式 (9–12) 和式 (9–26) 代入式 (9–17), 可以得到, 如果 $\beta_2 = 0$, 则

$$
\dim\left({}^5\mathbb{S}_2^r \cap {}^5\mathbb{S}_{\mathrm{p}143}^r\right) \neq 0 \tag{9–27}
$$

式 (9–27) 给出了支链 2 的约束与路径 D_1— D_4— D_3 的约束之间的相关性, 即支链 2 的约束旋量系 ${}^5\mathbb{S}_2^r$ 与路径 D_1— D_4— D_3 的约束旋量系 ${}^5\mathbb{S}_{\mathrm{p}143}^r$ 是线性相关

的, 即存在交集, 此交集就是支链 2 的约束旋量系 ${}^5\mathbb{S}_2^r$。如果 $\beta_2 \neq 0$, 支链 2 的约束旋量系 ${}^5\mathbb{S}_2^r$ 与路径 D_1— D_4— D_3 的约束旋量系 ${}^5\mathbb{S}_{\mathrm{p}143}^r$ 则是线性无关的。

对于支链 4 的约束旋量系 ${}^5\mathbb{S}_4^r$, 从连杆 D_3D_4 到 D_2D_3 有两条路径: 一条是路径 D_3, 通过转动副 D_3; 另一条是路径 D_4— D_1— D_2, 通过转动副 D_4、 D_1 和 D_2。考虑到具有平面四杆可重构运动平台的 4-RRS 并联机构的对称性, 对于路径 D_3, 支链 4 的约束旋量系 ${}^5\mathbb{S}_4^r$ 与路径 D_3 的约束旋量系 ${}^5\mathbb{S}_{\mathrm{p}3}^r$ 是线性相关的, 即存在交集, 此交集就是支链 4 的约束旋量系 ${}^5\mathbb{S}_4^r$。路径 D_3 的约束旋量系 ${}^5\mathbb{S}_{\mathrm{p}3}^r$ 是由旋量 ${}^5\boldsymbol{S}_{53}$ 组成的路径 D_3 的运动旋量系 ${}^5\mathbb{S}_{\mathrm{p}3}$ 的互易旋量系。对于路径 D_4— D_1— D_2, 如果 $\beta_2 = 0$, 支链 4 的约束旋量系 ${}^5\mathbb{S}_4^r$ 与路径 D_4— D_1— D_2 的约束旋量系 ${}^5\mathbb{S}_{\mathrm{p}412}^r$ 是线性相关的, 即存在交集, 此交集就是支链 4 的约束旋量系 ${}^5\mathbb{S}_4^r$。路径 D_4— D_1— D_2 的约束旋量系 ${}^5\mathbb{S}_{\mathrm{p}412}^r$ 是由旋量 ${}^5\boldsymbol{S}_{54}$、 ${}^5\boldsymbol{S}_{51}$ 和 ${}^5\boldsymbol{S}_{52}$ 组成的路径 D_4— D_1— D_2 的运动旋量系 ${}^5\mathbb{S}_{\mathrm{p}412}$ 的互易旋量系; 如果 $\beta_2 \neq 0$, 支链 4 的约束旋量系 ${}^5\mathbb{S}_4^r$ 与路径 D_4— D_1— D_2 的约束旋量系 ${}^5\mathbb{S}_{\mathrm{p}412}^r$ 是线性无关的。至此, 得到了支链 4 的约束与路径 D_3 和路径 D_4— D_1— D_2 的约束之间的相关性。

对于支链 3 的约束旋量系 ${}^5\mathbb{S}_3^r$, 很显然, 约束旋量 ${}^5\boldsymbol{S}_3^r$ 直接作用于末端执行器, 这意味着不需要分析支链 3 的约束与可重构运动平台的约束之间的相关性。

9.1.1.3 支链约束和运动平台约束间的传递性

根据上述各支链的约束与可重构运动平台的约束之间的相关性的判定结果, 可以进一步确定各支链约束的传递性, 并识别每条支链的约束旋量系中的旋量能否被传递到末端执行器。

对于支链 1 的约束旋量系 ${}^5\mathbb{S}_1^r$, 从式 (9–18) 和式 (9–21) 可以看出支链 1 的约束与可重构运动平台的约束之间的相关性, 即支链 1 的约束旋量系 ${}^5\mathbb{S}_1^r$ 与路径 D_4— D_3 的约束旋量系 ${}^5\mathbb{S}_{\mathrm{p}43}^r$ 和路径 D_1— D_2 的约束旋量系 ${}^5\mathbb{S}_{\mathrm{p}12}^r$ 都没有交集, 这说明 ${}^5\mathbb{S}_1^r$ 与 ${}^5\mathbb{S}_{\mathrm{p}43}^r$ 和 ${}^5\mathbb{S}_{\mathrm{p}12}^r$ 都是线性无关的。进而说明, 支链 1 的约束旋量系 ${}^5\mathbb{S}_1^r$ 与路径 D_4— D_3 的运动旋量系 ${}^5\mathbb{S}_{\mathrm{p}43}$ 和路径 D_1— D_2 的运动旋量系 ${}^5\mathbb{S}_{\mathrm{p}12}$ 均不互易。支链 1 的约束旋量 ${}^5\boldsymbol{S}_1^r$ 所表示的约束力对可重构运动平台的运动副做功, 因此不能被传递到末端执行器。

对于支链 2 的约束旋量系 ${}^5\mathbb{S}_2^r$, 从式 (9–24) 和式 (9–27) 可以看出支链 2 的约束与可重构运动平台的约束之间的相关性, 即支链 2 的约束旋量系 ${}^5\mathbb{S}_2^r$ 与路径 D_2 的约束旋量系 ${}^5\mathbb{S}_{\mathrm{p}2}^r$ 是线性相关的, 即存在交集, 此交集就是支链 2 的约束旋量系 ${}^5\mathbb{S}_2^r$。如果 $\beta_2 = 0$, 支链 2 的约束旋量系 ${}^5\mathbb{S}_2^r$ 与路径 D_1— D_4— D_3 的约束旋量系 ${}^5\mathbb{S}_{\mathrm{p}143}^r$ 是线性相关的, 即存在交集, 此交集就是支链 2 的约束旋量系 ${}^5\mathbb{S}_2^r$; 如果 $\beta_2 \neq 0$, 支链 2 的约束旋量系 ${}^5\mathbb{S}_2^r$ 与路径 D_1— D_4— D_3 的约束旋量系 ${}^5\mathbb{S}_{\mathrm{p}143}^r$ 是线性无关的。上述交集中的约束旋量与相应路径的运动旋量系互易, 这说明这些交集

中的约束旋量所表示的约束力对相应路径上的运动副不做功, 并且可以被传递到末端执行器。值得注意的是, 无论 β_2 是否为 0, 支链 2 的约束旋量 ${}^5\boldsymbol{S}_2^r$ 所表示的约束力对传递路径 D_2 上的运动副都不做功, 可以通过路径 D_2 被传递到末端执行器。

对于支链 4 的约束旋量系 ${}^5\mathbb{S}_4^r$, 根据具有平面四杆可重构运动平台的 4-RRS 并联机构的对称性, 可以得到类似的结果, 即支链 4 的约束旋量系 ${}^5\mathbb{S}_4^r$ 所表示的约束力对传递路径 D_3 上的运动副不做功, 可以通过路径 D_3 被传递到末端执行器。

对于支链 3 的约束旋量系 ${}^5\mathbb{S}_3^r$, 支链 3 的约束旋量 ${}^5\boldsymbol{S}_3^r$ 所表示的约束力直接作用在末端执行器上, 不需要通过可重构运动平台的运动副被传递到末端执行器。

综上所述, 得到了所有支链约束的传递性, 即约束旋量 ${}^5\boldsymbol{S}_2^r$、${}^5\boldsymbol{S}_3^r$ 和 ${}^5\boldsymbol{S}_4^r$ 所表示的约束力可以被传递到末端执行器, 而约束旋量 ${}^5\boldsymbol{S}_1^r$ 所表示的约束力不能被传递到末端执行器。

9.1.1.4 运动平台的最终约束和运动

在进一步分析末端执行器的约束与运动之前, 需要注意到的是, 具有平面四杆可重构运动平台的 4-RRS 并联机构的结构特点, 即当可重构运动平台平行于基座时, 该机构处于约束奇异构态, 该机构有分别绕轴线 P_1P_3 和 P_2P_4 转动的两个分岔运动分支。

当机构处于绕轴线 P_1P_3 转动的分岔运动分支时, 可以得到以下几何条件:

$$\beta_2 = \frac{\pi}{2} \tag{9–28}$$

$$\varphi_1 = \pi - \theta \tag{9–29}$$

$$\varphi_2 = 0 \tag{9–30}$$

将式 (9–28) 至式 (9–30) 代入式 (9–12) 至式 (9–14), 可以得到末端执行器的约束旋量系多重集如下

$$\left\langle {}^5\mathbb{S}_{\mathrm{ee}}^r \right\rangle = \left\{ \begin{aligned} & {}^5\boldsymbol{S}_2^r = (1, 0, 0, 0, -d_1, 0)^{\mathrm{T}} \\ & {}^5\boldsymbol{S}_3^r = \big(-\sin\beta_1\cos\theta, \sin\beta_1\sin\theta, \cos\beta_1, -0.5d\sin\theta\cos\beta_1 + \\ & \qquad d_1\sin\beta_1\sin\theta, q_5, r_5 \big)^{\mathrm{T}} \\ & {}^5\boldsymbol{S}_4^r = (1, 0, 0, 0, -d_1, d\sin\theta)^{\mathrm{T}} \end{aligned} \right\} \tag{9–31}$$

式中, $q_5 = -d\cos\beta_1 - 0.5d\cos\theta\cos\beta_1 + d_1\sin\beta_1\cos\theta, r_5 = d\sin\beta_1\sin\theta$。

对于式 (9–31), 当 $\theta \neq k\pi (k = 0, 1, 2, \cdots)$ 时, 末端执行器的约束旋量系 ${}^5\mathbb{S}_{\mathrm{ee}}^r$

由支链 2、3 和 4 的约束旋量 ${}^5\boldsymbol{S}_2^r$、${}^5\boldsymbol{S}_3^r$ 和 ${}^5\boldsymbol{S}_4^r$ 组成, 即

$$
{}^5\mathbb{S}_{\mathrm{ee}}^r=\left\{\begin{array}{l}
{}^5\boldsymbol{S}_2^r=(1,0,0,0,-d_1,0)^{\mathrm{T}}\\
{}^5\boldsymbol{S}_3^r=(-\sin\beta_1\cos\theta,\sin\beta_1\sin\theta,\cos\beta_1,-0.5d\sin\theta\cos\beta_1+\\
\qquad d_1\sin\beta_1\sin\theta,q_5,r_5)^{\mathrm{T}}\\
{}^5\boldsymbol{S}_4^r=(1,0,0,0,-d_1,d\sin\theta)^{\mathrm{T}}
\end{array}\right\}\tag{9–32}
$$

通过求解末端执行器的约束旋量系 ${}^5\mathbb{S}_{\mathrm{ee}}^r$ 的互易旋量, 可以得到末端执行器的运动旋量系 ${}^5\mathbb{S}_{\mathrm{ee}}$, 为

$$
{}^5\mathbb{S}_{\mathrm{ee}}=\left\{\begin{array}{l}
{}^5\boldsymbol{S}_{\mathrm{ee},1}=(1,0,0,0,d_1,-0.5d\sin\theta)^{\mathrm{T}}\\
{}^5\boldsymbol{S}_{\mathrm{ee},2}=(0,0,0,0,\cos\beta_1,-\sin\beta_1\sin\theta)^{\mathrm{T}}\\
{}^5\boldsymbol{S}_{\mathrm{ee},3}=(0,1,0,d_1,0,d+0.5d\cos\theta)^{\mathrm{T}}
\end{array}\right\}\tag{9–33}
$$

从式 (9–33) 可以看出, 末端执行器具有三个自由度, 包括绕过点 P_3 且与 x_5 轴平行的轴线的转动、绕过点 P_3 且与 y_5 轴平行的轴线的转动和沿不固定轴线的移动。

当 $\theta=k\pi(k=0,1,2,\cdots)$ 时, 末端执行器的约束旋量系 ${}^5\mathbb{S}_{\mathrm{ee}}^r$ 由支链 2 和 3 的约束旋量 ${}^5\boldsymbol{S}_2^r$ 和 ${}^5\boldsymbol{S}_3^r$ 组成, 即

$$
{}^5\mathbb{S}_{\mathrm{ee}}^r=\left\{\begin{array}{l}
{}^5\boldsymbol{S}_2^r=(1,0,0,0,-d_1,0)^{\mathrm{T}}\\
{}^5\boldsymbol{S}_3^r=(e_1,0,\cos\beta_1,0,q_5,0)^{\mathrm{T}}
\end{array}\right\},\tag{9–34}
$$

式中, 当 $\theta=2k\pi$ 时, $e_1=-\sin\beta_1$, $q_5=-1.5d\cos\beta_1+d_1\sin\beta_1$; 当 $\theta=(2k+1)\pi$ 时, $e_1=\sin\beta_1$, $q_5=-0.5d\cos\beta_1-d_1\sin\beta_1$。通过求解末端执行器的约束旋量系 ${}^5\mathbb{S}_{\mathrm{ee}}^r$ 的互易旋量, 可以得到末端执行器的运动旋量系 ${}^5\mathbb{S}_{\mathrm{ee}}$ 如下

$$
{}^5\mathbb{S}_{\mathrm{ee}}=\left\{\begin{array}{l}
{}^5\boldsymbol{S}_{\mathrm{ee},1}=(1,0,0,0,0,0)^{\mathrm{T}}\\
{}^5\boldsymbol{S}_{\mathrm{ee},2}=(0,0,0,0,1,0)^{\mathrm{T}}\\
{}^5\boldsymbol{S}_{\mathrm{ee},3}=(0,1,0,d_1,0,e_2)^{\mathrm{T}}\\
{}^5\boldsymbol{S}_{\mathrm{ee},4}=(0,0,1,0,0,0)^{\mathrm{T}}
\end{array}\right\}\tag{9–35}
$$

式中, 当 $\theta=2k\pi$ 时, $e_2=1.5d$; 当 $\theta=(2k+1)\pi$ 时, $e_2=0.5d$。

从式 (9–35) 可以看出, 末端执行器具有四个自由度, 包括绕 x_5 轴的转动、绕 z_5 轴的转动、绕过点 P_3 且与 y_5 轴平行的轴线的转动和沿 y_5 轴的移动。

类似地, 当机构处于绕轴线 P_2P_4 转动的分岔运动分支时, 也可以获得以下几何条件

$$
\beta_1=\frac{\pi}{2}\tag{9–36}
$$

$$\varphi_1 = \pi - \theta \tag{9–37}$$

$$\varphi_2 = 0 \tag{9–38}$$

将式 (9–36) 至式 (9–38) 代入式 (9–12) 至式 (9–14), 可以得到末端执行器的约束旋量多重集如下

$$\left\langle {}^5\mathbb{S}_{\mathrm{ee}}^r \right\rangle = \left\{ \begin{array}{l} {}^5\boldsymbol{S}_2^r = (\sin\beta_2, 0, \cos\beta_2, 0, -0.5d\cos\beta_2 - d_1\sin\beta_2, 0)^{\mathrm{T}} \\ {}^5\boldsymbol{S}_3^r = (-\cos\theta, \sin\theta, 0, d_1\sin\theta, d_1\cos\theta, d\sin\theta)^{\mathrm{T}} \\ {}^5\boldsymbol{S}_4^r = (\sin\beta_2, 0, \cos\beta_2, -d\sin\theta\cos\beta_2, -d\cos\beta_2\cos\theta - \\ \qquad 0.5d\cos\beta_2 - d_1\sin\beta_2, d\sin\beta_2\sin\theta)^{\mathrm{T}} \end{array} \right\} \tag{9–39}$$

根据具有平面四杆可重构运动平台的 4-RRS 并联机构的对称性, 可以得到类似于式 (9–33) 和式 (9–35) 所示的末端执行器的运动旋量系, 进而可以得到末端执行器的自由度数目和类型, 此处不再详细讨论。

9.1.2 具有平面四杆可重构平台的平面 4-RRR 并联机构

本节将以具有可重构运动平台的平面 4-RRR 并联机构 (Yi 等, 2002; Mohamed 和 Gosselin, 2005;Lambert 和 Herder, 2016) 为例验证上述方法的有效性。如图 9–5 所示, 该机构由基座、平面四杆可重构运动平台和连接它们的四条完全相同的运动链组成。基座 b 是一个正方形, 而可重构运动平台 p 是一个可变的平行四边形。在基座上建立全局坐标系 O-xyz, 坐标原点位于转动副 B_1 的中心, z 轴与转动副 B_1 的轴线完全重合, x 轴和 y 轴位于包含基座 b 的平面内。

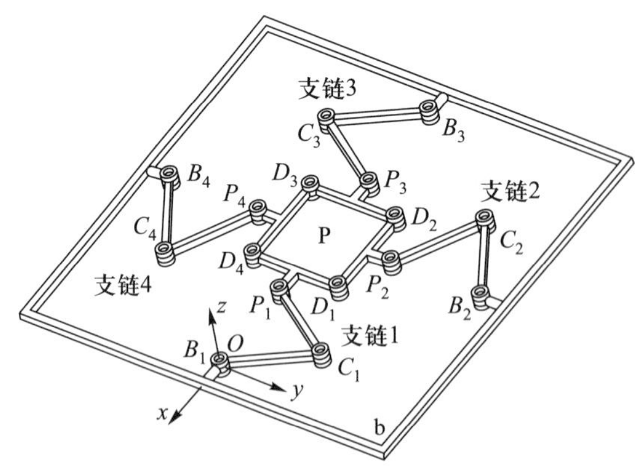

图 9–5 具有可重构运动平台的平面 4-RRR 并联机构

考虑到支链 1 的结构特点, 在全局坐标系 O-xyz 下, 支链 1 处于任意构态下的运动旋量系为

$$\mathbb{S}_1=\left\{\begin{array}{l}\boldsymbol{S}_{11}=(0,0,1,0,0,0)^{\mathrm{T}}\\\boldsymbol{S}_{12}=\left(0,0,1,y_{C_1},-x_{C_1},0\right)^{\mathrm{T}}\\\boldsymbol{S}_{13}=\left(0,0,1,y_{P_1},-x_{P_1},0\right)^{\mathrm{T}}\end{array}\right\}\tag{9-40}$$

式中, 三个旋量依次表示转动副 B_1、C_1 和 P_1; $\left(x_{C_1},y_{C_1},0\right)^{\mathrm{T}}$ 和 $\left(x_{P_1},y_{P_1},0\right)^{\mathrm{T}}$ 分别是点 C_1 和点 P_1 在全局坐标系 $O\text{-}xyz$ 中的坐标。

显然, 这三个运动旋量构成了一个三阶旋量系。通过互易积运算, 可以求得与该三阶旋量系互易的约束旋量, 而这些约束旋量可以决定可重构运动平台的运动。支链 1 的约束旋量系可以表示为

$$\mathbb{S}_1^r=\left\{\begin{array}{l}\boldsymbol{S}_{11}^r=\left(0,0,1,y_{P_1},-x_{P_1},0\right)^{\mathrm{T}}\\\boldsymbol{S}_{12}^r=(0,0,0,1,0,0)^{\mathrm{T}}\\\boldsymbol{S}_{13}^r=(0,0,0,0,1,0)^{\mathrm{T}}\end{array}\right\}\tag{9-41}$$

由于四条支链为对称分布, 因此其他三条支链的约束旋量系在全局坐标系 $O\text{-}xyz$ 中可表示为

$$\mathbb{S}_2^r=\left\{\begin{array}{l}\boldsymbol{S}_{21}^r=\left(0,0,1,y_{P_2},-x_{P_2},0\right)^{\mathrm{T}}\\\boldsymbol{S}_{22}^r=(0,0,0,1,0,0)^{\mathrm{T}}\\\boldsymbol{S}_{23}^r=(0,0,0,0,1,0)^{\mathrm{T}}\end{array}\right\}\tag{9-42}$$

$$\mathbb{S}_3^r=\left\{\begin{array}{l}\boldsymbol{S}_{31}^r=\left(0,0,1,y_{P_3},-x_{P_3},0\right)^{\mathrm{T}}\\\boldsymbol{S}_{32}^r=(0,0,0,1,0,0)^{\mathrm{T}}\\\boldsymbol{S}_{33}^r=(0,0,0,0,1,0)^{\mathrm{T}}\end{array}\right\}\tag{9-43}$$

$$\mathbb{S}_4^r=\left\{\begin{array}{l}\boldsymbol{S}_{41}^r=\left(0,0,1,y_{P_4},-x_{P_4},0\right)^{\mathrm{T}}\\\boldsymbol{S}_{42}^r=(0,0,0,1,0,0)^{\mathrm{T}}\\\boldsymbol{S}_{43}^r=(0,0,0,0,1,0)^{\mathrm{T}}\end{array}\right\}\tag{9-44}$$

式中, $(x_{P_2},y_{P_2},0)^{\mathrm{T}}$、$(x_{P_3},y_{P_3},0)^{\mathrm{T}}$ 和 $(x_{P_4},y_{P_4},0)^{\mathrm{T}}$ 分别是点 P_2、P_3 和 P_4 在全局坐标系 $O\text{-}xyz$ 中的坐标。

式 (9−41) 至式 (9−44) 中的约束旋量系表示支链 i ($i=1,2,3,4$) 对可重构运动平台的约束由一个与转动副 P_i 的轴线共线的纯力和两个分别与 x 轴和 y 轴平行的纯力偶构成, 如图 9−6 所示。

可重构运动平台中的四个转动副可以用四个旋量表示为

$$\boldsymbol{S}_{51}=\left(0,0,1,y_{D_1},-x_{D_1},0\right)^{\mathrm{T}}\tag{9-45}$$

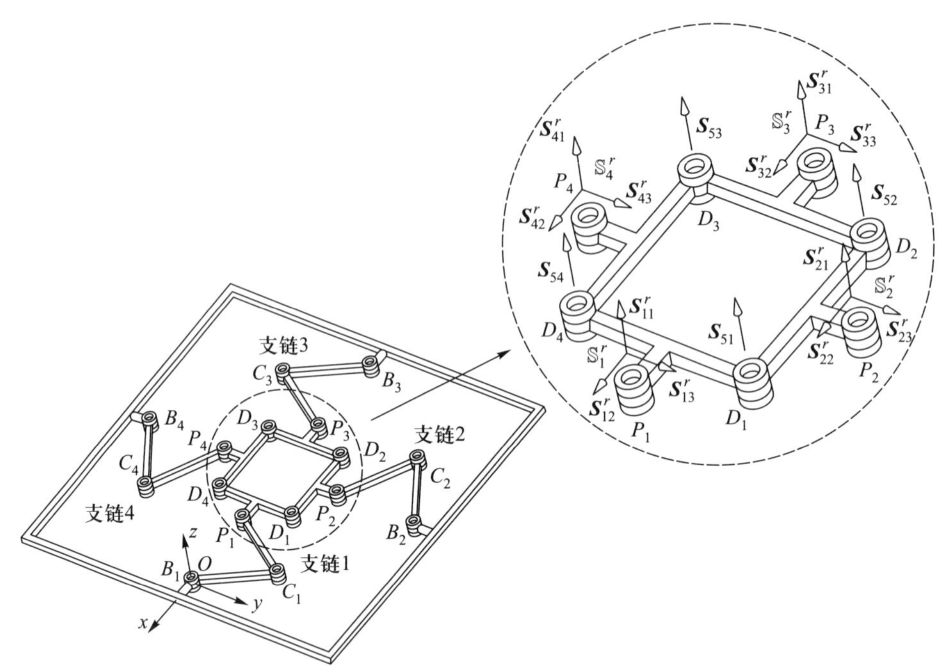

图 **9–6** 具有可重构运动平台的平面 **4-RRR** 并联机构中的支链约束旋量与运动平台运动旋量

$$\boldsymbol{S}_{52} = \left(0, 0, 1, y_{_{D_2}}, -x_{_{D_2}}, 0\right)^{\mathrm{T}} \tag{9–46}$$

$$\boldsymbol{S}_{53} = \left(0, 0, 1, y_{_{D_3}}, -x_{_{D_3}}, 0\right)^{\mathrm{T}} \tag{9–47}$$

$$\boldsymbol{S}_{54} = \left(0, 0, 1, y_{_{D_4}}, -x_{_{D_4}}, 0\right)^{\mathrm{T}} \tag{9–48}$$

式中, $\left(x_{_{D_1}}, y_{_{D_1}}, 0\right)^{\mathrm{T}}$、$\left(x_{_{D_2}}, y_{_{D_2}}, 0\right)^{\mathrm{T}}$、$\left(x_{_{D_3}}, y_{_{D_3}}, 0\right)^{\mathrm{T}}$ 和 $\left(x_{_{D_4}}, y_{_{D_4}}, 0\right)^{\mathrm{T}}$ 分别是点 D_1、D_2、D_3 和 D_4 在全局坐标系 O-xyz 中的坐标。

考虑到平面四杆可重构运动平台的结构特点, 在不失一般性的情况下, 可以选择连杆 D_2D_3 作为末端执行器, 接下来, 将逐一检验如图 9–6 所示的支链约束旋量系 $\mathbb{S}^r_1$、$\mathbb{S}^r_2$、$\mathbb{S}^r_3$ 和 $\mathbb{S}^r_4$ 中各旋量与可重构运动平台的运动旋量 $\boldsymbol{S}_{51}$、$\boldsymbol{S}_{52}$、$\boldsymbol{S}_{53}$ 和 $\boldsymbol{S}_{54}$ 之间的相关性。

对于支链 1 的约束旋量系 ${}^5\mathbb{S}^r_1$, 从连杆 D_1D_4 到 D_2D_3 有两条路径: 一条是路径 D_4— D_3, 通过转动副 D_4 和 D_3; 另一条是路径 D_1— D_2, 通过转动副 D_1 和 D_2。运动旋量 $\boldsymbol{S}_{54}$ 和 $\boldsymbol{S}_{53}$ 组成了路径 $D_4 - D_3$ 的运动旋量系 $\mathbb{S}_{\mathrm{p}43}$, 即

$$\mathbb{S}_{\mathrm{p}43} = \left\{ \begin{array}{l} \boldsymbol{S}_{54} = \left(0, 0, 1, y_{_{D_4}}, -x_{_{D_4}}, 0\right)^{\mathrm{T}} \\ \boldsymbol{S}_{53} = \left(0, 0, 1, y_{_{D_3}}, -x_{_{D_3}}, 0\right)^{\mathrm{T}} \end{array} \right\} \tag{9–49}$$

通过求解路径 D_4— D_3 的运动旋量系 ${}^5\mathbb{S}_{\mathrm{p}43}$ 的互易旋量, 可以得到路径 D_4— D_3 的约束旋量系 ${}^5\mathbb{S}^r_{\mathrm{p}43}$ 如下

$$\mathbb{S}^r_{\mathrm{p}43} = \left\{\begin{array}{l} \boldsymbol{S}^r_{\mathrm{p}43,1} = (0,0,1,0,0,0)^{\mathrm{T}} \\ \boldsymbol{S}^r_{\mathrm{p}43,2} = (e_3,e_4,0,0,0,e_5)^{\mathrm{T}} \\ \boldsymbol{S}^r_{\mathrm{p}43,3} = (0,0,0,1,0,0)^{\mathrm{T}} \\ \boldsymbol{S}^r_{\mathrm{p}43,4} = (0,0,0,0,1,0)^{\mathrm{T}} \end{array}\right\} \tag{9–50}$$

式中,

$$e_3 = \frac{x_{D_4} - x_{D_3}}{\sqrt{\left(x_{D_4} - x_{D_3}\right)^2 + \left(y_{D_4} - y_{D_3}\right)^2}}$$

$$e_4 = \frac{y_{D_4} - y_{D_3}}{\sqrt{\left(x_{D_4} - x_{D_3}\right)^2 + \left(y_{D_4} - y_{D_3}\right)^2}}$$

$$e_5 = \frac{y_{D_4}x_{D_3} - x_{D_4}y_{D_3}}{\sqrt{\left(x_{D_4} - x_{D_3}\right)^2 + \left(y_{D_4} - y_{D_3}\right)^2}}$$

将式 (9–41) 和式 (9–50) 代入式 (9–17), 得

$$\dim\left(\mathbb{S}^r_1 \cap \mathbb{S}^r_{\mathrm{p}43}\right) \neq 0 \tag{9–51}$$

式 (9–51) 意味着支链 1 的约束旋量系 $\mathbb{S}^r_1$ 与路径 D_4— D_3 的约束旋量系 $\mathbb{S}^r_{\mathrm{p}43}$ 是线性相关的, 即存在交集, 此交集就是支链 1 的约束旋量系 $\mathbb{S}^r_1$, 即得到了支链 1 的约束与路径 D_4— D_3 的约束之间的相关性。然后, 可以判定支链 1 约束的传递性, 即这些约束在可重构运动平台的运动副上不做功, 因此可以被传递到末端执行器。只要约束旋量可以沿着任一路径被传递到末端执行器, 就不需要计算该约束旋量能否沿着另一路径被传递到末端执行器。同样地, 约束旋量系 $\mathbb{S}^r_2$、$\mathbb{S}^r_3$ 和 $\mathbb{S}^r_4$ 可以被传递到末端执行器。至此, 得到了所有支链约束的传递性。然后, 末端执行器的约束旋量系多重集 $\langle\mathbb{S}^r_{\mathrm{ee}}\rangle$ 表示如下

$$\langle\mathbb{S}^r_{\mathrm{ee}}\rangle = \left\{\begin{array}{l} \boldsymbol{S}^r_{11} = \left(0,0,1,y_{P_1},-x_{P_1},0\right)^{\mathrm{T}} \\ \boldsymbol{S}^r_{12} = (0,0,0,1,0,0)^{\mathrm{T}} \\ \boldsymbol{S}^r_{13} = (0,0,0,0,1,0)^{\mathrm{T}} \\ \boldsymbol{S}^r_{21} = \left(0,0,1,y_{P_2},-x_{P_2},0\right)^{\mathrm{T}} \\ \boldsymbol{S}^r_{22} = (0,0,0,1,0,0)^{\mathrm{T}} \\ \boldsymbol{S}^r_{23} = (0,0,0,0,1,0)^{\mathrm{T}} \\ \boldsymbol{S}^r_{31} = \left(0,0,1,y_{P_3},-x_{P_3},0\right)^{\mathrm{T}} \\ \boldsymbol{S}^r_{32} = (0,0,0,1,\ 0,0)^{\mathrm{T}} \\ \boldsymbol{S}^r_{33} = (0,0,0,0,1,0)^{\mathrm{T}} \\ \boldsymbol{S}^r_{41} = \left(0,0,1,y_{P_4},-x_{P_4},0\right)^{\mathrm{T}} \\ \boldsymbol{S}^r_{42} = (0,0,0,1,0,0)^{\mathrm{T}} \\ \boldsymbol{S}^r_{43} = (0,0,0,0,1,0)^{\mathrm{T}} \end{array}\right\} \tag{9–52}$$

则末端执行器的约束旋量系 $\mathbb{S}_{\mathrm{ee}}^{r}$ 可以写为

$$\mathbb{S}_{\mathrm{ee}}^{r}=\begin{Bmatrix}\boldsymbol{S}_1^r=(0,0,1,0,0,0)^{\mathrm{T}}\\ \boldsymbol{S}_2^r=(0,0,0,1,0,0)^{\mathrm{T}}\\ \boldsymbol{S}_3^r=(0,0,0,0,1,0)^{\mathrm{T}}\end{Bmatrix} \tag{9–53}$$

通过求解末端执行器约束旋量系 $\mathbb{S}_{\mathrm{ee}}^{r}$ 的互易旋量, 可以得到末端执行器的运动旋量系 $\mathbb{S}_{\mathrm{ee}}$, 为

$$\mathbb{S}_{\mathrm{ee}}=\begin{Bmatrix}\boldsymbol{S}_1=(0,0,1,0,0,0)^{\mathrm{T}}\\ \boldsymbol{S}_2=(0,0,0,1,0,0)^{\mathrm{T}}\\ \boldsymbol{S}_3=(0,0,0,0,1,0)^{\mathrm{T}}\end{Bmatrix} \tag{9–54}$$

从式 (9–54) 可以看出, 末端执行器具有三个自由度, 包括沿着 z 轴的转动和分别沿着 x 轴和 y 轴的平移。

9.1.3 具有球面五杆可重构平台的 3-SRR 并联机构

本节以具有球面五杆可重构运动平台的 3-SRR 并联机构 (Sun 等, 2016) (也被称为具有球面基座的并联机构) 为例来验证上述分析方法的有效性。

如图 9–7 所示, 具有球面五杆可重构运动平台的 3-SRR 并联机构由一个等边三角形的基座 b、球面五杆可重构运动平台 p 和连接它们的三条完全相同的运动链组成。连杆 B_iC_i 的长度为 l_{i1}, 而连杆 C_iP_i 的长度为 l_{i2} $(i=1,2,3)$。由于球面机构的连杆长度常常用角度来表示, 因此连杆 D_iD_{i+1} ($i=1,2,3,4,5$, 如果 $i=5$, D_{i+1} 表示 D_1) 的长度为 δ_i, 连杆 D_5P_1、 D_2P_2 和 D_4P_3 的长度分别为 δ_6、δ_7 和 δ_8。

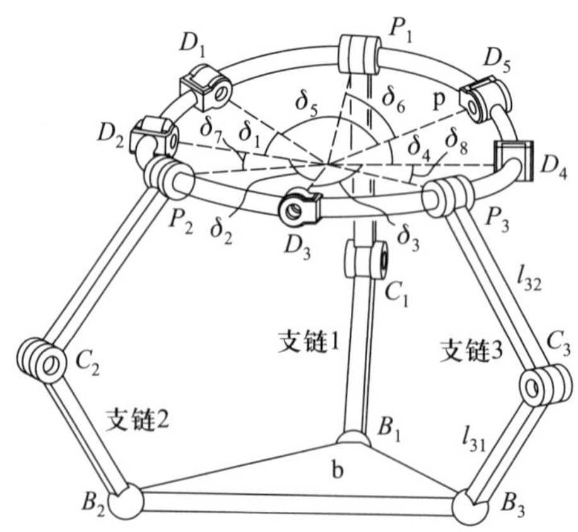

图 9–7 具有球面五杆可重构运动平台的 3-SRR 并联机构

如图 9–8 所示, 全局坐标系 $O\text{-}xyz$ 以等边三角形基座 b 的几何中心为坐标原点, x 轴与 B_2B_3 平行, y 轴垂直于基座 b, z 轴与 B_1O 共线。对于球面五杆可重构运动平台, 局部坐标系 $O_1\text{-}x_iy_iz_i$ $(i=1,2,3,4,5)$ 建立在五个转动副轴线的交点 O_1 上。z_i 轴与转动副 D_i 的轴线完全重合, y_i 轴同时垂直于 z_i 轴与 z_{i+1} 轴 (如果 $i=5$, z_{i+1} 轴表示 z_1 轴), x_i 轴遵循右手定则。ψ_{i3} $(i=1,2,3,4,5)$ 是转动副 D_i 的关节变量。局部坐标系 $O_1\text{-}x_5y_5z_5$ 如图 9–8 所示。对于该机构中的每一条支链, 建立局部坐标系 $O_1\text{-}x_iy_iz_i$ $(i=6,7,8)$, 点 O_1 为坐标原点, z_i 轴沿 O_1P_{i-5} 的方向, y_i 轴垂直于包含球面五杆可重构运动平台上与该支链相连杆件的平面, x_i 轴遵循右手定则。ψ_{i1} 和 $\psi_{i2}(i=1,2,3)$ 分别为转动副 C_i 和 P_i 的关节变量。局部坐标系 $O_1\text{-}x_6y_6z_6$ 如图 9–8 所示。

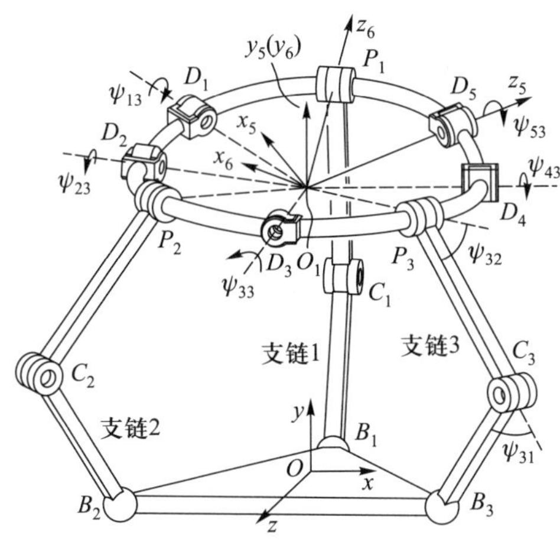

图 **9–8** 具有球面五杆可重构运动平台的 **3-SRR** 并联机构中的全局坐标系与局部坐标系

基于 Sun 等 (2016) 对该机构的几何约束和运动学分析, 可以得到各支链的约束旋量系和球面五杆可重构运动平台的运动旋量如下。

考虑到支链 1 的结构特点, 在局部坐标系 $O_1\text{-}x_6y_6z_6$ 下, 支链 1 的运动旋量系为

$$
{}^6\mathbb{S}_1=\left\{\begin{array}{l}
{}^6\boldsymbol{S}_{11}=(1,0,0,0,r_6,q_6)^{\mathrm{T}}\\
{}^6\boldsymbol{S}_{12}=(0,1,0,-r_6,0,0)^{\mathrm{T}}\\
{}^6\boldsymbol{S}_{13}=(0,0,1,-q_6,0,0)^{\mathrm{T}}\\
{}^6\boldsymbol{S}_{14}=(1,0,0,0,1+l_{12}\cos\psi_{12},l_{12}\sin\psi_{12})^{\mathrm{T}}\\
{}^6\boldsymbol{S}_{15}=(1,0,0,0,1,0)^{\mathrm{T}}
\end{array}\right\} \tag{9–55}
$$

式中, $q_6=-l_{11}\sin(\psi_{11}+\psi_{12})-l_{12}\sin\psi_{12}$, $r_6=1+l_{11}\cos(\psi_{11}+\psi_{12})+l_{12}\cos\psi_{12}$; 前置上角标“6”表示这些旋量全部在局部坐标系 $O_1\text{-}x_6y_6z_6$ 下衡量; 前三个旋量

表示球副 B_1, 第四个和第五个旋量分别表示转动副 C_1 和 P_1。通过求解支链 1 的运动旋量系 ${}^6\mathbb{S}_1$ 的互易旋量, 可以得到支链 1 的约束旋量系 ${}^6\mathbb{S}_1^r$ 如下

$$
{}^6\mathbb{S}_1^r=\left\{{}^6\boldsymbol{S}_1^r=(1,0,0,0,r_6,q_6)^{\mathrm{T}}\right\} \tag{9-56}
$$

支链 1 的约束旋量可以由坐标变换矩阵从局部坐标系 $O_1\text{-}x_6y_6z_6$ 转换到局部坐标系 $O_1\text{-}x_5y_5z_5$ 中, 表示为

$$
\begin{aligned}
{}^5\boldsymbol{S}_1^r&=\begin{pmatrix}\boldsymbol{R}(y_5,\delta_6) & \mathbf{0}\\ \mathbf{0} & \boldsymbol{R}(y_5,\delta_6)\end{pmatrix}{}^6\boldsymbol{S}_1^r\\
&=(\cos\delta_6,0,-\sin\delta_6,q_6\sin\delta_6,r_1,q_6\cos\delta_6)^{\mathrm{T}}
\end{aligned} \tag{9-57}
$$

式中, $\boldsymbol{R}(y_5,\delta_6)$ 是绕 y_5 轴转动 δ_6 的旋转变换矩阵; 前置上角标“5”表示这些旋量全部在局部坐标系 $O_1\text{-}x_5y_5z_5$ 下衡量。类似地, 另外两条支链的约束旋量在局部坐标系 $O_1\text{-}x_5y_5z_5$ 中可分别表示为

$$
\begin{aligned}
{}^5\boldsymbol{S}_2^r=&\begin{pmatrix}\boldsymbol{R}(y_5,\delta_5) & \mathbf{0}\\ \mathbf{0} & \boldsymbol{R}(y_5,\delta_5)\end{pmatrix}\begin{pmatrix}\boldsymbol{R}(z_1,\psi_{13}) & \mathbf{0}\\ \mathbf{0} & \boldsymbol{R}(z_1,\psi_{13})\end{pmatrix}\begin{pmatrix}\boldsymbol{R}(y_1,\delta_1) & \mathbf{0}\\ \mathbf{0} & \boldsymbol{R}(y_1,\delta_1)\end{pmatrix}\cdot\\
&\begin{pmatrix}\boldsymbol{R}(z_2,\psi_{23}) & \mathbf{0}\\ \mathbf{0} & \boldsymbol{R}(z_2,\psi_{23})\end{pmatrix}\begin{pmatrix}\boldsymbol{R}(y_2,\delta_7) & \mathbf{0}\\ \mathbf{0} & \boldsymbol{R}(y_2,\delta_7)\end{pmatrix}{}^7\boldsymbol{S}_2^r
\end{aligned} \tag{9-58}
$$

$$
\begin{aligned}
{}^5\boldsymbol{S}_3^{\mathrm{r}}=&\begin{pmatrix}\boldsymbol{R}(z_5,-\psi_{53}) & \mathbf{0}\\ \mathbf{0} & \boldsymbol{R}(z_5,-\psi_{53})\end{pmatrix}\begin{pmatrix}\boldsymbol{R}(y_4,-\delta_4) & \mathbf{0}\\ \mathbf{0} & \boldsymbol{R}(y_4,-\delta_4)\end{pmatrix}\cdot\\
&\begin{pmatrix}\boldsymbol{R}(z_4,-\psi_{43}) & \mathbf{0}\\ \mathbf{0} & \boldsymbol{R}(z_4,-\psi_{43})\end{pmatrix}\begin{pmatrix}\boldsymbol{R}(y_3,-\delta_8) & \mathbf{0}\\ \mathbf{0} & \boldsymbol{R}(y_3,-\delta_8)\end{pmatrix}{}^8\boldsymbol{S}_3^r
\end{aligned} \tag{9-59}
$$

球面五杆可重构运动平台中的五个转动副可分别表示为

$$
{}^5\boldsymbol{S}_{41}=\begin{pmatrix}\boldsymbol{R}(y_5,\delta_5) & \mathbf{0}\\ \mathbf{0} & \boldsymbol{R}(y_5,\delta_5)\end{pmatrix}(0,0,1,0,0,0)^{\mathrm{T}} \tag{9-60}
$$

$$
\begin{aligned}
{}^5\boldsymbol{S}_{42}=&\begin{pmatrix}\boldsymbol{R}(y_5,\delta_5) & \mathbf{0}\\ \mathbf{0} & \boldsymbol{R}(y_5,\delta_5)\end{pmatrix}\begin{pmatrix}\boldsymbol{R}(z_1,\psi_{13}) & \mathbf{0}\\ \mathbf{0} & \boldsymbol{R}(z_1,\psi_{13})\end{pmatrix}\cdot\\
&\begin{pmatrix}\boldsymbol{R}(y_1,\delta_1) & \mathbf{0}\\ \mathbf{0} & \boldsymbol{R}(y_1,\delta_1)\end{pmatrix}(0,0,1,0,0,0)^{\mathrm{T}}
\end{aligned} \tag{9-61}
$$

$$
\begin{aligned}
{}^5\boldsymbol{S}_{43}=&\begin{pmatrix}\boldsymbol{R}(z_5,-\psi_{53}) & \mathbf{0}\\ \mathbf{0} & \boldsymbol{R}(z_5,-\psi_{53})\end{pmatrix}\begin{pmatrix}\boldsymbol{R}(y_4,-\delta_4) & \mathbf{0}\\ \mathbf{0} & \boldsymbol{R}(y_4,-\delta_4)\end{pmatrix}\cdot\\
&\begin{pmatrix}\boldsymbol{R}(z_4,-\psi_{43}) & \mathbf{0}\\ \mathbf{0} & \boldsymbol{R}(z_4,-\psi_{43})\end{pmatrix}\cdot\\
&\begin{pmatrix}\boldsymbol{R}(y_3,-\delta_3) & \mathbf{0}\\ \mathbf{0} & \boldsymbol{R}(y_3,-\delta_3)\end{pmatrix}(0,0,1,0,0,0)^{\mathrm{T}}
\end{aligned} \tag{9-62}
$$

$$
{}^{5}\boldsymbol{S}_{44}=\begin{pmatrix}\boldsymbol{R}(z_5,-\psi_{53}) & \boldsymbol{0}\\ \boldsymbol{0} & \boldsymbol{R}(z_5,-\psi_{53})\end{pmatrix}\cdot
\begin{pmatrix}\boldsymbol{R}(y_4,-\delta_4) & \boldsymbol{0}\\ \boldsymbol{0} & \boldsymbol{R}(y_4,-\delta_4)\end{pmatrix}(0,0,1,0,0,0)^{\mathrm{T}} \tag{9-63}
$$

$$
{}^{5}\boldsymbol{S}_{45}=(0,0,1,0,0,0)^{\mathrm{T}} \tag{9-64}
$$

式 (9−57) 至式 (9−59) 中的约束旋量表示支链 i (i= 1,2,3) 对球面五杆可重构运动平台的约束是一个通过球副 B_i 的中心，并与转动副 C_i 和 P_i 的轴线平行的纯力，如图 9−9 所示。

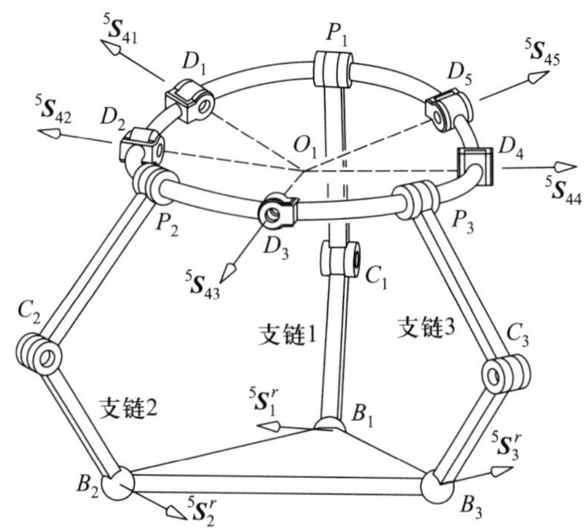

图 **9−9** 具有球面五杆可重构运动平台的 **3-SRR** 并联机构中支链约束旋量与运动平台运动旋量

考虑到球面五杆可重构运动平台的结构特点，在不失一般性的情况下，可以选择连杆 D_3D_4 作为末端执行器，接下来，将逐一检验如图 9−9 所示的支链约束旋量 ${}^5\boldsymbol{S}_1^r$、${}^5\boldsymbol{S}_2^r$ 和 ${}^5\boldsymbol{S}_3^r$ 与球面五杆可重构运动平台的运动旋量 ${}^5\boldsymbol{S}_{41}$、${}^5\boldsymbol{S}_{42}$、${}^5\boldsymbol{S}_{43}$、${}^5\boldsymbol{S}_{44}$ 和 ${}^5\boldsymbol{S}_{45}$ 之间的相关性。

对于支链 1 的约束旋量系 ${}^5\mathbb{S}_1^r$，从连杆 D_1D_5 到 D_3D_4 有两条路径：一条是路径 D_1— D_2— D_3，通过转动副 D_1、D_2 和 D_3；另一条是路径 D_5— D_4，通过转动副 D_5 和 D_4。对于路径 D_1— D_2— D_3，运动旋量 ${}^5\boldsymbol{S}_{41}$、${}^5\boldsymbol{S}_{42}$ 和 ${}^5\boldsymbol{S}_{53}$ 组成了该路径的运动旋量系 ${}^5\mathbb{S}_{\mathrm{p13}}$。该运动旋量系是一个包含三个轴线相交于一点的旋量的三阶旋量系。路径 D_1— D_2— D_3 的运动旋量系 ${}^5\mathbb{S}_{\mathrm{p13}}$ 是自互易的旋量系，即 ${}^5\mathbb{S}_{\mathrm{p13}}^r={}^5\mathbb{S}_{\mathrm{p13}}$，则

$$
\dim\left({}^5\mathbb{S}_1^r\cap{}^5\mathbb{S}_{\mathrm{p13}}^r\right)=0 \tag{9-65}
$$

式 (9–65) 意味着支链 1 的约束旋量系 ${}^5\mathbb{S}_1^r$ 与路径 D_1— D_2— D_3 的约束旋量系 ${}^5\mathbb{S}_{\mathrm{p}13}^r$ 是线性无关的, 即获得了支链 1 的约束与路径 D_1— D_2— D_3 的约束之间的相关性。相似地, 支链 1 的约束旋量系 ${}^5\mathbb{S}_1^r$ 与路径 D_5— D_4 的约束旋量系 ${}^5\mathbb{S}_{\mathrm{p}54}^r$ 也是线性无关的。进而, 可以得到支链 1 约束的传递性, 即支链 1 的约束旋量 ${}^5\boldsymbol{S}_1^r$ 不能被传递到末端执行器 D_3D_4。

对于支链 2 的约束旋量系 ${}^5\mathbb{S}_2^r$, 可以得到类似的结果, 即支链 2 的约束旋量系 ${}^5\mathbb{S}_2^r$ 与两条路径的约束旋量系都是线性无关的。那么, 支链 2 约束的传递性结果是, 支链 2 的约束旋量 ${}^5\boldsymbol{S}_2^r$ 不能被传递到末端执行器 D_3D_4。

对于支链 3 的约束旋量系 ${}^5\mathbb{S}_3^r$, 很显然, 支链 3 的约束旋量 ${}^5\boldsymbol{S}_3^r$ 直接作用于末端执行器。

通过求解由支链 3 约束旋量 ${}^5\boldsymbol{S}_3^r$ 构成的末端执行器 D_3D_4 约束旋量系的互易旋量, 可以得到末端执行器 D_3D_4 的运动旋量系 $\mathbb{S}_{\mathrm{ee}}$。该运动旋量系是一个五阶旋量系, 这意味着末端执行器 D_3D_4 具有五个自由度。

9.1.4 可重构并联机构分析方法的推广

本节将前文的分析方法推广到具有平面 n 杆可重构运动平台、球面 n 杆可重构运动平台和其他空间 n 杆可重构运动平台的并联机构的分析中。首先, 该分析方法的一般步骤可以总结如下: ① 得到各支链的约束旋量系和可重构运动平台各运动副的运动旋量; ② 逐一验证各支链约束旋量系与其相应的路径约束旋量系之间的相关性; ③ 确定各支链约束旋量的传递性, 识别其中哪些约束旋量能够传递到末端执行器; ④ 分析可重构运动平台最终的约束分布和运动情况。

9.1.4.1 具有平面 n 杆可重构运动平台的并联机构

对于如图 9–10 所示的具有平面 n 杆可重构运动平台的并联机构, 约束旋量系 $\mathbb{S}_k^r$($k=1,2\cdots,n$) 由支链 k 的约束旋量构成。旋量 $\boldsymbol{S}_k$ 为转动副 D_k 的运动旋量。在不失一般性的情况下, 选择连杆 $D_{m-1}D_m$ ($1<m<n$) 作为末端执行器, 然后逐一检验各支链约束旋量的每一个旋量与平面 n 杆可重构运动平台的约束旋量之间的相关性。

对于支链 k 的约束旋量系 $\mathbb{S}_k^r$, 从连杆 $D_{k-1}D_k$ 到 $D_{m-1}D_m$ 有两条路径: 一条是路径 D_k— D_{k+1}— $\cdots$ — D_{m-1}, 通过转动副 D_k,D_{k+1},$\cdots$,D_{m-1}; 另一条是路径 D_{k-1}— D_{k-2}— $\cdots$ — D_m, 通过转动副 D_{k-1},D_{k-2},$\cdots$,D_m。对于路径 D_k— D_{k+1} — $\cdots$ — D_{m-1}, 运动旋量 $\boldsymbol{S}_k$,$\boldsymbol{S}_{k+1}$,$\cdots$,$\boldsymbol{S}_m$ 组成了该路径的运动旋量系 $\mathbb{S}_{\mathrm{p}k(m-1)}$。如果 $m-k>2$, 路径 D_k— D_{k+1}— $\cdots$— D_{m-1} 的运动旋量系 $\mathbb{S}_{\mathrm{p}k(m-1)}$ 含有三个或三个以上相互平行的旋量。路径 D_k— D_{k+1}— $\cdots$ — D_{m-1} 的运动旋

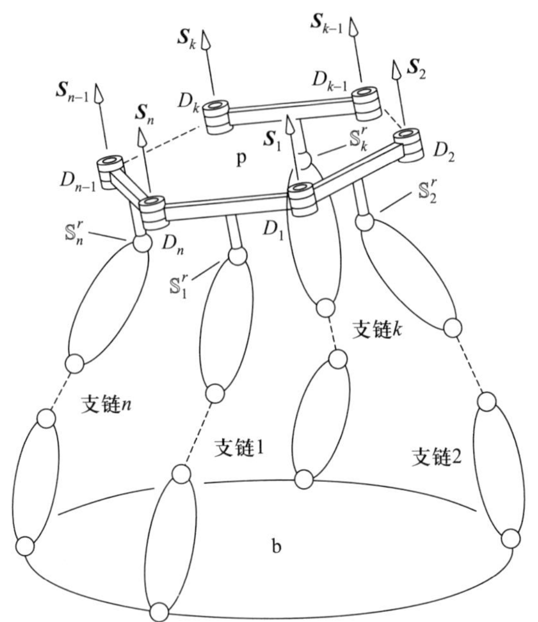

图 **9–10** 具有平面 $\boldsymbol{n}$ 杆可重构运动平台的并联机构

量系 $\mathbb{S}_{\mathrm{p}k(m-1)}$ 是一个如图 9–11 所示的含有三个轴线相互平行的旋量的三阶旋量系。那么, 路径 D_k— D_{k+1}— $\cdots$ — D_{m-1} 的运动旋量系 $\mathbb{S}_{\mathrm{p}k(m-1)}$ 是自互易的旋量系, 即 $\mathbb{S}^r_{\mathrm{p}k(m-1)}=\mathbb{S}_{\mathrm{p}k(m-1)}$。

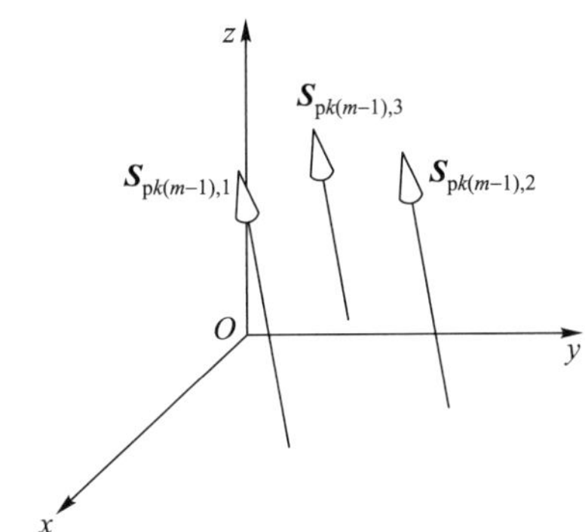

图 **9–11** 含有三个轴线相互平行的旋量的三阶旋量系

将支链 k 的约束旋量系 $\mathbb{S}^r_k$ 和路径 D_k— D_{k+1}— $\cdots$ — D_{m-1} 的约束旋量系 $\mathbb{S}^{\mathrm{r}}_{\mathrm{p}k(m-1)}$ 代入式 (9–17) 中, 可以得到支链 k 约束的传递性。如果

$$\dim\left(\mathbb{S}^r_k\cap\mathbb{S}^r_{\mathrm{p}k(m-1)}\right)\neq 0 \tag{9–66}$$

则支链 k 的约束旋量系 $\mathbb{S}^r_k$ 与路径 D_k— D_{k+1}— $\cdots$ — D_{m-1} 的约束旋量系 $\mathbb{S}^r_{\mathrm{p}k(m-1)}$ 线性相关, 即存在交集, 且该交集中支链 k 的约束旋量可以被传递到末端执行器

$D_{m-1}D_m$。否则, 支链 k 的约束旋量系 $\mathbb{S}_k^r$ 与路径 D_k— D_{k+1}— $\cdots$ — D_{m-1} 的约束旋量系 $\mathbb{S}_{\mathrm{p}k(m-1)}^r$ 是线性无关的, 且支链 k 的约束旋量不能被传递到末端执行器 $D_{m-1}D_m$。至此, 得到了支链 k 的约束与路径 D_k— D_{k+1}— $\cdots$ — D_{m-1} 的约束之间的相关性和传递性。

如果 $m-k\leqslant 2$, 支链 k 的约束旋量系 $\mathbb{S}_k^r$ 和路径 D_k— D_{k+1}— $\cdots$ — D_{m-1} 的约束旋量系 $\mathbb{S}_{\mathrm{p}k(m-1)}^r$ 之间的相关性可以通过与式 (9–16) 和式 (9–23) 相似的方法得到。

支链 k 的约束旋量系 $\mathbb{S}_k^r$ 和路径 D_{k-1}— D_{k-2}— $\cdots$ — D_m 的约束旋量系之间的相关性有与支链 k 的约束旋量系 $\mathbb{S}_k^r$ 和路径 D_k— D_{k+1}— $\cdots$ — D_{m-1} 的约束旋量系之间的相关性相似的结果, 此处不再详细讨论。总之, 只要支链 k 的约束旋量系 $\mathbb{S}_k^r$ 与相应的任意一条路径的约束旋量系有交集, 则该交集中支链 k 的约束旋量可以被传递到末端执行器 $D_{m-1}D_m$, 即可以得到由这些约束旋量构成的末端执行器 $D_{m-1}D_m$ 的约束旋量系多重集。进而, 通过互易积运算, 可以得到末端执行器 $D_{m-1}D_m$ 的运动旋量系, 并得到末端执行器 $D_{m-1}D_m$ 的自由度数目和类型。

9.1.4.2 具有球面 n 杆可重构运动平台的并联机构

对于如图 9–12 所示的具有球面 n 杆可重构运动平台的并联机构, 其与具有平面 n 杆可重构运动平台的并联机构的区别在于: 球面 n 杆可重构运动平台的转动副轴线相交于一点, 而平面 n 杆可重构运动平台的转动副轴线相互平行。

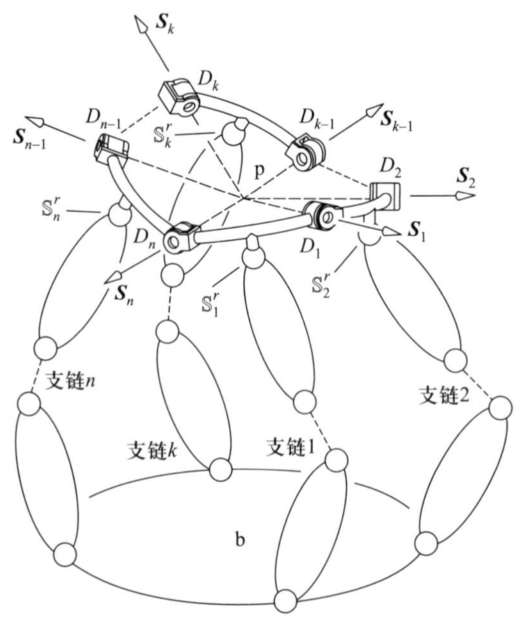

图 **9–12** 具有球面 $\boldsymbol{n}$ 杆可重构运动平台的并联机构

对于支链 k 的约束旋量系 $\mathbb{S}_k^{\mathrm{r}}$, 如果 $m-k>2$, 路径 D_k— D_{k+1}— $\cdots$ — D_{m-1} 的运动旋量系 $\mathbb{S}_{\mathrm{p}k(m-1)}$ 含有三个或三个以上轴线相交于一点的旋量。路径 D_k— D_{k+1}— $\cdots$ — D_{m-1} 的运动旋量系 $\mathbb{S}_{\mathrm{p}k(m-1)}$ 是一个如图 9–13 所示的含有三个轴线相交于一点的旋量的三阶旋量系。那么, 路径 D_k— D_{k+1}— $\cdots$ — D_{m-1} 的运动旋量系 $\mathbb{S}_{\mathrm{p}k(m-1)}$ 是自互易的旋量系, 即 $\mathbb{S}_{\mathrm{p}k(m-1)}^r=\mathbb{S}_{\mathrm{p}k(m-1)}$。进而, 用类似于平面 n 杆可重构运动平台的分析过程来判定支链 k 的约束和球面 n 杆可重构运动平台约束之间的相关性和传递性。

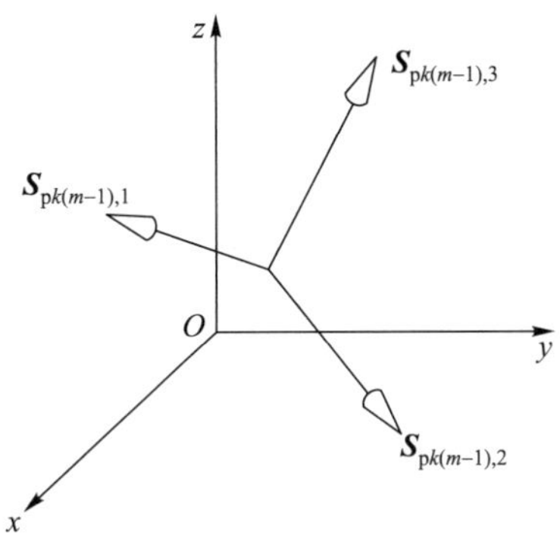

图 **9–13** 含有三个轴线相交于一点的旋量的三阶旋量系

9.1.4.3 具有空间 n 杆可重构运动平台的并联机构

对于如图 9–14 所示的其他空间 n 杆可重构运动平台的并联机构, 该机构的几何特性并不明显, 上述的分析过程并不能直接扩展到这种情况。

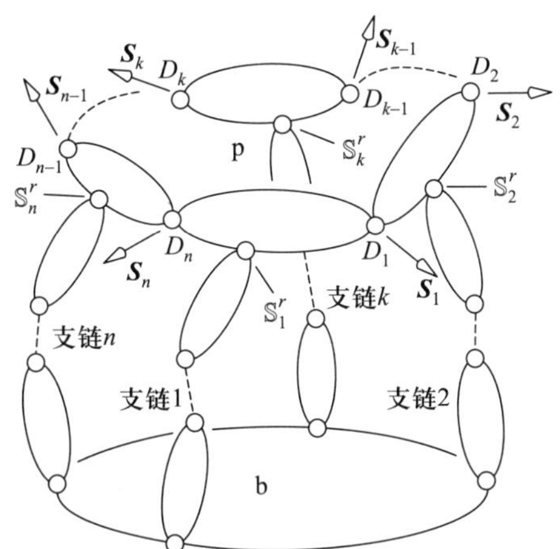

图 **9–14** 具有空间 $\boldsymbol{n}$ 杆可重构运动平台的并联机构

对于支链 k 的约束旋量系 $\mathbb{S}_k^r$, 从连杆 $D_{k-1}\mathrm{D}_k$到 $D_{m-1}D_m$ 有两条路径: 一条是路径 D_k— D_{k+1}— $\cdots$— D_{m-1}, 通过转动副 $D_k, D_{k+1}, \cdots, D_{m-1}$; 另一条是路径 D_{k-1}— D_{k-2}— $\cdots$ — D_m, 通过转动副 D_{k-1},D_{k-2},$\cdots$, D_m。

对于路径 D_k— D_{k+1}— $\cdots$ — D_{m-1}, 运动旋量 $\boldsymbol{S}_k$,$\boldsymbol{S}_{k+1}$,$\cdots$,$\boldsymbol{S}_m$ 组成了该路径的运动旋量系 $\boldsymbol{S}_{\mathrm{pk}(m-1)}$。通过求解运动旋量系 $\mathbb{S}_{\mathrm{pk}(m-1)}$ 的互易旋量, 可以得到约束旋量系 $\mathbb{S}_{\mathrm{pk}(m-1)}^r$。假设 $\boldsymbol{S}_{kj}^r$ $(1 \leqslant j \leqslant 5)$ 表示支链 k 的约束旋量系 $\mathbb{S}_k^r$ 中的任一旋量, 得到如下表达式

$$\lambda_0 \boldsymbol{S}_{kj}^r + \lambda_1 \boldsymbol{S}_{\mathrm{pk}(m-1),1}^r + \lambda_2 \boldsymbol{S}_{\mathrm{pk}(m-1),2}^r + \cdots + \lambda_t \boldsymbol{S}_{\mathrm{pk}(m-1),t}^r = \mathbf{0} \tag{9-67}$$

式中, 旋量 $\boldsymbol{S}_{\mathrm{pk}(m-1),1}^r$, $\boldsymbol{S}_{\mathrm{pk}(m-1),2}^r$,$\cdots$,$\boldsymbol{S}_{\mathrm{pk}(m-1),t}^r$ 构成了路径 D_k— D_{k+1}— $\cdots$ — D_{m-1} 的约束旋量系 $\mathbb{S}_{\mathrm{pk}(m-1)}^r$; $\boldsymbol{\lambda} = (\lambda_0, \lambda_1, \lambda_2, \cdots, \lambda_t)^{\mathrm{T}}$ 是一个系数向量。如果 $\boldsymbol{\lambda} = \mathbf{0}$, 则旋量 $\boldsymbol{S}_{kj}^r$ 与路径 D_k— D_{k+1}— $\cdots$ — D_{m-1} 的约束旋量系 $\mathbb{S}_{\mathrm{pk}(m-1)}^r$ 是线性无关的; 否则, 旋量 $\boldsymbol{S}_{kj}^r$ 属于支链 k 的约束旋量系 $\mathbb{S}_k^r$ 与路径 D_k— D_{k+1}— $\cdots$ — D_{m-1} 的约束旋量系 $\mathbb{S}_{\mathrm{pk}(m-1)}^r$ 的交集。那么, 通过针对支链 k 的约束旋量系 $\mathbb{S}_k^r$ 中的每一个约束旋量逐一验证式 (9–67) 中的 $\boldsymbol{\lambda} = \mathbf{0}$ 是否存在, 可以得到支链 k 的约束旋量系 $\mathbb{S}_k^r$ 与路径 D_k— D_{k+1}— $\cdots$ — D_{m-1} 的约束旋量系 $\mathbb{S}_{\mathrm{pk}(m-1)}^r$ 的交集。该交集中的旋量都可以被传递到末端执行器 $D_{m-1}D_m$, 即可以得到由这些约束旋量构成的末端执行器 $D_{m-1}D_m$ 的约束旋量系多重集。进而, 通过互易积运算, 可以得到末端执行器 $D_{m-1}D_m$ 的运动旋量系, 并且得到末端执行器 $D_{m-1}D_m$ 的自由度数目和类型。

9.2 基于奇异构型的多分岔可重构机构设计

针对可重构机构设计问题, 传统的机构设计方法是针对定活动度机构设计的, 不能适用于变活动度变拓扑的可重构机构, 特别是具有多条运动分支的多分岔可重构机构, 其设计一直是一个研究难题。对此, 有些学者提出了可重构铰链的方法, 通过在普通机构中加入可重构铰链来发明新的可重构机构 (Gan 等, 2009, 2010; Zhang 等, 2013; Wei 和 Dai, 2019)。有的学者提出了机构拼接的方法, 通过将多个不同机构的部分结构按照一定规则拼接在一起得到一个新的具有多个运动分支的可重构机构 (Chen 和 Chai, 2011; Song 等, 2013; Chai 和 Dai, 2019)。有的学者利用组合两条双自由度的支链, 通过两条支链末端构件构型空间曲面的交线得到具有多个运动分支的多分岔可重构机构 (López-Custodio 等, 2016, 2018a, 2018b, 2019)。本章通过分析可重构机构奇异构型局部几何及代数特征, 提出了一种基于奇异构型的可重构机构设计方法, 首先设计出一个奇异构型, 通过设计关节轴

线、杆长参数使该构型能够满足多种机构的几何约束条件, 最终得到跨越数种经典机构的新型可重构机构; 并从奇异构型出发, 结合高阶运动学局部分析 (Rico 等, 1999; Müller, 2014; López-Custodio 等, 2017) 和 SVD 奇异值分解数值分析方法 (Pellegrino, 1993; Kumar 和 Pellegrino, 2000), 构建出机构的整个构型空间, 揭示各运动分支间的演变机理和连接关系。

9.2.1 奇异构型局部特征分析及设计方法

任何一个机构的运动可以从代数和几何两个角度进行解释。从代数角度来看, 机构的运动是机构闭环方程的所有解的集合, 即

$$\boldsymbol{M} = \{\boldsymbol{q} = (\theta_1, \theta_2, \cdots, \theta_n) | f(\boldsymbol{q}) = \boldsymbol{0}\} \tag{9–68}$$

式中, θ_i 为关节参数 (角度或距离); $\boldsymbol{q}$ 为机构所有关节参数组成的向量。闭环方程的解与机构构型一一对应。

从几何角度来看, 机构的运动是所有满足关节约束和杆长约束的构型集合。机构的关节约束和杆长约束可统一为所有关节轴线的位姿关系。例如, 球面四杆机构的关节杆件参数为 $\alpha_i = 0, d_i = 0\ (i = 1, 2, 3, 4)$, 其关节轴线位姿关系可归纳为所有关节轴线始终交于一固定点, 满足这一轴线位姿关系的四杆机构即为球面四杆机构;Bennett 机构 (Bennett, 1903; Perez 和 McCarthy, 2003) 的关节杆件参数为

$$\begin{aligned} & a_1 = a_3 = a, a_2 = a_4 = b, \\ & \alpha_1 = \alpha_3 = \alpha, \alpha_2 = \alpha_4 = \beta, \\ & \frac{\sin\alpha}{a} = \frac{\sin\beta}{b}, d_i = 0\ (i = 1, 2, 3, 4) \end{aligned} \tag{9–69}$$

其关节轴线位姿关系可归纳为四条关节轴线中任意两条轴线与另外两条轴线中心对称, 相邻的两条关节轴线的扭角正弦值和垂距比值为常数, 任意两条相邻的公垂线相交。

对于可重构机构的任一运动分支也是如此, 如果可重构机构某条运动分支的运动形式为某种特殊的机构, 其相关活动关节轴线必定满足对应机构关节轴线的位姿关系。不同运动分支的交点即奇异构型处, 机构的关节轴线位姿关系必定同时满足所有分岔子机构的关节轴线位姿约束条件, 例如 Song 等 (2013) 发现的可重构 6R 机构具有两个运动分支——线对称 Bricard 机构和 Bennett 机构, 在其分岔奇异构型下, 不仅满足线对称 Bricard 机构任意三条关节轴线与另外三条关节轴线中心对称的几何条件, 而且其中四条关节轴线也同时满足上述的 Bennett 机构的关节轴线位姿关系。

综合上述, 可重构机构的闭环方程可表示为

$$\boldsymbol{M} = \{\boldsymbol{q} = (\theta_1, \theta_2, \cdots, \theta_n) | f_1(\boldsymbol{q}) f_2(\boldsymbol{q}) \cdots f_N(\boldsymbol{q}) = \boldsymbol{0}\} \tag{9–70}$$

式中，$f_I(\boldsymbol{q})(I=1,2,\cdots,N)$ 代表第 I 条运动分支闭环方程, 假设奇异构型处的关节向量为 $\boldsymbol{q}_0=(\theta_1,\theta_2,\cdots,\theta_n)$, 则满足如下条件:

$$\begin{gathered} f_1(\boldsymbol{q}_0)=\mathbf{0} \\ f_2(\boldsymbol{q}_0)=\mathbf{0} \\ \vdots \\ f_N(\boldsymbol{q}_0)=\mathbf{0} \end{gathered} \tag{9-71}$$

奇异构型处满足所有过该构型的运动分支约束方程, 即在此构型下满足所有运动分支关节轴线位姿条件。利用这一特性, 可以逆向设计奇异构型, 使其同时满足多种机构轴线位姿几何约束条件。值得注意的是, 满足多种机构轴线位姿几何条件是能够实现多种运动分支的必要条件, 但并非充要条件。在某些时候设计出来的机构是不可动的 (无穷小机构) 或退化的, 例如球面四杆机构, 如果四杆的球心角和为 2π 且其中某条杆的球心角大于 π, 即使四条轴线满足交于同一点的轴线位姿条件, 机构也是不能动的。所以按照这种设计方法设计出来的机构还需要进一步分析求解, 检验机构是否最终能实现设计的分岔运动。

基于奇异构型的多分岔可重构机构设计流程如图 9–15 所示, 详细说明如下。

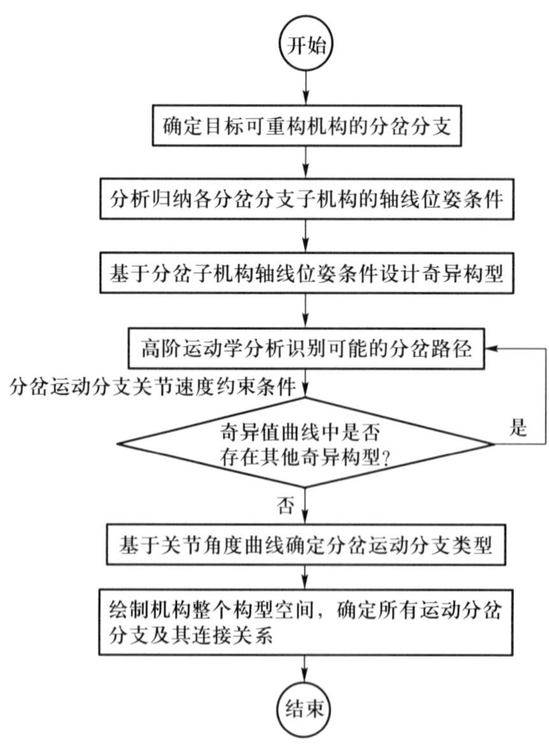

图 **9–15** 基于奇异构型的多分岔可重构机构设计流程图

首先需要确定目标多分岔机构的分岔子机构的数目和类型, 例如本章中设计的多分岔双心机构的目标分岔子机构为两个球面四杆机构、一个线对称 Bricard 机构或 Bennett 机构。随后, 对每个分岔子机构的轴线位姿关系进行分析。大多数机构的约束条件一般通过 D–H 参数 (Denavit 和 Hartenberg, 1964, 1995) 给出, 不能很好地直观地展现关节轴线位姿特性, 因此需要基于分岔子机构的 D-H 参数归纳总结该机构关节轴线位姿所需要满足的几何条件, 并进行简单分析, 排除轴线位姿条件相互冲突的情况。然后, 综合所有分岔子机构的关节轴线位姿几何约束条件, 通过调整关节轴线姿态、杆长参数设计出一个奇异构型, 使该构型满足所有分岔子机构的几何约束条件, 并用最少的独立参数将奇异构型表示出来。一般情况下, 满足条件的奇异构型比较多, 需要逐个进行分析验证, 步骤如下。

当奇异构型设计完成后, 用机构参数将所有关节轴线旋量表示出来, 通过高阶运动学分析的方法, 求解当前奇异构型下所有的分岔子机构瞬时关节速度解空间 $\boldsymbol{K}_{\boldsymbol{q}_0}^1\boldsymbol{V}, \boldsymbol{K}_{\boldsymbol{q}_0}^2\boldsymbol{V}, \cdots, \boldsymbol{K}_{\boldsymbol{q}_0}^N\boldsymbol{V}$, 即机构的构型空间在构型 $\boldsymbol{q}_0$ 处的切锥 (Müller, 2016)。然后利用高阶分析求解得到的各运动分支的关节速度解, 通过奇异值分解数值解法逐个求解各运动分支。由于设计的这个奇异构型满足多种机构的几何约束条件, 一般情况下这个构型是奇异的, 即该构型处的雅可比矩阵瞬时降秩。这时如果要进行奇异值分解数值求解, 必须先指定一个方向, 即分岔子机构在该构型下的关节速度解 $\boldsymbol{K}_{\boldsymbol{q}_0}^i\boldsymbol{V}$。

通过奇异值分解数值求解, 可以得到各分岔子机构的关节角度曲线和奇异值曲线。关节角度曲线给定机构运动过程中各关节角度变化关系, 奇异值曲线给出了分岔子机构在整个运动周期内的奇异值。通过分析关节角度曲线, 可以验证运动分支是否为设计的子机构。通过分析奇异值曲线的零奇异值数目, 可以找到运动分支整个运动周期内的其他奇异构型。继续采用上述步骤分析这些奇异构型, 直到找到机构整个构型空间内的所有运动分支。在整个机构的运动分支都被找到后, 就可以绘制出机构的整个构型空间, 展示各分岔子机构的运动特性及其不同运动分支之间的连接关系。下面将通过两个具体示例来详细讲解该设计方法。

9.2.2 多分岔线对称 Bricard–双心机构设计实例分析

双心 6R 机构的研究最早起源于 1990 年, Lee 和 Yan (1990) 系统地研究了具有三条相邻轴线交于一点的空间 6R 机构并得到了一种常见的 Carbon 机构。随后 Baker (2002) 将双虎克铰链串联传动链等效成一个闭环 6R 机构, 得到了 Carbon 机构的一般形式—— double-Hooke’s-joint 机构。后来 Lee 和 Yan (1993) 将相交于一点这个条件改成三条相邻轴线平行又得到了三种可动的机构形态: 第一种为常见的 Sarrus 机构; 第二种为球面 4R 和平面 4R 机构拼接得到的 6R 机构; 第三种为 Bennet 机构和平面 4R 机构拼接得到的 6R 机构。Makhsudyan 等 (2009) 将上述的第二种由球面 4R 和平面 4R 机构拼接成的 6R 机构作为一种特殊的双心机构 (两个球心中, 一个球心位于无穷远处) 进行了深入的研究。Cui 和 Dai (2011) 研究了这类机构的关节轴线几何约束关系, 并基于关节轴线约束方程给出了三类双心 6R 机构。Baker (2014) 对原有 double-Hooke' s-joint 机构进行了变形, 引入了关节偏距, 得到了一种扩展双心机构。Maaroof 和 Dede (2014) 通过组合两个球面四杆机构, 提出一种新的双心机构的综合方法。Zhang 和 Dai (2016) 受艺术折纸启发, 发现了一种面对称双心 6R 机构, 这类特殊的双心 6R 机构包含面对称 Bricard 机构和两个球面四杆机构等多个运动分支。

本节对双心 6R 机构的轴线几何约束条件进行了推广, 解除双心 6R 机构必须是相邻的三条轴线相交于一点的限制, 改为任意三条轴线相交于一点, 其余三条轴线相交于另一点 (但不含相邻轴线共线的情况)。这样可以得到三类不同的双心机构: 邻双心 6R 机构、间双心 6R 机构、对双心 6R 机构。邻双心 6R 机构中, 相邻的三条轴线交于一点, 另外三条轴线交于另一点, 如图 9–16 (a) 所示; 间双心 6R 机构比较少见, 大多见于在某些机构的特殊构型, 其双心特性是瞬时的, 如图 9–16 (b) 所示; 对双心 6R 机构最典型的代表为 Bricard 三面体机构 (Cui 和 Dai, 2011) 及其一般形式 Wohlhart 机构, 如图 9–16(c) 所示。

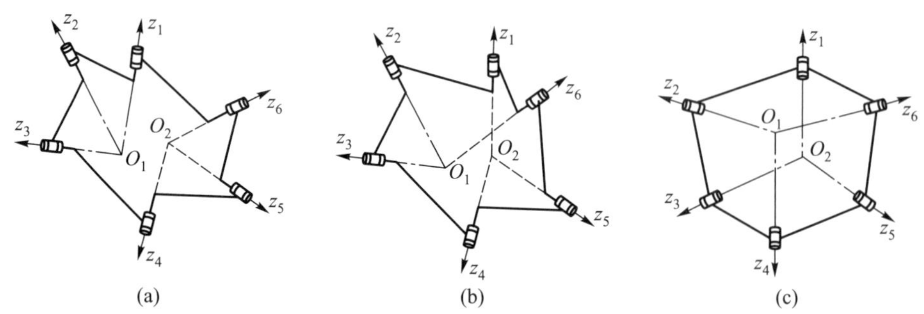

图 **9–16** 三种双心 **6R** 机构: **(a)** 邻双心机构; **(b)** 间双心机构; **(c)** 对双心机构

下面将采用 9.2.1 节中提出的基于奇异构型的可重构机构设计方法, 设计一个同时具有一个线对称 Bricard 机构和两个不同球面四杆机构运动分支的线对称多分岔双心 6R 机构。

Bricard 机构最早由 Bricard (1897) 发现, 共有六种类型, 分别为线对称八面体型、面对称八面体型、双向可折叠八面体型、线对称型、面对称型和三面体型。其中, 线对称 Bricard 机构如图 9–17 所示。

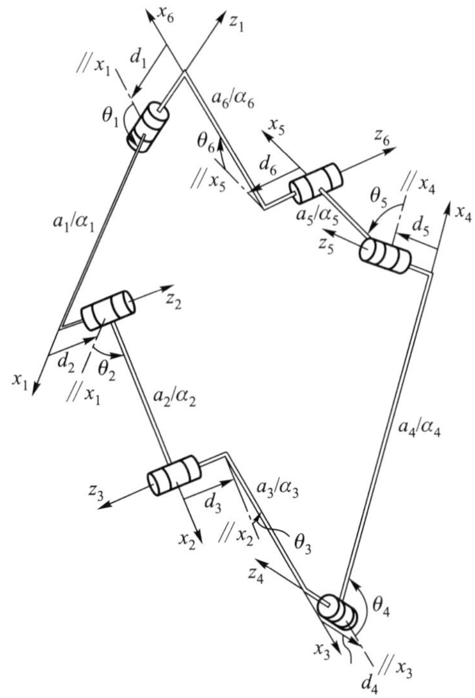

图 **9–17**　线对称 **Bricard** 机构示意图

线对称 Bricard 机构的几何参数满足以下条件:

$$\begin{aligned}\alpha_1 = \alpha_4, \alpha_2 = \alpha_5, \alpha_3 = \alpha_6,\\ a_1 = a_4, a_2 = a_5, a_3 = a_6,\\ d_1 = d_4, d_2 = d_5, d_3 = d_6\end{aligned} \tag{9–72}$$

线对称 Bricard 机构具有线对称特性, 因此六个关节角满足如下关系:

$$\theta_1 = \theta_4, \theta_2 = \theta_5, \theta_3 = \theta_6 \tag{9–73}$$

上述线对称 Bricard 机构的几何参数条件转化成关节轴线位姿约束为任意三条关节轴线与另外三条关节轴线中心对称。很显然该条件与间双心 6R 机构的几何约束条件冲突, 所以可以排除间 6R 双心机构。

两个球面四杆机构运动分支的位姿约束条件可表示为存在两个交点, 每个交点处存在四条轴线相交。显然有两条轴线同时穿过两个交点, 即存在两条轴线共线。对于 6R 机构有两种共线情况: 相间轴线共线和相对轴线共线。对于相间轴线共线的情况, 两个球面四杆机构中有一个球面四杆机构的一条杆的球心角为 π, 这时该球面四杆机构退化, 不满足设计要求。

综合上述分析, 目标奇异构型为线对称的邻双心机构或对双心机构, 且存在两条相对的轴线共线。对于邻双心机构, 有两种不同的相对轴线共线情况:$z_2 - z_5$ 或

$z_1-z_4(z_3-z_6)$。如果 $z_1-z_4(z_3-z_6)$ 轴线共线，会导致球面四杆机构的一条杆的球心角为 π，显然这种情况要排除掉。对于对双心 6R 机构，三种相对轴线共线的情况都与邻双心 6R 机构 z_2-z_5 轴线共线等价。

综合上述分析，可得最终的线对称 Bricard–双心机构奇异构型，如图 9–18 所示。其中，关节 D、E、F 的轴线交于点 O_1，关节 A、B、C 的轴线交于点 O_2。对于两个球面四杆子机构 $ABCE$ 和 $DEFB$，还需要添加一个额外的条件 $\theta_2=\theta_5=0$ 来保证两个球面四杆运动分支不退化，即关节 A、B、C 的轴线位于同一平面 (π_2) 内，关节 D、E、F 的轴线位于另一平面 (π_1) 内。基于平面 O_1DF 和轴线 O_1O_2 建立全局坐标系 O_1-xyz，坐标原点位于点 O_1，x 轴位于 O_1O_2 的连线上，z 轴垂直于平面 π_1，y 轴通过右手定则确定。

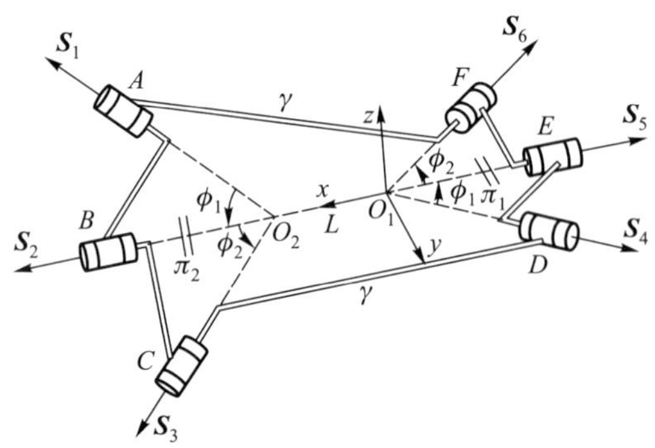

图 9–18　多分岔线对称 Bricard–双心机构

通过简单换算，线对称 Bricard–双心机构的机构 D–H 参数可表示为

$$
\left\{\begin{aligned}
&a_1=a_4=a_2=a_5=0\\
&a_3=a_6=\frac{L\sin\gamma\sin\phi_1\sin\phi_2}{\sqrt{1-(\cos\gamma\sin\phi_1\sin\phi_2-\cos\phi_1\cos\phi_2)^2}}\\
&\alpha_1=\alpha_4=\phi_1\\
&\alpha_2=\alpha_5=\phi_2\\
&\alpha_3=\alpha_6=\arccos(\cos\gamma\sin\phi_1\sin\phi_2-\cos\phi_1\cos\phi_2)\\
&d_2=d_5=0\\
&d_1=d_4=L\sin\phi_2(\cos\phi_1\sin\phi_2+\cos\gamma\cos\phi_2\sin\phi_1)/(\cos^2\phi_1\sin^2\phi_2+\\
&\qquad\cos^2\phi_2\sin^2\phi_1+\sin^2\gamma\sin^2\phi_1\sin^2\phi_2+2\cos\gamma\cos\phi_1\cos\phi_2\sin\phi_1\sin\phi_2)\\
&d_3=d_6=-L(\cos\phi_2\sin^2\phi_1+\cos\gamma\cos\phi_1\sin\phi_1\sin\phi_2)/(1-\cos^2\phi_1\cos^2\phi_2-\\
&\qquad\cos^2\gamma\sin^2\phi_1\sin^2\phi_2+2\cos\gamma\cos\phi_1\cos\phi_2\sin\phi_1\sin\phi_2)
\end{aligned}\right.
\tag{9–74}
$$

式中, ϕ_1 为杆 AB 或 DE 的扭角; ϕ_2 为杆 BC 或 EF 的扭角; γ 为平面 π_1 和平面 π_2 的夹角; L 为交点 O_1 与 O_2 的距离。ϕ_1、ϕ_2、γ 和 L 为四个独立的设计参数。

图 9–18 所示的多分岔线对称 Bricard–双心机构奇异构型的六个关节轴线的旋量在坐标系 O_1-xyz 中可表示为

$$\begin{cases} \boldsymbol{S}_1=(\cos\phi_1,-\cos\gamma\sin\phi_1,\sin\gamma\sin\phi_1,0,-L\sin\gamma\sin\phi_1,-L\cos\gamma\sin\phi_1)^{\mathrm{T}} \\ \boldsymbol{S}_2=(1,0,0,0,0,0)^{\mathrm{T}} \\ \boldsymbol{S}_3=(\cos\phi_2,\cos\gamma\sin\phi_2,-\sin\gamma\sin\phi_2,0,L\sin\gamma\sin\phi_2,L\cos\gamma\sin\phi_2)^{\mathrm{T}} \\ \boldsymbol{S}_4=(-\cos\phi_1,\sin\phi_1,0,0,0,0)^{\mathrm{T}} \\ \boldsymbol{S}_5=(-1,0,0,0,0,0)^{\mathrm{T}} \\ \boldsymbol{S}_6=(-\cos\phi_2,-\sin\phi_2,0,0,0,0)^{\mathrm{T}} \end{cases} \tag{9–75}$$

求解一阶约束方程 $\boldsymbol{J\omega}=(\boldsymbol{S}_1\quad\boldsymbol{S}_2\quad\boldsymbol{S}_3\quad\boldsymbol{S}_4\quad\boldsymbol{S}_5\quad\boldsymbol{S}_6)\boldsymbol{\omega}=\boldsymbol{0}$, 可得关节速度一阶约束为

$$\begin{cases} \omega_2-\omega_5+\sin(\phi_1+\phi_2)(\omega_1-\omega_4)/\sin\phi_2=0 \\ \omega_4\sin\phi_1-\omega_6\sin\phi_2=0 \\ \sin\gamma(\omega_1\sin\phi_1-\omega_3\sin\phi_2)=0 \end{cases} \tag{9–76}$$

对一阶约束方程进行微分可得二阶约束方程为

$$\boldsymbol{J\alpha}=-\boldsymbol{S}_{\mathrm{L}} \tag{9–77}$$

式中, $\boldsymbol{S}_{\mathrm{L}}=\sum\limits_{i<j}\omega_i\omega_j\left[\boldsymbol{S}_i,\boldsymbol{S}_j\right]$, 其中 $[\boldsymbol{S}_i,\boldsymbol{S}_j]$ 表示旋量 $\boldsymbol{S}_i$ 和 $\boldsymbol{S}_j$ 的李括号运算; $\boldsymbol{\alpha}$ 表示关节角加速度向量。求解 $\boldsymbol{S}_{\mathrm{L}}$ 可得

$$\boldsymbol{S}_{\mathrm{L}}=\begin{pmatrix} 0 \\ \omega_1\sin\gamma\sin\phi_1[\omega_1\sin(\phi_1+\phi_2)+2\omega_2\sin\phi_2]/\sin\phi_2 \\ \sin\phi_1(\cos\gamma\cos\phi_1\omega_1^2+2\cos\phi_1\omega_1\omega_4+ \\ 2\cos\gamma\omega_1\omega_2-\cos\phi_1\omega_4^2+2\omega_2\omega_4)+ \\ [\cos\phi_2\sin^2\phi_1(\cos\gamma\omega_1^2+2\omega_1\omega_4-\omega_4^2)]/\sin\phi_2 \\ 0 \\ -L\omega_1\cos\gamma\sin\phi_1[\omega_1\sin(\phi_1+\phi_2)+2\omega_2\sin\phi_2]/\sin\phi_2 \\ L\omega_1\sin\gamma\sin\phi_1[\omega_1\sin(\phi_1+\phi_2)+2\omega_2\sin\phi_2]/\sin\phi_2 \end{pmatrix} \tag{9–78}$$

显然, $\boldsymbol{S}_{\mathrm{L}}$ 为线性空间 $\boldsymbol{J}$ 中的一个向量, 因此满足

$$\operatorname{rank}(\boldsymbol{J})=\operatorname{rank}(\boldsymbol{J}\quad-\boldsymbol{S}_{\mathrm{L}}) \tag{9–79}$$

利用式 (9–79) 中的二阶约束条件, 可以得到如下方程组

$$\begin{cases} -L\omega_1\cos\gamma\sin\phi_1[\omega_1\sin(\phi_1+\phi_2)+2\omega_2\sin\phi_2]/\sin\phi_2=0 \\ -\sin\phi_1(\cos\gamma\cos\phi_1{\omega_1}^2+2\cos\phi_1\omega_1\omega_4+2\omega_2\cos\gamma\omega_1-\cos\phi_1{\omega_4}^2+2\omega_2\omega_4)- \\ \quad[\cos\phi_2\sin^2\phi_1(\cos\gamma{\omega_1}^2+2\omega_1\omega_4-{\omega_4}^2)]/\sin\phi_2=0 \end{cases} \tag{9–80}$$

联立式 (9–76) 和式 (9–80) 可得四组解 ($\boldsymbol{\phi}_2\neq k\pi, k\in N$), 如表 9–1 所示。

表 **9–1** 四组关节速度条件及其对应的解空间

编号	约束条件	解空间
(1)	$\omega_1=0$ $\omega_4=0$	$\boldsymbol{K}_{\boldsymbol{q}}^1\boldsymbol{V}=\{(0,\omega_2,0,0,\omega_2,0)\mid\omega_2\in\mathbb{R}\}$
(2)	$\omega_1=0$ $\omega_4=2\omega_2\sin\phi_2/\sin(\phi_1+\phi_2)$	$\boldsymbol{K}_{\boldsymbol{q}}^2\boldsymbol{V}=\left\{\begin{matrix}(0,\omega_2,0,2\omega_2\sin\phi_2/\sin(\phi_1+\phi_2),-\omega_2,\\ 2\omega_2\sin\phi_1/\sin(\phi_1+\phi_2))\mid\omega_2\in\mathbb{R}\end{matrix}\right\}$
(3)	$\omega_2=-\omega_1\sin(\phi_1+\phi_2)/2\sin\phi_2$ $\omega_4=0$	$\boldsymbol{K}_{\boldsymbol{q}}^3\boldsymbol{V}=\left\{\begin{matrix}(\omega_1,-\omega_1\sin(\phi_1+\phi_2)/2\sin\phi_2,\omega_1\sin\phi_1/\\ \sin\phi_2,0,\ \omega_1\sin(\phi_1+\phi_2)/2\sin\phi_2,0)\mid\omega_1\in\mathbb{R}\end{matrix}\right\}$
(4)	$\omega_2=-\omega_1\sin(\phi_1+\phi_2)/2\sin\phi_2$ $\omega_4=\omega_1$	$\boldsymbol{K}_{\boldsymbol{q}}^4\boldsymbol{V}=\left\{\begin{matrix}(\omega_1,-\omega_1\sin(\phi_1+\phi_2)/2\sin\phi_2,\omega_1\sin\phi_1/\\ \sin\phi_2,\omega_1,-\omega_1\sin(\phi_1+\phi_2)/2\sin\phi_2,\\ \omega_1\sin\phi_1/\sin\phi_2)\mid\omega_1\in\mathbb{R}\end{matrix}\right\}$

基于高阶运动学分析求解得到了四条运动分支的关节速度解, 下面将通过奇异值分解数值解法分别求解这四条运动分支。在以下的分析中, 多分岔线对称 Bricard–双心机构的设计参数为

$$\phi_1=\pi/4\ ,\phi_2=\pi/4\ ,\gamma=\pi/2\ ,L=20 \tag{9–81}$$

通过奇异分解数值解法所得的关节曲线和奇异值曲线如图 9–19 至图 9–22 所示, 下面逐一进行分析。

图 9–19 给出了运动分支 I 的奇异值曲线和关节角度曲线。在图 9–19 (a) 所示的奇异值曲线中, 第六个奇异值始终为 0, 表示在该运动分支下, 机构的活动度为 1。在图中 B_{I} 点 ($\theta_2=\pi$) 处, 第四、第五个奇异值也变为 0, 表示机构处于奇异构型, 并且活动度瞬时增加 2。在图 9–19 (b) 所示的关节角度曲线中, θ_1 和 θ_4、θ_3 和 θ_6 关节角度曲线为水平线, 表示在运动分支 I 中, 关节 A、C、D 和 F 角度没有变化, 关节处于锁死状态。因此在该运动分支下, 仅有关节 B 和 E 处于活动状态, 且两者速度呈线性比例关系。结合图 9–18 的机构简图及图 9–19 的关节曲线可以看出, 运动分支 I 对应的运动为机构绕共线的关节 B 和 E 转动, 其他关节被锁死。

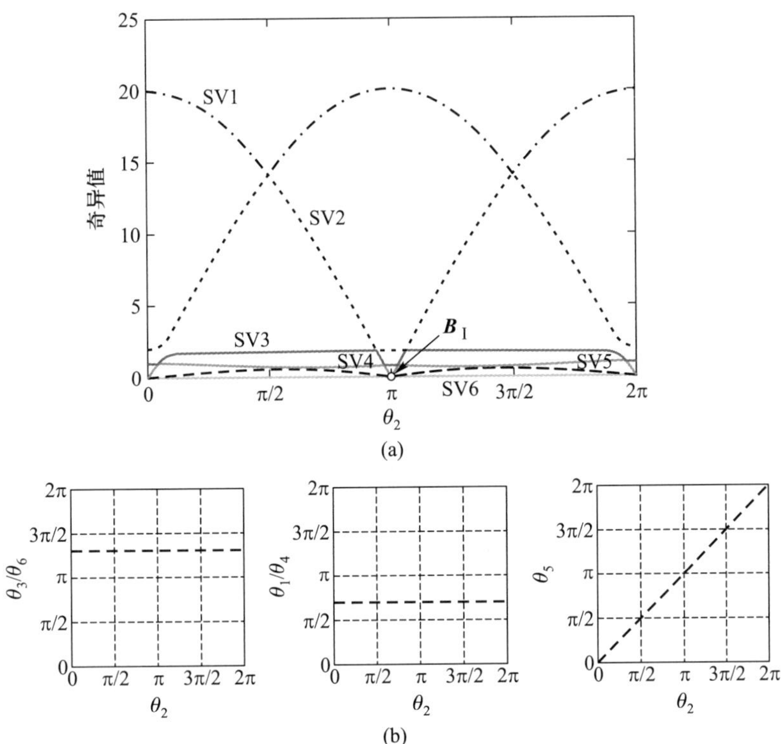

图 **9–19** 运动分支 **I** 的奇异值分解结果 (见书后彩图): **(a)** 奇异值曲线; **(b)** 关节角度曲线

图 9–20 给出了运动分支 Ⅱ 的奇异值曲线和关节角度曲线。同理, 该运动分支下, 机构的活动度为 1。在 $\theta_2 = \pi$ 时, 第四、第五个奇异值也变为 0, 表示机构处于奇异构型, 并且瞬时活动度为 3, 如图中点 $B_{\rm II}$ 所示。在图 9–20 (b) 所示的关节角度曲线中, θ_1 和 θ_3 关节曲线为水平线, 表示在运动分支 Ⅱ 中, 关节 A 和 C 角度没有变化, 关节处于锁死状态。 θ_4 和 θ_6 关节曲线轨迹相互平行, θ_5 关节曲线为一条斜率为 -1 的直线, 显然在该运动分支下, 关节 B 和 D 分别与关节 E 和关节 F 对称。结合图 9–18 的机构简图及上述分析可知, 该运动分支为由关节 B、D、E 和 F 组成的球面四杆机构, 球心位于 O_1, 且球面四杆的每条杆对应的球心角分别为 ϕ_1、ϕ_2、$\pi-\phi_2$ 和 $\pi-\phi_1$

图 9–21 给出了运动分支 Ⅲ 的奇异值曲线和关节角度曲线。同理, 该运动分支下, 机构的活动度为 1。在 $\theta_2 = \pi$ 时, 第四、第五个奇异值也变为 0, 表示机构处于奇异构型, 并且活动度瞬时增加 2, 如图中点 $B_{\rm III}$ 所示。在图 9–21 (b) 所示的关节角度曲线中, θ_4 和 θ_6 关节曲线为水平线, 表示在运动分支 Ⅲ 中, 关节 D 和 F 角度没有变化, 关节处于锁死状态, 只有关节 A、B、C 和 E 处于活动状态。与图 9–20 (b) 中的关节曲线类似, θ_1 和 θ_3 关节曲线轨迹相互平行, θ_5 关节曲线为一条斜 率为 -1 的直线。类比可知, 该运动分支为由关节 A、B、C 和 E 组成的球面

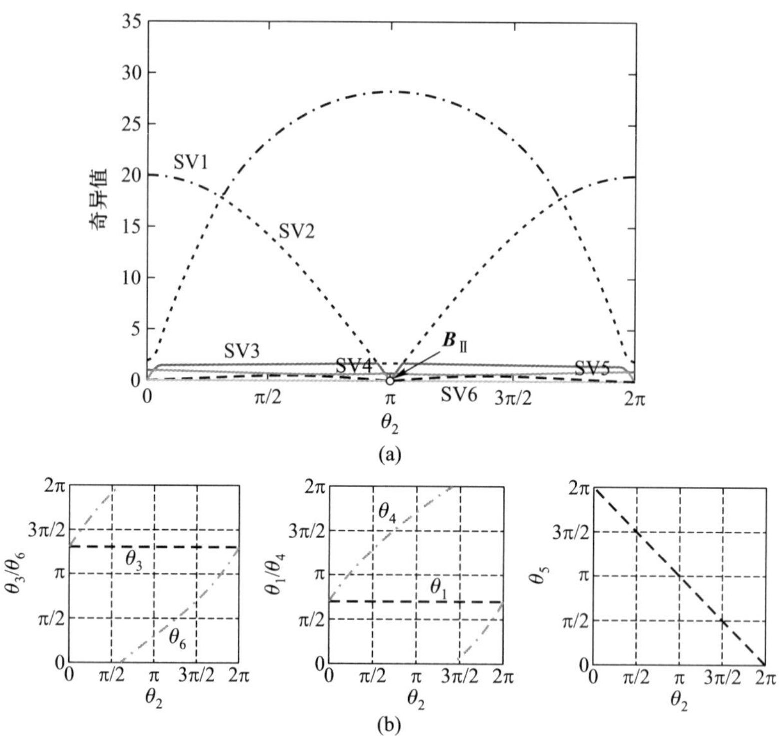

图 9-20　运动分支 **II** 奇异值分解结果 (见书后彩图): (a) 奇异值曲线; (b) 关节角度曲线

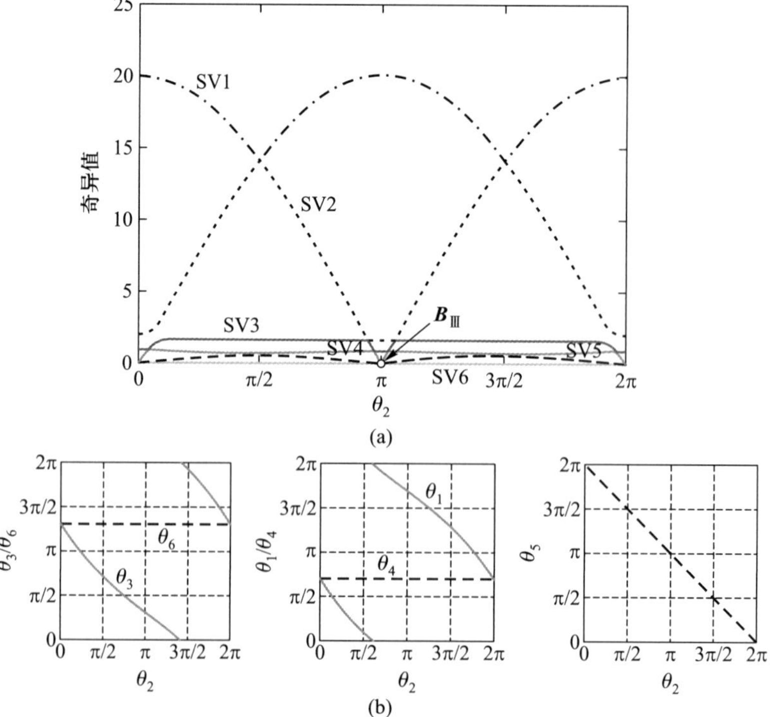

图 9-21　运动分支 **III** 奇异值分解结果 (见书后彩图): (a) 奇异值曲线; (b) 关节角度曲线

四杆机构, 球心位于 O_2, 且球面四杆的每条杆对应的球心角分别为 ϕ_1、ϕ_2、$\pi-\phi_2$ 和 $\pi-\phi_1$, 与运动分支 Ⅱ 类似。

图 9–22 给出了运动分支 Ⅳ 的奇异值曲线和关节角度曲线。与前三条运动分支不同, 该分运动分支没有关节曲线为水平线, 表明所有关节处于活动状态。在图 9–22 (a) 所示的奇异值曲线中, 第六个奇异值 6 始终为 0, 表明该运动分支下, 机构的活动度为 1。同理, 在 $\theta_2=\pi$ 时, 机构奇异, 在图中用点 $B_{\text{Ⅳ}}$ 表示。在图 9–22 (b) 所示的关节曲线中, 关节角 θ_5 曲线为过原点且斜率为 1 的直线, θ_1 和 θ_4、θ_3 和 θ_6 关节曲线重合, 所以在该运动分支下, 关节 A、B、C 分别与关节 D、E 和 F 对称。结合图 9–18 的机构简图及图 9–22 的关节曲线分析发现, 该运动分支为线对称 Bricard 机构。

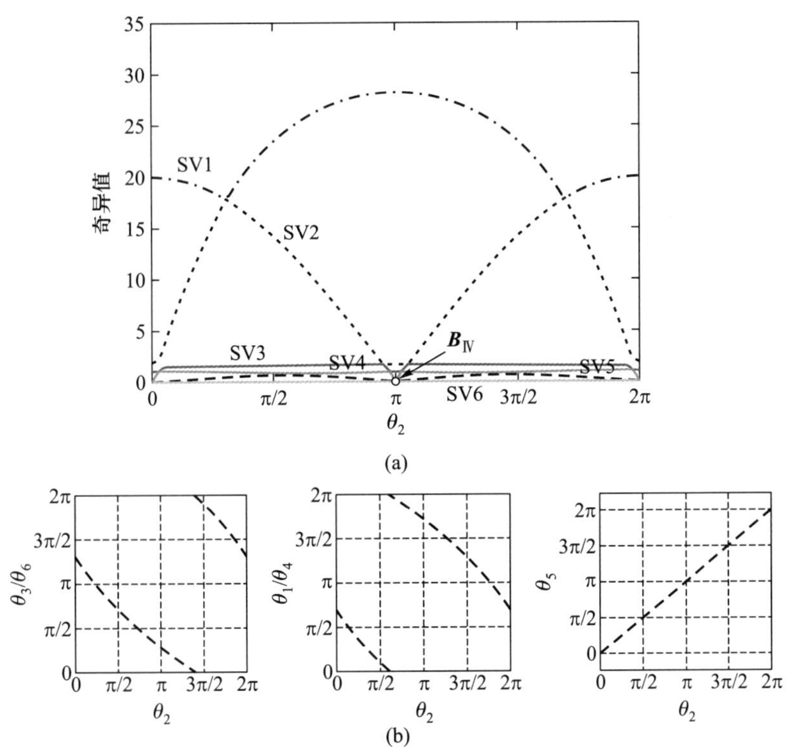

图 **9–22**　运动分支 **Ⅳ** 奇异值分解结果 (见书后彩图): **(a)** 奇异值曲线; **(b)** 关节角度曲线

将关节角 θ_1 作为圆环的极向角度, 关节角 θ_4 作为圆环的环向角度, 可以将线对称双心机构的关节构型空间映射到一个圆环的表面, 如图 9–23 所示。$f:(\theta_1,\theta_4)\rightarrow(x,y,z)$ 映射关系如下:

$$f:\begin{cases}x=(R+r\cos\theta_4)\cos\theta_1\\ y=(R+r\cos\theta_4)\sin\theta_1\\ z=r\sin\theta_4\end{cases}\tag{9–82}$$

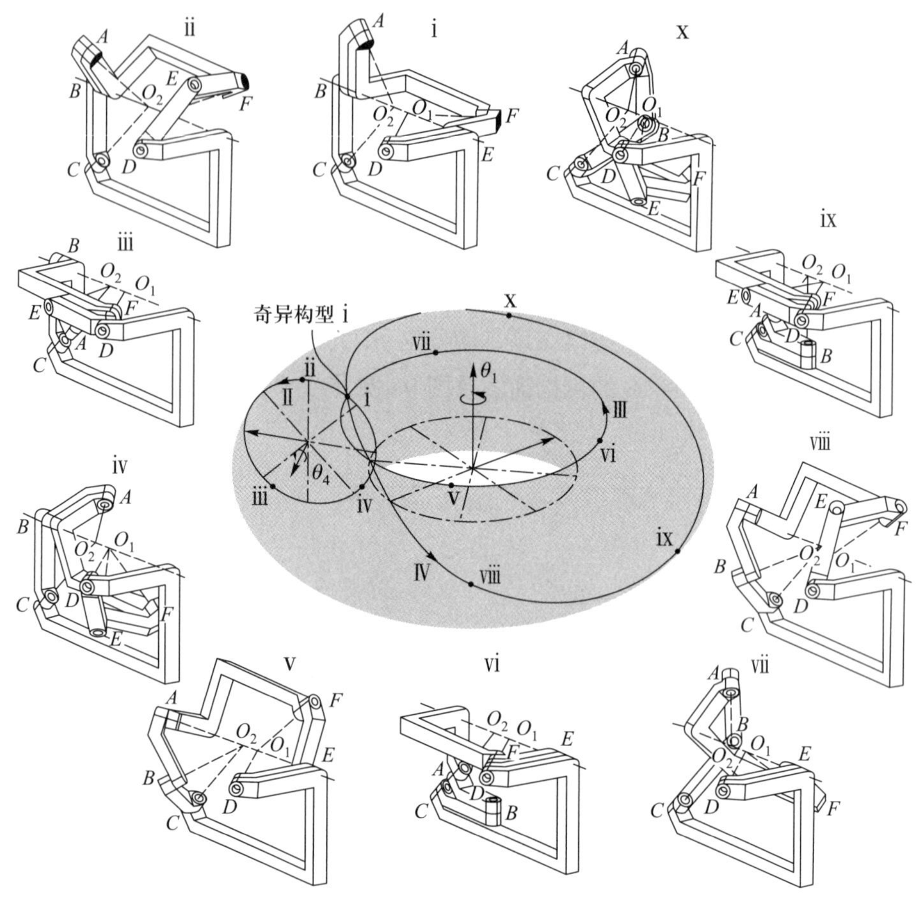

图 **9–23**　多分岔线对称双心机构构型圆环

式中, r 为圆环的环向半径; R 为圆环的极向半径。

构型圆环上有三条曲线 Ⅱ、 Ⅲ、 Ⅳ, 分别对应上述多分岔线对称 Bricard– 双心机构的三条运动分支 Ⅱ、 Ⅲ、 Ⅳ。由于构型圆环上只展示了关节 A 和 D 的关节角度 θ_1 和 θ_4, 而运动分支 I 对应的机构运动是绕轴线共线的关节 B 和 E 转动, 六个关节角度只有 θ_2 和 θ_5 发生了改变, 因此运动分支 I 在构型圆环上为一个固定点。由于四条运动分支都经过图 9–18 的奇异构型, 因此代表运动分支 I 的固定点位于其他三条运动分支构型曲线的交点处, 即图 9–23 中的点 i。

构型圆环上曲线 Ⅱ 的形状为一个环向圆, 表示其对应的运动分支关节角度 θ_1 没有发生改变, 因此在该运动分支下, 关节 A 处于锁死状态。在曲线 Ⅱ 上的点 ii ~ iv 对应的机构构型下, 关节 B、 D、 E 和 F 的轴线始终交于点 O_1, 关节 A 和 C 一直处于锁死状态, 显然该运动分支为与图 9–20 对应的球面四杆机构运动分支, 球心位于点 O_1。点 iii 对应的机构构型下, 关节 A 和 C 的轴线共线, 关节 D 和 F 的轴线共线, 与图 9–20 中的 $\theta_2 = \pi$ 的奇异点 $B_{\text{Ⅱ}}$ 对应。

曲线 Ⅲ 的形状为一个极向圆, 表示其对应的运动分支关节角度 θ_4 没有发生改变, 因此在该运动分支下, 关节 D 处于锁死状态。在曲线 Ⅲ 上的点 v ~ vii 对应的机构构型下, 关节 A、 B、 C 和 E 的轴线始终交于点 O_2, 关节 D 和 F 一直处于锁死状态, 显然该运动分支为与图 9–21 对应的球面四杆机构分支, 球心位于点 O_2。点 vi 对应的机构构型下, 关节 A 和 C 的轴线共线, 关节 D 和 F 的轴线共线, 与图 9–21 中的 $\theta_2 = \pi$ 的奇异点 $B_{\text{Ⅲ}}$ 对应。

与前两条曲线不同, 曲线 Ⅲ 在极向和轴向都绕过了一周, 表示在该运动分支下, 关节 A 和 D 都是活动的。在曲线 Ⅲ 上的点 viii ~ x 对应的机构构型下, 关节 A、 B 和 C 的轴线交于点 O_2, 关节 D、 E 和 F 的轴线交于点 O_1, 显然该运动分支为图 9–22 中所示的线对称 Bricard 机构。与前两条曲线类似, 曲线 Ⅲ 上也存在关节 A 和 C 轴线共线、关节 D 和 F 轴线共线的构型 ix, 即图 9–22 中 $\theta_2 = \pi$ 处的奇异点 $B_{\text{Ⅳ}}$。

此外, 三条曲线只有一个交点, 表明运动分支 Ⅱ、 Ⅲ 和 Ⅳ 只有一个公共奇异点。但是由图 9–19 至图 9–22 的奇异值曲线可以看出, 每条运动分支中均存在另外一个奇异构型。进一步分析可以发现, 四种奇异构型之间还存在一条连通的运动分支, 各奇异构型及运动分支的连接关系如图 9–24 所示。线对称 Bricard–双心机构共有五个奇异构型, 其中奇异构型 i 处与四条运动分支相连, 四条运动分支分别为绕共线关节 BE 转动、球心位于 O_1 的球面四杆机构、球心位于 O_2 的球面四杆机构、线对称 Bricard 机构。每条运动分支上在 $\theta_2 = \pi$ 处都存在另一个奇异构型, 在这些奇异构型下, 关节 A 和 C 的轴线共线, 关节 D 和 F 的轴

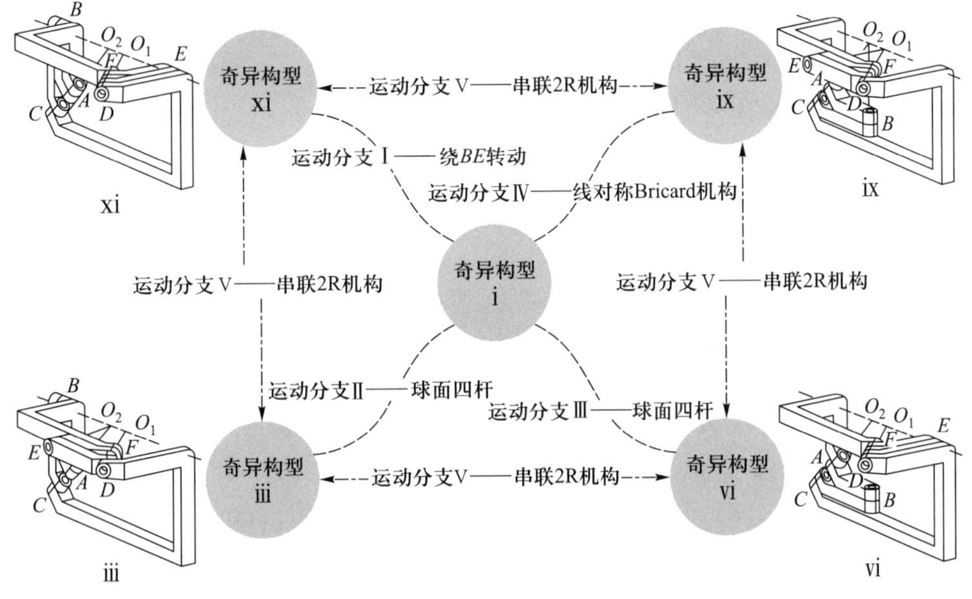

图 **9–24**　多分岔线对称双心机构构型空间示意图

线共线。连接这些奇异构型的运动分支 V 就是由这两组共线轴线形成的串联 2R 机构。

9.2.3 基于 Bennett 的多分岔双心机构设计

本节继续采用 9.2.1 节中提出的基于奇异构型的可重构机构设计方法, 设计一个同时具有一个 Bennett 机构和两个不同球面四杆机构运动分支的多分岔双心机构。

Bennett 机构是 Bennett 于 1903 年首次发现并做了相关研究 (Bennett, 1903), 其机构简图如图 9–25 所示, 其杆件参数满足以下三个几何条件:

(1) 对边杆件长度和杆件的扭角相等

$$\begin{aligned} a_1 = a_3 = a, \quad a_2 = a_4 = b, \\ \alpha_1 = \alpha_3 = \alpha, \quad \alpha_2 = \alpha_4 = \beta \end{aligned} \tag{9–83}$$

(2) 相邻杆件长度和杆件扭角满足以下条件

$$\frac{\sin\alpha}{a} = \frac{\sin\beta}{b} \tag{9–84}$$

(3) 每一个关节偏距为 0, 即

$$d_i = 0 \quad (i = 1, 2, 3, 4) \tag{9–85}$$

一般 Bennett 机构具有线对称特性, 因此四个关节角满足如下关系:

$$\theta_1 + \theta_3 = 2\pi \text{ , } \theta_2 + \theta_4 = 2\pi \tag{9–86}$$

代入以上几何约束条件, 可得其闭环方程如下

$$\tan\frac{\theta_1}{2}\tan\frac{\theta_2}{2} = \frac{\sin\dfrac{\alpha_2+\alpha_1}{2}}{\sin\dfrac{\alpha_2-\alpha_1}{2}} \tag{9–87}$$

图 9–16 所示的三种双心 6R 机构中, 均存在三条关节轴线交于一点, 另外三条关节轴线交于另一点。显然, 为保证设计出来的多分岔 Bennett–双心机构存在 Bennett 机构运动分支, 则要求该 Bennett 机构存在某种构态, 存在两条关节轴线相交。下面根据 Bennett 机构几何条件进行分析:

(1) 若 $a = b = 0$, 此时 Bennett 机构变成了一个球面四杆机构, 不考虑;

(2) 若 $\alpha = 0$ 且 $\beta = \pi$, 此时 Bennett 机构变成了一个平面四杆机构, 也不考虑;

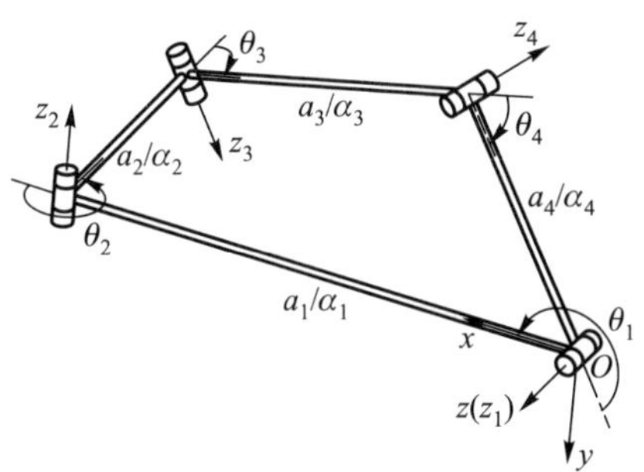

图 **9–25** **Bennett** 机构示意图

(3) 若 $a = b$ 且 $\alpha = \beta$, 此时 Bennett 机构总有两个关节处于几何锁定状态, 另外两个关节轴线重合, 机构退化成一个串联机构;

(4) 若 $a = b$ 且 $\alpha+\beta = \pi$, 此时 Bennett 机构具有双重面对称特性, 四条边都相等, 轴线 z_1 和 z_3 始终相交, 轴线 z_2 和 z_4 始终相交;

(5) 若 $a \neq b \neq 0$, $\alpha+\beta \neq k\pi$, 此时 Bennett 机构为一般形态, 通过分析发现, 这种情况下相间关节轴线在整个机构运动周期内都不相交, 证明过程如下。

由 $a \neq b \neq 0$、 $\alpha+\beta \neq k\pi$ 可知, 杆件 12 和杆件 41 的两关节轴线为异面直线, 若将关节 1 固定不动, 关节 2 或关节 4 的轴线运动轨迹为一个单叶双曲面 (如图 9–26 所示), 其标准方程可表示为

$$\frac{x^2}{a^2} + \frac{y^2}{b^2} - \frac{z^2}{c^2} = 1 \tag{9–88}$$

式中, a、 b、 c 为常量参数, 确定单叶双曲面的形状。

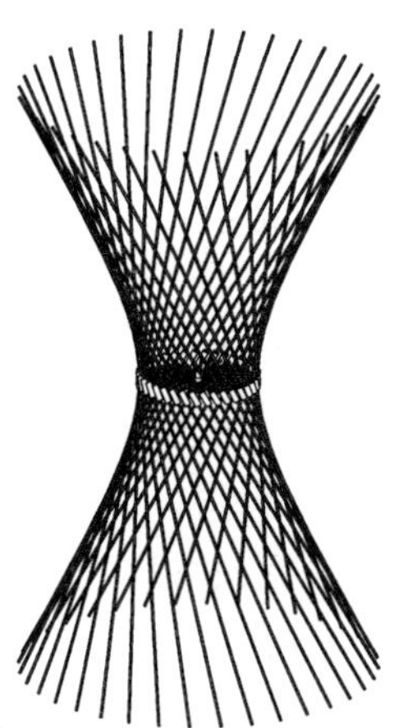

图 **9–26** **Bennett** 连杆轴线轨迹单叶双曲面

将相关参数代入式 (9–88) 可得关节 2 所形成的单叶双曲面方程为

$$\frac{x^2}{{a_{12}}^2} + \frac{y^2}{{a_{12}}^2} - \frac{z^2\tan^2\alpha_{12}}{{a_{12}}^2} = 1 \tag{9–89}$$

同理, 可得关节 4 所形成的单叶双曲面方程为

$$\frac{x^2}{{a_{41}}^2}+\frac{y^2}{{a_{41}}^2}-\frac{z^2\tan^2\alpha_{41}}{{a_{41}}^2}=1 \tag{9-90}$$

若关节 2 和关节 4 轴线相交, 则它们的轨迹必有交点, 即两个单叶双曲面相交, 即联立式 (9–89)、式 (9–90) 有解。

根据 Bennett 杆件参数约束可得

$$\frac{\sin^2\alpha_{12}}{{a_{12}}^2}=\frac{\sin^2\alpha_{41}}{{a_{41}}^2}=\frac{1}{K^2}\quad (K>0) \tag{9-91}$$

考虑到上面的单叶双曲面具有回转特性, 因此判断两个单叶双曲面是否相交, 只需判断其中一个单叶双曲面上的一条直线与另一个单叶双曲面是否相交即可。在关节 2 所形成的单叶双曲面上取两条直线如下

$$\begin{cases} x=a_{12} \\ y^2=z^2\tan^2\alpha_{12} \end{cases} \tag{9-92}$$

联立式 (9–90)、式 (9–91)、式 (9–92), 得

$$K^2\sin^2\alpha_{12}+z^2\tan^2\alpha_{12}-K^2\sin^2\alpha_{41}-z^2\tan^2\alpha_{41}=0 \tag{9-93}$$

式中, α_{12} 和 α_{41} 分别为杆件 12 和杆件 41 的扭角, 满足 $\alpha_{12}\in\left(-\dfrac{\pi}{2},0\right)\cup\left(0,\dfrac{\pi}{2}\right)$, $\alpha_{41}\in\left(-\dfrac{\pi}{2},0\right)\cup\left(0,\dfrac{\pi}{2}\right)$。

假设存在交点 (X_0,Y_0,Z_0), 并令

$$f(\theta)=K^2\sin^2\theta+{Z_0}^2\tan^2\theta\quad \theta\in\left(-\frac{\pi}{2},0\right)\cup\left(0,\frac{\pi}{2}\right)$$

易知 $f(\theta)$ 为一个偶函数, 且在 $\theta\in\left(0,\dfrac{\pi}{2}\right)$ 区间上为一个增函数, 所以若式 (9–93) 有解, 则 $f(\alpha_{12})-f(\alpha_{41})=0$, 进而可得 $\alpha_{12}=\alpha_{41}$ 或 $\alpha_{12}+\alpha_{41}=0$, 显然与条件 $a\neq b\neq 0$、$\alpha+\beta\neq k\pi$ 矛盾, 假设不成立, 即当 $a\neq b$, Bennett 机构相间关节轴线在整个机构运动周期内都不相交。

综合上述, 基于 Bennett 多分岔双心机构的 Bennett 机构运动分支的杆件参数满足 $a=b$ 且 $\alpha+\beta=\pi$。

当 $a=b$ 且 $\alpha+\beta=\pi$ 时, Bennett 机构四条杆的杆长相等, 相间关节轴线 z_1 和 z_3、 z_2 和 z_4 分别交于 O_1 和 O_2。将杆 AC 用杆组 $AB-BC$ 替换, 并使关节 B 的轴线过点 O_1 和 O_2, 如图 9–27 所示。同理, 用类似的杆组 $DE-EF$ 替换杆 DF, 并保证关节 E 的轴线过点 O_1 和 O_2, 这样便可得到最终的多分岔 Bennett–双心机构奇异构型, 如图 9–28 所示。

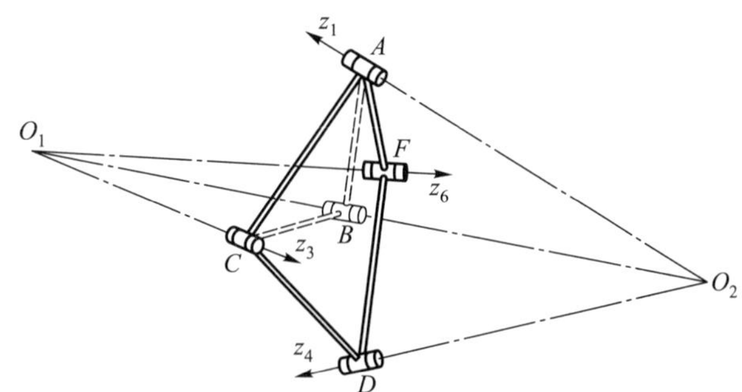

图 **9–27**　等边 **Bennett** 机构

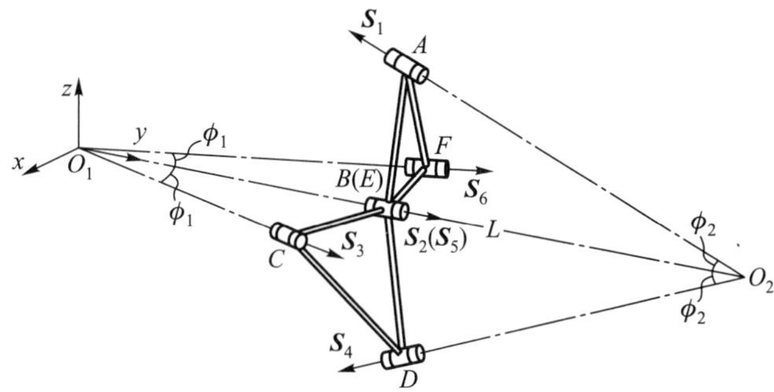

图 **9–28**　多分岔 **Bennett**–双心机构

在图 9–28 所示的奇异构型下, 关节 B 和 E 的轴线重合, 关节 A、 B、 D 和 E 的轴线共面且交于点 O_1, 关节 B、 C、 E 和 F 的轴线共面且交于点 O_2, 平面 O_1CF 与平面 O_2AD 相互垂直。基于平面 O_1CF 和轴线 O_1O_2 建立全局坐标系 O_1-xyz, 坐标原点位于点 O_1, y 轴位于 O_1O_2 的连线上, z 轴垂直于平面 O_1CF, x 轴通过右手定则确定。通过简单换算, 多分岔 Bennett–双心机构的机构 D–H 参数可表示为

$$
\begin{cases}
a_{12}=a_{23}=a_{45}=a_{56}=0 \\
a_{34}=a_{61}=\dfrac{L\sin\phi_1\sin\phi_2}{\sqrt{1-\cos^2\phi_1\cos^2\phi_2}} \\
\alpha_{12}=\alpha_{41}=\pi+\phi_2 \\
\alpha_{23}=\alpha_{56}=-\phi_1 \\
\alpha_{34}=\alpha_{61}=\pi-\arccos(\cos\phi_1\cos\phi_2) \\
d_1=d_4=-L \\
d_2=d_5=\dfrac{L\cos\phi_1\sin^2\phi_2}{\sqrt{1-\cos^2\phi_1\cos^2\phi_2}} \\
d_3=d_6=\dfrac{-L\cos\phi_2\sin^2\phi_1}{\sqrt{1-\cos^2\phi_1\cos^2\phi_2}}
\end{cases}
\tag{9–94}
$$

式中, L 为 O_1O_2 的长度; ϕ_1 和 ϕ_2 分别为关节 $C(F)$ 和关节 $A(D)$ 与 O_1O_2 的夹角。 L、 ϕ_1、 ϕ_2 为三个独立的设计参数。

在全局坐标系 O_1-xyz 下, 多分岔 Bennett–双心机构的六个关节轴线的旋量可表示为

$$\begin{cases}\boldsymbol{S}_1=(0,-\cos\phi_2,\sin\phi_2,L\sin\phi_2,0,0)^{\mathrm{T}}\\ \boldsymbol{S}_2=(0,1,0,0,0,0)^{\mathrm{T}}\\ \boldsymbol{S}_3=(\sin\phi_1,\cos\phi_1,0,0,0,0)^{\mathrm{T}}\\ \boldsymbol{S}_4=(0,-\cos\phi_2,-\sin\phi_2,-L\sin\phi_2,0,0)^{\mathrm{T}}\\ \boldsymbol{S}_5=(0,1,0,0,0,0)^{\mathrm{T}}\\ \boldsymbol{S}_6=(-\sin\phi_1,\cos\phi_1,0,0,0,0)^{\mathrm{T}}\end{cases}\tag{9–95}$$

将式 (9–95) 代入一阶约束方程 $\boldsymbol{J}\omega=\boldsymbol{0}$, 可解得关节速度一阶约束为

$$\begin{cases}\omega_6=\omega_3\\ \omega_4=\omega_1\\ \omega_2+\omega_5+2\omega_3\cos\phi_1-2\omega_1\cos\phi_2=0\end{cases}\tag{9–96}$$

同理, 将式 (9–95) 代入式 (9–78) 得

$$\boldsymbol{S}_{\mathrm{L}}=\begin{pmatrix}-2\omega_1\sin\phi_2(\ \omega_2-\omega_1\cos\phi_2\ +\ \omega_3\cos\phi_1)\\ 2\omega_1\omega_3\sin\phi_1\sin\phi_2\\ -2\omega_3\sin\phi_1(\ \omega_2-\omega_1\cos\phi_2\ +\ \omega_3\cos\phi_1)\\ 0\\ 0\\ 2L\omega_1\sin\phi_2(\ \omega_2-\omega_1\cos\phi_2\ +\ \omega_3\cos\phi_1)\end{pmatrix}\tag{9–97}$$

基于式 (9–79) 中的二阶约束条件, 可得

$$\begin{cases}2\omega_3\sin\phi_1(\omega_2-\omega_1\cos\phi_2+\ \omega_3\cos\phi_1)=0\\ -2L\omega_1\sin\phi_2(\omega_2-\omega_1\cos\phi_2+\ \omega_3\cos\phi_1)=0\end{cases}\tag{9–98}$$

联立式 (9–96) 和式 (9–98) 可得两组解 ($\phi_2\neq k\pi,k\in N$)

$$\left\{\begin{array}{l}\begin{cases}\omega_1=0\\ \omega_3=0\end{cases}\\ \{\omega_2=\omega_1\cos\phi_2-\omega_3\cos\phi_1\end{array}\right.\tag{9–99}$$

对式 (9–77) 中的二阶约束方程式进一步求导可得三阶约束方程为

$$\begin{aligned}\frac{\mathrm{d}}{\mathrm{d}t}\{{}^0\boldsymbol{A}^{\mathrm{n}}\} &= \sum_{k=1}^{n}\rho_{\mathrm{k}}\mathbf{S}_k + 2\sum_{j<k}\omega_j\alpha_k\left[\boldsymbol{S}_j,\boldsymbol{S}_k\right] + \sum_{j<k}\alpha_j\omega_k\left[\boldsymbol{S}_j,\boldsymbol{S}_k\right] + \\ &\quad \sum_{j<k}\omega_j\omega_j\omega_k\left[\boldsymbol{S}_j,\left[\boldsymbol{S}_j,\boldsymbol{S}_k\right]\right] + 2\sum_{i<j<k}\omega_i\omega_j\omega_k\left[\boldsymbol{S}_i,\left[\boldsymbol{S}_j,\boldsymbol{S}_k\right]\right] \\ &= \boldsymbol{J}\rho + \boldsymbol{S}_A = 0 \end{aligned} \tag{9–100}$$

将 $\omega_2 = \omega_1\cos\phi_2 - \omega_3\cos\phi_1$ 代入可得

$$\boldsymbol{S}_A = (F_1, F_2, F_3, 0, -3L\omega_1\omega_3\sin\phi_1\sin\phi_2(\omega_1\cos\phi_2 - \omega_3\cos\phi_1), F_4)^{\mathrm{T}} \tag{9–101}$$

与式 (9–79) 二阶约束条件同理, 式 (9–101) 同样存在三阶约束条件 $\operatorname{rank}(\boldsymbol{J}) = \operatorname{rank}(\boldsymbol{J} \quad -\boldsymbol{S}_A)$, 即

$$-3L\omega_1\omega_3\sin\phi_1\sin\phi_2(\omega_1\cos\phi_2 - \omega_3\cos\phi_1) = 0 \tag{9–102}$$

联立式 (9–102) 和式 (9–99) 中的第二组解可求得三组不同的解

$$\left\{\begin{array}{l}\left\{\begin{array}{l}\omega_1 = 0\\ \omega_2 = -\omega_3\cos\phi_1\end{array}\right.\\ \left\{\begin{array}{l}\omega_2 = \omega_1\cos\phi_2\\ \omega_3 = 0\end{array}\right.\\ \left\{\begin{array}{l}\omega_2 = 0\\ \omega_3 = \omega_1\cos\phi_2/\cos\phi_1\end{array}\right.\end{array}\right. \tag{9–103}$$

至此, 共得到四组解空间, 如表 9–2 所示。

表 **9–2**　四组关节速度条件及其对应的解空间

编号	约束条件	解空间
(1)	$\omega_1 = 0$ $\omega_3 = 0$	$\boldsymbol{K}_{\boldsymbol{q}}^1\boldsymbol{V} = \{(0,\omega_2,0,0,-\omega_2,0)\mid\omega_2\in\mathbb{R}\}$
(2)	$\omega_1 = 0$ $\omega_2 = -\omega_3\cos\phi_1$	$\boldsymbol{K}_{\boldsymbol{q}}^2\boldsymbol{V} = \{(0,-\omega_3\cos\phi_1,\omega_3,0,-\omega_3\cos\phi_1,\omega_3)\mid\omega_3\in\mathbb{R}\}$
(3)	$\omega_2 = \omega_1\cos\phi_2$ $\omega_3 = 0$	$\boldsymbol{K}_{\boldsymbol{q}}^3\boldsymbol{V} = \{(\omega_1,\omega_1\cos\phi_2,0,\omega_1,\omega_1\cos\phi_2,0)\mid\omega_1\in\mathbb{R}\}$
(4)	$\omega_2 = 0$ $\omega_3 = \omega_1\cos\phi_2/\cos\phi_1$	$\boldsymbol{K}_{\boldsymbol{q}}^4\boldsymbol{V} = \left\{\begin{array}{l}(\omega_1,0,\omega_1\cos\phi_2/\cos\phi_1,\omega_1,0,\\ \omega_1\cos\phi_2/\cos\phi_1)\mid\omega_1\in\mathbb{R}\end{array}\right\}$

基于高阶运动学分析结果, 下面利用奇异值分解数值解法分别求解这四条运动分支, 所得关节角度曲线和奇异值曲线如图 9–29 至图 9–32 所示。奇异值分解数值分析过程中, 多分岔 Bennett–双心机构的三个独立设计参数为

$$\phi_1 = \pi/6\,, \phi_2 = \pi/4\,, L = 40 \tag{9–104}$$

图 9–29 给出了运动分支 I 的奇异值曲线和关节角度曲线。在图 9–29 (a) 所示的奇异值曲线中, 第六个奇异值始终为 0, 表示在该运动分支下, 机构的活动度为 1。在 $\theta_2 = \pi/2$ 时, 第四、第五个奇异值也变为 0, 表示机构处于奇异构型, 并且活动度瞬时增加 2。在图 9–29 (b) 所示的机构关节角度曲线中, 关节角 θ_1 和 θ_4、θ_3 和 θ_6 关节曲线为水平线, 表示在运动分支 I 中, 关节 A、C、D 和 F 角度没有变化, 关节处于锁死状态。因此在该运动分支下, 仅有关节 B 和 E 处于活动状态, 且两者速度呈线性比例关系。结合图 9–28 的机构简图及图 9–29 的关节曲线可以看出, 运动分支 I 对应的运动为机构绕共线关节 B 和 E 转动, 其他关节被锁死。

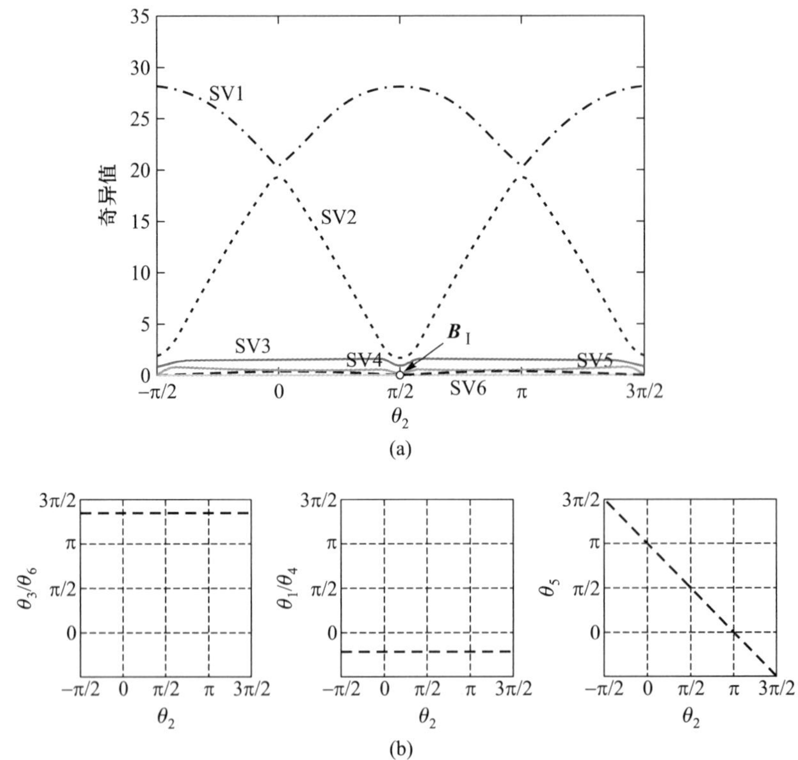

图 **9–29** 运动分支 **I** 奇异值分解结果 (见书后彩图): **(a)** 奇异值曲线; **(b)** 关节角度曲线

图 9–30 给出了运动分支 Ⅱ 的奇异值曲线和关节角度曲线。同理, 在该运动分支下, 机构的活动度为 1。在 $\theta_2 = \pi/2$ 时, 第五个奇异值也变为 0, 表示机构处于奇异构型, 并且活动度瞬时增加 1。在图 9–30 (b) 所示的关节角度曲线中, 关节角 θ_1

和 θ_4 关节曲线为水平线, 表示在运动分支 Ⅱ 中, 关节 A 和 D 角度没有变化, 关节处于锁死状态。因此在该运动分支下, 关节 B、C、E 和 F 处于活动状态, 其中关节 B 和 E 的速度呈线性关系, 关节 C 和 F 的关节曲线重合。结合图 9–28 的机构简图及图 9–30 的关节曲线分析发现, 该运动分支对应的运动为由关节 B、C、E 和 F 组成的球面四杆机构, 球心位于 O_1, 且球面四杆的每条杆对应的球心角都为 ϕ_1。

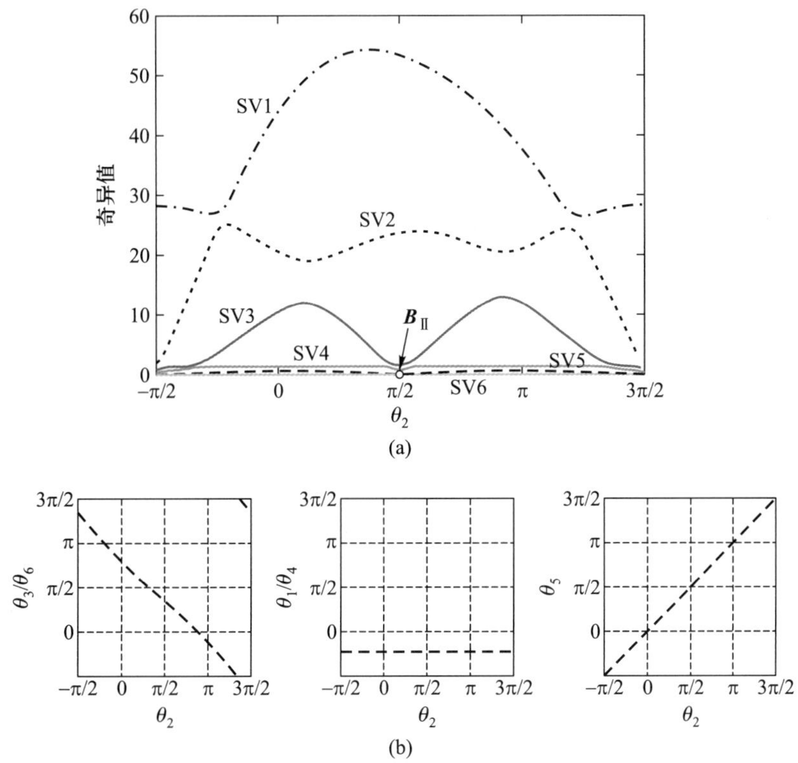

图 9–30 运动分支 Ⅱ 奇异值分解结果 (见书后彩图): (a) 奇异值曲线; (b) 关节角度曲线

图 9–31 给出了运动分支 Ⅲ 的奇异值曲线和关节角度曲线。同理, 在该运动分支下, 机构的活动度为 1。在 $\theta_2 = \pi/2$ 时, 第五个奇异值也变为 0, 表示机构处于奇异构型, 并且活动度瞬时增加 1。在图 9–21(b) 所示的关节角度曲线中, 关节角 θ_3 和 θ_6 的关节曲线为水平线, 表示在运动分支 Ⅲ 中, 关节 C 和 F 角度没有变化, 关节处于锁死状态。因此在该运动分支下, 关节 A、B、D 和 E 处于活动状态, 其中关节 B 和 E 的速度呈线性关系, 关节 A 和 D 的关节曲线重合。同理, 该运动分支对应的运动为由关节 A、B、D 和 E 组成的球面四杆机构, 球心位于 O_2, 且球面四杆的每条杆对应的球心角都为 ϕ_2。

图 9–32 给出了运动分支 Ⅳ 的奇异值曲线和关节角度曲线。与前三条运动分支不同, 在该运动分支下, 关节角 θ_2 和 θ_5 的关节曲线为水平线, 关节 B 和 E 角度

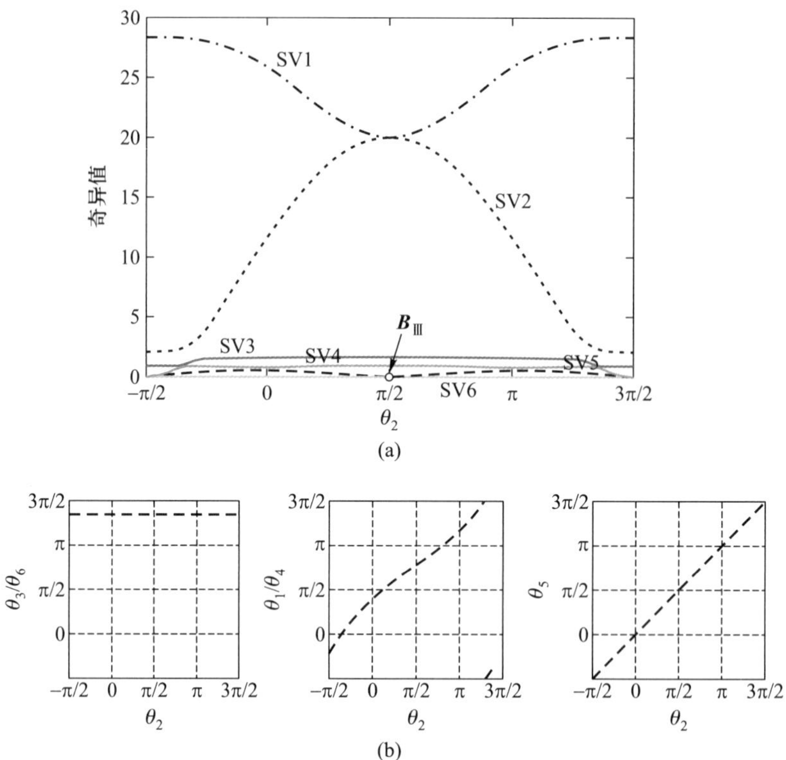

图 **9–31** 运动分支 Ⅲ 奇异值分解结果 (见书后彩图): **(a)** 奇异值曲线; **(b)** 关节角度曲线

没有变化, 关节处于锁死状态, 所以图 9–32 中的横坐标轴采用关节 A 的角度 θ_1。在图 9–32 (a) 所示的奇异值曲线中, 第六个奇异值 6 始终为 0, 表明该运动分支下, 机构的活动度为 1。除起点处存在多个奇异值为 0, 其他位置没有多个奇异值为 0 的情况出现, 表明在该运动分支下, 只有一种奇异构型。在图 9–32 (b) 所示的关节曲线中, 关节角 θ_2 和 θ_5 的关节曲线为水平线, 表示在运动分支 Ⅳ 中, 关节 B 和 E 角度没有变化, 关节处于锁死状态。因此在该运动分支下, 关节 A、C、D 和 F 处于活动状态, 其中关节 A 和 D 的速度呈线性关系, 关节 C 和 F 的关节曲线重合。结合图 9–18 的机构简图及图 9–32 的关节曲线分析发现, 该运动分支对应的运动为由关节 A、D、E 和 F 组成的 Bennett 机构。

将关节角 θ_1 作为圆环的环向角度、关节角 θ_3 作为圆环的极向角度, 可以将 Bennett–双心机构的关节构型空间映射到一个圆环的表面, 如图 9–33 所示。$f:(\theta_1,\theta_3)\to(x,y,z)$ 映射关系如下:

$$f:\begin{cases}x=(R+r\cos\theta_1)\cos\theta_3\\y=(R+r\cos\theta_1)\sin\theta_3\\z=r\sin\theta_1\end{cases}\tag{9–105}$$

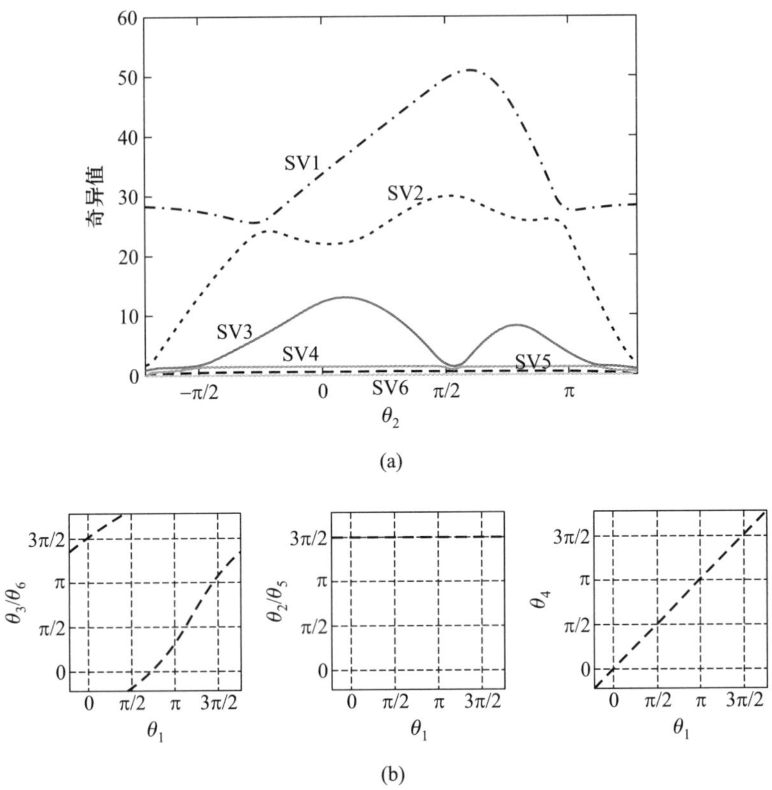

图 **9–32** 运动分支 **IV** 奇异值分解结果 (见书后彩图): **(a)** 奇异值曲线; **(b)** 关节角度曲线

式中, R 为圆环的极向半径; r 为圆环的环向半径。

图 9–33 中的构型圆环上曲线 Ⅱ、Ⅲ、Ⅳ 分别对应上述的 Bennett–双心机构的运动分支 Ⅱ~Ⅳ。由于运动分支 I 对应的机构运动是绕共线的关节 B 和 E 转动, 六个关节角度中只有 θ_2 和 θ_5 发生了改变, 因此运动分支 I 在图 9–33 中的构型圆环上为一个固定的点，即点 i。三条曲线上任意一点对应一种特定的机构构型, 其中 ii ~ iv 点位于曲线 Ⅱ 上, 其对应的机构构型关节 B、C、E 和 F 的轴线始终交于点 O_1, 因此该运动分支为一个球面四杆机构, 球心位于点 O_1, 点 iii 对应的机构构型下, 关节 C 和 F 的轴线共线, 其六个关节角度分别为 $(-0.218\pi, 0.5\pi,\ 0.353\ \pi, -0.218\pi, 0.5\pi,\ 0.353\ \pi, -0.218\pi)$, 与图 9–30 中 $\theta_2 = \pi/2$ 处的奇异点 $B_{\text{Ⅱ}}$ 对应。 v ~ vii 点位于曲线 Ⅲ 上, 其对应的机构构型关节 A、B、D 和 E 的轴线始终交于点 O_2, 因此该运动分支也是一个球面四杆机构, 球心位于点 O_2, 点 vi 对应的机构构型下, 关节 A 和 D 的轴线共线, 其六个关节角度分别为 $(0.778\pi, 0.5\pi,\ 1.352\ \pi, 0.778\pi, 0.5\pi, 1.352\pi)$, 与图 9–31 中 $\theta_2 = \pi/2$ 处的奇异点 $B_{\text{Ⅲ}}$ 对应。 viii ~ x 点位于曲线 Ⅳ 上, 其对应的机构构型关节 B 和 E 始终处于锁死状态, 其所对应的运动分支为 Bennett 机构。

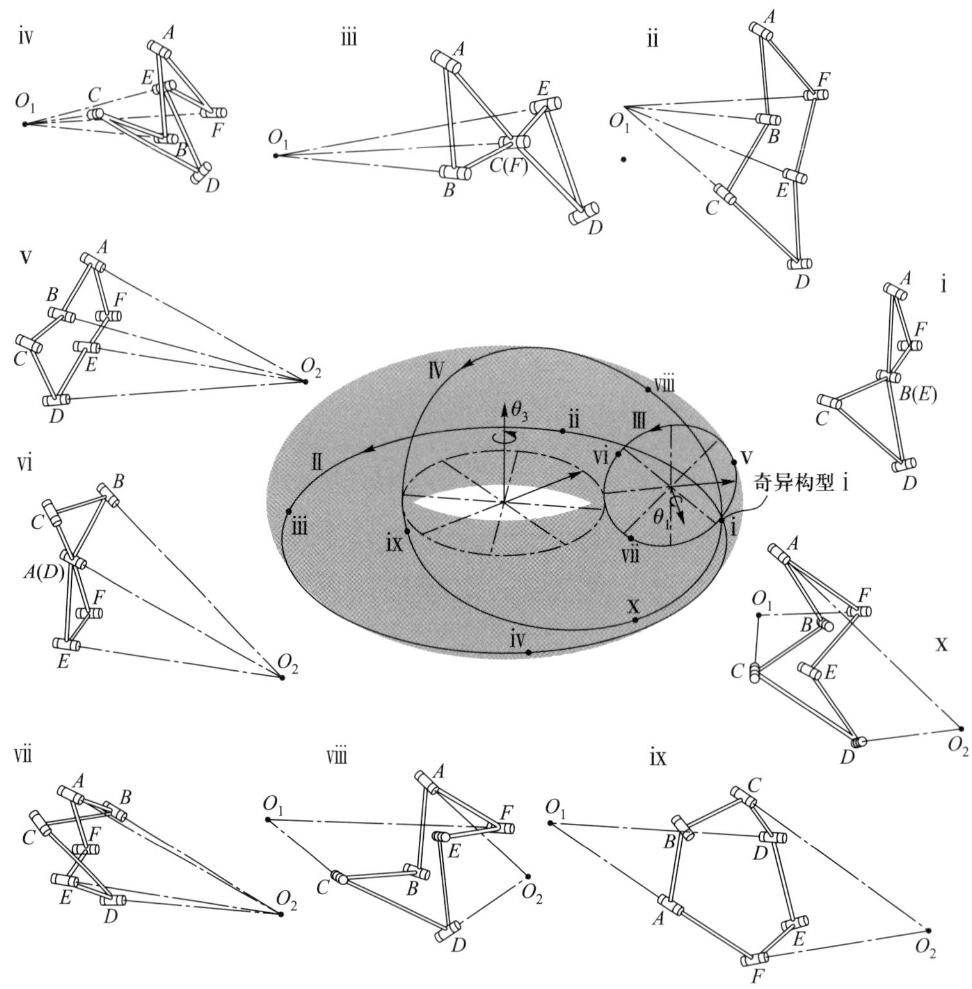

图 **9–33** 多分岔 **Bennett**–双心机构构型圆环

由图 9–33 可以看出, 三条曲线仅相交于点 i, 表明仅存在一个奇异构型直接连接三条运动分支。进一步分析可以发现, 奇异构型 iii 和 vi 中间还存在另外一条连通两者的运动分支, 各奇异构型及运动分支的连接关系如图 9–34 所示。

由图 9–34 可以看出, 多分岔 Bennett–双心机构共有四个奇异构型, 其中奇异构型 i、 iii、 vi 分别与图 9–33 中的构型圆环中的点 i、 iii、 vi 对应, 这三种奇异构型下都存在两条关节轴线共线, 且机构关于共线轴线中心对称。运动分支 I、 V、 VI 都是绕共线轴线转动, 三条运动分支相交于奇异构型 xi。奇异构型 xi 下, 关节 B 和 E、 A 和 D、C 和 F 轴线共线, 与图 9–29 中奇异点 B_{I} 对应, 机构的瞬时活动度为 3。奇异构型 i 通过球面四杆机构运动分支 Ⅱ 和球面四杆运动分 Ⅲ 分别与奇异构型 iii 和奇异构型 vi 相连, Bennett 机构运动分支 Ⅳ 仅与奇异构型 i 相连。

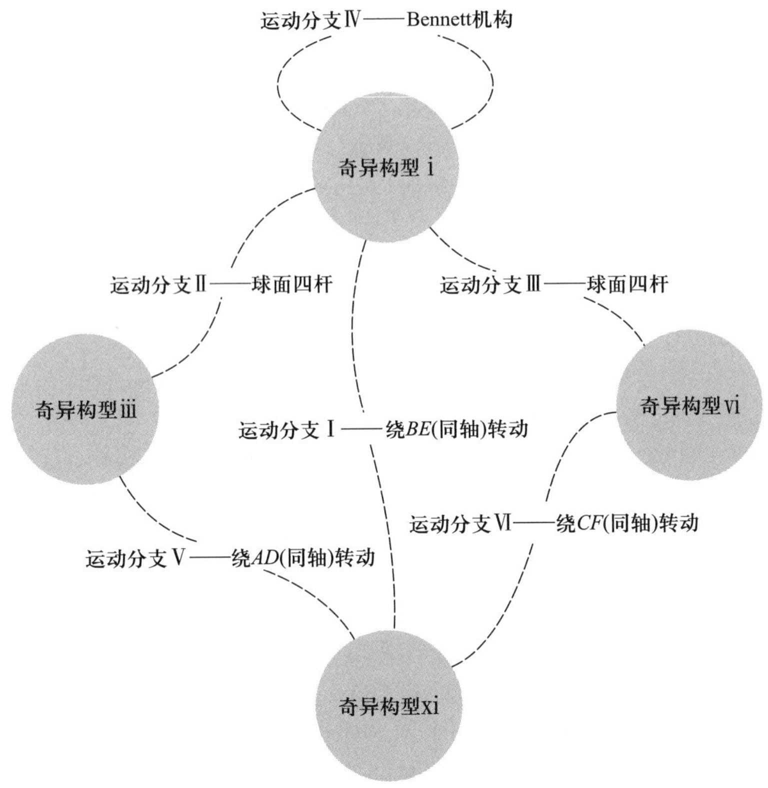

图 **9–34**　多分岔 **Bennett**–双心机构构型空间示意图

9.3　本章小结

本章首先提出了一种分析可重构并联机构运动耦合问题的方法，以便对该类机构进一步进行重构识别分析。通过验证各支链的约束旋量系和可重构运动平台中任一传递路径的约束旋量系之间的相关性，判断支链的约束能否被传递到末端执行器，进而得到末端执行器最终的约束和运动情况。接着，通过研究机构演变、可重构机理、运动分岔原理及奇异构型局部特征，提出了一种基于奇异构型的多分岔可重构机构设计方法，通过设计关节轴线、杆长参数，使得该构型能够满足多种机构的几何约束条件，最终得到跨越数种经典机构的新型可重构机构。

主要参考文献

戴建生, 2014a. 机构学与机器人学的几何基础与旋量代数 [M]. 北京: 高等教育出版社.

戴建生, 2014b. 旋量代数与李群李代数 [M]. 北京: 高等教育出版社.

BAKER J E, 2002. Displacement-closure equations of the unspecialised double-Hooke's-joint link age[J]. Mechanism and machine Theory, 37(10): 1127-1144.

BAKER J E, 2014. A variant double-spherical linkage and its reciprocal screw[J]. Mechanism and Machine Theory, 74: 31-41.

BENNETT G T, 1903. A new mechanism[J]. Engineering, 76: 777.

BLYTH T S, 1975. Set Theory and Abstract Algebra[M]. London: Longman.

BRICARD R, 1897. Mémoire sur la théorie de l'octaèdre articulé[J]. Journal de Mathématiques pures et appliquées, 3: 113-148.

CHAI X, DAI J S, 2019. Three novel symmetric Waldron-Bricard metamorphic and reconfigurable mechanisms and their isomerization[J]. Journal of Mechanisms and Robotics, 11(5): 051011.

CHEN Y, CHAI W H, 2011. Bifurcation of a special line and plane symmetric Bricard linkage [J]. Mech anism and Machine Theory, 46(4): 515-533.

CUI L, DAI J S, 2011. Axis constraint analysis and its resultant 6R double-centered overconstrained mechanisms[J]. Journal of Mechanisms and Robotics, 3(3): 031004.

DAI J S, HUANG Z, LIPKIN H, 2006. Mobility of overconstrained parallel mechanisms[J]. Journal of Mechanical Design, Transactions of the ASME, 128(1): 220-229.

DAI J S, REES JONES J, 1999. Mobility in metamorphic mechanisms of foldable/erectable kinds[J]. Journal of mechanical design, 121(3): 375-382.

DAI J S, REES JONES J, 2001. Interrelationship between screw systems and corresponding reciprocal systems and applications[J]. Mechanism and Machine Theory, 36(5): 633-651.

DENAVIT J, HARTENBERG R, 1995. A kinematic notation for lower pair mechanisms based on matrices[J]. Journal of Applied Mechanics 22: 215-221.

GAN D, DAI J S, LIAO Q, 2009. Mobility change in two types of metamorphic parallel mechanisms[J]. Journal of Mechanisms and Robotics, 1(4): 041007.

GAN D, DAI J S, LIAO Q, 2010. Constraint analysis on mobility change of a novel metamorphic parallel mechanism[J]. Mechanism and Machine Theory, 45(12): 1864-1876.

HARTENBERG R, DANAVIT J, 1964. Kinematic Synthesis of Linkages[M]. New York: McGraw-Hill.

KANG X, DAI J S, 2019. Relevance and transferability for parallel mechanisms with reconfigurable platforms[J]. Journal of Mechanisms and Robotics, 11(3): 031012.

KUMAR P, PELLEGRINO S, 2000. Computation of kinematic paths and bifurcation points [J]. International Journal of Solids and Structures, 37(46-47): 7003-7027.

LAMBERT P, HERDER J L, 2016. Parallel robots with configurable platforms: Fundamental aspects of a new class of robotic architectures[J]. Proceedings of the Institution of Mechanical Engineers, Part C: Journal of Mechanical Engineering Science, 230(3): 463-472.

LEE C C, YAN H S, 1990. Movable spatial 6R mechanisms with three adjacent concurrent axes[J]. Transactions of the Canadian Society for Mechanical Engineering, 14(3): 85-90.

LEE C C, YAN H S, 1993. Movable spatial 6R mechanisms with three adjacent parallel axes [J]. Journal of Mechanical Design, 115(3): 522-529.

LÓPEZ-CUSTODIO P, DAI J, 2019. Design of a variable-mobility linkage using the bohemian dome[J]. Journal of Mechanical Design, 141(9): 092303.

LÓPEZ-CUSTODIO P, DAI J S, RICO J, 2018a. Branch reconfiguration of Bricard linkages based on toroids intersections: line-symmetric case[J]. Journal of Mechanisms and Robotics, 10(3): 031003.

LÓPEZ-CUSTODIO P, DAI J, RICO J, 2018b. Branch reconfiguration of Bricard linkages based on toroids intersections: plane-symmetric case[J]. Journal of Mechanisms and Robotics, 10(3): 031002.

LÓPEZ-CUSTODIO P, RICO J, CERVANTES-SÁNCHEZ J, et al., 2016. Reconfigurable mechanisms from the intersection of surfaces[J]. Journal of Mechanisms and Robotics, 8(2): 021029.

LÓPEZ-CUSTODIO P, RICO J, CERVANTES-SÁNCHEZ J, et al., 2017. Verification of the higher order kinematic analyses equations[J]. European Journal of Mechanics-A/Solids, 61: 198-215.

MAAROOF O W, DEDE M I C, 2014. Kinematic synthesis of over-constrained double-spherical six-bar mechanism[J]. Mechanism and Machine Theory, 73: 154-168.

MAKHSUDYAN N, DJAVAKHYAN R, ARAKELIAN V, 2009. Comparative analysis and synthesis of six-bar mechanisms formed by two serially connected spherical and planar four-bar linkages[J]. Mechanics Research Communications, 36(2): 162-168.

MOHAMED M G, GOSSELIN C, 2005. Design and analysis of kinematically redundant parallel manipulators with configurable platforms[J]. IEEE Transactions on Robotics, 21(3): 277-287.

MÜLLER A, 2014. Higher derivatives of the kinematic mapping and some applications[J]. Mechanism and Machine Theory, 76: 70-85.

MÜLLER A, 2016. Recursive higher-order constraints for linkages with lower kinematic pairs[J]. Mechanism and Machine Theory, 100: 33-43.

PELLEGRINO S, 1993. Structural computations with the singular value decomposition of the equilibrium matrix[J]. International Journal of Solids and Structures, 30(21): 3025-3035.

PEREZ A, MCCARTHY J M, 2003. Dimensional synthesis of Bennett linkages[J]. Journal Mechanical Design., 125(1): 98-104.

RICO J M, GALLARDO J, DUFFY J, 1999. Screw theory and higher order kinematic analysis of open serial and closed chains[J]. Mechanism and Machine Theory, 34(4): 559-586.

SONG C, CHEN Y, CHEN I M, 2013. A 6R linkage reconfigurable between the line-symmetric Bricard linkage and the Bennett linkage[J]. Mechanism and Machine Theory, 70: 278-292.

SUN J, ZHANG X, WEI G, et al., 2016 Geometry and kinematics for a spherical-base integrated parallel mechanism[J]. Meccanica, 51(7): 1607-1621.

WEI J, DAI J S, 2019. Reconfiguration-aimed and manifold-operation based type synthesis of metamor phic parallel mechanisms with motion between 1R2T and 2R1T[J]. Mechanism and Machine Theory, 139: 66-80.

YI B, NA H, LEE J, et al., 2002. Design of a parallel-type gripper mechanism[J]. The International Journal of Robotics Research, 21(7): 661-676.

ZHANG K, DAI J S, 2016. Reconfiguration of the plane-symmetric double-spherical 6R linkage with bifurcation and trifurcation[J]. Proceedings of the Institution of Mechanical

Engineers, Part C: Journal of Mechanical Engineering Science, 230(3): 473-482.

ZHANG K, DAI J S, FANG Y, 2013. Geometric constraint and mobility variation of two $3S_vPS_v$ metamorphic parallel mechanisms[J]. Journal of Mechanical Design, 135(1): 011001.

第十章　可重构机构在机器人中的应用

可重构机构由于其构态变化和重组特性，可以根据任务工况灵活切换机构构型，实现一机多能、一机多用，在机器人领域有着广泛应用。本章详细介绍了可重构机构在仿生足式机器人、高压线巡检维护机器人中的应用。变胞四足仿生机器人通过躯干的重构，可以模仿自然界三种不同的足式动物，将它们的运动特性集于一身，大大提高了其对复杂地形的适应能力；线路巡检与维护机器人通过在导线轮中加入变胞机构，可以实现机器人整体重心调整，从而越过高压线上的绝缘子障碍。

10.1　变胞四足仿生机器人设计分析

由于在复杂地形环境中的良好运动能力，近些年来，四足机器人受到广泛关注。然而现有的大多数四足机器人采用刚性的躯干结构，不能很好地模仿自然界中动物的柔性躯干结构，大大限制了四足机器人的灵活性和适应性。针对这个问题，本节将变胞机构运用到仿生机器人中，设计了一款变胞四足仿生机器人。首先分析了自然界中足式动物躯干活动度，并基于分析结果设计了变胞躯干结构。随后采用旋量理论和高阶运动学分析方法分析了变胞躯干结构的活动度和分岔特性。基于躯干重构，提出三种动物仿生形态并系统分析了在不同仿生形态下的工作空间及稳定性。最后基于变胞躯干结构各运动分支的运动特性及其在构型空间中的连接关系，设计出身体躯干的驱动策略及不同仿生形态下的切换策略。

10.1.1 变胞四足仿生机器人机构设计

自然界中足式动物的形态万千。有些动物的躯干结构是刚性的，例如螃蟹；而大部分足式动物的躯干都是可动的，如图 10–1 所示，蜥蜴转弯时会左右扭动躯干以调整前进的方向，蟑螂在爬台阶时会弯曲胸部以改变前后腿之间的相对位置和姿态，使身体重心离台阶更近。

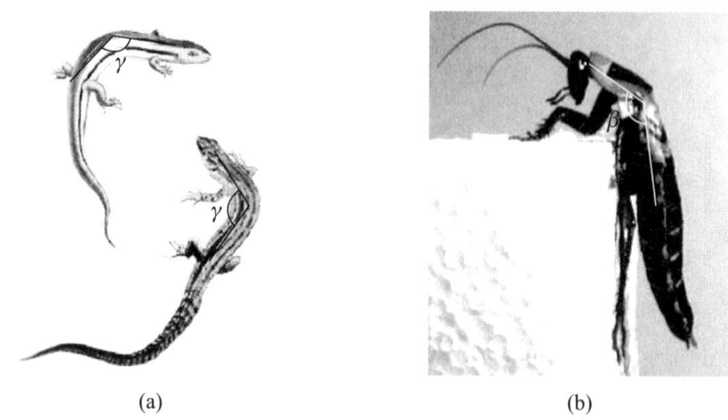

图 10–1 自然界足式动物躯干结构活动度示例：(a) 蜥蜴躯干左右偏转；(b) 蟑螂躯干上下俯仰

不少研究表明，可动的躯干结构对于足式动物有着至关重要的作用。通过对比奔跑的猎豹和马，Hildebrand (1959) 发现脊椎的弯曲和伸展可以提高奔跑速度，奔跑过程中脊椎弯曲的角度越大，奔跑的速度也越快。Haueise (2011) 指出，活动的脊椎结构可以大范围地调整躯干和四肢位置，进一步调整身体重心的位置，对提高运动的稳定性和灵活性有极大帮助。Karakasiliotis 等 (2013) 研究发现，蝾螈通过协调柔性脊椎结构和四肢来推动身体前进，其躯干的运动形式为弯曲和伸展运动。Zhang 等 (2014) 的研究表明，猫可以根据离地面的高度主动调节其柔性腰部的弯曲角度及最终着陆时身体与地面的夹角，从而将一部分动能短暂地存储为弹性腰部的弹性势能。Akhlaq 等 (2014) 发现，节肢类动物进化出连接的分段躯干结构是其进化过程中重要的一步，极大地提升了其生存适应能力。

不少学者在足式机器人中也发现了类似的规律。Leeser (1996) 发现躯干的活动度可以用来抵消腿部给身体的推力及调整腿部刚度系数。Khoramshahi 等 (2013, 2017) 系统地比较了刚性躯干、柔性躯干及自驱动的弹性串联躯干，发现拥有自驱动躯干结构的机器人不仅速度更快，而且能耗更低。Kani 等 (2013) 设计并分析了一款具有柔性躯干结构的四足机器人，他们发现柔性的躯干结构有利于提高机器人的运动速度，减少足尖与地面的滑动，并且在笔直前进时具有更好的稳定性。

很显然, 可动的柔性躯干结构对于足式动物和足式机器人都有着至关重要的作用。基于上面的研究, 甄伟鲲等 (2016) 设计了一款腰部可以活动的四足机器人, 其躯干结构是一个平面六杆机构。通过平面六杆躯干的运动可以扩大机器人腿部的活动空间, 提高其狭窄弯道通过能力, 提升机器人对极端环境的适应性。Zhang 等 (2019) 利用平面六杆躯干的活动度设计出一种连续静态小跑步态, 能够极大地提高机器人的步态稳定性。然而平面六杆机构的所有杆件都在同一平面内, 只具有水平方向上的活动度, 不能完全模仿图 10–2 中所示的足式动物的脊椎结构。图中展示的是爬行动物的骨架结构, 相邻两节脊椎骨的活动度为左右偏转和上下拱仰。但是由于关节转动范围限制, 脊椎结构为多节脊椎骨串联而成, 整个脊椎机构的活动度可以近似看成一个虎克铰, 其两条轴线分别沿 RPY 角中的 Pitch 轴和 Yaw 轴线方向。

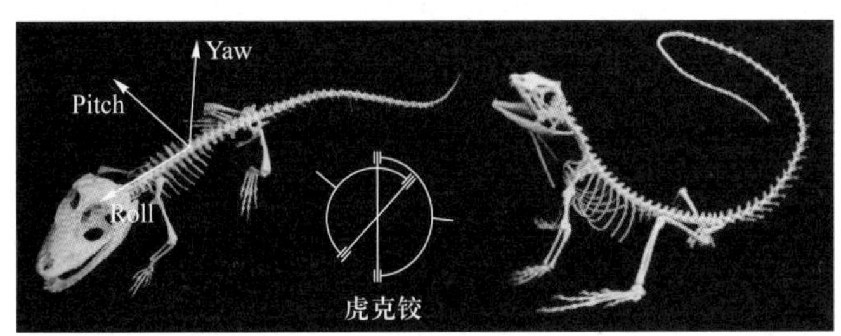

图 **10–2**　爬行动物骨架结构

基于上面的分析, 本节提出了一种新型变胞躯干结构。该结构不仅具有完整的足式动物脊椎活动度, 还能够通过机构重构模仿自然界中多种足式动物。自然界中的足式动物大致可分为三类: 哺乳类 (Simpson, 1945) 、爬行类 (Huey, 1982) 和节肢类 (Ritzmann 等, 2004) 。每一类的代表动物分别是猎豹、壁虎和蜘蛛, 如图 10–3 所示。它们的区别主要体现在躯干的形态和活动度、腿与腿之间的相对位置关系及腿部关节轴线姿态。哺乳类动物大多拥有强健的四肢, 四条腿位于躯干的正下方, 成对分布在躯干前后。爬行动物身体比较修长, 四肢从体侧横出, 不便直立, 体腹常着地面, 行动是典型的爬行。节肢类动物身体以及足分节, 可分为头、胸、腹三部分, 每一体节上有一对附肢。所以, 节肢类动物大多拥有多条腿, 腿成对分布在身体两侧 (Robertson, 2017) 。

综合上述三类足式动物的主要结构特征, 设计的目标变胞躯干结构需具有以下功能:

(1) 具有竖直 Yaw 方向的弯曲;

(2) 具有水平 Pitch 方向的拱仰;

(3) 能够改变腿与腿的相对位置;

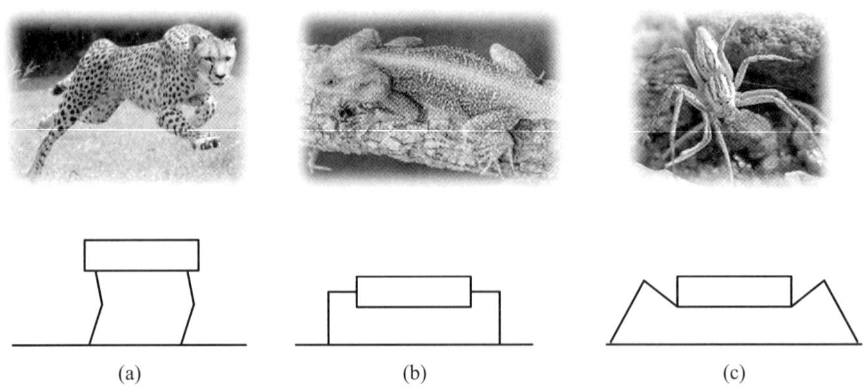

图 10–3　自然界中主要的三类足式动物: (a) 哺乳类; (b) 爬行类; (c) 节肢类

(4) 能够改变腿与躯干的相对位置 (躯干两侧或躯干下方) 。

甄伟鲲等 (2016) 提出的平面六杆机构能够满足上述条件 (1) 和 (3) 。下面将以平面六杆机构作为子运动分支之一进行设计, 通过增加额外的子运动分支, 来满足条件 (2) 和 (4) 。为了简便分析, 这里将目标运动分支设置为三个: 运动分支一为平面六杆机构, 运动分支二具有水平 Pitch 方向的转动, 运动分支三需要重构躯干和腿之间的相对位置。考虑到第三个运动分支不是特别确定, 因此先考虑前两个运动分支, 即需要设计出一个奇异构型以同时满足平面机构运动及具有水平 Pitch 方向的转动。需要注意的是, 这里对设计条件进行了简化, 同时满足设计需求的方案不止一个, 一般情况下, 找到一个相对简单且能够满设计需求的方案即可。

下面来设计满足上述条件的目标奇异构型。其中一个目标运动分支为平面六杆机构, 所以存在六个相互平行的关节轴线, 且同时垂直于连杆所在平面。另一个目标运动分支为水平 Pitch 方向的转动, 即让机构中某一部分相对于另一部分具有 Pitch 方向转动的自由度, 实现该自由度的机构类型有很多, 其中较为简单的一种方式是让两条水平关节轴线共线, 这样机构被共线轴线一分为二, 两部分可以绕着共线轴线相互转动。

参考 Galletti 和 Fanghella (2001) 提出的单环运动转向机构, 很容易得到三种不同的满足条件的奇异构型, 如图 10–4 所示。图 10–4 (a) 是将平面六杆机构的两个转动副换成虎克铰, 虎克铰的一条轴线与其他四个转动副的轴线平行, 另一条轴线沿 Picth 方向。由于前三条连杆由轴线相互平行的两个转动副连接, 因此前三条连杆始终共面。同理, 后三条连杆也始终共面。两个虎克铰沿 Pitch 方向的轴线是这两个平面的交线。当两个虎克铰沿 Pitch 方向的轴线不共线时, 前后两个平面有两条交线, 所以很容易得到此时前后两个平面重合, 因此两个虎克铰绕 Pitch

方向的转动被锁死, 该运动分支为一个三自由度的平面六杆机构, 如图 10–5 (a) 所示。当两个虎克铰沿 Pitch 方向的轴线共线时, 前后两个平面相交, 其中一个平面的三条腰杆被锁死。在该运动分支下, 该机构只有两个自由度, 一个为绕共线的 Pitch 轴的旋转, 另一个为锁死的三条连杆与其他三条连杆构成一个平行四边形机构, 如图 10–5 (b) 所示。

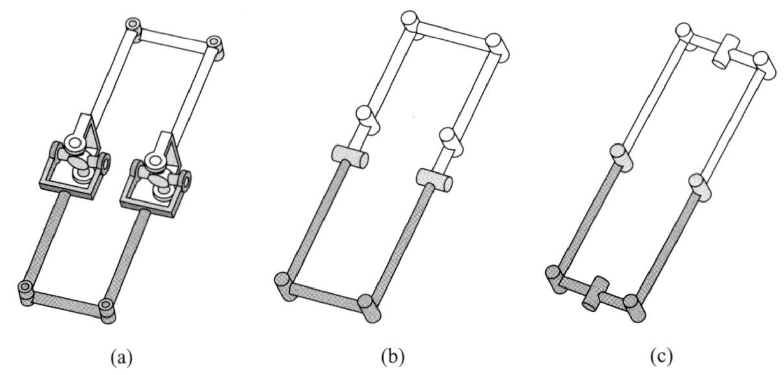

图 **10–4**　三种满足条件的奇异构型: **(a)** 虎克铰; **(b)** 相间; **(c)** 相对

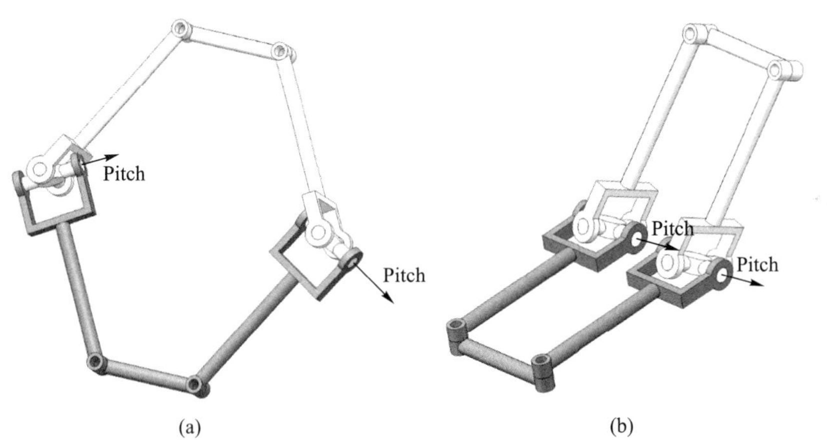

图 **10–5**　虎克铰–奇异构型的两个运动分支: **(a)** 运动分支 **1**——平面六杆; **(b)** 运动分支 **2**——平面四杆和 **Pitch** 转动

然而虎克铰–奇异构型这种结构作为足式机器人躯干结构时, 需要驱动虎克铰中的一个转动关节, 由于虎克铰尺寸限制, 需要采用一定的传动机构将电动机与驱动关节相连, 结构比较复杂, 且虎克铰活动的角度范围有限。图 10–4 (b) 所示的相间–奇异构型可以看作在虎克铰–奇异构型基础上的改良, 其主要区别在于将虎克铰两条轴线之间增加一段轴距, 从而使两条轴线分离开来, 便于驱动, 这样机构也由原来的六杆变成了八杆。两者的运动分支基本相同, 区别在于前者的平面六杆中四条杆的长度相同, 具有双重对称特性, 后者由于存在一定偏距, 平面六杆只有一个对称平面。此外, 在躯干前后两部分做左右扭动时, 由于存在偏距, 弯曲的中点并不位于躯干的正中间。

图 10–4 (c) 所示相对–奇异构型是在平面六杆的基础上将其中两条相对的杆一分为二, 中间用转动副连接。该奇异构型下也有两个运动分支, 其一为平面六杆机构, 其二为 Sarrus 扩展八杆机构。 Sarrus 扩展八杆机构可以通过 Sarrus 机构得到, 一般的 Sarrus 机构由两条支链组成, 每条支链包含三个轴线平行的转动副, 两条支链形成一个特定的夹角 α ($\alpha \neq k\pi, k \in N$), 如图 10–6 (a) 所示。

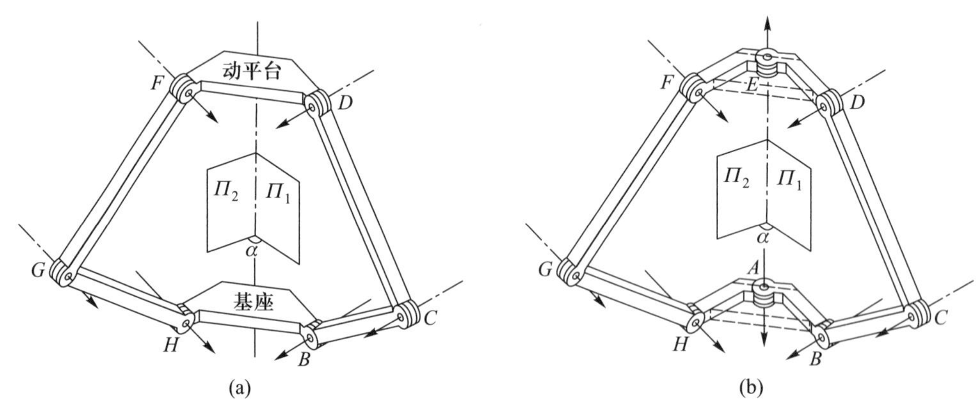

图 10–6　由 Sarrus 机构到 Sarrus 扩展八杆机构的演变过程: (a) Sarrus 机构; (b) Sarrus 扩展八杆机构

在 Sarrus 机构的基础上, 将动平台和静平台一分为二, 通过转动关节连接, 并让两个转动关节的轴线共线且与其他六个关节轴线垂直, 如图 10–6 (b) 所示。运用 Grubler–Kutzbach 扩展活动度准则 (戴建生, 2014) , 可以得到

$$M = 6(n-1) - \sum_{i=1}^{g} (6 - f_i) \tag{10–1}$$

式中, n 为杆件数目; g 为关节数目; f_i 为第 i 个关节的活动度; M 为机构活动度。代入数据可知, Sarrus 扩展八杆机构运动分支具有两个活动度, 分别为绕共线轴线 AE 的转动和其他关节组成的 Sarrus 机构的平移运动, 如图 10–7 所示。

10.1.2　变胞八杆机构运动分支及可重构分析

基于 10.1.1 节的 Sarrus 扩展八杆机构, 可以得到一个新型变胞八杆机构。该变胞八杆机构被共线轴线 AE 一分为二, 两部分可以看成两条支链。当两条支链共面时, 变胞八杆机构将运动到奇异构型。根据两条支链的夹角 α 的值可分为两种情况。当 $\alpha = 0$ 时, 变胞八杆机构运动到奇异构型 1, 这时两条支链重合, 关节 B、

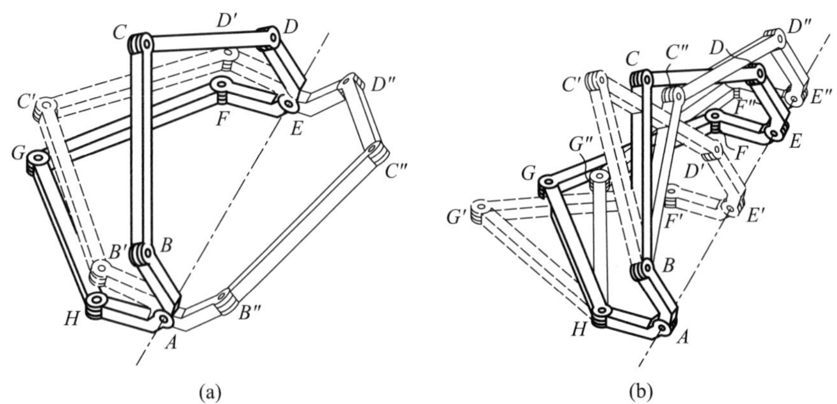

图 10–7　Sarrus 扩展八杆机构的两个活动度: (a) 绕轴线 AE 的转动; (b) 沿轴线 AE 的平移运动

C、D 分别与 F、G、H 共线, 如图 10–8 所示。

在当前构型下, 八个关节轴线的旋量可表示为

$$\begin{cases} \boldsymbol{S}_1 = -\boldsymbol{S}_5 = \left(0, -1, 0, \dfrac{l}{2}, 0, 0\right)^{\mathrm{T}} \\ \boldsymbol{S}_2 = -\boldsymbol{S}_8 = (1, 0, 0, 0, 0, l)^{\mathrm{T}} \\ \boldsymbol{S}_3 = -\boldsymbol{S}_7 = (1, 0, 0, 0, 0, 0)^{\mathrm{T}} \\ \boldsymbol{S}_4 = -\boldsymbol{S}_6 = (1, 0, 0, 0, 0, -l)^{\mathrm{T}} \end{cases} \tag{10–2}$$

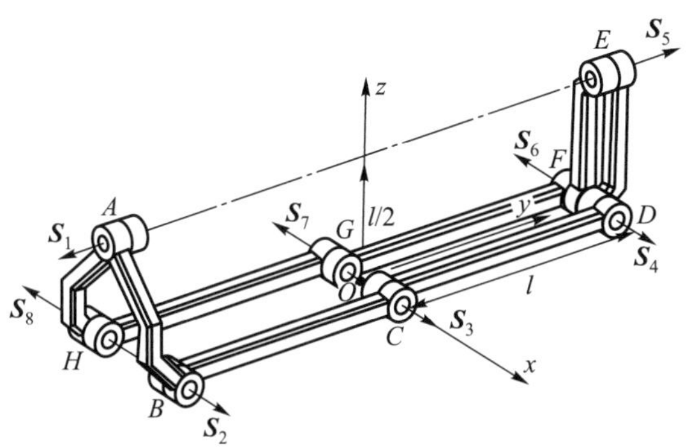

图 10–8　奇异构型 1: $\alpha = 0$

式中, l 为杆件 BC、CD、FG、GH 的长度, 并令杆件 AB、DE、EF、HA 的杆件长度为 $l/2$。易得 $\dim(\mathbb{S}^r) = 3$, $\mathrm{card}(\mathbb{S}^r) = 6$, 通过修正活动度计算公式可求得当前构型下机构活动度为 $m = 8 - 6 + 6 - 3 = 5$。将式 (10–2) 代入一阶约束

方程可得

$$\boldsymbol{J\omega}=\begin{pmatrix}\omega_2+\omega_3+\omega_4-\omega_6-\omega_7-\omega_8\\ \omega_5-\omega_1\\ 0\\ 0\\ l(\omega_1-\omega_5)/2\\ l(\omega_2+\omega_6-\omega_4-\omega_8)\end{pmatrix}=\begin{pmatrix}0\\0\\0\\0\\0\\0\end{pmatrix} \tag{10-3}$$

求解可得一阶约束解空间如下

$$\boldsymbol{K}_{\boldsymbol{q}}^{1}\boldsymbol{V}=\left\{\begin{array}{l}(\omega_1,\omega_2,\omega_3,\omega_4,\omega_1,\omega_4+\omega_8-\omega_2,2\omega_2+\omega_3-2\omega_8,\\ \omega_8)|\omega_1,\omega_2,\omega_3,\omega_4,\omega_8\in\mathbb{R}\end{array}\right\} \tag{10-4}$$

对式 (10–3) 进行求导, 可得二阶约束方程 $\boldsymbol{J\alpha}=-\boldsymbol{S}_{\mathrm{L}}$, 利用 $\operatorname{rank}(\boldsymbol{J})=\operatorname{rank}(\boldsymbol{J}\quad-\boldsymbol{S}_{\mathrm{L}})$ 可得二阶约束如下

$$\begin{cases}\omega_1(\omega_2-\omega_4)=0\\ \omega_1(\omega_2+\omega_3+\omega_4)=0\\ (\omega_2-\omega_8)\quad(\omega_2+\omega_3-\omega_8)=0\end{cases} \tag{10-5}$$

求解可得四组解, 每一组解对应一个运动分支, 详见表 10–1。

表 10–1　四组关节速度条件及其对应的解空间

编号	约束条件	解空间
(1)	$\omega_1=0$ $\omega_2-\omega_8=0$	$\boldsymbol{K}_{\boldsymbol{q}}^{2-1}\boldsymbol{V}=\{(0,\omega_2,\omega_3,\omega_4,0,\omega_4,\omega_3,\omega_2)\|\omega_2,\omega_3,\omega_4\in\mathbb{R}\}$
(2)	$\omega_1=0$ $\omega_2+\omega_3-\omega_8=0$	$\boldsymbol{K}_{\boldsymbol{q}}^{2-2}\boldsymbol{V}=\{(0,\omega_2,\omega_3,\omega_4,0,\omega_4+\omega_3,-\omega_3,\omega_2+\omega_3)\|\omega_2,\omega_3,\omega_4\in\mathbb{R}\}$
(3)	$\omega_2-\omega_4=0$ $\omega_2-\omega_8=0$ $\omega_2+\omega_3+\omega_4=0$	$\boldsymbol{K}_{\boldsymbol{q}}^{2-3}\boldsymbol{V}=\{(\omega_1,\omega_2,-2\omega_2,\omega_2,\omega_1,\omega_2,-2\omega_2,\omega_2)\|\omega_1,\omega_2\in\mathbb{R}\}$
(4)	$\omega_2-\omega_4=0$ $\omega_2+\omega_3+\omega_4=0$ $\omega_2+\omega_3-\omega_8=0$	$\boldsymbol{K}_{\boldsymbol{q}}^{2-4}\boldsymbol{V}=\{(\omega_1,\omega_2,-2\omega_2,\omega_2,\omega_1,-\omega_2,2\omega_2,-\omega_2)\|\omega_1,\omega_2\in\mathbb{R}\}$

当机构处于 $\boldsymbol{K}_{\boldsymbol{q}}^{2-1}\boldsymbol{V}$ 对应的运动分支 I 时, $\omega_1=\omega_5=0$, 关节 A 和关节 E 处于锁死状态, 关节 B、C、D 的轴线分别与关节 H、G、F 的轴线共线, 因此该构型下, 机构等价于一个串联的 3R 机构且三条轴线相互平行, 如图 10–9 (a) 所示。$\boldsymbol{K}_{\boldsymbol{q}}^{2-2}\boldsymbol{V}$ 对应的运动分支 II 与运动分支 I 类似, 区别在于此构型下关节 C 和 G 的轴线不共线, 与关节 B 和 D 的轴线组成一个正平行四边形机构, 如图 10–9 (b) 所示。

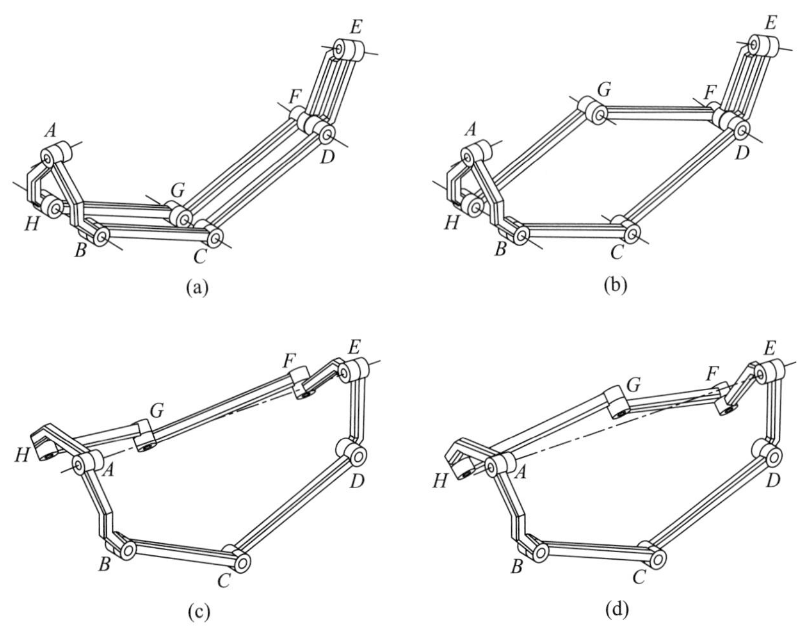

图 10–9 与奇异构型 1 相连的四条运动分支: **(a)** 串联 **3R** 机构; **(b)** 平面四杆和两个转动; **(c) Sarrus** 扩展机构构型 **i**; **(d) Sarrus** 扩展机构构型 **ii**

与前两条运动分支不同, 第三条和第四条运动分支的活动度都为 2, 即沿轴线 AE 的 Sarrus 纯平移运动和绕轴线 AE 的转动, 两者的区别在于第三条运动分支的支链 $H-G-F$ 朝上, 第四条运动分支的支链 $H-G-F$ 朝下, 如图 10–9(c) 和 (d) 所示。

当 $\alpha=\pi$ 时, 变胞八杆机构运动到奇异构型 2, 这时两条支链上的转动关节的轴线都相互平行, 如图 10–10 所示, 该奇异构型就是最初设计的图 10–4 (c) 所示的相对轴线共线的奇异构型。

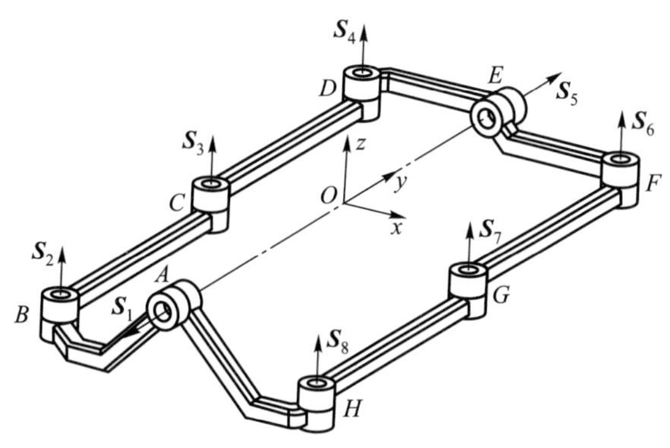

图 10–10 奇异构型 2: $\boldsymbol{\alpha}=\pi$

同理, 当前构型下的八个关节轴线的旋量可表示为

$$\begin{cases} \boldsymbol{S}_1=(0,-1,0,0,0,0)^{\mathrm{T}} \\ \boldsymbol{S}_2=\left(0,0,1,-l,\dfrac{l}{2},0\right)^{\mathrm{T}} \\ \boldsymbol{S}_3=\left(0,0,1,0,\dfrac{l}{2},0\right)^{\mathrm{T}} \\ \boldsymbol{S}_4=\left(0,0,1,l,\dfrac{l}{2},0\right)^{\mathrm{T}} \\ \boldsymbol{S}_5=(0,1,0,0,0,0)^{\mathrm{T}} \\ \boldsymbol{S}_6=\left(0,0,1,l,-\dfrac{l}{2},0\right)^{\mathrm{T}} \\ \boldsymbol{S}_7=\left(0,0,1,0,-\dfrac{l}{2},0\right)^{\mathrm{T}} \\ \boldsymbol{S}_8=\left(0,0,1,-l,-\dfrac{l}{2},0\right)^{\mathrm{T}} \end{cases} \tag{10–6}$$

计算可得 $\dim(\mathbb{S}^r)=4$ $\mathrm{card}(\mathbb{S}^r)=6$, 因此当前构型下的活动度为 $m=8-6+6-4=4$。同理, 可得一阶约束方程如下

$$\boldsymbol{J\omega}=\begin{pmatrix} 0 \\ \omega_5-\omega_1 \\ \omega_2+\omega_3+\omega_4+\omega_6+\omega_7+\omega_8 \\ l(\omega_4+\omega_6-\omega_2-\omega_8) \\ l(\omega_2+\omega_3+\omega_4-\omega_6-\omega_7-\omega_8)/2 \\ 0 \end{pmatrix}=\begin{pmatrix}0\\0\\0\\0\\0\\0\end{pmatrix} \tag{10–7}$$

求解可得

$$\boldsymbol{K}_{\boldsymbol{q}'}^{1}\boldsymbol{V}=\left\{\begin{array}{l}(\omega_1,\omega_2,\omega_3,-\omega_2-\omega_3,\omega_1,2\omega_2+\omega_3+\omega_8,-2\omega_2-\omega_3 \\ -2\omega_8,\omega_8)\,|\omega_1,\omega_2,\omega_3,\omega_8\in\mathbb{R}\end{array}\right\} \tag{10–8}$$

同理可得, 奇异构型 2 的二阶约束如下

$$\omega_1\ (2\omega_2+\omega_3)\ =0 \tag{10–9}$$

显然存在两组不同的解: $\omega_1=0$ 和 $2\omega_2+\omega_3=0$。因此, 该奇异构型下的切锥由两部分构成, 即 $\boldsymbol{K}_{\boldsymbol{q}'}^{2}\boldsymbol{V}=\boldsymbol{K}_{\boldsymbol{q}'}^{2\text{-}1}\boldsymbol{V}\cup\boldsymbol{K}_{\boldsymbol{q}'}^{2\text{-}2}\boldsymbol{V}$。将 $\omega_1=0$ 代入式 (10–8) 可得

$$\boldsymbol{K}_{\boldsymbol{q}'}^{2-1}\boldsymbol{V}=\left\{\begin{array}{c}(0,\omega_2,\omega_3,-\omega_2-\omega_3,0,2\omega_2+\omega_3+\omega_8, \\ -2\omega_2-\omega_3-2\omega_8,\omega_8)|\omega_2,\omega_3,\omega_8\in\mathbb{R}\end{array}\right\} \tag{10–10}$$

显然, $\boldsymbol{K}_{\boldsymbol{q}'}^{2\text{-}1}\boldsymbol{V}$ 对应的运动分支具有三个活动度, $\omega_1=\omega_5=0$, 关节 A 和 E 处于锁死状态, 剩余的六个关节的轴线都相互平行, 易知该运动分支为一个平面六杆机构, 其非奇异构型可分为两种情况——关节 A、 E 的轴线平行或相交, 如图 10–11 所示。

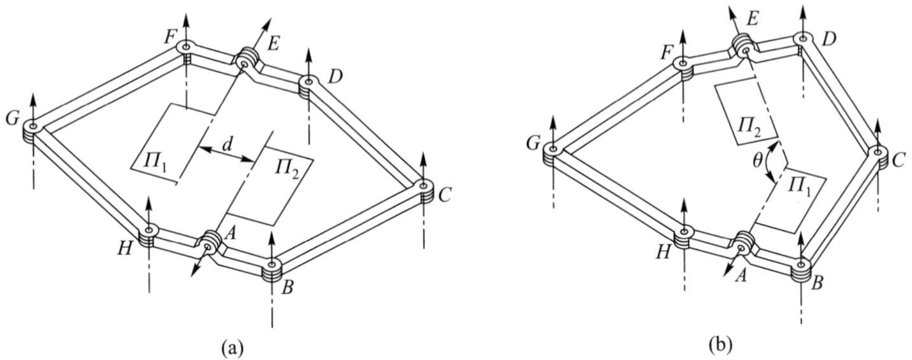

图 **10–11** 平面六杆运动分支: **(a)** 关节 A、 E 的轴线平行; **(b)** 关节 A、 E 的轴线相交

同理, 将 $2\omega_2+\omega_3=0$ 代入式 (10–8) 可得

$$\boldsymbol{K}_{\boldsymbol{q}'}^{2\text{-}2}\boldsymbol{V}=\{(\omega_1,\omega_2,-2\omega_2,\omega_2,\omega_1,\omega_8,-2\omega_8,\omega_8)|\,\omega_1,\omega_2,\omega_8\in\mathbb{R}\} \tag{10–11}$$

由于式 (10–11) 表示的解空间对应的运动分支不是很直观得到的, 因此继续进行三阶微分分析 (López-Custodio 等, 2017) , 可得

$$\boldsymbol{S}_A=\begin{pmatrix}-3\omega_1(\alpha_2+\alpha_3+\alpha_4)\\0\\0\\0\\3l(\alpha_3w_2-\alpha_7w_8)\\-3l\omega_1(\alpha_2-\alpha_4)\end{pmatrix} \tag{10–12}$$

式中, $\alpha_i(i=1,2,\cdots,8)$是关节$A\sim H$的角加速度。基于 $\operatorname{rank}(\boldsymbol{J})=\operatorname{rank}(\boldsymbol{J}\quad -\boldsymbol{S}_A)$ 可得另外两个约束条件: $\alpha_2+\alpha_3+\alpha_4=0$ 和 $\alpha_2-\alpha_4=0$。为了利用这两个约束条件, 首先需要求解出 $\boldsymbol{\alpha}=(\alpha_1,\alpha_2,\alpha_3,\alpha_4,\alpha_5,\alpha_6,\alpha_7,\alpha_8)^{\mathrm{T}}$。由二阶微分公式可得

$$\boldsymbol{J\alpha}=-\boldsymbol{S}_{\mathrm{L}}=(0,0,0,0,2l(\omega_2+\omega_8)(\omega_2-\omega_8),0)^{\mathrm{T}} \tag{10–13}$$

式 (10–13) 是一个非齐次线性方程组, 其解由两部分组成, 即其对应的齐次方程组的通解和任意一个特解。其对应的齐次方程组通解 $\boldsymbol{K}_{\boldsymbol{q}'}^{1}\boldsymbol{V}$ 可改写为

$$\boldsymbol{V}=k(\varepsilon_1,\varepsilon_2,\varepsilon_3,-\varepsilon_2-\varepsilon_3,\varepsilon_1,2\varepsilon_2+\varepsilon_3+\varepsilon_8,-2\varepsilon_2-\varepsilon_3-2\varepsilon_8,\varepsilon_8)^{\mathrm{T}},$$
$$(\varepsilon_1,\varepsilon_2,\varepsilon_3,\varepsilon_8\in\mathbb{R}) \tag{10–14}$$

可找到一个特解如下

$$\boldsymbol{V}_0=\begin{pmatrix}0\\-(\omega_2+\omega_8)(\omega_2-\omega_8)\\2(\omega_2+\omega_8)(\omega_2-\omega_8)\\0\\0\\-(\omega_2+\omega_8)(\omega_2-\omega_8)\\0\\0\end{pmatrix} \tag{10–15}$$

因此, 非齐次方程组 (10–13) 的解可表示为

$$\boldsymbol{A}=\boldsymbol{V}+\boldsymbol{V}_0=k\begin{pmatrix}\varepsilon_1\\\varepsilon_2\\\varepsilon_3\\-\varepsilon_2-\varepsilon_3\\\varepsilon_1\\2\varepsilon_2+\varepsilon_3+\varepsilon_8\\-2\varepsilon_2-\varepsilon_3-2\varepsilon_8\\\varepsilon_8\end{pmatrix}+\begin{pmatrix}0\\-(\omega_2+\omega_8)(\omega_2-\omega_8)\\2(\omega_2+\omega_8)(\omega_2-\omega_8)\\0\\0\\-(\omega_2+\omega_8)(\omega_2-\omega_8)\\0\\0\end{pmatrix} \tag{10–16}$$

进而可得

$$\begin{cases}\alpha_2=k\varepsilon_2-(\omega_2+\omega_8)(\omega_2-\omega_8)\\\alpha_3=k\varepsilon_3+2(\omega_2+\omega_8)(\omega_2-\omega_8)\\\alpha_4=-k(\varepsilon_2+\varepsilon_3)\end{cases} \tag{10–17}$$

将式 (10–17) 代入 $\alpha_2+\alpha_3+\alpha_4=0$ 和 $\alpha_2-\alpha_4=0$ 可得

$$(\omega_2+\omega_8)(\omega_2-\omega_8)=0 \tag{10–18}$$

显然, 式 (10–18) 存在两组不同的解, 即 $\omega_2+\omega_8=0$ 和 $\omega_2-\omega_8=0$, 代入式 (10–11) 可得 $2\omega_2+\omega_3=0$ 对应的两个子解空间如下

$$\begin{cases}\boldsymbol{K}_{\boldsymbol{q}'}^{2-2a}\boldsymbol{V}=\{(\omega_1,\omega_2,-2\omega_2,\omega_2,\omega_1,\omega_2,-2\omega_2,\omega_2)|\omega_1,\omega_2\in\mathbb{R}\}\\\boldsymbol{K}_{\boldsymbol{q}'}^{2-2b}\boldsymbol{V}=\{(\omega_1,\omega_2,-2\omega_2,\omega_2,\omega_1,-\omega_2,2\omega_2,-\omega_2)|\omega_1,\omega_2\in\mathbb{R}\}\end{cases} \tag{10–19}$$

综上可知, 奇异构型 2 有三条运动分支, 第一条运动分支为活动度为 3 的平面六杆机构, 另外两条为与解空间 $\boldsymbol{K}_{\boldsymbol{q}'}^{2-2a}\boldsymbol{V}$ 和 $\boldsymbol{K}_{\boldsymbol{q}'}^{2-2b}\boldsymbol{V}$ 对应的运动分支。对比发现, 解空间 $\boldsymbol{K}_{\boldsymbol{q}'}^{2-2a}\boldsymbol{V}$ 和 $\boldsymbol{K}_{\boldsymbol{q}'}^{2-2b}\boldsymbol{V}$ 分别与解空间 $\boldsymbol{K}_{\boldsymbol{q}}^{2-3}\boldsymbol{V}$ 和 $\boldsymbol{K}_{\boldsymbol{q}}^{2-4}\boldsymbol{V}$ 相同的, 因此

图 10−9 中的 Sarrus 扩展机构构型 i 运动分支和 Sarrus 扩展机构构型 ii 运动分支连接着奇异构型 1 和奇异构型 2。

整个机构的构型空间如图 10−12 所示, 机构一共具有五条运动分支, 其中奇异构型 1 为运动分支 I ~ IV 的交点, 奇异构型 2 为运动分支 III、IV 和平面运动分支的交点, 平面运动分支与运动分支 I、II 不直接相连。此外, 由于所有运动分支的活动度大于或等于 2, 所以不同运动分支交界处会形成奇异构型分支, 其运动为相邻运动分支的交集。

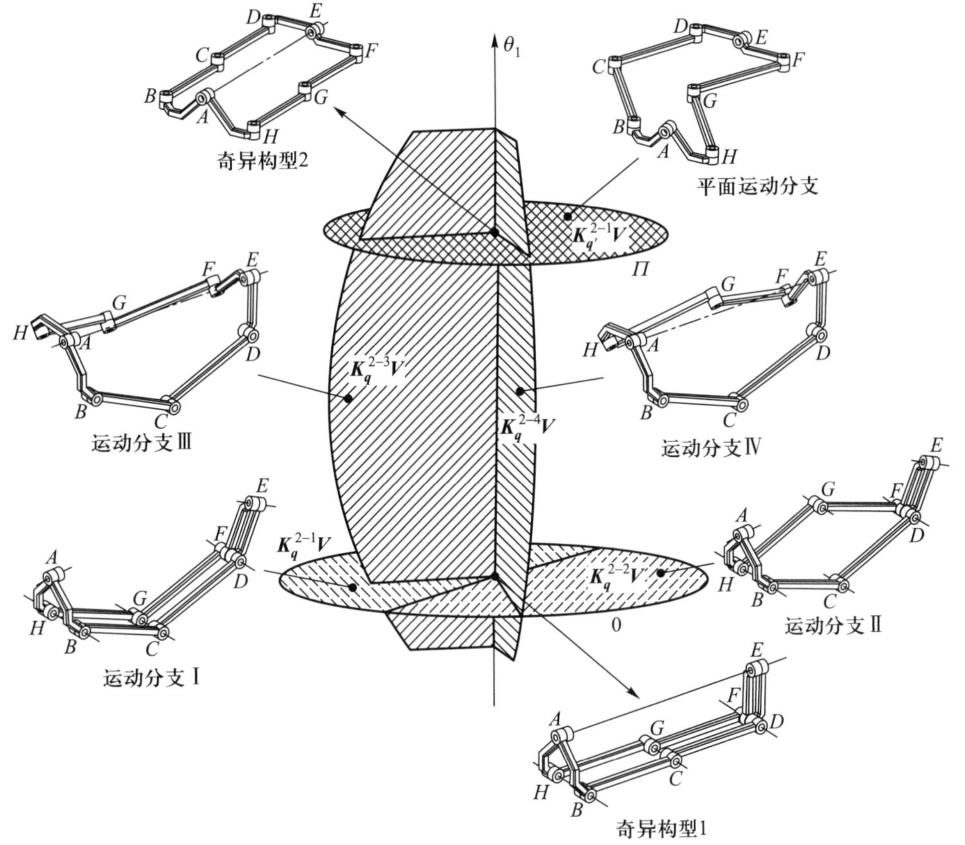

图 **10−12** 变胞八杆机构构型空间示意图

10.1.3 变胞四足仿生机器人的三种仿生形态

基于 10.1.2 节的变胞八杆机构分析结果, 选用图 10−10 所示的奇异构型 2 作为躯干结构一般形态设计了一款变胞四足仿生机器人, 如图 10−13 所示。考虑到机器人的对称性, 杆件 BC、CD、FG、GH 长度相同, 用 l_1 表示, 杆件 HA、AB、DE、EF 长度相同, 用 l_2 表示, 且满足 $l_1 > l_2$。为避免当躯干运动到运动

分支 $\boldsymbol{K}_{\boldsymbol{q}}^{2-1}\boldsymbol{V}$ 时杆件间发生干涉，关节轴线 AE 与其他关节中心有一个高度差 h_0。每一条腿有三条连杆，长度分别为 s_1、s_2、s_3，连杆间通过腿部关节 ii、iii 连接。为了便于表述，腿部关节 i、ii、iii 的轴线分别用 R_i、R_{ii}、R_{iii} 表示。其中，R_i 平行于其相连腰杆上的关节的轴线，例如 $R_i//R_A//R_B$。此外，$R_i \perp R_{ii}$，$R_{ii}//R_{iii}$。为了避免腿与躯干之间产生干涉，轴线 R_i 并不在与之相连的躯干连杆的中心，而是与相连驱动连杆上的转动关节中心连线存在偏距 d_1。此外，为避免同一侧腿之间相互干涉，轴线 R_i 往外移动了一定距离，即 $d_2 > l_1/2$。

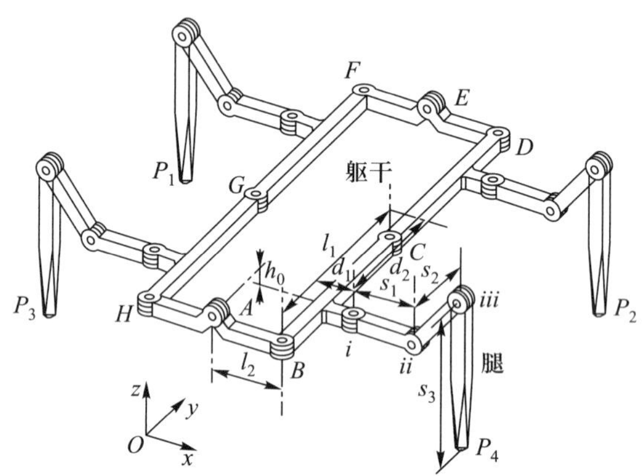

图 **10–13**　变胞四足仿生机器人模型简图

如图 10–14 所示，变胞四足仿生机器人具有三种仿生形态，分别为爬行类、节肢类和哺乳类，每种形态下，机器人具有独特的运动特性。爬行类仿生形态如图 10–14 (a) 所示，该形态下机器人躯干结构处于 $\boldsymbol{K}_{\boldsymbol{q'}}^{2-1}\boldsymbol{V}$ 平面六杆运动分支，机器人稳定性较好，运动灵活，适合在平地或斜坡上运动。节肢类仿生形态如图 10–14 (b) 所示，该形态下机器人躯干处于 $\boldsymbol{K}_{\boldsymbol{q}}^{2-3}\boldsymbol{V}$ 对应的扩展 Sarrus 运动分支并具有一个上下俯仰的活动度，可以上下台阶。哺乳类仿生形态如图 10–14 (c) 所示，该形态下机器人躯干为一个串联的 3R 机构 ($\boldsymbol{K}_{\boldsymbol{q}}^{2-1}\boldsymbol{V}$)，整个躯干分成 4 段，四肢位于躯干正下方，机器人重心较高，适合跨越较大的障碍物。

10.1.3.1　不同仿生形态下的工作空间分析

为了进一步发掘各种仿生形态下的运动特性及定量分析，下面对各种仿生形态下的工作空间进行绘制分析。分析中所用的机器人的相关参数如下所示：

$$\begin{cases} s_1 = 46,\ s_2 = 53.85,\ s_3 = 110,\ h_0 = 33.1 \\ l_1 = 140,\ l_2 = 50,\ d_1 = 40,\ d_2 = 90 \end{cases} \tag{10–20}$$

首先，分析机器人单条腿的工作空间。这里所说的单条腿工作空间指的是足尖点能到达点的集合。在不同仿生形态下，单条腿的工作空间是不变的，而且工作空

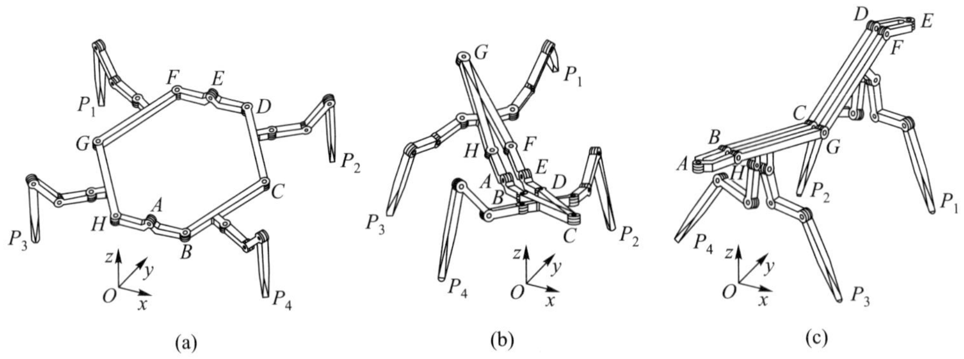

图 10–14　变胞四足仿生机器人三种仿生形态：(a) 爬行类；(b) 节肢类；(c) 哺乳类

间中的大多数点都有两种构型 (C1 和 C2) 与之对应，如图 10–15 (a) 所示。为避免腿与腿或腿与身体之间产生干涉，扩大腿部运动范围，一般情况下，爬行类和节肢类仿生形态的变胞四足仿生机器人采用 C1 腿部形态，哺乳类仿生形态的变胞四足仿生机器人采用 C2 腿部形态。

图 10–15 (a) 为单条腿工作空间的矢状截面，其中实线区域为 C1 腿部形态工作空间 S1，虚线区域为 C2 腿部形态工作空间 S2。单条腿的工作空间矢状截面可以看作由腿部关节 R_{ii} 和 R_{iii} 活动足尖点构成的工作空间，整条腿的工作空间只需将上述矢状面绕腿部第一个关节 R_i 的轴线旋转角度 π 即可得到 (腿部第一个关节 R_i 的活动角度范围为 $-\pi/2$ 到 $\pi/2$)，如图 10–15 (b) 所示。

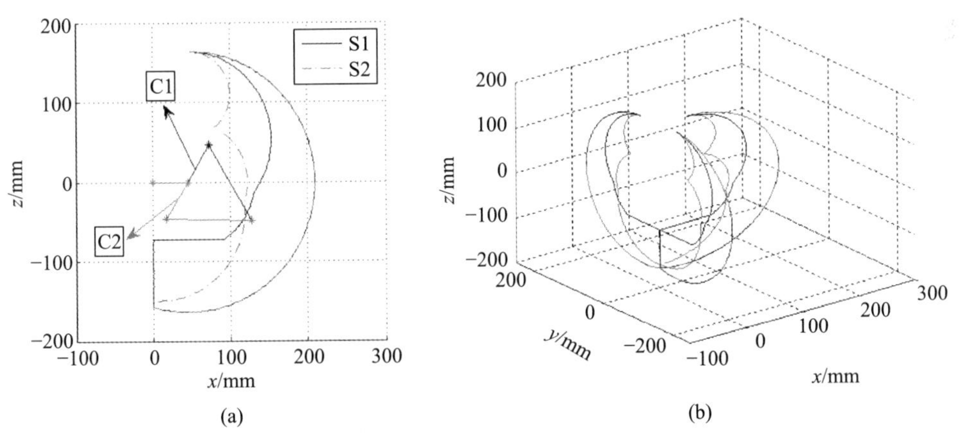

图 10–15　单条腿的工作空间示意图 (见书后彩图)：(a) 单条腿工作空间矢状截面；(b) 单条腿工作空间

整个机器人的工作空间由四条腿的工作空间组合而成。不同仿生形态下，由于躯干的构型不同，四条腿的工作空间的相对位置和姿态也不相同。这里的工作空间仅考虑静态工作空间, 即每种形态下机器人躯干典型形态下四条腿的工作空间, 暂时不考虑躯干活动度。这里定义两个参数来表征机器人工作空间的主要特征: ① 工作空间高度差 H, 用来表征机器人工作空间纵向特征, H 参数确定了机器人能够翻越的最高障碍高度; ② 机器人躯干最小宽度 D, 用来表征机器人工作空间横向特征, D 参数决定了机器人能通过的最窄通道尺寸。

图 10–16 给出了三种仿生形态下变胞四足仿生机器人的工作空间。其中, 爬行类仿生形态下给出了两种躯干典型形态 (I 和 II) 的工作空间, 如图 10–16 (a) 和 (b) 所示。对比发现, 在爬行类仿生形态下, 机器人工作空间的 H 和 D 参数处在中间位置, 表明该形态下障碍跨越和窄道通过能力都一般, 但是相比于其他两种仿生形态, 该类机器人四条腿的工作空间分布比较均匀, 特别是典型形态 II 下, 躯干形态为一个六边形, 相邻两条腿之间的间距都比较接近, 因此在该仿生形态下, 机器人全方向移动性能比较好, 即可向前后左右移动, 不需要通过转弯就能改变前进的方向。得益于躯干的 Pitch 方向转动, 节肢类仿生形态机器人的前肢可以随着躯干往上抬升, 机器人工作空间的 H 值也能够急剧增大, 如图 10–16 (c) 所示, 因此该类机器人在翻越垂直方向上的障碍 (例如台阶) 会更有优势。哺乳类形态下, 由于躯干的重构, 腿部工作空间的方向也发生了变化。在前两种仿生形态下, 竖直方向为图 10–15 (a) 中腿局部坐标系的 z 轴方向; 而在哺乳类仿生形态下, 竖直方向为图 10–15 (a) 中腿局部坐标系的 x 轴方向。此外, 在哺乳类仿生形态下, 躯干左右两侧紧密贴合在一块, 机器人工作空间的 D 值很小, 比较适合通过一些狭窄通道。

10.1.3.2 不同仿生形态下的稳定性分析

变胞四足仿生机器人具有两种步态: 间歇步态 (Tsukagoshi 等, 1996) 和连续步态 (Estremera 和 de Santos, 2005) 。间歇步态下, 机器人的运动速度是断断续续的, 当机器人迈腿时, 躯干是静止的, 当机器人躯干移动时, 四条腿同时着地。连续步态下, 机器人的运动速度是连续的, 即当机器人迈某条腿时, 其他三条腿同时在推动身体移动。

两种步态除了运动速度差异外, 步态的稳定性也是不一样的。对于足式机器人来说, 如果机器人重心在地面的投影落在所有足尖点组成的支撑多边形内, 则机器人是稳定的, 重心与多边形边的最小距离被定义为稳定裕度 (SSM) (Garcia 等, 2002) 。稳定裕度的大小可以反映机器人的稳定性, 稳定裕度越大, 则稳定性越好。

图 10–17 (a) 和 (b) 分别为变胞四足仿生机器人各种仿生形态下的间歇步态和连续步态稳定裕度曲线。两种步态下的稳定裕度曲线趋势基本相同。在移动躯干阶段, 稳定裕度先增大后减小, 这是因为每次移动躯干时, 机器人的重心会穿过

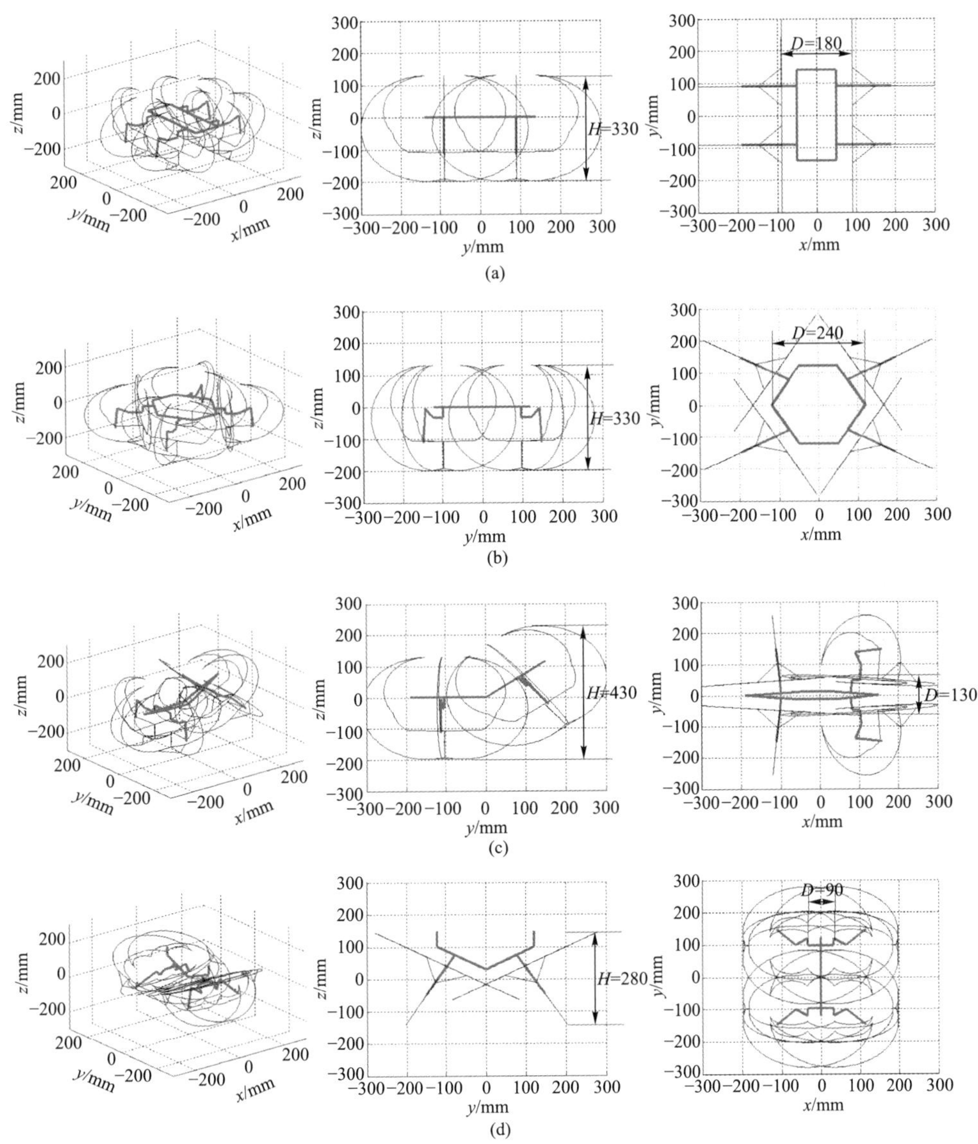

图 10–16 变胞四足仿生机器人不同形态下的工作空间 (见书后彩图)：(a) 爬行类 I；(b) 爬行类 II; (c) 节肢类; (d) 哺乳类

一次多边形的中心, 在多边形中心位置处, 稳定裕度最大。在迈腿阶段, 间歇步态由于躯干是静止的, 重心位置不发生变化, 所以其稳定裕度曲线为水平线; 连续步态由于迈腿的同时躯干也在运动, 重心位置相对足尖点往后移动, 离支撑三角形的边的最小距离变小, 所以其稳定裕度曲线为向下倾斜的斜线。另外在两种步态下, 迈腿阶段和推动躯干阶段的交界处, 稳定裕度曲线发生阶跃, 这是由于迈腿阶段只有 3 条腿着地, 支撑多边形为三角形, 而在推动身体阶段, 四条腿同时着地, 支撑多边形为四边形, 因此两种状态切换时, 机器人的稳定裕度会发生跳跃式变化。

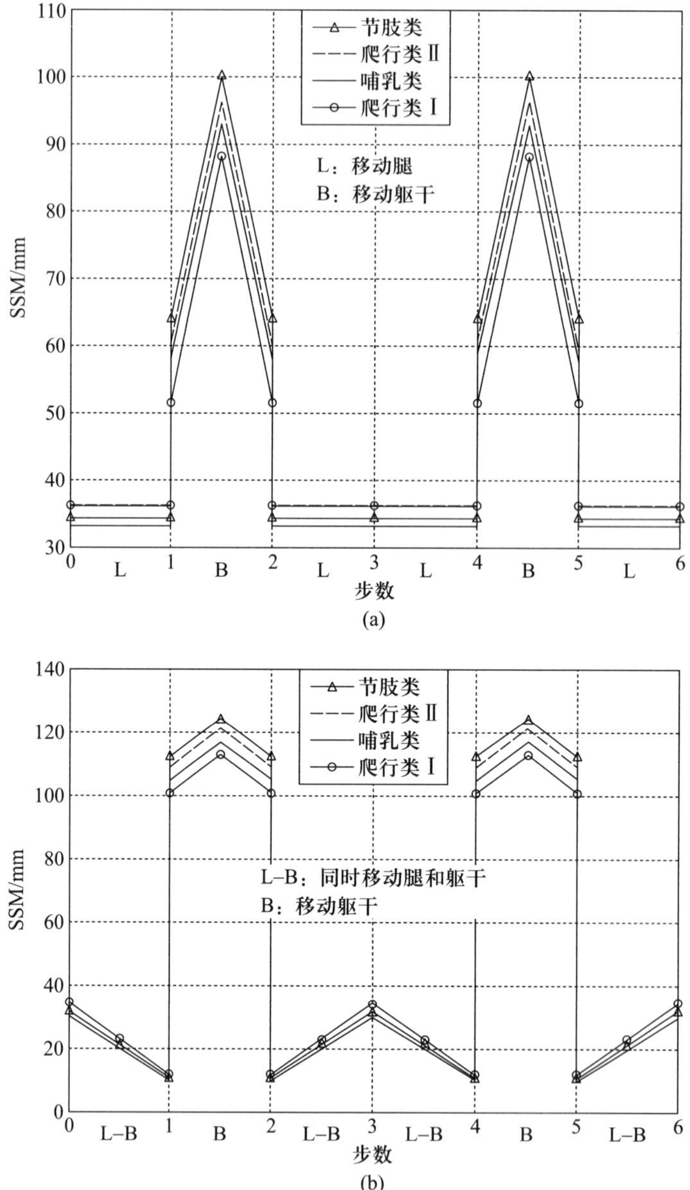

图 10–17　变胞四足仿生机器人不同步态下的稳定裕度: (a) 间歇步态; (b) 连续步态

此外, 在两种步态下的迈腿阶段, 都是爬行类 I 仿生形态的稳定裕度最大, 然而在移动躯干阶段, 节肢类仿生形态的稳定裕度最大。这是因为在爬行类 I 仿生形态下, 四条腿着地点间纵向尺寸比较小、横向尺寸比较大, 而节肢类仿生形态正好相反, 其横向尺寸相对较小、纵向尺寸比较大, 机器人四个足尖点近似呈一个正方形。在机器人迈腿 (左后腿 L_3) 时, 左前腿 L_1 在初始位置后半个步长 (150/2=75) , 爬行类支撑多边形为一个尖锐角三角形 [图 10–18 (a) 中点划线区域], 相对于节肢类仿生形态下的支撑三角形 [图 10–18 (b) 中点划线区域], 其重心离斜边的最小距离更大, 稳定裕度也更大。在推动躯干阶段, 爬行类支撑多边形为一个矩形, 稳定裕度为离前后两条边的最短距离, 相比于节肢类仿生形态, 爬行类 I 仿生形态下支撑矩形的纵向尺寸比较小, 因此稳定裕度更小。

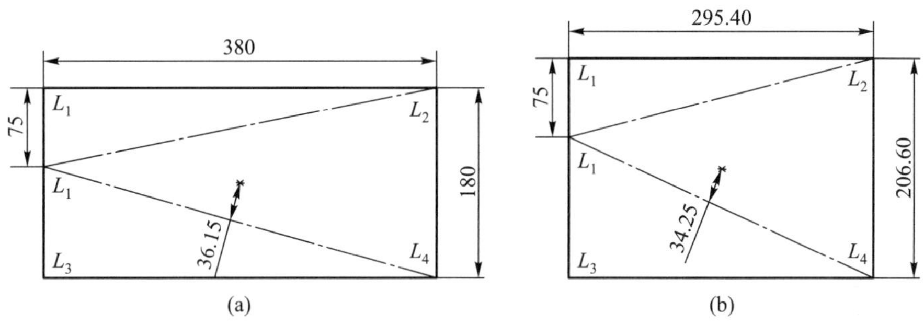

图 **10–18**　变胞四足仿生机器人不同仿生形态下的支撑多边形: **(a)** 爬行类; **(b)** 节肢类

10.1.4　变胞四足仿生机器人驱动与形态切换

10.1.4.1　变胞四足仿生机器人躯干驱动方案

由于不同仿生形态下机器人躯干的活动度不同, 因此每种形态下躯干驱动关节也是不一样的。为此, 需要确定一种最合适的驱动方式, 使躯干结构在所有仿生形态下都是可控的, 同时所用的驱动电机数目最少。在爬行类仿生形态下, 机器人躯干活动度为 3 且关节 B、C、D、F、G、H 中任意三个都可以被选为该形态下的驱动关节; 在节肢类仿生形态下, 机器人躯干活动度为 2 且两个活动度是相互独立的, 因此从关节 B、C、D、F、G、H 和关节 A、E 中各选一个作为驱动关节。在哺乳类形态下, 躯干的活动度也是 3, 其驱动关节共有三种不等价的组合方式: 关节 B、C、D, 关节 B、C、F 和关节 H、C、F。下面对这三种组合方式逐一进行分析。

如图 10–19 (a) 所示, 关节 B、C、D 作为驱动关节, 杆组 $CD-DE-EF$ 和 $HA-AB-BC$ 可以分别用虚拟的连杆 CF 和 HC 替换, 这时杆组 $CF-FG-GH-HC$ 组成一个四杆机构且关节 B 为驱动关节。当连杆 FG 和 GH 之间的夹角为 π 时, 该四杆机构处于奇异构型, 具有两个运动分支, 如图 10–19 (a) 所示。很显然, 这种构型是不可控的。

如图 10–19 (b) 所示, 关节 B、C、F 作为驱动关节, 同理, 杆组 $CD-DG-$

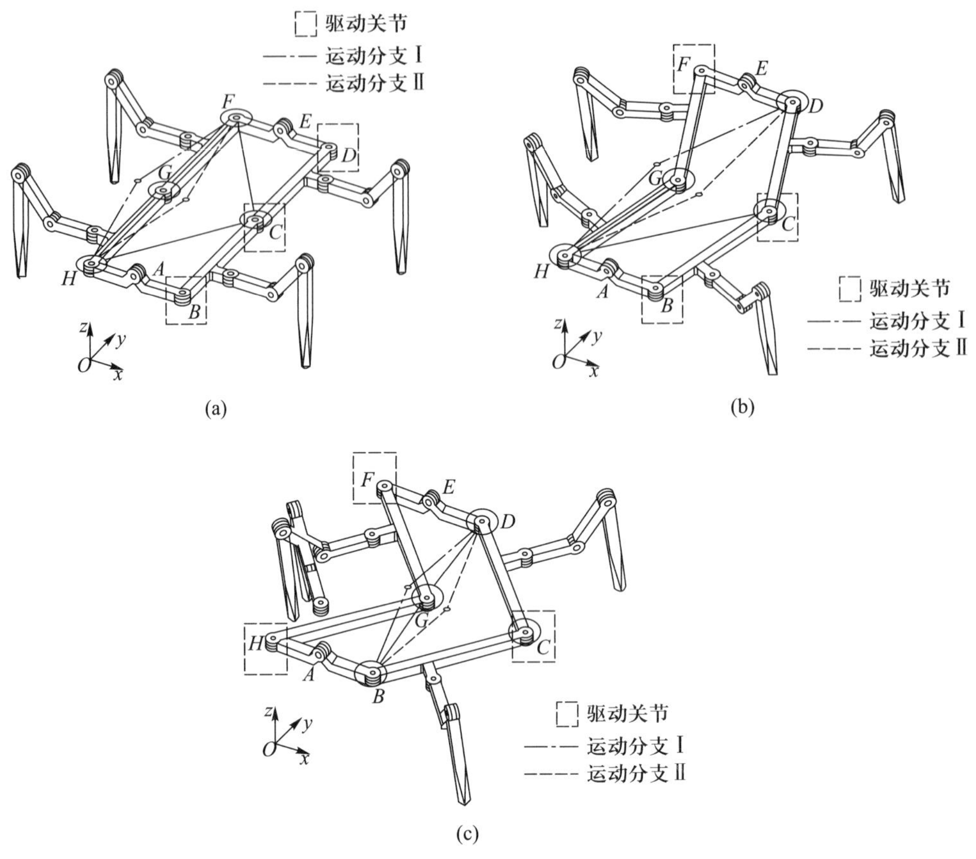

图 10–19 三种驱动关节布置方式: (a) 关节 $\boldsymbol{B}$、$\boldsymbol{C}$、$\boldsymbol{D}$; (b) 关节 $\boldsymbol{B}$、$\boldsymbol{C}$、$\boldsymbol{F}$; (c) 关节 $\boldsymbol{H}$、$\boldsymbol{C}$、$\boldsymbol{F}$

$GH-HC$ 也组成一个四杆机构且驱动关节为关节 C。在图示构型下, 虚拟杆 DG 和 GH 之间的夹角为 π, 很显然这也是一个奇异构型, 具有两个运动分支。因此, 以关节 B、C、F 作为驱动关节也会存在不可控构型。

如图 10–19 (c) 所示, 关节 H、C、F 作为驱动关节, 同理, 由杆组 $BC-CD-DG-GB$ 组成的四杆机构也存在一个奇异构型。在该奇异构型下, 机器人腿 1 和腿 3 相互干涉, 所以该构型不在机器人可用工作空间内。

综合分析可知, 机器人的躯干驱动关节可为关节 H、C、F 及关节 E (或 A) , 如图 10–20 所示。

10.1.4.2 变胞四足仿生机器人仿生形态切换

由前面的 Sarrus 扩展机构运动分支分析可知, 连接机器人爬行类和哺乳类仿生形态的有两条运动分支—— $\boldsymbol{K}_{\boldsymbol{q}}^{2-3}\boldsymbol{V}$ 和 $\boldsymbol{K}_{\boldsymbol{q}}^{2-4}\boldsymbol{V}$, 如图 10–21 所示。在实际应用

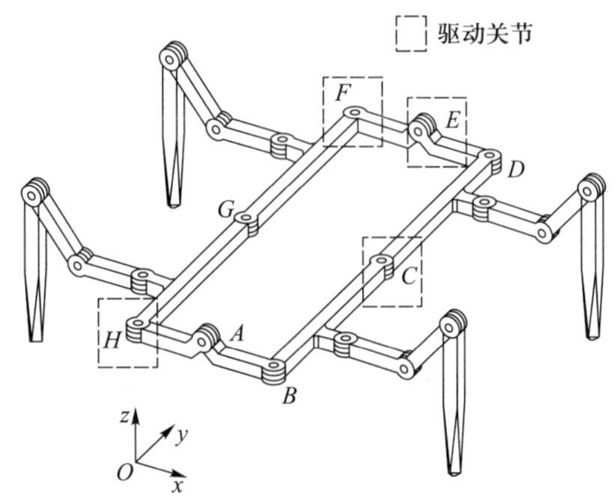

图 10–20　机器人躯干关节驱动方案

过程中, 当机器人躯干处于 $\boldsymbol{K}_{\boldsymbol{q}}^{2-4}\boldsymbol{V}$ 对应的运动分支 Ⅲ 时, 关节 C 朝上, 会使腿 1 和腿 3 相互干涉, 会造成机器人损坏。

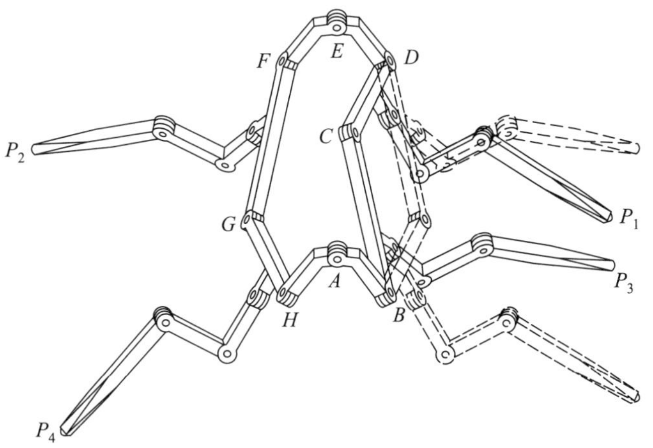

图 10–21　躯干进入运动分支 Ⅲ 后导致的腿干涉

为防止机器人运动到有害的运动分支, 可采取以下两种策略进行规避。由图 10–12 所示的躯干构型空间示意图可知, $\boldsymbol{K}_{\boldsymbol{q}}^{2-2}\boldsymbol{V}$ 和 $\boldsymbol{K}_{\boldsymbol{q}}^{2-4}\boldsymbol{V}$ 所对应的运动分支会造成同侧腿干涉而损坏机器人。因此, 当机器人进行仿生形态切换时, 可以合理规划运动路径, 避开 $\boldsymbol{K}_{\boldsymbol{q}}^{2-2}\boldsymbol{V}$ 和 $\boldsymbol{K}_{\boldsymbol{q}}^{2-4}\boldsymbol{V}$ 对应的构型。如图 10–22 所示, 当机器人需要从爬行类仿生形态切换到哺乳类仿生形态时, 可以先通过运动分支 $\boldsymbol{K}_{\boldsymbol{q'}}^{2-1}\boldsymbol{V}$ 运动到运动分支 $\boldsymbol{K}_{\boldsymbol{q'}}^{2-1}\boldsymbol{V}$ 与 $\boldsymbol{K}_{\boldsymbol{q}}^{2-3}\boldsymbol{V}$ 的交界处, 同时远离运动分支 $\boldsymbol{K}_{\boldsymbol{q}}^{2-4}\boldsymbol{V}$, 然后经由运动分支 $\boldsymbol{K}_{\boldsymbol{q}}^{2-3}\boldsymbol{V}$ 运动到其与运动分支 $\boldsymbol{K}_{\boldsymbol{q}}^{2-1}\boldsymbol{V}$ 的交界处, 同时远离运动分支 $\boldsymbol{K}_{\boldsymbol{q}}^{2-2}\boldsymbol{V}$, 最后通过运动分支 $\boldsymbol{K}_{\boldsymbol{q}}^{2-1}\boldsymbol{V}$ 运动到目标构型。

此外也可以在机械设计时添加一些机械装置来防止机器人运动到有害运动分支。对比表 10–1 中解空间 $\boldsymbol{K}_{\boldsymbol{q}}^{2-2}\boldsymbol{V}$ 和 $\boldsymbol{K}_{\boldsymbol{q}}^{2-1}\boldsymbol{V}$ 可以发现, 运动分支 I 和运动分支

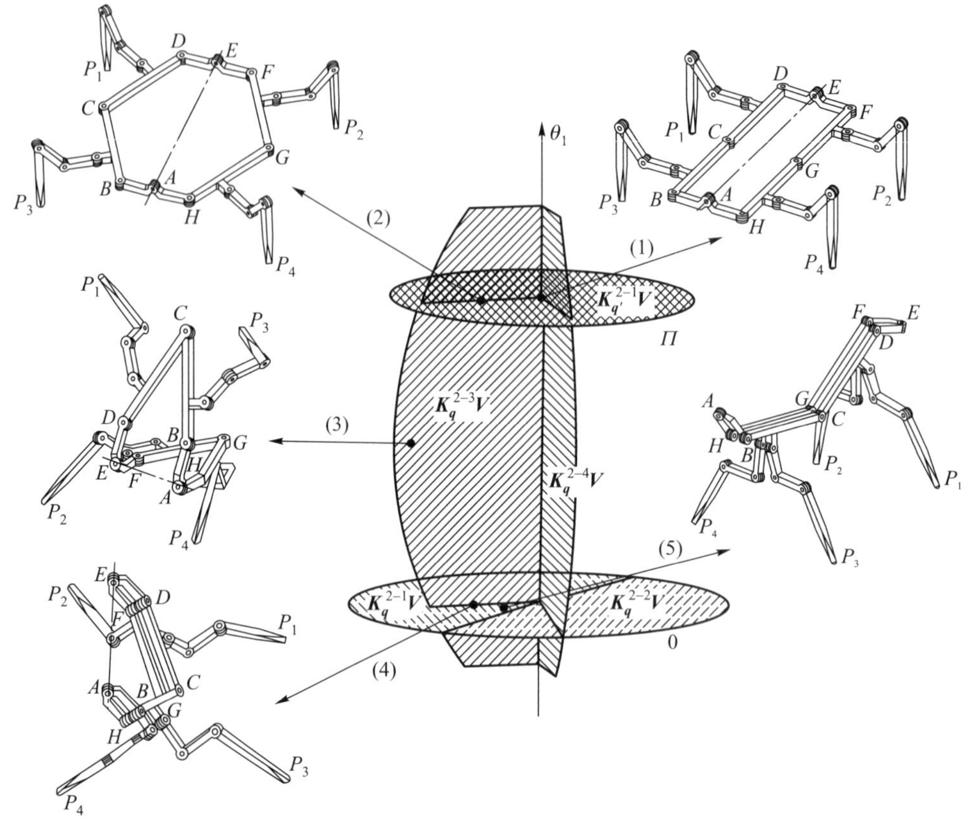

图 **10–22** 爬行类和哺乳类仿生形态切换路径

Ⅱ存在一个相互排斥的速度约束条件。在与运动分支Ⅰ对应的解空间 $\boldsymbol{K}_{\boldsymbol{q}}^{2-1}\boldsymbol{V}$ 中, $\omega_7=\omega_3$, 而在与运动分支Ⅱ对应的解空间 $\boldsymbol{K}_{\boldsymbol{q}}^{2-2}\boldsymbol{V}$ 中, $\omega_7=-\omega_3$。从机构构型上看, 两者的区别在于关节 C 的轴线和关节 G 的轴线不共线, 因此可以利用这个速度约束条件, 设计相应的装置来保证关节 C 和 G 的轴线始终共线, 从而使 $\omega_7=\omega_3$ 速度约束恒成立, 如图 10–23 所示。

在关节 C 和 G 上可以分别安装凸榫和凹卯, 当机器人运动到 $\boldsymbol{K}_{\boldsymbol{q}}^{2-1}\boldsymbol{V}$ 构型时, 关节 C 上的凸榫正好插入关节 G 上的凹卯中, 以始终保持关节 C 和关节 G 同轴共线, 从而避免机构运动到运动分支 $\boldsymbol{K}_{\boldsymbol{q}}^{2-2}\boldsymbol{V}$。

10.2 可重构躯干与运动性能分析

传统的机器人对于复杂地形的适应性大多通过复杂的控制算法实现, 比如波士顿动力大狗在冰面上打滑时能够立即调整四肢, 防止摔倒。这样整个系统的复杂度很高, 同时要求驱动执行器具有极高的动态性能。变胞四足仿生机器人对于复杂地形采用了另一种思路, 即通过利用其结构的可重构特性及躯干活动度来适应不同的

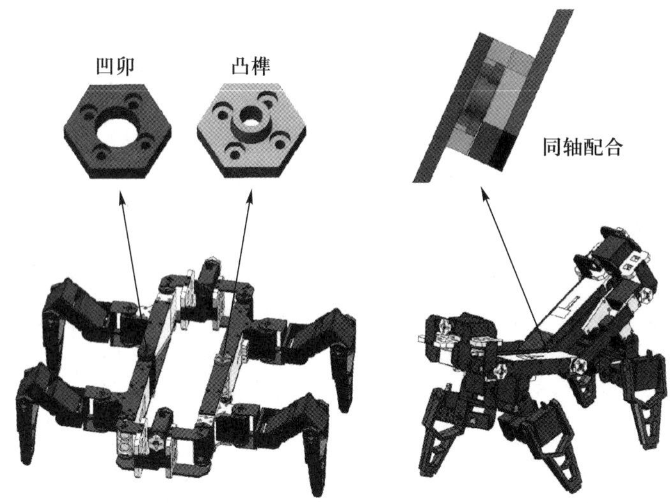

图 10–23 构型限制装置示意图

地形环境, 根据路况的特征, 合理选择最佳仿生形态, 调整运动步态。相对于传统足式机器人, 变胞四足仿生机器人通过结合躯干运动可以实现多种新型步态, 例如在小跑时, 可以左右扭动其躯干结构, 实现动态 Zigzag 小跑步态。本节基于不同仿生形态下的躯干活动度, 设计了一系列新型运动步态, 进而提高机器人对复杂地形的适应能力, 并分析了变胞四足仿生机器人形态切换对于一些特殊地形场景的适应能力。

10.2.1 躯干活动度与步态规划

在目前被开发出来的足式机器人中, 绝大多数机器人的结构和步态与自然界中的足式动物还是存在一定差别的。其中最大的区别在于大多数机器人的躯干结构是刚性的, 而自然界中的足式动物具有可活动的腰关节。自然界中的大多数足式动物在运动时不仅会迈动四肢, 同时也会活动其腰关节, 提高运动的速度和稳定性。部分学者注意到这一点, 设计了一些具有腰关节的运动步态。Park 等 (2005) 设计了一款四足机器人, 其躯干分为前后两部分, 中间通过一个转动关节连接。利用这个转动关节的活动度, 他们提出了一种非连续转弯步态。转弯过程中通过左右扭动腰关节, 从而提高转弯过程中的稳定裕度。Park 和 Lee (2007) 又将这种扭腰运动加入前进步态中, 提出了一种非连续前进步态 (Zigzag 步态) 。Shilin 等 (2014) 在一个仿壁虎爬壁机器人中增加一个被动的活动关节并提出了一种 GPL 动态步态。

变胞四足仿生机器人躯干结构具有多种构态, 在不同构态下具有不同的活动度。本节针对机器人在爬行类和节肢类两种仿生形态下的躯干活动度特点, 分别设计了新型的快速旋转步态 (FSP 步态) 和爬台阶步态 (STC 步态)，分析了两种仿生形态下躯干活动度对稳定裕度的影响，并与刚性躯干机器人对应步态进行了比较。

10.2.1.1 爬行类仿生形态下 FSP 步态

在爬行类仿生形态下，机器人躯干为一个平面六杆机构，具有 3 个平面内的活动度。为了简化分析，将头部、尾部的转动关节去掉，整个躯干分为前后两部分，重心分别为 G_{F} 和 G_{R}，机器人重心位于前后躯干重心连线的中点 G，$P_1 \sim P_4$ 为第一至第四条腿的足尖点，如图 10–24 所示。在图示构型下，机器人的重心与简化腰关节的中心重合。

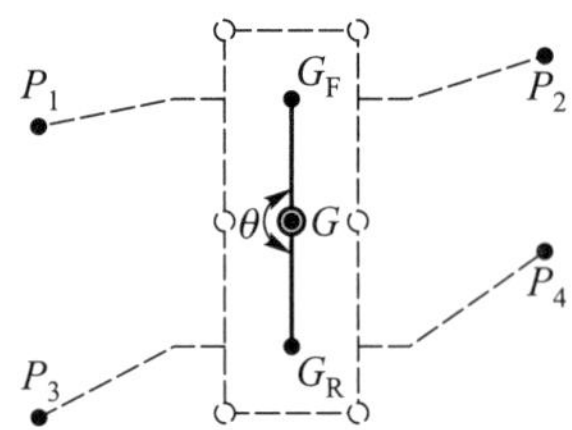

图 **10–24** 爬行类仿生形态下机器人简化模型

传统的间歇旋转步态 (Zhang 和 Song, 1992) 的旋转重心与机器人重心位置基本重合，一共包括 6 步，其中 4 步为迈腿，2 步为躯干转动，迈腿顺序大多为顺时针或逆时针方向，例如 3— 1— 2— 4 迈腿与转动躯干交叉进行，因此转弯的动作不连续，故被称为间歇转弯步态。

FSP 步态在转弯过程中利用了躯干的活动度，将迈腿和转动躯干运动进行了叠加，减少了整个步态的步数，进而提高了转弯速度。FSP 步态如图 10–25 所示，整个步态周期有 4 步，其初始姿态与间歇旋转步态基本相同，即首先将所有腿的足尖点先放在腿部活动空间的中点位置，然后将其中一侧腿的足尖点沿旋转方向的反方向绕机器人几何中心旋转二分之一旋转角度 (如图 10–25 所示，足尖点 P_1 和 P_3 逆时针旋转了 $\phi/2$)，所有足尖点均落在同一个圆上，圆心与机器人几何中心重合。这时机器人重心 G 与机器人几何中心重合 (为了简便分析，忽略了足尖点对于机器人重心的影响) 。

FSP 步态第 I 步与传统间歇旋转步态迈腿动作基本相同，都是离机器人几何中心最远的那一条腿 (图 10–25 中为第三条腿) 绕机器人几何中心朝旋转方向迈动旋转角度 ϕ。与传统间歇旋转步态不同的是，FSP 步态在迈腿时，与迈动腿相连的那半段躯干同时也会绕机器人几何中心旋转一定的角度。当这半段躯干转动时，

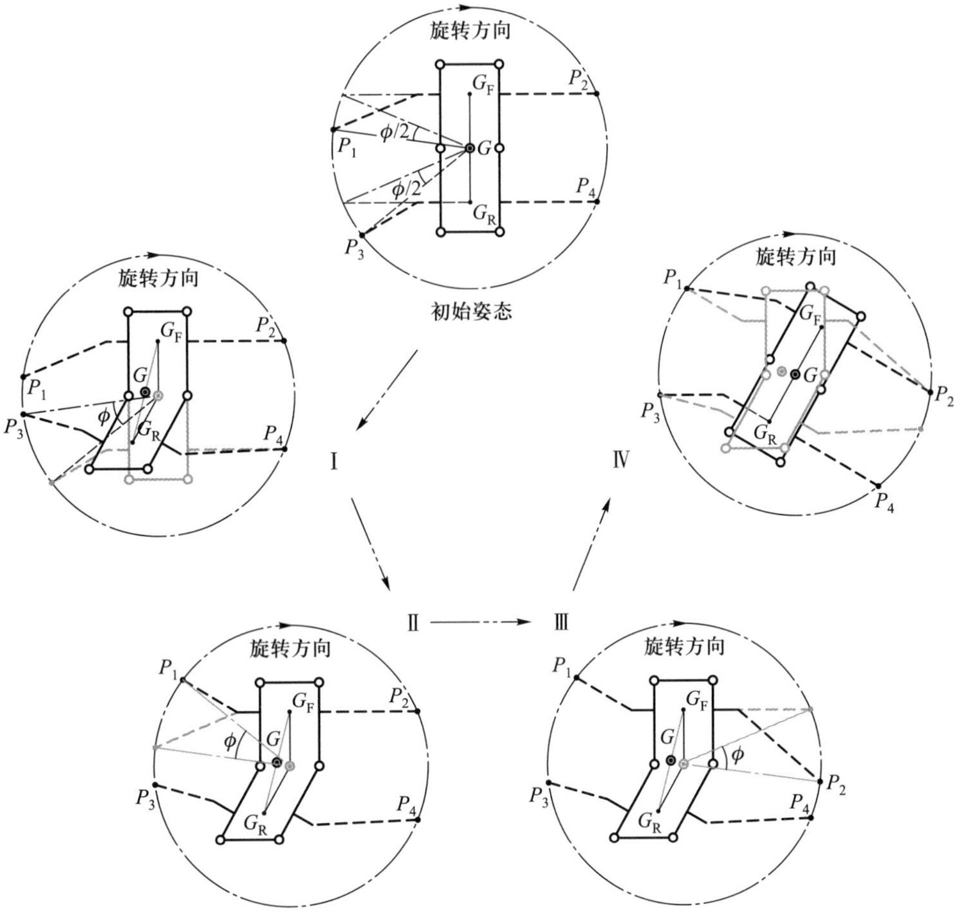

图 **10–25** **FSP** 步态示意图

与之相连的两条腿的第一关节位置会发生变化, 同时该半段躯干的重心位置也会发生改变。

建立平面坐标系 O-xy 如图 10–26 所示, 以机器人几何中心为原点, x 轴沿水平方向向右, y 轴沿竖直方向向上。后半段躯干旋转角度 φ 后, 后半段躯干重心 G_{R} 也相应地绕机器人几何中心旋转角度 φ。

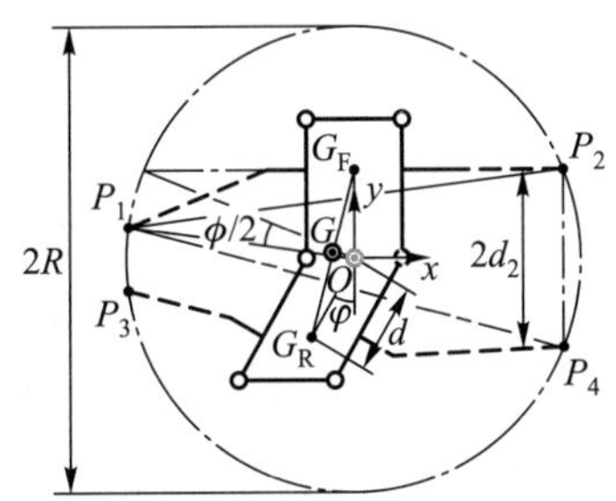

图 **10–26** 扭动躯干机器人重心变化示意图

旋转后的后半段重心坐标为

$$\boldsymbol{P}_{G_{\mathrm{R}}}=(-d\sin\varphi,-d\cos\varphi)^{\mathrm{T}} \tag{10–21}$$

式中, d 为 G_{R} 到几何中心的距离。易得前半段重心坐标为 $\boldsymbol{P}_{G_{\mathrm{F}}}=(0,\ d)^{\mathrm{T}}$, 因此机器人重心的坐标为

$$\boldsymbol{P}_G=\left(-\frac{d}{2}\sin\varphi,\ \frac{d}{2}(1-\cos\varphi)\right)^{\mathrm{T}} \tag{10–22}$$

在 FSP 步态第一步迈动第三条腿的过程中, 机器人的支撑三角形由足尖点 P_1、 P_2 和 P_4 组成, 如图 10–26 中 $\triangle P_1P_2P_4$ 所示。图中, $|P_2P_4|=2d_2$, 支撑三角形 $\triangle P_1P_2P_4$ 外接圆直径为 $2R$, 足尖点 P_1 与第一条腿腿部活动空间中间位置的夹角为 $\phi/2$ 。基于上述尺寸信息, 易得支撑三角形三个顶点坐标分别为

$$\begin{aligned}
&\boldsymbol{P}_1=\left(-R\sin\left(\arctan\frac{\sqrt{R^2-d_2^2}}{d_2}+\frac{\phi}{2}\right),R\cos\left(\arctan\frac{\sqrt{R^2-d_2^2}}{d_2}+\frac{\phi}{2}\right)\right)^{\mathrm{T}}\\
&\boldsymbol{P}_2=(\sqrt{R^2-d_2^2},d_2)^{\mathrm{T}},\\
&\boldsymbol{P}_4=(\sqrt{R^2-d_2^2},-d_2)^{\mathrm{T}}
\end{aligned} \tag{10–23}$$

因此, 在迈动第三条腿、后半段躯干旋转角度 φ 时, 机器人重心 G 到支撑三角形各边的距离分别为

$$\begin{cases}
d_{12}=|(x_1-x_{\mathrm{G}})(y_2-y_{\mathrm{G}})-(x_2-x_{\mathrm{G}})(y_1-y_{\mathrm{G}})|/\sqrt{(x_1-x_2)^2+(y_1-y_2)^2}\\
d_{14}=|(x_1-x_{\mathrm{G}})(y_4-y_{\mathrm{G}})-(x_4-x_{\mathrm{G}})(y_1-y_{\mathrm{G}})|/\sqrt{(x_1-x_4)^2+(y_1-y_4)^2}\\
d_{24}=\sqrt{R^2-d_2^2}+\dfrac{d}{2}\sin\varphi
\end{cases} \tag{10–24}$$

式中, d_{ij} 表示机器人重心 G 到足尖点连线 P_iP_j 的垂直距离; (x_i,y_i) 为足尖点 P_i 的坐标; (x_G,y_G) 为重心 G 的坐标。按照稳定裕度的定义, 可得机器人的稳定裕度为

$$\mathrm{SSM}=\min\,(d_{12},d_{14},d_{24}) \tag{10–25}$$

FSP 步态第 Ⅱ、第 Ⅲ 步与传统间歇旋转步态的迈腿顺序完全相同, 都是沿顺时针方向依次迈动第一和第二条腿, 每条腿足尖点的外接圆朝转动方向挪动旋转角度 ϕ。在迈腿过程中, 躯干保持静止状态, 机器人重心 G 也不发生变化。第 Ⅳ 步可以分解成三个子动作: 第四条腿沿着旋转方向迈动旋转角度 ϕ、后半段躯干绕机器人几何中心沿着旋转方向反方向转动旋转角度 ϕ、整个机器人躯干沿着旋转方向转动旋转角度 ϕ。三个子动作同时开始、同时结束。第 Ⅳ 步过程中, 机器人的重心位置也在一直移动, 最终与机器人几何中心重合。

FSP 步态的稳定裕度曲线如图 10–27 所示。其中, 稳定裕度最小的为第 Ⅱ 步, 稳定裕度为 9 mm 左右, 说明整个步态是静态稳定的; 稳定裕度最大的为第 Ⅲ 步, 即迈动第二条腿的过程中。在切换迈动腿的过程中稳定裕度会发生突变, 这是由支撑三角形着地足尖点的变化而变化引起的。在第 I 步和第 Ⅳ 步过程中, 稳定裕度曲线不是水平线, 即稳定裕度发生了变化, 这是因为在这两步过程中, 机器人的后半段躯干也在转动, 重心的位置在一直变化。同时, 第 I 步和第 Ⅳ 步的稳定裕度曲线有所不同, 这是因为在第 Ⅳ 步过程中, 除了后半段躯干在扭动, 整个躯干同时在朝着旋转方向旋转。可以看到, 整个步态周期只有四步, 比传统间歇旋转步态少了两步, 旋转的平均速度因此也提高了三分之一。

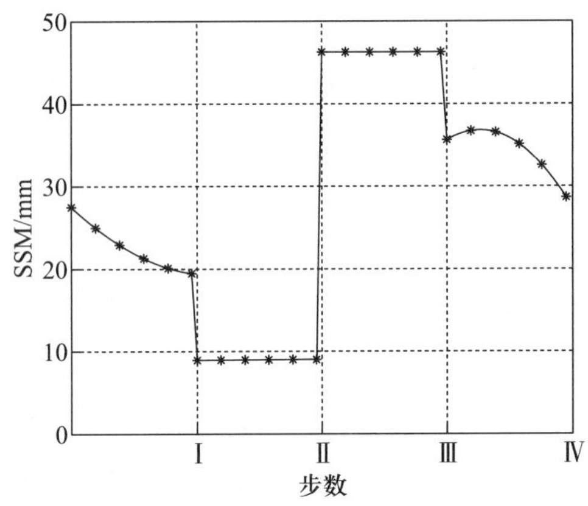

图 **10–27** **FSP** 步态稳定裕度曲线

10.2.1.2 节肢类仿生形态下 STC 步态

在节肢类仿生形态下, 机器人躯干具有一个上下拱仰的活动度和类 Sarrus 机构活动度。为了简化分析, 只保留上下拱仰的活动度, 将整个躯干分为前、后两个部分 (需要注意的是, 节肢类仿生形态下的前后方向为爬行类仿生形态下的左右方向) , 由一个 Pitch 方向的转动副连接。节肢类仿生形态下的简化模型如图 10–28 所示, 整个躯干结构简化成前、后两部分, 两部分由一个转动关节 J_{AE} 连接。前、后部分躯干的重心分别为 G_{F} 和 G_{R}, 前、后两部分的重心与转动关节 J_{AE} 的中心的距离为 d_0。建立坐标系 $O\text{-}xyz$ 如图 10–28 所示, 以机器人几何中心为原点, x 轴沿水平方向, z 轴沿竖直方向, y 轴通过右手定则确定 (坐标系原点位于躯干转动副中心, 与后半段躯干固连) 。假设后半段躯干与水平面平行, 前半段躯干向上转动角度 α, 则前半段躯干重心 G_{F} 的坐标为

$$\boldsymbol{P}_{G_{\mathrm{F}}} = (d_0 \cos\alpha, 0, d_0 \sin\alpha)^{\mathrm{T}} \tag{10–26}$$

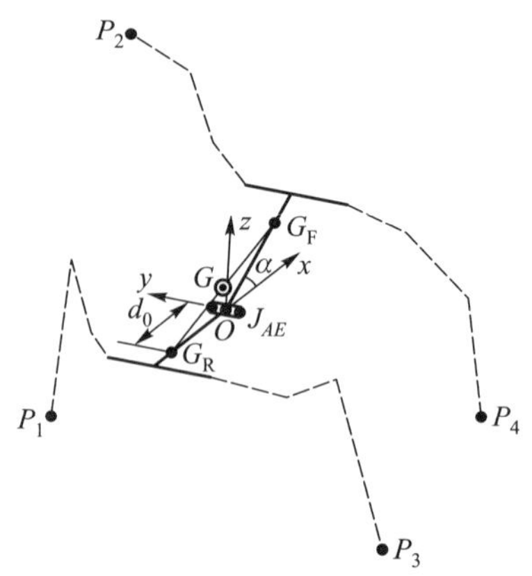

图 10–28　节肢类仿生形态下机器人简化模型

同理, 后半段躯干重心 G_{R} 的坐标为 $P_{G_{\mathrm{R}}}=(-d_0,0,0)^{\mathrm{T}}$, 因此机器人重心的坐标为

$$\boldsymbol{P}_G=(-d_0(1-\cos\alpha)/2\ ,0,d_0\sin\alpha/2\ )^{\mathrm{T}} \tag{10–27}$$

机器人爬越台阶的步骤大致为: 迈腿 1; 前半段躯干向上转动; 腿 2 迈上台阶; 向前推动躯干; 迈腿 3; 腿 4 迈上台阶; 向前推动躯干; 前半段躯干向下转动; 迈腿 1; 迈腿 2; 向前推动躯干; 腿 3 迈上台阶; 迈腿 4; 向前推动躯干; 腿 1 迈上台阶; 迈腿 2; 向前推动身体 + 躯干恢复水平。整个台阶爬越步态包含两个半子周期, 子周期迈腿的顺序基本上与传统间歇步态一致。前一个子周期内, 前半段躯干向上抬起, 前两条腿 (腿 2 和腿 4) 迈上台阶; 后一个半个子周期内, 前半段躯干向下压低, 后两条腿 (腿 1 和腿 3) 迈上台阶。我们挑选其中几步进行分析。

首先分析第三步, 即腿 2 迈上台阶的那一步, 在这一步之前, 前半段躯干向上转动, 足尖点 P_2 随之离开地面, 从图 10–16 (c) 中可以看出, 前半段躯干向上转动后, 第二条腿的工作空间姿态发生偏转, 同时在竖直方向上被抬高。选取 O-xz 平面的投影进行分析, 如图 10–29 所示。

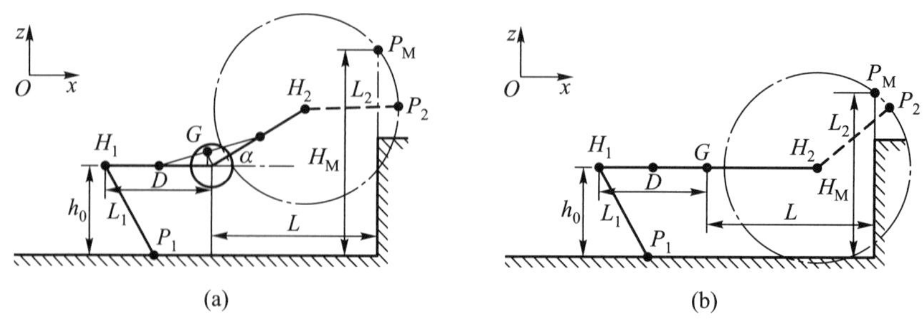

图 10–29　迈腿 2 时机器人在 O-xz 平面的投影: (a) 向上拱仰; (b) 无向上拱仰

图 10−29 (a) 中, H_1 表示腿 1 第一关节中心, H_2 表示腿 2 第一关节中心, L_1 与 L_2 分别表示腿 1 和腿 2 第一关节中心到其足尖点的距离, D 表示腿第一关节中心到机器人水平中心线的距离, h_0 表示机器人几何中心到地面的距离。为了对比分析, 图 10−29 (b) 给出了普通刚性躯干的投影图。假设机器人中心线到台阶的距离为 L, 以腿 2 第一关节中心 H_2 为圆心、以长度 L_2 为半径作圆, 可以得到腿 2 工作空间在 O-xz 平面上投影的边界线。边界线与竖直台阶面的交点的 z 轴坐标即为腿 2 能迈上的最高台阶高度为 H_M。

在图 10−29 中的坐标系下, 腿 2 第一关节中心的坐标可表示为

$$\boldsymbol{P}_{H_2} = (D\cos\alpha, 0, D\sin\alpha)^\mathrm{T} \tag{10-28}$$

边界圆的轨迹方程可表示为

$$(x - D\cos\alpha)^2 + (z - D\sin\alpha)^2 = L_2^2 \tag{10-29}$$

将竖直台阶面在 O-xz 平面投影线方程 $x = L$ 代入式 (10−29) 可得

$$H_\mathrm{M} = \sqrt{L_2^2 - (L - D\cos\alpha)^2} + D\sin\alpha + h_0 \tag{10-30}$$

由于 $H_\mathrm{M}(\alpha)$ 在区间 $[0, \pi/2]$ 单调递增, 即前半段躯干向上转动的角度越大, 腿 2 能迈上的台阶高度也越高, 显然前半段躯干向上转动可以提高机器人爬越的台阶高度。此外, 由图 10−29 (a) 和 (b) 对比发现, 在相同的台阶高度下, 通过前半段躯干的向上抬升, 腿杆与水平台阶面的夹角也越小, 能够提供更大的摩擦力, 在后续迈腿时提供更强的抓地力。

为了进一步分析重心移动对机器人稳定裕度的影响, 下面给出重心移动在 O-xz 平面投影的局部放大图和机器人在 O-xy 平面 (地面) 的投影图, 如图 10−30 所示。在图 10−30 (a) 中, 可以很清晰地看到, 由于前半段躯干向上转动后, 重心 G 由机器人中心 O 向后上方移动。当前半段躯干向上转动角度 α 后, 机器人重心在 x 轴方向上会后退的距离 Δd 可表示为

$$\Delta d = \frac{d_0(1 - \cos\alpha)}{2} = \frac{d_0 \sin^2(\alpha/2\,)}{2} \tag{10-31}$$

另外, 前半段躯干向上抬升的同时, 机器人的稳定裕度也会发生变化。如图 10−30 (b) 所示, 机器人的支撑三角形为 $\triangle P_1P_3P_4$, 稳定裕度主要由重心 G 到支撑三角形边 P_1P_3 及 P_1P_4 的距离 d_{13} 和 d_{14} 的最小值确定。令四条腿的足尖点到躯干竖直中心轴线的距离为 S, 并且在运动过程中保持不变; 任意一条腿的第一关节轴线中心到机器人水平中心轴线的距离为 D (间歇步态足尖点位置初始化时,

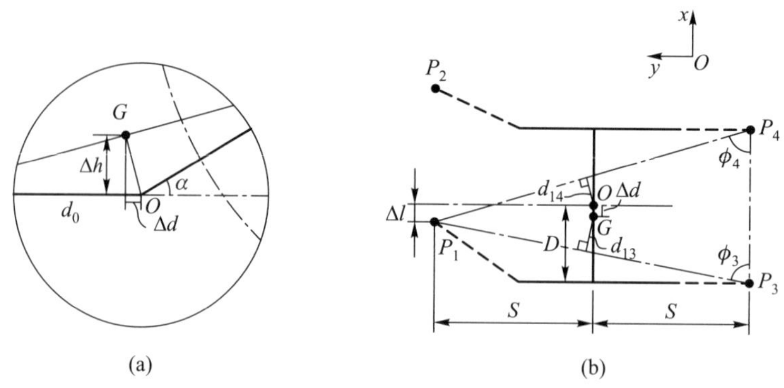

图 **10–30** 前半段躯干向上抬升后重心的移动: **(a)** O-xz 平面投影局部放大图; **(b)** O-xy 平面投影

一般会将一侧的足尖点在前进方向上放在其工作空间的中心位置, 所以图中腿 3 和腿 4 的足尖点到机器人水平中心轴线的距离也为 D) ; 腿 1 足尖点到机器人水平中心轴线的距离为 Δl (在迈腿 2 前一步为迈腿 1, 迈完腿 1 后, 两条腿的足尖点关于机器人水平轴线对称, 所以这里的 $\Delta l > 0$, 否则两条腿将发生干涉) 。因此, 重心 G 到支撑三角形边 P_1P_3 及 P_1P_4 的距离可分别表示为

$$
\begin{aligned}
d_{13} &= \frac{|S^2 + (D - \Delta d)(\Delta d - \Delta l)|}{\sqrt{4S^2 + (D - \Delta l)^2}} \\
d_{14} &= \frac{|S^2 - (D + \Delta d)(\Delta d - \Delta l)|}{\sqrt{4S^2 + (D + \Delta l)^2}}
\end{aligned}
\tag{10–32}
$$

由图 10–30 可以发现, 随着前半段躯干向上转动, 机器人重心逐渐往后移动, d_{13} 随之减小, d_{14} 随之增大。机器人当前稳定裕度可表示为

$$
\text{SSM} = \min\ (d_{13}, d_{14}) \tag{10–33}
$$

综合式 (10–32) 和式 (10–33), 可以求得在给定 $DS\Delta l$ 下的最大稳定裕度 $\text{SSM}_{\max}$ 及与之对应的转动角度 α。利用 d_{13}、 d_{14} 对转动角度 α 的单调性, 易得当 $d_{13} = d_{14}$ 时, SSM 值最大。通过简单的几何推导, 此时重心往后移动的距离为

$$
\Delta d = \frac{1}{2}\left[\frac{D(\sin\phi_3 - \sin\phi_4)}{\sin\phi_3 + \sin\phi_4} + \Delta l\right] \tag{10–34}
$$

式中, ϕ_3 和 ϕ_4 分别为支撑三角形 $\triangle P_1P_3P_4$ 的内角 $\angle P_1P_3P_4$ 和 $\angle P_1P_4P_3$ 的角度值。联立式 (10–31) 和式 (10–34) 即可求得稳定裕度最大时, 前半段躯干向上转动角为

$$
\alpha = \arccos\left(1 - \frac{1}{d_0}\left[\Delta l + \frac{D(\sin\phi_3 - \sin\phi_4)}{\sin\phi_3 + \sin\phi_4}\right]\right) \tag{10–35}
$$

式中, $\phi_3 = \arctan \dfrac{2S}{D-\Delta l}$, $\phi_4 = \arctan \dfrac{2S}{D+\Delta l}$ 。

接下来选取迈腿 3 过程进行分析, 此时腿 2 和腿 4 已经迈上台阶, 腿 1 仍处于地面。在这一步之前, 腿 1 和腿 2 分别向前迈动一小步, 前半段躯干向水平台阶面转动。同理, 因为前半段躯干向水平台阶面弯曲后, 第二条腿和第四条腿的工作空间姿态发生偏转, 腰腿连接处的高度下降, 同时第一关节轴线与台阶面基本垂直。选取平面投影进行分析, 如图 10–31 所示。

图 10–31 (a) 中, L 为机器人中心线到竖直台阶面的距离, ΔH 为机器人中心到水平台阶的高度差, H 为水平台阶面的高度, α 为前半段躯干向下弯曲的角度, β 为后半段躯干与水平面的夹角, l_1、l_2 分别表示腿 1 和腿 2 的足尖点到竖直台阶面的距离。为了对比分析, 图 10–31 (b) 给出了普通刚性躯干在 O-xz 平面的投影, 并假设两种情况下的后半段躯干与台阶面的位置与姿态完全相同。

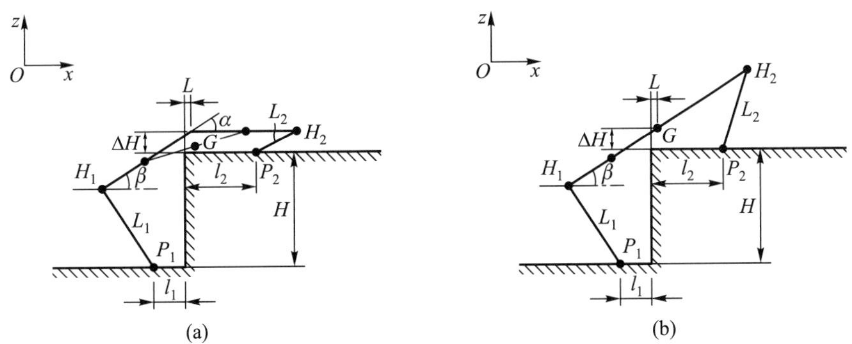

图 **10–31**　迈腿 **3** 时机器人在 O-xz 平面的投影: **(a)** 向下拱仰; **(b)** 无向下拱仰

此时, 前半段躯干重心 G_{F} 的坐标为

$$\boldsymbol{P}_{G_{\mathrm{F}}} = (d_0\cos(\beta-\alpha), 0, d_0\sin(\beta-\alpha))^{\mathrm{T}} \tag{10–36}$$

同理, 后半段躯干重心 G_{R} 的坐标为 $\boldsymbol{P}_{G_{\mathrm{R}}} = (-d_0\cos\beta, 0, -d_0\sin\beta)^{\mathrm{T}}$。因此, 机器人躯干重心 G 的坐标为

$$\boldsymbol{P}_{G} = (d_0[\cos(\beta-\alpha)-\cos\beta]/2, 0, d_0[\sin(\beta-\alpha)-\sin\beta]/2\ )^{\mathrm{T}} \tag{10–37}$$

为了进一步分析机器人在这一步的稳定裕度, 图 10–32 给出了此时机器人在 O-xz 平面投影的局部放大图和机器人在 O-xy 平面 (地面) 的投影图。可以看到, 此时腿 2 和腿 4 位于水平台阶面上, 腿 1 位于地面上且与竖直台阶面距离较小。机器人的几何中心和重心都越过了竖直台阶面。另外, 前半段躯干向下弯曲后, 机器人重心在 x 轴方向上向前移动了一小段。

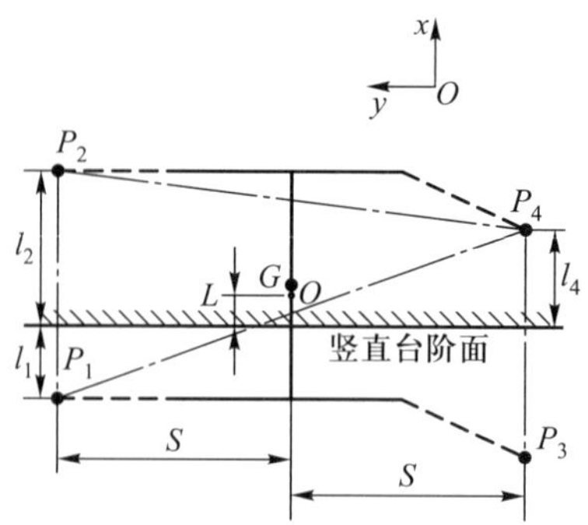

图 **10–32**　迈腿 **3** 时机器人在 O-$\boldsymbol{xy}$ 平面的投影

这里由于机器人支撑的三条腿的足尖点的高度不一致, 因此在分析机器人稳定裕度时采用的是能量稳定裕度 (Messuri 和 Klein, 1985) 。机器人在任一支撑边上的能量稳定裕度的定义为机器人重心绕该条支撑边转动, 机器人重心最高位置与当前位置的高度差, 如图 10–33 中的 Δh 所示。图中, G 表示机器人重心当前位置, m 为支撑边, G' 表示在转动过程中机器人重心的最高位置。

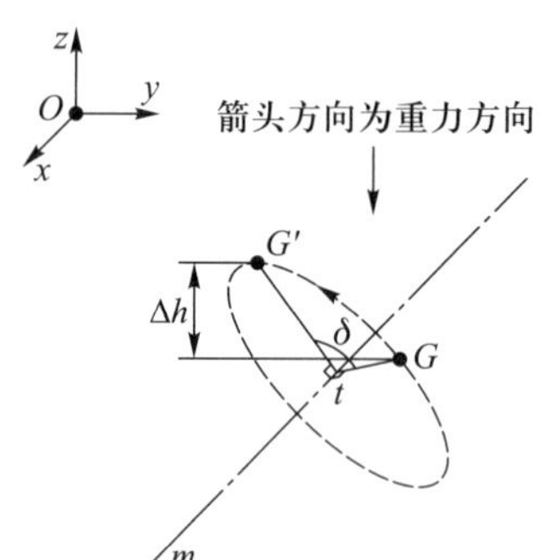

图 **10–33**　能量稳定裕度定义

根据能量稳定裕度的定义及图 10–32 中机器人重心 G 的位置, 很容易得到能量稳定裕度最小的支撑边为 P_1P_4。足尖点 P_1 和 P_4 在图 10–28 所示的坐标系下的坐标可表示为

$$\begin{cases} \boldsymbol{P}_1 = (-L - l_1, S, -H - \Delta H)^{\mathrm{T}} \\ \boldsymbol{P}_4 = (l_4 - L, -S, -\Delta H)^{\mathrm{T}} \end{cases} \tag{10–38}$$

假设机器人重心最高位置与当前位置转动的角度为 δ, 则重心最高位置的坐标为

$$\boldsymbol{P}_{G'} = \boldsymbol{P}_G \cos\delta + (\boldsymbol{m} \times \boldsymbol{P}_G)\sin\delta + \boldsymbol{m}(\boldsymbol{m} \cdot \boldsymbol{P}_G)(1 - \cos\delta) \tag{10–39}$$

式中, $\boldsymbol{m}$ 为支撑边 m 的单位方向向量。另外, 由于 G' 为重心的最高位置, 所以支撑边 m 和重心最高点 G' 组成的平面必然与 O-xy 平面垂直。利用这一几何特性,

容易得到支撑边 m 和重心最高点 G' 组成的平面的方向向量为

$$\boldsymbol{n}=\left(\frac{2S}{\sqrt{4S^2+(l_1+l_4)^2}},\frac{l_1+l_4}{\sqrt{4S^2+(l_1+l_4)^2}},0\right)^{\mathrm{T}} \tag{10-40}$$

可以利用 $\boldsymbol{n}\cdot(\boldsymbol{P}_1-\boldsymbol{P}_{G'})=0$ 求得 δ, 再代入式 (10–39) 得到 G' 点坐标, 最终机器人的能量稳定裕度可表示为

$$\mathrm{SSM}_E=z_{G'}-z_G \tag{10-41}$$

通过式 (10–41) 所示的能量稳定裕度公式, 能综合考虑上述足尖点位置参数 $l_1\sim l_4$、机器人中心与台阶面位置参数 ΔH 和 L、后半段躯干与水平面的夹角 β 和前半段躯干向下弯曲角度 α 对应稳定裕度的影响, 进而设计稳定性最好的参数。另外可以很直观地看到, 在 $\alpha\in(0,\beta)$ 区间内, 机器人重心高度随着 α 的增大而逐渐降低, 且与支撑边的距离变大, 所以机器人能量稳定裕度也随之变大, 这也进一步证实了迈腿 3 的过程中前半段躯干向下弯曲对于提高稳定裕度的作用。

10.2.2 特殊场景下变胞四足仿生机器人适应性分析

变胞四足仿生机器人利用其躯干的活动度不仅可以在运动中提高运动的速度和稳定性, 同时还可以利用仿生形态切换, 综合各种形态下的运动优势, 相互弥补各种仿生形态下的不足。本节将选取几种特定的场景进行举例分析, 给出最优的解决方案。

10.2.2.1 仿生形态切换与跌倒后翻身

对自然界中的四足动物来说, 跌倒后如何翻身恢复是一个经常遇到的问题。自然界中有些四足动物可以很容易恢复, 例如家猫、猎豹等猫科动物, 同样也存在一些动物, 一旦跌倒, 很难翻身站起来, 例如螃蟹、乌龟等。仔细分析这两类动物的差异, 可以找到以下几个决定跌倒后翻身难易程度的关键因素。

第一个关键点是身体躯干的形状。我们可以比较两种动物: 螃蟹和鳄鱼。螃蟹的躯干形状近似圆形, 这就意味着其躯干在水平面内各个方向上的尺寸都近似相等。而鳄鱼正好相反, 其躯干比较修长, 其长度远大于其宽度。对于螃蟹来说, 一旦跌倒后, 很难翻转过来; 但是我们可以经常在电视中看到鳄鱼快速翻滚身体的画面。

第二个关键点是四肢的活动度。这个活动度包含两个方面: 活动方向和工作空间。对于螃蟹来说, 其翻身的方向最好是前后方向, 但是螃蟹以横着走著称, 它

们的腿在前后方向灵活度很差。蜘蛛的躯干也近似圆形, 但是蜘蛛的腿很长而且绕身体四周分布, 所以它们的活动空间很大, 而且翻转的方向也有很多选择。其次是躯干的活动度, 因为灵活的躯干可以改变腿之间的相对姿态和运动方向, 同时也能大大提高工作空间。

除了上述因素外, 一些动物还借助于一些身体器官来辅助翻身, 例如骆驼的头、大象的鼻子、蝎子的尾巴等。因为这些身体器官可以伸到与躯干中心很远的地方提供一个很大的推力, 就像一条"手臂"一样。例如在波士顿动力公司的 Spot 机械狗的视频中, 当 Spot 跌倒后, 会借助于装在躯干上的一个 5 自由度的机械臂来帮助自己翻身站起来, 如图 10–34 所示。

图 10–34　Spot 机械狗借助机械臂翻身

把机器人翻身过程中重心轨迹的高度差用 h 表示, 躯干在翻转过程中重心离地面的最大高度用 H 表示, 将两者的比值 h/H 定义为翻身能垒 R_{fr}, 如图 10–35 所示。翻身能垒与能量稳定裕度的定义有点类似, 能量稳定裕度的定义为机器人由稳定状态到失稳过程中所需的最小能量。其区别在于: 能量稳定裕度定义的是机器人在正常行走过程中由稳定状态到不稳定状态的势能增量, 是一个有单位的量, 与机器人的尺寸大小有关系; 翻身能垒定义的是机器人跌倒后翻转过程中势能的最大变化率, 是一个无量纲量。两者之间有一定的联系, 一般情况下, 一个机器人的能量稳定裕度越高, 其翻身能垒也会越大, 表明翻身越困难。

如图 10–14 所示, 变胞四足仿生机器人具有三种仿生形态, 每种形态下, 变胞四足仿生机器人的躯干形状和四条腿的相对位置及姿态都发生了很大变化, 翻身能垒也会发生很大变化。例如, 变胞仿生机器人处于爬行类仿生形态时, 躯干形状长宽比比较小, 机器人的翻身能垒最大, 翻身困难, 机器人在此形态下比较稳定, 不容易摔倒。变胞四足仿生机器人处于哺乳仿生形态时, 四条腿位于躯干正下方, 身体宽度很小, 因此机器人的翻身能垒最小, 若不慎摔倒也能够轻易爬起。利用这一特性, 变胞四足仿生机器人在翻身过程 (非哺乳类仿生形态) 中, 可以先切换到哺乳类

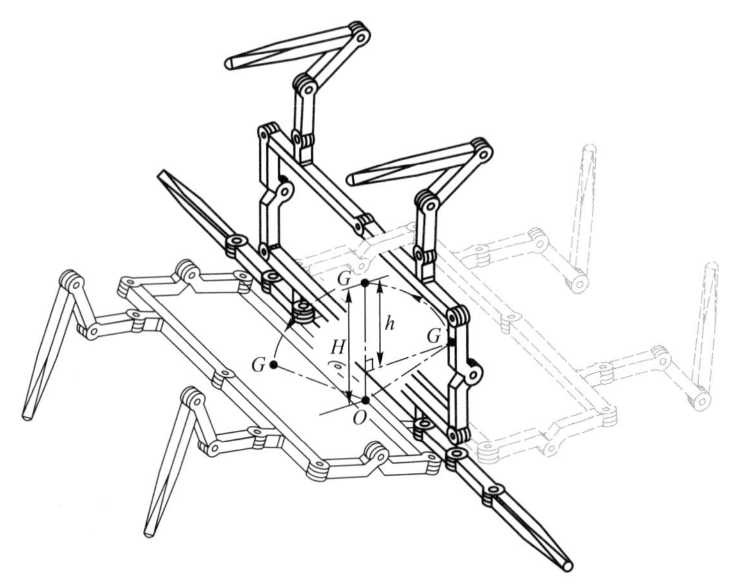

图 10–35 翻身能垒中 h 和 H 的示例

形态, 将躯干尽可能收缩, 伸展四条腿, 以使翻身能垒最小。

变胞四足仿生机器人在爬行类仿生形态下的整个翻身过程如图 10–36 所示。

首先变胞机器人将躯干由长方形变成一个六边形, 这一步的目的是避免机器人从爬行类仿生形态变换到哺乳类仿生形态后, 机器人躯干进入图 10–21 中所示的运动分支 Ⅲ。随后机器人可以沿着图 10–22 所示的仿生形态切换路径切换到哺乳类仿生形态。紧接着机器人收缩一侧的两条腿, 让整个机器人侧卧在地上, 如图 10–36 中步骤 V 所示。随后机器人在哺乳类仿生形态下继续弯曲缩小前半段躯干与后半段躯干的夹角和头尾之间的距离, 同时调整前一步两条腿的姿态和位置, 由图 10–15 (a) 中的 C2 腿部形态变成 C1 形态, 同时将这两条腿的足尖点移动到头尾这一侧, 使足尖点着地且到头尾共轴轴线 AE 的距离最大。最后机器人同时转动头尾共线关节, 将远离地面的一半躯干绕共线轴线 AE 转动 180°, 回到爬行类仿生形态。转动过程中, 机器人的支撑多边形为 P_2P_4G, 只要重心落在其中, 转动过程就是稳定的。上一步中让足尖点到共轴轴线 AE 距离最大, 就是为了让转动过程中稳定裕度最大。

变胞四足仿生机器人翻转过程中的翻身能垒曲线如图 10–37 所示。可以看出, 在爬行类仿生形态典型形态 Ⅱ 下, 机器人的翻身能垒最大, 这是因为此时躯干的形状为六边形, 横向尺寸比较大, 翻身过程中重心需要上升很高的距离。在哺乳类仿生形态下, 躯干的形状最为细长, 翻转截面的横向尺寸与纵向尺寸比较接近, 所以翻身能垒也最小。由整个过程的能垒曲线也可以看出, 机器人在爬行类仿生形态下

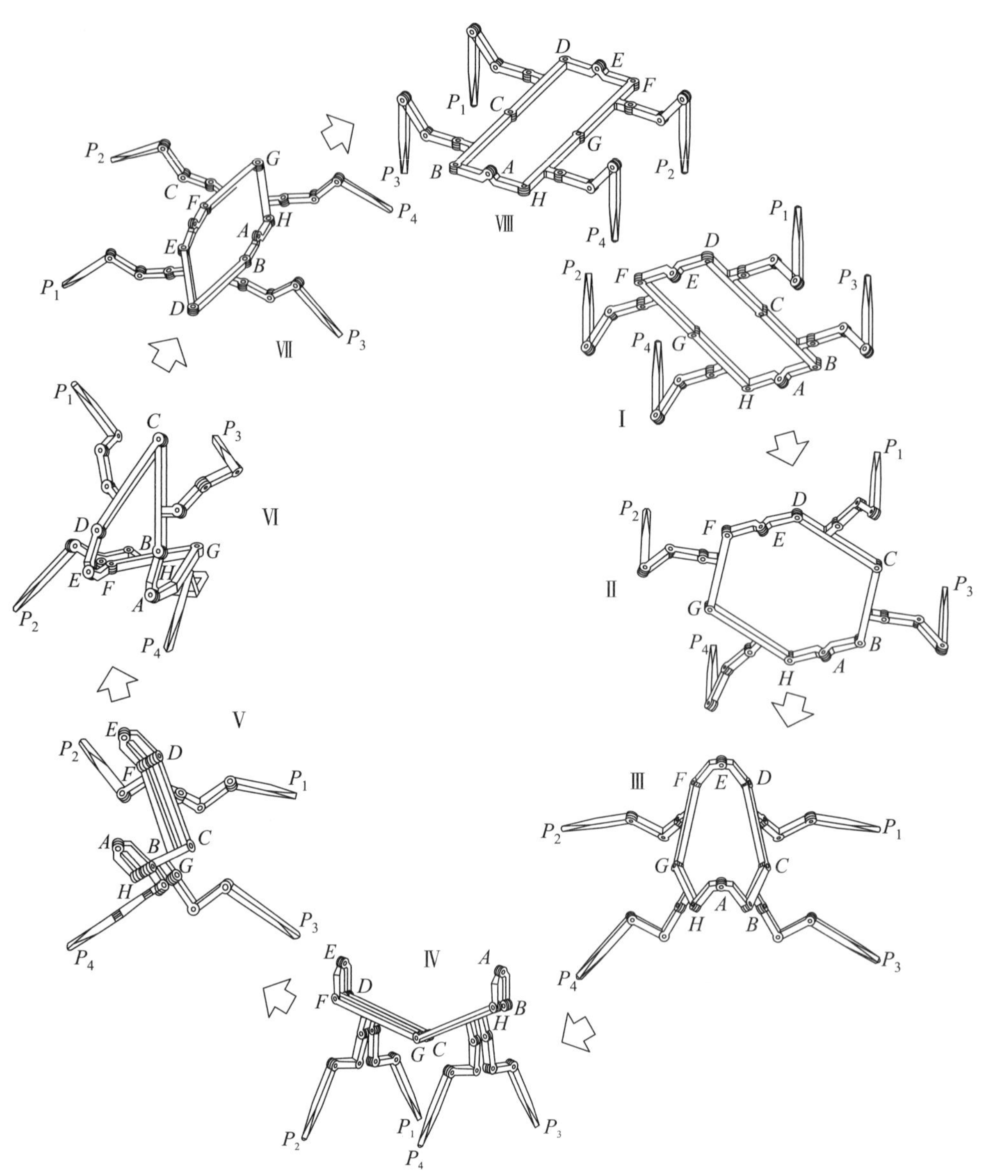

图 10–36　变胞四足仿生机器人通过形态切换实现跌倒后翻身

翻身相对比较困难, 我们通过先将机器人切换到翻身能垒比较小的哺乳类仿生形态, 将躯干翻转过来, 然后再切换回爬行类仿生形态, 完成翻身动作。

10.2.2.2　仿生形态切换与直角转弯

直角弯道在现实环境中比较常见, 转弯前后机器人的前进方向变化 90°。对于传统的足式机器人, 大多会在转角处通过原地转弯调整前进方向, 然后重新前进。而变胞四足仿生机器人遇到直角弯道时, 可以通过仿生形态的切换, 迅速改变前进方向, 实现快速通过。

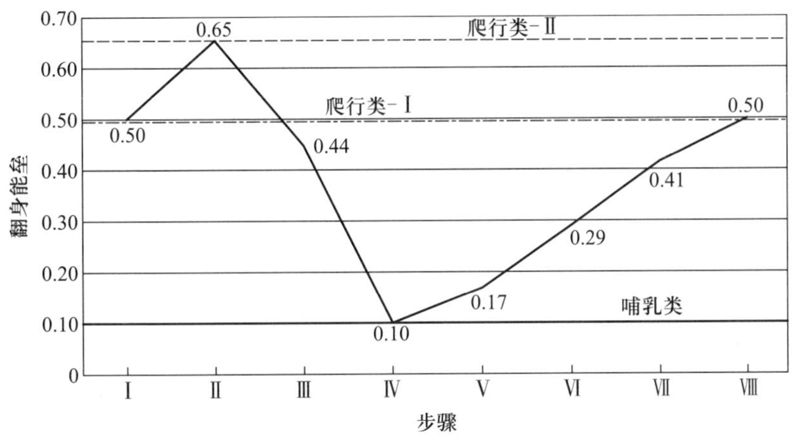

图 **10–37**　变胞四足仿生机器人翻身能垒变化曲线

如图 10–38 所示，机器人以爬行类仿生形态前进，当遇到一个直角弯道时，可以直接切换到节肢类仿生形态，这样变胞机器人的前进方向迅速变为与原来前进方向垂直。进一步分析可以发现，机器人从爬行类仿生形态切换到节肢类仿生形态，除了身体躯干形态发生改变，四条腿的相对位置和姿态也进行了重构。

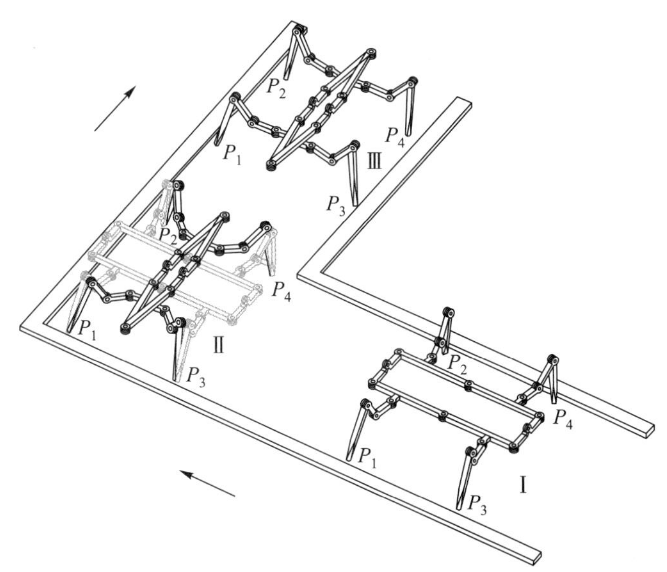

图 **10–38**　变胞四足仿生机器人快速通过直角弯道示意图

由图 10–15 (b) 可以看出，单条腿工作空间在 y 轴 (腿局部坐标系) 方向上跨度最大，因此当机器人的前进方向与腿局部坐标系 y 轴方向一致时，机器人运动性能 (运动速度、稳定性等) 最好。

在爬行类仿生形态下，腿 1 和腿 3 位于躯干一侧，腿 2 和腿 4 位于躯干另一侧，机器人的前进方向与腿局部坐标系 y 轴一致, 因此机器人在移动方向上具有最好的运动性能。当机器人切换到节肢类仿生形态后, 四条腿的分布变成了腿 1 和腿 2 位于躯干一侧, 腿 3 和腿 4 位于另一侧。同时与腿连接的躯干连杆在水平面内近似转动了 90°, 使四条腿足尖点工作空间在全局坐标系中也近似转动了 90°, 进而机器人运动性能最优方向变换成与原来垂直的方向。综上可以发现, 变胞四足仿生机器人通过形态的切换, 不仅实现了机器人运动方向的快速改变, 同时还使机器人在新的运动方向上具有最好的运动性能。

10.2.2.3 仿生形态变换与窄道

狭窄通道也是实际生活中常见的一种场景, 机器人对应这种地形的通过性主要取决于机器人的尺寸。传统足式机器人的身体尺寸是固定的, 当遇到尺寸小于其身体尺寸的窄道时就无法通过。变胞四足仿生机器人利用躯干的重构, 可以将躯干的横向尺寸变得很小, 专门用来通过这类狭窄的通道。另外, 针对这类场景, 机器人还会相应地调整迈腿方式, 减少机器人移动过程中狭窄地形限制。

如图 10–39 所示, 机器人以爬行类仿生形态典型形态 Ⅱ 在较宽的通道内移动, 当遇到一条狭窄的通道, 其宽度远小于机器人在当前形态下任意一个方向上的尺寸, 很显然在当前形态下机器人无法通过。这时变胞四足仿生机器人需要首先将躯干收缩成节肢类仿生形态, 将躯干宽度压缩至最小。根据 10.2.2.2 节的分析可知, 此时四条腿的工作空间方向也会在全局坐标系中转动 90°。此时腿与躯干基本垂直, 这种情况下机器人的横向尺寸为躯干加上两条腿的宽度, 尺寸上还是比较大。为了进一步减小机器人的横向尺寸, 这时让机器人四条腿的第一关节转动一定角度, 使各条腿所在平面与机器人的躯干中心轴线平行, 让四条腿尽可能地贴近躯干。

除了通过躯干仿生形态切换及调整腿与躯干的相对位置外, 机器人的迈腿方式也要做一些调整。这是因为机器人在前进过程中, 四条腿需始终贴近躯干来保证机器人整体横向尺寸小于窄道横向尺寸。这就意味着机器人在移动过程中, 四条腿的第一关节不能转动, 需保持在固定位置。所以, 在通过窄道过程中, 机器人没法按照标准节肢类仿生形态的迈腿方式移动 (在标准节肢类仿生形态下, 每条腿的足尖点在机器人移动方向上的运动主要由腿第一关节的转动实现) 。

综上所述, 机器人在通过图 10–39 所示的窄道时, 每条腿只有两个活动度, 此时每条腿的工作空间如图 10–15 (a) 所示, 整个工作空间位于一个平面内。不过由于该平面与移动方向平行, 所以此时机器人仍然通过每条腿第二、第三关节匍匐前进。与标准节肢类仿生形态相比, 由于工作空间在移动方向上的跨度

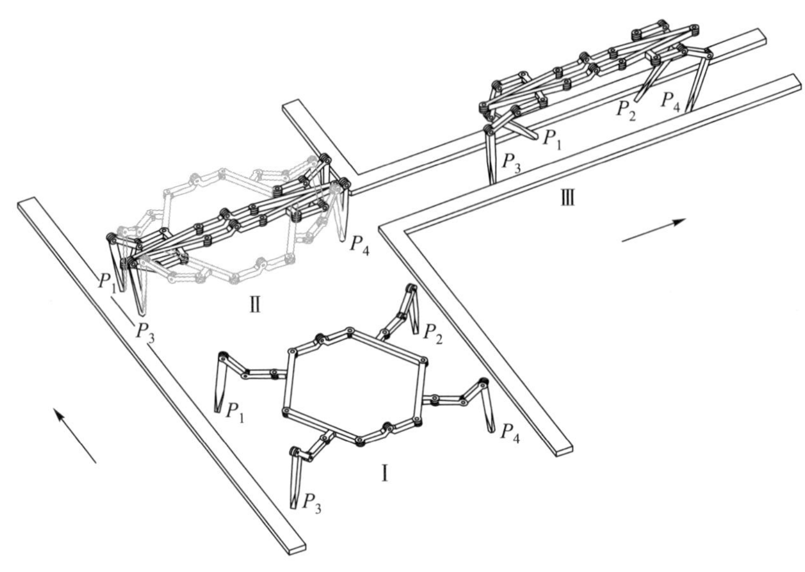

图 10–39 变胞四足仿生机器人通过狭窄通道示意图

比较小, 所以机器人迈腿步长相对较小。另外, 此时四条腿足尖点组成的支撑多边形是一个长宽比比较大的长方形, 所以机器人运动过程中的稳定裕度也相对较小。

10.2.3 样机与实验

变胞四足仿生机器人第一代样机如图 10–40 所示, 机器人主要躯干结构件由碳纤维板材数控加工中心加工而成, 部分连接件及小腿材通过 3D 打印 (PLA) 加工而成。机器人足尖位置安装有由橡胶制成的足垫, 其在足尖触地时起到一定的缓冲作用, 同时增大足尖与地面的摩擦力。每条腿使用 3 个舵机驱动, 躯干的驱动布置如图 10–20 所示。另外在样机设计中, 考虑到一个舵机不能提供足够的扭矩来实现机器人躯干绕共轴轴线 AE 的转动, 所以样机的关节 A 和 E 上分别安装了一个舵机, 在任何情况下, 这两个舵机的运动参数完全相同。机器人的电池一共有两块, 分别对称安装在机器人的躯干连杆中。在关节 C 和 G 上分别安装图 10–23 中所示的凸榫和凹卯, 用来防止机器人躯干在哺乳类仿生形态下进入错误的运动分支。

第一代样机的相关参数如表 10–2 所示。机器人在图 10–40 (a) 所示的爬行类仿生形态 I 标准站立姿态下的尺寸为 380 mm × 400 mm × 140 mm, 机器人的质量为 1.89 kg。整个机器人上一共用了 17 个舵机来驱动, 每个舵机的最大扭矩为 15 kg·cm。机器人用的电池为 2S 的磷酸铁锂电池, 额定电压为 6.6 V, 电池容量为

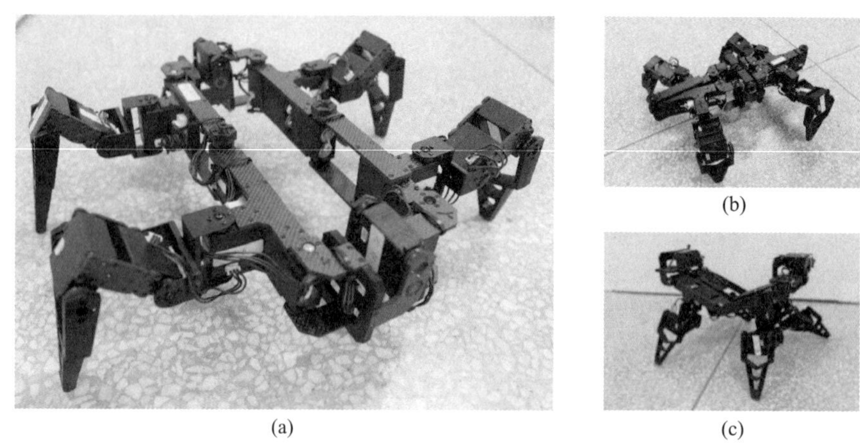

图 10–40　变胞四足仿生机器人第一代样机：(a) 爬行类；(b) 节肢类；(c) 哺乳类

3 000 mA·h。一代样机所用的主控为 MicroPython 平台下的 Pyboard v1.0, 主控芯片为 STM32F405, 最高主频为 168 MHz。

表 10–2　变胞四足仿生机器人第一代样机参数

参数	值
机器人尺寸 / (mm×mm×mm)	380×400×140
质量 /kg	1.89
舵机数目	17
关节舵机最大扭矩 / (kg·cm)	15
电池参数	6.6 V , 3 000 mA·h ($LiFePO_4$)
控制器	Pyboard v1.0 (168 MHz)

首先, 在样机上进行 FSP 步态实验, 以此来验证躯干在 Yaw 方向上的转动对机器人转弯的影响。此时机器人处于爬行类仿生形态, 如图 10–41 所示, 机器人在第一步和最后一步中通过将部分躯干转动和迈腿合二为一, 将整个步态缩短为四步, 同时保证机器人在转弯过程中保持静态平衡。

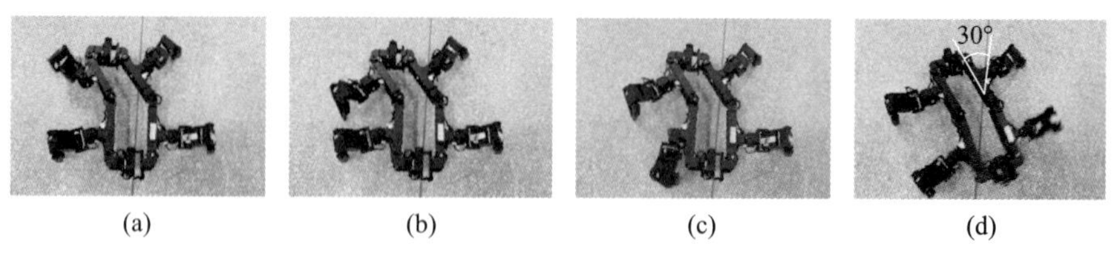

图 10–41　爬行类仿生形态下的 FSP 步态实验

随后, 在样机上进行 STC 步态实验, 以此来验证躯干在 Pitch 方向上的转动对机器人爬台阶的影响。此时机器人处于节肢类仿生形态, 整个实验的过程如

图 10–42 所示。当机器人迈前两条腿时, 机器人前半段躯干向上抬起, 当机器人迈后两条腿时, 机器人前半段躯干向下弯曲, 尽可能地贴近水平台阶面。通过躯干的上下弯曲, 大大提高机器人在爬台阶过程中的稳定性, 这也证明了躯干在 Pitch 方向上转动的作用。

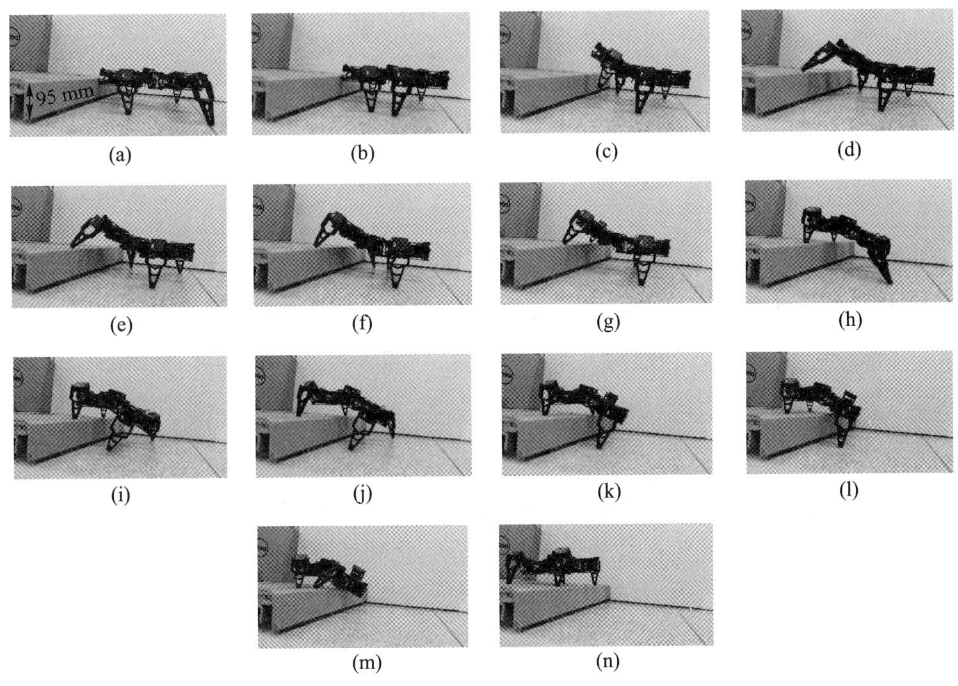

图 **10–42** 节肢类仿生形态下的 **STC** 步态实验

最后, 在样机上进行哺乳类仿生形态下间歇步态移动实验。实验过程如图 10–43 所示, 可以看到, 机器人在哺乳类仿生形态下, 躯干形状及四条腿与躯干的相对位置发生了较大变化。首先机器人躯干结构变成了串联结构, 躯干上多出了可以自由转动的头和尾, 四条腿落到了躯干下方, 第一关节轴线也由竖直方向变成了水平方向。与其他两种仿生形态不同的是, 四条腿都处于图 10–15 (a) 中的 C2 腿部形态, 当机器人迈腿时, 第一关节的转动不仅会改变足尖点在移动方向上的位置, 同时还会改变足尖点的高度。

10.3 变胞电力机器人

服务机器人处在复杂、非结构化、动态时变的环境中, 往往需要完成多种作业任务, 而电力机器人就是其中的典型代表。以电力巡检与维护作业机器人为例, 其工作的高压输电线路或超高压输电线路环境包括线路通道、杆塔、架空地线、架空光缆、输电线以及安装在线路上的多种设施 (防振锤、压接管、引流线、悬垂挂

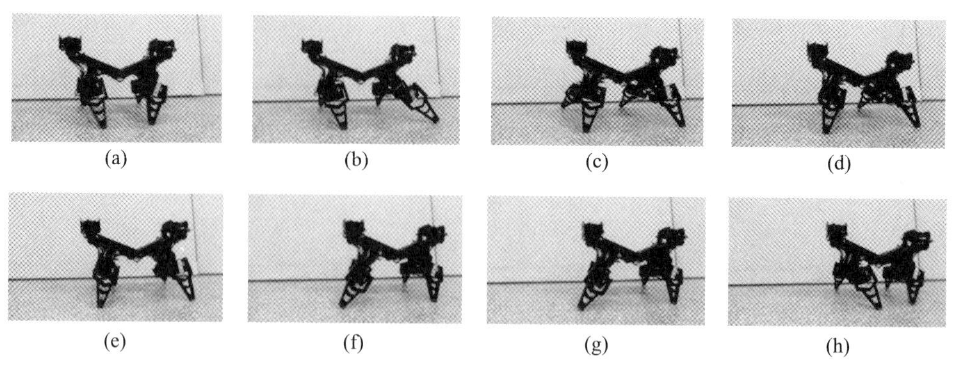

图 10–43 哺乳类仿生形态下的标准间歇步态实验

点金具组合等)，线路环境复杂多变。此类机器人在运行过程中，主要完成线路巡检和维护作业两大类任务。线路巡检任务是指针对线路通道、杆塔、地线、导线以及其他设施的例行巡检与特巡；维护作业任务是指对线路中的各种故障与缺陷进行带电修复作业，包括线路异物清除、除锈、除冰、线路断股补修、更换有缺陷的设施等，任务种类多样化。鉴于以上提及的线路环境的复杂性与维护作业任务的多样性，按照常规方式进行设计会导致机器人机构极为复杂，体积重量大，难以满足多种作业任务需求。变胞机构能够根据环境变化和任务需求进行自我重组与重构，具有“一机多用”的特点，因而在机器人设计过程中，通过合理运用变胞机构可以提高机器人的可重构能力与变结构特性，从而为服务机器人在复杂环境下完成多样化作业任务提供一种良好的解决方案。

10.3.1 电力机器人应用背景

作为支撑国民经济发展的能源支柱，电力行业在当今社会中发挥着无法替代的作用，目前我国 35 kV 以上输电线路回路长度已经超过 180 万千米，110 kV 变电站超过 2 万个 (中国电力企业联合会, 2019; 中国产业调研网, 2019) 。面对着如此巨大的电力巡检作业量，智能化巡检与维护迫在眉睫，在国家电网制定的最新发展规划要求中，将机器人列入线路设施、变电站等智能化改造的重要手段。2018 年 7 月，国家能源局发布了《关于成立能源行业电力机器人标准化技术委员会的批复》，体现了我国规范化发展电力机器人的决心。

为了减小传输损耗，电力能源自发电企业向用户传输时主要采用超 / 特高压架空电力线的方式。架空线路的分布点多、分布面广，而且部分线路选址远离城镇，所处地形复杂 (如经过大面积水库、湖泊和崇山峻岭等)，自然环境恶劣 (如穿越原始森林边缘地区、高海拔和冰雪覆盖区，以及沿线存在频繁滑坡、泥石流等地质灾害) 。电力线、杆塔以及相应辅助设备长期暴露在野外，受到持续的机械张力、电气闪络、材料老化的影响而产生断股、磨损、腐蚀等损伤, 如不及时修复更换, 原本微小的破损和缺陷就可能扩大, 最终导致严重事故, 造成大面积停电和巨大的经济损失。因此, 为保障电力线路的正常运行, 电力公司需要定期对线路设备进行检测, 及时掌握输电线路的运行状况以发现早期损伤和缺陷, 然后根据缺陷的轻重缓急, 安排必要的维护和修复, 从而确保供电可靠运行。但电力输电网络所处的复杂地理环境给电力输电线路的检测与维护带来了极大的困难, 特别是电力输电线路不得不穿越的原始森林边缘地区、高海拔和冰雪覆盖地区、丘陵及沙漠地区等作业人员难以到达的区域。如何解决日常检测与维护作业成了电力行业所面临的且必须解决的重大难题。

输电线路巡检的目的是检查输电线路及其周围环境是否存在威胁输电安全和引发线路故障的隐患。巡检内容主要包括对输电线路的检查和对输电通道的检查。对输电线路的检查主要包括: ① 杆塔、拉线和塔基的检查, 主要是检查杆塔本体和拉线是否缺损、变形、锈蚀等, 以及塔基是否完整; ② 导线及地线的检查, 主要检测导线和地线有无锈蚀、断股、损伤和异物悬挂等; ③ 绝缘子和线路金具的检查, 主要是检查绝缘子是否有裂纹、破碎、松动等故障, 线路金具有无锈蚀和损坏, 防振锤有无松动和移位等。对输电通道的检查, 主要是检查线路通道中树木、工厂、建筑物等与线路导线间的安全距离和交叉跨越情况 (电力行业标准 DL/T 741— 2010) 。目前, 常用的输电线日常检测和维护方式有人工巡线、直升机巡线和机器人巡检 (谭民和张运楚, 2004; 钱金菊等, 2016) 。三种方式均有各自特点, 具有一定的互补性。电力机器人的优势在于降低了工人登塔或沿线作业所带来的高劳动强度和高危险性, 同时悬挂于输电线路上, 可以对线路进行精细化检测甚至维护作业。图 10–44 所示为电力机器人巡检示意图。

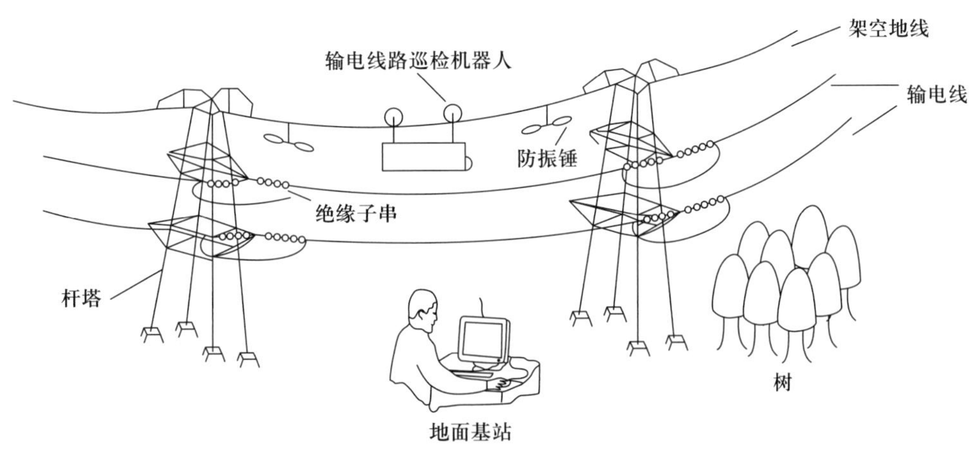

图 **10–44** 电力机器人巡检示意图

输电线路巡检机器人研究的目标是实现高空巡检的机器人化, 即自主的智能输电线巡检机器人系统。但是, 受到机构、控制、传感器以及人工智能技术的发展限制, 目前开发的巡检机器人系统多采用人工直接遥控结合少量局部自主的方式实现远程操作, 这种方式的优点是实现简单, 但仍存在一些不足: ① 操作者的工作强度大, 操作者需要时刻注意并控制机器人的运行; ② 对操作者的技术要求高, 因为直接遥控是对机器人自由度的直接操作, 因此需要操作者熟练掌握机器人结构及控制系统, 对操作者知识水平等要求很高, 并且需要长时间的培训; ③ 远端机器人稳定性差、操作精度低, 远程机器人控制存在各种时滞, 再加上人类反应需要一定的时间, 直接遥控极易造成机器人的不稳定。因此, 逐步提高巡检机器人机构的稳定性与环境适应性, 改善机器人控制的自主性, 对巡检机器人的推广应用具有重要意义。

10.3.2 电力机器人机构设计挑战

目前的电力机器人大多以轮臂复合机构作为移动本体 (吴功平等, 2006; Xiao 等, 2006) , 机器人既要沿导线或地线行驶, 跨越线路金具、杆塔等障碍, 还要及时对线路缺陷进行修复、维护。以上复杂动作需要不同机构完成, 使得机构复杂庞大, 机构稳定性下降。结合输电线路巡检与维护作业的实际需求, 对电力机器人机构设计输入总结如下:

(1) 机器人长距离沿线路行走时, 线路呈悬链线状态分布, 大范围变化的线路角度会造成各驱动轮所承担的机器人质量不均匀, 承重大的驱动轮磨损严重, 导致附着能力迅速下降。当质量分配严重不均时, 甚至会导致驱动轮脱线, 造成安全隐患。机构设计时应被动开展机构拓扑演变, 合理调配各轮承重, 优化驱动性能, 延长工作寿命, 保障机器人安全。

(2) 机器人越障行走时, 面临防振锤、压接管、悬垂线夹等多种障碍, 目前常见的越障方式是根据障碍类型调整机器人构型进行跨越, 而这种方式势必造成机构设计复杂、越障时间长、能耗大等问题。应根据障碍类型进行自我重组与重构, 从而简化机构驱动、提升越障效率。

(3) 机器人巡检与维护时, 考虑到线路缺陷种类繁多, 作业维护方法不同, 如果针对各类缺陷均研制专用工具, 将会大大限制自动化作业补修的应用范围。针对输电线路的半结构化复杂环境, 设计开发具有自重构功能的作业工具, 将会大大扩展机器人作业补修的应用范围, 改善作业工具性能, 提升工作效率。

由此, 通过变胞机构在输电线路巡检与维护机器人本体上的开发应用, 使机器人具备在复杂环境下基于任务需求进行自我重组与重构的能力, 优化机器人机构的设计方案, 改善机器人的性能。从而研究并揭示变胞机构的构态演变与进化机理, 拓宽变胞机构在服务机器人领域的应用, 对我国服务机器人及机器人机构学的创新与发展具有重要意义。

10.4 线路巡检与维护变胞机器人

目前电力巡检与维护作业机器人研究中面临的主要挑战包括两个方面: 其一为线路环境的复杂性; 其二为维护作业任务的多样性。通常采用传统方式开展机构设计, 机器人以轮臂复合机构作为移动本体, 集成各类专用作业工具。当面对复杂非结构化线路环境下的多样化维护作业任务时, 机器人机构复杂而庞大, 机构可靠性下降, 而变胞机构具备多变化、多功能以及多构型特点, 通过机构活动度与构型的合理变化即可满足任务需求, 进而达到简化机构、降低体积质量、提高整机性能的目的。将变胞机构原理应用于电力巡检与维护作业机器人设计中, 为解决上述问题指明了方向。

10.4.1 线路巡检与维护变胞机器人设计

输电线路巡检与维护变胞机器人既要满足移动、越障、作业等性能要求, 还要适应复杂的外部环境的工作需求。作者团队基于变胞原理设计的行星轮式巡检机器人具有越障性能强、行走速度快、稳定性好、质量小等特点, 尤其可通过机构构态变化来适应外部环境, 从而达到“一机多能”的目标。

传统轮式巡检机器人设计中, 轮式结构可以保证巡检机器人在输电线路上快速、稳定、低能耗地行进。图 10–45 所示为中国科学院沈阳自动化研究所自 2002 年开始研制的 AApe 系列 500 kV 输电线路巡检机器人 (Wang 等, 2014; Wang 等, 2010; Song 等, 2013; 宋屹峰等, 2013) 。其中, AApe–A 巡检机器人面向一挡内巡检任务开发, 如图 10–45 (a) 所示, 采取滚动方式行走, 最大爬坡角度为 20° (朱兴龙等, 2009) 。 AApe–B 巡检机器人由两个轮臂复合手臂和一个电气箱组成, 采取滚动行走、尺蠖或回转方式越障 (李贞辉等, 2015) , 该类机器人有多种构型样机, 如图 10–45 (b) — (d) 所示。后期改进的 AApe-B 巡检机器人如图 10–45 (e) 和 (f) 所示, 在原有基础上增加了双臂间距调节功能, 能够以尺蠖、双臂交错等方式跨越各类障碍物, 该类型机器人针对山区线路设计, 能够越过引流线 (Xiao 和 Wang, 2013) 。

如图 10–46 所示, 设计的行星轮式变胞电力机器人旨在通过变胞机构抬升调节机器人整体重心, 相较于传统机器人, 其能更加快速、稳定地跨越架空地线上的障碍物。行星轮式巡检机器人由驱动电机带动行星轮, 行星齿轮带动行走轮的内齿

图 10–45　AApe 系列电力机器人：(a) 一挡内巡检；(b) 双臂定间距；(c) 对称双臂定间距；(d) 部分双臂定间距；(e) 双臂变间距；(f) 对称双臂变间距

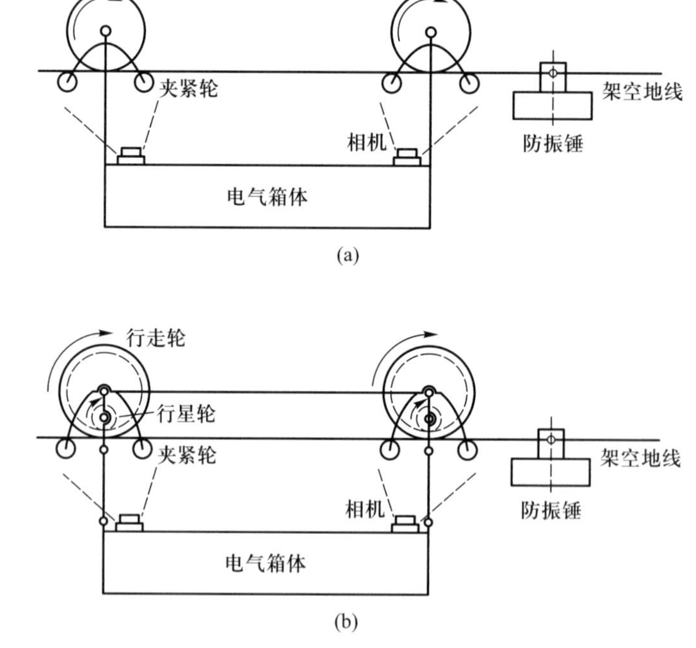

图 10–46　传统构型与变胞构型的电力巡检机器人：(a) 传统构型；(b) 变胞构型

圈，进而带动整个巡检机器人向前行进。当巡检机器人未遇到障碍物正常行走时，由于机器人整体重力作用，行走轮内齿圈与行星轮的啮合点始终处于最低点，行走轮在与行星轮的啮合作用下匀速向前行走。

当前行走轮遇到障碍物时，前行走轮由于受到障碍物的阻碍而停止运动，与此同时，驱动电机将带动行星轮沿行走轮的内齿圈做向上爬升圆周运动，当行星轮运动到一定位置时，行走轮主动力矩大于约束力矩，行走轮就可以越过障碍物继续前进。同时，随着行星轮的上升，通过电气箱体连接臂带动电气箱体抬升，进而将整个巡检机器人的重心抬升，有助于巡检机器人顺利越障。为了增大巡检机器人越障时的灵活性，可在电气箱体的连接臂上增加一个旋转副，从而增大巡检机器人的灵活性与自适应性。

图 10–47 为行星轮式巡检机器人的机构简图，行走驱动电机带动行星齿轮轴驱动输入，由于行星轮与行走轮的内齿圈啮合作用，将带动行走轮向前行走。行星轮式巡检机器人能根据外界环境的改变 (有无防振锤) 自动变换轮系的结构，在架空地线上正常行走，没有遇到防振锤等障碍物时为定轴轮系，行走轮在行星轮的驱动作用下，在架空电线上快速行走，当遇到防振锤等障碍物时自动转变为周转轮系，从而有助于巡检机器人的顺利越障。这种可变结构的轮式结构很大程度上提高了巡检机器人的越障能力，提高了巡检机器人的自适应能力。

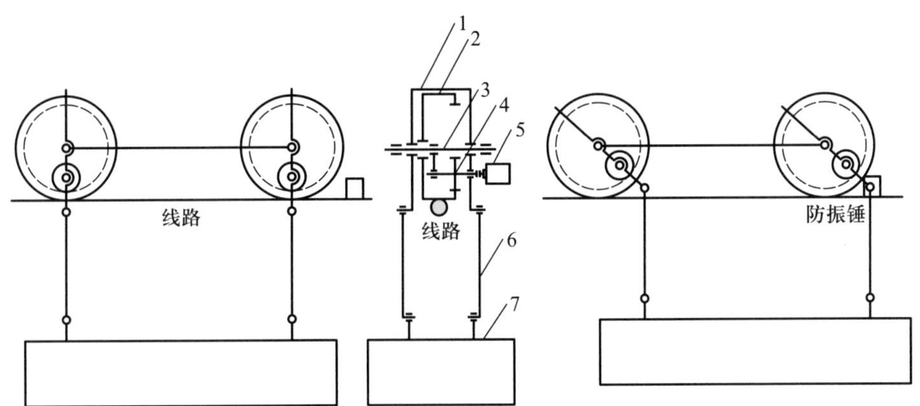

图 **10–47**　输电线路巡检及维护机器人简图

1—行星架；2—行走轮；3—行走轮轴；4—行星齿轮轴；
5—驱动电机；6—箱体连接臂；7—电气箱体

图 10–48 所示为输电线路巡检维护机器人越障过程示意图，其前行走轮越障过程大致分为以下几个阶段。

1) 无障碍行走阶段

当巡检机器人没有遇到障碍物时，行星轮在电气箱体重力的作用下与行走轮内齿圈最低点啮合传动，此阶段巡检机器人将沿输电线作水平匀速运动，保证了巡检机器人无障碍时在线路上的稳定行走，如图 10–48 (a) 所示。

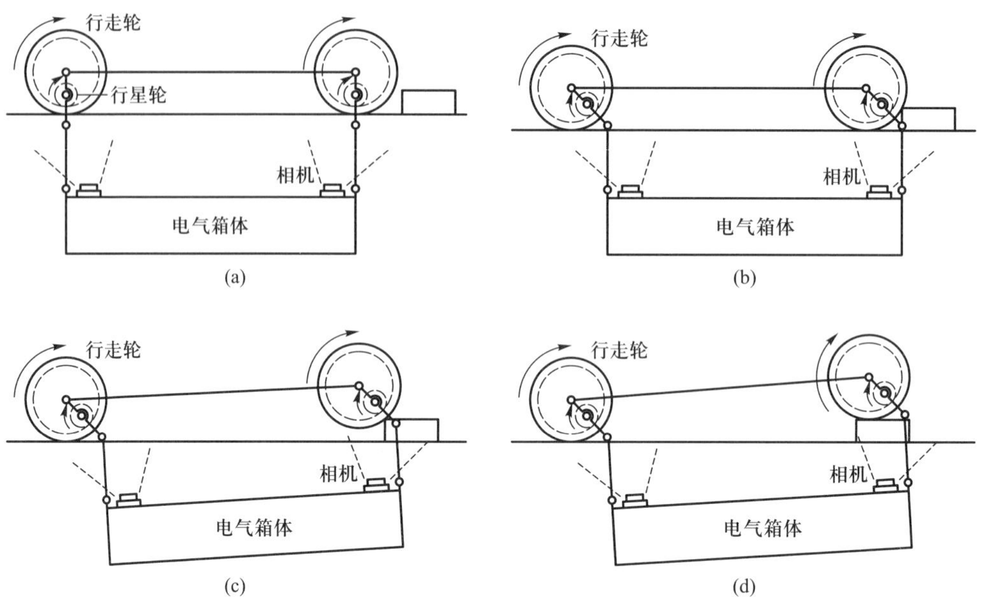

图 **10–48** 输电线路巡检维护机器人越障过程示意图: **(a)** 无障碍行走阶段; **(b)** 越障前期阶段; **(c)** 越障后期阶段; **(d)** 越障恢复阶段

2) 越障前期阶段

当前行走轮遇到障碍物时, 前行走轮由于受到障碍物的阻碍而停止运动, 与此同时, 驱动电机将带着行星轮在驱动力矩的作用下沿着行走轮的内齿圈做向上爬升圆周运动。同时, 随着行星轮的上升, 通过电气箱体连接臂带动电气箱体抬升, 因而将整个巡检机器人的重心抬升, 有助于巡检机器人顺利越障, 直至前行走轮即将脱离输电线时, 此阶段结束, 如图 10–48 (b) 所示。

3) 越障后期阶段

当巡检机器人越障前期阶段结束后, 即巡检机器人前行走轮由刚脱离输电线开始到完全运动到防振锤上方过程中, 前行星轮绕着其圆心做顺时针的自转运动, 同时沿着前行走轮的内齿圈向上爬升, 在前行星轮的带动下, 前行星架绕前行走轮中心做圆周运动, 同时在驱动力的作用下, 前行走轮绕行走轮与防振锤接触点做圆周运动。类似地, 后行星轮沿着后行走轮的内齿圈向上爬升, 后行走轮在驱动力的作用下在输电线上做纯滚动运动, 推动前行走轮向前滚动, 直到前行走轮最低点完全越过障碍物时, 此阶段结束, 如图 10–48 (c) 所示。

4) 越障恢复阶段

当前行走轮完全行驶到障碍物上时, 前行走轮在驱动力的作用下向前运动, 与此同时, 前行星轮开始逐步恢复到与行走轮最低点处啮合, 此阶段结束, 如图 10–48 (d) 所示。由于后轮越障过程与前轮越障过程类似, 此处不再赘述。

10.4.2 线路巡检与维护变胞机器人构态分析与变换

10.4.2.1 线路巡检与维护变胞机器人构态介绍

输电线路巡检与维护变胞机器人采用行星轮式行走轮，在没遇到障碍物正常行走时，由于重力和驱动力矩的作用，行星轮与行走轮啮合点始终处于驱动轮与线路的垂直线上；当遇到障碍物时，行走轮在障碍物的阻力下停止转动，行星轮在驱动力的作用下继续沿行走轮内齿圈上啮合向上转动，当行星轮运动到一定位置时，行走轮的驱动力矩大于阻力矩，从而跨过障碍物继续前行。综合该越障过程分析，如图 10–49 所示，线路巡检与维护变胞机器人能够根据外界环境的改变（有无防振锤）变换轮系结构，在架空地线上正常行走，没有遇到防振锤等障碍物时为定轴轮系，当遇到防振锤等障碍时自动转变周转轮系，同时机器人自由度发生变化，构型也发生变化，这种变结构的轮式结构提高了机器人的越障能力和环境适应能力。

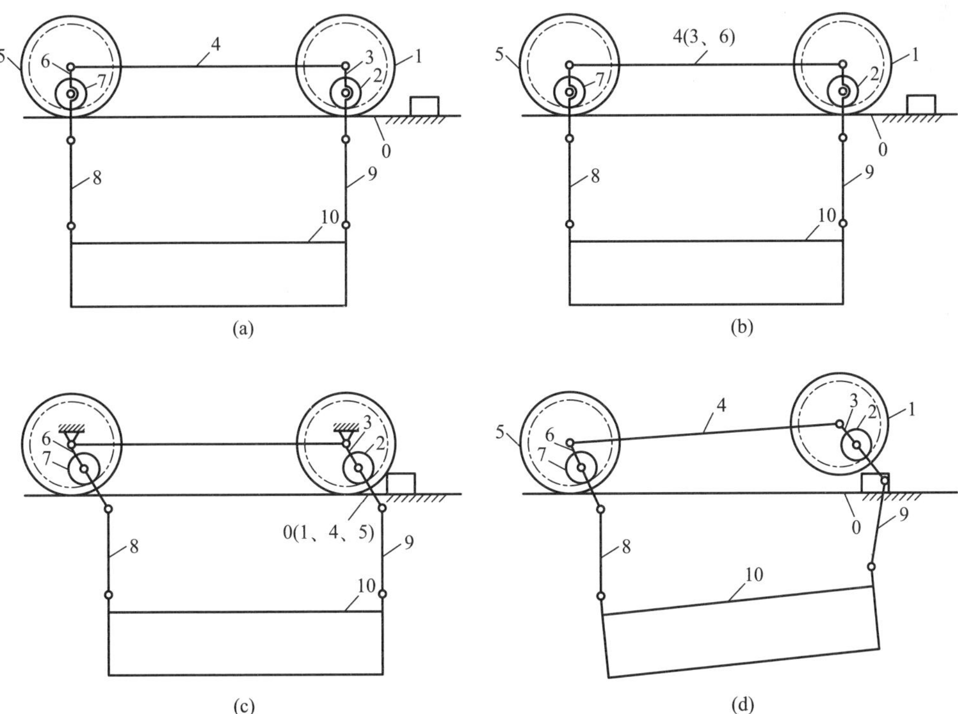

图 10–49 线路巡检与维护变胞机器人两种变胞构态等效简图：(a) 变胞源机构简图；(b) 行走过程等效简图；(c) 爬升过程等效简图；(d) 越障过程等效简图

0—线路；1—前行走轮；2—前行星轮；3—前行星架；4—前后轮行走轮连接杆；5—后行走轮；6—后行星架；7—后行星轮；8—后电气箱体连接臂；9—前电气箱体连接臂；10—电气箱体

10.4.2.2 巡检机器人构态的数学表达

给定一个机构, 则对应给定一个拓扑结构。传统机构运行过程中, 其拓扑结构不变。然而, 变胞机构与传统机构不同, 拓扑结构变换是变胞机构的一个典型特征 (Li 等, 2005; Li 等, 2016a, 2016b) 。变胞机构在运动过程中, 随着杆件的合并与分离, 将引起拓扑结构变化。邻接矩阵 (Li 等, 2015; 杨强等, 2014; 李端玲, 2003) 变换可以反映拓扑图的变换性质及机构变换规律。

在用拓扑结构图和邻接矩阵来描述巡检机器人不同构态的变换过程之前, 需要通过高副低代 (申永胜, 2015) 将变胞巡检机器人的高副机构转换为低副机构进行分析。图 10–50 所示为内啮合齿轮在某一接触点的高副低代方式。

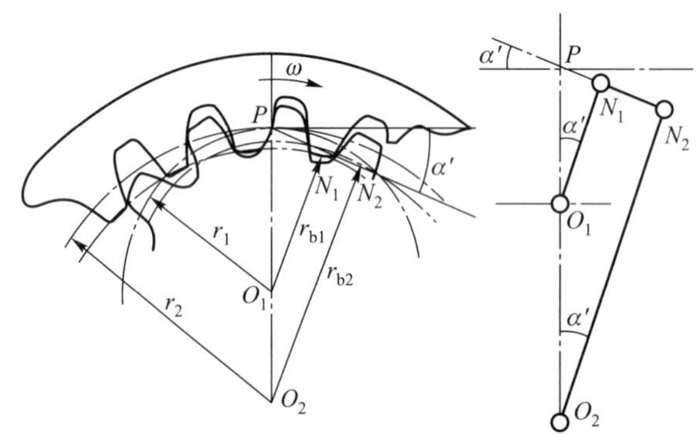

图 10–50 两啮合齿轮的高副低代

根据渐开线内齿轮高副低代原理, 且将行走轮与输电线间的滚动等效为行走轮与输电线间的滑动, 可以得到巡检机器人变胞源机构等效简图如图 10–51 (a) 所示, 此阶段对应的拓扑图如图 10–51 (b) 所示。

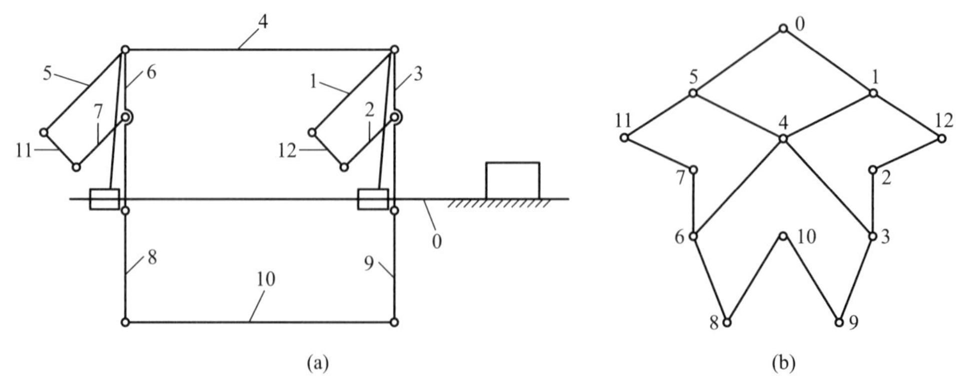

图 10–51 输电线路巡检与维护机器人变胞源机构: (a) 等效机构简图; (b) 拓扑图

0—线路; 1—前行走轮替代杆件; 2—前行星轮替代杆件; 3—前行星架; 4—前后轮行走轮连接杆; 5—后行走轮替代杆件; 6—后行星架; 7—后行星轮替代杆件; 8—后电气箱体连接臂; 9—前电气箱体连接臂; 10—电气箱体; 11—后行星轮与后行走轮高副替代杆; 12—前行星轮与前行走轮高副替代杆

此阶段对应的邻接矩阵为

$$
\boldsymbol{A}_0 = \begin{matrix} 0 \\ 1 \\ 2 \\ 3 \\ 4 \\ 5 \\ 6 \\ 7 \\ 8 \\ 9 \\ 10 \\ 11 \\ 12 \end{matrix}
\begin{pmatrix}
0 & 1 & 0 & 0 & 0 & 1 & 0 & 0 & 0 & 0 & 0 & 0 & 0 \\
1 & 0 & 0 & 0 & 1 & 0 & 0 & 0 & 0 & 0 & 0 & 0 & 1 \\
0 & 0 & 0 & 1 & 0 & 0 & 0 & 0 & 0 & 0 & 0 & 0 & 1 \\
0 & 0 & 1 & 0 & 1 & 0 & 0 & 0 & 0 & 1 & 0 & 0 & 0 \\
0 & 1 & 0 & 1 & 0 & 1 & 1 & 0 & 0 & 0 & 0 & 0 & 0 \\
1 & 0 & 0 & 0 & 1 & 0 & 0 & 0 & 0 & 0 & 0 & 1 & 0 \\
0 & 0 & 0 & 0 & 1 & 0 & 0 & 1 & 1 & 0 & 0 & 0 & 0 \\
0 & 0 & 0 & 0 & 0 & 0 & 1 & 0 & 0 & 0 & 0 & 1 & 0 \\
0 & 0 & 0 & 0 & 0 & 0 & 1 & 0 & 0 & 0 & 1 & 0 & 0 \\
0 & 0 & 0 & 1 & 0 & 0 & 0 & 0 & 0 & 0 & 1 & 0 & 0 \\
0 & 0 & 0 & 0 & 0 & 0 & 0 & 0 & 1 & 1 & 0 & 0 & 0 \\
0 & 0 & 0 & 0 & 0 & 1 & 0 & 1 & 0 & 0 & 0 & 0 & 0 \\
0 & 1 & 1 & 0 & 0 & 0 & 0 & 0 & 0 & 0 & 0 & 0 & 0
\end{pmatrix} \tag{10–42}
$$

巡检机器人在正常行走阶段, 行走轮没有碰到障碍物, 由于在重力的约束下, 构件 3、 6 相当于与构件 4 合并, 根据渐开线内齿轮高副低代原理可得巡检机器人正常行走阶段即第一构态等效低副机构简图如图 10–52 (a) 所示, 此阶段对应的拓扑图如图 10–52 (b) 所示。

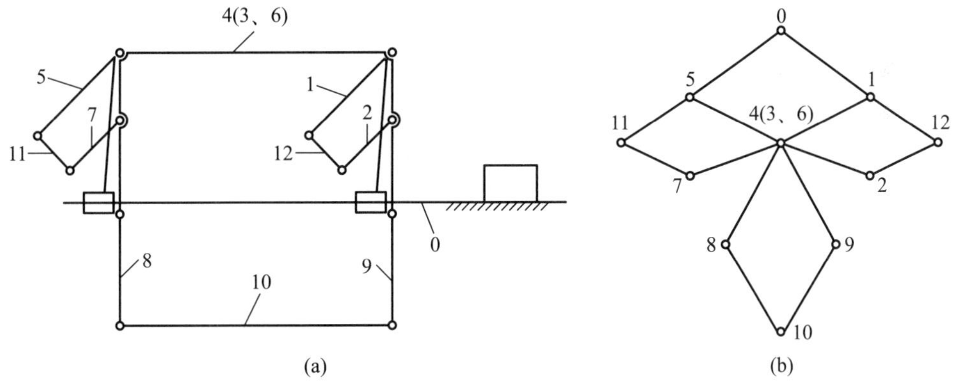

图 **10–52** 输电线路巡检与维护机器人行走构态:
(a) 等效机构简图; **(b)** 拓扑图

0—线路; 1—前行走轮替代杆件; 2—前行星轮替代杆件; 3—前行星架; 4—前后轮行走轮连接杆; 5—后行走轮替代杆件; 6—后行星架; 7—后行星轮替代杆件; 8—后电气箱体连接臂; 9—前电气箱体连接臂; 10—电气箱体; 11—后行星轮与后行走轮高副替代杆; 12—前行星轮与前行走轮高副替代杆

此阶段对应的邻接矩阵为

$$
\boldsymbol{A}_1 = \begin{matrix} 0 \\ 1 \\ 2 \\ 4(3、6) \\ 5 \\ 7 \\ 8 \\ 9 \\ 10 \\ 11 \\ 12 \end{matrix}
\begin{pmatrix}
0 & 1 & 0 & 0 & 1 & 0 & 0 & 0 & 0 & 0 & 0 \\
1 & 0 & 0 & 1 & 0 & 0 & 0 & 0 & 0 & 0 & 1 \\
0 & 0 & 0 & 1 & 0 & 0 & 0 & 0 & 0 & 0 & 1 \\
0 & 1 & 1 & 0 & 1 & 1 & 1 & 1 & 0 & 0 & 0 \\
1 & 0 & 0 & 1 & 0 & 0 & 0 & 0 & 0 & 1 & 0 \\
0 & 0 & 0 & 1 & 0 & 0 & 0 & 0 & 0 & 1 & 0 \\
0 & 0 & 0 & 1 & 0 & 0 & 0 & 0 & 1 & 0 & 0 \\
0 & 0 & 0 & 1 & 0 & 0 & 0 & 0 & 1 & 0 & 0 \\
0 & 0 & 0 & 0 & 0 & 0 & 1 & 1 & 0 & 0 & 0 \\
0 & 0 & 0 & 0 & 1 & 1 & 0 & 0 & 0 & 0 & 0 \\
0 & 1 & 1 & 0 & 0 & 0 & 0 & 0 & 0 & 0 & 0
\end{pmatrix} \tag{10–43}
$$

当遇到防振锤等障碍物时，行走轮由于受到防振锤等的阻碍而停止，构件 3、6 与构件 4 的合并状态分离开，与此同时，构件 1、4、5 与 0 合并，同理可以得到巡检机器人爬升阶段即第二构态等效机构简图如图 10–53 (a) 所示，此阶段对应的拓扑图如图 10–53 (b) 所示。

此阶段对应的邻接矩阵为

$$
\boldsymbol{A}_2 = \begin{matrix} 0(1、4、5) \\ 2 \\ 3 \\ 6 \\ 7 \\ 8 \\ 9 \\ 10 \\ 11 \\ 12 \end{matrix}
\begin{pmatrix}
0 & 0 & 1 & 1 & 0 & 0 & 0 & 0 & 1 & 1 \\
0 & 0 & 1 & 0 & 0 & 0 & 0 & 0 & 0 & 1 \\
1 & 1 & 0 & 0 & 0 & 0 & 1 & 0 & 0 & 0 \\
1 & 0 & 0 & 0 & 1 & 1 & 0 & 0 & 0 & 0 \\
0 & 0 & 0 & 1 & 0 & 0 & 0 & 0 & 1 & 0 \\
0 & 0 & 0 & 1 & 0 & 0 & 0 & 1 & 0 & 0 \\
0 & 0 & 1 & 0 & 0 & 0 & 0 & 1 & 0 & 0 \\
0 & 0 & 0 & 0 & 0 & 1 & 1 & 0 & 0 & 0 \\
1 & 0 & 0 & 0 & 1 & 0 & 0 & 0 & 0 & 0 \\
1 & 1 & 0 & 0 & 0 & 0 & 0 & 0 & 0 & 0
\end{pmatrix} \tag{10–44}
$$

同理，在前行走轮开始脱离地面并沿障碍物爬升的越障阶段，即巡检机器人的第三构态过程中，前后行走轮又重新开始运动，构件合并状态完全分离开，可以得到其机构简图如图 10–54 (a) 所示，此阶段对应的拓扑图如图 10–54 (b) 所示。

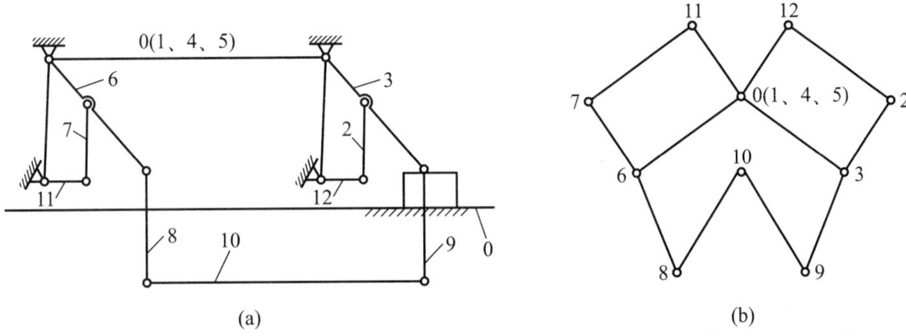

图 **10–53**　输电线路巡检与维护机器人爬升构态：**(a)** 等效机构简图；**(b)** 拓扑图

0—线路；1—前行走轮替代杆件；2—前行星轮替代杆件；3—前行星架；4—前后轮行走轮连接杆；5—后行走轮替代杆件；6—后行星架；7—后行星轮替代杆件；8—后电气箱体连接臂；9—前电气箱体连接臂；10—电气箱体；11—后行星轮与后行走轮高副替代杆；12—前行星轮与前行走轮高副替代杆

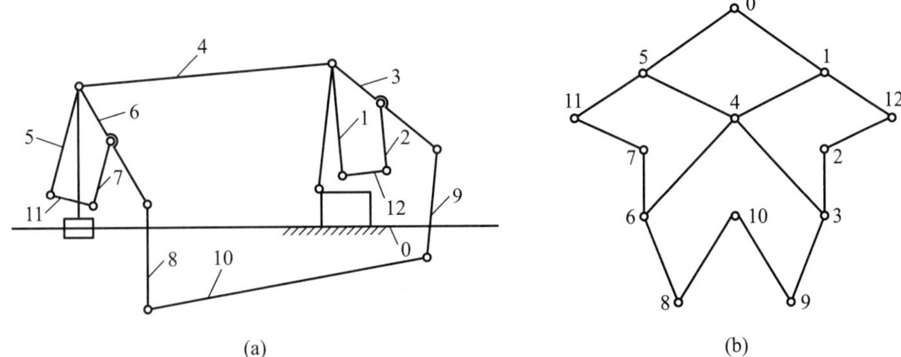

图 **10–54**　输电线路巡检与维护机器人越障构态：**(a)** 等效机构简图；**(b)** 拓扑图

0—线路；1—前行走轮替代杆件；2—前行星轮替代杆件；3—前行星架；4—前后轮行走轮连接杆；5—后行走轮替代杆件；6—后行星架；7—后行星轮替代杆件；8—后电气箱体连接臂；9—前电气箱体连接臂；10—电气箱体；11—后行星轮与后行走轮高副替代杆；12—前行星轮与前行走轮高副替代杆

此阶段对应的邻接矩阵为

$$\boldsymbol{A}_3 = \begin{matrix} 0 \\ 1 \\ 2 \\ 3 \\ 4 \\ 5 \\ 6 \\ 7 \\ 8 \\ 9 \\ 10 \\ 11 \\ 12 \end{matrix} \begin{pmatrix} 0 & 1 & 0 & 0 & 0 & 1 & 0 & 0 & 0 & 0 & 0 & 0 & 0 \\ 1 & 0 & 0 & 0 & 1 & 0 & 0 & 0 & 0 & 0 & 0 & 0 & 1 \\ 0 & 0 & 0 & 1 & 0 & 0 & 0 & 0 & 0 & 0 & 0 & 0 & 1 \\ 0 & 0 & 1 & 0 & 1 & 0 & 0 & 0 & 0 & 1 & 0 & 0 & 0 \\ 0 & 1 & 0 & 1 & 0 & 1 & 1 & 0 & 0 & 0 & 0 & 0 & 0 \\ 1 & 0 & 0 & 0 & 1 & 0 & 0 & 0 & 0 & 0 & 0 & 1 & 0 \\ 0 & 0 & 0 & 0 & 1 & 0 & 0 & 1 & 1 & 0 & 0 & 0 & 0 \\ 0 & 0 & 0 & 0 & 0 & 0 & 1 & 0 & 0 & 0 & 0 & 1 & 0 \\ 0 & 0 & 0 & 0 & 0 & 0 & 1 & 0 & 0 & 0 & 1 & 0 & 0 \\ 0 & 0 & 0 & 1 & 0 & 0 & 0 & 0 & 0 & 0 & 1 & 0 & 0 \\ 0 & 0 & 0 & 0 & 0 & 0 & 0 & 0 & 1 & 1 & 0 & 0 & 0 \\ 0 & 0 & 0 & 0 & 0 & 1 & 0 & 1 & 0 & 0 & 0 & 0 & 0 \\ 0 & 1 & 1 & 0 & 0 & 0 & 0 & 0 & 0 & 0 & 0 & 0 & 0 \end{pmatrix} \tag{10–45}$$

10.4.3　线路巡检与维护变胞机器人运动性能分析

10.4.3.1　越障性能分析

图 10–55 所示为巡检机器人前轮即将跨越障碍物临界状态时的力学模型, 为研究巡检机器人能够跨越的最大高度, 对该状态下的机器人进行前驱动轮越障的准静态力学分析 (邓宗全等, 2003, 2004; 吴昌林等, 2010; 于涌川等, 2008) , 且假设各连杆的质心均在杆的中心。表 10–3 为各参数符号的物理意义说明。

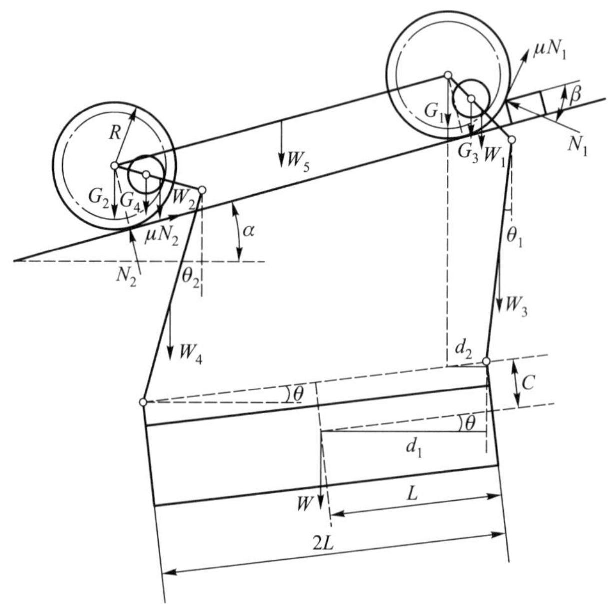

图 10–55　前轮遇障时的机器人受力状态

分别建立沿输电线方向与输电线垂直方向的力平衡方程以及前轮中心的力矩平衡方程:

$$
\begin{cases}
\mu N_1 \sin\beta + \mu N_2 - N_1 \cos\beta = \sum W \sin\alpha \\
\mu N_1 \cos\beta + N_1 \sin\beta + N_2 = \sum W \cos\alpha \\
\mu N_1 R + \mu N_2 R - 2N_2 L + W_5 L\cos\alpha + 2G_2 L\cos\alpha - \dfrac{1}{2} W_1 (T_1 + T_2)\sin(\alpha + \phi_1) - \\
\quad G_3 T_1 \sin(\alpha + \phi_1) + W_2[2L\cos\alpha - \dfrac{1}{2}(T_1 + T_2)\sin(\alpha + \phi_2)] + \\
G_4(2L\cos\alpha - T_1\sin(\alpha + \phi_2)) + W_4\left(2L\cos\alpha - (T_1 + T_2)\sin(\alpha + \phi_2) + \dfrac{1}{2}T\sin\theta_2\right) - \\
\quad W_3\left((T_1 + T_2)\sin(\alpha + \phi_1) - \dfrac{1}{2}T\sin\theta_1\right) + Wd_w = 0
\end{cases}
\tag{10–46}
$$

表 **10–3** 参数对照表

参数符号	物理意义	参数符号	物理意义
μ	行走轮与输电线路摩擦系数	$\sum W$	机器人总质量
G_1	前驱动轮质量	G_2	后驱动轮质量
G_3	前齿轮轴质量	G_4	后齿轮轴质量
W_1	前行星架质量	W_2	后行星架质量
W_3	前箱体臂质量	W_4	后箱体臂质量
W	电气箱体质量	R	行走轮半径
N_1	前轮正压力	N_2	后轮正压力
β	前驱动轮越障时的越障角	C	电气箱体重心到箱体顶端距离
ϕ_1	前行星架转角	ϕ_2	后行星架转角
θ_1	前被动关节连杆与箱体臂夹角	θ_2	后被动关节连杆与箱体臂夹角
θ	电气箱体与输电线路夹角	L	前后箱体臂间距长度的一半
T	前后箱体臂杆长	α	输电线路坡角

由几何关系可知, 电气箱体质心相对于前行走轮轴心的力臂满足

$$d_w = d_1 - d_2 = (L - C\tan\theta)\cos\theta - (T_1 + T_2)\sin(\phi_1+\alpha) + T\sin\theta_1 \tag{10–47}$$

进而计算出线路与电气箱体夹角满足

$$\sin\theta = \frac{2L\sin\alpha - (T_1+T_2)\cos(\alpha+\phi_1) - T\cos\theta_1 + (T_1+T_2)\cos(\alpha+\phi_2) + T\cos\theta_2}{2L} \tag{10–48}$$

对电气箱体及两箱体连接臂局部来说, 电气箱体通过两连接臂悬挂于行星架上, 其三者等效重心由于受自重处于最低, 可利用能量最低原理求出其大小。通过以上原理求得前后箱体连接臂与竖直方向的夹角:

$$\theta_1 = -\arctan\frac{CW}{L(W+W_3)} \tag{10–49}$$

$$\theta_2 = \arctan\frac{CW}{L(W+W_4)} \tag{10–50}$$

以前行走轮、小行星齿轮、行星架为研究对象, 对行走轮在向上爬升的临界状态进行受力分析, 如图 10–56 所示, 小齿轮沿着行走轮的内齿圈爬升到一定高度时, 在驱动轮的作用下, 行走轮将开始跨越防振锤, 在临界状态下, 行走轮的主动力矩和阻力矩平衡。

对前轮中心点建立力矩平衡方程:

$$\begin{aligned} M = {} & M_{e_1} - \mu N_1 R + G_3 T_1 \sin(\alpha+\phi_1) + \frac{1}{2}(T_1+T_2)\sin(\alpha+\phi_1) W_1 + \\ & F_{D_1}(T_1+T_2)\sin(\alpha+\phi_1) = 0 \end{aligned} \tag{10–51}$$

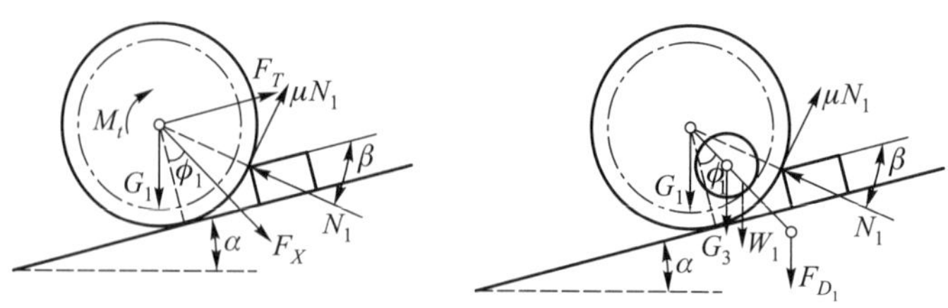

图 **10–56** 行星轮系机构受力状态分析

同理, 以后行走轮、小齿轮、行星架为研究对象建立力矩平衡方程:

$$M = M_{e_2} - \mu N_2 R + G_4 T_1 \sin(\alpha + \phi_2) + \frac{1}{2}(T_1 + T_2)\sin(\alpha + \phi_2) W_2 + F_{D_2}(T_1 + T_2)\sin(\alpha + \phi_2) = 0 \tag{10–52}$$

结合以上力学状态方程, 即可得到行星轮式巡检机器人前轮越障的最大高度, 同时通过仿真分析可以得到越障高度与行走轮半径、输电线路坡角的关系。

图 10–57 (a) 右图为行星轮式巡检机器人越障高度与输电线路坡角间的关系曲线。当行走轮半径为定值 48 mm 时, 随着输电线路坡角的增大, 其越障能力逐渐降低, 当输电线路坡角为 0 时, 其可跨越高度约为 42 mm, 当输电线路坡角为 20° 时, 其可跨越高度为 10 mm。相比于传统巡检机器人, 在输电线路坡角相同时, 其可跨越障碍高度更大, 故其越障能力有较大提升, 证明了行星轮式巡检机器人的越障优越性。

图 10–57 (b) 右图为行星轮式巡检机器人越障高度与行走轮半径间的关系曲线。在架空地线坡角一定 (坡角为 5°) 时, 随着行走轮半径的增大, 其越障能力逐渐升高, 当行走轮半径为 30 mm 时, 其可跨越高度为 21 mm, 当行走轮半径为 60 mm 时, 其可跨越高度增大为 39 mm, 且相比于传统巡检机器人, 其越障高度均有一定的提升, 证明了行星轮式巡检机器人在跨越障碍物时的优势。

图 10–57 (c) 和 (d) 的右图分别为行星轮式机器人前后轮正压力与输电线路坡角的关系曲线。由图中可以看出, 随着输电线路坡角的增大, 前轮正压力逐渐增大, 后轮正压力逐渐减小, 但相比于传统巡检机器人, 随着输电线路坡角的增大, 其前轮正压力有着明显的降低, 因此能有效改善由前轮正压力导致的行走轮磨损的问题。

10.4.3.2 运动学仿真与实验

为了检验设计的合理性, 基于利用多体动力学分析软件对设计的行星轮式巡检机器人进行爬坡越障仿真分析, 综合评估机器人的运动特性。图 10–58 所示为机器人仿真分析流程与仿真建模。

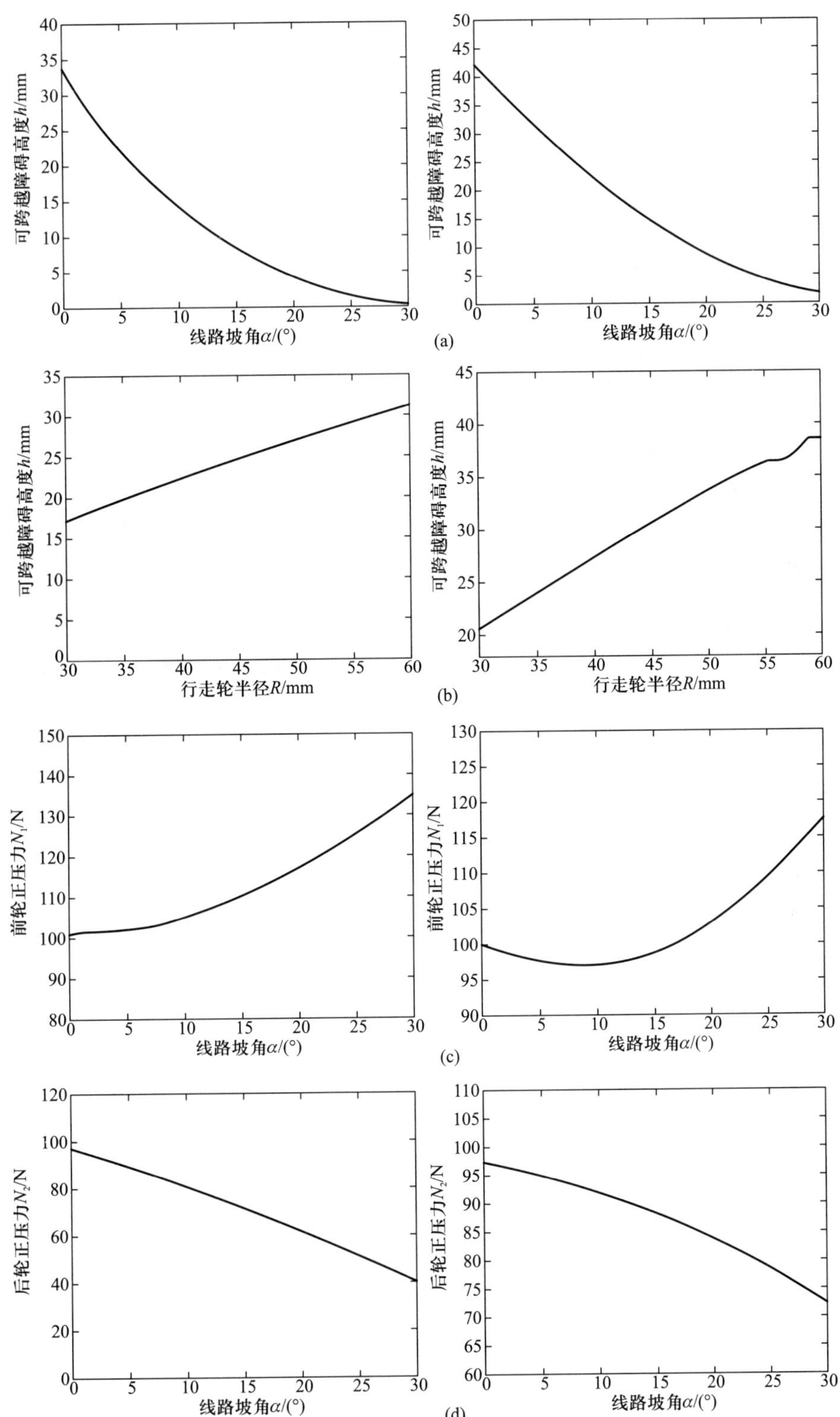

图 **10-57** 传统构型与变胞构型机器人越障性能对比 (左侧为传统构型，右侧为变胞构型)

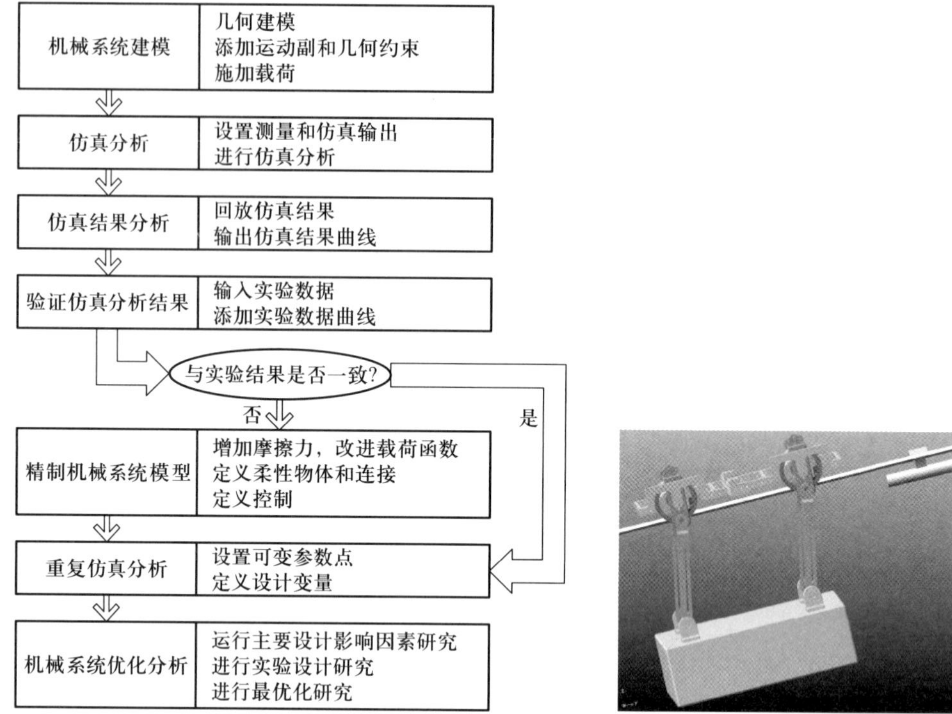

图 **10–58**　机器人仿真分析流程与仿真建模

图 10–59 为行星轮式巡检机器人在越障时电气箱体质心在铅垂方向的位移曲线。从电气箱体质心垂直线路方向位移曲线中可以看到, 在大约 0.25 s 时, 电气箱体质心沿垂直线路方向位移有较大增加, 通过分析可知, 此时巡检机器人前轮开始越障, 在大约 5 s 时, 巡检机器人电气箱体质心沿垂直线路方向位移也有较大抬升, 通过分析可知巡检机器人后轮在此时开始越障。同理可知, 大约在 9 s 和 12 s 时, 巡检机器人的前轮和后轮分别跨越高度为 24 mm 的第二个防振锤。且由图可知, 在前行走轮跨越两个防振锤时, 巡检机器人电气箱体质心沿垂直线路方向分别上升了 19.5 mm 和 34 mm。由电气箱体质心位移曲线可知, 行星轮式巡检机器人在越障时能有效储存势能, 有效提高越障性能。

分别对前、后行走轮在越障过程中与输电线间的接触力进行受力测试, 图 10–60 中实线为巡检机器人前行走轮与输电线间的接触力大小, 虚线为巡检机器人后行走轮与输电线间的接触力大小。由图可知, 除由于机构瞬时冲击力的作用使受力有较大突变外, 前、后行走轮与输电线间的接触力均较为平稳, 故行走轮与输电线的受力情况较为良好, 巡检机器人在线路上行走时不会对输电线造成损伤, 图中接触力为 0 处为巡检机器人行走轮与输电线路脱离的时刻, 此时行走轮脱离线路而在防振锤上运动。

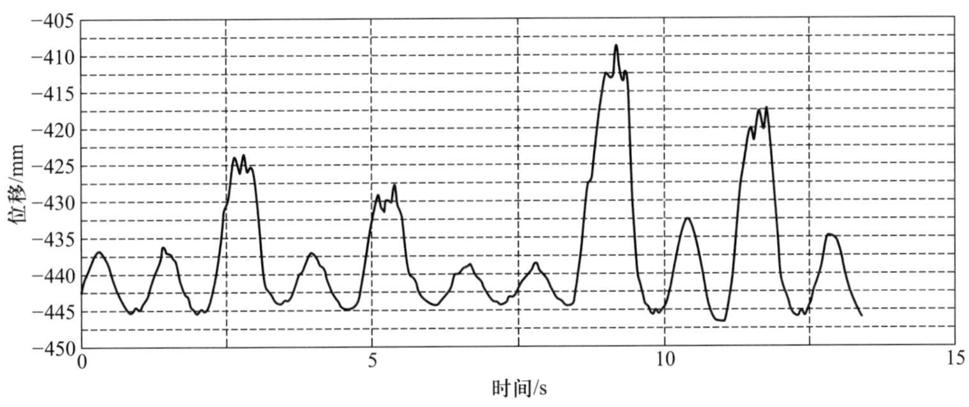

图 **10–59**　电气箱体质心沿垂直线路方向位移

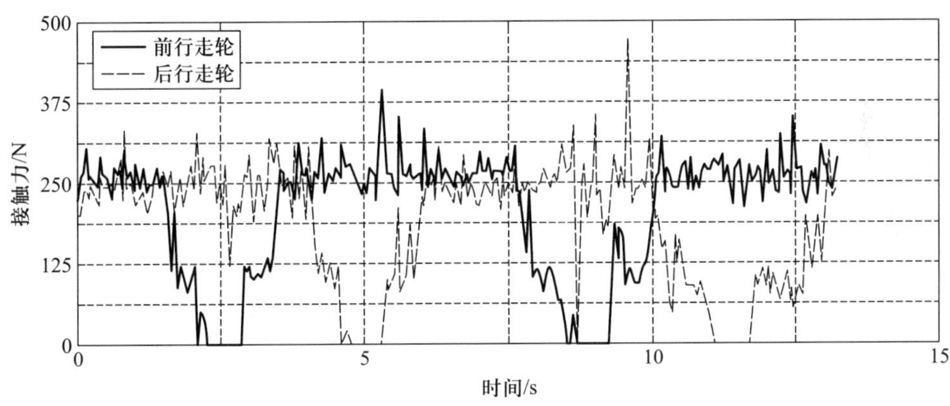

图 **10–60**　行走轮与输电线间的接触力

依据提出的巡检机器人机构研制出行星轮式变胞巡检机器人试验样机，巡检机器人总体外形尺寸为 680 mm× 450 mm× 630 mm。巡检机器人设计完成后，根据 500 kV 输电线路环境在实验室搭建模拟线路，如图 10–61 所示，输电线两端以一定的张力连接在钢架结构上，模拟了实际线路对输电线的张紧力，从而使巡检机器人悬挂在线路上时，输电线的变形与实际情况相同。

机器人越障实验时，巡检机器人首先行走至靠近防振锤处，其前轮开始越障，此阶段由于没有遇到障碍物，小行星齿轮与行走轮的最低点啮合，同时行走轮的外框架在此过程中始终垂直于输电线路。而后，前行走轮由于受到防振锤的阻碍而停止运动，小行星齿轮在驱动力的带动下，开始沿行走轮内齿圈爬升，并带动外框架转动一定角度，同时外框架的转动带动巡检机器人整体质心提升，从而有利于越障。巡检机器人的小行星齿轮在行走轮内齿圈行走到一定程度时，行走轮主动力大于行驶阻力，前行走轮脱离输电线而爬升到防振锤上行走阶段。最后，前行走轮从防振锤上落下，重新回到输电线上，此时行星齿轮恢复到与行走轮最低点啮合，同

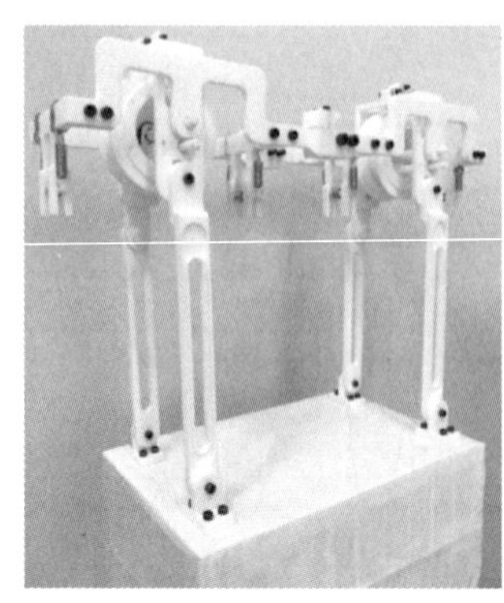
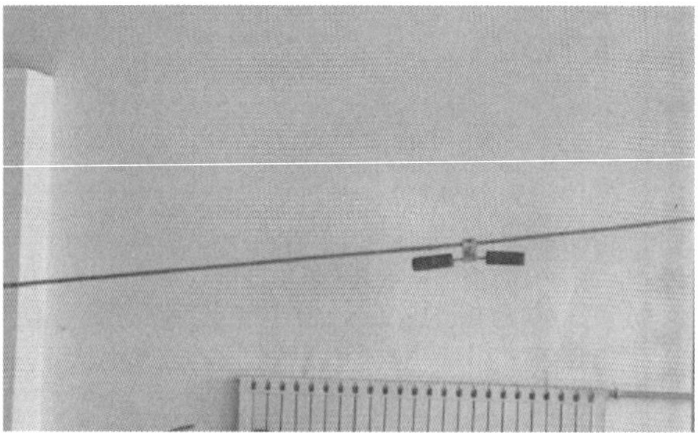

图 **10–61** 试验样机与实验环境

时行走轮外框架恢复到与输电线垂直, 完成前轮越障。后轮越障状态与前轮基本相同。巡检机器人越障过程如图 10–62 所示。

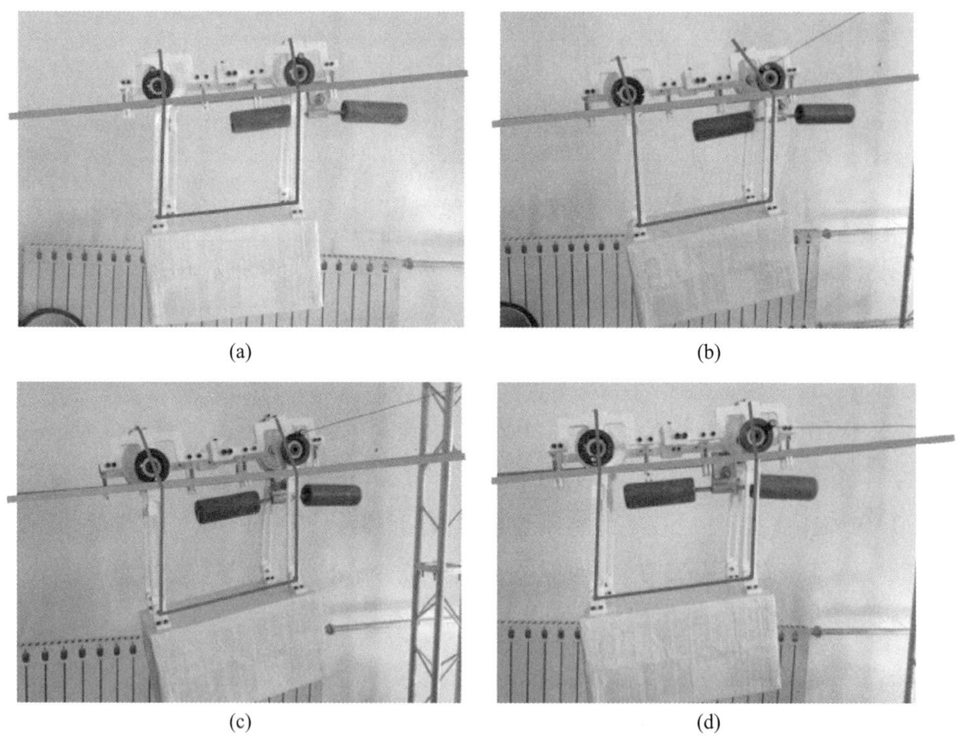

(a) (b) (c) (d)

图 **10–62** 巡检机器人越障实验

通过实验室环境下的实验, 验证了行星轮式变胞巡检机器人在越障过程中在外力作用下发生的构件分离与合并的变胞过程, 证明了所设计的变胞巡检机器人能有效跨过防振锤障碍物。并且通过实验发现, 相比于传统轮式巡检机器人, 其越障过程较为平稳, 避免了传统轮式巡检机器人越障过程中存在较大冲击性的问题。

10.5 本章小结

变胞机构可以根据任务工况灵活切换机构构型, 实现一机多能、一机多用, 在机器人中有着广泛应用。

10.1 节和 10.2 节主要介绍了可重构机构在仿生足式机器人中的应用。基于动物脊椎结构和活动度分析，设计了一款以变胞八杆机构作为躯干结构的变胞足式机器人。通过对工作空间及稳定裕度的分析，研究了机器人在三种仿生形态下的运动特性。基于变胞八杆机构活动度及分岔特性分析，设计了驱动方案及仿生形态切换策略，分析了躯干活动度对机器人运动及地形适应性的影响。结果表明，变胞躯干结构让机器人在水平和竖直方向都具有较好的灵活性，大大提高了机器人的运动速度、稳定性及在复杂地形环境下的适应能力。

10.3 节和 10.4 节首先基于电力机器人的背景、作业任务以及设计挑战的调研, 并结合变胞机构构型特点, 提出了面向复杂多样的工作环境与作业任务的线路巡检与维护变胞机器人的设计方向; 基于传统结构巡检机器人在行走和越障时如何提升重心的关键问题, 设计了一种行星轮式变胞电力巡检机器人。其次基于拓扑结构图和邻接矩阵理论, 描述分析了变胞电力巡检机器人行走和越障前后的四种构态及其变换过程; 通过建立力学模型, 以越障高度、爬坡性能论证了变胞电力巡检机器人相对于传统巡检机器人更优越的越障性能。最后基于多体动力学仿真和模拟环境实验, 验证了行星轮式变胞电力巡检机器人在越障过程中在外力作用下发生的构件分离与合并的变胞过程, 证明所设计的变胞巡检机器人具有优越的越障性能。

主要参考文献

戴建生, 2014. 机构学与机器人学的几何基础与旋量代数 [M]. 北京: 高等教育出版社.

邓宗全, 高海波, 胡明, 等, 2003. 行星越障轮式月球车的设计 [J]. 哈尔滨工业大学学报, 35(2): 203-206.

邓宗全, 高海波, 王少纯, 等, 2004. 行星轮式月球车的越障能力分析 [J]. 北京航空航天大学学报, 30(3): 197-201.

李端玲, 2003. 变胞机构的机构学分析及应用 [D]. 北京: 北京航空航天大学.

李勇伟, 袁骏, 赵全江, 等, 2010. 中国首条 1 000 kV 单回路交流架空输电线路的设计 [J]. 中国电机工程学报, 30(1): 117-126.

李贞辉, 王洪光, 王越超, 等, 2015. 输电线巡检机器人自主抓线的控制 [J]. 吉林大学学报 (工学版) , 45(5): 1519-1526.

钱金菊, 麦晓明, 王柯, 等, 2016. 广东电网大型无人直升机电力线路规模化巡检应用及效果 [J]. 广东电力, 29(5): 124-129.

申永胜, 2015. 机械原理教程 [M]. 北京: 清华大学出版社.

宋屹峰, 王洪光, 姜勇, 等, 2013. 具有被动关节的巡检机器人越障性能研究 [J]. 机械设计与制造, (12): 83-86.

吴昌林, 金强, 赵青, 2010. 行星轮式爬楼梯轮椅的越障能力分析 [J]. 机械设计, 27(1): 48-53.

吴功平, 肖晓辉, 肖华, 等, 2006. 架空高压输电线路巡线机器人样机研制 [J]. 电力系统自动化, 30(13): 90-93.

杨强, 王洪光, 李树军, 等, 2014. 含变胞运动副结构的约束变胞机构构型综合 [J]. 机械工程学报, 50(13): 1-8.

于涌川, 原魁, 邹伟, 2008. 全驱动轮式机器人越障过程模型及影响因素分析 [J]. 机器人, 30(1): 1-6.

张运楚, 梁自泽, 谭民, 2004. 架空电力线路巡线机器人的研究综述 [J]. 机器人, 26(5): 647-650.

甄伟鲲, 康熙, 张新生, 等, 2016. 一种新型四足变胞爬行机器人的步态规划研究 [J]. 机械工程学报, 52(11): 26-33.

中国产业调研网, 2019. 2020— 2026 年中国电力行业深度调研与发展趋势预测报告 [R].

中国电力企业联合会, 2019. 2018 年全国电力工业统计快报 [R].

朱兴龙, 周骥平, 王洪光, 等, 2009. 输电线巡检机器人越障机理与试验 [J]. 机械工程学报, 45(2): 119-125.

AKHLAQ A, AHMAD J, Umber A, 2014. Biologically inspired self-reconfigurable hexapod with adaptive locomotion[C]// Proceedings of 2014 16th International Power Electronics and Motion Control Conference and Exposition: 432-438.

ESTREMERA J, de SANTOS P G. Generating continuous free crab gaits for quadruped robots on irregular terrain[J]. IEEE Transactions on Robotics, 2005, 21(6): 1067-1076.

GALLETTI C, FANGHELLA P, 2001. Single-loop kinematotropic mechanisms[J]. Mechanism and Machine Theory, 36(6): 743-761.

GARCIA E, ESTREMERA J, de SANTOS P G, 2002. A comparative study of stability margins for walking machines[J]. Robotica, 20(6): 595-606.

HAUEISEN B M, 2011. Investigation of an articulated spine in a quadruped robotic system[D]. Ann Arbor: The University of Michigan.

HILDEBRAND M, 1959. Motions of the running cheetah and horse[J]. Journal of Mammalogy, 40(4): 481-495.

HUEY R B, 1982. Temperature, physiology, and the ecology of reptiles[C]// Biology of the Reptilia.

KANI M H H, AHMADABADI M N, 2013. Comparing effects of rigid, flexible, and actuated series-elastic spines on bounding gait of quadruped robots[C]// Proceedings of 2013 First RSI/ISM International Conference on Robotics and Mechatronics: 282-287.

KARAKASILIOTIS K, SCHILLING N, CABELGUEN J M, et al., 2013. Where are we in understanding salamander locomotion: biological and robotic perspectives on kinematics [J]. Biological Cybernetics, 107(5): 529-544.

KHORAMSHAHI M, SPRÖWITZ A, TULEU A, et al., 2013. Benefits of an active spine supported bounding locomotion with a small compliant quadruped robot[C]// Proceedings of 2013 IEEE International Conference on Robotics and Automation. IEEE: 3329-3334.

LEESER K F, 1996. Locomotion experiments on a planar quadruped robot with articulated spine[D]. Boston: Massachusetts Institute of Technology.

LI D L, DAI J S, SUN H, 2005. Configuration based synthesis of a carton-like metamorphic mechanisms of foldable and erectable[J]. Journal of Engineering Design, 16(4): 375-386.

LI S J, WANG H G, DAI J S, 2015. Assur-group inferred structural synthesis for planar mechanisms[J]. Journal of Mechanisms and Robotics, 7(4): 1-9.

LI S J, WANG H G, MENG Q L, et al., 2016a. Task-based structure synthesis of source metamorphic mechanisms and constrained forms of metamorphic joints[J]. Mechanism and Machine Theory, 96: 334-345.

LI S J, WANG H G, YANG Q, 2016b. Constraint force analysis of metamorphic joints based on the augmented assur groups[J]. Chinese Journal of Mechanical Engineering, 28(4): 747-755.

LÓPEZ-CUSTODIO P, RICO J, CERVANTES-SÁNCHEZ J, et al., 2017. Verification of the higher order kinematic analyses equations[J]. European Journal of Mechanics-A/Solids, 61: 198-215.

MESSURI D, KLEIN C, 1985. Automatic body regulation for maintaining stability of a legged vehicle during rough-terrain locomotion[J]. IEEE Journal on Robotics and Automation, 1(3): 132-141.

PARK S H, KIM D S, LEE Y J, 2005. Discontinuous spinning gait of a quadruped walking robot with waist-joint[C]// Proceedings of 2005 IEEE/RSJ International Conference on Intelligent Robots and Systems: 2744-2749.

PARK S, LEE Y J, 2007. Discontinuous zigzag gait planning of a quadruped walking robot with a waist-joint[J]. Advanced Robotics, 21(1-2): 143-164.

POUYA S, KHODABAKHSH M, SPRÖWITZ A, et al., 2017. Spinal joint compliance and actuation in a simulated bounding quadruped robot[J]. Autonomous Robots, 41(2): 437-452.

RITZMANN R E, QUINN R D, FISCHER M S, 2004. Convergent evolution and locomotion through complex terrain by insects, vertebrates and robots[J]. Arthropod Structure & Development, 33(3): 361-379.

ROBERTSON J L, JONES M M, OLGUIN E, et al., 2017. Bioassays with Arthropods[M]. Boca Raton: CRC Press.

SHILIN W, WEI W, DI W, et al., 2014. Analysis on GPL's dynamic gait for a gecko inspired climbing robot with a passive waist joint[C]// Proceedings of 2014 IEEE International Conference on Robotics and Biomimetics: 943-948.

SIMPSON G G, 1945. The principles of classification and a classification of mammals[J]. Bulletin of the American Museum of Natural History: 85.

SONG Y, WANG H G, JIANG Y, et al., 2013. AApe-D: A novel power transmission line maintenance robot for broken strand repair[C]// Proceedings of IEEE International Conference on Applied Robotics for the Power Industry: 108-113.

TSUKAGOSHI H, HIROSE S, YONEDA K, 1996. Maneuvering operations of a quadruped walking robot on a slope[J]. Advanced Robotics, 11(4): 359-375.

WANG H G, JIANG Y, LIU A H, et al., 2010. Research of power transmission line maintenance robots in SIACAS[C]// IEEE International Conference on Applied Robotics for the Power Industry.

WANG H G, SONG Y F, LING L, 2014. Task-oriented mechanical design of the AApe Power line robots[C]// IEEE International Conference on Applied Robotics for the Power Industry.

XIAO S Y, WANG H G, 2013. Mechanism design and analysis of a foot massage robot[C]// Proceedings of 4th International Conference on Manufacturing Science and Engineering: 1753-1758.

XIAO X, WU G, LI S, 2006. The rigid-flexible coupling dynamic characteristic between mobile robot along overhang flexible cable and its moving path[J]. WSEAS Transactions on Computers, 5(3): 521-527.

ZHANG C, ZHANG C, DAI J S, et al., 2019. Stability margin of a metamorphic quadruped robot with a twisting trunk[J]. Journal of Mechanisms and Robotics, 11(6): 064501.

ZHANG C D, SONG S M, 1992. Turning gaits of a quadrupedal walking machine[J]. Advanced Robotics, 7(2): 121-157.

ZHANG Z, YANG J, YU H, 2014. Effect of flexible back on energy absorption during landing in cats: a biomechanical investigation[J]. Journal of Bionic Engineering, 11(4): 506-516.

第十一章　结　　论

在当今世界环境多变、需求繁多、工业科技化的时代, 可重构机构与可重构机器人在全球掀起了新的技术革新浪潮。自 1998 年提出变胞机构, 2009 年召开首届可重构机构与可重构机器人国际会议 (IEEE ReMAR) 开拓可重构机构领域以来, 可重构机构和可重构机器人在先进制造与下一代机器人应用中面临着机构分岔、演变机理、机构综合、过程平顺控制等关键问题。

本书在国家自然科学基金重点项目“机构演变与变胞机理及其面向任务的多工况性能综合设计” (51535008) 的资助下, 从分岔演变的运动学分析、综合及其控制等方面进行了系统研究, 深入挖掘了变胞机构和可重构机构分岔与演变机理, 提炼了其中的机构学、几何学与数学内涵, 揭示了机构演化的本质, 贯通了这些机理与内涵, 统一了相关各种数学工具, 演变出一套触及本质、融会贯通、切合实际的变胞机构和可重构机构的创新与性能综合设计方案, 提出了新型变胞机构和可重构机构的设计方法, 开发出新一代工业用可重构机器人, 以适应国家经济发展的需求。全书主要结论如下。

(1) 用李群、李代数方法研究机构几何性质, 研究位形空间与约束空间转换, 贯通了旋量理论、李理论与微分流形三大理论, 建立了一套严密抽象的旋量代数数学理论, 提出了可控奇异位形、中间位形以及各种构型的融合, 奠定了变胞机理与可控奇异位形关联的核心基础理论。

(2) 基于旋量系几何形态, 研究可重构机构分岔特性, 由机构变胞与分岔机理研究变胞驱动选择, 揭示了机构演变、变胞机理及运动分岔切换原理, 挖掘了变胞机构的有限位移旋量在位移与约束关联, 首次提出了跨越数种经典机构的新型变胞机构, 形成了变胞机理的分析理论系统。

(3) 基于子群和子流形以及子流形子链构态变换原理, 首次将李子群和子流形引入变胞并联机构构型综合，提出了变胞运动副和变胞子链的系列综合方法，即具有共同运动生成子链的型综合方法、基于旋量系几何形态的变胞机构综合方法和基于机构几何约束交集的变胞机构综合方法。同时，揭示了机构的运动类型转化为子群和子流形的表示形式，采用子群和子流形的运算规则，提出了实现两类运动的转换条件，成功解决了变胞机构设计的难题。

(4) 通过研究可重构机构各阶运动闭环方程，首次采用双线性型描述二阶运动学约束方程，提出了变胞机构驱动选择，攻克了变胞过程控制关键技术，揭示了变胞机构可控性和平顺性机理，开发了面向电力工业的变胞机构，为高压巡检机器人的研发奠定了理论与设计基础。

这些结论可以继续展开为下面五点。

1) 旋量交集计算方法以及二次曲面对偶性和三阶线矢量系自互易关联

从旋量理论与旋量代数中旋量系几何形态与交集计算出发，针对多个旋量系因基不唯一而导致交集计算困难的问题，由旋量与六维空间向量之间的联系，通过构造两个旋量系的雅可比矩阵组合矩阵的零空间，提出了一种通用的系统化旋量系交集计算方法，为变胞机构的演变及变胞机理的研究奠定了理论基础。针对四个线矢量线性相关的代数表达和几何形态，基于线矢量的自互易特征并结合直纹面的概念，论证了二次曲面的对偶性和三阶线矢量系自互易性的关联关系，并将其用于具有相同节距的三阶旋量系，解决了三阶旋量系不同几何形态统一的问题，对可重构机构运动分支的设计起到了指导作用，为推动变胞机构的设计提供了理论与方法支撑。

2) 分岔演变运动学分析

从局部特性分析、解析研究、流形分析、几何约束分析、旋量力约束分析、数值分析等不同角度，系统地阐述了变胞机构和可重构机构分岔与演变的理论机理，并从局部特性出发，基于旋量代数的高阶运动学分析，对多环可重构机构的多分岔现象进行了分岔识别分析。基于旋量代数的矩阵表达式的二次型构造了闭环机构二阶运动学切锥。基于曲线理论，建立了关节变量的环路约束方程，给出了分岔运动的必要条件与充分条件，并举例展示了如何基于该条件进行分岔设计。

从解析分析的角度求解了传统经典机构的显式位置闭环方程解析解，找出了其衍生机构，探究了其分岔分支及对应的一般几何条件，揭示了两类过约束机构间的内在联系，提供了可重构机构设计的新思路。接着，将旋量系的几何形态变换与可重构机构运动分支的构造结合起来，设计了拥有多运动分支的可重构机构，这对于设计不同类型的运动分支具有重要的指导意义。最后，将旋量系交集计算方法应用于机构活动度的求解，为推动变胞机构活动度的研究提供了理论支撑。

3) 分岔与几何约束和力约束的关联

揭示单闭环机构的可重构特性, 进一步将单闭环可重构机构作为变胞单元应用于具有混联支链并联机构的综合设计中, 得到了新型可重构变胞并联机构, 并详细分析了该具有混联支链的并联机构的几何约束与运动分岔。提出了具有分岔的旋转运动和螺旋运动且其螺旋运动的节距随着平台的设计参数的变化而不断演变。

应用几何约束的交集和机构连杆的直纹面变化, 通过分析关节变量的关系变化图, 分别得到这些机构子构型的分岔运动情况, 对于可重构机构的数值分析具有重要意义。在经典过约束机构的基础上, 发展演化出一系列新的可重构机构。继而采用数值方法描绘了机构的运动特性, 从而揭示了可重构机构分岔的本质特征。

基于约束旋量清楚地表示了由支链和铰链组合而决定机构输出运动的特点, 通过约束旋量系的变化, 分析了变胞并联机构与可重构并联机构的分岔运动。

4) 分岔演变的综合与设计

引入子群和微分流形, 综合考虑了机构实现单分岔点或者多分岔点任一运动分支的变换构态空间和不同运动分支构型之间的相互转化所需满足的变换条件及变胞方式, 以完成变胞子链的选择。继而以任务空间的运动与约束力空间为条件, 采用变胞运动副完成该运动与约束力空间的转换, 生成满足任务变化的机构或运动链, 从而得到一系列能够完成多种任务、适应不同环境的变胞机构构型。

首先基于支链约束与运动平台约束之间的相关性和其约束的传递性, 提出了一种可以实现运动解耦的分析方法, 并将该方法推广至一般情况。其次, 通过研究机构演变、可重构机理、运动分岔原理及分岔构型局部特征, 提出了一种基于奇异构型的可重构机构设计方法, 即设计出一个奇异构型, 通过设计关节轴线、杆长参数, 使该构型能够满足多种机构的关节轴线约束条件, 最终得到跨越数种经典机构的新型可重构机构。最后, 利用上述方法设计出了一系列多分岔双心机构。

侧重于运动耦合、分岔构型、曲线求交等方法在可重构机构综合中的应用, 发明了种类繁多的新型可重构机构。

5) 可重构机构在可重构机器人中的应用

利用分岔演变的运动学分析方法, 挖掘机构奇异构型并找出了机构所有的运动分支, 设计了变胞四足仿生机器人。通过研究机器人在不同仿生形态下的运动特性, 模仿自然界三种不同的足式动物, 将它们的运动特性集于一身, 大大提高了其对复杂地形的适应能力。

高压线巡检维护机器人通过在导线轮中加入变胞机构, 可实现可重构机器人整体重心的调整, 从而轻松越过高压线上的绝缘子障碍。行星轮式变胞巡检机器人在越障过程中在外力作用下发生了构件分离与合并的变胞过程, 验证了所设计的变胞巡检机器人能有效跨过防振锤障碍物。在前、后轮跨越障碍物的整个过程中, 相比于传统轮式巡检机器人，其越障过程较为平稳，解决了传统轮式巡检机器人越障过程中存在较大冲击性的问题。

本书附录部分详细介绍了与本书紧密相关的李群、李代数的知识，包括矩阵李群，微分流形，抽象李群、李代数，可解与幂零李代数，以及复半单李代数的分类等数学知识。

附　录　A

当 3(rT)C(rT) 变胞并联机构处于任意构型时, 其运动坐标系和固定坐标系的旋转与移动可以一般性地表示为

$$\boldsymbol{R}=\begin{pmatrix} r_{11} & r_{12} & r_{13} \\ r_{21} & r_{22} & r_{23} \\ r_{31} & r_{32} & r_{33} \end{pmatrix} \tag{A1}$$

$$\boldsymbol{P}=(p_x,p_y,p_z)^{\mathrm{T}} \tag{A2}$$

基于此, 6.1 节的旋量分析公式中的符号可以具体表示为

$$u_1=-\frac{\sqrt{3}}{2}p_z-\frac{3}{4}r_{31}r_b-\frac{\sqrt{3}}{4}r_{32}r_b$$

$$v_1=-\frac{1}{2}p_z-\frac{\sqrt{3}}{4}r_{31}r_b-\frac{1}{4}r_{32}r_b$$

$$w_1=\frac{\sqrt{3}}{2}p_x+\frac{1}{2}p_y+\frac{3}{4}r_{11}r_b+\frac{\sqrt{3}}{4}r_{12}r_b+\frac{\sqrt{3}}{4}r_{21}r_b+\frac{1}{4}r_{22}r_b$$

$$v_2=p_z+\frac{\sqrt{3}}{2}r_{31}r_b+\frac{1}{2}r_{32}r_b$$

$$u_2=-p_z+r_{32}r_b$$

$$v_3=\frac{\sqrt{3}}{2}r_{32}r_b+\frac{1}{2}r_{31}r_b$$

$$u_3=p_y-r_{22}r_b$$

$$v_4=-p_x-\frac{\sqrt{3}}{2}r_{11}r_b-\frac{1}{2}r_{12}r_b-\frac{1}{2}r_{21}r_b-\frac{\sqrt{3}}{2}r_{22}r_b$$

$$u_4 = \frac{\sqrt{3}}{2}p_z - \frac{3}{4}r_{31}r_b + \frac{\sqrt{3}}{4}r_{32}r_b$$

$$v_5 = -\frac{1}{2}p_z - \frac{\sqrt{3}}{4}r_{31}r_b - \frac{1}{4}r_{32}r_b$$

$$w_2 = -\frac{\sqrt{3}}{2}p_x + \frac{1}{2}p_y + \frac{3}{4}r_{11}r_b - \frac{\sqrt{3}}{4}r_{12}r_b - \frac{\sqrt{3}}{4}r_{21}r_b + \frac{1}{4}r_{22}r_b$$

$$d_1 = 2r_{31}(r_{11} + r_{22})$$

$$f_1 = 2r_{31}^2$$

$$u_5 = 2r_{31}^2(p_y - r_{22}r_b)$$

$$v_6 = r_{31}(2p_zr_{11} + 2p_zr_{22} - 2p_xr_{31} - r_{12}r_{31}r_b - r_{21}r_{31}r_b + r_{11}r_{32}r_b + r_{22}r_{32}r_b)$$

$$\begin{aligned} w_3 =& -2p_zr_{11}r_{21} - 2p_zr_{21}r_{22} - 2p_yr_{11}r_{31} + 2p_xr_{21}r_{31} + 2r_{22}r_{31}r_a + \\ & r_{12}r_{21}r_{31}r_b + r_{21}^2r_{31}r_b + 2r_{11}r_{22}r_{31}r_b - r_{11}r_{21}r_{32}r_b - r_{21}r_{22}r_{32}r_b \end{aligned}$$

$$d_2 = -2r_{31}r_{32}$$

$$e_1 = -2r_{31}^2$$

$$u_6 = -2r_{31}^2(p_z - r_{32}r_b)$$

$$v_7 = -r_{31}(2p_zr_{32} - r_{31}^2r_b + r_{32}^2r_b)$$

$$w_4 = 2p_zr_{11}r_{31} + 2p_zr_{21}r_{32} - 2r_{31}r_{32}r_a - r_{21}r_{31}^2r_b - 2r_{11}r_{31}r_{32}r_b + r_{21}r_{32}^2r_b$$

$$\begin{aligned} d_3 =& -2p_zr_{11}r_{12}r_{31} - 2p_zr_{12}r_{22}r_{31} + 2p_zr_{11}^2r_{32} + 2p_zr_{11}r_{22}r_{32} + 2p_yr_{12}r_{31}r_{32} - \\ & 2p_xr_{22}r_{31}r_{32} - 2p_yr_{11}r_{32}^2 + 2p_xr_{21}r_{32}^2 + r_{11}r_{31}^2r_a + r_{22}r_{31}^2r_a - r_{12}r_{31}r_{32}r_a - \\ & r_{21}r_{31}r_{32}r_a - 2r_{11}r_{32}^2r_a + r_{11}r_{22}r_{31}^2r_b + r_{22}^2r_{31}^2r_b + 2r_{11}r_{12}r_{31}r_{32}r_b - \\ & 2r_{11}r_{21}r_{31}r_{32}r_b - r_{12}r_{22}r_{31}r_{32}r_b - 2r_{21}r_{22}r_{31}r_{32}r_b - 2r_{11}^2r_{32}^2r_b + \\ & r_{12}r_{21}r_{32}^2r_b + r_{21}^2r_{32}^2r_b \end{aligned}$$

$$\begin{aligned} e_2 =& -2p_zr_{11}r_{22}r_{31} - 2p_zr_{22}^2r_{31} - 2p_yr_{12}r_{31}^2 + 2p_xr_{22}r_{31}^2 + 2p_zr_{11}r_{21}r_{32} + \\ & 2p_zr_{21}r_{22}r_{32} + 2p_yr_{11}r_{31}r_{32} - 2p_xr_{21}r_{31}r_{32} + r_{12}r_{31}^2r_a + r_{21}r_{31}^2r_a - \\ & r_{11}r_{31}r_{32}r_a - 3r_{22}r_{31}r_{32}r_a + 3r_{12}r_{22}r_{31}^2r_b + r_{21}r_{22}r_{31}^2r_b - r_{12}r_{21}r_{31}r_{32}r_b - \\ & r_{21}^2r_{31}r_{32}r_b - 3r_{11}r_{22}r_{31}r_{32}r_b - r_{22}^2r_{31}r_{32}r_b + r_{11}r_{21}r_{32}^2r_b + r_{21}r_{22}r_{32}^2r_b \end{aligned}$$

$$\begin{aligned} f_2 =& -2p_zr_{12}r_{31}^2 + 2p_zr_{11}r_{31}r_{32} - 2p_zr_{22}r_{31}r_{32} + 2p_zr_{21}r_{32}^2 + r_{31}^3r_a - 3r_{31}r_{32}^2r_a + \\ & r_{22}r_{31}^3r_b + 2r_{12}r_{31}^2r_{32}r_b - r_{21}r_{31}^2r_{32}r_b - 2r_{11}r_{31}r_{32}^2r_b - r_{22}r_{31}r_{32}^2r_b + r_{21}r_{32}^3r_b \end{aligned}$$

$$\begin{aligned} u_7 =& 2p_z^2r_{11}r_{22}r_{31} + 2p_z^2r_{22}^2r_{31} - 2p_xp_zr_{22}r_{31}^2 - 2p_z^2r_{11}r_{21}r_{32} - 2p_z^2r_{21}r_{22}r_{32} + \\ & 2p_xp_zr_{21}r_{31}r_{32} - 2p_yp_zr_{22}r_{31}r_{32} + 2p_yp_zr_{21}r_{32}^2 - p_zr_{12}r_{31}^2r_a - \end{aligned}$$

$$p_zr_{21}r_{31}^2r_a+p_yr_{31}^3r_a+p_zr_{11}r_{31}r_{32}r_a+3p_zr_{22}r_{31}r_{32}r_a-3p_yr_{31}r_{32}^2r_a-$$
$$p_zr_{12}r_{22}r_{31}^2r_b-p_zr_{21}r_{22}r_{31}^2r_b+p_yr_{22}r_{31}^3r_b+p_zr_{12}r_{21}r_{31}r_{32}r_b+$$
$$p_zr_{21}^2r_{31}r_{32}r_b-p_zr_{11}r_{22}r_{31}r_{32}r_b+p_zr_{22}^2r_{31}r_{32}r_b-p_yr_{21}r_{31}^2r_{32}r_b+$$
$$2p_xr_{22}r_{31}^2r_{32}r_b+p_zr_{11}r_{21}r_{32}^2r_b-p_zr_{21}r_{22}r_{32}^2r_b-2p_xr_{21}r_{31}r_{32}^2r_b-$$
$$p_yr_{22}r_{31}r_{32}^2r_b+p_yr_{21}r_{32}^3r_b-r_{22}r_{31}^3r_ar_b+r_{12}r_{31}^2r_{32}r_ar_b+r_{21}r_{31}^2r_{32}r_ar_b-$$
$$r_{11}r_{31}r_{32}^2r_ar_b-r_{22}^2r_{31}^3r_b^2+r_{12}r_{22}r_{31}^2r_{32}r_b^2+2r_{21}r_{22}r_{31}^2r_{32}r_b^2-$$
$$r_{12}r_{21}r_{31}r_{32}^2r_b^2-r_{21}^2r_{31}r_{32}^2r_b^2-r_{11}r_{22}r_{31}r_{32}^2r_b^2+r_{11}r_{21}r_{32}^3r_b^2$$

$$v_8=-2p_z^2r_{11}r_{12}r_{31}-2p_z^2r_{12}r_{22}r_{31}+2p_xp_zr_{12}r_{31}^2+2p_z^2r_{11}^2r_{32}+2p_z^2r_{11}r_{22}r_{32}-$$
$$2p_xp_zr_{11}r_{31}r_{32}+2p_yp_zr_{12}r_{31}r_{32}-2p_yp_zr_{11}r_{32}^2+p_zr_{11}r_{31}^2r_a+$$
$$p_zr_{22}r_{31}^2r_a-p_xr_{31}^3r_a-p_zr_{12}r_{31}r_{32}r_a-p_zr_{21}r_{31}r_{32}r_a-2p_zr_{11}r_{32}^2r_a+$$
$$3p_xr_{31}r_{32}^2r_a+p_zr_{12}^2r_{31}^2r_b+p_zr_{12}r_{21}r_{31}^2r_b-p_yr_{12}r_{31}^3r_b-$$
$$p_zr_{11}r_{21}r_{31}r_{32}r_b-p_zr_{12}r_{22}r_{31}r_{32}r_b+p_yr_{11}r_{31}^2r_{32}r_b-2p_xr_{12}r_{31}^2r_{32}r_b-$$
$$p_zr_{11}^2r_{32}^2r_b+p_zr_{11}r_{22}r_{32}^2r_b+2p_xr_{11}r_{31}r_{32}^2r_b+p_yr_{12}r_{31}r_{32}^2r_b-$$
$$p_yr_{11}r_{32}^3r_b-r_{22}r_{31}^2r_{32}r_ar_b+r_{12}r_{31}r_{32}^2r_ar_b+r_{21}r_{31}r_{32}^2r_ar_b-r_{11}r_{32}^3r_ar_b+$$
$$r_{12}r_{22}r_{31}^3r_b^2-r_{12}^2r_{31}^2r_{32}r_b^2-r_{12}r_{21}r_{31}^2r_{32}r_b^2-r_{11}r_{22}r_{31}^2r_{32}r_b^2+$$
$$2r_{11}r_{12}r_{31}r_{32}^2r_b^2+r_{11}r_{21}r_{31}r_{32}^2r_b^2-r_{11}^2r_{32}^3r_b^2$$

$$w_5=2p_z^2r_{11}r_{12}r_{21}-2p_z^2r_{11}^2r_{22}+2p_z^2r_{12}r_{21}r_{22}-2p_z^2r_{11}r_{22}^2-2p_xp_zr_{12}r_{21}r_{31}+$$
$$2p_xp_zr_{11}r_{22}r_{31}-2p_yp_zr_{12}r_{21}r_{32}+2p_yp_zr_{11}r_{22}r_{32}+p_zr_{11}r_{12}r_{31}r_a-$$
$$2p_zr_{12}r_{22}r_{31}r_a-p_zr_{21}r_{22}r_{31}r_a-p_yr_{11}r_{31}^2r_a+p_xr_{21}r_{31}^2r_a-p_zr_{11}^2r_{32}r_a+$$
$$p_zr_{12}r_{21}r_{32}r_a+p_zr_{21}^2r_{32}r_a+p_zr_{11}r_{22}r_{32}r_a+2p_yr_{12}r_{31}r_{32}r_a-$$
$$2p_xr_{22}r_{31}r_{32}r_a+p_yr_{11}r_{32}^2r_a-p_xr_{21}r_{32}^2r_a+r_{22}r_{31}^2r_a^2-r_{12}r_{31}r_{32}r_a^2-$$
$$r_{21}r_{31}r_{32}r_a^2+r_{11}r_{32}^2r_a^2-p_zr_{12}^2r_{21}r_{31}r_b-p_zr_{12}r_{21}^2r_{31}r_b+p_zr_{11}r_{12}r_{22}r_{31}r_b+$$
$$p_zr_{11}r_{21}r_{22}r_{31}r_b+p_yr_{12}r_{21}r_{31}^2r_b-p_yr_{11}r_{22}r_{31}^2r_b-p_zr_{11}r_{12}r_{21}r_{32}r_b+$$
$$p_zr_{11}^2r_{22}r_{32}r_b+p_zr_{12}r_{21}r_{22}r_{32}r_b-p_zr_{11}r_{22}^2r_{32}r_b+2p_xr_{12}r_{21}r_{31}r_{32}r_b-$$
$$2p_xr_{11}r_{22}r_{31}r_{32}r_b-p_yr_{12}r_{21}r_{32}^2r_b+p_yr_{11}r_{22}r_{32}^2r_b+r_{11}r_{22}r_{31}^2r_ar_b+$$
$$r_{22}^2r_{31}^2r_ar_b-r_{11}r_{12}r_{31}r_{32}r_ar_b-r_{11}r_{21}r_{31}r_{32}r_ar_b-r_{12}r_{22}r_{31}r_{32}r_ar_b-$$
$$r_{21}r_{22}r_{31}r_{32}r_ar_b+r_{11}^2r_{32}^2r_ar_b+r_{11}r_{22}r_{32}^2r_ar_b-r_{12}r_{21}r_{22}r_{31}^2r_b^2+$$
$$r_{11}r_{22}^2r_{31}^2r_b^2+r_{12}^2r_{21}r_{31}r_{32}r_b^2+r_{12}r_{21}^2r_{31}r_{32}r_b^2-r_{11}r_{12}r_{22}r_{31}r_{32}r_b^2-$$
$$r_{11}r_{21}r_{22}r_{31}r_{32}r_b^2-r_{11}r_{12}r_{21}r_{32}^2r_b^2+r_{11}^2r_{22}r_{32}^2r_b^2$$

附 录 B

B1.1 矩阵李群

本节介绍矩阵李群的概念。李群是高度抽象的概念, 是分析学中光滑性与代数学中抽象性的有机结合。抽象地说, 一个李群是一个既有光滑结构又有群结构的集合, 而且群的运算 (乘法和求逆运算) 相对于集合的光滑结构来说, 都是光滑映射。理解这个概念需要大量的数学知识。因此先介绍一类比较特殊的李群, 即由矩阵组成的李群——矩阵李群, 这只需一些简单的微积分和线性代数的基础知识。不过需要特别指出的是, 有些李群是不能写成矩阵群的。

先回忆一下矩阵集合中收敛的概念。先考虑实数域的情形。将所有 n 阶实方阵组成的集合记为 $\mathbb{R}^{n\times n}$。设 $\{\boldsymbol{A}_n\}_{n=1}^{\infty}$ 是一个由 $n\times n$ 实矩阵组成的无穷序列, 记 $\boldsymbol{A}_n$ 的第 i 行第 j 列元素为 $a_{ij}^{(n)}$。如果对任意 i 和 j, 实数列 $\{a_{ij}^{(n)}\}_{n=1}^{\infty}$ 都收敛 (将其极限记为 a_{ij}), 那么就称实矩阵序列 $\{\boldsymbol{A}_n\}_{n=1}^{\infty}$ 收敛到矩阵 $\boldsymbol{A}$, 其中 $\boldsymbol{A}=(a_{ij})_{n\times n}$。有时也说实矩阵序列 $\{\boldsymbol{A}_n\}_{n=1}^{\infty}$ 是收敛的, 其极限是 $\boldsymbol{A}$。

我们注意到, 上述矩阵序列收敛的定义完全依赖于实数列收敛的概念。由于复数列同样也有收敛的概念, 因此可以用完全相同的方法定义复 $n\times n$ 矩阵组成的序列在 $\mathbb{C}^{n\times n}$ 中收敛的概念。现在就用这个概念来给出矩阵李群的定义。所有行列式非零的 $n\times n$ 复矩阵组成的集合记为 $GL(n,\mathbb{C})$, 在矩阵的乘法下形成一个群, 称为复一般线性群 (有时简称为一般线性群)。

定义 B1.1.1 设 G 为复一般线性群 $GL(n,\mathbb{C})$ 的一个子群, 如果对任意 G 中的收敛序列 $\{\boldsymbol{A}_n\}_{n=1}^{\infty}$, 其中 $\boldsymbol{A}_n\in G$, 其极限 $\boldsymbol{A}$ 或者为不可逆矩阵或者在 G 中, 则称 G 为一个矩阵李群。

特别的, 一般线性群本身是一个矩阵李群。一个群 K 的子群是指这个群的一个非空集合 H, 它在乘法和求逆运算下是封闭的。具体地说, 对任意 $g,h\in H$, 有 $gh\in H$ 且 $g^{-1}\in H$。很容易找出 $GL(n,\mathbb{C})$ 的子群 H, 使得 H 不是矩阵李群。下面就是一个简单的例子。

例 B1.1.1 令 H 为一般线性群中所有元素都是有理数的矩阵组成的子群, 则 H 是一般线性群 $GL(n,\mathbb{C})$ 的子群, 但是很容易构造出一个由可逆矩阵组成的矩阵序列 $\{\boldsymbol{A}_n\}_{n=1}^{\infty}$, 其中每个矩阵 $\boldsymbol{A}_n$ 中的任意元素都是有理数且收敛到一个可逆矩阵 $\boldsymbol{A}$, 但 $\boldsymbol{A}$ 中却有元素是无理数, 例如考虑对角矩阵

$$\boldsymbol{A}_n=\operatorname{diag}\left(\left(1+\frac{1}{n}\right)^n,1,1,\cdots,1\right)=\begin{pmatrix}\left(1+\dfrac{1}{n}\right)^n & 0 & 0 & \cdots & 0\\ 0 & 1 & 0 & \cdots & 0\\ 0 & 0 & 1 & \cdots & 0\\ \vdots & \vdots & \vdots & & \vdots\\ 0 & 0 & 0 & \cdots & 1\end{pmatrix}$$

则 $\boldsymbol{A}_n$ 收敛到对角矩阵 $\boldsymbol{A}=\operatorname{diag}(\mathrm{e},1,\cdots,1)$, 其中 e 是无理数, 因而 $\boldsymbol{A}$ 是可逆矩阵但不在 H 中, 这说明 H 不是矩阵李群。

为了找出大量的矩阵李群的例子, 此处给出一个术语: 满足定义 B1.1.1 的 $GL(n,\mathbb{C})$ 子群 G 称为 $GL(n,\mathbb{C})$ 的一个闭子群。简单地说, 一个矩阵李群其实就是 $GL(n,\mathbb{C})$ 的一个闭子群。这一定义的一个简单推论是: 两个矩阵李群的交集还是一个矩阵李群。下面再给出几个矩阵李群的例子。

例 B1.1.2 显然, 如果一个实矩阵序列收敛, 那么其极限一定是实矩阵。由此可知, 所有行列式非零的 $n\times n$ 实矩阵组成的集合 $GL(n,\mathbb{R})$ 是 $GL(n,\mathbb{C})$ 的闭子群, 因此是一个矩阵李群, 称为实一般线性群 (在不会引起混淆时, 有时也将这一矩阵李群称为一般线性群) 。

例 B1.1.3 容易验证, 所有行列式为 1 的 $n\times n$ 复矩阵构成一个矩阵李群, 记为 $SL(n,\mathbb{C})$, 称为特殊线性群。此外, 所有行列式为 1 的 $n\times n$ 实矩阵构成 $GL(n,\mathbb{C})$ 的一个子群, 等于 $SL(n,\mathbb{C})$ 与 $GL(n,\mathbb{R})$ 的交, 因此也是一个矩阵李群。将这一矩阵李群记为 $SL(n,\mathbb{R})$, 称为实特殊线性群 (同样, 在不会引起混淆时, 有时也将这一矩阵李群称为特殊线性群) 。

例 B1.1.4 若一个 $n\times n$ 实矩阵 $\boldsymbol{A}$ 为正交矩阵, 则 $\boldsymbol{A}\boldsymbol{A}^{\mathrm{T}}=\boldsymbol{E}_n$, 这里 $\boldsymbol{A}^{\mathrm{T}}$ 是 $\boldsymbol{A}$ 的转置矩阵。容易看出, 如果 $\boldsymbol{A}$、$\boldsymbol{B}$ 都是正交矩阵, 则 $\boldsymbol{A}\boldsymbol{B}$、$\boldsymbol{A}^{-1}$ 都是正交矩阵。这说明所有 $n\times n$ 正交矩阵的集合 $O(n)$ 是 $GL(n,\mathbb{C})$ 的一个子群。另外, 如

果 $\{\boldsymbol{A}_n\}_{n=1}^{\infty}$ 是一列收敛的正交矩阵且其极限是 $\boldsymbol{A}$, 则由矩阵乘法的连续性容易看出 $\boldsymbol{A}$ 也是正交矩阵。这说明 $O(n)$ 是 $GL(n,\mathbb{C})$ 的闭子群, 从而是矩阵李群, 称为正交群。

由此得到, 所有行列式为 1 的 n 阶正交矩阵组成的集合, 即 $SL(n,\mathbb{C})$ 与 $O(n)$ 的交, 也是一个矩阵李群, 称为特殊正交群, 记为 $SO(n)$。

例 B1.1.5 考虑赋予标准内积的欧几里得空间 $\mathbb{R}^n$, 将其内积记为 $(\cdot,\cdot)$, 则由这一内积可以定义任何向量的长度, 即 $|\boldsymbol{\alpha}| = \sqrt{(\boldsymbol{\alpha},\boldsymbol{\alpha})} = \sqrt{x_1^2 + x_2^2 + \cdots + x_n^2}$, 这里 $\boldsymbol{\alpha} = (x_1, x_2, \cdots, x_n) \in \mathbb{R}^n$。于是对于 $\mathbb{R}^n$ 中任意两个向量 $\boldsymbol{\alpha}$、$\boldsymbol{\beta}$, 可以定义 $\boldsymbol{\alpha}$、$\boldsymbol{\beta}$ 的距离为 $d(\boldsymbol{\alpha},\boldsymbol{\beta}) = |\boldsymbol{\alpha} - \boldsymbol{\beta}|$。一个 $\mathbb{R}^n$ 到 $\mathbb{R}^n$ 的映射 f 称为 $\mathbb{R}^n$ 的一个刚体运动, 如果 f 既是单射又是满射, 而且对任意 $\boldsymbol{\alpha},\boldsymbol{\beta} \in \mathbb{R}^n$ 都有

$$d(f(\boldsymbol{\alpha}), f(\boldsymbol{\beta})) = d(\boldsymbol{\alpha},\boldsymbol{\beta})$$

显然所有的刚体运动在映射的复合这一运算下组成一个群, 称为刚体运动群, 记为 $E(n)$。众所周知, 对于 $\mathbb{R}^n$ 上的任何刚体运动 σ, 存在唯一的正交变换 τ 和平移变换 T 使得 $\sigma = T \circ \tau$。因为任意正交变换可以用一个正交矩阵表示, 而平移变换都是形如 $T_{\boldsymbol{a}}(\boldsymbol{x}) = \boldsymbol{a} + \boldsymbol{x}$, 其中 $\boldsymbol{a}$ 是 $\mathbb{R}^n$ 中一个固定的向量。因此任何一个刚体运动都可以唯一表示成 $(\boldsymbol{x}, \boldsymbol{A})$, 其中 $\boldsymbol{A}$ 为正交变换的矩阵表示, 而 $\boldsymbol{x} \in \mathbb{R}^n$。在这个形式下, $E(n)$ 的乘法是

$$(x_1, \boldsymbol{A}_1)(x_2, \boldsymbol{A}_2) = (x_1 + \boldsymbol{A}_1 x_2, \boldsymbol{A}_1\boldsymbol{A}_2)$$

而元素 $(\boldsymbol{x}, \boldsymbol{A})$ 的逆为 $(-\boldsymbol{A}^{-1}\boldsymbol{x}, \boldsymbol{A}^{-1})$。

当然, 在上面这种形式下, $E(n)$ 并不能看成 $GL(n,\mathbb{C})$ 的子群。下面换一种看法。将 $E(n)$ 中元素 $(\boldsymbol{x}, \boldsymbol{A})$ 对应到一个矩阵

$$\begin{pmatrix} \boldsymbol{A} & \boldsymbol{x} \\ 0 & 1 \end{pmatrix}$$

这里将 $\mathbb{R}^n$ 中的元素写成列向量的形式。上面的对应是群 $E(n)$ 到群 $GL(n+1,\mathbb{C})$ 的一个单同态, 这样就将 $E(n)$ 看成 $GL(n+1,\mathbb{C})$ 的子群。容易验证, $E(n)$ 是 $GL(n+1,\mathbb{C})$ 的闭子群, 因此是一个矩阵李群。

关于矩阵李群, 我们可以讨论连通性、紧性等性质, 但这需要一些数学中的拓扑学知识, 有兴趣的读者可以在学习一些拓扑学知识后查阅有关资料。作为李群, 其最重要的性质是具有微分流形的结构, 而且每一个李群都有一个李代数, 这样就可以把相关问题化成代数问题来加以解决。下面介绍李群的微分结构及其李代数等相关知识。

B1.2 微分流形

本节介绍微分流形的概念, 这是现代微分几何的基础, 同时也是李群定义的前提。

为了说清楚微分流形的定义, 必须有拓扑空间的概念。下面我们稍微回忆一下拓扑空间的若干基础知识, 熟悉这部分内容的读者可以跳过这些内容。

定义 B1.2.1 设 S 是一个非空集合, 如果 $\mathcal{U}$ 是 S 中的一些子集合构成的集合, 且满足下面的条件:

(1) $\varnothing \in \mathcal{U}, S \in \mathcal{U}$;

(2) $\mathcal{U}$ 中任意有限多个元素, 作为 S 的子集, 其交集还是 S 中元素;

(3) $\mathcal{U}$ 中任意一簇元素 (可以是无限个), 作为 S 的子集, 其并集还是 S 中元素。则称 $\mathcal{U}$ 定义了 S 上的一个拓扑, 且称 $(S,\mathcal{U})$ 为一个拓扑空间, $\mathcal{U}$ 中的元素称为拓扑空间 $(S,\mathcal{U})$ 中的开集。

在不会引起混淆时, 一般将拓扑空间 $(S,\mathcal{U})$ 简记为 S。我们注意到, 所谓一个集合上的拓扑, 其实是在这个集合中选择了一些子集合, 这些子集合满足上面的三个条件, 然后我们就将每一个这样的子集合称为开集。对应地, 拓扑空间里自然就有闭集的概念。如果 $(S,\mathcal{U})$ 是一个拓扑空间且 $X \in \mathcal{U}$, 即 X 是 $(S,\mathcal{U})$ 中的开集, 那么其补集就称为 $(S,\mathcal{U})$ 中的一个闭集, 显然空集以及集合 S 本身都是闭集。由定义可以看出, 一个子集合是闭集当且仅当其补集是开集。

最典型的拓扑空间的例子是度量空间。

定义 B1.2.2 设 S 是一个非空集合, d 是由直积集合 $S \times S$ 到非负实数集合 $\mathbb{R}^+$ 的一个映射, 满足下面的条件:

(1) $d(x,y)=0$ 当且仅当 $x=y$;

(2) 对任意 $x,y \in S, d(x,y)=d(y,x)$;

(3) 对任意 $x,y,z \in S$, 有不等式 $d(x,z) \leqslant d(x,y)+d(y,z)$ (三角不等式) 。则称 d 为 S 上的一个度量, 而称 (S,d) 为一个度量空间。

设 (S,d) 是一个度量空间, 有一个自然的方法让 S 成为拓扑空间。对于 $x \in S$ 和正实数 ε, 令 $B_\varepsilon(x)=\{y|d(x,y)<\varepsilon\}$, 称为以 x 为中心, 半径为 ε 的开球。令

$$\mathcal{U}=\{O \subseteq S|O\text{或为空集或为若干开球的并集}\}$$

容易验证, $\mathcal{U}$ 定义了 S 上的一个拓扑, 这样 S 就成了一个拓扑空间。

作为一个典型的例子, 在欧几里得空间 $\mathbb{R}^n$ 中利用 B1.1 节给出的办法定义距离 d, $(\mathbb{R}^n, d)$ 就成为一个度量空间, 因此有拓扑结构。容易看出, 在这个拓扑中,

$\mathbb{R}^n$ 中的一个子集 O 是开集当且仅当 $O=\varnothing$ 或者 O 是经典意义下的开集, 即对于任何 $x\in O$, 存在 x 在 $\mathbb{R}^n$ 中的一个邻域 U, 使得 $U\subseteq O$。

现在介绍拓扑空间的连通性和紧性。如果在拓扑空间 X 中既开且闭的子集只有空集和 X 本身, 则称 X 为连通的。容易证明, 一个拓扑空间是连通的当且仅当它不能写成两个互不相交的开子集的并。若 $\mathcal{V}$ 是拓扑空间 X 中的一些子集组成的集合, 而且 $X=\bigcup\limits_{V\in\mathcal{V}}V$, 则称 $\mathcal{V}$ 构成 X 的一个覆盖。如果一个覆盖 $\mathcal{V}$ 中所有子集合都是开集, 则称 $\mathcal{V}$ 为 X 的一个开覆盖。如果 X 的任何开覆盖都存在一个有限的子覆盖, 也就是说如果 $\mathcal{V}$ 是 X 的开覆盖, 那么一定存在有限个 $\mathcal{V}$ 中的开集 $V_1,V_2,\cdots,V_k$ 使得 $X=\bigcup\limits_{i=1}^{k}V_i$, 则称 X 为紧致的。

拓扑空间之间的映射有连续的概念。设 $f:X\to Y$ 为拓扑空间之间的一个映射, 如果对任何 Y 中的开集 V,V 的完全原像 $f^{-1}(V)$ 是 X 中的开集, 那么就称 f 为连续映射。显然, 如果 $f:X\to Y$、$g:Y\to Z$ 都是拓扑空间之间的连续映射, 则其复合 $g\circ f$ 是拓扑空间 X 到 Z 的连续映射。

举一个例子, 如果 (X_1,ρ_1)、(X_2,ρ_2) 是两个度量空间, 则一个 X_1 到 X_2 的映射 f (作为拓扑空间的映射) 是连续的当且仅当 f 在经典的 $\varepsilon-\delta$ 语言下是处处连续的。这一定义与欧几里得空间之间的映射的连续性一致, 也与欧几里得空间上的实值函数的连续性一致。

拓扑空间之间的一个映射为 $f:X\to Y$ 称为同胚, 如果 f 既是单射又是满射, 而且映射 f、f^{-1} 都是连续的, 两个拓扑空间称为同胚的, 如果它们之间存在一个同胚映射。拓扑学的主要目标就是给出拓扑空间在同胚意义下的分类。

为了给出微分流形的定义, 还需要介绍一些分离性概念。如果对拓扑空间 X 中任意两个点 x_1,x_2, 存在一个开集 U 使得 U 包含 x_1 但不包含 x_2, 则称 X 为 T_0 空间。如果对任意 $x_1,x_2\in X$, 存在开集 U_1,U_2, 使得 $x_1\in U_1,x_2\notin U_2$ 且 $x_2\in U_2,x_1\notin U_1$, 则称 X 为 T_1 空间。如果对任意 $x_1,x_2\in X$, 存在开集 U_1,U_2 使得 $x\in U_1,x_2\in U_2$ 且 $U_1\cap U_2=\varnothing$, 则称 X 为 T_2 空间。T_2 空间也称为 Hausdorff 空间。从定义容易看出, 任意 T_1 空间一定是 T_0 空间, 任意 T_2 空间一定是 T_1 空间, 但两个结论的逆命题都不成立。

有了上面的拓扑学知识, 就可以引入微分流形的定义了。

定义 B1.2.3 设 M 为一个 Hausdorff 空间, 如果对于 M 中的任何点 x, 都存在 x 的一邻域 U_x 以及 U_x 到 $\mathbb{R}^n$ 的一个开子集的同胚 ϕ_{x,U_x}, 则 M 称为一个**拓扑流形**。我们称 n 为拓扑流形 M 的维数, 记为 $\dim M=n$。

一般将上面出现的邻域和映射构成的对 (U_x, ϕ_{x,U_x}) 称为在 x 处的一个**局部坐标系**。

拓扑流形是一种性质良好的拓扑空间, 但是在这种空间上微积分的工具还不能应用。如果 g 是定义在一个欧几里得空间的一个开集 V 上的函数, 那么借助欧几里得空间的整体坐标 $(x_1, x_2, \cdots, x_n)$, 可以将 g 写成多元函数 $g(x_1, x_2, \cdots, x_n)$。如果 g 在 x 点处对于 $x_1, x_2, \cdots, x_n$ 的各阶偏导数都存在而且连续, 则称 g 在点 x 处光滑。如果 g 在 V 上的任意一点都光滑, 则称 g 为 V 上的光滑函数。如果 ϕ 是欧几里得空间 $\mathbb{R}^m$ 上的开集 V 到 $\mathbb{R}^n$ 的开集 W 的一个映射, 那么可以将 ϕ 写成 $\phi(x_1, x_2, \cdots, x_m) = (\phi_1(x_1, \cdots, x_m), \phi_2(x_1, \cdots, x_m), \cdots, \phi_n(x_1, \cdots, x_m))$, 这里 $\phi_1, \cdots, \phi_n$ 是定义在 V 上的函数。如果函数 $\phi_1, \cdots, \phi_n$ 都在 x 点处光滑, 则称 ϕ 在点 x 处光滑。类似可以定义开集上光滑映射的概念。

虽然在局部拓扑流形同胚于欧几里得空间, 我们可以借助同胚将欧几里得空间上光滑函数或光滑映射的概念推广到一个局部坐标系中, 但这样定义的光滑性严格依赖于局部坐标系的选择, 因此不能整体定义流形上的光滑函数或光滑映射的概念。精确地说, 设 $p \in M$, 且 $(U_1, \phi_1), (U_2, \phi_2)$ 是包含 p 的两个局部坐标系, 那么一个定义在 M 上的函数 f 相对于局部坐标系 (U_1, ϕ_1) 光滑 [即 $f \circ \phi_1^{-1}(U_1)$ 是欧几里得空间的开集 $\phi(U_1)$ 上的光滑函数], 但不一定相对于局部坐标系 U_2 光滑, 也就是说, $f \circ \phi_2^{-1}(U_2)$ 不一定是欧几里得空间的开集 $\phi_2(U_2)$ 上的光滑函数。为了应用微积分的工具, 必须给出微分流形的概念。

定义 B1.2.4 设 M 为一个拓扑流形。如果存在一系列局部坐标系 (U_x, ϕ_x) $(x \in \Sigma)$ 满足以下条件:

(1) $M = \bigcup\limits_{x \in \Sigma} U_x$, 换言之, 开集 $\{U_x\}_{x \in \Sigma}$ 的集合是 M 的一个覆盖;

(2) 若 $U_x \cap U_y \neq \varnothing$, 则 $\phi_x(U_x \cap U_y)$ 到 $\phi_y(U_x \cap U_y)$ 的映射 $\phi_y \circ \phi_x^{-1}$ 是光滑的。

则称局部坐标系 (U_x, ϕ_x) $(x \in \Sigma)$ 定义了流形上的一个**光滑结构** (或微分结构)。具有光滑结构的拓扑流形称为一个**微分流形**或**光滑流形**。

一般将上面出现的局部坐标系的集合 $\{(U_x, \phi_x) | x \in \Sigma\}$ 称为一个坐标卡。

下面是几个比较典型和常见的微分流形的例子。

例 B1.2.1 显然, 欧几里得空间 $\mathbb{R}^n$ 是 n 维微分流形。事实上, 只需取一个局部坐标系 (U_0, id) 即可, 其中 0 表示原点, $U_0 = \mathbb{R}^n$, id 为 $\mathbb{R}^n$ 到 $\mathbb{R}^n$ 的恒等映射。

例 B1.2.2 欧几里得空间 $\mathbb{R}^{n+1}$ 中的单位球面 $S^n = \{x \in \mathbb{R}^{n+1} |\ |x| = 1\}$

是一个 n 维流形。为了说明这一点, 取两个局部坐标系, 设 $\boldsymbol{u}=(0,1,0,\cdots,0)$, $\boldsymbol{v}=(0,-1,0,\cdots,0)$ 分别为球面的北极和南极, 那么 $U_1=S^n\backslash\{\boldsymbol{u}\}$,$U_2=S^n\backslash\{\boldsymbol{v}\}$ 都是 S^n 的开子集, 而且 $S^n=U_1\cup U_2$。利用球极投影作两个映射 ϕ_1、ϕ_2。首先, 将超平面 $x_2=0$ 与欧几里得空间 $\mathbb{R}^n$ 等同。对任意一点 $x\in U_1$ 存在唯一的连接 x 与 $\boldsymbol{u}$ 的直线, 这条直线与超平面 $x_2=0$ 有唯一的交点 i_x。令 $\phi(x)=i_x$, 则得到一个 U_1 到 $\mathbb{R}^n$ 的同胚。同样, 对任意一点 $y\in U_2$, 存在一条直线连接 $\boldsymbol{v}$ 与 y, 这条直线与超平面 $x_2=0$ 存在唯一交点 i_y。令 $\phi_2(y)=i_y$, 则得到一个 U_2 到 $\mathbb{R}^n$ 的同胚。容易验证, 这两个坐标系 (U_1,ϕ_1)、(U_2,ϕ_2) 满足定义 B1.2.4 中的条件 (2), 因此定义了 S^n 上的微分结构。

现在可以定义流形之间的光滑映射的概念了。下面首先介绍流形上的光滑函数的概念。设 M 为一个微分流形, f 为 M 上的实值函数, 如果对于任意一个局部坐标系 (U,ϕ_U), $f\circ\phi_U^{-1}$ 是 $\phi_U(U)$ 上的光滑函数, 则称 f 是流形 M 上的光滑函数。如果 M、N 是两个光滑流形, φ 是 M 到 N 的映射, 则称 φ 为光滑映射; 对 M 上的任意局部坐标系 (U,ϕ_U) 和 N 上的任意局部坐标系 (V,ϕ_V), 映射 $\phi_V\circ\varphi\circ\phi_U^{-1}$ 是 $\phi_U(U)$ 到 $\phi_V(V)$ 的光滑映射。如果 φ 是流形 M 到 N 的光滑映射, 且是拓扑空间的同胚, 而且其逆映射 $\varphi^{-1}:N\to M$ 也是光滑映射, 则称 φ 为一个微分同胚。这时也说 M、N 作为微分流形是微分同胚的。

为了研究微分流形的几何性质和拓扑性质, 需要定义切空间、余切空间和张量场等概念。这里只给出流形上一点处的切空间的概念。设 x 为光滑流形 M 中的一个点, 令 $\varGamma_x(M)$ 为定义在 x 处的一个开邻域上的光滑函数的集合。值得注意的是, 在 $\varGamma_x(M)$ 中, 不同的函数可以有不同的定义域。$\varGamma_x(M)$ 具有实线性空间的结构, 事实上, $\varGamma_x(M)$ 上显然可以定义纯量乘法。如果 f_1、f_2 分别是定义在 x 处的开邻域 U_1、U_2 上的函数, 则 f_1+f_2 在是定义在 $U_1\cap U_2$ 上的函数, 这样就可以定义 $\varGamma_x(M)$ 中的加法, 使得其成为一个实线性空间。类似的方法可以定义中 $\varGamma_x(M)$ 的乘法, 这样 $\varGamma_x(M)$ 就成为一个结合代数 (所谓结合代数, 是指一个线性空间 V 上具有双线性的乘法, 而且乘法满足结合律)。

下面定义切向量的概念。设 D 为 $\varGamma_x(M)$ 到 $\mathbb{R}$ 的一个映射, 而且满足条件:

(1) 线性　对任意实数 $a,b\in\mathbb{R}$ 和 $f_1,f_2\in\varGamma_x(M)$, $D(af_1+bf_2)=aDf_1+bDf_2$;

(2) 导性　对任意 $f_1,f_2\in\varGamma_x(M), D(f_1f_2)=(Df_1)f_2+f_1(Df_2)$。

则称 D 为流形 M 在 x 处的一个切向量。将 M 在 x 处的切向量的集合记为 $T_x(M)$。对于 $a\in\mathbb{R},D_1,D_2\in T_x(M)$, $f\in\varGamma_x(M)$, 定义 $(aD_1)f=aD_1f,(D_1+D_2)(f)=D_1f+D_2f$, 则显然 $aD_1\in T_x(M),D_1+D_2\in T_x(M)$, 因此 $T_x(M)$ 具有线性空间的结构, 称为光滑流形 M 在 x 处的切空间。

对切向量的一个很好的解释如下: 设 x 为光滑流形 M 上的一个点, 一条过点 x 的光滑曲线是指一个光滑映射 $\sigma:(-\varepsilon,\varepsilon)\to\mathbb{R}$, 其中 $\varepsilon>0$, 且 $\sigma(0)=x$。如果 σ 是一条过点 x 的光滑曲线, 那么对任意 $f\in\Gamma_x(M)$, 定义 $\dot\sigma(0)(f)=\left.\dfrac{\mathrm{d}f(\sigma(t))}{\mathrm{d}t}\right|_{t=0}$。容易验证, $f\to\dot\sigma(0)(f)$ 就是 M 在 x 处的一个切向量, 一般将这一切向量称为曲线在点 x 处的切向量, 记为 $\dot\sigma(0)$。

作为一个特殊情形, 设 $(U;x_1,x_2,\cdots,x_n)$ 为 x 处的一个局部坐标系, 满足 $x_1(x)=\cdots=x_n(x)=0$。考虑过点 x 的曲线 $\sigma_1:t\to(t,0,\cdots,0),-\varepsilon<t<\varepsilon$, 其中 ε 是足够小的正实数。那么 $\dot\sigma_1(0)$ 就是 x 处的一个切向量, 将这一切向量记为 $\left.\dfrac{\partial}{\partial x_1}\right|_x$。类似地, 可以定义 $\left.\dfrac{\partial}{\partial x_2}\right|_x,\cdots,\left.\dfrac{\partial}{\partial x_n}\right|_x$。下面的定理是非常重要的。

定理 B1.2.1 设 M 为 n 维光滑流形, $x\in M$, 且 $(U;x_1,x_2,\cdots,x_n)$ 为点 x 处的一个局部坐标系, 则 $\left.\dfrac{\partial}{\partial x_1}\right|_x,\cdots,\left.\dfrac{\partial}{\partial x_n}\right|_x$ 是 $T_x(M)$ 的一组基, 从而 $\dim(T_x(M))=\dim(M)$。

设 M 为光滑流形, 令 $TM=\bigcup\limits_{x\in M}T_x(M)$, 则 TM 具有光滑流形的结构, 且有一个自然映射 $\pi\colon TM\to M$, 使 $\pi(\xi)=x$, 其中 $\xi\in T_x(M)$, 将 TM 称为 M 的切丛。M 上的一个切向量场是指切丛的一个截面, 即由 M 到 TM 的一个映射 X, 满足条件 $\pi(X(x))=x,\forall x\in M$。形象地说, 一个切向量场就是在流形上的每一个点处指定一个切向量。一个切向量场 X 是光滑的, 如果对任意点 p 的任意局部坐标系 $(U;x_1,\cdots,x_n)$, 将 X 写成 $\left.\dfrac{\partial}{\partial x_1}\right|_x,\cdots,\left.\dfrac{\partial}{\partial x_n}\right|_x$ 的组合:

$$X=\sum_{i=1}^{n}f_i\left.\frac{\partial}{\partial x_i}\right|_x$$

则函数 $f_1,f_2,\cdots,f_n$ 是 U 上的光滑函数。这等价于对于任何 M 上的光滑函数 f, 函数 Xf 也是光滑的。

光滑向量场的集合 $\mathcal{X}(M)$ 中有加法运算: 事实上, 如果 X、Y 都是 M 上的光滑向量场, 那么 $X+Y$ 也是 M 上的光滑向量场, 此外, 如果 f 为 M 上的光滑函数, 那么 fX 也是 M 上的光滑向量场。特别地, 对于任意实数 $a\in\mathbb{R}$, aX 是 M 上光滑向量场。这样 $\mathcal{X}(M)$ 就成为一个实线性空间, 不过 $\mathcal{X}(M)$ 的维数一般是无穷的。$\mathcal{X}(M)$ 中还有一种非常重要的 Poisson 括号运算: 对于光滑向量场 X、Y, 令 $[X,Y]:C^\infty(M)\to C^\infty(M)$, 有

$$[X,Y]f=X(Yf)-Y(Xf),\quad f\in C^\infty(M)$$

容易验证 $[X,Y]$ 也是 $C^\infty(M)$ 上的一个导子, 因此也是 M 上的一个光滑向量场。

与切空间与切丛对偶的有余切空间和余切丛的概念。设 M 为光滑流形, $x\in M$, 称 $T_x(M)$ 的对偶空间为流形 M 在 x 处的余切空间, 记为 $T_x^*(M)$。注意: 如果 f 是定义在 x 点处的一个邻域上的光滑函数, 则由 $X\to Xf, X\in T_x(M)$ 可定义 $T_x(M)$ 上的一个线性函数, 因此唯一决定了 $T_x^*(M)$ 中的一个元素, 将这一余切向量记为 $\mathrm{d}f\big|_x$。与前类似可知, 如果 $(U;x_1,x_2,\cdots,x_n)$ 是 x 点处的一个局部坐标系, 则 $\mathrm{d}x_1\big|_x,\cdots,\mathrm{d}x_n\big|_x$ 是余切空间 $T_x^*(M)$ 的一组基。记 $T^*(M)=\bigcup\limits_{x\in M}T_x^*(M)$, 称为 M 的余切丛。$T^*(M)$ 具有光滑流形的结构, 而且存在光滑映射 $\pi:T^*(M)\to M$ 使 $\pi(\xi)=x,\xi\in T_x^*(M)$。

下面介绍切映射的概念。设 M、N 为光滑流形, $\varphi:M\to N$ 为光滑映射, $\varphi(p)=q$。对于流形 M 在 p 点处的任何一个切向量 u, 取一条光滑曲线 σ: $(-\varepsilon,\varepsilon)\to M$, $\varepsilon>0$, 使得 $\sigma(0)=p$, 且 $\dot\sigma(0)=u$, 那么 $\tau=\varphi\circ\sigma$ 就是 N 上的一条曲线, 且 $\tau(0)=q$, 因此 $\dot\tau(0)$ 是流形 N 上在 q 点处的一个切向量。可以证明, 切向量 $\dot\tau(0)$ 只与 u 有关, 而与曲线 σ 的选取无关, 这样就得到了切空间 $T_p(M)$ 到 $T_q(N)$ 的一个线性映射, 称其为映射 φ 在 p 点处的切映射 (也称为在 p 处的微分映射), 记为 $\mathrm{d}\varphi\big|_p$。

切映射的下列性质非常有用: 如果 X、Y 为 M 上的光滑向量场, 且 $\varphi:M\to M$ 为微分同胚, 则 $\mathrm{d}\varphi([X,Y])=[\mathrm{d}\varphi(X),\mathrm{d}\varphi(Y)]$。注意: 作为微分同胚, φ 是单射, 因此对于任何光滑向量场 X, $\mathrm{d}\varphi(X)$ 也是光滑向量场, 因此上面的式子中不会出现混淆。

微分几何的研究经常与子流形有关。从字面上理解, 一个光滑流形的子流形应该是这个流形的一个子集合, 但是子流形的定义比这个要严格得多。下面给出精确的定义。

定义 B1.2.5 设 M、N 是两个光滑流形, 若有光滑映射 $\varphi:M\to N$ 使得对任意一点 $p\in M$, 切映射 $\mathrm{d}\varphi\big|_p:T_p(M)\to T_{\varphi(p)}(N)$ 是非退化的 (即作为线性空间之间的线性映射是单射), 则称 (φ,M) 为 N 的浸入子流形。如果 (φ,M) 是 N 的浸入子流形, 且 φ 本身是单射, 则称 (φ,M) 为嵌入子流形。

要指出的是, 浸入子流形 (φ,M) 只能保证 φ 在局部是单射, 但整体上一般不是单射, 因此不能将 M 等同于 N 的一个子集合。微分几何中对于浸入子流形的研究是一个大的分支。本附录所说的子流形一般指嵌入子流形。

子流形的例子是非常多的。例如, 如果 N 是一个光滑流形, U 是 N 的一个开子集, $i:U\to N$ 是嵌入映射, 则 (i,U) 是 N 的嵌入子流形, 称为开子流形。

下面的定理是微积分学中反函数定理的推广。

定理 B1.2.2 设 φ 是流形 M 到 N 的一个光滑映射, $p \in M$, 且切映射 $\mathrm{d}\varphi\big|_p : T_p(M) \to T_{\varphi(p)}(N)$ 是线性空间的同构, 则存在 p 在 M 中的一个开邻域 U 使得 φ 是 U 到 $\varphi(U)$ 的微分同胚。

B1.3 抽象李群、李代数

李群是抽象的群与微分流形的概念相结合而产生的。粗略地说, 李群是具有抽象的群的运算的微分流形, 而且群的运算是光滑的。下面给出精确的定义。

定义 B1.3.1 设 G 是一个群, 如果 G 上具有光滑流形的结构, 而且群的乘积运算和求逆运算都是光滑映射, 则称 G 为一个李群。

我们知道, 如果 G 是一个光滑流形, 则 $G \times G$ 也是一个光滑流形, 因此乘积运算作为 $G \times G$ 到 G 的映射, 是否为光滑映射的意义是清楚的。

下面给出几个抽象李群的例子。下文将抽象李群简称为李群。

例 B1.3.1 任何矩阵李群都是抽象李群。特别地, 一般线性群、特殊线性群、正交群、特殊正交群、刚体运动群都是抽象李群。

例 B1.3.2 任何李群的闭子群都是李群。这里一个李群 G 的闭子群是指一个非空子集, 其对群的运算成为 G 的一个子群, 而且作为子集合, 在 G 的拓扑下是闭子集。从这里可以得到很多李群。例如, 一般线性群 $GL(n,\mathbb{C})$ 中由所有上三角矩阵形成的子集合 $T(n,\mathbb{C})$, 所有对角矩阵组成的集合 $D(n,\mathbb{C})$ 都是 $GL(n,\mathbb{C})$ 的闭子群, 因此都是李群。同样, 所有实可逆的上三角矩阵以及实可逆对角矩阵的集合都是李群。

例 B1.3.3 这是一个不能写成矩阵李群的李群的例子, 涉及拓扑空间和李群的泛覆盖的概念。考虑实一般线性群 $SL(n,\mathbb{R})$, $n \geqslant 2$, 已知它不是单连通的, 因此一定存在单连通的李群 $\widetilde{SL}(n,\mathbb{R})$ 以及一个群的覆盖映射 π: $\widetilde{SL}(n,\mathbb{R}) \to SL(n,\mathbb{R})$, 那么可以证明 $\widetilde{SL}(n,\mathbb{R})$ 不可能写成一个矩阵李群。

任何李群都对应到一个李代数。下面介绍一下这个重要的概念。设 G 为一个李群, 则 G 同时也是一个光滑流形, G 上的一个向量场 X 称为左不变的, 如果对任意 $g,h \in G$, 有 $\mathrm{d}L_g(X\big|_h) = X_{gh}$, 这里 L_g 是李群 G 上由 g 决定的左平移变换: $L_g(h) = gh, h \in G$。显然, 如果 X、Y 都是 G 上的左不变向量场, 则 $X+Y$ 也是 G 上的左不变向量场, 且对任意实数 a, aX 也是 G 上左不变向量场, 这说明 G 上所有

的左不变向量场的集合构成一个实线性空间 $\mathfrak{g}$。此外，由不变性容易看出，如果两个左不变向量场 X、Y 在单位元处的取值相同，则它们处处相等，因此左不变向量场构成的线性空间 $\mathfrak{g}$ 的维数等于 $T_e(G)$ 的维数，从而 $\dim(\mathfrak{g}) = \dim(G)$。

线性空间 $\mathfrak{g}$ 具有更好的结构。注意到如果 X、Y 都是 G 上的左不变向量场，则它们的 Poisson 括号 $[X,Y]$ 也是左不变的，而括号运算除了满足反交换性 $[X,X]=0$ 外，还满足著名的 Jacobi 恒等式，即

$$[[X,Y],Z]+[[Y,Z],X]+[[Z,X],Y]=0 \quad (\forall X,Y,Z\in\mathfrak{g})$$

现在引入李代数的概念。为了简单起见，这里只处理实数域或复数域的情形。下面的数域指的是实数域或复数域。当然，这个定义可以完全形式地推广到任何一个域上，但是处理一般域上的李代数需要一定的抽象代数知识。

定义 B1.3.2 设 $\mathfrak{g}$ 为数域 $\mathbb{F}$ 上的线性空间，如果在 $\mathfrak{g}$ 上定义了一个二元运算 $\mathfrak{g}\times\mathfrak{g}\to\mathfrak{g}$，记为 $(x,y)\mapsto[x,y]$，称为**括号运算**，满足下面的条件：

(1) 双线性：$[x,y]$ 对 x 和 y 都是线性的；

(2) 反交换性：对任意 $x\in\mathfrak{g}, [x,y]=0$；

(3) Jacobi 恒等式：对任意 $x,y,z\in\mathfrak{g}, [x,[y,z]]+[y,[z,x]]+[z,[x,y]]=0$。

则称 $\mathfrak{g}$ 为 $\mathbb{F}$ 上的**李代数**。李代数 $\mathfrak{g}$ 称为交换（或 Abel）的，若 $[x,y]=0$ $(\forall x,y\in\mathfrak{g})$，一个李代数 $\mathfrak{g}$ 的维数就是 $\mathfrak{g}$ 作为线性空间的维数。

显然，对于任何线性空间 V，定义 $[x,y]=0$，则 V 成为一个交换李代数。这是一个平凡的例子。

由上面的定义可以看出，对于任何一个李群 G，其上的所有左不变向量场组成的线性空间 $\mathfrak{g}$ 是一个实数域上的李代数，且其维数与 G 的维数相同，称 $\mathfrak{g}$ 为李群 G 的李代数。

在研究李群、李代数的相关性质之前，给出若干常见的李代数的例子。

例 B1.3.4 首先，任何结合代数上可以定义李代数的结构。设 $\mathfrak{g}$ 为域 $\mathbb{F}$ 上的一个结合代数，乘法运算为 $(x,y)\mapsto xy$。定义一个括号运算为 $[x,y]=xy-yx$，则容易验证 $\mathfrak{g}$ 在 $[\cdot,\cdot]$ 下成为一个李代数。特别地，若 V 为线性空间，则 V 上所有线性变换的集合在映射的复合运算下成为一个结合代数，由此得到一个李代数，记为 $\mathfrak{gl}(V)$，称为 V 上的**一般线性李代数**。

此外，域 $\mathbb{F}$ 上的所有 $n\times n$ 矩阵组成的集合 $\mathbb{F}^{n\times n}$ 在矩阵的加法和纯量乘法下成为线性空间，再加上矩阵的乘法，则成为 $\mathbb{F}$ 上的一个结合代数，因此也有李代数的结构，记为 $\mathfrak{gl}(n,\mathbb{F})$，也称为 $\mathbb{F}$ 上的**一般线性李代数**。

通过研究一般线性李代数的子代数，将得到大量重要的李代数的例子。

例 B1.3.5 将 $\mathbb{F}$ 上所有的 $n\times n$ 上三角矩阵的集合记为 $\mathfrak{t}(n,\mathbb{F})$, 则 $\mathfrak{t}(n,\mathbb{F})$ 是 $\mathfrak{gl}(n,\mathbb{F})$ 的子代数; 将 $\mathbb{F}$ 上所有的严格上三角 (即对角线上元素为零) 矩阵的集合记为 $\mathfrak{n}(n,\mathbb{F})$, 则 $\mathfrak{n}(n,\mathbb{F})$ 是 $\mathfrak{t}(n,\mathbb{F})$ 的子代数; 此外容易看出, $\mathbb{F}$ 上所有 $n\times n$ 对角矩阵组成的集合 $\mathfrak{d}(n,\mathbb{F})$ 也是 $\mathfrak{t}(n,\mathbb{F})$ 的子代数, 它是一个 n 维的交换李代数。

例 B1.3.6 设 $\mathcal{A}$ 为域 $\mathbb{F}$ 上一个代数, 乘法为 $(a,b)\mapsto ab, D$ 为 $\mathcal{A}$ 上一个线性变换, 称 D 为 $\mathcal{A}$ 上的一个导子, 如果对任意 $a,b\in\mathcal{A}$, 有 $D(ab)=D(a)b+aD(b)$, 将 $\mathcal{A}$ 上所有导子组成的集合记为 $\mathrm{Der}(\mathcal{A})$, 则容易验证 $\mathrm{Der}(\mathcal{A})$ 是 $\mathcal{A}$ 作为线性空间的一般线性李代数 $\mathfrak{gl}(\mathcal{A})$ 的子代数, 称为 $\mathcal{A}$ 上的**导子代数**。

作为一种特殊情形, 若 $\mathfrak{g}$ 为 $\mathbb{F}$ 上的一个李代数, 则 $\mathfrak{g}$ 上的所有导子组成的集合 $\mathrm{Der}(\mathfrak{g})$ 是 $\mathfrak{gl}(\mathfrak{g})$ 的子代数, 称为 $\mathfrak{g}$ 的导子代数。此外, 对任意 $x\in\mathfrak{g}$, 定义 $\mathrm{ad}\ x:\mathfrak{g}\to\mathfrak{g}$ 为 $\mathrm{ad}\ x(y)=[x,y]$, 则利用 Jacobi 恒等式容易验证 $\mathrm{ad}\ x$ 是一个导子, 称为 $\mathfrak{g}$ 的由 x 定义的内导子。$\mathfrak{g}$ 上所有内导子的集合 $\mathrm{ad}\ \mathfrak{g}$ 构成的 $\mathrm{Der}(\mathfrak{g})$ 一个子代数, 称为 $\mathfrak{g}$ 的**内导子代数**。

下面给出的四类李代数, 一般文献上称之为**古典李代数**。

例 B1.3.7 (1) 容易证明, 对任意 $\boldsymbol{A},\boldsymbol{B}\in\mathbb{F}^{n\times n}$, 有 $\mathrm{tr}([\boldsymbol{A},\boldsymbol{B}])=\mathrm{tr}(\boldsymbol{AB}-\boldsymbol{BA})=0$。特别地, 如果将所有迹为 0 的 $\mathbb{F}$ 上 $n\times n$ 矩阵的集合记为 $\mathfrak{sl}(n,\mathbb{F})$, 则 $\mathfrak{sl}(n,\mathbb{F})$ 成为 $\mathfrak{gl}(n,\mathbb{F})$ 的子代数, 称为 $\mathbb{F}$ 上的**特殊线性李代数**。

类似地, 如果 V 是 $\mathbb{F}$ 上的 n 维线性空间, 则 V 上所有迹为 0 的线性变换的集合 $\mathfrak{sl}(V)$ 构成 $\mathfrak{gl}(V)$ 的子代数, 它与 $\mathfrak{sl}(n,\mathbb{F})$ 同构, 因此也称为 V 上的**特殊线性李代数**。

(2) 对于任何固定的 $\boldsymbol{M}\in\mathfrak{gl}(n,\mathbb{F})$, 考虑集合

$$\mathfrak{g}=\{\boldsymbol{x}\in\mathfrak{gl}(n,\mathbb{F})|\boldsymbol{Mx}+\boldsymbol{x}^t\boldsymbol{M}=0\}$$

则容易验证 $\mathfrak{g}$ 成为 $\mathfrak{gl}(n,\mathbb{F})$ 的子代数。特别地, 当 $\boldsymbol{M}=\begin{pmatrix}1&0&0\\0&0&\boldsymbol{I}_l\\0&\boldsymbol{I}_l&0\end{pmatrix}$ 时, 得到李代数 $\mathfrak{so}(2l+1,\mathbb{F})$; 当 $\boldsymbol{M}=\begin{pmatrix}0&\boldsymbol{I}_l\\-\boldsymbol{I}_l&0\end{pmatrix}$ 时, 得到李代数 $\mathfrak{sp}(l,\mathbb{F})$; 当 $\boldsymbol{M}=\begin{pmatrix}0&\boldsymbol{I}_l\\\boldsymbol{I}_l&0\end{pmatrix}$ 时, 得到李代数 $\mathfrak{so}(2l,\mathbb{F})$ 。

我们将李代数 $\mathfrak{so}(k,\mathbb{F})$ ($k=2l$ 或 $2l+1$) 称为**正交李代数**, 将 $\mathfrak{sp}(l,\mathbb{F})$ 称为**辛李代数**。

下面给出李群的李子群以及李代数的子代数、理想、同态与同构的定义。

定义 B1.3.3 设 H 为李群 G 的一个抽象子群，且是 G 的子流形，而且其本身也是一个李群，则称 H 为 G 的一个李子群。如果一个李子群 H 是 G 的拓扑子流形，则称 H 为 G 的拓扑李子群。

上述定义中，抽象子群是指将 G 看成一个群而不考虑别的结构的时候，H 是 G 的子群，即满足条件 $h_1h_2^{-1} \in H, \forall h_1, h_2 \in H$。值得注意的是，存在李群的李子群不是拓扑李子群的例子。例如 $G = S^1 \times S^1$，在运算 $(e^{i\theta_1}, e^{i\eta_1}) \cdot (e^{i\theta_2}, e^{i\eta_2}) = (e^{i(\theta_1+\theta_2)}, e^{i(\eta_1+\eta_2)})$ 下成为一个李群，子群 $H = \{(e^{i\theta}, e^{i\sqrt{2}\theta}) | \theta \in \mathbb{R}\}$ 是 G 的李子群而不是拓扑李子群，其证明需要用到数学分析和拓扑学中一些基本的结果，留给读者。

定义 B1.3.4 设 G、K 为李群，若 φ 是一个 G 到 K 作为抽象群的同态，且 φ 作为拓扑空间的映射是连续映射 (这时也称 φ 为李群 G 到 K 的连续同态)，则称 φ 为李群 G 到 K 的同态。

与抽象群的同态类似，可以定义李群的单同态、满同态以及同构的概念。李群理论中的一个非常深入的结果是，如果 φ 是李群 G 到 K 的同态，则 φ 一定是 G 到 K 的作为微分流形的光滑映射。以后我们说到李群之间的同态一律指的是上述意义的同态。

定义 B1.3.5 若 $\mathfrak{h}$ 为李代数 $\mathfrak{g}$ 的线性子空间，且对任意 $x, y \in \mathfrak{h}$，有 $[x, y] \in \mathfrak{h}$，则称 $\mathfrak{h}$ 为 $\mathfrak{g}$ 的**子代数**；如果子代数 $\mathfrak{h}$ 还满足对任意 $x \in \mathfrak{h}$ 及 $y \in \mathfrak{g}$ 有 $[x, y] \in \mathfrak{h}$，则称 $\mathfrak{h}$ 为 $\mathfrak{g}$ 的**理想**。

定义 B1.3.6 设 $\mathfrak{g}$、$\mathfrak{g}'$ 为域 $\mathbb{F}$ 上的李代数，$\phi : \mathfrak{g} \to \mathfrak{g}'$ 为线性映射，如果对任意 $x, y \in \mathfrak{g}$，都有 $\phi[x, y] = [\phi(x), \phi(y)]$，则称 ϕ 为 $\mathfrak{g}$ 到 $\mathfrak{g}'$ 的一个**同态**；如果一个同态 ϕ 还是单射、满射或线性同构，则称 ϕ 为单同态、满同态或**同构**。如果李代数 $\mathfrak{g}$ 和 $\mathfrak{g}'$ 之间存在同构，则称 $\mathfrak{g}$ 和 $\mathfrak{g}'$ 是同构的，记为 $\mathfrak{g} \simeq \mathfrak{g}'$。

下面研究李群、李子群、李代数、子代数以及同态的基本性质。

定理 B1.3.1 设 K 为李群 G 的李子群，则 K 的李代数 $\mathfrak{k}$ 可以看成 G 的李代数 $\mathfrak{g}$ 的子代数。反之，对于 G 的李代数 $\mathfrak{g}$ 的任何子代数 $\mathfrak{h}$，存在唯一的 G 的连通李子群 H，使得 H 的李代数恰为 $\mathfrak{h}$。

为了研究李群与李代数的关系，需要给出李群的指数映射的概念。先定义单参数子群的概念。将实数域 $\mathbb{R}$ 看成一维流形，考虑实数的加法，则 $\mathbb{R}$ 成为一个李群。设 G 为李群，一个由 $\mathbb{R}$ 到 G 的同态称为 G 上的一个单参数子群。显然，单参数子群可以看成一条过 G 的单位元 e 的光滑曲线，将该曲线在单位元处的切向量称为其初始向量。下面的定理给出了单参数子群的存在性与唯一性。

定理 B1.3.2 *设 G 为李群, 则对于任何 $\boldsymbol{u} \in T_e(M)$, 存在 G 的唯一单参数子群使得其初始向量为 $\boldsymbol{u}$。*

我们知道, 对任何 $\boldsymbol{u} \in T_e(G)$ 都存在唯一的左不变向量场 U 使得 $U|_e = \boldsymbol{u}$, 因此将以 $\boldsymbol{u}$ 为初始向量的单参数子群记为 σ_U, 这样就可以定义由李代数 $\mathfrak{g}$ 到李群 G 的映射 exp 使得 $\exp(X) = \sigma_X(1), X \in \mathfrak{g}$, 称为 $\mathfrak{g}$ 到 G 的指数映射, 有时也直接说 exp 是李群 G 的指数映射。

指数映射在整个李代数上都有定义, 但是很多时候不是满射。特别地, 如果 G 不是连通李群, 则一定不是满射。下面给出一般线性群和特殊线性群的指数映射, 读者可以自己决定这些群的指数映射是不是满射。

例 B1.3.8 我们先回忆一下矩阵的指数映射的概念。以实 n 阶方阵为例, 设 A 为一个 $n \times n$ 实矩阵, 那么可以证明矩阵级数

$$I_n + A + \frac{1}{2}A^2 + \cdots + \frac{1}{n!}A^n + \cdots$$

是收敛的, 因此也是一个 n 阶实方阵, 记为 e^A。可以证明 e^A 的行列式等于 $\mathrm{e}^{\mathrm{tr}(A)}$, 其中 $\mathrm{tr}(A)$ 表示 A 的迹。

我们知道, 实一般线性群 $GL(n,\mathbb{R})$ 的李代数是一般线性李代数 $\mathfrak{gl}(n,\mathbb{R})$, 容易证明, $GL(n,\mathbb{R})$ 的指数映射就是 $\exp(X) = \mathrm{e}^X, X \in \mathfrak{gl}(n,\mathbb{R})$。同样的, 实特殊线性群 $SL(n,\mathbb{R})$ 的指数映射也是 $\exp\ (X) = \mathrm{e}^X, X \in \mathfrak{sl}(n,\mathbb{R})$。

类似地, 复一般线性群 $GL(n,\mathbb{C})$ 的指数映射是 $\exp(X) = \mathrm{e}^X, X \in \mathfrak{gl}(n,\mathbb{C})$; 复特殊线性群 $SL(n,\mathbb{C})$ 的指数映射是 $\exp(X) = \mathrm{e}^X, X \in \mathfrak{sl}(n,\mathbb{C})$。

利用指数映射可以很容易求出某些李子群的子代数。

定理 B1.3.3 *设 G 为李群, 其李代数为 $\mathfrak{g}$, H 为 G 的闭子群, 则 H 的李代数为*

$$\mathfrak{h} = \{X \in \mathfrak{g} \mid \exp(tX) \in \mathfrak{h}, \forall t \in \mathbb{R}\}$$

作为一个例子, 特殊正交群 $SO(n)$ 是一般线性群 $GL(n,\mathbb{R})$ 的闭子群, 因此其李代数为

$$\begin{aligned}\mathfrak{so}(n) &= \{X \in \mathfrak{gl}(n,\mathbb{R}) \mid \exp(tX) \in SO(n), \forall t \in \mathbb{R}\}\\ &= \{X \in \mathfrak{gl}(n,\mathbb{R}) \mid (\mathrm{e}^{tX})'\mathrm{e}^{tX} = I_n, \forall t \in \mathbb{R}\}\\ &= \{X \in \mathfrak{gl}(n,\mathbb{R}) \mid \mathrm{e}^{t(X'+X)} = I_n, \forall t \in \mathbb{R}\}\\ &= \{X \in \mathfrak{gl}(n,\mathbb{R}) \mid (X'+X) = 0\}\end{aligned}$$

这个李代数称为 n 阶实正交李代数, 记为 $\mathfrak{so}(n)$。读者可以自己证明, 正交群 $O(n)$ 的李代数也是 $\mathfrak{so}(n)$。另一个重要的例子是, 刚体运动群 $E(n)$ 是 $GL(n+1,\mathbb{R})$ 的团子群, 因此利用上述定理可以计算出其李代数为

$$\mathfrak{e}(n)=\left\{\begin{pmatrix} X & y \\ 0 & 0 \end{pmatrix}|X\in\mathfrak{so}(n),y\in\mathbb{R}^n\right\}$$

李代数 $\mathfrak{e}(n)$ 有一个理想

$$\left\{\begin{pmatrix} 0 & y \\ 0 & 0 \end{pmatrix}|,y\in\mathbb{R}^n\right\}$$

它在映射

$$\begin{pmatrix} 0 & y \\ 0 & 0 \end{pmatrix}\to y$$

下同构于交换李代数 $\mathbb{R}^n$, 还有一个子代数

$$\left\{\begin{pmatrix} X & 0 \\ 0 & 0 \end{pmatrix}|X\in\mathfrak{so}(n)\right\}$$

它在映射

$$\begin{pmatrix} X & 0 \\ 0 & 0 \end{pmatrix}\to X$$

下同构于实正交李代数 $\mathfrak{so}(n)$。因此, 有时我们将 $\mathfrak{e}(n)$ 写成 $\mathfrak{e}(n)=\mathfrak{so}(n)+\mathbb{R}^n$(空间直和), 其括号运算为

$$[X_1+y_1,X_2+y_2]=(X_1X_2-X_2X_1)+(X_1y_2-X_2y_1)\quad(X_1,X_2\in\mathfrak{so}(n),y_1,y_2\in\mathbb{R}^n)$$

指数映射还有一个重要应用就是用来定义李群作为微分流形在单位元处的一些特殊局部坐标系, 这在研究李群的几何和其他性质时是极其重要的。下面给出两类这种局部坐标系。

首先, 因为指数映射 exp: $\mathfrak{g}\to G$ 在 $\mathfrak{g}$ 的原点处的切映射等于恒等映射, 因此存在李代数 $\mathfrak{g}$ 的原点的一个开邻域 V 使得 exp 是由 V 到 $U=\exp(V)$ 的微分同胚。取定 $\mathfrak{g}$ 的一组基 $\alpha_1,\alpha_2,\cdots,\alpha_n$, 则 U 中每个元素都能唯一写成 $\exp(x_1\alpha_1+x_2\alpha_2+\cdots+x_n\alpha_n)$ 的形式, 其中 $x_1,x_2,\cdots,x_n$ 是实数。显然, U 是李群 G 的单位元 e 的一个邻域, 因此由 U 到 $\mathbb{R}^n$ 的映射

$$\exp(x_1\alpha_1+x_2\alpha_2+\cdots+x_n\alpha_n)\to(x_1,x_2,\cdots,x_n)$$

定义了单位元处的一个局部坐标系, 称为**第一类正则坐标系**。

其次类似上面的推理可以证明, 存在李代数 $\mathfrak{g}$ 的原点处的一个开邻域 V_1 使得 $(x_1\alpha_1+\cdots+x_n\alpha_n)\to\exp(x_1\alpha_1)\exp(x_2\alpha_2)\cdots\exp(x_n\alpha_n)$ 是由 V_1 到 G 的单位元的一个开邻域 U_1 的微分同胚, 而且由 U_1 到 $\mathbb{R}^n$ 的映射

$$\exp(x_1\alpha_1)\exp(x_2\alpha_2)\cdots\exp(x_n\alpha_n)\to(x_1,x_2,\cdots,x_n)$$

定义了 G 的单位元处的一个局部坐标系, 称为**第二类正则坐标系**。

最后给出一维和二维李代数的分类。

例 B1.3.9 首先, 对于任何数域 $\mathbb{F}$,$\mathbb{F}$ 上的一维李代数在同构意义下只有一个。事实上, 由定义 B1.3.2 中条件 (1) 和 (2) 看出, 对任意 $x\in\mathfrak{g}$ 且 $x\neq 0$ 及 $a,b\in F,[ax,bx]=ab[x,x]=0$, 因此 $[x,y]=0,\forall x,y\in\mathfrak{g}$。由此容易导出结论。

下面讨论二维的情形。首先, 交换的二维李代数一定存在而且在同构意义下是唯一的。若 $\mathfrak{g}$ 是 $\mathbb{F}$ 上非交换的二维李代数, 则可取 $x_1,x_2\in\mathfrak{g}$ 使得 $[x_1,x_2]\neq 0$。显然 x_1,x_2 一定线性无关, 因此组成 $\mathfrak{g}$ 的一组基, 于是可设 $[x_1,x_2]=a_1x_1+a_2x_2$, 其中 a_1,a_2 至少有一个非零。无妨设 $a_1\neq 0$, 令 $x=[x_1,x_2]=a_1x_1+a_2x_2,y=x_2/a_1$, 则有 $[x,y]=x$, 而且 x,y 仍然是线性无关的。这说明在同构意义下非交换的二维李代数也只有一个。

总之, 任何数域 $\mathbb{F}$ 上的二维李代数在同构意义下只有两个, 其中一个为交换李代数, 另一个为非交换的, 而且存在一组基 x,y 使得 $[x,y]=x$。

B1.4 可解与幂零李代数

本节介绍可解与幂零李代数的基本性质, 这是研究半单李代数分类的基础。先给出定义。

定义 B1.4.1 设 $\mathfrak{g}$ 为李代数, 对于 $\mathfrak{g}$ 的两个子代数 $\mathfrak{h},\mathfrak{k}$, 令 $[\mathfrak{h},\mathfrak{k}]$ 为所有形如 $[x,y],x\in\mathfrak{h},y\in\mathfrak{k}$ 的元素的有限线性组合组成的集合。容易看出, $[\mathfrak{g},\mathfrak{g}]$ 是 $\mathfrak{g}$ 的理想, 称为 $\mathfrak{g}$ 的导代数。现在归纳定义 $\mathfrak{g}^{(0)}=\mathfrak{g},\mathfrak{g}^{(1)}=[\mathfrak{g},\mathfrak{g}],\mathfrak{g}^{(i)}=[\mathfrak{g}^{(i-1)},g^{(i-1)}]$ $(i=2,3,\cdots)$。容易看出, $\mathfrak{g}^{(i)}(i=0,1,2,\cdots)$ 都是 $\mathfrak{g}$ 的理想, 称为 $\mathfrak{g}$ 的**导出列**。如果存在正整数 k 使得 $\mathfrak{g}^{(k)}=0$, 则称李代数 $\mathfrak{g}$ 为**可解李代数**。类似地, 定义 $\mathfrak{g}^0=\mathfrak{g},\mathfrak{g}^1=[\mathfrak{g},\mathfrak{g}],\mathfrak{g}^i=[\mathfrak{g},\mathfrak{g}^{i-1}](i=2,3,\cdots)$。容易看出 $\mathfrak{g}^i(i=0,1,2,\cdots)$ 都是 $\mathfrak{g}$ 的理想, 称为 $\mathfrak{g}$ 的**降中心列**。如果存在正整数 k 使得 $\mathfrak{g}^k=0$, 则称李代数 $\mathfrak{g}$ 为**幂零李代数**。

容易看出, 对任意 $i\geqslant 0$, 都有 $\mathfrak{g}^{(i)}\subseteq\mathfrak{g}^i$, 因此一个幂零李代数一定是可解的, 但是反过来的结论是不正确的。事实上, 二维非交换李代数显然是可解的, 但它不是

幂零的。

下面给出可解与幂零李代数的最重要的性质。

引理 B1.4.1 设 $\mathfrak{g}$ 为域 $\mathbb{F}$ 上的有限维李代数, 若 $\mathfrak{g}/C(\mathfrak{g})$ 是幂零李代数, 则 $\mathfrak{g}$ 也是幂零李代数。

下面介绍著名的 **Engel 定理**。上面提到, 如果 $\mathfrak{g}$ 是域 $\mathbb{F}$ 上的幂零李代数, 则存在正整数 k 使得对任何 $x_1, x_2, \cdots, x_k \in \mathfrak{g}$, 都有 $\mathrm{ad}\ x_1 \mathrm{ad}\ x_2 \cdots \mathrm{ad}\ x_k = 0$。特别地, 对任何 $x \in \mathfrak{g}$, $\mathrm{ad}\ x$ 一定是 $\mathfrak{g}$ 上的幂零线性变换。满足这样条件的李代数称为 **ad-幂零**的。Engel 定理是说, 上述结论反过来也是正确的, 即一个 ad-幂零的李代数一定是幂零的。

定理 B1.4.1 (Engel 定理) 设 $\mathfrak{g}$ 为域 $\mathbb{F}$ 上李代数, 则 $\mathfrak{g}$ 是幂零李代数当且仅当 $\mathfrak{g}$ 是 ad-幂零的。

定理 B1.4.2 (Lie 定理) 设 V为有限维复线性空间, $\mathfrak{g}$ 为 $\mathfrak{gl}(V)$ 的可解子代数, 则存在 V 的一组基 $\varepsilon_1, \varepsilon_2, \cdots, \varepsilon_n$, 使得对任意 $x \in \mathfrak{g}$, x 在基 $\varepsilon_1, \varepsilon_2, \cdots, \varepsilon_n$ 下的矩阵为上三角矩阵。

Lie 定理有一个重要的推论, 这在研究某些问题时非常有用。

推论 B1.4.1 复数域上的一个李代数 $\mathfrak{g}$ 可解当且仅当 $[\mathfrak{g}, \mathfrak{g}]$ 幂零。

B1.5 复半单李代数的分类

本节我们将叙述复半单李代数的分类定理。我们首先给出半单李代数的定义。设 $\mathbb{F}$ 为数域, $\mathfrak{g}$ 为 $\mathbb{F}$ 上的李代数, 因为任何两个可解理想的和还是可解理想, 所以 $\mathfrak{g}$ 中一定存在一个最大的可解理想, 称为 $\mathfrak{g}$ 的**根基**, 记为 $\mathrm{Rad}\mathfrak{g}$。称李代数 $\mathfrak{g}$ 为**半单李代数**, 如果 $\mathrm{Rad}\mathfrak{g} = 0$。

引理 B1.5.1 一个李代数 $\mathfrak{g}$ 半单当且仅当 $\mathfrak{g}$ 不包含非零交换理想。

按照上面的定文来判断一个李代数是否半单是非常麻烦的, 因为一般来说计算一个李代数的根基非常困难。下面我们引进李代数的 Killing 型的概念, 并利用它给出李代数半单的一个充分必要条件。设 $\mathfrak{g}$ 为李代数, 我们定义

$$B(x, y) = \mathrm{tr}(\mathrm{ad}\ x\ \mathrm{ad}\ y) \quad (x, y \in \mathfrak{g})$$

容易看出 B 是 $\mathfrak{g}$ 上的对称双线性函数, 称为 $\mathfrak{g}$ 的 **Killing 型** (或 **Cartan–Killing 型**)。值得注意的是, Killing 型还满足条件 (称为不变性)

$$B([x, y], z) + B(y, [x, z]) = 0 \quad (\forall x, y, z \in \mathfrak{g})$$

Killing 型的一个重要的应用是可以用来刻画可解李代数和半单李代数。下面的两个定理称为 **Cartan 准则**。

定理 B1.5.1 设 $\mathfrak{g}$ 为复李代数，则 $\mathfrak{g}$ 可解当且仅当 $B(x,[y,z]) = 0$, $\forall x,y,z \in \mathfrak{g}$。

定理 B1.5.2 设 $\mathfrak{g}$ 为复李代数，则 $\mathfrak{g}$ 是半单的当且仅当 $\mathfrak{g}$ 的 Killing 型是非退化的。

定义 B1.5.1 一个李代数 $\mathfrak{g}$ 称为**单李代数**，如果 $\mathfrak{g}$ 没有非平凡理想而且 $[\mathfrak{g},\mathfrak{g}] \neq 0$。

定理 B1.5.3 任何一个半单李代数都能分解成单理想的直和。如果不计顺序，则分解是唯一的。

上面的定理将半单李代数的分类归结为单李代数的分类，下面我们来考虑复半单李代数的分类问题。回忆一下，一个复线性空间上的线性变换称为半单的，如果存在一组基使得该线性变换在这组基下的矩阵为对角矩阵。此外，对于李代数 $\mathfrak{g}$ 中的元素 x, $\mathrm{ad}\ x$ 是 $\mathfrak{g}$ 上的一个线性变换，其定义为 $\mathrm{ad}\ x(y) = [x,y], y \in \mathfrak{g}$。

定义 B1.5.2 复半单李代数 $\mathfrak{g}$ 的子代数 $\mathfrak{h}$ 称为**环面子代数**，如果对任意的 $x \in \mathfrak{h}$, $\mathrm{ad}\ x$ 是 $\mathfrak{g}$ 上半单线性变换。一个环面子代数称为**极大环面子代数**，如果它不真包含于另一个环面子代数。

可以证明:

命题 B1.5.1 设 $\mathfrak{h}$ 是复半单李代数 $\mathfrak{g}$ 的环面子代数，则 $[\mathfrak{h},\mathfrak{h}] = 0$, 即 $\mathfrak{h}$ 是交换李代数。

取定 $\mathfrak{g}$ 的极大环面子代数 $\mathfrak{h}$。因为 $\mathfrak{h}$ 是交换的，所以对任意 $h, h' \in \mathfrak{h}$, 有

$$\mathrm{ad}\ h \cdot \mathrm{ad}\ h' - \mathrm{ad}\ h' \cdot \mathrm{ad}\ h = [\mathrm{ad}\ h, \mathrm{ad}\ h'] = \mathrm{ad}[h,h'] = 0$$

故 $\{\mathrm{ad}\ h\}_{h\in\mathfrak{h}}$ 是 $\mathfrak{g}$ 上一族两两交换的半单线性变换。由线性代数的知识，$\mathfrak{g}$ 相对于这一族线性变换有公共的特征子空间分解:

$$\mathfrak{g} = \sum_{\alpha\in\mathfrak{h}^*} \mathfrak{g}_\alpha$$

式中，$\mathfrak{g}_\alpha = \{x \in \mathfrak{g} | [h,x] = \alpha(h)x, \forall h \in \mathfrak{h}\}$。特别地，$\mathfrak{g}_0 = C_{\mathfrak{g}}(\mathfrak{h}) \supset \mathfrak{h}$。

定义 B1.5.3 集合 $\varPhi = \{\alpha \in \mathfrak{h}^* | \alpha \neq 0, \mathfrak{g}_\alpha \neq 0\}$ 称为 $\mathfrak{g}$ 相对于 $\mathfrak{h}$ 的**根系**，$\varPhi$ 中的元素称为 $\mathfrak{g}$ 相对于 $\mathfrak{h}$ 的**根**。

由上面的分析可以得到下列性质:

(1) 对 $\forall\alpha,\beta\in\Phi\cup\{0\}$, 有 $[\mathfrak{g}_\alpha,\mathfrak{g}_\beta]\subseteq\mathfrak{g}_{\alpha+\beta}$。特别地, 对 $\forall\alpha\in\Phi$ 及 $x\in\mathfrak{g}_\alpha$, $\mathrm{ad}\,x$ 是幂零的。

(2) 如果 $\alpha,\beta\in\Phi\cup\{0\}$ 且 $\alpha+\beta\neq 0$, 则 $B(x,y)=0,\forall x\in\mathfrak{g}_\alpha,y\in\mathfrak{g}_\beta$, 其中 B 表示 $\mathfrak{g}$ 的 Killing 型。特别地, B 在 $\mathfrak{g}_0$ 上的限制是非退化的。

定义 B1.5.4 设 $\mathfrak{g}$ 是复半单李代数, $\mathfrak{h}$ 是 $\mathfrak{g}$ 的极大环面子代数, 则 $\mathfrak{g}$ 相对于 $\mathfrak{h}$ 的分解:

$$\mathfrak{g}=\mathfrak{h}\oplus\sum_{\alpha\in\Phi}\mathfrak{g}_\alpha$$

称为 $\mathfrak{g}$ 相对于 $\mathfrak{h}$ 的**根子空间分解**。

定理 B1.5.4 (1) 如果 $\alpha,\beta\in\Phi$, 则 $\beta(h_\alpha)\in\mathbb{Z}$, 称 $\beta(h_\alpha)$ 为 **Cartan 整数**。

(2) 设 $\alpha,\beta\in\Phi$ 且 $\beta\neq\pm\alpha$, 以 r,q 分别表示使得 $\beta-r\alpha,\beta+q\alpha$ 是根的最大非负整数, 则对任意 $-r\leqslant i\leqslant q,\beta+i\alpha\in\Phi$, 且 $\beta(h_\alpha)=r-q$。由根 $\beta-r\alpha,\cdots,\beta,\cdots,\beta+q\alpha$ 构成的链称为**过 β 的 α 链**。特别地, $\beta-\beta(h_\alpha)\alpha\in\Phi$。

(3) 若 α,β, 且 $\alpha+\beta\in\Phi$, 则 $[\mathfrak{g}_\alpha,\mathfrak{g}_\beta]=\mathfrak{g}_{\alpha+\beta}$。

设 $\mathfrak{g}$ 是复半单李代数, $\mathfrak{h}$ 是 $\mathfrak{g}$ 的极大环面子代数, $\mathfrak{g}=\mathfrak{h}\oplus\sum\limits_{\alpha\in\Phi}\mathfrak{g}_\alpha$ 是 $\mathfrak{g}$ 相对于 $\mathfrak{h}$ 的根子空间分解。定义 $\mathfrak{h}^*$ 上的一个双线性型为

$$(\gamma,\delta)=B(t_\gamma,t_\delta)\quad(\gamma,\delta\in\mathfrak{h}^*)$$

容易证明 $(\cdot,\cdot)$ 是 $\mathfrak{h}^*$ 上对称、非退化的双线性型, 而且是正定的, 从而是实线性空间 E 上的一个内积, 这里设 E 为由 $\{\alpha_1,\cdots,\alpha_l\}$ 生成的实线性空间。下面给出欧几里得空间上的根系的概念。

定义 B1.5.5 设 Φ 是欧几里得空间 $(E,(\cdot,\cdot))$ 中的一个由非零元素组成的有限子集, 称 Φ 为 $(E,(\cdot,\cdot))$ 中的一个**根系**, 如果它满足下面四个条件:

(1) Φ 线性张成 E;

(2) 若 $\alpha\in\Phi,c\in\mathbb{R}$, 则 $c\alpha\in\Phi$ 当且仅当 $c=\pm1$;

(3) 对任何 $\alpha\in\Phi$, 设 σ_α 为由 α 决定的镜面反射, 则 $\sigma_\alpha(\Phi)=\Phi$;

(4) 对任何 $\alpha,\beta\in\Phi,\langle\beta,\alpha\rangle=\dfrac{2(\beta,\alpha)}{(\alpha,\alpha)}\in\mathbb{Z}$。

由上面的定义以及复半单李代数的性质容易看出, 任何复半单李代数相对于一个极大环面子代数的根系构成一个由根系中元素线性生成的欧几里得空间中抽象意义下的根系。下面从抽象的角度来研究欧几里得空间中的根系的性质, 特别要定义根系的 Dynkin 图的概念。

定义 B1.5.6 一个根系 Φ 称为**不可约的**, 如果 Φ 不能表示成为 Φ 的两个互相正交的非空真子集的并。

定义 B1.5.7 设 Φ 为一个根系, Φ 的一个子集 Δ 称为 Φ 的**基**, 如果

(1) Δ 是 E 的基;

(2) 任意 $\beta \in \Phi$ 都可以表示成 $\beta = \sum\limits_{\alpha\in\Delta} k_\alpha \alpha$, 其中 k_α 为同时非正或同时非负的整数。

可以证明, 任何根系都存在基。下面给出单根、正根、负根等概念。

定义 B1.5.8 设 Φ 为欧几里得空间 $(E, (\cdot,\cdot))$ 中的一个根系, Δ 为 Φ 的一个基, 称 Δ 中的根为**单根**, 定义 $\mathrm{ht}\beta = \sum\limits_{\alpha\in\Delta} k_\alpha$, 称为根 β 的**高度**。若 $\mathrm{ht}\beta > 0$, 则称 β 为**正根**; $\mathrm{ht}\beta < 0$, 则称 β 为**负根**。正根的全体记为 Φ^+, 负根的全体记为 Φ^-。如果 Δ 不能分为 Δ 的两个相互正交的真子集的并, 则称 Δ 是**不可约的**。

命题 B1.5.2 设 Φ 是欧几里得空间 E 中的根系, Δ 是 Φ 的基, 则 Φ 不可约当且仅当 Δ 不可约。

由此得到:

命题 B1.5.3 设 Φ 是复半单李代数 $\mathfrak{g}$ 相对于 $\mathfrak{h}$ 的根系, 则 $\mathfrak{g}$ 是单李代数当且仅当 Φ 不可约。

下面给出根系的 Dynkin 图的概念, 先定义根系的 Cartan 矩阵。

定义 B1.5.9 矩阵 $\left(\dfrac{2(\alpha_i,\alpha_j)}{(\alpha_j,\alpha_j)}\right)$ 称为 Φ 相对于 Δ 的 **Cartan 矩阵**。

注意: $\dfrac{2(\alpha_i,\alpha_j)}{(\alpha_j,\alpha_j)}$ 是整数, 称为 Cartan 整数。

定义 B1.5.10 根系 Φ 相对于 Δ 的 **Dynkin 图**包含下面三个部分:

(1) l 个顶点, 第 i 个顶点表示 α_i, 这里以 $\circ$ 表示顶点;

(2) 第 i 个顶点和第 j 个定点之间用 $\dfrac{2(\alpha_i,\alpha_j)}{(\alpha_i,\alpha_i)}\ \dfrac{2(\alpha_i,\alpha_j)}{(\alpha_j,\alpha_j)}$ 条线段相连;

(3) 在相连的顶点之间, 添加由长根指向短根的箭头。

下面的著名定理给出了所有不可约根系的 Dynkin 图。

定理 B1.5.5 不可约根系 Φ 相对于 $\Delta = \{\alpha_1, \cdots, \alpha_l\}$ 的 Dynkin 图是下列图形之一:

(1) $A_l(l \geqslant 1)$: α_1 α_2 α_l

(2) $B_l(l \geqslant 2)$: α_1 α_2 α_l

(3) $C_l(l \geqslant 3)$: α_1 α_2 α_l

(4) $D_l(l \geqslant 4)$: α_{l-1} α_1 α_2 α_{l-2} α_l

(5) E_6 : α_2 α_1 α_3 α_4 α_5 α_6

(6) E_7 : α_2 α_1 α_3 α_4 α_5 α_6 α_7

(7) E_8 : α_2 α_1 α_3 α_4 α_5 α_6 α_7 α_8

(8) F_4 : α_1 α_2 α_3 α_4

(9) G_2 : α_1 α_2

下面的定理是非常重要的。

定理 B1.5.6 复单李代数的 Dynkin 图与极大环面子代数和根系的基的选取无关, 从而是唯一的。

一个自然的问题是, 给定上面的一个 Dynkin 图, 是否一定存在一个复单李代数及一个极大环面子代数使得其对应的根系的图恰为该图? 这个问题的答案是肯定的, 这就是李代数领域中著名的 Serre 定理。进一步可以证明:

定理 B1.5.7 两个复半单李代数同构当且仅当它们的 Dynkin 图相同。

至此, 给出了复单李代数的完全分类, 即同构意义下共有九类复单李代数, 其 Dynkin 图由定理 B1.5.5 给出。

索　引

C

D

E

F

L

M

O

P

Q

R

S

T

U

W

X

Y

Z

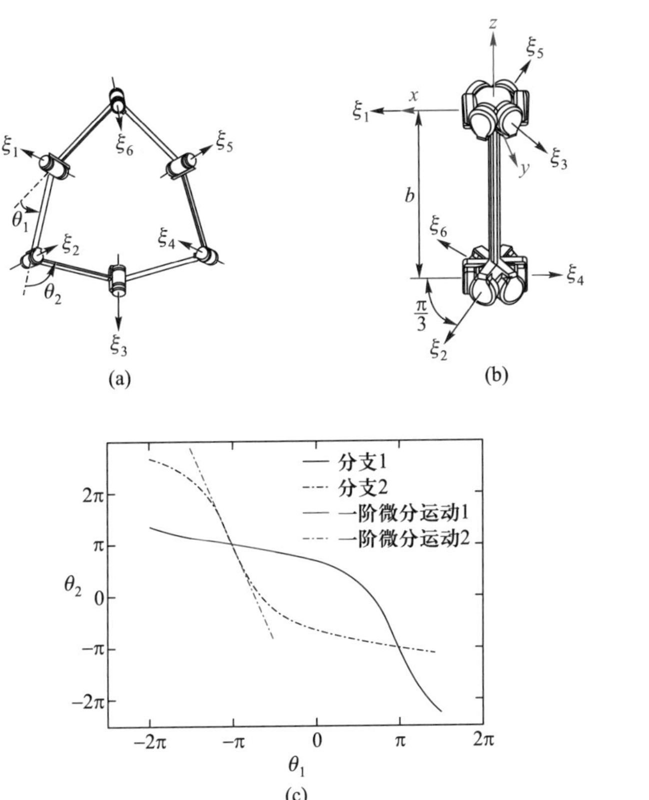

图 3–9 三重对称 **Bricard** 机构 **(Chen, 2005)**: **(a)** 正则位形; **(b)** 奇异位形; **(c)** 两条分岔路径

表 4–1　面对称 **Bricard** 机构的运动特性

情形	几何条件	机构模型	运动路径		
			数目	曲线	运动行为
1	$A=0$, $a=0$, $b=c$, $\alpha=k_2\pi$	几何参数: $a=0,\ b=c=1,$ $\alpha=0,\ \beta=\pi/3,\ \gamma=\pi/6,$ $R_2=R_3=0$	1		关节轴 6、1 和 2 共线，该机构可以作为一个整体绕着该轴运动。$\theta_2=\theta_6$，且 $\theta_1=-2\theta_2$
2	$A=0$, $a=0$, $b=c$, $R_2\sin(\gamma-\beta)=-R_3\sin\gamma$	几何参数: $a=0,b=c=1,\alpha=\pi/3,$ $\beta=\gamma=\pi/6,R_2=R_3=0$	1		该机构有一个 6R 运动分支且关节轴 6、1 和 2 相交

续表

情形	几何条件	机构模型	运动路径		
			数目	曲线	运动行为
3	$A=0$, $\alpha=k_2\pi$, $\beta-\gamma=(k_2-k_1)\pi$	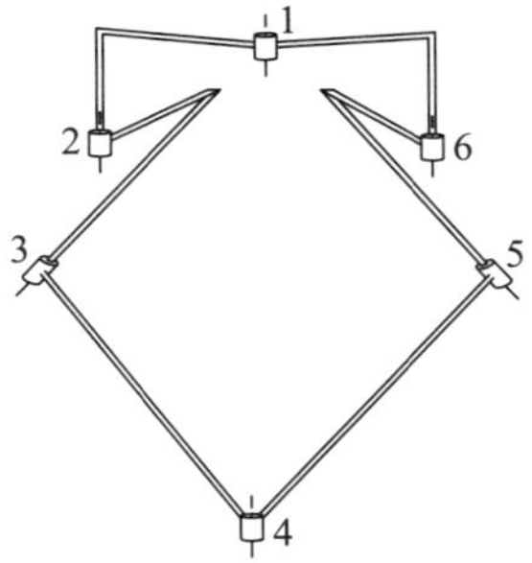 几何参数: $a=1,b=2,c=4,\alpha=0$, $\beta=7\pi/6,\gamma=\pi/6$, $R_2=-1,R_3=-2$	1	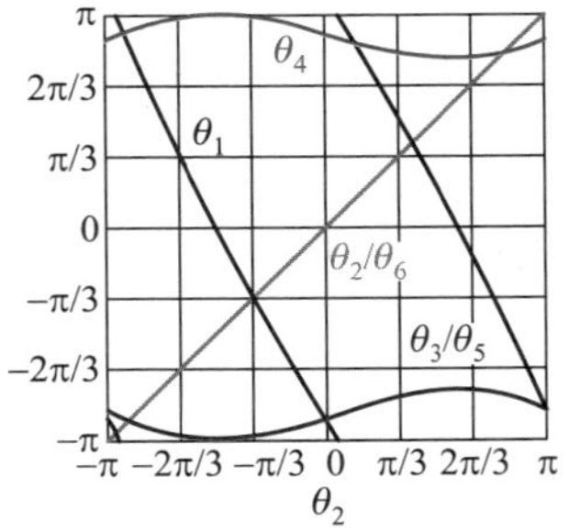	该机构有一个 6R 运动分支且关节轴 6、1 和 2 平行
4	$A=0$, $b=a+c$, $\alpha+\beta-\gamma=k_3\pi$, $R_2\sin(\gamma-\beta)=-R_3\sin\gamma$	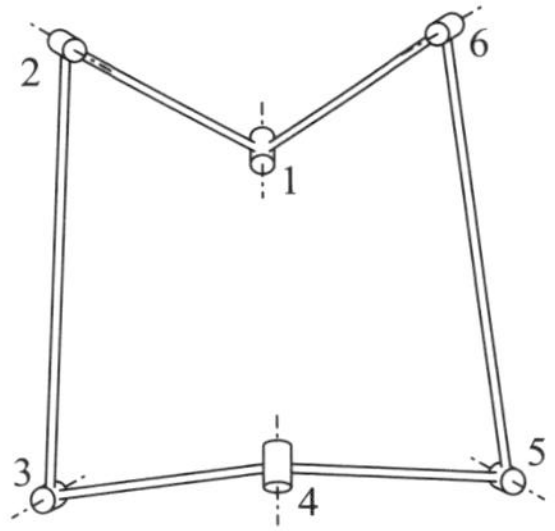 几何参数: $a=c=1,b=2,R_2=R_3=0$, $\alpha=\beta=\pi/6,\gamma=\pi/3$	1	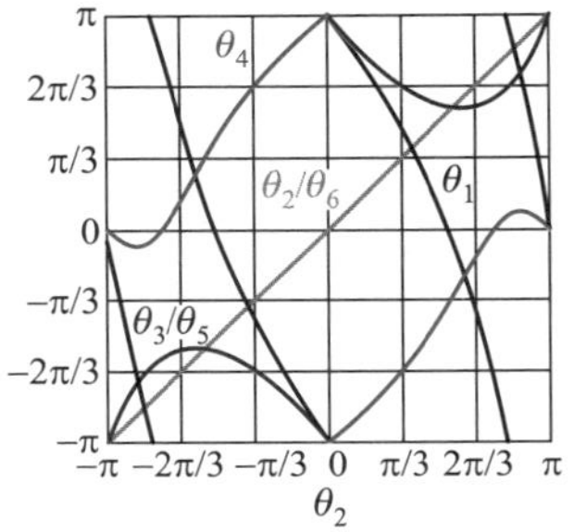	该机构有一个 6R 运动分支

续表

情形	几何条件	机构模型	运动路径		
			数目	曲线	运动行为
5	$A=0$, $c=a+b$, $\alpha-\beta+\gamma=k_1\pi$, $R_2\sin(\gamma-\beta)=-R_3\sin\gamma$	几何参数: $a=b=1, c=2, \alpha=\pi/3$, $\beta=\pi/2, \gamma=\pi/6$, $R_2=R_3=0$	1		该机构有一个 6R 运动分支
6	$A=0$, $\alpha=\dfrac{(k_1+k_3)\pi}{2}$ $\beta-\gamma=\dfrac{(k_3-k_1)\pi}{2}$, $R_2\sin(\gamma-\beta)=-R_3\sin\gamma$	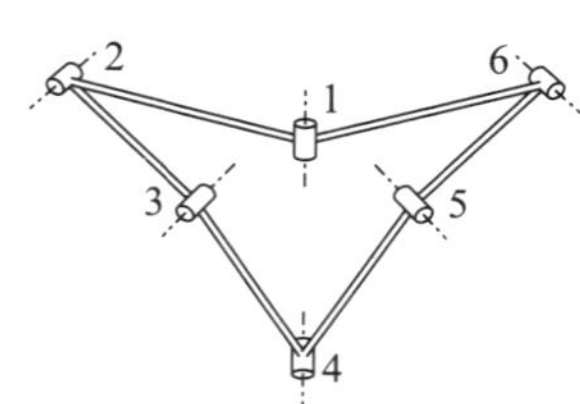 几何参数: $a=1.5, b=1, c=2$, $\alpha=\pi/2, \beta=\pi/4, \gamma=-\pi/4$, $R_2=R_3=0$	1	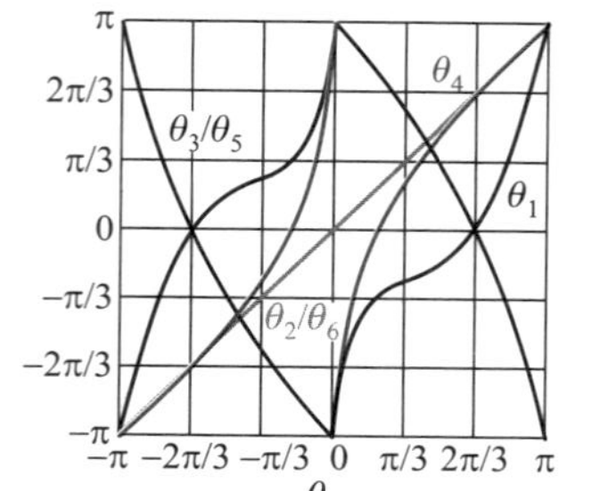	该机构有一个 6R 运动分支

续表

情形	几何条件	机构模型	运动路径		运动行为
			数目	曲线	
7	$A \neq 0$, $\Delta < 0$	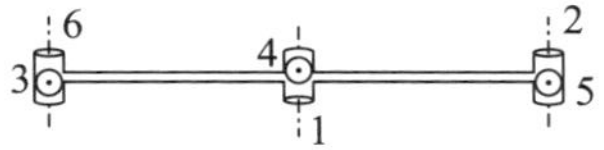 几何参数: $a = c = 1, b = 2$, $\alpha = \gamma = \pi/6, \beta = \pi/2$, $R_2 = R_3 = 0$	0	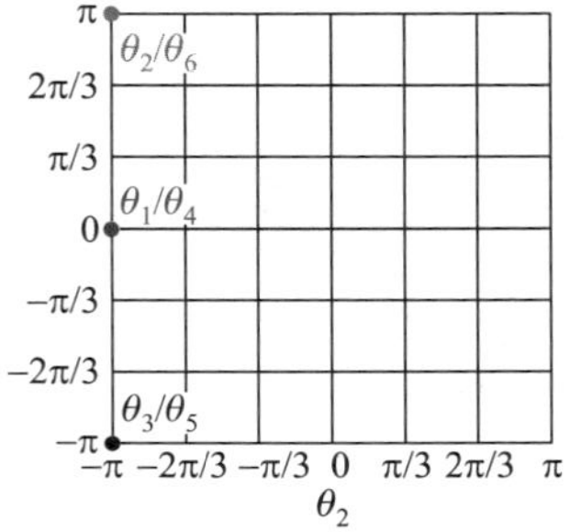	该机构为刚性结构，不存在运动
8	$A \neq 0$, $\Delta = 0$	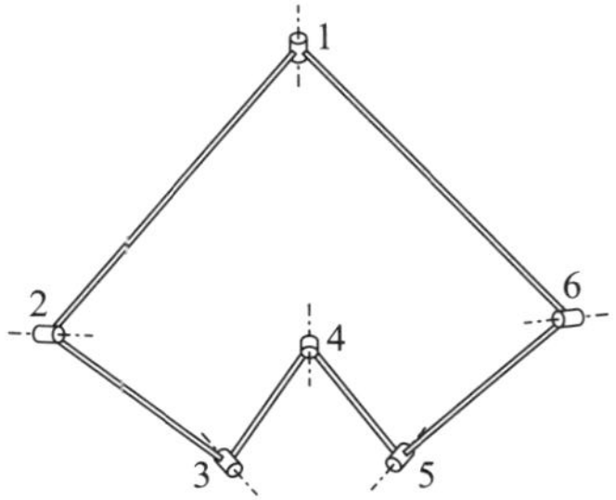 几何参数: $a = 3, b = 2, c = 1$, $\alpha = \frac{2\pi}{3}, \beta = \frac{\pi}{6}, \gamma = -\frac{\pi}{6}$, $R_2 = R_3 = 0$	1	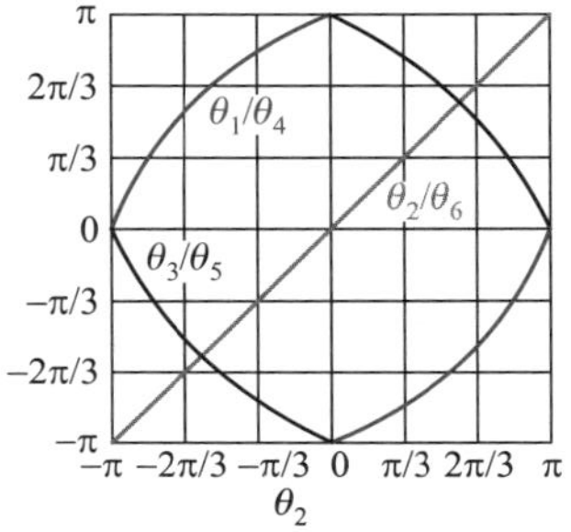	该机构只有一个 6R 运动分支

续表

情形	几何条件	机构模型	运动路径		
			数目	曲线	运动行为
9	$A \neq 0$, $\Delta > 0$	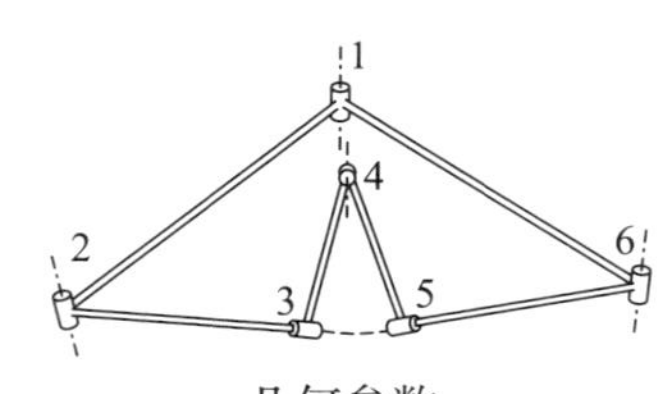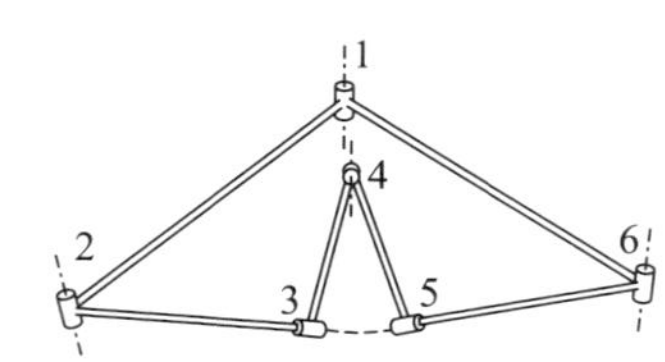 几何参数: $a=3, b=2, c=1$, $\alpha=\frac{\pi}{12}, \beta=\frac{\pi}{3}, \gamma=\frac{\pi}{4}$, $R_2=R_3=0$	1	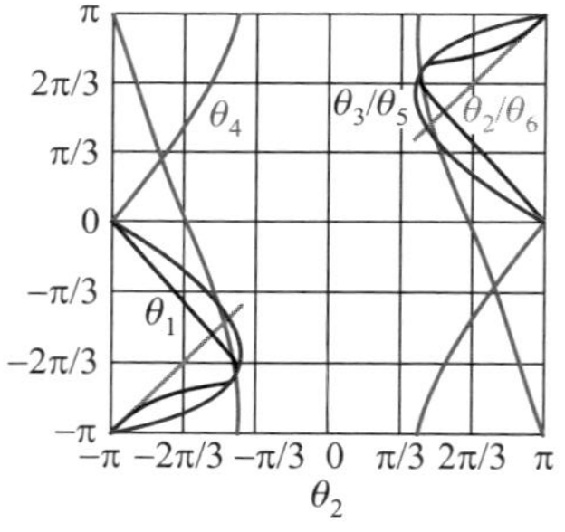 (a) 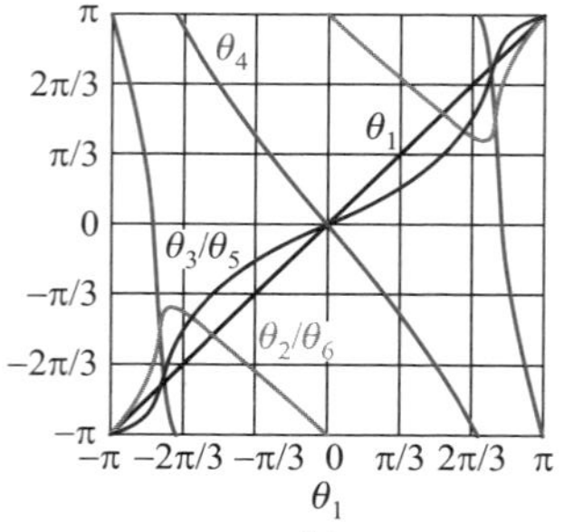 (b)	在图 (a) 中关节 3 和 6 没有全周转动, 所以图 (b) 中以关节1作为输入。在一个转动周期内, 关节 4 转 3 周而关节 1、3 和 5 转 1 周

续表

情形	几何条件	机构模型	运动路径		
			数目	曲线	运动行为
10	$A \neq 0$, $\Delta > 0$	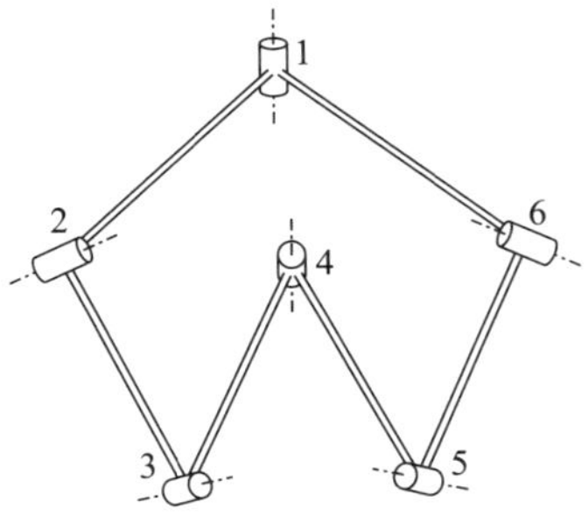 1 2 3 4 5 6 几何参数: $a = 2, b = c = 1$, $\alpha = \frac{2\pi}{3}, \beta = \frac{\pi}{6}, \gamma = -\frac{\pi}{6}$, $R_2 = R_3 = 0$	2	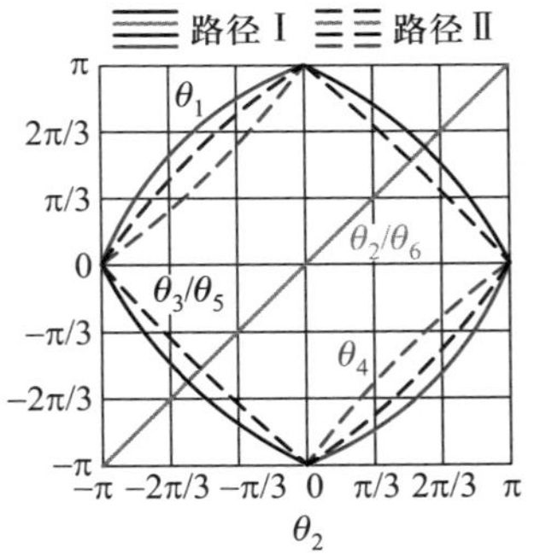 路径 I 路径 II θ_1 θ_2/θ_6 θ_3/θ_5 θ_4 π 2π/3 π/3 0 −π/3 −2π/3 −π −π −2π/3 −π/3 0 π/3 2π/3 π θ_2	该机构有两条不同的面对称 6R 运动分支, 分别对应实线和虚线表示的运动路径

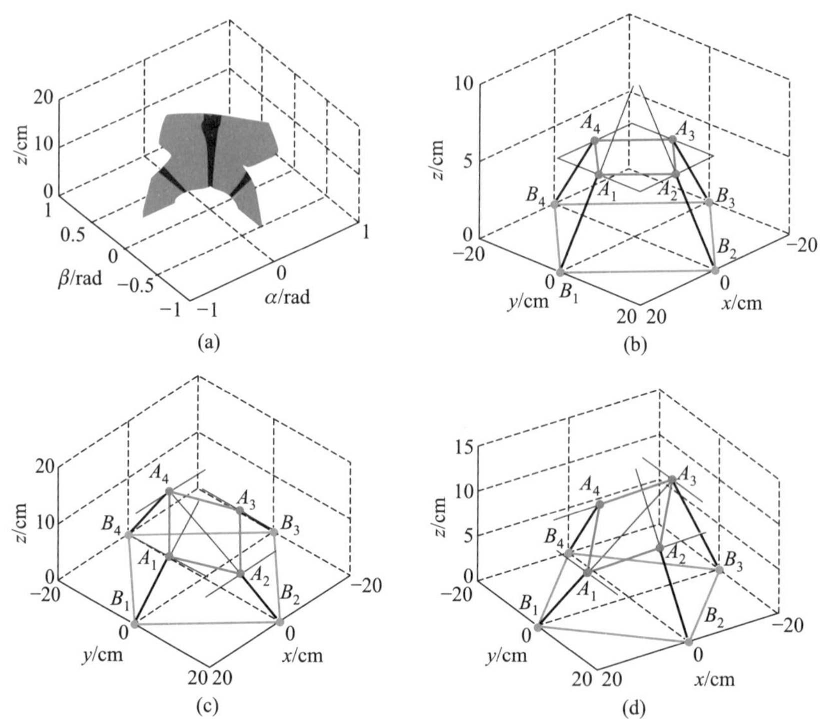

图 6–8 **4(rT)$_2$PS** 机构的分岔运动工作空间和奇异构型: **(a)** 工作空间及奇异点分布; **(b)** 奇异构型 **1**; **(c)** 奇异构型 **2**; **(d)** 奇异构型 **3**

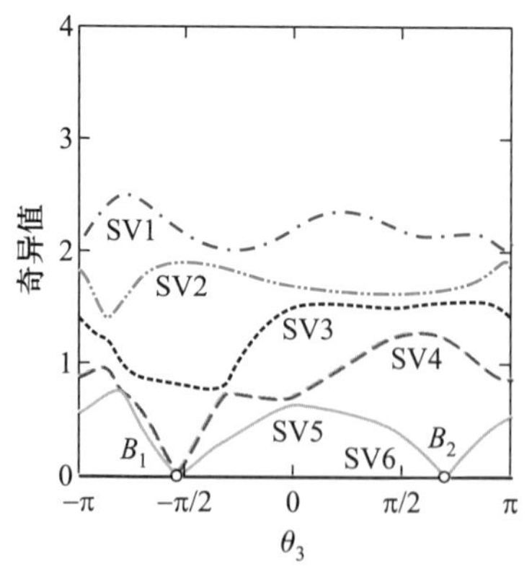

图 **7–5 Waldron 6R** 运动分支的奇异值结果

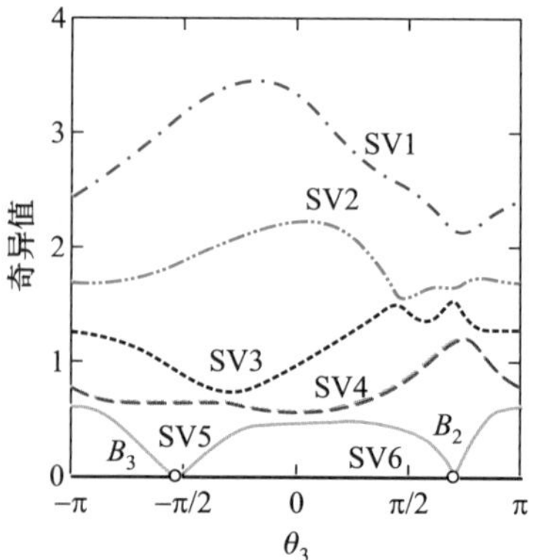

图 **7–10** 线对称 **Bricard 6R** 运动分支一的奇异值结果

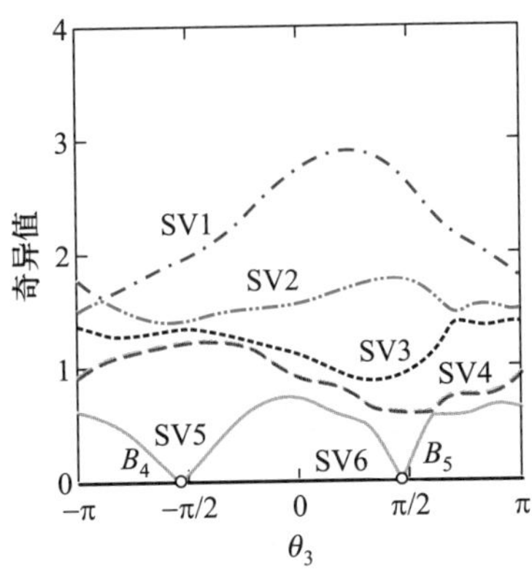

图 **7–13**　线对称 **Bricard 6R** 运动分支二的奇异值结果

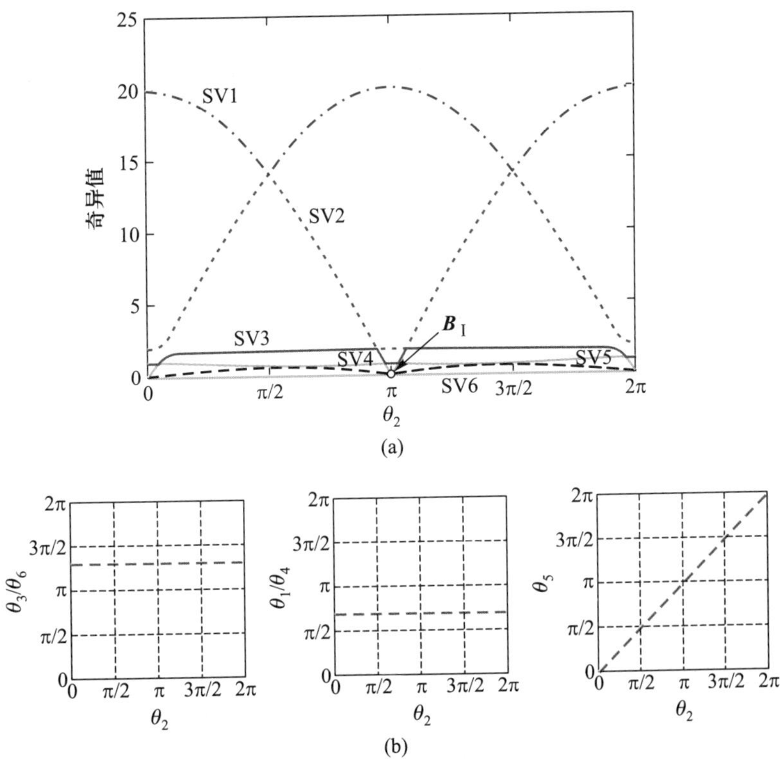

图 **9–19**　运动分支 **I** 的奇异值分解结果: **(a)** 奇异值曲线; **(b)** 关节角度曲线

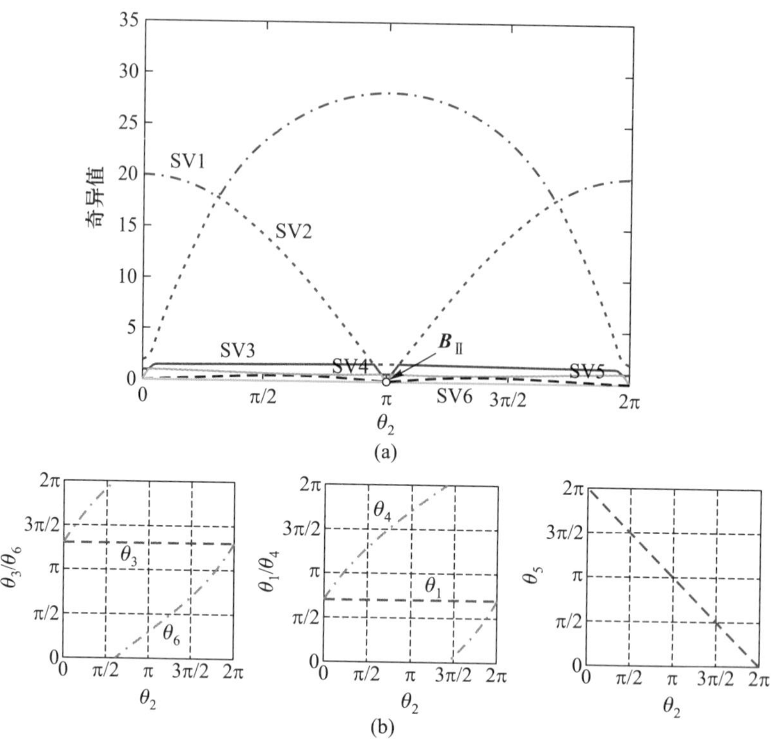

图 9-20　运动分支 **II** 奇异值分解结果：**(a)** 奇异值曲线；**(b)** 关节角度曲线

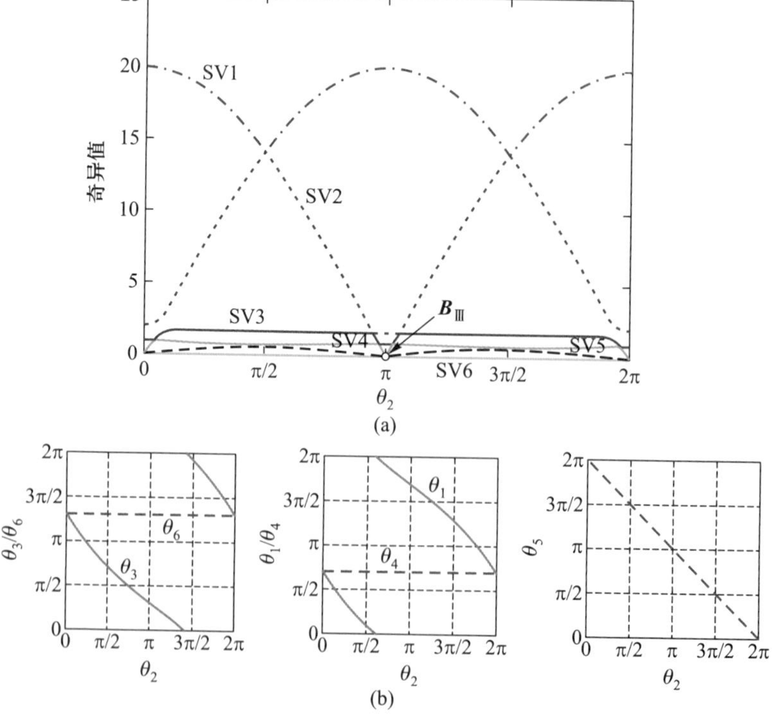

图 9-21　运动分支 **III** 奇异值分解结果：**(a)** 奇异值曲线；**(b)** 关节角度曲线

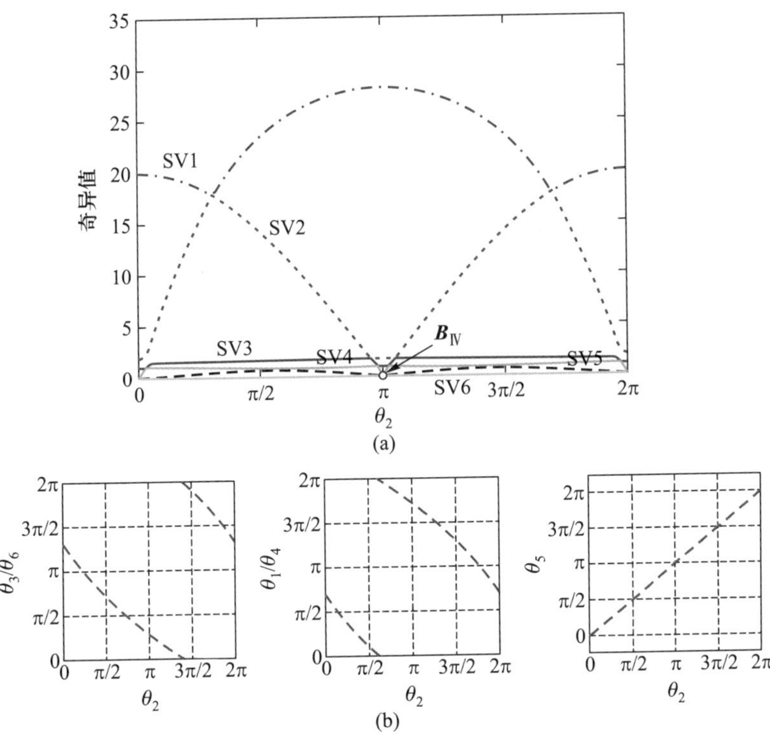

图 **9–22** 运动分支 **IV** 奇异值分解结果: **(a)** 奇异值曲线; **(b)** 关节角度曲线

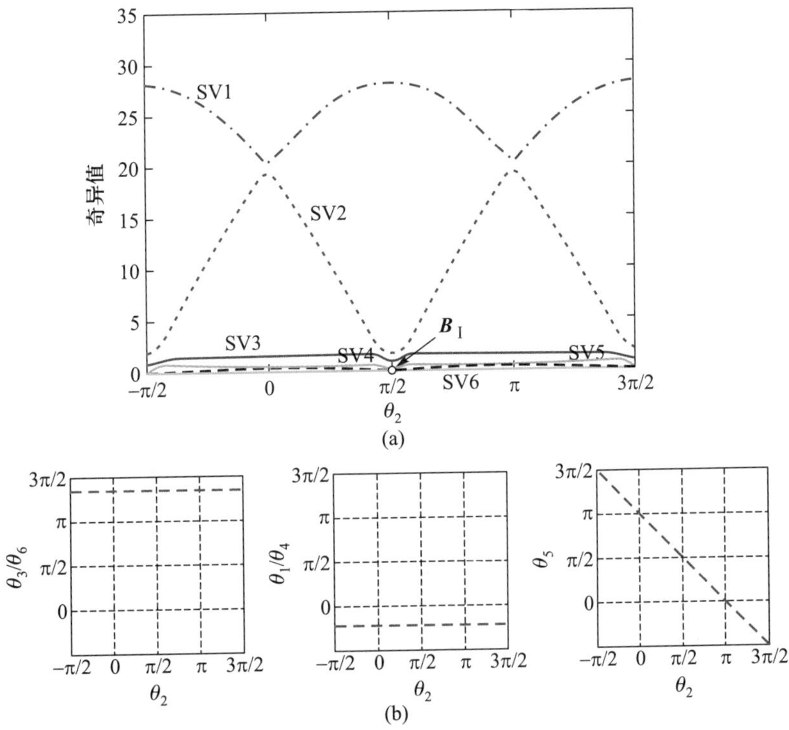

图 **9–29** 运动分支 **I** 奇异值分解结果: **(a)** 奇异值曲线; **(b)** 关节角度曲线

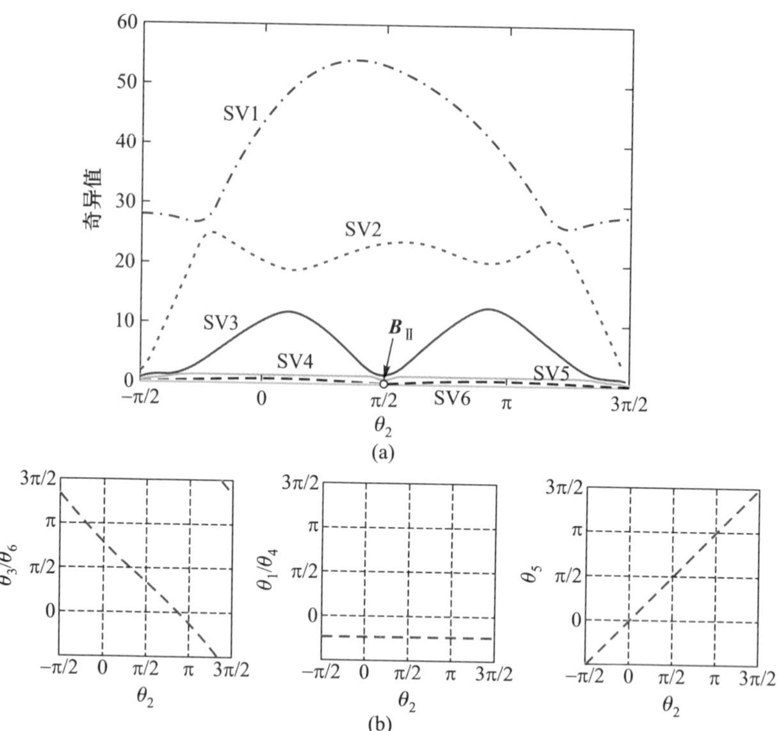

图 9−30　运动分支 Ⅱ 奇异值分解结果：(a) 奇异值曲线；(b) 关节角度曲线

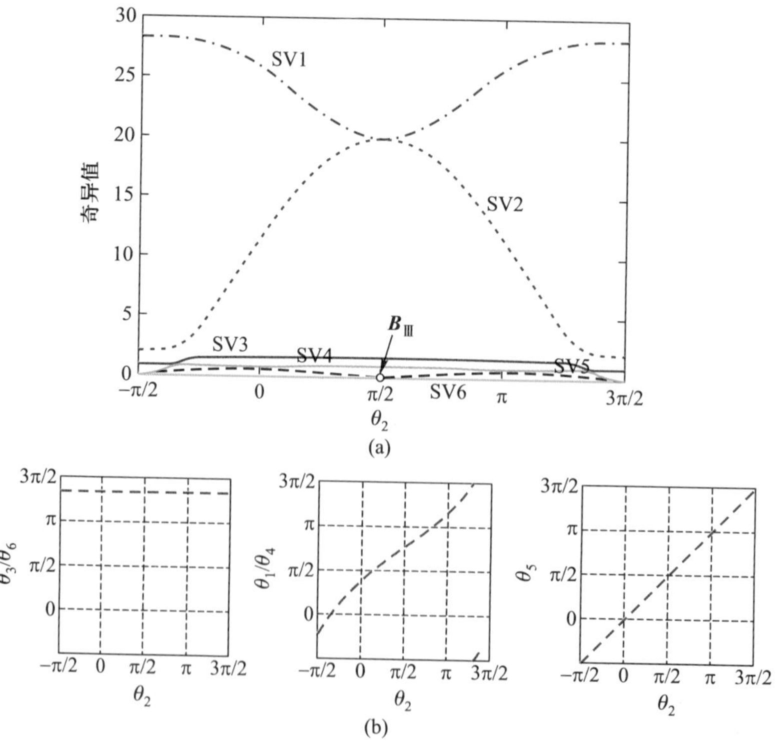

图 9−31　运动分支 Ⅲ 奇异值分解结果：(a) 奇异值曲线；(b) 关节角度曲线

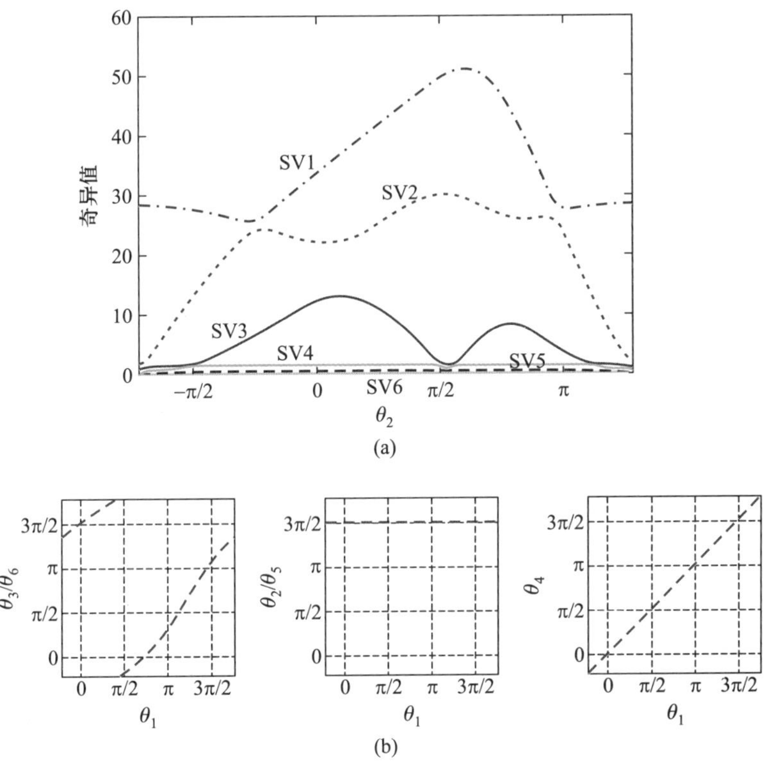

图 **9–32** 运动分支 **IV** 奇异值分解结果：**(a)** 奇异值曲线；**(b)** 关节角度曲线

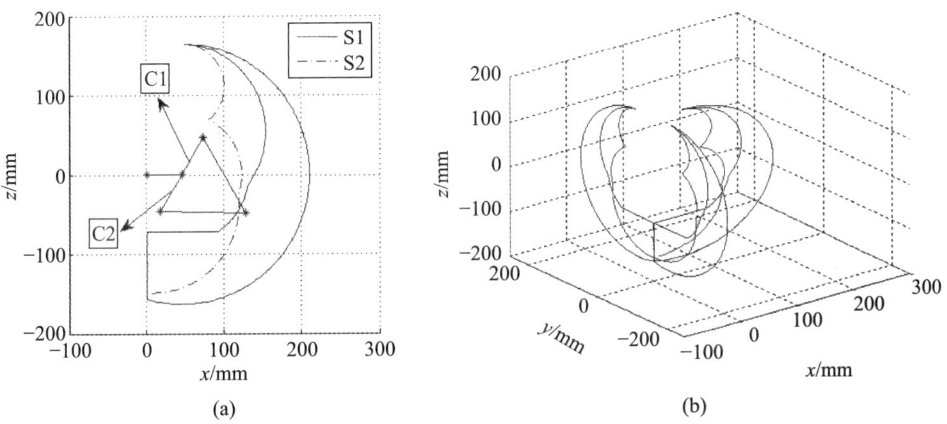

图 **10–15** 单条腿的工作空间示意图：**(a)** 单条腿工作空间矢状截面；**(b)** 单条腿工作空间

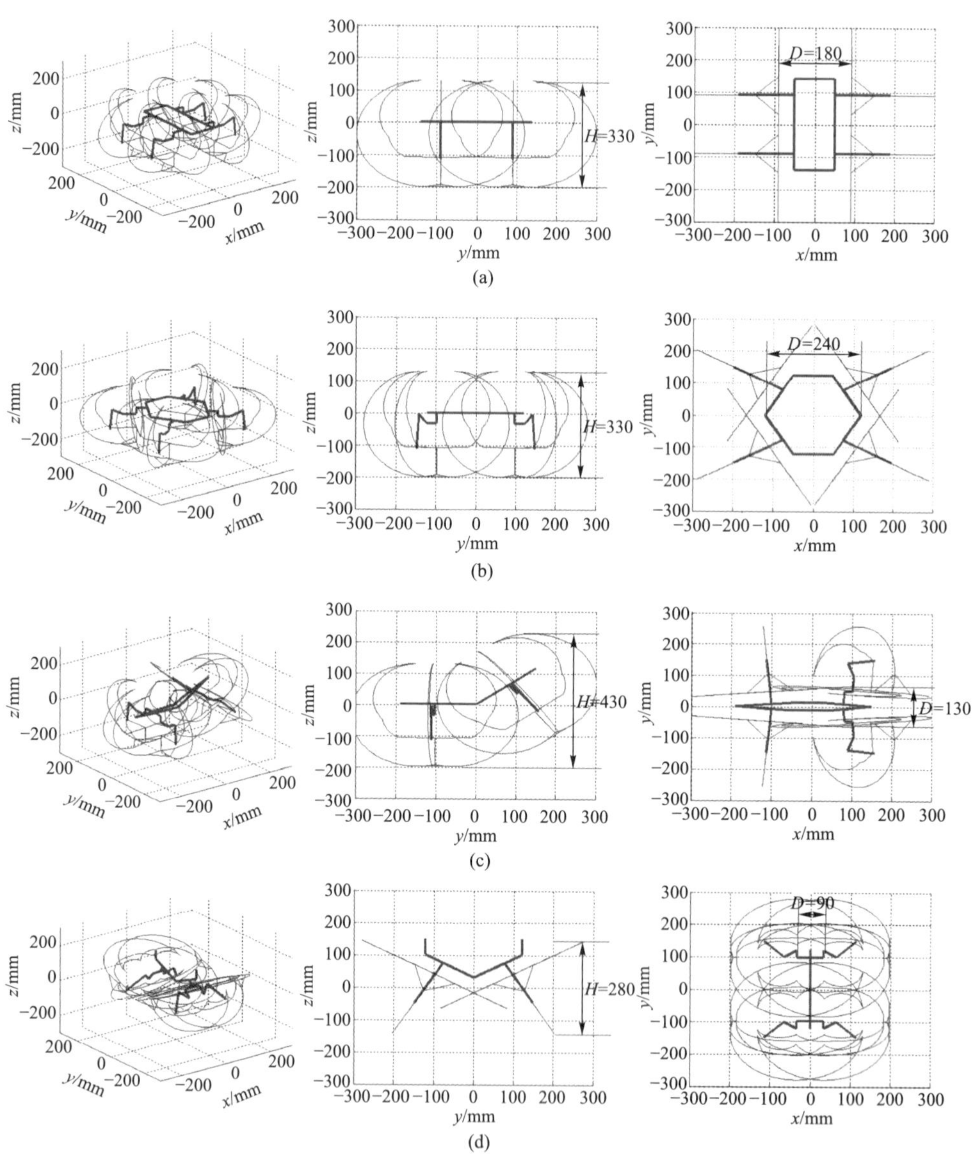

图 10–16　变胞四足仿生机器人不同形态下的工作空间：(a) 爬行类 I；(b) 爬行类 II；(c) 节肢类；(d) 哺乳类

郑重声明

反盗版举报电话　(010)58581999　58582371　58582488
反盗版举报传真　(010)82086060
反盗版举报邮箱　dd@hep.com.cn
通信地址　北京市西城区德外大街4号
　　　　　高等教育出版社法律事务与版权管理部
邮政编码　100120

机器人科学与技术丛书

已出书目

□ 机构学与机器人学的几何基础与旋量代数
戴建生 著

□ 柔顺机构设计理论与实例
Larry L. Howell 等 编著
陈贵敏 于靖军 马洪波 邱丽芳 译

□ 月球车移动系统设计
邓宗全 高海波 丁亮 著

□ 并联机器人机构学基础
刘辛军 著

□ 星球车及空间机械臂
——地面运动性能测试的微低重力模拟方法及应用
高海波 刘振 著

■ 可重构机构与可重构机器人
——分岔演变的运动学分析、综合及其控制
戴建生 康熙 宋亚庆 魏俊 著

即将出版

□ 数学基础及其在机器人的应用
Harald Löwe 雷保珍 著

□ 机器人控制——理论、建模与实现
赵韩 甄圣超 孙浩 著

□ 连杆与机器人机构学
高峰 著

□ 游动微纳机器人
李隆球 李天龙 周德开 常晓丛 著